BEHAVIOURAL ECOLOGY

# 行为生态学

第二版

尚玉昌 / 编著

**图书在版编目(CIP)数据**

行为生态学/尚玉昌编著. —2版. —北京：北京大学出版社，2018.10
ISBN 978-7-301-29814-5

Ⅰ. ①行…　Ⅱ. ①尚…　Ⅲ. ①行为生态学—高等学校—教材　Ⅳ. ①Q149

中国版本图书馆 CIP 数据核字（2018）第 192304 号

| | |
|---|---|
| 书　　名 | 行为生态学（第二版）<br>XINGWEI SHENGTAIXUE（DI-ER BAN） |
| 著作责任者 | 尚玉昌　编著 |
| 责任编辑 | 黄　炜 |
| 标准书号 | ISBN 978-7-301-29814-5 |
| 出版发行 | 北京大学出版社 |
| 地　　址 | 北京市海淀区成府路 205 号　100871 |
| 网　　址 | http://www.pup.cn　　新浪微博：@ 北京大学出版社 |
| 电子信箱 | zpup@ pup.cn |
| 电　　话 | 邮购部 010-62752015　发行部 010-62750672　编辑部 010-62764976 |
| 印 刷 者 | 河北滦县鑫华书刊印刷厂 |
| 经 销 者 | 新华书店 |
| | 787 毫米 × 1092 毫米　16 开本　29 印张　678 千字 |
| | 1998 年 12 月第 1 版 |
| | 2018 年 10 月第 2 版　2023 年 6 月第 3 次印刷 |
| 定　　价 | 80.00 元 |

# 第一版前言

我撰写的“人类生态学”讲座(10讲)于1984年在《生态学杂志》刊完后,杂志编辑部继续约我写讲座。因是《生态学杂志》的常务编委,我不好推辞。再说,我也很愿意向国内读者介绍国外生态学的新进展和新动态。当时我心目中有两个选题,即进化生态学和行为生态学。我手头上进化生态学的资料很多,而行为生态学的资料却很少。国内一般读者几乎还不知道有这样一门新学科,国外当时也只出版过一本论文集,即由J. R. Krebs和N. B. Davies于1978年编写出版的*Behavioural Ecology: An Evolutionary Approach*,连一本较系统的教材和专著也还没有看到(实际上1981年出版过一本)。但最终我还是选中了行为生态学,这倒不是因为我喜欢知难而上,而是因为当时我预感到行为生态学是一门极有发展前景的新学科,它把行为学、生态学、进化论、遗传学、数学和经济学思想紧密地结合了起来,还涉及了许多全新的知识和概念,如进化稳定对策、博弈论、比较研究法、最适模型、行为利弊分析、两性利益冲突、亲缘选择、广义适合度、利他主义、行为决策、欺骗行为和基因的自私性……这些知识和概念不仅使我大开眼界,看到了一个新领域和新概念,而且使我感到吃惊的是,当时国内对这门学科的新发展几乎还没有作出任何反应。于是我便下决心要把这些新东西和极有发展前途的新学科介绍到国内来。在这里我要特别感谢《生态学杂志》给我提供了这个机会和如此多的篇幅,连续刊载了我撰写的25讲“行为生态学”讲座。随着讲座一讲一讲地陆续发表,社会的反响也越来越大,国内外不断有读者来信鼓励和索要单印本。社会反馈来的信息对我是极大的支持和鼓励,使我始终怀着极大的兴趣关注着国外在这一领域内的新动向和新进展。从1984年撰写“行为生态学”讲座时起,凡是涉及这方面的书籍、论文、杂志、评论和会议文集,我都广为收集、阅读和写摘要,到1996年已收集论文集、会议文集和专著12种,论文近3000篇,并亲眼目睹了在短短十几年间行为生态学的迅猛发展。1978年出版的*Behavioural Ecology—An Evolutionary Approach*论文集又于1984年和1991年出了第二版和第三版,每出一版的改动之大简直就像是一本新的论文集,学科新进展都及时地反映在新版之中。*An Introduction to Behavioural Ecology*一书于1981年出版后,于1982年、1983年和1985年3次重印,又于1987年和1992年出了第二版和第三版,这是目前唯一的一本行为生态学教材和专著。1984年4月10—12日英国生态学会举办行为生态学专题学术讨论会,并于1985年出版了讨论会的论文集,集名是*Behavioural Ecology: Ecological Consequences of Adaptive Behaviour*,共收入论文34篇(提交大会的论文93篇)。1985年,由Bert Hölldobler和Martin Lindauer编辑的

*Experimental Behavioural Ecology and Sociobiology* 一书问世,本书是为纪念诺贝尔奖获得者、著名行为学家 Karl von Frisch (1886—1982)而编写出版的,书中含有大量蜜蜂和无脊椎动物行为生态学资料。1986 年,第一本关于行为生态学模型的书 *Modelling in Behavioural Ecology: An Introductory Text* 由 Dennis Lendrem 编写出版,该书为行为生态学研究中的建模和定量分析树立了样板。1993 年,F. A. Huntingford 等人编写出版了 *Behavioural Ecology of Fishes*,这是一本以分类群为研究对象的行为生态学论文集,涉及鱼类的取食、生殖、防御、竞争、领域、性别转变、性选择和生活史变异等内容。此外,E. O. Wilson 于 1975 年出版的 *Sociobiology: The New Synthesis* 和 R. Dawkins 于 1977 年出版的 *The Selfish Gene*,都对促进行为生态学的普及和发展发挥了重要作用。总之,行为生态学在国外的研究进展是很迅猛的,人们对这一学科的兴趣也在与日俱增。

为了适应这一新学科在我国的普及和发展,从 1988 年起我开始招收行为生态学科的研究生,并于 1989 年第一次为研究生开设了行为生态学课,至今已连续讲授了 8 年,本书就是作为“行为生态学”课程的教材而编写的。本书初稿早在 1993 年便已完稿,但由于没有出版经费未能及时出版,直到 1996 年,在北京大学教材建设委员会和副校长王义遒的支持下才排上了出版日程,在此我要特别感谢学校领导和北京大学出版社给予的支持以及李宝屏先生为本书编辑所付出的辛勤劳动。本书的出版虽然拖延了 3 年,但令我感到欣慰的是,它终于就要和读者见面了,这是很多人都在等待和盼望的事,因为这是我国出版的第一本行为生态学教科书。也正因为如此,它的缺点和不足也是在所难免的。我本想再花些时间把近二三年的新进展补充进去再交出版社,但王祖望先生和动物研究所的其他同仁都主张应当尽快出版,待其再版时再作补充和修改。因其言之有理,我便采纳了这一意见。

最使我感到高兴的一件事是,中国科学院极有远见地把行为生态学课题列入了“百人计划”予以重点资助(三年共资助 300 万元),这也是动物研究所被列入“百人计划”的唯一一项研究课题,课题带头人是以公平竞争的方式从国内外公开招聘的。我作为该课题专家组的成员曾参加了学科带头人的评选工作和一年工作成果小结的评审工作。专家组对该课题一年来所取得的成绩和进展给予了基本肯定,并对今后工作提出了许多建议。由于“百人计划”的启动,目前动物研究所有望成为我国行为生态学研究的中心,在这里已聚集了一批年轻的博士、硕士。从法国学成归来擅长灵长类研究的张树义博士和从加拿大学成归来擅长鹿类研究的蒋志刚博士就是这批年轻学子的代表。他们的年龄都只有 30 多岁,他们精力充沛、学思敏捷、不怕吃苦、事业心强,正是出成果的好年龄。在北京大学和其他高校也有不少年轻学子正在满怀激情地致力于行为生态学的研究,这预示着我国行为生态学将会有一个稳步的、长足的发展。虽然目前我们距国际先进水平还有很大差距,但我们有自己的优势(资源优势、体制优势和人才优势等)。只要认清自己的优势,抓住机遇,分秒必争,埋头苦干,我们最终能搞出自己的特色来,至少能够在某些方面赶上和超过世界先进水平。我深信这一天迟早是会到来的。本书的出版如能在这一进程中起到些许的推动作用,我将会感到非常欣慰,这也是写作此书所希望达到的目的。

# 目　　录

# 第一章　概　　论

## 一、行为生态学的概念

行为学(ethology)和生态学(ecology)是生物科学中两个正在蓬勃发展的分支学科,而行为生态学(behavioural ecology)则是这两个学科的交叉领域。行为学和生态学一方面各自独立地发展,一方面又日益相互渗透,形成了行为生态学这一新的研究领域。虽然早在20世纪30年代已有人注意到了动物的行为和生态学之间的相互关系,但直到三四十年前,行为学和生态学之间的密切关系才开始受到普遍的重视。这一新领域的研究历史虽然极其短暂,但已取得了明显进展,并已逐渐发展成为一门不仅涉及行为学和生态学,而且也涉及生理学、心理学、遗传学、进化论、社会学和经济学的综合性学科。

行为学家从行为学的角度提出了生态行为学(ecoethology),而生态学家则从生态学的角度提出了行为生态学。研究问题的角度虽然不同,但都进入了同一领域,总的目标是一致的,都是研究行为和生态的关系。从两个方面同时逼近这一领域,将会加速这一领域的研究进展,使其日臻完善。

生态行为学主要研究动物的行为与其环境之间的相互关系,它或是着重研究一个彼此有亲缘关系的动物类群,或是着重研究同一生境内的各个物种。如果是研究一个亲缘类群,则主要兴趣是查明不同物种之间存在着哪些行为差异,这些差异又如何表现为对不同生境的适应,倘若其中有一个物种生活在一个与其他物种完全不同的生境中,而且它的行为也大大偏离了该类群动物的典型行为的话,那么常可由此得出一些特别有意义的结论。如果是研究一个生境(如热带雨林或沙漠),则主要兴趣是研究生活在该生境内的物种所发生的平行行为适应,由于这些物种一般不具有密切的亲缘关系,因此这些行为就可以被看成是该特定生境内的典型行为。

行为生态学主要是研究生态学中的行为机制和动物行为的生态学

意义和进化意义,即研究动物的行为功能,存活值(survival value)、适合度(fitness)和进化过程。动物的行为特性也与动物的形态特性和生理特性一样,不仅同时受到遗传和环境两方面的影响,而且也是在长期进化过程中通过自然选择形成的,因而同样具有种的特异性。有时,两个在形态上难以区分的物种,却可以通过不同的行为型加以辨识。在自然界,行为型也常常是近缘物种的种间隔离和种间辨识的一个重要方面。研究动物的行为必须充分注意到行为的进化方面,达尔文在卓越地论证了生物形态进化的同时,也在1859年出版的《物种起源》(第八章,"本能")和1872年出版的《人类及动物的表情》等著作中,充分注意到了行为的进化。尽管达尔文在世时,对一些行为现象(如利他行为和中性不育昆虫的行为)尚不能从理论上给以满意的解释,但达尔文坚信,不管表面看来是多么复杂和多么不可思议的行为,都必定经历过一个进化和自然选择过程。事实证明,特别是行为生态学的最新发展证明,达尔文的观点是正确的。直到现在,达尔文的自然选择进化学说仍然是研究行为和行为生态学最锐利的思想武器。

行为生态学又可细分为取食行为生态学、防御行为生态学、生殖行为生态学、社会行为生态学、学习行为生态学、通信行为生态学、时空行为生态学(如生境选择、定向和导航、巢域和领域现象等)、植物行为生态学和最适行为预测等内容。其中的社会生态学(socioecology)或社会生物学(sociobiology),在20世纪后期取得了突出的发展。K. Lorenz对鸟类社会行为的研究,N. Tinbergen对人类社会行为的研究和K. von Frisch对蜜蜂社会行为的研究奠定了社会生态学的基础。1975年,E. O. Wilson出版了*Sociobiology*一书,系统地介绍了社会生态学这一行为生态学分支学科的观点、理论体系和研究方法。社会生态学把达尔文自然选择的概念应用于社会行为的研究,又把生态学、行为学、遗传学和进化论加以综合,提出了广义适合度(inclusive fitness)和亲缘选择(kin selection)的新概念,从而把利他行为(altruistic behaviour)和自私基因(selfish gene)统一了起来,认为行为是某些基因型的反映,种群内个体的行为可使广义适合度达到最优状态。这些新概念不仅丰富和发展了达尔文的自然选择学说,而且也把动物社会行为的研究提高到了一个新高度。

行为生态学渊源于20世纪60年代初期发展起来的四个思想派别,即:

① 英国的T. H. Crook和D. Lack把鸟类和猿猴类的社会组织同各种生态因素联系起来加以研究,提出了比较研究论;

② W. D. Hamilton和J. Maynard Smith明确提出了亲缘选择和广义适合度的概念;

③ N. Tinbergen等人用简单的田间试验或观察法确立了测定行为存活值的程序;

④ R. H. MacArthur及其同事牢固地确立了这样的信念:生态学中关于进化的各种假说可以用精确的数学方法表达,MacArthur对数学生态学有很多重要贡献;他所使用的两个概念,即最适性理论和进化稳定对策特别适用于行为生态学。

以上四个学派对行为生态学的产生和发展做出了突出贡献。

## 二、行为生态学研究简史

1973年,K. Lorenz(1903—1989),N. Tinbergen(1907—1988)和K. von Frisch(1886—1982)三人因对动物行为的卓越研究而分享了当年的诺贝尔医学奖,这是诺贝尔奖第一次授予行为学家,从而大大推动了行为学和行为生态学的发展。行为生态学是生态学中最年轻的一个分支学科,至今只有三四十年的研究史,但这门学科一经问世便显示了强大的生命力,在国际上已成为一门颇受重视的热门学科，据不完全统计，到 1990 年年底已发表论文和文章近千篇。行为生态学的一个重要特点就是把生态学同行为学、遗传学和进化论结合在一起，并引入经济学思想和方法，探索新的理论。由于综合了多学科的研究成果，在短短的十几年内就在新理论和新概念的探索上有所建树，并已开始形成自己的理论体系。

1978 年，在英国出版了第一本行为生态学论文集 *Behavioural Ecology：An Evolutionary Approach*，1984 年该论文集经过修改和补充后又出了第二版，1991 年出了第三版。该书邀请各个领域的专家撰写，具有很高的权威性。1981 年，第一本比较全面系统地介绍行为生态学理论和内容的专著 *An Introduction to Behavioural Ecology* 问世，该书出版后十分畅销，并于 1982 年、1983 年和 1985 年三次重印，1987 年出了第二版，1992 年又出了第三版。该书综合了大量文献资料，总结了行为生态学研究的各个方面，基本反映了当时行为生态学研究的现状和水平，对推动行为生态学的进一步发展发挥了重要作用。

1984 年 4 月 10—12 日，英国生态学会在 Reading 大学召开了第 25 次生态学专题学术讨论会，即行为生态学专题学术讨论会，参加这一讨论会的人数多达 500 人，这一数字充分显示了人们对行为生态学研究的兴趣和重视程度。这次讨论会的论文集于 1985 年出版，共收集论文 34 篇（提交大会的论文和研究简报共 93 篇），除 7 篇评论性论文外，其他论文都是研究动物的各种行为与种群动态的关系。

1985 年又有一本新著作出版，即《实验行为生态学和社会生物学》。该书是为纪念现代行为学奠基人之一、诺贝尔奖获得者 K. von Frisch 而出版的，实际上是 1983 年 10 月 17—19 日在 Mainz 召开的一次国际学术讨论会的论文集。这次学术讨论会集中讨论了蜜蜂、蚂蚁，胡蜂、等足类、鸟类、灵长类和食虫类的各种行为生态学问题，如蜜蜂舞蹈语言研究的最新进展，蜜蜂的学习能力和觅食的信息中心对策，蚂蚁生殖的社会生物学，鸟类的生殖合作，猿猴社会的互助、合作和利他主义等。全书共收集论文 28 篇，其中关于社会性昆虫（特别是蜜蜂）方面的论文最多。

1991 年 8 月 22—29 日在日本京都的 Otani 大学举行了第 22 届国际行为学学术会议，这是第一次在亚洲举行的行为学国际会议，它对促进亚洲国家行为学和行为生态学的发展起到了重要作用。这次会议的内容可概括为以下几个方面：① 灵长类动物的社会策略；② 性的经济学；③ 应用行为学；④ 行为机制；⑤ 动物社会行为的进化；⑥ 交配体制和交配对策；⑦ 行为决策。参加这次国际行为学大会组织工作的除日本科学院和农林渔业部外，还有 13 所大学。这 13 所大学都在从事行为学和行为生态学方面的研究工作，而且这些大学都各有侧重并有自己的特点。如 Kyoto 大学的海洋动物行为生态学和应用行为学，Sophia 大学的神经行为学，Nagoya 大学的行为生态学，Osaka 大学的人类行为学，Showa 女子大学的拟态行为，Niigata 大学的普通行为生态，Osaka 城市大学的哺乳动物、鸟类和鱼类的社会学，Tokyo 大学的动物通信行为，Chukyo 大学的鱼类行为学，Musashi 大学的灵长类行为学和 Miyazaki 大学的应用行为学研究等。目前，欧美各国的主要大学都在从事行为学和行为生态学研究。

从期刊出版情况来看，行为学和行为生态学的发展也是很快的。1947 年只有一种行为学期刊即《行为》，发展到 70 年代末已出版发行二十多种行为学和行为生态学期刊，几乎每年增加一种，特别是 70 年代发展最快，新增期刊十多种。现将国外有关行为学和行为生态学的期刊名称及其创刊年份列举如下：① *Behaviour*（《行为》）（1947）；② *Animal Behaviour*（《动物行为》)(1953);③ *British Journal of Animal Behaviour*(《英国动物行为杂志》)(1953);④ *Insect Society*(《昆虫社会》)(1954);⑤ *Behavioural Science*(《行为科学》)(1956);⑥ *Experimental Journal of Animal Behaviour*(《动物行为实验杂志》)(1963);⑦ *Journal of Experimental Analysis to Behaviour*(《行为实验分析杂志》)(1964);⑧ *Physiology and Behaviour*(《生理学和行为》)(1966);⑨ *Brain, Behaviour and Evolution*(《脑、行为与进化》)(1970);⑩ *Learning and Motivation*(《学习与动机》)(1970);⑪ *Advance of Behaviour*(《行为研究进展》)(1971);⑫ *Behaviour Genetics*(《行为遗传学》)(1971);⑬ *Learning and Behaviour of Animal*(《动物的学习与行为》)(1973);⑭ *Applied Ethology*(《应用行为学》)(1975);⑮ *Animal Behavioural Process*(《动物行为过程》)(1975);⑯ *Bird Behaviour*(《鸟类行为》)(1977);⑰ *Behaviour, Ecology and Sociobiology*(《行为、生态学与社会生物学》)(1977);⑱ *Behaviour and Brain Science*(《行为和脑科学》)(1978);⑲ *Behaviour*(《行为学》)(1978);⑳ *Ethology and Sociobiology*(《行为学与社会生物学》)(1980)。我国还没有专门的行为学和行为生态学期刊出版,这也反映了我国在这一领域研究方面的落后状态,这与我国的国力和大国地位是很不相称的。我国生态学工作者面临着填补学科空白和赶上世界先进水平的艰巨任务。

## 三、我国行为生态学发展现状

### (一) 行为生态学的启蒙和普及工作

在 20 世纪后期,行为生态学的研究在国外也只有三四十年的历史时,我国的相关研究则刚刚处于启蒙和起步阶段。在这方面,《生态学》杂志发挥了重要作用,从 1984 年起连续刊载《行为生态学讲座》25 讲(尚玉昌,1984a～d;1985a～f;1986a～d;1987a～c;1988a～d;1989a～b;1990a～b)。《生态学进展》《应用生态学报》《生物学杂志》和《生物学通报》等学术刊物也陆续刊载了《动物行为学讲座》和有关行为生态方面的文章(尚玉昌,1983;1985g;1986e～g;1987d～e;1989c;1990d;1991a)。在马世骏主编的《现代生态学透视》(科学出版社,1990)一书中专门有一章介绍行为生态学(尚玉昌,1990c)。上述系列讲座和文章比较全面地介绍了现代行为生态学的基本理论、研究方法和研究内容,涉及行为生态学的一些基本概念和研究领域,如进化稳定对策(ESS)、比较研究法、最适性理论、亲缘选择和广义适合度、最优觅食对策、防御行为生态、社群生活的利弊分析、昆虫社会经济学、动物行为热调节、领域行为预测和领域的可保卫性、生境选择、性的生态学问题、性选择和交配体制、动物的生殖合作以及动物的信号与通信等。周波(1988,1990)和李金明(1988)撰写了普及行为生态学知识的文章。范志勤于 1988 年出版了一本通俗读物《动物行为》,该书介绍了动物行为学研究的一些领域,如定向导航、生殖行为、节律、本能与学习、行为进化和行为生理等,对动物行为知识的普及发挥了一定作用。

### (二) 行为生态学的研究工作

三四十年前,在我国,真正意义上的行为生态学研究工作还极少,如果把凡是涉及行为与生态关系的研究都算作行为生态学研究的话(不管作者是否意识到了这点),在 20 世纪末近十多年里大致做过如下一些工作,这些工作主要是集中在哺乳动物(特别是灵长类和大熊猫)、鸟类和昆虫方面。在哺乳动物方面,姜永进(1989)的硕士论文《甘肃鼠兔的社会行为及其对高寒特殊生境的适应》和苏建平、王祖望(1990)的《高原鼢鼠挖掘取食活动的能量代价及其最佳挖掘取食行为》是两篇比较好的行为生态学论文。李致祥等(1981)、史东仇等(1982)、木文伟等(1982)、白寿昌等(1987)、吴宝琦(1988)曾研究了我国特产珍稀动物金丝猴的社会结构、活动特点、食性、生殖行为、保护行为和活动路线,并把滇金丝猴的活动区分为漫游区和核心区两部分。江海声等(1990)和李朝达等(1982)研究了野生猕猴的通信行为,并对不同年龄猕猴的反转学习进行了比较研究。阮世炬(1983)、叶志勇(1984)、胡锦矗(1987)和朱靖等(1987)则研究了大熊猫的野外觅食行为、性行为和昼夜活动规律,并对大熊猫发情期的叫声及其行为学意义进行了分析,总共可区分出 13 种不同的叫声,其行为学意义可归纳为三点:① 受到威胁和临危防范;② 领域标记和寻偶;③ 生殖、发情和抚幼。在其他灵长类方面,郑荣洽(1988)和扈宇等(1990)分别研究了黑长臂猿的交配行为和白颊长臂猿的食性。

在鸟类方面,我国是雉鸡种类最丰富的国家,特产种类也最多,因此,第四届国际雉类学术讨论会于 1989 年在我国北京举行。20 世纪末在我国自然科学基金的资助下完成了一些课题研究,如郑光美等(1985,1986)、张军平等(1990)研究了黄腹角雉的觅食基地、觅食活动和食性、求偶炫耀行为、孵卵行为、巢区以及种群数量和种群结构等;卢汰春等(1986)、何芬奇等(1985)研究了绿尾虹雉的活动规律、冬季行为特点、生殖行为和叫声的声谱分析;丁平和诸葛阳(1988,1990)对白颈长尾雉进行了观察和研究,包括雌雄配对行为、筑巢和孵卵行为及其他生殖行为;刘迺发等(1990)研究了高山雪鸡的生殖行为如生殖期、卵和巢、孵化与雏鸟、食物与天敌和活动规律等。此外,对其他雉类,如白腹锦鸡(杨炯蠡,1981)、蓝马鸡(郑武生,1983),褐马鸡(刘如笋,1986)和斑尾榛鸡(王香亭,1987)等的生殖行为和觅食行为也进行过一些观察。在其他鸟类方面,江望高等(1983)研究了三宝鸟繁殖期的领域行为,如鸣叫与巡行、对入侵者的反应和争夺栖位等,并计算了领域面积及其变化;宋榆钧(1983)研究了煤山雀的迁移动态和巢前期、巢期、卵期、雏期的行为及食性;赵正阶(1981a,b)研究了白腹蓝鹟的繁殖行为、占区和营巢条件、产卵和食性,还研究了金腰燕的迁移、生殖季节、窝卵数、生殖成效和生产力等;卢欣(1990)研究了大苇莺的繁殖周期、窝卵数及其变化、营巢成效、卵和雏鸟的损失等;李文发等(1990)研究了红嘴鸥的占区、筑巢、产卵和孵卵行为;尚玉昌和李留彬(1994)研究了灰喜鹊的生殖行为生态,首次研究了鸟类的发育行为谱和对外来卵的识别能力以及对巢内卵数变化的敏感性。

国内对两栖类和爬行动物的研究中,江耀明等(1980)研究了青海沙蜥的洞穴结构、活动规律、觅食行为和生殖习性等;杨大同等(1990)研究了中国蝾螈科两栖动物的反捕行为;沈猷慧等(1986)研究了大树蛙的繁殖期、产卵场、产卵时间、性比和交配行为。

在昆虫和其他无脊椎动物方面,陈若篪(1979)研究了褐飞虱的迁飞行为和迁飞规律,这对于掌握褐飞虱的年生活史和制定防治措施具有重要意义;蔡晓明等(1980a,b)、尚玉昌等(1980,1981)和阎浚杰等(1983,1987)首次发现和研究了七星瓢虫的群聚和迁飞行为,证明了每年 6 月上旬在渤海沿岸出现的大量群聚瓢虫与瓢虫种群定期自南向北迁飞有关;程量(1987)研究了蚁类在不同生境中的觅食规律,分析了觅食活动的周期变化;宋宗臣(1984)、刘连珠(1986)和黄复生(1988)等人研究了大劣按蚊在自然条件和实验条件下的交配和产卵行为以及吸血活动与交配受精的关系;李文谷(1981)、伍德明(1986)和杜家伟(1988)分别研究了红铃虫、大螟和三化螟与信息素有关的行为,如性信息素对红铃虫雄蛾近距离性行为的抑制效应、大螟雄蛾触角对性信息素的生理反应和三化螟的求偶行为等;赵敬钊等(1980)研究了三突花蛛的交尾、产卵、护卵行为、寿命和性比等;薛瑞德等(1986)研究了家蝇巨螯螨的侵袭行为及其对蝇类的影响。在海洋无脊椎动物方面,王文雄(1990)研究了海洋瓣鳃类幼体的趋性行为,分析了环境因子对趋性行为的调节作用。

当时在国内,虽然在行为生态学方面也做了一些工作,但大部分工作是属于繁殖习性和社会行为的观察、食性的分析和生活史的描述,多属经典描述性质的研究,缺乏创新和新观点、新理论的指导,在研究方法和指导思想上比较陈旧,而行为生态学无论是在理论上还是在方法上都有了很大突破,产生了很多理论、观点和方法,如:① ESS 理论(即进化稳定对策);② 比较研究法,即对近缘物种的行为和社会结构与其生态条件联系起来进行比较研究,以确定行为的适应性;③ 动物行为存活值和适合度的定量测定法;④ 经济学思想和方法(如投资—收益分析)在行为生态学中得到普遍应用(行为分析的经济观);⑤ 行为分析的基因观(利他行为、亲缘选择和广义适合度);⑥ 最适理论和最适模型的运用;⑦ 博弈论已成为分析动物行为的一个极有用的理论工具;⑧ 关于两性利益冲突的新观点;⑨ 关于种群多对策的新概念;⑩ 三种选择理论(个体选择、亲缘选择和群选择);⑪ 生活史对策;⑫ 信号仪式与通信理论;⑬ 行为、生态、遗传、进化的综合分析方法。在 90 年代末期时,以上这些思想、概念、方法和理论在国内的研究工作中基本尚未得到应用,也没有注意到或还没有来得及注意到这一领域的发展。我们的研究路子基本上没有什么太大变化,而国外同一领域新东西却层出不穷、蓬勃发展,也许这就是我们和国外研究水平的主要差距。在 1991 年,尚玉昌撰写并发表了《中国行为生态学发展战略研究》一文(1991),该文刊载在马世骏主编的《中国生态学发展战略研究》(中国经济出版社,1991)一书中。该文不仅论述了行为生态学的产生和发展、国外行为生态学的研究进展与发展趋势和我国行为生态学的发展现状,而且还论述了该学科在我国的战略地位,提出了行为生态学在我国发展的中、近期战略方向和目标,以及"八五"期间我国应优先资助发展的前沿课题,最后还提出了我国应采取的可行的战略措施建议。该文是在国家自然科学基金会和中国生态学会的支持和组织下经过专家审议后发表的,所以当时对我国行为生态学的发展具有战略指导意义。

## 四、行为生态学研究的主要内容、观点及发展趋势

行为生态学研究的主要内容和观点可概括为以下几个方面:

### (一) 关于动物行为功能的研究

行为功能是指行为对动物生存和生殖的影响,行为功能是以行为的存活值和适合度来度量的。试验表明,动物的行为差异是由基因差异引起的,自然选择总是最有利于那些能够最有效地把自身基因传递到未来世代的个体。基因传递通常是通过个体直接参与生殖的方式,但也可以间接借助于体内含有共同基因的其他个体(亲属)的生殖,因此,动物对自己的亲属普遍表现出利他行为,因为利他行为在一定条件下对传递利他者自身的基因有利,但在基因利益上绝不会有利他现象,也就是说,自然界只会有利他行为,而不会有利他基因。在进化期间,生态条件将决定什么行为对动物的生存和生殖最为有利。这方面的主要研究工作有:Parcker 和 Pusey(1983)的"Adaptations of female lions to infanticide by incoming males"(雌狮对雄狮杀婴的适应);Arnold(1981)的"Behavioural variation in natural populations"(自然种群的行为

变异)；Wynne-Edwards(1986)的“Evolution through group selection”(借助于群选择的进化过程)；Hogstedt(1980)的“Evolution of clutch size in birds: adaptive variation in relation to territory quality”(鸟类窝卵数的进化：与领域质量有关的适应性变异)；Bell(1980)的“The costs of reproduction and their consequences”(生殖投资及其结果)等。

**(二) 关于进化稳定对策(ESS)的研究**

进化稳定对策是行为生态学中最重要的概念之一，也是自达尔文以来进化理论最重要的发展之一。如果种群中的大多数个体都采取某种行为对策，而这种对策的好处又为其他对策所不及，这种对策就可称为ESS。在环境的每次大变动之后，种群内可能出现一个暂时的不稳定阶段，但是一种ESS一旦确立下来，种群就会趋于稳定，任何偏离ESS的行为就会被自然选择所淘汰。目前，这一理论已广泛地用于研究仪式化战斗问题、求偶场问题和生境选择问题等。进化稳定对策使我们第一次能够清楚地看到一个由许多独立的自私实体所构成的群体(如种群)是如何能最终变成为一个稳定的、有组织的实体。这一过程不仅适用于物种内的社会组织，很可能也适用于由许多独立物种所构成的群落和生态系统。Darkins认为，ESS的概念将会使生态学发生彻底的变革。这方面的主要研究工作有Maynard Smith(1982)的“Evolution and the theory of games”(进化与博弈论)；Darkins(1980)的“Good strategy or evolutionarily stable strategy?”(是有效对策还是进化稳定对策?)；O' Donad(1982)的“Population genetics and fitness concept in sociobiology”(种群遗传学和社会生物学中的适合度概念)；Parker(1982)的“Phenotype-limited evolutionarily stable strategies”(限于表现型的进化稳定对策)；Andersson(1982)的“Sexual selection, natural selection and quality advertisement”(性选择、自然选择和素质广告)；Parker(1983)的“Arms race in evolution: an ESS to the opponent-independent costs game”(进化军备竞赛——对敌手的ESS)；Rubenstein(1982)的“Risk, uncertainty and evolutionary strategy”(风险、非确定性和进化对策)；Hammerstein(1982)的“The asymmetric war of attrition”(非对称的消耗战)等。

**(三) 关于比较研究法**

比较研究法是对近缘物种的行为和社会组织进行比较分析，找出这些物种的行为和社会结构差异与它们生态学差异之间的关系。从这些相关分析中就可以推断出行为特征的适应意义。这一研究方法已在文鸟、羚羊和灵长类社会行为的研究中得到应用，得出的主要结论是：决定社会结构和社会行为进化的主要生态因素是食物的数量和分布、捕食者的压力和配偶竞争等。这些因素不仅影响社群的大小，而且也影响交配行为和性二型的分化。这方面的主要工作有Clutton-Brock和Harvey(1984)的“Comparative approaches to investigating adaptation”(用比较法研究动物的适应性)；Jarman(1982)的“Prospects for interspecific comparisons in sociobiology”(社会生物学中的种间比较研究展望)；Damuth(1981)的“Population density and body size in mammals”(哺乳动物的种群密度与身体大小)；Gattleman(1983)的“Behavioural ecology in carnivores”(食肉动物的行为生态学)。

**(四) 关于动物行为经济学和最适模型的研究**

从经济学角度看，动物的任何一个行为都会给动物带来一定的收益，同时动物也会为此付出一定的代价(投资)。自然选择总是倾向于使动物从它们的行为中获得最大的净收益(净收益=收益−投资)。衡量净收益的最终标准是测定基因对未来世代贡献的大小，而这种贡献又决定于动物近期的行为表现,如觅食效率、生殖成功率和反捕行为的有效性等。行为生态学家经常靠建立最适模型(如椋鸟育雏期间的最佳运食量模型、蜜蜂最佳载蜜量模型和最适领域大小模型等)来预测在行为的投资和收益之间应做出怎样的决策才能获得最大的净收益。这方面的主要研究工作有:Kacelnik 和 Cuthill(1987)的"Starlings and optimal foraging theory"(椋鸟和最适觅食理论);Charnov(1976)的"Optimal foraging: the marginal value theorem"(最优觅食:边缘值理论);Schoener(1983)的"Simple models of optimal feeding-territory size: a reconciliation"(最适取食领域大小的简单模型);Hodges 和 Wolf(1981)的"Optimal foraging bumblebees? Why in nectar left behind in flowers?"(熊蜂是否采取最优觅食对策?);Lima(1984)的"Downy woodpecker foraging behaviour: efficient sampling in simple stochastic environments"(绒毛啄木鸟的觅食行为);Snyderman(1983)的"Optimal prey selection: the effects of food deprivation"(最优猎物选择:资源消耗效应);Kamil 等(1987)的"Foraging behavior"(觅食行为)等。

**(五)关于捕食者和猎物之间相互适应的协同进化过程**

对鸟类捕食隐蔽性猎物所做的试验表明:① 猎物的隐蔽性的确可以减少捕食者对它的捕食,而猎物种群的多态现象则可有效地干扰捕食者搜寻印象(search image)的形成(以蓝樫鸟和勋授夜蛾为试验对象);② 猎物隐蔽性稍加改进便能增加捕食者的辨认时间,从而给被食者带来好处,这可以被看成是协同进化的一个起点。试验还表明:如果一个有毒和不可食的猎物身着鲜艳的色彩而不是隐蔽色,那么捕食者就能更快地学会拒食这种猎物,这就是警戒色在自然界如此普遍存在的原因。这方面的主要研究工作有 Pietrewicz 和 Kamil(1981)的"Search image and detection of cryptic prey: an operant approach"(搜寻印象和隐蔽猎物的发现);Sargent(1981)的"Antipredator adaptations of underwing moths"(翼下蛾的反捕适应);Schlenoff(1985)的"The startle responses of blue jays to Catocala prey models"(蓝樫鸟对勋授夜蛾模型的惊吓反应);Erichsen 等(1980)的"Optimal foraging and cryptic prey"(最适觅食行为和隐蔽猎物);Guilford(1986)的(警戒色如何起作用?);Guilford(1985)的"Is kin selection involved in the evolution of warning coloration?"(警戒色的进化是否与亲缘选择有关?);Rothstein(1975)的"Evolutionary rates and host defences against avian brood parasitism"(进化速率与寄主对鸟类巢寄生者的防御)等。

**(六)关于动物资源竞争的研究**

动物对资源的竞争可分为两种类型:一类是纯利用竞争(pure exploitation),另一类是排他性的资源保卫。纯利用竞争的简单模式就是竞争者在资源之间的理想自由分布(ideal free distribution)。此外,经济可保卫性也是一个非常有用的概念。从这一概念出发可以确定动物在什么时候保卫资源才是有利的。将理想自由分布和经济可保卫性两个概念结合起来去研究动物活动的时间分配,就可以预测在什么条件下领域行为将会发生或不发生,同时也可预测领域的最佳大小。这方面的主要研究工作有 Milinski(1979)的"An evolutionary stable feeding strategy in sticklebacks"(刺鱼取食的进化稳定对策);Milinski(1984)的"Competitive resource sharing: an experimental test of a learning rule for ESSs"(竞争性的资源共占:ESS 的一个学习规则检证);Gill 和 Wolf(1975)的"Economics of feeding territoriality in the golden winged sunbird"(金翅太阳鸟取食领域的经济学);Pyke(1979)的"The economics of territory size and time budget in the golden-winged sunbird"(金翅太阳鸟领域大小和活动时间分配的经济学)；Hixon 等(1983)的"Territory area, flower density and time budgeting in hummingbirds: an experimental and theoretical analysis"(蜂鸟的领域面积、花朵密度和时间分配的实验和理论分析)；Houston 和 MacNamara(1985)的"The choice of two prey types that minimises the probability of starvation"(使饥饿概率降至最小的两种猎物选择)；Harper(1982)的"Competitive foraging in mallards: 'ideal free' ducks"(绿头鸭的竞争觅食)；Reed(1982)的"Interspecific territoriality in the chaffinch and great tit"(燕雀和大山雀的种间领域)等。

**(七) 关于动物社群生活及社群最适大小的研究**

社群生活带给动物个体的两个最重要的好处是增加安全性和增加找到或猎得食物的机会。但社群生活也会带来一些不利,如加剧个体间的资源竞争和更易吸引捕食者。社群大小实际反映着上述各种有利和不利方面的权衡结果。但是,最适社群大小受到下列两种情况的限制: ① 社群中不同的个体受益程度不同,因此它们对最适社群大小的要求也不同,如果实际观察到的社群大小是各种不同要求的折中,那么对任何一个个体来说就都不是最适的;② 理论上的最适大小社群常常是不稳定的,因为较小社群中的个体如能加入到最适社群中来就能增加它的适合度。这方面的主要研究工作有 Bertram(1980)的"Vigilance and group size in ostriches"(鸵鸟的警戒性与社群大小)；Pulliam 和 Caraco(1984)"Living in groups: is there an optimal group size?"的(社群生活: 是否存在最适大小社群?)；Foster(1985)的"Group foraging by a coral reef fish: a mechanism for gaining access to defended resources"(一种珊瑚鱼的群体觅食)；Galef 和 Wigmore(1983)的"Transfer of information concerning distant foods: a laboratory investigation of the information centre hypothesis"(远处食物的信息传递: 信息中心说的实验研究)；Pitcher 等(1982)的"Fish in larger shoals find food faster"(较大的鱼群能更快地找到食物)；Elgar(1986)的"House sparrows establish foraging flocks by giving chirrup calls if the resources are divisible"(麻雀靠叫声建立觅食群)；Giraldeau 和 Gillis(1985)的"Optimal group size can be stable: a reply to Sibly"(最适大小社群可维持稳定)等。

**(八) 关于博弈论用于动物战斗行为的研究**

博弈论(game theory)最初被用于经济学的研究,后来,特别是由于 Maynard Smith(1982)的工作,使博弈论成了分析动物行为的极有用的理论工具,因为一个动物所采取的最好的战斗对策往往取决于种群中其他个体的行为表现。进化过程将会导致一个种群产生一个进化稳定对策。利用最适模型可以对战斗行为的投资和收益作出评价,并能算出什么样的对策能够获得最大的净收益。这方面的研究主要有 Maynard Smith(1982)的"Evolution and the theory of games"(进化与博弈论)；Packe 和 Pusey(1982)的"Cooperation and competition within coalitions of mate lions: kin selection or game theory?"(雄狮群内的合作与竞争)；Krebs(1982)的"Territorial defence in the great tit"(大山雀的领域防卫)；Austad(1983)的"A game theoretical interpretation of male combat in the bowl and doily spider, *Frontinella pyramitela*"(雄性 bowl 蛛和 doily 蛛战斗的博弈论解释)；Roskaft 等(1986)的"The relationship between social status and resting metabolic rate in great tits and pied flycatchers"(大山雀和杂色鹟的社会状态与静止代谢率之间的关系)；Yasukawa 和 Bick

(1983)的"Dominance hierarchies in dark-eyed juncos: a test of a game theory model"(黑眼灯芯草雀的优势等级:对博弈论模型的检验);Caldwell(1985)的"A test of individual recognition in the stomatopod, *Gonodactylus festae*"(虾蛄个体识别的检验)等。

**(九)关于两性冲突和性选择的研究**

行为生态学把两性之间的利益冲突视为有性生殖的核心问题,雌、雄性的基本差异在于配子的大小。雄性个体产生的配子极小,可被看成是雌性大配子的寄生者。由于精子极多、极小,因此雄性个体可以靠与多个雌性个体交配而增加其生殖成功率。这样就使雌性个体成了雄性个体互相争夺的稀缺资源,雄性的求偶行为就是出于争夺配偶的需要。通常,雌性个体不急于选定配偶,为的是最终能选择一个具有优质基因和占有高质量资源的异性做配偶。关于性选择,目前存在三个主要理论,即达尔文的理论、Fisher 的理论和 Trivers 的理论。性选择的研究则包括多配偶动物的性选择、单配偶动物的性选择、性选择与多态现象、选型交配与非选型交配以及雌性动物的择偶标准等。这方面的研究工作主要有 Trivers(1985)的"Social evolution"(社会进化);Emlen 等(1986)的"Sex-ratio selection in species with helpers-at-the-nest"(巢中有帮手物种的性比选择);Alexander 和 Borgia(1979)的"On the origin and basis of the male-female phenomenon"(论雌雄现象的起源和基础);Chanov(1982)的"The theory of sex allocation"(性分配理论);Clutton-Brock 等(1982)的"Red deer the behaviour and ecology of two sexes"(赤鹿的两性行为及生态学);Maynard Smith(1980)的"A new theory of sexual investment"(性投资的新理论);Nur 和 Hasson(1984)的"Phenotypic plasticity and the handicap principle"(表现型的可塑性和 handicap 原理);Sutherland 和 Parker(1985)的"Distribution of unequal competitors"(不对称竞争者的分布);Kodric-Brown(1985)的"Female preference and sexual selection for male colouration in the guppy, *Poecilia reticulata*"(雌性花鳉对雄鱼颜色的偏爱和性选择)等。

**(十)关于动物的亲代抚育和交配体制的研究**

根据对各类动物和各种生境的比较研究表明:生态因素对动物的亲代抚育和交配体制有重要影响。资源分布(如产卵地和食物等)和雌性个体的时空分布都能影响动物为了达到最大的生殖成功所采取的行为方式。物种的生理特性也是决定亲代抚育方式和交配体制的重要因素,如体内受精和以乳汁哺幼的生理特点决定着雌性在亲代抚育中的主导作用,而体外受精、保卫领域和喂养后代的繁重任务决定了雄性必须参与亲代抚育工作,否则家庭生育就会失败。物种之间在亲代抚育方式上的差异是同交配体制的差异相关的。动物的交配体制大体可分为① 一雄一雌制;② 一雄多雌制;③ 一雌多雄制和④ 乱交制等类型。在鸟类和哺乳动物中,当雄性个体有能力独占一部分优质资源和多个异性个体时,往往会出现一雄多雌制(如百灵、鸦和象海豹等)。当一种交配体制对一性最有利时,对另一性不一定最有利,因此两性在交配体制的选择上可能存在着利益冲突并采取折中的解决办法。这方面的主要研究工作有 Gross 和 Sargent(1985)的"The evolution of male and female parental care in fishes"(鱼类雌雄双亲抚育的进化);Gross 和 Shine(1981)的"Parental care and mode of fertilisation in ectothermic vertebrates"(变温脊椎动物的亲代抚育和受精方式);Wittenberger(1980)的"Group size and polygamy in social mammals"(社会性哺乳动物的社群大小和多配性);Askenmo(1984)的"Polygyny and nest site selection in the pied flycatcher"(杂色鹟的一雄多雌制和巢位选择);

Catchpole 等(1985)的“The evolution of polygyny in the great reed warbler, *Acrocephalus arudinaceus*: a possible case of deception”(大苇莺一雄多雌制的进化);Davies 和 Houston (1986)的“Reproductive success of dunnocks in a variable mating system, Ⅱ. Conflicts of interest among breeding adults”(岩鹨在一种可变交配体制下的生殖成功率: Ⅱ. 生殖成鸟间的利益冲突);Davies 和 Lundberg(1984)的“Food distribution and variable mating system in the dunnock, *Prunella modularis*”(食物分布和岩鹨的可变交配体制);Christy 等(1984)的“Ecology and evolution of mating systems of fiddler crabs(*Vca* sp. )”(沼潮蟹的生态学和交配体制的进化)等。

**(十一) 关于动物利他行为的研究**

利他行为的定义是: 一个个体以牺牲自己的生存和生殖机会为代价去帮助其他个体繁殖更多的后代。在社会性昆虫中,不育雌虫(即工蜂、工蚁)从不进行生殖,但却把自己的一生献给了整个群体的繁育工作,这种遗传预定的不育性决定了它们必定是利他主义者。在膜翅目昆虫中单倍体的存在(雄蜂、雄蚁都是单倍体)更有利于促进利他行为的进化。对动物的利他行为曾提出过四种科学假说: ① 亲缘选择假说: 借助于对亲属提供帮助而增加自己对未来世代的遗传贡献,因为个体间的亲缘关系越近,体内共占同一基因的概率就越高;② 互惠假说: 双方在合作中都能得到净收益;③ 操纵假说: 如杜鹃把卵产在其他种鸟的巢中,寄主鸟类受到欺骗和操纵而对杜鹃卵和雏鸟表现出利他性的喂养行为;④ 互相依赖假说: 如吸血蝠共享血液、灵长目的结盟和黑纹石斑鱼交替为卵授精(雌雄同体)等。在这四个假说中,假说①和④的利他行为只表现在表现型上,而在基因型上则是自私的,也就是说,利他行为归根结底有利于利他者的遗传(基因)利益;假说②的合作关系实际上并不是利他行为;假说③则是彻底利他的,即在表现型上和基因型上都是利他的,因为被杜鹃寄生的鸟类从利他行为中什么好处都得不到。这方面的主要研究工作有 Hoogland(1983)的“Nepotism and alarm calling in the black-tailed prairie dog, *Cynomys ludovicianus*”(草原犬的裙带关系和报警鸣叫);Holmes 和 Sherman(1982)的“The ontogeny of kin recognition in two species of ground squirrels”(两种黄鼠亲族识别的个体发育);Feare(1984)的“The starling”(椋鸟);Axelrod(1984)的“The evolution of cooperation”(合作行为的进化);Wilkinson(1984)的“Reciprocal food sharing in the vampire bat”(吸血蝠的食物共享);Seyfarth 和 Cheney(1984)的“Grooming, alliances and reciprocal altruism in vervet monkeys”(绿长尾猴的梳理行为、结盟和相互利他行为);Yom-Tov(1980)的“Intraspecific nest parasitism in birds”(鸟类种内的巢寄生现象)等。

**(十二) 关于同一种群内个体可采取不同行为对策的研究**

传统观念认为属于同一种群的个体所采取的行为对策应当是一样的,但近来的研究表明: 同种个体竞争资源(如食物、配偶和营巢地等)的方法却存在着明显差异。例如,当多数雄鸭靠炫耀行为向雌鸭求偶的时候,却可能有少数雄鸭采取偷袭交配的对策。现在普遍认为,同一种群内的不同个体采取完全不同的行为对策是非常正常和合乎情理的,其理由有三: ① 进化过程是建立在对个体有利而不是对群体有利的基础上,因此,不同个体为了自身的利益而采取不同的行为对策是合乎道理的;② 应用博弈论研究动物的行为表明,由采取不同行为对策的个体组成的种群可以达到一种稳定平衡状态;③ 利用田间标记法在田间对大量动物所作的观察表明,在同一种群内,个体之间为了竞争配偶、营巢地和其他稀缺资源,的确经常采取不同的行为对策。目前,行为生态学在研究这些不同行为对策及其进化方面已取得了一定进展。这方面的研究工作主要有 Alcock 等(1977)的"Male mating strategies in the bee, *Centris pallida*"(雄性蜜蜂的交配对策);Gross(1985)的"Disruptive selection for alternative life histories in salmon"(鲑鱼生活史的歧化选择);Gross(1982)的"Sneakers, satellites and parentals: polymorphic mating strategies in North American sunfishes"(北美太阳鱼的多态交配对策);Brockmann 等(1979)的"Evolutionary stable nesting strategy in a digger wasp"(一种掘地蜂的进化稳定营巢对策);Caro 和 Bateson(1986)的"Ontogenetic analysis of alternative tactics"(可选择对策的个体发育分析);Cade 和 Wyatt(1984)的"Factors affecting calling behaviour in field crickets"(影响蟋蟀鸣叫行为的因素);Cade(1981)的"Alternative mate strategies: genetic differences in crickets"(可选择的交配对策:蟋蟀的遗传差异);Bull(1980)的"Sex determination in reptiles"(爬行动物的性决定)和 Dunbar(1983)的"Intraspecific variations in mating strategy"(交配对策的种内变异)等。

**(十三)关于动物的生殖合作及帮手行为的研究**

在一些鸟类、哺乳类和鱼类中,有些个体自己不生殖却去帮助其他个体喂养后代(帮助保卫巢穴和提供食物等)。这些帮手通常是帮助自己的近亲(尤其是父母),例如,当年孵出的幼鸟第二年长大后,不建立自己的家庭而去帮助母亲喂养一窝小鸟。帮助亲属生殖是促进自身对下一世代遗传表达的一种方式,这同自己生殖同样可获得一定的遗传利益,同时还可获得其他方面的好处,如有利于继承一个生殖领域和增加生殖经验等。但在通常情况下,自己生殖可以更好地传递基因,因此,充当帮手往往是在环境条件压力下(如难于找到配偶和领域等)不得不这样做。在这种情况下给亲属当帮手往往是弥补遗传损失的唯一可行的办法。在为非亲缘个体提供帮助时,往往也能从中获得有益的经验,以利于未来的生存和生殖。这方面的研究工作主要有 Brown(1987)的"Ecology and evolution of helping and communal breeding in birds"(鸟类帮手和集体生殖的进化);Woolfenden 和 Fitzpatrick(1984)的"The florida scrub jay"(佛罗里达丛林樫鸟);Rabenold(1984)的"Cooperative enhancement of reproductive success in tropical wren societies"(热带鹪鹩社会借助合作而提高生殖成功率);Jarvis(1981)的"Eusociality in a mammal: cooperative breeding in naked mole rat colonies"(裸鼹鼠群体的合作生殖);Koenig 等(1984)的"The breeding system of the acorn woodpecker in central coastal California"(橡树啄木鸟的生殖体制);Vehrencamp(1978)的"The adaptive significance of communal nesting in groove-billed anis, *Crotophaga sulcirostris*"(沟喙犀鹃公共营巢的适应意义);Reyer(1980)的"Flexible helper structure as an ecological adaptation in the pied kingfisher"(可变通的帮手结构是斑翠鸟的一种生态适应);Fricke(1979)的"Mating system, resource defence and sex change in the anemonefish, *Amphiprion akallopisos*"(海葵鱼的交配体制、领域保卫和性别变化);Charnov(1981)的"Kin selection and helpers at the nest: effects of paternity and biparental care"(亲缘选择和巢中帮手)等。

**(十四)关于动物的信号与通信的研究**

目前,行为生态学家倾向于把信号理解为是一个动物(信号发送者)利用另一个动物(信号接受者)肌力的一种手段。例如,一只雄蟋蟀完全有能力四处跑动去寻找配偶,但它却待在一个地点用声音信号把雌蟋蟀吸引到自己身边来,这显然是利用了雌蟋蟀的肌力而节省了自己的肌力。信号的一个明显特点是发送信号只需消耗较少的能量，而靠利用其他动物的肌力却能得到较大的利益。在信号的进化过程中使信号仪式化（ritualization）有助于提高通信效率，这往往是信号发送者和接受者双方协同进化的结果。仪式化了的动作常常会变得非常刻板、夸张和重复进行，以收到准确传递信息的效果。只有当信号能给动物带来净收益的时候，动物才会使用信号。行为生态学主要是研究各种信号如何通过自然选择的作用而达到高效通信的目的。生态条件和信号接受者的反应是影响信号进化的两种自然选择压力。这方面的研究工作主要有 Enquist（1985）的“Communication during aggressive interactions with particular reference to variation in choice of behaviour”（相互侵犯期间的通信）；Seyfarth 等（1980）的“Vervet monkey alarm calls: evidence of predator classification and semantic communication”（绿长尾猴的报警鸣叫）；Wiley（1983）的“The evolution of communication: information and manipulation”（通信的进化：信息与操纵）；Caryl（1982）的“Animal signals”（动物的信号）；Zahavi（1979）的“Ritualization and the evolution of movement signals”（仪式化和运动信号的进化）；MacNally 和 Young（1981）的“Song energetics of the bladder cicada, *Cystosoma saundersii*”（蝉的鸣声能量学）；Brown（1982）的“Ventriloquial and locatable vocalization in birds”（鸟类的口技和可定位发声）；Hunter 和 Krebs（1979）的“Geographical variation in the song of the great tit（*Parus major*）in relation to ecological factors”（与生态因素有关的大山雀鸣声的地理变异）等。

**（十五）关于植物行为生态学的研究**

目前，将行为生态学基本原理应用于植物的研究已取得了初步进展，不仅已发现植物也有性选择现象，而且已提出了植物性选择的相应理论，其中最流行的两种理论是序列雌雄同株理论和斑块环境理论。此外，还用 ESS 理论研究了植物进化过程中资源在两性间的最优分配和用两性利益冲突的观点较好地解释了植物的杂交和双受精问题。这方面的主要研究工作有 Barker 等（1982）的“Sexual flexibility in *Acer grandidentatum*”（槭树的性别可塑性）；Willson 和 Burley（1983）的“Mate choice in plants: tactics, mechanisms and consequences”（植物的配偶选择：策略、机制和结果）；Willson（1979）的“Sexual selection in plants”（植物的性选择）；Casper 和 Charnov（1982）的“Sex allocation in heterostylous plants”（花柱异长植物的性分配）和 Charnov（1984）的“Ecology in plant behaviour”（植物行为生态学）等。

当前行为生态学发展的一个重要趋势就是深入微观机制，在基因水平上探讨行为生态学机制，特别重视研究行为、生态和进化的关系。行为生态学家总是试图了解动物的行为是如何适应它们的生存环境的，并把适应理解为在进化过程中通过自然选择所发生的变化。行为生态学根据现代遗传学理论，在基因水平上对自然选择理论作了新的表述，其基本出发点是：虽然自然选择是作用于生物的表现型，但在进化中真正发生变化的是基因的相对频率。英国行为生态学家 Dawkins（1977）在其名著 *The Selfish Gene*（《自私的基因》）一书中，把个体看成是基因的临时载体，基因以个体为寓所在其中得以生存和复制。由于基因的选择是借助于表现型而进行的，所以最成功的基因就是那些能够最有效地促进个体存活和生殖的基因（包括亲属的生殖），而个体的行为也将能最大限度地促进基因的存活。在基因利益上，任何个体的行为都是自私的，但不包括受到其他个体操纵和被欺骗的行为。

另一个发展趋势是经济学思想和方法日益渗透到行为生态学的研究之中。最早把经济学思想和方法引入行为生态学研究的人是J. L. Brown(1964),其后陆续又有不少学者在这个领域内从事大量的研究工作。"投资-收益分析"是经济学的主要研究方法之一,这种方法除已广泛地应用于研究动物的觅食行为和领域行为以外,在诸如战斗行为、生殖行为、双亲抚育行为、最优模型、食物选择、食谱分析、经济决策和风险权衡方面也已得到普遍应用。

## 五、行为生态学中的比较研究法

虽然比较研究法早在1958年就被H. E. Winn用于河鲈科鱼类的研究,但Crook(1964)对文鸟科的研究已被公认为是应用这一方法研究行为生态学的楷模。Crook把近缘物种的社会组织差异同生态学差异联系起来进行比较研究,以便查明各种自然选择压力对社会组织的影响。社会组织主要是指下列特征:生殖群和取食群的大小、空间组织(领域的有无及大小、重叠分布区等)和交配体制(单配或多配性)。生态因素主要是指食物、营巢地和天敌。Crook研究了生活在非洲和亚洲的90种文鸟的社会组织和生态学,发现它们可以明显地分为两大类型。一类生活在常绿森林中,以食虫为主,一雄一雌成对活动(单配性),每对成鸟都占有较大的领域;另一类生活在热带稀树草原,取食植物种子,结群觅食,巢也密集在一起,形成庞大的公共巢,交配体制为一雄多雌(多配制)。显然,文鸟的社会组织同它们生活其中的生境特征和食物性质有着明显的相关性。

森林食虫文鸟的巢一般是隐蔽的和分散的,以便减少捕食动物对鸟卵和雏鸟的毁灭作用,它们还善于利用非常分散和不太丰富的食物资源。也可以说,是捕食者的存在和食物的分散性迫使森林文鸟采取了分散营巢和占有较大领域的生存对策。与此相反,生活在稀树草原、以吃种子为主的文鸟则建筑非常庞大而醒目的巢群,因为它们的营巢地点(如刺金合欢树的树冠)是捕食者无法到达的;另一方面,它们的食物非常丰富而且呈集团分布,因此它们便常常结群觅食,群中的每一个个体都会因其他个体找到食物而获得好处,只要食物的密度足够大,群内个体之间的竞争就不会超过结群所带来的好处。在这种情况下,占有固定的领域反而会使食物得不到保障,所以领域现象在草原文鸟很不明显。建筑庞大的巢群可能是适应好的营巢地不够多这样一种生态条件,草原文鸟喜欢选择既安全又有丰富食物的地点营巢,建立巨大巢群还有这样一个好处,即只要有一个个体发现了适宜的营巢地,就可使全群受到好处。

用食物和栖息环境等生态因素同样也可以解释两类文鸟在交配体制上所存在的明显差异。森林食虫文鸟的生殖主要受到双亲带食物回巢能力的限制,雌、雄成鸟必须通力合作、全力以赴才能成功地养育一窝小鸟,如果有任何一方离弃这个家庭,都会造成育雏的失败,因此,一雄一雌制就成了森林食虫文鸟的常规配偶形式。相反,一雄多雌制则常见于草原文鸟,因为在结群的草原文鸟中,有些雄鸟能够有效地保卫许多营巢地的安全,而另一些雄鸟则得不到营巢地,因此,大量雌鸟同少数占有营巢地的雄鸟形成一雄多雌的交配体制对物种的延续更为有利,这样不仅可以保证全部雌鸟都能参与生殖,而且还可以保证强者的遗传优势。随着一雄多雌制的发展,性二型的分化也越来越明显,求偶行为也越来越复杂。

非常有说服力的是,一些在食性上处于上述两种类型之间的种类(同时吃种子和昆虫),它们的社会组织也相应地处于两者之间,表现出明显的过渡状态,不过有些偏向于森林类型,另一些则更偏向于草原类型。这些事实对Crook的观点是很大的支持。目前,比较研究法已应用于研究所有的鸟类、灵长类和有蹄类哺乳动物和某些热带珊瑚鱼。

## 六、最适性理论和进化稳定对策(ESS)

MacArthur 和 Pianka(1966)主张用经济学观点研究动物的行为，并首先在取食行为方面使用了最适选择(optimal choice)的概念。他们根据动物在捕食全过程中的能量得失来分析一个捕食者的最适食物，并提出，从这一原则出发可以对一个有效的捕食者确立一整套的行为准则。目前。最适性理论已应用于研究行为的所有方面，如用来解决领域大小、社群大小、生活史对策和交配对策等问题。而 McFarland(1977)则把这一理论用于研究动物行为的决策机理(mechanisms of dicision making)，并在这一研究中把生物学、心理学和经济学融为一体。最近又有人用最适性理论探讨动物的内在动机因素和外在生态条件是如何相互结合，共同对动物的行为决策施加影响的。

最适性理论的基本出发点是，自然选择总是倾向于使动物最有效地传递它们的基因，因而也是最有效地从事各种活动，包括使它们在时间分配和能量利用方面达到最适状态。这一理论的难点之一是，往往难以找到一个现成的、单一的最适行为对策，特别是当一个行为的价值要视种群中其他个体的行为而定的时候就尤其如此。一个雄性粪蝇在寻觅雌蝇时的最优占位往往取决于其他雄蝇停落在什么地方，而在一场争夺配偶的斗争中，雄蝇的最适行为又常常取决于它的对手如何行动，有时需要退让，有时又需要进行激烈的争斗。又如，对一个正在生殖的雌蝇来说，其后代的最适性比率往往又依该种群中两性的全面性比率而定。在上述各种情况下，都难以找到一个对所有个体都一律适用的最适行为对策。

为了从理论上解决这一问题，就必须寻找一种对策或一种混合对策，这种对策是被种群大多数成员所采取的，而且不会受到其他任何可选对策的侵蚀，这样的对策就叫进化稳定对策(ESS)。ESS 的基本特性就是它的不可侵蚀性，即 ESS 一旦被种群中大多数成员所采纳，该种群在进化过程中就会保持稳定。“对策”一词可以理解为是一种程序预先编制好的行为，例如当一个动物向对手发动攻击时，“如果对手逃跑就追击，如果对手还击就逃跑”就是一种对策。当然，对策并不是个体有意识地制定出来的，而是自然选择的产物。以动物的战斗行为为例：假定一个种群内只存在两种战斗对策——鹰对策和鸽对策。鹰战斗起来总是全力以赴、孤注一掷，除非身负重伤，否则绝不退却；而鸽则总是以惯常的方式进行威胁恫吓，从不伤害对方。当一个鹰对策者(简称“鹰”，下同)与一个鸽对策者(简称“鸽”，下同)相遇时，“鸽”总是逃跑，因此“鸽”从不会受伤；当“鹰”和“鹰”相遇时会一直打到一只“鹰”受重伤或死亡为止；当“鸽”和“鸽”相遇时，双方谁也不会受伤，它们可能长时间摆出对峙的架势，直到其中一只感到疲劳或感到厌烦而决定不再对峙下去，从而做出让步为止。

假如我们规定战斗的得分标准如下：赢一场得 50 分，输一场得 0 分，重伤得－100 分，长时间对峙浪费时间得－10 分。得分高的个体则意味着能在种群基因库中留下较多的基因。现在要问：鹰对策和鸽对策哪一个是进化稳定对策？显然，不管是鹰对策还是鸽对策，单凭其自身不可能在进化上保持稳定，因此，它们之中的任何一个都不可能得以进化。如果种群全由鸽对策个体组成，则每次战斗总是其中一方得胜，得 50 分，因与对方对峙浪费时间扣 10 分，结果净得 40 分；另一方退却得 0 分，同样因长时间对峙扣 10 分，结果净得－10 分。由于每只“鸽”平均输赢各半，因此平均得分应是(40－10)÷2＝15 分，看来还不错。但是，如果在鸽种群中因突变出现了一个鹰对策者，它每次战斗都是同“鸽”进行，结果总是赢，每场净得 50 分，这同时也是平均得分,与 15 分相比,“鹰”占有巨大优势,于是“鹰”的基因在种群中得到传布,但此后“鹰”却再也不能指望它以后遇到的对手都是“鸽”了。

再考虑另一极端,如果鹰基因的散布最终使整个种群都成了“鹰”的天下,那么所有的战斗就都会是“鹰”对“鹰”,结果总是一方得胜,得 50 分,另一方受重伤得 −100 分,每只“鹰”在战斗中可望胜负各半,因此平均净得分是(−100+50)÷2=−25 分。此时,如果“鹰”种群中因突变产生一只鸽对策者,虽然它每次战斗都要输,但它不会受伤,平均得分为 0,而“鹰”的得分是−25。在这种情况下,“鸽”基因就会在种群中散布开来。根据上述事实可以看出,纯“鹰”种群和纯“鸽”种群都是不稳定的,似乎会出现从“鹰”种群到“鸽”种群,再从“鸽”种群到“鹰”种群的大幅度摆动,但事实上不会如此。“鹰”和“鸽”之间应存在一个稳定的比例,按上述评分计算一下,结果“鸽”同“鹰”的比例达到(5/12)∶(7/12)时最稳定,此时“鹰”和“鸽”的平均净得分完全相等。如果种群中“鹰”的数目开始上升,不再是 7/12,“鸽”会得到额外的优势,这将迫使“鹰”的比例下降,使整个种群回到稳定状态。

在由 7/12“鹰”和 5/12“鸽”组成的稳定种群中,每个个体的平均得分都是 25/4 分(“鹰”“鸽”均如此),这个得分比纯“鸽”种群的个体平均得分要少很多。因此,只要大家都同意成为“鸽”,那么每个个体都会受益,也就是说,清一色的“鸽”种群中,每一只“鸽”的境遇要比稳定种群中的“鸽”好一些。问题是,“鸽”种群中如果出现一只“鹰”,那么任何力量也不能阻止它的进化,它单枪匹马就会干出无与伦比的业绩,这个种群就会因为出现内部的背叛行为而土崩瓦解。可见,ESS 种群的稳定倒不是因为它特别有利于其中的个体,而仅仅是由于它没有内部背叛行为的隐患。当然,ESS 种群的稳定也可以通过下述方法达到,即每个个体都能采取上述两种对策,但采取鹰对策和鸽对策的概率分别是 7/12 和 5/12,而且必须是随机的,因为只有随机才能使任何一个对手事先无法猜出对方在战斗中将采取何种对策。如果有一个个体总是连续 7 次充当“鹰”,再连续 5 次充当“鸽”,这种简单的战斗序列是绝对不可取的,因为它的对手很快就会识破这种对策并加以利用。

以上只是一种简单的模型,但它对理解进化稳定对策这一概念是非常有帮助的。简单的模型经过丰富发展就可以形成更加接近实际的复杂模型。进化稳定对策的概念在行为生态学中已得到广泛应用,除上述实例外,在诸如仪式化战斗问题、求偶场问题和栖息地选择问题上也已得到应用,可以说 ESS 是行为生态学中最重要的概念之一,凡是有利益冲突的地方,它都适用,这就是说几乎在一切地方都适用。

## 七、行为、生态学和进化的关系

行为生态学特别重视对动物行为功能的研究,并试图了解动物的行为是如何适应它们的生存环境的。在达尔文看来,适应性是一个很明显的事实,如眼睛适于视物,四肢适于奔走,翅膀适于飞翔等。达尔文穷毕生精力试图解释生物的适应性是如何产生的,并提出了自然选择进化理论。我们可以把达尔文在 1859 年出版的 *The Origin of Species*(《物种起源》)一书中所发表的自然选择进化论概括为以下几点:

(1) 同种个体之间存在着形态、行为和生理差异(即变异的普遍性)。

(2) 部分变异是可遗传的,子代更相似于自己的双亲而不太相似于同一种群内的其他成员。

(3) 生物有巨大的数量增殖潜力，其所产生的后代数量远远大于可能存活的数量，因此，个体之间必定要为获得资源、配偶和空间而进行竞争。

(4) 竞争结果，一些个体将会比另一些个体留下更多的后代，这些后代将会继承它们双亲的特征，并通过自然选择而进化。

(5) 自然选择的结果是生物适应它们的生存环境，被选择下来的个体将是那些最能有效地找到食物、配偶和逃避捕食者的个体。

行为生态学根据现代遗传学理论，在基因水平上对自然选择进化理论作了新的表述，其基本出发点是：虽然选择是作用于表现型，但在进化中真正发生变化的是基因的相对频率，因此可以把进化理论重新表述如下：

Ⅰ. 所有生物都有基因，基因决定着蛋白质的合成，而这些蛋白质又对神经系统、肌肉的发育和结构起着控制作用，因而也决定着动物的行为。

Ⅱ. 在种群内，很多基因都具有两个或更多的对立形式或叫等位基因，等位基因即使对同一蛋白质的编码也略有不同，这将导致发育上的差异并因而产生种内变异。

Ⅲ. 等位基因对染色体上的某一特定位置，即位点(locus)，存在着竞争关系。

Ⅳ. 任一等位基因所复制的基因，如果比其对立基因所复制的基因更加富有存活力，那么它最终就能在种群中取代其对立基因。自然选择将有利于使对立等位基因的存活产生差异。

大量的研究已经表明，个体间的遗传差异可以导致行为的差异，包括交配行为、学习行为、鸣叫发声、觅食行为和迁移行为等。在行为、生态学和进化的关系方面，目前已知有三个主要原理：① 在进化期间，自然选择将有利于个体采取如下的生活史对策，即能使其基因最大限度地对未来世代做出贡献；② 成年动物的最优生存和生殖方式将决定于生态学、生活环境、食物条件以及同它有关的竞争者和捕食者等；③ 由于一个个体的生存和生殖成功主要依赖于它的行为，因此，自然选择总是倾向于使动物具有最大的捕食效率、采取最有效的交配对策和能够最成功地逃避捕食者等。至于什么是"最优"和"最有效"，则要看对几种可替代行为的选择结果，而这种选择又是在各种生态和生理压力下进行的。可以说，行为生态学是处在行为、生态学和进化的交叉点上，我们可以把生态学看成是行为发生的舞台，而把进化看成是一种过程，在这个过程中被选择下来的行为，将能使动物在为增加自身基因在种群基因库中的比例的竞争中得到最大的成功。

## 八、亲缘选择和广义适合度

1964年，Maynard Smith在"Group selection and kin selection"(群选择和亲缘选择)一文中明确地提出了亲缘选择的概念。同年，W. D. Hamilton的文章《社会行为的遗传理论》在理论生物学杂志发表，于是引起了人们对亲缘选择概念的巨大兴趣。现在，人们已普遍看到了亲缘选择在解释各种社会行为进化和利他行为进化中的重要作用。亲缘选择是指对有亲缘关系的一个家族或家庭中的成员所起的自然选择作用。亲缘选择主要是对支配行为的基因起作用，因此，它所增进的有时不是个体的适合度(fitness)，而是个体的广义适合度。什么是适合度和广义适合度？简单说来，适合度是衡量一个个体存活和生殖成功机会的一种尺度，适合度越大，个体存活的机会和生殖成功的可能性也越大。而广义适合度则不以个体存活和生殖为尺度，而是指一个个体在后代中传布自身基因(或与自身基因相同的基因)的能力有多大，能够最大限度地把自身基因传递给后代的个体,则具有最大的广义适合度(注意,不一定是通过自身生殖的形式)。实际上,亲缘选择的概念是从广义适合度的概念引申出来的,所谓亲缘选择就是选择广义适合度最大的个体,而不管这个个体的行为是不是对自身的存活和生殖有利。为了讲清楚亲缘选择和广义适合度这两个极其重要的概念,我们可以从利他行为谈起。

众所周知的是,利他行为在动物界是普遍存在的,母爱就是突出的一例,双亲辛勤地工作不是为了自己,而是为了养育和保卫自己的后代,甚至为了子女的安全,不惜把捕食动物的注意力引向自己;鸟类和哺乳动物的报警鸣叫增加了自己的危险,却换取了同群其他个体的安全;在蜜蜂、蚂蚁等社会性昆虫中,不育的雌虫自己不产卵生殖,却全力以赴地帮助蜂后(或蚁后)喂养自己的同母弟妹;工蜂的自杀性螫刺也显然是为了全群的利益;在蜜罐蚁的群体中,有些工蚁整天吊在巢顶,腹部膨大得惊人,里面塞满了食物,其他工蚁把它们当作食品贮存器使用,这些工蚁的个性显然是为了集体的利益而受到了抑制。这些明显的利他行为,用达尔文的个体选择的观点是无法解释的。因为个体选择是建立在个体表现型选择的基础上,这些特性一经选择,势必以更大的生殖优势在后代中表现出来,但不育雌虫根本不能生殖,又如何能将这些性状传递下去呢?个体选择也难以解释其他的利他行为,因为利他行为所增进的不是行为者自己的适合度,而是其他个体的适合度。但是如果应用亲缘选择的观点,利他行为便能得到科学的解释,因为亲缘选择只对那些能够有效传布自身基因的个体有利,假如有一个基因碰巧能使双亲表现出对子女的利他行为,哪怕这些行为对双亲的存活不利,只要这些行为能导致足够数量的子代存活,那么这个利他基因在子代基因库中的频率就会增加,因为子代总是复制与父母相同的基因。社会性昆虫中的不育性雌虫(工蜂和工蚁)也是这样,例如一只工蜂,它同自己的姐妹(同群中的其他工蜂)之间有75%的基因是完全相同的(其中的25%来自双倍体的母亲,50%来自单倍体的父亲),因此,虽然它自己不生殖,但它帮助母亲(蜂后)喂养自己的同胞弟妹比自己养育子女的广义适合度更大,因为母女之间只有50%的基因是相同的。

为了更深入地理解这些问题,有必要把亲子之间或亲属之间的亲缘关系定量化。人所共知的是,配子形成时的减数分裂将使任何一个特定基因都有50%的机会参与精子或卵子的形成(同源染色体上的等位基因也同样有50%的机会参与配子的形成),因此,总会有一半的精子或卵子复制某一特定基因,而另一半则不复制。可见,对一个双倍体物种来说,亲代与子代共同具有某一特定基因的概率恰好是0.5,也就是说,亲代与子代之间的亲缘系数(the coefficient of relatedness)等于0.5,即$r=0.5$。

亲代与子代占有共同基因并不排斥其他与之有亲缘关系的个体也占有同一基因,只是亲缘关系越远,占有同一基因的概率就越小,即亲缘系数$r$值越小。通过计算可以知道,任一个体内的任一基因在其兄弟姐妹中出现的概率是0.5(即$r=0.5$),在其子女中出现的概率也是0.5($r=0.5$),在其孙辈个体中出现的概率是0.25($r=0.25$),在其表(堂)兄弟姐妹中出现的概率是0.125($r=0.125$)…概括起来说,在双倍体物种中如果不发生近亲交配的话,

$$r=\sum\left(\frac{1}{2}\right)^{L}$$

其中$L$是两个亲缘个体相隔的世代数。正是由于同一亲缘群中的个体不同程度地占有共同基因,因此,从亲缘选择的观点看,如果一个个体对同一家族群中的其他个体表现出利他行为,也就不足为奇了。因为它们之间具有共同的基因利益,利他行为多多少少都对利他主义者传

递自身基因有利。

在什么前提条件下，利他行为才会被自然选择所保存呢？假如有一个利他主义者用自身的死亡换取了2个以上兄弟姐妹的存活，或者4个以上孙辈个体的存活，或者8个以上曾孙辈个体或堂(表)兄弟姐妹的存活，那么因利他主义者死亡而损失的基因，就会由于有足够数量的亲缘个体存活而得到完全的补偿，而且还会使该利他基因在种群基因库中的频率有所增加。也就是说，只有受益的亲缘个体所得到的基因利益按亲缘系数的倒数(即按 $1/r$)超过利他主义者因死亡所受到的基因损失时，才能增进利他主义者的广义适合度，因而这种利他行为也才能被自然选择所保存并得以进化。

下面举一个鸟类方面亲缘选择的实例：在热带地区，鸟类常常全年生活在固定的地方，后代也很少分散，因此在左邻右舍之间总是存在一定的亲缘关系。有时可以看到5只成鸟(如樫鸟)同时喂养一窝小鸟的怪现象，其中只能有2只是小鸟的双亲，其余3只都是外来的帮手。帮手鸟常常是前一窝的小鸟，现在长大了，在帮助父母喂养自己的同胞弟妹。这种行为的遗传学根据是，它们与父母之间的亲缘系数同它们与同胞弟妹之间的亲缘系数是相等的，即 $r$ 都等于0.5。因此，帮助父母多养育一些小鸟，同它们自己产卵生殖，其广义适合度是一样的。所以，每当它们因某种原因而不能建立起自己的家庭时，便前来帮助父母进行生殖。此外，帮手也可能是邻居，正如前面所说的，邻里之间往往存在亲缘关系，因此，一旦有谁的巢遭到了破坏，又来不及产第二窝卵的话，那弥补损失的最好办法就是去帮助邻居喂养小鸟。

在上述的例子中，如果帮手所付出的牺牲还不够大的话，那么野火鸡的性行为也许是一个更好的例子。同窝孵出的雄性野火鸡，长大后都分成2～3只一小群，在同一求偶场向雌火鸡求偶。在众多的同胞兄弟中，只能有1只最优势的雄火鸡与雌火鸡交配，其他个体都因优势较差而不能直接传递后代，这些求偶失败者都甘心情愿服从于优胜者，并千方百计用自己的炫耀行为帮助优势者取得交配和生殖的成功。在这个例子里，亲缘选择显然倾向于选择那些优势较差却能帮助优势者进行生殖的个体，因为这种利他行为能大大增加优势较差个体的广义适合度。

## 九、基因的自私性

这里应着重指出的是，动物的行为可以是利他的，但基因决不会利他。Dawkins(1977)在《自私的基因》一书中称基因是绝对自私的(自私一词是指事物的客观效果，而不是指意识形态上的，下同)。可以说，在任何称得上是自然选择基本单位的实体中，都会发现自私性。基因的自私性通常会导致个体行为的自私性，但有时也会导致个体的利他主义。Dawkins认为，自然选择的基本单位不是物种，也不是种群或群体，甚至不是个体和染色体，而是作为遗传物质基本单位的基因。因为从遗传的意义上说，群体只不过是临时的聚合体，它们在进化过程中是不稳定的；种群虽然可以存在一个长时期，但也不是同其他种群混合以致失去它们的特性；个体也不稳定，它们总在不停地消失；至于染色体，好像是打出去的一副牌，不久就会因洗牌而被混合和湮没，但洗牌不会改变牌本身，牌本身就是基因，基因不会被染色体交换和基因交换所破坏，只是调换伙伴再继续前进。可见，只有基因才是最稳定的，并能通过复制和以拷贝的形式保持“永恒的”存在，基因之所以能成为自然选择的基本单位，就在于它的永恒性。

在基因的水平上，利他行为必然被自然选择所淘汰，而自私行为必定被保存。基因为争取生存,直接同它们的等位基因进行你死我活的竞争,因为等位基因是争夺在后代染色体上占有一定位置的竞争对手。可以想象的是,只有那些靠牺牲其等位基因而增加自己生存机会的基因,才能被自然选择所保存。因此,基因不仅是自然选择的基本单位,而且也是自私行为的基本单位。成功的基因的一个突出特性就是其无情的自私性。我们通常所说的进化,其实就是指基因库中的某些基因变得多了,而另一些基因变得少了的过程,即基因频率发生变化的过程,因此,每当我们要解释某种行为(如利他行为)特性的进化过程时,最好是问问自己:这种行为特性对基因库中的基因频率产生了什么影响?

R. Dawkins 是英国的一位行为生态学家,他的观点虽然存在着各种争议,但他以独创的见解引人注目,并能给人以理论的启示。Dawkins 的一个基本信念是,从发生在最低水平(即基因水平)上的选择出发,才是解释进化的最好办法。他的这一信念虽然深受 G. C. Williams 的著作 *Adaptation and Natural Selection*(《适应与自然选择》)的影响,但是将其应用于行为生态学则是 Dawkins 的独创。

# 第二章　觅食行为生态学

## 第一节　最优化觅食

### 一、最有效率的捕食者

一个动物在取食前必须首先决定到什么地方去取食？取食什么类型的食物？什么时候转移取食地点？一般说来，由于进化选择的压力，动物通常都能最有效地获得食物。如果我们能够在理论上掌握了能使动物的取食效率达到最大的决策规律，那么根据这些规律就可以预测动物是如何做出各种行为选择的。为什么进化过程会有利于最有效率的捕食者呢？从长远看，自然选择将会保存那些具有最大适合度的动物个体；从短期看，取食效率越大，肯定会越有利于动物在生殖上获得成功。自然选择总是使动物的觅食效率尽可能地加以改进，因为只要捕食者能够借助于更有效的捕食提高其生存和生殖的机会，自然选择就会对它有利。这个道理对山雀属鸟类来说是很明显的，这些食虫小鸟在冬季白天必须每隔 3 秒钟就捕食一只昆虫才能维持自己的生存。即使对于像狮子这样一个把很多时间用于休息的动物来说，其狩猎效率也会面临强大的自然选择压力，因为在它的狩猎活动和其他活动(如保卫领域、交配和休息等)之间存在着明显的时间竞争。这里所说的效率一词可能有多种含义，如使能量的瞬时净摄取率达到最大；使某些特定营养物(如维生素或重要氨基酸)的摄入率最高；使食物或特定营养物的总摄入率波动最小以及使整个季节的净摄取量最大等。这就是说，即使我们承认动物通常都会具有最高的觅食效率，但仍然需要具体地检验最高效率是侧重于哪一方面。

## 二、食物的最适选择

### (一) 选择最有利的食物

对任何一种猎物,捕食者都要在搜寻和进食过程中花费时间和能量,但同时也能得到一定的食物净值(net food value)(即食物总值减去搜寻、消化食物所消耗的能量)。食物净值与处理时间之比值是衡量食物有利性的一种尺度(处理时间是指从捕获猎物到吃下猎物所花费的时间)。Elner 和 Hughes(1978)研究过一种海滨蟹(*Carcinus maenas*)对食物贻贝的选择性(图 2-1),而 Davies(1977)则讨论了食物大小和食物有利性之间的关系(图 2-2)。这两项研究都对各种食物在单位时间内的食物摄取量进行了测定,并以此代表食物的有利性。研究表明,捕食者总是倾向于选择有利性更大的食物。1976 年,Kislalioglu 和 Gibson 研究了海刺鱼(*Spinachia spinachia*)同其食物新糠虾(*Neomysis integer*)的关系,发现海刺鱼最喜食的食物大小也正是有利性最大的个体。值得注意的是,他们把海刺鱼的大小分成 6 个等级(体长分别为 70、80、90、100、110 和 120mm),并在这 6 个不同等级上分别研究了海刺鱼的食物选择性。结果发现,每一等级都有其特有的最有利食物,该食物又是该等级大小的海刺鱼所喜食的(图 2-3)。

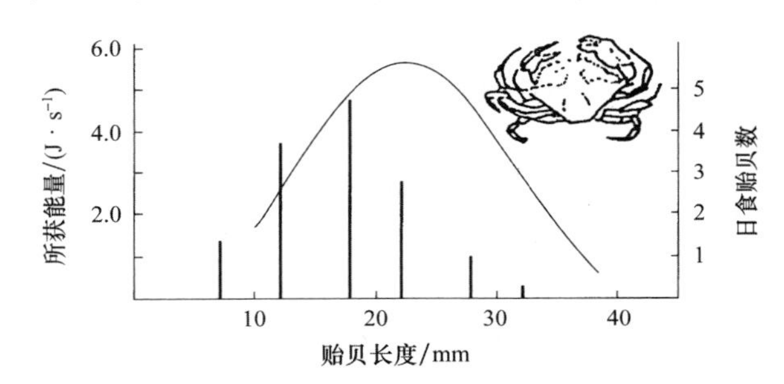


**图 2-1 海滨蟹的食物——贻贝的大小和数量直方图**

曲线代表单位处理时间所获得的能量(仿 Elner 和 Hughes,1978)

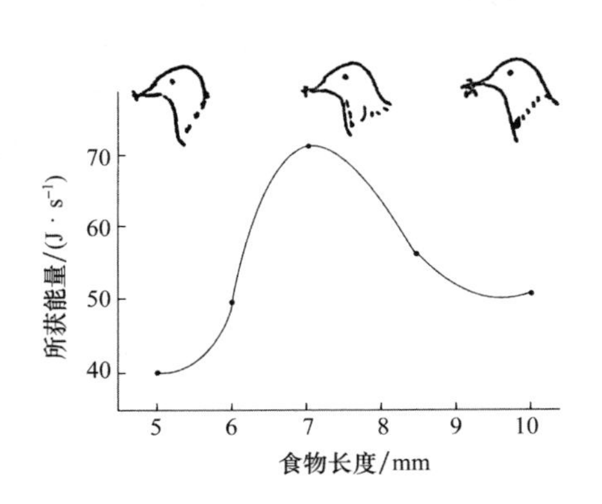


**图 2-2 鹡鸰的食物选择**

用单位处理时间所获得的能量值表示食物的有利性(仿 Davies,1977)

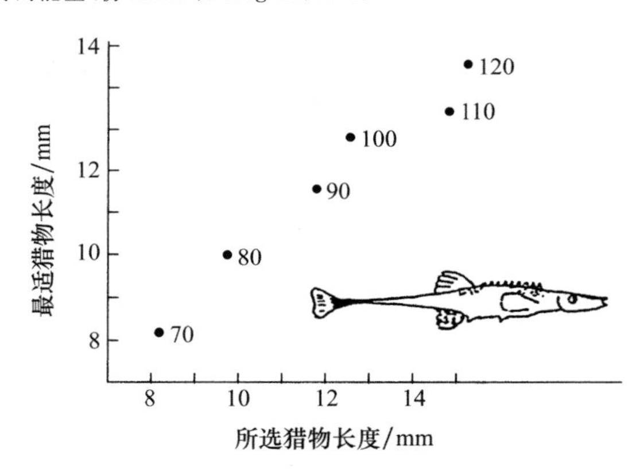


**图 2-3 不同大小的海刺鱼分别选择不同大小的猎物(新糠虾)作为最喜食的食物**

海刺鱼的体长分别为 70、80、90、100、110 和 120 mm(仿 Kislalioglu 等,1976)

### （二）最适食谱

从上述研究不难看出，最优捕食者总是选择最有利的食物；但这些研究并没有说明，在捕食者的食谱中还应当在多大程度上包括一些有利性较小的食物。假定捕食者的觅食时间包括搜寻和进食两部分，如果捕食者只选择最有利的一种猎物作为食物，虽然可使单位处理时间的食物摄取量很高，但搜寻这种食物所花费的时间必然也较长。而一个对食物种类毫无选择的捕食者，搜寻时间必然较短，但单位处理时间的食物摄取量也相应降低，因为在它的食谱中包括了很多有利性较小的食物。这中间就存在着一种最适权衡。1966 年，MacArthur 和 Rianka 深入地讨论了这个问题(图 2-4)。从图中可以看出以下几点：① 搜寻时间和食物平均有利性

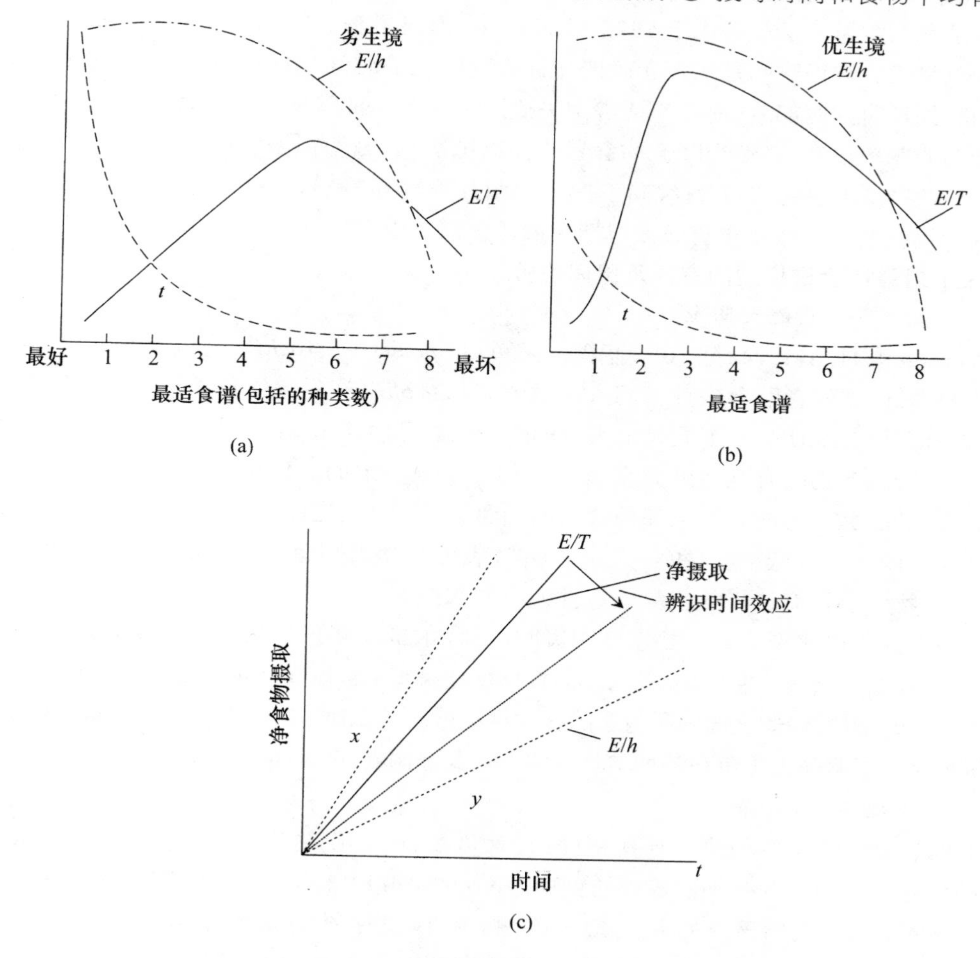


图 2-4

(a)和(b)表明：劣生境和优生境中最适食谱所包含的食物种类数不同(食物按有利性大小依次排列)。搜寻时间($t$)和所吃食物的平均有利性($E/h$)都将随着食物种类的增加而下降。单位时间的食物净摄取量曲线($E/T$)上升到一定高度后也开始下降，其最高峰就是最适食谱范围：在劣生境中，由于有利性食物少，搜寻时间长，最适食谱包含的食物种类就多。

(c)表明：捕食者不会去吃 $E/h$ 值处在 $E/T$ 直线以下的任何食物(如食物 $y$)，即使食物 $y$ 很多，$E/T$ 直线的斜率也不会因吃食物 $y$ 而增加。相反，捕食者肯定要吃食物 $x$，因为吃食物 $x$ 将使 $E/T$ 值增加。如果食物需要辨识时间的话，那么当食物 $y$ 数量很多时，由于辨识时间效应，就会导致 $E/T$ 直线向下摆动(如箭头所示)

将随着食谱范围的扩大而减小;② 只要根据食物有利性和搜寻时间曲线计算出单位时间的食物摄取率,就可以知道最适食谱中应当包括多少种类的食物;③ 如果有利食物的可获得性增加,那么最适食谱中的食物种类就会减少;④ 图 2-4 还表明了当一个捕食者遇到新食物时所面临的问题,假定捕食者一直是吃最适食谱范围内的食物[图 2-4(a)中是 5 种,(b)中是 3 种],现在遇到了一个新食物 $x$ 或 $y$,由于食物 $x$ 的单位处理时间的食物摄取率高于 $E/T$,所以捕食者吃食物 $x$ 很有利,而吃食物 $y$ 则不利,结果捕食者总是要吃食物 $x$,而拒绝吃食物 $y$。

运用这一模型可以做出下列一些重要预测:① 捕食者总是偏爱较为有利的食物;② 当有利食物很多时,捕食者就会表现出更大的选择性;③ 捕食者拒绝吃有利性较小的食物,不管这些食物是多么常见。这一点由于 1978 年 Hughes 提出了辨识时间(recognize time)的概念而应当加以修正。辨识时间是捕食者确认一种猎物所花的时间。Hughes 把总处理时间分为辨识时间和处理时间两部分(前者包括辨识失败后又放弃一种猎物所花的时间)。如果与不利性食物相遇的概率很高,必然会降低捕食者的食物摄取率,因为很多时间被辨识时间占去了,这样就将导致图 2-4 中的 $E/T$ 直线向下摆动。由此很容易看出,如果辨识时间很长,一些不太有利的食物就会由于数量丰富而被包括在最适食谱之中。

### (三) 对最适食谱模型的室内及田间检验

#### 1. 检验之一:蓝鳃太阳鱼

Werner 和 Hall(1974)把 10 只蓝鳃太阳鱼(*Lepomis macrochirus*)饲养在一个大约 350L 的水族箱内,让其任意取食三种不同大小的水蚤(*Daphnia*)。待鱼取食一段时间后便把鱼解剖,检查胃含物并统计三种不同大小水蚤的数量。由于太阳鱼对不同大小水蚤的处理时间都是一样的,所以食物的有利性就完全是由食物大小来决定的。Werner 和 Hall 除了计算每种食物的有利性之外,还估算了与每种食物的相遇率。图 2-5 是该实验所获得的最重要的结果:当三种大小的水蚤以低密度(每种大小 20 只)喂给蓝鳃太阳鱼时,其捕食率是由相遇率决定的,即对食物大小没有选择性。但当每种大小的水蚤都增加到 350 只(高密度)时,蓝鳃太阳鱼几乎只取食最大的水蚤。当食物密度中等时(每种水蚤 200 只),太阳鱼通常是取食两种较大的水蚤。总之,随着食物密度的增加,小的食物就越来越不被取食。根据图 2-4(c)预测,随着 $E/T$ 直线斜率的增加,最适食谱中所包含的食物种类就会越来越少。根据最适觅食模型,图 2-5 相当准确地预测了蓝鳃太阳鱼在各种实验条件下的食谱构成,可见模型是基本上符合实际的。

#### 2. 检验之二:大山雀

根据最适食谱模型预测:当有利食物(大食物)的数量达到一定密度后,大山雀(*Parus major*)就应当拒绝取食有利性较小的食物。Krebs(1977)曾设计了一个实验专门用来检验这一理论预测。方法是给笼养的大山雀饲喂大蠕虫(代表有利食物)和小蠕虫(代表不利食物),并以单位处理时间的取食量作为判断两种食物有利性大小的尺度。喂食时采用传送带输送食物,以便能够控制大山雀同这两种食物的相遇概率。实验结果如图 2-6 所示:当大蠕虫和小蠕虫都以低密度喂给时,正如模型所预测的那样,大山雀对这两种食物没有选择性;但当大蠕虫的密度增加到一定水平,以致不吃小蠕虫对大山雀更有利时,大山雀便开始表现出高度的食物选择性;接着,使大蠕虫的密度保持不变,同时使小蠕虫的数量增加到大蠕虫数量的 2 倍那样多,按照理论预测,大山雀应当继续保持高度的食物选择性,拒绝取食数量丰富的小蠕虫,但正如图 2-6 所表明的那样,实验结果虽然同理论预测基本相符,但并不完全一致。首先,大山

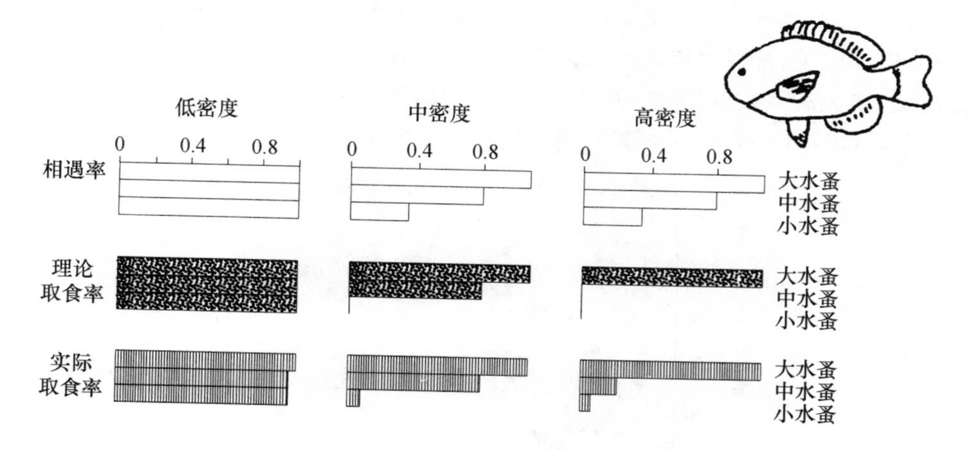


**图 2-5 蓝鳃太阳鱼对不同大小水蚤的最适食物选择**

根据最适食谱模型对取食率所做的理论预测与实际取食率基本一致(仿 Werner 和 Hall,1974)

雀并不完全拒绝吃不利的小蠕虫;其次,所吃小蠕虫的比例也并不完全同小蠕虫的数量无关。据分析,前一点误差可以用辨识时间来解释,后一点误差是因为捕食者要获得每一种食物相对有利性的信息,必定会牺牲一定的效率。

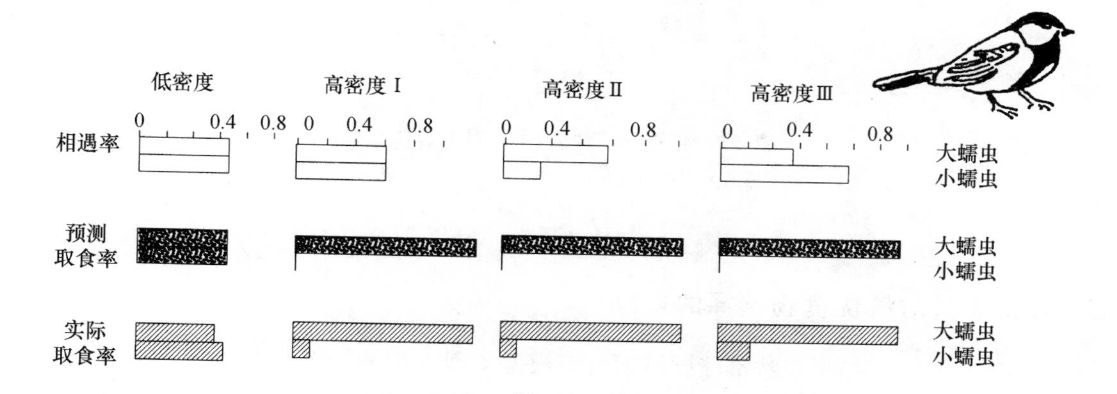


**图 2-6 大山雀取食大蠕虫(有利性大)和小蠕虫(有利性小)的实验**

直方图代表两种食物所占的比例(仿 Krebs 等,1977)

3. 检验之三:对红脚鹬的野外观察

有很多野外研究和观察资料都同最适食谱模型的预测相符,如 Herrera(1975)对一种猫头鹰(*Tyto alba*)的观察和 Menge(1972)对海星的观察。这些观察都证实,捕食者在食物密度大时比在食物密度小时有更大的选择性,但因为这些研究大都是定性的而不是定量的,因此说服力不强。定量的野外研究以 Goss-Custard(1977)对红脚鹬(*Tringa totanus*)的研究最为著名。红脚鹬生活在海滨泥沙滩,以多毛类沙蚕为食。Goss-Custard 首先测定各种大、小食物的有利性和可得性,然后在不同地点研究红脚鹬对大沙蚕和小沙蚕的取食率并进行比较分析。

结果发现,最大沙蚕被吃数量同最大沙蚕的自身密度呈正相关,而最小沙蚕被吃数量不但同最小沙蚕自身密度无关,却反而同大沙蚕的密度呈反比(图 2-7)。换句话说,就是红脚鹬对食物的选择性将随着大沙蚕密度的增加而增加,直到完全拒绝吃小沙蚕,尽管此时小沙蚕的数量可能很多。后来,Goss-Custard 又在实验室内的可控条件下证实了这一结论。

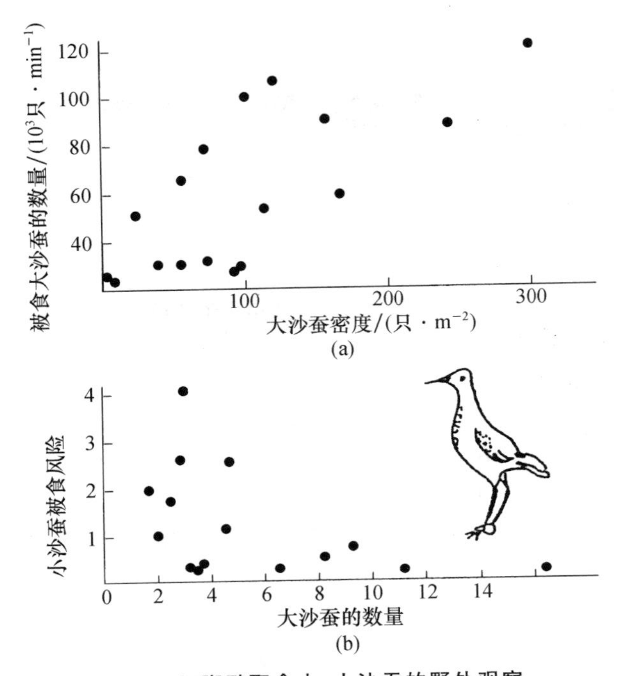


**图 2-7 红脚鹬取食大、小沙蚕的野外观察**

(a) 表明:被吃掉的大沙蚕的数量同大沙蚕的密度呈正相关;(b) 表明:大沙蚕的数量越丰富,小沙蚕被吃掉的风险越小(仿 Goss-Custard,1977)

## 三、食物质量对最优食物选择的影响

上述的各项研究结果虽然都能同最适食谱模型的理论预测相吻合,但它们都只涉及对同类食物大小的选择,却忽视了营养质量方面的差异,而且食物的有利性也只是根据食物的总摄取量来确定。事实上,动物有时是根据食物的营养质量来选择的,例如,红松鸡最喜食 3~4 龄的石楠属植物,因为这些植物的氮、磷含量最丰富。又如,如果把含有不同营养成分的各种食物同时喂给家鼠,它们自己会选择一个食谱,使所摄取的各种营养成分达到一种平衡。出于对一些特殊营养物质的需要,捕食者不一定总是根据单位处理时间食物摄取量的大小来选择食物。例如,Goss-Custard(1977)发现,红脚鹬有时宁可取食大小和有利性都比较小的甲壳动物(端足目蜾蠃蜚属 *Corophium*)而不去吃各种大小的沙蚕。以蜾蠃蜚为食,虽然每单位处理时间的食物摄入量较少,但它却得到了一些重要的营养物质。图 2-8 表明了红脚鹬依据营养价值宁可选择蜾蠃蜚而不去吃沙蚕的原理。假定红脚鹬需要食物中的两种成分:能量 a 和营养物 b;再假定沙蚕含有较多的 a,而蜾蠃蜚含有较多的 b。如果红脚鹬只吃沙蚕(W),它将如图中直线 *W* 所示摄入 a 和 b;如果只吃蜾蠃蜚(C),它将如直线 *C* 所示摄入 a 和 b。图中两曲线是红脚鹬按不同比例混吃 W 和 C 的收益等值线(可有无数条,位置越高收益越大)。红脚鹬的最适食物应使其总收益最大(即应与尽可能高的等值线相交),但这种收益却受着可用于捕食的总时间的限制。图中的虚直线就是总时间概算,其斜率则代表取食沙蚕和蜾蠃蜚的相对代价。吃沙蚕可以获得较多的能量,$W_E/C_E$ 的比值表明:吃 W 比吃 C 可多得 1.5 倍的能量;但吃 C 可以获得更多的营养物质,$W_N/C_N$ 的比值表明:吃 C 比吃 W 可多得 5 倍的营养物质。图中的时间概算线(虚直线)在 $C$ 直线上与最高等值线相交,说明在此情况下红脚鹬只吃 $C$ 最为有利,这也就是为什么红脚鹬有时不去吃沙蚕的原因,尽管沙蚕可以提供更多的能量。

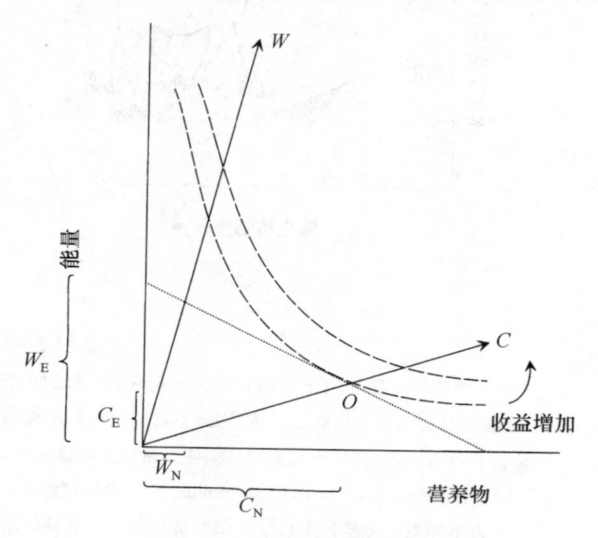


**图 2-8　对不同质量食物的最适选择模型**

两种食物(W 和 C)各含有不同比例的能量和营养物。只吃 W 就会按直线 $W$ 摄入 a 和 b;只吃 C 就会按直线 $C$ 摄入 a 和 b,混吃 W 和 C 就会处于上述两极端的中间位置。图中曲线是 a 和 b 各种结合的收益等值线,捕食者的最适食物选择应当落在尽可能高的等值线上,但这受限于可用于捕食的总时间,图中的虚直线就是总时间概算,其斜率代表吃 W 和 C 的相对代价,只有在只吃 C 时它才能与最高等值线在 $O$ 处相交,此时捕食者所吃食物虽然能量较少,但营养物较多(仿 Krebs,1978)

对植食性动物来说,食物的营养质量问题更为重要,这是因为植物常常缺少一些重要的营养成分,植食动物只有靠严格地选择所食植物的种类才能达到各种营养物摄入量的平衡。例如,对钠的需要在很大程度上影响着驼鹿(*Alces alces*)的食物选择。驼鹿的取食地点包括森林和小湖两种生境,在森林中它们取食落叶,而在小湖中则取食水下植物。水生植物富含钙但能值较低,陆生植物能值虽高但只含少量的钙。驼鹿既需要摄入足够的能量也需要摄入足够的钙,因此它必须两类植物都吃,但要想精确知道这两类植物所占的比例,就必须建立一个最适模型来进行预测。由于驼鹿的食物中含有两种成分,因此可以用一个点在图 2-9 中加以表示,图的两个轴分别表示陆生植物和水生植物的摄入量。如果驼鹿以吃陆生植物为主,偶尔吃些水生植物,那它的食谱就可被位于图右面较低位置的一个点所代表。但驼鹿每天必须摄入一定量的钠,图中的水平虚线(钠限)即表示满足钠的最低需求所必须吃进的水生植物数量。除此之外,驼鹿每天还必须摄入一定的能量,这些能量可以靠吃 $yg$ 水生植物或吃 $xg$ 陆生植物而获得,当然也可以靠同时吃两类植物来获得最低限制的能量(图中实线就是能量需求对食物选择所施加的限制)。最后,食物选择还受着驼鹿瘤胃容量的限制,吃进的食物必须在瘤胃中经微生物发酵才能被消化,因此,瘤胃的容量便限制着每日摄入的食物量,图中的斜虚线便规定了每日食物的最大摄入量(两类植物可以有不同的组合)。

下面谈谈这三种限制(钠限、能量限和胃限)对驼鹿食物选择的总影响。从图 2-9 中不难看出,这三条限制直线(两虚一实)决定着驼鹿的食物选择区域,该区域就是三条直线交叉所形成的一个三角形(即实线和水平虚线以上和斜虚线以下的三角面积)。问题是最适食谱应当位于三角形面积内的哪一点上?这通常要决定于最适标准是什么。如果最适标准是使钠的日摄

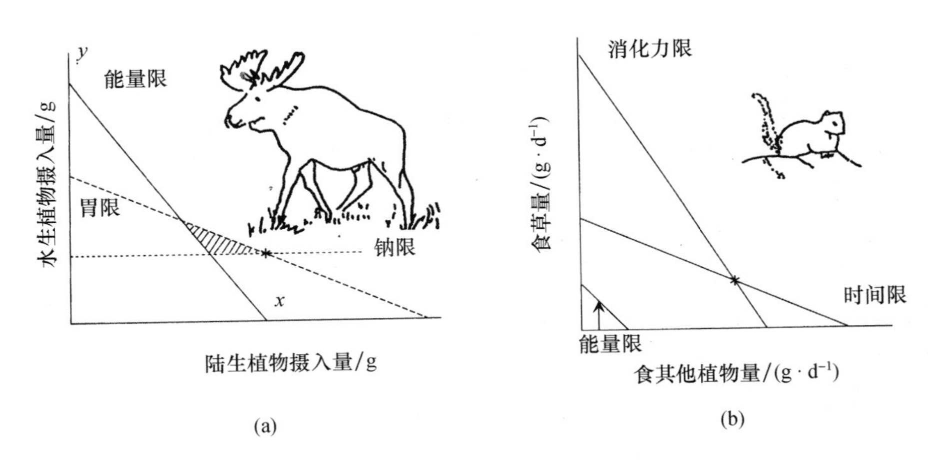


**图 2-9**

(a) 驼鹿的食物受限于对钠和能量的需求,能量最低日需要量用实线代表,钠最低日需要量用水平虚线表示,食物选择必须位于两线上方的某处;第三种限制是驼鹿瘤胃的容量(斜虚线)。三线交叉所形成的三角区就是食物的可选区域,星号所在位置将能使能量日摄取量达到最大。

(b) 黄鼠(*Spermophilus columbianus*)在三种限制曲线的制约上能使能量的日摄入量达到最大(星号位置),其消化力限相当于驼鹿的瘤胃限。图中植物量和食草量都以干重计(仿 Belovsky,1986)

入量达到最大,那么食谱中就应当包含尽可能多的水生植物,即最适食谱应选择在三角面积的左上角;如果最适标准是尽可能减少在水中的活动时间,那么最适食谱就应当选择在三角形的右下方。Belovsky(1978)曾对驼鹿的食谱进行过深入的研究,发现其食谱所在的点刚好是在三角区的右下角上(星号所示处),这就是说,在钠和胃容量的限制下,驼鹿将使其能量的日摄入量达到最大。图 2-9(b)是黄鼠的最适食谱选择模型,不过限制黄鼠食物选择的三种因素是能量的最低需求量、消化能力和可用于取食的时间,其中的消化能力相当于驼鹿的胃容量。对不同种类的植食动物来说,限制其食物选择的因素可能是不同的,但限制因素中常常包括取食时间和消化速度这两项,正如图 2-9(b)所展示的那样。

## 第二节　觅食行为经济学

### 一、椋鸟的食物运量问题

经济学上最常用的投资-收益分析现已广泛地用于研究动物的行为,首先我们用这一方法来分析一下椋鸟的食物运量问题。

椋鸟主要靠捕大蚊(*Tipula*)幼虫和其他无脊椎动物来喂养雏鸟,在生殖季节最繁忙时,每只亲鸟每天要在鸟巢和取食地之间往返飞行多达 400 次,一次次地把食物带回巢中喂给贪吃的雏鸟。从经济分析的角度看,可以提出这样的问题,即亲鸟一次带回几只大蚊幼虫最为合算?这一问题不仅决定着亲鸟的运食效率,而且对雏鸟的存活和健康成长也有着重要影响。众所周知的是,小型鸟类的生殖成功率常常受到它们喂食能力的限制,因此,在自然选择的强大压力下,亲鸟常常表现出极高的运食效率。不难想象,为什么一次只带一只幼虫回巢是一个很不经济的对策,假定亲鸟一次能把几只幼虫带回巢中,那么它每天的往返次数就会大大减少,总运食效益就会明显提高。但这不等于说,每次带回的猎物越多经济效益就越好,因为椋鸟是用喙以特定的方式搜寻猎物的,它先把喙插入草皮中拨开植物,再把隐藏在土壤表层中的幼虫暴露出来。起初,它的搜寻效率是很高的,但当它的口里已含有幼虫时,搜寻效率就会明显下降。因此每次收集的猎物太多,其总效益不一定最好,这个问题对于需要把食物运回巢或食物贮存所的动物来说都是存在的。

椋鸟的每次最佳运量问题可用图2-10说明,图中的横坐标代表时间(往返时间+搜寻时间),纵坐标代表每次运量(带回的幼虫数)。当一只椋鸟从巢中飞到取食地后,便开始搜寻猎物,通常前几只幼虫能够比较快地被找到,但随着口内所含猎物的增加,搜寻一只猎物所花费的时间就会越来越多,结果在图中就会绘出一条开始很陡、后来渐趋平缓的运量曲线。该曲线说明,椋鸟在取食地搜寻的时间越长,搜寻效率就越低,因此,椋鸟在取食地应当有一个最佳搜寻时间。如果椋鸟过早地离开取食地,那么往返一次的运量就会太少;如果它在取食地待的时间太长,就会把很多时间花费在低效率的搜寻工作上,这样反而不如回巢后重新开始一次新的采食活动更为合算。因此,椋鸟面临着在两种极端情况之间的一种最佳选择,最佳的含义是以最大的运送效率为雏鸟供应食物。最佳运量可以借助于在图2-10中绘一条 $AB$ 直线来找到,该直线的斜率就代表食物的运送效率(即运量/时间)。从几何图形上看,$AB$ 直线与运量曲线相切,并构成一个直角三角形的斜边,该三角形的底边就是时间(往返时间+搜寻时间),另一垂直边就是运量。再细琢磨便可知道,往返时间和运量曲线是椋鸟与环境相互关系的一些不变特性,所以,任何表示椋鸟食物运送效率的直线(如 $AB$ 直线)都将起自同一点 $A$(即每次往返时间的开始点),并与运量曲线的某点相交。你可以绘出任何一条这类直线,但其斜率都将小于 $AB$ 线,这就是说,其所代表的食物运送效率都低于 $AB$ 线。

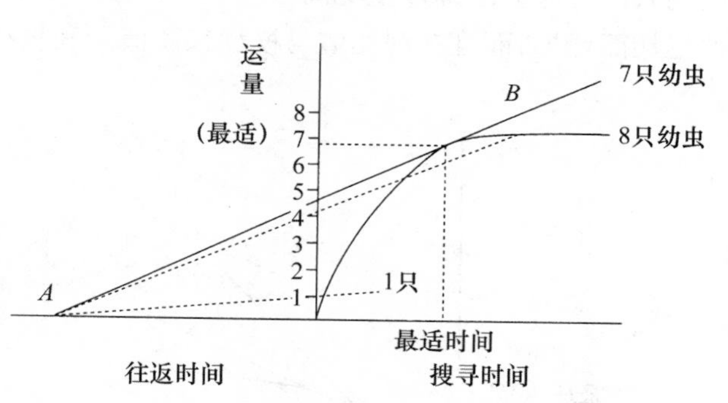


**图 2-10　椋鸟的食物运量问题图解**

横坐标表示时间,纵坐标表示运量,曲线代表累计搜寻猎物数,它是搜寻时间的函数;$AB$ 直线代表椋鸟的最大运送效率(7只幼虫);其他两条直线(虚)分别代表每次运量大于7只(8只)和小于7只(1只),但其效率都小于 $AB$ 直线(仿 Kacelnik,1984)

现在让我们假定,椋鸟转到一个离巢较近的地点去取食。随着往返时间的缩短,它的食物运量应当发生怎样的变化呢?用同样方法我们可以在图2-11中绘出两条直线,这样就可以表明,当往返时间缩短时,最大运送效率的运量应当减少。为了便于理解这一点,我们先想象一下椋鸟对选择回巢时机的决策。回巢意味着将失去继续觅食的机会,而留下来则意味着会失去一次重新开始觅食活动的机会。当巢与觅食地相距很远时,回巢一次的净收益就比较低,因为每次往返都要飞行较长的距离,因此在取食地多停留一些时间(即多收集一些幼虫)就是合算的。但如果巢与取食地相距很近,由于回巢一次的净收益较高,在取食地多停留就会变得不那么合算,因此,最经济的行为就是缩短在取食地的搜寻时间,每次少带一些幼虫回巢。1984

年,Kacelnik 对上述运量模型做了检验,方法是在田间训练椋鸟从一个木制给食盘内取食大黄粉虫(*Tenebrio molitor*)喂养它们的雏鸟。给食盘内的大黄粉虫是他用一条长塑料管滴送上去的,使每次滴送幼虫的间隔时间一次比一次长,以便模拟搜寻效率逐渐下降这样一种现实,这样便可形成椋鸟特有的运量曲线。受训的椋鸟只是简单地等待给食盘中黄粉虫的出现,直到口中装满一定数量的黄粉虫才飞回巢中喂给雏鸟。这一试验的精妙之处在于,试验者非常熟悉椋鸟在自然条件下的运量曲线,因此,他可以随机地变动巢与给食盘的距离(在 8～600m 范围内),以便能够准确地重现同一曲线。试验结果表明,不仅运量是随着给食盘与巢之间距离的增加而增加,而且在观测值与模型预测值之间也存在着密切的数量关系(图2-12)。

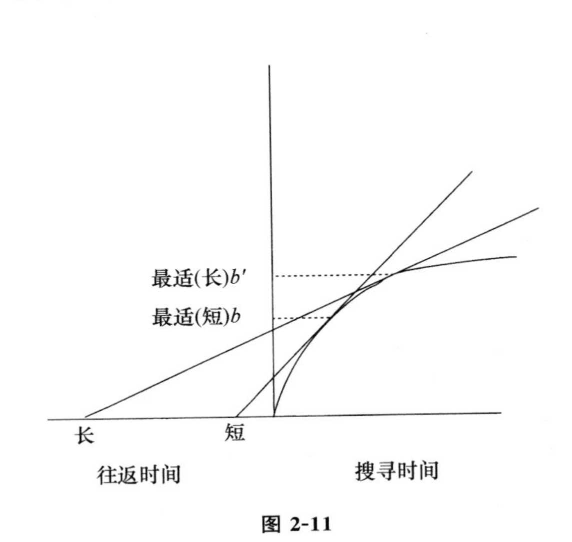


**图 2-11**

随着巢和取食地距离的增加,往返飞行所需时间也相应增加,此时,最大运送效率的运量将由 $b$ 增加到 $b'$(仿 Kacelnik,1984)

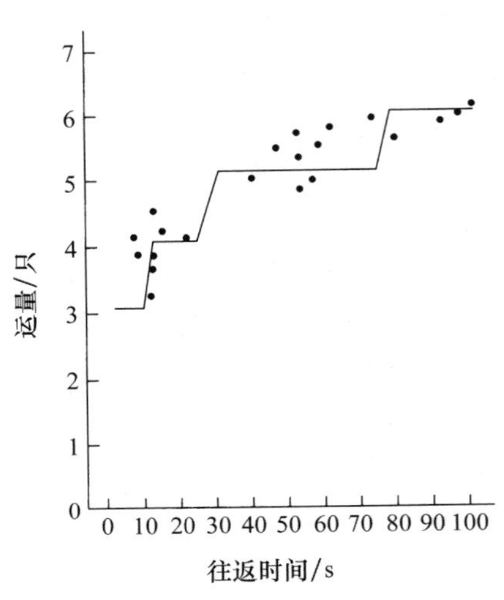


**图 2-12　椋鸟巢与取食地之间的距离(用往返时间表示)同每次食物运量的关系**

图中的每个点都是许多次观察的平均值,实线代表理论预测,每上升一级即表示运量要发生变化(仿 Kacelnik,1984)

椋鸟的运量模型通常被称为是边缘值原理(marginal value theorem),该原理可应用于很多场合,只要动物所利用的资源是属于离散的点片分布,而在分布区内资源的利用效率又呈递减趋势就行。

## 二、海滨蟹的食物选择与经济模型

正如前面已经提到过的,如果为海滨蟹提供各种不同大小的贻贝任其选食的话,那么它所选择的贻贝大小往往能使它得到最大的能量净收益。贻贝太大时,破碎贝壳会花费很长时间,因而会使单位处理时间的能量收入下降;贻贝太小时,虽然破碎贝壳所花的时间较短,但小贻贝的含肉量又太少,经济上也不合算。实验证明:在最大食物和最小食物之间存在着最适大小的食物(对海滨蟹来说就是贝壳长约 3cm 的贻贝)。但事情也不完全是这样简单,事实上,海滨蟹对贻贝大小的选择往往是落在一定范围之内(以 3cm 大小的贻贝为中心)。有时,它会吃比最适大小贻贝更大一些或更小一些的食物,这是因为寻找最适大小食物所花费的时间也是影响食物选择的一个重要因素。如果海滨蟹需要花很长时间才能找到一个最适大小的食物,那么吃一些更大或更小的食物反而能提高它的能量总摄取率。

为了能够精确地预测捕食者的食谱应当包含多少不同大小的食物,就必须根据捕食者的搜寻时间、处理时间和不同大小食物的能量值建立一个经济模型,假定一个捕食者在 $T_s$ 时间内遇到了两种类型的猎物,它们的捕食率分别为 $\lambda_1$ 和 $\lambda_2$,它们的含能量值分别为 $E_1$ 和 $E_2$,它们的处理时间分别为 $h_1$ 和 $h_2$(s),据此,这两种猎物的有利性将分别为 $E_1/h_1$ 和 $E_2/h_2$。如果该捕食者以这两种猎物为食,那么它在 $T_s$ 时间内所摄取的能量将是

$$E = T_s(\lambda_1 E_1 + \lambda_2 E_2) \tag{2.1}$$

在此情况下的时间总投资将等于搜寻时间加处理时间,即

$$T = T_s + T_s(\lambda_1 h_1 + \lambda_2 h_2) \tag{2.2}$$

而该捕食者的能量摄取率将等于方程(2.1)除以方程(2.2)所得的值,即

$$E/T = \frac{\lambda_1 E_1 + \lambda_2 E_2}{1 + \lambda h_1 + \lambda h_2} \tag{2.3}$$

命猎物 1 是有利性较大的食物类型,如果

$$\frac{\lambda_1 E_1}{1 + \lambda_1 h_1} > \frac{\lambda_1 E_1 + \lambda_2 E_2}{1 + \lambda_1 h_1 + \lambda_2 h_2} \tag{2.4}$$

捕食者为使 $E/T$ 值最大就应当专门捕食猎物 1,因为从专门捕食猎物 1 中所得到的能量将大于同时捕食两种类型猎物所得到的能量。

将方程(2.4)中的 $\lambda_2$ 消掉,可将该方程重新整理如下

$$\frac{1}{\lambda_1} < \frac{E_1}{E_2} h_2 - h_1 \tag{2.5}$$

上述方程是一个很有用的方程形式,$1/\lambda_1$ 是寻找猎物 1 所需要的时间。

从上述经济模型中可以总结出以下几点:第一,如果有利性更大的猎物数量很多,捕食者就应当只捕食这一种猎物,道理很简单:在高报偿猎物很容易得到的情况下,一个高效率的捕食者是不会在其他类型猎物上花费时间的;第二,有利性较小猎物的数量对捕食者只捕食有利性较大猎物的决策将不会产生影响,因为在方程(2.5)中 $\lambda_2$ 是不存在的;第三,随着较有利猎物的增加,会突然出现一种变化,即从对两种猎物无选择性地捕食(遇到哪种吃哪种)转变为只吃较有利的一种猎物,拒食较不利的另一种猎物。

## 三、从取样中获得信息是减少觅食投资的一种行为适应

从经济学角度分析,当动物到达一个陌生的环境觅食时,必定会借助于行为适应减少觅食投资和提高觅食效率。现已证实,这种行为适应就是从取样中获得食物分布的信息,并依据这种信息做出有利的觅食决策。1984 年,Lima 研究了绒斑啄木鸟的取样行为,他在野外训练啄木鸟到人工悬挂的树干上去寻食种子,每根树干上都有 24 个洞,啄木鸟喜吃的种子就藏在洞内。在每次实验安排中总有一些树干 24 个洞内都是空的(没有种子),而另一些树干 24 个洞内都有种子或只有部分洞内有种子。啄木鸟事先并不知道哪些树干上的洞是空的,所以它们在开始觅食时必须收集每一根树干的信息,并利用这些信息决定是否应该在一根树干上继续搜寻下去。

最简单的一个实验安排是:让一部分树干上的洞全是空的,让另一部分树干上的洞全都

藏有种子(即做出 0 或 24 的安排)。在这种情况下,取样任务比较简单,从理论上讲,只要检查一个洞就能获得足够做出觅食决策的信息,如果这个洞是空的就应放弃整个树干,如果洞内有种子就应在这根树干上继续搜寻下去。观察结果,绒斑啄木鸟在做出正确的取食决策之前,平均需要检查 1.7 个洞。

另一个实验安排是:让一些树干含有 0 粒种子,而让另一些树干含有 6 粒种子(即做出 0 或 6 的安排),或是让一些树干含有 0 粒种子,而让另一些树干含有 12 粒种子(即做出 0 或 12 的安排)。在这两种情况下,取样任务都比较复杂,只从检查一个洞所收集的信息就不足以判断是应该放弃一个树干,还是应该继续在这个树干上搜寻下去。但挨个逐一检查每一个洞,显然在经济上是最不合算的。为了使能量摄取率达到最大,应当在连续发现若干空洞后就及时做出放弃一个树干的决策。经过理论计算,最经济的觅食决策是在连续检查 6 个(在 0 或 6 安排时)和 3 个(在 0 或 12 安排时)洞是空的时,就不要在这个树干上继续搜寻下去。观测值的平均数分别是 6.3 和 3.5,这与理论值很接近,说明绒斑啄木鸟能够利用它们所收集的信息及时做出符合经济原则(减少投资,增加收益)的觅食决策,以便使食物的净摄入率达到最大。

1974 年,Smith 和 Sweatman 通过对大山雀取样行为的实验研究,认为捕食者在环境发生变化时能够借助于取样获得信息。他们的实验安排是这样的:在室内的一个大鸟舍中安置 6 个藏有蠕虫的生态小区,蠕虫密度各不相同,然后训练大山雀去搜寻这些蠕虫。结果,大山雀很快就学会了把它们的努力主要集中在食物密度最大的生态小区内,但是,在其他有利性较差的生态小区内,它们也花费了比最优时间更多一些的时间。实验表明,当最有利生态小区的质量突然下降的时候,大山雀会转到第二个较有利的生态小区觅食。这个事实表明,大山雀似乎对每一个生态小区事先都已取过样,并能够把取样所获得的各生态小区相对有利性的信息储存起来,必要时加以利用。

就直觉来说,即使环境是稳定的,捕食者在取样上花一些时间似乎也是合理的,因为环境随时都可能改变。因此,我们可以想象,在开拓一个完全陌生的环境以前,捕食者必然要先花费一点时间对它进行探索。Krebs 等人(1978)研究了捕食者在探索和开拓之间的最优权衡问题,他们测定了大山雀在决定开拓一个更加有利的生态小区之前,对两个质量不同的未知生态小区的取样时间。两个人工生态小区实际上是安排在大鸟舍两端的两个栖枝,到这两个栖枝去取食的大山雀所得到的食物报偿不同。实验结果表明,大山雀的行为同理论预测的最优行为非常一致。根据理论预测,大山雀的行为应使它在整个觅食期间所得到的食物报偿最多。可以认为,在这一实验中,大山雀一定在下面两种情况之间做出了正确的权衡,即:① 过早地选定一个觅食生态小区,有可能导致错误的选择;② 取样时间太长,又会错过开拓一个有利生态小区的机会。

## 四、将饥饿风险降至最小——动物觅食的另一经济原则

饥饿风险是衡量动物取食行为收益的另一个重要尺度,这对于那些生活在不可预测环境中的动物来说尤为重要,因为在这样的环境中动物能得到多少食物是不确定的。打个比喻说,假如有两种餐法供你选择:一种是每天固定供应 10 个鸡蛋;另一种是一半天数每天供应 5 个,另一半天数每天供应 20 个。后一种餐法虽然平均一天的供应量大于前一种,但由于你无法知道哪一天能吃到 5 个,哪一天能吃到 20 个,所以这是一种有风险的选择。在这两种餐法

中选择哪一种最好，这就要看从每天吃不同数量的鸡蛋中能获得多少收益。如果一天吃 10 个鸡蛋就足够维持生存，而吃 5 个却不能，那么选择后一种有风险的餐法就是下策；另一方面，如果吃 10 个鸡蛋不足以维持生存，那么唯一可行的选择就是去冒点风险，期望借此能吃到 20 个鸡蛋，至少这种风险选择还能提供 50%的存活机会，而前一种选择的存活机会等于零。

1980 年，Caraco 等人用一个简单的实验检验了上述的饥饿风险理论。他们在一个鸟舍中为黄眼灯芯草雀(*Junco phaeonotus*)提供了两种餐法供其选择：一种是风险选择，另一种是可得到固定食物量的确定性选择。这两种选择的平均食物报偿是相等的。所不同的是，确定性选择每次的食物报偿都相等(两粒种子)，而风险选择的各次食物报偿不相等，有一半的机会能得到 4 粒种子，另一半机会却一粒种子也得不到。他们采用两只饥饿的灯芯草雀(一种小鸟)进行检验，一只是饥饿 1 小时后的鸟，两粒种子刚好能满足其每日的能量需要；另一只是饥饿 4 小时后的鸟，它必须做出风险选择才有机会获得足够维持存活的食物。实验结果正如饥饿风险理论所预测的那样，随着饥饿时间的增加，鸟类的取食决策将会发生变化，即从确定性选择转变为风险选择。由此可见，变化着的食物摄取率有时比恒定摄取率对动物取食决策的影响更大。

动物将其饥饿风险降至最小的经济原则也可应用于其他取食决策。俗语说“饥不择食”，一个饥饿的动物对食物的选择性往往会大大下降，此时它会吃一些平时不去吃或不喜吃的食物。因为对处于饥饿状态的动物来说，饥饿风险较大，在这种情况下，任何有利于增加它的能量储备的食物都会减少它的死亡风险；相反，在饥饿风险较小的情况下，动物对食物往往就会进行选择和挑剔，以便最大限度地提高能量摄取率。

## 五、取食与危险之间的经济权衡

如果仔细观察，你就会发现，公园中的松鼠每次在地面捡到食物后总是要回到树上去吃，就这样一次次地往返于树上和地面之间。单从经济角度看，这不是一种很合理的行为模式。对松鼠来说，如果增加能量摄取率是影响取食的唯一重要因素，它就应该就地取食和吃食，而不必跑回树上去吃。松鼠的上述行为模式是在食物和安全之间求得的一种平衡。它可以采取两种极端的行为模式：一种是就地取食吃食，这样可使能量摄入率最高，但却牺牲了安全(最易遭受捕食)；另一种是待在树上不下地，这样最为安全，但却要忍受饥饿。这两种行为模式都不是维持生存的最好对策，所以松鼠便采取了一种折中的取食方式。从理论上讲，当往返移动对能量摄取率的影响比较小时，松鼠应把食物带回树上去吃，以便求得绝对安全。这一理论预测与下述事实是一致的：在人为投食实验中，如果食物很大而且离树又近，松鼠总是把食物带到树上去吃，因为长时间在地面吃食会增加危险性(大食物需花很多时间才能吃完)，而且把食物带回树上所消耗的能量相对较少；另一方面，对小食物则常常就地吃掉，因为吃小食物花时间少，所冒危险也小，而且往返消耗的能量相对较多。

Milinski 和 Rolf Heller(1978)曾用三刺鱼(*Gasterosteus aculeatus*)作过取食与危险之间经济权衡的实验。他们把饥饿的三刺鱼放在小水族箱内，同时提供不同密度的水蚤(三刺鱼喜吃的甲壳动物)任其选食。当鱼很饥饿时，它们总是去吃高密度的水蚤，以便提高能量摄取率；但当不太饥饿时，它们则喜欢取食低密度的水蚤。这是因为在水蚤高密度水域因忙于取食而难以发现捕食者，一条饥饿的鱼宁可冒较大的危险也要尽快解除饥饿的威胁；对一条不太饥饿的鱼来说，安全的重要性则会相应提高，在水蚤低密度区取食较有利于及时发现和逃避危险。可见，

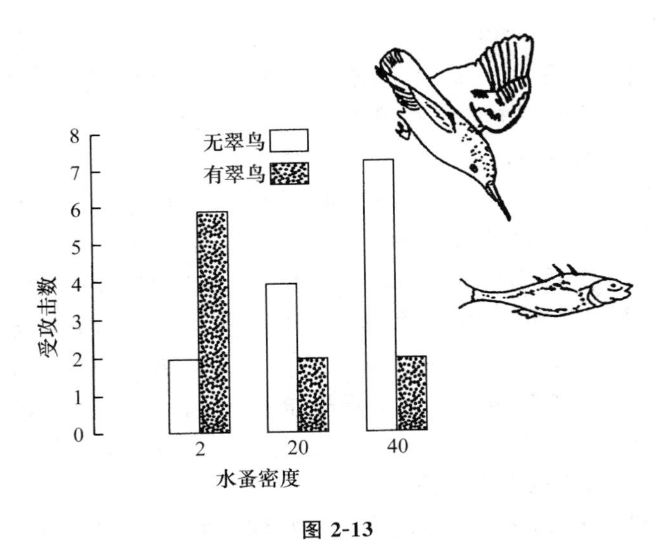


图 2-13

饥饿的三刺鱼在正常情况下喜欢在水蚤高密度区猎食，但当翠鸟模型从水族箱上方飞过后，三刺鱼便明显地转移到水蚤低密度区觅食（仿 Milinski 和 Heller，1978）

随着三刺鱼饥饿状况的缓解，取食与危险之间的权衡也要加以调整，此时更加倾向于保证安全。

另一个有趣的实验是：当一只翠鸟(*Alecedo atthis*)模型从水族箱上方飞过时，水族箱内饥饿的三刺鱼就会转移到水蚤低密度区去觅食(图2-13)。这样虽然降低了三刺鱼的能量摄取率，但却使它能有更多的时间监视捕食者的接近，以便能及时逃避危险。可见，翠鸟对三刺鱼的影响是可以改变它用于取食和警戒的时间分配，这样虽可获得更大的安全感，但却减缓了解除饥饿的进程。

Gilliam(1982)还研究了捕食危险对蓝鳃太阳鱼选择取食地的影响。通常，蓝鳃太阳鱼在水底取食底栖无脊椎动物(如摇蚊幼虫)比在水面或池边植物附近取食浮游生物能够获得更多的能量，因此，它的大部分时间(75%以上)都是在水底觅食的。但是当把黑鲈鱼(*Mecropterus salmoides*)放养到池塘中时，太阳鱼的取食地点便发生了明显变化。由于黑鲈鱼只能捕食最小的太阳鱼，所以这些小太阳鱼大都转移到芦苇丛中去捕食浮游生物，在那里相对来说比较安全，但能量摄取量却下降了 1/3，季节生长率也下降了 27%。较大的太阳鱼则继续在水底取食底栖动物。小太阳鱼面临着对两种选择的利弊权衡：一种选择是待在比较安全的芦苇丛中，但生长会减慢，因而也就延长了易遭捕食的时间；另一种选择是继续在水底觅食，以便能更快地发育到安全大小。Gilliam 的研究表明：最有利于太阳鱼生存的行为对策是待在比较安全的芦苇丛中以浮游生物为食，直到发育到一定大小后再回到池底觅食底栖无脊椎动物。实际的观察也已证实了这一点：在有捕食者存在时，幼鱼常在安全的地点觅食；一旦长到足够大，它们便转移到更好的取食地点去觅食。

## 六、昆虫社会的经济学

当我们研究昆虫社会中的经济学原理时，必须注意昆虫同脊椎动物相比时的某些特殊性。在脊椎动物中，合作行为和社会性主要是建立在社群生活和保卫资源的基础上，但是在昆虫社会中，亲缘关系和亲代操纵(parental manipulation)却起着重要作用。一个雌性个体的生殖力可以借助于儿女们(不育的)的帮助而大大提高。但是，要靠这种关系形成一个社会还必须具备下列几个先决条件：① 必须有足够的食物喂养后代；② 后代必须与它们的母亲有足够密切的联系，以便于亲代操纵发挥作用；③ 后代必须甘愿忍受操纵并予以合作，显然，后代只有从亲代操纵中也得到某些好处，它们才会这样做。

乍一看来，人们很难理解，为什么子代或其他个体自己不进行生殖而甘愿受别人的操纵呢？从遗传学上分析，的确存在着有利于接受操纵的事实，这些事实是，子代彼此之间占有较多的共同基因，因此帮助自己的母亲提高生育力和抚养自己的小兄弟姐妹，也等于间接地把自己体内的一些基因传了下去，只不过不是通过自身生殖的形式。正如 W. D. Hamilton 1972 年所指出的那样，这种情况在膜翅目昆虫中应当特别发达，因为膜翅目昆虫的雄虫是单倍体(由未受精卵发育而成)，因此亲姐妹之间有 75%的基因是相同的，而母女之间却只有 50%的基因是相同的。由此不难看出，帮助母亲养育自己的小姐妹比自己生育同等数目的后代具有更大的广义适合度。膜翅目昆虫的雄虫不参与巢内的任何事务，最终总是离巢出走。

等翅目的白蚁，雄蚁是双倍体，因此蚁群中的两性之间以及亲代与子代之间都只占有 50%的共同基因，看来，一个子代自己不生殖而去帮助其他个体生殖的遗传学根据似乎不存在了。但是这种情况显然并没有成为白蚁社会进化的一个障碍。相反，在等翅目昆虫中产生亲代操纵的机会可能比在膜翅目昆虫中更大。由于白蚁是以木材为食的，所以白蚁的祖先只要在一个有限的空间内就可以得到几乎是无限的食物供应，在那里它们的后代也无须到别处去寻找新的食物，这对于亲代操纵可以说是提供了一个极好的机会。

随着社会的形成，必然会出现经济学上的投资与收益问题。当很多个体生活在一起时，它们对资源的需求是随着群体大小的增长而呈直线增长的。但是，在任何一个特定地区可被利用的资源都是有限的，因此在任何一个昆虫群体或其他动物群体中，都存在着一个增长的极限，这些增长极限往往是由自然选择所决定的。

社会性昆虫在长期进化过程中已学会了利用多种多样的资源，它们也形成了利用这些资源的多种多样的对策。只要仔细研究一下就不难发现，社会性昆虫觅食对策的多样性正是由它们行为的多样性所决定的。下面我们将有选择地介绍一些社会性昆虫同觅食和能量平衡有关的一些行为，实际上我们所介绍的每一种昆虫对觅食和能量平衡都有着复杂而多方面的适应。

## 七、蜜蜂科昆虫采食的经济学分析

### (一) 熊蜂的采食活动

熊蜂(*Bombus* spp.)是属于蜜蜂科(Apidae)的社会性昆虫。在北温带，大多数植物都在同一季节达到开花盛期，这些开花植物常常分布在广大的区域内。但每一朵花所能提供的食物资源却又少得可怜。对于这样的资源分布格局，蜜蜂科昆虫应当采用什么样的采食对策才最经济有效呢？其中可供选择的对策之一就是专心致力于采食和提高采食效率，而尽量避免把时间和精力花在驱赶竞争者上。这里我们将以社会性熊蜂为例来说明这一对策。对熊蜂来说，食物竞争的关键是通过学习和行为特化提高采取技能，保证在较短的时间里采集较多的花粉和花蜜。很多独居性的蜜蜂常常专访某一种或少数几种植物的花，但这种采食对策对社会性蜜蜂来说并不适用，因为在整个生长季节，社会性蜜蜂要连续喂养几批幼虫，因此它们必须源源不断地把食物运回蜂巢，而在这个时期内，各种植物又是陆续开花的，因此单单依赖一种或少数几种开花植物就难以满足它们的需要。

当熊蜂发现一个蜜源地后，它们没有能力召唤同伴一起去采食。由于缺乏彼此通信的能力，它们也就不能靠群体协调一致的行动来对付其他的蜜蜂和劫掠其他蜜蜂的蜂巢，也不能像无刺蜂那样占有和保卫一个取食领域。据我们目前所知，每一只熊蜂只能靠自己的能力来辨别哪一些花是最有采食价值的。但是就整个蜂群来说，能够对资源的变化做出及时的反应也是很重要的。在任何一个熊蜂社会中，通常都是不同的个体去采访不同植物的花，这样，一个蜂群就能依靠个体特化提高采食效率和做到广采博收,因为它发挥了每一个个体的采食专长(图 2-14)。个体特化是一种成功的采食对策,特别是对那些结构比较复杂的花来说。例如,为了采集一种茄属植物(*Solanum dulcamara*)的花粉,熊蜂必须先用上颚抓紧花朵,然后靠胸肌的收缩使花朵震颤,并把花粉从管状花药上震落到自己身体腹部的腹面,然后再从那里把花粉送到花粉筐中。在采集野玫瑰花粉时,熊蜂先在浅杯状的花朵中抓住一组花药,将花粉抖落,然后再去摇动另一组花药…… 最后才把花粉从自己体毛上刮下来。为了采集乌头属(*Aconitum*)植物的花蜜,熊蜂必须越过花药,钻到花朵的前部,然后从两片变态"花瓣"(由花蜜容器演变而成)的顶部吸食花蜜。从形态各异的花朵中采食花粉和花蜜,必须具备多样的采食技巧,并能完成一些特殊的动作。当熊蜂第一次采访构造较复杂的花朵时,其动作往往显得笨拙,而且效率不高,或者它们根本找不到食物在什么地方,其采食效率在 0(如试图在只有花粉的花朵中采集花蜜)到 100%(以有经验熊蜂的采食效率为准)之间。

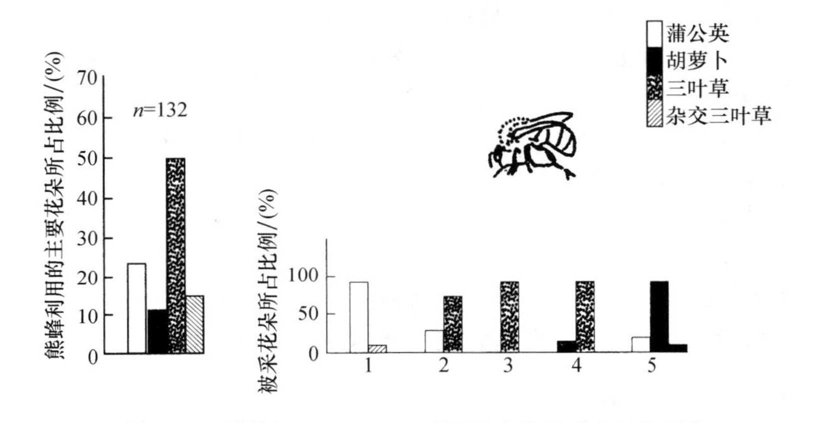


**图 2-14 熊蜂(*Bombus vagans*)不同个体的采花特化现象**

左图是熊蜂所利用的 4 种主要花朵及其所占比例;右图是 5 只工蜂各自所采花的种类及其所占的比例(仿 Heinrich,1976)

熊蜂开始外出觅食的时间是在羽化后的第 2～3 天,它们前 2～3 次外出采食时平均每次约采访 5 种不同植物的花,但在最初的 1～2 天内,只限于在有这些花朵的地方和能带给它们最大净收益的花上采食。但是,当这些优质花的花蜜减少或被采尽以后,它们便重新取样,有时转移到其他植物的花上采食。于是,起初含蜜量较少和不被采访的一些花,现在也开始有熊蜂来采食了,其中包括第一次外出采食的新熊蜂和经过重新取样的有经验的老熊蜂。

熊蜂(*Bombus terricola*)喜欢采访什么颜色的花同它们的遗传倾向性有一定的关系。例如,Heinrich 等人(1977)曾作过这样一个试验,让熊蜂只能采访蓝颜色的花,每次访花使它得到的报偿是 1μL 蔗糖液(蔗糖的质量分数为 50%),当重复取食不到 50 次时,90%以上的熊蜂就养成了只采访蓝色花的习性。如果用白颜色的花做实验,那么至少要重复取食 250 次,才会有 90%以上的熊蜂养成只采访白色花的习性。这种倾向于访问蓝色花的遗传性,可以说是熊蜂在进化过程中所形成的一种适应性,因为自然界很多含蜜量较多的花朵都是蓝颜色的。如果迫使熊蜂去采访一种新的结构较复杂的花朵时,它们就会逐渐改进采食技巧,趋于特化。个体特化可能是导致每只熊蜂只采访少数几种蜜源植物的主要原因,大多数熊蜂最终都将发生特化,直到以利用一种植物资源为主。但是除了这一种最主要的植物(主要特化植物)以外,通常还会有一种或更多种植物也是它们所擅长利用的(次要特化植物)。当次要特化植物变得更有利的时候,或者当主要特化植物缺乏的时候,熊蜂很容易转化到以利用次要特化植物为主。1976年,G. Oster等人曾用数学模拟的方法证明,特化觅食总是比随机觅食经济效益好。

熊蜂对食物资源的竞争主要表现在对资源的开拓和有效利用上,而不表现在对食物的直接争夺上。竞争成败的关键是改进采食技巧,而采食技巧的改进又是同主要采食工具——舌密切相关的。例如,熊蜂的舌越长,它们单位时间所能采访的苜蓿花朵也越多,收益也越大。此外,长舌熊蜂采访每一朵翠雀花(*Delphinium barbeyi*)所花的时间要比短舌熊蜂少得多(翠雀花的花蜜藏在花的深处),因此,同短舌熊蜂相比,长舌熊蜂在同样时间内就可以采访更多的花朵,并能得到较高的经济收益。在自然界,食物资源往往是分散分布的,难得有集中而丰富的食物基地,所以,熊蜂每次外出采食常常要采访几百朵花,这些花大约分布在500$m^2$的范围内。在这个范围内同时还会有其他熊蜂在活动,由于熊蜂没有召唤同伴的通信能力,所以任何一个蜂群都无法独占一个采食区。在这种情况下,如果停止采食活动而去追逐和攻击其他熊蜂,那对自己只会带来不利,所以,最好的取食对策就是埋头采蜜。事实正如理论所预测的那样,花朵上的熊蜂总是倾全力专心工作,决不花时间和精力去驱赶其他的熊蜂。

尽管熊蜂比蜜蜂出勤早、收工晚,而且飞行速度也比蜜蜂快得多,但它们蜂巢中所贮存的食物一般也只够几个坏天气不能出勤时食用。它们把采集的食物很快就转喂给了幼蜂。同蜜蜂相比,熊蜂蜂群的寿命要短得多,到秋末就解体了(只留受过精的雌蜂越冬),因此它们不需要为过冬而采集和贮存食物,也不需要在培养大量的新的蜂后和雄蜂上消耗资源。总之,熊蜂的采食对策是成功的,这种成功的采食对策主要是依靠个体的特化采食技巧,每个个体通过特化都能较有效地利用几种蜜源植物,这样大家合起来,几乎所有能被利用的资源就都可以被蜂群所利用了。

熊蜂对资源数量的变化还能以特殊的行为机制做出适应性反应。每朵花的含蜜量越多,它们就越留恋于在附近的花朵上采食。如果把一部分三叶草田遮盖起来,把另一部分留给熊蜂去采食。当这部分三叶草的花蜜被耗尽时,遮盖着的三叶草却累积了大量的花蜜。此时把遮盖物拿开,熊蜂便面对两块三叶草田,一块含蜜量多,另一块含蜜量少。据观察,在蜜量多的三叶草田,熊蜂在每个头状花序中约探查12朵小花,而且在两个花序间只作短距离飞行;但在蜜量少的三叶草田,熊蜂在每个头状花序中只探查两朵小花便匆匆飞走,而且在两个花序间要飞行较长距离。熊蜂就是以这种行为机制,保证它们把大部分时间都用于在资源丰富的地区采食,以获取最高的能量净收益。

### (二) 蜜蜂借助于通信提高采食效益

蜜蜂的采食除了依靠个体特化外,还依靠它们发达的通信能力,蜜蜂是一个比熊蜂更庞大的昆虫社会,它们既能有效地利用集中的食物资源,也能有效地利用分散的食物资源。虽然作为一个蜂群整体,蜜蜂可以采访很多种类的花,但每只蜜蜂所采访的花却是有限的。每个个体往往只到一些特定种类的花上去采食。达尔文曾认为,这种现象的适应意义是可以改进对形态差异极大的各种花的采食技巧,现在看来,这种观点仍然是正确的。Weaver(1957)曾注意到,在野豌豆(巢菜属)上采食的蜜蜂,它们的采食速度和采食方法存在着明显的个体差异,并且认为,这种差异主要是采食经验的不同。大家所熟悉的是,蜜蜂具有较强的学习能力,它们可以学会把食物和特定的信号(如颜色和特定的图形)联系起来形成条件反射[可参阅 Frisch(1967)的名著 *Dance Language and Orientation in Bees*(《蜜蜂的舞蹈语言和定向》)一书]。蜜蜂的学习速度也是很快的,而且学习速度同信号本身有关。只要用相当于一个蜜胃容量的蔗糖溶液(2mol/L),就能训练蜜蜂把它所采访的85%的花同紫罗蓝色联系起来。在一般情况下,田间的蜜蜂总是在一定的范围内采食,而且主要是从一种植物的花上采食。

虽然蜜蜂个体常常趋于特化,但作为一个整体的蜂群却能够对资源的变化做出迅速的反应,它可以调动它的大部分成员(工蜂)到一种报偿最高的植物花上去采蜜。蜂群对资源变化的敏感性和对报偿较高的植物的特化,主要是依靠它们的侦察活动和通信能力。侦察蜂专门负责侦察新的食物资源,一旦发现了有利的采食地点或新的优质蜜源植物,它们就会变成采集蜂,并开始在蜂箱内跳圆圈舞或8字舞,以表达它的发现(蜜源方位及距离)。

春天在一个普通的蜂群中,每天大约有1000只新的年轻工蜂准备承担采食任务,其中除了少数作为侦察蜂飞出蜂箱去侦察外,大多数都留在蜂箱内先值内勤,大约一个月以后才作为外勤蜂出去采食。但是,这些蜂外出之前首先集中在"舞场"上观察侦察蜂的舞蹈,实际是被告知采食的地点。但有经验的工蜂只要闻一闻侦察蜂身上特殊花的气味就能找到蜜源地。Lindauer(1952)根据对标志蜂的观察发现,在第一次外出采食的91只工蜂中,只有79只采回的食物是同侦察蜂的授意相一致的,其中又有41只,其采食地点也同侦察蜂通过舞蹈所表达的方向和距离相一致。

一般说来,不同的侦察蜂会带回不同的食物资源信息,那么蜂群将依据谁的信息行动呢?第一,为了避免发生混乱,侦察蜂的数量是很少的;第二,侦察蜂是不会轻易发出召唤的,一般是在经过多次外出侦察并确实发现了高质量蜜源植物以后才开始召唤行为;第三,舞蹈语言本身不仅可以指示方向和距离,而且从舞蹈者的兴奋程度也能感受到蜜源植物的质量;第四,受召唤的工蜂可以从舞蹈蜂那里进行食物取样,根据食物取样,它们不仅能够测知花蜜的种类,而且可以测知花蜜的含糖量;第五,一组侦察蜂是不是准备舞蹈,还要根据它们自己的"判断"看另一组侦察蜂是不是找到了比自己更好的蜜源地。此外,外勤蜂采食回巢后通常是把花蜜反吐给内勤蜂,而内勤蜂常常是只接受质量较高(浓度大)的花蜜,而拒绝接受质量较差的花蜜,这实际上是内勤蜂给予外勤蜂的一种信息,表明眼前蜂群需要什么样的花蜜和不需要什么样的花蜜。当外勤蜂发现自己采回的花蜜不受欢迎,不被接受时,它便自动停止采集这种花蜜。这种控制机制一直在起作用,直到使整个蜂群只采集质量最高的一种花蜜为止。蜜蜂的采食对策不仅可以使它们得到个体特化的全部好处,而且也能对资源的变化做出迅速而灵活的反应。当旧的资源被耗尽或者当新的、更好的资源出现的时候,侦察蜂可以借助于召唤行为迅速引导蜂群转而利用新的食物资源。

## 八、蚁科昆虫对食物资源的有效利用

蚁科(Formicidae)昆虫的食性范围很广,食物的分布格局也变化多端,所以,蚂蚁在觅食活动中常常需要个体间的合作。例如,在某些专吃蜜露的蚂蚁中,小个体蚂蚁专门负责收集分散的蜜露资源,然后再把蜜露从嗉囊中反吐给大个体蚂蚁,后者则专门负责把食物运回蚁巢内。在红褐林蚁(*Formica rufa*)中,常常可以看到两只工蚁互相合作共同搬运一只像家蝇大小的猎物,其效率要比一只工蚁单独搬运高得多。而在大头蚁(*Pheidole crassinoda*)中,如果一只蚂蚁的力量不足以搬动一只较大的猎物，它便回巢招募其他的工蚁前来帮忙，以便增强它的拖运能力。蚂蚁化学语言（指各种具有通信功能的信息素）的进化也大大有助于它们对食物数量和分布的变化做出极其灵活而有效的反应。有些肉食蚁具有高度进化的觅食对策，它们的群体往往很大，并靠集体的力量袭击各种大小的猎物。信息素使蚂蚁社群具有极强的内聚力，并能导致整个蚁群协调一致地行动，人们最熟悉的例子是非洲的驱蚁（*Anomma* spp.），一个驱蚁社会往往由多达 2000 万只驱蚁组成，每天都有几百万只工蚁外出袭击各种猎物。由于数量众多，加之工蚁生有一对非常锐利可怕的大颚，所以它们不仅可以轻而易举地制服和撕裂大型昆虫，而且也能袭击鸟巢中的雏鸟和洞穴里的仔兽。

**（一）军蚁的集体猎食**

生活在中南美洲的军蚁（*Eciton* spp.）也和非洲的驱蚁一样，可以依靠它们巨大的群体优势袭击各种猎物。据 Chadab 和 Rettenmeyer（1975）报道，有一种军蚁（*Eciton hamatum*），它的猎物大都是体型比它大的其他社会性昆虫和节肢动物。当少量军蚁攻击黄蜂巢时，它们常常遭遇失败并被黄蜂赶出巢外；但当大群军蚁袭击黄蜂巢时，便能迫使黄蜂弃巢而逃。可见，蚁群的大小是猎食成功的一个重要因素。在蚁科昆虫中，军蚁（*E. hamatum*）是已知招募能力最强的种类之一（图 2-15）。它在短短的 30s 内就能招募 50～100 只军蚁，并能很快形成一条蚂蚁的洪流。*Eciton* 属的军蚁有两种出猎方式：一种是集合成一大群出猎（如 *E. burchelli*），另一种是分散成一个个小群出猎（如 *E. hamatum*）。当大群出猎时，可形成一个宽 15～20m、纵深 1～2m 的密密麻麻的蚁群，它像撒在森林底层的一个大拖网，有条不紊地向前推进，凡是横在它们前进道路上的节肢动物都会成为它们的口中餐或被撕成碎片以便携带，有些工蚁每前进几厘米就又走回来排放一点气味物质，整个蚁群每小时大约可推进 20m。采取小群出猎方式的军蚁。则分成许多小群同时沿着几条用气味标记过的道路向前推进。

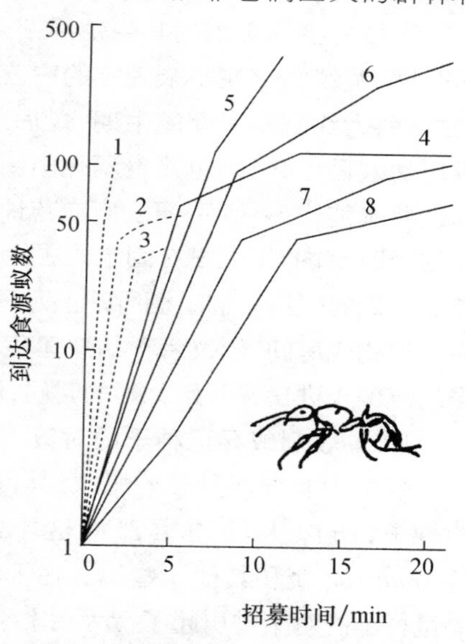


**图 2-15　六种蚂蚁的招募能力比较**

1～3. 军蚁（*Eciton hamatum*）；4. 丝光褐蚁（*Formica fusca*）；5. 红火蚁（*Solonopsis invicta*）；6. 切叶蚁（*Myrmica americana*）；7. 佛州农蚁（*Pogonomyrmex badius*）；8. 举尾蚁（*Crematogaster ashmeadi*）（引自 Chadab 和 Rettenmeyer，1975）

军蚁的集体猎食与个体猎食相比有什么优点呢？显然，集体猎食可以制服较大的猎物，并有可能劫掠黄蜂和其他社会昆虫的窝巢。有些军蚁兵蚁的大颚十分可怕，它们可以把大型动物的厚皮一点一点地咬掉，可在几小时内把一条大蟒或羊吃得只剩下一副骨架。小群出猎可以最有效地利用那些呈集团分布的食物资源（如其他昆虫的群体），这些食物资源只有靠集体行动和突然袭击才能被俘获，而招募能力的大小和迅速性则直接影响着猎食效率。另一方面，大群出猎则比较有利于猎食那些小而活动性较强的猎物，例如，一个快速奔跑的小甲虫可以很容易地从一个个单独猎食的蚂蚁面前逃脱掉，但如果它陷入了汪洋一片的蚁群之中，恐怕就难以逃生了。大群出猎的军蚁对招募能力和气味踪迹的依赖性较小，但它们所劫掠的猎物种类却更加广泛多样。

各个军蚁群之间的距离往往很大,所以至今关于群与群之间的相互关系还几乎一无所知。目前还没有直接的证据证明,一个军蚁群不会进入刚刚被其他军蚁群扫荡过的地区,但可以肯定的是,它们不会在这样的地区浪费太多的时间和精力,因为无论是哪只蚁或哪个小蚁群一旦发现了食物就会把其他军蚁招募过去,这种招募行为将能保证它们总是趋向食物丰富的地区。由数百万只的军蚁组成的大群体重复扫荡同一个地区,肯定会造成这一地区食物资源在一定时期内的枯竭,例如,黄蜂巢穴一旦遭到军蚁的浩劫就得花费几个月的时间才能得以重建和恢复。从经济学上讲,在短期内重复扫荡同一地区会带来低的经济效益和能量的浪费。因此,军蚁在进化过程中形成了一些独特的行为和生理特性,这就是军蚁的周期性外迁现象或游猎现象(nomadism),这一现象在一种军蚁(*Eciton burchelli*)中研究得最为详尽。

军蚁的生活史依据其生殖周期可以大体划分为两个时期,即定居时期和游猎时期。在定居时期,军蚁驻守在一个固定的宿营地,过 2～3 周比较稳定的定居生活。此时,蚁群中有大量的蚁蛹,大约到定居期的中期,蚁后便开始产卵,几天之内便可产下 10 万～30 万粒蚁卵。卵孵出幼蚁后不久,蛹也接着羽化出新的工蚁,此时,成千上万只新工蚁的突然出现将刺激军蚁的迁移本能,于是大军便从原宿营地开拔,并开始进入游猎时期。游猎时期也要经历 2～3 周,在这个时期内,军蚁没有固定的居住地,它们到处游猎,走到哪里吃到哪里,天天都要改变宿营地点。它们的蚁巢和临时栖所是上万只军蚁用自己的身体聚集在一起形成的,它们彼此把腿勾连在一起构成房间,供蚁后和幼蚁居住,这个暂时扎营的蚁群有时藏在树洞里,有时挂在树枝上。当幼蚁停止进食并开始化蛹的时候,游猎时期便宣告结束,并周期性进入下一个定居时期。

**(二) 收割蚁寻觅种子的对策**

蚁科中有很多种类的蚂蚁,其行为非常特化,专门适应于在干旱地区收获和利用各种植物的种子,所以人们通常都把这类蚂蚁称为收割蚁,其中包括农蚁属(*Pogonomyrmex*)、*Veromessor* 属和其他一些属。在干旱地区,各种植物种子的时空分布变化很大,所以,收割蚁寻觅种子的对策曾引起了行为生态学家极大的兴趣,人们会问,这些蚁类是怎样以不同的寻觅对策来适应各类种子在时空分布上的变化呢? 下面我们将对这个问题提供一个简述:1976 年,Hölldobler 在亚利桑那和新墨西哥的干旱地区研究了三种农蚁,即红农蚁(*Pogonomyrmex burbatus*)、黑农蚁(*P. rugosus*)和褐农蚁(*P. maricopa*),并探讨了它们之间的行为差异。

红农蚁和黑农蚁所利用的食物资源非常相似,所以它们各有自己的活动领域,并把自己活动的主要路线用踪迹信息素加以标记(即所谓的主干道标记),这样就可以划分各自的觅食地,从而减少种间和种内蚁群的竞争。虽然蚁群之间的距离一般只有 18～19m,但每个蚁群的主干道却可以伸展到远离蚁群 40m 或更远的地方。被信息物质所标记过的主干道几乎是永久性的,虽经暴雨冲刷,仍能被辨认出来,因为它随时都在被强化和加固。除了主干道之外,每当侦察蚁发现一个新食源地后的返巢途中,总是把腹部末端贴近地面,不断从腺体中排放踪迹信息素,以标记它们走过的道路,这些道路是主干道上的支路,只有临时的性质。标记主干道使农蚁能够对远离蚁巢的那些小量分散的食物资源也能做出适应性反应。当两个蚁群同时发现了同一块种子产地时,离自己主干道或巢较近的蚁群往往能招募更多的同类前来利用,并把竞争对手排挤掉。一般说来,每一个蚁群都有好几条主干道,虽然每只工蚁通常只限于在其中一条主干道上来往,但必要时也能转移到另一条主干道上去。红农蚁和黑农蚁标记主干道的觅食对策,显然可以扩大它们的觅食范围,并能改进它们利用各类植物种子(集群的或分散的)的能力。

褐农蚁的觅食对策与上述两种农蚁完全不同,这显然与它们所利用的食物资源的特点有关。褐农蚁特别喜欢收集小型种子,这基本上避免了和其他两种农蚁在资源利用上的生态重叠。每一只褐农蚁的觅食范围都很广泛,它们主要是依靠景观定向,并具有极发达的时间补偿天文定向能力。它们的食物相当分散,因此,对这种农蚁来说,最重要的是每个个体都能积极主动地去寻找和收获那些小而分散的食物资源,而招募行为对它们来说并无太大的意义。

1975 年,Bernstein 对另外两种收割蚁进行了研究,即加州农蚁(*P. californicus*)和 *Veromessor pergandei*。他发现,在种子很丰富的生境内,加州农蚁只依靠个体进行觅食,这些农蚁四处游荡,直到找到一粒种子为止,然后它们就依靠视觉定向直返蚁巢,把种子存放到巢内后便又回到原来找到种子的地点开始寻找另一粒种子。每一只工蚁通常都只在蚁巢的一个固定方向和大体相等的距离去觅食,但它们都是单独行动的。当食物密度很大,分布又很均匀时,无论在蚁巢的哪个方向上都很容易找到食物,在这种情况下,像加州农蚁这样,依靠个体独立觅食的对策可能是最有经济效益的。Bernstein 所研究的第二种收割蚁是 *V. pergandei*,这种收割蚁同时采用集体和个体两种觅食对策。当种子密度很大时,主要依靠个体独立觅食,但当种子密度很小时,则集体外出觅食。有趣的是,此时工蚁排成一列纵队朝一个选定的方向向前推进,行至一定距离后便呈扇形散开,对一个地区系统进行搜索。搜索纵队每天离巢的方向都要按顺时针或反时针方向旋转一定的角度,通常是旋转 14～71°不等(图2-16)。旋转角度的大小将依据食物密度下降的程度而定,食物密度下降得越快,旋转的角度也越大。目前尚无人报道这种纵队觅食旋转的机制是什么。综上所述,在食物分散、密度较小的情况下,褐农蚁是采取个体独立觅食的方式,而 *V. pergandei* 却采取纵队旋转的觅食方式。很可能,后者比前者的觅食效率更高,因为它可以减少个体搜寻的重复率。如果是这样的话,那么 *V. pergandei* 对食物的竞争能力就会大于褐农蚁。

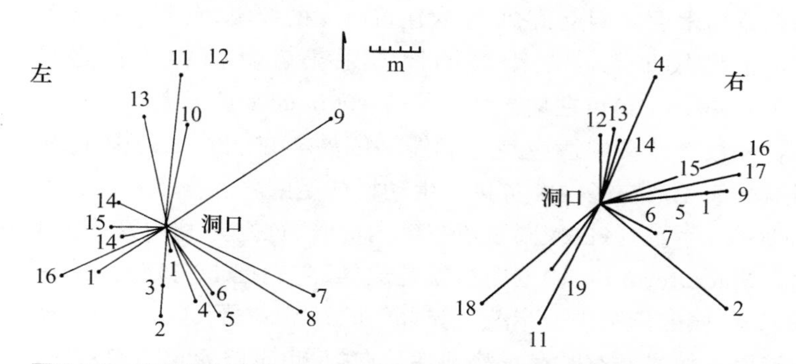


**图 2-16　两窝收割蚁(*V. pergandei*)连续各次出巢觅食方向的变化**

左窝是按逆时针方向旋转;右窝较为复杂,但基本是按顺时针方向旋转,其中第 3、8、10 次出巢觅食无固定方向。洞口的西和西北方向没有蚂蚁觅食,可能是那里没有食物

(仿 Rissing 和 Wheeler,1976)

根据 Rissing 和 Wheeler(1976)在其他地区对 *V. pergandei* 觅食行为的研究,发现这种收割蚁无论是在食物丰富或食物稀少的情况下都采取纵队旋转的觅食方式。他们还发现,这种收割蚁的觅食行为具有高度的可塑性,当它们平时所喜食的植物种子产量减少的时候,它们

会相应减少对这种种子的收集,并开始收集那些它们不太喜食的植物种子和植物体的非种子成分。1971年,Bernstein曾经作过这样一个有趣的实验,他用撒播器在加州农蚁和*V. pergandei*洞口周围均匀撒播标有颜色的种子(可惜的是,撒播前的种子数量是未知的,这可能会影响收割蚁对撒播种子所作出的反应),以便控制蚁洞周围种子的数量。种子是均匀地撒播在以洞口为中心的方圆3m的范围之内,结果发现,这两种收割蚁在收集人工撒播的有色种子的工作中,其效率是大体相等的,它们都采取了个体单独觅食的对策。此后,试验者又把等量的种子分成了4堆,每堆种子都标有不同的颜色,但距离洞口都是1.5m远。在这种情况下,两种收割蚁的觅食效率出现了差异,*V. pergandei*通常只能找到那些同觅食纵队出巢方向相一致的种子堆,而加州农蚁则能很快发现所有种子。显然,在寻找和利用呈集团分布的资源方面,后者的个体独立觅食对策比前者的纵队旋转觅食对策更为有效。

## 九、等翅目(白蚁)昆虫的经济对策

等翅目(Isoptera)昆虫是昆虫纲中的一个大类群,它们的行为变化多端,但全都依靠吃植物纤维为生。白蚁的经济对策同大多数社会性膜翅目昆虫有明显不同,它们在取食活动中的能量收益与采食对策有关,但主要是决定于食物的消化和利用效率。从社会比较能量学的观点看,白蚁最明显的特点是它们常常直接居住在食物资源的内部,因此,它们周围的食物资源几乎是无限的。虽然这些食物(木质纤维)中所含有的可供利用的能值很低,但是它们利用这些食物的效率却很高。直接生活在食物资源内部的木白蚁科(Kalotermitidae),不仅不需要在觅食上消耗能量,而且也不需要在筑巢上消耗能量。对它们来说,取食的过程就是筑巢的过程,筑巢的同时也在取食,两种功能合二为一了。生活在食物资源的内部,还为白蚁提供了一个坚硬的保护外壳,并使蚁群的增长不受季节性不利因素的影响。对白蚁来说,在任何情况下最重要的是使能量消耗保持在尽可能低的水平上,因为木材中可供它们摄取的能量是很少的。有些较高等的白蚁与木白蚁相反,它们喜欢建筑巨大的蚁巢,它们的社会可以庞大到由几百万个成员组成,并在离蚁巢有一定距离的地方采集各种植物为食,例如,达尔文澳白蚁(*Mastotermes darwiniensis*)可在地下建造长达100m的觅食通道。

白蚁最奇特和最有意义的适应是它们能够依靠与它们共生的微生物分解各种植物纤维素。木白蚁科就是靠生活在肠内的各种原生动物纤毛虫来消化木材的。有些白蚁的肠内有一个与其共生的细菌区系,这些白蚁同时还在巢内培养真菌,并利用真菌分解食物中的纤维素。例如,大白蚁科(Macrotermitidae)的白蚁就是这样,它们把未充分消化的粪丸施入真菌圃内,依靠*Termitomyces*属的真菌进一步消化粪丸内的纤维素,而这些真菌则被充当食物。一些用黏土和唾液建造巨大蚁巢并有贮存食物习性的白蚁,也有培养真菌的习性,这种习性很可能是起源于被贮存的食物或粪便受到了偶然污染。

有些白蚁(主要是大白蚁科)能够建造十分庞大而结构复杂的蚁巢。家白蚁属(*Coptotermes*)和其他一些属(如象白蚁属*Nasutitermes*、*Cubitermes*和*Microcerotermes*等)的白蚁常常用粪丸建造它们的巢壁,这说明,它们可以有效地利用未被充分消化的食物物质。此外,白蚁巢内的真菌圃除了可生产真菌供白蚁食用外,还有产生热量维持巢内适当温度的作用。就一种大白蚁(*Macrotermes subhyalinus*)来说,当外面大气温度为21℃时,蚁巢内如果有13.6L体积的真菌圃,就可使蚁巢内的温度在夜间达到40.5℃。蚁巢内温度的增加,主要是靠真菌圃内细菌的发酵过程。大型的白蚁巢可以吸收太阳的辐射热，并能把热量贮存起来，蚁巢内的白蚁常常要向巢内温度最适宜的地方迁移。1955 年，Skaife 在“黑暗中的居住者”一文中曾这样写道：“在炎热的下午，蚁巢外层的居室空无一蚁，此时所有的白蚁都迁移到蚁巢的深层去了，因为那里比较凉爽。但是在冬天，白蚁在晴天时大都聚集在蚁巢表层的居室中，因为那里比较温暖。”分布在澳洲的一种白蚁(*Amitermes meridionalis*)可以建造高而扁平的蚁巢，蚁巢的长轴总是保持南北走向，这样，在上午和下午时，它的受热面积最大，而在中午时受热面积最小。各种白蚁的蚁巢都有自己的外貌特征，以便当蚁巢需要增温和降温时(为了维持巢内一定的小气候)，能够充分利用自然热力，把自身的能量消耗降至最低。

白蚁在能量利用方面是非常讲究节约的，正如上面已经提到的那样，白蚁把未经充分消化的粪便物质用来构筑蚁巢和用于产热，并依靠共生真菌对其进行再分解，以便从中获取额外的食物能。除此之外，蚁巢内的物质不断地进行再循环，死蚁和受伤的蚁通常也会被其他白蚁吃掉。关于白蚁社会中能量流动的定量研究，目前还很少。据 Lüscher(1955)的研究，一个由 $2.0\times10^6$ 个成员组成的大白蚁(*Macrotermes natalensis*)群体(平均每只白蚁重 10mg)，1g 体重 1h 大约要消耗 0.5mL 氧气，这就是说，整个蚁群 1 天大约消耗 240L 氧气。1967 年，Héorant 研究过另一种白蚁(*Cubitermes exiguus*)，他发现，这种白蚁在分群前的生物量为 28.6g(肠内物除外)，1 天约消耗 156mL 氧气；分群后的生物量下降为 19.5g，日耗氧量减少到 81.4mL。该蚁群的新陈代谢率(生殖除外)相当于 1 年消耗 40g 葡萄糖。为了比较，我们不妨看一看具有类似生物量的熊蜂社会的新陈代谢率，在这个熊蜂社会中，当蜂巢内温度保持在 5℃时，每小时每克体重大约要消耗 36mL 氧气，这比白蚁社会的新陈代谢率至少要高出 200 倍。

最后，我们再概括性地谈一谈社会生活给昆虫带来的其他经济效益。从经济学的角度衡量一个昆虫社会是否获得了成功，一个重要的方面是要看资源的利用率和这些资源被转化为社会新成员(新生的职虫和雌、雄虫)的效率。正像在工厂一样，影响生产效率的一个重要因素是劳动分工。在蜜蜂社会里，所有的工蜂都是在同样的六角形蜂房里喂养出来的，它们所生产的产品基本上也是一样的。工蜂的分工主要表现在它们在年轻时值内勤(喂养幼虫、打扫蜂巢和调节蜂巢内的小气候等)，后来随着日龄的增长才转为外勤蜂。但是在熊蜂社会中，蜂幼虫是在公共的蜂房中喂养的，有些个体比较拥挤，得到的食物比较少，因此羽化后的成年个体就比较小，这些小个体的熊蜂几乎从不离开蜂巢，它们终生都留在巢内值内勤，而个体较大的熊蜂羽化后两天便开始外出采集花粉、花蜜了。在蚂蚁和白蚁社会中，劳动分工表现得最为明显，每个成员所承担的工作不仅取决于个体的大小和年龄，而且个体间也表现出了明显的多态现象。它们从事各种工作的效率，一方面受个体工作熟练程度的影响，一方面也受通信能力的影响。一般说来，通信能力越发达，工作效率也就越高，因为它可保证熟练的“劳动者”总是能在最需要的地方工作。

研究昆虫社会性行为的起源是一个引人入胜的课题。有人认为，如果能够从经济学的角度详尽地研究蜜蜂和其他昆虫的筑巢行为，就会大大有助于了解昆虫社会行为的起源。例如，很多独居性的蜜蜂都在地下挖掘很长的隧道，并把“育婴室”安置在隧道的末端。起初，每一只雌蜂都要为自己挖一条隧道，后来，可能是由于适于挖掘隧道的松软土壤不多，面积有限，于是，多个雌蜂便开始共同利用一个公共的隧道和洞口，这个过程很可能是从一只雌蜂侵入另一只雌蜂的隧道开始发展起来的。这种侵入可以导致向社会性方向进化。寄生性蜜蜂早已被人发现过,例如,Richards(1973)就曾记载过北极地区的两种熊蜂,其中一种熊蜂是另一种熊蜂的社会寄生物,Richards 认为,如果能研究一下这两种熊蜂的雌蜂在建巢的初期能够实行多大程度的合作,那将是非常有趣的。此外,自然界还常常发现所谓的种间混合群,这也是由于一个物种的雌蜂侵入另一个物种雌蜂的蜂巢并将其取代而造成的结果。可见,在现存的蜜蜂总科昆虫中,侵入现象并不是什么罕见的现象。独居性蜜蜂共用一条隧道的现象,仅据 Michener 1974 年的记载,就有 15 个属之多。一条隧道往往被 2 只或十几只受过精的雌蜂所共用。从经济角度分析,独居性蜜蜂共用一条隧道,在客观上还可节省不少筑巢劳动量。因为在这种情况下,几只或十几只雌蜂只需挖掘一条主隧道就够了,虽然这条主隧道比单独一只雌蜂所挖掘的隧道要长,因而要消耗较多的能量,但此后每只雌蜂的工作就只剩下在主隧道两侧挖掘各自的"育婴室"了。

从利用另一只雌蜂的洞口发展到利用其巢室,可能是独居性蜜蜂向社会性蜜蜂或寄生性蜜蜂进化的一个小小的步骤。所不同的是,在前一种情况下是同种其他雌蜂的生殖受到了抑制,而在后一种情况下生殖受到抑制的不是同种个体,而是另一个不同的蜂种。

对蜜蜂来说,新蜂巢的建立是靠分群行为(即一部分工蜂跟随蜂后迁出老蜂巢而去建立一个新蜂巢),而不是像熊蜂和胡蜂那样是靠一只雌性个体的定居繁殖(大多数蚂蚁也是这样,但军蚁除外)。这种情况是同利用季节性食物资源的经济学因素相联系的。蜜蜂如果不贮存大量的蜂蜜就不能过冬,而蜂群越大,越有利于贮存较多的食物,也越有利于在早春时维持较大数量的工蜂,以便在初春鲜花盛开时能以较大的优势外出采集花粉和花蜜。如果蜂巢的建立是靠一只雌蜂的定居和繁殖,那么即便是到了秋天,这只雌蜂所能繁殖的蜂群大小也必定是有限的。可以想象的是,一个蜂群所采集的食物资源要么是用于发展蜂群本身,以便到夏末时能够产生一个较大的群体(熊蜂和胡蜂就是这样,但整个蜂群除雌蜂外都不能过冬);要么是以花粉和花蜜的形式贮存起来,以便能够维持一定数量的个体过冬,使它们能够活到食物资源极为丰富的春季,这样就可以不失时机地利用季节性很强的食物资源。显然,熊蜂和胡蜂是采取前一种对策,而蜜蜂是采取后一种对策。

如前所述,大多数蚂蚁都是靠一只受精的雌蚁开始建群的,但军蚁不是这样。军蚁是一类靠集体猎食谋生的社会性昆虫,军蚁群中的个体数量必须达到一定的阈值才能保证猎食的成功,蚁群才能生存下去,因此,军蚁必须靠分群的方法建立新蚁群。切叶蚁(*Atta* 属)和某些白蚁有时靠一只雌蚁或一对生殖蚁就可以繁殖产生一个很大的蚁群(最初不需借助工蚁的帮助),但对这两类昆虫来说,它们食物的本身都是不断生长的,而且它们可以就地取食,基本上不需要外出觅食或在个体间实行合作觅食。在昆虫中,除了等翅目和真社会性膜翅目(eusocial hymenoptera)昆虫以外,在个体间进行合作觅食的现象是极罕见的。据 1976 年 Frankie 报道,独居性的毛花蜂(*Centris adani*)雄蜂有时会成群在开满花朵的树上采食,最多时一群可多达 300 只,它们从花朵累累的一个小枝飞向另一个小枝,看着像波浪一样,被采访过的花朵在一定时间内将不会被重访,显然,这些花朵已用信息素作了标记。结群采食的好处是可以保证采食活动始终在未经开拓的区域内进行,而用信息素标记已被采访过的花朵则可大大减少花朵的重访率,这一切都有利于提高采食效率。其他具有结群行为的昆虫还有飞蝗、豉甲(鞘翅目豉甲科,常在水面群聚)和瓢虫(越冬群)等,它们都是非社会性昆虫。可见,一些非社会性昆虫,为了一定的目的,有时也会聚集在一起营群体生活,但这样的群体在个体之间是没有亲缘关系的，这种非亲缘个体群在生物学上的意义尚未被人们所认识，有待于今后认真加以研究。

## 第三节　对离散分布食物的最适利用

### 一、选择在最有利的环境斑块内觅食

积极活动的捕食者经常猎取群聚的猎物或分布在各个环境斑块内的食物。环境斑块可以是一些离散的自然单位，如住满昆虫的朽木桩、挂满浆果的灌木，或者一个表面看来是均匀的生境，而从统计学的角度看，却包括有许多异质的环境斑块。正如选择最有利的食物那样，捕食者也会寻找最有利的环境斑块觅食。因此，我们同样可以把生境斑块按其有利性大小加以排列。有大量的例子可以证明，捕食者和寄生昆虫总是喜欢在食物密度较大的环境斑块内觅食(图 2-17)。正如我们可以问，一个最优捕食者应当捕食多少种食物一样，我们同样可以问：一个最优捕食者应当占有多少个环境斑块；或者进一步问，应当在每一个环境斑块内花费多长时间。问题的答案与环境斑块的类型有关，根据环境斑块随时间发生变化的不同情况，可以把环境斑块分为三种不同的类型：① 质量不随时间变化的环境斑块，除非捕食者的寿命很短，否则这种环境斑块不太可能存在；② 质量随着捕食者的活动而不断下降的环境斑块，多数环境斑块都属于这一类型；③ 环境斑块质量可在短期内发生变化，但变化原因不是捕食者的活动，而是食物资源的自然周期波动(如日周期和季节周期等)。这三种环境斑块类型对最优捕

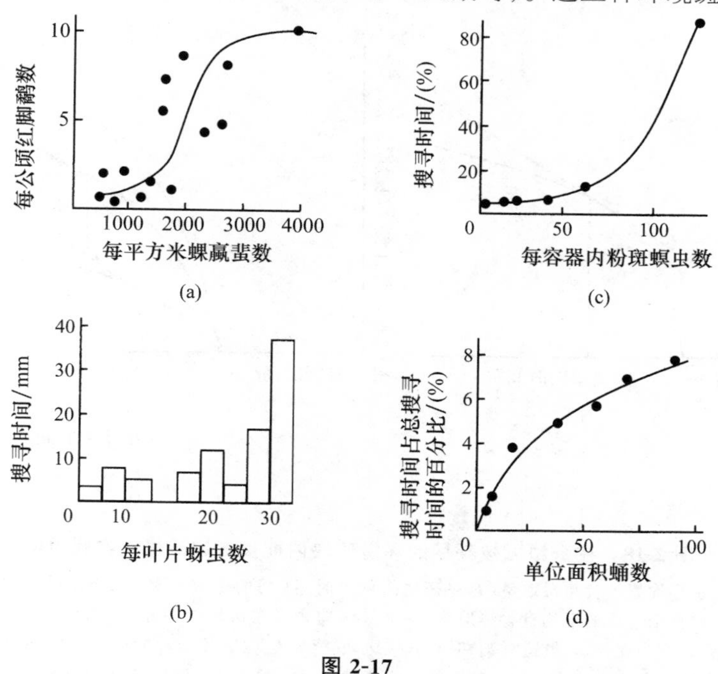


图 2-17

(a) 螺蠃蜚密度与红脚鹬数量的关系；(b) 每片洋白菜叶上蚜虫的数量与七星瓢虫幼虫在每叶搜寻时间的关系；(c) 每容器内粉斑螟幼虫数量越多，寄生蜂(*Nemeritis canescens*)搜寻时间越长；(d) 葱谷蛾(*Acrolepia assectellda*)蛹的密度与其寄生物(*Diadromus pulchellus*)搜寻时间之间的关系(纵坐标是占总搜寻时间的百分数)(仿 Hassell 和 May，1974)

食者的含义是不相同的,下面我们重点介绍第二种环境斑块类型。

## 二、资源可被捕食者耗尽的环境斑块

捕食活动经常导致环境斑块食物的耗尽,使环境斑块的有利性随时间而下降。在这样的环境斑块中,捕食者的最优觅食行为模型在理论上应当如图 2-18 所示:捕食者应当在累计食物摄取量达到曲线上这样一点(即 $AB$ 直线与曲线相切之点)时离开该环境斑块,该点恰好能使捕食者在整个生境(包括很多环境斑块)内的平均食物摄取率达到最大(即 $AB$ 直线的斜率最大)。假定一个捕食者要在生境中的很多斑块内觅食,那么总觅食时间就等于在每一个斑块内的觅食时间,再加上从一个斑块到另一个斑块的旅行时间。因此,整个生境的平均食物摄取率(即 $E/T$ 值,参见图 2-4)就等于各斑块内的总食物摄取量除以累计觅食时间加旅行时间所得的商。为了使此值达到最大,捕食者在每一个斑块内的觅食时间都应当尽可能使 $AB$ 直线的斜率最大(曲线上与 $AB$ 直线相切的点就是 $E/T$ 值)。如果生境中包括很多质量不同斑块[图 2-18(b)],那么最优觅食行为就是在每一环境斑块内都停留到使平均食物摄取率下降到 $E/T$ 值为止,因此 $E/T$ 值就是边界值。用通俗的话说,如果转移到下一个环境斑块觅食更为有利的话,捕食者就不应该再待在原来的环境斑块内。根据这一模型,可以得出以下两点预测:① 在每一环境斑块内,食物都应当被耗尽到同一边界值;② 这个边界值应当等于整个生境的平均食物摄取率,即 $E/T$ 值。很显然,要真正做到这一点,就意味着捕食者应当知道它们该在什么时候离开一个环境斑块,并转移到下一个环境斑块去,这其中就存在着十分微妙的行为机制问题。

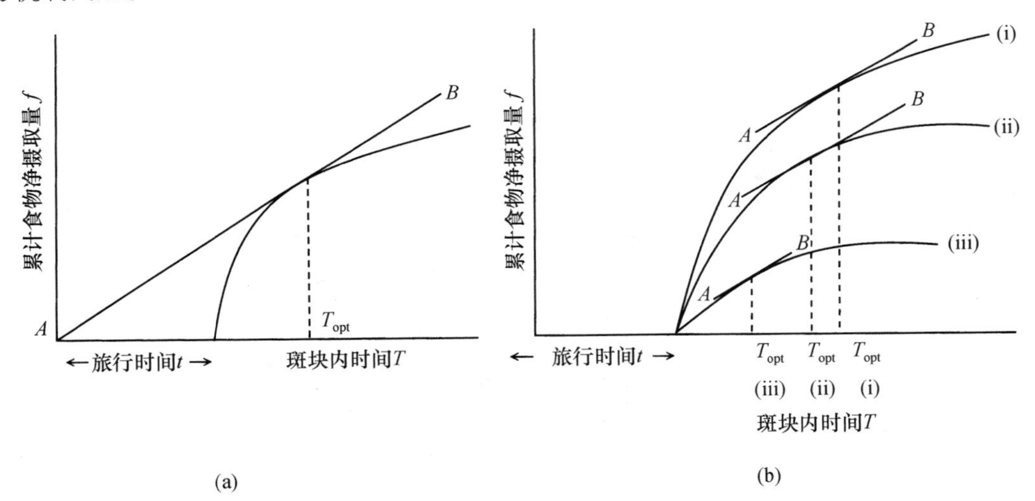


**图 2-18 在资源可被耗尽的环境斑块内捕食者的最优食物利用图解**

(a)曲线 $f(T)$表示平均累计食物摄取量($f$)是斑块内搜寻时间($T$)的函数,$t$ 是斑块间的旅行时间,$AB$ 斜线代表包括该斑块在内的整个生境的平均食物摄取率,一个最优捕食者在斑块内的停留时间应当使 $AB$ 线的斜率达到最大。为此,捕食者应当在 $T_{opt}$(最适时刻)时离开该斑块。(b)生境中各个环境斑块的曲线具有不同的 $f(T)$函数关系,捕食者在这些斑块内应当按同一标准在各自斑块的 $T_{opt}$时离开这些斑块(仿 Krebs,1978)

## 三、理论检验

通过测定环境斑块内的食物摄取曲线和在各个环境斑块之间的旅行时间，就可以对图 2-18 中的模型进行理论检验。有了可靠的模型，我们就可以预测捕食者在每一个环境斑块内的搜寻时间、食物摄取量和边界值。下面介绍几个理论检验实例。

### （一）用大山雀作理论检验

大山雀试验是对上述理论所进行的最严格的检验之一。Cowie(1977)为了研究大山雀的觅食行为，在室内大鸟舍中安置了 5 棵人工树，在树枝上安放一些塑料杯，杯内填满木屑，木屑内埋有小块黄粉虫[图 2-19(a)]。Cowie 分别对 6 只大山雀进行了试验，每次试验都在尽可能短的时间内完成，以便不让大山雀重访同一环境斑块（每一塑料杯代表一个环境斑块）。旅行时间是通过下列方法加以控制的：在每一塑料杯上加一个松紧程度不等的纸板盖，以便使大山雀在到达一个新环境斑块后，开始吃到食物的时间不同，因为撬开一个较紧的杯盖要花费较长的时间，这就意味着花在两个环境斑块之间的旅行时间较长。

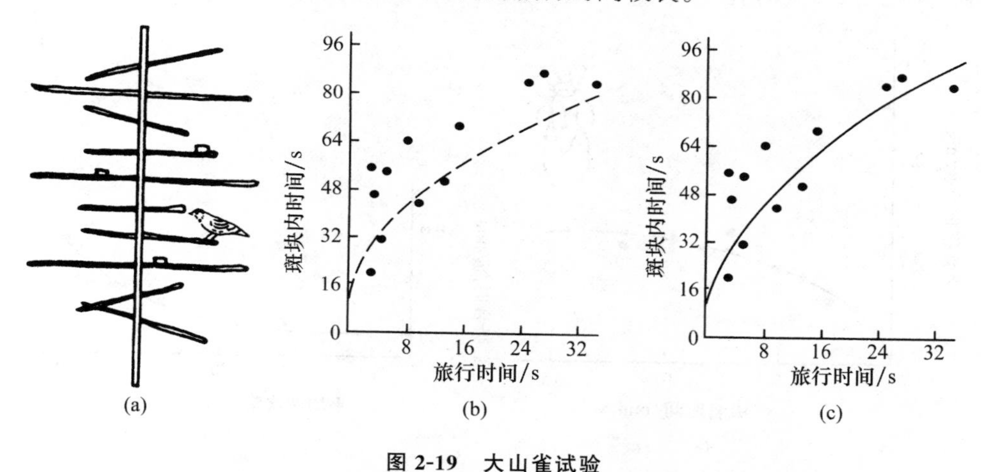


**图 2-19　大山雀试验**

(a) 具有三个环境斑块（用三个食物杯代表）的一棵人工树；(b) 以时间作为投资标准所预测的斑块内搜寻时间同旅行时间的关系；(c) 以能量作为投资标准所做的预测（仿 Krebs，1978）

Cowie 对每只鸟都在两种“生境”和长短两个旅行时间的条件下进行试验，绘出每一环境斑块内的累计食物摄取曲线，并记录两种旅行时间的长短。累计食物摄取曲线在各环境斑块都是一样的，因为各环境斑块（即塑料杯）所含有的食物数量是相等的，曲线本身也不受旅行时间长短的影响。试验结果与模型预测的结果一样，大山雀将依据旅行时间的长短调整它在每一环境斑块内的搜寻时间。在环境斑块质量不变的条件下，随着旅行时间的增加，图 2-18 中 $AB$ 直线的斜率就越小，而 $AB$ 直线与曲线 $f(x)$ 的交点也相应向右移动，这就意味着当旅行时间加长时，捕食者在每一环境斑块内的搜寻时间也相应增加。根据这些资料，Cowie 预测了环境斑块内搜寻时间与斑块间旅行时间之间的关系[图 2-19(b)]，图中的 12 个坐标点代表 6 只鸟分别在两个旅行时间条件下的试验数据。Cowie 所观察到的关系同模型所预测的关系非常一致，只是大山雀在每一环境斑块内的搜寻时间普遍偏长。为了使试验结果与模型预测更加吻合，Cowie 改用能量作为投资的标准（而不用时间），他根据标准代谢率方程式分别计算出在环境斑块内搜寻和斑块间旅行所消耗的能量,结果发现,用食物净摄取率代替食物总摄取率可使预测变得更加准确[图 2-19(c)]。这说明,只是简单地用时间作为投资的标准,对鸟类是不十分精确的。

### (二) 用仰泳蝽作理论检验

有很多肉食性的无脊椎动物,吃完或吸食完一只猎物往往要花费很长时间,因此,我们可以把猎物看作是一个环境斑块,并在试验中把它们作为环境斑块加以处理。仰泳蝽(*Notonecta glauca*)以库蚊(*Culex molestus*)的幼虫为食,直到缓慢地把幼虫体内的组织吸完才把外壳抛弃。Cook 和 Cockrell(1978)用多次打断仰泳蝽吸食的办法,发现吸食过程起初很快,以后逐渐减慢[图 2-20(a)],这种现象并不是因为仰泳蝽的饥饱程度有变化,而是因为吸食工作开始较容易,越往后越困难。Cook 和 Cockrell 采用 5 种不同的食物密度饲养仰泳蝽,以便观察在同猎物的相遇概率不同的情况下,仰泳蝽的取食对策。他们发现,吸食每一猎物所花的时间与相遇概率明显地呈反比,即同猎物的相遇概率越大,吸食时间越短,这同理论预测是完全一致的[见图 2-20(b)]。

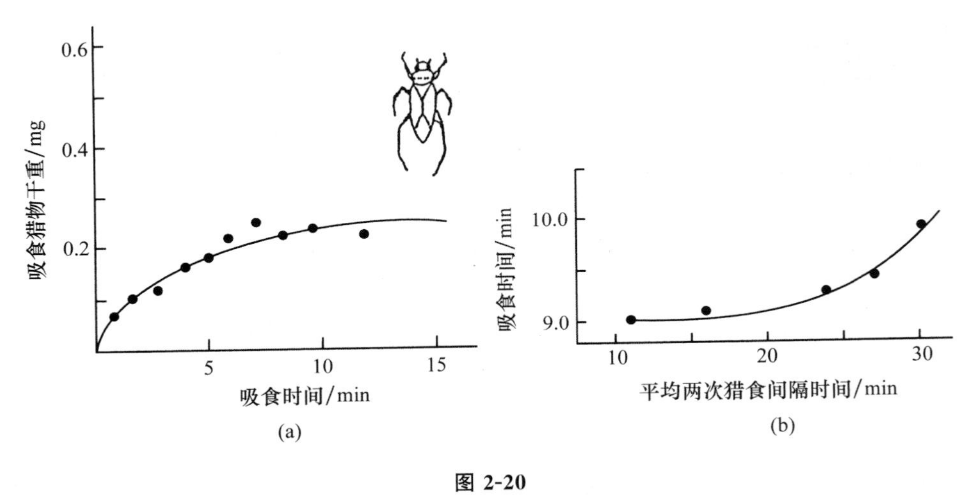


图 2-20

(a) 仰泳蝽吸食时间与所食食物累计干重的关系(食物是 2mg 湿重的库蚊幼虫),图中的黑点是中断仰泳蝽吸食所测得的数据坐标;(b) 吸食时间随着猎食间隔时间的缩短(即与猎物的相遇概率增加)而缩短(仿 Cook 和 Cockrell,1978)

## 四、行为机制

### (一) 放弃时间和限制搜寻区

上述试验都在不同程度上支持了最优觅食理论,但也提出了这样的问题,即捕食者是依靠什么行为机制使其达到或接近最优觅食对策的呢? Krebs(1974)、Hassell 和 May(1974)、Murdoch 和 Oaten(1975)等人各自独立地提出了这样的见解:捕食者在环境斑块内的去留是由放弃时间(giving up time)所决定的,所谓放弃时间就是捕食者从一次捕食到下一次捕食所能等待的最长时间。在食物密度足够大的环境斑块内,两次捕食的间隔时间较短,因而不会超过放弃时间;但随着食物密度的减小、两次捕食的间隔时间就会逐渐延长,一旦超过了放弃时间,捕食者就会放弃这个环境斑块,转移到另一个环境斑块去觅食。可见,放弃时间在数值上就等于从最后一次捕食到离开这个环境斑块所经历的时间。上述作者还认为,捕食者可能有一个相当固定的放弃时间,好像在每次捕食之后就上好一个闹钟,这样就不会把放弃时间搞错。Krebs 等人(1974)还指出,为了使觅食行为真正达到最优状态,捕食者还必须能够使自己的放弃时间随着生境平均值(average value of habitat)的变化而变化。他们举出了黑顶山雀(*Parus atricapillus*)的实例,黑顶山雀在食物丰富的环境斑块内放弃时间较短,而在食物贫乏的环境斑块内放弃时间较长。

虽然捕食者经常由于自身的活动而导致环境斑块质量下降,但有时环境斑块质量的改变却与捕食者的活动无关。Davies(1977)对斑鹟(*Muscicapa striata*)的放弃时间所进行的野外观察就是一个这方面的实例。斑鹟主要以飞行的昆虫为食,常停歇在一个树枝上并不断飞起掠食,但掠食之后是不是再飞回原来的栖枝,经常是这种食虫小鸟所面临的一种选择。一个好的栖枝(相当于一个环境斑块)应当使两次出击的时间间隔相等,这意味着食物未因捕食活动而被逐渐耗尽,决定这样一个优质栖枝的主要条件取决于在攻击范围之内是否碰巧有一群蚊虫在飞舞。Davies 发现,如果等待时间超过两次出击时间间隔的大约 1.5 倍,斑鹟就会放弃这个栖枝而转移到另一个栖枝去,也就是说,超过平均间隔时间 1.5 倍的时间就是斑鹟的放弃时间。这一放弃时间的最优选择涉及对下面两种情况的权衡: ① 当蚊虫仍处在出击范围之内时,放弃原栖枝是不利的;② 当蚊群已远去,花很长时间等待下一个蚊群到来是一种时间损耗。虽然 Davies 没有测定蚊群再次飞来的概率,因而无法定量地分析因等待所造成的时间损耗,但是,他在一个模拟模型中却能够证明,他所观察到的斑鹟的放弃时间已接近于最小值,同时又能使对蚊群的捕食率达到最大。这种情况就好像斑鹟已对上述两种情况作了最优权衡似的:要么继续留在原栖枝掠食,要么转移到另一个栖枝去。

除了放弃时间的行为机制外,捕食者常常在发现一个猎物之后改变它们的搜寻路线,其方法是增加迂回率和降低移动速度。搜寻路线的这种变化在客观上具有限制搜寻区(area restricted searching)的作用,即把搜寻区域限制在一定的范围之内,一般说来,在这个范围内不仅有食物,而且食物的密度较大。因此,限制搜寻区可能是一个最简单的行为机制,可使捕食者停留在食物丰富的环境斑块内。

**(二) 小茧蜂的最适搜寻机制**

借助于简单的行为机制(如固定的放弃时间和限制搜寻区),如何能使一个捕食者或寄生蜂的寻觅活动达到或接近最优状态呢?

Hubbard 和 Cook(1978)用试验表明:一种昆虫寄生蜂——小茧蜂(*Nemeritis canescens*)在斑块状环境中的寻觅活动与最适寻觅理论是非常吻合的。在试验中,让小茧蜂在各个塑料盘内寻觅寄主粉斑螟(*Ephestia cantella*),而每一个塑料盘内都填满木屑,木屑内隐藏着不同数量的粉斑螟幼虫,这大体上相当于让小茧蜂在质量不同的各个环境斑块内进行搜寻寄主的活动。在一定时间内被小茧蜂所寄生的粉斑螟数量是由"随机寄生"所决定的,Hubbard 和 Crook 利用这一方法和边缘值法对小茧蜂在每一环境斑块(即试验中的塑料盘)内的最适寻觅时间进行了预测,结果如图 2-21 所示,在每一斑块内寻觅时间的观测值与理论预测值非常接近。

1977 年,Waage 也曾研究过小茧蜂对环境斑块进行最适利用的行为机制,他发现,当小茧蜂遇到一个含有寄主的环境斑块时,将会做出两种行为反应:一是减慢移动速度,二是当走到斑块边缘时转身。这种边缘转身反应虽然能使小茧蜂在该环境斑块内停留较长时间,但这种反应将随着时间的推移而减弱,因此最终会离开这一斑块。边缘反应的减弱主要是由于对寄主气味敏感性的减弱而引起的,但一次成功的产卵能够大大恢复对寄主气味的敏感性,从而抵消边缘反应的减弱。Waage 认为,上述简单的行为机制完全可以解释 Hubbard 和 Cook 在试验中所获得的观察结果。他还发现,小茧蜂离开一个斑块的嗅觉阈值并不受此前所寻觅过的各斑块平均质量的影响,这表明,小茧蜂的放弃时间是相当固定的,并不随平均生境质量的改变而改变。

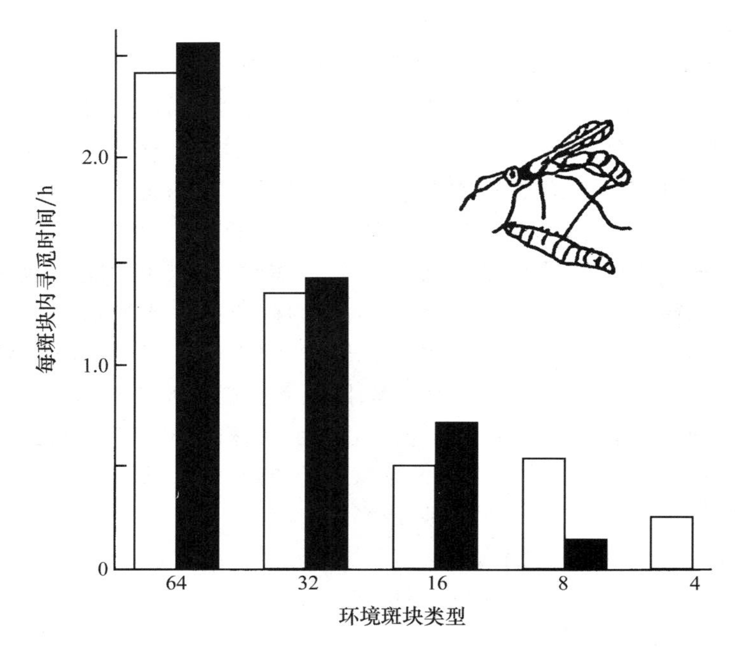


**图 2-21　小茧蜂在不同质量的环境斑块内搜寻寄主粉斑螟的试验**

在每斑块内的搜寻时间的观测值(白直方图)与理论预测值(黑直方图)十分接近(仿 Hubbard 和 Cook,1978)

# 第四节　最适搜寻路线和觅食的能量投资

关于捕食者和寄生物搜寻行为的许多生态模型都假定在一个环境斑块内捕食者与其猎物之间或寄生物与其寄主之间相遇是随机的,建立在这一假定基础上的很多生态模型几乎都能与实验结果拟合得很好。但是,随机相遇的假设并不一定意味着是随机搜寻。如果猎物或寄主在环境斑块内的分布是随机的,那么非随机搜寻也能导致随机相遇。事实上,随机搜寻是效率极低的一种觅食方式,所以,任何一个捕食者和寄生物都不太可能采取随机搜寻方式。

## 一、借助于经验和学习改进搜寻路线

### (一) 三刺鱼

1968 年,Beukema 研究了三刺鱼(*Gasterosteus aculeatus*)借助于学习改进其搜寻路线的能力。三刺鱼被饲养在一个大水族箱中，水族箱被分隔成18个六角形小室，三刺鱼可以通过门在各小室间自由巡行，一旦进入一个小室，它们马上就能知道该小室内有没有食物，这样就可以保证使最适搜寻路线能成为这样一条路线，即找到每一个猎物所需巡行的小室数目最少。在一个实验安排中，Beukema在12个外圈小室中的一个小室内安放了一个猎物，这样，三刺鱼从外圈随机选择的地点开始寻找食物，从理论上讲，只要平均巡行6个小室就能找到这个猎物，要做到这一点，只需沿着外圈小室逐个巡行就可以了。Beukema计算了各种搜寻对策(从随机搜寻到最适搜寻)的搜寻效率(即每巡行一个小室所遇到的猎物数量)，结果发现，定向性搜寻远比随机搜寻的效率高，而且经过一系列训练，它们还能改进自己的搜寻路线，虽然如此，但还是达不到0.17的最适搜寻效率。实验结果证明，对于特定的猎物分布型，三刺鱼可以做出适应性的行为反应，以便改变它们的搜寻路线。三刺鱼达不到最适搜寻路线的指标，可能与它们所面对的是纯人工环境有关。

### (二) 乌鸫

很多捕食性昆虫和寄生性昆虫都具有限制搜寻区的行为机制，这是对食物呈集团分布的一种行为适应，因为这种行为机制大都表现在以集团分布食物为食的物种中。乌鸫(*Turdus merula*)在找到一个食物后也有限制搜寻区的行为表现，方法是靠在同一方向连续转身，而不是像通常那样左右交替移动。乌鸫的猎物是栖息在草地上的蠕虫，它取食时常常是跑几步，停下来瞭望一下，转一定的角度再跑几步。Smith(1974)曾在草地上摆放人工食物，并用改变食物密度和分布型的方法来观察乌鸫的行为反应，主要是了解乌鸫限制搜寻区的行为会发生什么适应性变化。结果发现：在猎物密度低的情况下(0.064只/$m^2$)，当猎物呈均匀分布时，乌鸫没有表现出限制搜寻区行为；但当猎物呈随机分布或集团分布时，这种行为机制便开始起作用了。在猎物密度较高的情况下(0.3只/$m^2$)，食物无论是呈随机分布还是均匀分布，乌鸫都不表现出限制搜寻区行为；只有当食物呈集团分布时，这种行为机制才得到轻微表现。所谓轻微表现，主要是由于发现食物前后搜寻路线迂回率的变化不太容易引起注意，因为在食物密度较小的情况下，发现食物前的搜寻路线已经是比较迂回曲折了。

## 二、最适返回时间

在前面关于搜寻路线的讨论中，我们一直以食物不可更新为前提，但是如果假定捕食者在觅食过程中不仅可以把食物耗尽，而且食物本身还能迅速更新，那么我们就可以提出这样一个问题，即捕食者应当过多长时间再重返一个特定的觅食地才最为有利。从理论上我们可以这样想：捕食者应当以一种特有的方式在它整个的觅食区域内巡行，以便在每次到达一个环境斑块时都能从中获取最大的能量收益。这就是“最适返回时间”(optimal return time)搜寻对策。这种搜寻对策要求捕食者必须独占一个觅食区域，否则食物更新过程就会受到其他捕食者的干扰。排他性地占有领域和群体觅食都有利于排除这种干扰。如果生活在一个区域内的所有捕食者都结成一个群体进行觅食活动，那么，个体之间在返回时间方面就不会彼此相互干扰。Cody(1974)在研究混合雀群时发现，形成雀群的一个主要好处是可使鸟类的返回时间达到最适状态。Cody研究过两个区域内的雀群移动，其中一个区域位于山脚下，食物比较丰富但更新速度较慢(食物是成熟的种子)；另一个区域位于干荒漠地带，食物(种子)比较贫乏但更新速度较快。Cody的资料表明：栖息在干荒漠中的雀群不仅移动速度快，而且移动路线的弯曲度也大。这两种行为特点都可使返回时间缩短,这不能不说是对食物资源贫乏但更新速度很快的一种行为适应。遗憾的是,Cody 没有把食物密度和食物更新速度这两种因素对雀群行为的影响区分开来,因此很难看出是哪一种因素对雀群的移动方式有更大的影响。

蜜鸟(*Loxops virens*)常常雌雄一对占有和保卫一个领域,领域内则盛开着一串串槐树(*Sophora*)、金叶树(*Chrysophylla*)和苦槛蓝树(*Myoporum*)的花朵。Kamil 在 5 个蜜鸟领域内计算了花串的数目,对蜜鸟作了颜色标记,并记录了每只蜜鸟的访花情况。他发现,蜜鸟访花的时间极有规律性,在两次拜访同一串花朵之间,往往存在着足够的时间间隔,在此期间可使花朵中的花蜜得到更新。外来的入侵蜜鸟因不熟悉该领域内花蜜的再生情况,往往不能准确地掌握两次访问同一串花朵的间隔时间(常常是缩短间隔时间),因此每访一次花要比领域的主人少摄入 1/3 的蜜量。研究者虽然目前尚不知道蜜鸟是如何能够做到避免重访同一朵花的,但却发现,雌鸟和雄鸟往往是在同一领域内的不同区域采蜜,这样就有效地避免了对各自重返时间的相互干扰。

## 三、觅食的能量投资

任何一个试图预测高效捕食者行为的模型,都应该考虑到觅食的能量投资及其收益。最优觅食模型是以觅食时所花费的时间和所消耗的能量来计算投资的。但是,目前大多数检验这些模型的试验都是只考虑时间投资,而不去测定能量消耗,因此往往造成误差。前面介绍过的大山雀试验(图 2-19)就是极好的一例,当把能量投资也考虑在内时,实测值与理论预测值就会更加吻合。

在预测蜂鸟最适餐量的时候,计算来往于花间(旅行)所消耗的能量是十分重要的。蜂鸟的觅食、保卫领域和休息等各种活动是交替进行的,它在每次觅食期间,从不吸食过多的花蜜使嗉囊满载。依据“在一次觅食期应使能量摄取量最大,而使旅行时间最短”的原则,人们本来以为蜂鸟一定会把它的嗉囊用花蜜装满的,但事实并非如此。这是因为,装满了花蜜的嗉囊对于不断从一朵花飞向另一朵花的蜂鸟来说是一个很大的重载,携带太多的花蜜飞翔要消耗很多能量。因此在下列两种情况之间就存在着一种利弊权衡:① 觅食期间携带着花蜜飞来飞去要消耗能量;② 每次访花时尽可能多吸食一些花蜜有利于缩短旅行时间。DeBenedictis(1978)根据这种权衡关系计算了蜂鸟的最适餐量,其总原则是使整个觅食期间的能量净摄取量达到最大。结果实际观测值同理论预测值的最适餐量极为接近,这说明,觅食期间的能量消耗的确是影响蜂鸟最适觅食行为的一个重要因素,因此在建立最适觅食行为的理论模型时必须把它考虑在内。

图 2-22 是关于觅食投资和收益的一个更加一般化的模型。该模型考虑了两种觅食行为对策:一种是少投资少收益的觅食对策(简称双少法),即单位觅食时间花费较少的能量,同时也获得较少的食物(如缓慢行走);另一种对策是多投资多收益的觅食法(简称双多法)(如追击猎物)。据该模型预测:当食物密度很小时,捕食者采取少投资少收益的觅食对策较为有利(以能量净收益为衡量标准);但当食物密度很大时,则采取多投资多收益的觅食对策更为有利。虽然目前还没有定量的研究数据支持这一预测,但 Evans(1976)已经注意到,塍鹬(*Limosa lapponica*)在食物(沙蠋 *Arenicola marina*)贫乏时,的确是采取少消耗能量的觅食对策(降低行走速度),在食物极少的不利条件下,甚至完全停止觅食。

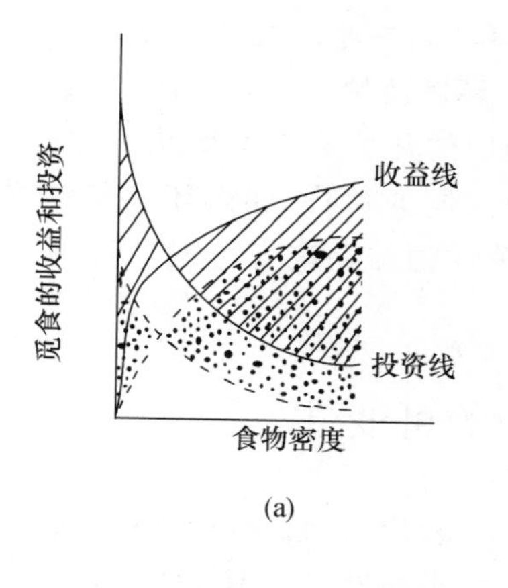


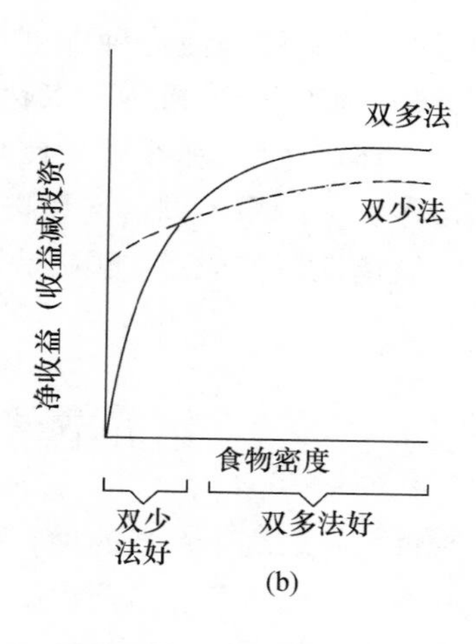


**图 2-22**

(a) 与食物密度相关的两种觅食对策的投资和收益，实线代表双多对策，虚线代表双少对策，斜线区和打点区分别代表双多对策和双少对策的净收益，当收益线低于投资线时，净收益为负值；(b) 双多对策和双少对策的净收益比较图示(仿 Krebs，1978)

## 四、最优觅食的生态后果——资源再分

生物之间的资源竞争是决定群落结构的重要因素，而食物又是资源竞争的一个主要方面，因此，竞争必然涉及物种之间在觅食效率上的差异。有人把资源看成是一个个连续分布的资源轴(或资源维)，并把群落中的物种按其对资源的利用范围在资源轴上加以排列，然后就可以根据各物种在资源轴上的重叠程度判断种间竞争的大小。目前研究最多的就是食物资源轴。这一研究方法常被用于计算两个物种可以有多大程度的重叠而又不会导致一个物种完全排除另一个物种；同时也可计算在群落的一个特定资源轴上，最多可以容纳多少个物种，即最多能有多少个物种实现共存。Pulliam(1975)正是根据对资源重叠和各种大小种子可利用性的计算，成功地预测了三个不同群落中鸣禽的类型。如果把这些鸣禽按大小加以排列，那么相邻两个物种在取食器官上总是存在着固定比例的差异，这说明它们在资源轴上对食物的利用已有明显分化。还有人注意到，如果从群落中移走一个物种，留下的其余近缘物种在资源轴上的位置就会发生变化，这表明一个物种在正常情况下的取食范围是受到竞争种的限制的。

从以上简述可以看出，每一个物种都能最有效地利用自己所偏爱的那一部分食物资源，因此，在进化过程中，近缘而又生活在一起的物种，其食性必将趋于特化，因为非特化物种对任何一种资源的利用都不如特化物种效率高。这一原理同样也可应用于种内。Grant 等人(1976)在研究一种达尔文地雀(*Geospiza fortis*)时发现：喙较大的个体喜食较大的仙人掌种子(仙人掌属 *Opuntia*)，它们对这些种子的利用比喙较小的个体更为有效。大山雀也是这样，不同个体的觅食效率存在着明显差异，它们总是在各自最能有效地利用其食物资源的小生境内觅食。

下面我们提出并讨论这样一个问题，即一个竞争物种 X 的存在会不会导致另一物种 Y 扩大或缩小其最适食谱范围呢？或者会不会导致物种 Y 所访最适环境斑块数目的增加或减少呢？显然，物种 X 不会改变物种 Y 食谱中食物有利性的排列次序，但却会影响物种 Y

同食物的相遇概率,并能迫使物种 Y 扩大它的食谱范围,去吃一些有利性较小的食物。至于环境斑块,情况则不同,如果物种 X 因取食而使一环境斑块的质量下降,以致使得物种 Y 不再去利用这一环境斑块,那么就会使物种 Y 所利用的环境斑块类型减少,或者转而利用一个新的环境斑块。如果不同的环境斑块类型含有不同的食物,那么环境斑块类型的减少就有可能引起食谱范围的收缩,也就是说,一个竞争物种的存在有可能导致另一物种食性的特化。

## 第五节　觅食行为的可变性

动物的觅食方式取决于食物的种类和食物的性质,因此动物寻找食物和获取食物的效率以及动物之间为食物而竞争的激烈程度,都依食物的种类而转移。不同的食物资源对捕食压力的敏感程度也大不相同,而且食物资源的利用还同气候和其他环境因素有关。以上各种因素之间的相互关系,目前还了解得很少,而且常常被完全忽视。例如,生态学家在处理两个物种之间的相互关系时,就常常不再考虑同其他物种的关系,就好像这两个物种同群落中的其他物种完全无关似的。食物资源的变动经常会对动物觅食行为的各个方面产生影响,在食物资源稳定的条件下比在食物资源经常发生变动的条件下更容易促使物种发生食性特化,而食物资源本身也受到各种捕食者之间相互关系的强烈影响。总之,动物的觅食行为并不是一成不变的,而是随着环境条件的变化、随着个体发育阶段的不同和随着新情况的出现而不断发生适应性变化,这是动物行为对环境适应的一个重要方面。下面仅就动物的贮食行为、觅食行为的个体发育和新行为的起源等问题作一简要介绍。

### 一、动物的贮食行为

很多动物(包括恒温动物和变温动物)都以休眠的形式来适应外界环境条件的明显变化。休眠可使动物持久地占有一个生活区域,通常这个区域的气候会经历周期性的剧烈变动,如冬季的严寒、夏季的酷暑和极端的干旱等。但很多哺乳动物和几乎所有的鸟类却不休眠,一些休眠的哺乳动物必须贮存足够的食物才能安全度过休眠期。贮食行为在啮齿动物得到了最高度的发展,它们在冬季要贮存大量的果实和种子,以备食用。但贮食行为并不限于生活在温带地区的动物,甚至在热带森林中,啮齿动物也表现出贮食行为,如拉美刺鼠(*Dasyprocta pratti*)、长尾刺鼠(*Myoprocta pratti*)和非洲巨鼠(*Cricetomys gambianus*)。

在自然条件下,金仓鼠具有强烈的贮食行为,即使贮存的食物已足够食用,它们还是无休无止地工作,真像是个不知疲倦的贮藏家。红尾花鼠也有类似倾向。这两种动物常常会遇到食物歉收年,因此一旦食物很丰富时,它们就表现出强烈的贮食行为。1976 年,Barry 曾对白足鼠属(*Peromyscus*)中的 3 个物种 5 个亚种的贮食行为进行过比较研究,发现温度和光周期对白足鼠的贮食行为有很大影响。其中两个北方亚种(*P. leucopus noveboracensis* 和 *P. maniculatus bairdii*)的贮食活动都随着温度的下降和光周期的缩短而加强,但生活在旷野里的后者对光周期最敏感,而栖息在森林里的前者对温度最敏感。荒漠栖居者(*P. m. blandus*)在高温条件下贮食活动最为强烈,因为在荒漠地区,食物短缺常常是同高温相联系的。另一个荒漠种类 *P. eremicus eremicus*,则在各种条件下都保持很强的贮食活动。生活在热带地区的

一个亚种 *P. l. castaneus*,其贮食倾向在各种情况下都没有明显差异。这项研究有力地表明,贮食现象可能是由多种诱因所引起的,而且这些诱因同动物周围的环境条件密切相关。

在一些具有贮食行为的鸟类中,山雀属(*Parus*)的贮食行为是最有趣的。它们的贮食倾向随着海拔高度的增加而增加。据分析,这是因为:① 高海拔处的温度通常比低海拔处低;② 高海拔处的寒冷季节较长,在寒冷季节食物贫乏或极难找到食物;③ 冬季白天最短,使山雀的觅食时间大为减少。对于哺乳动物来说,可以采用夜行性的生活方式以适应冬季白天缩短这样一种变化,但对小型鸟类来说却不存在这种选择。据研究,山雀属的小型种类比大型种类表现出更强烈的贮食习性,这是因为两者的表面积与体积的比值不同,小型种类散热更快,因此也相应地需要更多的食物。据 Gibb(1954)和 Krebs(1971)记载,最小的煤山雀(*Parusater*)和比煤山雀稍大一点的沼泽山雀(*P. papustris*)、柳山雀(*P. montanus*)都有贮存食物的行为,而中等大小的青山雀(*P. caeruleus*)和最大的大山雀(*P. major*)却不贮食。瑞士的 Bukli(1973)也曾记载过煤山雀有贮食行为。苏联的 Bardin(1975)也发现,大山雀和青山雀不贮食,而 Haftorn(1974)则报道说,生活在高海拔的大山雀和青山雀虽未发现有贮食习性,但冬季的食物对人有一定的依赖性。至于其他种类的山雀,在它们分布区的最北端很可能要依赖贮食活动才能维持其生存。

在鸦科(Corvidae)鸟类中(如乌鸦、星鸦和松鸦等),食物不足现象是很常见的。生活在高纬度和高海拔地区的鸦科鸟类,贮食行为屡见不鲜。星鸦(*Nucifraga* spp.)的舌下有一个小囊,可用于携带种子;而松鸦(*Perisoreus canadensis*),则用黏稠的唾液把食物聚成一个个的食物团加以贮存。Turcek 和 Kelso(1968)曾专门讨论过鸦科鸟类贮存食物的各种形态适应,是不可多得的文献。Gwinner(1965)曾注意到,渡鸦(*Corvus corax*)掠食后常常把瘦肉吃掉,把脂肪贮存起来,因为脂肪比较容易贮存。可能是由于类似的原因,山雀既贮存昆虫也贮存种子,但通常以贮存种子为主。在动物的食物中,总是有些食物比另一些食物更适于贮存。

捕食动物在捕到较大的猎物不能一次吃完时,也常常把一部分猎物贮存起来。伯劳(*Lanius* spp.)就经常把吃剩的猎物贮存起来,鹰隼和猫头鹰也有类似的习性。美洲狮(*Felis concolor*)、虎(*Panthera tigris*)和红隼(*Falco sparverius*)的贮食行为也很发达,但狮(*Panthera* leo)的贮食行为却很少见,这很可能是因为在开阔的旷野里很难把食物隐藏起来的缘故。同时,狮子同独来独往的虎和美洲狮不同,往往是几头狮子共同分享一头猎物。捕食动物偶尔会猎杀大大超过它们食量的猎物,有人曾报道过在自然栖息地,狐狸(*Vulpes vulpes*)大量捕杀巢群中的红嘴鸥(*Larus ridibundus*)和斑鬣狗大量猎杀瞪羚(*Gazella thomsonii*)的事实。MacDonald(1976)通过试验证实了狐狸经常把吃剩的食物贮藏起来,但以后却很少把它们挖出来吃掉。Krunk(1972)认为,只有在猎物异乎寻常地多而又易受到攻击的情况下,才会发生捕食者过量捕杀猎物的现象,而这样的机会是极其罕见的,以致不可能形成防止过量猎杀的反馈机制,而猎物物种应付这种局面的反捕对策也无法形成。

总之,在食物数量波动较大的地方,特别是在气候严酷的地区,动物的贮食行为是很常见的。有些动物即使是在非饥荒年份也本能地贮存食物,这不能不说是一种高度的适应性,因为在食物丰收之后,接着到来的往往是歉收和饥荒。因此,贮食行为意味着在动物的生存环境中存在着周期性的食物短缺。

## 二、觅食行为的个体发育

每一个动物在第一次独立觅食时都面临着掌握取食技能问题,要使搜寻、捕获和处理食物的技能达到娴熟的程度并不是很容易的,这要花费相当长的时间。像大山雀这样的食虫鸟类,在离开双亲开始独立生活时,死亡率是很高的。Davies 和 Green(1976)曾经注意到,年轻的苇莺(*Acrocephalus scirpaceus*)和斑鹟(*Muscicapa striata*)的觅食效率是不断改进的:随着年龄的增长,它们啄食不可食物体的次数逐渐减少,而捕食技巧却不断提高;随着离巢日数的增加,斑鹟飞离栖枝去捕虫的距离也越来越长,这说明它对外界物体的感知能力越来越准确。

一般说来,亲代养育期的长短是同觅食技巧的难度成正相关的。处于较高营养级的动物,子代受亲代养育的时间较长,因为这些动物的猎食对象都有较强的防卫能力和逃避能力。一些大型哺乳动物(如狮子)有时需经过几年时间才能完全独立生活,而且只有在获得相当丰富的捕食经验后才能使觅食效率达到最大。据 Fogden(1972)报道,在沙捞越的热带森林中,一些食虫鸟类要靠双亲养育 6~7 个月之久,甚至当小鸟长到和成鸟一样大小后很久还不能完全独立谋生,因为它们的猎物极为隐蔽,要学会寻找和辨认它们是很困难的。

在鸟类中,成鸟捕食成功的机会总是大于它们的幼鸟,由于幼鸟到羽毛丰满时已长到和成鸟一样大小,因此捕食成功率的这种差异只能归之于经验和同大小无关的其他因素。例如,某些以瓣鳃类软体动物和蟹类为食的鸟类蛎鹬(*Haematopus ostralegus*),由于取食这类食物的难度较大,往往需要经历几个月的实践才能使觅食效率达到最大,在个别情况下,幼鸟要依赖成鸟喂养达一年之久。但以多毛类蠕虫为食的鸟类,其幼鸟只需成鸟喂养 6~7 周便可独立觅食了。从空中潜入水中捕鱼的大燕鸥(*Thalasseus maximus*),双亲喂幼期长达半年之久。像打开蚌壳和捕鱼这样难度较大的取食活动,一般需要花费较长的时间和更多的实践才能熟练掌握。年幼的褐鹈鹕(*Pelecanus occidentalis*)和一种鹭(*Florida caerulea*)在第一次越冬时,其捕鱼的成功率总是比成鸟低。显然,这些年轻的个体必须花费比双亲更多的时间才能获得足够的食物。银鸥(*Larus argentatus*)和一种燕鸥(*Sterna sandvichensis*)也是如此。Bunn(1972)发现,年轻的燕鸥是混在成鸟的鸟群中捕食的,它们通过观察成鸟的取食技巧,不断改进自己取食成功的机会,因此,到隆冬季节它们就能完全独立取食而不再需要从双亲那里获得食物了。这种观察学习的能力常常用以解释动物觅食效率的改进和提高。行为生态学家借助于动物标记法所进行的研究,证明在取食难度较大的动物中,不同年龄个体的觅食效率是不一样的,一般说来,觅食效率是随着年龄的增长而增加的。

## 三、觅食新技能的起源

动物觅食的全部技能要靠大量的遗传行为和后天获得的行为来维持,后天获得行为的产生构成了行为演变的基础,也有助于资源利用效率的提高。适应性强的个体产生新觅食技能的频率也高。一种新的觅食技巧有可能是独自起源的,但更可能是在原有行为的基础上加以改进的。有时看来是一个全新的取食技能,却可能是原本就有的某种能力的发展,只不过这种能力由于种间竞争或环境特点而一直被抑制着。在过去几十年中,山雀(*Parus* spp.)已经学会了自己撕开放在订户门前的奶瓶盖取食奶瓶中的奶油[图 2-23(a)],后来,这种行为很快就传遍了生活在大不列颠诸岛的所有山雀。这种行为同原有的剥树皮行为极为相似。原来,山雀经常在桦树皮上搜食昆虫，并把桦树皮作为筑巢材料带回巢内作窝，因此，撕破奶瓶盖的行为就是在剥树皮行为的基础上发展起来的。山雀属鸟类在各种场合下都显示出了极强的应变和学习能力，它们能学会很多种同觅食有关的复杂技能，并能把绳子提拉起来拿取悬挂在绳端的食物[图 2-23(b)]。这种极强的学习观察能力也说明了为什么一种新的取食技能一经产生就能很快在种群中散播开来。在山雀普遍学会了撕开纸奶瓶盖之后，人们就把纸盖换成了金属铝盖，但山雀很快又学会了开铝盖。据观察，有几种其他的鸟偶尔也会打开奶瓶盖，但还不能肯定它们是不是通过观察和模仿山雀的行为学来的。

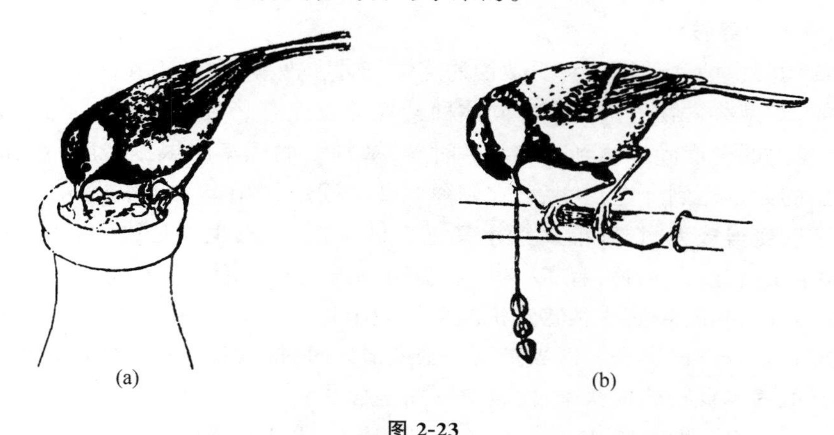


**图 2-23**

(a) 大山雀正在撕开奶瓶盖取食奶瓶中的牛奶；(b) 大山雀在提拉绳子拿取绳端的食物

最近不断有人报道，在野生的黑猩猩(*Pantroglodytes*)群中曾观察到狩猎、食肉和自相残杀现象(Suzuk，1971；Bygott，1972；Teleki，1973)。Bygott 认为这是一种新的行为类型，而且是起源于某种侵犯行为，而不是起源于原有的食植行为。这种看法是否正确，还没有定论，因为有人认为这种行为是原有觅食行为的组成部分，只不过是正常情况下很少使用罢了。过去50 年间在野外对黑猩猩所进行的详细观察，已经揭示出了很多前所未知的行为特征。另一方面，同猎取大型猎物有关的比较复杂的狩猎行为，在灵长目还只被报道过三次：其中两次发生在黑猩猩，一次发生在狒狒(*Hamilton* 和 *Busse*，1978)。这些行为可能是在古老的食虫行为的基础上发展起来的。如果大型猎物的确是一种更加有利的食物资源的话，那么在进化过程中最终产生这种行为就不足为奇了。

灵长类学家曾经详细研究过新的觅食行为在种群内的传播。1965 年，Kawai 把在自然条件下不可能遇到的食物喂给日本猕猴，然后观察它们的反应。他发现，一只名叫伊莫的 2 岁幼猴首先学会了把红薯放在水中冲洗后再吃，以便把沙粒洗掉；几年之内，猴群中的所有成员就都学会了这种把红薯和沙粒分开的取食技巧。两年之后，伊莫又学会了另一种处理食物的方法，它把人们撒在海滩上的谷粒一颗一颗地捡起来，当手中抓满一把掺有沙子的谷粒时，便把它们撒入海水中，待沙粒沉入水底，再把漂浮在水面的谷粒捞起来吃；这种淘米的新技巧也像洗红薯一样，渐渐地传遍了整个猴群。这些事实说明，动物借助于行为的可变性和适应性是可以很快学会利用一种新的食物资源的。

## 四、动物的觅食技巧

动物的觅食行为包括对食物的搜寻、捕食和处理三个方面。动物觅食的搜寻方式、捕食效率和处理技能都对动物的食性范围有直接影响。但是这三种觅食技能的相对重要性却依食物的特性而有所不同,以叶栖昆虫为食的小型鸟类就是说明这一问题的一个典型事例,这些小鸟专门以小型和隐蔽的猎物为食,所以它们特别善于搜寻,而不太善于追捕和对付那些比较活跃的动物。下面就动物觅食行为的这三个方面分别作些简要介绍。

### (一) 动物的搜寻技能

隐蔽的食物要求捕食动物具有更敏锐的感觉能力和搜寻能力。Tinbergen(1960)发现,大山雀为了育雏,对某些食物的捕食频率同该种食物的密度有一种特殊的关系。以隐蔽的叶栖昆虫为例,当昆虫的密度尚未达到一定水平时,其被捕食的频率比根据密度所做的预测要低;但当这种昆虫的数量达到一定密度后,它们被成鸟带回巢的频率又比根据密度所做的预测要高;然而,当密度变得极大时,被捕食频率又重新低于预测值,也就是说,两者呈不规则相关。对此。Tinbergen 提出了一种解释,认为大山雀可以通过学习形成一种感觉机制,即特定搜寻印象(specific searchimages),这种感觉机制可使大山雀借助于某些关键的感觉线索有效地把猎物从它们的背景中辨识出来。但当猎物的密度很大时,捕食者便不再依赖这种搜寻机制,这样便可增加某些稀少食物的捕获率,使食谱保持多样化。

对 Tinbergen 的这种解释,Royama(1970)提出过一些反对意见。他指出:有时大山雀会突然放弃一种一直在捕食的猎物,而把注意力转移到另一种猎物身上,虽然按照 Tinbergen 的模型预测,前一种猎物的捕食量本应保持继续上升的势头,直到它的密度达到一定水平为止。大山雀注意力的转移常常是由于能给它带来更大好处的新猎物的出现而引起的,例如发现了一个鳞翅目的大幼虫等。Royama 还发现,捕食者一旦同一种新猎物相遇,往往会导致连续多次捕食这种猎物。1970 年,Croze 在研究小嘴乌鸦(*Corvus corone*)时也观察到了这种现象。这样看来,Tinbergen 的临界密度假说似乎就不太适用了。

为了更好地解释上述现象,Royama 于 1970 年提出了食物有利性概念,这一概念的简单含义是:对某种特定的食物来说,捕食者通过觅食活动所获得的能量将随着这种食物密度的增加而增加;但在达到一定的密度后,猎食这种食物的有利性便不再随着食物密度的增长而增长了。例如,试验表明,在每立方米的空间内不管是放 500 只猎物还是放 1000 只猎物,大山雀单位时间的捕食量都是相等的。事实上,在自然环境中(如在栎树林里),大山雀有时是会遇到这一数量级的猎物密度的。在猎物密度极大的情况下,大山雀的全部觅食活动(搜寻除外)几乎都花费在对食物的处理上了,包括把食物带回巢和喂雏前的必要加工。由于大山雀花在运送食物上的时间太多和每次只能带一个猎物回巢,因此,如果有一种食物虽然数量较少,但只要个体较大而且含能值较高,那么猎取这种食物的有利性就会超过原来的食物。按 Royama 的见解,一种新的食物,只要它的有利性大于捕食者通常所猎取的食物,它就应当被捕食者所看中。事实上,很多研究者都已注意到了,同那些有利性较差的食物相比(虽然数量较多),大山雀更经常把数量虽少但有利性较大的猎物带回巢中。

如果亲鸟一次只能带一个食物回巢,那么尽可能带最大的食物(只要雏鸟能够接受)回巢,便可减少双亲往返送食的次数。事实上,很多鸟类雏鸟所吃的食物都比成鸟所吃的食物大。

在捕食现场,成鸟选择小食物为食可能是最有利的,因为小食物数量多密度大。鹪鹩(*Telmatodytes palustris*)和蚋鹟(*Polioptila caerulea*,属鹟科蚋鹟亚科)就经常把大食物带回巢中喂给雏鸟,而自己吃小食物。刚出巢跟着双亲学飞的小山雀和蛎鹬,从父母那里得到的食物要比在巢中生活时小得多,而同父母所吃食物的大小相似。

如果每次能携带两个或更多的食物回巢,无疑会大大增加食物的运送效率,有些鸟类如雨燕(*Apus apus*)、海雀(*Fratercula arctica*)、某些燕鸥(*Sterna* spp.)和苍鹭(*Ardea cinerea*)就是这样,一次可以把几个食物带回巢内。它们或是先把食物吞咽下去,回巢后再反吐给雏鸟(如雨燕和苍鹭),或是把食物衔在嘴里(如海雀和燕鸥)。但是为什么很多鸟类每次只携带一个食物呢? 原因可能是多方面的,有的是受形态结构的限制,如喙不够大;有的是在捕捉第二个食物的时候,第一个食物很难不丢失;有的是因为在把食物喂给雏鸟之前,需要对食物进行初步加工,如蛎鹬必须把瓣鳃类软体动物的蚌壳打开。有趣的是,聪明的鸥(*Larus* spp.)常常是等蛎鹬打开了蚌壳之后才去抢劫它的食物。

总之,Royama 认为,根据有利性原则所选择的食物能自动满足动物对各种食物的全面需要。因为动物为了使食物的有利性达到最大,必须在各种不同的地点选择各种类型的食物,这同时也就保证了食物的多样化。Royama 的观点是否具有普遍的意义,也还需要进行更多的观察才能作出判断:因为 Royama 是在多种树木混生的阔叶林中进行观察的;而 Tinbergen 则是在针叶林中进行他的研究,阔叶林中的食物当然要比针叶林丰富得多,因此,生活在阔叶林中的动物更容易达到食物多样化的自动调节。

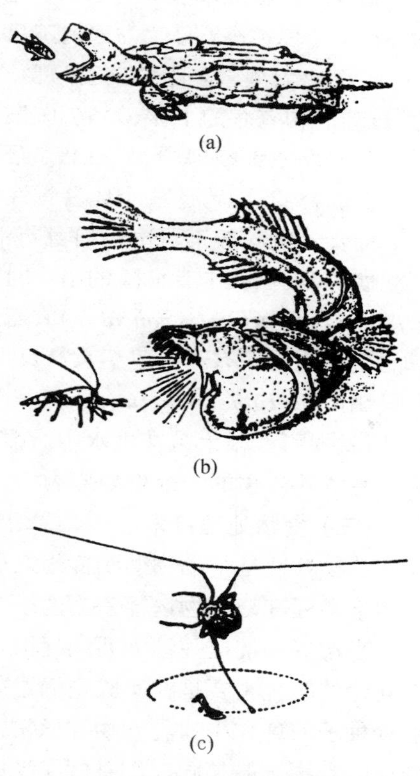


**图 2-24　动物的捕食技巧**

(a) 一个海龟正用自己的舌头作为诱饵来引诱一条小鱼上钩;(b) 深海鮟鱇用口内发光的引诱物吸引小动物自动进入口内;(c) 投索蛛释放一种类似性信息素的物质来吸引雄蛾,并用丝质投索将其捕获

### (二) 动物的捕食技巧

像山雀、蜗牛和瓢虫一类的动物,一旦发现和选中了取食对象就很容易得到它们,基本上不存在捕食技巧(图 2-24)问题。但对于另一些动物来说,发现和选择食物并不难,难的是如何能捕到它们。如果这些捕食者具有适当的捕食策略和娴熟的捕食技巧,这种困难就会大大减少。客观上存在着两种完全不同的捕食策略:有些动物采取"坐等"或偷偷逼近猎物的策略,靠出其不意取胜;另一些动物则穷追不舍,靠速度和耐力取胜。伏击和偷袭的策略常常被独居性的动物所采用,而且只适用于隐蔽物很多的栖息地内。与此相反,在视野开阔、隐蔽物很少的栖息地内,动物常常以追击的方法猎取食物,因为在这里猎物几乎得不到任何地被物的保护,捕食动物可以发挥快速和持久的奔跑能力。这些捕食动物还常常结群进行集体猎食,如狼和狮子。

比较起来,小型捕食动物更经常采用坐等或伏击的捕食策略:因为一方面它们的猎物数量较多,坐等成功的机会较大;另一方面也同它们的身体较小、易于隐藏有关。随着动物体形的增大,隐蔽就会越来越困难(这一点对巨蟒是例外)。大型鸟类和哺乳动物有时也会采取坐等或伏击的捕食策略,但只有在猎物数量十分丰富的地方才会看到,如狮子和猞猁(*Lynx rufus*)。

在靠追击猎取食物的动物中,能够坚持长时间奔跑的动物并不多,即使是跑得最快的动物,它们也只能在有限的范围内发挥最大的奔跑速度。因此,采取追击策略的动物,一般也总是先设法接近猎物,到一定距离之内才开始追击。狮子所猎食的大多数动物都比狮子跑得快,因此,决定狮子捕食成功的关键是在猎物达到它最大奔跑速度之前就捕到它。虎(*Panthera tigris*)在发动攻击之前,也总是尽可能缩短它同猎物之间的距离。靠集体合作进行猎食的哺乳动物受这些条件的限制较小,如狼(*Canis crocuta*)、猎狗(*Lycaon pictus*)和斑鬣狗(*Crocuta crocuta*),它们结群追捕猎物可以猎取单独一个个体所无法猎取的动物,而且可以猎杀大型动物。集体狩猎还可以弥补每个个体在奔跑能力方面的不足。

专门以大型善奔跑的动物为食的捕食者,常常表现出一种特殊的倾向性,即喜欢猎杀年幼的、衰老的和有病的个体,如狼、斑鬣狗和灰熊(*Ursus arctos*)等。这些动物还能以腐肉为食,在东非的大型食肉兽中,只有猎豹不吃腐肉。苍鹰(*Accipiter gentilis*)喜欢捕杀个体较小或受了伤的林鸽,因为这些个体警觉性较差,而且飞行速度缓慢,易于捕捉。

捕食动物一般不攻击对自身有潜在危险的猎物,除非从这些猎物可以得到巨大的好处。据观察,狮子在攻击有危险的猎物时,自身的伤亡率是很高的,如攻击大羚羊和野牛(*Syncerus caffor*)。山狮(*Felis concolor*)有着迅速杀死猎物而又不使自身受伤的高度适应性,虎也有类似的适应能力。有时一些不具有反抗能力的猎物,对捕食者也会带来意料不到的危险。如果一只鹗(*Pandion haliaetus*)捕到一条太大的鱼,难以把它带到空中而又无法把它从爪上解脱的话,就很可能被大鱼拖进水中。很多动物常因吞咽太大的食物而造成食道阻塞,这是捕食动物发生意外死亡的一个重要原因。

**(三) 食物处理技术**

食物处理是指动物得到食物之后和开始进餐之前对食物所进行的必要加工过程。食物处理的难易程度是动物选择食物的一个重要因素,尤其是当处理过程需要花费很多时间的情况下。当搜寻和捕捉并不需要消耗很多能量的时候,食物处理就可能成为一个主导因素。对这一问题的研究主要是在实验室内进行的,最常采用的方法是把大小和外壳厚薄不同的种子喂给食种子的鸟和小哺乳动物。通常,这些动物只选择最容易剥去外壳的种子作为食物,它们所选择的食物一般是同它们身体和喙的大小相适应的,而与食物中所含能量的多少(事先已测定好)无关或相关性很小。

Willson(1971)曾经注意到,大型鸣禽的取食范围比小型鸣禽更广泛。这一现象是同动物的下述觅食对策相一致的,即选择最容易获得和最容易处理的食物作为食物。大型鸣禽自然比小型鸣禽所能处理的食物种类更多。这一事实决不限于吃种子的动物。据 Craig(1978)观察,笨伯劳从捕捉、制服到处理一只鼠需要花费(90±65)min 时间,只有在此之后才能吃到鼠肉。所以笨伯劳的食物主要不是鼠而是昆虫,因为昆虫捕捉后很快就能吃下去,所需处理时间是微不足道的。

一个更加微妙的问题是,如果某种食物从外表看来都是一样的,但有的内含营养物,有的却不含,那么面对这种情况,动物是否有所选择呢? Ligon 和 Martin(1974)曾发现,樫鸟(*Cymnorhinus cyanocephalus*)能够区别内部有胚乳的松子和内部没有胚乳的松子(图 2-25)。在自然条件下,植物的种子总有相当一部分是发育不全的,但从外表看来,发育不全的种子同正常发育的种子非常相似,因此,能不能辨别这两类种子对动物是非常重要的。在其他食物不足的时候,动物常常要贮存和利用大量坚果,这一事实更增强了这种辨别能力的重要性。在这方面,动物的视觉、触觉和听觉都能发挥重要的作用。试验证明,樫鸟可以很快学会辨别并拒食没有胚乳的松子,虽然这些松子事先已被人伪装得和正常松子一样重。事实上,很多植物的种子都有外壳,而且胚乳常常发育不全或受过虫蛀,因此对动物来说,这个问题很可能是一个具有普遍意义的问题。山雀属鸟类能够轻易地辨认并拒食发育不全的和被昆虫蛀食过的种子。Sloan 和 Simmons(1973)曾报道过一种禾雀(*Spizella pusilla*),它们能够识别和拒食被寄生蜂寄生过的蛾类幼虫和蛹。Lenteren 和 Bakker(1975)也曾举出过类似的事例,即瘿蜂(*Pseudeucoila bochei*)决不会把它的卵产在已遭寄生的果蝇幼虫体内。

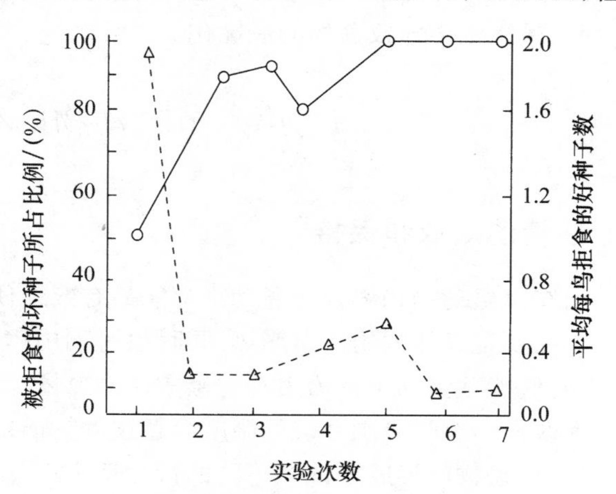


**图 2-25 樫鸟对好、坏松子的识别能力通过实践而得到改进**

实线代表被拒食的坏种子所占的百分数,虚线代表平均每只鸟所拒食的好种子数(仿 Ligon 和 Martin,1974)

**(四)对陌生食物的回避和试探**

自然界的很多食物是味道不好的,甚至是有毒的和危险的,因此,捕食动物在遇到不熟悉的食物时,常常是非常谨慎,决不轻易去吃它。Coppinger 曾用热带蝶类研究过蓝樫鸟(*Cyanocitta cristata*)、鹩哥(*Quiscalus quiscula*)和红翅乌鸫的取食行为,这些蝶类的色型是上述鸟类从未见过的。Coppinger 发现,这些鸟类对陌生的蝶都采取回避态度。这种谨慎也许能够说明,为什么当一种陌生食物以低密度出现时,其被捕食率往往低于预测值。

很多事物都能引起动物的回避反应。年轻的苇莺(*Acrocephaius scirpaceus*)总是躲避胡蜂,因为它们一旦被螫,轻则影响取食,重则死亡。很显然,鸟类必须学会躲避有毒的昆虫。Smith(1977)曾指出过,一些新热带区的鸟类,如鹟和翠鸡,都回避具有红、黄相间环纹的珊瑚蛇。

动物对食物的选择也可能受社群行为的影响。褐家鼠(*Rattus norvegicus*)对待不熟悉的食物是极其谨慎的,如果有一只鼠因吃了这种食物而病倒的话,这一信息很快就能传给其他的鼠。幼鼠的食物嗜好大都是从父母那里继承下来的,成年鼠吃什么它们就吃什么,这也是双亲抚育行为的一种常见形式。另一些动物则对不熟悉的食物表现出一种试探行为,这种行为在刚开始独立觅食的年幼动物那里表现得最明显,随着动物觅食经验的不断积累,这种试探行为也就逐渐消失。但有些动物的试探行为可在不同程度上保持终生,尤其是在食物利用范围特别广的动物,如鸦类。一般说来,动物在饱食后比在饥饿时表现出更强烈的试探行为。这说明动物在饱食后仍然关心着未来会有哪些食物资源可供利用,这同最适食谱的食物选择现象是一致的,最终将会导致食物的最优化。

## 第六节　动物的行为热调节

### 一、热量的摄取和保持

所有恒温动物和部分变温动物都能最有效地使自己的体温保持在一个较高的水平上,恒温动物主要是靠体内的代谢产热,同时也可利用体外的热源;变温动物则主要依靠环境中的热源,但它们能够借助于行为主动地摄取这些热量,而不是被动地使自己的体温随着环境温度的改变而改变。有时周围环境的温度会超过动物所能忍受的限度,这时动物就必须使自己身体降温,为此动物已形成了许多不同的行为适应。

无论是恒温动物还是变温动物,都经常使自己的身体靠近那些温度高于周围环境的物体,以便减少身体热量的散失或提高自己的体温。大家所熟悉的是,蛇和蜥蜴常常喜欢出来晒太阳,其他动物如各种节肢动物和恒温动物也喜欢晒太阳。很多动物都有保持自己体内热量使其不散失的能力(这些热量要么是自己生产的,要么是从环境摄取的),它们往往是靠身体的隔热装置,或者靠减小散热因子的作用(如避免风吹)。

### 二、恒温动物

冬天,如果早晨天气晴朗,山雀常常停在树枝上进行日光浴,而不去寻找食物;如果早晨是阴天多云,它们的觅食活动则照常进行。类似的例子还有白头雀(*Zonotrichia leucophrys*),它们在晴天时取食频率较低,而在阴天多云时取食频率较高,因为它们要利用晴天晒太阳取暖。又如生活在高山地区的黄腹旱獭(*Marmota flaviventris*),清晨总是面向着太阳升起的方向,身体扁平地紧贴在岩石上享受着太阳给予的温暖。这些事例都说明,动物通过晒太阳的确能够增加对外界能量的摄取或减少体内能量的消耗。

据研究,环境温度或光强度的迅速增加是使动物进行日光浴的激发因子。M. L. Morton发现,太阳的升起会立刻导致白头雀取食频率的下降。D. H. Morse也发现,阳光一照射到树冠,山雀的觅食活动马上就减弱。天气很热时,鸟类有时也进行日光浴,据分析,这种行为具有多方面的生物学意义,如合成维生素D、驱逐外寄生物或仅仅是为了使自己在换羽期间感到舒适等。

动物的体色对行为热调节的效率有着明显的影响,例如斑马雀(*Taenopygia castonotis*)的身体是白色的,如果把它的身体人为地染成黑色,那么在温度为10℃并用人工光照模拟阳光的条件下,染色的斑马雀同不染色的相比,其新陈代谢的能量消耗可减少23%(以耗氧量为标准),换句话说就是可以大大降低新陈代谢率。

S. Lustick改进并扩大了上述试验,他不用人工染色的方法,而是利用鸟类羽色的天然差异。供试验的鸟类是牛鸟(*Molothrusater*)的雄鸟(黑色)和雌鸟(灰棕色)以及斑马雀的白色个体和深灰色个体。他的试验结果与上述基本一致,即在日光照射的条件下,深色个体比浅色个体的新陈代谢耗氧量约减少 20%。如果说用染色方法会影响试验结果的话，那么用自然色所做的试验也得出了同样的结果，这说明，体色对动物的热调节的确有明显影响。

从上述试验不难看出，浅颜色的动物最适合在阳光充足的地区生活，因为在那里体内热量过剩常常成为主要矛盾。在极炎热的沙漠中，即使是浅颜色的动物，在一天最热的时候也必须寻找荫凉场所栖身。沙漠中也有黑色的动物如伪步甲和穗䳭(*Saxicola* spp.)，这些动物可利用沙漠表面使自己的体温迅速回升，但当高温到来时，它们又能轻易地找到荫凉场所或躲入洞穴中。

同热调节有关的动物形态和行为特征，彼此是相互关联的。据 R. D. Ohmart 等人研究，地鹃(*Geococcyx californianus*)是一种大型的具有棕白色条纹的地栖鸟类，它常采取一种特殊的姿态使自己的背朝着太阳，翅垂向斜下方，体羽耸立，这样就可使自己腋部皮肤上的黑斑受到太阳光的照射。当它们在寒冷天气采取这种姿势进行活动的时候，能量的消耗至少可减少 40%。地鹃的雏鸟也具有很明显的热调节行为，清晨气温较低时，它们把身体暴露在阳光下，当气温升高后，它们又躲进荫凉处，它们的双亲主要是在上午外出猎食，因为构成它们食物主要成分的蜥蜴出于自身热量调节的需要，主要是在上午出来活动。

G. C. Bateman 等人曾注意到矮松樫鸟(*Gymnorhinus cyanocephalus*)的雏鸟在羽毛丰满之前皮肤中具有黑色素，这有利于它们在亲鸟外出觅食时吸收更多的日光能。它们的亲鸟总是在中午离开鸟巢去觅食，而此时的太阳辐射最为强烈。欧洲红松鼠(*Sciurus vulgaris*)冬季的巢也总是选择在树干的南面，以便接受日光的照射，此外，它们的筑巢材料(*Usnea* 属地衣)具有极好的绝热性能，可使巢内温度保持在 20～30℃之间。

R. W. Storer 等人在"䴙䴘目鸟类的日光浴"一文中曾详细地研究过䴙䴘目中 19 种鸟类的羽色和行为热调节问题，其中最小的种类是小䴙䴘(*Tachybaptus dominicus*)，体重只有 131g，最大的种类是大䴙䴘(*Podiceps major*)，体重为 1478g，其他种类的体重从 189g 到 1087g 不等。他们发现，小型种类的䴙䴘背部和面部的白色羽毛都具有黑色的基部，而且皮肤中含有黑色素，它们喜欢日光浴，日光浴时总是借助于特殊的姿态把白羽的黑色部分和具有黑色素的皮肤暴露出来，以便吸收更多的热量。大型的䴙䴘都没有上述这些形态和行为适应，它们白色羽毛的基部不是黑色，皮肤中没有黑色素，也不进行日光浴。这些适应差异的存在可能是因为小型种类身体表面积相对于体积来说比较大，更容易散失热量，因此摄取热量和保持热量就成了它们生存适应的一个主要问题。而对于大型䴙䴘来说，则基本上不存在这方面的问题。

同其他颜色相比，黑色物质不仅有利于吸收热量，而且也有利于发散热量。基尔霍夫法则(Kirchoff's law)就是讲的这个道理，这个法则是说，吸热快的物质散热也快。那么动物又如何能利用黑色来增加热量摄取呢？原来基尔霍夫法则只适用于特定温度和特定波长。动物体发散的大部分热量，其波长范围都在 $4.0\times10^{-6}$～$2.0\times10^{-5}$m 之间(因体温而不同)，而动物体吸收的太阳辐射能，其波长大都比这要短，因此对动物来说，基尔霍夫法则只适应于太阳辐射热中波长较长的那一小部分(即 $4.0\times10^{-6}$～$2.0\times10^{-5}$m)，而对大部分波长较短的那些热量，动物则更容易吸收而不容易发散。同时动物还可借助于行为进一步减少能量的发散，例如，鸟类的羽毛蓬松起来比紧贴在身上其隔热效果要好得多，这样，动物就可以通过隔热性能的自我调节使羽毛的隔热能力在接近热源时降至最低，而在离开热源时变得最大，从而导致热量的净收入。

在环境温度较高的情况下,动物需要的是散热而不是吸热。各种恒温动物都能借助呼吸使身体降温。喘气、出汗和外咽颤振都有助于散热。海豹在生殖季节必须上岸群栖的时候,它们就会面临着极其严酷的环境挑战。它们高度特化的四肢(鳍足)以及身体厚厚的脂肪层,给它们在陆地上的运动带来了极大的困难。栖息在海岸上的海豹无法躲避灼热太阳的照射,加之身体有很厚的脂肪层,这就使它们面临着极为严重的热环境。

在这种情况下,鳍脚类动物常常依靠各种行为来进行温度调节,如喘气、扇动鳍足、变换体态、往身上掷沙子、躲入荫凉场所或退回水中等。当温度超过 30℃ 时,海狮(*Eumetopias jubatus*)和海狗(*Arctocephalus fosteri*)就都会退回水中避暑,但这样就会大大降低它们的生殖成功率。

## 三、爬行动物、两栖动物和鱼类

爬行动物利用体外热源调节体温的方式是多种多样的,它们可在冷的地点和热的地点之间往返移动,当它们处在一个热源的影响下时,还可以靠改变身体的形状、姿态和颜色来调节受热量。一般说来,爬行动物对太阳热源的利用要比恒温动物多得多,有些蜥蜴借助日光浴进行体温调节的能力是极强的,例如,当荫凉处的温度在 0℃ 以下时,滑喉蜥(*Liolaemus multiformis*)可通过日光浴使自己的体温上升到 30℃ 以上。此外,爬行动物还可借助某些生理功能调节体温,如靠肌肉的正常活动,靠呼吸功能和再辐射等。R. B. Huey 发现,生活在开阔地区的热带安乐蜥(*Anolis*)常常靠晒太阳取暖,而生活在相邻森林中的同种个体却很少晒太阳。这是因为森林中能见到阳光的地点很少,要想找到这样的地点必然要消耗很多能量。因此森林中的安乐蜥较能忍受低温,并能在温度变幅较大的环境中生存。在温带森林中,温度变化更大,平均温度也更低,那里蜥蜴的数量是十分稀少的。

夜晚,蛇类常常爬到柏油马路上来,因为柏油马路的路面温度比较高,这说明它们有从局部高温物体吸收热量的习性。据 H. B. Lillywhite 等人报告,蟾蜍(*Bufo boreas*)和其他一些两栖动物也常常靠晒太阳取暖。

晒太阳特别有助于提高动物的消化速度,因为消化速度直接与温度相关,温度越高消化速度也就越快。因此,如果不受食物的限制,动物能量的摄取量将随着体温的增加而增加。

水中的两栖动物和鱼类也能够利用环境中的温度梯度。F. E. J. Fry 等人都已报道过,鱼类和蝾螈都能在水体中寻找特定的温度条件,生活在热泉附近的鳉属鱼类(*Cyprinodon* spp.)常常只出现在一定温度范围的水域中,例如,有一种鳉只在 42℃ 的水域中活动,这一温度可最大限度地提高鳉的新陈代谢率,并使这种鱼能够吃到嗜热性的蓝绿藻。有人发现,红腹蝾螈(*Taricha rirularis*)的成体和幼体在它们进行繁殖的溪流中都表现出对温度的强烈选择性,这种温度选择对它们的生存是极为重要的,偶然游进热泉水中常常会导致蝾螈的死亡。

## 四、节肢动物

在节肢动物中,有几个目的昆虫具有行为热调节能力。鳞翅目蝶类的行为热调节方式同爬行动物极为相似,它们都采用晒太阳、接触地面、避风、寻找阴凉场所和变换身体与太阳的方位等方法调节体温。不同的是,蝶类不能改变身体的颜色,而爬行动物不能像蝶类中的弄蝶那样靠战栗的方法调节体温。夜行性蛾类主要是靠战栗和正常飞行来产生热量,一些飞行能力极强的大型蛾类，在夜间飞行时，所产生的热量之多有时会造成它们在白天身体降温的困难。

锯蜂(*Perga dorsalis*)幼虫的行为热调节方式同鸟类和哺乳动物有些相似，在低温时它们紧紧聚焦在一起，以便减少每个个体的散热量。当温度超过 30℃时，它们便分散开来以便增加散热。一旦温度超过 37℃，它们便在各自的身上喷撒液体，靠水分蒸发使身体降温。

很多社会性昆虫都能够控制和调节它们巢室的温度，主要靠以下 3 种方法：把巢室安置在精心选择的地点；以特定的方法建筑巢室；靠行为调节巢室内的温度。昆虫巢室的外形和方位常常随环境和地理位置的不同而不同。蚂蚁的分布受着温度的限制，那些生活在分布区最北面的蚂蚁，常常把蚁巢安置在比较高的位置，以便更容易受到阳光的照射，这种方式也有利于蚂蚁在太阳辐射较弱的高纬度地区生存。

靠行为调节巢室温度的最好例子是蜜蜂(*Apis mellifora*)，蜜蜂可以借助复杂的行为使蜂箱中央部位的温度全年保持在 17～36℃之间，夏天最热时不超过 36℃，冬天最冷时不低于 17℃。当天气炎热时，它们靠翅膀扇风和把水带入蜂箱内使巢室降温。当气候寒冷时，它们会用自己的身体形成一个隔热层，在隔热层内，其他蜜蜂则靠积极活动产生热量，这样，以蜂蜜形式贮存在蜂箱内的热量就会有一大部分被用于调节蜂箱内的温度。其他种类的蜂和社会性昆虫也具有上述的某些热调节行为，但其效率远没有蜜蜂那么高。

蚂蚁的热调节行为与蜜蜂完全不同，但效果同样很好。蚂蚁没有翅膀，因此工蚁不能扇风，也不能像有翅昆虫那样把水迅速地带入蚁巢内，但它们可以及时、迅速地把蚁巢内的蚁卵、幼虫和蛹搬上搬下，充分利用蚁巢内不同部分所存在的温度差。这种对策使蚂蚁具有很大的灵活机动性，这一点连蜜蜂都无法同它匹敌，因为蜜蜂的幼虫是被安置在固定不动的蜂房中的。

据 W. F. Humphreys 报告，有一种体形很大的狼蛛(*Geolycosa godeffroy*)，不仅自己常晒太阳，而且也会把它的卵囊带来带去，并以这种方式使卵受热孵化。虽然狼蛛所选择的温度不像蜥蜴所选择的温度那么精确稳定，但这主要是因为它们身体太小的缘故。生活在沙漠中的一种漏斗网蛛(*Agelenopsis aperta*)总是把自己的网安置在中午不受阳光直晒的地点，因为在中午灼热的阳光下，蜘蛛在网上所能忍受的时间很短，常常只来得及捕食一只小的猎物。如果把蛛网安置在比较凉爽的地点，虽然投网的猎物数量较少，但总的猎获量却比较高。

## 五、动物在非活动期的热量代谢

小型恒温动物由于体形小和代谢旺盛，所以必须经常取食，有时需要不间断地取食，只有这样它们才能摄取足够的能量，以便能够安全地度过一个非活动期(如寒冷的夜晚)。一些体形较大的动物，有时也会面临同样的问题，如生活在高寒地区的动物和需要度过一个较长的非活动期的动物，为了能够顺利地度过这样一个非活动期，动物在行为上也有很多节省能量的适应，如群栖，钻入雪下或山洞中过夜，贮存食物和尽可能延长活动期等。

### (一) 群栖

群栖是指动物在非活动期时很多个体挤在一起，这有利于提高栖息点的温度，减少每一个个体的热量散失。当环境条件极为恶劣时，群栖行为的好处是不言而喻的。生活在高纬度地区的很多小型鸟类，如旋木雀(*Gerthia* spp.)、鹪鹩(*Troglodytes troglodytes*)和丛林山雀(*Psaltriparus minimus*)都有群栖的习性。据 E. A. Armstrong 报道，在英国越冬的 3 种最小的鸟类,即鹪鹩、长尾山雀(*Aegithalos caudatus*)和戴菊(*Regulus regulus*),它们在栖息地总是挤在一起。

黄颈鼠(*Apodemus flavicollis*)在非生殖季节,特别是在天气寒冷时,常常采取群栖的形式,这样可以大大降低每一个个体对能量的需求。蝙蝠也常采用群栖的形式节省能量,但蝙蝠群又不可能发展得太大,因为在一定空间内的食物是有限的。

虽然与热调节问题有关的群栖行为在小型恒温动物中是最常见的,但这种行为决不限于小型恒温动物,像麋(*Cervus elaphus*)和麝牛(*Ovibos moschatus*)这样大的哺乳动物,在天气寒冷时也会聚集在一起。此外,当暴风雪来临时,正在孵卵的帝企鹅及其小企鹅也会挤靠在一起。

**(二) 利用隐蔽场所**

在严寒的夜晚,动物如能离开开阔的栖息地,躲入一个隐蔽的场所,也能大大减少能量的散失。S. C. Kendeigh 曾经计算过在 −30℃ 的低温条件下,躲在巢箱里的家麻雀(*Passer domesticus*)比在露天栖身的家麻雀至少可减少 13% 的热量损失。栖身于岩洞中的蓝鸲(*Sialia sialia*)和鹪鹩也可大大减少身体的热量消耗。虽然栖身于洞穴之中可以使动物在热量调节方面得到好处,但这样做常常要冒更易遭到捕食动物捕食的风险,例如,鼬科动物就常常在鸟类的生殖季节偷袭洞穴中的成鸟和幼鸟,甚至连冬季也不放过。所以,动物对洞穴的利用往往取决于在上述所说的好处和风险两者之间所做的权衡。据 D. Winkel 研究,生活在德国的大山雀,除了生殖季节以外,一年中只有两个时期(即冬季和换羽期)在洞穴中歇宿,因为这两个时期是体内热量最容易散失的时期,因此在洞穴内栖身所得到的好处也最大,相对而言,所冒的风险就较小,权衡好处与风险,好处是主要的。

小型恒温动物巢穴的结构和位置与动物的热量代谢也有密切关系。有几种蜂鸟喜欢把巢建筑在下垂的枝条上或其他较隐蔽的位置,这样可减少因辐射、对流和传导所造成的热量损失。鸟巢本身是散热的,但蜂鸟却可借助于建筑密实的巢而把这种热量损失降至最低限度。营社会性生活的织巢鸟(*Philetairus socius*)通过在下垂的树枝上建造庞大的巢群,可大大改善巢群的温度状况,通常可使巢群内的温度比周围环境的温度高 18～23℃,而且鸟群的活动带有明显的突发性,集体一致的突发行为也能提高巢群的温度,这同蜜蜂靠行为调节蜂箱内的温度颇为相似。

C. B. Lynch 曾在实验室内通过试验诱发足鼠(*Peromyscus leucopus*)建造比较大的巢,方法是逐渐降低环境温度或逐渐缩短日照长度(因为日照缩短是温度下降的先兆),这证明动物巢的结构的确与热量调节有关。

J. L. Mougin 曾系统地研究了鹱形目鸟类(如信天翁、鹱和海燕等)对小气候的选择。他发现,在南极地区所有的鹱形目鸟类都把它们的巢建造在有一定遮蔽条件的地方,但鸟类体积越小,对遮蔽条件的要求越严格,例如,比家燕稍大一点的威尔逊海燕(*Oceanites oceanites*)需选择遮蔽条件极好的洞穴筑巢,而大小与普通信天翁差不多的大海燕(*Macronectes giganteus*)则只需把巢安置在不受强风欢袭的避风场所即可,它们的巢几乎是完全暴露的。

松鸡科鸟类冬季常常钻到雪下避寒,如披肩榛鸡(*Bonasa umbellus*)和黑琴鸡(*Tetrao tetrix*)等。其他鸟类(包括一些小的雀形目鸟类)也有类似行为,雪鹀(*Plectrophenax nivalis*)在极端严寒的天气,甚至一天中有相当长的时间是在雪下度过的。这种行为显然与严寒的天气有关,天气条件越严寒,这些鸟类在雪洞中停留的时间也越长。

据 S. Langner 观察,蜂鸟和其他一些小鸟晚上要飞到安第斯山脉的高山岩洞中去过夜,那里的大气气温可下降到冰点以下,但岩洞中的温度却可比大气气温高 20℃。冬季从夜宿地到取食地(有花朵开放的地方)有时一天来回要飞行 240km,这是最令人难以置信的动物热调节行为之一。

**(三)其他行为**

对于日行性的动物来说,还有三种行为是同热调节行为有关的。第一种行为是,有些动物在黑夜降临之前总要准备一点食物供夜间食用,例如,一些植食性的小鸟在歇夜前收集许多种子;朱顶雀(*Acanthis flammea*)食道上生有一个盲管,其功能是专门贮存食物以供夜间食用。

第二种行为是有些鸟类可大大延长白天的活动时间,直到天色很暗时才停止取食活动。在实验室中可以观察到,甚至在极弱的光照条件下它们还在取食,显然这些鸟类具有在弱光下分辨食物的特殊本领。依靠这种本领,它们可最大限度地延长觅食时间。生活在北极地区的雪鹀有时在冬季的夜晚还不停止活动。小哺乳动物的视觉能力显然比鸟类好得多,因此它们的活动时间受光强度的限制较小。

第三种行为是当极严酷的条件到来时,动物只表现为活动性减弱,例如,B. Kessel 发现当温度下降到−46℃至−51℃时,柳山雀(*Parus atricapillus*)到人工喂食台取食的时间比正常活动日要晚,而且它们取食的次数也大为减少。这说明在这种条件下减少取食强度比增加取食强度更能节省能量。也有可能它们是靠降低体温的方法来减少热量消耗。有人发现,在美国俄亥俄州冬季最严寒的时期,无冠山雀(*Parus calolinensis*)便离开它们在森林中的惯常取食区并退避到稠密的灌丛中去。据 P. R. Evans 报道,在冬季低温有风的天气,鸻形目鸟类便停止取食活动,因为在这种情况下进行取食活动所消耗的能量将会超过从食物中所获得的能量。

## 六、动物的休眠与热量代谢

休眠可大大降低动物的能量消耗,是动物适应不良环境的重要方法之一。休眠就其功能来说主要是生理学问题,但就其动物学意义来说则主要是生态学问题。休眠可降低动物的新陈代谢速率和体温,从而减少动物对能量的需求。休眠作为一种可选择的生态对策是建立在适宜环境条件必将再次出现,而且是在预期的时间出现的基础之上的,这样动物才能在休眠前为休眠期和尔后的苏醒过程储备适当数量的食物和能量。

对某些动物来说,如果休眠是不可行的,那么它可以选择另一种生态对策,即迁移。实际上,很多鸟类和其他一些活动能力较强的动物就是以迁移,而不是以休眠来适应不良环境条件的。对大多数动物来说,要么是休眠要么是迁移,但有些动物却可以两者兼有。例如,蝙蝠在到达冬季休眠地之前首先要进行长距离的迁移;蜂鸟在它们的夏季繁殖地,夜间体温下降,实际上是在休眠。

很多新陈代谢率极高的小型恒温动物,休眠是在一天的某个时期进行的,这就是日休眠现象,如蝙蝠、几类小啮齿动物和少数鸟类(蜂鸟、夜鹰和鼠鸟等)。在空中追捕飞虫的小型恒温动物中,日休眠现象最为常见,其中包括一些体型较大的种类,如雨燕和夜鹰,因为这些动物无论在飞行和维持正常体温方面都要消耗较多的能量。陆地上最小的哺乳动物鼩鼱也有日休眠现象。一般说来,只有遇到极端不利的环境条件时,动物才会进入休眠,如正在孵卵的蜂鸟遇到了反常的低气温等。蜂鸟的日休眠能力可使这些小鸟提前营巢繁殖,因而使它们的后代能够在蜜源植物一开花时就能及时利用这些资源。

生活在干旱地区的小啮齿动物也有日休眠现象,但引起日休眠的生态原因显然与上述不同。这些小啮齿动物主要以吃植物的种子为生,但干旱地区的植物种子不但数量稀少,而且产量也不稳定(即食物资源的不可预测性),因此,日休眠便成了生活在这里的动物对这种食物资源状况的一种适应性。除了在食物短缺时期动物要进行休眠以外,也有可能由于植物种子稀少,这些小啮齿动物采集食物的速度赶不上它们身体的代谢速度而不得不进行入眠。

有趣的是,有些动物在不进入休眠的情况下体温也会下降。在冬季严寒的夜晚,柳山雀体温可下降7℃之多,因而可减少能量消耗60%。在这种情况下,体内只需贮存较少的能源物质就可以安全过冬了。印加鸠(*Scardafella inca*)和秃鹫在夜晚时体温也略有下降。清晨,秃鹫经常摆出一副特殊的架势,舒展开它们的双翼,为的是能够吸收更多的辐射热,使体温尽快恢复到日间的正常状态。这种热身法在那些利用上升气流外出觅食的秃鹫中最为有效,因为首先是地面变暖,然后才会出现上升气流。

## 七、与热量代谢有关的其他活动

动物还有很多活动是与热量调节有关的,下面我们只简要地介绍其中的几个方面:

### (一) 梳理羽毛和毛

对恒温动物来说,羽毛和毛层在热量代谢方面有着十分重要的意义,因为它们是主要的绝热器官。羽毛和毛层中含有大量的空气,绝热性能极佳,因此梳理羽毛和毛是动物的一项常规活动并能从中获得很大好处。熊蜂虽然是变温动物,但也非常注意梳理它们的体毛。这项活动虽然有时需要花费很长时间和消耗很多能量,但充分发挥梳理羽毛和毛的绝热性能所带来的好处往往更大。

鸟类十分注意梳理它们的飞羽,如果飞羽缺乏梳理,再加上在羽毛生长期间所产生的各种应力,就会使飞羽受到损害,从而降低飞羽的绝热性能以及操纵的灵活性。鸟类在换羽期要消耗较多的能量,这一事实说明了为什么大多数鸟类的换羽期总是在夏末或秋季进行,因为那时生殖期已经结束(生殖期也是消耗能量较多的时期),而严寒的冬季还没有到来。

有些鸟类梳理羽毛的活动与维生素D的合成有关。这些鸟类首先用喙把从尾羽腺分泌出来的油脂涂抹在羽毛上,这些油脂在阳光照射下可产生维生素D,然后又用喙将其收集起来送入体内。昆虫在梳理它们的触角和尾鬚方面也常常花很多时间,因为在触角和尾鬚上生有很多化学感受器,这些对寻找食物起重要作用的感受器如不经常对它们进行清扫和除垢,那昆虫的取食效率就会大大下降。

### (二) 对外寄生物的防卫

动物梳理羽毛和毛也有清除外寄生物的作用,几乎所有的动物都不同程度地受到外寄生物的干扰。有些外寄生物可对寄主造成严重损害,如壁虱(蜱)不仅吸食寄主大量血液,而且会使寄主体质衰弱,受到部位容易受到感染等。为了清除外寄生物,动物常常要花费很多时间,特别是哺乳动物。很多动物的沐浴行为(包括有蹄动物的泥浴和鸟类的沙浴等)也有助于控制外寄生物的寄生。

吸血的双翅目昆虫(蚊、虻和螯蝇等)除了传播各种疾病外,有时还能从寄主身上吸食数量可观的血液,但是它们带给寄主的困扰和精神不安却是难以估计的,为此,寄主不得不减少许多取食时间,以便应对外寄生物的侵扰。有些动物则发展了皮肤肌肉的抽搐反射(特别是有蹄动物),只要蚊虫一叮咬,皮肤便突然抽动起来,这有助于驱赶叮咬者和减少被叮咬的痛苦。动物还有很多动作是与防卫蚊虻叮咬有关的(如各种驱赶动作、把头埋入体羽之中等),完成这些动作虽然要花费时间,但如果不花这些时间,就会付出更大的代价。

**(三) 动物的建筑活动**

动物善于修造各种各样的建筑物,而这些建筑物大都与动物的生殖活动、取食活动和躲避捕食者有关。鼠、鼹鼠和鼩鼱为了挖掘和维护一个洞穴及其洞道系统,往往要用去很多时间和消耗很多能量。鼹鼠对自己的洞穴总是不厌其烦地进行修补,并依靠复杂的洞道系统搜寻各种食物如蚯蚓和各种昆虫幼虫。这些食物往往是鼹鼠在土壤中进行移动时不慎落入洞道或洞穴之中的,它们只需及时把这些食物收集起来就能填饱肚子。田鼠(*Microtus pennsylvanicus*)在密密的草丛之中,往往有自己踏出的专用"小径",这些"小径"四通八达,便于它们在稠密的草丛中移动,这可大大提高它们的取食效率和逃避敌害的成功率。

一些哺乳动物和鸟类还常常建造一些与生殖活动无关的巢穴,如松鼠夏季喜欢在树上建造睡巢,灵长动物(如大猩猩)也常把巢建在树上,以便舒舒服服地安全过夜。

# 第三章　生殖行为生态学

## 第一节　性的功能和性分化

### 一、性的功能

虽然性现象到处可见，但对于有性生殖的功能仍然存在着争议。在真核生物中，有性生殖的基本特点是通过减数分裂（染色体减半）产生配子，并通过配子结合产生新的个体。在较高等的动植物中，雌、雄配子（即卵和精子）已发生分化。在很多原生动物和藻类中，配子之间并无形态差异，但却分化为不同的结合型，即一个配子只能同另一个不同类型的配子相结合。纤毛虫类不产生自由活动的配子，而是在接合生殖中互换单倍体的核，其遗传效果与雌、雄个体交配受精差不多。

有性生殖的结果是使来自不同细胞的基因在同一细胞中相遇，在减数分裂期间所发生的遗传重组过程不仅可以保证同源染色体的相互结合，而且也可保证染色体上的基因有不同的来源，这将有利于有性生殖种群能够更快地进化，以便适应变化了的环境。这一说法的道理很简单：假定在一个进行无性生殖的种群中产生了两个有利的突变（a→A 和 b→B），并分布在两个不同的个体中。在这种情况下，同时具有 A 和 B 突变因子的个体就难以出现，除非 A 个体的后代又发生突变产生 B 或 B 个体的后代又产生 A。但是在进行有性生殖的种群中，AB 型个体就很容易借助于重组而产生。Muller(1964)还曾指出过重组所带来的第二个好处：设想有一个进行无性生殖的种群，在这个种群中发生轻微的有害突变恐怕是不可避免的，因此，我们可以把种群内的个体区分为具有 0,1,2…个有害突变的个体，并假定不具有有害突变的个体是少数。在这种情况下，虽然这些个体的适合度大于平均值，但它们有可能在某个世代中失掉生殖的机会。如果没有性的分化，就没有办法使一个个体摆脱有害突变的再次发生，这样，有害突变就会在种群中逐渐积累起来。但是,如果种群是进行有性生殖,那么,靠具有不同突变的两个个体的重组,就可以产生一个完好的个体(当然,还同时会产生一个双倍有害的个体)。因此,重组可以被看成是对 DNA 的一种修复形式。

由以上叙述不难看出,性的分化不仅可以加速进化过程,而且可以防止有害突变的积累,这对于作为一个群体的种群来说显然是有利的。现存的大多数生物都在进行有性生殖,因为如果不走性分化的道路就会大大放慢进化的步伐,甚至会走向绝灭。这曾使有些人试图用长期进化观点和群选择(group selection)理论解释性现象。

下面我们将讨论性分化为什么能够保存下来,而不去讨论性的起源,因为关于后者我们尚无充分证据。这个问题的一个难点是,在有性生殖的种群中如果出现一个孤雌生殖的突变体,那么这个突变体马上就会获得双重的好处。试想,如果每个雌体平均能产生两个存活后代的话,那么进行有性生殖的雌体就只能产生一个同自己相同的雌性后代,而进行孤雌生殖的雌体却可以产生两个同自己相同的雌性后代。可见,有性生殖由于要产生雄性个体而带来了双重不利。既然如此,为什么有性生殖还能延续至今呢?这是因为孤雌生殖物种虽然因可获得近期好处而产生出来,但它无法取代它的有性生殖祖种,因为它竞争不过进化速度更快的有性生殖物种。因此,孤雌生殖的每次产生都不可避免地会伴随着孤雌生殖的绝灭。当然,进行有性生殖也是需要付出代价的。有人认为这种代价是需要产生雄性个体;有人则认为是需要进行减数分裂,因为减数分裂比有丝分裂要花费较多的时间,在减数分裂中,核内基因将丢弃一半,并接受来自其他个体的基因。两种观点各有各的依据,姑且不去评论它,而先来看看性分化的好处和群选择理论。

## 二、性分化的远期好处和近期好处

首先介绍支持群选择理论的三个论点:

### (一) 孤雌生殖变种的起源可能是稀有事件

在动物界,孤雌生殖可以两种方式中的一种发生,即自体受精(automixis)和无配生殖(apomixis)。在自体受精的情况下,二倍性的恢复或者是靠 4 个原核中的 2 个原核融合,或者是靠遗传等同的 4 个卵裂核的融合。在典型的有性生殖动物中,偶尔自然发生的孤雌生殖大都属于这一类型。由于这个过程将会导致全部或部分后代呈纯合状态(通常纯合子的生活力较低),因此不太可能由此产生一个很成功的孤雌生殖变种,虽然某些自然发生的孤雌生殖变种是自体受精的(例如,贫毛纲的线蚓)。

在无配生殖的情况下,子代与亲代无遗传差异,也不进行减数分裂。这类动物变种的起源可能是极为罕见的,虽然它的确发生过,例如,进行周期性孤雌生殖的蚜虫和枝角类(甲壳纲)的祖先以及进行专性孤雌生殖的象鼻虫。

在脊椎动物中,孤雌生殖只在几个属的鱼类、两栖类和蜥蜴中发现过。鞭尾蜥属(*Cnemidophorus*)的孤雌生殖将产生与母体无遗传差异的后代,但它通过复杂的程序首先使染色体的数目加倍,然后是姊妹染色体配对,并经历一次"正常的"减数分裂产生一个二倍体的卵核。虽然植物上的名词与动物完全不同,但基本事实是相同的,即当高等植物产生无须受精就能发育的种子时,这些种子与母株也是没有遗传差异的。很可能这类孤雌生殖植物变种的起源比动物更为常见得多。这可能是因为高等植物靠一个体细胞就能发育为一个完好的植株;而在高等动物中,如果不经过减数分裂,那是很难开始发育的。

**(二) 孤雌生殖变种在进化时间上是短命的**

如果不走性分化的道路就会使物种短命,那我们就会发现大多数现存的孤雌生殖变种一定同有性生殖物种很相似。我们只期望能够证实这一点,并不期望能够找到一个大的分类单元(科或目)完全是由孤雌生殖的种类所组成的,也不期望能够找到同任何有性生殖物种毫无关系的孤立的孤雌生殖变种。在动物界,现存的孤雌生殖形式必定代表着上百次,甚至是上千次的独立起源。然而有一个重要例外,即蛭形轮虫(一个不太大的分类单元——亚科)主要是由孤雌生殖类型所组成的,但这些孤雌生殖种并未形成独立的分类类群。1971 年,Mockford 提供了一个特殊的实例,即啮虫目(Corrodentia)中已知有 28 个变种是进行孤雌生殖的,它们隶属于 13 个不同的科,其中有 12 个变种在它们所隶属的种内同时还存在着进行有性生殖的类型。在植物界所发现的事实,基本上与此相类似。

孤雌生殖种在分类系统上的分布,虽然如上所述是一种客观事实,但为了不使人误会这是由于取样的偶然性所致,我们有必要把这种分布同另一个性系统即产雄单性生殖(arrhenotoky)(雄性单倍性)的分布作一比较。现存的产雄单性生殖物种至少是由 8 个远祖谱系传递下来的,其中 5 个已经演化成为科或更高的分类单元(膜翅目、缨翅目、单巢目轮虫、螨中的一个类群和蠕象的一个类群),还有一个谱系演化至今只留下一个在分类系统上十分孤立的种,即复变甲(*Micromalthus debilis*)。可见,除了对蛭形轮虫产生过一些疑问以外,孤雌生殖在分类系统上的分布对下述观点提供了有力的支持,即孤雌生殖将导致物种较早地绝灭。

**(三) 孤雌生殖变种不可能取代它的有性生殖祖种**

一个孤雌生殖变种只含有一个单一的基因型,至少在开始时是这样。尽管孤雌生殖变种会获得双重的好处,但它却不可能在整个生态分布范围内取代它的有性生殖祖种。例如,根据皮肤移植实验已经证实,鞭尾蜥(*Cnemidophurus uniparens*)是一个单一的无性繁殖系。鞭尾蜥可能是最近起源的。1976 年,Parker 和 Selander 利用电泳技术发现,另一种鞭尾蜥(*C. tesselatus*)更易发生变异,该种鞭尾蜥包括有二倍体杂种(由两个有性生殖物种杂交产生)和三倍体杂种(由两倍体的 *C. tesselatus* 和另一有性生殖种杂交产生)。所有三倍体都属于一个无性繁殖系,这表明它是单一起源的。但是,据发现,二倍体有 12 个不同的生物型,它们至少是 5 次杂交作用的产物,同时还得伴随着无性繁殖系内部由于突变和重组而发生的变异。有趣的一点是,尽管鞭尾蜥的无性繁殖系已经独立发生过至少 6 次,但它们并没有完全取代它们的有性生殖祖先,这表明单个变种出现后,由于其变异能力有限,是难以将其有性生殖祖种完全排除的。

这一结论也被植物界的一些类群所证实,其中蒲公英属(*Taraxacum*)就是一例,在该属植物中,大约有 1000 个无性"种"和 50 个有性种。孤雌生殖变种最早可能出现于白垩纪,以后又陆续不断地从有性生殖祖种产生出来,更多的是通过一个有性生殖种和一个无性生殖变种的杂交而产生出来,这个无性生殖变种起父本的作用,并携带着无融合生殖(apomixis)的基因。一个明显的事实是,这些有性生殖物种虽然不断地在同它们自己所产生的无性生殖后代进行竞争,但它们还是生存了下来。部分原因可能是无性生殖变种实际上并不能完全得到孤雌生殖的双重好处,因为在大多数情况下它们开出的花朵和产生的花粉粒较大。至于为什么会这样,则是一个谜。要知道,对于单性生殖者来说,花和花粉粒并没有什么用,即使花粉偶尔对产生一个新的无性繁殖系有所贡献，那也是极为罕见的现象。一种可能的解释是：这些无性繁殖系进化很缓慢，而且都是近期起源的，因此还来不及对单性生殖产生完善的适应。

总之，在维持两性分化的重要因素中，不能把群选择排除在外。单性生殖变种的发生可能是非常偶然的，特别是在动物界。单性生殖在分类系统上的分布表明，这种生殖方式是短命的，它不会长期维持下去。一个单一的无性繁殖系不可能完全取代一个有性生殖物种。

至于性分化的近期好处，也是显而易见的。有些生物既能进行有性生殖也能进行单性生殖，关于这两种生殖方式的相对频率，必然会存在着某种程度的遗传变异。如果自然选择不赋予有性生殖某种近期好处，那么这种生殖方式就必然会被淘汰。水蚤和其他枝角类甲壳纲动物常常进行周期性的（兼性）单性生殖，主要是靠无融合生殖来进行繁殖，它们所产出的卵很快就能发育成一个雌性个体。在种群过于拥挤的条件下，偶尔也能靠无融合生殖产生出雄性个体和雌性个体，此后便能产生出受精的越冬卵来，受精的越冬卵沉入水底，只有经过一个长时期后才能孵化。受过精的越冬卵具有较强的生活力和对不良环境条件的忍受力，它们可以在低温和池塘干涸的不利条件下保存生命。有性生殖的这种近期好处不仅普遍存在于枝角类中，在诸如蚜虫、瘿蜂和单巢目轮虫等动物类群中也很常见。

有一种草本植物（*Dichanthium aristatus*）也能借助于无融合生殖和有性生殖两种方法繁衍后代，这两种生殖方式的相对频率不仅可依环境条件而改变，而且也受遗传影响。这种兼性单性生殖方式的存在是性分化近期好处的有力证据。还有很多种生物，其种群中的雌性个体数量多于雄性，其中一部分可进行单性生殖，但目前尚不清楚的是这种单性生殖是专性的还是兼性的。

## 三、雌雄同体、自体受精和异型杂交

为了便于下面的讨论，此处先要弄清几个有关名词的含义：① 雌雄异体（gonochoristic）——是指雌雄两性个体完全分离，如所有鸟类和哺乳动物。② 雌雄异株（dioecious）——相当于动物的雌雄异体，但专用于植物；如冬青树（*Ilex*）和荨麻（*Urtica dioica*）。③ 雌雄同体（hermaphrodite）——对动物来说是指一个个体既能产生卵子，也能产生精子。精子和卵子可以同时产生（如大多数陆生动物和淡水腹足类软体动物）；也可以是一个个体先是表现为雄性，然后再表现为雌性或相反。对植物来说，雌雄同体是指花朵而言，而不是指整株植物，雌雄同体的花朵既能产生花粉，也能结出种子，这种情况在有花植物中是最为常见的，但可以肯定地说这是一种原始性状。④ 雌雄同株（monoecious）——是指在同一株植物上生有分离的雄花和雌花，如桦树（*Betula*）。

对于了解雌雄同体的功能意义来说，一个关键问题是一个个体是否进行自体受精（指动物）或自花能稔（指植物）。很多雌雄同体的植物，如石竹科（Caryophyllaceae），其全部种类都是可自交的。在这种情况下，如果花药和柱头在不同的时间成熟，就可以减少自花授粉的可能性。但是，由于不同的花朵并不是同步发育的，所以很难防止同株植物的自株授粉。然而，有很多植物类群在进化过程中却获得了更有效的防止自株授粉的机制，如具有多种遗传上的不可自交性（例如花粉管不能长入自株花朵的花柱内）；有些雌雄同体的植物在形态上分化为二型（如报春花属 *Primula*）或三型（如千屈菜属 *Lythrum*），授粉作用只能在不同型的植株之间发生，从而有效地避免了自株授粉。

雌雄同体的动物也同植物一样具有不同程度的自体受精能力,例如,在腹足类软体动物中,大蜗牛属(*Helix*)和蜗牛属(*Cepaea*)是完全自体受精的;生活在淡水中的扁卷螺(*Biomphalaria*)通常是进行异体受精,但在个体彼此隔离的情况下,也能进行自体受精;蜗牛属(*Rumina*)的一种陆生蜗牛,在自然状况下通常是进行自体受精的。一般说来,人们对动物的了解远不如对植物了解得那么清楚,这是因为人们只要在花朵上套上一个塑料袋就能知道它能不能结出种子,而动物则难于用类似的简单试验来判断它能不能自体受精。对雌雄同体现象的进化过程,可能存在着三个主要的选择压力:① 难以找到配偶或难以受精;② 近亲交配的遗传效应;③ 资源在雌雄功能之间的分配。下面我们就较详细地讨论这三种选择压力。

**(一) 雌雄同体在种群低密度时的好处**

当种群密度极低,以致同种个体根本不能相遇时,一个雌雄同体的生物也能在一个新环境中定居下来进行繁殖。因此,在逆境土壤中很多一年生杂草往往是自花能稔的,石竹科(Caryophyllaceae)中就包括很多这样的定居种,如繁缕属(*Stellaria*)和蚤缀属(*Arenaria*)。还有很多杂草是属于无融合生殖植物,这类植物也适合于在新环境内定居,它们虽然不会因近交而受到不良影响,但是却失去了因遗传重组而带来的好处。

这一选择压力对动物雌雄同体的进化也是同样重要的。在种群密度很低时,一个自体受精的雌雄同体动物肯定会比雌雄异体动物能得到更多的好处。下列事实足以证明这一点,即在固着生活和营寄生生活(如吸虫、绦虫等)的动物中,雌雄同体现象极为普遍,因为这类动物不能到处移动寻找配偶。另外,在很多原本是雌雄异体的动物类群中(如甲壳类、纽虫和前鳃类软体动物),很多属于营寄生生活的种类也演变成了雌雄同体动物。

**(二) 自体受精(自花授粉)在遗传上的利弊**

如果自体受精所产生的后代,其平均适合度与异型杂交(outcrossing)所产生的后代是一样的,那么,所有雌雄同体动物就都会进行自体受精。请设想在一个自交能育的雌雄同体动物种群中,出现了一个具有自交亲和力的基因 A,显然,具有基因 A 的个体便总是进行自体受精,并且当它与种群内普通个体进行异型杂交时,其适合度也同普通个体一样。如果种群大小是固定不变的,那么,普通个体将为下一世代提供两个配子(一雌一雄),而具有基因 A 的个体则会提供三个配子(一雌二雄),其中一个雄配子用于自交,另一个雄配子用于异型杂交。根据类似的道理,如果近亲交配并不造成有害影响,那么,所有的雌性个体就都会同它们的同胞兄弟进行婚配。

雌雄同体动物长期进行自体受精或雌雄异体动物长期实行近亲交配,必然会失去性分化的进化优势,因此,走上这一条道路的种群最终可能通过种群间的选择而被淘汰。但是,有更强的近期选择压力将会限制自体受精和近亲交配的发展,因为这样产生出来的后代,其适合度通常较低,这一点已被无数事实所证实,因此,自体受精的散布和发展总是受到限制的。

在植物界,雌雄同体(指花是两性花)经常进化为雌雄异株(dioecy)。因为这种进化可以保证其后代必定是异型杂交的产物,因而生命力较强。根据同样的理由,雌雄同体植物也常进化为雌雄同株(指单性花)。在雌雄同株植物上,雌花和雄花虽然共同生长在同一株植物上,但它们可以长在植株的不同部位,因此也可减少自花授粉的可能性。在自花能稔占优势的雌雄同体植物类群中,雌雄异株的起源往往是多次独立发生的,例如在石竹科中,雌雄异株的起源至少已独立发生过三次。

从生态学上讲,雌雄异株和雌雄同株现象在树木中比在灌木中更为常见,而在灌木中又比在草本植物中更为普遍。原因可能有以下两点: ① 一棵植物上的花朵数目越多,自花传粉的可能性也越大;② 一棵小的草本植物可依靠昆虫在花朵间的移动来确保有足够频度的异花传粉,而一棵大树却难以做到这一点。

### (三) 资源在雌雄同体两性功能中的分配

在雌雄同体生物中,资源在雌性和雄性功能之间应当怎样进行分配呢? 两性分化应当从什么年龄开始呢? 这些问题都是资源在两性间的稳定分配问题,其中也包括最适稳定性比率的问题。探讨这些问题也有助于解释为什么有些生物是雌雄同体的,有些生物则是雌雄异体的。

让我们想象有这样一个植物种群,种群中既有雄株和雌株,也有雌雄同体株。假定每一雄株可以产生 $N$ 个有效花粉粒(指实际参与合子形成的花粉粒),每一雌株可以产生 $N$ 个有效种子,而每一雌雄同体株则可产生 $\alpha N$ 个有效花粉粒和 $\beta N$ 个有效种子。显然,雌雄同体会不会发展为雌雄异体(或相反),将取决于 $\alpha$ 和 $\beta$ 的值: 如果 $\alpha+\beta>1$,则雌雄同体占优势;如果 $\alpha+\beta<1$,则雌雄异体占优势。道理很简单,假定 $\alpha=\beta=1/2$,这就意味着一个雌雄同体个体传给下一代的基因与一个雄株或雌株传给下一代的基因一样多。但是,如果 $\alpha$ 和 $\beta$ 都大于 1/2,即 $\alpha+\beta>1$,则一个雌雄同体个体传给下一代的基因就会多于任何一个雄株或雌株传递的基因。这样,雌雄同体在进化过程中就会逐渐占有优势,并最终取代雌雄异体。

那么,什么因素可促使 $\alpha+\beta>1$ 呢? 对植物来说可能有以下三个因素: ① 雌雄同体株与雄株和雌株相比,常可把更多的资源用于两性功能;② 雌雄同体株的花(即两性花)有利于节省资源,因为同一器官(如花瓣、蜜腺)可兼有雌雄两性功能;③ (这点可能是最重要的),对于花粉散布能力有限的一株植物来说,花粉粒数目的加倍并不意味着有效授粉次数的加倍,这是因为存在着同株植物花粉粒之间的竞争;同样,种子数目的加倍也不意味着有效实生苗数目的加倍。对动物来说,同一器官执行雌雄两性功能的现象极为罕见。较为常见的是,通过加强某一特定性别而获得生殖上的更大成功,特别是在那些需要竞争配偶的雄性动物中更为常见。

在雌雄异体的动物中,由于近亲繁殖会产生严重的不良后果,所以,远型杂交便被自然选择所保存。通常有两种方法可以防止动物之间进行近亲繁殖: ① 在性成熟之前,近亲的两性个体通过散布而分开,使近亲异性个体不能相遇。例如,在群居的哺乳动物中,一个社群中的雄性动物在它进行生殖之前往往迁移到另一个社群中去。1975 年,Packer 曾对三群狒狒(*Papio anubis*)进行了 6 年的研究,从未发现 1 只已成熟的雄狒狒生活在自己出生的社群中。在已知的 41 只迁出个体中,有 39 只都是雄狒狒。虽然在大多数哺乳动物中都是雄性个体外迁,但也有一些种类是雌性外迁,如黑猩猩和猎狗。② 近亲个体之间彼此互相识别并拒绝交配。要做到这一点,动物不一定是依据它们的基因型来识别自己的亲属,只要能识别出自己在其中长大的那个社群中的成员并拒绝与其婚配就足够了。在啮齿动物鹿鼠(*Peromyscus maniculatus*)中,一对将来有可能发生婚配关系的幼鼠,不管它们是不是具有真正的血亲关系,只要是在一起长大,它们的生殖期往往就会推迟。类似事实在鸟类和哺乳动物中也曾发现过,这在一定程度减少了近亲交配的可能性。

## 四、性别转变

性别转变现象可以说是行为生态学中最有趣、最奇异的现象之一。下面先介绍由雌性向雄性的转变,然后再谈由雄性向雌性的转变。在雄性动物之间只要存在激烈的择偶竞争,通常是只有个体最大和最强壮的雄性才能占有最大的生殖优势,而小者或弱者为了回避和强大对手的直接竞争往往采取偷袭交配的对策。但是,一个更令人吃惊的对策就是改变性别,即借助于性别的转化改变自己的不利处境,以获得生殖上的较大成功。雌性变雄性往往是当动物还没有充分长大时,它先作为一个雌性个体参与繁殖;但当它一旦长大到足以赢得竞争优势的时候便转变为雄性,开始以雄性个体参与繁殖。这种情况在鱼类中是比较常见的。性别发生转变往往比终生保持一种性别能在生殖上获得更大的好处,因为对改变性别的个体来说,它无论是在小而弱时,还是在大而强时,都能得到生殖的机会。就其一生的生殖来说,改变性别的个体也比不改变性别的个体更为成功。这个问题与种群的性比率问题是密切相关的,它们都是资源在两性间如何分配这一大问题中的一个局部问题。

下面举一个由雌性个体转变为雄性个体的实例,在大西洋西部的珊瑚礁上生活着一种蓝头锦鱼(*Thalassoma bifasciatum*),其雄性个体色彩鲜艳,雌鱼体色单调,它只选择最大、最鲜艳的雄鱼与其婚配。因此,珊瑚礁上最大的雄鱼在生殖季节高峰期,一天便可与雌鱼婚配 40 多次。由于个体最大的蓝头锦鱼总是在生殖上占有最大优势的雄鱼,所以当鱼体还小时,总是表现为雌性,并进入生殖期开始产卵;一旦鱼体长到足够大时,便由雌鱼转变为雄鱼,开始执行雄性功能。蓝头锦鱼的性别转变是受社会环境控制的,如果把珊瑚礁上最大的一条雄鱼移走,次大的一条雌鱼就会改变性别,转变为色彩鲜艳的雄鱼。

较为少见的现象是,当动物个体较小时表现为雄性,一旦长大后便转变为雌性。这种类型的性别转变只有当雄性动物之间的择偶竞争不太激烈和雄体大小对生殖成功又无太大影响时才有利。由于择偶竞争不激烈,所以小个体的雄性动物也能使一些生殖力较强的大个体雌性动物受精。由雄性转变为雌性的一个实例是双锯鱼(*Amphiprion akallopisos*),这种鱼生活在印度洋的珊瑚礁上,与海葵密切地共生在一起。由于海葵的大小通常只能容纳两条双锯鱼生活在一起,这种空间上的限制便迫使双锯鱼只能实行一雄一雌的配偶制。此外,一对双锯鱼在生殖上的成功主要决定于雌鱼的产卵量,而不决定于雄鱼的精子生产量。因此,只有当最大的个体是雌鱼时才对两性最为有利。在这种情况下,最好的对策便是双锯鱼在小个体时表现为雄性,待长大后再转变为雌性。据研究,双锯鱼的这种性别转变也是受社会环境控制的:如果把雌鱼拿走,失去配偶的雄鱼便会与一条比它更小的雄鱼相结合,而自己则改变性别,转变为雌性并开始产卵。就这样,通过性别转变,一个新的家庭就建立起来了。

为什么在高等脊椎动物中(如在鸟类和哺乳动物中)没有发现性别转变现象呢?因为,鸟类和哺乳动物是进行体内受精和在体内发育的陆生动物,它们的两性生殖器官分化更大,结构也更复杂;而性别的转变要涉及生殖器官的改造,这势必会消耗很多的能量。对鱼类来说,由于它们是进行体外受精和体外发育的,性器官结构简单;所以,性别转变所消耗的能量比较少,同它们由此所得到的好处相比,这点能量消耗完全可以得到加倍补偿。

# 第二节 两性差异、性比率和求偶交配

## 一、雌雄两性的基本差异及生殖投资

长期以来,人们已习惯于把动物的求偶和交配行为看作是雌雄两性之间的和谐合作,这种合作为的是传递它们各自的基因。但有些动作却表现出明显的两性不合作,如雌螳螂在交配期间会把雄螳螂吃掉。现在,行为生态学更加强调这样的思想,即雌雄动物在求偶和交配期间存在着利益上的冲突和矛盾,也就是说,雌雄利益不完全一致。两性结合被看成是一种不稳定的联姻,其中每一性都试图最大限度地传递自己的基因。两性之所以在一定程度上实行合作是因为它们必须借助于共同的后代传递自身的基因,后代能否存活对每一方都有 50%的利害关系。但是,在配偶的选择、合子的制备、卵及幼体的抚育等需要双方投入能量的方面,两性利益却往往是不一致的。这种不一致使我们更有理由把两性关系看成是一性对另一性的利用关系,而不是两性和谐合作的关系。

要想理解为什么要这样看待两性关系,就必须首先了解雌性和雄性的基本差别。在比较高等的动物中,两性特征有着极为明显的差别,如外生殖器、羽衣、身体的大小和颜色等,但这些并不是基本差别。两性间的基本差别是配子大小的不同:雌配子大而不动,含有丰富的营养;雄配子小而积极活动,只由极少量遗传物质构成。雌、雄配子大小的分化和由此而导致的对后代投资大小的不同,将对动物的性行为产生深刻影响。由于对每一个后代,雌性通常要比雄性投入更多的资源(如雌配子要比雄配子大得多,而且更多地承担着养育子女的任务),所以,雄性动物的求偶和交配行为在很大程度上是为了竞争和利用雌性动物的投资。

由于雄性动物具有使极多卵子受精的巨大潜力,所以,雌性动物常被看成是雄性动物为之竞争的稀缺资源。雄性动物可以靠为很多雌性动物授精来提高自己的生殖成功率,而雌性动物则只能靠用较快的速度把营养物质转化为卵子或幼体来提高自己的生殖成功率(图 3-1)。

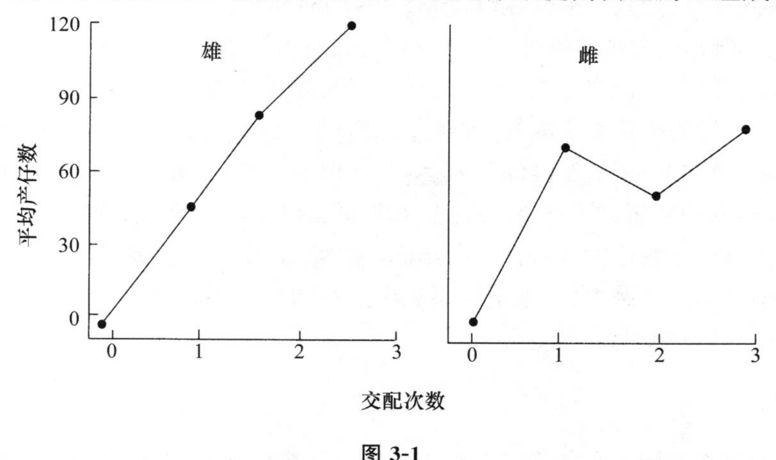


**图 3-1**

在饲养瓶中放入等量的雄性和雌性黄猩猩果蝇(*Drosophila melanogaster*),然后用能识别父母身份的遗传标记法,比较每只果蝇的交配次数和产仔数。雄果蝇的生殖成功率与交配次数呈正相关,雌果蝇则不是这样(仿 Trivers,1984)

拿哺乳动物的雌性个体来说,通过妊娠产出一个幼仔要花费很多时间和能量,而在此期间,雄性个体却可以使大量雌性个体受精。因此,表现在性行为方面,雌性动物的利益在于能够养活、养好更多的后代,而雄性动物的利益则在于能找到更多的配偶交配。这可以说是理解动物生殖行为的一个新的基本概念。

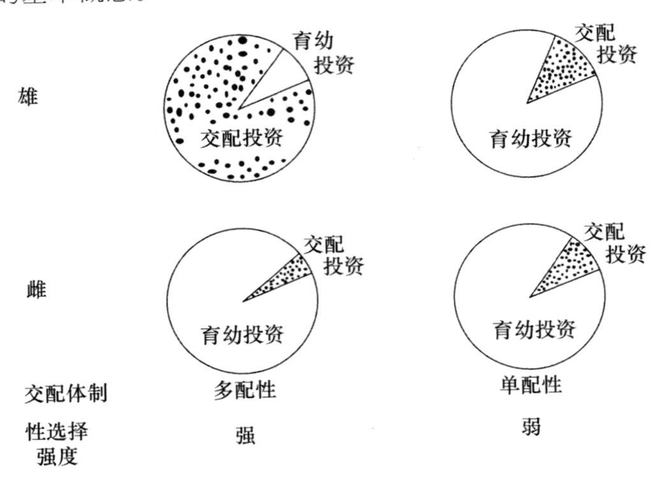


**图 3-2**

以一个完整的圆代表一个动物的生殖总投资(即用于生殖的时间和能量总和)。在多配性动物中,雌雄两性的生殖投资差异极大,雌性以育幼投资为主,雄性以交配投资为主;在单配性动物中,雌雄两性的生殖投资基本相同(仿 Alexander 和 Borgia,1979)

Trivers(1972)最早注意到两性的生殖投资与性竞争之间相互关系,他曾写道:“只要一性在生殖上的投资大大超过另一性,另一性就会存在争夺配偶的竞争。”所谓生殖投资,是指在生产配子、求偶交配和各种护幼、育幼活动中所投入的时间和能量。生殖投资可区分为育幼投资和交配投资两部分。一般说来,雌性动物的生殖投资以育幼投资为主,而雄性动物则以交配投资为主。但这种情况也要依交配体制(mating system)而定:在单配性(monogamous)物种中(如一雄一雌制),雌雄两性的生殖投资差异不大;而在多配性(polygamous)物种中(如一雄多雌制),则雌性动物以育幼投资为主,而雄性动物以交配投资为主(图 3-2)。当然,也有一些事例是雄性动物对后代的投资大于雌性,如孵卵和育幼工作主要由雄性动物担任。在这种情况下,则刚好相反,通常会表现为雌性动物为争夺和占有雄性动物而互相竞争。例如,水鸡(*Gallinula chlorcpus*)的孵卵工作有 3/4 是由雄鸟担任的,雌鸟则为获得与优质雄鸟的交配机会而积极进行竞争。这些雄性水鸡体小而丰满,体内贮存着大量营养物质,以供长时间孵卵时消耗。在另一些类似的实例中,雄性个体还表现出对向它求偶的雌性个体的选择性,并拒绝接受低质量的雌性个体做配偶。

## 二、性别分配

所有有性生殖的物种都必须确定资源在雌雄两性个体之间的分配。在不同类型的生殖体制之间,这涉及一系列相关的问题。在有些物种中,个体的性别在其一生中是固定不变的,要么是雄性,要么是雌性,如鸟类和哺乳动物。对这类物种来说,问题在于是产生雄性后代还是产生雌性后代。对另一些物种来说，个体的性别在其一生中是会发生改变的，在其生命的早期是一种性别，其后又会改变为另一种性别，如很多种珊瑚鱼，对这些物种来说，问题在于最早出现的是什么性别，又在什么时候改变性别。对于那些由环境条件决定后代性别的物种(如某些虾和鱼)，是什么诱因决定着个体的性别，这些诱因又是如何起作用的。

在由遗传决定个体性别的物种中(如鸟类和哺乳动物)，性别的决定是随机的，是不受双亲控制的，这一事实已由用家鸡所作的选择实验得到了确认，雌鸡无法改变子代雌雄 1∶1 的性比率，否则多产雌性会带来巨大的经济利益。与此相对照的是，由于单倍二倍性(haplodiploidy)和环境决定性别机制的存在，使得对于整个后代的性别有了更强的操控性，如倾向于多产雄性或多产雌性，最好的例子发生在单倍二倍性物种中，如蚂蚁、蜜蜂和黄蜂。这些物种的母体可借助于使卵受精或不受精而调节所产后代的性别并以此适应不同的环境条件。

近 40 年来，情况发生了很大变化，已发现有大量物种，甚至也包括一些鸟类和哺乳动物都能以各种方式操控子代的性别，为的是增加自身的适合度，目前关于性别分配的研究已经成为行为生态学最有活力和最有成就的研究领域，下面介绍一下最新提出来的鱼类性别的等投资理论。

如果一条雄鱼能为 20 条雌鱼所产的卵受精，那么为什么不会出现 1∶20 的性比率呢？这个性比率能使种群的生殖成功率大于 1∶1 的性比率，因为这将会使更多的卵受精，然而在自然状态下的性比率总是极为靠近 1∶1。为什么 1∶1 的性比率对种群是最有利的呢？我们假定一个种群的性比率是 1∶20，即种群中每有一个雄性个体就有 20 个雌性个体，因此每个雄性个体的生殖力就是雌性个体的 20 倍。在这种情况下，生儿子的遗传收益就会比生女儿大，于是种群中雄性个体的数量和比例就会上升。可见，倾向于雌多雄少的性比率在进化上是不稳定的，这不是一个进化稳定对策。反之也是一样，如果种群中雄性个体多于雌性个体，那么多生女儿就会获得更大的遗传收益，于是就会导致种群中的雌性个体越来越多，直到两性个体数量相等，可见，雄多雌少的性比率在进化上也是不稳定的。总之，稀有性别总是会获得遗传上的好处，因此，双亲多生养稀有性别的后代是最有利的选择，即使种群中的两性数量差异极小，也是稀有性别更为有利，例如，当种群中有 51 个雌性个体和 49 个雄性个体，且每个雌性个体生一个后代的情况下，每个雄性个体所拥有的后代平均数是 51/49，这个数值大于雌性个体所拥有的后代数 1。

检验 Fisher 所提出的上述理论的一个最好方法就是人为打乱一个种群正常的 1∶1 性比率，然后再观察它还能不能回到原点。Basolo 用新月鱼(*Xiphorus maculatus*)完成了这一检验工作，这种鱼的性别是由一个单一的基因座(locus)决定的，它具有 3 个性别等位基因(three sex alleles)，如果让这些不同的等位基因的频率发生改变，就可以建立起一个性比率朝一方性别倾斜的种群，其后正如人们所预测的那样，选择总是有利于较为稀少的性别，因此很快就能回到原初 1∶1 的性比率。

也可以从资源投资的思路考虑性别投资问题。如上所述，在通常情况下，有性生殖物种的性比率应当是 1∶1，但如果生儿生女的资源投资不相等会是一种什么情况呢？比如，男性后代比女性后代重 1 倍，或者是它们在发育期间所消耗的食物资源多 1 倍。在这种情况下，如果性比率还是 1∶1 的话，即儿子和女儿所繁殖的后代还是一样多，但由于生儿子的资源消耗相当于生女儿资源消耗的两倍，这对双亲投资来说是不利的，于是多生女儿就会给双亲带来遗传上的好处，于是性比率就会向雌性一方倾斜或摆动，这种摆动直到达到每一个雄性个体配一个雌性个体时才会中止，只有在这时，每单位的资源投资才能在雄性后代和雌性后代中得到同样的回报。也就是说,雄性后代虽然消耗多1倍的资源,但得到的回报也多1倍,其含义是,当生儿生女消耗不等量的资源时,进化稳定对策是双亲对两性后代投入等量的资源,但不产出等量的后代。说明这一原理的一个明显实例是Bob Metcalf所研究的长足胡蜂属(*Polistes*)中的两个近缘物种,即*P. metricus*和*P. variatus*。前一个物种的雌蜂比雄蜂小,而后一个物种的雌蜂和雄蜂的大小相似,正如按上述理论所预测的那样*P. metritus*的种群性比率是偏向一性的,而*P. variatus*则没有偏向,但两个物种的资源投资比都是1∶1。

## 三、性比率和ESS

如果一个雄性个体能为很多雌性个体授精,似乎种群的性比率就不应当是1∶1,而应当是雌多雄少。然而自然界动物的性比率通常都保持为1∶1,即使雄性个体的唯一功能是为雌性个体授精时也是如此。本书的一个基本观点是:动物特征的适应值不应当被看成是为了种群的利益,而应当被看成是为了个体的利益,或更正确地说是为了基因的利益。采用这种观点(即自然选择是作用于个体的观点),便很容易理解为什么动物的性比率通常总是保持1∶1。R. A. Fisher(1930)是最早用这一观点解释动物性比率的人。

假定在一个种群中,每有一个雄性个体就有20个雌性个体,那么每个雄性个体的生殖成功率就相当于雌性个体的20倍(因为平均每个雄性个体拥有20个配偶),在这种情况下,如果一个个体只生儿子就比只生女儿所能得到的孙辈个体数量大20倍。因此,一个雌性动物使自己的后代性比率偏离1∶1就不是一个进化稳定对策(ESS),因为在这种情况下,一个能使其后代性比率朝雄性偏斜的基因就会很快在种群中散布开来,使种群中雄性个体所占的比例越来越大,而不会再是原来的1/20,这就是说,1∶20(♂∶♀)的性比率在进化上是不稳定的。现在让我们想象一种完全相反的情况,即种群中的雄性个体比雌性个体多20倍,那么,一个亲代个体就会因只生女儿而得到巨大好处,因为在这种情况下,雌性个体的生殖成功率比雄性个体大20倍(每个卵只需一个精子受精,此精子只能来自20个雄性个体之一)。因此,使性比率朝雄性偏斜在进化上也是不稳定的。可见,哪种性别所占比例较少,哪种性别就会获得好处,自然选择就会促使动物所产后代的性比率朝这一较少性别偏斜。只有当性比率刚好达到1∶1时,雌、雄两性的生殖成功率才会相等,种群才能保持稳定。甚至性比率稍稍偏离1∶1,稀有性别也能得到好处,例如,在一个由51个雌性个体和49个雄性个体组成的种群中,如果每个雌性个体产生一个后代,那平均每个雄性个体就会有51/49个后代。

从能量投资的角度分析,种群的性比率也应当保持为1∶1。假定产生雄性后代的投资是产生雌性后代的两倍(如雄性后代个体大,发育中需消耗较多的能量),当性比率是1∶1时,雄性后代的产子数与雌性后代的产子数是相等的,但由于产雄的能量消耗比产雌大1倍,所以对亲代来讲,产雄是一种不合算的投资,而多产雌或完全产雌的个体就会从中获得好处。随着性比率朝雌性偏斜,雌性后代的生殖成功率就会随之增加,直到性比率达到2∶1(♀∶♂)为止,此时每雄留下的后代数将是每雌留下后代数的两倍,也正是在此时,每单位能量投资从雄性后代和雌性后代所得到的回报刚好相等,即对雄性后代的投资比雌性后代大1倍,但从雄性后代所得到的回报也比雌性后代大1倍。这就是说,当产雄和产雌的能量投资不同时,进化上的稳定对策(ESS)是对两性的投资相等,但两性的个体数量不等。

但是,亲代对雄性后代和雌性后代进行等量投资并不是在任何场合下都能见到,在某些特定场合下，对两性的能量投资将偏离 1∶1 的常规，这主要是由于性比率以 Fisher 所指出的方式进化的结果。下文列举这方面的几个实例。

### （一）局部配偶竞争

Fisher 的理论曾预测：当同胞兄弟彼此竞争配偶时（即所谓的局部配偶竞争，local mate competition），将会导致产生不同的结果。例如，假定两个雄性子代只有一次交配机会，而且它们所竞争的是同一雌性个体，那么它们之中就只能有一个获得交配成功，所以从它们母亲的角度看，其中的一个儿子是浪费。虽然这是一个极端的例子，但它却可以说明一个普通的道理，即在同胞兄弟之间发生配偶竞争时，它们对其母亲的价值就会下降，这会导致母亲把性比率投资偏向女儿，至于偏斜程度则取决于局部配偶竞争的激烈程度。可以想象的是，在散布能力最差的物种中，这种竞争也最激烈（因为同胞兄弟常留在同一地方），近亲交配也最易发生。在极端情况下，母亲似乎知道它的女儿将全部与它的儿子婚配，因此，最适性比率就是产生的儿子数刚好能使它的全部女儿受精，多余者就是浪费。这种性比率带有明显的局部性，它与种群其他部分的性比率不是一回事。一窝中的性比率如果是雌多雄少，这并不能给其他个体多产雄性后代带来好处。支持这一论点的一个实例是胎生螨（*Acarophenox*），从一窝卵中将会孵出一只雄螨和多达 20 只雌螨，雄螨在母体内就会完成与全部姐妹的交配，不待它被产出就会死于母腹中。

对于“性比率的偏斜程度将取决于局部配偶竞争激烈程度”的论点，Jack Werren（1980）也曾对一种寄生蜂（*Nasonia vitripennis*）作过检验。这种寄生蜂产卵于麻蝇（*Sarcophaga bullata*）蛹内，如果一只雌蜂只在一个麻蝇蛹内产卵，那它的全部女儿就会被它的儿子所授精，在这种情况下正如人们所预测的那样，它所产下的一窝卵，其性比率将向雌性个体偏斜，雄性个体只占 8.7%。如果有第二只雌蜂也把卵产在同一麻蝇蛹内，那么性比率会发生怎样的变化呢？如果第二只雌蜂只产很少的卵，显然它就应当主要产雄卵，因为第一只雌蜂已经产下了大量雌卵。但是随着麻蝇蛹内第二雌蜂所产卵数比例的增加，就会有更多的雄性后代竞争配偶，因此，一窝卵中的性比率就应当开始向雌性个体偏斜。Werren 发现，事情刚好就是这样。当第二雌蜂的产卵量只有第一雌蜂产卵量的 1/10 时，它只产雄卵；但当第二雌蜂的产卵量是第一雌蜂产卵量的两倍时，其所产之卵有 10% 将发育为雄蜂。总之，性比率将随着窝卵数的大小而变化，而且这种变化与理论预测极为相似。

### （二）局部资源竞争

1978 年，Anne Clark 发现南非原猴（*Galago crassicaudatus*）对后代的性比率投资通常是向雄性偏斜，这可能是由该种的生活史所决定的。正如大多数哺乳动物一样，雌性原猴的散布距离远不如雄性原猴那么远，在母亲的巢域范围内它们常常因与母亲或彼此竞争食物资源而导致死亡，这使它们作为子女的价值会明显下降。对亲代母猴来说，有时在它的巢域附近只能有一个女儿生存下来，其他女儿则因死亡而造成了投资浪费。

如果留在巢域内的个体不是起竞争作用（彼此竞争和与双亲竞争），而是起帮手作用，如帮助双亲繁育后代，那么，情况就会刚好相反。这种情况在鸟类中最为常见，但留在双亲身边的往往不是雌性后代而是雄性后代。帮手作用使雄性比雌性具有更大的投资价值，所以在一些鸟类中，性比率投资常常向雄性偏斜（Emlen 等，1986）。

### （三）亲代状况对后代性比率的影响

雄性赤鹿竞争配偶的方式是长时间吼叫和用角互相顶撞，在这种战斗中，体大的雄鹿往往占有竞争优势。然而,身体大小往往又取决于雄鹿在较年幼时的喂养状况,即它们的母亲如果在竞争中能够占有优质的食物资源,就能提供充足的乳汁。这就是说,在亲代雌鹿的竞争能力与其子代雄鹿的生殖成功率之间存在着直接的联系,如果前者"知道"后者将能成功地占有一个巨大的妻妾群,那么多生雄鹿就比多生雌鹿上算,因为这样它就可以得到更多的孙儿孙女。同样,一只母鹿如果"知道"自己的儿子不可能生长得又大又壮,那就不如干脆生女儿,因为女儿未来的生殖成功率与母乳的喂养关系不大。对赤鹿的深入观察,证实了上述判断是完全符合实际的,即在哺乳期能够得到优质食料的优势母鹿常常产雄鹿,而等级低下的从属母鹿则常常产雌鹿(Clutton-Brock 等,1984)。据研究,丛猴(*Galagos*)的母猴状况也能影响后代的性比率。目前还不清楚这些母鹿和母猴是借助于什么机制来调节其后代的性比率的,但事实上这种调节是确实存在的。就膜翅目昆虫来说,雌蜂对后代性比率的调节机制是人们了解得最清楚的,即雌蜂可以控制自己所产的卵是不是受精,受精卵发育为雌性个体,而非受精卵则发育为雄性个体。

### (四) 种群整体的性比率

当种群整体的性比率投资偏离 1∶1 时,往往就会发生补偿性的性比率变化,这种变化总是朝着较稀有性别偏斜。Metcalf(1980)在研究长足胡蜂(*Polistes metricus*)时发现,在某些蜂巢内只能产生出雄性后代,因为巢内的蜂后已经死亡,而代其产卵的工蜂只能产出未受精卵。在这种情况下,种群其余部分的蜂巢,其性比率便开始向雌性偏斜,以便能维持种群整体的性比率为 1∶1。

还有一点应当指出的是,我们这里所讨论的性比率理论只是更具普遍意义的性分配理论的一个组成部分。性分配理论主要是研究资源在雌、雄两性之间的最适分配问题。除了性比率问题外,还包括雌雄同体动物内资源在卵子和精子之间的分配问题和在序列雌雄同体动物(即先雄后雌或相反)内性别转变的时机问题。

## 四、两性利益冲突

### (一) 雌、雄个体对最适交配体制要求的不一致

在有些动物中,特别是在那些两性都积极参与亲代抚育工作的动物中,雄性个体和雌性个体往往都试图选择适宜的配偶。在这种情况下,对雄性动物来说是最适的交配体制,对雌性动物来说就不一定最适宜;反之,也是一样。因此,两性之间在婚配问题上就存在着利益的不一致。例如,一只雄旱獭(*Marmota flaviventris*)如能占有由 3 只雌旱獭组成的妻妾群,它就能留下最多的后代;但对雌旱獭来说,妻妾群越大,每只雌旱獭的生殖成功率就越小,可见,雌旱獭的最佳生殖对策是实行一雄一雌的交配体制(即单配制)。因此,在自然界我们最常见到的是处于两性利益之间的一种折中的交配体制,即一雄配二雌[图 3-3(a)]。

在普通蟾蜍(*Bufo bufo*)中,影响一对蟾蜍生殖成功率的因素主要是雌蟾的大小和雌、雄蟾之间大小是否相配。显然,雌蟾个体越大,产卵就越多;雌、雄蟾的大小越是相配,卵受精的百分率也就越高。据计算,对雄蟾来说同比自己大 10～20mm 的雌蟾相配对时生殖效率最高;但对雌蟾来说,如能选择它们所遇到的最大雄蟾与之交配,则生殖效率最高。由于从每一性的利益出发,都要求选择比自己大的异性做配偶,因此必然会产生两性之间利益上的冲突和矛盾。根据田间所观察到的雌、雄蟾配对资料,16 对雌、雄蟾的体长几乎全部处于两性各自所要求的最适值之间[图 3-3(b)]。

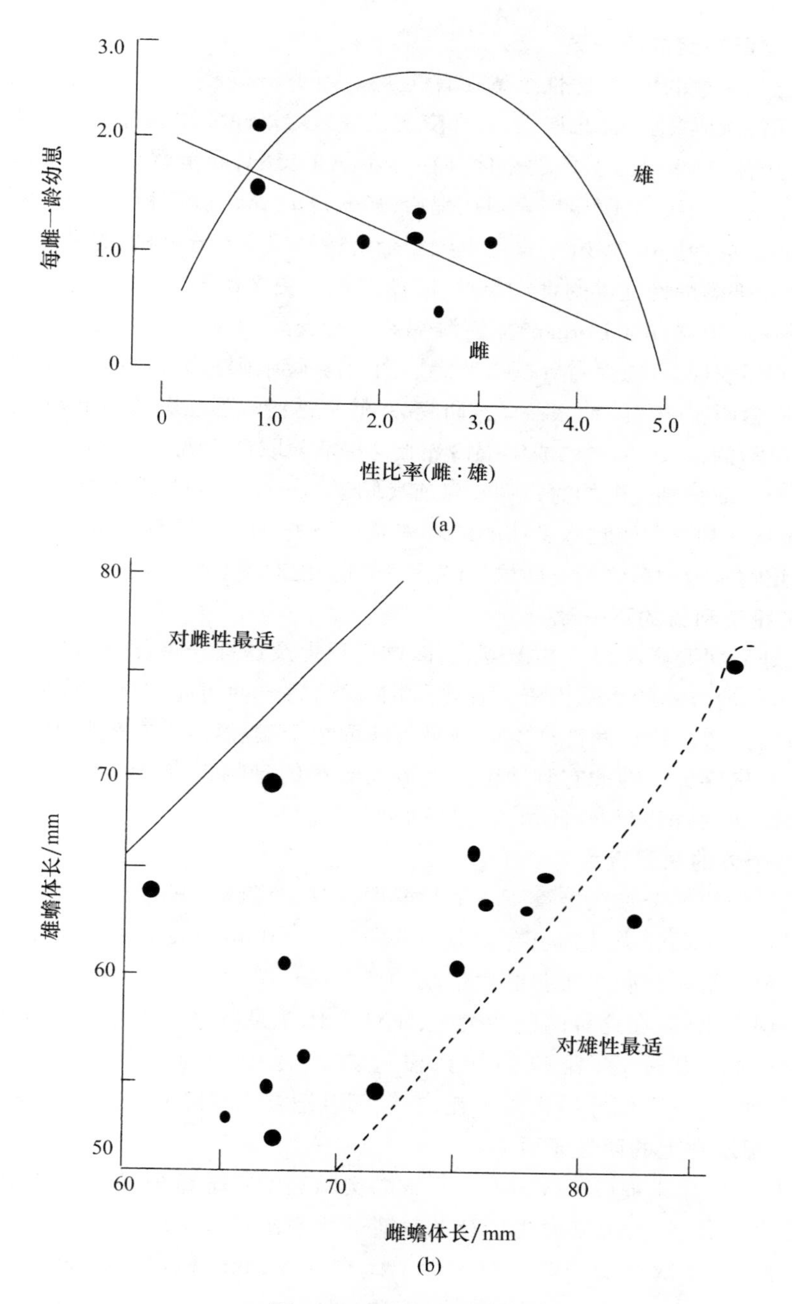


**图 3-3　两性利益冲突**

(a) 旱獭,黑点代表每雌所有的一龄崽观测值。对雌性来说,一雄一雌制生殖率最高;但对雄性来说一雄三雌制生殖率最高,自然界最常见到的交配体制是折中的一雄二雌制。(b) 蟾蜍配偶大小的最适值和观测值,最适是指所产受精卵数量最多。实线代表对雌蟾最适;虚线代表对雄蟾最适;黑点代表实际观测值,它们大都位于两条最适值线之间(分别仿 Downhower 和 Armitage,1971;Davies 和 Halliday,1978)

**(二) 两性交配决策的不一致**

正如前面已经讲过的那样,雌性个体在有性生殖中的投资较大,因此在选择配偶时比雄性个体更为慎重。在每次雌、雄个体相遇后,立即交配往往只对雄性个体最有利,而对雌性个体不利;反之,则对雌性个体有利。因此,雌性个体往往是不急于交配,而是留有更大的选择性。这种两性在交配决策上的不一致,最明显地表现在蝎蛉(*Panorpa* spp.,脉翅目昆虫)的强制交配上。雄蝎蛉通常是靠向雌蝎蛉提供食物(一只昆虫或一个奇特的唾液腺分泌物)的方法获得配偶。在交配期间,雌蝎蛉会把雄蝎蛉提供的食物吃掉,以便能产下更多的卵。但是,有时雄蝎蛉却不提供食物,而是用特殊的腹器(notal organ)抓住雌蝎蛉强行交配(Thornhill,1980)。强制性交配是两性冲突的一种明显表现。在这种情况下,雌蝎蛉由于得不到额外的食物供应而有所损失,而雄蝎蛉则因避免了取食所冒的风险而获益。据研究,蝎蛉常常猎取落在蜘蛛网上的昆虫,这种取食方法是要冒很大风险的,约有65%的成年蝎蛉死于这种危险取食。既然是这样,那么为什么不是所有的雄性蝎蛉都采取强制交配的对策呢?目前我们还不知道这两种交配对策的利和弊是如何取得平衡的,但显然强制交配使雌体受精的成功率是很低的,所以,只有当雄蝎蛉找不到猎物或没有足够唾液分泌物来吸引雌蝎蛉的时候,才采取强制交配对策。

**(三) 双亲投资利益的不一致**

双亲投资是后面要详尽讨论的课题,所以这里只提及这样一点,即有些物种除了交配投资外,双亲还需作其他方面的生殖投资。在这种情况下,每一性可能都试图减少自己的投资和尽可能利用对方的投资。这种两性冲突的结果可能取决于雌、雄两性在生殖中的实际地位差异,如哪一性处在可离弃另一性的有利地位。就体内受精的动物来说,雄性动物最有可能在交配后马上离开其配偶,并把卵和幼仔留给雌性动物抚养。

**(四) 雄性个体的杀婴行为**

当一头雄狮作为一个首领接管了一个狮群后,往往对狮群的幼狮进行残杀(因为这些幼狮不是它的后代),某些灵长类动物也有类似的杀婴现象(infanticide)。据分析,这种行为有利于增加雄兽的生殖成功率和减少雌兽的生殖成功率。这种两性利益的不一致是以残杀雌性所生后代的形式表现出来的,在这种两性冲突中,雄性个体总是胜者。但令人感到不好理解的是,对于这种残酷的杀婴行为,雌兽为什么没有在进化中产生出相应的反适应(counter-adaptation),例如,一旦它们的后代被杀死,它们可以把它吃掉以便尽量弥补所造成的损失。

**(五) 在交配次数上的两性矛盾**

Bateman(1948)用果蝇(*Drosophila*)所做的实验表明:雌蝇与多个雄蝇交配通常不会给自身带来什么好处,但对雄蝇来说由于存在着精子竞争,即使是与已受过精的雌蝇交配也能得到很大收益。所以,多次交配一般只对雄性个体有好处,而对雌性个体却很少受益。在这方面,粪蝇(*Scatophaga stercoraria*)很能说明问题:两只雄蝇常常为争夺一只雌蝇而展开激烈战斗,有时它们同时骑在雌蝇的背上,竟把雌蝇淹死在粪堆上。

两性利益冲突常常可以导致出现某种形式的进化竞赛,就像卵和精子在进化过程中加速分化那样。至于哪一性更有可能赢得这场竞赛的胜利,则不是一个三言两语能够回答的问题,很多因素(如选择作用的强度和遗传变异量等)都能影响两性在进化过程中产生适应和反适应的速度,因此,很难对这种进化竞赛的结果事先做出准确的预测。

总之,两性利益不一致是有性生殖中一个极为重要的新概念,雄性和雌性的基本差异在于配子的大小。雄性个体所产生的配子极小，它们可以被看成是雌性大配子的成功寄生者。因为精子是廉价的，所以，雄性个体可以靠与很多雌性个体交配来提高自己的生殖成功率，而雌性个体则只能靠加速产卵和产仔来提高生殖成功率。对雄性动物来讲，雌性动物只是它们互相竞争的一种稀缺资源，只有从竞争配偶的角度才能充分了解雄性动物的求偶行为。雌性动物不急于交配，是因为它们要尽可能地选择具有优质基因和占有优质资源的雄性个体做配偶。有时，雌性高投资的常规会被打破，而雄性个体在生殖中反而成了高投资者。在这种情况下，雌性个体就会为争夺配偶而展开竞争，而雄性动物就会表现出明显的选择性。

## 第三节　性选择和配偶选择

在很多动物中，雄性和雌性在形态和行为上存在着明显差异，特别是在生殖季节。在诸如孔雀和极乐鸟等很多鸟类中，两性差异表现得极为明显，而性选择理论对两性间的这种差异提供了最好的解释。正如前面已经说过的那样，雌性在生殖上的投资通常要大于雄性，这将会导致雄性个体为争夺雌性而展开激烈竞争。由于在竞争中得胜的雄性个体收益极大，所以，雄性动物总是面临着强大的选择压力，不断使其提高竞争配偶的能力。

性选择与自然选择的基本区别在于：后者是依据个体的存活和生殖能力进行选择的，而前者则只依据个体获得配偶的能力进行选择。当然，性选择也应当被看作是自然选择的一个方面。性选择作用的强度主要取决于配偶竞争的激烈程度，而后者又依赖于两种因素，即两性生殖投资的差异和获得配偶的难易程度(即在任一时刻雌、雄个体的实际比率)：当两性的生殖投资大体相等时，如在单配性鸟类中雄鸟和雌鸟共同喂养雏鸟，性选择作用的强度就比较弱；当两性的生殖投资差异很大时，通常会发生激烈的配偶竞争，即投资少的一性(通常是雄性)为争夺投资多的一性而展开竞争。在多配性动物中，少数雄性动物有可能占有大量的雌性个体，在这种情况下，配偶竞争常常非常激烈，性选择作用也特别强。

### 一、关于性选择的各种理论

#### (一) 达尔文的理论

性选择(sexual selection)一词首先被达尔文在 1871 年所使用，性选择主要是指通过选择过程使一性个体(通常是雄性)在寻求配偶时获得比同性其他个体更有竞争力的特征。达尔文设想性选择是通过两种方式发生的：① 一个个体与另一个个体进行直接战斗，赢者才能获得配偶。这个过程是在强大的选择压力下进行的，有利于使雄性动物变得更加强健和使战斗器官逐渐得到改进。这种方式的性选择被称为性内选择(intrasexual selection)，它是解释雄性动物战斗器官进化的最好理论。② 雄性动物之间通过竞争而吸引异性，这一过程常常会导致有关形态和行为产生奇妙的适应，但其唯一的功能就是博得异性的好感。这种方式的性选择又叫性间选择(intersexual selection)，这种选择是建立在这样一种前提条件下，即雌性个体对雄性个体的装饰和行为有主动选择能力。但是对于这一点，至今仍存在着争议，因为达尔文虽然提出了这一假设，但他并没有说明这种择偶能力是如何发生和如何通过自然选择在种群中得以保存的。

在自然界，性内选择和性间选择有时是同时对雄性动物的行为起作用的，因此很难把两种选择作用区分开来。例如，雄性动物经常采用各种炫耀行为来建立和保卫自己的领域。这些

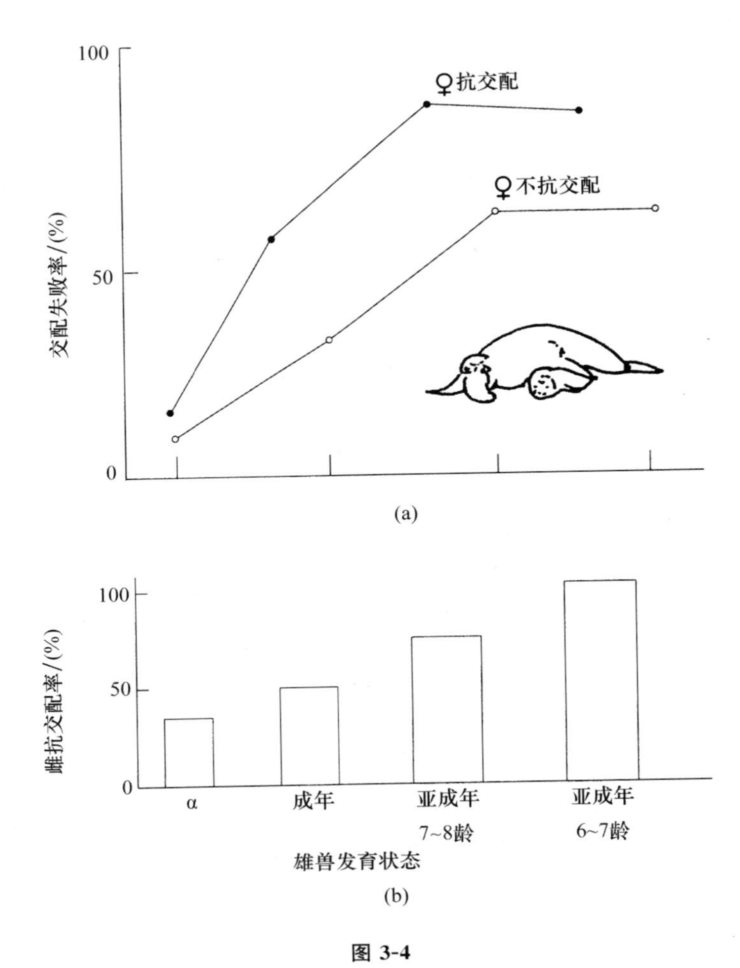


**图 3-4**

(a) 雌性象海豹的行为对不同排位雄性象海豹交配成功率的影响;(b) 当不同排位雄性个体试图交配时,雌性象海豹抗拒交配的概率(仿 Cox 和 Le Boeuf,1977)

炫耀既有威吓同性竞争对手的作用,也有吸引异性个体的作用。在象海豹(*Mirounga angustirostris*)中,雄性争夺雌性的竞争是很激烈的,常常会发生猛烈战斗。种群中等级排位较高的一些雄性象海豹有时独占雌性可以达到这样一种程度,即 85%的交配机会只被 4%的雄性个体所垄断。雄性象海豹不仅比雌性个体大得多,而且体格强壮,这是性内选择作用的一个明显实例。然而。雌象海豹在交配中并不是完全被动的,当一只雄性象海豹试图与一只雌性个体交配时,雌象海豹往往会进行反抗,它大声吼叫以便引起附近其他雄性个体的注意,于是试图与之交配的雄象海豹就会被其他雄性个体赶走。雌象海豹通常只愿意与占有优势地位的雄性个体进行交配,这种抗交配行为大大增加了雌性象海豹的交配选择性[图 3-4(a)];同时,也加剧了雄性个体之间的竞争,这使得雌象海豹更有可能只同最占优势的一只雄性个体进行交配。这种效果将会进一步被下述事实所增强,即雌象海豹反抗交配与否将同试图与它交配的雄象海豹的等级地位有关[图 3-4(b)]。显然,哪只雄性象海豹能够与雌性个体交配,主要是决定于雄性个体之间的竞争;但雌性象海豹的选择也起着重要作用。

### （二）Fisher 的理论

Fisher 的理论很好地弥补了达尔文关于性选择理论的不足。他指出，建立在主动择偶基础上的性选择可以导致性二型特征的进化。雄性动物如果能够产生一个为雌性动物所喜爱的特征，其好处是显而易见的，这样它就可以吸引更多的配偶并留下更多的后代。如果雌性动物选择一个对它有吸引力的雄性动物作配偶，那么它们繁殖出的雄性后代，一般说来也将是具有吸引力的，因为父本具有吸引力的特征可以通过遗传留给下一代。此后，子代如果能变得更加具有魅力，那么这些子代也将会得到更多的配偶和留下较多的后代，因此，好处自然就会带给那些选择吸引力较大的雄性动物作配偶的雌性动物，因为它们会因此得到更多的孙辈后裔。可见，这是一个双向进化过程，即雄性动物的吸引特征和雌性动物的主动选择行为是同时进化的。具有不同吸引力的雄性动物的存在为雌性动物选择能力的提高创造了条件，而随着雌性动物选择能力的提高，性选择又会有利用雄性动物产生更大的吸引力。

下面我们举一实例对这一过程加以说明。假定某一雄孔雀的祖先比其他雄孔雀的尾巴长得更长了一点，因此会飞翔得更好和更有利于逃避敌害。于是，选择长尾巴雄孔雀作配偶的雌孔雀就会把长尾的好处传给子代。渐渐地，长尾雄孔雀和选择长尾雄孔雀作配偶的雌孔雀的数量就会变得越来越多，并随之产生意外的好处，即它们的雄性后代因此具有了更大的性吸引力。此时，性选择便开始发挥作用，使雄孔雀的尾巴变得越来越长。但这种演变是有限度的，因为尾巴变得太长就会有损于飞翔，因此性选择只能持续进行到使尾长所带来的求偶好处稍稍大于因尾长使飞翔所受到的损害为止。也就是说，经过许多世代的性选择之后，尾巴的长度就会达到一个极值，就像现在我们所看到的雄孔雀的尾巴那么长。此后的性选择就会转而针对其他的形态和行为特征了。

长尾寡妇鸟（*Euplectes progne*）是性选择的一个极好例证。这是一种一雄多雌制（即多配性）的鸟类，Andersson（1982）发现，雌鸟特别喜欢长尾雄鸟，雄鸟虽然只有麻雀大小，但尾巴却长达 50cm。雌鸟的尾长只有 7cm，这一长度可能最有利于飞翔。Andersson 把 36 只雄鸟分成 4 组加以研究：第一组把尾巴剪至大约 14cm 长；第二组把尾巴加长到大约 75cm；其余两组是对照组，其中对照组Ⅰ保持尾长的自然状态，不作任何处理，对照组Ⅱ将尾羽剪下再粘牢，但保持其原来长度。通过对每一雄鸟领域内鸟巢数量的统计，Andersson 发现：在做实验处理之前，各组雄鸟的交配成功率没有明显差别；但在实验处理后，长尾雄鸟的交配成功率显著地大于对照组和短尾雄鸟（图 3-5）。

1984 年，Catchpole 等人研究了一种鸣禽苔莺鸣叫声的性选择作用。这种鸣禽的歌声极为丰富和复杂，是由一系列的颤音、哨音和蜂音所组成，唱起来无止无休，变化无穷。每年春天雄鸟从越冬地飞回它们的生殖领域便开始鸣唱，一旦找到配偶完成了配对便停止鸣叫。Catchpole 的测定表明，最早获得配偶的雄鸟，其歌声组成成分也是最复杂和最丰富的（图 3-6），这与 Fisher 的性选择理论（强调性吸引作用）是完全一致的。目前已知，对鸟类长尾的性选择过程存在着抗选择因素，即尾巴太长会对飞翔带来不利。但对鸟类歌声的性选择来说，抗选择因素是什么，目前还不十分清楚，很可能是歌声越复杂、越丰富就越容易引起捕食者的注意，从而增加被捕食的机会。

### （三）Trivers 的理论

1976 年，R. L. Trivers 从更广泛的性进化角度提出了他的性选择理论。从一般概念出发，

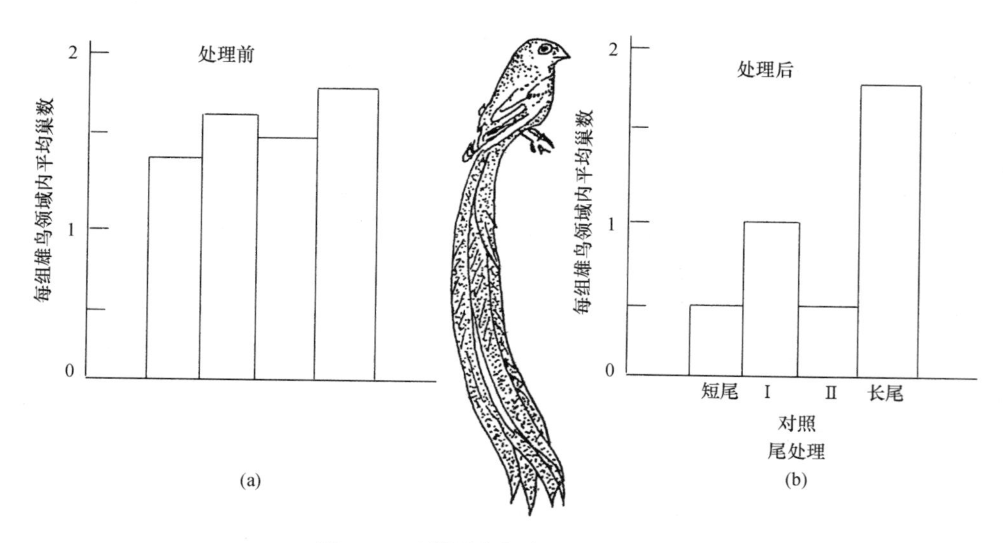


**图 3-5 对长尾寡妇鸟尾长的性选择**

(a) 对尾长作处理前,4 组雄鸟的交配成功率没有明显差异;(b) 对尾长进行处理后,短尾组的交配成功率下降,而长尾组的交配成功率增加;对照Ⅰ组不作任何处理,对照Ⅱ组将尾羽剪下,再粘上,但尾长不变,交配成功率用每组雄鸟领域内的鸟巢数代表(仿 Andersson,1982)

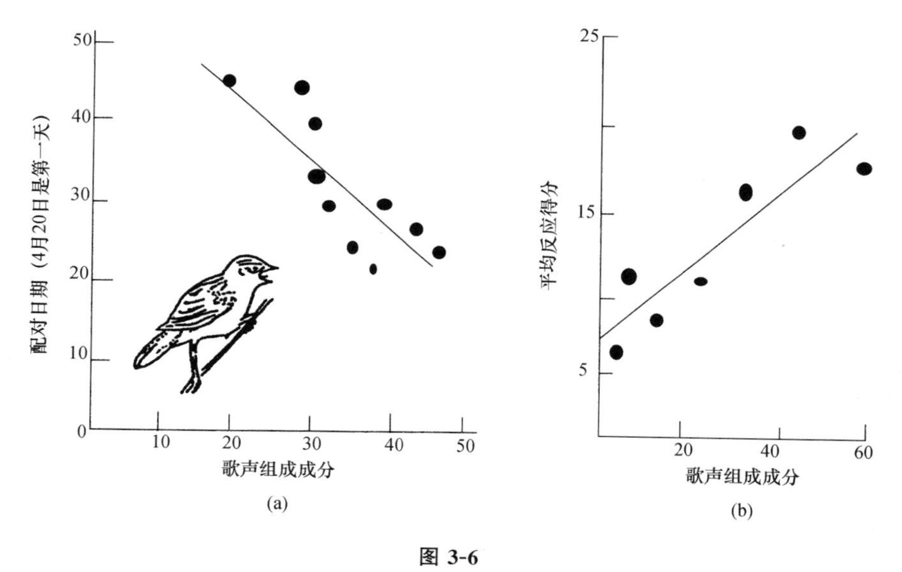


**图 3-6**

(a) 歌声最复杂、最丰富的雄性苔莺将在春天最早获得配偶,歌声组成成分是通过对每只鸟的叫声的声谱分析获得的;(b) 5 只雌鸟对不同雄鸟叫声的反应得分(均数 $\pm s.e.$),反应得分是性行为的一个测度(仿 Catchpole,1984)

在雄性个体不承担任何抚育后代责任的物种中,似乎雌性个体不会从有性生殖中得到什么好处,它们与进行孤雌生殖的雌性个体相比,似乎会蒙受双倍不利。但是,Trivers 认为,如果雌性个体有足够的辨别力,使它所选择的配偶所具有的基因质量能优于自身基因质量 1 倍的话(以所生雌性后代适合度的大小为衡量标准),那么,即使是在这些物种中,进行有性生殖仍然是有利的。换句话说，借助于使自己体内的一半基因与雄性个体的另一半优质基因进行重组，雌性个体就能够大大提高它们自身的存活机会，这足以弥补有性生殖所带来的双重不利。如果真是这样的话，那么，雌性动物的择偶标准一定是以雄性动物的质量是否对其雌性子代有利为准则。这一理论与 Fisher 的理论有很大不同，Fisher 对性选择的解释是依据对雄性后代是否有利。

作为一个实例，雄鹿的角可能就是一个标志特征，角的大小是雄鹿摄取和同化钙的能力的一种外在表现。雄鹿就是靠这种能力形成了鹿角，而雌鹿则是靠从亲代父本那里获得这种能力，使自己的骨骼长得更大、更坚实。

Trivers 理论的难点是，它无法解释一个特征是如何在很多世代内逐渐确立和发展起来的，因为与雌性动物交配的雄性动物的基因质量(适合度)如果必须比雌性动物大 1 倍，那么符合这一条件的雄性动物在种群中所占比例必然很小。从家畜育种的实践来看，如此强的选择过程很快就会使所选特征的遗传变异性下降，以致只需经过 2～3 个世代的选择之后，就不会再有任何变异可供选择了。

## 二、多配偶动物的性选择和配偶选择

在多配偶动物(polygamous species)中，性选择作用表现得最为明显。在这类动物中，一个雄性个体可以和多个雌性个体交配(一雄多雌，polygynous)或一个雌性个体可以和多个雄性个体交配(一雌多雄，polyandrous)，而性选择的作用对象就是一雄多雌动物中的雄性个体和一雌多雄动物中的雌性个体，因为它们都必须通过与同性个体的竞争才能获得配偶。

### (一) 保卫资源的一雄多雌制

这种一雄多雌制是指雄性动物靠独占雌性动物所需要的重要资源而增加获得配偶的机会。例如，牛蛙(*Rana catesbeiana*)的雌性个体对由较老和较大的雄蛙所占有的领域具有特别的偏爱，因为这些领域的质量较高，蝌蚪在其中发育的死亡率比在其他领域发育时低，这不仅是因为较少受极端温度变化的影响，而且也较少受到捕食动物的侵扰。在这种情况下，雌性动物择偶并不直接针对雄性动物本身，而是针对它们所占有资源的数量和质量。因此，这一类型的交配体制，一般说来不能通过性内选择来促进雄性动物性吸引特征的进化，但是却为性内选择创造了条件，有利于增强雄性动物的力量和战斗性。

### (二) 保卫妻妾群的一雄多雌制

雄性动物靠直接保卫一群雌性动物而占有配偶。如果雌性动物本身具有群聚行为的倾向性(这可能有利于抵御捕食者和提高取食效率)，那么这种交配体制便更容易确立。保卫妻妾行为可能是在保卫资源行为的基础上发展起来的。此时，雄性动物的侵犯行为不仅是为了保卫一块领域，也是为了保卫被领域吸引来的雌性动物。

据研究，占有妻妾群的动物主要是某些有蹄类动物(如高角羚)、灵长类动物和少数鸟类(如雉鸡)。在象海豹中，只有优势的雄性个体才能占有妻妾群，雌性象海豹常常成群出现在少数适宜的栖息地，这为雄性动物占有妻妾群带来了很大方便。在这类动物中，性内选择仍然是性选择的主要形式。

### (三) 雄性优势的一雄多雌制——爆发性生殖和求偶场

在这种交配体制中，雄性动物既不保卫资源也不保卫雌性动物，而是在同性动物中确立自己的优势地位。雌性动物将依据这种优势选择它作配偶。在这种情况下,雌性动物生殖活动同步化的程度将起重要作用。如果所有雌性个体都同时进入生殖状态,并来到雄性个体的聚集地(即求偶场,lek),那就会出现爆发性生殖(exploitive breeding)。这种生殖方式最常发生在蛙类和蟾蜍中,其中尤其是欧洲林蛙(*Rana temporaria*),它们的交配时间只发生在一年的一个晚上。这种交配行为虽然涉及了性内竞争,但由于在整个交配期间的性比例为 1∶1,还由于短暂的交配期使雄性个体很难独占几个配偶,这就使性选择作用不可能很强。虽然在爆发性生殖中性选择的作用不大,但这不等于说在这类动物中,每个个体不能选择自己的配偶。

如果雌性动物的生殖活动是不同步的,那么在任一时刻就只能有一小部分雌性动物来到雄性动物的聚集地(求偶场)。在这种情况下,虽然整个种群的性比例是 1∶1,但在任一时刻实际进行生殖活动(求偶交配)的个体的雌雄比例却不是 1∶1,通常是雄性个体多于雌性个体,结果就将引起雄性个体之间的激烈竞争。所谓求偶场就是雄性动物进行集体炫耀的一个场所,它们来到这里的唯一目的就是借助行为炫耀吸引异性,并向它们求偶,而雌性动物来到这里也是为了寻找配偶。

由于求偶场上的雄性动物既没有掌握雌性动物所需要的资源,也不占有和保卫异性个体,所以雌性动物在这里可以自由地依据雄性动物的表现选择自己满意的配偶。对于求偶场上的动物来说,性内选择是性选择的主要方式,很多种雄性动物的极富吸引力的特征和复杂行为就是在性内选择的作用下形成的。在很多求偶场动物中,雌性动物最喜爱的交配地点往往是被较老的雄性个体所占有,这或许是因为较老的个体战斗力强,或许是因为它们经验丰富,知道什么地点是雌性动物所最喜爱的。通过与较老的雄性个体交配,雌性动物就能把自身的基因同这些雄性动物的基因结合起来,而这些雄性动物已经经历了多年生存的考验,具有很强的存活能力。

#### (四) 一雌多雄制

这是一种较为少见的交配体制,至今人们只对极少数一雌多雄制(polyandry)鸟类进行过详尽的研究。在这些鸟类中,雄鸟要承担全部抚育后代的工作,而摆脱了家务工作的雌鸟则专职产卵。这些鸟类的鸟卵经常会由于捕食和气候反常而遭受很大损失,而雌鸟则具有迅速产出第二窝补偿卵的能力,这不能不说是一雌多雄制鸟类对其环境特点的一种高度适应性。在一雌多雄制鸟类中,性选择主要是对雌鸟起作用,而不是对雄鸟,因为在这些鸟类中生殖成功率主要决定于雌鸟,而性选择则有利于提高雌鸟的竞争能力。例如,雌雉鸻(*Jacana spinosa*),其体重常比雄雉鸻重 50%~75%,刚好与一般鸟类相反。

在一雌多雄的交配体制中,至今还未发现一只雌鸟独占一个"雄鸟群"的事例,但是瓣蹼鹬(*Phalaropus lobatus*)的交配体制很有趣,雌鸟为了得到雄鸟而互相展开竞争,参与竞争的雌鸟都具有较强的产第二窝补偿卵的能力,而这些卵则需要雄鸟来看护和孵育。由于性选择是作用于雌鸟,因此,引起的性二型分化也就同大多数鸟类相反,表现为雌鸟羽色鲜艳,而雄鸟羽色平淡。

## 三、单配偶动物的性选择和配偶选择

单配偶(monogamy)是指每个动物在每个生殖周期中只同一个异性动物交配,在很多种类的动物中,雌雄个体之间常常建立起一种稳定的配对关系。由于在这类动物中每个个体都有交配的机会,似乎性选择借以发挥作用的同性个体之间的竞争就不存在了。但实际上,很多单配偶动物也表现有明显的性二型现象，这说明性选择在这些动物中的确是起作用的，虽然有人认为单配偶动物的性二型大都是由于生态压力引起的(Selander，1972)。

**(一) 达尔文关于单配偶动物性选择的理论**

达尔文曾提出过一个单配偶动物性选择的理论，该理论的主要论据是：个体之间适合度的差异可以表现在开始生殖时间上的差异。雄性动物的生殖活动一般早于雌性，按达尔文的说法，这可能是因为雄性动物准备生殖只需消耗较少的能量，或者是因为对较早生殖的选择作用主要是针对雄性动物，因为它们必须争夺作为一种有限资源的异性个体。适合度较高的雌性动物将表现为较早成熟。因而能从已建立起领域和占有竞争优势的雄性动物中选择配偶。而适合度较低的雌性动物则成熟较晚，并不得不选择竞争力和吸引力较弱并尚未配对的雄性动物作配偶。

按照达尔文的上述理论，性选择将会促使动物提早进行生殖。但鸟类学家 Lack(1968)却认为，动物的生殖时间不是决定于性选择，而是决定于生态条件。特别是食物状况。可以肯定地说，在生态条件尚不太有利时，过早地进行生殖的动物必然会面临强大的自然选择压力。O'Donald(1973)曾借助于一个遗传模型证明，雌性动物较早开始生殖，只要能够获得生殖上的好处，达尔文的性选择理论就会自始至终起作用。这一点已在几种动物的研究中得到证实。

**(二) 单配偶动物性选择的一个实例——北极贼鸥**

行为生态学家曾以北极贼鸥(*Stercorarius parasiticus*)为例，详细分析性选择对单配偶动物的影响。北极贼鸥栖息在副北极地区的许多岛屿上，鸟的羽衣可区分为三种类型，即黑色型、灰白色型和中间色型。黑色型个体多见于分布区的南部，而灰白色型则多见于分布区的北部。羽色的变异主要是由于在单一的位点上存在着两个等位基因。杂合子的羽色多变，中间色型的个体主要是杂合子，但也有纯合子，黑色型和灰白色型个体则都是纯合子。O'Donald(1977)借助于一系列的模型曾分析过北极贼鸥这三种色型共存于同一种群的机制。黑色型的存在是由于有一部分雌鸥喜欢选择着黑衣的雄鸥作配偶，一般说来，这些雄鸥比灰白色雄鸥有更强的战斗性，占有较大的领域，而且求偶时更富有吸引力。也许雌鸥喜欢选择黑色雄鸥的机制仅仅是因为它们对黑色雄鸥的反应阈值比较低，但不管机制是什么，对雌鸥来说，选择黑色雄鸥作配偶，往往能比较早地开始生殖，而且幼鸟的出巢率也比较高。这里自然会提出这样一个问题：既然黑色雄鸥有这么明显的优点，那么为什么不是所有的雄鸥都是黑色的呢？原来灰白色的个体(包括雄和雌)也有自己特有的优势，这就是它们能够在比较早的年龄进行第一次生殖。这一特点可以带来三方面的好处：① 存活到生殖年龄的机会较大；② 可供利用的生殖季节较长；③ 能较早地获得生殖经验，并将有利于在后继年份提高生殖成功率。可见，种群中保留有灰白色型个体，主要是它们有较长的生殖年限，而不是像黑色型那样是由于雌鸥对雄鸥的选择。中间色型的鸥主要是靠选型交配来保持它们在种群中的地位，即有相当一部分雌鸥只选择同自己色型一致的雄鸥作配偶。据研究，在 Fair Isle 岛上营巢的北极贼鸥中，不管它们的色型如何，大约有 14%的个体喜欢选择黑色雄鸥作配偶；有 29%的个体(全是中间色型的雌鸥，约占本色型总数的 45%)喜欢选择中间色型的雄鸥作配偶；其余雌鸥对雄鸥的着装没有特别的偏爱，它们只是在三种色型的雄鸥中进行随机择偶。

北极贼鸥提供了一种生殖体制实例，在这种生殖体制中，交配选择性与相反的选择压力共存其中，其作用刚好相反。目前，黑色型贼鸥在种群中所占的比例正在下降，这表明雌鸥偏爱选择黑色雄鸥作配偶的行为在过去的某些时候曾得到了发展,那时黑色雄鸥与灰白色雄鸥相比有更大的选择优势;但现在可能是因为气候的变化,这种优势已经下降,而灰白色鸥则因其具有较长的生理期限而在种群中的比例有所增加。

## 四、选型交配和非选型交配

有些动物种内含有许多不同的形态型或族,在这些动物中,个体可以表现为选型交配(assortative mating)或非选型交配(disassortative mating)。前者指选择与自己同型的个体交配。在家养公鸡的各个品系和野生的小雪雁(有蓝色型和白色型之分)中,曾有人研究过选型交配现象。在这两种动物中,雄鸟在交配时所偏爱的形态型常常是它们自己成长时在其中生活过的那个型,也就是说,它们自己生活在哪一个型中,长大后就喜欢选择属于该型的雌性动物作配偶。在加拿大流入大海的一些河流中生活着两种类型的三刺鱼(*Casterosteus aculeatus*),一种类型只生活在淡水中,另一种类型是溯河性的,主要生活在海洋里,但要洄游到河溪中进行生殖。在交配试验中,为每一个个体提供两个分别属于不同类型的异性个体任其选择,结果雄鱼和雌鱼选择与自己同型个体进行交配的概率都是62%。

选型交配所带来的好处是显而易见的,就三刺鱼来说,淡水型和海水型之间的杂交后代,当它们在淡水中生活时,其存活力比不上纯淡水型个体,当它在海洋中生活时,其存活力又比不上纯海水型个体。选型交配如能保持足够长的时间,那么最终就可能导致两类之间完全的生殖隔离,并发展为两个不同的物种。选型交配与性选择有着十分密切的关系,因为只选择与自己同型的异性个体进行交配,必将导致性二型特征的进化。

行为生态学家曾用果蝇(*Drosophila*)研究过非选型交配。通常果蝇都喜欢同稀有型的异性个体进行交配,在黄猩猩果蝇(*Drosophila melanogaster*)中,雄性的白眼突变果蝇的交配率决定于它们在种群雄蝇中所占的比例,随着白眼突变果蝇所占比例的下降,它们的交配率反而会增加,直到所占比例稳定在40%为止,此时的交配系数为1,即平均每个雄蝇交配一次;当白眼突变果蝇所占比例较高时,它们的交配率就会低于随机交配值,因此该比例就会自然下降,趋向于40%的平衡值;如果起始比例大于80%,白眼突变果蝇所占比例就会趋向于另一个平衡值即100%。选择自己种群中的稀有类型进行交配具有什么适应意义呢?这种行为首先是可以避免发生近交并有利于增加后代的遗传多样性。在某些多态物种中,稀有型可能比普通型较少引起捕食动物的注意。如果非选型交配也是一种适应的话,那么它和选型交配一样,也可能通过性选择导致某些特征的进化,以便使不同的类型可以被潜在的配偶所辨认。

## 五、雌性动物的择偶标准

雌性动物择偶主要有以下几个标准:

### (一)选择具有优质基因的异性

所有动物的雌性个体都应确保自己与之交配的对象是与自己属于同一物种并已发育成熟的雌性个体。在雄性动物不承担或极少承担亲代抚育工作的情况下,雌性动物从有性生殖中所获得的唯一好处就是利用雄性动物的优质基因,因此在这些动物中,雌性动物选择配偶应该确保来自雄性个体的基因能有利于提高其后代的存活和生殖能力并补充自身基因的不足。

一般说来,雌性动物只要能选择年龄较大的雄性动物作配偶就能获得优质基因,因为年龄大本身就说明它已存活了较长时间,因此比年龄小的个体经历过更为多种多样的环境考验。在雄性动物彼此竞争配偶的物种中,雌性动物应当选择最强壮的雄性动物作配偶,强壮本身是一种适应性特征,把这种特征传递给下一代就能增加后代的存活和生殖能力。强壮也是其他方面素质的一个好指标,因为在生殖季节能显示出强壮体魄的雄性动物,也必然具有其他方面的好素质,如熟练的取食技巧和有效防御捕食者的能力。

雄太平蛙(*Hyla regilla*)常常群聚在生殖池塘中,用叫声吸引雌雨蛙。这些雄蛙总是叫一阵停一阵,每次都是由某些个体先带头叫,然后其他雨蛙就跟着叫,这些带头叫的雄蛙在每一回合的雨蛙大合唱中也总是在最后才停止叫,而且它们的叫声速度较快,另外,在两次大合唱之间的寂静期偶尔发出叫声的也往往是它们。因此对它们来说,叫声的能量消耗最大。有人曾作过这样的试验,把一只雌雨蛙放在 4 只高声鸣叫的雄雨蛙中间,其中只有 1 只雄蛙是领叫者,它总是先发出叫声和最后停止鸣叫。结果在 18 次试验中,有 14 次雌蛙被那只带头叫的雄蛙吸引了过去。

### (二) 选择性功能正常者作配偶

雌性动物一般都偏爱性吸引特征发育健全和求偶行为富有活力并能持久进行的雄性动物,因为这些特点往往代表着性发育已经完成并具有较强的性功能。雄性动物求偶炫耀行为的强烈程度往往与体内精子的储量和性动机强弱直接相关。雄蝾螈在求偶早期阶段所表现出的炫耀行为的速度同其后它们所能产生的精包数是密切相关的。在黄猩猩果蝇中,雄性黄色突变体的某些求偶活动比正常果蝇要弱,结果它们与正常雌果蝇的交配成功率大大下降。

### (三) 选择有利于遗传互补的异性作配偶

选型交配和非选型交配的适应意义之一可能是确保雄性动物基因和雌性动物基因的互补性。选型交配有利于在下一世代保持本型特征的完整性,而非选型交配则有利于后代产生更多的变异和增加遗传多样性,至于是哪一种交配类型更能适应环境则随种而异。

非选型交配的一个著名事例是山崎等人对大白鼠所做的试验,他们发现雄鼠喜欢选择在组织相容性抗原方面与自己不同的雌鼠作配偶(根据雌鼠的信息素加以识别)。这种选择可以说是防止近亲交配的一种适应性,进一步说,它通过使后代产生杂合性的免疫系统有利于改善免疫功能。

### (四) 选择有较强抚育后代能力的异性作配偶

在雄性动物占有领域的物种中,雄性动物一般根据领域的大小和质量来判断雄性动物的抚育能力。雌性燕鸥则根据雄性燕鸥向自己求偶时奉献食物的表现来判断它未来作为父亲时对子女的抚育能力。

在昆虫中,雌性蝎蛉(*Bittacus apicalis*)完全是根据雄性蝎蛉在供食求偶中的表现来选择配偶的。虽然雄蝎蛉以后并不参与喂养幼虫,但雌蝎蛉这样选择配偶实际上是迫使雄蝎蛉最大限度地对亲代抚育工作做出贡献。通常雄蝎蛉在求偶时要向雌蝎蛉奉献一件食物(节肢动物),而雌蝎蛉则根据食物的大小表示接受还是拒绝。它通常是喜欢接受大的食物,因为大的食物从三方面有利于它取得生殖上的成功:第一,吃完大的食物要用较长的时间,因为雄蝎蛉是在它吃食物的时候同它交配的,所以大的食物就意味着有较长的交配时间,而交配有刺激雌蝎蛉排卵和产卵的作用;第二,一个大的食物有利于雌蝎蛉度过两次产卵之间的困难时期,使雌蝎蛉甚至在这个时期内可以不去觅食,而是把全部能量用于下一次产卵;第三,如果捕捉大食物并把它奉献给雌性个体的这一行为特性是可遗传的话,那么雌蝎蛉就可把这一特性传给子代,从而增强下一代的求偶成功率。

## 六、求偶行为为什么如此复杂?

通常雄性动物为了获得配偶,必须在雌性动物面前尽力展示自己华丽的婚装,表演各种复杂的动作,而雌性动物则静观雄性动物的表演,迟迟不做出选择。事情的这两个方面便构成了动物求偶行为的全过程。具有主动择偶能力的雌性动物,一定会选择适合度最大的雄性动物作配偶,而适合度大小的唯一外在表现就是雄性动物的求偶行为。如果求偶行为太简单和太短暂,那么就难以显示出雄性动物之间的质量差异。因为对于一种简单的求偶行为,低质量的个体也能表演得同高质量的个体一样好,因此一种强大的自然选择压力会使雌性动物在雄性动物表演面前迟迟不做出反应,以便尽可能多地诱使雄性动物发展更多更复杂的炫耀行为。

雌性华北螈(*Triturus unlgaris*)的性行为是很独特的,为使求偶过程最终能达到受精的目的,雌螈必须捡起雄螈排放在池底的精包。在两性相遇的过程中,雄螈通常要释放出两三个或更多的精包。在雄螈求偶期间,雌螈捡拾精包的积极性是逐渐增加的,因此,雌螈拾起第三个精包的概率比拾起第一个精包的概率更大,这可以认为是雌螈从释放几个精包的雄螈那里增加自己获得精子机会的一种适应性。为了完成生殖功能,雄螈至少应当具有两种特质:第一,能产生精包;第二,在每次升到水面进行换气之前,必须能在水下维持尽可能长时间的求偶活动,因为求偶时间越长,雌螈捡拾精包的概率越大。

雄性动物如果是聚焦在一起进行求偶活动,雌性动物就能较为容易地选择一个适宜的配偶,因为在这种场合下不仅使它们能对不同的雄性动物进行直接的比较,而且也能增强雄性动物之间的竞争。事实上,迫使雄性动物作更长时间和更复杂的行为炫耀,也有利于暴露某些求偶者的弱点,保证雌性动物能做出最优选择。

据观察,雄花鳉(*Poecilia reticulata*)的求偶行为在有其他雄性个体存在时就表现得更加富有活力,如果其他雄鱼是属于不同的色型,这种现象就表现得更加明显,因为在不同色型个体之间,往往具有更远的亲缘关系,从亲缘选择的角度看,如果把交配机会丢失给亲缘关系较远的雄性个体,那它本身的广义适合度就会有所下降。因此雄性动物的求偶活动就更加起劲。

## 七、求偶行为的生态学意义

正如我们已经讲过的那样,求偶行为的一些方面,可以两性间的矛盾和性选择加以解释,但这种解释并不能说明全部求偶行为,有很多求偶行为实际上具有物种识别的意义,在这方面两性的利益是一致的,因为无论哪一个性别都要求与同种的一个异性个体交配而极力避免种间杂交,要做到这一点就必须实现同种个体的准确识别。证实求偶行为这一功能的一些最好实例是蛙类的叫声。如果在同一池塘里生活着好几种蛙的话,通常每一种雄蛙都具有本种所特有的求偶鸣声,而雌蛙则只被同种雄蛙的叫声所吸引。有些蛙如蝗蛙(*Acris crepitans*)的雌蛙能够对雄蛙的叫声有选择地做出反应,这种能力主要是由于它们的听觉系统可以调节到只对雄蛙叫声中的特定频率发生感应。

求偶行为的另一个生态学意义是雄性个体之间借助于求偶活动竞争交配机会。通常同一种炫耀行为既具有排斥同性竞争对手的作用,又具有吸引异性配偶的作用,这一点已由试验证实。在试验中,用扬声器播放太平雨蛙的求偶叫声,结果只有雌蛙被叫声吸引过来,而雄蛙则离扬声器而去。如果有几个扬声器同时播放太平雨蛙的叫声,而每个扬声器所播放的每一回合求偶叫声的持续时间不同,雌蛙则选择求偶叫声持续时间最长的那个扬声器。

求偶的第三个生态学意义是对可能成为配偶的异性个体做出评价。如果雄性动物也参与亲代抚育的话,雌性动物就可以依据雄性动物的求偶表现获知它抚育后代能力的大小,而雄性动物也可以根据雌性动物的表现知道它是不是已经被授过精。行为学家早期对鸟类和鱼类所进行的研究表明,在求偶开始时,雄性动物常常表现出侵犯性,而雌性动物的性欲望又往往太低,因此求偶行为还具有协调两性关系,使配偶双方的性动机和性行为实现同步化的作用。

## 八、性内竞争

一个动物只要能靠获得更多的配偶或更高质量的配偶来提高自身的适合度,那么自然选择就会不断促进这种能力的发展,以便与其他同性个体进行竞争。性内竞争既可发生在交配之前,也可发生在交配之后。交配前最常见的性内竞争形式是雄性动物独占异性或独占一个可吸引异性的领域,为此,同性个体之间常常发生激烈的战斗或仪式化的战斗。虽然这种战斗有时要冒受伤或死亡的风险,但由于获胜的收益极大而使战斗难以避免。还有一些种类,雄性动物一旦找到雌性动物便将其据为己有并加以保卫,不允许其他个体接近(图3-7)。交配前的性内竞争也有利于寻找配偶技能的提高,例如,雄蚕蛾(*Bombyx mori*)的触角对雌蚕蛾所释放的性信息物质(蚕蛾醇)极为敏感,只需一个蚕蛾醇分子便能把触角上的一个感觉细胞激活,因此雄蚕蛾在几千米以外就能感受到雌蚕蛾的存在。

交配后的性内竞争形式在昆虫中是极其多种多样的。雌蜻蜓也和很多其他昆虫一样,可以和许多雄性个体交配并把精子贮存在受精囊内供以后使用。雄蜻蜓彼此竞争授精机会,设法使雌蜻蜓不使用以前从其他雄蜻蜓那里接受的精子。灰蜻蜓(*Orthetrum cancellatum*)的阴茎末端生有一个带倒钩的附器,交配时先用它把雌蜻蜓体内的精子(来自其他雄蜻蜓)刮出来,然后再把自己的精子送入受精囊。红蜻蜓(*Crocethemis erythraea*)则用可膨胀的阴茎先将其他雄蜻蜓留在雌蜻蜓体内的精子挤到受精囊一隅之后再输入自己的精子。

有些无脊椎动物(特别是昆虫)的雄性个体,交配后便把雌性个体的生殖孔黏牢封住,以便阻止其他雄性个体再次交配。寄生在鼠类肠道中的念珠棘虫(*Moniliforms dubius*),雄虫在交配后除了用黏性物质把雌虫生殖孔封住外,有时还同其他雄虫进行"交配",意在将这种黏性物质覆盖其生殖区,防止竞争对手与雌虫交配。蝽象(*Xylocoris maculipennis*)在正常交配的情况下,雄虫将雌虫的体壁刺破后射入精子,此后,精子便在雌虫体内到处游动,直到遇到卵和使卵受精为止。和念珠棘虫一样,雄蝽象有时也和同性个体"交配",把精子射入另一雄蝽象体内,当精子游动到该蝽象的精巢时便开始等待机会,一旦这一竞争对手与一只雌蝽象交配时便会把这些精子注入雌虫体内(Carayon,1974)。就粪蝇(*Scatophaga stercoraria*)来说,往往是最后一个与雌蝇交配的雄蝇能够取得最大的生殖成功,因为它的精子可以取代其他雄蝇的精子而使大部分卵受精。这种精子置换现象常被称为精子竞争。精子竞争现象在脊椎动物中也可见到,例如,雄性斑点钝口螈(*Ambystoma maculatum*)是靠把精包置于水底,再驱使雌螈爬到精包上达到使卵受精的目的,但有些雄螈却把自己的精包置于其他雄螈所排放的精包之上,而最上面的精包才能使雌螈的卵受精(Arnold,1976)。

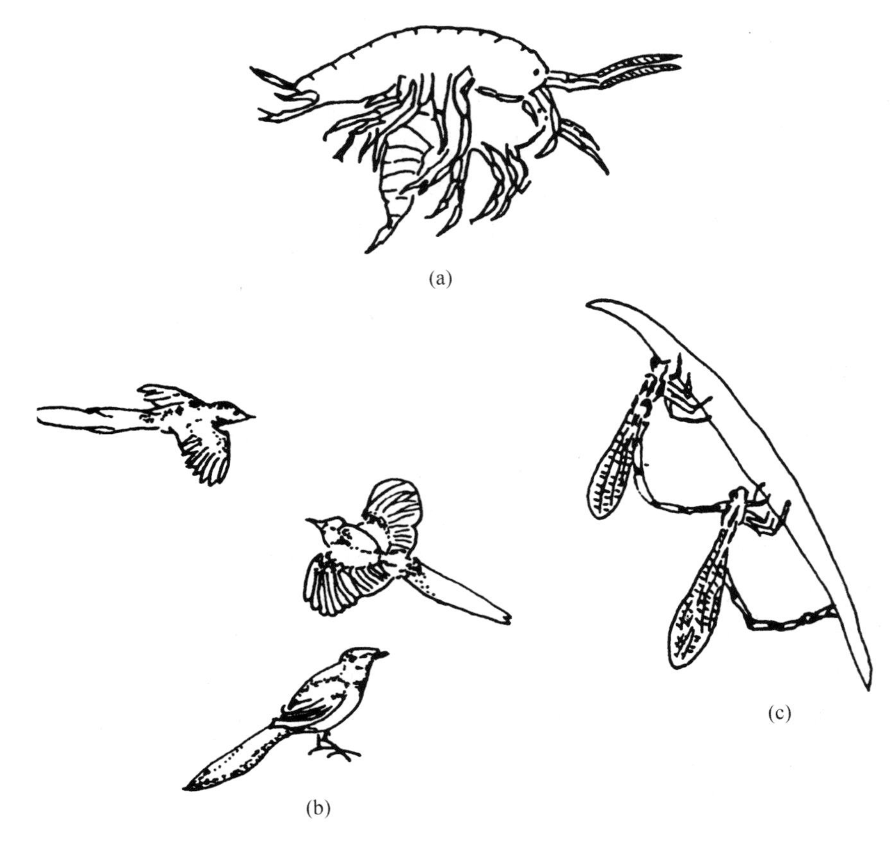


**图 3-7 保卫配偶是性内竞争的一种形式**

(a) 一种端足目甲壳动物(*Gommarus*),雌性蜕皮后即可交配,在此之前,雄性保卫雌性长达数天之久;(b) 雄喜鹊(*Pica pica*)保卫自己的配偶,以防其在产卵前和产卵期受其他雄鹊的干扰;(c) 交配之后雄豆娘在保卫雌豆娘产卵(分别仿 Birkhead 和 Clarkson,1980;Birkhead,1979;Corbet,1962)

性内竞争最奇妙的一种方式是使用抗激发性欲物质(anti-aphrodisiac)。例如,展足蝶(*Heliconius erato*)的雌蝶在交配后总是要嗅一种特殊的物质,Gilbert(1976)在试验中发现,这种气味物质不是雌蝶自己分泌的,而是雄蝶在交配结束时排放出来的。据研究,这种气味物质有阻止其他雄蝶与雌蝶交配的作用,雄蝶似乎是在利用这种物质排斥自己的性竞争对手。

## 九、性选择与多态现象

形态上或行为上的某些特征常常可以使动物在获得配偶方面比同性其他个体占有明显优势,但有利于这种特征产生的性选择,往往又受到相反方向选择压力的作用。例如,一个有利于使雄性动物对异性增加吸引力的特征,常常又易于吸引捕食动物的注意,因此,这种相反的选择压力会使性选择的效果减弱,最终达到一种稳态平衡。此时,性选择的进一步发展反而会带来不利。在大多数动物中,所有个体都将达到同一稳态(如所有的雄孔雀最终都具有同样的尾长),但是,在北极贼鸥的事例中,与性选择相反的选择压力却可导致种内不同的个体产生不同的结果,从而产生多态现象(polymorphism)。

生活在美国 Wapato 湖中的三刺鱼(*Gasterosteus aculeatus*)就是一种多态鱼,种群中有14%的雄鱼在生殖季节中表现出鲜艳的红色。很多实验都表明,雌鱼在择偶时对红色雄鱼有特别的偏爱,这说明,红色这一特征是因性选择的作用而在种群中得到保存的。据认为,雌鱼偏爱红色雄鱼的好处是,红色雄鱼是巢域的强有力保卫者,可有效地驱逐前来偷卵的其他同种雄鱼和雌鱼。红色雄鱼在种群中所占的比例之所以这么低(14%),是因为它们比较醒目,容易受到其他捕食性鱼类的攻击。

1972 年,M. Gadgil 还引用了很多昆虫方面的实例,说明雄性昆虫也可以表现出两种不同的形态型,差异主要表现在战斗武器的有无和发达程度,这些武器是专门用来与其他雄虫进行竞争的。Gadgil 曾指出:这种多态现象是有其遗传根据的,它们代表着两种可选的适应对策。具有武器的雄虫在战斗中可赢得胜利,但需要投入很多能量,没有武器的雄虫在战斗中虽然不会得到什么好处,但却可把节省下来的能量用于其他各项重要活动。这些可遗传的多态现象不能同雄性动物随年龄变化而采取不同的对策相混淆(如牛蛙等多配偶动物),也不能同性引诱特征在发育过程中的变化相提并论,它们只是反映着基因上所存在的差异,有时这种多态并不能截然划分,而是采取一种连续过渡的形式。

## 十、精子竞争

前面在谈到性内竞争时已经涉及精子竞争问题,鉴于人们对这一问题的兴趣,这里我们还要专门谈一谈。当初,达尔文是用性选择的观点来解释某些器官的变化,而这些变化常常会使某些个体在竞争配偶和传递后代方面优于同种和同性的其他个体,因此,性选择是与竞争配偶密切相关的。但是,雄性个体与雌性个体成功地进行交配并不一定意味着前者就是雌性个体所产后代的父亲,也就是说交配并不等同于使卵受精,特别是在雌性个体可能与多个雄性个体交配的情况下,这时往往会存在是谁的精子能使卵受精的激烈竞争。近 10 多年来已经积累的大量资料证明,动物的外生殖器及其相关结构的变化是与是否存在精子竞争密切相关的。在 R. V. Short(1977,1979,1981)发表的一系列文章中都曾提到过,各种类人猿睾丸大小的某些差异是与精子竞争相关的。例如,雄性黑猩猩的体重只有大猩猩体重的 1/4,但黑猩猩睾丸的质量却是大猩猩睾丸质量的 4 倍,这是因为雌性大猩猩在每个发情期只同一个雄性大猩猩交配,而雌性黑猩猩则同多个雄性黑猩猩交配。黑猩猩之所以有这么大的睾丸是因为自然选择倾向于使每次射精能排出更多的精子,以便有更多的机会使卵受精。一般说来,在每次发情时,雌性个体将与多个雄性个体交配的灵长动物中,睾丸常常是较大的。但睾丸的功能不仅是生产精子,同时也在生产睾丸激素(testosterone)。据此分析,似乎身体越大,睾丸也就应该越大,以便能使血液中保持最低含量的睾丸激素和生产足够数量的精子来抵制较大雌性生殖管道的稀释效应。出于这样的原因,在对不同物种进行比较研究时,应当对动物身体大小加以控制。通过对灵长动物很多物种所做的比较研究发现,在多雄群物种中,雄性个体的睾丸相对于它们的身体来说总是偏大的(Harvey 和 Harcount,1984),但就一定身体大小来说,多雄群物种中的雄性个体常常具有较高的精子生产率、较大的精子储备和较多的射精量。这不仅意味着含有较多的精子,而且意味着活性精子所占的比例也比较大。例如,单配制的长臂猿(*Hylobates* spp.),其活性精子只占约 7%,而多雄群的猕猴(*Macaca* spp.)的活性精子大约占 90%。类似情况在其他哺乳动物和鸟类中也有发现(Harvey 和 May,1989)。

应当指出的是,在多配制物种中不一定就存在着精子竞争现象。例如,有些种类的灵长动物是单一的雄性个体保卫一群雌性个体,在这种情况下雄猴往往生有很大的犬牙以利于与其他雄猴进行战斗,但它的睾丸往往很小,因为不存在精子竞争。精子竞争现象的存在也可用来解释性皮肿胀现象(sexual swellings),而性皮肿胀通常是生活在多雄群中的雌性灵长动物发情期的外部标志,而这种带有广告色彩的外部标志有可能促使雌猴与多个雄猴进行交配。如果对精子竞争的成功性存在着遗传差异的话,那么自然选择将会有利于雌性选择其子代在精子竞争中更可能获胜的雄性个体作为自己的配偶。Eberard(1985)认为,雄性动物阴茎形态结构的极大多样性(即使近缘物种也是如此)也是由于雌性选择的结果。在有些物种中,一个雌性动物往往要和多个雄性动物交配,因此,如果一个雄性动物在使其精子与卵结合方面具有优势的话,那么这方面的任何优势都会被自然选择所保存。另一方面,一个雌性动物所选择的雄性配偶如果其子代更能有效地使卵受精的话,那么这种择偶优势也会被自然选择所保存。Eberhard(1985)认为,那些在交配中能够带给雌性动物更强烈的机械刺激的雄性动物和那些在交配中能够借助于生殖区的感受或雄性动物的机械交合能力,而能区分和识别雄性动物外生殖器的雌性动物,都将会受到自然选择的偏爱。这一观点有利于性内选择的发生,并与下述事实相吻合,即在精子竞争越是有可能发生和越是激烈的物种中,其交配器官阴茎的形态结构也就越是多种多样。

## 第四节 亲代抚育和交配体制

前面我们曾谈到了雌性与雄性的基本差异,雄性个体留下后代的潜力比雌性动物大得多,因此,雌性个体对雄性个体来说是提高其生殖成功率竞相争夺的有限资源。另一方面,由于雌性个体对合子做了大量投资,因此它们在选择配偶方面必然更加慎重和更加具有选择性。

动物亲代抚育(parental care)的形式是多种多样的,最常见的是护卵和育幼。亲代抚育工作可由双亲共同承担(如椋鸟 *Sturnus vulgaris*),也可单独由雌性承担(如赤鹿 *Cervus elaphus*)或单独由雄性承担(如海马 *Hippocampus*)。不同种类的动物在亲代抚育方面的差异是与它们的交配体制相联系的,动物的交配体制大体上可归纳为以下几类:① 单配偶制(monogamy),即一雄一雌制,一个雄性动物与一个雌性动物可能终生生活在一起,也可能只在生殖季节才生活在一起,通常是双亲共同护卵和育幼;② 一雄多雌制(polygyny),即一个雄性动物与多个雌性动物交配,而每一个雌性动物则只与一个雄性动物交配,在这种交配体制中,亲代抚育工作通常只由雌性担任;③ 一雌多雄制(polyandry),刚好与一雄多雌制相反,亲代抚育工作大都由雄性动物担任;④ 乱交制(promiscuity)。雄性个体和雌性个体都可多次与不同的异性个体交配,所以实际上它是一雄多雌制和一雌多雄制的混合体制,在这种交配体制中,两性都可能参加护卵和育幼等亲代抚育工作。所谓多配偶制(polygamy),实际上是包括一雄多雌制和一雌多雄制这两种交配体制。

对雄性动物来说,提高其生殖成功率的最理想方法是到处寻找配偶并与尽可能多的雌性动物进行交配,而这些雌性动物最好是各自留在自己的家里抚育它的后代。但对雌性动物来说,提高其生殖成功率的最理想方法则是在交配后把产下的后代留给雄性动物去抚养,而自己则去积蓄营养物质准备产下更多的卵。两性利益的这种矛盾如何才能得到解决呢？通常有两种因素影响其解决办法：① 不同类群的动物往往有不同的生理和生活史特征，这些特征往往先天地决定着某一性要比另一性承担更多的亲代抚育工作；② 生态因素将会影响亲代抚育和交配行为的利弊权衡。

## 一、鱼类、鸟类和哺乳动物亲代抚育的比较

一般说来，脊椎动物的这三个类群在亲代抚育和交配体制上是存在着明显差别的，鸟类大都是雌雄个体共同参加抚育工作，属于单配偶动物；哺乳动物则大都是多配偶动物，通常只有雌性个体参与亲代抚育；而鱼类则常常是靠雄鱼护卵和育幼，属于多配偶制或乱交制。当然，以上情况也有很多例外。但这种差别是不是与它们各自的生理和生活特征相联系呢？在我们考虑这一问题时必须牢记：无论是雌性动物还是雄性动物，自然选择都将有利于使它们的生殖成功率达到最大，而且每一性都将靠牺牲另一性的利益去获得自己的利益。

### （一）鸟类

正如前面已经讲过的，鸟类生殖成功率的提高主要是受着亲鸟为雏鸟提供食物能力的限制，至少在亲鸟喂食起着重要作用的种类（如晚成性鸟类）中是这样。可以想象的是，双亲喂养比单亲喂养可以多养活一倍的雏鸟，因此，雌、雄成鸟合作可以提高它们各自的生殖成功率。如果有一方离弃另一方，不仅雏鸟的成活率会减半，而且再寻新配偶和营巢地也要花费时间。所以，单配偶交配体制的存在和双亲共同抚育后代的现象是合情合理的。在一些海鸟中，如三趾鸥（*Rissa tridactyla*）和普通鹱（*Puffinus puffinus*），雌、雄鸟往往长期忠贞地生活在一起，因为这对双方都有好处，新配对的家庭，其生殖成功率总是比较低。

当迫使雌、雄双方共同抚育后代的自然选择压力被减轻的时候，通常是雄性个体离弃家庭并把后代留给雌性个体去抚育。比较行为学的研究表明，多配偶制最常发生在以果实和种子为食的动物中，因为这些食物的供应极为丰富，使单亲抚养后代几乎与双亲抚养同样有效（如织巢鸟）。为什么通常是雄性离弃雌性，而不是相反呢？这里有两个因素可能是重要的：① 雄性可早于雌性获得离弃家庭的机会，对体内受精的动物来说，尚未出生的子代只能留给雌性个体去抚育；② 雄性个体离弃家庭所获得的利益通常要比雌性个体大，因为它一生的生殖成功率将更多地依赖于它的交配次数。

### （二）哺乳动物

在哺乳动物中，先天特征较有利于雌性动物更多地参与亲代抚育工作，子代在母体内常常有一个很长的妊娠期，在此期间，雄性动物除了为自己的配偶提供保护和食物外，对子代几乎无事可做。一旦幼仔出生，它们就要吸乳，但只有雌性个体才有哺乳能力。可见，由于体内受精和上述先天的原因，当发生离弃时，首先是雄性离弃雌性而不是相反。出于同样的原因，我们也不难理解为什么大多数哺乳动物大都采取多配偶交配体制和通常只由雌性承担亲代抚育任务。但也有少数种类是单配性，而且双亲都参加抚育后代的工作，在这种情况下，雄性动物常常承担喂食工作（如食肉类动物）和携带幼仔工作（如狨）。在进化过程中，雄性动物从未产生过哺乳能力，这一点也许令人感到惊奇。

### （三）鱼类

大多数硬骨鱼科（79%）都没有亲代抚育行为；在有护卵、护幼行为的鱼类中，这种抚育工

作通常也是由一性承担的。在有亲代抚育行为的鱼类中,只有不到25%的种类是双亲共同抚育后代。同鸟类复杂的亲代抚育行为比较,鱼类的亲代抚育要简单得多,常常只表现为保卫卵和为卵提供富含氧气的水流,这些工作单独由双亲中的一方承担往往就足够了。据调查分析,在体内受精的21科鱼类中:有2科只由雄性承担亲代抚育,有14科是雌性承担亲代抚育,而其余5科则没有亲代抚育行为,可见在体内受精的鱼类中主要是雌鱼抚育后代(约占86%);在体外受精的鱼类中:有61科是雄性承担亲代抚育,有24科是雌性承担亲代抚育,其余100科没有亲代抚育行为。不难看出,在体外受精的鱼类中主要是雄鱼抚育后代(约占70%)。为了说明和解释受精方式与亲代抚育的这种相关关系,曾经提出过三种假说:

1. 假说1(父亲身份可靠性假说)

Trivers(1972)认为动物的受精方式将会影响父亲身份的可靠性。由于体外受精是与产卵同时发生的,所以父亲身份的可靠性要比体内受精时来得大,这是因为在体内受精的情况下,在雌体的生殖道内常常发生精子竞争。按此假说,体内受精动物的雄性个体参与亲代抚育工作的可能性较小,因为与雌性动物相比,它的父亲身份的可靠性较小。但是单单靠这一点并不应当影响雄性动物在抚育和离弃之间做出抉择,因为如果它离弃后重找配偶,它的父亲身份并不会因此更加可靠。只有当离弃后的生殖成功率高于留在原来家庭的生殖成功率时,离弃行为才是有意义的。虽然体外受精动物父亲身份的可靠性较大,但也不是没有例外,例如,在太阳鱼(*Lepomis*)产卵期间,有时会发生多条雄鱼竞相为排出的卵授精的现象,这种乱交肯定会使父亲身份的可靠性大大下降。

2. 假说2(配子释放顺序假说)

1976年,Dawkins和Carlisle认为鸟类和哺乳动物的体内受精给了雄性个体首先离弃的机会,并常把后代留给雌性个体去抚育。至于体外受精的动物,则刚好与此相反:由于精子比卵子小和轻得多,所以雄性动物必须等待雌性动物把卵产出后再为卵受精,否则精子就会大量散失,在这种情况下,雌性动物便有机会首先离弃,即当雄性动物正在为卵受精时悄悄离去。这一假说初看起来很有吸引力,但却经受不住事实的检验:首先,对大多数体外受精的动物来说,精子和卵子几乎是同时释放的,难以分出先后。在这种情况下,两性离弃的机会是相等的,即雄性和雌性有相等的机会离弃对方,把后代留给对方去抚育。据调查,在46种同时释放配子和单亲抚育的动物中,有36种的亲代抚育工作是完全由雄性个体承担的。其次,在某些科的鱼类中(如美鲇科Callichthyidae和颌针鱼科Belontiidae),雄鱼先建一泡沫巢,并在雌鱼产卵前先排精,按照上述假说,雄鱼应当首先离弃,但实际上亲代抚育工作却是由雄鱼承担的。可见,雄性参加亲代抚育主要是与体外受精的方式有关,而与配子的释放顺序无关。

3. 假说3(与胚胎联系假说)

Williaims(1975)认为,与子代胚胎有联系的性别将会对亲代抚育取得预先适应(preadapt)。例如,体内受精动物的雌性个体与胚胎的联系最密切(怀胎和出生),因此幼仔出生后具有先天的抚幼倾向。另一方面,体外受精的雌性个体常常把卵产在雄性个体的领域内,因此雄性动物与子代胚胎的联系最密切。领域的最初功能是吸引异性,后来又逐渐演变成了护卵、护幼,这有利于雄性个体对抚育行为产生预先适应。该假说与下述事实是吻合的,即雄性抚育现象最常发生在占有领域的物种之中。在体外受精的动物中,雄性抚育现象之所以非常普遍,也与这些动物的领域行为特别发达有关。

最后我们谈一谈单亲抚育的起源问题,因为这个问题也影响着参加亲代抚育的性别。鸟类的祖先可能是双亲抚育物种,因为现存的大多数鸟类都是雌鸟和雄鸟共同参加孵卵和育幼的,这就意味着雌鸟不能把它的全部资源都用于产卵,其中一部分要用来育幼。此外,如果第一窝卵孵化失败,雌鸟经常还能产下第二窝补偿卵。在这种情况下,万一雌鸟被遗弃,它仍然能有一些留下的资源可用于亲代抚育。鱼类最初很可能是没有亲代抚育的,所以,雌鱼常把它的全部资源用于产卵,产出的卵是不受亲代保护的。这就意味着,护卵、护幼工作一旦需要,就只能由雄鱼去承担了。据 Gross 和 Sargent(1985)分析,雌鱼的生育力随鱼体大小的增加而增加的速度比雄鱼快,而雄鱼参与亲代抚育的体重消耗又比雌鱼少,这也是鱼类的单亲抚育经常由雄鱼承担的原因之一。

## 二、亲代投资的 ESS 模型

到目前为止我们已经看到,无论是雄性或雌性都面临着两种选择:是留下来参与亲代抚育,还是离弃自己的配偶和家庭。生态因素将决定着这两种选择的利与弊。在研究这一问题时认识到下面一点是很重要的,即对某一性来说,最好的对策将依赖于另一性所采取的对策。例如,如果雌性留下来,那么雄性采取离弃对策就会获得好处;但如果雌性采取离弃对策,那么雄性留下来对自己就较为有利。为了分析这一问题,Maynard Smith(1977)曾经提出过一个非常有用的模型。

假定雄性个体所采取的对策是 $I_m$,雌性个体的对策是 $I_f$,那么该模型便试图找到这样一对对策,即只要雌性采取 $I_f$ 对策,雄性背离 $I_m$ 对策就会对自身不利;同时,只要雄性采取 $I_m$ 对策,雌性背离 $I_f$ 对策也会对自身不利。换句话说,模型试图寻找雄性个体和雄性个体的 ESS。假设一对动物在生殖季节的生殖成功率取决于亲代抚育的程度和雌个体的产卵量,并假定雌个体对卵的投资越多,对亲代抚育的投资就越少,反之亦然。

命 $p_0$,$p_1$ 和 $p_2$ 分别代表无亲代抚育、单亲抚育和双亲抚育三种情况的卵存活概率,显然,$p_2>p_1>p_0$。再命雄个体离弃后的重新交配机会为 $p$;雌个体离弃后的产卵量为 $W$,不离弃(即留下参与亲代抚育)的产卵量为 $w$,显然,$W>w$。该博弈的报偿矩阵如表 3-1 所示,并存在 4 种可能的 ESS,即:

(1) $ESS_1$:雄性和雌性均离弃。这种情况必须满足 $Wp_0>Wp_1$,或雌性抚育并使 $p_0(1+p)>p_1$,或雄性抚育。

(2) $ESS_2$:雌性离弃和雄性抚育。这必须满足 $Wp_1>Wp_2$,或雌性抚育并使 $p_1>p_0(1+p)$,或雄性离弃。

(3) $ESS_3$:雌性抚育和雄性离弃。这必须满足 $Wp_1>Wp_0$,或雌性离弃并使 $p_1(1+p)>p_2$,或雄性抚育。

(4) $ESS_4$:雌性和雄性均抚育。这必须满足 $Wp_2>Wp_1$,或雌性离弃并使 $p_2>p_1(1+p)$,或雄性离弃。

表 3-1 亲代投资的 ESS 模型

| 雄性 | | 雌性 抚育 | 雌性 离弃 |
|---|---|---|---|
| 抚育 | 雌性收益 | $wp_2$ | $Wp_1$ |
| | 雄性收益 | $wp_2$ | $Wp_1$ |
| 离弃 | 雌性收益 | $wp_1$ | $Wp_0$ |
| | 雄性收益 | $wp_1(1+p)$ | $Wp(1+p)$ |

注：雌、雄性都有抚育和离弃的一定概率，表中矩阵给出了雌雄两性的生殖成功率(仿 Maynard Smith, 1977)

从该模型所给出的参数值可以看出，$ESS_1$ 和 $ESS_4$ 在一定条件下是可以互相转换的，正如 $ESS_2$ 和 $ESS_3$ 在一定条件下可以互相转换一样。例如，如果雌个体不参与亲代抚育(即离弃)可以产下极多的卵($W \gg w$)和单亲抚育比无双亲抚育的收益大得多($p_1 \gg p_0$)以及双亲抚育比单亲抚育的收益大不了多少($p_2 \simeq p_1$)，那么 $ESS_2$ 就会确立。这种情况可应用于很多种鱼类(见前面已讨论过的)，这些鱼类的雌鱼常常不参加后代抚育工作，把所有工作都留给了雄鱼。然而，在一定条件下，$ESS_2$ 可以被 $ESS_3$ 所取代，特别是当雄性个体离弃后有极高的再交配机会时，在一些鸟类和哺乳动物中就经常会出现这种情况。如果双亲抚育比单亲抚育能够多养活 1 倍的后代，或者离弃的一性很难得到再交配的机会，那么 $ESS_4$ 就会确立，这在雀形目鸟类中可以找到很多实例。

引起亲代投资和交配体制差异的因素很多，而 Maynard Smith 的模型对于鉴定这些因素是很有用的。下面我们将要讨论各种生态因素(如资源分布、捕食作用和配偶可得性等)是如何通过影响模型中的各种参数值而影响动物的交配体制的。

## 三、生态因素对交配体制的影响

这里我们要研究特定的环境因素是如何影响雌、雄两性的生殖成功率以及怎样决定着亲代抚育与交配体制的形式的。这一点可以在鸟类和哺乳动物的多配偶制中得到最好的说明。借助于增加交配次数，雄性个体可比雌性个体获得更大的好处，所以，生态因素对交配体制的影响将有利于雄性动物增强获得配偶的能力。

雄性动物增加生殖成功率或者是靠保卫雌性动物本身，或者是靠占有雌性动物所需要的一些重要资源，当后者接近这些资源时便与其交配。一个雄性动物控制有限资源的能力将依赖于这些资源的价值和可保卫性。如果资源或异性很容易保卫，就为多配偶交配体制的确立创造了良好条件，而资源和配偶保卫的难易程度又决定于它们自身的空间和时间分布。

### (一) 资源和配偶的空间分布

当资源或配偶呈均匀分布时，一个动物就很难取得比另一个动物更多的资源或配偶支配权。但当资源和配偶呈不均匀的斑块状分布时，一些个体就有条件比另一些个体占有更多的配偶和质量更高的资源(如食物和营巢地)。因此，斑块状环境具有发展多配偶制的极大潜力(图 3-8)。

### (二) 资源和配偶的时间分布

这里的关键因素是“操作性比例”，即在任一时刻可受精的雌体数量与有性活动能力的雄体数量的比例。如果在生殖时期种群中全部雌体都是可受精的，那么种群的性比率和操作性

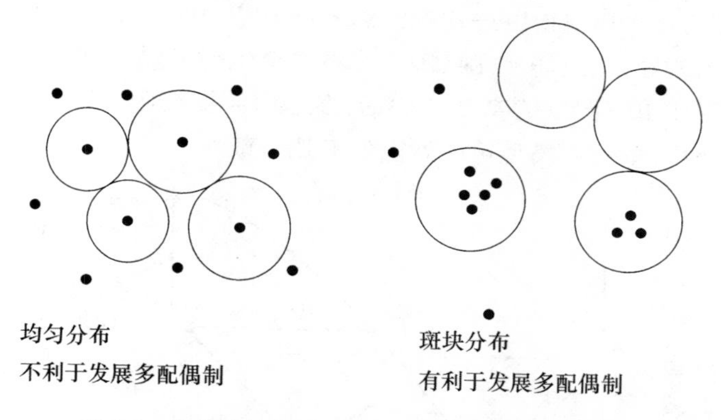


**图 3-8　资源或配偶的空间分布对交配体制的影响**

点代表资源，圆圈代表动物所保卫的区域

（仿 Krebs 和 Davies，1987）

比率就都是 1∶1。在这种情况下，雄性个体就很难有机会与 1 个以上的雌性个体交配，因为当它一旦完成配对时，其他所有雌性个体几乎也都找到了配偶。因此，雌性个体在生殖时间上的同步化极不利于多配偶制的建立。Knowlton(1979)认为，雌性生殖的同步化正是迫使雄性个体实行单配偶制的一种进化机制。另一方面，如果雌性个体在时间上是陆续成熟和陆续可受精的，那么就为雄性个体与多个雌性个体交配提供了极好机会。显然，操作性比例越是偏离 1∶1，实现多配偶制的机会也越大。

下面我们通过对两种无尾两栖类动物的研究来说明雌性个体生殖同步化对雄性个体生殖成功率的影响。普通蟾蜍(*Bufo bufo*)是一种暴发性繁殖种，所有雌蟾蜍都在大约一周的时间内产完它们的卵，这就意味着雄蟾在生殖季节结束前只来得及与 1 只雌蟾交配，或最多 2 只。与此相反的是，牛蛙(*Rana catesbeiana*)在长达几周的时间内陆续来到生殖池塘进行产卵，这将使得拥有最优产卵地的雄蛙在一个生殖季节内能与多达 6 只雌蛙交配。

接下来我们要分析资源和配偶的时空分布将怎样影响多配偶制的进化，为了使讨论更加清楚，我们把多配偶制按不同的生态类型分别进行讨论。

## 四、保卫资源的鸟类多配偶制

有很多实例可以说明，占有优质食物资源和优质营巢地的雄鸟可以和多个雌鸟交配，而占有劣质资源的雄鸟常常得不到任何交配机会。雄性响蜜䴕(*Indicator xanthonotus*)靠保卫蜜蜂筑巢地而吸引雌鸟，当雌鸟前来取食蜂蜡的时候便乘机与雌鸟交配。实际上雄鸟是以食物作性的交易，它所保卫的蜜蜂筑巢地越多，所吸引的雌鸟也就越多。一只占有领域的雄鸟可以与多达 18 只雌鸟交配，而没有领域的雄鸟则完全丧失交配机会(Cronin 和 Sherman，1977)。

对雌性响蜜䴕来说，与已经配过对的雄鸟进行交配，显然会降低其生殖成功率，因为它不得不与其他雌鸟共同分享雄鸟所占有的资源和雄鸟所提供的亲代抚育。同样，占有最优洞道系统的雄旱獭(*Marmota flaviventris*)可以吸引来最多的雌旱獭，但在同一个洞道系统内进行生殖的雌旱獭数量越多，每个个体的生殖成功率也就越低。多配偶制(指 1♂多♀)中的雌鸟只能得到雄鸟所提供的部分亲代抚育，而单配偶制中的雌鸟在抚育后代时则能得到雄鸟的全时帮助,那么多配偶制为什么还能得以进化呢? Verner 和 Willson(1966)认为,如果雄鸟领域在质量上存在足够大的差异,以致能使几只雌鸟共占一个优质领域形成多配偶制的育幼数多于在一个劣质领域中形成单配偶制的育幼数的话,多配偶制就会因此而得到发展。图 3-9 是多配偶制发生的阈值模型,根据此模型可以做出如下几点预测:

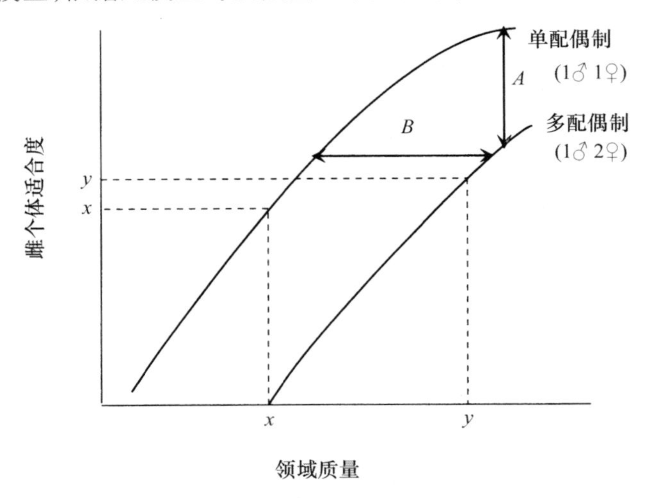


**图 3-9 多配偶制的阈值模型**

若在高质量领域中二雌配一雄时雌体的生殖适合度,大于低质量领域中一雌配一雄时雌体的生殖适合度,多配偶制就会发生(仿 Orians,1969)

(1) 如果雄鸟领域质量所存在的差异足以影响多配偶制进化的话,那么多配偶制的产生大都是同斑块状生境相联系的,因为这里的领域质量差异表现得最明显。Verner 和 Willson 对北美洲的全部 291 种雀形目鸟类进行了比较研究,以便检验这一预测。其中有 14 种鸟类是多配性的,这些多配性鸟类的绝大多数(13 种,其中 9 种属于拟椋鸟科 Icteridae)是选择在沼泽地和高草草原进行生殖,在这些生境中,甚至在小片的相邻地区之间都可能存在很大的生产力差异。这些资料表明,雄鸟领域质量的差异的确与多配偶制的发生有密切关系。

(2) 雄性个体领域的质量将会影响它自身的生殖成功率,特别是将影响它所吸引的雌性个体数量。影响生殖成功率的两个最重要的资源是食物和营巢地。在长嘴鹪鹩(*Telmatodytes palustris*)中,占有最大领域(含食物最多)的雄鸟可吸引两只雌鸟,而占有较小领域的雄鸟则只能吸引一只雌鸟或保持单身。在红翅乌鸫(*Agelaius phoeniceus*)的领域中如果能含有多种多样的植物类型,常常能引来数量最多的雌鸟,因为这些植物可以提供最安全的营巢地点。

雄鸟领域质量影响雌鸟生殖成功率的最好实例是 Pleszczynska(1978)所研究的百灵鹀(*Calamospiza melanocorys*)。这种鸟于夏季在草原进行生殖,雄鸟早在春天就先来到草原开始争夺领域,此后便用叫声吸引随后到达的雌鸟。雌鸟一旦在一个领域内定居下来便开始建巢,而雄鸟则帮助它抚育幼鸟。Pleszczynska 发现,有些雄鸟甚至在种群中尚有单身雄鸟存在的情况下便能吸引来第二只雌鸟,这些雌鸟在生殖时不会得到雄鸟的任何帮助,因为雄鸟已被它的第一个配偶完全占有,这使第二只雌鸟的生殖成功率明显下降。然而这些雌鸟却仍然选择多配偶的交配体制。对百灵鹀来说,雄鸟领域内最重要的资源就是有遮蔽的营巢地,因为雏鸟死亡的主要原因是受太阳照射而使身体过热。据观察，在遮蔽处所建的巢，其雏鸟的成活率要大得多。实验工作也证实了这一点，在暴露的鸟巢上方设置人为的保护伞(可使雏鸟免受太阳照射)比不设置保护伞的对照鸟巢，其雏鸟的出巢率要高得多。正如我们所预测的那样，能够吸引两只雌鸟作配偶的雄鸟，其领域内都具有最好的遮蔽条件。此外，还有两个有趣的实验值得一提，即 Pleszczynska 和 Hansell(1980)靠人为改善百灵鸦领域内的遮蔽条件而增加了领域内雌鸟的数量，而 Ewald 和 Robwer(1982)则靠人为增加红翅乌鸫领域内的食物而达到了同样的效果，这是两个最直接的实验证据，证明了预测(2)的可靠性。

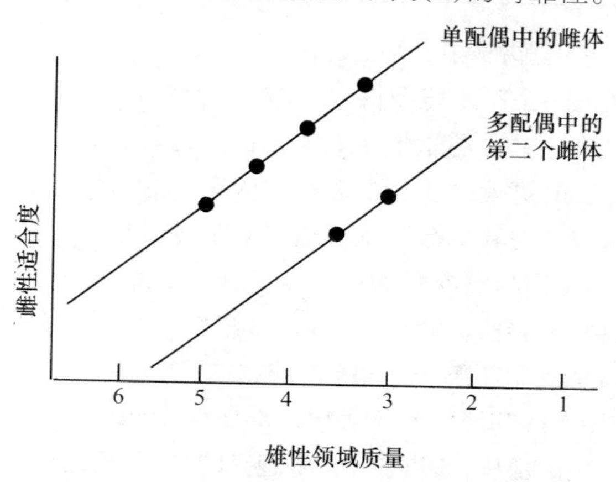


**图 3-10　依据多配偶制阈值模型(见图 3-9)**

6 只雌鸟在 6 个质量不同的雄鸟领域中的定居情况。横坐标中 1 为质量最高的领域，6 为质量最低的领域。定居结果，在两只雄鸟领域中形成了多配偶制(即领域 1 和 2)，在两只雄鸟领域中形成了单配偶制(即领域 3 和 4)，还有两个领域没有雌鸟定居(即领域 5 和 6)。此外，雌鸟 3 和 4 及雌鸟 5 和 6 的适合度几乎同样大(仿 Garson 等，1981)

(3) 对于同时定居下来的雌鸟来说，多配偶制中雌鸟的生殖成功率至少应与单配偶制中的雌鸟一样大(图 3-10)。例如，百灵鸦雌鸟之所以选择已有配偶的雄鸟作配偶，是因为可以得到较好的营巢地，这足以弥补育雏时无雄鸟帮助的不足。正如所预测的那样，第二雌鸟的育雏成功率至少与同时育雏的单配偶制家庭相等。这里应当指出的是，为检验这一预测而对生殖成功率进行测定常常是很困难的，因为出巢幼鸟数并不总是测定生殖成功率的一个好指标，幼鸟的体重会影响它们的存活率。另外，自然选择的作用应当使雌鸟一生的生殖成功率达到最大，这与使每年的育幼数达到最大不完全是一回事，因为雌鸟生存到下一次生殖的机会是随着窝仔数的增加而下降的。

## 五、鸟类多配偶制中的两性利益冲突观

多配偶制的阈值模型对理解多配偶制的进化曾起过重要作用，但迄今为止，只有百灵鸦的研究对上述的预测(3)提供了有力的支持。在大多数事例中，第二雌体的生殖成功率总是低于单配偶制中的雌体。在表 3-2 所列举的两种鸟类(斑鹟 *Ficedula hypoleuca* 和大苇莺 *Acrocephalus arundinaceus*)中，在多配偶制雄鸟的领域中总是有最好的营巢地，但第二雌鸟并未能因此而弥补它单亲抚育后代(无雄鸟帮助)所受到的损失，因此，如果选择尚未配对的雄鸟作配偶，它就会有更高的生殖成功率。既然如此，那么为什么还会有一些雌鸟选择多配偶的

交配体制呢？有人试图用两性利益冲突理论来解释表 3-2 中所存在的这些现象，现将这一理论作一简要介绍。

**表 3-2　单配偶制和多配偶制中雌鸟每巢出巢幼鸟数**

| 种类 | 单配偶制 | 多配偶制 | | 资料来源 |
|---|---|---|---|---|
| | 雌鸟 | 第一雌鸟 | 第二雌鸟 | |
| 斑鹟 | 5.4 | 5.4 | 3.3 | Alatalo，等，1981 |
| 大苇莺 | 3.3 | 3.2 | 1.1 | Catchpole，等，1985 |

从表 3-2 中可以看出，多配偶制中，雌鸟虽然在生殖上受到了一些损失，但多配偶制中的雄鸟显然比单配偶制的雄鸟在生殖上能取得较大成功，因为它的生殖成功率是两个雌配偶生殖结果之和。多配偶制的建立有时是靠雌性个体的自主选择，有时则靠雄性个体以牺牲雌性个体的利益来谋求自己生殖的更大成功。在斑鹟和大苇莺中，雌鸟显然难以知道雄鸟的交配状况，而雄鸟则可能欺骗雌鸟，与其实行一雄多雌制。例如，大苇莺是在稠密的芦苇丛中进行生殖的，第二雌鸟可能并不晓得与它交配的雄鸟实际上已经有了一个配偶。就斑鹟来说。雄鸟一旦吸引了一只雌鸟，和雌鸟产完卵之后，它就可能飞到另一个巢洞去，并试图吸引另一只雌鸟(图 3-11)。雄鸟常常是到远离第一个巢位的地方去建立第二个家，平均为 200m，有时可远至 3500m，这使第二雌鸟无法知道它是不是已经有了一个配偶。当雌鸟已经产下卵时，雄鸟就会将它遗弃而回到第一配偶那里。此时如果被遗弃的雌鸟再重新寻偶产卵，虽然有利，但在季节上为时已晚，所以只好单独抚育自己的后代，这总比不生殖要好。斑鹟和大苇莺都是雄鸟欺骗雌鸟，与其实行一雄多雌制的最好实例。

**图 3-11**

斑鹟雄鸟一旦吸引了一只雌鸟，便飞到远处另一个巢位并试图吸引另一只雌鸟，第二雌鸟育雏时因得不到雄鸟帮助而使生殖受损。雌鸟常常难以知道雄鸟是否已有了配偶，因为雄鸟的两个巢位相距甚远(仿 Catchpole，1985)

在另一种雀形目鸟类——岩鹨(*Prunella modularis*)的生殖种群中,两性利益冲突往往可以导致产生多种多样的交配体制,这些交配体制包括一雄一雌制、一雄二雌制、一雌二雄制和二雄二雌(或更多雌)制等,其中一雌二雄制中的两只雄鸟都可与同一只雌鸟交配,并共同参加喂养雏鸟的工作。值得注意的是,在一雄多雌的交配体制中,雄鸟总是有着最大的生殖成功率(表 3-3),而雌鸟的生殖成功率却较一雄一雌制中的雌鸟为低,因为它们不得不分享一只雄鸟在育幼中所提供的帮助。在一雄多雌制中的两只雌鸟之间常常发生战斗,优胜者总是试图把另一只雌鸟赶走,使雄鸟完全归属于自己;而雄鸟则总是试图与两只雌鸟都保持联系,以便不会失去它们中的任何一只。

**表 3-3　在岩鹨不同的交配体制中雄鸟和雌鸟的生殖成功率**

| 交配体制 | 参加育幼的成鸟数 | 每生殖季节出巢幼鸟数 | |
|---|---|---|---|
| | | 每雌 | 每雄 |
| 一雄多雌,♂2♀♀ | ♀+1♂的部分帮助 | 3.8 | 7.6 |
| 一雄一雌,♂♀ | ♀+1♂的全时帮助 | 5.0 | 5.0 |
| 一雌多雄,2♂♂♀ | ♀+2♂♂的全时帮助 | 6.7 | α4.0*<br>β2.7 |

注:* 在一雌多雄制中,两只雄鸟将按其所占交配比例共享父权,优势雄鸟(α)占 0.6,从属雄鸟(β)占 0.4
(仿 Davies 和 Houston,1986)

虽然一雄一雌制中的雌鸟比一雄多雌制中的雌鸟有较大的生殖成功率,但它仍比不上一雌多雄制中的雌鸟,因为后者在亲代抚育中可以同时得到两只雄鸟的帮助。所以,一雄一雌制中的雌鸟常常愿意与接近它的其他雄鸟交配,并希望后者能留下来在育雏工作中提供帮助。对一雌多雄制中的雄鸟来说,所付出的代价是要与另一只雄鸟分享父权,据分析,这是对雄鸟利益最小的一种交配体制。可以想象的是,在分享父权的两只雄鸟之间经常会发生战斗,优势雄鸟总是试图把从属雄鸟赶走,或至少要防止它与雌鸟交配。

岩鹨的各种交配体制可以被看成是一个连续序列,它反映着个体间独占配偶(即形成单配偶制)的不同能力。只有当雄性个体靠牺牲雌性个体利益而获得更大好处的情况下,才能形成一雄多雌制。同样。一雌多雄制也是建立在雌性个体靠牺牲雄性个体的利益获取更大好处的基础上。在二雄二雌制的交配体制中,雄鸟常常无力驱赶另一只雄鸟而独占两只雌鸟(形成一雄二雌制),而雌鸟也无力驱赶另一只雌鸟而独占两只雄鸟(形成一雌二雄制)。在两性利益冲突中,谁能赢得胜利将取决于个体竞争能力的差异和食物的分布,因为这些因素决定着个体活动范围的大小和独占配偶的能力。

## 六、保卫雌性个体的哺乳动物多配偶制

在哺乳动物中,雄兽通常不参加亲代抚育工作(有 97%的种类是这样),各种哺乳动物在交配体制上的差异是同雄兽保卫雌兽的经济可行性相关的。雌兽的分布一般是决定于捕食压力和资源(特别是食物)的时空分布,而雌兽的分布反过来又影响着雄兽独占配偶的难易程度。雌兽的活动范围、雌兽群的大小和生殖的季节性是影响雄兽独占雌兽在经济上

是否可行的三个主要因素,这些因素将决定竞争配偶的激烈程度。下面我们分几种情况分别加以叙述。

### (一) 其巢域可受雄兽保卫的独居性雌兽

有60%以上的哺乳动物其雌兽是独居性的,而雄兽则占有一个领域,该领域可覆盖一个或更多雌兽的巢域。相对于雄兽所能保卫的面积来说,如果雌兽的巢域面积比较小,那么就有可能形成一雄多雌制;如果雌兽的巢域相对说来比较大,那么雄兽就只能保卫一只雌兽,因此就只能形成一雄一雌制(如大多数啮齿动物和夜行性的原猴类)。在这种情况下,雄兽通常只是与雌兽交配,之后便离去,仔兽则完全留给雌兽去抚养。只有极少的哺乳动物(约占3%),雄兽参与保卫幼兽的工作(如岩羚 *Oreotragus oreotragus*),或携带幼兽(如合趾猿、狨和猬),或喂养幼兽(如豺和野狗)。这些专性一雄一雌制的发生通常是因为雌兽的巢域很小,便于雄兽保卫,同时雄兽所能保卫的面积也不能覆盖一个以上的雌兽巢域。在这种情况下,雄兽只能靠提供亲代抚育来提高自己的生殖成功率。专性单配偶制的哺乳动物常常有很高的窝仔数。这种交配体制在犬科动物中很发达,它们一窝可产很多幼仔;而在猫科动物中则较为少见,猫科动物一窝产仔数较少。雄性参加抚育工作的狨一次可产出两个后代,而大多数灵长类动物每次通常只能产出一个后代。如果雄狨死亡,雌狨常常会把子代遗弃,可见雄狨参加子代的抚育工作是很重要的。

### (二) 其巢域不能被雄兽保卫的独居性雌兽

有些种类的雌兽,其巢域面积比雄兽的活动范围还要广,因此无法被雄兽所保卫。在这种情况下,雄兽在雌兽的发情期只能与其实行暂时的结合,如驼鹿(*Alces alces*)和猩猩(*Pongo pygmaeus*)。雌猩猩常随着各种植物结实季节的不同而在大范围内进行漫游。

### (三) 其巢域可受雄兽保卫的群居性雌兽

有些哺乳动物的雌兽是结成小群在一个小范围内进行活动,在这种情况下,雄兽常能在自己的领域内把小群雌兽作为永久性的妻妾群加以保卫,如疣猴(*Colobus guereza*)和叶猴(*Presbytis entellus*)。当一只新的雄猴接管一个领域时,它常常要把领域中的年轻仔猴杀死,因为它并不是这些仔猴的父亲。这种行为可使雌猴较快地进入发情期,以使雄猴能较早地获得生殖机会。当雌兽呈大群分布时,几只雄兽(经常有亲缘关系)常常共同保卫一个领域(如红疣猴 *Colobus badius*、黑猩猩和狮子)。几只雄兽联合保卫一个领域可增加雌兽群的占有时间,同时,对于在广大范围内进行活动的大群雌兽进行联合保卫也是必要的。

### (四) 其巢域不能被雄兽保卫的群居性雌兽

有时雌兽群是在几个活动区域之间进行漫游,由一只或多只雄兽保卫这样的雌兽群在经济上往往是不可行的。因此。雄兽竞争配偶的方式常常取决于雌兽在时空上的移动特点。我们大体上可以把雌兽的日移动特点区分为有规律的、可预测的和无规律的、不可预测的两类。

#### 1. 雌兽作有规律的、可预测的移动

雌兽群虽然是在很大范围内进行活动,但每天却按固定路线到特定地点去饮水和取食,因此,雄兽常在这些地方占有一个小的领域,当雌兽经过这个领域时便试图与它们交配(如转角牛羚 *Damaliscus lunatus*、细纹斑马和野驴 *Equus grevii*)。保卫这样的交配领域常常引起雄兽之间的直接战斗。由于强烈的领域竞争,使得有些雄兽只能在雌兽的必经之地占有一块极

小的地盘,真有点像鸟类的求偶场那样。例如,雄性的水羚(*Kobus elypsiprimnus*)所保卫的领域只有 0.25~0.5km²,当小群雌羚经过它的领域时便乘机与雌羚交配。互氏赤羚(*Puku vardini*)的领域更小,只有 0.1km²。而驴羚(*Kobus lechwe*)和普通赤羚(*Kob kob thomasi*),横穿其领域只有 15~30m 的路程。上述 *Kobus* 属的四种羚羊都栖息在沼泽地带,在那里,雌羚总是到特定的地点去取食茂盛的水生植物。在驴羚和普通赤羚中,雌羚常结成大群漫游,而雄羚则只能保卫一个很小的领域,因为保卫领域要付出极高的代价。这几个偶蹄动物求偶场的实例可以简单地被看作是保卫资源多配偶制的特例。

**2. 雌兽作无规律的、不可预测的移动**

在这种情况下,雄兽常常跟随雌兽漫游,而不是等待雌兽到它们身边来。当雌兽群比较小时,雄兽可四处漫游并和处于发情期的一些雌兽生活在一起,如加拿大绵羊(*Ovis canadensis*)和非洲象(*Loxodonta africana*)。但当雌兽群很大时,雄兽常常试图保卫所有雌兽,将它们作为它的妻妾群。

(1) 季节性的妻妾群:如果所有雌兽都在一个特定季节进入发情期,那么雄兽往往在这个季节到来前就已积蓄了大量能量,以便在雌兽发情期用于激烈的争偶活动。例如,赤鹿(*Cervus elaphus*)的所有雌鹿都集中在一个月内同时发情,此时,雄鹿将为独占一个妻妾群而展开激烈竞争。雄鹿生殖成功率的大小将取决于它所保卫的雌鹿群的大小和它所能占有的时间长短,这一切又都取决于雄鹿的身体大小和战斗能力。交配期过后,雄鹿的体质常常变得极为衰弱。

雌性象海豹(*Mirounga angustirostris*)常成群聚集在海滩上,而且它们的聚集地常常是有限的和固定的,这对雄性象海豹来说是一种便于保卫的资源,因此,雄兽经常为独占雌兽群而彼此发生战斗。最大和最强的雄兽就会拥有最大的妻妾群。可以说,在任何年份,交配权都是被少数雄兽所垄断的。雄性象海豹要想成为一群之首所付出的代价是极大的,以致任何一只雄兽在死亡之前都只能充当兽群之首领 1 年或 2 年。在它保卫妻妾群免受其他雄兽侵犯时,常常随意踩踏新出生的仔兽,这显然有损于雌兽的利益,但这些仔兽很可能不是雄兽本身所生,因为一年前它还不是这群雌兽的拥有者,因此,从雄兽的利益看,仔兽受到踩踏或甚至死亡并不重要,它所最关心的是如何保护自己的父权。

(2) 永久性的妻妾群:有些种类的哺乳动物,雌兽并不是在某一特定时期全部进入发情期,在这种情况下,雄兽就有可能在雌兽的整个生殖年龄期保卫一个永久性的妻妾群,例如,狒狒(*Papio hamadryas*)、狮尾狒狒(*Theropithecus gelada*)和伯氏斑马(*Equus burchelli*)等。几个兽群(雄兽+妻妾群)有时会汇合在一起,形成一个超大群体,这时几只雄兽就可能与一个很大的雌兽群结合在一起并彼此竞争交配权。这种多雄群体可在野牛(*Syncerus caffer*)和橄榄狒狒(*Papio anubis*)中见到。

## 七、靠求偶场和集体合唱而形成的多配偶制

除了保卫资源和保卫配偶的多配偶制以外,还存在着另一种多配偶制,即靠求偶场形成的多配偶制。有些鸟类和哺乳动物的雄性个体集中到一个公共炫耀场地上,各自占有一块极小的领域。例如,侏儒鸟(*Manacus m. trinitatis*)的领域只是几米见方的一小块裸地,雌鸟来到聚集着很多雄鸟的求偶场仅仅是为了交配,而雄鸟则既不为它们提供资源,也不参加亲代抚

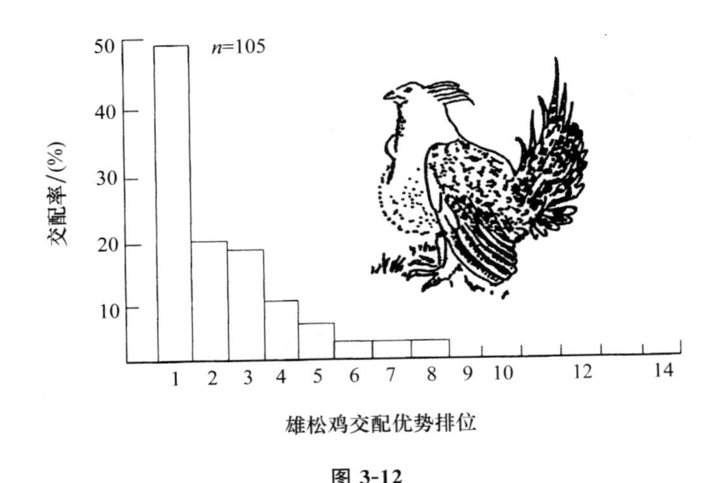


图 3-12

松鸡(*Centrocercus urophasianus*)求偶场上的交配机会几乎全部被少数几只雄松鸡所垄断。雄松鸡的交配率主要决定于炫耀特点(仿 Gibson 和 Bradbury,1985)

育。在求偶场上,雌性个体可以自由地挑选自己的配偶。由于多数雌性动物的兴趣都只集中在少数雄性动物身上,所以在每个求偶场上往往只有 1~2 只雄性动物垄断交配权。例如,锤头果蝠(*Hypsignathus monstrosus*)成群高挂在树冠上,并用叫声吸引雌果蝠。Bradbury 曾研究过一个由 85 只雄松鸡组成的求偶场,发现其中 5 只雄松鸡获得了 79%的交配机会(图 3-12)。在大多数情况下,我们并不清楚雌性动物是根据特定地点,还是根据雄性动物的特点和求偶表现选择配偶的。为什么雄性动物要聚集在求偶场上? 对于这个问题曾提出过 5 种可能的解释: ① 雄性动物聚集在一起可减少被捕食的危险;② 可增加吸引雌性动物的效率;③ 因合适的炫耀场地是有限的,所以雄性动物不得不聚集在少数场地上进行求偶;④ 求偶场往往是大量雌性动物的必经之地;⑤ 雄性动物聚集在求偶场上或是因为雌性动物喜欢群聚的雄性动物,或是因为便于选择配偶,或是因为可降低雌性动物遭捕食的风险。

目前还没有足够的资料来判断这 5 种解释的可信程度,而且也不十分清楚雌性动物从求偶场上选择配偶到底对它们有什么好处。也许,获得优质基因和使交配更加安全是两个主要的好处。

与鸟类聚集在求偶场上进行炫耀求偶相类似的是,有些种类的雄蛙在生殖季节常常聚集在一个池塘中进行集体大合唱,以便吸引雌蛙。产于新热带区的一种雄蛙(*Physalaemus pustulosus*)在鸣叫时最易遭到蝙蝠(*Trachops* spp.)的攻击,但如果是很多雄蛙在一起合唱,这种攻击就会因稀释效应而被减弱,而且合唱群越大,每只雄蛙所吸引的雌蛙数量就越多(图 3-13)。这些现象可能是因为在雌蛙特别多的地方,巨大的合唱群可能是唯一的异性源,但也可能是因为合唱群越大,对雌蛙的吸引刺激作用就越大(此说有待实验检验)。

总之,多配偶不仅可以靠雄性动物保卫资源和保卫配偶而形成,而且可以靠在求偶场上的直接竞争和集体大合唱而形成。

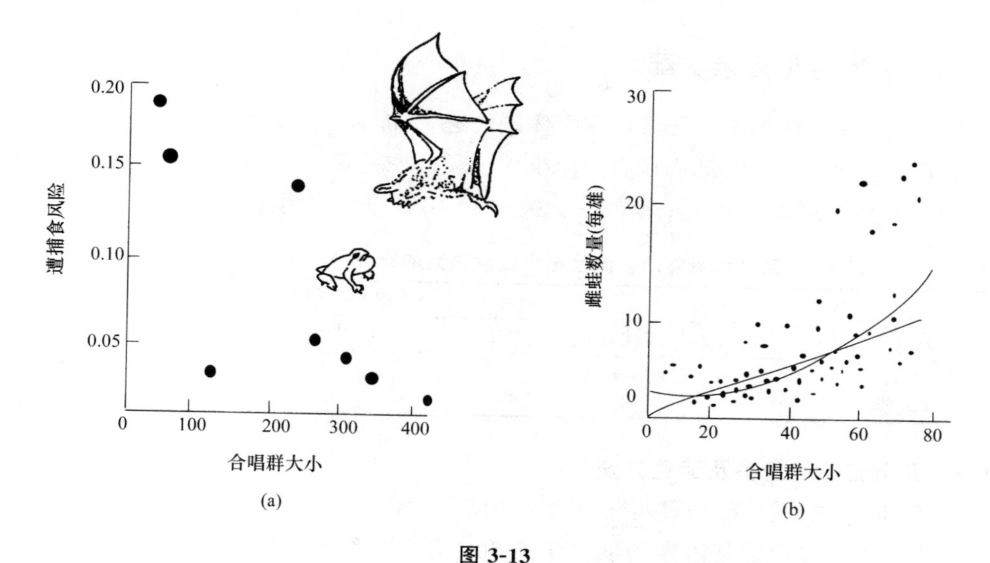


**图 3-13**

(a) 雄蛙(*Physalaemus pustulosus*)聚在一起进行大合唱,合唱群越大,每只蛙遭受蝙蝠攻击的风险就越小;(b) 受吸引的雌蛙数量将随着合唱群大小的增加而增加,直线表示每雄吸引的雌蛙数随合唱群的增大而增加,曲线则能更好地拟合观测点(仿 Ryan 等,1981)

## 八、两性行为的颠倒和鸟类的一雌多雄制

与一雄多雌制相比,一雌多雄制是极为少见的一种交配体制,因为借助于增加交配次数通常是使雄性动物获得最大的好处。然而,在少数鸟类中,两性行为刚好颠倒了过来,是雌性动物彼此展开竞争来争夺雄性动物。通过北极鹬形目鸟类的研究,便很容易了解一雌多雄制的进化过程。有些种类的北极鹬,如滨鹬(*Calidris temminckii*)和三趾鹬(*Calidris alba*),雄鸟保卫一个领域,雌鸟产下一窝卵后留给雄鸟去孵,而自己又产第二窝卵由自己亲自孵。这样,一对鸟就产生了两窝卵,一窝由雄鸟孵,另一窝由雌鸟孵。在北极苔原地带,这是一种非常有效的生殖对策,因为那里的生长季节很短但生产力很高。雌鸟之所以能接连产下两窝卵是因为作为食物的昆虫数量极为丰富。因此,靠雌、雄鸟分工能在短暂的高生产力季节内育成两窝小鸟,这将更有利于补偿因捕食所造成的损失。

这种双窝卵体制将会导致一雌多雄制的进化,因为雌鸟有时并不忠于第一只雄鸟,而是跑去为另一只雄鸟产下第二窝卵。当食物极为丰富的时候,雌鸟甚至可以产很多窝卵,对雌鸟来说,最好是给很多只雄鸟产卵。而斑点矶鹬(*Actitis macularia*)正是这样做的,在这种鸟的生殖地具有极高的生物生产力,这使得雌性矶鹬简直变成了一个产卵工厂,一只雌鸟在 40 天内就能产下 5 窝卵,总产卵数 20 枚,约相当自身体重的 4 倍!雌矶鹬的生殖成功率已不再受食物和营养条件的限制,而是决定于它能够找到多少只雄鸟来为它孵卵。有些时候,大部分雄鸟都已承担了孵卵任务,这就使雌鸟很难再找到雄鸟为它孵卵了。雌矶鹬的身体要比雄性大25%,它们彼此进行竞争,争夺雄鸟参加自己所产之卵的孵化和育雏工作。在这种鸟类中,常常是雌鸟保卫一个领域,有些雌鸟可同时有 3 个配偶在为其孵卵,有时雌鸟在产下全年最后一窝卵时,自己也参加孵卵工作。

## 九、靠出生疏散避免近亲交配

生态因素不仅可影响亲代抚育和交配体制的进化,而且也能影响生殖的另一个方面,即靠疏散避免近亲生殖。年幼的动物从它的出生地迁移到它的第一次生殖地称为出生疏散(natal dispersal)。如果把鸟类和哺乳动物作一比较,就可以看出一些明显趋势(表 3-4)。

**表 3-4 鸟类和哺乳动物两性出生疏散种数的比较**(仿 Greenwood, 1980)

| 类群 | 物种数目 | | |
|---|---|---|---|
| | 雄性疏散 | 雌性疏散 | 无性别差异 |
| 鸟类 | 3 | 21 | 6 |
| 哺乳类 | 45 | 5 | 15 |

### (一) 近亲交配的危害及避免方法

鸟类和哺乳动物通常都是靠两性中的一方向外疏散的方法来避免近亲交配。近亲交配将会增大子代中的有害隐性基因变为纯合子的机会,并可导致生殖成功率下降。例如,在牛津 Wytham 森林中,幼年的雌大山雀常向远处疏散,使得在总共 885 对大山雀中,只有 13 对是近亲生殖(只占 1.5%)。在少数情况下,两性的疏散率都不高,这就常常会导致儿子与母亲或兄弟姐妹之间的婚配,这种近亲配对的生殖成功率将明显低于远亲配对。近亲交配也能引起哺乳动物生殖率的下降,这正是目前动物园中哺乳动物小种群繁殖所面临的棘手问题。

避免近亲交配的另一种方法是靠对亲属的识别,这种识别近亲的能力可以借助于早期学习来获得,因为动物在幼小时总是和自己的近亲密切地生活在一起。这种机制在人类中也是起作用的,有些民族,成年人从来也不同他们童年时所熟悉的任何人结婚,即使在他们之间并没有近亲关系。

### (二) 鸟类的雌性疏散率大于雄性

正如前面已经谈到过的那样,很多种类的雄鸟都帮助抚养后代。雄鸟常常占据一个领域,而雌鸟则根据领域的质量选择雄鸟作配偶。如果雄鸟留在它的出生地附近就会给它带来好处,因为这能使它比较容易地在自己的亲属附近建立起一个领域,例如,可以继承父亲的一部分领域。事实如果是这样,那就只有靠雌鸟向外疏散了,这对雌鸟也有好处,因为它可以走访很多的雄鸟领域,并可从中选择最好的。

### (三) 哺乳动物的雄性疏散率大于雌性

一雄多雌制在哺乳动物中比在鸟类中更为常见,而且哺乳动物的交配体制通常是建立在保卫配偶而不是保卫资源的基础上,雄兽也很少参加亲代抚育工作。在哺乳动物中,雄兽从接近和占有大量雌兽中可以获得最大好处,这种情况比较有利于雄性向外疏散。

显然,对于留下来还是疏散出去的利与弊,尚需积累更多的资料加以分析。但对任何一个个体来说,在这两种选择中做出决策的报偿都将依赖于种群的其他个体做出怎样的选择,因此我们需利用 ESS 理论来分析这一问题,即求解雄性个体和雌性个体的进化稳定对策。此外,对雄性动物不参加抚育工作的哺乳动物来说,近亲生殖对雄性动物所带来的危害要比雌性动物小。例如,在橄榄狒狒中,近亲生殖的避免是靠雄性疏散而不是雌性,但年轻的雄狒狒在疏散之前,常常试图与雌狒狒交配,尽管后者可能是自己的近亲。而雌狒狒则总是抵制与本群出生的雄狒狒交配，而喜欢与从外群疏散来的雄狒狒交配，因为前者可能是亲属而后者则不是。

两性在疏散行为上所存在的差异必然会导致定居的那一性与邻里有着密切的亲缘关系，在它们之间的利他行为也必然表现得比较强烈。而疏散出去的那一性，与邻里之间常常是陌生的和没有亲缘关系的。在哺乳动物中，通常雌性是定居者，所以在一个地区的雌性个体之间往往保持着一定的亲属关系，在它们之间的利他行为也较常见，例如，雌性黄鼠在发现了捕食动物接近时总是向其他黄鼠发出报警鸣叫，而在狮群中，雌狮也常给其他雌狮的幼仔喂奶。这一切利他行为都是源于它们之间存在一定的亲缘关系。在鸟类中则刚好相反，雄鸟常常是定居的一性，所以在一个特定的地区内，雄鸟彼此之间往往有较密切的亲缘关系，利他行为自然也比较发达。后面我们将会讲到几种鸟类的雄鸟帮助其他个体喂养雏鸟的事例，这是最明显的利他行为。

## 第五节　生殖对策和生活史

### 一、什么是生殖对策和生活史

每一种生物都将面临采取什么生殖方式才能使自身的广义适合度达到最大的问题。想象有一只雌豆象(*Callasobruchus maculatus*)发现了一株豇豆并开始在豇豆植株上产卵，但应该产多少粒卵最为合适呢？应当说雌豆象的选择是极为重要的，因为豆象的幼虫不能在豇豆植株之间移动，成年豆象也无喂幼行为，所以，幼虫的食料一旦发生短缺，无法靠成年豆象予以补充。雌豆象将面临是产一粒卵还是产很多粒卵的问题，产一粒卵可以保证一个幼虫独占一株豇豆资源，但有可能造成资源浪费，产很多卵则有可能导致在幼虫之间发生资源竞争。但不管怎样，雌豆象的选择都将受一个事实的影响，即产较多的卵会耗尽雌豆象的资源和减少自己的寿命。再让我们设想，有一只雌性环颈鹟正在产一窝蛋，它应当产多少蛋？影响它产蛋量的因素是什么？乍看起来，豆象和环颈鹟所面临的问题似乎不太相同，因为成年豆象不喂幼而环颈鹟为了雏鸟的生存必须不停地捕捉和喂食昆虫；豆象把卵产在幼虫的食料植物上，此后便离去不归，而环颈鹟把蛋产在没有食物供应的地方，所以在雏鸟孵出的最初几周内，雌鸟必须勤奋地抚育和喂养幼鸟；豆象每发现一株豇豆便可产一次卵，因此各次产卵的时间间隔是不规律的，而环颈鹟每年只有一次生殖机会。尽管存在着这些差异，但豆象、环颈鹟和所有其他生物都面临着两个共同的基本问题：① 在生殖和生长这两个对立的需求方面各投入多少资源最为适宜，换句话说就是应当把多大的资源量用于生殖；② 用于生殖的资源应当如何在后代之间进行分配？是产少量后代让每个后代拥有丰富的资源好呢？还是产很多的后代让每个后代只拥有贫乏的资源好？对这两个问题的回答共同决定着每一种生物在每次生殖时的产卵量或产仔数。

除了产卵量或产仔数的生殖决策外，每种生物还面临着其他一些生殖决策，如，应当在什么年龄进行生殖？是一生集中生殖一次好，还是分散多次生殖好？亲代要不要对后代提供保护、照顾和喂养？是让后代在家庭中长大，还是让它们早早地离开家庭去独立地生活？生殖上的所有这些选择都是属于生殖对策的研究范畴。

至于生活史(life history)的概念，则要从自然选择说起。自然选择将有利于那些能最大限度地将自身基因或复制基因传递到未来世代的个体，但这些个体要想做到这一点就需要把有限的资源在两个对立的需求之间进行适当的分配，这两个对立需求就是生殖和存活。所谓生活史,实际上就是这种分配的结果。有人把生活史定义为是生育力(fecundity)和存活特性的一览表,而生育力和存活特性是随着年龄、环境、个体条件和社会背景而变化的。由于衡量环境变化的时间尺度不同,生活史的适应性调整可以表现在行为、生理、发育或遗传上。当然,行为生态学家最感兴趣的无疑是生活史在行为层次上的调整,但这并不是说生活史在其他层次上的调整不重要,因为这些调整是构成许多种间比较研究的基础,而种间比较研究又是检验行为生态学中很多概念的重要手段。在生育时间的适应性调整方面,鱼类提供了最好的研究实例。例如,生活在捕食者数量很多的河流中的虹鳉,其成熟和开始生殖的年龄都比较早;而在捕食者数量很少的河流中,虹鳉成熟和开始生殖的年龄都比较晚。对鲱鱼和鲑鱼也曾作过类似的观察,这些鱼类出生在河流,但必须迁移到海洋去发育成熟,然后再回到它们出生的河流产卵。生活在佛罗里达河流中的鲱鱼采取的是一次性产卵对策,因为幼鱼存活的可预测性很高;而生活在北方河流中的鲱鱼则采取分期多次产卵的对策,因为那里幼鱼存活的可预测性较低。同样的原因也可以用来说明下述事实,即太平洋鲑鱼是一次性产卵的;而大西洋鲑鱼则是重复多次产卵的,因为后者常常会面临一些难以预测的危险,如春季含冰的河水暴涨等。Schaffer 和 Elson(1975)曾分析了从缅因到 Ungava 的不同河流系统中大西洋鲑鱼的产卵规律,在条件较严酷的河流中(预示着个体越小的鱼死亡率越大),鲑鱼第一次产卵的平均年龄较大。与此相反的是,由于商业捕鱼增加了个体较大和年龄较老鱼类的死亡率,这便促使了鲑鱼在较小的年龄产卵。

## 二、两种基本的生殖对策

生活在条件严酷和不可预测环境中的生物,其死亡率通常与种群密度无关,这类生物常常把较多的能量用于生殖,而把较少的能量用于生长、代谢和增强自身的竞争能力。另一方面,生活在条件优越和可预测环境中的生物,其死亡率大都由与密度相关的因素引起,个体之间存在着激烈竞争,因此这类生物常常把更多的能量用于除生殖以外的其他各种活动。前一类生物在生殖上所采取的就是 r 对策(或 r 选择),而后一类生物在生殖上所采取的就是 k 对策(或 k 选择)。这是生物界存在的两种基本生殖对策。采取 r 对策的生物,其种群数量经常处于逻辑斯蒂增长曲线的上升阶段,r 是取英文名词 reproduction 一词的词头,表示生殖力强;采取 k 对策生物的种群数量常常稳定在逻辑斯蒂曲线渐近于 $K$ 值(环境负荷量)的附近,$K$ 代表环境在长期基础上所能维持的生物最大数量(图 3-14)。

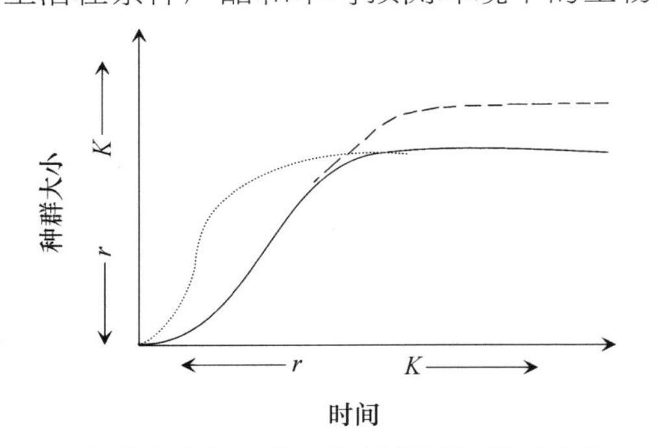


**图 3-14 种群在有限环境中的逻辑斯蒂增长曲线(实线)**

在达到所能忍受的拥挤限度之前,种群将一直增长。点线代表当增长率($r$)较高时的增长情况,短线代表种群对拥挤有更强忍受力($K$ 较高)时的增长情况

在生殖上属于 r 对策的生物通常是短命的,寿命一般不足一年,它们的生殖力很强,可以产生大量后代;但后代的存活率低,发育快。r 对策生物其种群的发展常常要靠机会,它们善于利用小的和临时性的生境,而这些生境往往是不稳定的和不可预测的。在这些生境中,生物

的死亡率主要是由环境变化引起的(常常是灾难性的),而与种群密度无关。对 r 对策生物来说,环境资源常常是无限的,它们善于在缺乏竞争的各种场合下开拓和利用资源。r 对策生物有较强的迁移和散布能力,很容易在新生境中定居;对于来自各方面的干扰,也能很快做出反应。r 对策生物常常出现在群落演替的早期阶段。

属于 k 对策的生物通常是长寿的,种群数量稳定,竞争能力强;生物个体大但生殖力弱,只能产生很少的种子、卵或幼仔;亲代对子代提供很好的照顾和保护。如果是植物的种子,则种子中贮备有丰富的营养物质,以增强实生苗的竞争能力。k 对策生物的死亡率主要是由与种群密度相关的因素引起的,而不是由不可预测的环境条件变化引起的。k 对策生物对它们的生境有极好的适应能力,能有效地利用生境中的各种资源,但它们的种群数量通常是稳定在环境负荷量的水平上或附近,并受着资源的限制。k 对策生物由于寿命长、成熟晚,再加上缺乏有效的散布方式,所以在新生境中定居的能力较弱,它们常常出现在群落演替的晚期阶段。

r 对策生物和 k 对策生物是在不同的自然选择压力下形成的。对 r 对策生物来说,被选择的基因型常能使种群达到最高的内禀增长力,而且个体小、发育慢、成熟早、只繁殖一次,子代多但缺乏亲代的保护。对 k 对策生物来说,被选择的基因型能使种群较好地适应来自生物和非生物环境的各种压力,能忍受较强的种群拥挤度,个体大,发育慢、成熟晚,但能进行多次生殖。总之,r 对策有利于种群的增殖,而 k 对策有利于种群有效地利用它们的生境。

生殖上的 r 对策和 k 对策只代表一个连续系列的两个极端,实际上在 r 对策和 k 对策之间存在着一系列的过渡类型,所以 r 对策和 k 对策都只有相对的意义,无论是在种内和种间都存在着程度上的差异。当环境尚未被生物充分占有时,生物往往表现为 r 对策;当环境已被最大限度占有时,生物又往往表现为 k 对策。当一个种群并非因为密度和拥挤而发生大量死亡时,那些生殖能力较强的个体就会产生极多的后代,并将在种群基因库中占有较大比重;但当一个种群因密度太大而发生大量死亡时,那些能够忍受高密度并适应于在环境负荷量水平存活的个体将最有可能被自然选择所保存,从而使这些个体在种群基因库中占优势。现将 r 对策和 k 对策的特点分别总结在图 3-15 和图 3-16 中。

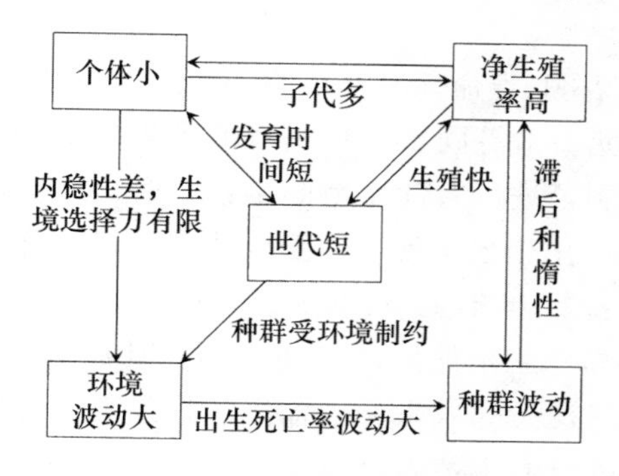


**图 3-15 r 对策的正反馈环**

总结了 r 对策物种生活史各个方面的关系,箭头方向是从因至果

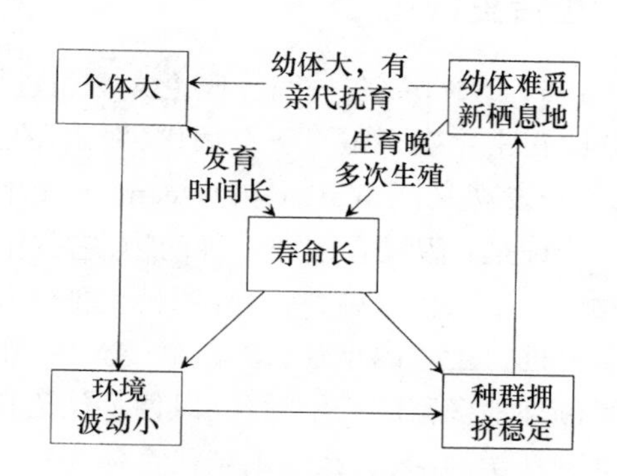


**图 3-16 k 对策的正反馈环**

它总结了 k 对策物种生活史各个方面的关系,箭头方向是从因指向果

生殖上的 r 对策和 k 对策不仅表现在不同的物种,也表现在同一物种的不同个体,甚至也表现在同一个体的不同年龄。一个物种在其生活史的某一阶段可以倾向于采取 r 对策,而在

另一阶段则倾向于采取k对策。这方面最好的例子是在无脊椎动物和鱼类中,在这些动物的生活史中甚至可以发生性别改变。在有些种类中,雄性个体之间的生殖竞争十分激烈,只有最大的雄性个体才能获得生殖的成功。因此这些种类的个体首次参加生殖时往往是扮演雌性角色,然后它们继续发育生长,当雄性个体数量不足时,最大的雌性个体便改变性别,以雄性身份参与生殖。在另一些物种中,雌、雄两性都不存在生殖竞争,但因为生产卵子比生产等量的精子要消耗更多的能量,所以个体大才有利于生产卵子,因此这些种类的个体在开始生殖时总是雄性,直到它们生长到足够大时才开始扮演雌性角色。

动植物的不同分类类群往往也倾向于采取其中一种生殖对策。在动物中,昆虫通常是采取r对策,而鸟类和哺乳动物通常是采取k对策。在植物中,几乎所有的一年生植物和由一年生植物构成的分类单元都属于r对策物种,而组成森林的树木(如栎树和山毛榉)大都属于k对策物种。但这并不是绝对的,事实上,在每一个分类类群中都会有一些例外。鸟类主要是由k对策物种组成的,最典型的例子就是信天翁(*Deomedea exulans*),这种鸟每隔一年才繁殖一次,每窝只产1个蛋,需生活9~11年才能达到性成熟,这在鸟类中是独一无二的。信天翁的种群密度很低,但十分稳定,生活在Gough岛上的一个信天翁种群从1889年以来一直稳定在4000只左右。与此相反的是蓝山雀(*Parus caeruleus*),它是一种明显属于r对策的鸟类,其生活史特点是繁殖速度快、死亡率高和种群波动性极大。昆虫的大多数物种都属于r对策物种,以兽尸腐肉为食的丽蝇就是一种典型的r对策昆虫。兽尸腐肉所代表的是一种极不稳定的生境,因此以兽尸腐肉为食的丽蝇因适应这种生境而表现出很强的生育力,幼虫很快就能发育为成蝇(即世代短),种内竞争在竞争不太激烈时,往往并不引起死亡,而是导致蛹体变小,这些小型蛹也有很强的生活力,并能发育成小而具有正常生殖能力的成蝇。但在昆虫中也有一些种类(如热带的许多种蝶类),它们具有很长的寿命和很稳定的种群数量,这些蝶类的体形往往很大,而且有领域行为。有些种类的闪蝶(*Morpho* spp.)需生活10个月才能发育到性成熟,它们的生育力低,但成蝶的存活率很高,这些大型蝶类显然是昆虫中的k对策物种。

## 三、生活史概述

1954年,Cole在一篇经典论文中通过数值模拟表明,寿命只有一年的一个无性生殖动物,只要比正常生殖多留下一个后代,那么在生殖上它就基本等同于一个长寿的多年生动物。其后,这一发现又被Waller和Green(1981)推广应用到了进行有性生殖的生物。对这一发现的简单论证是:假设有这样一种动物,它按年进行生殖,出生当年就可达到性成熟。对这样一种动物的一个亲代来说,将面临两种可能的生殖选择:① 年年生殖,即一次生殖后还有可能生存到再进行生殖的年龄;② 在第一次生殖时便耗尽全部生殖能量,然后便死去,但要比正常生殖时额外地多留下一个后代,以便补偿因自身死亡而丧失的未来生殖输出。如果真的能够得到这种补偿的话,那么一个亲代个体靠牺牲自我所进行的生殖就是有道理的和有价值的。但是,在确定额外多生的后代数目时必须考虑到亲代和后代的平均死亡风险,同时还必须考虑到这样一个事实,即每个后代都只是亲代遗传拷贝的一部分。如果在全部后代中只有一部分(用$Y$代表)活满了1年,那么亲代为了能确保有一个额外生出的后代达到生育年龄,它就必须额外留下$1/Y$个后代,因为$(1/Y)(Y)=1$。对于任何一个特定的亲代来说,如果它存活到下一个生殖季节的概率是$p$的话,那么它的现生殖值(current value)就只相当于最终能活到生殖期的一个后代生殖值的一部分(也是 $p$)。在有性生殖物种中,每个子代都只带有亲代 50%的遗传物质,因此对于传递亲代的一个基因组或染色体组(genome)来说,必须有两个存活下来的子代。由此可见,一个有性生殖的动物必须在产生 $B+2p/Y$ 个子代后再死去才能在生殖上等同于一个每年都产生 $B$ 个子代的多年生动物,图示见图 3-17。

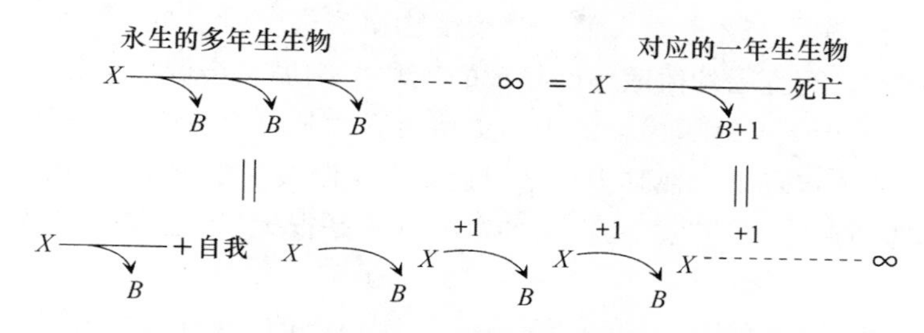


**图 3-17　一个无性多年生生物与一个生殖力更强的一年生生物在生殖上的比较**

每个个体均在 $X$ 处出生,然后在箭头所示处产生 $B$ 个或更多个子代

利用图 3-17,我们可以说明生活史各个方面的适应性关系。如果一次耗尽生命的生殖努力能够产生多于 $2p/Y$ 个子代,那么这种生殖即使会导致亲代死亡,也会被自然选择所保存。这类生物通常都是在生活史的早期进行大量繁殖。假如这类生物的生殖力已经很高,子代个体又小且不需要亲代抚育,那么这类生物为额外多生子代所付出的代价就会更小。如果整个生境是由已占有斑块和未占有斑块交错组成的话,那么子代的散布就会增加它们的存活概率。亲代的低存活率($p$)和子代的高存活率($Y$)也可减少额外多生子代的消耗,这是因为降低了 $2p/Y$ 值的缘故。有些因素有利于生物在早期进行大量生殖和采取自我牺牲式的生殖方式,这些因素包括生殖力强、子代个体小、亲代抚育不发达、亲代存活力低和幼体存活力强(特别是那些散布出去的幼体)。与此相反的是,有些因素则有利于生物推迟生殖和进行重复性的多次生殖,这些因素包括生殖力弱、子代个体大、亲代抚育行为发达、亲代存活力强和幼体存活力弱等。

环境对生长所施加的限制常常有利于动物采取耗尽式的生殖方式。很多种类的热带寄居蟹都面临着适宜螺壳的短缺问题(螺壳是它们的活动住房),大螺壳数量的不足常使寄居蟹在体形较小时便开始生殖。环境对生长的限制作用也可能是间接地通过食物竞争而起作用的,例如,生活在水族箱中的青鳉,当食物摄取量减少时便会加大自身的生殖力度;侏儒太阳鱼也是这样,随着食物竞争强度的增加,尽管鱼体大小和生殖输出会下降,但投入生殖的能量比例却会增加。

为了说明死亡率变化对生活史的影响,我们必须把成体死亡率和幼体死亡率分开来讲。如果成体的存活率是可变的,那么每个成体的未来命运就会增加其不确定性。只要存活率不是百分之百,那某一特定个体的存活就是不确定的。通常认为,能否存活到生殖期的不确定性的增加将会有利于生物在早期产生大量的后代。幼体存活率的变化,特别是当它们按生殖批次批量死亡时,常常有利于生物把生殖失败的风险分散在各生殖批次之间,这种情况有利于生物进行持续的多次生殖。总之,幼体死亡率和成体死亡率对于生活史策略有着完全不同的影响:幼体死亡率常促使亲代保存资源并将资源用于自身或少数天赋较好的后代;与此相反的是,成体死亡率常促使亲代产生大量的和个体很小的后代,即使这样,通常还总是导致亲体死亡。

## 四、个体散布与生活史

个体散布是构成生活史的一个重要方面,把个体散布引入种群模型将会对 r 对策和 k 对策生活史产生重大影响。个体散布会使 r 对策生物得到进一步发展,因为大量的小型后代特别有利于向周围散布,而且因幼体散布而导致的死亡率增加又会促使生物在早期产生大量后代,但是,把个体散布引入 k 对策生物的生活史将会导致 k 对策生活史图解(图 3-16)的明显改变,因为如果散布能为年轻个体在其出生地附近或一定距离内提供定居的机会,那么图中的一个隔室(即“幼体难觅新栖息地”隔室)存在的意义就不是很大了,这有可能导致整个 k 对策正反馈环的瓦解。

个体散布具有明显的适应意义,即使是亲代强制自己的一些后代从稳定和有利的环境向外扩散也是有适应意义的。在一个由营固着生活的成年个体所组成的拥挤种群中,不向外散布的子代就会彼此争夺亲代附近的有限空地,而且还要面临着与从外地散布来的个体进行竞争。一个亲代个体借助于子代的散布就可以在自己附近或远离自己的空地建立起自己的后裔群,其好处足以补偿在散布过程中所造成的死亡。在昆虫中有很多这样的事例,即属于一个同龄群中的一些个体有翅,适合于进行散布,而另一些个体无翅,则不能散布。这种散布多态现象(dispersal polymorphism)在水黾和雄性无花果小蜂中表现得特别明显,Jarvinen(1976)曾专门论述过它的适应意义。散布多态现象特别适合于用来对散布的利和弊进行分析,因为借此我们可以对来自同一地点和同一物种的散布个体和非散布个体进行比较分析。

从一个拥挤种群中散布出来的个体,有可能进入一个非拥挤的环境,但也可能进入另一个地方的拥挤种群中。对于前一种情况,其适应意义自不待言,就是对于后一种情况来说也不失为一种适应对策。散布即使对于那些到处都很拥挤的种群来说也是有利的。一般说来,在一个由固着和长命的成年个体所组成的拥挤种群中,因近期死亡而腾出的空缺领域是很有限的,而且是分散的。个体散布可为年轻个体提供机会,以便适时进入和占有潜在的空位,虽然这样做不可避免地会面对寻找同一空位的其他个体的竞争。

由于在一个拥挤的环境中很难找到一个适宜的生殖地点,所以雌、雄个体都会采取不同的行为对策。一般说来,雄性散布或雌性散布可以确保各种群之间的遗传交流,但要想在一个未占生境内建立新种群,那雌性散布就是不可缺少的。在拥挤种群之间进行散布,往往是以一性为主。鸟类通常以雌性为主,哺乳动物通常以雄性为主。进行散布的那个性别常常更难于找到配偶或资源。Woolfenden 和 Fitzpatrick(1978)曾对樫鸟的两性散布作过可视为典范的分析,他们绘制了樫鸟幼鸟的散布图,这些樫鸟都生活在斑块状的和拥挤的环境,而对这些幼鸟的父母是谁他们都了解得一清二楚。据观察,无论是雄性子代还是雌性子代都留在它们双亲的领域内,帮助父母保卫这个家族领域并帮助喂养下一窝小鸟。雌性子代充当帮手 1～2 年,在此期间则积极地寻找适宜的配偶和领域,而雄性子代留在家中充当帮手可多达 3～5 年,常常帮助父母扩展家族领域,甚至不惜挤占相邻家族的领域。家族领域一旦扩大,雄性帮手常常要从父母的领域中分割一块属自己所有,要么就去占领附近的任何一块尚未被利用的地盘。可见,虽然雄性樫鸟和雌性樫鸟都生活在同一拥挤的环境中,但它们获得生殖领域的方法和散布方法却是很不相同的。

# 第四章　动物的生殖合作与帮手

## 第一节　生殖合作的类型与一般特征

### 一、生殖合作的类型及分布

在较高等的脊椎动物中，幼小动物出生时是不能独立生活的，它们需要双亲的大力抚育。在大多数物种中，这种抚育或是由母亲一方提供，或是由父母共同承担。由于这种现象已司空见惯，使人们很容易忽略这样一个重要事实，即并不是所有的动物都局限于只靠双亲抚养。在很多食肉动物、啮齿动物和大约300种鸟类中，除了双亲以外，还有一些不是双亲的成年动物也参与抚育幼小动物的工作，这些成年动物就叫异双亲(alloparents)或帮手(helper)。值得特别指出的是，这种现象在自然界并非罕见，在哺乳动物、鸟类和鱼类的很多类群中都能见到，如，哺乳动物的鼬科(Mustelidae)、犬科(Canidae)、猫科(Felidae)、鬣狗科(Hyaenidae)和灵猫科(Viverridae)；鸟类中的杜鹃科(Cuculidae)、翠鸟科(Alcedinidae)、蜂虎科(Meropldae)、林戴胜科(Phoeniculidae)、啄木鸟科(Picidae)、鹪鹩亚科(Malurinae)、知更雀亚科(Timilinae)、食蜜鸟科(Meliphagidae)、鹊鹨科(Grallinidae)和鸦科；鱼类中的双锯鱼(*Amphiprion akallopisos*)等(表4-1)。

**表4-1　生殖合作的类型及在动物界的分布**

| 类群及种类 | 合作类型 | 资料来源 |
|---|---|---|
| **哺乳动物** | | |
| 鼬科(Mustelidae) | | |
| 獾(*Meles meles*) | 集体生殖 | Neal, 1977 |
| 犬科(Canidae) | | |
| 赤狐(*Vulpes Vulpes*) | 穴中帮手 | Macdonald, 1980 |

续表

| 类群及种类 | 合作类型 | 资料来源 |
|---|---|---|
| 蝠耳狐(*Otocy on megalotis*) | 集体生殖 | Lamprecht,1979 |
| 灰背豺(*Canis mesomelas*) | 穴中帮手 | Moehlman,1983 |
| 金豺(*Canis aureus*) | 穴中帮手 | Moehlman,1983 |
| 郊狼(*Canis latrans*) | 穴中帮手/集体生殖 | Bowen,1978 |
| 狼(*Canis lupus*) | 穴中帮手/集体生殖 | Zimen. 1976 |
| 非洲野狗(*Lycaon pictus*) | 穴中帮手/集体生殖 | Frame,1979 |
| 猫科(Felidae) | | |
| 家猫(*Felis catus*) | 集体生殖 | Macdonald 和 Apps,1978 |
| 狮(*Panthera leo*) | 集体生殖 | Bygott 等,1979 |
| 鬣狗科(Hyaenidae) | | |
| 棕鬣狗(*Hyaena brunea*) | 集体生殖/穴中帮手 | Mills,1982 |
| 灵猫科(Viverridae) | | |
| 倭獴(*Helogale parvula*) | 穴中帮手 | Rood,1980 |
| 缟獴(*Mungos mungo*) | 集体生殖 | Rood,1978 |
| **鸟类** | | |
| 秧鸡科(Grallidae) | | |
| 塔斯马尼亚水鸡(*Tribonyx mortierrii*) | 集体生殖 | Ridpath,1972 |
| 斑点胁水鸡(*Porphyrio p. melanotis*) | 集体生殖 | Craig,1980 |
| 杜鹃科(Cuculidae) | | |
| 犀鹃(*Crotophaga sulcirostris*) | 集体生殖 | Vehrencamp,1978 |
| 翠鸟科(Alcedinidae) | | |
| 笑鸡(*Dacelo gigas*) | 巢中帮手 | Parry,1973 |
| 斑翠鸟(*Ceryle rudis*) | 巢中帮手 | Reyer,1980 |
| 蜂虎科(Meropidae) | | |
| 红胸蜂虎(*Merops bulloki*) | 巢中帮手 | Fry,1972 |
| 白额蜂虎(*Merops bullockoides*) | 巢中帮手 | Hegner 等,1982 |
| 林戴胜科(Pheniculidae) | | |
| 绿林戴胜(*Phoeniculus purpureus*) | 巢中帮手 | Ligon,1981 |
| 啄木鸟科(Picidae) | | |
| 橡树啄木鸟(*Melanerpes formicivorous*) | 集体生殖/巢中帮手 | Pitelka,1981 |
| 鹪鹩亚科(Malurinae) | | |
| 华丽鹪鹩(*Malurus cyaneus*) | 巢中帮手 | Rowley,1965 |
| 普通鹪鹩(*Malurns splendens*) | 巢中帮手 | Rowley,1981 |
| 知更雀亚科(Timilinae) | | |
| 阿拉伯知更雀(*Turdoides squamiceps*) | 巢中帮手 | Zahavi,1974 |
| 普通知更雀(*Turdoides caudatus*) | 巢中帮手 | Gaston,1978 |
| 丛林知更雀(*Turdoides striatus*) | 巢中帮手 | Gaston,1978 |
| 灰冠知更雀(*Pomatostomus temporalis*) | 巢中帮手 | Brown,1982 |
| 食蜜鸟科(Meliphagidae) | | |
| 食蜜鸟(*Maorina melanocephala*) | 集体生殖/巢中帮手 | Dow,1977 |
| 雀鹨科(Grallinidae) | | |
| 白翅雀鹨(*Corcorax melanorhamphus*) | 集体生殖/巢中帮手 | Rowley,1978 |
| 鸦科(Corvidae) | | |
| 佛罗里达樫鸟(*Aphelocoma coerulescens*) | 巢中帮手 | Woolfenden,1975 |
| 墨西哥樫鸟(*Aphelocoma ultramarina*) | 巢中帮手 | Brown,1981 |

我们所说的生殖合作是指多于两个成年个体参与抚育工作这样一种事实，这种生殖合作大体上可分为两种类型：① 在别人巢穴中做帮手，帮手属于成年个体但本身不进行生殖，而为一个正在进行生殖的双亲家庭出力；② 集体生殖：在这种情况下，社群中受到抚育的幼小动物往往不止有一个父亲或不止一个母亲，也就是说，有一个以上的雄性成年动物或一个以上的雌性成年动物与这群幼小动物有直接亲缘关系，这就构成了集体抚育行为的遗传基础。例如，在哺乳动物中，往往可以看到有几只雌兽共同抚育一群幼兽；在鸟类中也可看到集体孵卵现象，因为这窝卵是由几只雌鸟共同产下的。下面我们分别对这两种生殖合作类型作一简单介绍。

## 二、在巢穴中充当帮手

生活在东非大平原上的灰背豺(*Canis mesomelas*)是这一类型生殖合作的最好实例。1983 年，Moehlman 研究了灰背豺的社会生态学，他发现在当年出生的幼豺中，有 1/3 的个体将留在母豺身边，并与母豺一起度过下一年的生殖季节。因此经常会形成由 3～5 只成年豺组成的兽群，其中的非生殖个体便充当帮手豺，帮助生殖豺保护和抚育幼豺。

帮手豺所提供的帮助是多方面的。幼豺在地下洞穴中出生，它们第一次出洞活动是在发育到第 3～4 周的时候；但它们对授乳的母豺有很大的依赖性，直到第 8～9 周时才断奶；此后还要依靠成年豺为它们带回食物，直到 3 个月后才能独立猎食。在此期间，帮手豺发挥着重要作用，它们既可作为保育员看护和保卫幼豺，又可将食物直接反吐给幼豺。根据对 3 个生殖群的观察，幼豺食物的 18%～32%是由帮手豺提供的。当幼豺的双亲离巢外出时，帮手豺便担当起保卫幼豺的任务，这可大大减少双亲不在时幼豺所面临的危险性。此外，帮手豺还经常与幼豺一起玩耍和清理巢穴，这有助于幼豺在玩耍时学习狩猎技能。据分析，幼豺的存活数量是与兽群中帮手豺的数量直接相关的(图 4-1)。

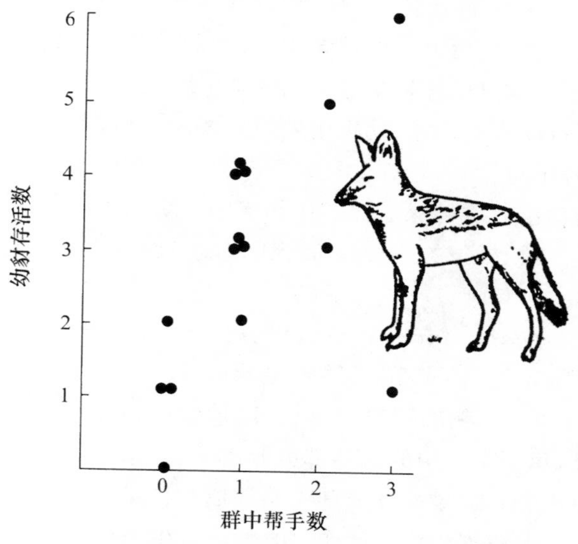


**图 4-1　灰背豺(*Canis mesomelas*)的生殖成功率与兽群中的帮手数量呈正相关关系**

(仿 Moehlman，1979)

下面我们再举一个与灰背豺相似的鸟类方面的实例,这就是樫鸟(*Aphelocoma coerulescens*)。Woolfenden 等人对樫鸟整整研究了 15 年才于 1984 年发表了他们的研究结果。樫鸟是单配制鸟类,在生殖季节由一雄一雌组成一个家庭并占有一个领域。樫鸟家庭一半以上都有帮手,平均每个家庭有 1.8 个帮手。帮手主要是帮助喂养雏鸟和保卫鸟巢及领域。帮手樫鸟的年龄通常是 1～2 岁,几乎都同它们所帮助的家庭有一定的亲缘关系。根据对 165 只帮手鸟的研究,其中有 64%的个体在帮助自己的双亲,也就是说,它们长大后先不建立自己的家庭,而是先帮助父母喂养自己的小弟妹;有 24%的个体在帮助一只丧偶的亲鸟;只有 4%的个体是帮助与它们自己毫无亲缘关系的家庭。当雏鸟羽衣丰满出巢以后,双亲及其帮手仍继续为它们提供食物和保卫它们的安全,直到它们能独立生活为止。

白额蜂虎(*Merops bullockoides*)的生殖合作就更加复杂一些。这种鸟往往生活在由数百只个体组成的大群中,但每一大群又分成彼此相互联系的许多小集团(或叫族)。帮手鸟就存在于这些族内。族实际上是一个家庭的扩展,可能包括 1～5 个单配偶家庭,外加一些年轻的帮手和丧偶的生殖鸟。在任何一个年份,每一对鸟都有生殖的可能,但能否实际进行生殖则还要取决于局部的环境条件。不生殖的个体常常在生殖鸟的巢中充当帮手,也有一些鸟在生殖季节开始时是进行生殖的,后来由于筑巢失败而不得不去别的鸟巢做帮手。帮手鸟在整个生殖季节都有事干,它们参与的活动很多,如,帮助挖掘和保卫巢穴,代替生殖雌鸟孵卵,喂养雏鸟,并在小鸟出巢后的 6 周内承担保护和带领小鸟的任务。

## 三、集体生殖

我们以缟獴(*Mungos mungo*)为例,介绍这种生殖合作类型。分布在东非的这种灵猫科(Viverridae)的小兽曾被仔细地研究过(Neal,1970;Rood,1978)。这种哺乳动物通常 4～40 只结成一群生活,它们在废弃的白蚁冢中掘穴而居,在 $1km^2$ 的范围内可挖掘许多洞穴,獴群经常在这些洞穴之间移来移去,晚上则在穴内睡眠并在其中进行繁殖。在一群缟獴中可以有好几只雌兽进行生殖,但它们的生殖进程是同步的,因此幼獴的年龄是相同的,它们可以吸食任何一只母獴的奶,而不管这只母獴是不是自己的亲生母亲。

雄性缟獴也参加抚育幼獴的工作,幼獴出生后的 3～4 周内完全是在地下生活的。每天清晨,当大部分成年獴都外出觅食时,总有 1 只或更多只成年獴留下来看护所有的幼獴,以防幼獴受到蛇或其他动物的攻击。这种保卫獴穴和幼獴的任务有 3/4 都是由雄獴担任的,喂奶的雌獴从不参加这种工作。雌、雄獴的这种明确分工使雌獴能有更多的时间外出觅食,以便保持哺乳期能有充足的奶水。

鸟类中的犀鹃(*Crotophaga sulcirostris*)也是集体生殖的一个典型实例。犀鹃的生殖单位是由 1～4 个单配偶家庭(各家庭间并无亲缘关系)和少数未配对的帮手鸟组成的。Vehrencamp(1978)曾在哥斯达黎加研究过这种鸟,他发现,犀鹃生殖单位中的所有成员共同出力建造一个公共的巢,每个家庭中的雌鸟都把卵产在这个巢中,孵卵任务则由所有雌鸟和优势雄鸟承担。雏鸟一旦出壳,雌、雄两性成鸟都参加喂养和保卫雏鸟的工作。

对上面所描述的行为可以提出许多问题,如,为什么生殖合作行为在高等脊椎动物中相对说来比较少见?是什么因素决定着这种行为的进化和它所采取的形式?如果作为帮手,实际上是放弃了自己生殖的机会,那么从表面看这种利他主义(altruism)行为又是如何进化的?

本章将试图回答这些问题，并将深入分析生态的、遗传的和社会的因素在合作生殖行为的产生和进化中所起的作用。

## 第二节　动物生殖合作的研究实例

### 一、樫鸟

樫鸟（*Aphelocoma coerulescens*）栖息在栎树灌丛地带，适于它们生活的生境是呈斑块状分布的，而且数量不足，所以，生殖鸟是在一片片彼此隔离的生殖区进行繁殖的，中间隔着大片不适于生存和生殖的地区。樫鸟成对生活，全年都占有领域，但一半以上的家庭都有帮手，平均每个家庭约有 1.8 个帮手。帮手鸟的工作主要是帮助一个家庭喂养幼鸟和保卫鸟巢（表4-2）。帮手鸟所提供的食物有时可达到雏鸟所需全部食物的 30%，其主要作用是可大大减轻雏鸟双亲的负担，使其更有可能活到下一个生殖季节。有帮手的生殖鸟由于减少了喂养雏鸟的劳累，它们的年存活率约为 85%；而没有帮手的生殖鸟，其年存活率只有 77%。由于帮手鸟与生殖鸟彼此之间的亲缘系数是 0.5（即 $r=0.5$），所以生殖鸟（通常也是帮手鸟的双亲）存活率的增加在遗传上对帮手鸟也有好处；当然，帮手鸟通过喂养自己的小弟妹，在遗传上也能获得好处。

**表 4-2　樫鸟家庭有无帮手时的养育雏鸟数**（仿 Woolfenden 和 Fitzpatrick，1984）

| 家庭类型 | 无帮手 | 有帮手 | 平均帮手数量 |
|---|---|---|---|
| 无经验家庭（第一次生殖） | 1.24 | 2.20 | 1.7 |
| 有经验家庭 | 1.80 | 2.38 | 1.9 |

虽然帮手鸟通过为生殖鸟提供帮助能够获得遗传上的某些好处，但问题是，如果它们从一开始就建立自己的一个领域并在其中进行繁殖，会不会获得更大的好处？据研究，一只帮手鸟平均可帮助自己的双亲多养育 0.33 个后代，一对没有经验的生殖鸟大约可养育 1.24 只雏鸟（这也是一只帮手鸟如果不当帮手而是离巢自己去生殖时所能养育的雏鸟数），所以，一只帮手鸟若自己生殖就能有 $1.24\times0.5=0.62$ 的遗传收益（因亲仔之间的 $r=0.5$），而留在双亲巢中做帮手的遗传收益则只有 0.14（表 4-3）。当然，这是一种大为简单化了的计算，因为它没有考虑到以下几种情况：

**表 4-3　樫鸟帮手自己生殖比当帮手将会有更大的遗传收益**（仿 Woolfenden 和 Fitzpatrick，1984）

| 选择 | | 结果 |
|---|---|---|
| 1. 留在巢中做帮手 | 有经验家庭无帮手时所能养育的幼鸟数 | 1.80 |
| | 有经验家庭有帮手时所能养育的幼鸟数 | 2.38 |
| | 因帮手存在而额外养育的幼鸟数 | 0.58 |
| | 帮手的平均数量 | 1.78 |
| | 一个帮手的遗传收养（与雏鸟的 $r=0.43$） | 0.14 |
| 2. 离巢自己生殖 | 一对鸟第一次生殖时所能养育的幼鸟数 | 1.24 |
| | 遗传收益（与子代的 $r=0.5$） | 0.62 |

(1) 年轻鸟如果太早地离开巢去寻找领域常常会使死亡率增加;

(2) 留在巢中做帮手可增加其双亲存活的机会,这实际上也是帮手鸟遗传收益的一部分;

(3) 帮手鸟为生殖鸟提供帮助也可增加自己的生殖经验,有利于以后生殖时提高成功率;

(4) 年轻鸟的最优对策将取决于种群中其他鸟所采取的对策,如决定离巢去自己生殖的鸟越多,对生殖领域的竞争也就越激烈。

但是,这些复杂情况不可能改变上述计算的总结论,即一只年轻的樫鸟如果能够得到一个领域,那它最好是离巢去自己进行生殖,尽管此时它正在帮助双亲喂养自己的小弟妹。最为合理的解释是:帮手鸟之所以留在巢内做帮手,是因为它们没有可能建立自己的生殖领域,因为生境已被充分利用,达到了饱和状态。这种解释受到了 Woolfenden 等人的支持,因为他们曾观察到,生态环境中只要一产生空位,就会有帮手鸟离巢去建立自己的生殖领域。例如,在1979—1980 年间,几乎有一半的成年樫鸟死于一种未知的疾病;到第二年,大部分年轻樫鸟都在腾出的空位上建立了自己的领域,只有少数鸟留在巢中做帮手。

此外,大约有一半存活下来的帮手鸟(指雄鸟)由于提供帮助而能继承它们双亲领域的一部分或全部(图 4-2)。由于成年雄鸟的死亡率比较低,所以每年所能提供的领域空位就很少,因而年轻雄鸟获得领域的一种方法就是帮助自己的双亲扩展领域,直到能够从中分割出一个新领域为止。可见,一只年轻雄鸟通过帮助双亲生殖不仅可以增加养育的幼鸟数量,而且也能扩大家族所占有的领域。比较大的家族群常常靠排挤比较小的家族而扩大自己的领域,其中的年轻雄鸟最终就能在双亲领域的边缘地区创建一个新领域(图 4-2)。如果在一个领域中有好几只帮手鸟,那它们之间必定会存在着优势关系,往往是年龄最大的那只优势雄鸟首先继承领域。

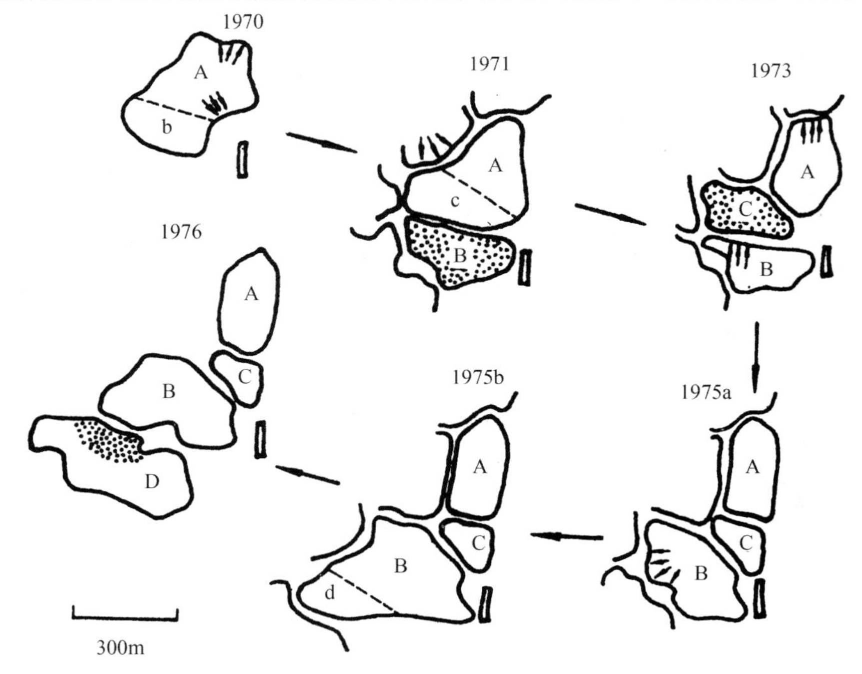


**图 4-2　雄性樫鸟继承双亲领域过程图解**

共有 3 只帮手鸟(B,C,D)最终获得了领域。A 代表一对生殖鸟所拥有的领域,B 和 C 代表两只子辈雄鸟所继承的领域,D 代表一只孙辈雄鸟所继承的领域;小箭头表示领域边界的扩展(仿 Woolfenden 和 Fitzpatrick,1978)。

正如大多数鸟类那样，雌鸟一般不在双亲领域内或领域附近进行生殖，而是疏散到远离出生地的地方去寻找尚未被占领的生殖空间。雌、雄鸟在疏散方面的这种差异可能是一种避免近亲生殖的有效机制，因为疏散的结果往往使雌鸟只能与毫无亲缘关系的雄鸟交配。由于存在这些事实，雌鸟当帮手所获得的好处要比雄鸟少，因为它不能从所帮助的生殖鸟那里继承一个领域。正如人们根据这些事实所做的预测那样，雄鸟留在巢中做帮手的时间要比雌鸟长。换句话说，帮手鸟是依据做帮手对自己未来好处的大小来为自己的双亲提供帮助的。除了生态方面的原因较有利于雄鸟（而不是雌鸟）充当帮手外，可能还有遗传方面的原因。

Charnov(1981)就曾经指出过，遗传因素也有利于雄鸟充当帮手，这主要是由于父权的不确定性(uncertainty of paternity)。假定：一只雄鸟并不是它配偶所生全部子女的父亲（因雌鸟可能有婚外性交），但这只雄鸟的姐妹与姐妹所生子女之间却是完全的亲子关系，其亲缘系数总是等于 0.5(即 $r=0.5$)。如果兄弟姐妹不完全是一个父亲所生，那它们之间的亲缘系数就会小于 0.5，在极端情况下（即兄弟姐妹中的每一个都有自己的父亲），那它们之间的亲缘系数就会降为 0.25。现在让我们考虑同样的情况对一只雄鸟的影响：如果雄鸟根本就不是它配偶所生子女的父亲，那这只雄鸟与其子代之间的亲缘系数就等于 0，但它与它的同胞兄弟之间的亲缘系数至少是 0.25（即它们至少有共同的母亲）。如果雄鸟是它配偶所生一半子女的父亲，那它与子女之间平均的亲缘系数就是 $0.5/2=0.25$。在这种情况下，兄弟之间的亲缘系数将是 0.25（由于有共同的母亲）$+0.25/2$（由于有不完全的父亲）$=0.375$。由此可见，由于存在父权的不确定性，常常会使兄弟之间的亲缘系数大于父子间的亲缘系数。这种遗传利益的计算常用来说明这样一点，即任何程度的父权不确定性都有利于雄鸟充当帮手去喂养自己的小兄弟，而不是去喂养自己的子女。

总之，对樫鸟的研究表明，一些鸟类留在巢中做帮手的原因是多方面的，它们之所以要留在双亲领域内和巢中是因为：① 可增加自身存活的机会；② 离巢找到一个生殖地的可能性太小；③ 雄鸟有可能继承双亲领域的一部分或全部。它们之所以给双亲提供帮助是因为它们自己也在这种帮助中获得如下的好处：a. 可增加双亲的存活率，从而也能增加帮手鸟自身的广义适合度；b. 可帮助双亲多养活一些自己的同胞弟妹；c. 最终可导致领域的扩大，这为尔后年轻雄鸟获得自己的领域创造了条件（图 4-3）。

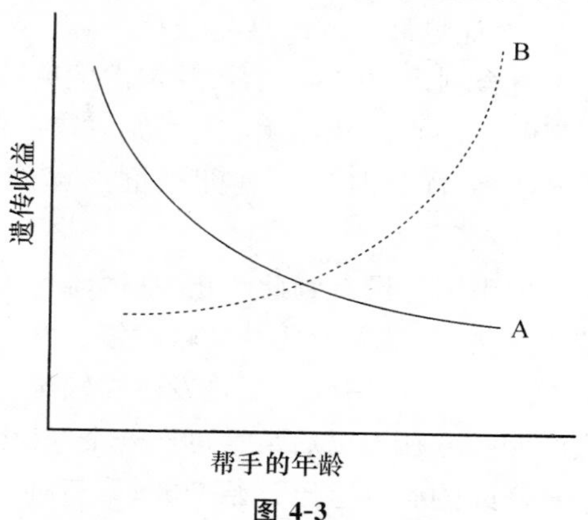


**图 4-3**

帮手的遗传收益（线 A）随其年龄的增长而下降，因为其双亲中的一或两个有可能被替换，这样就会使帮手与其所喂养的幼鸟之间的亲缘系数下降。另一方面，自己生殖的好处（线 B）将会随年龄而增加，因为年龄越老，越有可能接受一个领域和积累生殖经验：当领域足够多时，曲线 B 就会向左偏移，直至帮手行为不再发生；但当领域不足时，曲线 B 就会向右偏移，帮助期就会延长

## 二、犀鹃

犀鹃(*Crotophaga sulcirostris*)是一种生活在新热带区的杜鹃科(Cuculidae)鸟类，它们结

成小群生活,群内成员之间都有着相当密切的亲缘关系,群体所占有的领域由全体成员共同保卫。每一群约由 1～4 个单配偶家庭组成,外加若干无配偶成鸟做帮手。群中的所有成员都参加建造一个公共的鸟巢,所有雌鸟都把卵产在这个鸟巢中,孵卵和抚育幼鸟则由群体中不同的成员来承担。

初看起来,犀鹃群体成员之间是一种协调合作的关系,但事情并不完全是这样。由于巢中可被有效孵化的卵数是有限的,所以当卵太多时,就会有一部分卵被埋藏在下面,因而可能得不到必要的翻动和足够的孵化热。因此能够正常孵化的卵的百分数是随着公共巢中卵数的增加而下降的。在这种情况下,每只雌鸟都将努力确保自己所产的卵能够得到孵化,竞争将不可避免。

很久以来人们就发现在筑有犀鹃巢的树下常常有从巢中掉下摔碎的犀鹃卵,为此还曾提出过几种可能的解释,如,巢的结构不合理、捕食者的作用等;甚至还有人认为,由于犀鹃与杜鹃(典型的巢寄生鸟类)的亲缘关系很近,因此它们也表现有一定的巢寄生倾向,亲代抚育不发达且效率低。1977 年,Vehrencamp 曾在哥斯达黎加详细地研究过这种鸟,她曾观察到卵是被雌鸟故意推出巢外的,如果巢中只有一对鸟进行生殖,卵就不会遭此厄运。但如果很多雌鸟都在巢中产卵,卵便常常被推出巢外,而且被推出的卵所占的比例将随着生殖群增大而增加。对犀鹃巢所做的连续观察表明,生殖群中的雌鸟有一种线性优势等级关系。有趣的是,雌鸟开始产卵的时间是与它的优势大小呈反相关的,这就是说,优势最小(属于从属个体)的雌鸟将最早产卵,而优势最大的雌鸟将最后产卵。Vehrencamp(1976)发现,雌鸟在产第一个卵之前每隔几天就会到巢中来看一看,并常常把巢中的卵(肯定不是它自己所产)推出巢外,一旦它自己产下了卵,这种行为便会中止,否则它自己的卵也有可能被推出。这种行为的后果是,越是晚产卵的雌鸟(优势雌鸟),其卵被推出巢外的危险性就越小,这会使它的卵在巢中所占的比例增加。

但事情并没有到此为止,从属雌鸟为了能适当改变自己所产的卵在最终窝卵数中所占的较少比例,常常采取几种补救对策:第一种,随着群体中雌鸟数量的增加,每只雌鸟的产卵数也增加,但这种情况主要是发生在较早产卵的从属雌鸟中(图 4-4);第二种,从属雌鸟在基本完成产卵任务几天以后常常再产一个"晚生"卵,晚生卵被推出巢外的可能性很小,因为此时最后一只产卵的雌鸟也已开始产卵;第三种,从属雌鸟常常拖长两次产卵之间的时间间隔,根据对一个生殖群体中雌鸟产卵情况的观察,第一只雌鸟产卵的时间间隔是 2.6 天,第二只是 1.8 天,而第三只(即优势鸟)是 1.5 天。

当然,延长产卵间隔和拖长整个产卵期也是有一定限度的,这主要决定于开始孵卵的时间,开始孵卵之后再产下的卵不仅雏鸟出壳晚,而且个体也较小,这不利于它与同巢其他雌鸟的后代进行竞争,要知道,它们并不是同母同胞。如果从这种竞争的观点出发来看待犀鹃的集体生殖,对于下述现象的存在就不会感到惊奇了,即,从属性雌鸟总是最早开始孵卵,这将会对优势雌鸟施加一种压力,迫使它必须在较短的时间内产完它的卵。

尽管从属雌鸟采取了上述各种竞争对策,但 Vehrencamp(1977)发现,随着产卵雌鸟数量的增加,晚产卵的雌鸟(即优势雌鸟)仍然能在最终的总窝卵数中占有较大比例(图 4-4)。最后要指出的一点是,犀鹃生殖群体中不同成员对亲代抚育所作出的贡献是与它们拥有自己卵的程度相关的。对雄鸟来说,其抚育(孵卵)投资是随着它的优势状态的提高而提高的;但对雌鸟

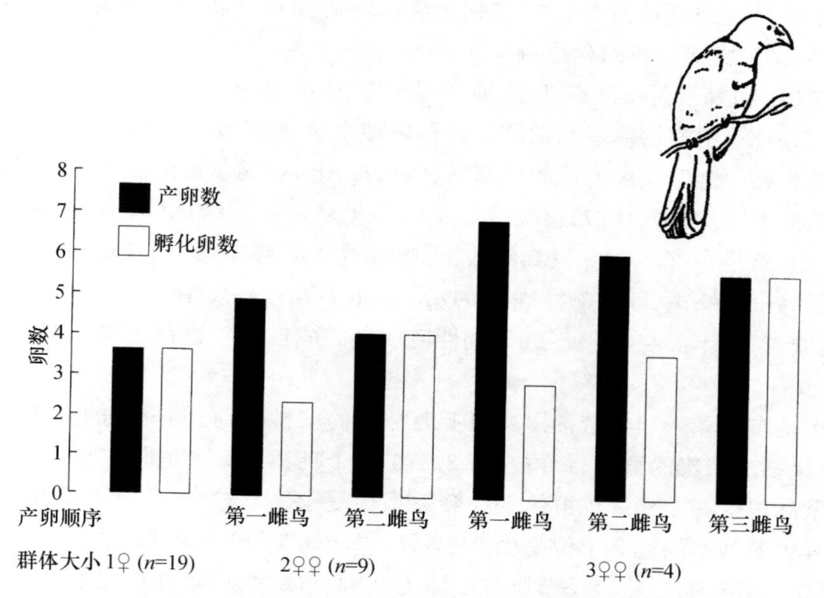


**图 4-4　由不同数量雌鸟组成的犀鹃生殖群体中，不同雌鸟的产卵顺序、产卵量和卵的孵化率**

（仿 Vehrencamp，1977）

来说，这种趋势则刚好相反。雌犀鹃的行为又使人们想起了巢寄生鸟类，最有优势的个体往往把其他个体所产的卵排挤掉而代之以它自己所产的卵；与此同时，它的抚育投资与其他雌鸟相比也显得很少。可见，一只雌鸟在群体的优势等级关系中所处的地位对它取得生殖成功是至关重要的。

在已知进行集体营巢的其他鸟类中（即几只雌鸟把卵产在同一巢中），也曾发现雌鸟有到处产卵的行为，例如，鸸鹋和鸵鸟就是这样。在这两种鸟类中，一群雌鸟常常一起到一只雄鸟的领域内，并在它的巢中产卵，此后它们便走开又去为第二只雄鸟产卵，鸸鹋还常常为第三只和第四只雄鸟产卵。鸵鸟中的优势雌鸟在开始孵卵以前常常会留下来看护自己所产下的卵；而鸸鹋也常用行为来表明巢中有自己的切身利益，如当雄鸟因外出寻食而中断孵卵时，它会回来翻动巢中的卵，以利于卵的孵化。在这两种鸟类中，产在公共巢中的卵数常常多于可能孵化的卵数，因此，那些位于周边的卵便常常不能孵化。由于雌鸟与雌鸟之间的竞争，优势雌鸟常常在巢中的卵被弄乱后重新将其整理好，以便能确保它在最终窝卵数中所占的优势。

## 三、白额蜂虎

对于复杂的鸟类社会的进化，Jerram Brown（1974）曾提出过两种可能的进化路线，这两种进化路线都是从建全功能的领域开始的：一条路线是通过双亲把年轻后代留在自己身边而建立起一种小群的合作生殖关系，在这个家族式的合作群体中，成员之间都有较密切的亲缘关系，而且全体成员都共同保卫一个领域；另一条路线将导致鸟类过群体生活。例如，某些生态条件（如有限的和呈斑块状分布的营巢地区）将会迫使鸟类集中在一地过群体生活。群体生活还会给鸟类带来其他方面的好处,如,有利于集体防御捕食者和更有效地利用那些不可预测的、暂时性的和呈斑块状分布的食物资源。

在雨燕、翠鸟和蜂虎中,只有少数种类是营群体生活或进行生殖合作的。刺尾雨燕(*Chaetura pelagica*)用植物草茎和唾液在岩石裂隙中筑巢,但人们会看到常常有第三只成鸟在保护和照料雏鸟。栖息在乌干达的斑翠鸟(*Ceryle rudis*)偶尔也结群生殖,一对生殖鸟有时可有多达 4 只帮手鸟。Fry(1977)曾在西非坚持多年从事红喉蜂虎(*Merops bulocki*)的研究,这种鸟的群体通常是由 30～100 只鸟组成,鸟巢大约 1/3 都有帮手。Emlen 和 Demong 等人在东非研究了另一种蜂虎,即白额蜂虎(*Merops bulockoides*),大约在 70%的白额蜂虎鸟巢中都有帮手,据调查,每年都有 40%～65%的性已成熟的成年鸟不进行生殖,而是去为别的生殖鸟充当帮手。

白额蜂虎是东非和南非热带稀树草原上最常见的一种鸟,它们全年的生活都有很强的社会性,生殖时集结成密集的群体,每群含有 20～120 个鸟巢,每个鸟巢都向地下挖得很深或沿着河岸的陡壁向里挖。白额蜂虎群体的社会关系很复杂,个体之间的社会联系至少涉及 3 个不同层次。其中最基本的社会单位是由 2～7 只(平均 3.3 只)鸟组成的合作生殖群,群体成员夜晚共栖于同一岩缝内,在生殖季节则齐心协力共同完成挖巢、孵卵(两性均参加)、喂雏和保卫幼鸟的任务。合作生殖群越大,生殖成功率也就越高(图 4-5)。

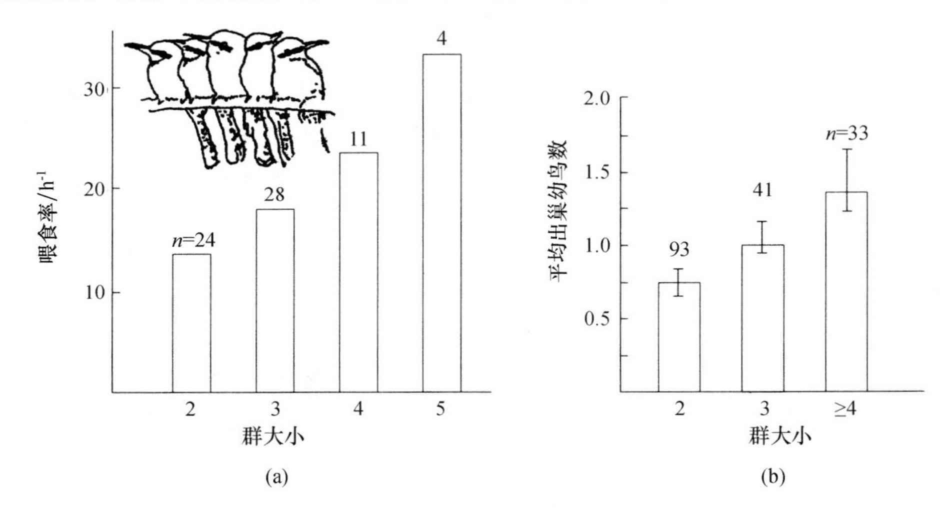


**图 4-5 白额蜂虎合作生殖群的大小与生殖成功率的关系**

(a) 喂食率指每小时带回巢的昆虫数,此数据是对 14～22 日龄雏鸟每天观察 8 h 所得,共观察 67 巢;(b) 合作生殖群越大,平均每巢出巢幼鸟数越多(仿 Emlen 等,1984)

每一生殖单位的成员往往又同 1～2 个其他生殖单位的成员保持密切的友好关系,它们彼此不互相攻击,可允许对方成员拜访自己的栖洞或栖地。除了上述两个层次较密切的社会关系之外,在更大的范围内,属于不同生殖单位的成员之间往往也能保持一种松散的社会联系。

大多数生殖单位的白额蜂虎往往在其他生殖群的栖地也保留着一些栖洞的所有权。它们不固定在一个地点筑巢生殖,而是不断变换筑巢地点。作为对自然干扰和人类骚扰的反应,它们也经常改变栖息地点。像白额蜂虎这样具有如此复杂的社会关系网,种群成员之间在不同层次上的广泛社会联系以及群与群之间在活动空间上的渗透、交叉和易变性在其他鸟类中还是很少见的。

白额蜂虎虽然从群体生活中可以获得很多好处，但另一方面，由于大量个体的密切交往和巢位彼此靠得很近，也很容易产生各种形式的行为操纵和行为欺骗；又由于周边异性个体数量很多，这就增加了雌、雄鸟之间乱交的可能性；同时，巢位的彼此靠近还为雌鸟发展巢寄生行为提供了机会（即雌鸟把卵产在其他鸟的巢内，而不是自己巢内）。可以想象的是，为了防止这些倾向的发生，白额蜂虎对于自己的亲族和朋友一定具有很强的识别能力，雄鸟会更加注意保卫自己的配偶，生殖群对自己的营巢地也会严加防范。因此，在任何一个具有集体生殖和合作生殖功能的鸟类社会中，一个既有密切交往又有激烈竞争的复杂的社会关系网往往会得到发展。

作为这种复杂社会关系的一个方面是在各生殖群之间的个体互访，对这种交往功能所作出的一种解释是个体之间存在着较强的亲缘纽带，在亲仔之间和同胞兄弟姐妹之间，即使在它们发育成熟、疏散之后也会继续维持长时间的联系，因此在亲属之间互访便是可以理解的了。很多这种交往都是在双亲和已发育成熟并已疏散出去的子代之间进行的，相互交往的个体也可能在前一个生殖季节曾在一起营巢和居住过，并在它们之间存在着某种未知的遗传关系。问题是生殖群之间的这种个体交往具有何种生态功能？在正常情况下，父子（或女）之间的亲缘系数应当是 0.5，但如果一只雄鸟的配偶与其他雄鸟私通的话（同时种群的近交率又很低），那么这只雄鸟与其子代的亲缘系数就会接近于 0。在这种情况下，雄鸟离开这个生殖群就会增加它的广义适合度，它可以再去寻找一个配偶重新开始生殖。在父权的确定性很低的情况下，可采取的另一个提高广义适合度的对策是为自己的母亲或姐妹充当帮手（它与姐妹子女的亲缘系数是 0.25），但通常不会给雄性生殖鸟充当帮手，因为后者的父权也是有问题的。

自己生殖失败的白额蜂虎也可采取类似的对策，以便提高广义适合度、弥补生殖失败的损失，如转而为那些含有自己近亲的生殖群提供帮助。有趣的是，在白额蜂虎的群体之间，个体有很大的流动性，这往往涉及生殖群的重组和重新建立个体之间的联系。例如，1977 年有一小群生殖鸟因河水泛滥淹没了巢洞而导致生殖失败，结果很多个体都离开了它们的生殖单位，其中有 6 只鸟加入到了邻近正在生殖的其他群体中充当帮手。当幼鸟在新群体内出巢后，所有 6 只加入新群体的帮手鸟又都离开了这个群体，其中 4 只又同原来生殖单位的几只鸟结合在一起。虽然这些晚来的帮手鸟与新群体中生殖鸟的亲缘关系尚不清楚，但这些观察至少可以说明群体之间帮手的临时转移是伴随着生殖失败而发生的。

对生殖群之间的个体互访还有一种更为利己的解释，即非生殖的帮手鸟需时刻关注种群内其他单位的生殖活动，因为白额蜂虎成鸟的性比率常常是雄性多于雌性（其他的生殖合作鸟类也是如此），因此雄鸟要为争夺雌鸟而进行竞争。如果一次生殖失败，生殖群便会解体，此时雄鸟就需抓住一切可能获得新配偶的机会。按照这种解释，频繁访问其他生殖群的功能之一，就是当需要再一次进行生殖时能够增加获得配偶的机会。虽然雌、雄两性都参与拜访活动，但通常雄鸟比雌鸟更加频繁。但雌鸟拜访其他的生殖群常有其自私的目的，即寻机在其他鸟巢偷偷产下一枚卵，这种行为实际上是一种损人利己的巢寄生倾向。

## 四、非亲缘个体间的生殖合作

正如前面已经说过的那样，帮手与接受帮助者之间通常都具有较密切的亲缘关系，但并非没有例外。有些帮手与它们所帮助的个体之间则完全没有亲缘关系,下面我们举 3 个实例。

**(一) 倭獴**

倭獴(*Helogale parvula*)是一种小型的昼行性食肉兽,大约由 10 只个体组成一群,群中只有一对生殖兽,其余都是帮手。帮手獴可以是这一对生殖兽的后代,也可能是与生殖者毫无亲缘关系的迁入者。通常雌性帮手表现更为积极,它们不仅把甲虫、白蚁和多足类动物带回巢穴喂给幼獴,而且还担任着保卫巢穴的任务,以防其他食肉兽的偷袭。直接的观察表明,非亲缘帮手所做的工作并不比亲缘帮手少。曾记录过一只迁入的雌性帮手,它所做的工作比其他任何个体都多,甚至比双亲还多。与亲缘帮手相比,非亲缘帮手显然得不到遗传上的好处,它们所能得到的唯一好处就是可积累生殖经验,增加自己未来的生殖成功率。帮手獴(特别是雌性帮手)在双亲之一发生死亡时,它就有可能接替它成为一个生殖者。倭獴同桱鸟一样,生殖机会比较少,因此,充当帮手就成了获得生殖机会的一种对策。但非亲缘帮手为什么不在一旁等待一个生殖机会,而是要为领域的主人提供帮助呢?这其中可能有三个重要因素:① 提供帮助是付出的一种报酬,以便换取留在一个生殖领域内的权利。如果一对生殖者从身边的非亲缘帮手那里什么也得不到,那它们就会把这只帮手赶走。② 帮手所提供的帮助有利于维护生殖群及其领域的完整性,这对于帮手本身取得未来生殖的成功是很重要的。③ 帮手所喂养过的一些幼年个体将来有可能成为自己生殖的帮手,不管它们与自己是不是有亲缘关系。从这个意义上可以说,对别人提供帮助也是对自己未来取得生殖成功的一种长期投资。

**(二) 双锯鱼**

双锯鱼(*Amphiprion akallopisos*)俗称海葵鱼。一对正在进行生殖的双锯鱼必须独占和保卫一个海葵,因为海葵是它们取得生殖成功所必不可少的短缺资源。有时,一对双锯鱼在保卫海葵时会得到一只非生殖双锯鱼的帮助。这只帮手鱼通常都同生殖鱼有亲缘关系,但也可能是一只非亲缘帮手,它之所以提供帮助,是为了等待生殖鱼一旦死亡而获得一个接替生殖者的机会。因此,像倭獴一样,我们可以把提供帮助看作是为了能被允许留在生殖领域内所付出的一种报偿,这也是一种长远投资。

**(三) 斑翠鸟**

上述观点(即用提供帮助换取留在生殖者身边的权利)在斑翠鸟(*Ceryle rudis*)中得到了最清楚的验证。一对斑翠鸟只有当它们所得到的帮助足够大时才会接受一个非亲缘个体做帮手。斑翠鸟是一种群体营巢的鸟类。1980 年,Reyer 曾对两群斑翠鸟进行过比较研究,一群栖息在维多利亚湖(Victoria),另一群栖息在东非的内瓦沙湖(Naivasha)。在内瓦沙湖,每对斑翠鸟大都只有一个帮手,帮手的年龄为 1～3 岁,性别为雄性,它至少与生殖鸟之一有着密切的亲缘关系(父子关系或母子关系),我们把这样的帮手叫初级帮手,它的工作主要是捕鱼给雌鸟吃、保卫鸟巢和把食物带回巢中喂养雏鸟。在维多利亚湖,除了初级帮手以外,有时还有次级帮手。次级帮手也是雄鸟,但与生殖鸟毫无亲缘关系。无论是在哪一个湖中,次级帮手都是在雏鸟刚出壳时出现,它们先是试探着把食物喂给正在育雏的雌鸟。不过,在内瓦沙湖,它们总是遭到生殖雄鸟的驱逐;但在维多利亚湖,它们最终总是被生殖鸟所接受,并允许它们参与雏鸟的抚养工作。为什么次级帮手在一个湖被接受,而在另一个湖却遭到拒绝呢?这可能同两个湖的食物条件有关。维多利亚湖的取食条件远不如内瓦沙湖好,在维多利亚湖捕一条鱼要花费较多时间,而且鱼也比较小,捕鱼地点离巢群也较远。由此可以想见,生活在维多利亚湖的斑翠鸟,为了喂养雏鸟每天所消耗的能量肯定比生活在内瓦沙湖的多。这就意味着,一对生殖鸟如果只有一个帮手是很难保证巢中的雏鸟不挨饿的,因此,次级帮手的有无将对生殖成功率产生很大影响(表 4-4)。相反,在内瓦沙湖,只要有一个帮手就足以保证全部雏鸟存活,因此,次级帮手的有无对生殖成功率影响不大。1985 年,Reyer 和 Westerterp 用实验检验了这一观点。实验方法是,在内瓦沙湖人为地往斑翠鸟巢中增加雏鸟数,而在维多利亚湖则人为地从斑翠鸟巢中拿走雏鸟,这样做是为了使内瓦沙湖的生殖鸟为养活雏鸟所消耗的能量与正常情况下维多利亚湖的生殖鸟大体相等。结果同事先预料的完全一致:内瓦沙湖的斑翠鸟也开始接受次级帮手了;而在维多利亚湖被减少了巢中雏鸟数的斑翠鸟则正相反,它们开始拒绝接手次级帮手。

**表 4-4　内沙瓦湖和维多利亚湖的生态条件及斑翠鸟帮手所起的作用**(仿 Reyer, 1984)

| | 有不同数量帮手的巢所占百分数/(%) | | | 取食条件 | | 生殖状况 | | | | |
|---|---|---|---|---|---|---|---|---|---|---|
| | | | | 捕一条鱼所需时间/min | 潜水捕食成功率/(%) | 窝卵数 | 孵出雏鸟数 | 有不同数量帮手时的出巢幼鸟数 | | |
| | 0 | 1 | 2 | | | | | 0 | 1 | 2 |
| 内瓦沙湖 | 72 | 28 | 0 | 5.9 | 79 | 5.0 | 4.5 | 3.7 | 4.3 | — |
| 维多利亚湖 | 37 | 43 | 20 | 13.0 | 24 | 4.9 | 4.6 | 1.8 | 3.6 | 4.6 |

结论很简单,即只有在帮手提供的帮助能有效地增加生殖者的生殖成功率或能减轻生殖者沉重的工作负担时,非亲缘帮手才能被生殖者所接受。但是从另一方面看,次级帮手为什么会甘心情愿地提供自己的帮助呢?成熟雌鸟不足很可能是一个重要原因,因为雌鸟在伏窝时常常被蛇、獴或蜥蜴所食。次级帮手在提供帮助期间有可能得到一个稀缺的雌性配偶(如果生殖雄鸟发生死亡的话)。根据对 17 只帮手鸟的跟踪观察,其中有 7 只帮手鸟后来的配偶就是它们曾经帮助过的雌性生殖鸟,有 3 只是自然取代了年龄较老的生殖雄鸟。这些事实也可以说明,为什么生殖雄鸟一般不愿意接受次级帮手,除非这样做能得到近期的巨大好处。对生殖雄鸟来说,在眼前利益和将来可能被其他雄鸟取代之间需要做出最佳权衡。此外,充当帮手的存活机会一般会高于那些纯粹靠等待而什么事也不做的非生殖鸟。因此,自然选择将有利于非生殖鸟采取为其他鸟提供帮助的对策,而采取等待对策的个体则可能被淘汰。

初级帮手通过为生殖鸟提供帮助可以获得明显的遗传上的好处,在维多利亚湖,帮手与它们所抚育的雏鸟之间的亲缘系数是 0.35,而一只帮手鸟平均可帮助生殖鸟多养育 2.46 个后代,这其中的遗传收益是很大的,这相当于自己生殖时养育 2.46×(0.36÷0.5)=1.77 个后代(因父亲与子女之间的亲缘系数是 0.5)。初级帮手所得到的另一个好处是可提高它们双亲的存活力(特别是亲代雌鸟的存活力)。1984 年,Reyer 就斑翠鸟生活的前两年对四种不同对策带给遗传上的好处进行了比较。他发现,遗传利益最大的对策是在生活的第一年就进行生殖(如果能得到配偶的话);遗传利益最小的对策是第一年什么事也不做(指既不生殖也不当帮手);而当帮手所得到的遗传利益则介于上述两种对策之间。虽然当初级帮手和当次级帮手所得到的好处大体相等,但前者主要是通过帮助亲属而得到的(在基因层次上),而后者则完全是靠增加获得配偶的机会而得到的(在个体层次上)。

# 第三节　帮手的作用及其发生的生态条件

## 一、帮手的作用及其验证

只要简单地分析一下有帮手和无帮手的家庭所养育的后代数量,就可以得出一个明显的结论,即一个家庭所能养育的后代数量同帮手的有无和数量是呈线性相关的,这说明帮手的存在的确对双亲家庭的生殖力有重要影响。Moehlman(1985)对灰背豺连续进行了5年的研究。其研究表明,灰背豺幼兽的成活数量是随着兽穴中帮手数量的增加而呈线性增长的[图4-6(a)],这是因为帮手越多,单位时间内的喂食次数也就越多[图4-6(b)]。对白额蜂虎和柽鸟的研究,也得出了完全相同的结论。对上述动物和其他许多动物的研究表明,帮手对双亲家庭所做出的贡献主要有两个方面,即,① 保护幼小动物使其免遭捕食;② 为幼小动物提供更多的食物。在白额蜂虎中,生殖期间卵和雏鸟的夭折有30%是因为食物不足,因遭捕食而死亡的只占6%。研究表明,帮手鸟作为雏鸟的喂食者起着非常重要的作用,带回巢的食物总量是随着帮手数量的增加而增加的。

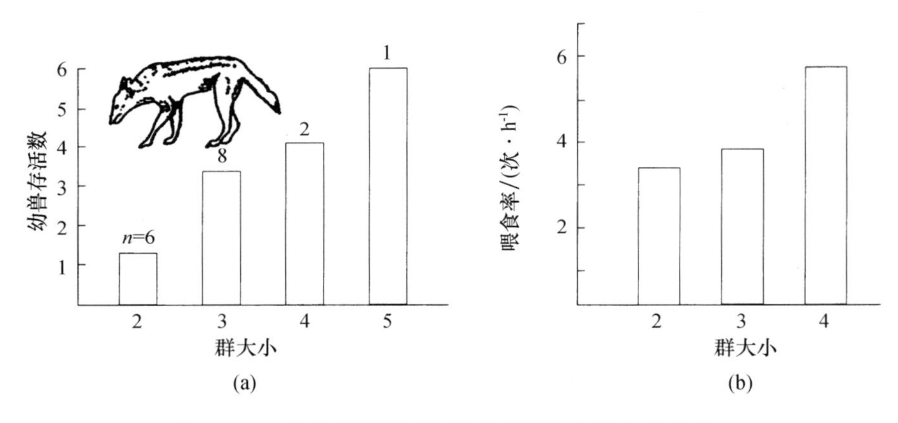


**图4-6　灰背豺帮手数量与幼豺存活数和喂食率的关系**

(仿Moehlman,1983)

对灰冠知更鸟(*Pomatostomus temporalis*)来说,食物通常不会发生短缺,这种雀形目鸟类8～12只形成一群,但每群中只有一对鸟进行生殖,其余个体都充当鸟巢中的帮手。帮手鸟虽然也给雏鸟和出巢幼鸟喂食,但由于有无帮手巢中所需食物的总量是不变的,所以帮手鸟的作用不是增加喂食量,而是减轻生殖鸟的采食劳动,使其更有可能存活到下一年的生殖季节(图4-7)。在普通知更鸟(*Turdoides caudatus*)、林戴胜(*Phoeniculus purpureus*)和柽鸟中,帮手鸟也起类似的作用。因此,在我们考虑帮手个体对生殖个体的作用时,必须既要考虑到眼前生殖力的提高,也要从更长远的存活角度考虑问题。例如,捕食是新生柽鸟死亡的主要因素,因此,柽鸟群越大就越能有效地保卫自己不受捕食者侵袭(特别是蛇)。帮手鸟为巢中雏鸟提供食物的意义主要是可减少生殖鸟的工作压力和遭捕食的风险。计算结果表明,有帮手的生殖鸟,其年存活率比没有帮手的生殖鸟大。

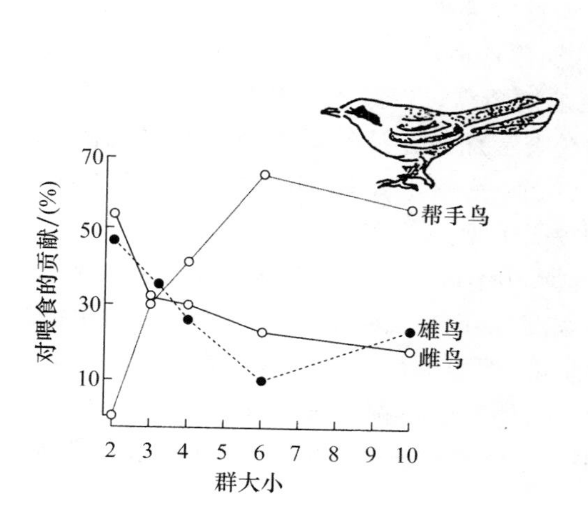


**图 4-7　灰冠知更鸟在群大小不同时，生殖鸟(雄和雌)和帮手鸟对喂食的相对贡献**

(仿 Brown 等,1978)

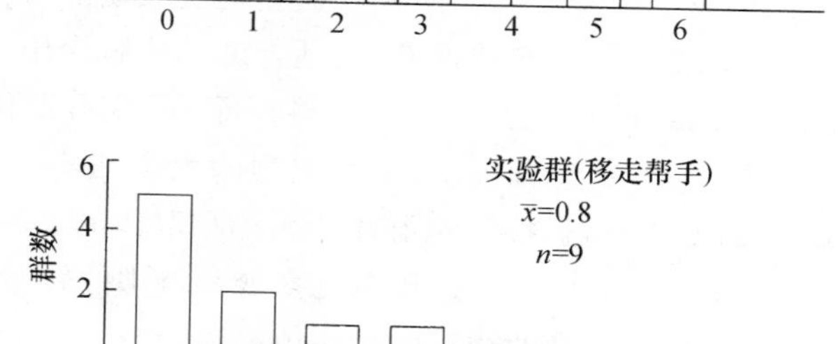


**图 4-8　人为移走灰冠知更鸟巢中的帮手对生殖成功率的影响**

(仿 Brown 和 Brown,1982)

Brown(1982)首次用实验方法对帮手的作用作了检验。他选择了 20 群灰冠知更鸟作为研究对象(每群大小基本相同,而且都占有大致相同的领域),并把其中 9 群知更鸟作为实验群,每群只留 1 只帮手鸟,其余帮手全被移走,使每个实验群只由 3 只成鸟组成(2 只生殖鸟和 1 只帮手);另 11 群知更鸟作为对照,对照群平均每群有 7 只成鸟,其中帮手鸟数量为 4～6 只。经此处理后便开始详细监测和记录这 20 群知更鸟的生殖结果(图 4-8),结果非常说明问题:对照群平均每巢能育出 2.4 只幼鸟(2 巢育雏失败,1 巢育 1 只,4 巢育出 2 只,2 巢育出 3 只,1 巢育出 5 只和 1 巢育出 6 只,11 巢共育出幼鸟 26 只,平均每巢 2.4 只),而移走大部分帮手的实验巢平均每巢只能育出幼鸟 0.8 只(5 巢育雏失败,2 巢育出 1 只,1 巢 2 只,1 巢 3 只,9 巢共育出幼鸟 7 只,平均每巢 0.8 只)。从实验结果不难看出,帮手的存在和数量对于一个正在进行生殖的知更鸟家庭来说具有多么重要的意义!

总之,帮手的存在的确可以提高一个双亲家庭的生育力和幼鸟成活率,因此,被帮助的生殖鸟可以从中获得明显的好处。但对帮手来说,很多研究资料都表明,如果它们不充当帮手而是自己去生殖就会获得更大的遗传收益,那么它们为什么还要牺牲自己的生殖利益去为其他生殖鸟充当帮手呢?

## 二、帮手的存在与生态压力说

有两个主要原因可以说明,为什么有些动物长成后要留在出生群中而不去营独立生活和生殖。首先,它们从社群生活中可直接获得某些好处;其次,离群以后往往要冒更大的风险和付出更大的代价,所以常被迫留在自己的出生群中。一般说来,我们是依据个体受益原则来解释动物的群体生活的。动物结群的两个最主要好处是可以更有效地防御捕食者和增强发现和获得食物的能力。在这种情况下,群体成员的平均适合度($\overline{W}$)会随着群体大小($K$)的增加而增加,直到达到一个最大值为止;此后,群体大小如再增加,个体平均适合度反而会下降[图

4-9(a)]。另一方面,某些生态压力有时会迫使一些动物放弃独立生殖,不得不营群体生活。让我们想象有这样一个物种:群体生活会导致每个成员平均适合度的下降(与独立生殖相比)[图 4-9(b)]。再假设生殖机会短缺,因此,为获得生殖机会需进行激烈的竞争。在这种情况下,如果离群后能够成功地进行独立生殖的概率(用 $S$ 表示)很低,那么,进行独立生殖的固有优点就会减弱。当 $S$ 值很低时,适合度曲线就会出现一个"驼峰"[图 4-9(b)虚线],也就是说,此时个体将被迫留在它的出生群中,而不会离开群体去进行独立生殖。

对任何一个物种来说,生态压力的大小在不同地域和不同年份可能相差极大,这种变化(或 $S$ 的变化)将直接影响群体的大小和群体的复杂程度,因而也会影响帮手行为发生的可能性。对于一个居住在难以预测的多变环境中的物种来说(那里的生态压力各年差异很大),其个体的平均适合度曲线正如图 4-9(c)所示,在好的年份,所有个体都将进行独立生殖,不会形成群体,帮手行为也将不复存在;但是在坏的年份,很多个体将被迫推迟离群,于是群体便得到发展,帮手行为也将相应得到发展。

对于每一个非生殖成员来说,一般总要面临两种选择:要么留在自己的出生群中做帮手,要么离开自己的出生群去进行独立的生活和生殖。影响这种选择的至少有 4 个生态因素:① 离群的风险;② 建立一个适宜领域的可能性;③ 获得配偶的概率;④ 一旦独立生活后能否成功地进行生殖。其中任何一种因素都有可能作为一种生态压力在动物面临两种选择时发挥作用(表 4-5),例如,如果根本得不到配偶或没有空缺领域可占,动物就不可能做出独立生殖的选择,此时的 $\overline{W}(1)$ 值不管比 $\overline{W}(K)$ 值高多少,也是无法实现的,于是便只好留在出生群中做帮手。

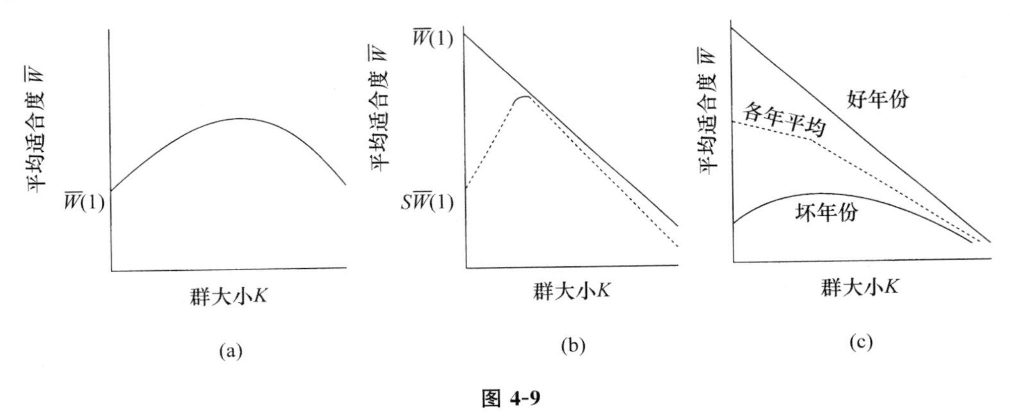


**图 4-9**

(a) 假设种之一:群大小与群成员个体适合度的关系,$\overline{W}(1)$代表一个独居个体的适合度;(b) 假设种之二:个体平均适合度随群体增大而下降(实线),但离群的概率取决于生态压力(虚线,$S$ 表示离群后能独立生活的概率);(c) 假设种之三:结群是不利的,但限制离群的生态压力各年份有很大差异,好年份是指限制离群的生态压力小,坏年份是指限制离群的生态压力大(仿 Krebs 和 Davies,1984)

**表 4-5 影响动物离开其出生群去独立生殖的四种因素**

| 离群风险 | 获得领域的可能性 | 获得配偶的可能性 | 一旦离群后生殖成功的可能性 | 行为表现 |
| --- | --- | --- | --- | --- |
| 小 | 大 | 大 | 大 | 离群独立生殖 |
| 大 | 小 | 小 | 小 | 留在出生群当帮手 |

## 三、生态压力的类型

### （一）早期离群的高风险性

离群的死亡风险决定于原生境和新生境中食物和隐蔽所的相对可得性以及捕食压力和竞争压力。如果动物离群的风险很大，那么它就可以靠继续留在比较安全的出生地来确保自己的存活，以便更有可能活到下一个生殖季节。对它来说，在一个现成的和熟悉的出生地生活总比到一个尚未被占领的边远地区生活具有更大的存活机会，因此，推迟离群和推迟生殖的近期损失将会因获得某些远期收益而得到加倍补偿，如，可延长存活时间，使整个一生的生殖成功率高于未推迟生殖者的生殖成功率。

### （二）领域短缺

很多生殖合作动物都是属于永久占有领域的物种，它们的居住环境通常是稳定的或只发生规律性变化。这些动物往往对生态条件有特殊要求，因此，适宜的生境常常供不应求。在一般情况下，所有高质量的生境都会被占用而处于饱和状态，而未被占用的领域则极为稀少，领域使用的周转率也很低。随着领域竞争的加剧，能够在高质量领域中定居的个体会越来越少。如果占有一个适宜领域是进行生殖的必要条件的话，那么做出独立生殖的选择就会越来越困难。在这种条件下，非生殖个体就只好等待一个生殖机会，直到它的年龄长大，积累了经验和它的社会地位足以使它有能力获得和保卫一个独立的领域为止。这种等待最好是在自己的出生地（条件优越），并与自己的亲属生活在一起。

在合作生殖的鸟类中，领域不足是最常见的生态压力。对黑水鸡、斑点胁水鸟、橡树啄木鸟、绿林戴胜、鹪鹩、普通知更鸟和多种樫鸟来说，生殖空间的短缺一直是导致帮手行为发生的最主要因素。生殖鸟一旦死亡就会为本种腾出一个生殖空位，于是几小时内来自附近领域的大量非生殖鸟就会集中到这个空缺领域中来，彼此用叫声、炫耀和攻击行为展开争夺，而未能获得生殖地盘的失败者会重新回到它们的出生领域继续等待和继续充当帮手。

在哺乳动物中，类似的生态压力对赤狐（*Vulpes vulpes*）、灰背豺（*Canis mesomelas*）、狼（*Canis lupus*）、野狗（*Lycaon pictus*）和棕鬣狗（*Hyaena brunnea*）也是起作用的，而且对大多数表现有生殖合作行为的犬科动物也是起作用的。雌性赤狐经常推迟离群，留在它们的出生地。对于较早离群的赤狐来说，找到一个新领域的可能性很小，因此它们的存活机会很小；而推迟离群的赤狐，则能在优势雌狐的较大领域内占有一小块适宜性较差的地盘。只有优势雌狐才能利用领域内食物资源最丰富的地域，而且也只有它才能为生殖获得足够的食物。从属雌狐由于没有生殖的机会，便常常在一对生殖赤狐的兽穴中充当帮手。

单单用生境饱和的观点并不足以说明非生殖个体为什么不疏散到竞争不太激烈的边远生境去。Koenig 和 Pitelka（1981）曾提出，对领域物种生殖合作行为的进化来说，还有另一个必要因素，这就是不仅适宜生境饱和，而且不太适宜的边缘生境也短缺。在这种情况下，已发育成熟的个体既不能在适宜生境内独立生殖，也不能在适宜生境的外围边缘地区维持生存。领域短缺的压力可能会导致在下面三种类型的物种中产生非生殖的帮手个体：① 生态需求极为特化，致使边界生境稀少（如黑水鸡）；② 所占有的生境呈孤岛式分布，在空间上受到很大限制（如樫鸟）；③ 借助于物种对生境的改造而扩大了已占领生境和未占领生境之间的差异（如橡树啄木鸟常在领域内建造食物贮藏所，从而增加了食物供应）。

### (三) 异性个体数量不足

很多研究资料都表明,在很多进行生殖合作的鸟类中,种群性比率都是雄性多于雌性。在野狗的种群中,雄性个体则大大多于雌性个体。对于这种性比率失衡的原因,目前还了解得很少,但这种情况必然会加剧雄性个体为争夺配偶所进行的竞争,也会极大地影响雄性动物发育成熟后选择独立生殖的可能性。如果找不到配偶,就只有靠充当帮手来提高自己的广义适合度了。

### (四) 独立生殖的代价太高

在非洲和澳大利亚的干旱和半干旱地区,有很多种进行生殖合作的鸟类,要么是过着游牧式的生活方式,要么它们所生存的环境经常发生剧烈的和难以预测的变化。这类环境的生物承载力在不同年份有极大差异,鸟类和哺乳动物的内禀增长能力又很低,因此,种群的数量很难跟得上环境的变化。在这种情况下,生境的饱和度即使是在一年的不同季节,甚至在同一季节内也会有很大不同。这就使我们很难把领域的短缺看作是促使生殖合作进化的一种动力,但上述的特殊环境对动物做出独立生殖的选择仍然会形成一种压力。

在多变和不可预测的环境中,环境承载力的剧烈波动在很大程度上影响着动物对生殖或不生殖所做的选择。在环境条件年年有变的情况下,动物生殖的难易程度也年年不同。在温和的季节,丰富的食物和良好的隐蔽条件可减轻年轻而缺乏经验的动物进行独立生殖的困难,并有利于它们从出生群向外疏散。但是在严酷的季节,动物进行独立生殖的困难和代价就会大大增加,直到达到使动物难以承受的水平。随着环境条件的恶化,生殖选择就会面临越来越大的压力,这种压力首先是针对较年轻和优势较小的个体,其结果是迫使这些个体不得不继续留在自己的出生群内或者是加入到一个生殖合作群体中去充当帮手。这个过程对于斑翠鸟、白额蜂虎和野狗异双亲体制的形成是非常重要的。

## 四、对生态压力说的检验

根据生态压力说可以做出以下预测,即帮手发生的频度将直接依以下情况而定:① 作为一个生殖者获得领域和定居下来的难易程度(占有永久性领域的物种要想在一个饱和生境中定居生殖是很不容易的);② 种群性比率失调的程度(性比率失调常使一些个体找不到配偶);③ 环境的严酷程度(有些动物生活在极不稳定的生境中)。下面我们用三种鸟类生殖合作行为的资料来检验一下生态压力说,看其是否与实际相符。

### (一) 橡树啄木鸟

橡树啄木鸟(*Melanerpes formicivorous*)通常是由 2～15 只鸟共同占用一个领域。在生殖季节,领域内只有一个鸟巢需要照料,因此,领域中的大部分成员都参与孵卵、喂雏和保卫幼鸟的工作。满一岁的成鸟(即一龄鸟)要么从领域中迁出去进行独立生殖,要么留在自己的出生群中为生殖鸟做帮手。留下来的个体将推迟自己的生殖期,并参与全群的生殖合作。从图 4-10 中可以看出,一龄帮手的年发生率是随着领域年周转率(即腾空率)的下降(意味着生态压力的增加)而增加的,即领域的年周转率越小,一龄鸟留群的百分率就越高。

### (二) 两种鹪鹩

这两种鹪鹩科的小鸟(*Malurus cyaneus* 和 *M. splendens*)都是典型的在巢中有帮手的鸟类,它们的生殖单位或者是由一对雌、雄鸟组成(双亲家庭),或者是由三只鸟组成,其中一只总是雄性的帮手鸟。从图 4-11 中可以看出，具有帮手的家庭在种群中所占的比例是随着雌鸟的短缺程度(以雌、雄鸟数量比为指标)而变化的，雌鸟数量所占的比例越少(意味着生态压力越大)，有帮手的家庭所占的比例也就越高。

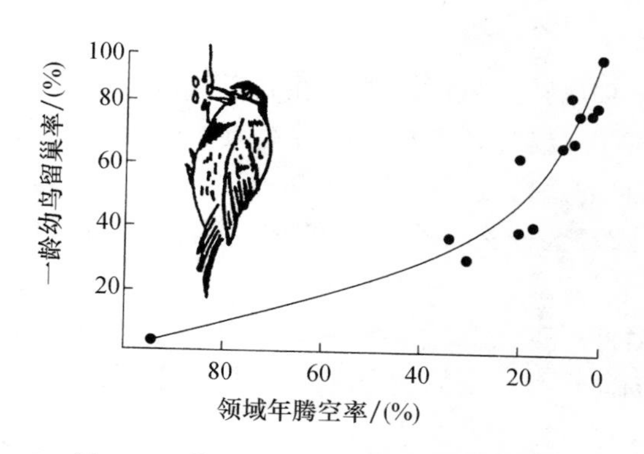


**图 4-10　橡树啄木鸟一龄幼鸟的留巢率与领域不足(生态压力)的关系**

领域越是稀少，幼鸟留巢率便越高

(仿 Krebs 和 Davies，1984)

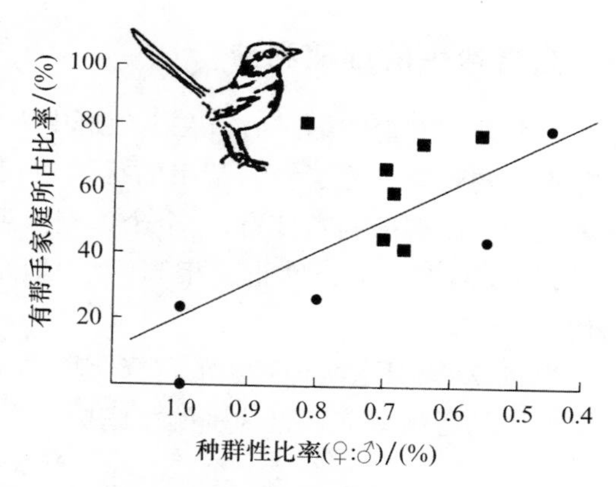


**图 4-11　两种鹪鹩种群性比率与有帮手家庭所占百分数之间的关系**

● *Malurus cyaneus*；■ *M. splendens*(仿 Rowley，1981)

**(三) 白额蜂虎**

白额蜂虎(*Merops bullockoides*)是属于集体生殖合作的鸟类，它们的生存环境一般是严酷的和难以预测的，雏鸟的存活率主要取决于食物的供应，而食物资源的多少又主要决定于局部降雨量。因此，局部降雨量的多少就成了生态压力的一个重要指标(降雨量少即表示生态压力大)。图 4-12 是 Emlen(1982)连续 5 年对 13 群白额蜂虎观察资料的总结，表明在不同降雨量的条件下(即在不同生态压力下)，有帮手的生殖群所占的百分比，这一百分比将随着生态压力的增加而增加。

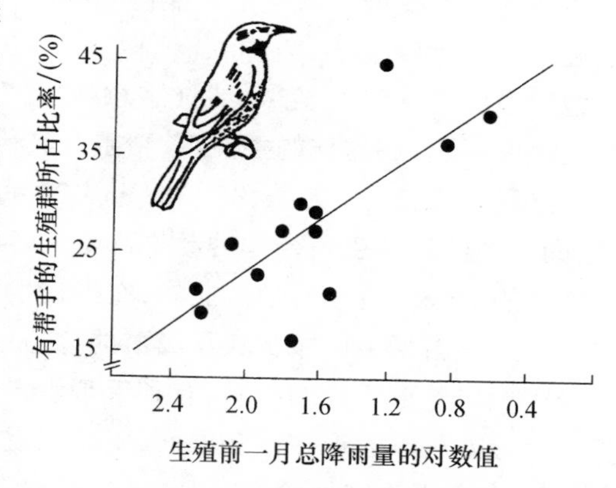


**图 4-12　白额蜂虎帮手发生率与生态压力的关系**

据研究，降雨量越少，对白额蜂虎的生态压力越大，也越有利于提高帮手发生率(仿 Emlen，1982)

虽然影响上述三种鸟类帮手发生率的生态因素各不相同，但这些事实都证实了这样一点，即生态压力的强弱是预测帮手发生率的一个可靠指标。一些个体发育成熟后留在自己的出生群中虽然是生殖合作行为进化的一个最初步骤，但它本身并不能解释生殖合作行为为什么会得以进化，也不能解释帮手为什么要留下来而自己不去生殖。这其中的关键问题是帮手的行为对自己是否有利？下一节将讨论这一问题。

# 第四节　非生殖个体充当帮手的原因

## 一、充当帮手的远期利益

一个动物发育成熟以后留在出生群中当帮手和离开出生群去进行独立生殖,显然是两种完全不同的对策。为了说明帮手的行为对自己是否有利,必须对这两种对策加以比较研究。从进化和自然选择的角度看,一个个体充当帮手时的适合度一定会大于进行独立生殖时的适合度,至少两者的适合度也要相等,否则就无法解释为什么一个个体成熟后不去繁殖自己的后代。

显然,动物对这两种对策的选择将取决于每种对策各有多大的适合度。就当帮手来说,在一个特定的生殖季节通过为别的家庭提供帮助而使自身达到的适合度可以按下式计算:

$$(N_{RA} - N_R)r_{ARy}$$

其中,$(N_{RA}-N_R)$代表因帮手的存在使一个双亲家庭多养育的子代数目;$r_{ARy}$是帮手和它帮助养育的子代之间的亲缘系数(R 指接受帮助者,即生殖者;A 指提供帮助者,即帮手)。

同样,在同一生殖季节离群去进行独立生殖所达到的适合度则按下列公式计算:

$$SN_A r_{Ay}$$

其中,$S$ 是离群后能够成功地作为生殖者定居的概率;$N_A$ 是离群独立生殖后所能养育的子代数目;$r_{Ay}$是帮手(现在是生殖者)与其子代之间的亲缘系数。

很明显,只有当下列方程式成立时,才有利于帮手及其行为的产生和进化:

$$(N_{RA} - N_R)r_{ARy} > SN_A r_{Ay} \tag{4.1}$$

上述情况只有在很少情况下才能得到满足,因为亲缘系数 $r_{Ay}$总是大于或等于 $r_{ARy}$,而且,$N_A$值通常是大于$(N_{RA}-N_R)$值。所以,只有在极严酷的环境条件导致 $N_A$ 值很小时,或者由于其他生态压力导致 $S$ 值很低时(这意味着离群独立生殖成功机会很小),该方程式才能成立。也就是说,只有在这样的条件下,帮手及其行为才能得以产生和进化。

这里应当指出:方程(4.1)的表述实际上是不充分的,因为该方程只包括了一个生殖季节,而大多数进行生殖合作的动物都是长寿的,因此,对两种对策只有在整个一生的时期内作适合度的比较才更为科学。显然,充当帮手不仅会影响近期生殖,而且也影响长期存活。留在出生群中充当帮手可减少较早离群的风险,因而会增加帮手存活的机会;同时,当帮手的实践本身可积累养育后代的经验,有利于帮手未来生殖时取得更大成功。充当帮手可得到的这种长远性好处可以表现在很多方面,下面只就几个方面加以说明。

### (一)获得生殖经验

据知,没有经验的生殖者同有经验的生殖者相比,其养育后代成功的可能性要小得多。如果两者的差异很大(即 $N_A$ 值很小),那么,子代就会明显地受益于曾当过帮手的双亲。一龄樫鸟在做帮手时发生错误的次数要比生殖鸟多得多,这些错误包括:带回巢的食物不适合雏鸟吃,带回的食物有时被自己吃掉,带回食物后心不在焉以致没有喂给雏鸟就又飞走等。

目前还不清楚,一个帮手需要积累多少经验才能成功地进行独立生殖?但有些种类当帮手的时间很长,例如,知更鸟往往要当几年的帮手,处于生殖状态的知更鸟常常不足种群数量的 25%。获得生殖经验虽然是当帮手所能得到的长远好处之一，但对大多数物种来说，仅仅是这一点还不足以说明帮手及其行为的发生。

### （二）继承双亲领域

对一个物种来说，如果领域短缺是最重要的生态压力的话，那么，一个从属个体通过向领域的占有者提出挑战并战胜之；或者是通过等待的方式（等待附近出现空缺领域）就可以使自己得到一个领域；还有一种获得领域的方法就是留在自己的出生群中，直到与自己同性别的生殖者死亡后去接替它的位置，从而继承一个领域。这种现象在豺、赤狐、狼、狮、知更鸟、樫鸟和林戴胜中都曾被观察到。

当同一生殖合作群中存在好几个帮手时，通常将由最老的和占有最大优势的个体优先继承领域，因此，充当帮手的好处将决定于多种因素，如领域的短缺程度、为继承领域所需要的平均等待时间和为继承同一领域而互相竞争的帮手数量等。

### （三）结伙离群

当争夺领域的竞争很激烈时，一些非生殖的从属个体常常结伙离群另寻领域。在进行生殖合作的鸟类和哺乳动物中，非生殖个体通常是以本群的领域为基地向外扩张争夺领域的。结伙向外疏散往往比单个疏散有较大的成功机会。

在狮子（*Panthera leo*）中，通常是雌狮留在自己的出生群中进行生殖，因此雌狮的世系可持续很多世代。雄狮在发育到大约三龄时便离开出生群向外疏散，过着游牧式的漫游生活，直到它们有能力向一个狮群中的雄狮（们）发出挑战并击败它（们），进而接管这个狮群为止。狮群中的雌狮常常是同时怀孕和同时产仔，因此当雄性幼狮在发育到疏散年龄时，常常是结伙一起离群，结伙离群的雄狮数从 2 只到 7 只不等。根据对生活在塞伦盖蒂（Serengeti）狮种群所进行的 12 年研究：1 只雄狮单独离群后是很难接管一个狮群和进行生殖的；相反，2 只雄狮结伙离群后能成功地接管一个狮群并进行生殖的概率为 23/39（即在所观察的 39 例中有 23 例成功）；如果是 3 只或更多只雄狮结伙离群，其接管一个狮群和进行生殖的成功率几乎是 100%（在所观察的 21 例中有 20 例成功）。图 4-13 表明，结伙离群的雄狮数越多，每只雄狮的个体适合度（以生殖后代数为指标）和广义适合度（以拥有折算的后代数为指标）都比较高，这是因为它们能够拥有和控制雌狮群的时间较长。据 Frame 等人（1979）的研究，野狗也有结伙离群的行为，但结伙离群的不是雄兽而是雌兽，而且结伙的雌兽常常是姐妹关系。

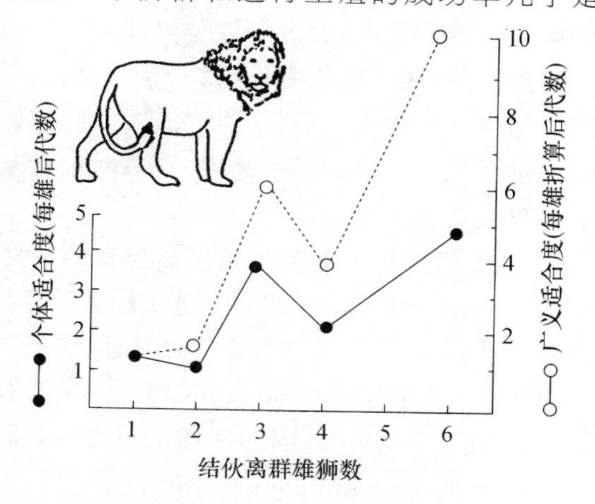


**图 4-13　雄狮结伙离群的优势**

结伙离群的雄狮数目越多，每只雄狮的个体适合度和广义适合度都较高（仿 Bygott 等，1979）

鸟类的结伙离群也是很常见的，林戴胜的非生殖个体是由不同年龄的个体组成的，它们结伙离群后为争夺生殖领域而共同探索、寻找和战斗。通常，群中年龄较大的成员总是带领和帮助年龄较小者，提供这种帮助有助于加强帮手和它们所帮助喂养过的个体之间的社会联系。当一个年龄较老的优势个体离群去寻找新领域的时候,它常常要带领几个它曾经帮助喂养过的优势较小的年轻个体一起离群出走,这比自己单独出走获得生殖领域的机会更大。这种现象在阿拉伯知更鸟、丛林知更鸟和橡树啄木鸟中都曾被记述过。帮手和它们所帮助过的年轻个体之间业已形成的社会联系对于这种组合的形成是非常重要的。因此我们可以说,在某一个季节里为其他个体提供帮助有利于增加帮手在未来年份内的生殖成功率。

### (四)帮助的相互性

帮助的相互性是指帮助行为建立在可以得到回报的基础上,也就是说,今天为别人提供帮助,而明天可以得到别人的帮助。很多学者曾一度认为,这种相互利他行为在进化上是不稳定的,因为它们很容易受欺骗者的欺骗(欺骗者指接受别人帮助后拒绝提供自己的帮助)。但是最近,Axelrod 和 Hamilton(1981)运用博弈论证明,一旦这种相互帮助的行为系统建立起来,只要双方具有足够大的再次相遇概率,那么欺骗行为就能得到抵制。只要一种动物具有足够的个体间的识别能力和记忆能力,那么,欺骗就不会成为难以克服的问题。事实上,很多种长寿的高等脊椎动物是具备这种能力的。

一个帮手先是提供帮助,后来又得到它所帮助养育过的个体的帮助,这种现象是屡见不鲜的,如,塔斯马尼亚黑水鸡(*Tribonyx mortierrii*)、丛林知更鸟(*Turdoides striatus*)、阿拉伯知更鸟(*T. squamiceps*),林戴胜(*Phoeniculus purpureus*)、伯劳(*Prionops plumata*)和橡树啄木鸟(*Melanerpes formicivorous*)等。另外,一个帮手在继承了一个领域后,也常常得到本群内优势较差个体的各种帮助,后者实际上已成了它的帮手。

在生殖者之间进行直接的相互帮助是很少见的,但一个生殖者在生殖失败后转而去为本群中另一对生殖者充当帮手却是比较常见的,如,矮松樫鸟(*Gymnorhinus cyanocephalus*)、长尾山雀(*Aegithalos caudatus*)、白额蜂虎和墨西哥樫鸟等。在白额蜂虎中,生殖者与帮手功能的相互转换现象是非常普遍的,大多数成鸟既能当生殖者,也能当帮手,并常反复换位。

在集体生殖的种类中,帮助的相互性和互惠性决定于同群不同个体生殖时间的同步化。如果有一种哺乳动物,大多数雌兽都同时生殖并不加区别地为它们所生出的仔兽喂奶,在一个特定年份,一些雌兽的后代可能夭折,但它会继续为其他雌兽的仔兽喂奶;到下一个生殖季节,可能是另一些雌兽的后代发生死亡,此时它们也会为别的雌兽的仔兽喂奶,其中也包括前一年曾失去后代的雌兽。这就是说,一只雌兽在某一年可能为其他雌兽提供帮助,而在另一年则可能得到其他雌兽帮助。

### (五)通过帮助亲属生殖提高自身的广义适合度

给其他个体提供帮助的帮手,实际上可以从两个方面增进自身的广义适合度:① 在个体层次上获得某些远期的生殖利益,即从整个一生来看能导致多生育后代,这是构成广义适合度的个体成分(personal component);② 在基因层次上通过帮助自己的亲属生殖而增加自身基因的复制与传递机会,因为任何亲属体内都同自己含有一定比例的共同基因,这是构成广义适合度的亲缘成分(kin component)。

事实上,大多数物种的帮手都表现为是新一代个体去帮助自己的双亲或近亲,因此它们所帮助抚养的幼体往往就是自己的小弟妹或血缘稍远的同胞。可见,在帮手及其行为的进化中,亲缘选择定将发挥重要作用。进化过程实质上就是种群内基因频率发生变化的过程,但自然选择并不能区别一个基因是通过动物自身生殖直接复制的,还是借助于亲属的生殖而复制的。

我们感兴趣的是,借助于亲属生殖而复制基因在帮手及其行为的进化中到底能起多大作用。

1979 年,Vehrencamp 在《行为神经生物学手册》第三卷中曾提出一个简单的指数,即亲缘指数(kin index),用这个指数可以确定个体选择和亲缘选择对保持一个行为特性所起作用的大小。亲缘指数 $I_k$ 是用来计算在广义适合度总增长中由于亲属之间的生殖合作(与不合作相比较)而导致的增长部分,其计算公式如下:

$$I_k = \frac{(W_{RA} - W_R)r_{ARy}}{(W_{AR} - W_A)r_{Ay} + (W_{AR} - W_R)r_{ARy}}$$

其中,$(W_{RA} - W_R)$是指接受帮助者(R)在得到帮手(A)的帮助时,整个一生生殖成功率的变化;$(W_{AR} - W_A)$是指 A 为 R 提供帮助时整个一生生殖成功率的变化;$r_{ARy}$是 A 与 R 的子代之间的亲缘系数;$r_{Ay}$是 A 与自己的子代之间的亲缘系数(通常是 0.5)。这个亲缘指数公式只能应用于下述场合,即 A 的广义适合度的变化是正值。当 $I_k > 1$ 时,说明帮手在个体层次上的生殖成功率有所下降,此时纯粹是亲缘选择在起作用,也就是说是广义适合度中的亲缘成分在起作用,此时的$(W_{AR} - W_A)r_{Ay}$为负值;当 $I_k < 0$ 时,说明 A 反而使 R 在个体层次上的生殖成功率有所下降,此时的$(W_{RA} - W_R)r_{ARy}$为负值;当 $I_k$ 的取值范围在 0～1 之间时,说明在广义适合度总增长中的个体成分和亲缘成分都是正值。也就是说,通过生殖合作,既在个体层次上、也在基因层次上获得了利益,指数的具体数值则代表着亲缘成分所占的比例。1979 年,Vehrencamp 根据对狮子生殖合作资料的分析所计算出的 $I_k$ 值为 0.51,桎鸟的 $I_k$ 值为 0.55。1981 年,Rowley 研究了一种鹪鹩(*Malurus splendens*),其雄性帮手的 $I_k$ 值为 0.35～0.51。以上的几个实例说明,适合度中的个体成分和亲缘成分借助于帮助行为都能得到增加,而且两者对帮手适合度总增长的贡献大体是相等的。

## 二、帮手行为的定量研究实例

帮手进化的关键问题不是它所提供的帮助对生殖者有没有好处,而是提供这种帮助对帮手自身有没有好处。要回答这一问题,则必须深入分析一个潜在的帮手所面临的各种选择,如,建立一个独立领域的前景如何?建立领域后找到配偶的可能性有多大?找到配偶后又能生殖多少个后代?更重要的是独立生殖与不独立生殖(即充当帮手)相比,哪一种更为有利?

每一个成熟个体在第一个生殖季节到来时都面临着两种可能的选择:一种选择是留在自己的出生地帮助自己的双亲生殖后代;另一种选择是离开出生地去独立地养育自己的后代。现设 $N_0$=新个体第一次生殖时所生殖的后代数;$N_1$=家庭中一个有经验的生殖者在无帮手帮助时所生殖的后代数;$N_2$=家庭中一个有经验的生殖者在一个帮手的帮助下所生殖的后代数;$r_P$=生殖者与自己后代的亲缘系数($r_P$=0.5);$r_h$=帮手与自己帮助养育的生殖者后代之间的亲缘系数。由此可以做出一个预测,即只要下式能够成立,一个潜在的帮手如能放弃独立生殖而选择帮手职业就会使自己的广义适合度达到最大:

$$(N_2 - N_1) \times r_h > N_0 \times r_P$$

问题是我们很难从野外工作中获得足够的资料求 $N_2$、$N_1$ 和 $N_0$ 的值,即使能够求出这些值,也是根据一年或一个季节的生殖资料求出的,因此,它们只能是整个一生广义适合度的一部分。为了能计算出整个一生的适合度,就不得不考虑到帮手和非帮手从一年到下一年的存活概率,并把连续多年的生殖资料加以累计。

下面举三个定量研究实例,来说明如何利用上述公式检验理论预测。

**(一) 樫鸟**

一般说来,对樫鸟(*Aphelocoma coerulescens*)的帮手行为做出预测是比较困难的,因为新樫鸟(指刚发育成熟)几乎从不单独依靠自己的力量去建立新领域和进行生殖。它们的对策是留在双亲领域内,直到出现一个生殖空位。一般说来,一对生殖鸟中的一只发生死亡才会出现这样的空位。因此,当一只新樫鸟第一次生殖时,它通常是作为一个续弦者进入一个现成领域,而它的配偶则是一只有生殖经验的丧偶者。大约有 19%的新樫鸟在第一次生殖时能与另一只新樫鸟结合成全新的家庭(在 48 个观察实例中占 9 例,约 19%)。新樫鸟在第一次生殖时通常也会拥有帮手,而帮手常常是丧偶生殖鸟(现在是自己的配偶)以前的子女(在 55 个观察实例中占 18 例,约 33%)。在上述情况下,$N_0$ 值是很难测得的,而 $N_0$ 的估计值则容易偏高。

**表 4-6　一只樫鸟在充当帮手和独立生殖时对遗传贡献的比较**

| | 年生殖幼鸟数 | 取样巢数 | 类型 |
|---|---|---|---|
| $N_2$ | 2.20 | 81 | 双亲都有生殖经验,有帮手 |
| $N_1$ | 1.62 | 45 | 双亲都有生殖经验,无帮手 |
| $\overline{H}$ | 1.86 | 81 | 有帮手家庭的平均帮手数 |
| $N_0$ | 1.36 | 55 | 双亲中至少有一个是首次生殖 |
| $N_0^1$ | 1.03 | 37 | 上述类型的子类型,无帮手 |
| $N_0^2$ | 1.50 | 6 | $N_0$ 的子样本,双亲都是首次生殖,无帮手 |
| $r_b = r_P = 0.5$ | | | |
| | *计算(1):$\frac{N_2 - N_1}{\overline{H}} \times r_h < N_0 \times r_P$; | | 0.16<0.68 |
| | 计算(2):$\frac{N_2 - N_1}{\overline{H}} \times r_h < N_0^1 \times r_P$; | | 0.16<0.51 |
| | 计算(3):$\frac{N_2 - N_1}{\overline{H}} \times r_h < N_0^2 \times r_P$; | | 0.16<0.75 |

注:* 为了计算每一个帮手的适合度得分,所以要除以平均帮手数,即 $\overline{H}$。

表 4-6 给出了一只樫鸟在充当帮手时对其广义适合度的年贡献量,其遗传等值的估算值为 0.16,大大低于独立生殖时对广义适合度所做出的贡献。表中的计算(1)、计算(2)和计算(3)分别计算出了三种不同情况独立生殖时的遗传贡献大小(分别为 0.68,0.51 和 0.75),从中可以看出,在任何情况下独立生殖的遗传贡献都大于充当帮手的遗传贡献(0.16)。由此可以预测:只要能够通过竞争成功地获得一个生殖空位(可能是生殖鸟死亡而腾空的),一个非生殖樫鸟就应当停止充当帮手而去进行独立生殖。只有在领域极为短缺的生态压力下及自身优势等级较低的情况下,才会充当帮手。

**(二) 鹪鹩**

鹪鹩(*Malurus cyaneus*)是分布于澳大利亚的一种生殖合作鸟类,Rowley(1965)曾对这种小鸟从事了整整 5 年的研究,他对种群中的所有个体进行了标记,其研究结果被总结在表 4-7 中。鹪鹩生活在永久性领域中,在所观察的 43 个生殖群中,有 14 群(占 33%)每群是由一对生殖鸟和一只额外的帮手鸟组成的,帮手鸟通常是一龄雄鸟。从表 4-7 中可以看出,帮手鸟的贡献是很大的,由于年龄和经验并不影响鹪鹩的生殖成功率,所以根据 $N_1$ 值就可以估计出

$N_0$ 值。又由于 $N_0$ 值稍大于($N_2-N_1$)值,因此我们可以作如下预测,即成年鹪鹩不应当留在它们父母的领域中充当帮手。既然是这样,那么为什么拥有雄性帮手的生殖群所占的比例又比较大呢?部分原因可能是在鹪鹩种群中,通常是雌鸟向外疏散,这将导致雌鸟的死亡率较高,使种群性比例失调。据调查,种群中成鸟的性比率(♂∶♀)通常是 1.4∶1,这不可避免地会导致雌鸟数量不足。由于雄鸟竞争配偶很激烈,结果总会有相当一部分雄鸟因得不到配偶而无法进行生殖。由于 $N_0$ 值是在假定新成熟的雄鸟都能获得配偶的前提下计算出来的,所以它的值往往偏高。为了求得更精确的 $N_0$ 值,必须将它再乘以雄鸟获得配偶的概率(即 0.7),校正后就会得出 $N_2-N_1>N_0$ 的结果。根据这个结果就应当做出如下预测,即留在出生领域内充当帮手将会提高雄鹪鹩的广义适合度。

**表 4-7　鹪鹩在充当帮手和独立生殖时对遗传贡献的比较**(仿 Rowley,1965)

| | 年生殖幼鸟数 | 取样生殖群数 |
|---|---|---|
| $N_2$ | 2.83 | 12 |
| $N_1$ | 1.50 | 16 |
| $\overline{H}$ | 1.08 | 12 |
| $N_0=N_1$ | 1.50 | —* |
| $N_0^1=0.7N_0$ | 1.05 | 见文字部分 |
| $r_h=r_P=0.5$ | | |
| | 计算(1):$\frac{N_2-N_1}{\overline{H}}\times r_h<N_0\times r_P$; | 0.62<0.75 |
| | 计算(2):$\frac{N_2-N_1}{\overline{H}}\times r_h>N_0^1\times r_P$; | 0.62<0.52 |

注:* $N_0$ 值是根据 $N_1$ 值估算的。

对鹪鹩来说,由于独立生殖和充当帮手这两种对策的遗传收益极为接近,所以帮手的发生将依不同年份种群性比率的变化而变化(主要是看雌鸟的短缺程度)。图 4-14 是连续 5 年对鹪鹩的观察资料,从中可以看出,拥有帮手的生殖群所占的比例是随着每年种群性比率的变化而变化的,雌性个体在种群中所占的比例越少,拥有帮手的生殖群数量也就越多。

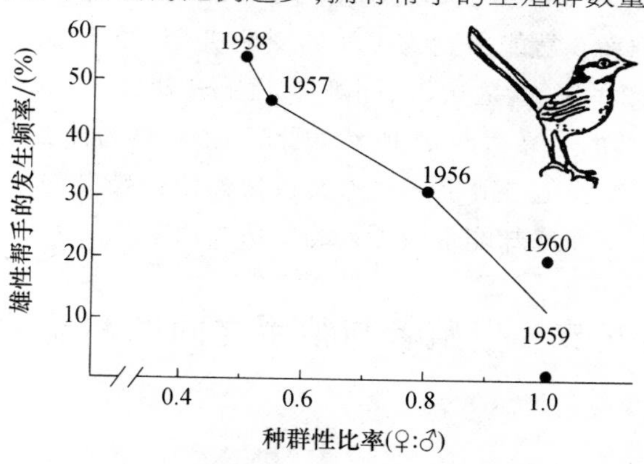


**图 4-14　鹪鹩雄性帮手的发生频率与雌鸟短缺程度的关系**

(仿 Rowley,1965)

### (三) 塔斯马尼亚黑水鸡

Ridpath(1972)曾深入地研究过这种分布于澳大利亚的秧鸡科鸟类(*Tribonyx mortierrii*),两只雄鸟经常与同一只雌鸟组成一个家庭,三只鸟共同保卫一个领域,而且在孵卵和育雏方面也密切合作。典型的一雌二雄家庭是由两只雄性的兄弟鸟和一只毫无亲缘关系的雌鸟组成的。生殖鸟的年龄和帮手的有无,是影响生殖成功率的两个最重要的因素。在第一个生殖季节到来之前,年轻的黑水鸡通常要离开出生地到处漫游,至于它是否能组成一个一雄一雌制或二雄一雌制的家庭,则主要决定于它是单独离群的还是与它的一个兄弟结伙离群的。因此对一个年轻雄鸟来说,可能面临三种可能的选择:① 与自己的一个兄弟一起离群向外疏散(其中它占优势),最终建立起一个二雄一雌制的三亲家庭(表 4-8 中的 $N_2$),并允许它的兄弟在这个家庭中充当帮手;② 单独离群,最终建立一个一雄一雌制的双亲家庭(表 4-8 中的 $N_1$);③ 与自己的一个兄弟一起离群,但它处于从属地位,通常是在一个二雄一雌制的三亲家庭中充当帮手(表 4-8 中的 $N_0$)。由于上述三种离群方式的选择都是发生在第一个生殖季节到来之前,所以表 4-8 中只提供了生殖鸟第一年的资料,并设定 $N_0=N_1$。

由于帮手鸟帮助喂养的是自己兄弟的后代,所以 $r_h=0.25$。计算(1)表明:三亲家庭中的帮手鸟所达到的广义适合度与双亲家庭中的生殖鸟所达到的广义适合度大体相等(0.50≈0.55)。

**表 4-8　雄性黑水鸡的三种离群选择对广义适合度的相对贡献**(仿 Ridpath,1972)

| | 存活幼鸟 | 取样生殖群数 |
|---|---|---|
| $N_2$ | 3.1 | 7 |
| $N_1$ | 1.1 | 15 |
| $N_0=N_1$ | 1.1 | 见文字部分 |
| $r_P=0.5$ | | |
| $r_h=0.25$ | | |
| | 计算(1):$(N_2-N_1)\times r_h=N_0\times r_P$; | 0.50≈0.55 |
| $r_\alpha=0.42$ | 计算(2):$(N_2-N_1)\times r_\beta>N_0\times r_P$; | 0.66>0.55 |
| $r_\beta=0.33$ | 计算(3):$(N_2-N_1)\times r_\alpha>N_0\times r_P$; | 0.84>0.55 |

在黑水鸡的三亲家庭中,帮手鸟(β)也常常与生殖雌鸟交配,而且不会受到优势雄鸟(α)的制止。研究资料表明,雄鸟 β 常能占到约 1/3 的交配机会,如果每次交配都有相等的受精概率,那么经过计算,雄鸟 β 的 $r_h$ 就是 0.33,而雄鸟 α 的 $r_P$ 就是 0.42。可见,帮手鸟与生殖鸟分享父权可明显提高帮手鸟的广义适合度,既然如此,那生殖鸟为什么还能允许帮手鸟留在自己身边呢?计算(3)表明:生殖鸟与帮手鸟共占父权虽然使生殖鸟与子代之间的亲缘系数稍有下降,但二雄一雌制的三亲家庭却能带来更大的生殖成功率。

## 第五节　生殖者与帮手之间的利益冲突

### 一、理论分析

上一节谈到的几个实例虽然有些简单化,但这种分析对于更好地理解自然选择压力对生殖合作群体中不同个体所起的作用是非常有价值的,而且对未来研究的定量化和公式化也大有助益。

只要 $N_2 > N_1$ 和$(N_2 - N_1) > N_0$(假定 $r_h = r_P$),在一个生殖合作群中的所有成员之间就会形成一种和睦相处的关系,因为在这种情况下,只有非生殖者留在出生群中充当帮手才能使群体中所有成员的广义适合度达到最大。同理,当 $N_0 > (N_2 - N_1)$和 $N_1 \geqslant N_2$ 时,生殖者和帮手的各自利益会再次达到一致,但此时双方的共同利益是帮手离开出生群去独立生殖。

但是,如果帮手作为一个新生殖者所取得的成功超过它作为一个帮手时所取得的成功,而它的出生群却因失去它的帮助而使利益受损时,双方就会发生利益冲突。不管何时,只要下式成立,生殖者和帮手的利益就会发生直接冲突:

$$N_0 > N_2 - N_1 > 0$$

如果帮手不是生殖者的直系后代(即 $r_h$ 不等于 $r_P$),只要下式确立,双方的利益冲突就不可避免:

$$N_0 r_P > (N_2 - N_1) r_h \text{ 和} (N_2 - N_1) r_p > 0$$

动物的某些行为对策往往是靠牺牲其他个体的利益来使自己的利益达到最大,亲仔之间的利益冲突有时也是这样。这种情况在进行生殖合作的鸟类中并不罕见,Alexander(1974)曾举出过几个这方面的实例,甚至有些鸟类的双亲操纵和控制自己的子女,强制它们留在自己身边充当帮手。

生殖者与帮手之间利益冲突的强度将取决于下面两方面的情况:① 可被新生殖者利用的生态机遇;② 生殖者与帮手之间亲缘程度的变化。随着一个个体年龄、经验和优势程度的增加,也随着它获得配偶和领域机会的增加,通常 $N_0$ 值就会增加。另一方面,如果有利的生态条件会导致新领域的开辟或导致老领域内出现更多生殖空位,$N_0$ 值也会随之增加。这些变化将对生殖者与帮手之间的利益冲突有极大影响。群中不同个体的广义适合度是随着各年生态条件的不同而变化的。上述的各种因素都会使 $N_0$ 值增加(相对于 $N_2 - N_1$ 值而言),这将会增加帮手的离群倾向或激化帮手与生殖者之间的利益冲突。如果生境已经饱和,新领域又没有,这种冲突很可能采取更加激烈的形式,即帮手向生殖者发起挑战,并试图接管(或分割)亲代领域。Zahavi(1974)认为,帮手的行为可能还不止于此,它们不但不积极帮助生殖者养育后代,而且还暗中破坏,挖生殖者的墙角,以便加速领域接管进程。很多行为生态学家都描述过这种严重的利益冲突,如 Zahavi(1974)对阿拉伯知更鸟的研究和 Woolfenden(1976)对樫鸟的研究等。据他们报道,非生殖的帮手鸟常常故意打破本巢或邻近领域巢中的鸟蛋。

在表 4-6、表 4-7 和表 4-8 中,我们最初的假设是:帮手鸟是它们所帮助的一对生殖鸟的子代,因此它们与帮助喂养的雏鸟之间是全同胞关系(即亲兄弟姐妹关系)。但是,如果双亲之一发生死亡并被一只新的生殖鸟所取代,那么,这个家庭的后代与帮手鸟就不再是全同胞关系,而是半同胞关系了。此时,帮手虽然还在帮助它的双亲之一,但它与接受帮助的雏鸟之间的亲缘系数 $r_h$ 已从 0.5 下降到了 0.25。在这种情况下,充当帮手的广义适合度就会相应下降(不管 $N_0$ 怎样变),帮手的行为也会出现以下倾向:① 减少对生殖鸟的帮助;② 离开出生领域去独自营巢;③ 在双亲领域内力求使自己达到优势状态。由于新生殖者与原来帮手的利益不同,所以前者往往不太愿意接受后者的存在(因两者没有亲缘关系)。有资料表明,在帮手的双亲之一发生死亡和被取代以后,的确会增加帮手的离群倾向,而新来的生殖者则常表现出驱逐原来帮手的倾向。在非生殖合作鸟类中也有类似现象,据 Power(1975)研究,如果把蓝鸲(*Sialia currucoides*)的一对生殖鸟拆开,即人为地拿走雄鸟,那么一只新的雄鸟很快就会与失偶的雌鸟组成一个新的家庭,但新雄鸟对已有的雏鸟(其父是被拿走的雄鸟)却很少提供亲代抚育(因为双方没有亲缘关系)。

在一些生殖合作的哺乳动物中也有类似情况,随着群体中优势雄兽或生殖雄兽的被替换,群体的组成和行为也会发生相应的改变。例如,在非洲狮和叶猴(*Presbytis entellus*)中,当一只(或数只)新的雄兽接管了一个兽群后,常常要把兽群中的幼兽杀死,这种杀婴行为的适应意义在于把无亲缘关系的个体全部从兽群中清除掉,并促使雌兽重新开始生殖,此后生育的后代便与新雄兽有了密切的亲缘关系。由此看来,在一个表面上显得非常合作融洽的生殖群内,其实存在着相当激烈的竞争,这种表面掩盖下的竞争关系往往容易被忽视。一个生殖群内的所有成员通常是被一条复杂的亲缘关系纽带联系在一起的,其中每一个成员都能从群体生活中获得好处。但是,在生殖者和帮手之间、亲代和子代之间、同胞兄弟姐妹之间以及亲缘和非亲缘个体之间也存在着很多潜在的利益冲突,如果不对种群中的每一个成员进行标记观察,这些利益冲突是很难观察到的。在任何一个实行生殖合作的群体中,不管表面看来是如何和谐合作,最重要的问题始终是个体地位和优势问题,即,谁来生殖,谁来当帮手以及未来的生殖者是谁?个体间的各种复杂行为表现,如威吓、攻击、友谊和多方面的社会联系等都最终决定着个体间的优势关系。对个体标记过的生殖合作种群进行长期和深入的研究是非常重要的,这种研究方法不仅有利于全面了解动物的生殖合作行为,而且也可促进社会生物学的发展。

## 二、集体生殖者之间的利益冲突

在斑翠鸟(*Ceryle rudis*)中,我们已经看到了生殖鸟和帮手之间存在着利益冲突。我们也谈到过,甚至有些种类的帮手企图破坏生殖者的生殖,以便减少未来竞争者的数量和增加自己获得领域的机会。虽然能够证实这一观点的直接证据还不多,但在那些进行集体生殖的动物中(即由几只雌鸟或雌兽共同建造和使用一个公用巢穴),生殖者之间的利益冲突表现得极为明显。在这方面,橡树啄木鸟(*Melanerpes formicivorus*)是一个极好的实例(图 4-15)。橡树啄木鸟的生殖集体是由两对生殖鸟和多只非生殖帮手鸟组成的,帮手鸟通常是前一年出生的后代。每群可多达 15 只,是由来自不同家庭的几只兄弟鸟和几只姐妹鸟集合而成,群体中的所有成员都参与保卫集体领域和喂养雏鸟的工作。生殖鸟则共同使用一个鸟巢,雄鸟很可能还共享父权。对蛋白质多态现象的遗传分析表明:有时在同一雌鸟所产的一窝卵中,两只雄鸟都有自己的基因贡献。虽然在雌鸟之间存在着密切的遗传关系,而且它们还共同承担着养育后代的很多日常工作,但是这并不意味着群体内就没有利益冲突。共同使用一个鸟巢的雌鸟有时会把另一只雌鸟下的蛋移走,像 Vehrencamp 所研究过的犀鹃一样,最早开始下蛋的雌鸟,其蛋最容易被另一只雌鸟移走;一旦第二只雌鸟开始下蛋,移蛋行为就会停止,因为雌鸟对自己的蛋和另一只鸟的蛋没有识别能力。同犀鹃不一样的是,橡树啄木鸟并不是简单地把同巢雌鸟的蛋推出巢外摔在地面,而是把它们放到树杈的适当凹陷处将蛋啄破,蛋壳一旦被啄破,群体内的其他成员就会参加一次食卵宴,其中也包括产下这枚卵的雌鸟。

橡树啄木鸟生活史的独特之处是,它们在很多地方建造橡实和松子的贮藏所,以备冬季和来年生殖季节(春季)食用。这些食物贮藏所是由橡树或松树树干上成千上万个小洞组成的(图 4-15),这些小洞是橡树啄木鸟经几代的努力啄出来的。秋天一开始,全体成员就努力收集种子,并把它们小心地存放在树干上的小洞内。由于建造这些食物贮藏所非常不易,还由于成年鸟因具

图 4-15　橡树啄木鸟的集体生殖

每群是两对生殖鸟和多个帮手(前一年出生)组成。这种鸟把橡实和其他坚果贮存在树上的小洞内,这些洞是经过几代啄木鸟的连续努力啄成的,有的树干上有多达 3 万个小洞;坚果于秋季贮存,冬季食用。图右侧是两只雄鸟和一只雌鸟(右下,头部黑带较宽者)

有了贮藏所而提高了存活率,这两方面的生态压力都有利于减少年轻鸟的离群倾向并能大大促进集体生殖的进化。在橡树很少的地方,这种啄木鸟既不营群体生活,也不建造食物贮存所,甚至也不占有永久性领域。它们每年冬季都向南方迁移,每年春季都建立一个新的领域。

## 第六节　生殖合作行为的进化

### 一、对生殖个体和非生殖个体的利弊分析

研究生殖合作行为的最好方法是先对生殖者和非生殖者的利与弊进行分析,然后根据这种分析提出基本模型和理论。

#### (一) 对生殖个体的利弊分析

对生殖者来说,至少可列举出 5 个方面的好处: ① 在抚养后代时可以得到重要的帮助,在严酷的环境和年份中,这种帮助尤为重要,因为在这种条件下单靠双亲很难为后代提供足够的食物和安全保护。② 当双亲之一发生意外死亡时,帮手的存在可提高后代的存活率和出巢率。③ 帮手在提供帮助时所积累的经验有助于它取得未来生殖的成功。如果帮手与生殖者亲缘关系密切(如亲子关系),那么帮手未来生殖的成功同时也可增加生殖者的广义适合度。这里应当特别提到的是,在生境条件极为不利时,年轻个体离群进行独立生殖的成功机会可能极低,为了减少离群个体高死亡率所造成的广义适合度下降,双亲常常不得不把它们的子女留在自己身边。④ 群间竞争有利于使群体增大,因为群内个体数量的增加可以更有效地保卫一个高质量的领域或营巢地,群体扩大的主要方法是把年轻个体留在群内当帮手。⑤ 群体生活

的好处还包括能更有效地防御捕食者及更有效地发现和利用食物资源。这些好处反过来又可增加群体所有成员的存活机会。

生殖者留用帮手过群体生活也有几方面的不利和风险：① 帮手需要食物，因此会加速食物资源的枯竭，如果食物资源是有限的话，就可能降低生殖者的生殖成功率；② 帮手的活动可引起捕食者对群体的注意，使营巢地容易得到暴露；③ 如果抚养后代需要经验的话，那么没有经验的新帮手有可能帮倒忙，不是有利而是有害于后代的存活；④ 帮手是未来的生殖者，因此可能成为生殖合作者和领域空间的潜在竞争者；同时还存在着一个帮手的可信赖问题(特别是那些非亲缘帮手)，因为前面我们曾提到过帮手有时会破坏生殖者的生殖。

**(二) 对非生殖个体的利弊分析**

非生殖个体在一个生殖群体中充当帮手可以获得以下几方面的好处：① 可获得抚养后代的经验；② 可享受群体拥有的食物资源(包括集体储备的资源)，并从群体生活中获得安全感；③ 从群体生活中可获得与生殖者一样的好处；④ 通过帮助养育与自己有亲缘关系的生殖者后代可提高自己的广义适合度，获得亲缘选择方面的好处。留在一个生殖群内充当帮手还有利于提高自己的存活机会，这同时也就增加了自己将来进行独立生殖的机会。

尽管非生殖者可以获得上述的一些好处，但如果它们能够独立地进行生殖，这些好处便都不如进行独立生殖所获得的好处大。一般说来(对生殖合作物种来说)，由于下述一些条件的限制，能够成功地进行独立生殖的机会是很低的：① 由于生境饱和及种群密度已达到环境负荷量水平，所以要想建立一个自己的新领域是很困难的；② 雌配偶数量不足，如果竞争不到配偶就谈不上进行独立生殖；③ 由于环境的不可预测性或生殖条件的严酷性，使新生殖个体获得生殖成功的机会很低。

综合权衡上述的种种因素，就有可能使我们知道生殖合作行为将在什么时候发生和在什么地方发生。

## 二、关于生殖合作行为进化的几种理论

根据上面的利弊分析，对于生殖合作行为的进化曾经提出过以下 6 种理论。1964 年，Hamilton 曾根据个体适合度的得失对“利他”“合作”“自私”和“敌对”行为下过定义，下面我们就在 Hamilton 的定义框架内分别讨论生殖合作行为进化的 6 种理论(图 4-16)。

受者个体适合度变化

| 供者个体适合度变化 | 得 (+) | 失 (−) |
|---|---|---|
| 得 (+) | 合作 | 自私 |
| 失 (−) | 利他 | 敌对 |

**图 4-16　行为关系类型**

**（一）理论1(供者－;受者＋或0)**

非生殖帮手的发生是为了调节种群密度,在这种情况下,帮手的行为是利他的。当种群密度相对于资源量来说偏高时,它就会放弃生殖,充当未来生殖者的后备军,一旦年景转好,它便能通过自己的生殖迅速恢复种群数量。该理论被 Wynne-Edwards(1962)所提倡,并得到几位研究生殖合作行为学者的支持(Fry,1975;Parry,1975 等)。该理论属于群选择(group selection)的范畴。如果提供帮助的行为是为了调节种群密度而进化来的,那它纯粹是利他的(altruistic)。

**（二）理论2(供者－或0;受者＋)**

帮手的存在可明显提高群体中生殖者的生殖成功率,但帮手本身却得不到什么好处。这至少会发生在以下三种不同的情况中:① 帮手离群独立生殖虽可提高个体适合度,但来自各方面的压力迫使它无法这样做。乍看起来,它的行为似乎是利他的,但这种利他行为却是被迫的,往往是双亲强制子女长大后留在自己身边当帮手(从双亲角度看是自私的)。② 子代发育成熟后除了留在自己的出生领域中,几乎没有其他选择。生境的饱和与恶劣的生殖条件使成熟子代无法离群,也迫使生殖者不得不继续允许它们留在身边。为生殖者提供帮助甚至可以被看成是帮手的一种对策,以便能被允许继续留在出生群中。③ 个体独立生殖失败后可能转而去帮助自己的亲属进行生殖,这种行为是利他的,但也能增加自己的广义适合度。

**（三）理论3(供者＋;受者＋)**

帮手可大大改善群内生殖者的存活率和生殖成功率,但帮手本身也能获得好处:因在群内生活而提高自己的存活率(与独居相比)。因为群体比个体能占有质量较高的领域,能更有效地发现和逃避捕食者和更有效地寻找和利用食物资源。在群体生活中,非生殖帮手还能积累有价值的经验,获得更高的社会地位,改善自己的竞争能力,物色潜在的配偶和空缺领域等。仅仅这些方面就足以说明为什么那么多物种都有帮手存在。在艰难的非生殖季节,群体生活的优越性会得到最大的显示;而对帮手来说,其好处不光是能在生殖季节获得经验,而且能够增加自己在两次生殖机会之间的存活概率。

**（四）理论4(供者＋;受者＋,0或－)**

提供帮助实际上是一种行为对策,这一对策不一定对生殖者有利,但却可改善帮手的远期成功率。这种情况至少可以表现为以下4个方面:① 帮手留群是因为营群体生活更为安全,而且可以利用群体所拥有的资源;如果只是为了等待一个生殖机会,则提供帮助可以被看成是一种近期对策。② 帮手的存在有利于生殖群体占有和保卫一个更大和更好的领域,同时也增加了帮手未来分得一部分领域的机会。③ 在一些进行生殖合作的动物中,往往雄性个体多于雌性,因此雌性个体便成了有限的资源;如果在群体中生活有利于增加未来获得配偶的机会,那充当帮手也可能是一种自私的行为对策,为的是谋求长远的好处。④ 在巢寄生鸟类和集体生殖鸟类中,雌鸟可能出于自私的目的而提供帮助,目的是便于接近巢室和在其中产卵。优势较差的雌鸟常常靠这种方法成功地养活自己的后代,而自己却很少或完全不参加亲代抚育工作。

从帮手的角度看,上述的每一种对策基本上都是出于自私的目的,至于在效果上是归属于“自私”还是“合作”,则要看所提供的帮助对群体的重要程度(如在保卫领域、御敌和寻找资源方面)和对生殖者所做贡献的大小。

**(五) 理论 5(供者+;受者-)**

帮手的存在对生殖者不利(如降低其生殖成功率),但却对自己有利(如通过参加群体生活而获得经验或社会地位)。新帮手往往是不称职的,不熟练的帮手有时反而会降低生殖者的生殖成功率。帮手的活动也可能会耗尽巢区附近的食物资源并吸引捕食者的注意。问题是,在这种情况下为什么生殖者还能容忍帮手个体的存在呢?答案可能在于亲缘选择(kin-selection):假定一个合作单位的成员彼此都有密切的亲缘关系,那么帮手的存活就与生殖者有着直接的遗传上的利益关系。在这种情况下,双亲在自身适合度有所损失的情况下仍然允许自己的子女留在身边充当帮手就不足为奇了,这主要是亲缘选择作用的结果,它有利于提高双亲的广义适合度。

**(六) 理论 6(供者-、0 或+;受者-)**

帮手有时会积极而巧妙地破坏生殖者的生殖,从而导致生殖者适合度下降。在很多种鸟类中,帮手鸟和生殖鸟在生殖周期初期的关系往往是对抗性的,帮手鸟的活动不利于生殖鸟的求偶、交配、产卵和孵卵,甚至帮手鸟会把捕食者引向巢区破坏鸟卵和雏鸟,或者它们不给饥饿的雏鸟喂食。这种行为从短期看似乎是一种敌意行为,但从长远看,这种行为有可能导致将目前的生殖鸟废除并由帮手鸟接管它的领域。

上述关于生殖合作行为进化的 6 种理论并不是互相排斥的,将这 6 种理论结合起来考虑。问题就可以做出许多预测,这些预测几乎可以涉及合作生殖者生活的所有方面。利他行为和敌意行为因其对行为者本身不利(可降低其适合度),所以用达尔文的自然选择观点(即个体选择)便很难解释其进化过程。但是,如果把自然选择理论扩展到包括亲缘选择在内,那么在提供帮助者和接受帮助者之间存在密切亲缘关系的情况下,利他行为就很容易转化为合作行为。

# 第五章　动物的社群生活

动物的社群结构和行为特征大都与捕食现象有关，这些特征既能使动物得到食物，而又不致使自己沦为其他动物的食物。猎豹的外形和奔跑速度、羚羊的高度警惕性、猫头鹰敏锐的听觉器官和地面营巢鸟类的保护色，都有利于这些动物在激烈残酷的生存斗争中找到食物，同时又避免使自己成为其他动物的食物。被捕食动物(即猎物)的社群生活，在某些情况下可以减少捕食动物对自己的捕食，并有利于自己获得食物；而捕食动物的社群生活则有利于自己捕获猎物或捕获更大的猎物。

自然界的任何一种动物都会受到来自各方面的选择压力。其中一些压力可能比另一些压力更大，这些压力会迫使动物朝两个相反的方向进化。一些压力会促使动物朝社群生活的方向进化，另一些压力则有利于动物选择独居的生活方式。捕食现象(不管是捕食还是被捕食)就是这些选择压力中最普通的一个。有时，捕食压力是极其重要的；但有时，捕食压力与其他压力相比又相形见绌。此外，随着动物的进化，各种选择压力的相对重要性也会发生变化。例如，集体狩猎的好处可能是促使狮子朝社会性动物进化的主要动力，但这种好处的重要性已经由于营社会性生活所带来的其他好处而相对下降了，特别是社会性生活对生殖带来了极大的好处。

在研究捕食压力时，应当注意以下几点：

(1) 被捕食动物必须对付各种各样的捕食者，而这些捕食者的捕食策略又是各不相同的；

(2) 捕食动物常常要捕食各种不同类型的猎物，而这些猎物的反捕食对策更是五花八门；

(3) 捕食动物本身也会成为其他动物的潜在猎物；

(4) 食物的分布和可得性在某些情况下会促使动物朝社群生活的方向进化，在另一些情况又刚好相反，有利于动物营独居生活。

有很多动物的一生或一生的大部分时间都是在社群中度过的。一个社群就是指同一物种中的一些个体在一起共同生活的时间比同种其他个体在一起生活的时间更长。动物社群的大小和复杂性在不同类群的动物中有很大不同。在许多鱼类和两栖动物中,只在每年的生殖季节内才临时聚集在一起形成社群,而有些昆虫、鸟类和哺乳动物则整个一生都生活在一个庞大而结构复杂的社会中。

影响社群大小的两个主要生态因素是食物和捕食者,它们也是决定最适社群大小的主要因素。

## 第一节　动物社群生活的好处

### 一、社群生活对被捕食者(猎物)的好处

#### (一) 不容易被捕食者发现

人们通常认为,群体动物总是比单独活动的动物更容易被发现,因为群体比个体更加引人注目。但是由于动物群体的数目比动物个体的数目少得多,所以,一个捕食动物要想找到一个动物群体,就要比找到单独活动的一个动物困难一些。而且,即使是发现了一个动物群,要想从动物群中猎取一只动物就更不容易。

一般说来,在同一动物群中,不同的个体被猎食的机会是不相等的。在具有一定大小的动物群中,特别容易受到攻击的个体常常躲在其他个体的后面而不易被捕食者发现。角马(*Connochaetes taurinus*)的幼马总是被母角马引导到角马群的另一面去,以远离斑鬣狗(*Corcuta crocuta*)的攻击,当斑鬣狗未发现角马群中有可猎食的幼马时,它们是不会轻易冒险去攻击成年角马的。

#### (二) 警觉性的提高有助于及早发现捕食者

大多数哺乳动物是靠逃跑,而不是靠隐蔽来获得安全的,因此,提高警觉性以便及早发现捕食者对这些动物来说就意味着能够脱险。这里有两点值得注意: ① 组成群体的个体越多,捕食者被及早发现的可能性也就越大;② 如果一个动物能够觉察到它的一个同伴发现了捕食者,那么它就会由于有这样一个同伴而获得好处。1973 年,Pulliam 曾提出过一个理论模型,在这个模型中,他让鸟群中的个体减少取食时间,并用节省下来的时间昂首监视来自空中的捕食者。该模型表明,当鸟群很小时,随着鸟群的增大,捕食者将会越来越早地被发现;但很快就会达到一个极限值,此后,鸟群的增大对及早发现捕食者就不再起促进作用了。据研究,动物的社群生活不仅可以增加动物群及早发现捕食者的能力,而且还可以相应减少动物群用于警戒放哨的时间。Siegfried 和 Underhill(1975)曾提出过一个飞鹰模型,该模型模拟空中的鹰隼飞临不同大小鸟群的上空。一般说来,鸟群越大,对空中鹰隼做出反应的速度也越快,而且鸟群越大,越可以把更多的时间用于取食,而把较少的时间用于警戒放哨。

1978 年,Kenward 利用一只受过训练的苍鹰(*Accipiter gentilis*)攻击正在取食的林鸽(*Columba palumbus*)。他发现,随着林鸽群的增大,苍鹰攻击成功的机会也就越来越小(图 5-1),这主要是因为林鸽群越大,就越能在比较远的距离发现猛禽的接近,因而能够及早逃飞(图 5-2)。Hoogland 和 Sherman(1976)也曾证明过,大群的灰沙燕(*Riparia riparia*)比小群

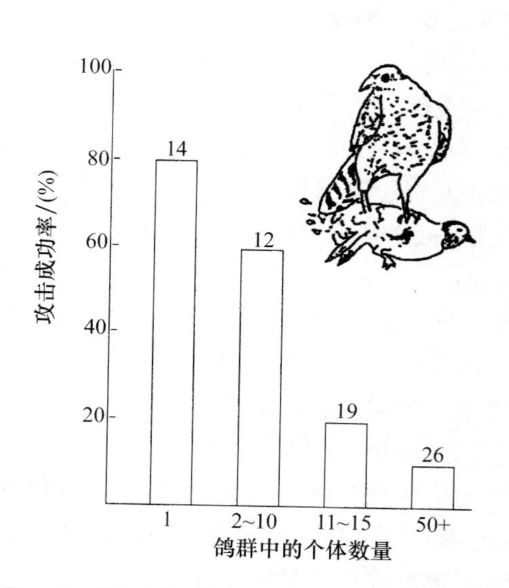


**图 5-1 利用受过训练的苍鹰攻击林鸽的试验**

该图表明，苍鹰捕食成功率与林鸽群大小成反比

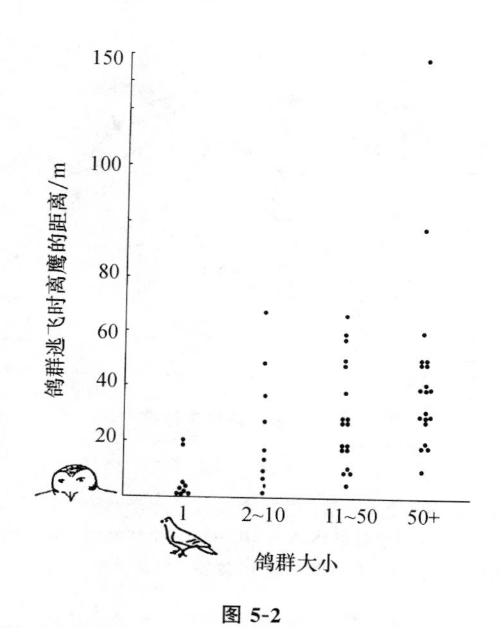


**图 5-2**

林鸽群越大就越能在比较远的距离发现猛禽的接近，因此越能及早逃飞(仿 Kenward，1978)

的灰沙燕能更为及时地发现捕食者。社群生活有利于猎物及早发现捕食者的这种好处，不会随着动物群的增大而无限增加。道理很简单，如果有 100 双眼睛就足够了，那么有 1000 双眼睛反而会坏事。曾经观察过狼(*Canis lupus*)群猎杀北美驯鹿(*Rangifer arcticus*)情况的 Crisler(1956)认为，如果驯鹿群太大，它们反而更容易被狼群所猎杀，因为太大的鹿群反而更难发现狼群的接近。

在一个动物群体中，如果某些个体具有较强的警惕性，那对全群都会带来好处。例如，在一些灵长类动物中，成年的雄猴常常占据最有利于发现捕食者的制高点，当猴群中的其他成员正在取食的时候，它担任全群的警戒工作。岩羚(*Oreotragus oreotragus*)也是这样，警戒任务也往往落在年长的公羚羊身上。虽然担任警戒任务的个体从社群生活中所得到的好处不如同群中的其他成员多，但这种利他行为却可以通过亲缘选择得以进化，因为同群成员之间的亲缘关系很密切，彼此总会占有一定比例的共同基因。

### (三) 稀释效应

鸵鸟(*Struthio camelus*)社群的增大虽然只能使警觉性稍有增加，但却可以大大减少每一个个体被狮子吃掉的可能性，这是因为狮子在每一次攻击时只能杀死一只鸵鸟。对于任何一种捕食动物的攻击来说，猎物群越大，其中每一个个体被猎杀的机会也就越小，这样，一个动物就会由于同其他同种动物生活在一起而得到保护，这就是所谓的稀释(dilution)和保护效应。一个由 100 只羚羊组成的兽群，其中每只羚羊在每次攻击时被猎杀的概率只有 1%，而这个兽群吸引捕食者攻击的次数不可能比独居羚羊大 100 倍。稀释效应的一个实例就是喜欢成群在水面划行的水黾(*Halobates robustus*)，它们的捕食者是小形的沙瑙鱼(*Sardinops sagax*)，由于这种小鱼从水中捕食水黾，所以不存在警觉性随群体增大而增加的问题。沙瑙鱼对不同大

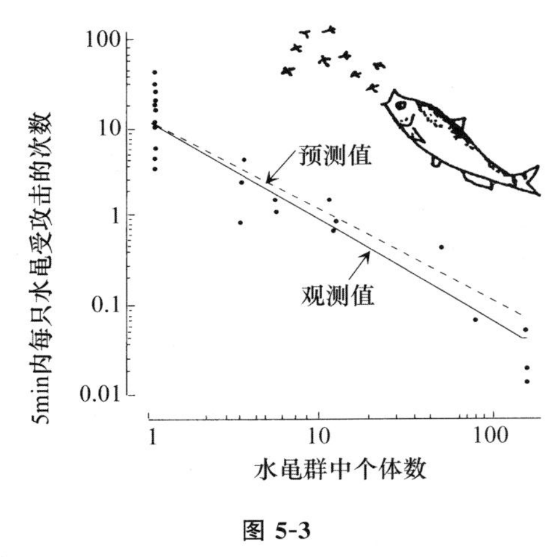


图 5-3

每只水黾受沙瑙鱼的攻击次数主要决定于社群生活的稀释效应,水黾群体越大,其中每只个体在单位时间内(5min)所受到的攻击次数越少(仿 Foster 和 Treherne,1981)

小水黾群的攻击率都是一样的,但对每一只水黾来说,沙瑙鱼的攻击率就只决定于稀释效应了(图 5-3)。图中的预测值线代表攻击率的下降完全是因稀释效应而引起时的理论值,此值与实际观测值极为接近。

有人曾测定过不同群体大小中个体的存活率,并用其表明社群生活因稀释效应而获得的好处。王蝶(*Danaius plexippus*)每年都要从北美向南迁往较温暖的地方(如墨西哥)越冬,它们的公共聚集地面积可达 $3\times10^4\,m^2$,整片森林都被密密麻麻的王蝶所覆盖。王蝶的味道虽然不太好,但有些鸟类还是在它们的聚集地取食它们。对被取食王蝶的残体所做的统计表明,取食率刚好与王蝶群体的大小成反比,所以,因稀释效应所带来的好处大大超过了因群聚更加醒目所带来的不利。

稀释效应对社群生活可能具有非常普遍的意义,它可以解释某些鸟类(如鸵鸟和秋沙鸭)在带雏期间的奇异行为:当两只雌鸟相遇时,每只雌鸟都试图偷取对方的幼鸟,让它加入自己的家庭。在通常情况下,多照顾一只其他雌鸟的幼鸟对自己不会有什么好处,但在捕食压力很大的情况下,其好处便因稀释效应而显而易见了。对生活在法国南部沼泽地带半野生马的研究提供了稀释效应的又一实例,这些马在最易遭受牛虻叮咬的夏季常常形成更大的马群。据统计,马群越大,平均每只马身上的牛虻数量越少,这说明生活在一个较大的群体中可因稀释效应而减少受叮咬的次数。把马从大群移入小群和从小群移入大群的试验,都已证实了这一点。

在有些动物中,稀释效应是靠时间和空间的同步化来达到的,在这方面最好的实例就是十三年蝉和十七年蝉。这两种昆虫都以幼虫在地下生活,13 年或 17 年后才从地下羽化而出。就 Dybas 和 Lloyd(1974)所研究过的十七年蝉来说,当成百上千万只蝉在广大的范围内同时羽化而出的时候,可以极其有效地减少其中每一只蝉遭受捕食的机会。问题是这些蝉的生活史周期为什么是 13 年或 17 年,而不是 15 年或 18 年呢?延长生活史周期的好处是迫使专门以它们为食的捕食者和寄生物在两次羽化出土之间的漫长时期内无食可取,它们要么饿死,要么改变食性,要么也得进行长达十几年的休眠。这实际上是一场延长生活史周期的"进化竞赛",你长,我比你更长,最后还是蝉赢得了胜利。13 年和 17 年周期的意义在于 13 和 17 是两个质数,它们除了 1 和质数本身以外不可能被任何一个数所除,这就是说,捕食者不可能靠一个短的生活史周期达到与蝉的生活史周期同步。例如,如果蝉的生活史周期是 15 年,那么捕食者就可以靠有一个 3 年或 5 年的生活史周期,每过 5 个或 3 个世代就可以与蝉的生活史周期同步一次。野外的观察资料证实,刚好在羽化高峰期出土的蝉比稍早或稍晚一些出土的蝉具有更大的安全性(即被取食的可能性小),因此,同步化一旦形成,自然选择就会将其保持下去并不断加以改进。与蝉的时间同步化相类似的是,在鱼群、鸟群和兽群中,总是中心的位置比边缘的位置更安全,所以群中的个体总是彼此争抢中心位置。当椋鸟(*Sturnus vulgaris*)群受到捕食者攻击时,总是收缩群体呈密集状,每只椋鸟都试图挤掉其他个体而占据中心位置。

### (四) 集体防御

如果被捕食的动物并不比捕食动物小多少或具有专门的防御武器,那么有时靠几个或更多个体联合一致地行动,就可以抵挡或挫败捕食动物的进攻。当然,蜜蜂和胡蜂的身体可能比捕食者小数千倍,它们也能击退来犯者,但它们依靠的是特殊的防御武器。很多鸟类常常群起而攻之,把偷袭鸟蛋和雏鸟的捕食者赶跑,其中红嘴鸥(*Larus ridibundus*)和灰沙燕就常常采用这种战术来保卫它们的集体营巢区。一般说来,参与集体防御行动的个体越多,捕食者就越难得手。集体防御行为不仅鸟类有,哺乳动物也有。例如,倭獴(*Helogale undulata*)有时也结成群,靠集体的力量驱赶捕食者;而白纹獴(*Mungos mungos*)则把幼兽围在中间,成兽则面对并抵挡大型猛禽的进攻,甚至还主动向捕食者发动攻击。

麝牛(*Ovibus moschatus*)的御敌方法是人们所熟悉的:当它们受到狼群的围攻时,便围成一圈,把易受攻击的个体保护在中间,身体强壮的麝牛则在最外层,头一律向外,把角对着狼群,这样就形成了一条狼群所难以攻破的防线。在灵长类动物中,靠集体的共同努力来防御和击退捕食者的事实也不断有人报道(Stoltz 和 Saayman,1970;Eisenberg,1972 等)。

有些捕食动物可能会冒受伤的危险而与被捕食动物的集体防御相对抗。例如,游隼(*Falco peregrinus*)有时会以极高的速度冲向椋鸟群中的一只椋鸟,但当整个椋鸟群对它的俯冲做出反应,迅速收缩成密集鸟群的时候,游隼可能会失去原来的目标而盲目地冲进鸟群,因此导致严重受伤。

### (五) 迷惑捕食者

如果一个捕食动物,既未被猎物觉察,也未受到猎物群的抵抗,那它仍然面临着选择哪一只猎物作为攻击目标的问题。很可能当它开始追捕的时候,同时会有几只猎物朝着不同的方向奔跑,这时,捕食动物常常受到迷惑,不知去追逐哪一只更好,结果很可能丧失了捕食良机,一无所获。Neill 和 Cullen(1974)在实验室中曾仔细研究过枪乌贼(*Loligo vulgaris*)、乌贼(*Sepia officinalis*)、狗鱼(*Esox lucius*)和河鲈(*Perca fluviatilis*)追捕小鱼鱼群的情况,这些研究清楚地表明,捕食动物常常因为受到迷惑而使捕食成功率下降。上述 4 种捕食动物在追捕单个猎物的时候都不愧是最优秀的猎手,但当它们在追捕较大的鱼群时却远远不是那么得心应手。

据 Jarman(1974)报道,黑斑羚(*Aepycerus melampus*)在受到惊扰时,常常突然向各个不同的方向爆炸式地奔跑,这种突发动作常常使捕食者感到不知所措,迷惘不前,从而丧失了捕食良机。Kruuk(1972)曾描述过一只雌性汤姆森瞪羚(*Gazella thomsonii*),当它的幼羚正在被一只豺(*Canis mesomelas*)或鬣狗追逐时,它会在捕食者行进的路径上来回穿行。这种行为表现对拯救幼羚能有多大帮助目前还不清楚,但一定具有某种存活价值。有趣的是,被捕食动物用来迷惑捕食者的这种行为,有时也会把自己搞乱,当它们在奔跑中彼此相撞时就会妨碍各自的逃路。在这方面,群的大小显然是非常重要的,群体太大有时就会出现这种自乱阵脚的现象。正是由于这方面的原因,狮子在攻击大群有蹄类动物时,往往比攻击中、小群有蹄兽更易得手。此外,从统计学的角度看,在一个较大的兽群中,出现老弱病残个体的概率更大,而这些个体是最容易受到捕食动物攻击的。

### (六) 避免使自己成为牺牲品

也许,一个动物保护自己的较好方法是使自己更加靠近同群中的其他个体。Hamilton (1971)曾利用一个几何模型证明,每一个个体都可以借助于使自己更加靠近另一个个体而减少自己的危险域(domain of danger),从而使自己避免成为最靠近捕食者的那个个体。显然,群体中的成员不可能都处在群体中最安全的中心区域,但是当捕食动物逼近的时候,通过上述行动就可导致群体的密集收缩;而捕食动物要想从一个密切靠拢的动物群中俘获一头猎物,则是一件更加困难的事情。可见,虽然位于群体中心的那些个体可以得到最大的安全,但其他个体也能得到安全上的好处。

上述理论曾被在实验室内所进行的大量观察所证实,但至今野外研究资料还不是很多。Kruuk(1964)和 Patterson(1965)都曾对集体营巢的鸟类进行过这一问题的研究。他们的研究证实,位于巢群边缘的鸟巢比位于巢群中心的鸟巢更容易遭到捕食动物的破坏。下面我们不妨提出这样一个问题,即上述事实在多大程度上是由于鸟巢位置的关系,在多大程度上是由于鸟巢主人本身的弱点呢?譬如说行动迟缓、警觉性差和竞争力弱等,说不定正是由于这些弱点才使它们被排挤到了群体的边缘。Conlson(1968)的研究表明,在巢群边缘营巢的三趾海鸥(*Rissa tridactyla*),其生殖成功率比巢群中央的要低,但这种低成功率并不是由捕食动物造成的(捕食因素微不足道),而是由于这些鸟类本身的生活力和生殖能力较差。另一方面也应当指出,捕食压力最终很可能是引起鸟类为争夺中心营巢地而进行竞争的一个重要因素。

### (七) 社群大小对个体安全的影响

正如前面所讲的那样,社群生活会给被捕食动物带来各种好处。这些好处有些在动物群较小时更适合,有些在动物群较大时更有利。图 5-4 是一个捕食者和它所捕食的一个小猎物群,该图表明,捕食成功率将受各种因素的影响,而且表明了这些因素是如何随着猎物群的大小而发生变化的。从图中可以看出下列几点规律性的东西:

(1) 捕食者发现猎物群的概率将随着猎物群大小的增加而增加(线 a);

(2) 在捕食者接近猎物群的过程中,其不被猎物群及早发现的概率将随着猎物群的增大而急剧下降(线 b);

(3) 当猎物群很小时,捕食动物的攻击很难用猎物的集体防御来阻止(线 c);

(4) 当猎物群较大时,捕食动物很难专注于其中的一只猎物,而不受其他个体的迷惑(线 d);

(5) 捕食动物猎食成功的总概率决定于上述各个概率值的乘积(线 e)。

### (八) 减轻捕食压力

假定捕食动物成功地接近了一个猎物群并从中获得了一只动物,而猎物群中的其他成员因具有某种逃避能力而全部脱险。因此对于任何一种捕食动物的攻击来说,猎物群越大,其中每一个个体被猎杀的机会就越小。仅仅由于这一点好处,被捕食动物的结群生活方式就有可能被自然选择所保存。这样,一个动物就会由于同其他同种动物生活在一起而使自己得到保护。这种保护方式的合理性是可以用数学方法加以验证的,例如,用数学方法可以证明,一个动物在群体中受到保护的程度将随着群体中被猎杀的个体数目的增加而降低,而且也将随着捕食动物对该猎物群捕食率的增加而下降。

此外,捕食动物的一次攻击即使是成功的,一般也只能从猎物群中猎取一只动物。很多生

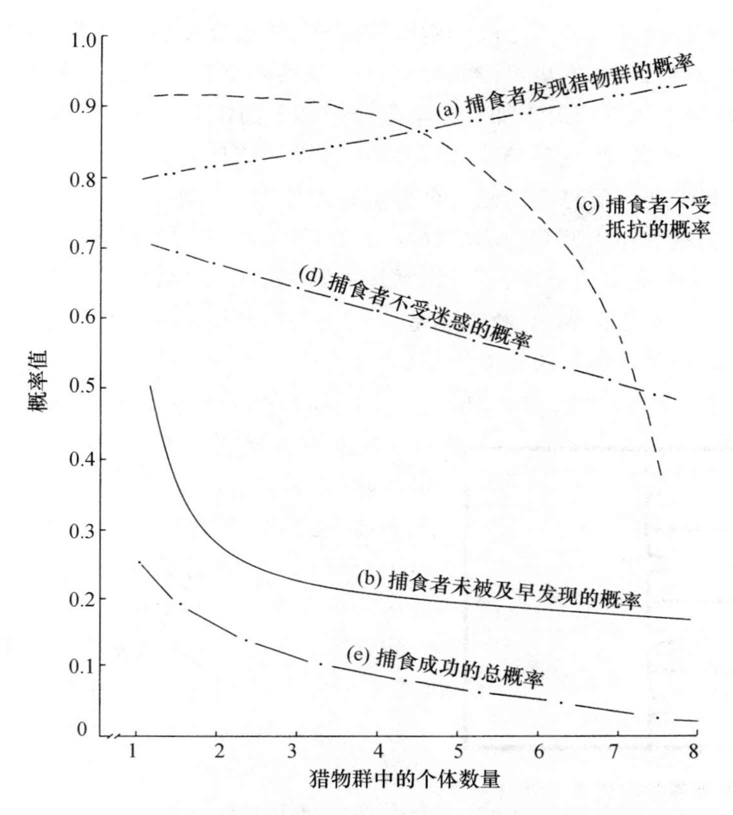


**图 5-4　猎物群的大小对捕食者捕食成功率的影响**

态学家都曾经报道过,像狮子、鬣狗、狼和四趾猎狗(*Lycaon pictus*)这样比较大型的社会性捕食动物在一次攻击中也很难从猎物群中猎取两只或两只以上的动物,这种情况如有发生也是很偶然的。更为明显的是,猎物群受到攻击的次数不可能同群的大小成正比例,这就是说,猎物群越大,它受到的攻击次数相对说来也就越少。可见,社群生活确实能使每一个个体都能得到较大的安全。

## 二、社群生活对捕食者的好处

正如前面已经谈到过的那样,捕食者本身也常常会成为其他捕食者的潜在猎物,例如,生活在塞伦盖蒂的猎豹(*Panthera pardus*),其所吃食物的10%是由其他食肉动物组成的。又如,猛禽也捕食食虫鸟和獴,而獴又吃蛇,蛇则捕食啮齿动物,所以在讨论社群生活对捕食者的好处时,应当记住猎物从社群生活中所得到的好处对捕食者往往也是适用的。此外,社群生活对捕食者还有许多其他方面的好处,特别是在猎取食物方面。

### (一) 通过信息交流更快地找到食物

Ward 和 Zahavi(1973)认为,鸟类结成大群进行觅食的行为有助于它们彼此之间交流关于食物产地的信息。对于一只觅食不太成功的鸟来说,如能观察和跟随另一只觅食效率较高和熟知食物产地的鸟去觅食,它就会从中学到很多东西和获得许多好处。对于觅食较成功的鸟来说,它可能很难摆脱其他鸟对自己的观察和跟随,如果食物资源丰富,这种观察和跟随对它可能并没有什么不利,而且它也可以通过观察其他鸟的觅食行为而获得有用的信息。社群内部个体之间的这种信息交流对于那些以集团分布和不稳定分布的食物资源为食的物种来说就显得尤为重要。像椋鸟、织巢鸟、鹭和很多海鸟这样一些鸟类,它们之所以结成极大的鸟群共同在一起生活,其中便于信息交流是一个很重要的原因。

Krebs(1974)曾观察过大蓝鹭(*Ardea herodias*)的巢群和它的很多觅食地。他发现,邻巢的鹭常常是在同一时刻离巢去觅食,而且常常是去同一地点觅食,虽然还不太清楚跟随者是不是属于那种觅食不太成功的鸟,但鹭的确是喜欢去那些已被其他个体觅食过的地方去觅食。类似的现象在秃鹫、林鸽和鬣狗中也有发现。

对信息交流说的实验检验,首推 Peter de Groot(1980)对奎利亚雀(*Quelea guelea*)的研究。奎利亚雀是属于文鸟科的一种织巢鸟,集体营巢,栖群有时多达百万只以上,它们是中非地区的农业害鸟,几小时之内便可把一片庄稼的谷物吃光。De Groot 的实验设计如图 5-5,两群奎利亚雀共同栖息在标有×的一个大鸟室中,取食地点是在标有 1~4 的 4 个小分室中。大鸟室中的奎利亚雀不能看到 4 个小分室内的情况,但却可穿过一个小通道进入小分室觅食或饮水。在一次实验安排中,训练一个鸟群(A)到 4 个分室中的一个分室去找水,并训练另一个鸟群(B)到另一个分室中去取食。然后让两群鸟共栖于大鸟室×中,并不让它们吃到食物、喝到水。当它们感到渴时,鸟群 B 便跟随鸟群 A 到有水的分室去饮水;当它们感到饿时,鸟群 A 便跟着鸟群 B 到有食物的分室去取食。目前还不清楚的是,奎利亚雀是如何能够知道对方鸟群具有资源产地知识的,只知道它们跟随对方就能找到它们所需要的食物和水资源。

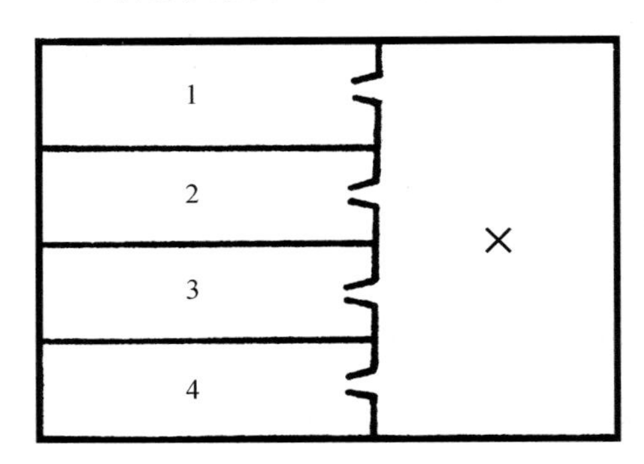


**图 5-5 用奎利亚雀检验信息交流说**

鸟群栖息在标有×的大鸟室中,标有 1~4 的 4 个小分室是鸟的取食地

在另一次实验安排中,训练鸟群 A 到一个具有优质食物(纯种子)的分室去取食,训练鸟群 B 到一个具有劣质食物(种子中混有砂粒)的分室中去取食,然后使两鸟群共栖于大鸟室×中。结果当黎明时,鸟儿飞离大鸟室×去觅食,鸟群 B 中的鸟总是跟着鸟群 A 中的鸟飞。

在另一项研究中,Galef 和 Wigmore(1983)训练大鼠(*Rattus norvegicus*)在一个三臂迷宫中觅食,迷宫的每一臂都含有不相同的食物,即可可、樟和奶酪。在预备试验中让大鼠知道在任何一天三臂中只能在一臂内有食物,但哪一臂有食物则是不可知的。然后在正式试验中让 7 只大鼠中的每一只鼠都能嗅到相邻笼中一只"指示"鼠的气味,这只指示鼠当天曾随机选择地吃过上述三种食物中的一种,结果 4 只嗅过指示鼠气味的大鼠在当天第一次觅食时便能找到这种食物的正确位置。实验表明,大鼠从指示鼠那里所得到的信息是指示鼠所吃过的食物的气味。

### (二) 提高猎食成功率

捕食者一旦发现了猎物,就会面临将其捕获的艰巨任务,由于猎物都具有逃避捕获的种种适应,所以捕食者在狩猎中常常失败。但两个或更多捕食者一起捕食往往比单独一个捕食者更容易成功。例如，狮子在捕食瞪羚、斑马(*Equus burchelli*)和角马时，两只以上共同捕食的成功率可提高1倍，这是因为猎物逃脱了一只狮子的攻击，往往又落入了另一只狮子的攻击范围，这将使它的逃生机会大大减少。

在其他捕食动物中，集体狩猎现象也很常见。单独一只豺在追捕幼瞪羚时往往失败，但两只豺合作就能获得成功。鬣狗在狩猎幼角马时也有类似现象，两只鬣狗分工合作，一只专门抵挡住母角马的进攻，而让另一只去追捕失去母角马保护的幼角马。虎鲸(*Orcinus orca*)也常常实行合作狩猎，它们把猎物——海豚包围在中间，然后发起攻击，这种有效的捕食方法，单独一只虎鲸是根本无法进行的。

有些捕食性的鸟类是以个体间协作的方式进行捕食的，例如，鹈鹕在捕鱼时围成紧密的一圈，把头同时浸入水中捉鱼，这样可以大大提高捕食效率。很多从空中潜入水中捕食的海鸟(如鲣鸟)常常集中在同一地点捕鱼，这样可以引起鱼群混乱，便于捕捉。

**(三) 便于捕捉较大的猎物**

在大型食肉类哺乳动物中存在着一个引人注目的现象，即群居性种类所捕食的猎物往往比较大，例如，狮子、斑鬣狗、野狗和狼是集体猎食的种类，它们所捕杀的猎物常常可以比它们自身大好几倍，至少也要和它们一样大；而独居性的猫、狗和鬣狗，通常只能猎取比它们自身小的猎物。就这个问题也可以在种内个体之间进行比较：小群的野狗只能杀死角马的幼马和瞪羚，而大群的野狗可以杀死成年斑马，它们在猎杀斑马的过程中各有分工。独居的狼主要以兽尸和小猎物为食，而狼群可以追杀具有自卫能力的成年麋鹿和其他种类的鹿。单独一只狮子很难对付体大粗壮的野牛，而一个狮群却能够把它杀死。

有两个原因可以说明为什么群居的食肉动物常常猎杀较大的动物：首先，靠几个个体的联合进攻，可以把一个巨大的猎物扑倒，特别是在后者具有防卫能力的情况下。这对于野狗和鬣狗来说尤其重要，因为它们没有其他特别的方法置猎物于死地。其次，在庞大猎物拼命反抗和挣扎时，一些捕食者可能受伤，但受伤个体依靠同伴带回的食物可以维持较长时间的生存，减少死亡风险。有人曾报道过一只受伤的雄狮依靠同伴杀死的猎物生存了好几个月。与此相反的是，依靠快速奔跑单独进行狩猎的猎豹，因饥饿而死亡的可能性要比狮子大得多。一般说来，鸟类不靠集体合作捕捉较大的猎物，因为鸟类体重较轻，在与庞大猎物的较量中更容易受到伤害。

既能猎杀较大的猎物，又能捕食较小的猎物，这在理论上讲就扩大了一种捕食动物的食谱范围，增加了生存机会。应当说，一种捕食动物所能捕食的猎物种类往往是有限的。因此一种动物依靠群体的力量不仅能够而且也需要猎杀比它们更大的猎物，否则，饥饿就会威胁到群体的每一个成员。

**(四) 有利于捕食者在与其他捕食者的竞争中取胜**

生活在群体中能使捕食者更好地与其他捕食者进行竞争，包括直接竞争和间接竞争。捕食性物种之间的直接竞争比植食性物种之间的直接竞争更为激烈，因为前者的食物是呈离散分布的，体积小，质量高，可为其发生直接争斗。例如，狮子和鬣狗常为一只自然死亡或被猎杀的兽尸而发生争斗。在这种争斗中，单独一只鬣狗绝不是一只狮子的对手，但一群鬣狗就能够把一只狮子从兽尸处赶跑；另一方面，一群狮子又能把一群鬣狗赶走。同样，一只豹子绝不会把猎物丢失给一只鬣狗；但如果面对两只以上鬣狗的争夺，豹子就很难保住自己的猎物。

在鱼类中,取食相同食物的各种鱼之间也常发生激烈竞争。1976年,Robertson等人曾研究了鱼类的社群生活对提高其竞争能力的影响。一般说来,鹦嘴鱼(*Scarus croicensis*)对雀鲷(*Eupomacentrus planifrons*)来说并不占有竞争优势,常因雀鲷的攻击而使其取食范围受到限制。但生活在群体中的鹦嘴鱼往往比单个的鹦嘴鱼具有较高的取食率,这是因为鹦嘴鱼的数量"稀释"了雀鲷的攻击,雀鲷可以把一只鹦嘴鱼赶出它的领域,但却无法把一群鹦嘴鱼赶出它的领域。

在捕食性物种之间也存在着间接竞争或生态竞争。如果狮子因营社群生活而使捕食活动更有效率,那它在与其他食肉动物的间接竞争中也会变得更加有效,这就意味着它能够猎取猎物种群中的较大比例,而把较少的部分留给它的竞争者。两种捕食动物,如果它们的狩猎方法相似或同样以猎物种群中易受攻击的个体(如老幼病弱个体)为捕食对象,那它们之间的间接竞争就会变得更加激烈。例如,鬣狗与野狗之间的竞争要比鬣狗与狮子之间的竞争要激烈得多,因为前两种动物都以猎物种群中的弱小个体为捕猎对象,而狮子则主要捕食猎物种群中健康的成年个体。

### 三、其他方面的好处

到目前为止,我们只谈到了由一个物种所组成的群体,但在自然界也存在一些由多个物种成员所组成的混种群体。例如,由两种或两种以上雄性羚羊所组成的小群体是很常见的,在这样的群体中,任何一个物种警觉能力的提高都会给其他物种带来好处,而且捕食动物一旦捕食成功,其对猎物物种所造成的损失将会由多个物种分担,这样就减少了每一个物种的死亡风险。狒狒(*Papio anubis*)和高角羚(*Aepycerus melampus*)常常生活在很大的混种群体中,原因之一是可以提高它们及时发现天敌的能力,狒狒有极好的听觉,而高角羚有敏锐的嗅觉,两物种的色觉范围又各不相同,这些能力的结合就可以大大提高整个群体的警觉性。

混种群体在食虫鸟类中也很常见,但每一物种从中能获得什么好处和获得多大好处,目前还不十分清楚。牛鹭(*Bubulcus ibis*)和牛生活在一起可以费较少的力气而获得大量的食物,因为它们所捕食的昆虫是受牛的惊扰而暴露出来的。在鸟类的混种群体中,"核心"种可能起着类似于牛的作用。Krebs(1973)曾用实验证实了,无冠山雀(*Parus gambeli*)可以通过观察其他山雀的行为而发现食物所在地。在山雀的混种群体中,每一种山雀都会因与其他山雀生活在一起而获得好处。在猛禽和食肉类哺乳动物中,至今还没有发现有混种群体存在。虽然腐食性物种常常伴随着食肉动物而出现,但这种关系是单方面的受益关系。

## 第二节　社群生活与种内关系

前一节着重谈了社群生活对种间关系的影响,主要是被捕食动物与捕食动物之间的关系,本节将专门讨论社群生活对种内关系的影响。下面就这个问题分几个方面加以论述,但需指出的是,社群生活所造成的这些种内后果并不是孤立存在的,而是以多种方式彼此相互作用着。

## 一、永久性的社群

喜欢群居的动物(特别是小群体)常常形成永久性的社群,例如,狼群并不是由不同的个体临时组合起来而形成的一个群体;相反,它的成员相当稳定,而且是一种长期的个体组合。其他动物也是这样,如,狮子、野狗、鬣狗、獴、很多有蹄类动物、多数灵长类动物和某些啮齿类动物等。

在鸟类中也有很多种类是生活在永久性的社群中,鸟类的营巢期是一个地点固定不变的稳定期,这不仅使个体的活动范围受到了很大限制,同时也保持了生殖群中个体成员的稳定性。与哺乳动物相比,很多哺乳动物的幼体都不曾经历这样一个不活动的稳定期。

社群成员的稳定性必然会导致不同成员之间的彼此识别和相互了解,使社群关系变得更为复杂;如果社群成员是不断变化的,而且成员之间互不相识,那么这种社群关系就会简单得多。在一个具有复杂社会关系的社群中,优势等级现象和合作行为往往非常发达,这些现象和行为都是建立在社群成员稳定和彼此能够相互识别的基础上的。

## 二、近亲生殖

如上所述,家族成员和社群成员的稳定性有利于成员之间的相互辨识和相互学习,而且也是建立一个更复杂的社群关系的先决条件。但是社群成员的稳定性还会导致另一种后果,即近亲生殖,而近亲生殖往往会引起种系退化和生活力下降。

Greenwood 等人(1978)曾研究了大山雀在牛津附近森林中连续 12 年的生殖情况并得出了下列结论:大山雀近亲交配后代的死亡率约比非近亲交配后代的死亡率大 71%,但存活个体的生活力和生殖力表现正常。1977 年,Packer 发现,狒狒的近亲交配可使后代的生活力下降 40%。

一般说来,在自然条件下,动物近亲交配的机会很少。就拿大山雀来说吧,由于雌雄两性离群疏散的远近不相同,它们之间是很难发生近亲交配的。雌性大山雀比它同窝长大的雄性大山雀会更远地迁离它们的出生地。像角马、织巢鸟和椋鸟这样的动物,虽然它们生活在极大的群体中,但这种群体几乎不表现出任何社会结构,因此,一个雌性个体同近亲雄性个体(父亲或兄弟)相遇和交配的概率,从统计学上讲是微乎其微的。灵长类和食肉类动物,因为群体比较小,近亲交配的可能性比较大,但实际情况比人们按统计学所预测的要小得多,因为雌性后代或雄性后代(有时是两性)常常离开它们的出生群,加入到其他社群中去。

至于是哪一性留下来,哪一性迁出去,则要视动物的种类及其社会结构而定。野狗通常是雌性离开出生群,而雄性留下来。黑猩猩和阿拉伯知更鸟(*Turdoides squamiceps*)也是如此。而鬣狗、狮子、狒狒、罗猴(*Macaca mulatta*)和大多数灵长动物和有蹄动物,则是雄性离开出生群而雌性留下来。也有两性同时外迁的,如大猩猩(*Gorilla gorilla*)。

由此可见,借助于两性个体的外迁行为,可以有效地避免近亲交配的发生。作为避免近亲生殖的一种行为机制,通过进化,外迁行为出现在很多不同种类的动物中。1976 年。Zimen 在"狼群大小的调节"一文中提到,同一窝长大的狼(同父同母),两性之间根本不存在性的吸引力,在它们之间也从不会发生交配现象。由此看来,必然还存在着另一种防止近亲交配的特殊机制。

## 三、社群成员间的亲缘关系及其对行为的影响

如果动物是在一个永久性的社群中度过它们的一生，那么不仅它们的配偶，而且社群中的其他成员也往往与它们有亲缘关系。在野外对灵长类、食肉类、啮齿类、有蹄类和鸟类所做的长期跟踪观察已经证实了这一点。

社群成员之间有亲缘关系，这将有可能使亲缘选择在社群进化中发挥作用，促使社群结构进一步复杂化。复制基因不仅可以出现在自己后代体内，而且也可以出现在其他近缘亲属体内，因此就不难想象，在基因水平上起作用的自然选择必将"偏爱"那些能给自己的亲属带来好处的行为，哪怕这种行为对自己可能是不利的。在这些行为中双亲护幼无疑是最常见的一种，因为子代不仅同父母的亲缘关系最密切，而且也最需要得到亲代的帮助。除此之外，动物还可以得到来自亲属的其他帮助或给自己的亲属以帮助。这种帮助可以采用各种形式，如互助合作、抑制竞争和帮助抚育后代等，但所有给其他成员以帮助的个体都毫无例外地能增加自己的广义适合度。

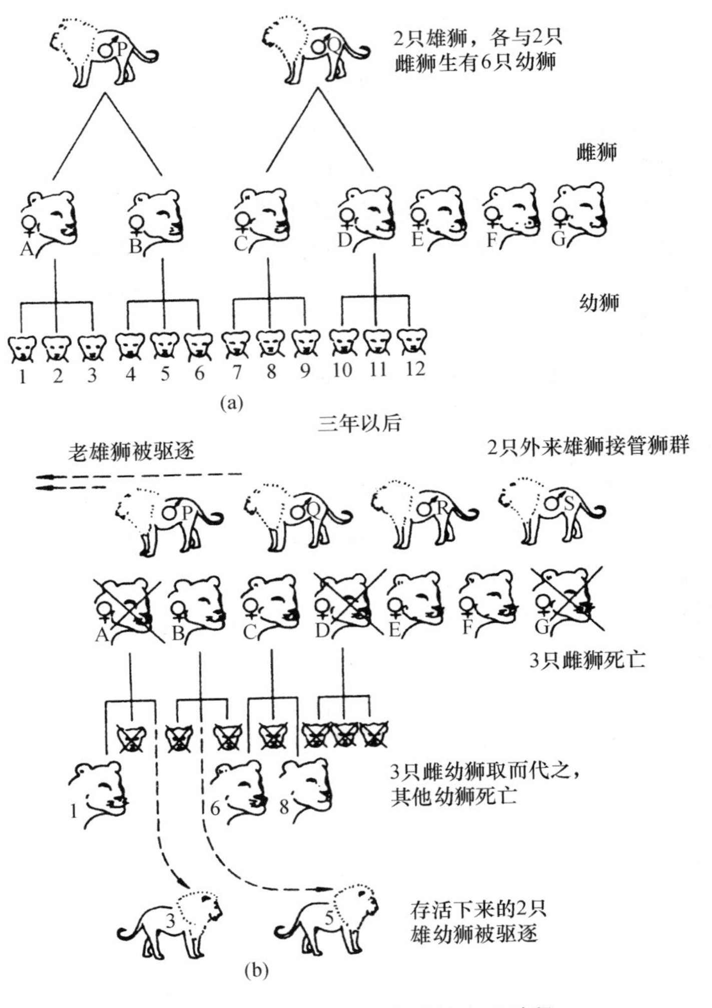


图 5-6　一个普通狮群的生殖过程

并不是所有的个体都能从亲属那里得到最充分的帮助，但一个社群因成员间存在亲缘关系而得到的利益总量是一定的。最理想的是，每一个受益个体所得到的好处应当与它同利他个体之间亲缘关系的密切程度呈正相关，即与利他个体的亲缘关系越近，就应当从利他个体得到越多的好处。但是社群成员之间的亲缘关系往往存在着某些不确定性，因此，利他个体往往对这种亲缘关系的不确定性留有余地，对于那些雌雄乱交或把蛋或后代混在一起共同孵化和抚养的动物群来说就更是如此。

尽管在一个动物社群中存在着亲缘关系的不确定性，但却有可能计算社群内个体之间亲缘关系的平均值或近似值。1976 年，Bertram 曾研究过一个典型狮群的生殖谱系（图 5-6）。经他计算。在这个狮群中，成年的生殖雄狮之间的亲缘关系，平均为半兄弟关系（half-sibling），而雌狮之间则相当于表亲关系（cousins），但雌狮和雄狮之间则完全没有亲缘关系。对亲缘关系所进行的这种分析，对于理解狮群内的各种合作行为是至关重要的，这一点在后面还会谈到。有人曾在塔斯马尼亚研究过当地所特有的一种水鸡（*Tribonyx mortierri*），证实雄水鸡之间的亲缘关系是构成它们在生殖中进行合作的基础。在很多其他社群动物中（包括哺乳动物、鸟类、昆虫及其他），亲缘关系也同样是一种强大的选择压力，有利于动物朝彼此合作和产生利他行为的方向发展。

## 四、动物社群内的生殖优势

在一个普通的动物群中，潜在的配偶和潜在的争偶者都近在咫尺，因此在这样的动物群中很容易找到配偶，也很容易在生殖上产生独占优势。但是在一个具有一定社会结构的亲缘群中，潜在的竞争者往往还同时是一个与自己共有一定比例基因的亲属或合作伙伴。如果一个动物能够从自己的伙伴那里获得某些好处，那么它对这样一个伙伴所占有的优势就不应当太大，以免造成伙伴的死亡或离去。

在一个动物社群内部，个体之间的竞争范围和竞争方式将取决于各种因素，如，利害关系、使用的武器、竞争双方亲缘关系的远近、双方竞争能力的差异、彼此需要合作的程度以及社会结构的特点等。这些因素反过来又能影响社会结构的进化。

一般说来，竞争更多是在雄性个体之间进行的。在很多社会性动物中，雄性个体之间的竞争往往导致优势等级的产生，而优势个体则拥有最大的交配权，这在很多哺乳动物和鸟类中表现得非常明显。在比较小和紧密的动物社群中，交配权往往只属于一只雄性动物。如，某些獴、狼、野狗、火鸡（*Meleagris gallopavo*）和阿拉伯知更鸟等。在很多动物社群中，雄性个体之间的竞争非常激烈，除了最优势的一只雄性外，其他雄性个体往往被全部赶出社群，如，叶猴（*Presbytis* spp.）、斑马、骆马（*Vicugna vicugna*）、海豹、多种羚羊和啮齿动物以及某些其他猴类。

也有少数动物社群没有优势等级的分化，群内允许两只或更多只雄性动物具有同等的交配权，如狮子和塔斯马尼亚水鸡。Bertram（1976）认为，在雄狮之间缺乏竞争可能有以下几点原因：① 战斗所带来的能量消耗和损失太大；② 雄狮之间需要合作，以便维持对一个雌狮群的占有；③ 不可能每次交配都能导致产生后代；④ 雄狮彼此之间有着较密切的亲缘关系。与此形成对照的是，在彼此没有亲缘关系的食肉类哺乳动物社群中，雄性动物之间往往势不两立，竞争往往表现为激烈的战斗和扼杀竞争对手的某些后代，通过杀死同自己没有亲缘关系的幼小动物,一个雄性动物就可以在社群中增强自己的遗传优势。这类动物雄性个体之间的直接战斗常常会导致雄性个体在进化过程中体形的增大和产生专门用于战斗的器官(如角和长牙等),从而表现出明显的性二型分化。

雌性动物之间的竞争远不如雄性动物那么激烈,而且一般不是为了交配权而竞争(交配机会很多),而是为了生殖权而竞争。在倭獴、野狗和狼群中,通常只有一只最优势的雌兽进行生殖,它能够抑制其他雌兽的发情和限制它们的交配。至于它是如何做到这一点的,目前还不十分清楚。与此相反的是,在狮群中,所有的雌狮都能产仔,大多数灵长动物和有蹄动物也是如此。导致一个雌兽垄断生殖权的因素很多,往往是这些因素综合起作用的结果,这些因素包括:① 一只雌性动物是否能提供足够数量的后代供全群抚养,例如,野狗一窝可产 16 只幼仔,而雌狮一窝只能产 6 仔;② 如果非优势雌性个体不能成功地进行生殖的话,最好能存活到优势个体死亡以后,以便取而代之;③ 动物社群比较小和比较紧凑时,更有利于优势个体有效地控制从属个体;④ 优势个体与从属个体之间存在着密切的亲缘关系,由于亲缘选择的作用,将使引起竞争的自然选择压力减弱,在这里,起作用的是一个正反馈系统。随着动物社群中的生殖被少数个体所垄断,子代彼此之间的亲缘关系就会变得更加密切,这种情况通过亲缘选择必将促进个体之间的合作,并将减弱从属个体争夺生殖权的竞争。上述一些因素对大多数社会性的食肉类哺乳动物、社会性昆虫和鸟类是起作用的,但对其他哺乳动物却不适用。

动物社群内的生殖竞争并不排除生殖合作。狼、野狗和獴,不管是雄兽还是雌兽,也不管是正在生殖的还是没有生殖的,都经常带回食物喂给幼兽并精心抚养它们,这也许是亲缘选择在起作用的又一明显例证。雌狮还允许其他雌狮的幼仔吸吮自己的奶汁并帮助抚养它们,环纹猿也是这样。但这种公共哺乳现象在其他哺乳动物中却是很少见的,如灵长动物和有蹄动物。对于狮子来说,由于雌狮之间有比较密切的亲缘关系,因此,亲缘选择将会有利于公共哺乳现象的产生和进化。假如灵长动物和有蹄动物也能像狮子那样,在雌兽之间具有足够密切的亲缘关系,而且亲缘选择在它们的进化中确实起着重要作用的话,那我们就可以预测,在它们之中也必然会有一些种类产生公共哺乳现象。

## 五、社群内的食物竞争和食物分享

可以预料的是,在一个动物社群中各成员之间必然会发生争夺食物的竞争,特别是在食物短缺的时候。食物的性质和利用食物的方式显然会影响竞争的范围和竞争的激烈程度。那些到处漫游的食草兽,如角马、斑马和野牛,它们走到哪里就吃到哪里,几乎不会由于新伙伴的加入而发生争抢食物的竞争。但随着动物群的增大,它们就不得不漫游得更远一些。昆虫和小鱼是可移动的食物,对于这类小食物,也很难发生直接的竞争。由于食物极小,在一个捕食者把它们吃下去之前,另一个优势个体是很难从它的口中把这些食物抢走的。一个优势个体所能做到的,只能是优先占据一个最有利的捕食位置而已。

但有很多吃果实的灵长类动物和社会性食肉类动物,却经常为食物发生直接或间接的竞争,因为它们的食物常常发生短缺。我们先来看看灵长类动物。大群的灵长动物往往比单独生活或小群生活的灵长动物占有更大的活动范围,这本身就意味着存在间接的食物竞争。在社群内,一个从属个体在觅到食物以后(如一串果实),往往会被优势个体抢走。分享食物的现象在灵长类动物中也屡见不鲜。狒狒和黑猩猩往往在得到了一块肉以后，允许其他个体前来分享。另一种分享方式是，当一个动物发现食物以后，主动呼唤和引导同伴去共同享用。

在社会性食肉类哺乳动物中，食物竞争现象更为普遍。与同伴分吃一个兽尸就意味着自己少吃一半。鬣狗和野狗在很多个体同吃一个兽尸时，各自都以最快的速度饕餮大吃，它们之间虽然有时也发生争吵，但却不存在等级优势。对狮子来说，如果兽尸很大，食者又不太饥饿的话，情况也是如此。但如果兽尸较小，食物的最初占有者就表现出一定的优势。但捕食者的个体大小有时也很重要，一只个体较大的狮子，尽管不是食物的最初占有者，也能抢夺较小狮子的食物，如雄狮抢夺雌狮的食物和雌狮抢夺幼狮的食物等。当食物匮乏时，这种情况常常会导致弱者因得不到食物而死亡。野狗则与狮子相反，幼犬反而比成年犬更占优势，它们可以首先取食。据分析，野狗和狮子的这种差异是有其进化上的依据的，因为在野狗中，成年犬与幼犬的平均亲缘关系要比狮群中雌狮与幼狮的平均亲缘关系密切得多。因此，通过亲缘选择的作用，成年犬允许幼犬保持它们的取食优势就变得可以理解了。另外，大多数成年野狗都不直接参与生殖，而是间接地协助抚养同它们自己有一定亲缘关系的幼犬而达到传布自身基因的目的，因此，维护这些幼犬的优先取食权不但不会降低，而且还可以提高它们自己的广义适合度。

除了食物竞争以外，食物分享现象在食肉类哺乳动物中也很普遍。在某些情况下，雄狮比雌狮更能容忍幼狮分享自己的食物，虽然它不允许其他成年狮分享。据分析，这是因为雄狮与幼狮的亲缘关系往往比雌狮与非亲生幼狮的亲缘关系要密切得多。在其他食肉类社会性哺乳动物中，分享食物的现象更为明显。野狗常常把食物反吐给群中的其他成员，包括成年犬和幼犬。狼和獴也常常反吐食物或把食物带回来喂给幼兽，不管这些幼兽是不是它们自己所生。环纹獴只要一发现栖满甲虫的象粪堆便发出喊喊喳喳的叫声，召唤其他伙伴一起来享用。在这些食肉类哺乳动物社群中，由于成员之间的亲缘关系都很密切，所以，食物分享和生殖合作现象得到了高度的发展。但同社会性昆虫相比，它们却略逊一筹。在昆虫社会中，亲缘选择将更加有利于个体之间的合作，而不利于个体之间的竞争。因此，社会性昆虫在个体合作的所有方面都大大超过了其他动物。

## 六、其他方面的合作

同种的不同社群之间也常常发生竞争和争斗，同一社群的不同个体之间在抵御外敌方面常常实行合作。例如，在到处游猎的狮群和鬣狗群之间经常为争夺兽尸而发生冲突，大的社群常常能劫掠小的社群所占有的食物，这种情况也经常发生在环纹獴和很多灵长类动物中。倭獴社群的所有成员都参加领域的防御工作，或是直接参与，或是对领域进行气味标记。几乎所有占有领域的社群动物、社群成员在保卫领域中都实行合作，但这并不是说所有个体都同等参与。例如，雄狮就比雌狮更多地参与领域的巡查、标记和保卫工作，这一方面是因为雄狮体格魁梧，更善于战斗，另一方面则是因为雄狮在外敌入侵时所冒的风险较大。在抵御外敌时，雄狮之间在战斗中也常常实行合作。

在身体大小方面的性二型现象常常会导致社群内两性个体间的分工，雄狮参加狩猎的次数一般比雌狮要少。部分原因是它们不太善于狩猎而比较善于保卫领域，但更重要的原因是它们能够强行分享雌狮带回的猎物,当它们等待雌狮狩猎归来时,常常与幼狮待在一起并对幼狮提供可靠的保护,因此,雌雄两性的分工对社群内的所有成员都会带来好处。因此,乍看起来像是一种分工合作,其实只不过是每个个体都在干最适合于自己干的工作而已。在倭獴的社群中,负责全群安全的瞭望员往往是排位较低的雄性个体,这种分工很可能也是社会行为的间接产物。如果像某些有蹄类动物那样,从属性的雄性个体常常被驱赶到风险较大的群体外缘去生活的话,那它们为了自身的安全就不得不保持较高的警惕性;而生活在群体中心部位的成员也会从这种警惕性的提高中获得安全上的好处,至少可以使它们不用花太多的时间用于警戒。

负责瞭望任务的环纹獴似乎具有更明显的利他性质,因为外出觅食的獴把食物带回来后并不分给它吃。倭獴则无私地对群体中的病弱者给予照顾,这种照顾也有人从自私的角度给予解释,即群体中保留一些病弱成员会使其他成员获得安全上的好处,因为捕食动物攻击的目标首先是病弱者。其他一些社会性的食肉动物也常常表现出一定程度的利他行为,允许老弱病残者分享食物,但在其他方面不会提供什么帮助。

### 七、社会的文化继承

一个持久稳定的动物社群,其社会系统和社会关系常常会得到进一步发展。社会生活有利于促进社会内部的文化继承,因为在一个社会中,每一个个体都处在与其他个体的广泛接触之中,这不仅可以从其他个体的行为中学到不少东西,而且要经常地对其他个体的行为做出反应。社会生活常常意味着子代要与亲代更长时间地生活在一起。据研究,像犬、猫、獴这类社会性的动物,其幼兽与双亲密切生活在一起的时间至少要比独居性物种大两倍。在此期间,它们无疑会学到很多东西,其中包括一些特殊的取食技巧和取食方法,如黑猩猩可学会“钓”白蚁,恒河猴可学会洗涮食物。在狮子、狒狒和黑猩猩中,幼兽常常通过观察成年动物的狩猎而获益匪浅,同时,借助于观察,它们还能学会什么食物适于食用、这些食物应到什么地方去寻找、捕食天敌有什么特点和应当如何躲避天敌的攻击,通过观察还可以了解同伴的特点和学会应当如何与同伴相处。与其相处的同伴越多,相处的时间越长,就会有越多的东西可借助于直接的观察和模仿学会,而不必通过试错学习(trial and error)去学会。如果与同伴有亲缘关系,那么学习者还可能被主动地教会更多的东西,而且学得也会更快。例如,Rasa(1977)曾描述过一只成年倭獴在与一条蛇相遇时是如何教一只小獴来对付这条蛇的。

## 第三节　社群大小与最优社群

### 一、社群大小的周期性变化

动物社群的大小是随着时间而变化的,这种变化可能是由于环境的周期变化而引起的,也可能与环境周期变化无关。很多动物的社群大小都有着明显的季节波动,如许多鸟类在夏季时都占有领域,而在生殖季节则进行迁移或结成大群觅食。雨量和植物生产力的季节变化是引起非洲有蹄类动物和某些灵长类动物群体大小波动的重要因素。当角马每年从干旱地区迁移到牧草丰盛的地区时,其群体的个体数量几乎可增加两个数量级。

在某些社会性动物中，其社群大小甚至在 1 天之内也会发生波动。例如，狒狒(*Papio hamadryas*)的平均社群大小在 1 天内就发生有规律的变化：它们在睡眠时群体最大，清晨时群体大小居中，而在觅食时群体最小。黄眼灯芯草雀(*Junco phaeonotus*)在夜晚睡眠时是独栖的，但在上午觅食时则结成大群，午后群体又开始减小。通常在严寒的冬日，觅食的鸟群都比较大。有些甲壳类动物(包括寄居蟹)，在集群或分散活动方面常常表现出内在的日活动节律。

有些种类的动物终生都生活在同一个社群中，而另一些动物则不断地在许多社群之间移动，这些社群则很快地形成，又很快地瓦解。对于这两种极端情况以及处于这两种情况之间的中间类型，有时把社群大小的变化描述为一种 BIDE 过程是很有用的(BIDE 即 birth-immigration-death-emigration 的缩写)。在种群生物学研究中曾广泛地应用过许多 BIDE 随机模型。Cohen(1972)就曾用 BIDE 过程解释过他所观察到的猿猴群大小，他指出，这些模型既可应用于具有真正的种群统计性质的群体，也可应用于那些具有临时聚合性质的群体，如绿长尾猴(*Cercopithecus aethiops*)的睡眠群。对于其群体成员只发生缓慢变化的社群来说(如墨西哥樫鸟 *Aphelocoma ultramarina*)的集体生殖群、狮群、鬣狗群和很多种灵长类动物，其 BIDE 参数也就是实实在在的种群统计学参数，此时，群体大小将随着出生和外来个体的迁入而增加，并随着死亡和个体迁出而减小。对于那些其群体大小和群体成员在短时期就能发生很大变化的社群来说，其 BIDE 模型的参数就只决定于个体的迁入率和迁出率，因而就不再具有种群统计学意义。

## 二、社群大小与资源特征

一些重要资源的时空分布特点常常对动物的社群大小有重要的影响。当资源点的数量很少时，动物往往会形成较大的群体，例如，断崖可保护狒狒使其免受夜行性猛兽的攻击，但由于断崖数量很少，所以狒狒往往形成很大的睡眠群体。

虽然，一种资源的单一特征有时能对动物社群产生强烈影响，以致能构成动物社群大小发生变化的主要原因。但在大多数情况下，我们必须考虑到资源的多个特征，才能解释动物的社会组织与资源之间的相互关系。资源的质量和空间变异相互作用共同影响着各种动物社群的大小。当狒狒所利用的资源质量较低时，社群大小将与资源的空间变异性呈反相关关系，即小群狒狒善于利用集群分布的食物资源，而大群狒狒则善于利用均匀分布的食物资源。但是，如果动物所利用的资源质量很高，那情况就可能刚好相反。当高质量的食物资源呈强烈的斑块状分布时，动物为了更有效地利用这些资源往往会形成较大的群体；当高质量的食物资源呈较均匀地分布时，局部的资源密集就有可能引起动物领域行为的发生，即独占这里的资源，此时排他性地独占资源在经济上是合算的。

资源特征与动物社群大小之间的相关性虽然是显而易见的事实，但构成这种相关性的原因并不总是那么容易了解，例如，狒狒在利用呈斑块状分布的低质量食物资源时，总是以小群体觅食，这些小群体常常是由一只雄狒狒和它的妻妾组成的。由于低质量的食物斑块只能维持少数个体的觅食活动，所以食物竞争必然导致小群体的形成。另一种解释是雄狒狒保卫其妻妾的能力是有限的，这就限制了群体的扩大。此外，食物竞争和性选择也是原因之一。为了验证这些假设的正确性，就必须进行野外实验和采用投资–效益模型进行分析。

资源的可预测性也同资源质量和资源分布一样对社群大小有重要影响。我们可以把资源可预测性看成是资源数量随时间变化的一种属性。测定资源的可预测性可采用自相关系数($\rho$;$-1\leqslant\rho\leqslant1$)。$\rho(\tau)$值则表示$t$时刻的资源数量与$t+\tau$时刻的资源数量之间的相关性。当$\rho$值接近于1.0时,表示资源丰度不会随时间而发生很大波动;但当$\rho$值呈明显的负自相关时,则预示资源丰度会发生很大波动,但其波动是一种可预测的周期性波动;当$\rho$值等于0时,则表示资源的可预测性最小。

现在让我们回到资源特征与领域行为相关性的话题上来。一种有独占价值的资源应当有较高的质量、有较均匀的分布和很高的正自相关性(positive autocorrelation)。质量高和可预测性强意味着能从中获得重要的和持久的利益,这些条件对于建立一个成功的生殖领域是必不可少的。正如前面已经谈到的那样,资源呈明显的斑块分布将会吸引较大的动物群体,并使得保卫一个领域所付出的代价难以承受。如果资源的空间分布比较均匀,入侵者的压力就会被分散,这样,保卫一个领域所付出的代价就会减少和可以承受。经济学上的投资-效益分析(cost-benefit analysis)已广泛地用于研究个体的取食领域,也已开始用于研究群体领域。

资源的可预测性高有利于个体或小群体保卫领域;而资源的可预测低常使独占资源的行为在经济上变得不那么合算,并有利于形成较大的动物群体。动物结群觅食可减少每一个个体在寻找食物上所花费的时间。总之,资源的可预测性通常是与动物社群大小呈反相关关系,即,资源的可预测越高,动物社群越小;而资源的可预测性越低,动物社群越大。

## 三、社群大小与觅食

在时间和空间易变的环境中,动物社群大小可影响食物斑块的发现速度。在实验室内用鲹鱼和金鱼以及用觅食鸟类所做的试验都说明,发现一个食物斑块所花费的时间将随着动物社群的增大而明显减少。由于在动物社群中通常是一个个体发现了食物地点后再召唤其他个体,所以群体越大,每个个体花在觅食上的时间就会越少。如果食物斑块很大(相对于个体需要而言),社群生活带给其成员的这种好处就特别重要,因为在这种情况下,只需找到一个或少数几个斑块就能满足全群的食物需求了。

但是,减少搜寻时间的这种好处随着社群的增大很快就会达到一个渐近值。在较大的社群中,每个个体不可能是独立觅食的,因为在社群成员的搜寻区域内,个体之间免不了互相干扰和重叠搜寻。如果一个动物群体是靠从隐蔽处惊吓出猎物,然后再捕而食之,那么随着猎物有效密度的增加,一个个体等待猎物出现的时间就会缩短。一些结群觅食的食虫鸟类常常能得到这种好处。

动物社群大小也能影响不同食物资源的可得性和这些食物被捕获的效率。群体食肉动物可比独栖食肉动物猎取更大的猎物,但这种效应很快就会达到一个渐近值,因为环境中最大猎物的大小是有一定的。对于一种特定的猎物来说,每一次捕食的捕食效率有时会随着群体大小的增加而增加,因为群体越大,一次捕杀多个猎物的可能性也就越大。狮子的社群在发展到很小时,这种效应就会达到最大。但对于较小的食肉动物来说,这种效应达到一个渐近值的速度则要缓慢得多。

虽然较大的社群能够接近和捕获较大的猎物,但这种好处的增长速度是随着社群大小的增加而递减的,所以每个个体的食物可得量并不是简单地随着社群大小的增加而增加的。例如，Maior(1978)对捕食性鱼类的研究表明，由3条以上鱼组成的鱼群，其中每条鱼的平均食物可得量就不再随着鱼群大小的增加而增加。狮子和狼也是这样，当社群发展到很小时，每个个体的食物可得量就达到了最大值。但在很多其他社会性动物中，每只动物平均食物所得量却能随着社群增大而持续增加，直到社群发展到很大时为止。然而，除非食物是极为丰富的，否则每只动物平均食物可得量最终必然会随着群体的增大而减少。如果不考虑其他限制因素的话，那么生理需求和竞争关系最终就会成为限制觅食群体大小的因素。在社群动物中，食物往往是按照社群中个体的优势顺序进行分配的，这就意味着随着社群的增大和个体间竞争的加剧，优势个体所受到的压力较小，而从属个体所蒙受的损失较大。

社群生活有时会有助于降低恒温动物的代谢率，紧紧靠在一起的群栖蝙蝠可减少每只蝙蝠的散热量。一些活跃的小哺乳动物的社会生活也有助于减少每个个体的新陈代谢率，在这种情况下，社会生活通过减少觅食需求而增加了个体的存活机会。社会生活赋予社会成员的这种好处，通常会随着社群的增大而缓慢地增加。

最后，我们谈一谈社群生活与利用可更新食物之间的关系。假定动物所吃的食物本身是可自然更新的，例如，正在生长的草类。在这种情况下，一个地点可被利用的食物量是随着动物上一次光顾此地后时间的增加而增加的，所以动物在间隔一个适当的时间以后重返一个取食地点就会得到最大的食物报偿。如果回来太早，就不会有足够的食物得到更新；如果回来太晚，就会错过食物达到最盛时的取食机会。合理利用这种可更新食物资源所存在的主要问题是不能有其他个体干扰，如果个体B每隔8或9天返回某取食地一次，那么个体A每隔10天返回该取食地的行为就达不到预期效果。克服这种干扰的办法之一是保卫和独占一个领域；另一个办法是以社群形式觅食，这样可使每一个个体都在同一时间到各个取食地去觅食，从而排除了彼此间的干扰。在盐沼地觅食的黑雁(*Branta bernicla*)越冬群就是以后一种办法克服个体之间相互干扰的，前一种办法对黑雁并不适用，因为它们所取食的盐沼地在高潮时总是被海水淹没。在春天，从天亮到天黑连续24天对40个样地(每样地1ha)所做的观察表明，黑雁群极有规律地每隔4天便重返同一取食地点取食一次。4天的间隔时间不仅能使黑雁的食物——海车前(*Plantago maritima*)得以完全更新，而且这种有规律的“收割”还能刺激富含氮素的嫩叶生长。在实验中曾用剪刀剪除的方法来模拟黑雁在间隔不同时间后对海车前的取食，实验表明，黑雁在同一地点两次取食之间的间隔时间刚好能使海车前嫩苗得到最大限度的生长。

众所周知的是，一个鱼群在捕食时，位于鱼群前部和后部的个体所得到的利益是不一样的，那么黑雁群在取食海车前时，位于后面的黑雁是否会比位于前面的黑雁吃得少一些或差一些呢？对于这一点，虽然我们还不十分清楚，但很可能，位于雁群不同部位的黑雁在取食上所得到的好处，从总体上讲是大体相同的。前面的黑雁虽然可以吃掉大部分植物，但海车前最嫩和最富营养的部分是位于贴近地面的叶的基部，这部分只有在上面的老叶被吃掉之后才能暴露出来。所以，位于雁群前面的黑雁吃得比较多，但位于后面的黑雁则吃得质量比较好，总起来看，雁群中所有的个体都能从取食中获得大体上相同数量的营养物质。

## 四、社群大小与生殖成功率

一般说来，社群大小对每个个体的生殖成功率总会有一定的影响，这是因为社群生活可影响其成员的交配机遇和子代的存活率。社群大小的变化对个体生殖率的影响总是与交配体制的特点联系在一起的。在一些动物社群中,一个个体可以从它自己的生殖中获得好处,但也可从它亲属的生殖中获得好处,即增加自己的广义适合度。

Brown 和 Brown(1981)曾提供过直接的证据,证明在集体生殖的鸟类中,每巢的出巢幼鸟数是随着群体大小的增加而增加的,这种情况在很多其他动物中也被报道过。在这样的生殖群体中,非生殖的帮手也会因为其广义适合度的增加而得到好处,或许它们还能得到其他方面的好处,如在未来继承一个领域和得到生殖机会等。

在无脊椎动物中也曾记载过社群大小对生殖成功率的影响,例如,蜻蜓(*Libellula quadrimaculata*)的雄性优势个体,其交配概率往往取决于与它共占一个领域的从属雄蜻蜓的数量。在长足胡蜂属(*Polistes*)中,由两只姐妹蜂共建一个巢所繁殖出的后代,比一只独居雌蜂所繁殖的后代要多一倍。虽然在两只姐妹雌蜂中处于从属地位的那只雌蜂只能产少量的卵,但由于它与另一只优势雌蜂是姐妹关系,因而能获得遗传上的好处,这使它的生殖成功率也能大于独居雌蜂。Bartz 和 Hölldobler(1982)认为,在蜜蚁(*Myrmecocystus mimicus*)中,参与蚁巢初建的雌蚁在数量上存在一个最适值。所谓最适,是指每雌蚁在工蚁产生前的存活时间最长和初次产卵数最多。当工蚁大量出现以后,巢中便只能保留一只生殖雌蚁作为蚁后,其他雌蚁则被工蚁从巢中驱逐出去。因为当初参与集体建巢所获得的好处很大,因此值得冒后来可能被驱逐的风险。

群体生殖除了会加剧配偶竞争以外,还可能付出其他代价,这些代价还可能随着群体的增大而增加。这些代价包括亲代投资有可能错误地投向其他生殖个体的后代,后代有可能被来自另一群体的成员所扼杀,或较大的群体有可能招来更多的捕食者等。

## 五、最优社群大小的经验研究

1975 年,Caraco 和 Wolf 曾计算过在不同大小狮群中每只狮子每天的食物获得量。他们发现,在比较大的狮群中每只狮子的食物获得量反而少,但捕食效率却随着狮群大小的增加而增加。当狮群大小适中时,每只狮子每天的食物获得量最多,这就是最优社群大小,但最优社群大小是随着生境的不同和季节的变化而变化的。如果狮群的捕猎对象是汤姆森瞪羚(*Gazella thomsonii*),那么所观察到的狮群大小与理论预测值相符(预测值是根据平均每狮每天的食物获得量最多)。但如果狮群的捕猎对象是角马和斑马,那么所观察到的狮群大小就会明显大于理论预测值。然而在所有情况下所观察到的狮群大小都能满足每个成员每天至少要得到 6kg 猎物的需求,如果有几种大小的狮群都能满足这一需求,通常是取最大狮群。

有趣的是,Smith 于 1980 年研究了加拿大因纽特人狩猎队大小的最优化问题。通常认为,狩猎队人数应根据狩猎对象的不同而加以调整,以便能使每个成员的净能量收入值达到最大。他计算了狩猎队在狩猎不同动物时和使用不同狩猎方法时每人的能量消耗和捕获率,通过计算在不同大小狩猎队中每人的净能量捕获率,便能确定在狩猎每种猎物时的最优狩猎人数。例如,当狩猎冰洞中的海豹时,由 2～3 人组成的狩猎队,平均每人每小时可猎获 16 747kJ 以上的能量(净能量捕获量);但是,如果狩猎队是由 1～7 人组成(不包括 2 或 3),那么平均每人每小时所捕获的能量就不会超过 8373kJ。尽管狩猎队越大,捕获效率越低,但实际所观察到的狩猎队大都是由 3 人以上组成的。在很多场合下,单独一人狩猎效率最高,实际上也经常能够看到一人单独狩猎的情况,这也是观测值与理论预测值(即最优社群大小)相一致的一个例证。

## 六、社群大小与生境选择的 ESS 模型

由于加入或离开一个社群同时也意味着生活地点的改变,所以我们必须把社群大小与生境选择联系起来考虑。从领域行为的角度看,生境质量会随着定居者数量的增加而下降;但从社会性生活的角度看,生境质量又会在一定限度内随着社会其他成员的存在而提高,所以我们也必须同时考虑这两个方面。但不管怎样,在上述各种情况下的关键因素都是一个,即动物个体总是根据能使其适合度达到最大的原则来选择生境和社群大小的。

Brown(1969)曾提出过一个把生境选择和领域防卫联系在一起的模型。在这个模型中,生境质量是可变的:起初,所有的个体都选择最好的生境定居,领域则有着固定的最小面积;当最好的生境已经满员,个体便开始进入次好生境定居;最后,当所有生境都已经饱和时,便开始出现无领域可占的“漂泊者”。对山雀和红松鸡(*Lagopus lagopus*)的研究结果,对上述模型都提供了有力的支持。

Fretwell(1972)则提出过一个生境选择模型。该模型假设动物个体总是选择在当时最好的生境;随着两个生境中的一个被逐渐填满,其质量也会随之下降,直到下降到与另一个生境质量相等时为止;随着居住密度的进一步增加,新来个体就会继续在这两个生境内定居,但总是能大体上保持这两个生境在质量上相等。动物在这两个生境的这种定居过程就叫理想自由分布(ideal free distribution),意思是动物可自由地选择它们所喜欢的居住地。

这种理想自由分布实际上是代表着生境选择博弈中的一种 ESS(进化稳定对策),因为一个个体对生境的最优选择总是依赖于其他个体怎样选择,因此,生境选择可以被看成是 $n$ 个个体的博弈过程。在这个博弈过程中只要不再有个体能够靠改变生境来增加自己的适合度了,那就达到了纳什(Nash)平衡,在纳什平衡下,所有个体的适合度都一样大,而个体在各生境的分布则是一种 ESS 分布。

关于 Fretwell 的生境选择模型可概述如下:假定 $N$ 个个体是以这样一种方式在各斑块内分布的,即在斑块 $i$ 内分布有 $n_i$ 个个体$\left(\sum n_i = N\right)$;个体在各斑块之间移动时的能量消耗可忽略不计;当斑块 $i$ 已被 $n_i$ 个个体占有时,$W_i(n_i)$ 可用来表示斑块 $i$ 内任一个体的适合度;斑块质量将随 $n_i$ 的增加而下降[即 $\partial W_i(n_i)/\partial n_i < 0$]。

如果每个个体选择斑块的标准总是选择当时最好的,而且所有斑块都已按此标准被选择的话,我们就可以用向量 $n=(n_1, n_2, n_3, \cdots)$ 表示其结果,此结果必将满足两点:① 在一个斑块内的所有个体的适合度都一样大;② 这种生境选择方式可确保所有已被占有的斑块其质量是大体相等的。因此,对任何两个已被占有的斑块 $i$ 和 $j$ 来说

$$W_i(n_i) = W_j(n_j) \tag{5.1}$$

由于 $\partial W_i(n_i)/\partial n_i < 0$,所以对斑块 $i$ 和 $j$ 来说

$$W_i(n_i) > W_j(n_j + 1) \tag{5.2}$$

此条件可确保不会有任何一个个体能够靠从一个斑块移入另一个斑块而增加自己的适合度,

因此,向量 $n$ 就是一种纳什平衡。由于该模型假设斑块内和斑块间的所有个体的适合度都一样大,所以个体在各斑块的平衡分布就是一种 ESS 分布。

在理想自由分布的特定情况下,同一斑块内每个个体的适合度都可写作 $W_i(n_i)=k_i/n_i$。如果一个种群的资源是有限的,且一个个体的适合度直接与它所利用的那部分资源成比例的话,那么这种写法就是合情合理的。在这种情况下,对于两个已被占有的斑块 $i$ 和 $j$ 来说,必定会满足

$$k_i/n_i = k_j/n_j$$

因此,在食物有限的情况下,利用任何两个斑块的个体相对数量(处于平衡时)就会与这两个斑块的相对生产力呈对应关系,即

$$n_i/n_j = k_i/k_j \tag{5.3}$$

对于理想自由分布就是一种 ESS 分布这一论断,Milinski(1979)曾利用实验进行了评估。他让三刺鱼(*Gasterosteus*)在两个斑块间进行选择,结果发现,在两斑块取食的鱼数在达到平衡时与理论预测值极为接近。如果人为改变两个取食地点(即斑块)的猎物密度,那么在两地取食的相对鱼数很快就会达到稳定平衡,这种平衡则刚好与两地猎物的相对数量呈对应关系。Harper(1982)在用鸭子所做的类似实验中发现,鸭子在两个取食斑块间的分布也与理想自由分布极为吻合。但是由于某些个体的优势行为,使得在一个斑块内并非所有个体都能达到相同的取食率。

在上面所引用的 Milinski(1979)和 Harper(1982)的研究中,动物都可以自由地从一个取食斑块移向另一个取食斑块。Whitham(1980)则研究了以杨树(*Populus*)叶为食的瘿绵蚜(*Pemphigus*)的生境选择。在这种情况下,一只干母蚜一旦选择了一片杨树叶,它就终生留在那里。Whitham 发现,生活在不同杨树叶上的瘿绵蚜,其平均适合度几乎相等,这与理想自由分布模型所预测的完全一致。但是,生活在同一片杨树叶上的瘿绵蚜,其相对适合度反而彼此不同,这主要决定于它们在杨树叶上所占有的位置,优势个体可以确保自己占有一个最好的位置。

在一个生境内定居的个体数与每个个体适合度之间的关系可用图 5-7 表示。图中的每条线都代表一个生境斑块。当一个生境内的社群无优势行为时,所有个体的适合度都会相等,而且这些个体是按先后顺序(图中数字所示)陆续进入两个生境的。

图(a)代表 Fretwell 最初的模型,即所有个体的适合度都简单地随着定居个体数量的增加而下降。正如前面所讨论过的那样,对于每个种群的大小来说($N=n_1+n_2$),个体在生境间的分布是一种 ESS 分布。

在图(b)和(c)中,假定一个生境中的所有个体都是生活在一个组织单一化的社群中,在某些情况下,社群较大(有一定限度)会给每个个体带来一些好处。在这两个图中,生境 1 中的社群成员都是在达到 6 时个体适合度才达到最大值。在图(b)中,第一个到来的个体是选择在生境 1 中定居的,因为 $W_1(1)>W_2(1)$。由于开始时,个体适合度是随着社群大小的增加而增加的,所以接着到来的几个个体也选择了在生境 1 中定居。虽然最优社群大小是 $n_1=6$,但后面的几个个体还是选择了在生境 1 中定居,这是因为 $W_1(x)>W_2(1)(x=1,2,\cdots,11)$。又因为 $W_2(1)>W_1(12)$,所以,直到第 12 个个体到来时才开始选择在生境 2 中定居。此后,个体便交替地选择生境 1 和生境 2,主要取决于当它们到来时哪个生境相对地更好一些。无论在哪一时刻,个体在两个生境间的分布都是 ESS 分布,这是因为所有个体的适合度都近乎相等,而

且没有哪一个个体能够靠改变自己的位置而增加适合度。

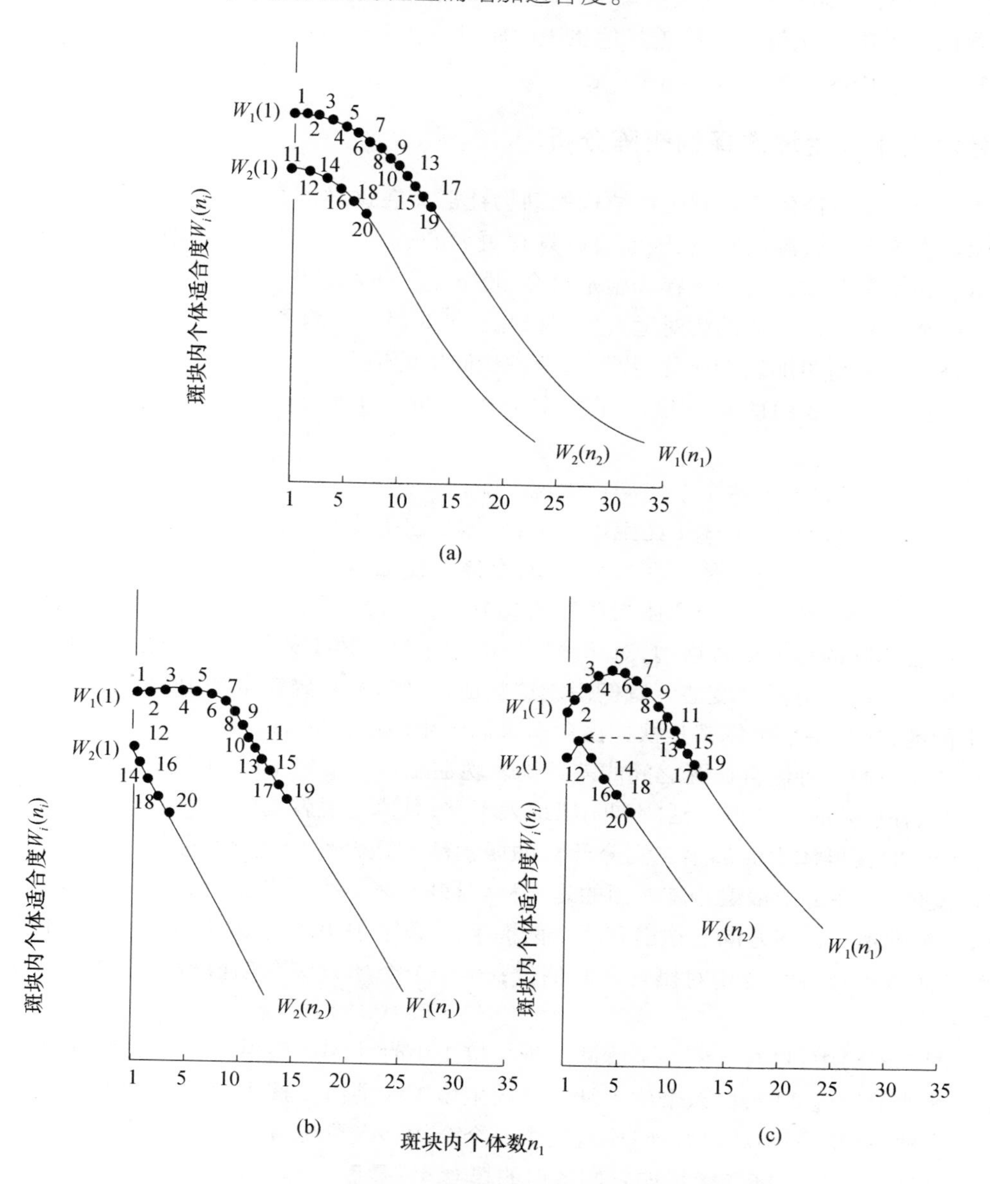


**图 5-7　生境内个体数与每个个体适合度的关系**

$W_i(n_i)$表示在生境 $i(i=1,2)$内 $n$ 个社群成员的适合度，每图都显示了个体陆续进入两个生境的先后顺序，每一个体都按数字顺序选择能使自己适合度达到较高值的那个生境，每图都有 20 个个体陆续形成两个社群。(c)图中的虚线表示在一定条件下，一个个体可从生境 1 移入生境 2，详细说明见正文

在图(c)中，前 11 个个体是在生境 1 中定居的，这是因为 $W_1(x)>W_2(1)(x=1,2,\cdots,11)$。又因为 $W_2(1)>W_1(12)$，所以第 12 个个体便选择了生境 2。一旦第 12 个个体在生境 2 定居下来，情况就会发生变化，此时将有利于生境 1 中的一个个体向生境 2 转移(见图中的虚线所示)，因为 $W_2(2)>W_1(11)$。发生这种转移的条件是：① 转移者尚未在生境作任何投资

(如建一个巢);② 转移者从进入生境 1 时起,它预期的适合度已有所变化;③ 转移者在做出加入生境 1 的决策后,仍继续监视着其他生境的质量。在上述各种前提条件下,个体在各生境间的分布仍然是 ESS 分布。

## 七、社群大小与生境选择的矩阵分析

这里我们要讨论的是具有优势结构的动物社群。在这样的社群中,优势个体通常会比从属个体具有更多的资源占有权,因而也就具有更大的适合度。但从属个体的行为将能保证它们在不利地位下获取最大的生存和生殖机会,也就是在不利条件下尽可能提高自己的适合度。

优势个体和从属个体的相对适合度可以用图 5-8 表示。为了说明优势行为是如何使社群大小选择问题变得更加复杂化的,我们只考虑最简单的情况,即让两个个体在两个生境斑块之间进行选择。图 5-8 中的矩阵给出了两个个体在如下 4 种场合中每种场合下的相对适合度值:

1,1——两个个体均在生境 1 中;
1,2——个体 1 在生境 1 中,个体 2 在生境 2 中;
2,1——个体 1 在生境 2 中,个体 1 在生境 1 中;
2,2——两个个体均在生境 2 中。

在报偿矩阵的每一个方格内,对角线上方的数字是个体 1 的相对适合度值,对角线下方的数字是个体 2 的相对适合度值。我们假定这些适合度值的差异完全是由于个体在摄食量上的差异引起的,而且每个个体都是根据摄食率来估价生境质量的。

图 5-8 中的 4 种场合彼此之间的差异均表现在生境质量的不同和社群生活利弊关系的差异。例如,在(c)图中,社群生活的利明显地大于弊,具体地说就是两个个体同处于一个生境中(生境 1 或 2)营群体生活都比它们分开营独居生活的适合度值要高(见左上和右下小方格内的适合度值)。在每个报偿矩阵右面的是一种转移图,表示个体在生境利用和社群大小方面的变化,箭头则指示转移方向。这里有两个前提条件,即: ① 每个个体都对 4 种可能的场合取过样,而且保有对每种场合相对摄食率的估价;② 一个个体只有在期望得到更高的摄食率时才会转移生境。

在图 5-8(a)中,只有当两个个体同处于生境 1 中时才能达到平衡态。例如,如果两个个体开始时都处于生境 2 中,那么个体 1 就会移入生境 1 或个体 2 移入生境 1,这是因为两个个体都能从这种生境转移中获得好处;一旦其中一个个体移入了生境 1,另一个个体也会跟着进入生境 1,因为这种移动能继续增加它们各自的摄食率;最后,一旦两个个体都进入了生境 1,那么任何个体的再次移动便只能导致移动个体的取食率下降。

在图 5-8(b)中,社群生活的弊大于利,在这种情况下,不管什么时候,只要两个个体同处于一个生境中,无论哪个个体离开这个生境都能使双方得到好处。因此,稳定态只有当一个个体在生境 1 中,另一个个体在生境 2 中时才能达到。

图(c)与图(a)有相同之处,即社群生活的利大于弊;但不同的是,当两个个体同处于生境 2 中时,只要其中一个个体不移动,另一个个体也不移动才最为有利。但如果两个个体同时移入生境 1,则双方都能受益。因此,可以说状态(1,1)是一种 Pareto 平衡或“合作”平衡,而状态(2,2)是一种纳什平衡或“自私”平衡。

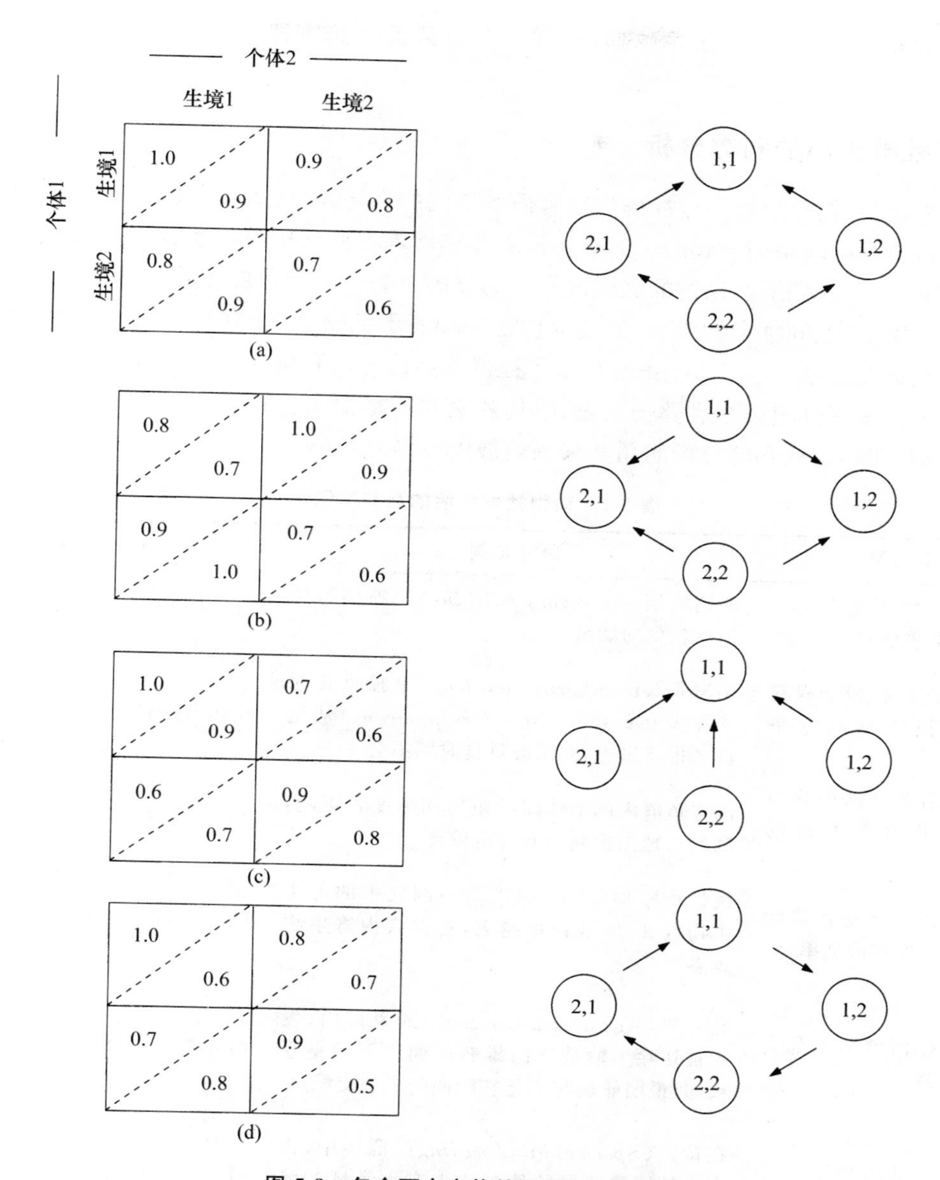


**图 5-8　包含两个个体的社群博弈矩阵图**

在每个报偿矩阵的每个小方格内，斜线上方的数字代表个体 1 的报偿值，斜线下面的数字代表个体 2 的报偿值，在每个报偿矩阵右面的圆圈图表示个体在遵循最优决策法则时的状态转换。状态$(i,j)$表示个体 1 占有生境 $i$ 和个体 2 占有生境 $j$，各种博弈的详情见正文

最后，图 5-8(d)所代表的是一种无最优大小社群的情况，即优势个体只有在群体中生活才能获益最大，而从属个体则喜欢独居并回避与优势个体共同生活在一个社群中。每个个体的行为都是为了增加自己的摄食率，这种行为将导致出现一种循环赛(round-robin)，即优势个体总是跟在从属个体的后面从一个生境追到另一个生境。这种循环赛的代价很小，这是相对于从属个体从单独觅食和优势个体从群体觅食中所得到的好处而言的。只要一个个体在群

体中觅食有利,而另一个个体在单独觅食时有利,最适决策规律就会自然而然导致出现循环赛。

## 八、最优社群大小的利弊分析

迄今为止,我们已经谈到过社群生活有很多不同的利与弊,这些利弊的一部分或全部可能是与某个特定物种联系在一起的。鸽子、马、鸵鸟和蝉等各种动物结为社群的原因可能并不一样,但它们总是与我们所讨论过的这样或那样的原因有关。关于社群生活的不利方面,我们曾举出过有传播疾病、同种个体自残、加剧食物竞争和便于乱交等;而有利方面则包括合作保卫领域和提高运动效率等。表5-1虽然列举了社群生活的一些利与弊,但这还远远不够,我们还可以更为详尽地开列出一个利弊一览表,但其意义并不是很大。我们还是来讨论一个更加有兴趣的问题,即如何从利弊分析的角度来预测最优社群的大小。

**表5-1 动物社群生活的利弊举例**

| 利或弊 | 研究实例 | 资料来源 |
|---|---|---|
| 1. 恒温动物因紧靠在一起而节省能量 | 群栖蝙蝠(*Antrozous pallidus*)比独栖蝙蝠消耗较少的能量 | Trune 和 Slobodchikoff(1976) |
| 2. 群体觅食有利于提高与其他物种的竞争能力 | 刺尾鱼(*Acanthurus caeruleus*)单独觅食时常被少女鱼(*Stegastes dorsopunicans*)从觅食区排挤出去,而结群觅食时则不会 | Foster(1985) |
| 3. 鱼类结群游泳可获得水流动力学方面的好处 | 测定鱼群内部个体间的距离和角度表明,实测值与理论预测值有一定偏离 | Partridge 和 Pitcher(1979) |
| 4. 与其他个体密切接触可增加疾病传染率 | 统计草原狗(*Cynomys* spp.)洞穴中的外寄生物数量,发现社群越大,每洞穴内寄生物越多 | Hoogland(1979) |
| 5. 社群生活增加了乱交的机会 | 在乌鸫(*Agelaius phoeniceus*)的巢群内,发现被切除了输精管的雄鸫配偶产下的是受精卵,说明雌鸫与不是它配偶的雄鸫交配过 | Bray 等(1975) |
| 6. 社群生活增加了自残的可能性 | 在黄鼠(*Spermophilus beldingi*)群体中,占有小领域雌黄鼠的幼鼠比占有大领域的雌黄鼠的幼鼠更容易被邻鼠残杀 | Sherman(1981) |

### (一) 对不同物种的比较研究

通过对不同物种的行为进行比较研究,可以明显地看出社群生活利与弊之间的相互关系以及它们对动物的生活方式所产生的影响。例如,在生活于水边滩涂上的一些鹬形目鸟类中,滨鹬(*Calidris canutus*)是结成密集的群体觅食的,而环鹬(*Charadrius hiaticula*)则单个觅食或只在稀疏的群体中觅食(图5-9)。正如前面已讨论过的那样,社群生活有利于防御猛禽的攻击,但为什么不是所有的鹬形目鸟类都结成紧密的群体觅食呢?据分析,结为紧密的群体觅食的鹬类都是依靠触觉搜寻食物的,它们在泥沙滩上一边缓慢地行走,一边把长喙插入泥沙中左右扫动以便探寻泥沙中的猎物。而单个觅食或只结成稀疏群体觅食的鹬类则是靠视觉和快速跑动来寻找食物的，只拾取泥滩表面和水面的猎物。它们与红脚鹬（*Tringa totanus*）有些相似，个体之间因彼此干扰所造成的损失太大，因此只有在单个觅食时它们才能得到比较高的净收益，即使这样做遭受捕食的风险会增大，但利弊权衡还是取其利为上策。

**图 5-9　滨鹬和环鹬觅食行为的差异**

滨鹬结成密集的群体依靠触觉觅食，而环鹬则依靠视觉单个觅食或只结成疏松的群体。这种行为差异可以通过社群生活的利弊分析得到解释

### （二）关于最优社群大小的一个时间收支模型

Pulliam(1976)和 Caraco(1979)曾根据时间收支，把时间作为一个通用尺度提出过一个最优社群大小的模型，该模型可用于说明影响小型越冬鸟群的各种因素。

通常认为，饥饿和捕食是越冬鸟类生存所面临的两个主要风险，而鸟类的活动时间则主要分配给与这些风险有关的三种行为类型，即监视（捕食者）、取食和战斗（为争夺食物）。根据对黄眼灯芯草雀（*Junco phaeonotus*）社群的观察，Pulliam 和 Caroco 又把战斗区分为两类：一类是为直接占有食物而发生的战斗；另一类是优势鸟为把从属鸟从优质取食地驱赶出去而发动的攻击，这有利于确保优势个体食物的长期供应。假定以上三种行为在时间上是互相排斥的，即一只鸟在同一时间不能同时干两件以上的事，例如不能在监视捕食者的同时进行取食，因监视捕食者必须把头抬起来，而取食则需要把头低下来。另一假设是，监视捕食者比取食更为优先，因为未能发现一个正在接近的捕食者比未能吃到一粒种子更危险。对优势鸟来说，确保每日的能量需求比驱赶从属鸟更为重要，因为前者涉及的是近期利益,而后者涉及的是远期利益;对从属鸟来说,避开优势鸟的攻击比取食更优先,因为一只鸟在受到攻击时是无法取食的。图 5-10 是 Pulliam 和 Caraco 模型的一种简化了的图解,从该图解可以看出以下几点:

(1) 个体用于监视捕食者的时间是随着社群大小的增加而减少的。这是因为保持同样的警戒水平在较大的社群中只需每个个体花费较少的监视时间,而在较小的社群中则需每个成员花费较多的监视时间。

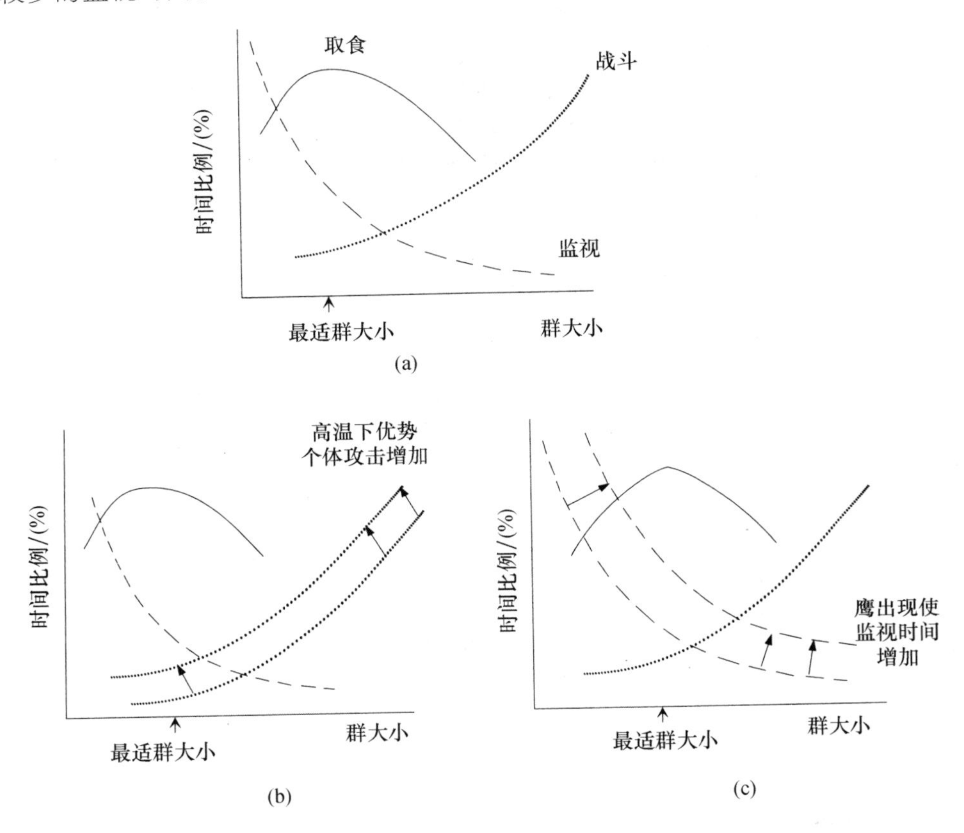


**图 5-10　最适社群大小的一个时间收支模型**

(a) 鸟群越大,用于战斗的时间越多,用于监视的时间越少,鸟群大小适中时,取食时间最多;(b) 高温下,优势鸟会用更多时间攻击从属鸟,这将导致最适社群的规模减小;(c) 当捕食风险因鹰的存在而增加时,社群用于监视的时间就会增加,这同时也会导致最适社群大小的增加(仿 Caraco 等,1980)

(2) 随着社群大小的增加,个体之间相遇概率就会增加,这将导致攻击行为频次的增加或攻击时间的增加。

(3) 当社群处于中等大小时,取食活动在时间上所占的比例最大。

问题是上述的时间收支模型能否用来预测最适社群大小呢? 如果群体取食的唯一好处就是在保持一定警戒水平的前提下增加取食时间,那么最适社群大小就会像图 5-10(a)所显示的那样。但如果社群生活还有其他方面的好处(如稀释效应和增加警戒性),那么最适社群大小就会比图 5-10(a)所显示的要大一些。因此,上述模型可以用来检验增加取食时间是不是社群生活所带来的唯一好处。然而,真实情况可能比图 5-10(a)所包含的内容更为复杂,因为优势个体和从属个体对最适社群大小的要求可能是不一样的,也就是说,对优势个体是最适的社群大小,对从属个体则不一定是最适的。例如,优势个体通过攻击和驱赶从属个体能够得到长远的好处,因此它们倾向于在比较小的社群中生活。

Caraco(1979)和 Caraco 等人(1980)通过记录生活在亚利桑那的黄眼灯芯草雀越冬群的时间收支检验了上述模型的一些假设。他们发现,个体的监视时间和战斗时间随着社群大小而发生变化的总趋势与模型所假设的是完全一致的,由于监视时间减少的速度要比战斗时间增加的速度快得多,所以取食时间便得以明显增加。这正如图 5-10(a)中取食线峰值左侧所显示的那样。

为了检验时间收支会不会像模型所模拟的那样影响社群大小,Caraco 等人还预测了环境的各种变化对社群大小的影响,这些预测可列举如下:

(1) 随着日平均温度的增加,优势鸟因能更快地满足它们对能量的需求,因此就会用更多的时间攻击和驱赶从属鸟,从而使社群规模减小[图 5-10(b)]。下面的观察对这一预测提供了支持,即,在 2℃时,鸟群中含有 7 只鸟;而在 10℃时,鸟群中只含有 2 只鸟。鸟群的减小是伴随着优势鸟攻击时间的增加而发生的。

(2) 同样道理,食物供应量的增加也将导致社群规模的下降和优势鸟攻击时间的增加。野外观察资料也支持了这一预测,当把食物人为地撒放在鸟群的取食地时,鸟儿倾向于在比较小的群体中取食。

(3) 增加捕食风险刚好与前两种变化起相反的作用,即有利于社群规模扩大。这是因为被捕食的高风险性将迫使鸟儿在监视捕食者动向上花费更多的时间,使得它们不得不在较大的社群中取食才能确保一定的摄食率[图 5-10(c)]。Caraco 等人(1980)设计了一只模型鹰,并让其飞过灯芯草雀取食的山谷,结果正如所预测的那样,不但鸟儿的平均监视时间增加了,而且鸟群也扩大了。在没有鹰隼出现时,鸟群中平均含有 3.9 只鸟;而在鹰隼的捕食压力下,鸟群平均含有 7.3 只鸟。

(4) 最后,在山谷中放置更多的灌丛以便增加隐蔽场所。在这种情况下,由于灯芯草雀能够很容易地找到安全的藏身之地,便大大减少了捕食者的有效攻击,这种安排也能减少鸟儿的监视时间并增加它们的取食时间和战斗时间,从而使鸟群规模减小。如果人为地把灌丛放置在鸟儿取食地附近,随后所发生的变化就正如上面所述。

从上面这些结果,我们会得出一些什么结论呢?首先,这些实验表明:社群规模大小正如图 5-10(a)模型所假设的那样是受时间收支影响的,减少了监视时间的鸟群就会有更多的时间取食,最适社群规模将取决于优势鸟能有多少时间驱赶从属鸟;其次,实验结果告诉我们,鸟儿取食所在的鸟群并不能使每只鸟享有最多的取食时间,因为经测算表明,在一个由 6～7 只鸟组成的鸟群中,每只鸟将能享有最多的取食时间,但在正常条件下,山谷中的自然鸟群平均每群只含有 3.9 只鸟。正如我们已经指出过的那样,由于优势鸟能从驱赶从属鸟中得到好处,所以优势个体和从属个体对最优群体大小的要求可能是不一样的。自然界实际存在的动物社群大小可能是介于这两种要求之间,因此是两种要求的折中产物。

图 5-10 虽然是一个过于简单的模型,但它却表明了时间收支的确能用于分析利和弊对社群规模的影响。这里需要重新提到的是,结群和独占资源(即领域行为)只不过是一个连续演

变过程的两个极端,因此该模型可以用来预测在什么条件下优势个体将会从驱赶从属个体中获得好处,直至发展到独占一个领域。一般说来,当食物很丰富或捕食风险很小时,优势个体常常会保卫一个领域并独占其中的资源。换句话说,就是在这种条件下,占有和保卫一个领域在经济上将最为合算。

1983 年,Sibly 在"最优社群规模是不稳定的"一文中曾指出:在自然界很难找到最优大小的社群,因为如果存在这样一个社群的话,那么其周围的任何一个独居个体都会拼命挤进来以便谋取好处,这样就会使该社群的规模超过了最优社群,图 5-11 就说明了这一点。该图的曲线表明个体适合度是随着社群规模的变化而变化的,当社群是由 7 个个体组成时,其中每个个体的适合度最大,这就是最优社群(采用摄食率测定适合度大小)。可以想象的是,当一些个体来到这里时,它们可以自由地加入这个社群,也可以单独觅食。显然,如果每个个体做出选择的标准是尽可能使自己的适合度达到最大,那么它们就会加入这个社群,直到使这个社群的成员增加到 14 个为止,这将比最优社群大 1 倍!只有到这时,才能使加入社群所得到的好处与单独觅食的好处完全相等。值得注意的是,该模型也是前面刚刚讨论过的理想自由分布的一个实例。如果一个较大的社群解体后再重新组合成一些小单位,那么上述原理也同样适用。例如,一个含有 12 个个体的社群一分为二形成两个社群,每个社群都含有 6 个成员;但此后必然会有一个个体从一个社群移入另一个社群。形成分别含有 5 和 7 个成员的两个社群;又由于含有 8 个成员的社群优于含有 5 个成员的社群,所以含有 7 个个体的社群肯定还会因一个个体的加入而发展为 8 个成员,最终结果将取决于图 5-11 中曲线的形状。总之,我们不能期望自己能在自然界找到理论上的最优社群,通常找到的可能都是稳定社群,稳定社群一般要大于最优社群。

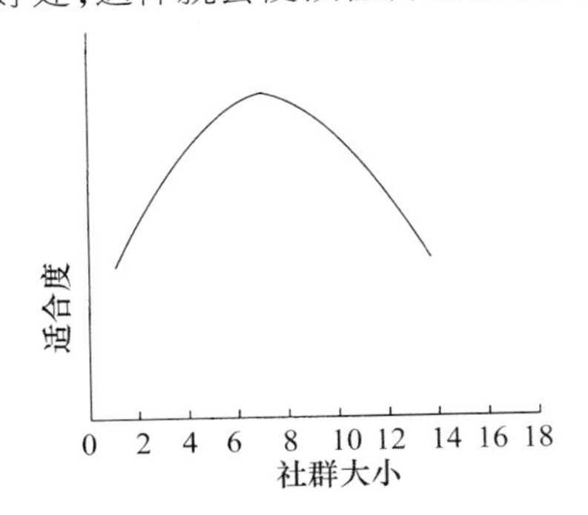


**图 5-11 最优社群大小和稳定社群大小的模型**

每一个个体都会加入到一个能使它的适合度达到最大的社群中去,因此,由 7 个个体组成的社群是最优的,但不是最稳定的

### (三) 社群内的个体差异

我们曾经强调过这样一点,即一个社群内的成员从社群生活中所获得的好处可能是不一样的。例如,在鲹(*Caranx ignobilis*)的捕食群中,位于前面的个体比位于后面的个体能获得更多的食物。在椋鸟(*Sturnus vulgaris*)的鸟群中也有类似现象,位于群体边缘的个体比位于中央的个体要花费更多的时间来监视捕食者。那么,社群中个体间的这种差异是如何保持的呢?在很多情况下,这种差异仅仅是社群中个体优势等级的一种简单的反映。在这样的社群中,那些老的、比较有经验的个体或体形比较大的个体往往能够强占最有利的位置,而把其余的位置让给其他个体。从属个体只要它们留在社群内比离开社群的处境更好一些,它们就会甘愿忍受这种报偿较少的从属地位。

社群中存在个体差异的另一种解释是,不同的个体可以借助各种办法来获得大体相似的报偿。例如,在麻雀群中有些个体善于寻找新的食物资源,而另一些个体则善于在前者发现了食物后享受现成的好处。这两种不同的对策可以共存于一个社群中。并能使双方得到大体相同的报偿(图 5-12)。

**图 5-12　一个关系复杂的混合物种群**

金鸻(*Pluvialis apricaria*)(①)、麦鸡(*Vanellus vanellus*)(②)和黑头鸥(*Larus ridibundus*)(③)常常在低地牧场形成混合的取食群：麦鸡在蚯蚓多的地方取食；金鸻则离不开麦鸡，实际是利用麦鸡发现食物；黑头鸥则是一个偷窃寄生者，依靠从麦鸡和金鸻那里偷抢食物果腹，但它在捕食者接近时能够及早报警，因此对前两种鸟也有好处

# 第四节　营社群生活的主要动物类群

## 一、昆虫

地球上营社群生活的昆虫数量是十分巨大的：仅在 1km$^2$ 的巴西热带雨林中，蚂蚁的种类就比全球猿猴的种类还要多；生活在一个军蚁群体中的工蚁数量就超过了生活在非洲的所有狮子和大象的数量。地球上社会性昆虫的总生物量和能量消耗量比所有陆生脊椎动物的生物量和能量消耗量还要多。特别是蚂蚁，作为无脊椎动物的主要捕食者，其捕食作用要大大超过食虫鸟类和蜘蛛。在温带地区，白蚁在翻动土壤和落叶方面所起的作用与蚯蚓不相上下；而在热带地区，白蚁在这方面的作用则大大超过了蚯蚓。

行为生态学家喜欢选用昆虫来研究动物的社会组织并进行比较研究，这些昆虫包括集蜂科(Halictidae)、泥蜂科(Sphecidae)和胡蜂科(Vespidae)等，它们显示了动物社会组织进化的各个发展阶段，在每一个进化阶段上都有很多种类可供生物学家取样作统计分析、测量变异和进行相关分析。可以说，有大量的社会性昆虫物种和属至今都未对其行为作过研究，因此对它们的社群组织了解甚少。就蚂蚁来说，已被科学命名的蚂蚁种类约 8000 种，但据蚂蚁分类专家 W. L. Brown 估计，尚未被人们发现和命名的蚂蚁至少还有 4000 种之多。在这 12 000 种蚂蚁中，只对其中不到 100 种的蚂蚁作过或多或少的研究，而作过深入和系统研究的还不足 10

种。至少其他社会性昆虫,如白蚁、蜜蜂和胡蜂等,也研究得很不够。尽管有关社会性昆虫的出版物已发表不少,但对这些社会性昆虫的研究势头仍在发展之中,高潮尚未到来。研究人员的数量、论文发表的速率和知识的积累都正处在一个指数增长期的起始阶段。

### (一) 社会性胡蜂

虽然已记载的社会性胡蜂种类只有 725 种,但对其行为的研究已引起了人们极大的兴趣并取得了重要成果。昆虫社会生物学的四大基本发现都来源于对胡蜂的研究或主要是依据对胡蜂的研究,这四大基本发现是:① 等级分化是由营养条件控制的;② 行为特征可用于分类和系统发生方面的研究;③ 交哺现象;④ 优势行为。更为重要的是,现存的胡蜂种类最清楚地显示了从独居生活到发达的社会性生活转变的各个进化阶段。

为了以后叙述的方便,我们先提供一个胡蜂总科的系统发生图(图 5-13),从图中可以看出,胡蜂总科(Vespoidea)与泥蜂总科(Sphecoidea)、土蜂总科、蜜蜂总科(Apoidea)、蚁总科(Formicoidea)、蛛蜂总科(Pompiloidea)等同属于细腰亚目针尾组(Aculeata)。胡蜂总科内有三个科,即大胡蜂科(Masaridae)、壶巢胡蜂科(Eumenidae)和胡蜂科(Vespidae)。

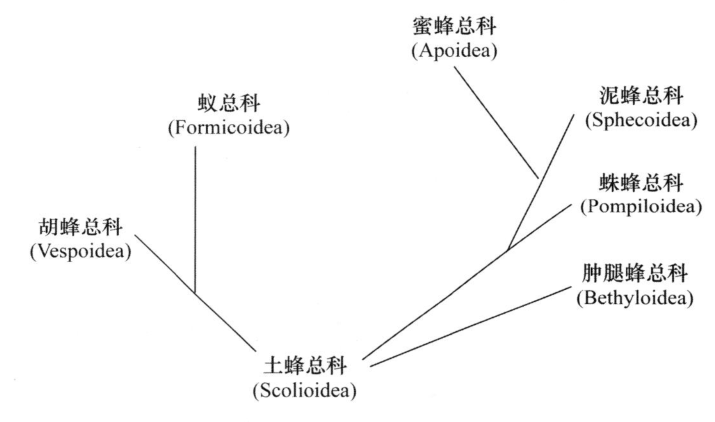


**图 5-13 膜翅目细腰亚目针尾组的进化系统树**

针尾组包括 7 个总科,胡蜂总科是 7 总科之一

长足胡蜂属(*Polistes*)是比较原始的社会性胡蜂,全世界除新西兰和两极地区以外,已发现 150 种长足胡蜂,该属所包含的种类在欧洲和北美洲约占社会性黄蜂种数的一半以上。泥蜂科中只有一种泥蜂(*Microstigmus comes*)具有原始的社会组织,其他泥蜂都是独居性的。迄今为止研究较为详细的一种胡蜂是褐胡蜂(*Polistes fusscatus*),这种胡蜂有一个年生活周期。它们分布在温带地区,每个蜂群只能生存在一年中最温暖的季节里,在比较寒冷的地区,只有蜂王能够越冬。当蜂王在夏末和秋季受精后便在树皮下、墙夹缝中或其他隐蔽场所越冬;到第二年春天开始建巢前几周,卵巢便开始发育并常聚集在阳光下晒太阳;当卵巢发育到一定程度时便留守在去年的老巢上或驻守在新选定的筑巢地点上,此时如果有其他雌蜂靠近,它就会做出强烈的反应把入侵者赶跑。

筑巢工作(图 5-14)最初是由一只单独的雌蜂承担的。Eberhard 在 5 月份曾观察过 38 个蜂巢,蜂巢含 1～10 个巢室不等,其中有 37 个巢只有 1 只雌蜂参加筑巢工作,只有 1 个巢拥有

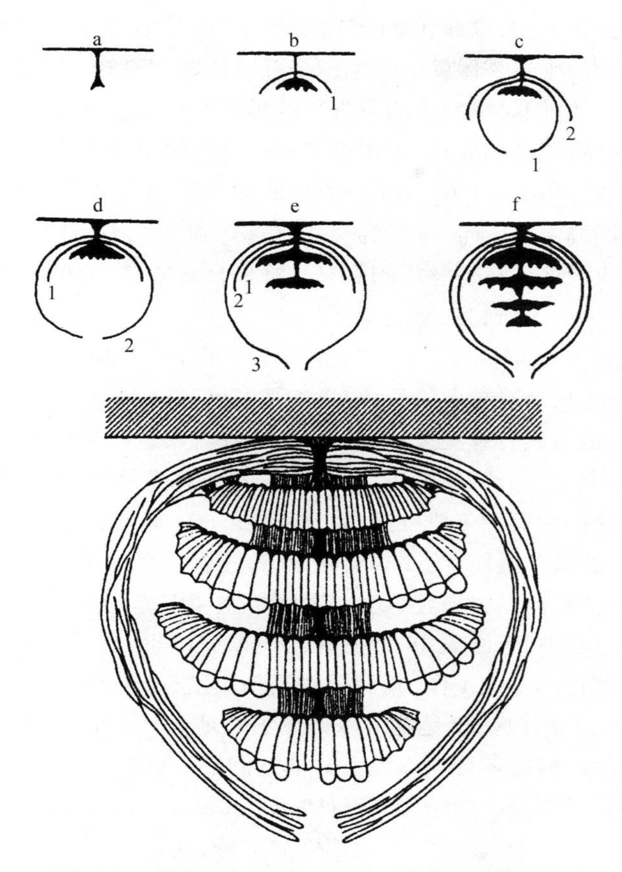


**图 5-14　胡蜂(*Vespula saxonica*)的巢及建巢过程**

上图中：a 是由奠基蜂(蜂王)独自完成的，b～f 各阶段都有第一批工蜂参与建巢；下图是已建成的一个巢

2 个建巢者，当时巢龄不到 24h。到 6 月下旬，蜂巢中的第一批幼虫就会出现，此时通常就会有 2～6 只辅助蜂参加进来与奠基蜂一起营造蜂巢。辅助蜂也是越冬的蜂王，不过由于某种原因未能建立自己的巢。辅助蜂在奠基蜂的巢中通常都处于从属地位，在奠基蜂面前常常采取屈从的姿态，承担觅食工作，反吐食物给奠基蜂。奠基蜂不仅总是试图防止辅助蜂产卵，而且也会吃掉辅助蜂偶尔偷偷产在蜂室中的卵。有时辅助蜂的卵巢会发生退化。标记实验表明，辅助蜂更喜欢选择是自己姐妹的奠基蜂，与其合作共同营巢。但是在建群期间，辅助蜂也常从一个蜂巢转移到另一个蜂巢去工作，甚至有少数辅助蜂当它正在一个已建成的巢中作为从属者工作时，也常试图开始建立它们自己的巢。

经过整个夏季，到秋初时蜂群便开始走向衰落和瓦解，但此时成年蜂的数量迅速增加。由于从卵发育到成年蜂大约需要 48 天的时间。所以在一个季节内可以育成三批工蜂，但它们在时间上有广泛重叠。一般到夏末时一个蜂巢内可以育出 200 只或更多的成年蜂。但它们的死亡率是较高的，因此在同一时间我们不会同时看到有这么多的成年个体。第一批出现的都是工蜂，它们的翅长不会超过 14mm，而且卵巢均不发育，它们承担蜂群的全部工作，如，外出猎取食物(昆虫)、采集花蜜和收集建巢用的纸浆，在蜂巢边缘建造新的巢室和照料蜂群中的幼虫和非工蜂成年蜂等。到8月初,雄蜂和新一代的"蜂王"就开始出现了(新蜂王是个体较大能够越冬的雌蜂)。到了秋季,生殖个体就会越来越多并开始取代工蜂,它们实际上是寄生性的,随着生殖个体数量的增加,它们对蜂群生活所带来的破坏性影响也越来越大,此时工蜂开始攻击雄蜂。在8月中旬的雄蜂数量高峰期,驱逐雄蜂就会成为蜂巢中的一个明显的行为特征。

到8月中旬,褐胡蜂(*Polistes fuscatus*)的雄蜂便开始离巢并聚集在废弃的旧巢上,以后雌蜂也会加入到这些蜂群中来。雌、雄蜂的交配常选择在阳光充足的地方进行或发生在作为越冬地点的洞穴附近或内部。随着冬季的到来雄蜂便会死去,已受精的雌蜂单独越冬,等待春季的到来,那时将会开始一个新的生活史周期。

裸面大胡蜂(*Vespula maculata*,属于 *Vespinae* 类群,图5-15)的生活史与长足胡蜂属的褐胡蜂很相似,所不同的只是当越冬蜂王(蜂巢的奠基者)在春天建巢期间,没有辅助雌蜂参与一起建巢。作为常规,也是只有蜂王才能越冬。虽然在温暖的气候条件下;冬天也发现过有活着的工蜂,但它们都不参与春天的建巢工作。春天一到,越冬蜂王便选择建巢地点、收集枯朽的木质物和植物纤维并把它们加工成纸浆用于建造第一个巢室,在前几个巢室建成后还要在其外面建造1～3个薄的纸质围墙(图5-14);接着,蜂王便在每一个巢室中产一粒卵;当第一批幼虫孵出后,蜂王便用捕来的新鲜猎物(昆虫)咀嚼成肉浆喂养幼虫;第一批工蜂羽化后不久便出巢寻找食物,并把筑巢材料带回巢中,此后蜂王便很少出巢,最后会放弃所有活动而专司产卵。工蜂在整个夏季都在不停地工作,它们因建造新巢室(new cells)而扩大了蜂房(combs),并增加新的巢柄(pillars)和蜂房,于是整个蜂巢便不断地向外、向下增长,变得越来越大,越来越呈现为一个球体。胡蜂捕捉各种软体昆虫并把它们带回巢内,它们最常猎取的昆虫有蜜蜂、蝇类和鳞翅目的幼虫和成虫等。中华大胡蜂(*Vespa mandarinia*)巨大的工蜂常常捕食其他各种胡蜂,也喜食蜜蜂,只要有10多只中华大胡蜂的工蜂,就能在1h之内毁灭一个蜜蜂蜂群,在这个过程中可以咬死5000只蜜蜂,甚至更多。

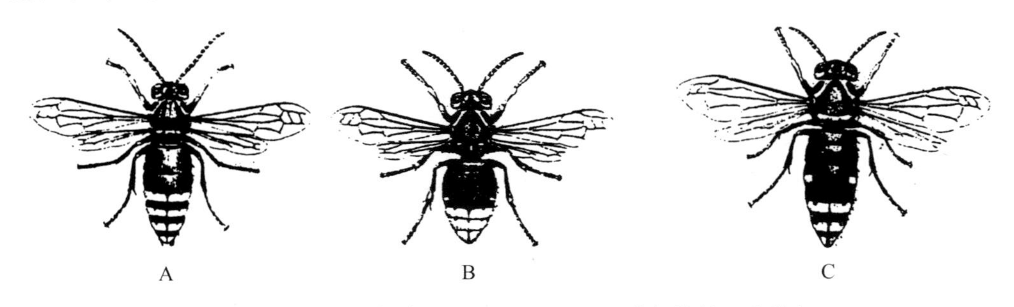


**图5-15 裸面大胡蜂(*Vespula maculata*)成年蜂的三个等级**

此蜂是高度社会化的一种胡蜂,图中:A. 雄蜂,B. 工蜂,C. 蜂王

到夏末时,温带地区的胡蜂(*Vespine*)便会在育幼蜂房的边缘建造更大的巢室,并在这些巢室中养育出成百上千的蜂王和雄蜂。大约就在此时,老蜂王会死去,蜂群会停止繁殖,处女蜂王和雄蜂会离巢去进行交配。当寒冷的天气到来时,蜂巢内仅存的一些工蜂或是死去,或是弃巢而去。雄蜂孤独地在花间徘徊并取食花蜜,但几天或几周之后也会死去。只有新受精的蜂王才能活下来进入冬眠状态,冬眠地点常选择在树皮下、木材垛中、朽木中废弃的甲虫洞内或类似的隐蔽场所,在那里它们静静地等待着春天的到来。

### （二）社会性蜜蜂

所有的蜜蜂(bees)构成为一个大的分类单元，即蜜蜂总科(Apoidea)。蜜蜂在形态上与泥蜂(*Sphecoid waps*)最为相似，但泥蜂是用猎捕的昆虫喂养幼虫。而蜜蜂则是用采集的花粉和花蜜喂养幼虫。有些社会性蜜蜂则是用专门的腺体分泌物喂养幼虫，但这些分泌物最初也是来源于花粉和花蜜。

蜜蜂总科的社会性行为通过寄生社会途径(parasocial rout)和亚社会途径(subsocial rout)至少已经起源过 8 次了。蜜蜂中普遍存在的社会行为和大量的社会组织形式，为研究社会行为的进化过程提供了极好的机会，目前这方面的研究还仅仅是开始。

小芦蜂(*Allodape*)具有较为原始的社会形式，出于两方面的原因，人们对研究这些蜜蜂产生了特殊的兴趣：首先，小芦蜂与其他种类的蜜蜂不同，它们的幼虫是聚集在一起的而不是分开喂养的，幼虫被不断地、陆续地喂给少量的食物(图 5-16)；其次，由于上述这种特殊的习性，该种蜜蜂经由亚社会阶段(subsocial stages)显示了从独居到社会行为的进化过程。这些重要的事实最早是由 H. Brauns(1926)在其著作《南非小芦蜂》一书中揭示的，在亚洲、非洲和澳大利亚所进行的田间研究都证实并大大丰富了 Brauns 的观察。

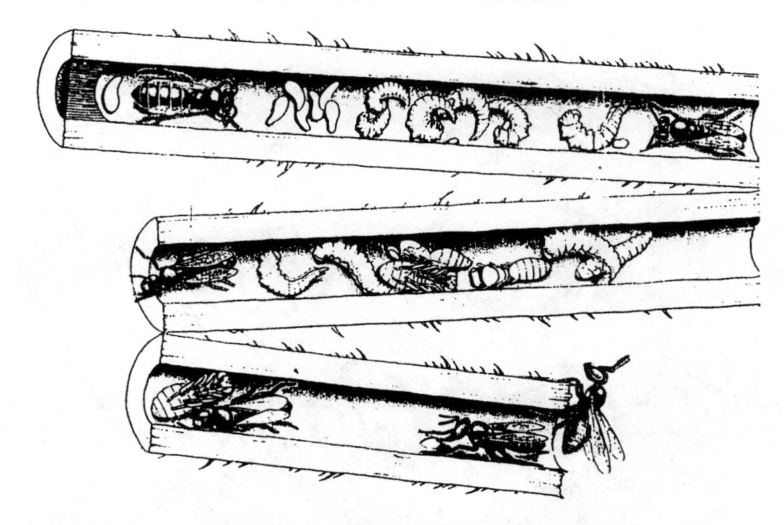

**图 5-16　一种原始社会组织的蜜蜂(*Braunsapis sauteriella*)**

蜂群生活在马缨丹(*Lantana camara*)植株的空茎内，幼虫随意安置在共同的茎腔内，并不断喂给少量食物。卵很大，被成堆地产于巢的底部，蜂王则呆在卵堆附近，花粉被直接贮存在巢壁上，幼虫以小花粉球为食(仿 Wilson，1971)

南非小芦蜂(*Allodape angulata*)的蜂群把巢安置在枯死的花梗内和各种有髓植物的茎内，随着中夏时节新一代成虫的出现，南非小芦蜂的生活史便开始了。大约从 12 月末到 2 月初，蜂群以休眠状态度过夏末和随后到来的秋季，此后便分散到新的筑巢地点；此后不久，在 7～8月时进行繁殖，新的蜂群是由已交配过的独居雌蜂开始建立的。在通常情况下，雌蜂先在植物茎髓内挖一个短的通道，然后再在通道的尽头产下一粒大的、白色、略微弯曲的卵。经过 4～6 周的发育卵便可孵化，雌蜂则留在洞口保卫后代。随着幼虫的发育，雌蜂会依据幼虫的大小把它们加以排列，把蛹安排在离洞口最近的地方，其后由大到小按顺序排列幼虫，直到卵，卵总是成堆地放在洞底(图 5-16)。雌蜂把反吐出来的无色液状物喂给初孵幼虫，较老的幼虫则喂给由花粉和花蜜制成的小球。7～8 周以后,随着初夏的到来,第一批幼虫开始化蛹。到 1 月份,第一批卵就全都发育到了成虫阶段。此时,母蜂已活过 1 年了,它可以再产 3～4 粒卵,此后再过几天或几周,它就会死去。到夏末或秋初,第二批产的卵也会羽化为成虫,而从第一批卵中羽化成的雄蜂偶尔会离巢为自己觅食,但它们从不参加育幼工作。

熊蜂的社会性比小芦蜂更为复杂和进化。熊蜂属(*Bombus*)大约包括有 200 种熊蜂,都是很值得研究的社会性昆虫,主要适应于生活在较冷的气候条件下,在温带地区比较多,也有几种能生活在北极圈附近和无树的山顶。在亚马孙河雨林中也生活着一种熊蜂。在北温带,熊蜂(*Bombus*)的生活史只有 1 年,只有受精的蜂王才能越冬。春天一到,独处的蜂王便离开越冬地到处飞行,寻找田鼠弃洞或类似的洞穴。进入洞穴后,再对旧洞加以改造,建造一个入口通道,并用一些精细的材料涂抹洞的内壁。在洞内,蜂王会从腹部的节间腺(intersegmental glands)分泌薄板状的蜡质物,并用这些蜡质物在洞的底部建成第一个卵室,接着它便在卵室内放入一个花粉球,并在花粉球的表面产 8～14 粒卵,然后用圆屋顶形的蜡盖和其他物质将卵室封闭,而整个卵室则呈球状。大约就在第一批卵产下的同时,蜂王还要在巢洞入口处的里面用蜡质物建造蜜罐,并开始把从田间采集来的花蜜贮存在蜜罐内。当第一批工蜂出现后,它们便帮助蜂王扩建巢穴和照料其后产出的卵和幼虫(图 5-17)。

**图 5-17　熊蜂(*Bombus lapidarius*)的巢及蜂群**

其中蜂王(最大者)正停在一堆茧的上面,茧内有工蜂蛹,其中一个茧已被揭开以示蛹的位置;上方和左下方是三个公共的幼虫巢室,下面两个蜡质外包装已被揭开以示里面的幼虫;蜂巢的左面和中央被许多大的蜡质蜜罐所占据,右下方则是一群旧茧,现已被用来贮存花粉(引自 E. O. Wilson,1982)

熊蜂喂养幼虫的方法依熊蜂的种类而有所不同。有些种类的熊蜂具有贮存花粉的习性,它们把花粉存放在旧茧内,并用蜡把茧的高度延伸,直至形成一个高 6cm 或 7cm 的圆柱体。花粉随时都可以从这个贮粉器中取出来并以花粉和花蜜混合物(一种黏稠液体)的形式喂给巢室中的幼虫,但这些种类熊蜂的蜂王和工蜂不是直接把食物喂给幼虫,而是在巢室壁上打开一个缺口,然后把花粉和花蜜的混合物反吐给幼虫。还有一些种类的熊蜂,其蜂王和工蜂在幼虫较集中的地方建造许多特殊的蜡袋(wax pouches),并用花粉把蜡袋填满,幼虫则直接取食花粉。偶尔,蜡袋的制造者也用反吐的方式喂幼虫,但注定要发育为蜂王的幼虫则完全采用后一种喂食方式。

到夏末时节,蜂群依种类的不同将含有 100～400 只工蜂。随着秋天的临近,蜂群中将会出现雄蜂和新蜂王,并开始解体。蜂群的解体似乎是由内在因素控制的。熊蜂的交配行为依种类的不同而有很大差异:有些种类的熊蜂,其雄蜂总是在蜂巢入口处周围盘旋飞行,等待着年轻蜂王飞出蜂巢;在另一些种类中,雄蜂则选择一个显要的物体(如一朵花或一个篱笆桩),时而停在上面,时而在物体上面飞翔,只要看到任何一个类似于蜂王的飞行物,它便会向这个飞行物冲过去;还有一些种类的雄蜂,为了达到生殖目的而建立一条飞行路线,并沿着这条飞行路线每隔一定距离便在沿线物体上排放一点从大颚腺分泌出来的气味物质,然后它们便一小时一小时地、一天一天地等待着雌蜂的到来。交配之后,蜂王便在土壤中专门挖掘的洞道里过冬,并于第二年春天开始建立新的蜂群。

熊蜂的蜂王与工蜂的差别只表现在蜂王的个体较大、卵巢有更大程度的发育,但介于这两个等级之间的中间体也很常见。在工蜂个体大小之间也存在着很大变异,个体较大的工蜂出巢采食的时间比较多,而个体较小的工蜂则留在巢内工作的时间较多。在少数种类的熊蜂中,个体最小的工蜂从不飞出巢外,而是永久性地留在巢内工作。有些熊蜂的巢还设有专门的防卫工作,这种工作通常都是由卵巢发育较好的工蜂担任的。总的来看,熊蜂属(*Bombus*)在蜜蜂科(Apidae)中与蜜蜂属(*Apis*)和无螯针蜂属(*Melipona*)相比,还具有许多原始特征(表5-2),它们还处在较低的进化阶段上。

**表 5-2　熊蜂属(*Bombus*)、蜜蜂属(*Apis*)和无螯针蜂属(*Melipona*)的特征比较**

| 熊蜂属 | 蜜蜂属和无螯针蜂属 |
|---|---|
| 1. 蜂王与工蜂在形态上只有轻微差异,在两者之间存在中间等级 | 蜂王与工蜂之间存在明显差异,两者之间无中间等级 |
| 2. 生活史为一年(多数种类),新蜂群是由蜂王单独创建的;蜂群群体较小 | 生活史是多年的;新蜂群起始于很多个体;蜂群中等大或很大 |
| 3. 蜂王借助于攻击行为来保持生殖优势 | 蜂王借助于信息素保持生殖优势(至少蜜蜂属是如此),攻击行为很弱或无 |
| 4. 幼虫是以群体的形式被喂养的;幼虫之间存在着食物竞争 | 幼虫是被单独置于巢室中喂养的,这有利于控制等级分化 |
| 5. 幼虫被喂以粗花粉和反吐的花粉、花蜜混合物 | 幼虫至少是部分地被喂以王浆(蜜蜂属) |
| 6. 成虫极少把食物直接反吐给其他成虫,成虫间也很少互相修饰 | 成虫间的互相修饰和直接反吐食物极为常见,蜜蜂属的通信和调节(温度)能力很发达 |
| 7. 蜂王靠自己建立卵室并在其中产卵来调节蜂群的增长 | 蜂王在蜂群增长或巢室建造方面无直接作用,主要是由工蜂决定,并在很大程度上取决于外部环境的反馈 |
| 8. 非永恒性分工不发达 | 非永恒性分工极发达,年轻工蜂先照料幼虫,后从事巢内其他工作,最后出巢采食 |
| 9. 无化学报警通信 | 化学报警通信极发达,主要靠化学信息素 |
| 10. 工蜂之间没有招募行为 | 招募行为极发达,主要靠踪迹信息素 |

平时最常见的一种蜜蜂(*Apis mellifera*)可以说是社会性最发达的蜜蜂。社会复杂程度的直觉标准通常有社群的大小、蜂王和工蜂间的差异程度、蜂群成员间的利他行为、雄蜂产出的周期性、化学通信的发达程度、蜂巢温度的调节和其他内稳定行为等。蜜蜂的社会发达程度完全可以与其他一些最发达的社会性昆虫相比,如无螯针蜂、蚂蚁、胡蜂、高等白蚁和高等polybiine等。蜜蜂的舞蹈语言是区别于其他所有昆虫的一个独有特征,舞蹈动作是在蜂箱内作给其他工蜂看的,可传递食物的方位、距离和新巢位的信息。

了解蜜蜂生物学的关键是它的起源。据分析,蜜蜂很可能是起源于非洲热带、亚热带的某个地区,后来在人类驯养它们之前就扩散到了温带和较为寒冷的地区。因此,蜜蜂与温寒带地区土生土长的大多数蜜蜂科种类不一样,它们是多年生的,蜂群可以发展得很大。由于蜂群很大,它们就不得不在很广的范围内觅食,并有效地开拓和利用这一广大范围内的花朵资源。显然,蜜蜂的舞蹈通信和从腹部的Nasanov腺(Nasanov gland)分泌释放气味物质就是对这种生活方式的一种适应。热带起源还决定了蜜蜂可以用分群的方法进行增殖,而不必像温带地区的胡蜂和熊蜂那样还得有一个冬眠期。另外,由于蜂王不是单独越冬的,也无须在来年独自开始建巢,所以蜂王的功能已逐渐演变成了一部简单的产卵机器,其结果是蜂王和工蜂在形态和生理方面产生了巨大差异(图5-18)。在热带地区占优势的社会性蜜蜂——无螯针蜂

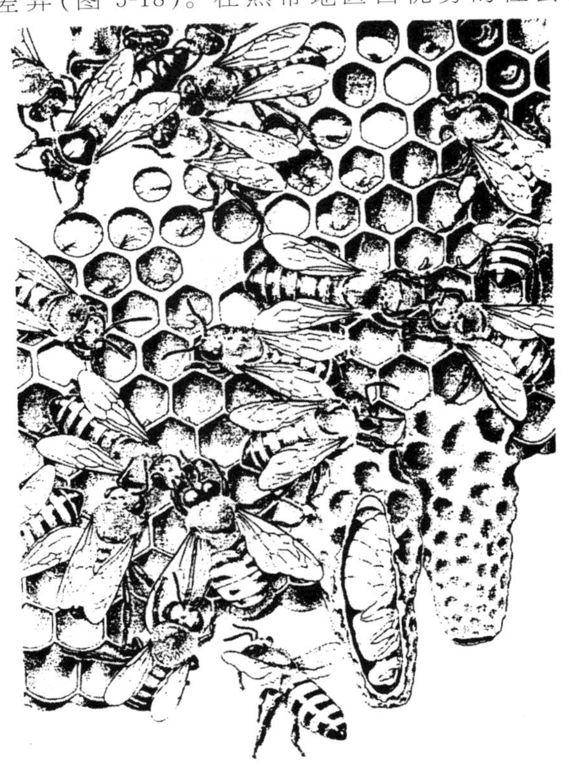

**图 5-18 蜜蜂的一部分蜂群**

左上角几只工蜂正尾随着蜂王。蜂王下面的巢室中有正在发育的工蜂蛹。很多开盖巢室内含有卵和处在不同发育阶段的幼虫,另一些巢室内则贮有花粉和花蜜(右上角)。在中央,一只工蜂正在用舌啜饮另一只工蜂反吐出的花粉和花蜜。左下方,一只工蜂正在拖拉一只雄蜂,它将被杀死或拖出巢外。最下边是两个王台,一个已揭开,可以看到里面的新蜂王蛹(仿E. O. Wilson,1982)

(*Melipona*)不仅在生活史方面与 *Apis* 属蜜蜂很相似,而且它们社会组织的复杂程度也差不多。当然,在热带地区也有大量的社会性蜜蜂在进化上还处于原始状态,但这并不会影响下面的一个重要结论,即在进化上处于最高发展阶段的蜜蜂起源于热带地区。

**(三)蚂蚁**

从各方面来看,蚂蚁都是地球上最占优势的社会性昆虫。它们的地理分布最为广泛,除了两极地区,几乎分布于所有陆地和岛屿;它们在数量上也是最多的,在任何一个特定时刻,地球上生活的蚂蚁数量都不会少于 $10^{15}$ 只,约占地球昆虫总数量的 0.1%(据 C. B. Williams 估计,地球上的昆虫总个体数为 $10^{18}$ 只)。已知的蚂蚁属和物种数比其他所有社会性昆虫之和还要多。

蚂蚁的成功与它们的开拓创新有一定关系。早在 1 亿年前的白垩纪中期,无翅工蚁就已经能够潜入到土壤深处和植物的髓腔里去觅食了;而且蚂蚁在进化的初期就可以作为捕食者以各种节肢动物为食,它们不像白蚁那样必须依赖植物纤维素为生;它们的巢也不像白蚁那样受到木材边界的严格限制,而是可以自由伸延。蚂蚁的成功还由于它们在土壤中营巢,而土壤是含能最丰富的一种陆地小生境。土壤生境又促使蚂蚁产生了后胸侧腺(metapleural gland),这种腺体的酸性分泌物可抑制微生物的生长。不无意义的是,后胸侧腺(或其遗痕)还是一个独有的解剖学特征,依此可以把蚂蚁与其他所有的膜翅目昆虫区别开来。

蜜蚁属(*Myrmecia*)的叭喇狗蚁(bulldog ants)(*Myrmecia gulosa*)从几个方面讲对研究社会生物学都是很重要的。蜜蚁属是体形最大的蚂蚁,体长 10～36mm,依种而不同,它们很容易在实验室内培养。除了 *Nothomyrmecia* 属和 *Amblyopone* 属蚂蚁之外,蜜蚁属是现存最原始的蚂蚁。它们看上去很像是无翅胡蜂,总是处在无休止地运动状态。它们行动敏捷快速,视力发达,富有攻击性。很多种蜜蚁的工蚁在外形上看上去很像拟蚁蜂科(Myrmosidae)和蚁蜂科(Mutillidae)。

蜜蚁的蚁群大小适中,约含几百至上千只工蚁,它们猎取各种活的昆虫并把它们撕成小块直接喂给幼虫。它们是凶猛的捕食动物,但也收集花朵内外的花蜜。当蚁巢内没有幼虫的时候,花蜜似乎就成了它们的主要食物。当蚁王从蛹中羽化出来的时候是有翅的,而工蚁是无翅的,而且个体较小。有些种类的蜜蚁(如 *Myrmecia gulosa*),工蚁个体比较大,并常常分化为两个亚等级(subcastes):较大的工蚁从事大部分或全部觅食工作,而较小的工蚁则留在巢内担负育幼工作。

蜜蚁属(*Myrmecia*)的很多种类都有夜晚群飞的习性,即蚁王和雄蚁从巢中飞出来成群地聚集在山顶或其他高地,雄蚁尾随着蚁王,常在蚁王周围形成一个球体并试图与蚁王交配。当蚁王受精后便脱去翅膀,在倒木下或石块下挖掘一个蚁穴并开始养育第一代工蚁。图 5-19 揭示了蜜蚁巢内部的情况。蜜蚁属有许多原始特征,但也有不少高等蚂蚁的特征。其原始特征表现为:巢中有时有多个蚁王;卵呈球形,分散产于巢底部;幼虫被直接喂给新鲜的昆虫碎块;幼虫能短距离爬行;成蚁是蜜食性的,捕猎昆虫主要是为了喂幼;工蚁在觅食时没有合作行为,也没有招募行为;报警通讯不发达、效率很低等。其高级特征表现为:蚁王和工蚁间的形态差异明显,中间体极少出现;工蚁存在多态现象,至少分化为大、小两个工蚁等级;蚁群大小适中,蚁巢结构精致;成蚁之间及其与幼虫之间均有反哺现象;成蚁之间有梳理行为;工蚁用产出的营养卵喂给其他工蚁和幼虫;蚁巢有特定气味,蚁群的领域行为发达等。

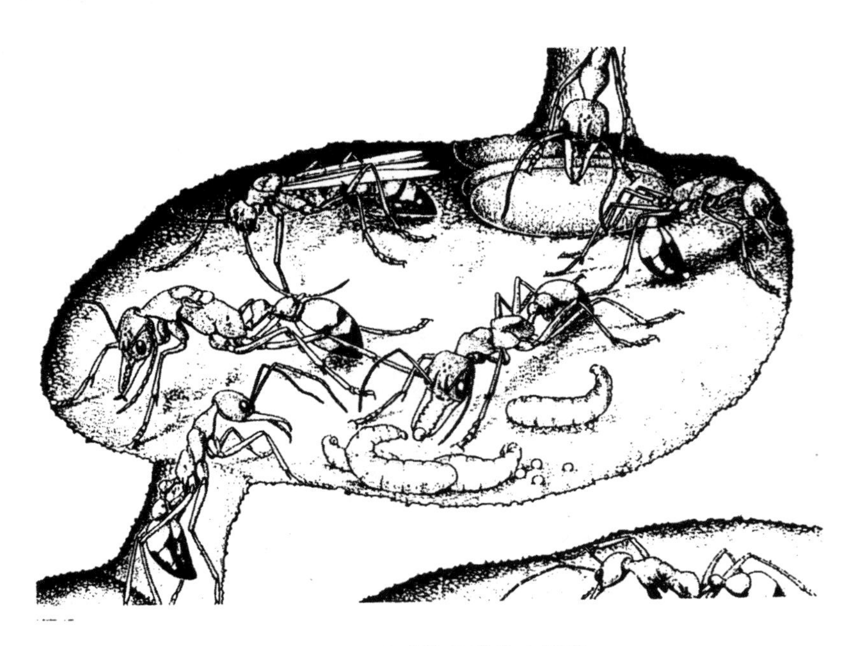

**图 5-19　叭喇狗蚁巢的内部观**

最左边是蚁王,其右后方是一只雄蚁(蚁王之子),其他都是工蚁(全是蚁王之女)。在巢右侧,一只工蚁产下一个营养卵,而另一只工蚁正在把这个营养卵喂给幼虫。蚁王产的球形卵分散在巢底,这些卵将会孵化为幼虫。巢上方是 3 个茧,内有工蚁蛹(仿 E. O. Wilson,1982)

从类似蜜蚁(*Myrmecia*)的蚂蚁原型所发生的适应辐射(adaptive radiation)表现得极为明显。很多蚂蚁的食性极为特化,如,*Leptogenys* 属蚂蚁专门吃等足类甲壳动物;某些 *Amblyopone* 属蚂蚁只猎食多足类蜈蚣;*Proceratium* 和 *Discothyrea* 属蚂蚁只吃节肢动物的卵,特别是蜘蛛的卵;某些切叶蚁(*Myrmicine*)专吃弹尾目昆虫;*Simopelta* 属蚂蚁则专门猎食其他蚂蚁。大多数蚂蚁在食物选择上都具有很大的灵活性,而少数蚂蚁则靠吃种子维持生存,还有一些蚂蚁专门或主要靠吃蚜虫、粉介和其他同翅目昆虫分泌的蜜露为生,这些同翅目昆虫常常被蚂蚁饲养在蚁巢里。最引人注意的蚂蚁是那些培养真菌的蚂蚁,它们属于切叶蚁属(*Atta*,图 5-20)。切叶蚁先把收集的有机物质(如植物叶片)运回巢内。然后再把共生酵母菌或真菌培养在这些有机物上,培养基质将依种类而有所不同。例如,*Cyphomyrmex rimosus* 专门收集或主要收集鳞翅目幼虫的粪便;*Myrmicocrypta buenzlii* 则收集死的植物质和昆虫尸体;著名的切叶蚁(*Atta*)和 *Acromymex* 则收集新鲜树叶、植物茎和花。

蚂蚁的筑巢习性也很复杂。如生活在沙漠里的 *Monomorium salomonis* 和 *Myrmecocystus melliger* 可以挖掘很深的蚁道,有时可深达 6m 或更深,直到土壤层。与此相反的是拟切叶蚁亚科(Pseudomyrmecinae)和长胸蚁亚科(Dolichoderine)的一些蚂蚁则只居住在一种或少数几种植物的茎腔里。这些被蚂蚁定居的植物,有些已对蚂蚁形成了高度的依存性。实验证实,这些植物在失去蚂蚁定居后便不能存活。家蚁亚科(Myrmicinae)的 *Cardiocondyla wroughtoni* 身体极小,它们定居在枯叶的叶腔里,叶腔是由潜叶蛾幼虫为它们开凿出来的。更有甚者,蚁亚科(Formicinae)的 *Oecophylla longinoda* 和黄惊蚁(*O. smaragdina*)以及棘蚁(*Polyrhachis* spp.)可利用自己的幼虫分泌出的丝线建筑网状巢。

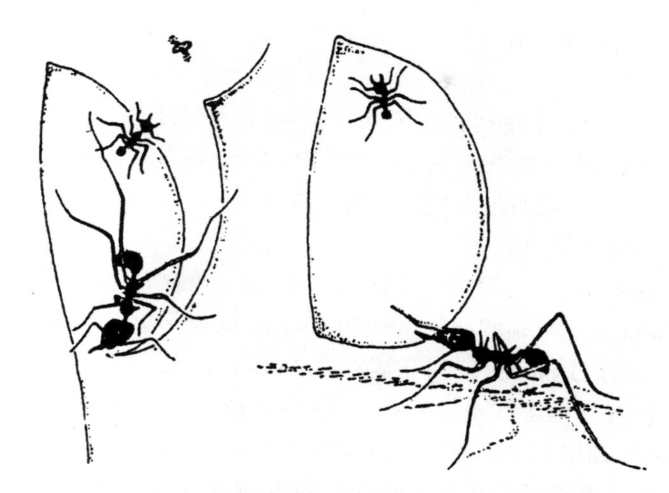

**图 5-20　培养真菌的南美切叶蚁(*Atta cephalofes*)**

大工蚁正在切割叶片和往巢中搬运叶片,而小工蚁正在防卫一只蚤蝇的攻击(仿 M. D. Atkins,1980)

在从墨西哥南部到巴西的低地森林中居住着一种游蚁(*Eciton burchelli*),游蚁群体很大且十分凶猛。游蚁一天的生活是从黎明开始的,此时蚁群正处于宿营状态。对游蚁来说,最好的宿营地是树木肿根下的空间、倒木的遮阴面和高达 20m 以上大树的阴面。蚁王和未成熟蚁的遮阴主要是靠工蚁的身体提供的。当游蚁准备宿营时,工蚁的腿和身体便彼此搭在一起,形成一个直径约为 1m 的圆柱体或椭圆球体,工蚁群本身就构成了一个大营房,约包括有 15 万～70 万只工蚁。球体中央有一只蚁王和成千上万只幼蚁,如果是在旱季还可能有 1000 只左右的雄蚁和几只处女王。当蚁群周围的光亮度超过 0.5 lx 时,宿营便开始瓦解,营房也解体为大团蚁群平铺于地面;随着压力的增加,蚁群开始向四面八方流动,移动速度可达 20m/h。头很大且生有镰刀状大颚的兵蚁行进在蚁群的两侧,起保卫作用。而小工蚁和中工蚁则负责劫掠和携带猎物,并负有选择宿营地和照顾蚁王和后代的任务。行进在前面的工蚁可劫掠到最多的猎物,如,蜘蛛、蝎类、甲虫、蟑螂、蝗虫、胡蜂、蚂蚁和很多其他昆虫,甚至蛇、蜥蜴和幼鸟也会成为它们攻击劫掠的对象。它们会把这些猎物撕成碎片,迅速传递给后面的工蚁。游蚁群体所到之处常常会把当地动物扫荡一空。据 E. C. Wlliams 记载,在森林底层只要前一日有游蚁群体从那里经过,那里的节肢动物数量就会急剧减少。虽然如此,但游蚁对整个森林的总体影响不会太大。据观察,在面积为 16km² 的 Barro Colorado 岛上大约生活着 50 个游蚁群体,由于每个群体每天的移动距离为 100～200m,所以,全部游蚁群体在一天内或一周内的活动覆盖面积只占岛屿的很小一部分。尽管如此,游蚁群体总是很快就会把它们所在地附近的食物资源消耗殆尽,所以它们必须不断地改变宿营地点,所谓"游蚁"的名称,就是由此习性而来。

## 二、两栖动物和爬行动物

### (一) 蛙类的社会行为

在一般人的想象中,青蛙和其他的无尾两栖动物都是一些比较简单和独居的动物。但实际上,两栖动物的生活史也表现出了很大的多样性。虽然很多种类都遵循着从卵到蝌蚪到成体的基本生活史模式,但在这个过程中常常伴随有复杂的通信行为,甚至在生殖群体中会出现临时性的社会组织,从而使它们的生活史发生深刻变化,特别是在一些热带种类中。例如,有些蛙类的雄蛙把蝌蚪背在自己的背上或放在自己的声囊里;有些蛙类则把巢建在河流上方的树枝上,这样当卵孵化以后,蝌蚪就会掉落到河水中去;还有一些蛙类完全丧失了蝌蚪这一发育阶段,使生活史变得更为简单。

在树蛙科(Dendrobatidae)、雨蛙科(Hylidae)、细趾蟾科(Leptodactylidae)、负子蟾科(Pipidae)和蛙科(Ranidae)中,领域现象(territoriality)极为常见。每到黄昏时刻,牛蛙(*Rana catesbeiana*)便离开它的隐避场所,来到开阔水面的鸣叫地,这时它采取特有的一种高漂姿态(靠肺内充满气体而使身体漂浮在水面),在发出鸣叫的同时把它咽部鲜亮的黄色也暴露出来,以增加视觉吸引效果。如果另一只雄蛙来到了它的附近,只要距离缩短到不足 6m 时,领地主人就会发出一种尖锐的、断续的和类似打嗝儿的叫声,同时会向入侵者逼近一段距离。在大多数情况下,入侵者会马上撤退;如果入侵者不后退,两只牛蛙就会发生战斗。战斗时,一只牛蛙会跳起来压向另一只牛蛙并迫使它逃走。但在大多数情况下,两只雄牛蛙会面对面地用前肢互相抱在一起,同时用后腿猛烈地踢打对方,直到一方取胜。类似的战斗在树蛙(*Dendrobatid frogs*)中也经常可以看到,不过树蛙所保卫的往往是一块陆地领域(图 5-21)。

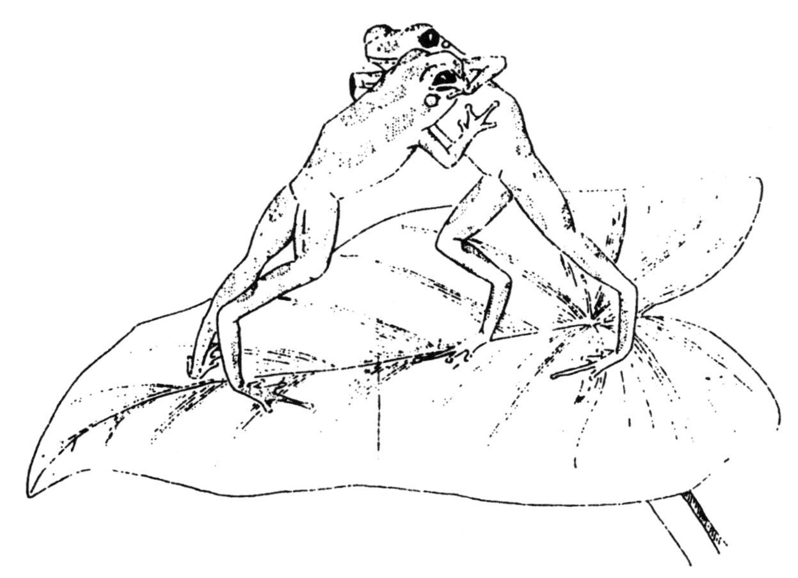

**图 5-21　两只雄性热带树蛙(*Dendrobates galindoi*)为争夺一块领域而进行的战斗**

在多数情况下,叫声的互斥作用可防止战斗的发生(仿 Duellman,1966)

蛙类和其他两栖动物社会行为的进化过程是伴随着从水到陆地生活的转变而完成的。蛙类不同程度地离开水体向陆地生活转变,这在系统发生上可能已独立地进行过很多次,而且都是借助于生活史的各种改变而完成的。有利于蛙类在陆地上生活的生活史改变包括:① 求偶和排卵、排精行为由水体移向陆地进行;② 在产卵期间,两性的泄殖腔相互结合;③ 增加雌蛙在求偶中的作用；④ 加强雄蛙或雌蛙的护卵、护幼行为。其中最有趣的是两性在求偶中所起作用的转变。比较原始的雄性尾蟾(*Ascaphus truei*)是不会发声的，所以它必须积极寻找雌蟾，利用交配器官使卵受精。铃蟾属(*Bombina*)、爪蟾属(*Xenopus*)、锄足蟾属(*Scaphiopus*)和蟾蜍属(*Bufo*)的大多数种类都完全在水中进行生殖，在生殖期间有时雄蟾聚集成群，有时雄蟾在彼此相互隔离的永久性领域中发出鸣叫，把雌蟾吸引到生殖地来。锄足蟾属中的一些雄蟾则极为活跃主动，只要一看到雌蟾就会对其进行追逐和求偶。另一些种类的雄性个体如蟾蜍属、蛙属(*Rana*)、树蛙属(*Rhacophorus*)和 *Syrrhophus* 属，只要有异性个体靠近，它就会对其进行追逐，还有一些蛙类，如胃蛙属(*Gastrophryne*)、雨蛙属(*Hyla*)和锄足蟾属，只有当雌蛙触碰到雄蛙时，雄蛙才会停止鸣叫并开始进入下一个求偶阶段。而对树棘蛙属(*Dendrobates*)来说，求偶程序的最后一个阶段是雌蛙追逐雄蛙，在此阶段，雌、雄蛙都在到处跳跃并不断发出叫声。从现代性选择的观点看，雄性树棘蛙之所以被雌蛙追逐是因为雄蛙可为后代提供足够的父爱，因此它就成了雌蛙所需求的一种有限资源。事实上，雄蛙在自己的领域中常常会接受雌蛙所产下的大量卵，此后又会很负责地把从卵中孵化出的蝌蚪带入水中。

当很多雄蛙在生殖期间聚集在一起进行集体"大合唱"的时候，很容易使人联想到鸟类的求偶场。不过这里是真正的蛙类求偶场。集体鸣唱所发出的声音可以传播得更远，而且比单独一只蛙鸣唱可以保持更强的连续性。在蛙类求偶场中参加集体大合唱的雄蛙往往比它在其他地方单独进行鸣唱更有可能获得交配的机会，否则集体合唱这种吸引配偶的方式就不会被自然选择所保存。具有集体鸣唱习性的蛙类往往是那些于雨季在由雨水所形成的浅水洼地或池塘中进行繁殖的种类。在南美洲，参加蛙类大合唱的有时不止是一种蛙，而是包括 10 种甚至更多种类的蛙，形成由多种蛙所构成的一个混种种群。

1949 年，C. J. Goin 发现了雨蛙(*Hyla crucifer*)的三重唱，即由 3 只雨蛙相互呼叫构成一组三重唱，而每一次大合唱实际上都是由许多三重唱组成的。后来，人们又在雨蛙属(*Hyla*)、绿骨蛙属(*Centrolenella*)、近蛔蛙属(*Engystomops*)、胃蛙属(*Gastrophryne*)、翼雨蛙属(*Pternohyla*)和 *Smilisca* 属中陆续发现了二重唱、三重唱和四重唱，即分别由 2 只蛙、3 只蛙和 4 只蛙互相呼应而构成的重唱组，它们代表着不同蛙科的几条独立进化路线(参考 Duellman，1967)。离趾蟾属(*Eleutherodactylus*)中的雄蟾总是在自己的巢域中与相邻的雄蟾进行二重唱。二重唱就是 2 只蟾互相交替地叫，而其间的时间间隔常常是非常准确的。如果把一只蟾拿走，另一只蟾的叫声就会中断。在二重唱中，如果有一方因受到强烈刺激而停止鸣唱时，另一方往往会改变位置偶尔发出叫声，以便寻找另一个二重唱伙伴。

有证据表明，在蛙类的小群体中存在着优势现象和优势等级，这也和鸟类求偶场系统的优势现象很相似。绿骨蛙(*Centrolenella fleischmanni*)的集体大合唱是由很多三重唱组成的，如果在每组三重唱中把叫得最响的那只雄蛙拿走，其他两只便会停止鸣叫，此后也只是偶尔地叫一叫；但如果把三重唱中的从属成员拿走，则不会影响优势个体的鸣叫，它会以同样的速率继续叫下去。B. H. Brattstrom(1962)发现，近蛔蛙(*Engystomopus pustulosus*)群体中的领唱者不仅仅是每次合唱的发起者，而且也比其他个体有更大的生殖优势。在 *Smilisca* 属的蛙中，最早开始的一组二重唱的领唱者先是发出第一声鸣叫，停顿一下后再叫一声或连叫两声或三声，如果它的二重唱伙伴还不做出响应，它便会等待几分钟，然后再一次发出"邀请"。一旦它的伙伴开始了鸣叫，它们便准确地相互交流叫声，并很快进入正常的交替鸣叫状态，接着第二组二重唱、第三组二重唱等陆续加入进来,使整个大合唱进入高潮(图 5-22)。

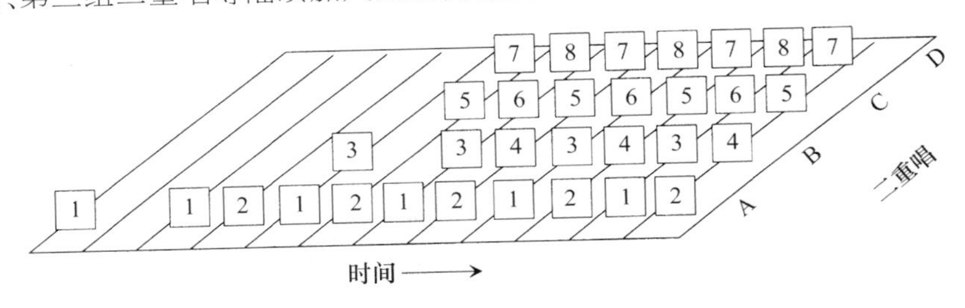


**图 5-22　四对雄蛙(*Smilisca baudini*)二重唱的鸣叫程序**

图中的数字 1～8 代表八只雄蛙,字母 A,B,C,D 代表四组二重唱(其中雄蛙 1 和 2 是最早领唱者)

### (二) 爬行动物的社会行为

与鸟类和哺乳动物相比,人们对爬行动物的行为研究得很不够,因为爬行动物一旦被笼养,它们就会变得很不活跃和很少活动,犹他蜥(*Uta stansburiana*)就是一个典型的例子。当把这种蜥蜴移入实验室时,在正常情况下的攻击行为和性行为便很难再被看到;而在自然条件下难以被观察到的同性交配现象(homosexual mating)则频频发生。一般人认为爬行动物是一些行为简单和缺乏智能的动物,但这种看法主要是根据对笼养动物的观察,而且常常是饲养条件过于简单,温度又不够高。如果把温度提高到适宜的条件,爬行动物的活动性会明显提高。在早期的一项研究中,有人发现某些蜥蜴需要 300 多次的尝试才能学会走一个简单的 T 形迷宫;但如果把这些蜥蜴放在适宜的温度条件下,它们则只需 15 次或更少次的尝试便能学会走迷宫。更令人吃惊的是,蜥蜴也能像鼠类一样学会为了提高饲养室内的温度而去压一个杆。为了使爬行动物的社会行为得到充分表现,不仅需要保持饲养室内的适宜温度,而且还要为其创造一个它们所习惯的三维环境,如,饲养室内有山石、植被和其他一些物体,一个良好的、天然的视觉环境对爬行动物的行为释放也是不可缺少的。

在爬行动物中,很多种类都过着严格的独居生活(solitary),但也有一些种类具有发达的社会行为。与其他脊椎动物一样,爬行动物(特别是蜥蜴)也有发达的巢域和领域行为。鬣蜥科(Agamidae)、避役科(Chamaeleontidae)、壁虎科(Gekkonidae)和鬣鳞蜥科(Iguanidae)中的大多数种类都是停在一个地方耐心地坐等猎物的到来,它们常常是选择一个视野开阔的地点,用敏锐的视觉注视着猎物的动向。这些物种通常都具有较强的领域行为,它们时刻都在监视着自己的领地,并用视觉信号示意同种的入侵者远离此地。与此相反的是,蜥蜴科(Lacertidae)、石龙子科(Scincidae)、臼齿蜥科(Teiidae)和巨蜥科(Varanidae)中的爬行动物则常常是在视觉受阻的复杂环境中到处搜寻猎物,甚至依靠嗅觉潜入落叶层和土壤中寻食。这种觅食方式常会使它们的巢域发生广泛重叠。爬行动物的领地利用无论是在空间上还是在时间上都有很大的变异性,生活在加拉帕戈斯群岛的鬣蜥(包括陆地的和海中的),其领域防卫只限于生殖季节,而在犹他鬣蜥(*Uta stansburiana*)中,领域防卫的形式和强度都随地点而有所不同。同一种蜥蜴有时表现出严格的领域性,但有时又会营群体生活,具有明显的优势等级。在这两种极端情况之间的转换往往决定于种群密度。当黑鬣蜥(*Ctenosauna pectinata*)生活在一个很少受到干扰的环境中,个体之间可以保持足够距离的时候,每只雄性蜥蜴都是独居的,而且各自都保卫着一个边界明确的领域。L. T. Evans(1951)发现,生活在墨西哥的一个黑鬣蜥种群,晚上拥挤在一个石灰岩的岩壁上过夜,白天则到已开垦过的田野去觅食。由于岩壁没有足够的空间划分为许多领域,所以雄蜥蜴便组成一个具有优势等级的社群,其中最占优势的个体统治一切,经常巡视全群和威吓其他个体;而社群中的每一个从属雄蜥都占有一块小小的地盘,除了领头蜥外谁也不让靠近。1974 年。B. H. Brattstrom 在研究另一种近缘的黑鬣蜥(*C. hemilopha*)时,甚至可以在实验中模拟这种行为转换。他把 5 只雄蜥饲养于一个大的户外罩笼内,笼中有 4 根石桩,其中 4 只最大的雄蜥各占有一根石桩,但当把 4 根石桩合而为一时,5 只雄蜥便依其身体大小形成了一个优势等级,从而完成了从占有领域到营社群生活之间的转变。

爬行动物在攻击和求偶方面的炫耀行为,其发达程度介于蛙类和鸟类之间。爬行动物的屈从行为几乎与威吓行为一样发达,这种行为有利于使两个或更多的个体生活在一起。在飞蜥(*Amphibolurus barbatus*)中,属于从属个体的雄蜥靠把身体贴近地面和摆动一个前肢就能顺利通过一个优势个体的领域而不会受到攻击;另一种飞蜥(*A. reticulatus*)的雄蜥则使用更为奇特的动作,它背朝下躺在地上,直到优势个体从它身边走开。生活在沙漠中的沙龟(*Gopherus agassizi*)具有更明显的优势行为,雄龟之间常常进行激烈的战斗,这种战斗直到有一方撤退或一方骑到了另一方的背上才会停止。

大多数爬行动物的优势系统都与领域行为有关,通常是一个个体占有一块领地并允许几个从属个体与自己共同生活在这个领地内,而从属个体之间则缺乏组织。但安乐蜥(*Anolis aeneus*)则是一个例外,在一只雄蜥的领域内往往生活着多个雌蜥,这些雌蜥排列成一定的优势等级,至少由三个层次组成(J. A. Stamps,1973)。

一只雄蜥允许很多雌蜥生活在自己的领域里,这种现象是很常见的,如在壁虎属(*Gekko*)、安乐蜥属(*Anolis*)、钝喙蜥属(*Amblyrhynchus*)、柔齿蜥属(*Chalarodon*)和棱鳞蜥属(*Tropidurus*)中都能见到这种一雄多雌现象。但是严格说来,这同鸟类和哺乳动物中的妻妾群并不一样,因为雌蜥虽被接纳但并不受到雄蜥的特别保卫。只有叩壁蜥(*Sauromalus obesus*)才拥有真正的妻妾群,优势雄蜥常常占有一块很大的领域,在这个领域中允许从属雄蜥各自占有一块很小的领域,而雌蜥也都各自占有一块比从属雄蜥更大一些的领域。在生殖季节,优势雄蜥不允许从属雄蜥进入雌蜥的领域,而它则天天去拜访每一只雌蜥,只有它才能与雌蜥交配。

在爬行动物中,亲代抚育行为通常都不太发达;但在野生的和笼养的眼镜王蛇(*Ophiophagus hannah*)中却观察到了这种现象,雌蛇在生殖期间不仅筑巢,而且对一切入侵者都加以攻击,所以对人也特别危险。由于在爬行动物中,蛇类的社会行为是最不发达的,所以眼镜王蛇的这种独一无二的行为是非常引人注目的,也使眼镜王蛇成为未来最有价值的研究物种之一。鳄目(Crocodilia)是爬行动物中亲代抚育最发达的类群,如普通鳄、钝吻鳄、凯门鳄及其他鳄,共有 21 种鳄鱼都把卵产在巢内并对其后代加以保护。其中的 7 种鳄鱼营造较为原始的洞穴巢,而其余的鳄鱼(包括钝吻鳄、凯门鳄和马来鳄等)则利用树叶、树枝和其他植物残屑建筑冢巢。冢巢不仅可把鳄卵抬升到水面以上,而且还可以借助于腐败作用产生的热量加速卵的孵化。幼鳄在出壳前通常会发出尖锐的叫声,母鳄听到叫声后便开始把冢巢顶部扒开,以便于幼鳄从冢巢中爬出,因为此时冢巢在太阳照射下已结成一层硬壳,没有母鳄的帮助,幼鳄很难冲破这层硬壳。在有些种类的鳄鱼中,母鳄还把刚出壳的幼鳄带到水边并在一定时期内对它们加以保护。

## 三、鸟类

鸟类也是营社群生活的动物类群，在本书第四章中已做了详细描述，此处不再赘述。

## 四、哺乳动物

### (一) 狼和非洲野狗

犬科动物(Canidae)中有三个物种是结群狩猎的，这就是狼、非洲野狗和亚洲豺狗。结群狩猎需要个体间的密切合作与协调动作，好处是可以猎取比较大的和难以捕捉的动物。狼是北方结群狩猎犬科动物的代表，从北美到墨西哥高原，从欧亚大陆到阿拉伯、印度和我国南部都有它的足迹。它是最大的犬科动物(某些特殊品种的家犬除外)，成年体重平均为35～45kg，最大者可达80kg，雄狼比雌狼稍大。它们通常处于食物链的顶位，一半以上的食物是由像河狸一样大小或更大的哺乳动物组成，主要猎杀对象是河狸、鹿、鼠类、北美驯鹿、麋、山羊等，在人类定居点附近有时会捕杀家畜、猫和狗等。较小的猎物有啮齿动物和雷鸟等，这些猎物在食物短缺季节无疑会变得更加重要。狼群一旦发现猎物就会跟踪和追逐它，小型猎物只需一只狼便可制服它，而大型猎物则需靠个体间的合作才能予以制服。结群狩猎有时也会失败，一些跑得很快的猎物，如鹿和山羊，常常能摆脱狼的追击；而一只成年麋鹿如果事先占据了有利位置，常常能抵挡住一群狼的攻击。据有人在罗亚尔岛观察，在被狼所发现的131只麋鹿中，最终只有6只被猎杀和吃掉，其余的麋鹿在狼群靠近它们之前就已经逃脱了。

由于狼的个体很大，具有特殊的捕食习性，所以狼的种群密度一般很低，它们的巢域范围很大。在阿拉斯加和加拿大，每1000km$^2$约有5～10只狼，而在其他地方(如罗亚尔岛和北美各地)每1000km$^2$可以有40只狼。由于大部分狼群都是由5～15只狼组成的(在阿拉斯加中南部曾观察到由36只狼组成的一个狼群)，所以一个狼群的活动范围应以1000km$^2$计，通常是在300～1000km$^2$之间。狼在一天之内可移动100km以上，当被猎人追赶时一天可移动200km。据观察，生活在罗亚尔岛上的狼群是有领域的，它们的领域有很大的重叠性。显然，一个狼群不会进入另一个狼群在几小时前或几天前曾经利用过的地区。尿的气味是识别另一个狼群出没地区的重要标志；此外，狼的叫声也有利于使两个狼群之间保持一定的距离。有时两个狼群会偶然相遇，并发生战斗。1973年，Wolfe和Allen曾在罗亚尔岛上观察到了两个狼群的一场遭遇战，其中一个狼群是岛上最大的狼群，另一个却是只由4只狼组成的一个小狼群，结果小狼群中的一只狼被杀死。

L. D. Mech(1970)是野生狼群的主要研究者之一，他极为深入地研究过狼的社会行为和生态特点。当已配对的一对狼离开它们的出生群去生育自己后代的时候，就标志着一个新的狼群开始出现了。随着家族的扩大，在雄狼和雌狼之间便分别建立了各自的线性优势等级。所谓优势，主要表现在优先取食、优先占有好的休息地点和优先占有配偶上。但这并不是绝对的，因为对于任何一只狼，其方圆0.5m内存在着一个“个体所有区”，处在这个“所有区”内的食物总是归其所有，不会再受到其他优势个体的争夺。每只狼在优势等级中的顺位是在生命早期，当幼狼还在进行打斗游戏时即开始确立，以后随着年龄的增长和威吓动作及屈从动作的频频使用而愈加巩固。两只狼如果发生战斗，通常会因为其中一只狼表示屈从而使战斗很快结束，但在个别情况下(特别是在生殖季节)，战斗是你死我活的，结果就会导致严重受伤。在战斗中，有时会看到某些个体联合起来攻击另一只狼。在任何情况下，领头的雄狼(alpha male)都是狼群注意的中心，它带头发动攻击，带头对新情况做出反应，对入侵者来说，它也是最强大、最难以对付的。在狼的欢迎礼仪(greeting ceremony)中，总是一只狼轻柔地咬、舔和嗅另一只狼的嘴，狼群中所有的成员在这种礼仪中都将遵从和听命于头狼。狼的欢迎礼仪很可能是起源于幼狼的乞食动作，后来这种动作经过仪式化后改变了它的功能。有时在这种友好致意的仪式中，狼群中所有的成员都拥挤在它们的领袖周围。

头狼有更多机会接近发情的雌狼，但这种优势也不是绝对的，因为头狼和其他优势雄狼对不同的雌狼都有各自的偏爱，而雌狼反过来对雄狼也有自己的选择。通常，雌狼站定后向左右摆动它们的尾巴就表明它已准备好接受雄狼的交配。狼为了表达它们顺位的细微差异和敌对意图，常会采用丰富的面部表情、尾巴的动作和身体姿态，视觉炫耀往往还伴随着声音炫耀以增强效果。狼的信息物质虽然研究得很不够，但目前已知这些信息素都来自肛门附近的5个地点，即生殖腺、尾前腺、肛腺、尿液和粪便。气味常被用于领域标记、鉴定雌狼的发情阶段和优势等级的识别。高顺位的狼首先用鼻子嗅低顺位狼的肛区，然后再转过身让后者嗅自己的肛区。

狼(*Canis lupus*)无疑是家狗(*Canis familiaris*)的祖先，家狗与狼、其他野狗的最主要差别是它那呈镰刀状或弯曲的尾巴，而后者的尾巴是下垂的。狼有很多特性极有利于使它们演化为人类的共生伙伴，这些特性包括极强的社会性、靠趴下和舔的仪式化动作来表达自己的屈从意向、跟随头狼和服从优势个体的强烈欲望和结群狩猎的行为等。考古学资料表明，狼演化为人类伙伴——狗的过程早在公元前12 000年就开始发生了，那时人类还处在采集狩猎时代，紧随最后一次大陆冰川的退缩而扩展着自己的生活领域。

狼的十分发达的社会行为在非洲野狗(*Lycaon pictus*)那里得到了进一步的发展。非洲野狗(图5-23)是非洲最为稀少但又喜欢广泛漫游的一种犬科动物，除了沙漠和稠密森林之外，它们可出没于所有的生境，甚至还有人在乞力马扎罗山的山顶看到一小群(5只)非洲野狗，这也是哺乳动物分布地理位置最高的纪录。非洲野狗是最严格的食肉动物之一，它的狩猎对象主要是与自身大小差不多的汤姆森瞪羚、高角羚和幼角马，但同时也攻击比它大得多的动物，如成年角马和斑马等。狩猎总是以密集的群体进行，每次狩猎平均只持续约30min，通常都能获得成功。狩猎时总是由野狗群中的首领选定攻击目标并带领其他成员进行追击。对瞪羚来说，当野狗群接近到200～300m时便开始奔跑，但野狗依靠其奔跑的速度、耐力和群体数量常能将跑得最快的猎物捕杀。非洲野狗的奔跑速度为55km/h，爆发速度可达65km/h，大多数猎物都将在奔跑的前3km内被捕获。一只瞪羚可在被捕后的10min内被吃光，而吃掉一匹角马或斑马也只需1h左右。

行为生态学家曾对非洲野狗作过长达数百小时的野外观察，发现它们之间的合作和利他行为是任何其他动物(大象和黑猩猩除外)都无法相比的。野狗群一旦狩猎成功和饱食之后，它们便立刻返回巢穴把食物反吐给幼兽、母兽和掉队的其他成员。即使是在猎物较小，不能使每个成员都填饱肚子的情况下，狩猎者也会把它们吃下的食物与其他成员分享，病残个体也会得到耐心和持久的照顾。非洲野狗的集体生殖行为也极为发达，R. D. Estes曾观察过9只失去父母的幼兽，它们的年龄只有5周，这9只孤儿却一直被群体中其余8只成年野狗喂养着，

**图 5-23　具有最高社会组织形式的非洲野狗**

图中的成年野狗在一次成功的狩猎归来后正将食物反吐给幼兽，图上方远景中的角马是非洲野狗所能攻击的最大的猎物(仿 E. O. Wilson，1982)

而这 8 只成年野狗碰巧都是雄兽。

尽管非洲野狗在狩猎中表现得凶猛残酷，但在群体成员之间的相互关系方面却表现得相当平和与平等，个体之间几乎没有什么距离，有时为了保持温暖而紧紧挤在一起。在正常情况下，幼兽的母亲保持着一定的育幼优先权，但有时雌兽之间也会为了争夺育幼权而互相竞争。非洲野狗的优势等级是按线性排列的，雌雄个体分别顺位，但这种优势等级表现不十分明显，容易被观察者所忽视。这种动物在发怒和威吓其他动物时也不像狼那样嗥叫和毛被直立，而是把头压低到肩的高度或更低，尾巴下垂，面对威吓对象或朝威吓对象移动。

非洲野狗的生殖曾引起过行为生态学家极大的兴趣。在任何年份，野狗群中都只能有一只或两只雌狗进行繁殖，至于是哪只雌狗进行繁殖则取决于它在优势等级中的地位。有一点是毫无疑问的，即野狗群作为一个整体在生殖上的投资，只限于一年养育 1 窝小崽，最多 2 窝，但每窝小崽的数量相当多，平均为 10 只，最多可达 16 只。小崽大都是在雨季出生，因为作为野狗猎物的食草动物也是在那个季节产仔。

非洲野狗的生活方式与昆虫中的游蚁(见前)非常相似，也是过着游猎的生活，不断转移狩猎地点，以防止某一地点食物资源的枯竭。非洲野狗总是集中在一年的一定季节产仔，这种生殖同步化也与游蚁相似。并能从中获得一定的好处。野狗群一旦进入产仔期便会停止游猎并固守在一定的地点，直到幼仔长大并强壮到足以随群体到处游猎为止。如果每只雌狗都各产各的仔，不实行同步化，而且产仔数量像通常的犬科动物那样只有少数几只，那么野狗群就不得不在一个特定地点停留很长的时间，这样就相应减少了一年中进行游猎的天数。所以，非洲野狗群便采取只允许 1～2 只雌狗在一年的特定季节产较多后代的生殖对策，以保证它们在一年中有尽可能多的时间进行游猎生活。

虽然非洲野狗过着到处游猎的生活，但它们还是限制在一个很大的范围内移动。据 W. Kühme 跟踪观察，一个非洲野狗群在 2 月份的活动区域是 $50km^2$，那时的猎物种群密度最大。但到 5 月份，当猎物种群密度下降时，它们就会开始长距离的游猎，其活动范围将扩大到150～$200km^2$。其他的观察资料表明，一个非洲野狗群全年的总游猎面积为数千平方千米。当两个群体偶尔相遇时可能会出现各种情况，有时是友好相处，但更经常的是彼此互相回避或一群追逐和驱赶另一群。用尿标记领域的行为在其他犬科动物中是很常见的，但在非洲野狗中却很不发达，严格意义上的领域行为只限于每年的生殖期产仔的母狗保卫它们正在养育幼仔的洞穴。

**（二）黑熊**

长期以来，人们一直认为黑熊（*Ursus americanus*）是独居性的动物，但 L. L. Rogers (1974)的野外观察表明，黑熊个体之间的关系远比人们想象的更为密切和持久。雌熊要独占一个取食领域来喂养幼熊，在这个意义上可以说黑熊是独居的。即使是这样，母熊还是要和它的雌性后代共同生活在同一个领域中。为了研究黑熊的社会关系，Rogers 曾诱捕了 94 只黑熊并对它们一一作了标记，然后连续 4 年对它们进行了无线电遥测跟踪观察，特别是其中的 7 只雌性熊崽，从它们出生一直跟踪观察到性成熟。

在从 5 月中到 7 月底的交配季节，成年雌熊要独占和保卫一个领域，领域面积为 10～$25km^2$，平均 $15km^2$，小于这样的面积，黑熊的繁殖就很难成功。据观察，两只仅占有 $7km^2$ 领域面积的雌熊都没有产仔，而第三只占有较小领域面积的雌熊在产下一仔后便离开了这一领域。随着夏末的临近，雌熊对入侵领域者的攻击性开始减弱，但大多数雌熊都继续留在自己的领域中生活。

在 Rogers 所跟踪观察的 9 个黑熊家庭中，当幼熊发育到 16～17 月龄时，家庭便开始解体，每只雌幼熊仍然留在母熊的领域中，至少要在母亲的领域中生活两年。尽管它们所生活的领域都是母熊最初的那个交配领域，但此时母熊和它的雌性后代却是分开在不同的地方活动的。如果母熊被杀或因其他原因死亡，那么它的一个女儿就会继承和接管这块 $15km^2$ 的领域，并可能于第二年冬天在这一世袭领域中产仔和养育后代。在对黑熊家庭的观察中还发现了另一种情况，即一只 3 岁的雌性后代独占了母熊领域东部的一大片地区，而西部的较小部分被母熊的另一女儿占有；母熊则从它的固有领域向西迁移了 2.4km，占据了已死邻居的一个遗留领域。它的进入和占有迫使已死邻居的 3 岁女儿不得不向领域的西部转移，并与自己 5 岁的姐姐（母亲以前所生）共占一部分领域。由于它年轻并处于从属地位，致使第二年冬天未能进行生殖。

雄性黑熊不参与母熊领域的继承，当它发育到亚成体时便从母熊的领域中迁出自寻生路。

在交配季节,已发育成熟的雄性黑熊就会闯入一只雌熊的领域,并靠攻击行为阻止其他雄熊进入。特别是当两只雄熊同时进入一只雌熊领域时,战斗就不可避免。以后,随着雄熊体内睾酮(testosterone)含量的下降,便开始退出雌熊的领域,并和其他雄熊一起聚集在食物丰富的地区,过着和睦相处的取食生活。直到秋末,它们才重新回到雌熊的领域入洞冬眠。

**(三) 狮子**

1966～1969 年,Georher Schaller 在坦桑尼亚大草原跟踪狮群整整 3 年,行程 150 000km,观察时间多达 2900h。在其后的 4 年中,Brian Bertram 又连续对这些狮群进行了跟踪观察,不仅证实了 Schaller 的观察结果,而且对狮群的社会行为又获得了很多新资料。在野生条件下,很少有其他动物像狮子种群这样被跟踪观察这么长的时间和研究得这么详细。类似的例子只有 L. Rogers 对黑熊的研究、Douglas-Hamilton 对象群的研究和 Lawick-Goodall 对黑猩猩的研究。这些工作都是在保持动物自由活动和自然状态的前提下,跟踪观察动物从出生到社会化的形成、到生殖和直到死亡的全过程,并详细记录动物个体的癖性和个体之间的各种亲疏关系,从而把野生动物的研究提高到了一个新水平。

一个狮群的核心是由几只具有亲密姐妹关系的成年雌狮所构成的,它们血缘关系的密切程度至少也是表(堂)姐妹关系,并世代相传地生活在一个固定的领域中。组成狮群的成员平均为每群 15 只,少则 4 只,多可达 37 只。雌狮之间的合作行为在哺乳动物中是表现得最为明显的,在追捕猎物时,它们先呈扇形散开,然后同时从不同方向追击猎物。狮群也和象群一样有所谓的"育幼所",即把幼狮集中在一起,每一只授乳的雌狮都偏爱给自己生的幼狮喂奶,但也允许其他雌狮所生的幼狮来吃奶。为了吃饱肚子,一只幼狮常常要连续吸食 3～5 只雌狮的奶汁。令人难以理解的是,成年雄狮对雌狮具有一定的"寄生性"。年轻雄狮最终总要离开它所出生的狮群,或单独或结群四处漫游,一有机会,这些雄狮就会加入到一个新狮群中去,有时是靠攻击行为把新狮群中的雄狮赶走,由自己取而代之。不管是狮群内或狮群外的雄狮,只要是结成一伙的,它们之间的关系通常都是兄弟关系,至少它们也是长期生活在一起的亲密伙伴关系。狮群中的雄狮不在意雌狮离开它们从一地到另一地游荡,因为它们要依赖雌狮去狩猎和捕杀大部分猎物。一旦雌狮狩猎成功,雄狮就会赶来,利用它们的身体优势把雌狮和幼狮挤到一边,毫无顾忌地饱餐一顿。只有雄狮吃饱以后,其他成员才能靠近猎物吃雄狮吃剩的食物。雄狮对外来的陌生者更富有攻击性,特别是对其他试图侵入狮群的雄狮。雄狮的体形越大,在狮群中的资格越老,就越有能力占有一个狮群,直到它被外来的竞争者赶出这个狮群为止。

使人感兴趣的是,猫科动物(Felidae)大都是独居的动物,而狮子却具有特殊的社会结构,是社会化程度比较高的肉食动物。狮群社会行为的进化主要起因于在开阔草原狩猎大型食草哺乳动物的需要。有资料表明,几只狮子联合起来狩猎要比单独一只狮子狩猎的成功率高 1 倍,而且还有可能捕杀特别大型和危险的猎物,如长颈鹿和雄性野牛。这些猎物对孤立无援的一只动物来说,简直是难以制服的。幼狮生活在狮群中可以得到更大的安全,不容易遭到猎豹和其他漫游雄狮的捕杀。由于上述两方面的原因,一只母狮在狮群中进行生殖的成功率要比它单独进行生殖时的成功率高得多。

**(四) 灵长动物**

灵长动物是哺乳动物中最高级的动物,研究它们的社群生活在行为生态学中显得尤为重要。因此,本章特设第五节,专门讨论灵长动物的社群生活。

# 第五节　灵长动物的社群生活

## 一、社群的大小、组成和空间利用

### (一) 社群的大小和组成

行为生态学家总是十分重视研究灵长动物的两个基本特征,即每群包含有多少个体和每个个体的年龄、每种性别占有多大比例。前者是社群大小(group size)问题,后者是社群组成(group composition)问题。通常是根据动物的年龄和性别把它们分为许多不同的组,即年龄/性别组(age/sex classes)。出生之后主要依赖母猴的时期称为仔猴(infant),随着仔猴的发育成长便逐渐进入幼猴期(juvenile)。此后便进入性未成熟的亚成猴期(sub-adult),一旦性成熟便发育为成年猴(adult)。

表 5-3 列出了一些灵长动物社群的平均大小,此表的资料来自于多位作者。应当说明的是,灵长动物社群的大小在不同年份是有很大变化的,所以此表只能提供一个参考数据。表中所列的所谓"独居"种("solitary" species)并非是指一个个体从不与同种其他个体接触,而是指它们在野外经常是单独被人们看到。例如,鼠猴(*Microcebus nurinus*)和丛猴(*Galago demidovii*),每只成年雌猴都生活在自己的巢域(home range)中,几个巢域可能互相有重叠,而一只成年雄猴的巢域又可能与几只雌猴的巢域重叠。虽然雄猴的大部分时间都在自己的巢域内活动,但它却可以与多只雌猴交配并产生后代。

**表 5-3　各种灵长动物的社群大小和巢域面积**

| | 平均社群大小(个体数量) | 巢域面积/ha |
|---|---|---|
| 1. "独居"物种 | | |
| 狐猴科 Lemuridae | | |
| 笑狐猴(*Lepilemur mustelinus*) | 1 | 0.2 |
| 鼠狐猴(*Mecrocebus murinus*) | 1 | 0.2 |
| 2. 双亲家庭群 | | |
| 大狐猴科 Indriidae | | |
| 大狐猴(*Indri indri*) | 3 | 2.3 |
| 悬猴科 Cebidae | | |
| 青猴(*Callicebus moloch*) | 3 | 4.2 |
| 寡妇猴(*Callicebus torquatus*) | 4 | 20 |
| 长臂猿科 Hylobatidae | | |
| 所有长臂猿(*Hylobates*) | 4 | 约 50 |
| 舍趾猿(*Symphalangus syndactylus*) | 4 | 23 |
| 3. 单雄群 | | |
| 猕猴科 Cercopithecidae | | |
| 赛克斯猴(*Cercopithecus mitis*) | 14 | 14 |
| 长尾猴(*C. nictitans martini*) | 20 | 67 |
| 冠长尾猴(*C. pogonias*) | 15 | 78 |
| 赤猴(*Erythrocebus patas*) | 20 | 5200 |
| 叶猴(*Presbytis entellus*) | 19 | 340 |

续表

| | 平均社群大小(个体数量) | 巢域面积/ha |
|---|---|---|
| 紫面叶猴(*Presbytis senex*) | 8 | 12 |
| 黑白疣猴(*Colobus guereza*) | 11 | 15 |
| 大猩猩(*Gorilla gorilla beringei*) | 10 | 620 |
| 4. 多雄群 | | |
| 狐猴科 Lemuridae | | |
| 棕狐猴(*Lemur fulvus*) | 9 | 0.9 |
| 环尾狐猴(*Lemur catta*) | 18 | 7.4 |
| 悬猴科 Cebidae | | |
| 吼猴(*Alouatta villosa*) | 14 | 18 |
| 蜘蛛猴(*Ateles geoffroyi*) | 12 | 60 |
| 猕猴科 Cercopithecidae | | |
| 倭长尾猴(*Miopithecus talapoin*) | 70 | 120 |
| 白脸猴(*Cercocebus albigena*) | 15 | 410 |
| 食蟹猕猴(*Macaca fascicularis*) | 23 | 32 |
| 恒河猴(*Macaca mulatta*) | 85 | 1500 |
| 猪尾猕猴(Macaca nemestrina) | 35 | 200 |
| 狒狒(Papio anubis) | 34 | 2430 |
| 红疣猴(Colobus badius) | 41 | 67 |

注：此表引自多位作者

表中的第二种社群类型是双亲家庭群(parental family groups),即一只雄猴和一只雌猴连同它们的子女共同生活在一起并占有同一个巢域,子代性成熟后便离开父母的巢域,与来自另一双亲家庭群的个体形成配偶关系。双亲家庭群又称单配制家庭群(monogamous family group),只在少数灵长动物中才能见到。

单雄群(one-male groups 或 uni-male groups)是最为常见的社群类型。这类社群是由一只成年雄猴、多只成年雌猴及它们的子女构成的,通常成年雄猴要比成年雌猴大得多。多余的雄猴要么是单身独居,要么是生活在一个全是雄猴的群中。

多雄群(multi-male groups)则由几只成年雄猴、几只成年雌猴及它们的后代组成。即使是在社群组成方面看来十分相似的两个多雄群体,在它们的社群组成和社群组织调控因素方面也可能是很不相同的,就拿狒狒(*Papio anubis*)和松鼠猴(*Siamii sciureus*)来说,它们都生活在多雄群中,但在松鼠猴的群体中,成年雌猴形成群体的核心,是由它们调控着雄猴的行为,决定着是否让成年雄猴接近它们;而在狒狒群体中情况则刚好相反,是成年雄猴调控着成年雌猴的行为。

### (二) 社群大小和社群组成的调控因素

灵长动物的社群大小和社群组成受到4种因素的调控,这4种因素是出生率、死亡率、迁入率和迁出率。

#### 1. 出生率

出生率虽然在不同种类的灵长动物中有很大差异,但可以肯定地说,出生率最高的群体不一定就是最大的群体。例如,很多属于原猴亚目的灵长动物,它们的出生率都比狒狒高,但它们的群体却较小。但也有一些证据表明：一个物种内部出生率的波动也可能影响群体的大小，如日本猕猴(*Macaca fuscata*)。生活在Ryozenyama的一个野生猕猴群，除天然食物外，从1966年到1973年还人工投喂一定数量的食物。据统计，从1968—1973年，5龄或5龄以上的雌猴的出生率为每年每雌58.7%；但从1973年8月开始投食量减少，结果到1975年，其出生率下降到了31.0%。

在另外一个地点，也是靠人工喂食的方法使猕猴群体的大小有了很大增长。生活在Arashiyama的一个猕猴群，在连续18年人工投食后。群体数量从34只增加到了301只。这很可能是因为额外的食物供应提高了出生率，从而使群体大小有所增加。如果是这样的话，那么在投食后的年份中，仔猴的比例就会增加，而成年猴的比例将会下降。事实也正是如此。

在正常情况下，在出生的仔猴中两性的比例应当是大体相等的。据K. Norikoshi(1975)报告，从1954—1972年在日本Arashiyama出生的475只仔猴中，有218只雄猴，239只雌猴，还有18只性别不明；而在Cayo Santiago出生的518只恒河猴中，有49%是雄猴。在其他灵长动物中，出生时的两性比率也大体相等。但在很多种类的灵长动物中，成年雄猴与成年雌猴的比率却可能有较大差异，通常是雄猴较少，雌猴较多。这种现象显然无法用出生时的性比率加以解释，而必须寻找其他的解释。下面我们就考虑几种可能的原因。

2. 死亡率

灵长动物的死亡率是随年龄而变化的，仔猴的死亡率最高(图5-24)。在肯尼亚Amboseli国家公园的狒狒群中出生的仔猴，能够活到22个月以后的还不到1/3，那时正是它们的母亲生养下一批仔猴的时候。据N. Koyama等人报告，生活在Arashiyama的日本猕猴，有45%的仔猴是死于出生后的第一个月内，因此，仔猴的死亡率可能是调控社群大小的一个关键因素。

下面拟对生活在Arashiyama的日本猕猴和生活在Cayo Santiago的恒河猴的雌雄两性死亡率做一个比较分析：直到4龄青春期开始时，这两种猴的雌雄性死亡率是大体相等的。在Cayo Santiago，雄性亚成猴和成猴的死亡率则高于雌性，这是由于雄猴之间的不断战斗和社会紧张关系造成的；在Arashiyama，群体中的雄与雌比率在青春期之后也会有所下降，这一方面是由于雄性死亡率较高，另一方面是由于青春期雄猴常常离群外迁造成的，而雌猴是不外迁的。

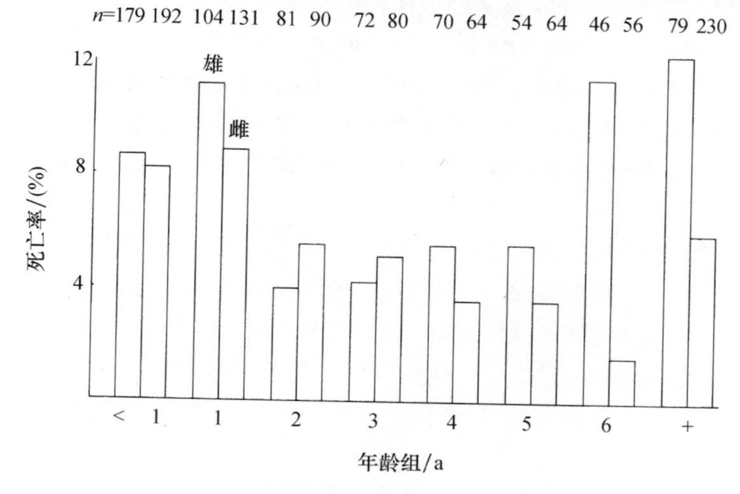


**图5-24　恒河猴各年龄组及雌雄两性的死亡率**

(仿C. B. Koford，1966)

3. 迁入和迁出

随着时间的推移,几乎每一种灵长动物都会有一些个体离群外迁,而另一些个体则会加入进来。所以,灵长动物的社群不是一个封闭系统。对大多数灵长动物来说,都是雄性个体在青春期的时候离开自己的出生群。洛氏猴(*Cercopithecus campbelli*)和赤猴(*Erythrocebus patas*)都是单雄群体,雄猴一发育到青春期便离开母群,要么单独生活,要么与其他雄猴一起组成一个全雄群体(all-male groups)。

关于离群个体的最详尽资料来自对猕猴和狒狒多雄群的研究,例如,狒狒群中的每一只单身雄猴都将在青春期时从它的出生群中迁出。在日本猕猴中也有很大一部分雄猴要离开自己的出生群,或长或短地过一段独居生活,此后便会加入到另一个猴群中去。恒河猴(*Macaca mulatta*)也是这样。据 K. Norikoshi 等人(1975)研究,在外迁的雄性日本猕猴中有一半以上是 4～6 龄的,这正是达到性成熟的年龄。完全性成熟的雄猴偶尔也会外迁。另外,也有少数雌性狒狒和猕猴具有外迁行为。总的来看,在这样的社群以及在单雄群体中,雌性个体构成了群体的稳定核心,它们包括母亲、女儿和姐妹,它们都出生在这个群体中并在其中生活和长大。

但并不是所有的灵长动物都是雄性个体外迁。例如,白足长臂猿(*Hylobates lar*)生活在小家庭群中,当发育到青春期时,雌雄两性个体都会离开出生群,最终建立起自己的家庭群。在黑猩猩中,通常是雌性个体而不是雄性个体外迁,虽然最近有报道说,雄性黑猩猩偶尔也有外迁行为。

各种灵长动物之间的这些差异是很重要的,因为它们反映了三种完全不同的情况。对雄性外迁的物种来说,雌性个体便形成了社群的稳定核心;在黑猩猩那里,是雌性个体在群与群之间移动,因此雄性个体就构成了社群的稳定核心;在像长臂猿这样的灵长动物中则完全不存在核心问题,每一个家庭群都是新生的,而且不会存在到雌雄成体死亡之时。

灵长动物社群大小和组成的变化不仅决定于迁入、迁出过程,而且也决定于大群分裂为小群的过程,这后一个过程就叫群分裂(group fission)。迁入、迁出和群分裂现象都对社群大小和社群组成有影响。

我们可以设想,动物的离群要么是因为社群内存在着某种压力,要么是社群外存在着某种吸引力,也许两者兼而有之。因此我们不仅应当研究个体离群前的群内状况,而且应当研究个体离群后的命运。例如,雄性日本猕猴在离群后要么是独居,要么是加入到另一个群中去。独居者可在全年的任何时间离群,而加入另一群者则只在交配季节的 5 个月内才离群。这表明相邻群体中一定有发情雌猴诱使雄猴离群。在这种情况下,雄猴一旦离群就会加入到另一个群体中去,而不是营独居生活。

动物离群的时间似乎并不决定于社群的大小,也不决定于成熟两性的数量比例。据 S. A. Altmann(1970)观察,当狒狒群体增大的时候,并没有增加雄狒狒离群的倾向,当性比率(雄∶雌)超过一定数值的时候也不影响雄狒狒的离群。Y. Furuya(1966)发现:在日本猕猴发生群分裂的时间与群体大小、社群组成、雌个体的性状况和环境条件之间不存在相关关系。这说明个体外迁和群分裂与环境因素无关,与群体大小等因素也无关,而是决定于群体内部个体的社会行为。

Y. Sugiyama(1976)曾总结过雄性日本猕猴外迁前的社会行为,当它们发育到 2～3 龄的时候,每天都会花很长时间到群体的外周部分活动。随着时间的推移,它们便越来越少地回到它们的母亲所在的群体中央部分来。当它们发育到 3～4 龄达到亚成体的时候，便开始短期离群，如离群 1～2 天，要么是独处，要么是与其他雄猴为伴。这种独立倾向的逐渐增加，最后终将导致永久性外迁。总之，迁出活动主要是决定于性别、成熟程度和社会关系等因素；而迁出个体将进入哪一个新群体，则决定于新群体中有无成熟雌性个体的存在，或有无自己的亲属存在。

对于那些不生活在单雄群或多雄群中的灵长动物来说，情况自然会有所不同。例如，生活在家庭群中的长臂猿，当两性个体发育到青春期时，父母就不再允许它们继续留在家庭群中，因而不得不外迁。在苏门答腊猩猩（*Pongo pygmaeus*）中，成年雄体常常是独居的，而成年雌体则只带着 1～2 只幼仔生活。幼仔一旦发育成熟，母亲就不再允许它们留在自己身边，这一过程会因另一只仔猴的出生而加速。在黑猩猩中，两性个体都会随年龄的增长而逐渐减少对母亲的依赖性，直到接近性成熟时还与母亲保持着一定的联系。

**（三）灵长动物社群的空间利用**

几乎每一种灵长类动物都占有一定的生活地盘，它们既不到处流浪，也没有远距离的季节迁移。下面先介绍灵长动物的巢域、领域和核域，再讨论影响一个群体在其生活地域内移动的各种因素。

1. 巢域、领域和核域

对巢域、领域和核域所下的定义依作者而有所不同，这里我们所介绍的是在研究灵长类动物时最常用的定义：巢域（home range）是指动物正常活动所达到的范围；核域（core area）是指在巢域内动物更加有规律和更经常活动的那部分地域；领域（territory）则是指动物对其加以保卫的区域。下面我们将详细讨论这三个概念。

（1）巢域。如果野外工作者天天跟踪观察一群灵长动物的活动，并把它们的活动路线绘在图纸上，那么就会发现，这群灵长动物总是在一个有限的区域内活动。有些地点它们经常到，而另一些地点则很少去。在有些地方它们待的时间很长，可能要在那里取食和睡觉，而对另一些地方则只是迅速通过。S. A. Altmann（1970）对一个狒狒群连续跟踪观察了 139 天，发现它们偶尔还会进入它们此前从未到达过的地点。当然随着时间的推移，这种情况会越来越少。据 Altmann 估计，狒狒巢域面积的上限为 $9km^2$ 多一点。在确定巢域面积时常会出现一些实际问题，例如，如果群体中的一个成员离开其他成员单独活动了一段较长的时间，那么它所覆盖的区域应不应该包括在巢域之内？又如，如果巢域是随季节而改变的（比如说从湿季到干季），那么这两个季节的巢域是应当分开算，还是应该合在一起算？对于诸如此类问题，答案是：要想利用一张巢域图完全反映出群体全部成员的空间利用情况是不太可能的，最好是采用更加精确的巢域计算方法，此方法能使我们知道群体在巢域的不同部分所停留的时间和群体的哪些成员占有巢域的哪个部分。

有几种不同的方法可以用来研究灵长动物群体对其巢域的利用，很多野外工作者都把它们所研究的巢域分成很多小的网格，而所有网格的大小都是一样的。然后每隔一定时间他们就观察和记录群体成员在网格内的分布情况，并依此计算出群体成员在巢域不同部位的相对活动时间。研究结果可以绘成像图 5-25 那样的网格图，该图是根据 T. H. Clutton-Brock 对红疣猴（*Colobus badius*）的研究绘制的。此外，也可以把研究结果绘成如图 5-26 的形式，该图的资料是来自 D. J. Chivers（1973）对合趾猿（*Symphalangus syndactylus*）巢域的研究，这种图和类似这样的图都能表示出在巢域的多大面积上度过了多长的时间，巢域面积和时间都用相对的百分数表示。

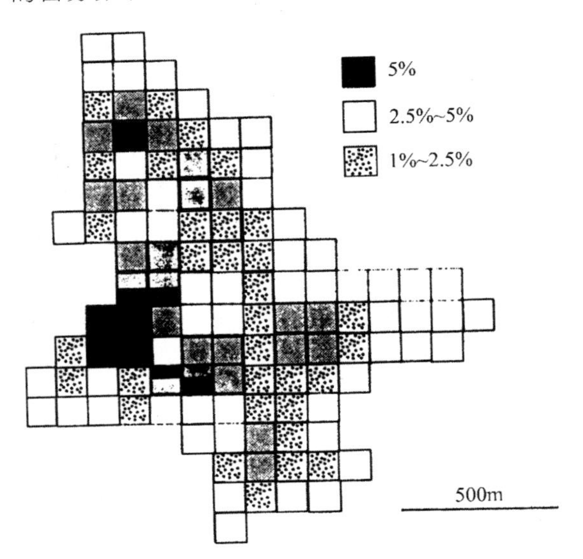


**图 5-25　红疣猴(*Colobus badius*)群体在其巢域不同部位所停留的时间比**

每一小格为 91.4m×91.4m(仿 Clutton-Brock,1975)

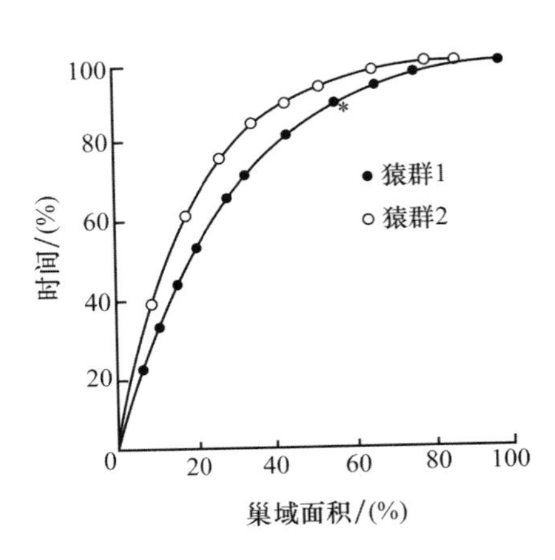


**图 5-26　合趾猿(*Symphalangus syndactylus*)的巢域-时间曲线图**

图中符号 * 表示合趾猿群体 80% 的活动时间是在 40%的巢域内进行的(仿 D. J. Chivers,1973)

(2) 核域。研究核域也和研究巢域一样是存在一定困难的,因为根据上面所提到的核域定义,要想确定核域,首先必须研究巢域各部分被使用的频度和经常性,而这常常要涉及大量的野外工作和个人判断。对核域一词的解释也存在着不同意见,有些人认为核域只能是巢域中本群体所独占而相邻群体从不进入的区域,另一些人则认为核域的定义不应受此限制。最合理的解决办法是把一个区域的利用强度和独占性分开处理,不要混在一起。因为并不是所有的灵长动物群体对其巢域中最经常利用的那部分核域都表现出独占性,这一点在原狐猴(*Propithecus verreauxi*)那里表现得最为明显。在原狐猴的一些地方群体中,对巢域中使用强度最大的核域表现有极强的排他性,而另一些地方群体则不是这样。

(3) 领域。关于领域问题,其主要困难不是来自它的定义,而是来自如何能够确定一群灵长动物是否真的表现有领域行为。前面我们曾把领域定义为一个动物群体所保卫的一个区域,但这并不意味着领域主人必须用直接攻击的方式来保卫这一地区。威吓姿态和叫声也是驱赶和排斥相邻群体的最常用手段。根据定义,领域是一个动物所保卫的特定区域(specific area),这个区域可能就是整个巢域,或者只是巢域的一部分;另外,领域也可能就是核域。有时要想弄清楚一个动物群体是不是在保卫一个特定的区域是很困难的。首先,相邻的两群动物虽然彼此有攻击行为,但这并不一定就意味着它们有领域行为,如果不考虑它们的位置。那么这种攻击行为就只能被简单地认为是群间侵犯(inter-group aggression);其次,一个群体独占一个区域并不等于它会保卫这个区域不让相邻群体进入。例如,生活在乌干达西部森林中的白脸猴(*Cercocebus albigena*),各个群体之间的巢域有着广泛的重叠,但是大多数群体都有自己的中心区,这个中心区(central areas)是从来不会有其他群体进入的。这种情况在诸如叶猴和狒狒等其他灵长动物中也能见到,这些灵长动物只保卫一个专有使用区,而对于巢域的其他部分则不加以保卫。黑白疣猴(*Colobus guereza*)排挤其他群体也主要是在它的核域,而在其他区域独占行为的表现就要弱得多。两群长臂猿则主要是在它们所占地域的边界地带发生争斗。总之,有些灵长动物具有真正的领域,而另一些种类则没有。

*2. 影响群体移动的因素*

从前面的讨论中不难看出,相邻群体的行为显然可以影响一个灵长动物群体在其巢域内的移动,除此之外,还有很多其他因素能影响群体的移动。首先,灵长动物总是选择一个特定的睡眠地点。例如,狒狒喜欢在选定的少数几棵树上或悬崖峭壁上睡觉,叶猴(*Presbytis entellus*)晚上也是在有限的少数几棵树上过夜。只有一个或少数几个睡眠地点这一事实说明,灵长动物总是从它巢域内一个或某几个固定的地点开始它一天的活动。大多数灵长动物都是在天亮后的1～2h内离开它们的睡眠地点的,决定灵长动物在一天内移动去向的一个重要因素就是巢域内的食物分布,这一因素对很多种灵长动物都起作用,最好的一个例子就是生活在坦喀尼卡(Tanganyika)湖周围森林中的红疣猴(*Colobus badius*)。Clutton-Brock(1975)曾把红疣猴的巢域划分为大小为91.4m×91.4m的网格,然后连续101天从早到晚跟踪观察一群红疣猴,并每隔15min记录一次各网格被红疣猴群的占有情况。他发现,有些网格经常被占用,而另一些网格则很少被占有。他还发现红疣猴在每一个网格内都主要是在三种树上取食,而且这三种树的数量在不同网格内是不一样的。最后他得出的结论是:三种树的数量变化与红疣猴在不同网格内取食时间的变化呈明显的正相关关系。这说明,食物树的分布影响着红疣猴在其巢域内的移动,三种食物树在哪里最多,红疣猴就在哪里度过最多的时间。

除了食物因素以外,其他因素对社群移动也有影响。S. A. Altmann等人(1970)同样利用网格技术研究了生活在肯尼亚的狒狒在其巢域内的移动,证明在含有饮水地点、睡眠地点和常规移动路线的网格内,狒狒停留的时间也最长。这说明,这些因素都能影响狒狒在其巢域内的移动。有趣的是,Altmann还发现,狒狒最经常到达和占有的14个网格是属于那些所谓最"危险"的网格。所谓危险,是依据狒狒在占有这些网格时对天敌所作出的反应次数来判断的,这表明狒狒天敌的分布对狒狒在其巢域内的移动并无太大影响。

## 二、灵长动物的生殖行为

### (一)生殖周期和交配季节

一个成熟的雌性灵长动物生殖生理的主要特征就是它的不断重复的周期性,这种生殖周期性对新大陆猴类和原猴亚目来说主要是指发情周期(oestrous cycles),即雌性个体只在这一周期的一个很短时期内表现出强烈的性活动。而对旧大陆猴类、猿类(包括人)来说,生殖周期既是指发情周期,也是指月经周期(menstrual cycles),虽然在这一范畴内的一些种类并无明显的月经出血征兆。

*1. 灵长动物的月经周期和发情周期*

灵长动物的发情周期是由滤泡期(follicular phase)和黄体期(luteal phase)构成的。滤泡期的特征是雌激素(oestrogen)含量极高,而黄体期的特征是黄体酮(progesterone)的含量极高。其他差异则随种而异,例如,雌性恒河猴(*Macaca mulatta*)只有一个雌激素高峰而不是两个,这个高峰发生在周期的中期,此后,雌性个体的睾酮(testosterone)含量也会下降,而不是像人那样仍维持在一个高水平上。在不同灵长动物之间还有其他差异,有些灵长动物(如人)全年都存在生殖周期,而另一些灵长动物(如狐猴)只在一年的一定时期内才有生殖周期现象。黑猩猩的月经周期比人长,平均34～35天;松鼠猴(*Saimiri sciureus*)的月经周期比人短,平均18～20天。

随种而异的另一特征是雌性个体在生殖周期不同时间的外部形态变化。有些种类,如黑猩猩、狒狒、倭长尾猴(*Miopithecus talapoin*)和白脸猴(*Cercocebus albigena*)等,其会阴周围的皮肤在月经来后的几天内会肿胀起来并呈现明亮的粉色,但过了月经中期很快就会消失,在消失之前的2或3天内会发生排卵;另一些种类的雌猴(如*Cercopithecus*属的大多数种类)在月经周期的不同阶段则没有明显的外形变化。同样,有些灵长动物如黑猩猩、狒狒和人等,月经期会发生明显可见的大量失血;而另一些种类如松鼠猴(*Saimiri sciureus*)、赛克斯猴(*Cercopithecus mitis*)和绿长尾猴(*Cercopithecus aethiops*)在月经期间则完全没有外部表征。现在尚未弄清楚的是为什么有些种类有性皮肿胀现象,而另一些种类则没有。Clutton-Brock(1976)提出的一种解释是:性皮肿胀能吸引群体中多个雄猴,因而可增加与高顺位雄猴交配的机会。但其困难是,有几种猴,如绿长尾猴(*Cercopithecus aethiop*)是生活在多雄群中,但却没有性皮肿胀现象;而另一些种类,如狒狒(*Papio hamadryas*)是生活在单雄群中,反而有这一现象。可见这是一个仍未解决的谜。

雌猴产仔后需要多长时间才能开始一个新的月经周期,这在不同的种类中也是不一样的。有些种类,如狨(*Callithrix jacchus*)在产仔后几天之内便能恢复月经周期并表现出性行为;而另一些种类产仔后则要经历一个无月经周期的间歇期,例如,黑猩猩在产仔后的14个月至4年期间内可能都不会开始一个新的月经周期,而狒狒和猕猴产仔后只需经历一个较短的时间就能恢复月经周期。由于很多灵长动物的雌猴在月经周期恢复后很快就能怀胎,所以对这些灵长动物来说,月经周期是很少的,而且历时也短。

2. 交配季节

大多数灵长动物都是在一年的一定时期内进行生殖活动,即生殖活动有很强的季节性,至少是在一年的一定时期内的交配行为比其他时期更为频繁。有证据表明,环境条件的季节变化对控制交配季节的开始发挥着一定的作用。这些证据主要是来自对猕猴的研究和Vandenbergh(1973)所做的评述。他指出,虽然很多种猕猴的生殖活动显示出明显的季节节律,但如果把它们置于实验条件下,使温度和日照长度的年波动幅度小于自然条件,那么它们生殖活动的季节性就会减弱。Vandenbergh还曾指出,有资料表明,生活在北半球的猕猴通常是在秋季和初冬进入交配活动的高峰期,而此时正是日照长度开始变短的时候,这说明交配高峰的开始可能是由于日照长度缩短而引起的。生活在南半球的猕猴,其交配高峰期约与北半球的相差6个月,这一事实同样是对上一论断的支持。除此之外,决定交配高峰期到来的可能还有降水和食物等因素。

关于交配季节还有一个有趣的问题,即对季节环境变化所作出的增加性活动的反应是仅限于一性个体呢,还是雌雄两性都有反应?试验表明,至少在恒河猴中,前一种情况是有可能发生的。在非交配季节,成年雄性恒河猴的精巢萎缩,无交配行为。但Vandenbergh发现,如果用适当的激素处理一只雌猴,使它恢复性活动,并让雄猴与这只雌猴生活在一起,那么在这种情况下,即使是在非交配季节,雄猴也有可能恢复性活动,精巢也会增大。很可能,日照长度的变化或其他环境因素的变化首先激发了雌猴在交配季节开始时的性活动,然后,雌猴又诱发了雄猴的性活动。

在雌雄两性之间不仅存在着交配活动的同步化，而且在雌猴与雌猴之间还存在着月经周期的同步化，这方面的一个最好实例就是狐猴(*Lemurs*)和大狐猴(*Indriids*)。例如，环尾狐猴(*Lemur catta*)的交配季节约为 2 周，但雌猴只有 1 天接受雄猴交配，而许多邻群的全部雌猴也都在同一天接受雄猴交配。由于环尾狐猴具有许多气味腺体，特别是在交配季节，这些腺体分泌出大量气味物质，因此可以认为，这种交配活动的同步化是靠气味通信来维持的。

**(二) 性行为及其相关行为**

灵长动物的性行为依种类不同而有很大变化。有些种类的交配活动极其简单迅速，只在几秒钟内便可完成，而且交配前没有求偶活动；另一些种类则十分繁杂，可持续几个小时或几天。本文先从原猴亚目开始介绍灵长动物的求偶和交配，然后介绍处于生殖周期不同阶段的雌猴和雄猴的各种行为变化。

1. 交配及交配前的行为

原猴亚目求偶行为的一个最明显特征是与大量的气味通信有关。很多种类原猴的雌猴在交配季节都能从阴道释放出具有强烈气味的物质，这些物质诱使雄猴嗅舔雌猴的肛门生殖区。在求偶期，雌猴和雄猴还经常用肛殖区腺体的分泌物标记它们周围的环境并彼此进行标记。试验表明，处于发情期的雌性懒猴(*Nycticebus coucang*)排出的尿比非发情期对雄猴具有更大的吸引力。

对原猴亚目以外的其他猿猴来说，气味通信在性行为中所起的作用就远不如原猴那么重要了，但也不是完全不起作用。各种猿猴在交配前的行为中，主要是利用面部表情和身体姿势进行通信。例如，当把一只成年雄狨和雌狨(*Callithrix jacchus*)放到一起试图使它们交配时，它们会做出一种特殊的炫耀动作，即雌狨一边凝视着雄狨，一边伸吐舌头和咂嘴，而雄狨做出的反应也是伸吐舌头和咂嘴。

有些旧大陆猿猴，雌性常常向成年雄性摆出一种特殊的姿势以邀请雄性与其交配，这种姿势的细节虽然随种而有所不同，但通常都是雌猴(或猿)略微下蹲，抬起尾巴，将身体底部对准雄猴并向雄猴观望。交配通常是采取腹-背位置，即雄猴趴伏在雌猴的背上，用前肢抓住雌猴的后腿，或站立在地面把全身重量放在后腿上。雌猴交配时也可采取站立、卧伏或下蹲的姿势，依种而有所不同。雌猴和雄猴都能调整自己的位置，以有利于交配的进行。

2. 性行为的周期变化

旧大陆猿猴性行为的一个明显特征是交配并不限于排卵期前后的几天之内，在这方面它们与原猴亚目很不相同，与很多其他哺乳动物也不相同。这些哺乳动物的交配行为通常只限于发情期，但这并不意味着交配行为在猿猴类月经周期的整个时期内是平均分布的。对笼养和野生猿猴所做的大量研究工作表明，交配行为更多的是发生在中周期(mid-cycle)的排卵前后。黑猩猩、狒狒、恒河猴、白脸猴(*Cercocebus albigena*)和倭长尾猴(*Miopithecus talapoin*)都为此提供了很好的证据。在狒狒和白脸猴中。雌猴在月经中期都会出现性皮肿胀，此现象一旦消退，交配频率马上就会明显下降。在上面所提到的那些猿猴中，在月经周期中期前后都有一个性活动高峰期。这通常是指雌猿猴会出现一个发情期，但这个发情期与原猴亚目和其他哺乳动物不同，它不具有全或无(all-or-nothing)的性质。

然而并不是所有旧大陆灵长动物的性活动都表现出有规律的周期变化。例如，Rowell (1970)就发现，赛克斯猴雌猴(*Cercopithecus mitis*)的交配主要是发生在月经周期的某一时段内,但对每只雌猴来说,交配高峰的时段又不相同。Rowell 还发现,成年雌性绿长尾猴(*Cercopithecus aethiops*)会处于连续发情状态,在整个月经周期内都能进行交配。恒河猴也是一样。但情况决不像初看上去那么简单。如果把一只成年雄猴和一只成年雌猴进行正常的分离饲养,再置于同一笼中相处 1h,那么它们常常会进行交配和相互进行梳理。这一试验可在不同的日期重复进行,也可多次选用不同的雌雄对进行,然后把资料综合起来,就能看出在雌猴月经周期的不同时段内,雄猴和雌猴行为的变化。Michael(1967)等人就是采用这种方法进行了一系列试验,结果发现,在雌猴月经周期期间的行为变化依不同雌雄对而有很大差异:在某些雌雄对中,雄猴的爬跨主要是在月经周期的中期,而另一些雄猴的爬跨行为主要发生在雌猴月经周期的滤泡期(follicular phase),还有一些种类的雄猴在雌猴整个月经期间都很少交配(图 5-27)。

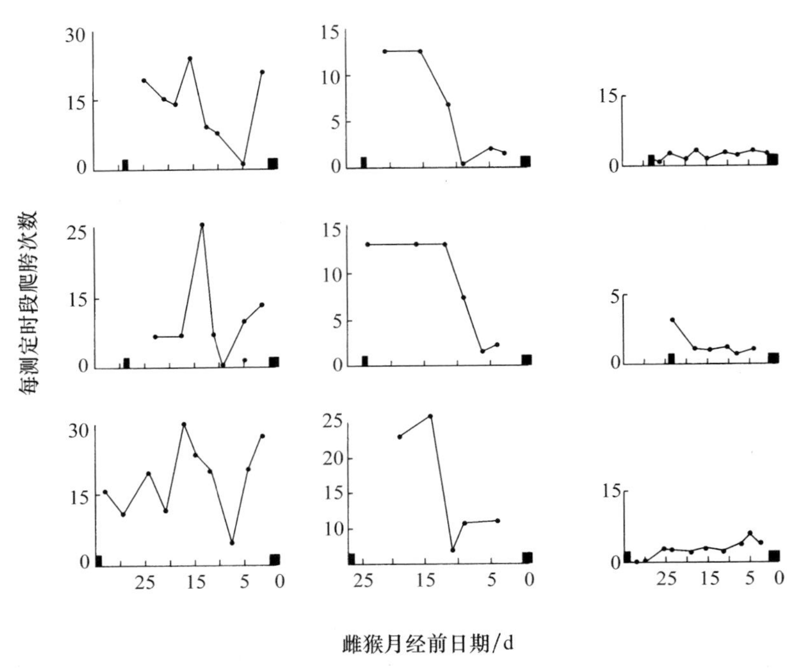


**图 5-27　在雌性恒河猴月经周期期间雄猴爬跨活动的变化**

共观察测试 9 对恒河猴(仿 Michael 等,1967)

3. 其他行为的周期变化

前面我们介绍了旧大陆各种猿猴的性行为是如何随着雌性个体月经周期的不同阶段而发生变化的。其实不光是性行为,其他行为也会发生变化,最明显的一个例子就是所谓的伴随行为(consortship behaviour)。旧大陆猿猴的性行为的一个普遍特征是当雌猴(或猿)处于发情期时,它身边将有一只成年雄猴紧紧伴随(或陪伴),这只雄猴就是它的伴随者(consort)。处在多雄群中的发情雌猴可以先后被许多不同的雄猴所伴随,每只雄猴都只伴随几小时或几天。Hall 和 De Vore 发现,在雌狒狒发情的最初几天内,雄猴之间不存在争雌竞争;然而当雌猴达到发情高潮时,雄猴之间便出现了竞争。在争夺雌猴伴随权的竞争中,通常只有一只雄猴获得成功并把其他试图接近雌猴的雄猴赶走。如果猴群中有几只雄猴竞争一只发情雌猴,那么在雄猴之间就会发生一定程度的战斗或攻击炫耀,结果总是一只雄猴赢得胜利,获得几小时的伴随权。但非常残酷的竞争是很少见的,通常情况是雄猴的数量不会比发情雌猴的数量多多少,因此所受到的挑战较小或根本没有。在这种情况下,雄猴所获得的伴随权一般可持续 1 天或 2 天。雄猴和雌猴一旦结成伴之后常常是双双移到群体的边缘部分,并与群体其他成员相距几百米之遥,这样就可以避开群体其他成员的干扰。在随后几天当雌猴达到发情高潮时,雄猴之间便不再会发生争夺雌性的竞争。

1975 年,Hausfater 对东非稀树草原狒狒的深入观察确认了 Hall 和 De Vore 的发现。他的观察还表明,伴随关系的形成更为频繁,而且随着雌猴排卵时间的来临,与伴随有关的雄猴更容易发生变化。但雌猴性皮一旦开始消退,伴随关系就会结束。除此之外,他还发现,伴随雄猴常常把雌猴从群体中引走,而避免与其他雄猴发生战斗。

黑猩猩的雌雄之间也常形成伴随关系,至少在某些研究地点是这样。Tutin(1975)发现,形成一个伴随对的雌、雄黑猩猩可在一起生活几小时到 4 周不等,在此期间,雄猩猩寸步不离雌猩猩,或是带领雌猩猩,或是跟随雌猩猩,如果有其他雄猩猩试图与雌猩猩交配,它就会加以阻止。

## 三、灵长动物社会行为的适应性

### (一) 社会组织对生境类型的适应

早期对灵长动物的野外研究,大都是选择那些容易被观察到的种类,如狒狒和恒河猴,它们通常是结成大群生活在开阔地域。但随着时间的推移,对那些生活较隐蔽和不太容易观察的种类也渐渐积累了一些研究资料,这些猴类通常是栖息在森林中或只在夜晚才出来活动。通过比较,人们很快就发现,后一类灵长动物有许多特征与生活在开阔地域的种类明显不同,例如,它们的群体较小,每一群体中只含有一只成年雄猴等。

一旦认识到了这种差异,我们自然而然地就会把灵长动物的社会组织与它们的生境联系起来,并合理地认为:灵长动物不同类型的社会是在不同生境的自然选择压力下形成的。于是行为生态学家开始从这方面进行研究,其中最有影响的工作是 J. H. Crook 等人(1966)和 J. F. Eisenberg 等人(1972)的研究。他们不仅比较了生活在不同生境中的种类(如森林中、森林边缘和开阔地),而且也比较了吃不同食物的种类(如吃昆虫的、吃果实的和吃叶、吃草的)。这种比较研究使他们发现:生活在相似生境和具有相似食性的灵长动物往往在其他方面也有共同特征,如群体的大小、每个群体中所含有的雄性个体数量以及成年雄体和雌体的相对大小等。Crook 认为,环境中有三个特征对灵长动物的社会组织具有最重要的影响,这三个特征分别是:不同生境中食物的丰盛度和分布;捕食压力的大小和安全睡眠地点的可得性。例如,生活在开阔地区的灵长动物比生活在森林中的种类更喜欢结成大的群体,因为大的群体更有利于对付捕食动物的攻击。

如果属于同一个属的两种灵长动物在生境和食性方面存在明显的差异,那么对这两个近缘物种进行野外比较研究,就能够非常清楚地说明上述观点。这类研究的实例很多,最著名的有:R. W. Sussman(1977)对环尾狐猴(*Lemur catta*)和棕狐猴(*Lemur fulvus*)的研究,Clutton-Brock(1974)对红疣猴(*Colobus badius*)和黑白疣猴(*Colobus gueraza*)的研究以及 C. M. Hladik(1975)对灰叶猴(*Presbytis entellus*)和紫面叶猴(*Presbytis senex*)的研究。这三对 6 种灵长动物都是树栖的,虽然灰叶猴在某些地点有时也下到地面活动。上面三对灵长动物中每对的前一种(即环尾狐猴、红疣猴和灰叶猴)以各种各样的食物为食,包括果实、花和嫩枝芽,并从几个不同的树种采食;而每对的后一种(即棕狐猴、黑白疣猴和紫面叶猴)在食性上却与前种有明显不同,它们都只限于在一种或两种树木上采食,而且它们的食物大都是长成的树叶。这些灵长动物(每对的前后两种)不仅在食性上存在明显差异,而且在它们的社会组织方面也存在差异。以树叶为食的种类一般都生活在比较小的群体中,而且有着比较小的巢域(home ranges);而以果实、花和嫩枝芽为食的种类则刚好与此相反,它们具有较大的巢域和活动范围。

对存在的这些差异可以作如下的适应性解释:以果实、花和嫩芽为食的灵长动物,它的食物数量是有限的,而如果以树叶为食,在短时间内就能采到大量食物,而前者却不能。一棵树开花和挂果的时间可能只有几天或几周,一旦果实被吃完就会在长时期内不再有食物供应,而且挂果树与挂果树之间的距离比较远。这就意味着,一只动物如果只依赖于一棵树或少数几棵树,它就很难保证全年都有充足的食物供应。所以,以果实、花和嫩芽为食的灵长动物必须占有很大的巢域,不断地从一棵树转移到另一棵树,才能获得足够的食物。

以花、果、嫩芽为食的物种通常结成大群觅食,这是因为结群觅食比单独一个个体觅食可带来多方面的利益。首先,群体成员之间可以交流食物产地和天敌存在的信息,因而比个体单独生活更有利躲避捕食动物的攻击,还可减少寻找食物的时间。个体单独觅食极有可能重访已被另一个个体搜寻过的地点,从而浪费很多时间和能量。如果是一个地区内的所有个体总是一起取食、一起转移,那么这种浪费就可以避免。

然而,对于以树叶为食的灵长动物来说,情况就不一样了,每个个体都能在一个小范围内获得足够的食物,全年都是如此。显然,结成大群觅食就需要在很大的范围内活动才能获得足够的食物,而结成小群觅食则只需依靠很小范围内的几棵树就能得到足够的食物,这样就避免了在大范围内移动时的能量消耗。因此。对吃树叶的灵长动物来说,在小的巢域内结成小群活动比在大的巢域内结成大群活动更为有利。

**(二) 灵长动物社会组织的种间比较**

行为生态学家对很多种灵长动物的社会组织进行比较研究以后发现,虽然属于不同分类类群的灵长动物,其社会组织保留着本分类群所特有的一些特点;然而,生活在同一生境中的所有灵长动物(不管来自哪一类群),其社会组织都趋向于具有某些共同特点。Clutton-Brock 和 Harvey(1977)曾发表过两篇论文,对 100 种灵长动物的社会组织进行了比较研究,他们发现:夜行性的种类比昼行性的种类身体较小,这可能是因为前者常常是在较细小的树枝上活动,而且在遇到危险时常常采取隐藏的对策,因此身体太大便有很多不利。他们还发现,生活在开阔陆地上的种类通常比树栖种类身体更大。这可能有两个原因:① 开阔陆地的食物是呈集团分布的,而且集团之间的距离很远,有时相距达几百或上千米远,因此从一个食源地转移到另一个食源地就要走很远的路程,这有利于大体形灵长动物的进化;② 身体大比身体小更有利于保卫自己免遭捕食动物的攻击。

Clutton-Brock 和 Harvey 还在社会组织和生境之间发现了某些相关性,这与前面我们讨论过的是一致的。例如,他们发现,巢域大小与树叶在食谱中所占的比例呈负相关,以食叶为主的种类比食果为主的种类的巢域要小。同样,群体平均每天的移动距离也与食性呈负相关关系,即食叶种类平均每天的移动距离短,而食果种类平均每天的移动距离长。此外,树叶在食谱中所占的比例越大，每天用于取食的时间就越短；以多种多样不同植物为食的种类往往比以少数植物为食的种类的巢域更大。

关于巢域的另一个明显特征是，地栖灵长动物的巢域通常都比树栖灵长动物的巢域大。这是因为在开阔的地面食物相对稀少，且较为分散，因此需要一个较大的巢域才能满足一个群体对食物的需求。此外，开阔地面是一个两维环境，而森林却是一个三维环境，显然，在占有同样面积的情况下，三维环境的森林便能比两维环境的开阔地面提供更多的食物。

Clutton-Brock 和 Harvey 的研究还揭示了生态特征与群体构成之间的相关性。例如，多雄群体(multi-male groups)在开阔陆地比在森林中更为常见，因为地面天敌较多，多雄比单雄更容易使群体得到保护。但是也有几种树栖灵长动物是多雄群体，如吼猴(*Alouatta villosa*)、倭长尾猴(*Miopithecus talapoin*)和红疣猴(*Colobus badius*)等，由于在食性差异和群体中雄体数量差异之间似乎并无相关性，所以对这一现象目前还没有找到令人满意的解释。

### （三）种内的食性变化

很多研究都发现，属于同一种灵长动物的不同群体在取食习性和社会组织方面存在着明显差异，即使是同一个群体，随着季节的变化。它们的取食习性和社会组织也会发生变化，甚至有些种类在一天的不同时间也会发生变化。最好的例子是来自 A. Richard(1974)对原狐猴(*Propithecus verreauxi*)的研究，她研究了生活在马达加斯加岛北部湿润半落叶林中的两群原狐猴和生活在该岛南部干燥森林中的另两群原狐猴。这两个研究地区都有雨量的季节变化：岛屿南部的雨量少，多集中在雨季的 3 个月内；而在岛屿北部，雨量的季节波动表现得不是很明显。生活在这两个地区的原狐猴在群体大小上是不一样的，而且在其他方面也有差异，如在巢域的使用、与邻群的关系和取食习性方面。在马达加斯加岛北部，原狐猴的巢域广泛重叠，相邻的两个群体很容易在它们相互重叠的巢域内相遇，且很少有敌对行为，而被每个群体所专用的活动地点则分散在巢域各处。与此不同的是，在岛屿的南部，原狐猴各群体的巢域很少发生重叠。因此，相邻群体只能在巢域的边界地带相遇，而且每次相遇总是充满敌意。另外，群体在巢域内最常使用的地点总是彼此毗连的，所以原狐猴的大部分时间都是在巢域的一小部分区域内度过的。

Richard 发现，无论是在马达加斯加岛的北部和南部，原狐猴的取食行为和漫游行为(ranging behaviour)都随着季节而发生变化。特别是在岛的南部变化更加明显：在干旱季节，两地的原狐猴每天只移动很短的距离，主要取食几种树的树叶，取食期比较短；但在潮湿季节，原狐猴每天移动的距离较长，主要以果实和花为食，也吃少数几种树的树叶，取食期比较长。生活在马达加斯加岛南部和北部原狐猴之间的差异，可以做出如下的解释：在北部食物呈分散的集团分布，在一地只够短时间食用，所以原狐猴必须占有一个很大的巢域，以便不断从一个食物集团移向另一个集团；又由于整个巢域内的食物对供养一个群体来说是多而有余的，所以相邻群体之间往往发生巢域重叠现象。在南部食物比较匮乏，特别是在干旱季节，巢域中的食物通常只够供养一个群体，因此该群体的成员便积极保卫它们的巢域，不许其他群体侵入。

C. M. Hladik(1977)对紫面叶猴(*Presbytis senex*)和灰叶猴(*Presbytis entellus*)的研究表明，这两种灵长动物的食谱在一年中是不断变化的，因为在不同季节可供利用的食物种类不同。在 2～3 月的冬季季风期有大量的树叶和嫩芽，在此期内两种叶猴都主要依赖树叶和嫩芽为生；到了 5～9 月的干旱季节，果实和花便取代树叶和嫩芽成了叶猴的主要食物；当 10～11

月雨季再次到来时,便又长出大量的幼叶和嫩芽,它们便又成了叶猴的主要食物;在 12 月和 1 月,大部分树叶已经成熟,此时成熟树叶便取代幼叶在叶猴的食谱中占了突出地位。显然,两种叶猴可以随着一年内不同食物种类的数量变化而调整自己的食谱。有趣的是,尽管两种叶猴的食谱都随着季节而发生变化,但它们的食性仍存在明显差异。例如,灰叶猴要比紫面叶猴取食更多的嫩芽和果实,取食较少的树叶,而且灰叶猴所采食的树种要比紫面叶猴多。

取食行为和社会组织的变化也可发生在一天之内。在野外研究过的几乎每一种灵长动物,都是在一天中的某一时段取食活动更为频繁,这一时段通常是在早晨。D. J. Chivers (1976)研究的合趾猿(*Symphalangus syndactylus*)就是一例,它每天早晨 7～9 时取食频率(即指每小时中取食、移动和休息三者中取食所占的时间百分数)最高。合趾猿在此时段内的取食频率约为 66%,其余 34%为休息和移动。Chivers 还发现,随着一天时间的推移,吃水果所用的时间比例会逐渐下降。而吃树叶的时间比例会逐渐增加。这是因为在每天开始时动物的能源储备最少,水果可为动物提供现成的能源;但合趾猿也需要从树叶中获取水果中所没有的营养物质。由于水果通常长在小枝的末端,合趾猿体形较大,所以摘取水果是一件很费力的工作,而摘取树叶则轻而易举。因此,每天早晨当合趾猿精神饱满体力充沛时,以吃水果为主,后来随着身体的劳累和疲乏便逐渐过渡到吃更多的树叶。

有些种类的灵长动物,其群体大小是随着食物条件的改变而发生变化的。例如,哥伦比亚蜘蛛猴(*Ateles belzebuth*)是食性比较专一的一种猴,水果占其食物成分的 80%。据 Klein 和 Klein(1977)的研究发现,这种蜘蛛猴的群体常常分解为许多小的亚群体(sub-groups),分群的时间几乎都是发生在某些小树挂果时,这些小树彼此很分散但可长期挂果。当大树开始结出大量成熟的果子时,蜘蛛猴的亚群体便又聚集为大的群体,并集中在这些大果树上取食。Klein 认为,蜘蛛猴群体大小的这种伸缩性是适应它们专一食性的结果,如果林中成熟果实的空间分布发生了变化,它们就必须改变群体的大小才能获得足够的食物。黑猩猩的情况与蜘蛛猴很相似,在不同的食物条件下,黑猩猩的群体大小也会发生适应性的变化,而且通过人为投食实验就可以观察到黑猩猩群体大小的这种变化。

在食物丰富的地方动物结成较大的群体取食会带来一定的好处,这是不难理解的。但是在大群体中取食也有不利的一方面,这就是个体之间的互相干扰。就黑猩猩来说,亚群体越大,个体之间的干扰就越严重。通常每个个体的取食机会将随着亚群体大小的增加而下降,当亚群体大小增加到一定程度时,这种干扰所带来的不利就会超过在一个食物丰富的地点结群觅食所带来的好处。在这种情况下,个体不参加群体觅食而是到其他地方单独觅食反而更加有利。这种机制将会自动调节觅食群体的大小,使其不至于发展到太大。

**(四) 食物选择**

从前面的叙述中不难看出,灵长动物的食性是影响其社会组织的关键因素之一,因此这里有必要更详细地讲一讲灵长动物的食物选择问题。众所周知,灵长动物对它们所吃的食物是有选择性的,特别是对一些食物比对另一些食物更有选择性。食性最特化的灵长动物要算是棕狒(*Theropithecus gelada*)了,它的食谱 90%是由草构成的。而普通狒狒又是最不讲究食物选择的动物,它取食各种食物,包括花、果实、草茎、植物的形成层,朽木、阔叶草、根状茎,昆虫、鸟和哺乳动物等。

大多数灵长动物最初都是要么吃虫、要么吃果、要么吃叶的。也有一些种类可从其他食物来源补充一下自己的食谱，例如，普通狨(*Callithrix jacchus*)常常啃咬某些产胶树的树皮，然后舔食流出的树胶。狒狒和黑猩猩则喜欢猎食其他哺乳动物，其中狒狒更偏爱猎食小羚羊和野兔，而黑猩猩则更偏爱猎食其他猴类。

关于食物选择有两个非常有趣的问题：① 为什么一个动物通常只从一棵树上选食一类食物(如花、果、芽)而不选食另一类食物(如树叶)；② 如果一种灵长动物食性很专一的话，那么它是如何获取对它生存和生殖所必需的全部营养的？Clutton-Brock(1977)对这些问题曾进行过讨论并得出了两个简要的结论：首先，像果实、花和嫩芽这样的食物比成熟的叶子具有更高的营养价值，而且更容易消化，它们含有较多的蛋白质和较少的纤维素，这就可以说明为什么大多数灵长动物更喜欢选食花、果、嫩芽，而不太喜欢吃叶子；其次，有证据表明，在灵长动物所吃的食物中是能够为其提供一种平衡膳食的，而且除了主要食物以外，它们也常取食少量的富含各种矿物质的食物。

**(五) 种内和种间的食物竞争**

在灵长动物群体成员之间存在着食物竞争，甚至食物争夺，这一点已被很多研究所证实。这一基本事实使人们有理由这样想，即如果一个群体是由不同年龄、不同性别个体组成的，那群体内的竞争是不是会减弱？因为不同年龄、不同性别的个体在食物的选择上是有明显差异的，例如，成年大猩猩比幼年大猩猩更经常地取食猪殃殃属(*Galium*)的藤本植物。显然，属于不同年龄和性别的个体取食不同的食物，这是具有一定适应意义的，因为它可减少群体各成员之间的食物竞争。

不仅种内存在着食物竞争，种间也有竞争，Struhsaker(1978)的研究最清楚地说明了这一点。他在乌干达的同一森林中研究了生活在一起的 5 种树栖猿猴，它们是：黑白疣猴(*Colobus guereza*)、红疣猴(*Colobus badius*)、红尾猴(*Cercopithecus ascanius*)、蓝猴(*Cercopithecus mitis*)和白脸猴(*Cercocebus albigena*)。Struhsaker 发现，在红疣猴和白脸猴数量最多的地方，蓝猴的数量就很少；反之，也是一样。在食物缺乏的时候，蓝猴无法与红疣猴和白脸猴竞争食物。

如果不同种类的灵长动物表现为同域分布(sympatric)，即生活在同一个地方，那么它们的食性越是相似，竞争也就越激烈。因此，表现为同域分布的物种往往在它们的取食习性上会有所不同，这样就会使它们占有不同的生态位。上面 Struhsaker 所研究的 5 种灵长动物正是这样，在其中任何一种灵长动物的食谱中占主要成分的食物都很少被另一种所取食。这样，虽然 5 种动物生活在一起，但它们对食物的选择却各有所好，很少发生重叠。

灵长动物生态位分化的另一个实例是来自 Gartlan 和 Struhsaker(1972)对共同生活在西非喀麦隆热带雨林中几种灵长动物的研究，其中有 5 种属于长尾猴属(*Cercopithecus*)，它们全都生活在向一森林中，偶尔还混合在一起生活。由于这 5 种灵长动物大小也差不多，所以初看起来它们之间的竞争应当特别激烈。然而，Gartlan 和 Struhsaker 却发现这 5 种动物所占据的生态位都略有不同：黄眉长尾猴(*Cercopithecus mono*)在红树林湿地数量最多；而 *C. lhoesti* 在山地森林中数量最多，所以它们之间和它们与其他 3 种动物之间很难发生直接竞争；后 3 种灵长动物主要是生活在老熟的低地森林中。在低地雨林中，动物各自在不同的高度取食：红长尾猴(*C. erythrotis*)和黄眉长尾猴(*C. mona*)主要是在森林的下层取食，而瞬眼长尾猴(*C. nictitans*)和多须长尾猴(*C. pogonias*)主要在森林上层取食。后两种灵长动物之间的竞争似乎是因它们不同的漫游方式而减弱。多须长尾猴的巢域较大,活动性较强,常从瞬眼长尾猴的一个巢域移向另一个巢域,但两个物种基本上不会同时出现在同一棵树上。

**(六) 灵长动物杀婴行为的适应意义**

在很多人的研究报告里都谈到过成年雄猴的杀婴行为,特别是对灰叶猴(*Presbytis entellus*)的杀婴行为报道最多。在大多数情况下,杀婴者都是生活在单雄群体中的;而未生活在单雄群体中的成年雄猴通常是自己独处或生活在一个全雄群中。杀婴现象一般都发生在一种特定情况下,即当群外的一只成年雄猴闯入一个单雄群体,把原有的雄猴赶走并接管了这个群体以后。Hrdy(1974)在三群灰叶猴中曾观察到 10 次这种接管现象,其中有 7 次接管以后紧跟着就出现了杀婴现象,总共杀死了 30 只幼猴。

杀婴行为乍看起来似乎是一种非适应性行为,但 Hrdy 认为这种行为实际上对新接管猴群的成年雄猴是有利的,因为它所杀死的幼猴的父亲是其他雄猴。当一只幼猴被杀死后,幼猴的母亲在几天之内就会开始一个新的月经周期,并能与新来的雄猴交配,进而很快怀孕。因此,新来的成年雄猴靠杀死与它没有血缘关系的幼猴就能加快把它自己的基因传递到下一代。如果新来的雄猴不把群体中现存的幼猴杀死,它就不得不等待两三年才能等到母猴重新开始一个新的月经周期。在灰叶猴的一个单雄群体中,雄猴留在群体内的时间平均为 3～5 年,最终它将会被另一只闯入的雄猴赶走。因此对它来说繁殖后代的时间是有限的,借助于杀婴行为就可以最大限度地把自己的基因传递到未来世代。

当然,杀婴行为对被杀幼猴的母亲是不利的,因为母猴对每只幼猴都贡献了一半的基因,如果幼猴被杀,它对未来世代的遗传贡献就会减少,因此可以想象得到,雌猴必然会抵制杀婴行为。事实也正是如此。据 Hrdy 提供的资料,当一只新的雄猴到来时,母猴常常暂时离开群体或与其他雌猴形成暂时的联盟以抵制新来的雄猴。这样做常常可以延缓杀婴现象的发生,在少数情况下甚至可以阻止这一行为的发生。由于群体中所有雌性个体之间都有一定的亲缘关系,所以与母猴结成暂时联盟的其他雌猴能从延缓杀婴或阻止杀婴中获得一定的遗传利益,因为幼猴体内也不同程度地含有其他雌猴体内基因的复制品。可见,参与联盟可以增加其他雌猴的广义适合度(inclusive fitness)。在这里我们再一次看到了两性之间存在着利益冲突。

**(七) 使用工具**

很多动物在它们的日常生活中都会使用工具,如昆虫、鱼类、鸟类和哺乳动物等,也就是说,它们会从周围环境中拿取某些非生命物体作为自身生理器官的延伸物加以利用。例如,黑猩猩拿起石块、卵石掷向敌对者,啄木地雀用一根仙人掌刺探取深藏在树洞中的昆虫,这些都被认为是在使用工具。但鸟类筑巢就不认为是使用工具。

Wilson(1975)曾概述过各类动物使用工具的情况,其中最突出的代表就是作为非人灵长动物的黑猩猩,它无论在使用工具的频率和使用工具的种类方面都是最引人注目的。黑猩猩无论是在与人或狒狒处于敌对状态时,或两只年轻猩猩在作打斗游戏时,都会把树枝和石块掷向对方。它们经常把小树枝或一根草茎插入白蚁或蚂蚁巢中,待上面爬满了白蚁或蚂蚁时就把草茎拔出来,于是这些昆虫就成了它的美味食物,有人称这种行为叫"钓白蚁"。如果小树枝上有树叶,它们事先会把树叶摘掉,创造一个适合钓白蚁的工具。黑猩猩还常常把树叶咀嚼成海绵状,并把它放入树洞的底部吸收那里的积水,然后再吸食树叶里的水分。

虽然黑猩猩使用工具给人留下了深刻的印象,但与人类使用工具相比还是存在着本质差异。这种差异主要表现在三个方面：

(1) 人类制造工具是有计划和有预见能力的，制造工具所使用的原料一般是取自各个地方，而且在使用它们之前要贮存一定的时间，就是早期人类制造最简单的石器也是这样。例如，Merrick 等人(1973)在东非曾研究过早期人类的一个居住地，他们发现。制造石器的原料产地、石器的制造现场和使用石器的地方都是分开的，彼此相距达几千米之远。与此不同的是，黑猩猩通常是选取手边的一个什么物件作为工具使用，而且是拿来就用，不会有时间延误。

(2) 人类对工具的依赖是广泛的和持续的，是人类生活的一个重要组成部分。与此不同的是，黑猩猩使用工具是偶发的，使用工具对黑猩猩的生存并不是必不可少的。

(3) 人类会利用工具制造另一种工具，而其他灵长动物则不会这样，即使是早期人类所生产的石器也需要利用其他工具进行打制。虽然黑猩猩也能制造某些它们所使用的工具，但它们只能利用双手和牙齿，而不会利用其他工具把树枝和棍棒削尖。一般说来，用工具制造工具需要具备发达的智力。例如，如果利用一块卵石打制一件石斧，那么制作者就必须懂得卵石是一个可被利用的物体，而不会带来眼前的什么利益(如食物)。也就是说，卵石的使用者必须能够懂得他的活动的远期目的，这一目的比黑猩猩制作一根钓白蚁的树枝要长远得多。

## 第六节　灵长动物行为生态学研究的新进展

### 一、地理分布与栖息地的利用

现今灵长动物只分布在全球七大洲中的五大洲，在大洋洲和南极洲，除人类之外没有现存的灵长动物，而且在人类到达这两大洲之前也没有证据证明曾经有灵长动物在那里生活过。虽然灵长动物在欧洲和北美洲曾有过广泛的分布，但是现今只分布在欧洲(直布罗陀)和北美洲的边缘地带(中美洲和墨西哥南部)。就现在而言，大部分现存的非人灵长动物都生活在亚洲、非洲和南美洲及其附近的岛屿上。

在温带地区也生活着少量的灵长动物，如尼泊尔和日本，那里冬天很冷，这只是一些特例。绝大多数的灵长动物都生活在热带的气候条件下，温带地区不同季节的雨量变化对植被和灵长动物的影响要比季节的温度差异或日照长度的影响大得多。

#### (一) 森林栖息地

在现存灵长动物的地理分布区内，它们所占有的栖息地是多种多样的，从沙漠到热带雨林都有分布，但只有少数种类能够生活在气候干燥和植被贫瘠的地区，如黑猩猩、狒狒和丛猴。绝大多数的灵长动物都生活在各种不同类型的热带雨林中。不同的热带雨林有不同的气候、海拔高度、地形和土壤类型，而且有不同的植物和动物。

原始雨林的特点是树木长得高大，可高达 80 m。由于各种树木彼此竞争阳光而形成了连续茂密的树冠层。树冠层下面，阳光通过天窗可直接照射到森林的底层，促使树木的再生。次生森林因阳光充足而使植被生长得更加茂盛和连续，树冠结构不甚明显，矮树和藤本植物比较多。由于次生林的光照比较强，所以作为灵长动物食物的叶和果的产量丰富。作为灵长动物主要栖息地的森林还可有其他分类方法，如区分为高地森林、低地森林、沼泽森林、山地森林和竹林等。每一种森林里都为灵长动物提供着不同的环境条件和树木的排列方式，供灵长动物在其中运动、睡眠、取食和从事其他各种活动。

与森林类型的多样性一样,在一个单一森林中也有着各种各样的生态位(niche)可供灵长动物占有和利用。在树高可达 80 m 的热带雨林中,在不同高度的层面上,其生态条件是很不一样的,如在地表面和在离地面 20、40 m 高处,甚至直到树冠层的高度上,其温度、湿度、树木的形态、食物的类型和所遇到的动物的种类都很不一样。在地表层光线很暗,有很多陆地捕食动物可供攀爬的垂直支撑物,如藤本植物和幼树。在树冠的较高处有更多横向且连续的支持物,非常有利于灵长动物的水平移动,那里还有丰富的树叶和果实可供食用。灵长动物和很多其他的树栖动物经常在特定的森林层面上活动和觅食并表现出很强的适应性。

灵长动物也常选择在不同类型的树种上活动,这些树种可能具有独特的结构或者是能结出具有特殊味道的果实。有些灵长动物特别喜欢森林中的片片竹林,另一些灵长动物则更多地依附于棕榈树,还有的灵长动物专门在藤本植物上活动。灵长动物似乎喜欢选择在一定大小和具有一定食物生产力的树木上栖息,有的种类专门选择在只产生少量果实的小树种上栖息,而其他种类则喜欢选择高大树种并能产出大量果实的树种上活动。总之,在任何一个单一的森林中都有很多不同的生态位,这为灵长动物提供了多种多样的生存方式,并为多种灵长动物能在同一个森林中共存创造了条件。

**(二) 热带生态系统中的灵长动物**

大多数灵长动物所栖息的热带森林是地球上最复杂的生态系统,它包含着成千上万种的植物和脊椎动物,而昆虫和无脊椎动物的数量更是多得惊人。重要的是要知道,现存灵长动物的进化是与这些复杂环境中其他生物的进化密切相关的。一方面植物借助于自然选择已经获得了很多极其微妙和复杂的机制,以确保能够得到所必需的阳光和营养,确保其叶子不被植食动物完全吃掉并想方设法增加对传粉动物的吸引力,还要保证其种子具有较强的散布能力并最终能够萌发。很多灵长动物所取食的果实都是色彩鲜艳、甜蜜和多汁的,果实的这些特性在客观上都有吸引灵长动物取食的目的。果实一旦被取食,果实中的种子就会被广泛散布到森林各处。另一方面,植物在进化过程中也形成了许多自我防御的机制,以确保它们的叶和未成熟的果实、种子不被动物吃掉,如表面生成棘刺,含有不能消化的物质或有毒物质,外面生有硬壳等。反过来说,灵长动物也会在进化过程中形成各种方法以便应对和破解植物的这些防卫措施。

森林中的其他动物作为竞争者、捕食者和猎物对灵长动物的进化也起着重要作用。在秘鲁的原始森林中,食果灵长动物大约只占食果脊椎动物生物量的 1/3。鸟类、蝙蝠、各种植食动物和大量啮齿动物也与灵长动物吃一样的果实,而且是在同一棵树上和同一时间。在这些不同种类的动物之间对森林中的各种食物肯定存在着竞争关系。生活在森林中的很多动物,它们虽然对灵长动物的食物不感兴趣,但却以捕杀灵长动物为食,其中包括狮、虎、豹等大型猫科动物。很多大型鸟类和蛇也能捕杀灵长动物。这些捕食动物的存在通常会对灵长动物的生存和行为造成重大影响,包括影响它们的生活方式、社会组织、睡眠地点的选择、发声和体色斑纹等。

只有很少的灵长动物(如懒猴和亚洲的跗猴)完全依靠其他动物为食,有很多灵长动物(特别是较小的种类)都以各种无脊椎动物和小型脊椎动物为食,如蜥蜴和鸟类。大型灵长动物(如黑猩猩)常捕食较大的脊椎动物,也包括其他灵长动物。正如我们将会看到的那样,灵长动物已经进化出来很多独一无二的捕食策略，使它们能够充分利用生活在森林不同层面上和不同部位的猎物。捕捉飞虫需要有敏锐的眼力和敏捷的动作，而搜索隐藏在树皮下和枯枝落叶层中的昆虫则需要灵敏的嗅觉和听力。灵长动物通常是利用锋利的牙齿、强大的臂力和纤细的手指获取隐藏在树洞中、树皮下和枯枝落叶中的猎物。灵长动物的这些适应性行为的进化反映了与森林中其他生物进化之间的相互关系。

#### （三）栖息地的利用

灵长动物生活在复杂的森林环境中，其中很多因素都处在不断变化过程中，灵长动物应对这种复杂环境的策略之一就是生活在一个相对固定和有限的区域内，而它们对这个区域是非常了解和非常熟悉的。与很多具有积极迁移行为的鸟类和其他哺乳动物相比，大多数灵长动物全年都生活在森林的一个相对有限的区域内，而且能够有效地利用这一区域内的资源，所以它们必须知道和熟悉很多东西，如什么树结什么果实，这些树的自然生长周期有多长，移动的最佳路线在哪里，最好的水源在什么地方以及在哪里睡觉最安全。很多研究者都认为，正是哺乳动物智力的进化才使它们获得了这些环境知识。大多数研究都认为，灵长动物社群对自己所栖森林中的资源分布极为熟悉，但这些知识是如何在社群中保持和传承的却知之甚少。

目前有几个标准名词被用于描述灵长动物和其他动物的空间利用格局，首先是一个个体或群体在一个白天（或夜晚）的活动范围或移动距离，叫日活动域（a day range）或日移动距离（daily path length）。如果把一个灵长动物群体的全部日活动域或日移动距离标在平面图上，就能够知道这种动物在一个较长的时间内（如一年）其陆地利用的总面积，这个面积就叫家域或者巢域。通常一个灵长动物社群只集中在家域的一部分进行频繁活动，而对于其他部分则只是偶尔进入或利用，或只在一定的季节才利用。这个被频繁进入和利用的家域部分就叫核域。同一物种相邻群体的家域往往存在部分重叠，但也有不重叠的实例。如果相邻群体用实际的战斗或吼叫来保卫自己的家域边界并独享被保卫领地内的资源，那么被保卫的这个区域就称之为领域。简单说，领域就是被动物独占并加以保卫，不允许同种其他个体或群体进入的区域。

### 二、灵长动物的活动方式与取食

#### （一）活动方式

多数灵长动物都在一天中的某个特定时段进行活动。哺乳动物大多是夜行性动物，也就是在夜晚活动、白天睡觉。与此相反的是，大多数鸟类都是昼行性动物，也就是在白天活动、夜晚睡觉。有些哺乳动物属于晨昏性动物（crepuscular），即在黎明和黄昏时最为活跃。狐猴（lemurs）、懒猴（lorises）、丛猴（galagos）、跗猴（tarsiers）、夜猴（Aotus）和枭猴（owl monkey）大多是夜行性的，还有一些狐猴和其他种类的猴则是昼行性的。很多灵长动物都在清晨和黄昏时表现出一个活动高峰期，而在中午有一个静止期。还有一些灵长动物其活动方式非常不规律，在一天 24 小时内随时都可能活动，没有什么规律，这种活动方式被称为 cathemeral，有几种狐猴采用这种活动方式。

上述的每一种活动方式都有利有弊。昼行性的种类能够更清楚地看到它们所处的环境，更容易找到或者发现食物，能够更准确无误地辨识配偶、友好者、竞争者和捕食者等。但它们同时也要冒着被捕食者猎杀的更大风险。对夜行性的灵长动物来说，它们不容易被捕食动物发现(猫头鹰除外),而且很少有来自其他灵长动物或鸟类的竞争。此外,夜行性灵长动物还可躲过阳光的灼热照射和白天寄生物的侵扰,虽然由于视力受限会影响它们的取食活动与视觉,但声音通讯和嗅觉通讯反而会更好。因此,夜行性的灵长动物常常以小的群体进行活动,并以听觉和嗅觉为主要的通讯方式。采用无规律活动方式的灵长动物常可兼得昼行性和夜行性活动的好处。如獴狐猴,它们在每年吃果实和吃树叶的季节是白天最为活跃;而在每年的干旱季节,当食物变得短缺时它们便改吃花蜜,这时在夜晚最活跃。

除了昼行性和夜行性生活方式的巨大差异外,灵长动物还存在着如何度过每一天和每个夜晚的明显差异。对于大多数灵长动物来说,每天都要进行三项主要的活动,即取食、移动和休息。性行为、梳理毛和领域炫耀等通常只占用一天中比较少的时间,当然在生殖季节是例外,此时一些狐猴的雄猴大约要用一半的时间与其他雄猴进行争夺配偶的战斗。

各种活动内容在一天中的分布通常是很有规律的。很多昼行性的灵长动物通常都在每天的上午和下午活动,而在中午休息,取食时间也大多发生在早晨和傍晚。长臂猿和很多其他灵长动物也常常表现出一种对取食偏爱的时间格局,一般是在早晨吃果实而在傍晚吃树叶。早晨吃果实的这种偏爱反映了它们对能量的紧急需求,因为果实是一种高糖和低纤维的食物。它们在傍晚吃树叶的行为反映了它们试图最大限度地增加消化时间(整个夜晚)和最大限度地获取树叶中的各种营养。由于植物在夜晚不能进行光合作用,所以树叶中的蛋白质在早晨时含量最高,而叶中的糖分在白天时含最量高。

**(二)取食行为与食谱**

在一天内、一个季节内或一年内对食物选择的变化,可以说是现存灵长动物之间最大的差异之一,这种差异对于灵长动物的生活和形态具有深远的影响。灵长动物的食物大体可分为三种主要的类型,即果实、树叶和各种动物(通常是昆虫和蜘蛛),专门以这些食物中的某一类为食的灵长动物相应地被称为食果者(frugivores)、食叶者(folivores)和食虫者(insectivores)。与食用这些食物相适应的是,灵长动物具有专门的牙齿和消化道结构。此外,灵长动物所吃的食物在空间和时间的分布上也具有很大的变化,在一个小的环境斑块内可能只有1～2个猎物可供取食,而在一个大的环境斑块内可能含有大量的食物足够很多个体食用。同样,在每一个栖息地,某些食物的分布有可能很稠密,也可能比较稀疏。除了食物分布的空间差异外,也会表现出时间分布的差异。在某些环境中有些食物可能全年都有,而另一些食物则只有某个季节才有,还有的食物可能每过两三年才出现一次。食物种类的分布常常是与灵长动物的结群和移动格局相关联的。例如,食叶的灵长动物常常有比较小的巢域和日活动范围,因为相对于果实而言,树叶的分布无论在空间上还是时间上都是比较均匀的。

灵长动物所吃的食物种类存在着很大的差异,因此为了日复一日获得膳食的平衡,它们必须解决很多问题。例如,新叶和老叶在化学结构和成分上有很明显的差异,而且在每年不同的季节叶的质量也会有变化。就果实来讲,有些果实密集成簇,而另一些果实在一个很大的面积内数量很少且呈较为均匀地分布。此外,对于飞行中的昆虫和洞穴中的昆虫也需采取不同的捕猎方法。灵长动物最常取食的食物是树叶、种子、果实和花蜜等。专门取食这些食物的动物通常都必须具备专门的适应结构。一年中最常吃和吃得最多的食物从能量学的角度而言往往是最重要的,但还有一些食物含有不可缺少的稀有元素,在很多栖息地中,食物的数量有很强的季节性。一种灵长动物在一年中最艰难的季节所吃的食物常被称为应急食物。

灵长动物获取食物的很多方法往往是既复杂又巧妙的，所以常被称为取食策略(feeding strategy)。之所以这样称呼是因为它与很多因素有关，任何一种灵长动物的行为可能都是在面临多个选择时进行折中和决策的结果。就专门吃果实的灵长动物来说，不同种类的取食策略可能完全不同：一种灵长动物可能只吃果实，而这种果实在森林各处都能找到，但数量很少；另一种灵长动物所吃的果实数量较多，呈集团分布，但出现的时间难以预测。可以想象的是，这两种灵长动物的齿式和消化系统的适应应当是非常相似的，但它们在森林中的觅食和漫游方式可能极不相同。很多动物学家都曾指出过，生活在同一栖息地内不同种类的灵长动物，其取食策略都存在着微妙差异。灵长动物在取食策略上的这些差异说明了它们在经历了6000万年的进化之后所形成的多种多样的适应性。

### (三) 运动和取食姿态

灵长动物取食策略的一个重要方面就是它们的运动(移动)方式。任何其他目的哺乳动物都没有像灵长动物那样具有如此多种多样的运动方式。这表现在对四肢利用方式的差异上，灵长动物的运动方式可大体分为几种主要类型，包括跳跃、树上和陆地上的四肢行走、悬吊行为和双足行走等，其中每一种运动方式都能使灵长动物更快和更灵巧地在森林的各种基底物上移动。跳跃可使灵长动物在不连续的树枝和各种支持物之间移动，例如，在分离的两棵树之间和下木层的树干之间；树上的四肢行走更适合于在较粗的横向树枝上或树枝搭建的网状结构上漫游，而陆地上的四肢行走有利于动物在地面上的快速移动；悬吊攀爬行为有利于体重较大的灵长动物在小的支持物上分散它们的体重和维持身体的平衡；双足行走则有利于在一个连续的水平面上快速移动并将前肢解放出来从事别的工作。

除了运动方式的多样性，灵长动物学家还特别关注这些动物在获取食物、休息和睡眠时所采取的各种姿势，如坐、悬挂、攀附和站立等。有很多事例说明，灵长动物的取食姿态在物种进化中所起的作用可能与运动方式一样重要。例如，在取食树胶或树干的其他分泌物时，取食者必须攀附在树干上，这种攀附能力可能比能够找到和来到这棵树的能力更重要；灵长动物常常要取食生长在细树末端的食物，而正是这种取食方式导致了它们悬吊行为的产生和进化。

## 三、灵长动物的社会组织与散布行为

迄今为止，对灵长动物行为生态学研究最多的一个方面就是灵长动物群体的大小和群体的组成成分。所有的灵长动物都是社会性的动物，它们总是以各种方式与本物种的其他成员发生这样那样的关系，但灵长动物群体的大小和成分又是多变的。它们在这些群体中进行取食、漫游、休息和睡眠等各种活动。

### (一) 社会组织

灵长动物的社会组织可以最简单地区分为独居(solitary)和群居(gregarious)两种类型，独居物种是以单个个体进行取食和漫游；群居物种则结成群体进行取食和漫游。很多夜行性灵长动物是独居的，而大多数昼行性灵长动物和少数夜行性灵长动物则是群居的。这个简单的二分法也有模糊不清的地方，因为即使独居物种也常表现有一定的社会性，如与其他独居个体保持有多种相互关系，常常选择在同一个地点睡觉，可能偶尔地会结伴漫游。总之，它们的活动范围经常是发生重叠的。以夜行性和独居鼠狐猴为例，它的个体活动范围和个体之间的相互关系是极为多种多样的。

灵长动物社会群体的组成成分依物种不同而有很大的不同,其中有几种类型最为常见。独居的灵长动物核猴(noyau)的社会群体是最简单的和最原始的,它也是最原始的夜行性哺乳动物,其群体的基本构成单位就是单个的雌猴及其子女。在核猴中,成年的雌雄个体并不形成永久性的两性混合群体,常常是一个雄猴的家域与几个雌猴的巢域发生重叠。即使两性个体不在一起漫游,但它们之间也会有一定的接触或相互作用,使雄猴能密切监视雌猴的生殖状态,也能使雌猴对潜在的配偶做出选择。

另一个比较简单的社会结构类型是家庭群,即由一雄一雌及其后代组成。生活在这种家庭群中的非人灵长动物相邻家庭之间常常发生激烈的领域竞争,这种竞争打斗表现为性内竞争的形式,即雄性排斥雄性,雌性排斥雌性。在单配制(monogamous)的灵长动物社群中,雄猴的作用依物种而有很大不同。在一些种类中,雄猴在护幼、育幼方面起着很大作用,如枭猴、青猴、合趾猿等;在另一些种类中,雄猴对护幼、育幼的功效却很少,但雄猴有助击退外来雄猴的入侵和杀婴行为。还有一种说法是,雄猴存在的主要功能是保护配偶而不是看护后代。

在自然条件下,小狷猴和长臂猿生活在一雌多雄(polyandrous)的群体中,即群体中只有一只能生育的雌猴和多只雄猴,在这些群体中几只雄猴和其他成员都可参与育幼工作,所以有人称其为公共繁育体制。有很多灵长动物的群体是由一只成年雄猴和几只成年雌猴及其后代组成的,这种单雄群体或多配制群体(polygynous)常常是建立在母系遗传的基础上。有些种类成年雄猴并不与雌猴生活在一起,而是单独生活或是与其他雄猴结合成全雄群(all-male groups)。就亚洲叶猴来说,单雄群中的雄猴只在生殖时才会接近雌猴并对雌猴加以保卫。

与上述这些单雄群不同的是,有很多灵长动物都是生活在一个大的群体中,其中包括几个有生育能力的雄猴和雌猴及其后代,它们常常一起觅食,这种群体的特点是常常存在着种内复杂的关系与竞争。对很多现存的灵长动物来说,单雄群和多雄多雌群之间的界限很难划分,因为随着年轻雄猴的成熟,很多单雄群会演变为多雄群。同样,即使是在同一物种内,群体的组成成分也常因群体的大小和种群的密度差异而有所不同,这是一种依年龄而逐渐发生变化的群体,是现有群体类型的一种中间类型。

在灵长动物的几个分类类群中,特别是蛛猴和黑猩猩,其社会单位经常发生变化。群体的大小和组成成分常因资源的状况和个体间的关系而发生变动,这些群体很不稳定,分分合合是经常发生的。成年雌猴常常带着它们的子女到处漫游,雄猴也常和它们在一起,还有一些种类的灵长动物,其群体为了觅食常常分裂成一些小群进行活动,有些是为了取食一些特殊的食物而分成小群。

有些灵长动物是生活在一个多层次社会(multilevel societies)中。所谓多层次社会是指该社会组织不仅很复杂,而且富有层次性,例如,扁颈狒狒全天都以小的单雄多雌群觅食,其中包括一只雄狒狒、几只雌狒狒及其后代,但每晚睡眠时都会有十几个这样的小群汇聚在一个固定的悬崖上,有时还会作为一个整体从一个地方移动到另一个地方。

还有的灵长动物如疣猴、金丝猴和长鼻猴等,其各个独立的猴群取食或休息时,常常会友善地聚焦在一起形成超大的猴群。这种超大猴群有可能是有亲缘关系的个体之间的一种家族大联合,也可能是一种觅食对策,以增加个体对食物资源的了解并增强其竞争力,或者是为了更好地利用极其丰富的自然资源。

对灵长动物的社会组织进行归纳分类有助于对各个物种进行比较研究,其最终目的是便于研究能够影响社会组织多样性的各种因素。灵长动物的社会分群是多种选择因素作用的结果,其中每一种因素都能以不同的方式影响猴群的大小、组成成分和数量动态。灵长动物学家发现,区分灵长动物社会行为的不同方面是很有用的。社会组织(social organization)是指灵长动物群体的种群构成,如雄猴和雌猴的数量;社会结构(social structure)是描述个体之间相互作用的类型,如谁给谁梳理体毛,谁和谁常在一起;交配体制(mating system)则是描述实际的生殖格局。这些描述是很重要的,因为很多研究都表明,在这些因素之间并不总是存在着明显的关系,例如,大多数长臂猿生活在含有一只成年雄猿和一只成年雌猿的社会组织中,但遗传学的研究显示,群体中的很多幼猿都是与群体外个体交配所产生的后代。但是大多数旧大陆猴的单雄群体是由一个无血缘关系的成年雄猴和几只有密切亲缘关系的成年雌猴及其子女组成的。与此不同的是,大猩猩的单雄群体通常包括几个没有血缘关系的成年雌猩猩,它们彼此很少接触,但都依附于群中的那只雄猩猩。

### (二) 散布行为

虽然大多数灵长动物生活在本物种所特有的社会单位中,但它们并不是终生都生活在同一个社群中,大多数旧大陆猴和几种狐猴中,雌猴通常是留在自己的出生群中,而雄猴则外迁到别的群体中。在黑猩猩和倭猩猩中,大多数雄性个体留在自己的出生群中,而雌性个体外迁。在很多其他种类灵长动物中,如吼猴和小狷猴,雌雄两性都外迁,即从一个群体迁入另一个群体。有趣的是,这种外迁方式的结果并不会影响该群体对同一家域的占有,即使在群体成员中已经没有了连续性,因此从个体的视角看,灵长动物的社群并不是一个稳定持久的单位,而是一个复杂的动态系统,它随着个体的出生、成熟、迁入、迁出、配对、生殖和死亡而不断发生变化。诸如回避近交、资源分布格局、保护后代免受杀婴行为的危害等因素对于决定不同物种迁入迁出的方式是很重要的。各种选择因素以不同的方式直接影响着种群中的每个成员,对一个成员特别重要的因素对另一个不同性别和年龄的成员可能并不重要,即使是同一个个体随着其生殖状况和其他个体的关系的改变也会有所不同。

最早关于灵长动物社会行为的知识来自于持续几年的短期观察,但现在已积累了大量的长期野外观察资料,而且在研究方法上也有很多创新,其中包括不少遗传学和生理学的研究思路。这些资料和方法为我们提供了更广阔的生物学视角,并开辟了新的研究前景。灵长动物群体的动态特点加强了我们这样的认识,即灵长动物的社会群体是多种选择因素作用于群体中每个成员的结果,要想了解灵长动物行为的多样性就必须对灵长动物的社群生活进行全面的利弊分析,而且需要知道每个物种的系统发生史。

## 四、灵长动物社会生活的好处

与大多数其他哺乳动物相比,灵长动物是社会性极强的动物,它们的社会行为不仅表现在具有多种多样的社群类型,而且也在种内通信进化过程中发展了极为精确复杂的面部表情、姿态、发声和嗅觉。灵长动物的社会行为是借助于自然选择而进化的。像所有其他灵长动物的适应性一样,社会行为也是在利和弊两个方面进行复杂的动态平衡的结果。从进化角度看,一个动物个体的适合度(fitness)或进化上的成功可以等同于生殖上的成功,即为下一代贡献了多少后代,因此在评估各种因素对灵长动物是否选择社会生活时,就必须知道社群生活是怎样影响个体的适合度的。社会生态学(socioecology)对于了解灵长动物的社会组织十分重要,它把灵长动物的群居类型与食物资源的丰富度和分布格局联系了起来。显然,食物资源的分布是了解灵长动物社会行为复杂性所必须考虑的诸多因素之一。

从组成群体的每个个体的角度看,结群生活至少有四个好处,即① 减少被捕食的风险;② 更容易获得食物;③ 更容易找到配偶;④ 能更好地看护和照顾后代。这些好处对一些个体比对另一些个体具有更大的选择价值,这要看个体的性别、年龄、该物种的生殖生理状态以及所处的生态环境等。每一种可能的好处也必须与可能付出的代价保持平衡,维持群体生活所付出的代价包括很多方面,如容易被捕食者发现、加剧了与其他个体的食物竞争和争夺配偶的竞争等。下面列举一些群体生活的好处。

**(一) 群体生活可减少被捕食风险**

对白天活动的灵长动物来说,减少被捕食风险是选择群体生活方式的主要因素之一。生活在群体中的个体可以得到几方面的好处,最明显的是每个个体都能借助于其他个体的眼、耳和报警鸣叫及早发现捕食者,越是生活在较大群体中的个体就越安全,而且每个个体花在警戒捕食者上的时间就会越少,群体联合起来对付捕食者也比个体单独行动更有效。当群体不得不逃跑时,其中每个个体都会分散捕食者的注意力,且不易受到捕食者的分隔和攻击。

与此相反的是也有人认为,群体生活在某些情况下会使个体变得对捕食者更加敏感,因为一个群体会发出更大的声响并占有更大的空间,因此会使得捕食者更容易找到它们,有些捕食者由于食量较大并较为喜欢捕食群居的猎物,因此与此相适应的是有些物种则采取了隐蔽的策略,以免遭到捕食。

**(二) 更容易获得食物**

任何个体在生殖上的成功最终都取决于它为其子女和自身获得足够食物的能力。动物从一系列潜在食物源选择和获取日常食物的方式常被称为觅食策略(foraging strategies)。从更广泛的视角看,觅食策略可以被看成是一个个体生殖策略的一部分。决定灵长动物群体大小的最重要因素是食物资源的时空分布。在小的均匀分布的食物斑块内,觅食时群体通常都比较小,如当取食很多小的森林果实时。相反,如果食物比较大而且又分布在很大的食物斑块内,且各斑块之间的距离又不稳定,通常就会结成较大的群体觅食。由此可以看出食物资源的分布是如何影响着灵长动物群体的大小的。

与单个个体觅食相比,群体生活可借助于几种方法能更好地使个体获得食物。首先,有很多种灵长动物能积极地保卫食物资源,有时是保护一棵资源树,有时是保卫整个猴群的活动区域。一般说来,急夺食物资源常常要靠群体的大小。较大的群体在争夺食物树或食物分布区时,往往要比较小的群体占有优势。靠加入一个群体就会增加一个个体得到食物的机会。在群体大小之间存在着一种微妙的平衡,小到要能够依靠某一特定资源而维持生存,大到要足以能抵御外来入侵的猴群并能保卫住食物资源。无须感到惊奇的是,保卫食物资源的猴群常常是由一些具有密切亲缘关系的个体组成的,如母猴及其子女。在群体中生活也有助于找到食物,通过交流有关食物资源的信息会使每个个体都受益,也有人认为,以昆虫为食的灵长动物会因其他猴群成员的活动而受益,因为这些活动常常会把昆虫从它们的隐蔽处驱赶出来。

从以上讨论不难看出,灵长动物的食物资源无论是从其分布的斑块性状和分布密度来讲都是有很大变化的,依据食物分布的不同格局,灵长动物也采取了不同的结群类型和漫游方式。

### (三)容易找到配偶

有性生殖需要参与生殖的每个个体都能找到一个异性配偶,但对于几乎是全部进行有性生殖的动物来说,其雄性个体和雌性个体的生殖策略是完全不同的。雌猴像其他所有哺乳动物的雌性个体一样,在幼仔出生前要怀胎数月,产后还要带仔和喂奶数月,甚至更长时间;与此相反的是,雄猴在此期间对后代的投资更少得多,从理论上讲,它们只限于提供精子。雌猴和雄猴在时间和能量投资方面所存在的巨大差异可导致几种后果。

首先,由于妊娠需要一定的时间,因此雌猴一生所能养育的后代数量是有限的,远远达不到雄猴在理论上所能传递下去的最大后代数量。从理论上讲,如果食物资源是充足的,雌猴可连续生殖 20 年,而且一胎产一仔,若妊娠期 6 个月,那么一只雌猴一生能产出 40 个后代。为了完成这一生 40 个产仔任务,雌猴就必须每 6 个月就得与雄猴交配。对很多种灵长动物来说,理论上,如果有足够数量的雌猴与其交配的话,雄猴在一周(甚至一天)之内就能成为 40 个仔猴的父亲。可见雌猴所产后代的数量是受限于时间和食物资源,而雄猴是受限于能与其交配的雌猴的数量。其次,雌猴总能确知它所养育的后代是自己亲生的,而雄猴则无法知道自己是不是初生儿的父亲,只有通过限制和驱逐其他雄猴与自己配偶接触才能增加自己父权的可能性。

依据雌性个体在对子代投资方面的这些生理差异,我们就可以预测,雌雄个体为使其生殖成功率达到最大所采取的最适策略是会有很大差异的。最成功的雄猴应当是与最多雌猴交配并排除其他雄猴与自己的配偶交配,以确保其子代全都是自己亲生的;而雌猴的生殖策略则更侧重于后代的质量而不是数量,雌猴对每一个后代都付出了较多的时间和较大的能量投资,因此雌猴的生殖策略是借助于其配偶的亲代投资能养育出更健康的后代,如多提供食物资源和保卫其后代免受捕食者的攻击等。根据这些考虑,我们将会看到的是,在雄性个体之间一定会发生剧烈的配偶竞争,在强烈的雄-雄竞争的情况下,雌性个体通常被认为是引起身体和犬齿大小性二型分化的主要原因,这些特征在战斗和优势炫耀中发挥着重要作用。想方设法接近雌猴在雄猴的生殖策略中很重要,也是雄猴参与群体生活的一个重要选择因素。一般说来,正是雌猴的分布状况决定着雄猴的漫游行为。

### (四)能更好地保护和喂养后代

交配只是成功生殖的第一步,一个个体生殖的成功主要决定于能发育到生殖年龄子代的数量,而不能存活到生殖年龄的子代从进化的角度看是一种投资上的浪费。对灵长动物来说,初生儿是相对发育不足的,需要很长时间才能发育到童年期,因此亲代对子代的投资对灵长动物的生殖行为是特别重要的。由于母权的确定性和对子代的初始投资较大,所以母猴总是把仔猴带在身边,泌乳期母猴的食量可增加 1 倍。由此不难解释的是,母猴有时会招揽其他猴群中的成员帮助喂养自己的后代。但在照顾和喂养未成年猴方面,雄猴、雌猴和其他成员所做出的贡献会有很大变化,似乎与这些个体与幼猴和年轻猴的亲缘关系远近有很大关系。在某些单配制的灵长动物中(如青猴、枭猴和狨猬类),雄猴对后代的贡献几乎与雌猴一样大,甚至更大。在较大较复杂的群体中,雌雄两性个体常常帮助母亲照看仔猴,而这通常是人类社会的一个主要特征。在很多灵长动物的社会中,群中的雌猴往往彼此都有亲缘关系,因此群中的仔猴有可能是另一群体成员的侄子或侄女,因此雌猴常常会进化出很多行为策略,以确保仔猴的成长,例如,生活在多雄群中的雌猴借助于与几只雄猴交配而搞乱猴群中的父权关系,从而可诱发所有雄猴的亲代投资,因为在这种情况下没有哪一只雄猴能够知道哪一只仔猴不是它自己亲生的。

有趣的是,看护仔猴的愿望和能力很可能是雄猴取得未来交配权的一个先决条件,雌狒狒更愿意与那些在前一年曾帮助过自己喂养后代的雄狒狒交配。有些研究人员认为,对于大多数灵长动物来说,父权关系是如此难以确定,所以最好是把雄猴对仔猴的照顾看成是一种交配策略,即使是在单配制的动物中也是这样。能从其他个体(特别是雄性个体)获得养育子女的帮助可能是雌猴选择群体生活的一个非常重要的因素,可能比容易找到配偶更加重要。

除了直接看护仔猴以外,很多种灵长动物的雄猴还可为雌猴提供一种重要的帮助,那就是预防和击退其他雄猴的杀婴行为(infanticide),对很多灵长动物来说,可清除杀婴行为隐患的帮助比直接看护和照顾仔猴更加重要。

**(五) 多物种群体**

在通常情况下,一个猴群内只含有一个物种,但有时猴群却是由多个物种组成的,这些多物种猴群或混合物种猴群在长尾猴属(*cercopithecus*)和柽柳猴属(*Saguinus*)中较为常见。在很多情况下,这些多物种猴群可以维持几天时间,它们一起觅食和睡眠,但有时只维持几个小时。决定灵长动物群居的两个因素似乎也是形成多物种群体的因素,这两个因素是减少被捕食的风险和食物资源的共享。

## 五、灵长动物的营养生态学

在灵长动物的研究史中取食行为的研究始终占有中心的位置,最值得注意的是,灵长动物的取食活动一直受着食物资源时空分布的重要影响。了解各种不同食物的营养成分对于理解动物的能量需求是必不可少的,而食物又是动物所需能量的唯一来源。

脊椎动物所需要的营养物质可分为几大类,即碳水化合物、蛋白质、脂肪、维生素、矿物质和水。前三类通常被称为大营养物(macronutrients),动物的生长和发育对其需求比较大;矿物质和维生素通常被称为微量营养物(micronutrients),其本身不能产生能量,但却参与不计其数的生理过程。

只吃一个营养级(trophic level)中食物的动物常被称为植食动物(herbivores,只吃植物)或肉食动物(carnivores),如果在多个营养级中取食的动物(既吃植物也吃动物)则被称为杂食动物(omnivores),除了少数例外(如跗猴属 *Tarsiius* 和懒猴属 *Loris*),灵长动物的能量和营养需求大部分都来自于植物。被全球各种灵长动物所食用的植物包括果实、种子、植物叶、花果的柄、块根(地下茎)、树皮、花朵(花芽和花瓣)、花蜜、树液和树胶等。虽然大多数灵长动物是既吃植物又吃动物,但也有只吃植物的种类,如疣猴和大狐猴。Harding 曾研究了 131 种野生灵长动物的食性,发现有 90%的种类吃果实,79%的种类吃树芽和嫩枝,69%的种类吃成熟的植物叶,41%的种类吃种子,65%的种类吃无脊椎动物(以昆虫为主),37%的种类吃其他小脊椎动物或它们产下的蛋。

灵长动物与大多数哺乳动物一样，需要从碳水化合物、蛋白质、脂肪、维生素和矿物质等几大类营养物中摄取45～47种氨基酸、脂肪酸、维生素和矿物质。下面介绍一下这几大类营养物的特征，评估一下野生灵长动物是如何从这几大类营养物中选择自己的食谱的。

**（一）蛋白质**

蛋白质可提供能量，而且对身体组织的生长和再生发挥着重要作用，蛋白质是由氨基酸组成的，灵长动物需要20种氨基酸，其中9种不能自己合成，只能从食物中摄取，在生长和生殖期对蛋白质的需求最大，大约增加30%。蛋白质合成的75%是来自体内蛋白质的分解，而其余的25%则来自于食物。利用同位素标记技术证明蛋白质在体内的周转率很高，几乎所有被标记的蛋白质最终都在身体各处被吸收利用了。灵长动物食物中的蛋白质主要是来自于植物叶、昆虫和其他动物。嫩叶比老熟的叶可提供更多的蛋白质，因为随着叶的老化，其结构性成分会增加，而且蛋白质会分配到植物的其他部位(如贮存器官和种子)。总的说来，每克叶所提供的能量大约是10～20 kcal(41.9～83.7 kJ)。

果肉的蛋白质含量不高，几乎没有哪一种哺乳动物和鸟类是完全吃果实的，即使是在果实产量很高的季节。有人认为专吃果实会降低灵长动物的适合度和种群密度。还有人认为，在关键的生长期和生育期，灵长动物会有专门的行为机制，以便选择成熟但有较多蛋白质和矿物质的食物为食，例如，年轻的猴和妊娠或正在哺乳的雌猴常常会增加植物叶和昆虫的摄入量，有人发现长尾猴(*Cercopithecus oscanius*)幼猴的大小是与它们所吃叶和昆虫的多少呈正相关的。

**（二）脂肪**

脂肪是灵长动物身体最重要的能量来源，其每单位质量所提供的能量相当于同等质量碳水化合物和蛋白质所提供能量的两倍多。脂肪可分为三大类，即单纯脂类(simple)、复合脂类(compound)和衍生脂类。单纯脂类含有甘油三酯(triglycerides)，它是由两种分子所构成的，即甘油(glycerol)和脂肪酸。脂肪酸又可区分为饱和脂肪酸和不饱和脂肪酸。对灵长动物来说，脂肪的主要来源是昆虫和其他的动物质以及种子，例如，每克昆虫可提供大约100～200 kcal(418.6～837.1 kJ)的能量。至今我们还不太清楚灵长动物对脂肪的消耗量，有人分析过吼猴(*Alouatta palloata*)所吃植物的脂肪酸成分，并发现最常见的脂肪酸是棕榈酸(palmitic)(30%)、亚油酸(linoleic)(23%)、α-亚麻酸(α-linolenic)(16%)和油酸(oleic)(15%)。据报道，乌干达国家公园的类人猿只摄入少量的脂类，因为脂类可影响神经递质的含量，而神经递质是调节生殖激素的物质，因此脂类摄入不足不利于哺乳动物的发育和生殖。

**（三）碳水化合物**

碳水化合物采取单糖、双糖和多糖三种形式，单糖(如葡萄糖或果糖)可直接被身体吸收和利用；双糖是由两个单糖所构成的，它只有在小肠中被水解成单糖以后才能被吸收和利用；最复杂的糖是多糖，包括淀粉、类淀粉和非淀粉类多糖。淀粉和类淀粉类多糖是植物重要的能量储备，它可以被消费者分解，例如，淀粉酶是人和灵长动物的胰腺和唾液腺所分泌的，它的功能是把多糖降解为双糖，然后在小肠中被水解。

非淀粉多糖指的是植物纤维，它又可分为可溶解的和不可溶解的两类。不可溶解的非淀粉多糖构成了植物细胞壁的框架，它包括纤维素(cellulose)、半纤维素(hemicellulose)和木质素(lignin)。在全球碳水化合物中,纤维素所占的比例最大,也是植物食物中所提供的能量最多的,但纤维素必须借助于原生动物或细菌共生物才能被分解和吸收。像纤维素一样,半纤维素也无法消化吸收,除非被酶解或发酵。有证据证明,半纤维素在胃液的 pH 很低时可部分被水解。

在野生灵长动物的食谱中,果肉是极好的碳水化合物能源,每克果肉可提供 50～100 kcal (209.3～418.6 kJ)的能量。与栽培水果相比,野生水果含有更多的己糖,果实比叶子含有更多的果胶,而肠胃中的厌氧菌对这种果胶的发酵更为有效,植物的很多构成成分(如叶、柄和树皮)也能通过发酵而获取其中的能量。灵长动物也能利用植物的各种渗出液,虽然它们在化学和营养成分上存在着很大差异。

**(四) 矿物质**

矿物质对生命来说具有重要的功能,它可区分为大量元素和微量元素,前者如钙、磷、钾、钠、氯和硫等,后者如铁、铜、锰、锌、碘、铬和锰等。矿物质是很多生物细胞的构成成分(如血红蛋白中的铁),并参与激素和酶过程,也是细胞活动的调节剂。总之,矿物质大约占体重的4%,对动物健康和维持其生理功能是十分重要的。例如,钙和钠对哺乳期的母兽非常重要,钠和钙的摄取不足会导致生长缓慢和幼兽死亡率增加,很多研究都表明,灵长动物为了矿物质的需要而取食某些特定的植物。含矿物质较多的植物首先是叶类植物,其次是树皮和果实,有人发现成熟和未成熟水果中矿物质的含量比其他食物中的含量要低,而在灵长动物很少取食的一些食物(如叶、树皮、叶柄和毛虫)中,矿物质的含量反而很高。吃土是灵长动物很常见的现象,因为通过吃土可以补充不少矿物质。

**(五) 维生素**

维生素的功能是促进能量的利用而不是提供能量本身,维生素可区分为水溶性的和脂溶性的两大类,前者包括 B、C,后者包括 A、D、E、K,与脂溶性的维生素不同,水溶性的维生素必须每天都要摄入,因为它们不在体内贮存,任何多余的量都会从尿中排出。非人灵长动物对维生素的需求目前知之甚少,而对于维生素在灵长动物食物中的分布也知之不多。据知,除了维生素 $B_{12}$,几乎所有的维生素灵长动物都能从它们的植物性食物中摄取,而维生素 $B_{12}$ 则是靠肠道中微生物的活动中提供的,靠吃动物性食物如昆虫幼虫也能获得维生素 $B_{12}$。维生素 E、K 和 B 的复合体(如烟酸、硫胺素和核黄素)则分布广泛,在植物的种子、坚果和叶中都有。维生素 A 主要是在植物的叶子中,维生素 C(抗坏血酸)是在果肉、叶和种子中。维生素 C 很特别,因为灵长动物和一些啮齿动物、兔形动物和蝙蝠一样,自己不能合成这种重要的维生素。有人发现新鲜的热带水果含有较多的维生素,例如吼猴(*Alouatta palliata*)和蛛猴(*Ateles geoffrri*)食物中维生素的含量约为人类日食量的 10 倍。由于维生素和矿物质对健康的极端重要性,至今已对这两类营养物在植物中的含量进行过大量的分析和研究。

## 六、灵长动物行为生态学的比较研究法

### (一) 比较研究法的应用实例

正如文鸟科的织巢鸟和羚羊类动物一样,灵长动物的社会组织也是多种多样的,它们有独居的和食虫的种类,如跗猴,它生活在森林中而且是夜行性的;它们也有白天生活在森林中的种类,如疣猴,它们常结成小群到处漫游,以树叶和果实为食;其他猴类如狒狒则主要在地面活动,

常结成几十只到几百只的大群。至于猿类，有些是独居的，如猩猩；长臂猿则成对生活或组成小的家族群。黑猩猩通常会形成几十只的较大群体。

在20世纪的七八十年代，有人利用比较研究法分析了社会组织多样性的进化，他们的分析导致了早期比较研究法的进一步完善。下面借几个研究实例介绍一下他们的研究方法和研究成果。

(1) 家域的大小。

动物越大吃的东西就会越多，因此就需要占有更大的家域。如果我们想测量一个生态变量(如食谱)对家域大小的影响，就必须把占有家域群体(猴群)的总体质量考虑在内，当把家域大小 与占有家域猴群的总体质量进行作图时就一定会发现，猴群的总体质量越大，它所占有的家域也越大。

所吃食物对家域大小的影响也可以通过比较特化的取食者(如专吃昆虫或专吃水果)和泛化的取食者(如吃各种植物的叶)看出来。一般说来，在体重相同的情况下，特化捕食者所占有的家域面积总是比泛化捕食者所占有的家域面积大，原因是昆虫和水果比植物叶散布的面积更为广大，因此才能在更大的面积内找到足够的食物。

(2) 体重的性二型。

在灵长动物中，雄性个体通常比雌性个体大，有两种假说可以解释这种现象。首先，性二型(sexual dimorphism)现象可以使雄性个体和雌性个体利用不同的食物生态位，如果真是这样的话我们就可以预测在单配制的物种中性二型现象一定最发达，因为在这样的物种中，雄性个体和雌性个体通常是在同一个地点取食的。其次，性二型现象有可能是通过性选择进化来的，因为在性选择过程中，个体较大的雄性个体更为有利，因为这能使它更容易找到配偶和得到交配的机会。如果性竞争确实很重要的话，那我们也可以预测，性二型在多配制物种中也一定比较发达，因为在多配制(一雄多雌)物种中，较大的雄性个体会占有明显优势，它们可独占几个雌性个体。因比较研究法所得出的研究结果更支持性竞争假说：在生殖群体中每个雄性个体所拥有的雌性个体数量越多，其体型和体重也就越大。

(3) 牙齿大小的性二型。

雄性灵长动物的牙齿往往比雌性个体大，对此现象同样存在两种假说，其一是大的牙齿是雄性个体在保卫群体、防御入侵之敌时进化来的，此为天敌防御假说；其二是雄性个体大的牙齿是在与同性个体竞争配偶的过程中产生的，此为性竞争假说。这里的问题是雄性个体的体重通常大于雌性个体，因此两性个体之间在牙齿大小上的差异可能只是反映了它们在体重方面的差异。为了解决这个问题，可以将雌性个体的牙齿大小和体重进行平面作图，同时将雄性个体在同一张图纸上作图，这样就可以看出雄性个体的牙齿是不是比相同体重雌性个体的牙齿更大。结果显示，在单配制物种中，雄性个体牙齿的大小与相同体重的雌性个体没有差异，而在占有妻妾群的多配制物种中，雄性个体的牙齿大小明显大于雌性个体，这些资料明显地支持了性竞争假说，但我们不能就此排除天敌防御假说，因为形成妻妾群的物种对天敌的存在可能是最敏感的。

在上述分析的基础上可以考虑多雄群物种的情况，即在一个猴群中有几只雄猴生活在一起，据研究，在这种类型的社会组织中，生活在地面物种的雌性个体比生活在树上的雄性个体有较大的牙齿，可见在同一种交配体制的内部也会因生活在不同的栖息地而存在牙齿大小的差异。因为在地面生活遭到捕食的风险比较大,因此捕食压力也是导致地栖物种牙齿进化的一个重要因素。总之,性竞争假说和天敌防御假说都能够成立,它们都能导致牙齿大小性二型的进化。此外,还有一种可能就是牙齿大小的不同对于减少两性食物的重叠和竞争是非常重要的。

(4) 睾丸大小与生殖体制。

大猩猩(*Gorilla gorilla*)和猩猩(*Pongo pygmaeus*)是体形最大的灵长动物,其生殖体制是一雄多雌制,其睾丸的质量分别是30g和35g(平均值)。与此形成对照的是,体形比较小的黑猩猩(pan troglodytes)的生殖体制是几只雄猩猩与每一只动情的雌猩猩交配,黑猩猩的睾丸质量是120g! 可见这种睾丸质量的巨大差异是与生殖体制的差异明显相关的。在单雄生殖体制中(如大猩猩和猩猩),每个雄性个体只需射出足够保证受精的精子量就能够取得生殖的成功,而在多雄的生殖体制中(如黑猩猩),雄性个体的精子必须与其他雄性个体的精子进行竞争,因此自然选择有利于使睾丸增大以便能够生产大量的精子。

从体重只有320g的狨猴(*Callithrix*)到体重达170 000g的大猩猩,有人比较分析了20个属灵长动物的睾丸,分析表明:睾丸的大小是随着体重的增加而增加,但在体重相同的情况下,多雄体制中的雄性个体睾丸要比单雄或单配生殖体制中的雄性个体的睾丸大,显然这些资料支持了精子竞争假说。

**(二) 雌性灵长动物的性皮红肿**

在旧大陆的一些猴类和猿类中,雌性个体往往存在着性皮红肿现象,即身体后端皮肤肿胀,颜色鲜红,这一现象有向异性个体告知自身性接受能力的功能,有性皮红肿特征的猴类(如狒狒和猕猴),它们大都生活在多雄群中,即群体中有几只具有生育能力的雄猴。同样,猿类中的黑猿也有性皮红肿现象,它们也生活在很大的多雄群中,而长臂猿、猩猩和大猩猩是生活在比较小的单雄群中,它们没有性皮红肿现象,而生活在多雄群中的41种猿猴中,有29种(占71%)有性皮红肿现象。上述分析确实说明了在性皮红肿和多雄生殖体制之间是存在着相关关系的。根据系统发生的研究,性皮红肿明显与多雄生殖体制有正相关关系,而且旧大陆猿猴的性皮红肿特征已独立进化过3次。在每种情况下,这种进化都是与从单雄群向多雄群的转化联系在一起的,利用统计方法所进行的系统分析重新构建了最初的状态,表明多雄交配体制是出现在性皮红肿发生之前,因此它是性皮红肿特征进化的一个新选择压力,而不是性皮红肿促进了多雄群的进化。

为什么性皮红肿与多雄群相关呢? 当一个猴群中有几只雄猴时,雌猴就会面临一种微妙的平衡关系,一方面它会因与一只优势雄猴交配而获得很多好处,因为它会因此得到最优质的基因并获得优势雄猴对它和它的后代的保护,此外,还可免除群体中其他雄猴对它的骚扰;另一方面,如果猴群中的其他雄猴确知优势雄猴是它子代唯一的父亲,那它们就会想方设法伤害甚至杀死它的后代(杀婴行为)。性皮红肿现象同时能为猴群中的其他雄猴(从属雄猴或非优势雄猴)提供一定的交配机会,这样就能使雌猴及其后代得到其他雄猴的保护,至少不会受到这些雄猴的威胁。

雌性灵长动物排卵大都发生在性皮红肿发生前后的几天内,在性皮红肿高峰期最有可能排卵,也正是在这个时期最可能得到优势雄猴的保护和与其交配,此时期也正是雄猴利用嗅觉评估雌猴生育能力的时候。没有性皮红肿特征的猴类,雌猴的性活跃期大约只有5天,而具有性皮红肿特征的猴种中，雌猴的性活跃期(吸引雄猴)大约是每个排卵周期的两倍(11 天)，这种情况会使优势雄猴很难在雌猴的整个生育期内独占一只雌猴，因此大大增加了雌猴与多个雄猴交配的机会。影响从属雄猴交配机会的另一个因素是群体中雌性个体的同步发育，即几乎同时进入可育期，在这种情况下，如果优势雄猴把注意力转移到其他有更强吸引力的雌猴身上，那么从属雄猴便会得到更多的交配机会。

# 第六章　捕食者和猎物之间的相互关系

## 第一节　捕食和反捕——猎物的防御对策

### 一、捕食阶段及各阶段上猎物的防御对策

综合各类动物的捕食过程，可以把捕食过程划分为 6 个阶段，而在每一个阶段上，猎物都有一些逃生方法或防御对策。本章将讨论捕食动物的捕食行为和猎物的反捕行为。

**（一）猎物进入可被捕食者发现的距离**

（1）稀有性。

猎物数量稀少有利于降低捕食者和猎物之间的随机相遇率，当捕食者具有避稀行为（apostatic behaviour）时，更可减少猎物的风险，稀有性使捕食者无法形成食性特化。

（2）表象稀有性。

表象稀有性不是猎物数量的真正稀少，但其反捕效果与稀有性无异，而且可避免真正稀有性的寻偶困难和所付出的其他代价。

① 捕食者和猎物的活动时间和活动季节不同。

② 在静止不动时具有隐蔽性或极不醒目。

③ 具有多态现象。

④ 色型或其他信号发生季节改变。

（3）单利现象（one-upmanship）

如猎物比捕食者有更大的发现距离，所以总是猎物先发现捕食者。

**（二）觉察**

指捕食者已把猎物从其环境背景中识别出来。

（1）不动性：捕食者对移动物体感觉敏锐，而对不动物体感觉迟钝，不动性配合体色的季节变化才更为有效。

（2）隐蔽性：可减少猎物在捕食者感觉域内的信号/噪音比

(signal/noise ratio)。

(3) 迷惑捕食者：可增加捕食者发现单个猎物的难度，或使捕食者难以有足够长的时间专注于一个猎物，从而使它无法确认该猎物是不是可食。

① 随机移动或飘忽不定的运动：此防御对策可把捕食者的注意力转移到其他物体或其他猎物身上。

② 在视差悬殊的两个背景之间移动。

③ 无规则的或不可预测的感觉效果(sensory effects)，这种效果可被色型增强，而且与色型有遗传相关性。

④ 数量极多：使捕食者得到充分满足。

⑤ 多态现象(polymorphisms)。

(4) 利用捕食者的感觉限度和感知力。

① 保持身体斑点或色型成分不被捕食者发现的最小距离。

② 保持身体颜色不被发现的最小距离。

③ 混淆色：身体色型与环境背景融为一体。

④ 生有防止化学信息外泄的密闭壳。

**(三) 确认猎物的可食性或有利性并决定追捕**

(1) 伪装：经常伪装成一个不可食的物体。

(2) 迷惑捕食者[见(二)中(3)]。

(3) 警戒色：使鲜艳醒目的体色与不可食性相结合。

(4) 缪勒拟态(Mullerian mimicry)：毒性较小的物种模拟毒性较强的物种。

(5) 贝次拟态(Batesian mimicry)：一个可食的物种模拟不可食物种。

(6) 带有明显标志表明自身作为食物对捕食者的不利性。

**(四) 接近猎物(攻击)**

(1) 逃跑。

① 改变速度。

② 全速奔跑进入隐蔽场所。

③ 采取与捕食者不同的移动方法(飞翔、奔跑、游泳等)。

(2) 采取令捕食者无法预测的行为[参见(二)中(2)和(二)中(3)]。

(3) 迅速进入隐蔽处或捕食者无法进入的小生境。

(4) 惊吓、欺骗和威胁行为。

(5) 改变方向。

(6) 结群。

**(五) 制服猎物以防逃掉**

(1) 增强逃跑实力。

(2) 机械方法。

① 身体坚韧能抵挡捕食者的处理。

② 分泌黏液。

③ 部分身体自行离体(蝾螈和蜥蜴的断尾等)。

④ 生有棘刺和其他防卫结构。

(3) 令捕食者厌恶。

① 生有刚毛和棘刺。

② 生有利颚和利爪(可抓咬捕食者)。

③ 味道不好,有毒和毒螫针。

(4) 致命性。

(5) 集体防卫和激怒反应。

(6) 可抵御捕食者(如毒蛇)的毒液。

**(六) 吃**

(1) 安全通过捕食者的消化道。

(2) 释放催吐物质。

(3) 有毒不可食。

(4) 有致死作用。

以上所概述的捕食过程 6 个阶段及各阶段猎物的防卫方法是根据大量物种总结出来的,一个具体物种不一定采取所有防卫方法。

## 二、反捕行为的特点

动物采取各种各样的对策以便防御捕食者的捕食,主要对策有警戒色、视觉色多态现象、尾斑信号、报警鸣叫、激怒反应和一些能分散捕食者注意力的炫耀行为等。

在研究动物反捕行为的进化时,必须注意以下几点: ① 猎物的反捕对策总是同捕食动物的捕食对策协同进化的(下一节将专门讨论这一问题);② 即使捕食不是作为一个密度制约因素在起作用,一个遗传性的反捕对策也可能在种群中形成,Haldane(1953)曾经这样写道:“当一个种群的密度受到食物的限制时,如果有一个基因能使动物较少受到捕食者的注意,那么这个基因就会被自然选择所保存,并在种群中散布开来,但这个基因不会导致食物数量的增加”;③ 猎物的反捕行为是针对其他物种的,而不是针对同种其他个体的;④ 自然选择总是使动物的繁殖增至最大限度。但做到这一点的最有效办法是发展反捕对策,依靠这种对策不仅要有效地保卫自己,而且也要保卫与自己占有共同基因的亲属,甚至还要保卫同种或不同种的其他动物。

反捕对策常常涉及向捕食者发信号的问题,如警戒色和尾斑的视觉信号、报警鸣叫的听觉信号等。但应当注意的是,向捕食者发信号不一定就是反捕行为。事实上,有些动物是巴不得能被其他动物吃下去,很多寄生动物就是如此。例如,彩蚴吸虫(*Leuchloridium macrostomum*)的中间寄主是琥珀螺(*Succinea*),这种吸虫的包蚴被吃下后便潜入琥珀螺的触角,这会使琥珀螺的触角对捕食性鸟类变得非常醒目,所以鸟类常常把琥珀螺的触角啄掉吃下肚去,于是彩蚴吸虫就在它的终寄主——鸟类体内发育起来。

## 三、警戒色和反避稀选择

很多昆虫因味道不好而不被捕食者所捕食,这是它们的一种反捕对策。这些昆虫一般是从食料植物中获得有防御作用的有毒物质的。如普累克西普斑蝶从植物马利筋(*Asclepias curassavica*)中获得一种叫强心苷的有毒物质,但有些蝗虫和鳞翅目昆虫却能够自己合成这些有毒物质。很多这类昆虫都具有鲜明的体色,一般认为,鲜艳醒目的色泽是对捕食者的一种警戒信号。有些捕食者对特定的警戒信号具有本能的回避反应,但大多数捕食者都是在先误吃一个或几个具有警戒色的动物并尝到苦头之后才学会避开它们的。这其中有两个非常有趣的进化问题,即:① 作为被捕食动物的一种反捕对策,不可食性是如何进化来的;② 不可食的动物为什么不采取隐蔽自己的对策?

1958 年,Fisher 在《自然选择的遗传理论》一文中曾讨论过第一个问题。他认为动物的反捕对策大都是通过偶尔采取这一对策的个体获得更多生存机会的方式进化来的。但是,对于味道不好的动物来说,至少得先有少数个体遭到捕食后,才会使捕食者学会躲避这一物种。不过,要想实际观察到一个动物不可食性的增强(增加到该物种平均水平以上)是如何使同种的其他个体受益的,却是非常困难的。但是,我们都知道,昆虫的不可食性往往是与它们的群栖习性联系在一起的,而群体中的个体之间往往都有较密切的亲缘关系。据此事实,我们就可以用亲缘选择的观点加以解释:如果在一个亲缘关系很密切的群体中,有一个或少数几个个体遭到了捕食,并因此使捕食者学会了不再捕食同群的其他个体,那么,该个体或少数个体的不可食性基因就会通过亲缘选择而导致该基因在种群中的频率增加。

对于第二个问题,即不可食性动物为什么不采取隐蔽对策的问题,曾经提出过两种解释:① 一种解释强调警戒色同背景色的对比,认为鲜明的体色比隐蔽色能使捕食者更快地学会躲避这一物种,且能维持更长时间,这是因为醒目的色彩更能唤起捕食动物对不可食性的联想,并能强化捕食者对不可食物种的记忆。② 另一种解释是 Turner 于 1975 年提出来的,他认为,如果捕食者总是以隐蔽的个体为食的话,那么自然选择就会有利于那些在色型上尽可能偏离隐蔽型的个体。这里所强调的与其说是颜色的对比,倒不如说是一种新奇性。为了支持这一观点,Shettleworth(1972)曾进行过一系列实验。实验证实,小鸡通过实践能够学会不去饮用有奎宁苦味并标有新奇颜色的水。如果把有奎宁苦味的水作两种不同处理,一种标有新奇颜色,一种保持水的原色,那么在作前一种处理时,小鸡的学习过程就会大大加快;把用于实验的两组小鸡加以调换,其结果还是一样。这说明新奇性可以加快动物的学习过程。这里应当指出的是,这两种解释并不是绝对互相排斥的,为了弄清这两种解释的区别和它们各自在警戒色进化中的实际作用,还需要作更多的实验。

警戒色与不可食性一样,也必定是通过亲缘选择进化来的,因为稀有的警戒色将不会在单个个体的意义上获得好处,现有的资料已经证实了这一点。例如,味道不好和色彩鲜艳的蝶类及其幼虫常常是群居的,而与其近缘的隐蔽性蝶类则过着单个的独居生活(群居是亲缘选择起作用的必要前提)。具有警戒色的动物繁殖期过后的数量增加有利于强化捕食者对其鲜明色型的印象,从而使捕食作用减弱。与此相反的是,具有隐蔽色的动物繁殖期过后的种群密度增加将可能引起捕食动物对它们的捕食,从而导致寿命缩短。Blest(1963)曾研究过属于两个近缘属物种繁殖期后的寿命长短,从而为上述论点提供了证据,其中一些物种是靠警戒色求生的,而另一些物种则是靠隐蔽色求生的。根据上述观点,Turner(1971)曾预言,由于自然选择的作用,纯蛱蝶类的一些生物学特性应当是彼此相关的,这些特性包括不可食性、范围狭小的巢域和求偶域、群栖性、寿命和晚熟等。后来的发现完全证实了他的预言。显然,与上述这些功能相关的生物学特性都是在进化过程中被同时选择下来的。

警戒色除了把鲜艳色彩与有毒物质相结合外,还可以与声音(如响尾蛇和蜜蜂)、气味(如臭鼬、蝽象等)和其他刺激相结合,但这方面却很少有人研究。例如,灯蛾对蝙蝠来说是不可食的,它总是发出超声波来回答蝙蝠的声呐,但这种超声波对蝙蝠既有警告作用,又有混淆蝙蝠所接受的回波作用。在实验中,蝙蝠可以学会不去捕食发出特殊声波的灯蛾。同保护色不一样,警戒色的保护作用将随着警戒信号密度的增加而加强,所以对警戒色的自然选择是一种反避稀选择(antiapostatic selection)(Greenwood,1984)。实验发现,与普通色型相似但稀少的色型如果在高密度下更能吸引捕食者捕食,那捕食者对密集食物的取食强度也会更大(图 6-1)。捕食者学习过程中的这种密度效应对于选择具有强烈的稳定作用,它要么导致稀有个体消失,要么改变稀有个体的基因使其变得与普通个体更为相似,最终会导致出现单型性物种(monomorphism)(Guilford,1990)。警戒色的生态学意义借助于实验可以了解得十分清楚,但警戒色的进化原因和过程就存在着诸多争议,大体可包括三个基本问题,即:有毒和不可食性的进化,为什么利用鲜艳醒目的色彩作为警戒色,以及鲜艳色彩是如何产生和进化的。前两个问题我们已经介绍过了,现在讲讲鲜艳色彩是如何进化的问题。

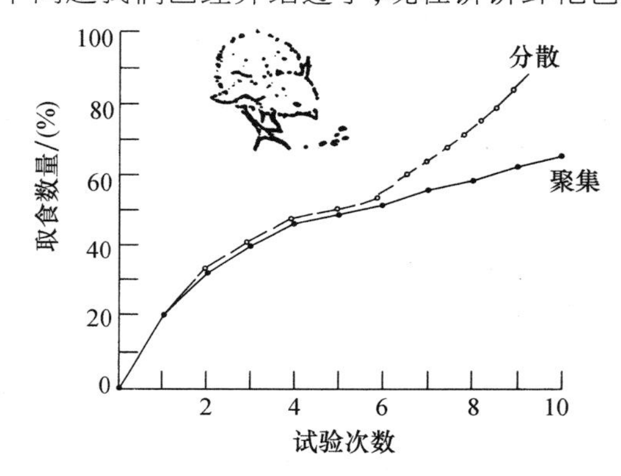


**图 6-1　警戒色个体聚集在一起的好处**

小鸡能更快学会避开它,而且取食数量比较少(与分散分布时相比)

众所周知的是,一个分类属或科内的大多数物种都具有隐蔽色,而且对捕食者来说是可食的。据此我们有理由认为,隐蔽性是一种原始的古老的防卫手段。这样,鲜艳有毒个体的最初出现和散布就成了一个疑难问题,因为稀少的数量无法使捕食者学到什么东西或得到什么训练,而醒目性的增加又会使大部分个体被吃掉。但是,稀有型频率一旦增加到一定程度,就会使捕食者受到有效训练或得到学习的机会,此后的反避稀选择就会使稀有型得到较快的散布。据目前研究,至少有 6 种方法可以使稀有型摆脱最初低频率的困扰:

(1) 偶然性因素有可能使最初的鲜艳稀有型频率增加。

(2) 亲缘个体的聚集或带有稀有等位基因的类似基因型个体的聚集可以使稀有型的局部有效密度增加。

(3) 捕食者对新的和稀有个体的拒食和其他避稀效应有利于增加稀有型的数量。利稀选择也可作用于警戒色个体和隐蔽色个体。

(4) 捕食者能够识别同一防卫物种中的新的和老的表现型个体,因为它们在警戒色进化的早期阶段略有不同。

(5) 自然种群的隐蔽色在个体间存在明显差异(如蛾类),因此最初隐蔽较差的个体实际已生活在密度较高的群体中了,这为捕食者提供了学习和训练的可能性。

(6) 昆虫转换新的寄主植物可能是与很不相同的视觉背景相联系的,而且也是与新的次生化合物相联系的,而这些次生物质能产生毒素。这种寄主植物的转换则有可能偶然导致产生鲜艳的色泽,因为在老寄主植物上的隐蔽色型到了新寄主植物上可能就是鲜艳醒目的了。其发生概率目前还没有人研究过。

## 四、拟态

最常见的两种拟态类型是贝次拟态和缪勒拟态。在贝次拟态中是一个可食物种模拟一个不可食物种,而在缪勒拟态中则是一个不可食物种(不可食程度较小)模拟另一个不可食物种(强烈不可食)。模拟可以表现在形态、色型和行为等各个方面,图 6-2 是昆虫拟态的一些实例。缪勒拟态是“一般意义上”警戒色的发展,因为它常常涉及两个或更多物种,而且警戒色的大部分原理都适用于缪勒拟态。警戒色对于选择有很强的稳定作用,可促进单型性物种的发展。如果最初两个色型就存在足够大的相似性,使捕食者不好区分它们,那么能够使两个物种在形态上变得更为相似的变异基因就会得到散布,结果就将导致色型趋同现象,并使多个物种参与到缪勒拟态中来,彼此互相模拟,任何色型只要偏离这一模拟趋势就会被自然选择淘汰。缪勒拟态不仅适用于视觉信号,灯蛾科有好几个属都是蝙蝠所不喜食的,但它们不可食的程度存在差异。有证据表明,它们所发出的警戒超声波也存在趋同现象,这无疑是声音信号方面缪勒拟态的一个实例。由于捕食者和所有模拟种都能从相似色型的存在得到好处,所以缪勒拟态系统是一个稳定系统,能够抵制任何改变(Endler,1988)。但是,如果一种新的更加有毒的形态型出现并逐渐多了起来,那么这个系统就可能发生改变,需要形成一个新的警戒色型。发生变化的另一种可能性是由于两个物种的毒性不同,其中一个物种的毒性大大小于另一个物种,结果毒性小的物种就会比毒性大的物种从缪勒拟态中获得更大的好处,于是毒性较大物种的任何变化都会很快被毒性较小物种所模拟。

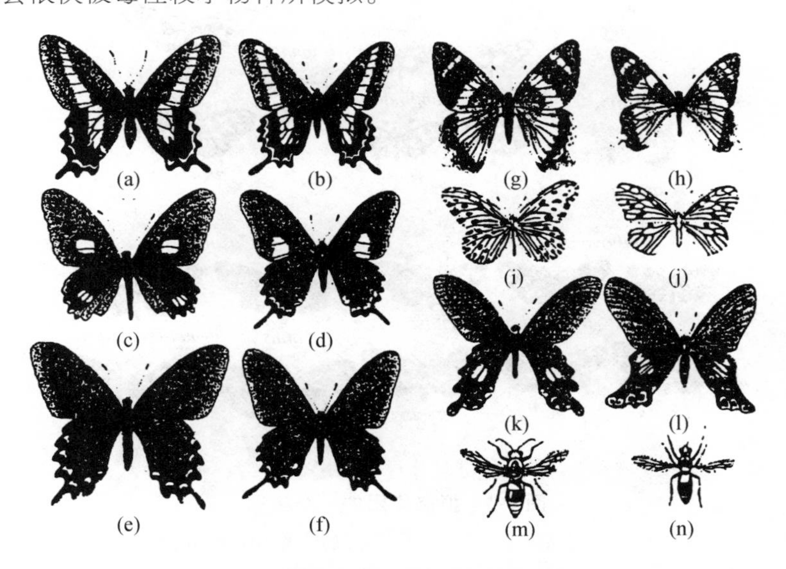


**图 6-2　昆虫拟态实例**

在每一对中:左是被模拟者,右是模拟者。(b)、(d)和(f)是同一种凤蝶(*Papilio lysithous*)的不同型,分别模拟 3 种不同的凤蝶;(g)和(h)则是一种蝶模拟一种蛾。(a) *Papilio mephalion*;(b) *P. lysithous*;(c) *P. chamissonia*;(d) *P. lysithous rurik*;(e) *P. perrhebus*;(f) *P. lysithous pomponius*;(g) *Alcidis agathrysus*(蛾);(h) *P. laglaizei*;(i) *Ideopsis daos*;(j) *Cyclosia hestinoides*(蛾);(k) *P. bootes*;(l) *Epicopeia polydora*(蛾);(m) *Abispa australis*(蜂);(n) *Dasypogon* spp.(蝇)

此外,如果各警戒色物种的色型存在较大差异,以致使捕食者无法把它们认同为同一物种,那么它们就可能各自独立地进化,结果在任一特定地区就可能存在一个物种的混合群。它们的色型彼此相似但又不完全相同,其中最相近的一些物种会彼此越来越相似,以致发生趋同进化,而其余的色型则会维持足够大的差别,无法发生趋同进化。这些相似的物种群就被称为拟态集团(mimicry rings),所涉及的物种可以来自很多不同的科和目。图 6-3 就是拟态集团的一个实例。

**图 6-3 拟态集团的一个实例**

图中既有缪勒拟态,也有贝次拟态,包括很多种类的蝶和蛾,它们分属于许多不同的科(仿 Kiebs 和 Davies,1991)

1. 贝次拟态

贝次拟态在进化动力机制方面与缪勒拟态和警戒色有很大不同。在贝次拟态中,只有模拟者一方获得好处,而被模拟一方只会增加被食率,捕食者则将失去一些食物来源。这是一种不对称现象,这种现象将导致:在模拟者体内,那些支配模拟者模拟得越是逼真的基因就越能得到传播,而在被模拟者体内,则是那些支配被模拟者保持与模拟者最大差异的基因最能得到传播。结果会使贝次拟态变得不稳定，有可能发生快速的定向进化。这也是对拟态集团地理变异的另一种可能的解释，因为拟态集团既包括有缪勒拟态，也包括有贝次拟态。

至于贝次拟态是怎样起源的，目前还不十分清楚。当一个新的贝次模拟者首次出现的时候，它可能只与模拟对象有些轻微的相似，而被模拟者很可能已经具有了足够的遗传变异性，使它与模拟者保持差异，因为它可能已经有过与其他模拟者发生趋异进化的历史。结果，模拟者有可能无法靠已改变色型基因的传播而获得赶上和趋近被模拟者的机会。另一方面，少数模拟者可能在一开始就十分稀少，因此给被模拟者带来的损失不大，双方发生趋异进化的速度也就很慢。新贝次模拟者起源的第二个障碍就更难以克服了，新模拟者是靠其色型从隐蔽转变为醒目才能达到与模拟对象的部分相似，但它却没有毒，而有很强的可食性，因此在这个转变过程中遭到捕食者捕食的风险极大。事实上，新模拟者所遭到的损失只有小于它因模拟而在保护上得到的好处时，它才能在种群中得到散布。由于模拟者与被模拟者在外貌上相似的程度是与被模拟者的毒性大小成正比的，所以越是毒性较大的猎物越容易发生贝次拟态。这一点很难得到检验，因为毒性本身也是逐渐发展的，而且在被模拟昆虫体内，其毒性是随着昆虫所食植物的不同部位和不同种类而变化的。

2. 缪勒拟态

缪勒拟态的起源与警戒色的起源相比，不需要更严格的条件。但贝次拟态就不是这样，贝次拟态的模拟者不仅面临着新警戒色型所面临的各种问题（如稀有性和难以使捕食者得到学习和训练的机会），而且还面临着得不到毒素保护的问题。

由此看来，贝次拟态似乎不太可能是起源于隐蔽型个体，而更可能是从缪勒拟态发展而来，即缪勒拟态中的模拟者因失去毒性而转变为贝次拟态，以前用于制造毒素的资源，现在用在了生殖更多的后代。但要检验这种可能性就需要对模拟者和被模拟者系统的发生史作深入的分析。

## 五、稀有性、避稀选择和多态现象

几乎所有的捕食者都不止吃一种猎物类型（猎物型），所谓猎物类型是指属于不同物种或同一物种不同表现型的个体。简而言之，形态型（morph）一词可应用于任何猎物类型，不管这种类型是不是处在物种层次上。很多捕食者都不是按照它们所遇猎物的相对比例去攻击各种类型猎物的；相反，它们是倾向于更多地攻击较为常见的猎物类型，这种现象就被称为避稀选择（apostatic selection）（Allen，1988）。避稀选择有利于数量稀少形态型的保存，因此当一种形态型处于稀有状态或表象稀有状态时，就会得到适当的保护，当一种猎物的数量少到一定程度时，捕食者就会转而捕食其他更为常见的猎物。

### （一）稀有性和避稀行为

对捕食者表现有避稀行为的原因是存在着争议的，因为有几种可能的机制都能导致产生类似的行为（Kamil，1989）。捕食者对一种隐蔽猎物形成搜寻印象（search images，图 6-4）就是机制之一。避稀效应可以来自搜寻印象的形成，也可以来自不同猎物搜寻印象之间的干扰。如果对某一形态型的搜寻印象能较快形成并保留较长时间，那么该形态型的适合度就会随其密度的增加而下降，这涉及捕食者的学习和经验问题。如果对一种形态型搜寻印象的形成会减弱对另一种形态型的搜寻印象，那么一种形态型的适合度就会既取决于它的密度，又取决于

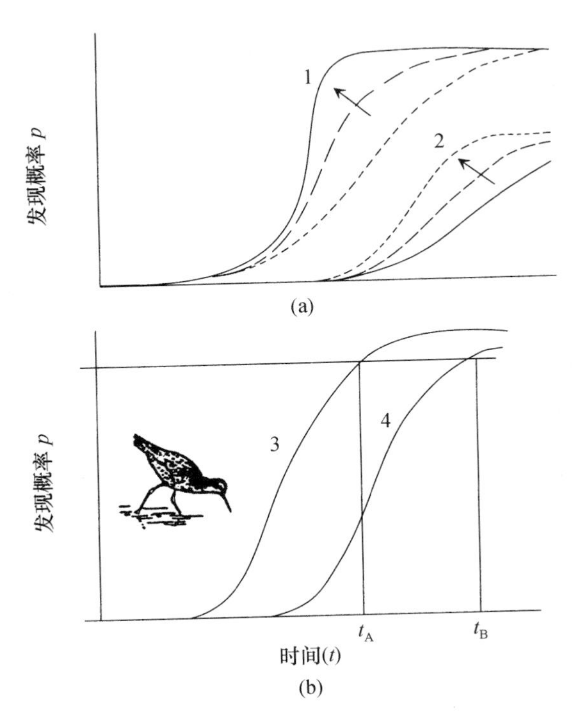


**图 6-4　搜寻印象的形成和巡视时间对隐蔽猎物发现概率的影响**

由于捕食者需要花时间识别猎物,所以猎物的发现概率是随巡视时间而增加的。隐蔽较好的猎物(曲线 2 和 4)比隐蔽较差的猎物(曲线 1 和 3)需花更多时间才能被发现。(a) 搜寻印象假说:对某物种搜寻印象的形成(1 或 2)可导致该物种更快地被发现(箭头),但发现隐蔽较好的物种(2)仍比发现隐蔽较差的物种(1)花费更多时间,但对一个物种搜寻印象的形成会抑制对另一物种搜寻印象的形成。(b) 巡视时间假说:以一定概率($p$)发现猎物所花费的最小时间($t_A$ 和 $t_B$),短时间巡视($t_A$)只能发现不太隐蔽的猎物(3)。长时间巡视($t_B$)才能发现隐蔽较好的猎物(4)。对已形成搜寻印象的猎物来说也可缩短最小巡视时间(仿 Krebs 和 Davies, 1991)

它的频次(frequency)。虽然对搜寻印象之间的干扰尚无直接证据,但由于受脑大小的限制,很可能就是这样的。不管有没有干扰,搜寻印象都会导致避稀捕食,但避稀现象更可能是由于形态型数量增加所发生的干扰而引起的,对此需要在试验中加以证实。觅食理论认为,即使是在缺乏知觉变化的情况下,避稀捕食现象也会发生,因为觅食行为是随着局部猎物密度的改变而改变的。如果捕食者进入一个猎物密度较高的环境斑块,它就应当在那里寻觅较长的时间,而若进入一个猎物密度较低的斑块,它就应当寻觅较少的时间,这就是最适搜寻率假说(optimal search rate hypothesis)。例如,如果斑块 A 含有 90%的 Ⅰ 型猎物,斑块 B 含有 90%的 Ⅱ 型猎物,而且开始时斑块 A 中的猎物比斑块 B 多,那么捕食者就会先在斑块 A 中觅食并导致 Ⅰ 型猎物数量下降和 Ⅱ 型猎物数量相对增加,其结果是使斑块 B 中的猎物相对地多了起来,直到使捕食者放弃斑块 A 转入斑块 B 为止。同样的过程也会使捕食者放弃斑块 B 再次进入斑块 A,直到使两斑块的密度持平为止。其效果实际就是对这两种猎物的避稀捕食,简单说来就是因搜寻率的改变而引起的。

捕食者对猎物的感觉和发现机制会使事情变得更加复杂一些。例如,隐蔽较好的猎物通常需要捕食者花费更多的巡视时间才能发现它。如果捕食者在一个环境斑块内增加了平均巡视时间,就会使较隐蔽猎物的发现概率随之增加[图 6-4(b)]。但这同时也会减少搜寻速度,因为捕食者把更多的时间花在了巡视上,而把更少的时间花在了斑块间的移动上。初看上去,这种行为很像是最适搜寻率假说所预测的行为,但两者是不同的,因此前者常被称为巡视时间假说(stare duration hypothesis)。总之,捕食者可以靠两种方法增加觅食收益:① 在有利斑块内搜寻更长的时间(最适搜寻率假说);② 对斑块内的有利区域巡视更长时间(巡视时间假说)。这两种觅食方式都可使捕食者在资源较丰富的斑块内停留更长时间。如果各斑块在猎物型的频度方面存在差异,那么这两种觅食方式都能导致发生避稀选择,但巡视时间假说更有利于发现较隐蔽的猎物,因此可减弱避稀选择的强度。

在搜寻印象假说、搜寻率假说和巡视时间假说之间,有时是很难加以区分的,因为它们常常产生相同的结果。有两种办法可以在它们之间进行一些区分：① 搜寻率和巡视时间假说与搜寻印象假说不同，它们不一定会导致产生避稀捕食。例如，如果在所有斑块中，各种猎物类型所占的比例都是一样的，那么搜寻率和巡视时间对所有斑块的影响也是一样的，因此它们的相对数量也就不会发生改变。② Kamil(1989)曾经指出：搜寻印象一旦形成，捕食者在觅食过程中就会更准确、更迅速地发现隐蔽猎物，而最适搜寻率假说和巡视时间假说则不会这样。用各种动物(如鹌鹑、松鸟和鸽等)所做的试验都已证实了这一点。Gendron 和 Staddon (1983)认为，发现猎物的概率是与猎物的隐蔽程度成反比的。因此，最适搜寻率就代表着相遇率和隐蔽程度之间的一种平衡关系，而后二者又共同决定着对猎物的发现率(discovery rate)。猎物隐蔽程度对最适搜寻的影响主要表现在猎物越是隐蔽，搜寻率就越低(搜寻率假说)。如果有两个形态型具有不同的隐蔽性，那么最适搜寻率就会随着隐蔽较差形态型频率的增加而增加，这反过来又会迅速减少隐蔽较好形态型被捕食的概率。在发现效率和觅食决策之间的这种相互关系可以反馈到色型的进化上，这是一个十分有趣但又尚未充分探讨的问题。

### (二) 多态现象与猎物防御的关系

所谓多态现象，就是在一个物种的同一种群内存在两个或更多的形态型。在存在避稀捕食者的情况下，多态现象有利于降低每个猎物遭到捕食的风险，因为该猎物具有两个或更多的稀有形态型，而不是只有一个单一的普通形态型。此外，多态现象还可造成表象稀有性(apparent rarity)，这将促使捕食者转而去捕食那些数量相同但属于单一型的猎物物种，因为后者在表象上显得个体数量更多。即使是在没有避稀选择的情况下，如果有多个形态型同时出现在捕食者的视野内，也可对捕食者起迷惑作用，当捕食者面对太多选择的时候，它就会犹豫不定，不知应对哪一个发动攻击更好，这往往会导致错过攻击时机，在面对单型物种时就不会发生这种情况。如果捕食者能够学会识别或攻击一种形态型，而且这种学习将会减轻对其他形态型的捕食压力时，那么这种情况就会为避稀选择提供另一个起作用的机会。

上述的所有事实都表明，拥有多态性子代的个体与拥有单态性子代的个体相比，会产生出更多的孙辈后代。即使没有这些附属的好处，多态现象也能通过避稀捕食而得到保存。避稀捕食之所以有利于多态性的保存，是因为稀有型比常见型处在更有利的位置上(图 6-4)。稀有型的个体数量会逐渐增加，直到它增加到不再是稀有型为止。如果一个形态型变得太常见，它就会受到较大的捕食压力，从而又使它变得不那么普通和常见，最终会形成一种平衡的多态现象，使各种不同形态型的适合度都相等(Allen，1988；Endler，1988)。

## 六、隐蔽性

谈隐蔽性先要从猎物的色型(colour pattern)谈起，所谓色型就是指各种斑块的镶嵌图，而这些斑块的大小、形状、亮度和颜色是有着无穷变化的。如果一种猎物的色型出现在捕食者的视觉背景中极像是一次随机取样(a random sample)，那么就可以说这种猎物是隐蔽的(cryptic)。隐蔽性的这一定义不仅可以使我们测定隐蔽度，而且也可以预测色型参数。它还表明，如果人的视觉和视觉条件与捕食者不同，那么我们对色型的直觉往往就是错误的。根据同样的道理，如果视觉、视觉条件和视觉背景在种内通信和捕食期间有所不同，那么同一种色型既可用于猎物的反捕防御，也可用于其他目的，如社会行为或热调节。隐蔽的定义还意味着，对于捕食者的视觉、视觉条件和视觉背景的任一特定组合来说，不存在一个最好的绝对隐蔽的色型。由于在相同条件下同一视觉背景中往往存在着很多不同的随机样本(random samples),所以也就存在着很多隐蔽方式。例如,落叶是一个复杂的斑块镶嵌体(斑块具有各种可预测参数),具有各种色型的蛾类可以极像是一整片落叶(如夜蛾 *Mamestra renigera*),或极像包括中脉在内的叶片的一部分(如 *Abbotana clemataria*),或极像是一片叶缘和叶投影(如 *Pero honestarius*),甚至有些蛾子很像是一段枯枝(如 *Morrisonia sectilis*)。总之,不同的色型可以模拟这些背景成分中不同的样本。由于所有这些形态型都可在视觉背景中找到,所以只要不含有稀有背景色型成分,不同动物的色型可以获得相同的隐蔽效果。这将使一个物种可以有多个形态型,而每个形态型都具有相同的隐蔽性。当然,如果捕食者表现有避稀行为,那么这种多态现象就更能得到保存。

从上述隐蔽性的定义中还可以看出,猎物的行为和物候现象(phenology)也能影响隐蔽性。靠行为增强隐蔽效果的实例很多,如,保持不动(模拟枯叶的鱼和昆虫);停留在适当的背景上(海龙、某些蛾子和蚱蜢);使身体纵纹与背景纵纹保持同向(很多种蛾和鱼)等。行为上稍有不同,例如在不同时间、地点和光条件下展示同一色型,就可以导致产生醒目的效果而有利于种内通信,这种双重功能不一定会损害在其他时间和地点所需要的隐蔽效果。在其背景随着季节不同而变化的环境中,猎物的物候学特点对于隐蔽来说将是非常重要的。例如,栖息在新泽西橡栗林中的蛾类,在其正常的羽化期间相对于背景来说隐蔽效果最好;但若提前羽化或推迟羽化,其隐蔽性就会明显减弱。

隐蔽不一定就是颜色灰暗单纯(Endler 和 Lyles,1989)。例如,在其天然生境中,色彩鲜艳的鸟(鹦鹉、黄鹂、裸鼻雀和山雀等)在它们鲜亮的背景中也是很难被辨认出来的。同样,一个灰暗单一色彩的猎物在鲜亮的背景下也会显得十分醒目,这种情况会因感觉系统的特性而更加突出。当森林中具有极强对比色型的蝴蝶在作出入太阳光斑的飞行时,它们的外形会发生极大改变,这是因为光强度的迅速改变会影响不同颜色的感受能力。

不同动物的色觉存在着很大差异。对我们来说是一个鲜艳醒目的色型,对捕食者来说就可能是隐蔽的,反之也是一样(Endler,1991)。与此类似的是,如果捕食者和猎物的视觉不同,那么同一种色型对捕食者来说是隐蔽的,而对猎物来说就可能是醒目的。如有两种花鳉(*Poecilia reticulata*)使用红色作为通信信号,而以它们为食的无脊椎动物捕食者都是红色色盲,因此就很难发现它们。色型既可用于反捕防御,又可用于其他目的的方式还有很多,主要是决定于周围光条件和背景的变化(Edler,1988,1991)。深入地了解信号发送的物理和生物物理条件,有助于预测信号进化的方向。在清澈的热带海水中,发散的水色条件有利于动物使用蓝色和黄色信号,而在温带湖泊和河流中则有利于动物使用红色和绿色信号。一种色型在短距离内可能是醒目的,但在一定距离以外却可能是隐蔽的。例如,如果构成动物色型的斑点大小小于捕食者在正常的发现距离上最小的辨析角度,各个斑点就会彼此融为一体,使得这种色型变得不太醒目。对颜色的辨别能力也是这样,如色斑小于一定的范围,捕食者就难以看到分离的色斑,而是把它们与背景融为了一体。这种效应在弱光下更为明显,所以花鳉在弱光下求偶或进行领域炫耀就不太容易被一定距离以外的捕食者发现。

动物的色型有时需要完成两种生物学功能,例如,在进行防御时要有隐蔽的效果,而在进行种内通信时(如吸引配偶)要有鲜明醒目的效果。为了能够同时兼顾这两种生物学功能,色型往往具有一定的折中性(compromise),而折中的程度则取决于这两种生物学功能的相对重要性。花鳉的色型就是这方面一个极好的实例，图 6-5 中表明了花鳉色型变化与捕食强度和捕食者群落之间的关系。其中捕食者物种是沿着从特立尼达北海岸(E-MR)到北朗芝山直至其南坡(R-Cr)的横断面排列的，海拔越低捕食风险越大，而捕食强度是靠矩形图内的影线密度和阴影浓度来表示的。不难看出，MR、R 和 Ag 这 3 种捕食者的捕食强度最低。而 E 和 Cr 的捕食强度最高。雄花鳉的色型是由各种不同颜色、大小和亮度的斑块组成的，在任何一个种群中，这种色型都是出于反捕需要(隐蔽)和求偶需要(醒目)之间的折中产物。在野外和实验室所做的实验都已表明，比较大和鲜亮的斑点以及多种色彩无论对捕食者还是对潜在配偶来说都是比较醒目的。在捕食强度很弱的地方，性选择的作用将占有优势，使雄花鳉变得更为鲜明醒目；而在捕食强度很大的地方，出于反捕的需要，雄鱼就不太鲜明醒目，组成色型的斑块少而小，且不太鲜亮。隐蔽并不是绝对的，动物常常是靠隐蔽把被捕食风险降到最小限度，而同时又不会对其他方面的需要(如吸引配偶)造成严重损害。

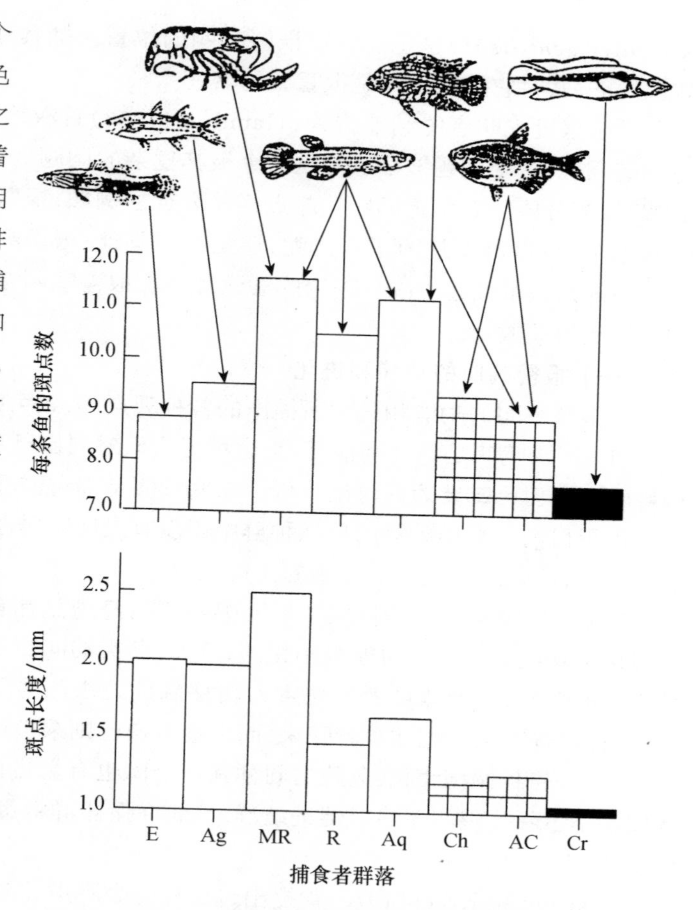


**图 6-5　雄花鳉色型变异与捕食强度和捕食者群落的关系**

斑点越少和越小所遭受的捕食强度越大。E，塘鳢(*Eleotris pisonis*)；Ag，无角口鱼(*Agonosotmus pulchur*)；MR，沼虾(*Macrobrachium crenulatum*)和溪鳉(*Rivulus hartii*)；R，溪鳉；Aq，蓝宝丽鱼(*Aequidens pulchur*)；Ch，矮拟脂鲤(*Astyanax bimaculatus*)和(或)*Hemibrycon dentatum*；AC，同齿丽鱼；Cr，*Crenicichla alta* 及其他种鱼(仿 Krebs 和 Davies，1991)

## 七、报警鸣叫

鸟类和哺乳动物的报警鸣叫在反捕食对策的研究中占有突出的地位。关于这一行为的功能和进化，讨论颇多，可以说没有哪一个问题能够像这一问题那样提出过那么多的理论，但它们所依据的事实又是如此有限。报警鸣叫总是在发生潜在危险的时刻发出的，一般是在捕食者出现于视野之后。在某些鸟类中，当发现一个空中捕食者时所发出的鸣叫，音调很高但频带很窄，其声音结构使捕食者很难判断叫声是从哪里发出来的。类似的叫声在哺乳动物中也有记载，如圆尾黄鼠(*Spermorphilus tereticaudus*)。试验表明，草鸮(*Tyto alba*)能够精确地判断歌鸫(*Turdus grayi*)报警鸣叫声的方位。很多鸮形目鸟类(包括草鸮)都具有罕见的双侧内耳不对称性，这使它们有可能准确地辨别声音的方位和距离。然而一些日行性的猛禽(如苍鹰

*Accipiter gentilis*)似乎也能确定报警鸣叫的位置。捕食者在进化过程中形成这种辨别声音方位的能力,对它们的生存是很重要的。

关于报警鸣叫者的利他行为,Hamilton(1963)首次给予了说明,自那以后还有很多的理论相继问世,这个问题被公认为是一个极其复杂的问题。对这个问题之所以会存在各种不同的解释,部分原因是考虑问题的起点相差太远。例如,报警鸣叫是针对捕食者呢,还是针对种内其他个体;报警者是为了自己呢,还是为了同伴;报警鸣叫是使被捕食的机会增加,还是减少……任何曾试图建立统一理论的尝试都由于报警鸣叫在性质、结构和功能方面所存在的种间差异而告失败。

**(一) 报警鸣叫的功能和进化**

对报警鸣叫的功能和进化所提出的各种观点,大致可归纳为以下四类:

(1) 报警鸣叫是一种利他行为,这种行为只对同自己无亲缘关系的其他社群成员有利,而报警鸣叫者自己却要为此付出代价。报警鸣叫是通过群间选择(inter-group selection)进化来的。由于目前在脊椎动物的自然种群中还没有发现以群选择作为主要进化动力的社群结构和动态类型,所以这一观点所受到的支持很少。

(2) 报警鸣叫的功能是减少报警鸣叫者自身遭到捕食的危险(近期的或长远的)。但是,实现这一功能的途径却可能极不相同,例如,鸟类的叫声不仅使捕食者难以定位,而且简直具有口技的性质,可把捕食者的注意力转移到别处去。另外,有些动物会突然发出怪异的报警声,这种声音甚至会把捕食者吓呆,而报警者自己则乘机逃走。

报警鸣叫对附近面临危险的同种其他个体也有警告作用,这将使捕食者对该种动物的捕食成功率下降。鸣叫还可以促进结群,从而增强社群中每一个个体的安全或导致集体一致的行动,防御捕食者。

Charnov 和 Krebs(1975)曾提出过这样一个观点,即报警者可以为了自己的利益而(自私地)操纵其他社群成员,方法是警告它们有危险存在,但却有意指错方位,如果这样做可使其他社群成员更易遭受捕食的话,那么报警者自己就可减少被捕食的机会。

(3) 报警鸣叫的作用是警告自己的同伴,而这些同伴大都是与自己占有共同基因的亲属。在这种情况下,报警者为了保护自己的亲族,甚至不惜把捕食者吸引到自己身上而增加自身的危险。

(4) 报警者以自己所冒的风险帮助与自己没有亲缘关系的邻居,但这种行为的前提条件是报警者将来可能会得到受益邻居同样的回报,但是,很难想象这样一种行为是怎样从一个没有报警行为的种群中起源的,而且,正如 Trivers(1971)自己所指出的那样:这种利他行为一旦产生,就会有相当一部分个体发展一种欺骗行为,对报警者给予自己的好处不予回报。

**(二) 布氏黄鼠的报警鸣叫**

根据上述的各种观点,可以对动物的报警鸣叫做出各种不同的预测。到目前为止,Sherman(1977)对布氏黄鼠(*Spermophilus beldingi*)所进行的研究是最为详尽的。布氏黄鼠的交配体制为一雄多雌制,具有母系社群结构,近缘的雌鼠都密切地生活在一起,而且生活地盘相当固定,年年都在同一地域进行生殖。雄鼠在非生殖季节生活地点不固定,喜欢到处跑动,近缘雄鼠常常生活在不同的地区,与不同的近缘雌鼠结群。

当一个捕食者出现的时候,雌黄鼠报警的积极性要比雄黄鼠高得多(图 6-6),但在雌黄鼠之间，报警的积极性也有明显差别。例如，带有幼仔的雌黄鼠比非生殖雌黄鼠报警频率更高，如果它们共同生活在一起的话。更能说明问题的是，同是带有幼仔的雌黄鼠，如果除了自己的幼仔外，还有其他亲属(如祖母、母亲和姐妹等)同自己生活在一起的话，那它们报警的频率就会更高。

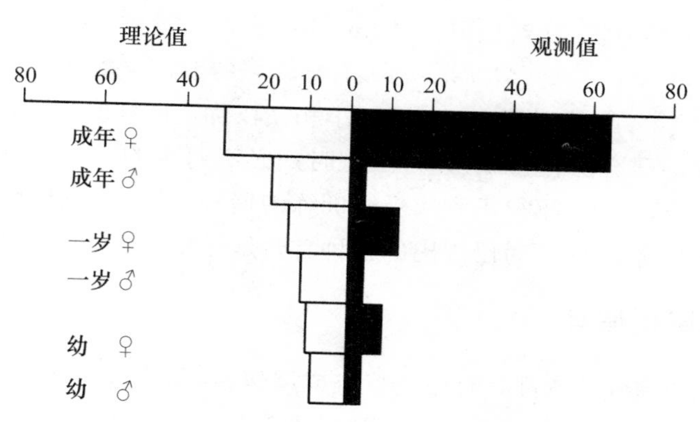


**图 6-6　不同年龄、不同性别的布氏黄鼠报警鸣叫频率的理论预测值和实际观测值**

(仿 Sherman，1977)

为什么同是正在生殖的雌黄鼠，在有亲属在和没有亲属在的情况下，报警鸣叫的频率不一样呢？据 Sherman 分析，这可能是由于它们对捕食者做出反应的时间不同。有亲属在的雌黄鼠对捕食者做出反应的时间只有 15～25s，而没有亲属在的雌黄鼠对捕食者做出反应的时间则长达 40s。因此，反应较快的个体便抑制了反应较慢个体报警鸣叫的频率。但无论如何，处于生殖期的雌黄鼠同非生殖雌黄鼠相比，对捕食者做出反应的速度还是快的，其报警鸣叫的次数也比较多。

总之，布氏黄鼠在报警频率和反应时间方面所存在的性内和性间差异，有力地支持了下述理论，即报警鸣叫是为了向自己的亲族和后代报告危险，因此，这种行为是借助于亲缘选择进化来的。这一理论因依据类似事实而提出的其他理论未能受支持而增加了它的重要性。唯一令人感到意外的是，在已交配过的那些雄黄鼠中，其报警鸣叫的频率大都并不比那些生殖极不成功的雄黄鼠高，这很可能是因为交配频度与成功受精之间并无相关关系，因而并不能增加其父权确定性的缘故。

### (三) 其他动物的报警鸣叫

在圆尾黄鼠(*Spermophilus tereticaudus*)中，虽然年轻雄鼠在离群前的报警鸣叫频率与年轻雌鼠没有差异，但成年雌鼠的报警积极性却明显高于成年雄鼠。生活在母系社群中的白尾鹿(*Odocoileus virginianus*)在遇到惊扰时，常常会发出一种报警的鼻息声；有趣的是，在个体间彼此无亲缘关系的白尾鹿社群中则未发现有报警现象。鸟类也有类似情况，定居在固定地点的留鸟在遇到危险时比迁移鸟类更经常地发出报警尖叫。据 Tenaza 和 Tilson(1977)研究，长臂猿(*Hylobates klossii*)的大声吼叫也具有为相邻领域中的亲族报警的作用。

迄今为止的大多数研究都认为，亲缘选择是报警鸣叫行为进化的一种机制，虽然所研究的动物种类还不多,对报警鸣叫的功能研究得也很不够。例如,Owens 和 Goss-Custard(1976)就认为,鹬形目鸟类越冬群的报警鸣叫就有增强社群凝聚力的功能,这有利于减少社群成员被捕食的风险。他们还发现,疏松群体比紧密群体的报警鸣叫声更大。

目前,研究报警鸣叫行为的功能和进化的方法大体有两种: ① 比较研究法,即对亲缘物种的这一行为进行比较分析,在对松鼠科(Sciuridae)中一些物种的研究中,应用这一方法已取得了明显进展。例如,高山旱獭(*Marmota*)具有一雄多雌制的交配体制,其雄兽的报警积极性高于雌兽。而在黄鼠中,由于雄兽的投资比较小和父权确定性程度低,所以雄兽的报警积极性就低于雌兽。② 实验研究法,这一研究方法有时是必不可少的。例如,在自然条件下很难直接观察到捕食现象,于是有时不得不利用受过训练的捕食动物(如训练鹰攻击一个鸟群)去诱发所研究动物的报警鸣叫,以便对已提出的各种有时是互相矛盾的假说进行检验。

## 八、臀斑信号和尾斑信号

很多善于奔跑的哺乳动物都具有白色臀斑或尾斑,这是当捕食者出现时发出的一种视觉信号(图 6-7)。在几种亲缘较远的哺乳动物中,臀斑信号还常常伴随着一种特定的姿势或动作,以便增强信号的效果。在叉角羚科(Antilocapridae)、牛科(Bovidae)和豚鼠科(Caviidae)中,这种行为使得它们对捕食者变得更加醒目。

**图 6-7 白尾鹿的臀斑信号**

当捕食动物出现时,白尾鹿向同伴发出的臀斑信号

1971 年,Guthrie 曾对各类哺乳动物(特别是偶蹄目、兔形目和灵长目)臀斑的分布和功能意义作过评述。显然,臀斑信号除了反捕功能外还具有其他功能。Clutton-Brock 和 Harvey(1976)认为,在求偶期间,一只发情雌兽发出的臀斑信号含有接受和顺从的意思,而雄兽的臀斑常常是作为种内的一种抚慰信号加以利用。Guthrie 还曾提出过这样的看法,即白尾鹿(*Odocoileus virginianus*)和棉尾兔(*Sylvilagus floridanus*)遇到捕食者时暴露出白色臀斑并无明显功能,只是为了显示自己是种内的优势个体而已,虽然这样做会增加它们遭到捕食的风险。

如果臀斑信号对于许多善于奔跑的哺乳动物的确具有反捕作用的话,那么首先就会产生这样一个问题,即臀斑信号的发送对象是谁? 是捕食者呢,还是自己的同伴? 根据信号接收对象的不同,曾提出过各种假说来说明谁将是这种行为的受益者。如果信号是发给种内同伴的,那很可能是一种报警信号,目的是把捕食者出现的信息告诉其他个体。这种报警行为可以是利他的,也可以是利己的,如自私地操纵其他社群成员。但这种报警行为绝不会出现在独居动物中,而且独居性物种一般也不会有这种行为。如果采用上述观点,则有一点令人不解,即臀斑或尾斑信号刚好是位于最容易被捕食者看到的身体后部,而不是位于最容易被同种其他成员看到的身体侧面。不过,报警行为可能引发社群成员的几种不同反应,如逃跑、隐蔽或集群等。Hirth 和 McCullough(1977)认为,尾斑信号就具有增强社群成员凝聚力的效果。这种增强社群凝聚力的功能除白尾鹿外,在其他动物中也曾有过报道。该功能有利于社群成员进行集体防卫,有时还具有一定的侵犯性,不单单是消极的逃避。在那些自顾自的动物群体中,每一个个体都试图把其他个体置于自己和捕食者中间,从而减少自己的危险域(domain of danger)。Hirth 和 McCullough 认为,这个概念是理解白尾鹿和其他一些物种白色臀斑(作为一个种内信号)进化的关键。如果动物遇到捕食者的反应是逃跑的话,那么当它已经跑到了同伴的前面再向其他个体报警对自己就非常有利,因为这样就能把捕食者的注意力转移到其他个体身上。

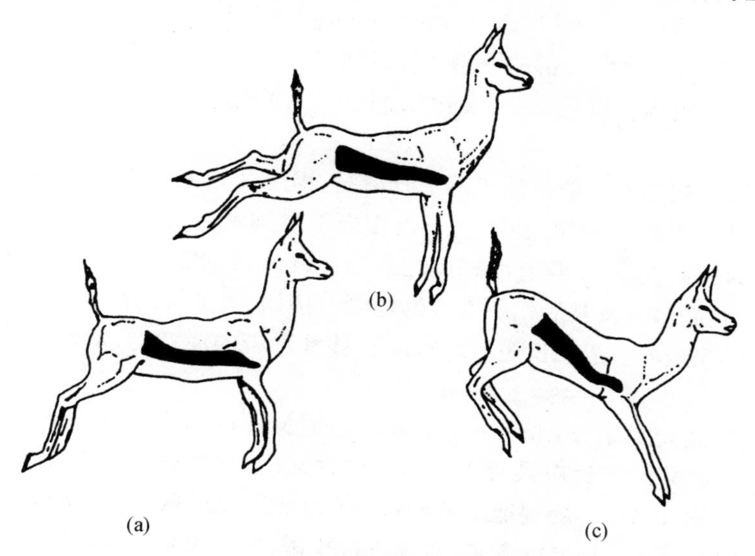


**图 6-8　瞪羚的腾跃运动**

(a) 正常腾跃;(b) 高腾跃;(c) 从高腾跃下落(仿 Walther,1969)

据 Smythe(1970)报道,有几种善奔跑的哺乳动物其臀斑是用于向捕食动物发信号的,它的功能是诱发捕食动物对它的追逐。如果猎物与捕食者之间的距离足能使猎物安全逃脱的话,那么在这种情况下,猎物用醒目的臀斑向捕食者发出信号,反而能缩短与捕食者相处于一地的时间。对捕食者来说,它或是追逐信号发送者而失败,或是转而追逐警惕性较差的猎物。Smythe 和 Zahavi(1976)还曾谈到过瞪羚(*Gazella thompsoni*)的腾跃运动(图 6-8)。这种腾跃是与闪尾同时发生的,其功能是吸引捕食者的追逐。Zahavi(1976)则认为,腾跃和闪尾动作实际上是在向捕食者传达这样一个信息,即"我是一个特别健壮的个体(看我跳得多高!),如果你追逐我,我将很容易地逃脱",该信息将会使捕食者去追逐那些没有腾跃或腾跃不高的个体。同时,捕食者要想从这样一个白色臀斑不断闪现和移动的群体中捕到一只猎物也是十分困难的。用同样的理由也可以解释一些鸟类的白色尾斑,特别是那些以群体形式越冬的涉禽,如红脚鹬(*Tringa totanus*)等。

## 九、激怒反应

激怒反应(mobbing reaction)是指当捕食动物出现时,猎物群体的激动情绪及其所做出的行为反应。激怒反应在脊椎动物和无脊椎动物中都曾经被观察到,但最为常见的还是在鸟类和哺乳动物中。这种激怒情绪可以导致对捕食者发动直接攻击,但在更多情况下是向附近的其他个体(同种和不同种的)传递捕食者存在的信息。例如,鸟类常常发出一种容易定位的叫声,这种叫声可把其他个体的注意力吸引到危险所在地,并能诱发种内和种间的激怒反应。到目前为止,对激怒反应的大部分研究都集中在动机、因果关系和个体发育方面。进一步的研究表明,激怒反应在一些物种中很发达,而在另一些物种中则可能完全没有,为什么会存在这些差异,目前还不太清楚。就种内而言,一种对特定捕食者所固有的激怒反应在一个缺乏天敌的种群中可能完全没有,例如,斑鹟(*Fidecula hypoleuca*)就是这样。黄鼠则与这种情况刚好相反,在有毒蛇分布的地区,黄鼠种群的激怒反应较弱;但如果一个地区没有毒蛇而有无毒蛇,则黄鼠的激怒反应反而更强。这就是说,黄鼠所面临的危险越大,其激怒反应越弱(Owings 和 Coss,1977)。

激怒反应的进化起源和功能虽然还不十分清楚,但上面谈到的报警鸣叫的几个功能对激怒反应很可能也是适用的。例如,功能之一是相当于对捕食者说"你发现的猎物并无追逐价值"(Alcock,1975)。此外,一个具有激怒反应的动物群体常常能够成功地驱逐和击退捕食者的进攻,从而减少它们自身及其后代所面临的危险。例如,很多集体营巢的鸟类就是靠激怒反应这种功能而获得安全的。激怒反应有时也能转移捕食者的注意力,从而使后代和其他亲属得到安全。

1975 年,Curio 曾对斑鹟(*Fidecula hypoleuca*)的反捕行为作过深入研究。他认为,具领域行为的雀形目鸟类其激怒反应具有明显的适应意义,他把对捕食者的反应区分为两类:一类是当卵和幼鸟(而不是成鸟)受到捕食者威胁时(如受到大斑啄木鸟 *Dendrocopus major* 的威胁),成年鸟会大吵大叫地扑向捕食者,对其进行攻击;另一类是当捕食者十分凶猛和危险时(如是一只雀鹰 *Accipiter nisus*),成年鸟会在远离捕食者的地方(即在安全距离以外)长时间地大吵大叫。在整个营巢和育雏期,一对成鸟的激怒反应会变得越来越强烈、越来越频繁。在幼鸟出巢后极易遭猛禽捕食期间,双亲的激怒反应会继续保持下去。有证据表明,反捕行为的进化有利于对后代的保护,即使这样会使双亲冒一定的风险。例如,在生殖季节前,未配对鸟的激怒反应很弱,如果这些鸟一直都找不到配偶,那么整个夏季都会保持这种状态。生殖失败的鸟(如一窝幼鸟全遭捕食或夭折)或其所在领域并非自己领域的鸟,激怒反应的强度通常都会下降。

虽然可以认为斑鹟激怒反应所要达到的主要目的是保护幼鸟,但如何能达到这一目的仍不十分清楚。Curio 认为,成鸟的激怒反应可使幼鸟保持安静和不动,从而减少它们遭到捕食的机会。但这一观点无法解释为什么在孵卵期仍然保有激怒反应。显然,在这一时期,激怒反应增强是不太可能的,但仅仅因为它是无害的就保留在种群中,似乎也不合理。所以,尚需作一些实验来检验各种不同的假说,不但要用斑鹟继续做实验,也要用其他动物做实验,这些动物激怒反应的功能和进化过程与斑鹟可能很不相同。

## 第二节 进化上的军备竞赛

### 一、问题的提出

可以想象的是,进化过程将会不断提高捕食者发现和捕获猎物的效率,另一方面,自然选择也会不断改进猎物及时发现和逃避捕食者的能力。因此,在捕食者和猎物的共存系统中,我们会看到一种复杂的适应和反适应关系(表 6-1)。这种关系实际上是捕食者与猎物在进化上

表 6-1 捕食者的适应和猎物的反适应实例

| 捕食者的活动 | 捕食者的适应 | 猎物的反适应 |
| --- | --- | --- |
| 搜寻猎物 | 改进视力 | 隐蔽性 |
| | 搜寻印象 | 多态现象 |
| | 限制在猎物多的地区搜寻 | 个体间拉开距离 |
| 识别猎物 | 学习 | 拟态 |
| 捕捉猎物 | 运动技能(速度和灵敏性) | 逃避飞翔 惊吓反应 |
| 处理猎物 | 进攻武器 | 防御武器 |
| 处理猎物 | 征服猎物技能 | 积极防卫 |
| | | 刺、棘、体壁 |
| | 解毒能力 | 毒物 |

进行军备竞赛的结果。对此我们可以提出以下三个问题:

(1) 对适应性所做的功能解释是否可靠?在生物学中,人们常常对动物的适应性提出各种功能假说。例如,认为火烈鸟(红鹳科鸟类,Phoenicopteridae)之所以呈粉红色是因为太阳落山时的天边是粉红色的,这样当狮子黄昏外出觅食时就很难发现它们;又如,蛾子着棕色是因为它们所停歇的树干是棕色的,这使捕食者难以找到它们。以上的功能解释是否靠得住呢?对此问题必须借助于实验才能找到正确答案。

(2) 进化军备竞赛是怎样开始的?正如脊椎动物不能在短时间内产生一个完善复杂的结构(如眼睛)一样,猎物也不能一下子就产生一个完美的反适应。但是,在军备竞赛开始时,即使是一个轻微的、原始的反适应也可能带给猎物一定的好处。如果是这样的话,那么捕食者的任何改进都会引起猎物的相应改进,结果就会使猎物的反适应变得越来越好。总之,我们的第二个问题就是:猎物最初和最原始的反适应能够减轻捕食压力并成为协同进化的一个起点吗?

(3) 进化军备竞赛将如何终结?捕食者的捕食效率为什么没有提高到让猎物绝灭的程度呢?而猎物的反捕适应又为什么没有发展到使捕食者全部饿死呢?

下面我们就围绕这三个问题进行讨论。

## 二、捕食者与隐蔽猎物间的进化军备竞赛

首先。我们举一个在进化上军备竞赛的实例来试图回答前两个问题,这个实例就是捕食性鸟类对隐蔽性猎物的捕食。Pietrewicz 和 Kamil(1981)曾研究过生活在北美落叶林中的翼下蛾(*Catocala* spp.)。在一个特定的地点生活着多达 40 种的翼下蛾,包括蓝樫鸟和各种鹟在内的许多鸟类都大量地捕食它们。

### (一) 蓝樫鸟捕食翼下蛾的实验

翼下蛾的前翅具有极好的隐蔽效果,其颜色和条纹看上去与它们所停歇的树皮很难区分开来,但它的后翅却具有极鲜艳的黄、橙、红和粉红色。当蛾子静伏不动时,前翅盖着后翅,但当它们受到惊扰时,便把后翅突然暴露出来。因此人们假设它的前翅起隐藏作用,使捕食者难以发现它;但当捕食者一旦发现了它,它突然暴露出后翅则具有惊吓作用,这将会使捕食者停顿片刻,使它能及时逃走。

有一个事实对前翅具有隐蔽作用的假说是很好的支持,即不同种类的翼下蛾总是选择不

同的背景停歇下来,而这些背景刚好能使它们达到最佳的隐蔽效果,而且,它们停歇时所选择的方位也刚好能使它们的翅型与树皮的斑纹完全融合为一体。Pietrewicz 和 Kamil 曾采用在鸟舍中为蓝樫鸟放映幻灯片的方法来检验隐蔽的重要性。幻灯片被投放在一个屏幕上,在有些情况下,幻灯片上有蛾子出现,而在另一些情况下则没有蛾子。如果有蛾子出现,蓝樫鸟只要啄击幻灯片就能得到一只小虫的报偿,然后等一小会儿下一张幻灯片就会出现;如果幻灯片上没有蛾子,樫鸟只要啄一下第二个比较小的推进钮,下一张幻灯片就会马上出现。如果樫鸟犯了两种错误之一,即当没有蛾子出现时啄了幻灯片或当有蛾子出现时啄了推进钮,它就会受到惩罚,惩罚的形式是推迟下一张幻灯片的放映。

这个实验安排有两点是非常巧妙的:① 捕食者面临的仅仅是知觉问题,排除了可能影响捕食的其他因素(如猎物的味道、活动性或逃避能力等)对实验的干扰,使实验变得简单可信;② 由于捕食者是站立不动的,而猎物却缓缓地在它面前移动(以幻片映像的形式),这使实验人员很容易控制捕食者与猎物相遇的频率和顺序。如果捕食者像在自然界那样到处跑动觅食,这种方便就不太可能了。据观察,当蛾子出现在一个隐蔽的背景时比出现在一个鲜明的背景时,樫鸟所犯的错误要多得多(图 6-9)。实验结果对前翅的隐蔽功能假说是有力的支持。

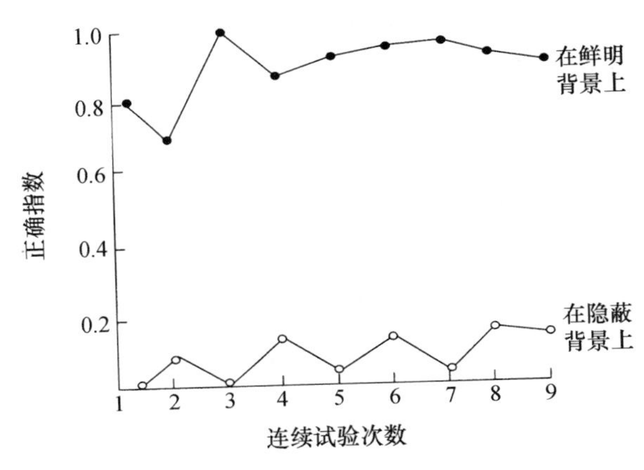


**图 6-9 樫鸟捕食翼下蛾实验**

在鲜明背景上,啄食正确率很高;而在隐蔽背景上,樫鸟几乎毫无分辨能力地啄食所有幻灯片.因而正确率很低(仿 Pictrewicz 和 Kamil,1981)

在很多种类的翼下蛾中,前翅都表现有多型现象,即在同一种群中存在着许多不同的色型。对这一现象所提出的一种假说是,当捕食者发现了一只蛾时,它就对这只蛾的特定色型形成了搜寻印象(search image),以后就会专门寻找具有相同色型的蛾。如果种群内所有个体都属于这同一色型,那它们就都会面临遭捕食的风险。但如果种群内存在多型现象,那么已对一种色型形成了搜寻印象的个体就不会对其他色型带来威胁。Pietrewicz 和 Kamil 靠为樫鸟提供不同序列的幻灯片检验了这一假设。例如,当陆续出现的幻灯片全都是 A 色型或全都是 B 色型时,樫鸟很快就能提高它的啄食成功率,然而,当 A 色型和 B 色型按随机顺序陆续出现时,樫鸟就难以提高它的正确识别率(图 6-10)。这表明,猎物种群的多型现象的确能够有效地防止捕食者搜寻印象的形成。

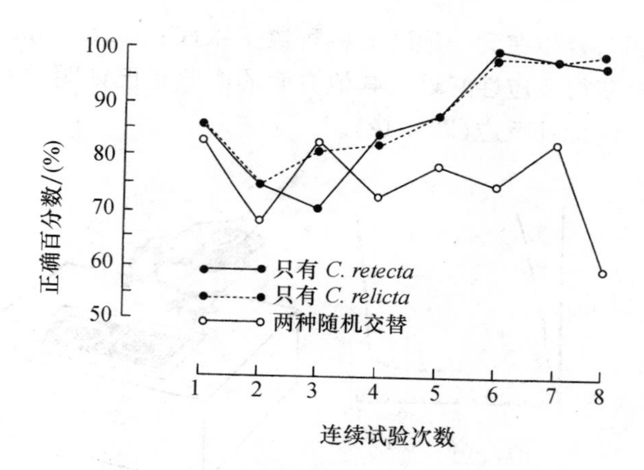


**图 6-10　樫鸟的搜寻印象试验**

当两种翼下蛾(*Catocala retecta* 和 *C. relicta*)单独连续出现或混合随机出现时，樫鸟正确反应的百分数(仿 Pietrewicz 和 Kanil，1981)

关于搜寻印象我们不妨再多说几句。1960 年，Tinbergen 研究了松林中鸟类的取食行为，他发现鸟类于春天第一次出现在森林中时是不吃某些昆虫的，但后来突然又吃了起来。他认为，这种突然变化是由于鸟类发现隐蔽昆虫的能力有了改善，或者说是形成了一个特定搜寻印象。但是，对 Tinbergen 所观察到的事实也有其他的解释，如认为鸟类一直是注意到这些昆虫的，但只有等到这些昆虫的数量增加到以它们为食变得非常有利时才会取食它们。还有一种解释是，鸟类捕食一种猎物的能力在得到改进以前是不会轻易去吃那种新发现的猎物的。

Dawkins(1971)在实验中发现，捕食者发现隐蔽猎物的能力的确会发生变化。他实验所选择的捕食者是小鸡。而猎物则选用着色稻米，实验设计的巧妙之处是让猎物保持完全一样并可随意改变猎物的背景色。下面是两个实验的具体安排[图 6-11(a)和(b)]：(a) 在绿色(实线)和橙黄色(虚线)背景上为小鸡提供橙黄色米粒；(b) 在橙黄色(实线)和绿色(虚线)背景上提供绿色米粒。对每只小鸡都分别进行这两项实验，结果显示，在任何情况下，小鸡都是在鲜明的背景上能更快地发现猎物；在隐蔽的背景上，小鸡起初总是乱啄，直到 3～4min 后才能开始发现猎物，但到实验结束时，它们在隐蔽背景上啄米的效率也能和在鲜明背景下啄米的效率一样高。

最后，我们介绍对翼下蛾鲜艳后翅提出的功能假设所做的检验。Schlenoff(1985)在实验中观察了蓝樫鸟对各种模型蛾的反应，在这些模型蛾的后翅有各种不同的色型，但都隐藏在用硬纸卡制成的前翅下面。首先，训练樫鸟使其懂得只有移开前翅才能得到食物报偿。在正式实验中，每次前翅被移走后，后翅就会突然暴露出来，就像真实的翼下蛾所表现的那样。当一只受过训练的樫鸟已经习惯于一个具有灰色后翅的模型时，再给它提供一个具有鲜艳后翅(与翼下蛾 *Catocala* 的后翅完全一样)的模型，此时，当它移走前翅一看到后翅马上就会产生惊吓反应。但当一只已经熟悉了具有鲜艳后翅模型的樫鸟，在第一次遇到灰色后翅时，则不会产生惊吓反应。可以训练樫鸟习惯于某种翼下蛾的鲜艳后翅，但当突然在它面前展现另一种蛾的鲜艳后翅时，它仍然会产生惊吓反应。这些实验结果对后翅的惊吓功能假说提供了有力的支持,而习惯化实验则表明,分布在同一地区的各种翼下蛾(*Catocala* spp.),其后翅保持多种多样的鲜艳色型的确能够获得适应性好处。其他方面的实验也已证明,蛾类后翅上的大眼斑也能极有效地引起捕食者的惊吓反应(图 6-12)。

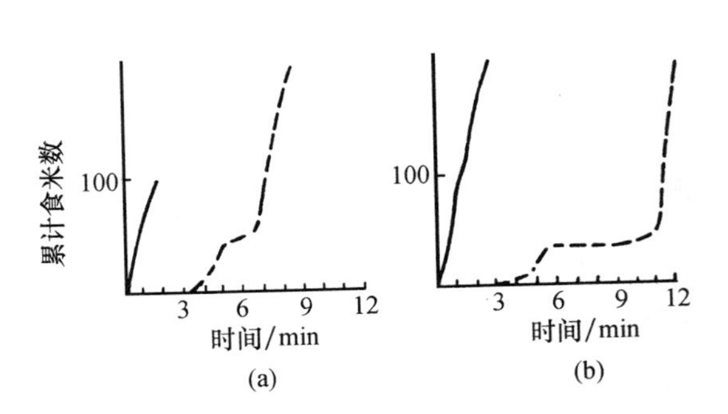


**图 6-11　小鸡啄食不同背景上的有色米实验**

(a) 在绿色(实线)和橙黄色(虚线)背景上放置橙黄色米;
(b) 在橙黄色(实线)和绿色(虚线)背景上放置绿色米

**图 6-12　大山雀啄食面包虫(黄粉甲幼虫)的实验装置**

当大山雀来吃虫时,盒内灯光点亮就可在它面前展示一个画有后翅图案的幻灯片,右侧是 4 张画有不同图案的幻灯片,其对鸟的惊吓作用自上而下逐渐增强(仿 Tinbergen, 1974)

### (二) 大山雀的"自助餐"实验

一个猎物对一个捕食者的有利性(profitability)等于猎物的总能量除以辨识时间加处理时间所得的商。隐蔽性的进化可以认为是猎物靠增加辨识时间来减少自已的有利性。人们可以问,因最初隐蔽性的增加而导致辨识时间的微量增加能给猎物带来选择上的好处吗? Erichsen 等人(1980)在实验中为豢养中的大山雀提供一种"自助餐",让放在传送带上的食物自动从大山雀面前移过,任其选食(图 6-13)。实验人员可以调节捕食者与猎物相遇的顺序和频率。放在传送带上从大山雀面前移过的食物可分为以下三类:

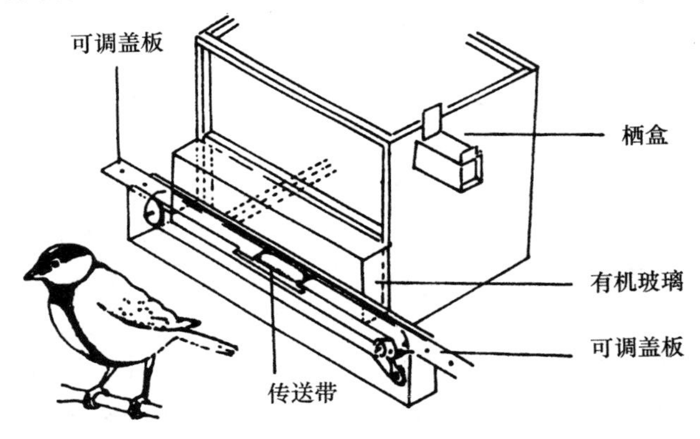


**图 6-13　大山雀自助餐的实验装置**

传送带带着食物自动从鸟面前移过,传送带上方的两个可调盖板能调节它们之间的距离,使食物在鸟面前暴露的时间只有 0.5s,因此大山雀只有很短的时间决定取食与否(仿 Krebs 等,1977)

(1) 不可食的小枝,实际上是内部有一棕色线绳的不透明吸管,其含能值为零,处理时间为 $h_t$(指啄起又放弃猎物的时间),相遇率为 $\lambda_t$;

(2) 大的隐蔽猎物,实际是内含一条面包虫的不透明吸管,含能值为 $E_1$,处理时间为 $h_1$(指啄起和吃下食物的时间),相遇概率为 $\lambda_1$;

(3) 小的醒目猎物,实际是内含半条面包虫的透明吸管,可见性强,含能值为 $E_2$,处理时间为 $h_2$(指啄起和吃下食物的时间),相遇率为 $\lambda_2$。

显然,大猎物比小猎物每单位处理时间内能获取更多的能量,即 $E_1/h_1 > E_2/h_2$。但是,选择大猎物的困难是它具有隐蔽性，当它随着传送带从大山雀面前通过时，大山雀必须把它啄起来，检查不透明吸管中到底是一条虫还是一条绳。这个实验巧妙地模拟了现实的捕食者在遇到有利性较大但隐蔽性较强的猎物时所面临的问题。

下面我们介绍一个捕食者决策方程，此方程与第二章中的捕食者选择大猎物和小猎物的方程有些相似，但它包含了一个新的因素，即辨识时间(recognition time)。如果捕食者是一个广食性物种，那么它就会取食从它面前通过的所有食物，这样，在 $T_s$ 内，它的能量摄取量就是

$$E = T_s(\lambda_1 E_1 + \lambda_2 E_2)$$

由于总时间 $T$ 等于搜寻时间加处理时间，即

$$T = T_s + T_s(\lambda_1 h_1 + \lambda_2 h_2 + \lambda_t h_t)$$

(搜寻时间＋处理时间)

所以，一个广食性捕食者的能量摄取率就是

$$\frac{E}{T} = \frac{\lambda_1 E_1 + \lambda_2 E_2}{1 + \lambda_1 h_1 + \lambda_2 h_2 + \lambda_t h_t} \tag{6.1}$$

如果捕食者完全不去理睬隐蔽性猎物(即不透明吸管)，求稳不冒险和只取食醒目的小猎物(即取食所有内含食物的透明吸管)，那么它的能量摄取率就是

$$\frac{E}{T} = \frac{\lambda_2 E_2}{1 + \lambda_2 h_2} \tag{6.2}$$

假如方程(6.2)中的摄取率大于方程(6.1)中的摄取率，捕食者就应当专门取有利性较小但很醒目的猎物。出于类似的原因，假如：

$$\frac{\lambda_1 E_1}{1 + \lambda_1 h_1 + \lambda_t h_t} > \frac{\lambda_1 E_1 + \lambda_2 E_2}{1 + \lambda_1 h_1 + \lambda_2 h_2 + \lambda_t h_t} \tag{6.3}$$

捕食者专门捕食大而隐蔽的猎物才最为有利。

通过人为地控制捕食者与猎物的相遇率，可以作下面两种处理：一种处理是让大山雀不去取食大而隐蔽的猎物，而专门捕食小而醒目的猎物最为有利，这也就是说让方程(6.2)中的摄取率大于方程(6.1)中的摄取率；另一种安排是让大山雀专门取食大而隐蔽的猎物最为有利，这也就是说让方程(6.3)成立。在上述两种处理下，大山雀的行为表现与人们事先所预测的基本相同(图 6-14)。这里要指出的一点是，在实验中发现大山雀对一个不可食猎物(即内含棕色绳的不透明吸管)的辨别时间 $h_1$ 只有 3～4s，因而，只要有足够的时间，大山雀就能很容易地把一个含绳吸管和一个含大猎物吸管区分开来。但是，如果醒目的小猎物数量很多，或者在隐蔽的猎物中不可食的含绳吸管比含大猎物吸管多得多的话，大山雀就会完全不去理睬隐蔽的猎物，而专门以醒目的小猎物为食。我们的结论是：隐蔽性的稍加改进，哪怕只能使捕食者增加 1～2s 的辨识时间，也会给猎物带来选择上的好处。一种猎物隐蔽性的改进只有使另一种猎物相对说来变得对捕食者更加有利时，它才能获得这种选择上的好处。上面的实验表明：捕食者与猎物之间进化军备竞赛的起点的确可以从隐蔽性的轻微改进开始。

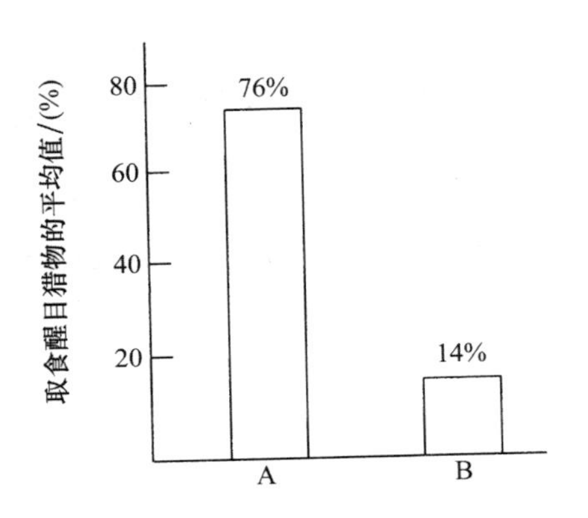


**图6-14 大山雀取食隐蔽食物和醒目食物的实验**

在A处理中,含绳吸管是含大猎物吸管数量的4倍;在B处理中,含大猎物吸管是含绳吸管数量的4倍,而醒目小猎物的数量在A和B两种处理中保持不变。依据方程(6.1)～(6.3),在A处理时,大山雀专门取食醒目的小猎物;而在B处理时,则专门取食隐蔽的大猎物(仿 Erichsen,1980)

**图 6-15 千里光蛾幼虫的警戒色**

千里光蛾(*Callimorpha jacobaenae*)幼虫(拟灯蛾科)是一种味道不好的蛾子,身上有黑色和橙黄色相间的警戒色环纹

## 三、捕食者与具警戒色猎物间的进化军备竞赛

自然界有些猎物不但不隐蔽自己,而且颜色还特别鲜艳醒目。成熟的果实常常具有鲜艳的色彩,以便增加它被动物吃下的机会,种子就是靠这种方法进行散布的。很多昆虫也具有鲜艳的色彩,但它们是为了能够更好地逃避捕食(图6-15)。鲜艳醒目的颜色往往是与不可食性联系在一起的。鲜艳的颜色实际上是不可食性(有毒或味道不好)的一种外在标志,等于告诉捕食者说"我是不可食的"。Wallace 认为,华丽的色彩能使捕食者更快地懂得这一点。

但是,鲜艳的猎物真的能使捕食者更快地懂得这一点吗?1980年,Gitteman 和 Harvey 通过为小鸡提供不同颜色的面包屑检验了这一观点。事先知道,小鸡对蓝色或绿色的面包屑并无特别偏爱。在实验中,面包屑用奎宁和芥子粉处理后变为不可食猎物。然后把小鸡分为4组,使其分别:在蓝色背景上取食(a)蓝色面包面屑或(b)绿色面包屑,和在绿色背景上取食(c)蓝色面包屑或(d)绿色面包屑。不管背景颜色如何,小鸡在实验开始时总是取食鲜明醒目的猎物,但从整个实验过程来看,隐蔽猎物总是遭到更多的取食(图6-16)。这表明,不可食猎物的确能从使自己变得鲜明醒目中得到好处。小鸡之所以能够较快地学会不去吃鲜明醒目的不可食猎物,主要是因为鲜艳的色彩使它们更容易识别。其他实验已经表明,捕食者只要有一次不愉快的经历就能学会不去吃那些色彩鲜艳而有毒的猎物,而且可以持续很长时间。Rothschild 曾报道过他饲养的一只椋鸟(*Sturnus vulgaris*)在吃过一只色彩鲜艳的有毒幼虫(鳞翅目)后,在长达一年的时间内都不再去理睬这种曾给过它痛苦记忆的幼虫。有时,捕食者虽然没有经历亲身尝试,也本能地回避那些色彩鲜艳的危险猎物。例如,小尾眼镜蛇(*Micrurus* spp.)具有红、黄两色相间的警戒色环带,一直由人驯养长大的食蝇鹟(*Pitangus sulphuratus*)虽从未接触过它,但总是避而远之。

警戒色的鲜明性可能还会带来其他好处,捕食者不仅能够较容易地学会回避它,而且当捕食者已经学会了不去取食一种猎物时,如果这种猎物是鲜明醒目的话,它受到捕食者错误攻击的可能性就比较小。例如,在捕食者确认一种东西是可食的猎物之前,常常要对它进行试啄并可能草率地做出决策，在这种情况下，一个不可食猎物如果具有鲜明醒目的颜色，将有利于减少捕食者的识别错误。

下面我们回答这样一个问题，即警戒色是怎样开始进化的呢？让我们想象有这样一个种群，它的幼虫都是不可食的，而且是隐蔽的。成虫中突然出现了一个突变体 A，它的幼虫具有了鲜艳的颜色。这样的幼虫将是醒目的，有可能被捕食者吃掉，因此，这种突变体在得到传布机会之前就可能被消灭掉。对这样的问题。Fisher 是第一个找到了解决办法的人。他认为，如果不可食的猎物是生活在一个家族群体中，那么，捕食者就会学会不去碰这整个的家族群。虽然捕食者可以杀死一个个体，但它的这一经历将会使它不再去吃这一个体的近亲。因此，体内具有复制的突变基因的亲族就增加了存活的机会。家族群的重要意义在于它增加了类似表现型的局部密度。从上述不难看出，如果一种动物是以家族群的形式存在的，那么警戒色就更容易得到进化。事实上，具有警戒色的昆虫大都是以家族群的形式营群体生活的，而隐蔽性昆虫则大都是独居的。当然，在 Harvey(1983)所分析的 55 种独居性鳞翅目幼虫中，也有 11 种是具有警戒色的。分析其原因，可能由于这 11 种昆虫的捕食者是在非常大的范围内取食的，因此在我们看来是独居的，但对捕食者来说却是群居的。这就是说，如果捕食者在一个地方学会了不去取食一种具有警戒色的动物，那么这种动物在另一个地方也会因此而得到保护。

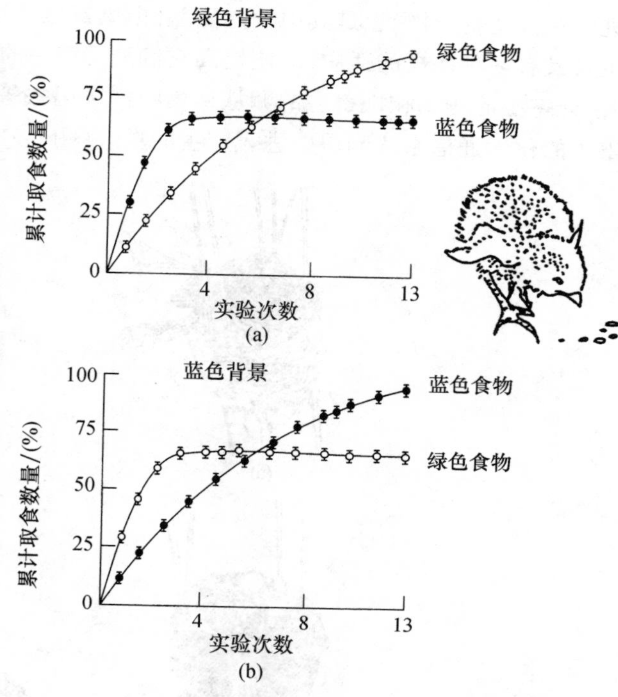


**图 6-16　鲜明的和隐蔽的不可食猎物在连续实验中被小鸡取食的累计数量**

(a) 绿色食物是隐蔽的；(b) 蓝色食物是隐蔽的。在这两种情况下，都是不可食猎物越是鲜明醒目，越是遭受较少的捕食(仿 Gittleman 和 Harvey，1980)

另一种观点是，具有鲜艳色彩的动物可以获得一种直接的好处。例如，捕食者攻击一个色彩鲜艳的鳞翅目幼虫，接着又把它丢弃，但并未使它受到伤害，如果此后这个捕食者就再也不去攻击它了，那么这个幼虫就会因此而受益。很多警戒色昆虫与隐蔽性昆虫相比，都具有更加坚韧的体壁，这将有利于减少因捕食者攻击而遭受的损失。并非所有的警戒色都是动物不可食的一种外在标志，有些跳蝽(半翅目昆虫)的颜色很鲜艳，捕食者很难捕到它，是因为它会突然地跳走，因此，对捕食者来说，跳蝽的特定色型实际是在告诉它说"我是一个无法捕到的猎物"。

## 四、巢寄生物与其寄主间的进化军备竞赛

在鸟类、鱼类和昆虫中都有一些种类自己不筑巢、不育幼，而是把它们的卵产在其他种类的巢中，这就是所谓的巢寄生动物。巢寄生物与其寄主间的进化军备竞赛和捕食者与猎物间

的进化军备竞赛一样,也是其中一方受益(指巢寄生者)而另一方(指寄主)受损。在鸟类中,巢寄生者具有多种多样的适应,以便提高它们利用寄主的效率,这些适应包括模拟寄主的卵或雏鸟、杀死寄主的雏鸟和把寄主的卵从鸟巢中排挤出去等(图 6-17)。昆虫中的巢寄生物常常模拟寄主的化学通信系统而得以进入寄主的巢穴(图 6-18)。

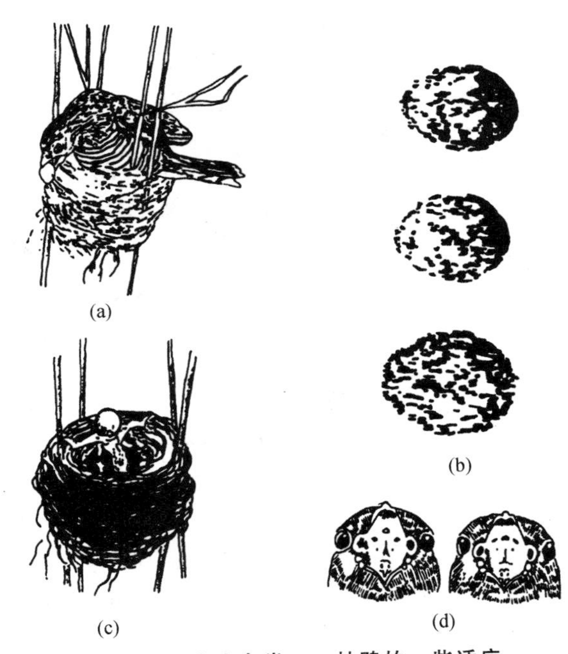

**图 6-17 巢寄生鸟类——杜鹃的一些适应**

(a) 雌杜鹃(*Cuculus canorus*)正在大苇莺(*Acrocephalus scirpaceus*)巢内产卵,它首先把寄主的一枚卵取出;(b) 杜鹃卵(下)比两枚大苇莺卵稍大,但色型极相似;(c) 杜鹃雏鸟孵出后正在把寄主的卵和雏鸟推出巢外,以便独享养父母带回的全部食物;(d) 另一种巢寄生鸟类——文鸟(*Vidua macroura*),其雏鸟的口部(左)与寄主莺(*Estrilda astrild*)雏鸟的口部(右)极为相似

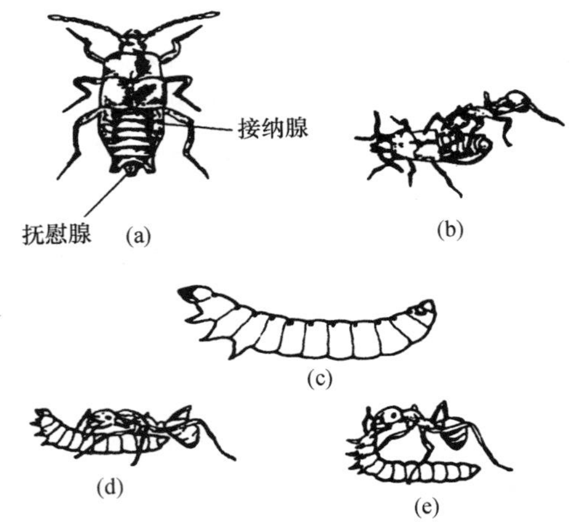


**图 6-18 隐翅甲(*Atemeles*)靠模拟切叶蚁(*Myrmica*)的化学通信系统而畅通无阻地进入寄主巢内**

(a) 该甲虫抚慰腺的分泌物可抑制切叶蚁对入侵者的攻击行为;(b) 接纳腺(adoption gland)的分泌物可刺激切叶蚁将甲虫搬入自己巢内,此后隐翅甲便会在巢中产卵;(c)~(e) 隐翅甲幼虫生有成排的腺体,其分泌物可刺激切叶蚁把食物反吐给它(仿 Hölldobler,1971)

1982 年,Rothstein 曾对棕头牛鸟(*Molothrus ater*)作过广泛研究,牛鸟是分布于北美洲的一种巢寄生鸟类,它是一个泛化种,据记载曾在 216 种不同的寄主鸟类中产过卵,其中有 139 种曾成功地养育过它的雏鸟。雌牛鸟通常只在寄主巢中产一枚卵,并把寄主的一枚卵扔出巢外。由于牛鸟的寄生,寄主至少要损失一枚卵,并把许多时间和能量用于养育牛鸟的一只雏鸟,而自己在遗传上却一无所获。虽然在很多情况下寄主鸟类在养育牛鸟雏鸟的同时也能养育一些自己的雏鸟,但牛鸟的卵常常比寄主的卵更早地孵化出来,在这种情况下,养父母为了喂养牛鸟的雏鸟,常常会放弃孵它们自己的卵,这将导致它们生殖的完全失败。例如,遭到寄生的菲比鹟(*Sayornis phoebe*),每巢平均只能育成 0.32 只幼鸟;而在正常情况下每巢平均可育成 4.45 只幼鸟,在菲比鹟种群中被牛鸟寄生的鸟巢高达 18.6%,所以损失相当大。在其他鸟类中,遭到牛鸟寄生的鸟巢有的竟高达 50%以上!根据 May 和 Robinson(1985)提供的资料,有几种鸟类因遭牛鸟的寄生已处于绝灭的危险境地。

可以想象的是,巢寄生造成的巨大损失一定会导致寄主鸟类产生各种反适应。寄主鸟类最明显的防卫方法就是拒绝接受牛鸟产下的卵(可把这些寄主鸟类称为拒绝派,下同)。如果牛鸟在产下卵后很快就被寄主鸟类扔出巢外,那么这些破蛋可能远在被人们看到之前就消失了,所以野外的观察数字常常会低估了这种反适应所起的保护作用。Rothstein 为了能正确地估算寄主鸟类的拒绝率而采用了实验方法,他用熟石膏制成牛鸟卵的模型并模仿真实牛鸟的产卵程序把它放入寄主鸟类的巢中,同时从巢中取出一枚寄主鸟类的卵。令人感到吃惊的是,实验结果发现:有些寄主鸟类全部个体或几乎全部个体都接纳牛鸟所产的卵(可把这些鸟类称为接纳派,下同);而另一些寄主鸟类则全部或几乎全部都拒绝接纳牛鸟的卵,它们总是把牛鸟的模型卵扔出巢外(图 6-19)。

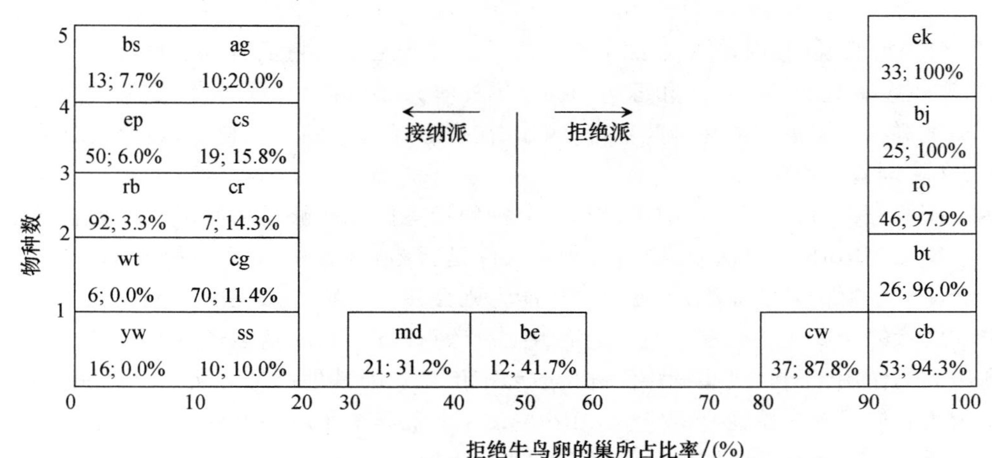


**图 6-19　各种鸟类对巢寄生者牛鸟所产卵的拒绝和接纳频率分布图**

每物种缩写字下面的数字分别是测试巢数和拒绝接纳牛鸟卵的巢所占的百分数,物种缩写字所代表的物种如下:接纳派:yw,黄莺(*Dendroica petechia*);wt,林鸫(*Hylocichla mustelina*);rb,红翅乌鸫(*Agelaius phoeniceus*);ep,菲比鹟(*Sayornis phoebe*);bs,家燕(*Hirundo rustica*);ss,歌雀(*Melospiza melodia*);cg,鹩鹩(*Quiscalus quiscala*);cr,拟腊嘴雀(*Cardinalis cardinalis*);cs,禾雀(*Spizella passerina*);ag,美洲黄雀(*Spinus tristis*);md,泽奈达鸽(*Zenaida macroura*);bc,黄嘴鹃(*Coccyzus erythropthalmus*)。拒绝派:cw,太平鸟(*Bombycilla cedrorum*);cb,猫声鸫(*Dumetella carolinensis*);bt,弓喙鸟(*Toxostoma rufum*);ro,歌鸲(*Turdus migratorius*);bj,蓝鸦(*Cyanocitta cristata*);ek,霸鹟(*Tyrannus tyrannus*)(仿 Rothstein,1975)

拒绝派鸟类是怎样识别寄生鸟类的卵呢？一种可能是，它们拒绝所有与自己的卵不一样的卵；另一种可能是，它们排除巢中那些属于稀有型的卵。Rothstein 的实验倾向于支持第一种可能。例如，他把歌鸲(*Turdus migratorius*)和猫声鸫(*Dumetella carolinensis*)巢中的卵除留下一枚外，其他都用牛鸟的模型卵替换下来，这样就使两种寄主鸟类的卵在巢中成了稀有型卵，但结果表明，它们还是把自己的卵留了下来，而把所有牛鸟的卵都推出了巢外。进一步的实验表明，拒绝派鸟类在第一次生殖时就学会记住自己卵的特征。那么接纳派鸟类又是怎样的呢？实验表明，属于接纳派的鸟类不仅可接受一枚牛鸟卵，甚至整个鸟巢中的卵都是牛鸟的卵，它们也会接受下来，这主要是因为它们缺乏识别外来卵的能力。

对于寄主鸟类为什么会有拒绝派和接纳派之分(非此则彼的二分法)，Rothstein 曾提出过几种假说，现分别介绍如下：

(1) 寄生损失说(假说之一)：据猜想，拒绝派物种一定是那些在自然界遭到最严重寄生的物种；而接纳派物种则很少被寄生，如有寄生的话，这些物种在进化过程中也没有获得识别牛鸟卵的能力。此说与下述事实矛盾，即无论是拒绝派和接纳派都遭到同样严重的寄生。

(2) 接纳派遭寄生历史较短说(假说之二)：由于接纳派物种遭寄生的历史较短，因此拒绝行为尚未来得及进化。巢寄生物种牛鸟分布于美国西部各州的矮草草原，但随着移民在美国东部地区定居，森林遭到了砍伐，这使牛鸟得以向东部地区扩展。就是在此时，接受者物种才开始和牛鸟接触。但事实上，拒绝派物种与森林的关系可能比接受派物种更为密切，而且两派都有很多物种已与牛鸟有了很长的接触史。

(3) 卵拟态说(假说之三)：拒绝派物种的卵可能与牛鸟的卵最不相像，因此也最容易被识别出来。不利于这一假说的是，在拒绝派和接纳派中都有不少鸟类的卵与牛鸟的卵很不相像。

(4) 分类群假说(假说之四)：如果寄主鸟类的某些生物学特征有利于反寄生行为进化的话(如体形较大有利于把牛鸟的卵啄起和扔出巢外等)，那么拒绝派和接纳派就应当分布在不同的分类类群中。但事实往往与此不符，例如，在雀形目鸟类的 4 个科中，每个科都既有拒绝派物种，又有接纳派物种。

由上面的分析可以看出，目前还没有一个物种状态指标能够用来判断一个物种属于拒绝派还是接纳派。Rothstein 认为，接纳派物种仅仅是因为它们缺乏识别外来卵的能力，具有这一能力会使一个物种受益匪浅，但缺乏这一能力则会使一个物种蒙受巨大损失，因此，有些物种可能靠偶然的突变或基因重组而使拒绝寄生行为得以产生，而自然选择则对这一行为起着保留和巩固的作用，于是，这些物种便进化成为拒绝派。而其他物种之所以仍然属于接纳派，仅仅是因为它们没有产生适宜的突变。Rothstein 由于非常了解巢寄生带给寄主的损失和寄主的被寄生率，所以他能够计算出一个“拒绝者基因型”传布至整个种群所需要的时间，并能对拒绝寄生行为的遗传学提出一些设想(其细节目前尚不清楚)。这些计算表明：拒绝者基因一旦产生，寄主在 20～100 年这么短的时间内就能从一个接纳派物种演化为一个拒绝派物种。例如，在受到牛鸟严重寄生的条件下，一个接纳派物种一旦产生了拒绝突变基因，其种群就会在不到 100 年内从 80%接纳寄生演变为 80%拒绝寄生。

从上面的计算不难看出，为什么在寄主物种间会有如此明显的划分，它们要么是全都接纳寄生的，要么是全都拒绝寄生的(图 6-19)。因为拒绝行为带给寄主物种的好处实在太大了，因此任何一个寄主物种一旦产生了这种有利突变，它很快就会走完从接纳种到拒绝种的过渡期。看来，拒绝行为进化的最困难的一步就是有利突变的发生，这种突变一旦发生，它很快就会传遍整个种群，使寄主物种从基本接纳寄生演变为基本拒绝寄生。Rothstein 的研究提供了一个极好的实例，说明一个物种的适应有时只是简单地决定于有没有发生遗传突变。对接纳派物种来说，拒绝行为显然是很好的一种适应，但如果没有可供自然选择发挥作用的变异，拒绝行为就不能得到进化。

## 五、捕食者和猎物能够共存的原因

按照最适性理论，捕食者发展了最有效的捕食对策。而猎物则发展了最有效的反捕对策。那么，最有效的捕食对策为什么没能导致猎物绝灭呢？反过来说，最有效的反捕对策为什么又没有让捕食者全部饿死呢？相反，在自然界，我们却到处都能看到捕食者和猎物、寄生物（包括巢寄生物）和寄主之间所形成的稳定的共存共荣系统。这是行为生态学中最有兴趣的问题之一。要回答这个问题，必须首先从基本事实出发，即在很多捕食者和猎物之间已经成功地实现了长期共存，形成了今天我们所看到的大量的共存系统。对此，行为生态学家曾提出过三种假说：

（1）精明捕食假说：毫无疑问的是，人类有能力使自己成为一个精明的捕食者，以便避免由于过度利用食物资源而使自身绝灭。那么动物也能成为一个精明的捕食者吗？问题的关键在于群选择（group selection）。在一个由精明捕食者组成的种群中，如果出现了一个欺骗者，它就会吃掉比它“合理分享的一份食物”更多一些的食物，结果，欺骗者就会因欺骗行为而得到好处，它们传给未来世代的基因也就会比老实的精明个体更多一些，这必将会导致种群内的欺骗者越来越多。这一情况虽然是精明捕食说的一个难点，但这种假说却有可能在另一些动物中找到依据。在这些动物中，个体通过占有领域而排他性地独占一部分资源，并会为了自己的长远需要（不是为了种群的利益）而节省食物资源，因此成为精明的捕食者。

（2）群绝灭假说：如果说群绝灭（group extinctions）在自然界是一种常见现象的话，那么我们之所以能够看到许多稳定的捕食者-猎物系统，是因为所有不稳定的系统都已经绝灭了。

（3）猎物超前进化假说：该假说认为，稳定的捕食者-猎物系统之所以能够形成，是因为在进化过程中，猎物总是比捕食者超前一步进化。这里有一个“life-dinner 原理”，讲的是：兔子比狐狸跑得快是因为兔子快跑是为了活命，而狐狸快跑只是为了获得一餐。因此，狐狸在一次捕食失败后仍然可以进行生殖，而兔子如果在一次与狐狸的快跑竞赛中落后就会丢掉性命，绝不会再有生殖的可能性。显然，快跑的进化压力对兔子（为了提高逃生能力）比对狐狸（为了提高捕食成功率）大得多。所以，在捕食者和猎物的协同进化过程中，猎物总是超前一步适应。

在很多情况下，猎物的确具有超前进化的条件，因为它们的世代历期比捕食者物种要短，因此，进化速度就比较快。这种情况完全适用于鼬和鼠、食虫鸟和昆虫之间的协同进化。在此，我们同样可以回答这样一个问题，即为什么猎物的逃避效率没有发展到使捕食者绝灭的程度呢？最普遍的看法是，当随着猎物逃避效率的提高而使捕食者的数量变得稀少时，对猎物进一步改进逃避效率的进化压力就会大大减弱，甚至消失，从而有利于捕食者恢复自己的种群。最后还要指出的是，捕食者的存在极不可能导致猎物的绝灭，因为当猎物数量明显减少时，捕食者就会转而捕食其他种类的猎物。由于捕食者对不同种类的猎物可以产生不同的捕食适应,因此,捕食者不会专门依赖任何一种猎物到使自己绝种的程度。

## 六、进化上的军备竞赛与协同进化

在捕食者与猎物相互作用下物种的长期进化过程,通常被认为是军备竞赛或协同进化。协同进化需要两个物种都做出特定的进化反应,例如,猎物的一个新的特定防御行为必须不断受到捕食者的新的特定反防御行为的作用,反之也是一样。这种特定的相互适应无论在寄主和寄生物系统中,还是在巢寄生物和寄主系统中都可以看到。在杜鹃(*Cuculus canorus*)和牛鸟(*Molothrus ater*)系统中,牛鸟的产卵行为是专门适应于破坏寄主的防御的,牛鸟卵模拟杜鹃卵的程度将取决于寄主的识别能力。但是在捕食者和猎物系统中,真正的一对一的协同进化关系却很少见。Vermeij(1987)曾列举过很多特化防御(specialized defences)和特化反防御(specialized counter-defences)的实例,但真正算得上是一对一协同进化的实例只有一个,就是加纳圆蛛(*Araneus cereolus*),它的织网行为在织网蛛中是极为独特的,它于黄昏时把网建成,而到黎明时又把网拆毁,据认为这是一种特定的防御行为,专门对付猎蛛蜂在白天对它的捕食,但是猎蛛蜂(*Sceliphron*)也有专门对付加纳圆蛛的反防御措施,就是渐渐改为在傍晚时出来猎食。

自然界存在着很多捕食者和猎物间的特定适应性,例如,织纹螺(*Nassarius*)和鸵螺(*Struthiolaria*)只有在海星的攻击下才表现出一种特有的逃避行为;泥蜂在其洞穴中设置假洞道以便降低被寄生率;天蛾(*Celerio*)和草蛉用专门的超声波感受器来对付靠声呐追捕猎物的蝙蝠;果蝇(*Drosophila*)的幼虫行为有不同的表现型,每一表现型都有助于逃避各种寄生蜂的寄生。但对于上述这些特定适应性尚不清楚的是,这些适应和反适应是在捕食者和猎物之间一对一的相互作用中进化来的(即真正的协同进化),还是由一般性防御和一般性反防御演变而来。虽然可以找到很多特化的捕食者和特化的猎物防御方法,但它们两者却很少共同存在于同一系统中,通常我们所看到的都是一个猎物群体(包括许多物种)与一个捕食者群体之间的协同进化关系,而不是一个物种对一个物种的真正协同进化,所以 Janzen(1980)就把这种形式的协同进化称为“扩展的协同进化”(diffuse coevolution)。软体动物和其他有壳动物的化石记录对所谓扩展的协同进化提供了最好的例证(图 6-20)。

即使是在扩展协同进化的框架内,也是更常见到具有特化防御手段的猎物,而较少见到具有特化反防御手段的捕食者,两者在数量上是不平衡的。鱼及其硬壳猎物是这方面的一个最好实例,很多鱼都靠把壳压碎而猎食有壳动物,而它们的猎物则是靠在进化中产生硬壳来防御所有捕食者的取食。事实上,几乎没有一种鱼是专门以生有硬壳的贝类为食的,只有杜父鱼(*Asemichthys taylpry*)生有专门的牙齿用于刺穿蜗牛的贝壳而不是把贝壳压碎,但这是一个罕见的例外。同样,也几乎没有任何一种动物(主要指蛇类)是专门以石龙子为食的,因为石龙子生有光滑的鳞片,身体极为柔韧,因此很难抓住它,即使是生有长而锐利牙齿的蛇也难以对付它,但暗紫沙蛇(*Prammodynastes pulverulentus*)和少数其他的蛇却能专门吃石龙子(Greene,1989),它们的长牙和短牙交替排列,能像棘轮那样把圆滑扭曲的石龙子牢牢地把持在口中,而后部巨大的尖牙则能把毒液注入猎物体内,使其很快便失去活动能力。这些毒蛇通过平行进化产生了这种专门的捕食机制,但这些蛇种在庞大的蛇类家族中只是极小的一部分。

一般说来,猎物防御的进化速度与捕食者反防御的进化速度是不对称的,这就造成了具有

特化防御方法的猎物很多,而具有特化捕食机制的捕食者很少。深入分析一下,可能有以下几个原因:

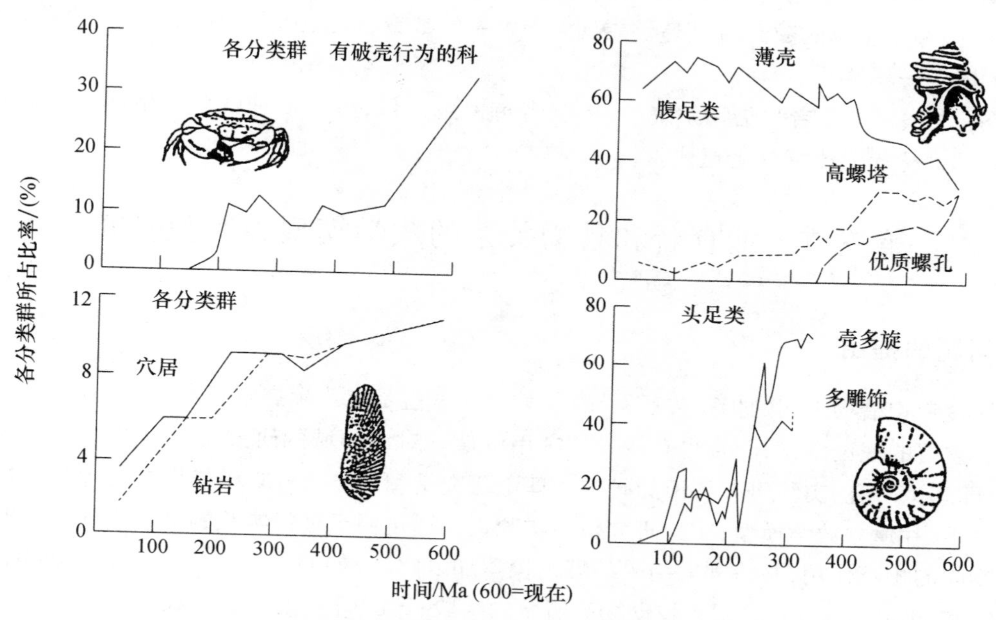


**图 6-20　化石物种中捕食者与猎物间扩展的协同进化**

纵轴表示具有所示特征的分类群所占百分比。随着有破壳行为种类的增加(左上图),有壳动物的防御方法也随之增加,如穴居和钻岩(左下),高螺塔和具优质螺孔(右上),壳多旋和多雕饰(右下),但薄壳物种越来越少(右上)(仿 Krebs 和 Davies,1991)

(1) 人工选择实验和杀虫剂抗性实验都表明,对单独一个特征的选择比对多个特征的选择要容易得多。很多捕食者都是以好多种猎物为食,因此很难对其中一种猎物形成专门的捕杀机制。而寄生物和寄主系统就与此不同,寄生物常常是专门寄生于某一寄主身上,因此比较容易发生特化并产生专门的适应性。为什么在寄生物和寄主系统中经常看到的真正的(一对一的)协同进化关系在捕食者和猎物系统中却很难看到呢?原因之一也就在这里。

(2) 避稀效应也使捕食者难以形成捕食特化。如果对一种猎物形成捕食特化而导致了那种猎物数量的减少,那么捕食者就会转而捕食其他种类的猎物,从而大大降低了对双方朝特化方向进化的选择压力。

(3) 特化防御与一般性(泛化)防御相比较,通常是出现在捕食过程的后期阶段上(捕食过程的 6 个阶段,见前),所以捕食者更经常遇到的是一般性防御,从而有利于捕食者更多地对一般性防御产生适应。

(4) life-dinner 原理强调的是这样一个事实,即一次捕食失败使捕食者失去的只是一顿饭,而使猎物得到的却是一条命,因此对于猎物防御的选择压力要比对捕食者反防御的选择压力大得多。这正如在贝次拟态中的情况一样,自然选择对模拟种趋同于被模拟种的压力要比被模拟种趋异于模拟种的压力大得多。

(5) 捕食者的种群密度通常要比猎物的种群密度小,因此导致捕食者物种有较高的遗传漂变率和近亲交配率,发生遗传变异的机会也比较少,这将会减缓捕食者对定向自然选择所作出的反应。同样的道理也可以用来说明为什么在寄生物和寄主系统中有着更为密切的协同进化关系,因为寄生物的数量可以等于或者大于寄主的数量,这至少可以使寄生物的进化速度和它们的寄主一样快。

(6) 在很多捕食者和猎物系统中,捕食者每发生一代,猎物物种就会发生好几代,这将会使猎物的进化速度比捕食者更快。

# 第三节 捕食者和猎物关系的数学模型和实验研究

## 一、问题的提出

捕食者和猎物之间的相互关系问题,长期以来一直是行为生态学研究的一个重要领域,不仅具有重要的理论意义,而且也有较大的实用价值。对该领域的研究常常从 3 个不同的方面进行,即理论研究、实验研究和田间研究。理论研究是用联立微分方程模拟捕食者和猎物间的相互关系,并建立数学模型;实验研究是在实验室内选用便于进行实验的动物实际观察捕食者和猎物间的相互作用,并将观察结果与理论模型加以比较,如 Gause(1934)用原生动物,Utida(1957)和 Huffaker(1958)用节肢动物等所做的实验;田间研究主要是在农业害虫的生物防治实践中,观察害虫及其天敌间自然存在的相互关系,并利用从理论研究和实验研究中所总结出来的各种基本原理对观察资料进行分析。

对捕食者和猎物相互关系的研究主要集中解决以下 4 个问题: ① 由捕食者和猎物相互作用所引起的种群波动能否像数字模型所预测的那样在自然界被观察到;② 捕食作为一种死亡因子和关键因子对动物的种群动态是否有着实际的调节作用;③ 某些猎物是否像人们至今所相信的那样是在受着捕食者的调节;④ 如果捕食者对猎物确有调节作用,那么这种调节过程是如何发生的和在什么条件下发生的。

## 二、捕食者和猎物关系的数学模型

描述捕食者和猎物相互关系的第一个经典模型是由 Lotka 和 Volterra 提出的,他们采用了下面一组联立微分方程:

$$\begin{cases} \dfrac{\mathrm{d}x}{\mathrm{d}t} = f(x) - g(x,y) \\ \dfrac{\mathrm{d}y}{\mathrm{d}t} = u[g(x,y),y] - v(y) \end{cases} \tag{6.4}$$

其中 $x$ 和 $y$ 分别代表猎物和捕食者的种群密度,$f$ 和 $g$ 分别代表猎物的生殖率和因捕食而导致的死亡率;$u$ 和 $v$ 分别代表捕食者的生殖率和死亡率。更详细的描述则有:

$$\begin{cases} f = bx - dx \\ g = axy \\ u = caxy \\ v = ey \end{cases} \tag{6.5}$$

其中的 $b$ 和 $d$ 是猎物在无捕食情况下的出生率和死亡率，$a$ 是捕食者的搜寻效率，$c$ 是捕食者因生殖而对猎物的消耗效率，$e$ 是捕食者的死亡率。该模型建立的基本前提条件是：① 猎物种群在无捕食者存在时将呈指数增长；② 捕食者种群在无猎物存在时将呈指数下降；③ 捕食者采用随机搜寻方式，并对遇到的猎物具有无限攻击能力；④ 因捕食而获得的能量可导致有更多的捕食者出生。

第二个经典模型是由 Nicholson 和 Bailey 于 1935 年建立的，该模型实际上是对 Lotka-Volterra 模型的改进：

$$\begin{cases} x_{t+1} = F(x_t - G(x_t, y_t)) \\ y_{t+1} = U[G(x_t, y_t), y_t] \end{cases}$$

该模型描述了猎物种群和捕食者种群某一特定世代数量与下一世代数量之间的关系，即($x_t$, $y_t$)世代数量与($x_{t+1}$, $y_{t+1}$)世代数量之间的关系，其中的函数 $F$、$G$ 和 $U$ 相当于方程(6.4)中的 $f$、$g$ 和 $u$，详细描述则有：

$$\begin{cases} F = R(x_t - G) \\ G = x_t(1 - \exp(-ay_t)) \\ U = CG = Cx_t(1 - \exp(-ay_t)) \end{cases}$$

在 Lotka-Volterra 模型中的 $b$ 和 $d$ 在这里则被综合为 $R$，表示每一世代的生殖潜力；而 $c$ 和 $e$ 则用 $C$ 取而代之，代表捕食者因生殖而对猎物的综合消耗效率。该模型的前提条件与前一模型基本相同，唯一不同的是，从捕食者因捕食而获得能量到有更多的捕食者出生，不是立即发生的，而是延后一个世代。

Nicholson-Bailey 模型的优点是有很大的可变通性，它可推而广之用于研究昆虫寄主与类寄生物之间的关系，这种关系可认为是一种广义的捕食者-猎物系统(凡因取食而最终导致对方死亡均可认为是捕食者-猎物系统)。就昆虫寄主和类寄生物系统这一特定情况来说，Nicholson-Barley 模型中的参数 $C$ 始终为一个固定值，即 1。

上述两个经典模型的最大缺陷是它们的前提条件往往与实际情况不符，因此使用效果常常不能令人满意。但不可否认的是，这两个模型的确提供了一个构筑捕食者-猎物理论的基本框架，由此出发可以导出更加现实、合理和复杂的模型。进一步的建模步骤是将上述两个模型中所包含的各个函数具体化，这些函数是指描述猎物种群增长的 $f(x)$ 和 $F(x)$、决定捕食者种群增长特点的 $u(g(x,y),y)$、$v(y)$ 和 $U(G(x,y),y)$ 以及 $g(x,y)$ 和 $G(x,y)$ 等。

在方程(6.4)中，曾假定每头猎物的生殖率[$f(x)/x$]是一个常数($b-d$)，并与猎物种群数量无关，这一假定显然忽视了因环境负荷量有限而产生的个体拥挤效应。为了解决这一问题，可以采用逻辑斯蒂表达式，即

$$f(x) = (b-d)x - hx^2 \tag{6.6}$$

其中的 $h$ 是一个规定每个个体拥挤效应强度的参数。该表达式还经常采用另一种形式，即

$$f(x) = r(1 - x/K)x$$

这里的 $r=b-d$，$K$ 是环境负荷量。

但是，模型(6.6)仍然是不完善的，因为它没有把过疏效应考虑在内。为此，Kuno 于 1987 年利用了下述方程式：

$$b(x) = bx/(S_x + x) \tag{6.7}$$

该式中 $b$ 的函数取代了方程(6.6)中的 $b$(出生率),其中的 $S_x$ 是一个稀疏系数,代表着过疏效应的强度。方程(6.7)所给出的曲线是一条初始时上升、后来渐趋于上限 $b$ 的曲线。

在 Lotka-Voltera 模型中还假定 $g(x,y)=axy$,这一前提条件也常与现实情况不符,因为这意味着捕食者具有无限的能力,可以杀死它遇到的所有猎物,然而当猎物数量很多时,捕食者往往做不到这一点。因此,Holling 提出了著名的圆盘方程:

$$g(x,y) = axy/(1+ax/f) \tag{6.8}$$

其中的 $a$ 是捕食者的搜寻效率,$f$ 是每个捕食者在单位时间内所能杀死的猎物的最大数量。当猎物密度 $x$ 很低时,$g(x,y)$约等于 $axy$;但在 $y$ 值固定不变的情况下,$g(x,y)$的增长速度将随着 $x$ 值的增加而逐渐下降。

另一方面,捕食者种群的过疏效应也可以通过把捕食者方程中的 $u[y(x,y),y]$予以改写的办法加以解决,即:

$$u(g(x,y),y) = c\cdot g(x,y)\cdot y/(S_y+y) \tag{6.9}$$

由于捕食者的死亡率是一个常数,因此 $v(y)$可以简单地写为

$$v(y) = ey \tag{6.10}$$

至此,我们可以把方程(6.4)～(6.10)纳入方程(6.6)的框架,于是得到了一个描述捕食者-猎物相互关系的新的微分方程模型:

$$\begin{cases}\dfrac{\mathrm{d}x}{\mathrm{d}t} = \dfrac{bx^2}{S_x+x} - \mathrm{d}x - hx^2 - \dfrac{axy}{1+ax/f}\\[2ex] \dfrac{\mathrm{d}y}{\mathrm{d}t} = \dfrac{caxy^2}{(1+ax/f)(S_y+y)} - ey\end{cases} \tag{6.11}$$

在该模型中包含有 9 个基本参数(在 Lotka-Volterra 模型中只有 5 个),而且每个参数都具有明确的含义,即,$b$ 和 $d$ 是猎物的出生率和死亡率(可用 $R$ 取代,表示总体生殖率);$h$ 是猎物种群的拥挤效应系数;$S_x$ 是猎物种群的过疏效应系数;$a$ 是捕食者的搜寻效率;$f$ 是捕食者的最大攻击率;$c$ 和 $e$ 是捕食者的生殖效率和死亡率(可用 $C$ 取代,表示总体生殖效率);$S_y$ 是捕食者的过疏效应系数。

以上是关于捕食者和猎物关系的几个基本模型。后来在这些基本模型的基础上,由于考虑到许多新的情况,又提出了一些更为复杂和实用的模型,这些新的情况概括起来主要有以下几个方面:

(1) 猎物种群存在避难所:猎物种群避难所的存在相当于猎物种群中的一部分个体比其他个体更难于被捕食者发现,这是符合自然界的实际情况的,因为无论是猎物种群本身还是其生存环境,在结构上都不是匀质的。为了能描述这种情况,对基本模型加以改进并不困难,只要用 $x(1-P)$替换方程(6.11)中的 $x$ 就可以了。在这里,$P$ 是猎物种群中受到避难所保护而不受捕食者攻击的部分,改进后的方程如下:

$$\begin{cases}\dfrac{\mathrm{d}x}{\mathrm{d}t} = \dfrac{bx^2}{S_x+x} - \mathrm{d}x - hx^2 - \dfrac{a(1-P)xy}{1+a(1-P)x/f}\\[2ex] \dfrac{\mathrm{d}y}{\mathrm{d}t} = \dfrac{ca(1-P)xy^2}{[1+a(1-P)x/f](S_y+y)} - ey\end{cases} \tag{6.12}$$

(2) 捕食者个体间存在相互干扰:这种干扰主要是指捕食者在搜寻猎物和捕到猎物后取食猎物时的相互干扰。为了把这种情况包括在模型之中,可以对基本模型稍加改进,改进方面

主要是在方程(6.8)中的 $g(x,y)$ 项上添加一个分母 $m_s y$，结果所导出的微分方程是：

$$\begin{cases}\dfrac{dx}{dt}=\dfrac{bx^2}{S_x+x}-dx-hx^2-\dfrac{axy}{1+m_s y+ax/f}\\[2ex]\dfrac{dy}{dt}=\dfrac{caxy^2}{(1+m_s y+ax/f)(S_y+y)}-ey\end{cases}\tag{6.13}$$

其中的 $m_s$ 是一个表明相互作用强度的参数。

(3) 捕食者对猎物数量具有功能反应：捕食者的功能反应与有限攻击能力相结合，通常会导致产生 HollingⅢ型功能反应曲线(即S形曲线)，这在生物学上是有现实根据的，而且已被各种动物(包括脊椎动物和无脊椎动物)所做的实验加以证实。在数学上最简单而合理地描述这一反应的方法是在最初的模型中用 $ax/(q+x)$ 取代搜寻效率 $a$，其中的 $q$ 表示在猎物密度低时 $a$ 的衰减程度，因此改进后的微分方程如下：

$$\begin{cases}\dfrac{dx}{dt}=\dfrac{bx^2}{S_x+x}-dx-hx^2-\dfrac{ax^2y/(q+x)}{1+(ax^2/f)/(q+x)}\\[2ex]\dfrac{dy}{dt}=\dfrac{cax^2y^2/(q+x)}{[(1+ax^2)/f]/(q+x)(S_y+y)}\end{cases}\tag{6.14}$$

(4) 捕食者和猎物的不断补充：在有害动物的生物防治中，捕食者和猎物总是不断地得到补充，以便成功地维持该系统的存在。对自然系统来说，猎物和捕食者也经常会从相邻生境迁入，使本地的种群得到补充。为了把这样一种情况引入基本方程，只要在方程(6.11)的猎物方程中增加一个常数 $W_x$ 就足够了，因此猎物方程就变成了：

$$\frac{dx}{dt}=\frac{bx^2}{S_x+x}-dx-hx^2-\frac{axy}{1+ax/f}+W_x\tag{6.15}$$

其中的 $W_x$ 代表猎物补充率。至于捕食者方程则应相应地增加一个常数 $W_y$(捕食者补充率)，使方程改进为：

$$\frac{dy}{dt}=\frac{caxy^2}{(1+ax/f)(S_y+y)}-ey+W_y\tag{6.16}$$

(5) 系统中存在另一个可捕猎物：由于在自然界纯单食性的动物极为少见，因此把存在另一种可捕猎物的情况包括在基本模型之中便具有很大的实用意义。这里可能有两种情况：一种是捕食者有食物转移现象，即当一种猎物变得稀少时便转而捕食另一种数量更多的猎物；另一种情况是捕食者无食物转移现象。在后一种情况下，模型处理比较简单，只要在方程的猎物密度项中增加一个 $z$(代表另一种对捕食者有效的猎物密度)即可，改进后的微分方程是：

$$\begin{cases}\dfrac{dx}{dt}=\dfrac{bx}{S_x+x}-dx-hx^2-\dfrac{axy}{1+a(x+z)/f}\\[2ex]\dfrac{dy}{dt}=\dfrac{ca(x+z)y^2}{[1+a(x+z)/f](S_y+y)}-ey\end{cases}\tag{6.17}$$

在捕食者有食物转移情况下的模型处理则比较复杂一点，最简单的一种处理方法是将模型中的捕食项乘以 $x^2/(x^2+z^2)$，从而将方程(6.11)修改为下述微分方程：

$$\begin{cases}\dfrac{dx}{dt}=\dfrac{bx^2}{S_x+x}-dx-hx^2-\dfrac{a(x+z)y}{1+a(x+z)/f}\cdot\dfrac{x^2}{x^2+z^2}\\[2ex]\dfrac{dy}{dt}=\dfrac{ca(x+z)y^2}{[1+a(x+z)/f](S_y+y)}-ey\end{cases}\tag{6.18}$$

至此,我们已在基本模型的基础上增加了几个适应某些特定情况的新模型,并在9个主要参数的基础上增加了6个辅助参数,即$P$、$m_s$、$q$、$W_x$、$W_y$和$z$。这几个辅助参数都具有明确的含义,现总结如下:$P$,猎物种群中受到避难所保护而免遭捕食者攻击的部分;$m_s$,捕食者个体间相互干扰的强度;$q$,猎物种群低密度时捕食者搜寻效率的下降程度;$W_x$,猎物种群个体补充率;$W_y$,捕食者种群个体补充率;$z$,系统中另一种可捕猎物的有效密度。

## 三、原生动物中捕食者和猎物关系的实验研究

Gaue(1934)在原生动物领域所做的开创性研究是大家所熟悉的。他选用大草履虫(*Paramecilum caudatum*)作猎物,选用双环栉毛虫(*Didinium nasutum*)作捕食者,实验结果表明:捕食者和猎物之间的交互波动方式与Lotka-Volterra模型所做的理论预测是完全一致的,但这种交互作用的持续时间只有一个多周期,要想维持猎物与捕食者有较长时间的共存,就必须定期从外部补充捕食者和猎物的数量,这表明该实验的设计过于简单化和均一化了。

1973年,Luckinbill对Gause的实验作了改进,他选用双小核草履虫(*Paramecium aurelia*)作猎物,仍选用双环栉毛虫作捕食者。在实验中,他靠在培养液中放入甲基纤维素的方法大大减弱了捕食者和猎物的活动能力,从而使两个种群的相互作用趋于稳定,也使该系统的存在时间延长了好几个周期。此外,他还通过控制猎物的食物(细菌)供应量和扩大实验空间的办法进一步增加了捕食者-猎物系统的稳定性。

Cause和Luchinbill实验设计的特点是空间有限和环境均一,未给猎物提供持久的避难场所。在这种情况下,捕食作用对猎物数量所起的调节作用就很小,要想使捕食者对猎物能够真正起到调节作用,就必须增加环境在结构上的异质性,同时又能保持捕食者有较高的搜寻效率。1973年,Ende采用四膜虫(*Tetrahymena pyriqtorensis*)作捕食者、采用细菌(*Krebsoella aelogones*)作猎物的实验设计基本上做到了这一点。该捕食者-猎物系统可持续存在1100h(相当于捕食者繁衍40个世代的时间)。在这个系统中,猎物的数量显然是在受着捕食作用的调节,因为猎物数量在整个实验期间始终保持在一个低水平上,约等于对照实验猎物数量的万分之一。Ende把该系统能够实现长期稳定共存的原因归之于饲养容器壁具有特定的功能,即它是猎物的一个非常有效的避难所。

## 四、节肢动物中捕食者和猎物关系的实验研究

该领域最初的实验设计是为了验证DeBach和Smith(1941)所建立的数学模型,他们曾用家蝇(*Musca domestica*)及其寄生小蜂(*Nasonia vitripennis*)作为捕食者-猎物系统在连续7个世代期间成功地拟合了Nicholson-Bailey模型。后来,Watanabe(1950)和Burnett(1958)采用各种昆虫及其寄生蜂的不同组合也成功地拟合了Nicholson-Bailey模型。但是这些实验有一个很大的缺点,就是每一个世代的数量都是根据事先确定的$R$值(净生殖率)予以人为"增殖"的,因此这些实验不能真实反映捕食者和猎物相互作用的自然进程,它们仅仅是一种模拟实验,以便估计可能获得的结果。

另一方面,Utida(1957)利用绿豆象(*Callosobruchus chinensis*)和小茧蜂(*Heterospilus prosoprdis*)系统完成了一个重要实验。在实验中,绿豆象和小茧蜂种群实现了有规律的交互波动,持续时间长达110个世代。毫无疑问,这种有规律的交互波动主要是由于两个种群相互

作用而引起的，并清楚地显示了捕食的作用。除此之外，种内竞争也可能是另一个调节机制，因为绿豆象的数量相对于食物（绿豆）量来说有时是很高的，在种群处于波动高峰时，每 20g 绿豆就有多达几百头绿豆象。在这种情况下，很难想象小茧蜂能对绿豆象起主要的调节作用，此时寄主的数量调节则主要依靠种内个体对有限资源的竞争。

在 Utida 的实验工作以后，又陆续有许多人用各种仓库害虫做了大量类似的实验，其中大部分实验在适当条件下都能实现寄主和寄生物的长期共存。Takahashi（1959）的工作特别值得一提，他选用的研究对象是粉斑螟（*Ephestia cautella*）和姬蜂（*Nemeritus canescens*）。他在实验中成功地实现了寄主和寄生物的共存和种群数量较为稳定的交互波动。他采用的措施很简单，就是增加容器内谷物的深度，使深层部位成为粉斑螟幼虫的天然避难所。

除了用昆虫作实验材料外，Huffaket 还选用了六点东方叶螨（*Eotetranythus sexmaculatus*）及其捕食者盲走螨（*Typhlodromus occidentalis*）作研究对象。实验是在许多柑橘上进行的，他采用了特殊的处理：用凡士林作障碍物限制捕食螨在各个柑橘（每个柑橘代表一个小生境）之间进行迁移，并借助电风扇促使植食螨的迁移活动。在这样的条件下，他成功地使两个种群实现了 3 个周期的有规律的交互波动。

1977 年，Takafuji 根据捕食者和猎物在不同小生境间的迁移更清楚地阐明了螨类中捕食者和猎物实现共存的条件。他选用的捕食者是植绥螨（*Phytoseiulus persimilis*），猎物是红叶螨（*Tetranychus kanzawai*），把它们共同饲养于种植着许多株菜豆的生境中。他的实验表明：生境中每个小生境的面积越大（因而小生境的数目越少），捕食螨和植食螨共存的时间就越短。此外，两物种共存时间的长短还同小生境内植株密接程度成反比，即菜豆植株彼此靠得越近，两物种共存的时间就越短。从这些实验不难看出，靠促使猎物迁移和限制捕食者迁移的方法来降低猎物的局部绝灭率是维持捕食者-猎物系统共存的重要条件。

## 五、在生物防治实践中捕食者和猎物关系的研究

在应用昆虫学领域内，人们不断把外来捕食者或寄生物引入自然的或半自然的种群系统，目的是用生物天敌防治害虫。这些研究工作有不少已经获得成功，但也有很多没有获得预期效果。所有这些研究工作都可以认为是在自然条件下对捕食者和猎物相互作用所进行的田间实验。这些应用性研究大大有助于了解捕食者和猎物在自然状态下的相互作用原理。最值得注意的是，在自然状态下，捕食者和猎物间的共存从不像数学模型所预测的那样是一种明显的相互密切制约的周期波动，这可能是因为在自然条件下干扰因素太多的缘故，这些干扰因素掩盖了捕食者和猎物相互作用时所特有的周期波动规律。

另一个明显事实是在很多情况下被引入的捕食者可以成功地保持它们与其猎食对象之间密切的相互作用，这种相互作用不仅可把猎物压制在远低于原来密度的水平上，而且可以在一个相当长的时期内使猎物保持这样的低密度。例如，据 Beddington 计算，在几个成功的生物防治事例中，害虫密度一直被压制在原来密度的 0.3%～3%，如冬尺蠖（*Operophthera brumata*）及其寄生蝇（*Cyzenus albicans*）系统；落叶松叶蜂（*Pristophora erichsoni*）及其寄生蜂（*Olesicampe benefactor*）系统；几个蚧虫及其寄生昆虫系统等。在上述几个实例中，捕食者作为猎物动态的一个死亡率因素都起着非常重要的作用。这意味着捕食者保持较高的搜寻效率很可能是猎物被压制在低密度的重要条件之一。

理论模型告诉我们：捕食者搜寻效率的提高的确可以更有效地把猎物数量压制在低水平上，但这同时会明显降低捕食者-猎物系统的稳定性。如果真是这样的话，那么在上面提到的几个实例中，为什么猎物又能长期维持低密度呢？对于这个问题曾经提出过两种解释：① 生境的异质性可为猎物提供有效的避难所；② 捕食者经常向生境内猎物较多的地方聚集。前一种解释一直受到多数学者的支持，人们普遍认为，生境的异质性具有很强的稳定效应，这在自然界的昆虫中是很常见的。至于后一种解释，至今仍存在争议。例如，Murdoch 等人(1984)曾用引入的寄生蜂(*Aphytis paramaculicornis*)控制了另一种蚧虫红圆蚧(*Aonidiella aurantii*)，在这个成功的生物防治事例中，没有发现寄生蜂有向生境内蚧虫数量较多的小生境聚集的倾向。

## 六、捕食者和猎物关系的主要原理和特点

### (一) 捕食者和猎物的相互作用的主要原理

通过对捕食者-猎物系统的理论分析，我们可以把捕食者和猎物相互作用的主要原理概述如下：

(1) 捕食者和猎物的相互作用对整个系统与其说是起稳定作用，不如说是起扰动作用，这种作用将会导致两物种数量的交互波动。

(2) 捕食者和猎物各自所固有的一些特性和生境特点将以多种方式影响该系统的平衡密度和稳定性。实际上，捕食者-猎物系统是一个充满矛盾的脆弱的统一体，在这个统一体中，捕食者一方面要利用和损害猎物，另一方面其自身的生存和生殖又离不开猎物。

(3) 从理论上讲，捕食者通过自身的调节作用完全可以把猎物压制在低密度水平上，但要做到这一点必须满足以下几个条件：① 捕食者具有较高的搜寻效率；② 猎物的生殖能力较低(但不能太低)；③ 有一个稳定的环境；④ 生境应有一定程度的异质性，以便为猎物提供避难所。

(4) 捕食者-猎物系统自身的矛盾性不可避免地会引起个体与种群之间在协同进化期间的利益冲突。一方面，就捕食者方面来说，进化将会提高它们搜寻和利用猎物的效率，这同时又会因猎物被过量利用而增加整个系统崩溃的可能性；另一方面，猎物的进化总是朝着反捕食和提高生殖力的方向发展，因而有利于减少系统崩溃的危险。现在已有充分的理论根据认为，在捕食者和猎物协同进化的过程中，猎物总是比捕食者超前一步进化，这样便可导致产生一个持久而稳定的捕食者-猎物系统，在这个系统中，捕食者和猎物间可以实现共存。

### (二) 捕食者和猎物相互作用的特点

几乎在理论研究的同时，人们还对昆虫、鸟类和哺乳动物在自然状态下的行为进行了大量的野外观察，积累了丰富的资料。根据这些资料，我们可以对自然条件下捕食者和猎物相互作用的特点总结为以下几点：

(1) 在自然环境中，捕食者和猎物之间不呈现明显的交互波动现象，虽然落叶松卷叶蛾(*Zeiraphera diniana*)、雪兔(*Lepus americanus*)和旅鼠(*Lemmus* spp.)等物种常常表现出明显的数量周期波动，但引起周期波动的原因不是它们与捕食者的相互作用，而是它们与其食料植物间的相互作用。

(2) 一般说来，捕食者作为一种死亡率因素对猎物也是很重要的，但对鸟类和哺乳类等高

等动物所起的作用,相对说来不太明显,这是因为高等动物发展了有效的反捕食对策。

(3) 捕食者作为种群波动的关键因子的重要性通常是比较小的,即使对昆虫来说也是这样。对于大多数鸟类和哺乳动物,捕食者几乎从来不会成为关键因子。

(4) 捕食者作为密度制约因子在调节自然种群中的作用更是微乎其微,目前还没有可靠的证据能够证明有哪一个自然猎物物种是受其捕食者所调节的。对天然物种起调节作用的主要因子是种内竞争、有限的食物或其他资源。

(5) 在自然条件下,猎物从来不像 Lotka-Volterra 模型所指出的那样是同它们的捕食者处于一种动态平衡状态,也不像某些学者所认为的那样是经常受着捕食者的调节。通常,它们是与其捕食者处于一种松散的、但相当稳定的共存状态。

**(三) 上述结论的理论意义和实用意义**

首先我们必须回答:为什么捕食者-猎物间有规律的波动在自然界总是观察不到。毫无疑问,种群交互波动是任何捕食者-猎物系统所固有的特性;但是另一个明显事实是,在自然界存在着许多已被证明能够抑制或干扰这一特性的条件。例如,自然界的任何一种猎物都有不止一种捕食者在捕食它,而且这些捕食者常常又以多种猎物为食;又如,动物的自然生境几乎总是具有很强的异质性,而且时时刻刻都要受到环境周期性或随机性干扰;况且,动物种群结构本身也不是匀质的。由于上述种种条件的存在,自然界的捕食者-猎物系统几乎从不显示出明显的交互波动现象。这些条件也决定着这样一个事实,即动物的自然种群一般是不受其天敌种群所调节控制的,而是与其天敌种群处于一种非调节性的共存状态。

下一个问题是,与有限资源的调节作用相比,捕食者对猎物自然种群的调节到底能起多大作用? 1983 年,Dempster 曾提出过一个一般性结论,认为捕食者作为猎物自然种群调节者所起的作用是很小的或辅助性的,也就是说,控制猎物自然种群动态的基本力量不是处在食物链高位的捕食者,而是处在食物链低位的资源生物(通常是猎物的食物)。这一基本事实能很好说明为什么处于自然生态系统不同营养级的各种生物能够成功地实现共存。

害虫的生物防治实践有其本身的特殊性,而不同于一般的自然物种。人类在生物防治实践中,是把经过严格选择的具有某种新能力的捕食者引入某一生境,而该生境又可经过人类干预使其特别有利于捕食者发挥作用。因此,在这种情况下,捕食者对猎物完全有可能发挥真正的调节作用,并把猎物压制在低密度上。要做到这一点实际上并不困难,最根本的就是要尽可能地提高捕食者的攻击效率。从成功的生物防治实践中,可以总结出以下几个具体标准:① 捕食者对猎物的专食性;② 捕食者要有向猎物高密度地点聚集的行为反应;③ 捕食者与猎物的生活史保持同步化。以上几点是彼此相关的,它们都有利于提高捕食者的攻击效率。

前面我们曾经提到过,生境的异质性是实现捕食者和猎物共存的一个基本条件。但是在制定具体的生物防治计划时,往往并不需要考虑这一点。相反,有时适当地降低生境的异质性反而更加可取,因为生境异质性虽然有利于保持系统的稳定性,但却降低了捕食者的搜寻效率。实践证明,生境的异质性对于保持系统的稳定性往往是绰绰有余的,为了提高捕食者的搜寻效率而采取适当降低生境异质性的措施通常不会影响系统的稳定性。

# 第七章　生境选择和领域行为生态学

## 第一节　动物的生境选择

### 一、什么是生境选择

生境选择是指动物对生活地点类型的选择或偏爱。显然，所有的动物都只能生活在环境中的一定空间范围之内。但是，每一种动物的现实分布状况是通过怎样的过程来完成的，目前生态学家还了解得很少，现在只知道同动物对生境的选择有关。对动物生境的描述可以有不同的精确度，例如，可以描述说一种动物栖息在一株特定的植物上，也可以说它栖息在这一植株上的某一特定部位。显然，在后一种情况下，对动物的分布作了更精确的描述，并常常使用小生境(microhabitat)一词。

动物的生境选择常常可以产生深远影响。动物对一个特定生境的选择可使动物只生活在某一特定环境之中，这有利于动物表现型的定向改造。因此，同一种动物对生境的不同选择往往会引起它们之间基因频率的地方差异，而不同动物对生境的不同选择又往往能增加种间的遗传差异，因为生活在不同生境的物种会受到不同的自然选择压力。此外，生活在一个专一的特定环境中有利于动物积累生活经验，这种学习过程也可扩大种间的遗传差异或使同一物种不同成员的表现型产生差异。表现型通过学习而得到改进可使动物更好地适应它们的生存环境，并可减少自然选择对其基因型的影响。众所周知的是，动物的遗传特征与其生存环境相互作用最终决定着动物的表现型，而一个能影响生境选择的基因也必然会影响动物表现型的其他方面，但这一切过程的原动力就是动物对生境的选择。

从上述不难看出，动物对生境的选择具有多方面的效果。至今，生态学家对生境选择过程及其所引起的生态和进化后果已进行很多研究。本节将介绍这些研究的主要方面,如,生境选择的田野和室内实验;选择生境时所利用的信息;生境偏爱与其他因素相互作用对生物分布的影响;生境偏爱的发育;生境选择的适应意义;广生境物种和狭生境物种以及生境选择在物种形成中的作用等。

## 二、对生境选择的定量描述与验证

地理因素和物种的散布能力将最终决定着一个物种的地理分布范围,但这一分布范围也会因物种间的竞争关系而被改变,而且竞争也会影响物种在地理分布区内的局部分布。生境选择只有在以上的这些框架内才能起作用。显然,生境选择并不能直接决定一个物种的生境分布,因为种内和种间竞争常常会把一种动物从它所喜爱的生境中排挤出去,并迫使它进入不太适宜的生境。有时,一种生物可以在某一特殊的生境中被找到,因为它偶然到达了那里并且存活了下来。肯定还有其他一些个体偶然散布到了其他生境但没有存活下来。这样的过程在植物中肯定是经常发生的,但在动物中却较为少见,因为动物有移动能力,因此在它们生活史的某些阶段可以主动地选择生境。虽然如此,在一些动物中还是可能发生这种情况,例如,成年营固着生活的一些海洋动物,其幼虫的移动能力有限,有时不能把它们带到一个适宜的生境中定居。

### (一) 生境选择的定量描述

生境选择与一个物种在自然界的实际生态分布能有多大程度的相关,这是生态学家非常感兴趣的一个问题。研究这一问题的起点通常是尝试着把动物密度与环境变量联系起来,并注意分析生境差异对竞争物种间的生态隔离能产生多大影响。生态学家普遍认为,分布在同一地区的各个物种,其生态位必然会通过竞争而发生分离,而导致发生生态隔离的原因之一就是各竞争物种之间的生境差异。

对这一问题曾作过许多研究,特别是在鸟类方面。例如,James(1971)、Kikkawa(1968)和MacArthur 等(1962)都采用了多变量统计方法描述鸟类分布与植被性质的关系。在这类分析中,常常把某些可测的生境变量与另一变量联系起来。Green(1971)主张用多判别分析来描述物种间的生境差异,并把这种技术具体用在了对 10 种瓣鳃类软体动物的描述上。在上述的所有实例中,物种之间都存在着生境差异,虽然这些差异的性质和程度有时会有很大变化。当然,从常理上讲,两个物种不可能生活在完全一样的生境中,如果再考虑到生境本身的变化,那么生态隔离就更容易发生了。

只需少量生境变量的不同组合就足够使大量的物种产生生态隔离了。例如,对分布在波多黎各的 7 种安乐蜥(*Anolis* spp.)来说,仅仅根据它们所栖树枝的直径和离地面的高度就可以把它们划分为 3 个生态类群。在每一生态类群内部,其生境结构都是十分相似的,但在生境的遮阴程度上却存在着很大差异(图 7-1)。这些差异反映着它们对温度的不同需要,有些安乐蜥分布在高的枝上和较遮阴的地方,而另一些则栖息在较低的枝上和不太遮阴的地方。但在每一个高度上,不同的种类又栖息在不同类型的枝上。选择的结果便造成了这些物种之间的生境差异。Kiester 等人(1975)在田间用实验法证实了这种选择的存在,但也不排除物种之间存在竞争排除现象。

动物的日活动时间是不是也应当被看成是它的生境的一部分,目前还存在争议,但的确有实例表明,活动时间的差异对生态隔离的形成是有一定作用的。例如,在很多生境中,鸟类虽

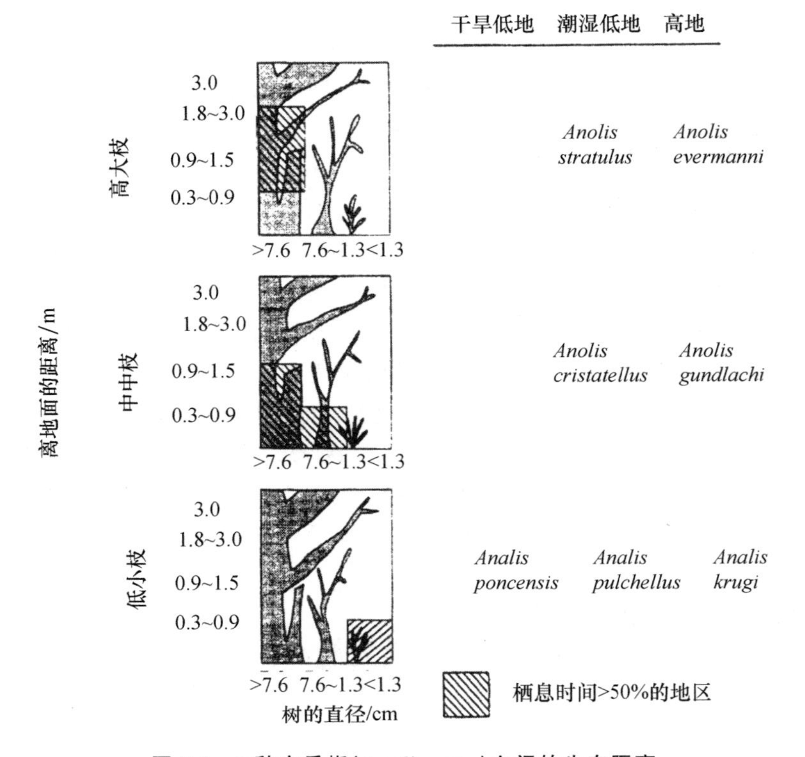


**图 7-1 7 种安乐蜥(*Anolis* spp.)之间的生态隔离**

这种隔离是靠栖枝的高度和特征的组合实现的,可能是 7 种安乐蜥对遮阴条件的不同需要而导致这些差异的形成(仿 Rand,1964)

然在食物上有很大重叠,但有的种类在白天活动,有的种类在夜晚活动,从而大大减少了它们之间的食物竞争。又如,刺蜥(*Sceloporus jarrovi*)的不同个体也在不同的时间进行活动,虽然它们所占有的领域在空间上是重叠的,但它们彼此并不互相干扰。

**(二) 野外实验**

为了证实在自然条件下的确存在着生境选择现象,人们必须先把种内和种间的竞争者从实验样地移走,然后再把实验动物引入实验区,并观察和记录它们都在什么地方活动以及在各活动地点的时间分配。目前能够进行这种实验的还只限于少数动物,主要是一些小哺乳动物。这些实验大都是研究两种或两种以上动物在生境选择上的差异。

1976 年,Douglass 曾在野外研究过田鼠属(*Microtus*)的两个物种对生境的选择。他先围起一片天然植被建立起一个实验围场。实验前先把其他的小哺乳动物移走,然后记录两种田鼠 *M. montanus* 和 *M. pennsylvanicus* 都各在什么地方进行活动。观察结果表明:两种田鼠大部分时间是在具有不同植物构成的植被中度过的,这两种植被同两种田鼠在自然条件下对植被类型的选择是一致的。当两种田鼠生活在一起时,Douglass 还发现了它们之间存在着竞争关系。他的实验表明,两种田鼠对不同生境的偏爱和它们之间的竞争关系都能导致它们在自然情况下生境分布的不同。

对生境的不同偏爱也可以发生在种内不同个体之间,例如,草原鹿鼠(*Peromyscus*

*maniculatus*)可以区分为两个族,其中一个族只能在草地上见到,而另一个族则栖息在林地中。在具有天然植被的围场中,这两个族的鹿鼠也主要是栖息在它们在自然条件下各自所偏爱的植被中。

**(三) 实验室内的实验**

在实验室内可以为动物提供一些半自然状态的生境样方,然后观察动物对这些样方是否具有不同的偏爱。由于我们很难知道在这些样方中是否包含有天然生境所应包含的必要信息(动物就是根据这些信息来选择生境的),因此,这种实验方法有可能导致错误的结论。另一方面,若在实验中得出动物对生境没有选择性的结论,不一定就表明动物在自然条件下没有选择。

这里,我们首先介绍一个鸟类的研究实例。在野生状态下,蓝山雀(*Parus caeruleus*)主要生活在阔叶林中,而煤山雀(*Parus ater*)则主要生活在针叶林中。在实验室中可以把这两种山雀饲养在同一个大鸟舍中,鸟舍中则放置着大量的针叶树枝和阔叶树枝,目的是要观察这两种山雀在选择栖枝时是否会表现出差别。结果,蓝山雀大部分时间都是在阔叶树枝上度过的,而煤山雀大部分时间则是在针叶树枝上度过的,这同自然界的情况是完全一致的(图 7-2)。这里存在一个问题是,Gibb(1957)在实验中把两种山雀养在了一起,所以未能排除种间竞争的影响。据分析,这种影响可能很小,因为鸟舍中只放养了少量山雀,但却放置了大量的树枝。

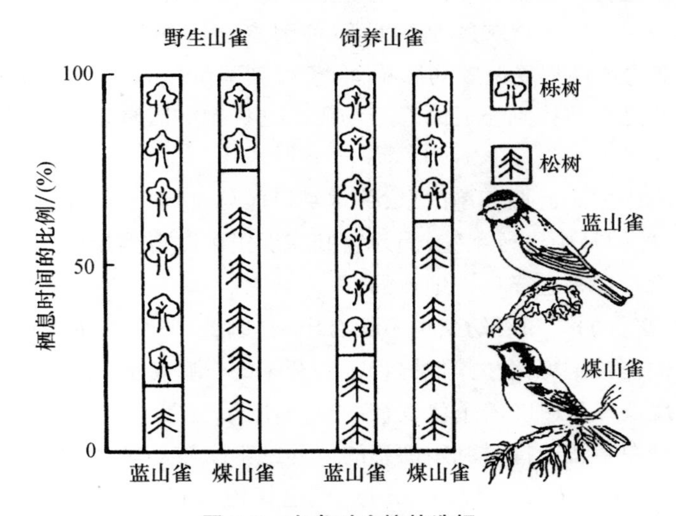


**图 7-2　山雀对生境的选择**

在野生状态和人工饲养状态下,蓝山雀和煤山雀对栎树枝和松树枝的选择。蓝山雀比较偏爱栎树枝,而煤山雀则比较偏爱松树枝(仿 Partridge,1974)

生态学家还用类似方法研究过种内的生境选择问题,如 Mackay 和 Doyle(1978)对多毛纲螺旋虫(*Spirobis borealis*)的研究。他们的研究表明,在自然条件下,有些螺旋虫喜欢栖息在生有岩衣藻(*Ascophyllum nodosum*)的隐蔽场所,而另一些螺旋虫则喜欢栖息在生有墨角藻(*Fucus serratus*)的开阔场所。当把这两个种群螺旋虫的幼虫从野外移入室内饲养并测定它们对这两种藻的选择概率时,证实它们在实验室内的选择同它们在自然界的定居状况是一致的。

如果动物在自然条件下对生境的选择同它们在自然界的分布不完全吻合,那么这种不吻合有可能是因为这种动物在自然界不同生境内具有不同死亡率所造成的。例如,瓣鳃纲的球蚬(*Sphaerium transversum*)在实验室里喜栖泥底,而不太喜欢栖于沙底和沙泥底,但是在自然界,球蚬在这三种水底性质生境中的分布密度实际上没有什么差异。Gale(1971)认为,寄生、捕食和竞争等生物因素对于调节球蚬在自然界的分布所起的作用可能对球蚬对生境的选择更大。当然,球蚬在自然界也有可能是利用在实验室中所不具有的某些提示在选择它们的生境。

## 三、生境选择中的信息利用

通过在实验室内研究各种环境因素与动物分布之间的关系,可以使我们知道自然界中哪些环境因素对动物的分布是重要的,但却不能使我们知道动物实际是在利用着哪些环境信息来选择它们的生境。在自然条件下,要想研究一种因素对动物选择生境的影响而控制所有其他因素是非常困难的,所以迄今为止,这类研究都是在实验室内进行的。

生态学家研究最多的是昆虫对温度和湿度的选择,虽然在实验室内所进行的这种选择有时与动物在自然条件下的分布并不相关,但有一个研究实例却发现了这种相关性。Wigglesworth(1965)曾研究过三种在畜粪内进行发育的蝇幼虫,这三种幼虫在实验室内所选择的温度范围同它们在自然界发育场所的温度范围是一致的。

在有些情况下,决定动物分布的是各种环境因素之间的相互作用。例如,有三种果蝇(*Drosophila*)对温度的选择都受湿度的影响,而条纹刺尾鱼(*Acanthurus triostegus*)对水下栖息深度的选择则要看是否能找到合适的隐蔽场所。这种生态因素相互作用的功能意义将在后面进行讨论。

动物选择生境所依据的近期环境信息,其本身可能只有信号意义而缺乏实际的生态意义。例如,蓝山雀喜欢在栎树林中进行生殖,因为它们在那里可以得到最丰富的食物,但是,蓝山雀并不是直接依据食物条件来选择生殖地点的,因为当它们建立生殖领域的时候,栎树林还没有长出树叶,而它们所喜食的鳞翅目幼虫也还没有出现,因此,它们所依据的近期信息很可能只是栎树的外形或其他能够把栎树和其他树种区别开来的一些特征。

同一个体的生境选择可以随着个体发育而有所不同,这就更增加了生境选择中利用信息的复杂性。同属物种在生境选择时利用信息的差异常常比较简单,例如,森林百灵所选择的生境必须有少量树木,而云雀(*Alauda arvensis*)只选择没有树木的草地栖息。著名鸟类学家Lack(1971)认为,这种简单的差异可能是受遗传控制的。但在信息利用比较复杂的情况下,动物对生境的选择是很难受遗传控制的。

## 四、生物间的相互关系对生境选择的影响

种内和种间竞争、捕食和寄生等因素常常会改变动物的分布状况,使动物的实际分布不能与它们所偏爱的生境完全吻合。一种动物选择什么样的生境以及对这种生境的偏爱程度,很可能是这种动物同其他动物进行竞争的结果(部分原因)。可以想象,如果一个具有竞争优势的新物种(A)进入了另一物种(B)的生境,那么 A 物种就会迫使 B 物种在生境选择上尽量避免同 A 物种发生重叠,自然选择也将会有利于 B 物种中那些在生境选择上与 A 物种有所不同的个体。

### (一) 种群密度和种内竞争

种内竞争对生境选择的影响是比较复杂的,随着种群密度的不同,动物对它们所偏爱和不太偏爱的生境的利用程度也就有很大不同。如果种群密度很低,那么该种动物所偏爱的生境就可能得不到充分利用,在这种情况下,其他生境就更不会被占有。不过我们很难用实验来证实某个生境内没有某种动物是因为该生境根本不适合这种动物生存,还是由于这种动物的种群密度太低而未得到利用。如果动物的种群密度各年不一样,那么在低密度年份,种群所占有的生境范围就会缩小,因此可以说,在这些年份未被利用的那些生境肯定是它们所不太偏爱的。这里我们不妨用生活在北极地区的旅鼠(*Lemmuse trimucronatus*)来加以说明:旅鼠的种群数量有极明显的周期波动,在数量高峰年份,所有的陆地生境都会被占有;而在数量稀少年份,旅鼠便只占有那些最适宜的生境。

苍头燕雀(*Fringilla* spp.)和大山雀也是这样,这两种雀形目鸟类在松林中的年波动强度比在混交林中大。这表明,松林生境是否被利用以及被利用的程度将视种群密度而定,而混交林则总是被充分利用着。春天,苍头燕雀总是先占领混交林,然后才去占领针叶林。这再次说明混交林是这些小鸟最偏爱的生境。当种群密度进一步增加的时候,就会出现种群数量过剩现象,这意味着将会有一部分个体因占不到合适的生殖场所而不能进行生殖。

如果种群密度很高,同时又有很多该种动物所不太偏爱的生境可供利用,那么这些不太适宜的生境就会被一部分个体所占有。一般说来,如果动物所选择的生境都是比较适宜的,那么相对说来,在适宜程度更高的生境内,种群的密度也就更高。

### (二) 种间竞争

#### 1. 种间竞争的间接证据

与其他物种存在竞争关系也会影响一个物种的生境分布。如果两个物种的分布区紧紧相邻而又不发生重叠,这常常是因为这两个物种的生态学特征太相似,因此不能在同一地区共存,这是自然界物种之间存在竞争关系的一个间接例证。在少数情况下,分布区相邻接的两个物种,其生境会存在一些差异,但这种差异通常是与两个地理区域的环境差异相关,这种情况在以果实为食的鸟类中较为常见。如果两个近缘物种有一部分分布区互相重叠,那么通常会发现在重叠分布区内两个物种对生境的选择会存在一定差异;而在非重叠分布区内,这种差异往往是不存在的。可见这种差异是两个物种相互竞争的产物,它将有可能使两个相似物种在同一地区内共存。在田鼠属(*Microtus*)中就存在着这种情况。

竞争关系影响生境分布的间接证据还来自岛屿的所谓竞争释放现象。一般说来,岛屿上的动物区系与附近大陆动物区系相比是比较贫乏的,但岛屿动物对生境的利用比较宽广,这一现象已被很多人的研究所证实。这就是说,由于岛屿生物间的竞争不太激烈,生物便有可能扩展自己的生境范围。不过在做这种解释的时候需要特别小心,因为岛屿生境的性质可能与大陆有所不同。

1977年,Werner在一个湖泊中也发现了三种鱼类因种间竞争而导致生境分离的间接证据。这三种鱼类所吃的食物平均大小是不同的,Werner首先调查了这些不同大小的食物在湖泊里的分布,然后计算这三种鱼为食物而进行竞争的激烈程度,并根据物种集聚原理(species packing)预测,其中两种鱼,即黑鲈(*Micropterus salmoides*)和蓝鳃太阳鱼(*Lepomis macrochirus*)可以共存,而第三种鱼即绿鳃太阳鱼(*Lepomis cyanellus*)则不能与其共存,因为它所吃食物的大小介于前两种鱼之间,因此同每种鱼都存在食物竞争。为了验证这一预测,Werner 对这三种鱼的生境利用情况进行了定量分析,发现黑鲈和蓝鳃太阳鱼的生境是完全重叠的;而绿鳃太阳鱼则生活在湖岸附近很浅的水域中,其生境同前两种鱼截然不同。

2. 种间竞争的直接证据

在实验中如果把两个相互竞争物种中的一个移走,那么就可能对竞争的排除作用提供直接的证据,这种实验方法曾广泛地用于研究小哺乳动物的生境分布。一般说来,田鼠属(*Microtus*)和䶄属(*Clethrionomys*)常常占有不同的生境,田鼠生活在开阔草原或草地,而䶄则栖息在森林中。有趣的是,在田鼠和䶄(*C. gapperi*)共同居住的岛屿上,它们各自生活在自己所偏爱的生境中,但是,在只有田鼠或只有䶄居住的岛屿上,它们同时也会占有通常是另一属所偏爱的生境,即田鼠也生活在森林中,而䶄也出没于草地。

田间实验表明,䶄和鹿鼠(*Peromyscus maniculams*)常因田鼠(*M. pennsylvanicus*)的存在而无法进入草原。但如果在一个人工围场内把田鼠移走,䶄和鹿鼠就会自然迁入。Morris(1969)用类似实验也证实,田鼠之所以不能进入森林是因为䶄的竞争。

因种间竞争而引起生境隔离在海洋蔓足类动物中也看得很清楚。一般说来,茗荷儿(*Chthamalus stellatus*)栖息在潮间带较高处的岩石上,而藤壶(*Balanus balanoides*)则占据较低的位置。如果把后者从岩石表面清除干净。那么在没有藤壶竞争的情况下,茗荷儿也能在那里定居。同时,这两种蔓足类甲壳动物之间的种间竞争会由于荔枝螺(*Thais lapillus*)的捕食作用而减弱,因为荔枝螺可以同时控制茗荷儿和藤壶的种群大小。

种间竞争可以导致动物利用三维环境空间中的不同部分。当多种鸟类经常在同一群落中觅食时,通常都各有各的觅食空间,彼此很少发生干扰;但如果在这个自然形成的混合鸟群结构中缺失了一种鸟,那么与它相邻的那种鸟就会占领它的觅食空间。Jenssen(1973)在两种安乐蜥(*Anolis opalinus* 和 *A. linatopus*)中也发现了类似的竞争关系,在后一种安乐蜥存在的情况下,前一种安乐蜥就会被排挤到植被的高处去栖息。这是一种明显的种间竞争排除现象。

## 五、生境选择中的遗传因素和后天获得性

据目前研究所知,动物对生境的选择具有一定的遗传性和后天获得性(即可借助于在特定环境中的早期生活经历而改进)。如果把两种动物饲养在同一环境中,发现它们对生境的选择有所不同,那么这种差异大都是由遗传所决定的。例如,把从未在自然植被中生活过的蓝山雀和煤山雀关在同一个鸟舍中,鸟舍内放置栎树枝和松树枝,观察记录表明,煤山雀大部分时间都停栖在松树枝上,而蓝山雀则主要停栖在栎树枝上。这种不同的选择同这两种山雀在自然条件下对生境的不同偏爱是一致的(蓝山雀偏爱阔叶林,而煤山雀则偏爱针叶林)。

对生境的不同偏爱有时也表现在种内,例如,鹿鼠(*Peromyscus*)中的两个族对草地和林地的不同偏爱就是可遗传的。实验表明,如果鹿鼠在生长发育的早期就生活在它们所偏爱的生境内,那么这种偏爱就会得到进一步加强,可见,动物的早期生活经验对生境选择具有一定影响。这种现象在昆虫、鱼类、两栖类、鸟类和哺乳动物中都有发现。

动物对生境的选择也可通过学习和社会文化继承而有所改变,例如,槲鸫(*Turdus viscivorus*)在德国最初只栖息在针叶林中;到 1925 年人们发现,这种鸟已开始出现在农垦区的小片阔叶林中并能在那里营巢生殖;后来又发现它们在城市公园中繁殖了起来,与此同时,

槲鸫种群的分布区迅速扩大，数量也增加得很快。显然，这种变化是通过学习和子代对亲代的文化继承而引起的。

## 六、生境选择的适应意义

为了证明生境选择具有适应意义，就必须证明动物所选择的生境能够最大限度地有利于动物的生存和生殖。从某种意义上来讲，一个适应性特征也必须是能够遗传的。生境选择也和任何其他表现型特征一样，可以通过多种方式传递给后代。例如，蓝山雀幼鸟不仅可以从双亲那里继承对栎树的偏爱，而且还可以继承一种倾向性，即倾向于选择它们早期曾经在那里生活过的树林（是双亲把它们带到那里去的），而且，如果它们发现那里的食物最丰富和天敌最少，它们也会形成对这些生境的偏爱。

要想比较一种动物在不同生境内的存活和生殖情况（即比较适合度大小），往往是很困难的，因为只要有好的生境可供利用，动物就不会去选择那些不太适宜的生境。但是如果不进行这种比较，那就不可能说明动物适合度的差异是由于生境选择引起的。所以至今为止，这方面的研究实例并不很多。此外，还有一个在种内进行比较的问题，如果在种内个体之间对适宜生境也存在竞争的话，那么肯定会有一些个体被迫进入不太适宜的生境中去生存，而那些在适宜生境中定居的个体就会有较高的适合度。下面介绍这方面的几个研究实例。

### （一）研究实例

#### 1. 桦尺蠖

桦尺蠖（*Biston betudaria*）是鳞翅目尺蛾科的一种昆虫，这种蛾子在工业污染地区曾出现过一个黑色突变体，后来这种黑色蛾子的数量就越来越多，直到占了种群的绝对优势，而非突变体的灰色蛾则只能在非污染地区才能见到，这两种类型蛾子的颜色差异是受一个主要位点控制的。如果把这两种类型的蛾子同时放在鸟舍不同颜色的背景中，那么，食虫鸟就会更多地捕食那些体色与背景色差异较大的蛾子。如果把人工标志的蛾子释放到受污染地区的森林中，那么灰色蛾子的重捕率就会比在正常情况下所预测的要低。另一方面，在未受污染的树林中，黑色蛾将会以极快的速度被淘汰。这一事实主要是由于鸟类对这两种颜色蛾子的不同捕食率引起的。在受污染的树林中，树干上的灰色地衣已被杀死，使树干由灰色变为黑色，因此停歇在树干上的灰色蛾就很容易被鸟类捕食；而在非污染地区，由于树干长满地衣而呈灰色，因此黑色蛾更容易被鸟发现。

在大多数树林中，树干的颜色是灰色和黑色兼而有之，在这种情况下，如果蛾子能够选择同自己身体颜色一致的背景色，这显然是一种很好的生态适应。Kettllewell 等人（1977）曾用实验表明：灰色蛾选择浅色背景的频率比黑色蛾高，虽然差异并不很大。目前我们还不能十分背定黑色蛾对于黑色背景和灰色蛾对于浅色背景是不是具有特殊的偏爱，如果有的话，那么控制这种偏爱的基因和控制黑化的基因一定是密切联系在一起的（连锁遗传）。如果这两个特征彼此分离，那就会导致适合度下降。

#### 2. 海洋多毛纲动物——螺旋虫幼虫

一般说来，动物所选择的生境是具有一定适应意义的，但是正如我们已经指出过的那样，最适生境的选择可能因种间竞争而受到限制。另外，当这些最适生境的数量较少时，动物要找到它们就需要花费很多时间，这就意味着要付出较大代价。也许正是由于这个原因，螺旋虫

(*Spirorbis borealis*)的幼虫期所经历的时期很短,虽然这个时期是螺旋虫选择生境的唯一机会,但这个时期也是遭受捕食最厉害的时期。因此,对螺旋虫来说,缩短浮游期减少死亡率可能比延长浮游期以便选择一个更好的生境更为重要。海洋无脊椎动物幼虫常常有一个自由探索期,这个探索期可以保证动物选择一个较好的生境,其好处足以弥补因探索期死亡率较高而造成的损失。

1978年,Mackay 和 Doyle 曾研究了这种海洋多毛类动物——螺旋虫幼虫对生活基底的选择,他在实验室内提供两种基底藻类,即囊叶藻(*Ascophyllum*)和墨角藻(*Fucus*),然后观察螺旋虫幼虫对这两种藻类的定居概率。观察表明,若螺旋虫成虫生活在隐蔽地点,其幼虫喜欢选择囊叶藻定居;若螺旋虫成虫生活在开阔地点,其幼虫喜欢选择墨角藻定居。一般说来,螺旋虫对墨角藻的黏附性比对囊叶藻更强,特别是在水流湍急的地方。在隐蔽的地点通常只生长着囊叶藻,而在开阔地点则两种藻类都有生长,因此在开阔地区,螺旋虫更喜欢选择墨角藻定居,因为它们更容易黏附在其上。螺旋虫种群对基底性质选择上的差异,部分是受遗传控制的,影响生境选择的优势基因可以发生遗传性变化,以便在每一个生境中都让那些能做出有利选择的基因占有优势。

**3. 蜂鸟**

在自然条件下,如果一个物种的生境选择变化很小,以致难以进行比较分析的话,那就可以做些人为处理。这方面的一个研究实例就是关于两种蜂鸟的巢位选择问题,这两种蜂鸟总是把巢安置在树枝下面。为了弄清这种巢位选择的生态意义,Calder(1973)曾把用泡沫聚苯乙烯做成的巢放置在不同的地方,然后对巢周围的环境条件进行测定。结果发现,鸟巢上方的树枝能够相当有效地减少巢中能量的散失,同时也可减少对流的热损失。由于蜂鸟的表面相对于体积来说很大,因此减少散热对蜂鸟的生存具有重要意义。

**4. 果蝇**

在自然界,有些环境因子相互作用对生物的存活有着综合性的重要影响,有不少人曾对此做过实验分析。例如,Parsons(1977)曾研究过三种果蝇(*Drosophila*),发现当它们处在干燥空气中时比处于湿润空气中时更喜欢选择低温。如果在实验开始前,一直让它们生活在干燥的大气中。那它们也会选择比较低的温度。高温会加速果蝇的失水过程,所以在实验前或实验期间使它们处于干燥环境中时,它们就会选择较低的温度,这种选择是防止水分丢失的一种适应。但 Paisons 还不能把三种果蝇对温度和湿度的不同选择与它们在自然条件下的选择联系起来,或与它们在不同条件下的存活和生殖成功率联系起来。部分原因可能是因为我们对野生果蝇微生境的了解很不够。

**5. 山雀**

通过物种间的比较研究也可以获得不少关于生境选择功能意义方面的知识。蓝山雀与煤山雀相比更偏爱阔叶林;反之,煤山雀则更偏爱针叶林。通过在实验室内的观察,两种山雀的取食技巧存在着明显差异,每一种山雀都比另一种山雀更善于利用它们自己生境中存在的食物类型,这种差异看来是遗传的(图 7-3)。如果在蓝山雀和煤山雀之间存在着食物竞争的话,那么,这种情况就可以证明,它们的生境选择的确是具有适应意义的。

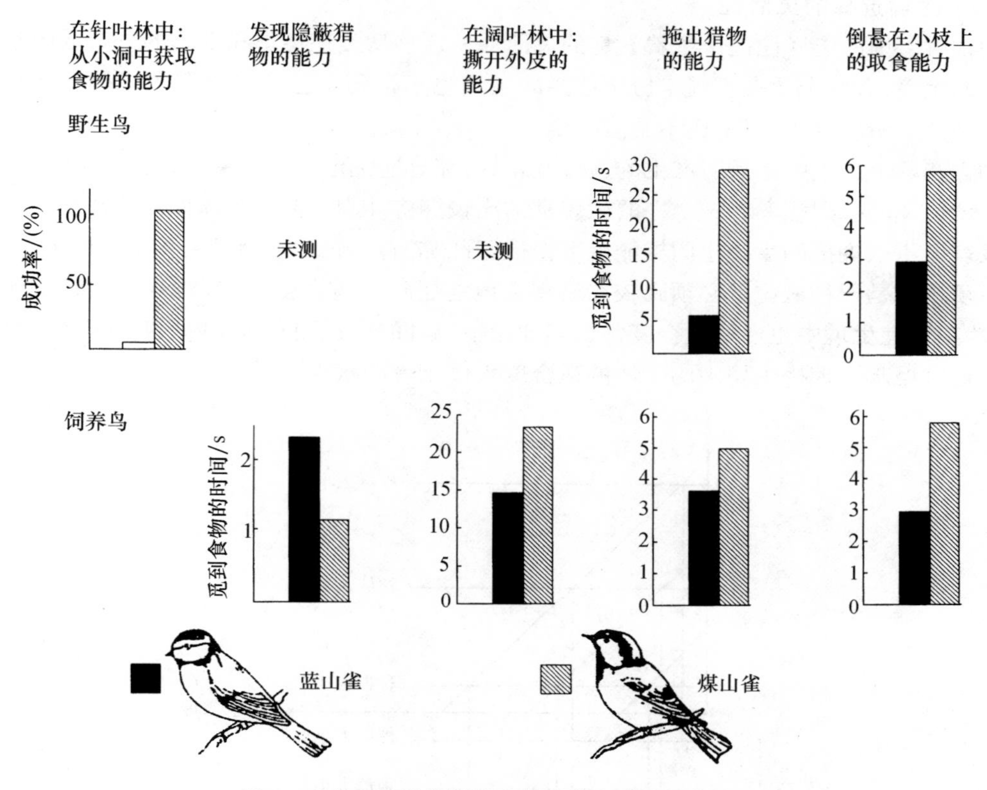


**图 7-3　野生和饲养的蓝山雀和煤山雀的取食技巧**

煤山雀生活在针叶林中，以小昆虫为食需要敏锐的视力，善于从小洞中取出食物；蓝山雀生活在阔叶林中，所需取食技巧与煤山雀不同，它能把身体悬挂在叶片和小枝下，善于撕开外皮拖出食物。本图是在实验室内设计一系列的取食地点，以便测定两种山雀的取食技巧(仿 Partridge,1976)

## (二) 动物应当如何选择生境?

前面我们已经谈到了动物选择一个特定生境的适应意义，但是，动物最偏爱的生境可能因其他竞争物种的存在而难以获得或受到很大限制。当适宜生境的数量很少时，动物也很难找到它。为了找到一个最适宜的生境而花费太多的时间对动物来说也是所付出的一种代价。这就是为什么来自隐蔽地区的螺旋虫幼虫要比来自开阔地区的幼虫会更快定居下来的原因，如果浮游期(即探索期)的死亡率很高，那么很快定居在一个只有囊叶藻生长的隐蔽地区，就会大大减少死亡率。但如果浮游期延长一些就有可能在一个开阔地区找到更有利的墨角藻定居，这其中就有一个利弊权衡问题。随着探索期的即将结束，浮游幼虫对定居点的选择余地就会越来越小。过早地选择一个不太适宜的生境定居，虽然会大大减少找不到定居生境的风险，但同时也会大大减少找到一个更好生境定居的机会。Levins(1968)曾经考虑过这样一种情况。即有两个生境可供选择，而动物进行选择的时间又是有限的，过了这个时间它就会死亡。在这种情况下所得出的结论就是：如果动物的搜索能力很低或者两个生境的适宜性差异很小，动物就应当选择那个适宜性较小的生境定居。

### (三)生境选择的灵活性

动物对生境的选择往往保留着一定的灵活性。迁移鸟类在冬季和夏季的分布区内常常选择不同的生境,有些个体在不同年份所选择的生境也不相同。这种差异在多大程度上是由选择和种间竞争所决定的,目前还不十分清楚。

动物在两个生境中生活所产生的适合度差异,部分地决定于种群密度,有时也决定于影响动物生境选择的基因频率。一个好的生境常常比较拥挤,因此,新来个体如能选择一个虽然适宜性较差但不很拥挤的生境也同样能生活得很好(图 7-4)。正如前面已经指出过的那样,要想证明生境选择是一种适应就必须比较在适宜生境定居时的适合度,但有时这种比较却无法进行,因为在适宜生境中生活的适合度常因其他竞争物种的存在而有所下降,甚至下降到与生活在不太适宜但却不拥挤生境中的个体的适合度大体相等的水平。

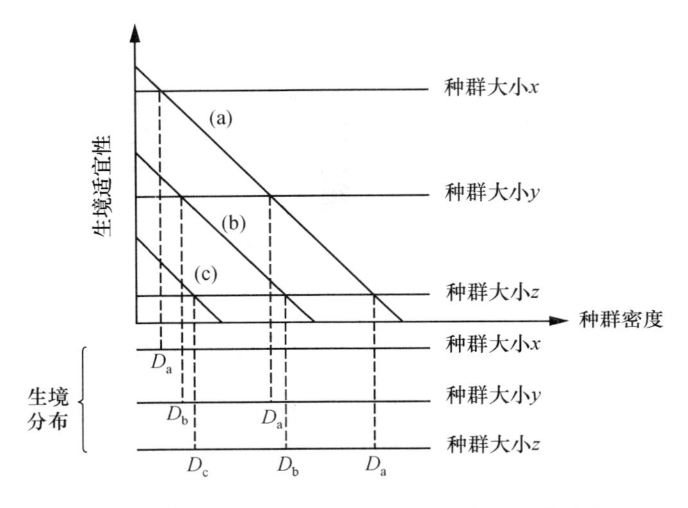


**图 7-4 种群密度对生境适宜性及生境分布的影响**

(a) 高适生境;(b) 中适生境;(c) 低适生境。水平线代表种群总体大小,$x<y<z$,同一水平线上的各交叉点适宜性相等,低适生境的适宜性靠种群密度较低而得到补偿。动物在三个生境中的密度表示在图下部的生境分布轴上。$D_a$:生境(a)中的密度;$D_b$:生境(b)中的密度;$D_c$:生境(c)中的密度(仿 Fretwell 和 Lucas,1970)

前面曾经说过,有些动物对幼年生活过的生境具有特别的偏爱,这种行为显然具有适应意义。对于那些只在一种生境中定居的动物来说,借助于幼年期的学习,选择这一生境可能比借助于遗传更为容易。凡是这类物种,其个体都是根据幼年期的生活经历而选择生境的。对于那些生活在多种生境(适宜性不同)中的动物来说,其幼年个体可能是在一个不太适宜的生境中成长的,因此,它不应当对这样的生境产生偏爱,而应当偏爱那些更好的生境,但在找到更好生境之前也能在这样的生境中生活和忍耐。但至少有一种动物的行为与此相悖,这就是大山雀。在矮树篱和灌木丛中进行生殖的大山雀,其生殖成功率一般不如在森林中进行生殖的个体。尽管如此,在这里生殖过的成年山雀却很少迁入森林。似乎,动物在哪里生殖就对哪里的生境更加偏爱,好像生殖成功本身给了动物一个信息。这一现象可以说明,为什么占有多种生境的鸟类,其幼鸟常常选择同它们双亲所选择的生境相类似的生境进行生殖。在某一特定生境能够顺利长大,这一事实本身可能已暗示出了该生境是一个适宜的生境,虽然还可能有比这更好的生境。

还有另一个理由可以说明为什么动物常常选择一个最初并不是最适宜的生境，这就是动物在早期的生活经历中可以熟悉各种资源和隐蔽场所，学会如何捕食以及学习其他各种有用的生活技能。如果动物一开始是在一个并不是最适宜的生境内学会的这些技能，由于这些技能增加它的适合度，也就增加了这个生境对它的价值，并可能转化为对它来说是最适宜的生境，因为此时它如果转入一个最适生境重新开始学习这些技能，其所达到的适合度不一定会比原来高。但动物无限期地留在最初所选择的生境中是否有利，这就要看所获技能的水平、学会新技能所需要的时间和在两个生境中生活时的适合度差异了。

如果生境的质量是随地点和时间而变化的，那么动物若经过对各种生境的取样(依据食物和其他因素)之后再决定生境的取舍将是一种明显的适应性行为。因此，对于生活在多种生境中的物种来说，借助于学习选择生境最为有利。在这种情况下，动物对生境的选择常常主要决定于动物的学习过程，而不是主要决定于动物的遗传性。但在通常情况下，遗传性决定着大范围内的生境选择，而学习和取样行为则决定着动物小范围内的生境选择。

## 七、在生境选择上的泛化种和特化种

上面介绍的几个实例都说明，动物在它们自己所偏爱的生境中可以生活得更好。这里所说的泛化种实际上是指广生境物种，而特化种则是指狭生境物种。如果没有竞争者存在，一个泛化种对生境的利用可能就更加广泛。例如，蓝山雀也能在针叶林中生存。如果排除了更适应在针叶林中生活的煤山雀的竞争，蓝山雀就会生活得更好，数量也会更多。但有时，竞争对动物在特定环境中的分布却起不了什么限制作用。例如，由于捕食作用，灰色型的桦尺蠖在污染特别严重的地区就根本无法生存。在极端情况下，动物的分布也受生理特点的限制。例如，大多数鱼类因不能利用空气中的氧气而只能生活在水中。

一种动物所利用的生境宽度当然要受构成物种的个体行为的影响。Roughgarden(1972)曾经指出：一种动物占有广泛的生境范围，既可以依靠每一个个体的广生境利用特性，也可以依靠个体间的分化，即每一个体都特别适应于利用一个特定生境。如果是后一种情况的话，在广生境物种中就必然会出现多型现象。这一思想导致后来提出了生态位变异假说(niche variation hypothesis)。该假说认为：由于歧化选择(disruptive selection)的作用，具有广生态位的物种比具有狭生态位的物种更容易发生变异。有人支持这一假说(如 Rotbstein，1973，Grant 等，1976)，但也有人反对(如 Willson，1969；Soulé 和 Stewart，1970)。要想充分验证这一假说又十分困难，为此，必须比较来自不同地区的同一物种或不同物种的种群的个体数量，以便证明某些物种的生境利用比另一些物种更宽；此外，还得证明在生境利用的某些特征上，宽生境物种比狭生境物种具有更多的变异性。

有一个极好的实例可以满足上述的严格要求。Grant 等人(1976)曾分析了生活在加拉帕戈斯群岛中 Daphne 岛和 Santa Cruz 岛上中嘴地雀(*Geospiza fortis*)的数量。他们发现，生活在 Santa Cruz 岛上的地雀比生活在 Daphne 岛上的地雀，其喙的大小更容易发生变异，而这种变异又是与地雀在 Santa Cruz 岛上占有极宽的生境相联系的。很多生态学家都认为，具有高度异质性的环境有利于选择广生态位的物种生存。例如，在温度、光和食物颇多变化的异质性环境中，果蝇种群的杂合性(即异型接合性)比较强，而在这些因素较少变化的环境中则与此相反。

人们通常认为,热带动物所生活的环境比较稳定,而温带动物所生活的环境比较多变,因此,热带地区动物的生态位应当比较窄,而温带地区动物的生态位应当比较宽。这一思想同样也可应用于分析大陆动物和岛屿动物。有人还认为,一个群落存在时间的长短也是影响群落中动物生态位宽度的一个重要因素。生活在古老群落中的动物应当比生活在年轻群落中的动物具有较窄的生态位,这是因为物种形成需要时间,而且随着新物种的出现和物种多样性的增多,每个物种的生态位就会越来越窄。

## 八、生境选择和物种形成

在文献中曾出现过几个歧化选择模型,这些歧化选择都是由于同一种群占有几个不同的生境而引起的。模型表明:如果各生境内的个体表现型具有不同的适合度,那么随着各生境内种群的基因频率达到不同的平衡状态,就可能出现多型现象。这种基因频率的差异即使是在各生境之间缺乏基因交流的情况下也能得到维持。这些研究显然与生态位变异假说有关。

目前,无论是在实验种群还是在自然种群中,都曾经获得过与这些歧化选择模型相一致的结果,例如,黄猩猩果蝇(*Drosophila melanogaster*)的实验种群在经历了对腹侧鬃数目的歧化选择后已经发生了多型变化。有很多例子可以说明在野生的杂种生殖群之间存在着基因频率差异。例如,在鱼类种群中就存在着与气候相关的异合子频率的地方差异。美洲鳗(*Anguilla rostrata*)的各地方种群也具有不同的基因频率,但所有种群都迁往同一生殖地进行生殖,因此,这种种群之间的遗传差异可能是由于各生境内不同的自然选择压力引起的。雪雁(*Anser caerulescens*)的不同地方种群也有不同的基因频率,并影响羽毛的颜色。如果在雪雁配对期间把来自各地方种群的个体混杂在一起,那么它们仍能通过选型交配(assortative mating)而保持基因频率的地方差异。

不同地方种群基因频率的差异往往是由影响生境选择的那些基因引起的,因为如果一个动物能够选择一个最适合于它生存和生殖的生境,它就会留下较多的后代,也就是说,决定这一生境选择的基因就能在后代的基因库中占有更大的比例。对这一现象虽然还缺乏直接的实验证据,但在实验室内对家蝇(*Musca domestica*)所做的实验却得到了类似的结论。Pimentel 等人(1967)所做的这个实验非常巧妙,他们把家蝇饲养在两个彼此相通的盒子里,其中一个盒子里放置 10 个小玻璃瓶,9 个小玻璃瓶里放鱼肉,1 个小玻璃瓶里放香蕉,目的都是为了引诱家蝇产卵。当家蝇在 10 个玻璃瓶里产卵后,只让产在香蕉上的卵得到发育,另一个盒子则刚好相反,9 个玻璃瓶里放香蕉,1 个玻璃瓶里放鱼肉,只让产在鱼肉上的卵得到发育。结果,这个家蝇种群在实验过程中像预料的那样发生了歧化,出现了两个亚种群,其中一个亚种群喜欢在鱼肉上产卵,而另一个亚种群喜欢在香蕉上产卵,尽管在实验期间有 15%的个体迁移率。

如果环境发生了变化或者动物对生境的偏爱一时发生了变化,那么种群内的一部分个体就可能去占有一个新的生境。这时。生境偏爱对于导致同地分布种群之间的生殖隔离就会起重要作用。下面以双翅目昆虫实蝇属(*Rhagoletis*)中的各物种的物种形成过程来说明这一问题。实蝇属中有一部分物种具有共同的寄主——胡桃树,虽然它们共同生活在同一树种上(可看成是生境相同),但不同种类的实蝇都有不同的色型,这些色型区别显著,因而能够有效地保持它们种间的生殖隔离。该属其余的种类,每一种都独自寄生在一种不同的果树上,但它们彼此的体态和色型却十分相似。显然,这些形态相似的实蝇的物种形成过程都毫无例外地伴随着朝新生境(指属于不同科的果树)的转移。美国自从引入苹果树后,一种寄生在苹果树上的新的实蝇亚种就是从本地一种实蝇分化出来的。另一个新亚种也已通过生境转移而定居在李树上。通过生境转移(指寄主植物转移)而导致的物种形成将会产生一些形态相似的新种实蝇,因为生境的选择同时也决定了配偶的选择,因为实蝇都是在它们所寄生的果树上交配的。如果一种果树上只有一种实蝇定居,那么交尾就只能在同种个体之间进行(生殖隔离),这样,实蝇的色型就不可能发生演变。

Huettel 和 Bush(1972)通过让两种单食性实蝇进行杂交,发现这两种实蝇对寄主植物的选择是受单一位点(locus)控制的,因此,这些昆虫在生境选择上的改变只能与少数能影响寄主选择的关键位点的变异有关。Bush(1974)认为,寄主选择的改变对很多同域分布的寄生昆虫(寄生于植物或动物)的物种形成过程起着重要的作用。

歧化选择对于同域分布动物的物种形成过程很可能起着特别有效的作用,在这些地区往往涉及很多不同的寄主植物和动物。这里的生境提供了不连续的选择压力,从而可同时影响很多位点。沿着一个连续体的大多数生境彼此都不相同,因此,对于占有一个以上生境的种群可能会产生强度较小的歧化选择。

在常规的地域性物种形成期间,生境选择也起着一定作用。当两个物种是异域分布的时候(即分布区不重叠),种群间的生境选择差异就会加大,待后来两个种群来到一起时,这种生境差异就会扩大它们之间的生殖隔离。生境选择的差异对于决定新物种之间共存的性质也很重要。一般认为,物种在同一地理分布区域内的共存必须伴随着这些物种之间的某些生态差异,而保持这些差异的方法之一就是选择不同的生境。一些近缘物种的地理分布区总是紧紧地毗连在一起但彼此又不重叠,这就是所谓的邻接性异域分布(contiguous allopatry)。美国的衣囊鼠属(*Thomomys*)就属于这种分布类型。这表明各物种的生态需求太相似了,以至于激烈的竞争不可能使它们同时生活在一个地区。如果两个物种的分布区发生重叠,那么经常可以发现它们对生境的选择会有所不同。有些鸟类的种间隔离主要是靠分布区的隔离,如果分布区有少量重叠,那它们在重叠分布区内的共存则靠选择不同的生境。还有一些鸟类的种间隔离则主要是靠生境选择上的差异,因为它们的分布区大部分是重叠的,只有少数不重叠。一般的规律是:重叠分布区内各物种间对生境选择的差异要比非重叠分布区明显。这一事实表明:生境选择是导致各物种分布区重叠的一个重要因素。例如,在 Canary 群岛上,蓝燕雀(*Fringilla teydea*)生活在 Gran Canarsa 和 Tenerife 两个岛的针叶林中,而欧燕雀(*Fringilla coelebs*)虽然也生活在这两个岛上,但却只出没于阔叶林中。在该群岛的其他两个岛上(即 Gomera 岛和 La Palma 岛),只有欧燕雀而没有蓝燕雀,在这种情况下,欧燕雀的生境既包括针叶林也包括阔叶林,这表明在两种燕雀共存的岛屿上,蓝燕雀把欧燕雀从针叶林中排挤了出去。在某些情况下,同域分布物种的生境需求也非常相似,以至于它们不得不各自独占一个领域,不允许对方侵入。

总之,物种形成过程只有在种群中的一部分个体与其他个体产生生殖隔离的时候才能发生,而生殖隔离主要是由于地理隔离引起的;但是,生境的分隔也是物种形成的一个有效机制。如果一种动物占有两个或更多的生境并因此产生了一些遗传差异,我们就可以把这看成是物种形成的早期阶段。

# 第二节　动物的领域行为

## 一、领域的概念和特征

动物竞争资源的方式之一就是占有和保卫一定的空间(或区域),不允许其他个体侵入,而在这个空间内则含有占有者所需要的各种资源(图 7-5)。这样的一个被动物所占有和保卫的空间或区域就叫领域(territory),而动物占有领域的行为和现象就叫领域行为和领域性(territoriality)。对领域还曾提出过很多其他定义,如:"领域是受动物所保卫的一个区域""领域是动物的一个排他性独占区""领域是不允许竞争对手闯入的一块禁地"等等。但有些生态学家对领域的解释则不那么严格,认为只要动物之间(个体或群体)所间隔的距离大于它们在随机占有适宜生境时所间隔的距离,就可以认为是占有领域(图 7-6)。动物之间的间隔可以小至只有 1～2mm,如固着在岩石上的相邻的两只藤壶(*Balanus crenatus*),也可以大至几千米,如相邻的两群美洲野牛。动物可以借助于攻击行为和对某些信号的回避行为(如回避某种气味)而保持彼此之间的距离。总之,动物之间之所以能保持一定距离,都是靠它们彼此之间的相互作用。

**图 7-5　一只雄蜻蜓(蟌)的领域**

它正以惹人注目的姿态停歇在一个小枝上,这是它的主要停栖点,下方就是它所保卫的一个产卵区(点线)。它定期沿领域边界按固定路线飞行,或在领域之内巡飞,一旦发现入侵者便将其从领域中驱逐出去(仿 Heymer,1973)

占有一个领域的可以是一个个体、一对配偶、一个家庭,甚至也可以是一个群体(成员之间没有亲缘关系)。侵犯领域的可以是同性个体、同种个体或其他种类的动物,但是领域主人在自己的领域内总是比入侵者占有明显的竞争优势。动物有时会永远占有一个领域,如生活在森林中的灰林鸮(*Strix aluco*)在生殖期间每一对都占有一定面积的林地,而且是终生占有,不允许其他个体进入。

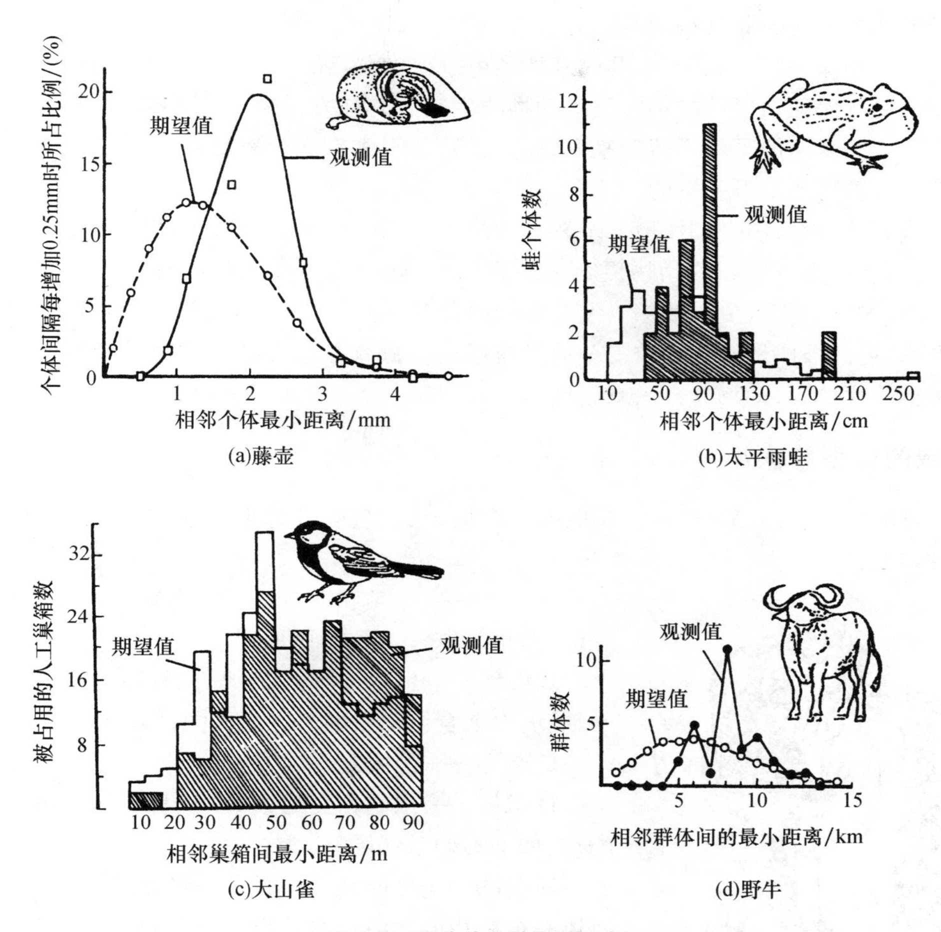


**图 7-6　四种动物的间隔实例**

每种动物的实际间隔距离都比随机占有生境时的间隔距离大：(a) 藤壶(*Balarus crenatus*)的介形幼虫在岩石上定居，个体间至少要间隔开一个身长(0.25mm)的距离；(b) 雄太平雨蛙(*Hyla regilla*)在生殖池塘内鸣叫时的间隔距离；(c) 大山雀(*Parus major*)生殖期对巢箱的占有情况，巢箱靠得太近时被占有的数量比依据随机占有原则所预期的要少；(d) 野牛(*Syncerus caffer*)群的间隔距离比随机间隔距离要大

领域行为在脊椎动物中是很普遍的，其中包括硬骨鱼类、蛙类、蝾螈、蜥蜴、鳄鱼、鸟类和哺乳动物。其中又以鸟类的领域行为最发达，分布也最普遍。在啮齿动物和猿猴中，群体领域最为常见。很多无脊椎动物也有领域，如昆虫中的蜻蜓、蟋蟀、各种膜翅目昆虫、蝇类和蝶类；甲壳动物中的蝲蛄、招潮蟹、端足类；软体动物中的笠贝、石鳖和章鱼，以及帚虫等。显然，领域行为在无脊椎动物中的分布也很普遍，很重要。

领域的主要特征有 3 点：① 领域是一个固定的区域，其大小可依时间和生态条件的不同而有所调整；② 领域是受领域占有者积极保卫的；③ 领域的使用是排他性的，即它是被某一个或某一些个体所独占的。不同的领域一般说来是不重叠的，如果重叠也是少量的和暂时性的，重叠区可以被两个领域的占有者所利用，但是利用的时间不同。例如，猫科(Felidae)动物的猎食领域虽然彼此是重叠的，但在任何一个特定的时刻，它们都能保持一定的距离，因为它们借助于气味标记而彼此互相回避。

动物占有和保卫一个领域,主要的好处是可以得到充足的食物,减少对生殖活动的外来干扰和使安全更有保证。领域并不总是同动物的生殖活动有关,例如,迁飞鸟类的越冬领域就与生殖没有直接关系。但是对于留鸟来说(如山雀),冬天占有一个领域对于在下一个生殖季节取得生殖的成功可能是很关键的。

另一方面,动物为占有和保卫一个领域所付出的代价也是很大的,要花费不少时间和消耗很多能量。有时,占有领域的动物更容易遭到捕食,如雄性的非洲羚羊在建立了生殖领域以后,捕食动物对它会变得更加敏感。但是在一般情况下并非如此,因为动物对自己领域内的情况比较熟悉,可以很快地找到比较安全的隐蔽场所。只有在从占有领域中所获得的好处大于它们所付出的代价时,动物才会占有领域。

## 二、领域的类型和大小

动物领域的大小因领域性质的不同而存在极大的差别,行为生态学家常常把领域区分为以下几种类型:

**图 7-7　金翅太阳鸟**

金翅太阳鸟(*Nectarinia reichenowi*)正停在它所喜食的蜜源植物上吸食花蜜。这种鸟所占领域的大小主要决定于花朵的密度

A 类型——生殖和取食领域:动物要在领域内求偶、交配、营巢和取食,领域面积很大;

B 类型——生殖领域:动物只在领域内进行求偶和生殖活动,而取食活动主要不在领域内,领域面积较大;

C 类型——群体营巢领域;

D 类型——求偶和交配领域:这种领域只供求偶和交配用,如动物的求偶场。

以上四种类型的领域虽然不能截然分开,但是这种划分还是很有用的。海鸟喜欢群体营巢,但取食区则是在营巢区以外的地方,有时还同时拥有一个专门的取食领域。这些鸟类一般只保卫它们的营巢区,如银鸥(*Larus argentatus*)无论是在生殖季节还是在生殖季节后都表现有保卫营巢区的行为。

有时个体之间靠得很近,彼此挤在一起,形成了极为密集的领域群。例如,王燕鸥(*Thalasseus maximus*)的营巢区就是这样,它们的巢和巢紧紧挤在一起,每个巢都呈六角形,这是一种最经济的排列方式,这种排列方式可使邻居之间的平均距离最大。王燕鸥的领域是属于极小的领域;但是有些动物的领域也可以大到几平方千米,如生活在北美洲西部的一些猛禽。

显然,为动物提供全部所需资源的领域要比只为满足动物生殖需要的领域面积更大。此外,领域的大小也同资源状况有关,食物密度越大,所需领域的面积也就越小。有人曾对专吃花蜜的太阳鸟(图 7-7)、蜜鸟和蜂鸟的领域进行过研究,研究结果全都表明:在可供采蜜的花朵数目和领域大小之间存在着密切的关系。这种情况在很多其他动物中也能看到,例如,红松鸡(*Lagopus lagopus scoticus*)领域的大小同它所喜吃的食物——嫩绿枝条的密度成反比,还有人发现它还与石楠营养成分的含量呈反比关系。在刺蜥属(*Sceloporus*)的蜥蜴中,领域大小和食物数量之间也存在着一种相似的反比关系,而且可以通过人工投食的方法来控制领域的大小。更有趣的是:刺蜥领域的大小还同性别有关,雄刺蜥所能保卫的领域面积约比同等大小的雌刺蜥大 1 倍。大个体比小个体所需要的资源更多,所以就需要有较大的领域。与此类似的是:食肉动物的领域比同等大小的食草动物的领域更大。

甚至在同一个动物种群中,领域的大小和结构也会因资源状况的不同而有明显的差别,例如,生活在海边盐性草地的一种雀(*Ammospiza maritima*),其领域面积为(8781±2435)$m^2$;而生活在非盐性草地的同种雀,其领域面积只有(1203±240)$m^2$。显然,两者相差竟达 7 倍之多!

种内和种间竞争对领域的大小也有很大影响,例如,生活在北美洲西北海岸一些小岛上的一种燕雀(*Melospiza melodia*),其领域大小可以相差 13 倍之多,这主要是决定于其他小型营巢鸟类的数量,即决定于种间压力。其他鸟类,如森莺(*Parula americana*)和黄尾莺(*Dendroica coronata*),如果生活在这些岛屿时,其领域也会因当地鸟类太多而大大缩小。

有些行为学家认为,动物占有领域的最初目的是为了吸引配偶,所以领域的大小不一定和食物的数量有明显的关系。有人研究过生活在热带稀树草原的一种雀(*Passerculus sandwichensis*),认为雄雀占有领域的最大好处是可以增加交配的机会。事实上,很多鸟类都是在领域以外寻找食物的。非社会性昆虫的雄虫也常常利用领域来增加与雌虫接近的机会,例如,一种雄性蝗虫(*Ligurotettix coquiletti*)从它所占据的一个灌丛中发出鸣叫来吸引异性,不允许其他雄蝗接近这个灌丛。又如,雄性的泥蜂常常占有并积极地保卫一个最有利的位置,其附近就有雌蜂在进行取食和筑巢。

动物占领的领域如果太大,当然对其他的竞争者不利;但对领域的占有者可能更加不利,因为为保卫领域所付出的代价会随着领域的扩大而急剧增加。所以,动物所占有和保卫的领域的大小,一般是以能够充分满足它们对各种资源的需要为准的。但是,领域的占有者并不能精确地知道在它们领域内的资源量究竟有多大,可是它们又必须在生殖季节开始时就占有拥有足够资源量的领域面积,而这些资源又都是在很久以后的关键时刻才得到利用的。在这种情况下,动物往往是依据历年最坏的年份来决定占有领域的大小,这样,在一般年份就不会发生资源短缺,后代便能顺利成长起来。

## 三、种间领域

动物建立领域通常是为了排斥同种其他个体利用领域内的资源,因为同种个体之间往往对资源有共同的需求。一般说来,不同种的动物在资源利用上很少发生重叠,因此,在不同种类的动物之间领域重叠现象非常普遍。但是,有时也可以看到排斥异种动物的种间领域现象(interspecific territoriality)。在鸟类中,种间领域现象最常发生在那些食物资源的利用方式非常相似的物种之间,这些物种可能还没有经历足够的进化时间使它们在生态上发生分化,或者它们所生存的环境结构过于简单,因而使生态重叠难于避免。例如,在沼泽生境中,黄头鸟鹩(*Xanthocephalus xanlthocephalus*)和红翅乌鸫(*Agelaius phoeniceus*)的领域就是互相排斥的,虽然这两种鸟对生境的选择并不完全相同,但它们都需要捕捉相似种类的昆虫来喂养自己的雏鸟。

对雀鲷科(Pomacentridae)鱼类的研究提供了一个最好的例证,证明种间领域现象是同食物资源的重叠相关的。据调查,被雀鲷(*Pomacentrus flavicauda*)从它的领域驱赶出来的鱼类中,有90%的个体是属于与雀鲷不同种类的鱼。Low(1971)发现,受到雀鲷驱赶的鱼类共有38种,其中有35种都是雀鲷的食物竞争者;而被允许进入领域不受到驱赶的16种鱼,在食性上全都与雀鲷不同。Ebersole(1977)通过对真雀鲷(*Eupomacentrus leucostictus*)的研究已能找出雀鲷攻击行为的强烈程度与它们在食谱上同异种鱼类重叠程度之间的相关关系。在无脊椎动物中,以藻类为食的笠贝不仅不让同种个体进入它们的"藻圃",而且也排斥那些以藻类为食的其他种笠贝。

种间领域现象也常发生在那些以飞翔中的昆虫为猎食对象的物种之间,尽管这些物种在食物资源的利用上并不重叠,这主要是因为它们所猎取的对象容易受到外来干扰。据Davies和Green(1976)提供的资料,苇莺(*Acrocephalus scirpaceus*)虽然不占有固定的取食领域,但当它碰巧在某一矮灌丛猎食时,它既不允许同种苇莺进入,也不允许其他种小鸟闯入,因为它的猎食方法(猎捕刚刚飞起的蝇类)成功与否,很容易受到外来动物的干扰。

在捕食动物的捕食压力下,也常有利于在不同种类的动物之间增加间隔距离,甚至建立互相排斥的种间领域。当两种动物在一个相似的地点营巢生殖时,捕食动物往往能同时找到这两种动物。

## 四、领域的保卫和标记

前面我们讨论了领域的概念、特征和类型,下面我们将讨论另一个问题,即领域是如何保卫和标记的。我们知道,眼蝶(*Pararge aegeria*)和杂色鹡鸰(*Motacilla albo*)是很少侵犯已有主人的领域的,但它们却能很快占领一个没有主人的领域。这说明动物是能够觉察一个领域是否已经有了主人,如果有,它们的侵犯行为就会受到抑制。

### (一) 领域的保卫

动物保卫领域的方法是多种多样的,主要是依靠声音炫耀、行为炫耀和气味炫耀,很少发生直接的接触和战斗,除非是在第一次建立领域的时候。例如,有一种莺(*Dendroica* spp.)的雄鸟在争夺领域的时候,常常发生直接冲突,但是领域一旦建立起来便不再依靠直接战斗来保卫它。其他鸟类和鼠兔(*Ochotona princeps*)也是这样。1972年,Peek提出这些动物在保卫领域时有三道防线:① 第一道是靠鸣叫声对可能的入侵者发出信号和警告,这对远距离的潜在入侵者有提醒和驱赶作用;② 第二道是当来犯者不顾警告非法侵犯到领域边界时,便采取各种特定的行为炫耀来维护自己的领域,即作各种动作给对方看,以便驱赶中距离范围内的实际入侵者(图7-8);③ 第三道是驱赶和攻击,如果入侵者仍坚持侵犯领域的话,领域主人便采取驱赶和攻击行动(图7-9)。Peek用红翅乌鸫(*Agelaius phoeniceus*)作了两个实验,从而证实了他提出的三道防线概念。这种鸫的翅上有一个红色亮斑和一些黄色羽毛,它经常把这些鲜艳的羽毛展示给入侵者看。Peek发现,如果把这些黄色的羽毛涂黑,那么,红翅乌鸫保卫领域的效力就会大大下降。在另一个实验里,Peek切断红翅乌鸫支配鸣管的舌下神经,从而使它变哑,在这种情况下,红翅乌鸫保卫领域的成功率也大为下降。后一个实验表明:动物的发声显然与保卫领域有关,但这个实验并没有表明与保卫领域有关的是歌声,还是叫声?

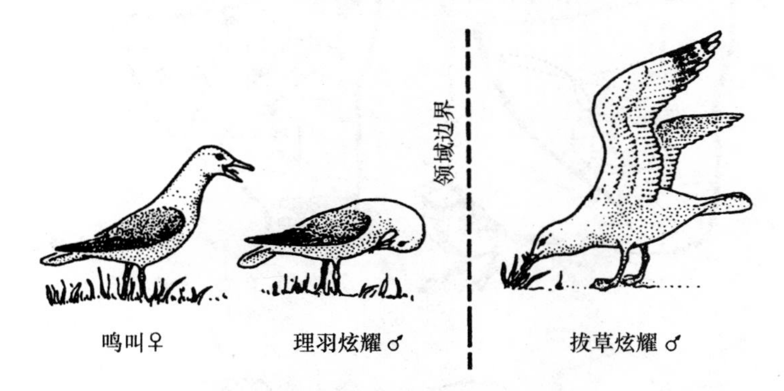


**图 7-8　雄银鸥的行为炫耀**

在银鸥领域的边界上,两只雄银鸥各在领域边界的自己领域一侧借助于行为炫耀维护自己的领域和家庭安全:其中一只雄鸥的炫耀动作是拔草,另一只雄鸥是梳理羽毛,雌鸥则站在雄鸥后面大声鸣叫

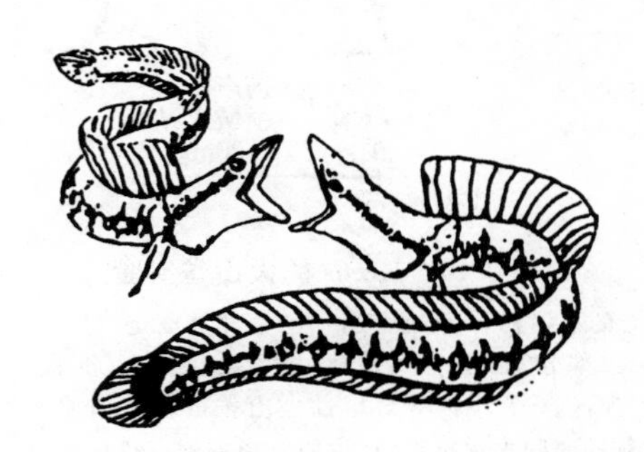

**图7-9　两条雄性的尖头鳚(*Chaenopsis ocellata*)因领域侵犯而发生直接冲突**

在尚无确凿证据的情况下,人们一直认为鸟类的歌声是保卫领域的一种手段,只是在最近,生态学家才提供了一些证据。在较早的研究中,Krebs(1971)曾指出过:如果把一只雄大山雀从它的领域中取走,一般在 8～10h 以后,领域就会被别的大山雀占有;但是如果在取走鸟类后在领域中用扬声器播放大山雀歌声的录音,那么这个领域被其他个体占领的时间就会大大推迟,即使 20～30h(夜晚不算)过去了,它的领域仍不会被占领。Krebs 的实验具体是这样做的(图 7-10):他首先把 8 只占有领域的雄性大山雀从一个小树林中全部取走,然后把小树林分为三部分进行处理:第一部分安置若干扬声器播放大山雀的歌声(即实验区);第二部分安置若干扬声器播放一种音量与大山雀歌声相当的哨声作为声音对照区;第三部分保持宁静作为无声对照区。在此后数天内所进行的观察表明:新来的大山雀会渐渐进入小树林重新占领这些领域,但它们并不是同时占领所有的区域,而是首先占领小树林的无声对照区和有声对照区,播放大山雀歌声的实验区则最后被占领。这表明:大山雀的歌声的确有保持个体间距离和排斥同性竞争对手的作用。新来的大山雀要么是来自森林以外质量较差的领域,要么它们根本就是没有领域的漂泊者。从它们占有这些领域的速度看,它们一定是经常到森林里来巡视,以便能及时发现尚无主人的领域。显然,大山雀的歌声是炫耀自己的一种信号,它可以

让入侵者知道一个领域是不是已经有了主人。

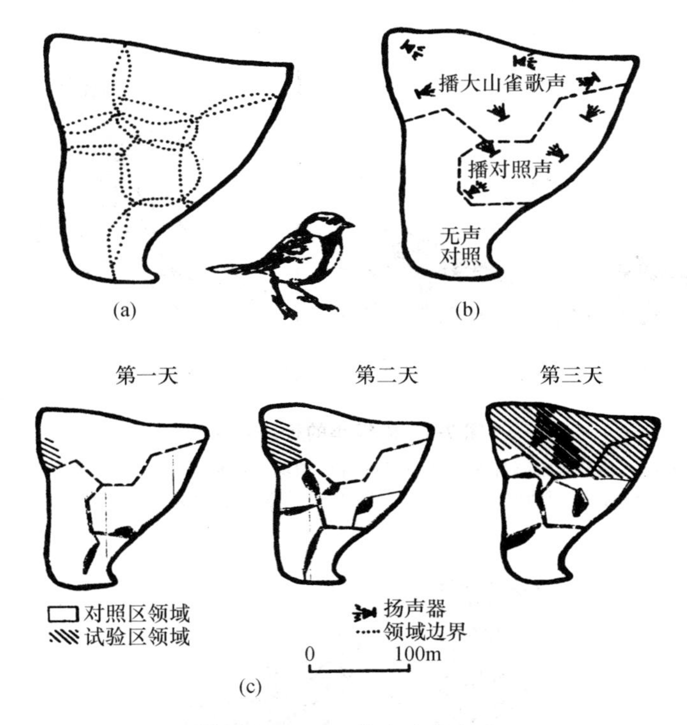


**图 7-10 Krehs 的大山雀实验**

(a) 一个包含有 8 个大山雀领域的小树林,8 只雄大山雀已全部被取走;(b) 把小树林分为三部分:第一部分安置扬声器播放大山雀歌声;第二部分安置扬声器播放一种音量与大山雀歌声相当的哨声作为声音对照区;第三部分保持宁静,作为无声对照区;(c) 小树林被雄性大山雀重新占领的过程:第二、三部分首先被占领。而播放大山雀歌声的部分被占领的时间大大推迟,这说明歌声的确有排斥竞争对手的作用(仿 Krebs,1977)

据研究,雄性大山雀的歌谱是由 6 首不同的歌组成的,唱全部 6 首歌比只唱其中一首歌具有更大的保卫领域的效果。为什么会这样呢?这是因为大山雀的生殖成功率是随着种群密度的增加而下降的,所以,当新来者决定在什么地方定居之前,必须对生境质量和现存种群密度做出评估,以便确定该地域的适宜程度。新来者是靠听歌声来评估种群密度的,一个习惯于在歌声较少的地方定居的山雀,往往可以找到一个种群密度较低的生境,因而对它的生殖有利。另一方面,已占有领域的山雀如果能多唱几首歌,那么它就可以制造一种假象,使外来山雀产生一种错觉,误认为这里种群密度很高、生境适宜程度较差,这样就可减少外来山雀定居的数量,对本地山雀的生殖有利。Krebs(1977)把这称之为"Beau Geste"设想,下述事实是与这一设想完全相符的,即大山雀在改变唱歌位置的同时,往往也改变它所唱的歌曲,这种在不同位置唱不同歌的行为,可以大大增强它所制造的假象的效果。这实际上是一种欺骗行为,让外来者把一只鸟的存在误认为是有两只鸟或多只鸟存在。还有人认为,鸟类鸣声的多变性是异性衡量它作为一个配偶和领域保卫者称职与否的一个标志(图 7-11)。

在很多雀形目鸟类中,不同个体的歌声往往存在着明显的差异。很多研究都已表明:占有领域的雄鸟对播放陌生雄鸟的歌声所作出的反应比播放相邻领域雄鸟的歌声所作出的反应要强烈得多。它们根据歌声的特点和歌唱的位置可以把外来鸟和邻鸟区分开来,因为邻鸟对自己的领域并不构成威胁,因此通过这种辨识,它们在保卫领域时就可以节省很多时间。

一般说来,领域的占有者只排斥和驱赶同种的竞争对手(不包括配偶、幼年个体或同群伙伴),但是有时也会驱赶和排斥不同物种的潜在竞争者,也就是说,领域的占有者对生态需求同自己十分相似并有可能成为自己有力竞争对手的其他物种,也会做出保卫领域的反应。

**图 7-11 一对热恋中的钟鸣鸟**

一只雄性钟鸣鸟在雌鸟旁边大声鸣叫,以显示自己作为一个配偶和领域保卫者是称职的;雌鸟被其响亮的叫声吸引过来

在生殖领域中,雌性动物主要从事生殖活动,而雄性动物则承担着保卫领域的任务。但是在很多一雄一雌制的动物中,雌性动物也参加保卫领域的工作,如卡罗来纳鹪鹩(*Thryothonts ludovicianus*)和几种树莺属(*Dendroica*)的鸣禽。有趣的是,雌性动物的攻击目标大都只限于其他的雌性个体,至少在鸣禽中是如此,因为鸣禽的雌鸟和雄鸟在生态上有明显分化。在个体领域中,雌性动物自然必须靠自己的力量来保卫领域,如红松鼠(*Tamiasciurus hudsonicus*)。在一雄多雌制的动物中,雌性动物承担着保卫领域的主要任务,以防其他雌性动物入侵,如红翅乌鸫。在群体领域中,所有成员都参加保卫领域的工作,如某些种类的柽鸟。但是在狒狒群中,主要是体型较大的雄狒狒来保卫领域。

1976 年,Hölldobler 在蚂蚁中发现了一些同保卫领域有关的信息素,在蜜罐蚁(*Myrmecocystus mimicus*)和非洲长结螯蚁(*Oecophylla longinoda*)中,工蚁可以靠排放招募信息素把巢中的生殖蚁集合起来共同对付入侵领域的外群蚁。长结螯蚁的工蚁还可以用信息素标记道路,把生殖蚁召集到领域内一个新发现的地区去。它们还用信息素标记领域,阻止外来工蚁的侵入。Hölldobler 和 Wilson(1977)还通过实验证明,这种信息素甚至在没有领域主人存在的情况下也能起到保卫领域的作用。他们把一群工蚁放到一个地区,这个地区有一半是用该群工蚊的信息素标记的,另一半则用同种不同蚁群的信息素标记。当这群蚂蚁用它们的触角(其上生有大量的化学感受器)探索这一地区时,对用异群蚂蚁信息素标记的区域显得特别小心谨慎,不轻易进入。

### (二) 领域的标记

领域的占有者自己必须知道领域的边界在哪里,同时也必须让其他个体知道自己所占有的领域,这就要依靠几种标记行为,并涉及几种感觉形式。

#### 1. 领域的视觉标记

领域的占有者常常借助一些明显的炫耀行为来让其他动物认清自己的领域。动物的一些特定姿态、特有的动作以及身体上一些醒目的标志都可以作为向其他动物发出的信号。色彩鲜艳的一种雄蜻蜓(蟌)(*Calopteryx*)总是从几个固定的停歇地点起飞,然后沿着它的领域边界作引人注目的巡视飞行(图 7-5)。而雄性的狷羚常常站立在自己领域最容易被看到的最高点或其他高地,以表明自己是领域的主人。

2. 领域的声音标记

会鸣叫的动物常常用声音来标记自己的领域,其中最好的例子是鸟类的鸣叫。鸟类建立领域后,鸣叫的频率显著增加,并可把其他个体拒之于领域之外。海豹、吼猴、长臂猿和猩猩的叫声可以传播得很远;青蛙和蜥蜴也能凭声音认出各自的领域;即使是鱼类,也有用声音标记领域的。

3. 领域的气味标记

嗅觉发达的哺乳动物经常用有气味的物质来标记它们的领域,这些物质可以是尿、粪便和唾液等,它们标记领域的功能是附带的。侵入别人领域的穴兔(*Oryctolagus cuniculus*)一闻到领域主人排放的气味就会马上警觉起来并准备逃离领域。据 Peters 和 Mech(1975)研究,每一群狼(*Canis lupus*)都用尿标记它们的领域,当相邻的两群狼闻到异己的气味时便加快气味标记工作,以便增强领域边界上标记物质的浓度。小鼠(*Mus musculus*)和狐狸(*Vulpes vulpes*)也完全是靠尿的气味来标记和保卫自己的领域的。一般说来,犬科和猫科动物、犀牛、原猴亚目的猴和一些啮齿动物都是用尿标记领域的;河马则用排放粪便的方法标记领域;几种有袋类哺乳动物和啮齿动物常用唾液标记领域。

但也有一些专门用来标记领域的气味物质是由特定的腺体所分泌的,特殊的腺体常常位于动物的肛门附近(如鼬科动物的肛腺)或头部(如很多有蹄动物的眶前腺)。图 7-12 是印度黑羚(*Antilope cervicapra*)和奥羚(*Ourebia ourebi*)正在用眶前腺所分泌的气味物质来标记它们的领域。但这些腺体也有长在动物其他部位的。有些动物具有好几种气味腺体。气味腺体在有些动物中两性都有,另一些动物则只有雄性才有,这要看它们是不是参与领域保卫工作。一般说来,这些腺体只有在生殖季节才能充分发挥作用,腺体的分泌物被有选择地涂抹在一些外露的物体上,如树枝和草叶的顶端(见图 7-12)。有些哺乳动物的气味标记具有双重功能,除了标记领域外。还具有建立路标的作用,给动物指示方向以防迷路,在面积很大的领域中,这种功能就显得更为重要。

**图 7-12　动物用气味物质标记领域**

(a) 印度黑羚正在用眶前腺的分泌物标记一个树枝;(b) 奥羚正在用眶前腺所分泌的有气味物质标记草叶的顶部

除了哺乳动物,其他动物只有很少的种类用气味来标记领域。雄性的熊蜂从上颚腺中分泌一种气味物质,用来标记它们的求偶领域。一种类似熊蜂的独居性蜜蜂(*Euglossini*)也用气味作标记,但它们所使用的气味物质是从植物花上收集来的。

4. 领域的电标记

很多鱼类都具有由特殊的肌肉组织所组成的发电器官,因此能够发电。它们所产生的电流一般是用于捕食、防御和定向(可改变身体周围的电场),特别是在混浊的水中。但其中至少有一个类群的鱼(即貘鱼 *Tapirus*)能够用放电来标志它们的领域,不让同种的其他鱼侵入。

5. 各种标记方法的比较

领域标记的每一种方法都有自己的优点和局限性。气味标记的最大优点是领域的占有者可以不出场而达到保卫领域的目的,这样就避免了和入侵者的直接战斗,而且,气味标记所冒的风险比其他任何视觉和听觉标记都小。具有类似优点的唯一视觉标记法是沙蟹(*Ocypode saratan*)的领域标记,沙蟹的领域是沙蟹居住、求偶和交配的场所,它用建筑醒目的金字塔形沙丘的方法来标记自己的领域,而它自己本身则可以不出场(图 7-13)。

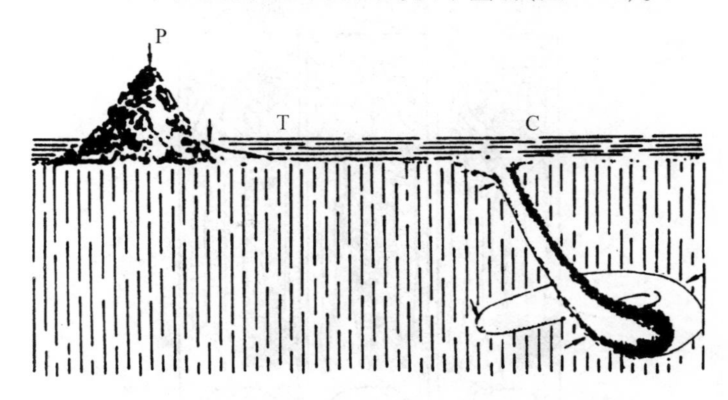


**图 7-13　雄性沙蟹用建筑醒目沙丘的方法来标记自己的领域**

P 是沙丘;T 是通道;C 是求偶场所,其洞穴呈螺旋状,是沙蟹的住所。金字塔形沙丘可标志着领域主人的存在,尽管有时领域的主人并不在场(仿 Linenmair,1967)

气味标记的有效期比其他任何标记法都长,这种标记法特别适用于暂时性重叠领域的标记。声音标记的优点是个体间存在着广泛的发声差异。因此有利于相邻个体间的互相识别,这可大大减少在已建立领域的邻里之间发生战斗,以便把主要精力用来对付那些更有威胁的新入侵者。使用视觉信号(行为炫耀)标记领域的优点是可以马上显示局部领域的位置,这种标记在短距离内最为有效。

在有些情况下,标记行为可以同时完成两种功能,即驱逐其他的雄性动物和吸引同种的雌性动物。这种双重功能在善于鸣叫的鸣禽类鸟类中表现得特别明显,很多鸟类(特别是迁飞鸟类)在春天占有领域后便频繁地鸣叫,并持续很长一个时期,直到找到配偶为止。此后它们的叫声便显著减少。即使是在配对以后,鸣叫也具有吸引作用,很多鸟类是在配偶走失以后用鸣叫来召唤伴侣的。一些青蛙和蟾蜍的鸣叫声也具有吸引雌性和提醒其他雄性个体走开的作用。

**(三) 为什么领域侵犯者总是退却**

从前面的讨论可以看出,领域的主人是靠发出各种信号(听觉的、视觉的和嗅觉的)来标记和维护自己的领域的。也许有人会问。当一个入侵者一旦感知到一个领域已有主人时,它为什么总是撤离而不是通过战斗把领域的主人赶走呢?

在自然界,动物为争夺资源(例如领域)而进行的战斗大都被仪式化了。在严重的格斗发生之前,几乎总是有一方首先撤退,因为严重的战斗会使两败俱伤,双方都得不到好处。事实上,每一个个体在争夺领域的时候都会面临着这样一个问题:是坚持战斗,还是撤退对自己最为有利?如果获得一种重要资源(如配偶或领域)的唯一机会就是在一场战斗中取胜,那么动物就会坚持战斗,甘冒付出重大代价的风险。但采取这种除了战斗别无选择对策的动物是很少的,因为坚持战斗很可能会导致伤残甚至死亡。及时退却虽然得不到什么利益,但却保留了尔后争夺资源的身体资本,并有可能使前次的失败得到补偿。一般说来,领域主人是既得利益的保卫者,熟悉领域情况及其价值,因而战斗意志较强;而领域侵犯者没有既得利益,不熟悉领域情况,因此战斗意志较弱或根本不愿交战,常常采取撤退的对策。

**图 7-14 雄性眼蝶(*Pararge aegeria*)争夺交配领域的仪式化战斗**

A~C:当入侵者(黑色蝶)接近一个领域时,通常会被领域主人(白色蝶)赶走;D~H 中的实验设计可以说明:争夺开始时,哪只眼蝶碰巧先待在这个领域之内(主人),哪只眼蝶就将获胜(仿 Davies,1978)

就蜜罐蚁(*Mynnecocystus mimicus*)来说，当两群蚂蚁发生领域纠纷时，很少会酿成一场实际的战斗，如果真的冲突起来，其结果对双方都是致命的。所以，当它们的领域边界受到挑战的时候，相邻的两群蚂蚁就会各自把它们的工蚁召唤到领域边界上来，参加一场仪式化竞赛，无非是拿出老一套的炫耀行为，在这场竞赛中不会有任何蚂蚁受伤。结果，哪一个蚁群出场的炫耀蚁最多，哪一群蚁就算是胜者；另一群蚁则自动撤退，在它们之间从不会发生激烈的战斗。在片网蛛(*Linyphia triangularis*)中，为争夺领域(指一个雌蛛网)而发生的战斗，通常是以具有较大螯肢的雄蛛获胜而告终。

动物争夺领域的胜败往往不是决定于双方实际战斗力的强弱，而是决定于某种专断法则。从理论上讲，在这种法则支配下可以很快结束一场战斗。眼蝶(*Pararge aegeria*)争夺领域的胜负就是由这种法则决定的，而不决定于谁强谁弱。具体地说，在发生争夺时哪只眼蝶碰巧先待在这个领域之内，哪只眼蝶就是胜者(图 7-14)。

## 五、领域与配偶竞争

很多动物只在生殖季节才占有领域，而且领域行为似乎也只同争夺配偶有关。雄性动物常常靠增加自己和异性接近的机会而最大限度地增强自身的广义适合度，但这种行为有时却需付出相当大的代价(指时间和能量消耗)。从经济学观点看，这种行为是否合算，将取决于异性个体的时空分布格局，因为这种分布格局会直接影响雄性动物从这种行为中所得到的好处和付出的代价。有时，雄性动物会直接占有并保卫雌性动物，但更为常见的是，雄性动物事先占有一块交配领域，等待雌性动物前来与其交配。这种交配领域大致可分为两类：一类是在领域内含有雌性动物所必需的一些资源，另一类则不含有这些资源(可简称为有资源领域和无资源领域)。但这种区分不是绝对的，实际上在这两类领域之间存在着一系列的过渡类型。

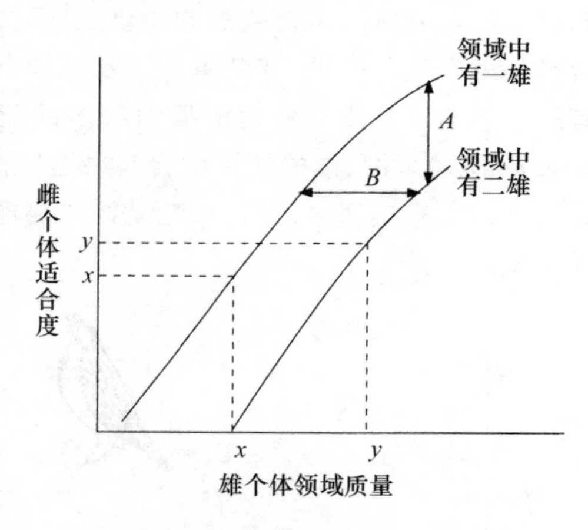


**图 7-15　领域质量差异导致产生一雄多雌交配体制的模型**

该模型表明：如果雌个体选择一个已有配偶的雄个体作配偶，其适合度就会下降；但如果两个雄个体的领域质量存在足够大的差异的话。那么雌个体的这种选择反而会使其适合度增加。例如，雌个体在 $y$ 领域内二雌配一雄，反而比在 $x$ 领域内一雌配一雄时的适合度更大(仿 Orians，1969)

### (一) 有资源领域

雄性动物可以通过直接占有和保卫雌性动物所需要的一些资源(如食物、营巢场所和产卵地等)而增加自己与雌性动物接近的机会。只要资源是呈不规则的小集团分布，不同雄性动物的领域就会表现出质量的差异，并彼此呈镶嵌式分布。在这种情况下不难想象，动物所占的领域质量越高，它在竞争配偶中获胜的机会也就越大。

Orians(1969)曾经提出过一个模型(图 7-15)，该模型表明：雄性动物领域之间所存在的质量差异可以导致产生一雄多雌制。根据这个模型可以做出以下三点预测：

(1) 一雄多雌现象大都发生在环境资源呈不规则小集团分布的生境内，这里雄性动物的领域在质量上必定存在着明显差异。例如,在 Verner 和 Willson(1966)所研究的北美 14 种雀形目鸟类中,有 13 种表现出一雄多雌现象,在它们所生活的沼泽、草原中,即使是相邻的两个小区,其生产力也常存在很大差异。这项研究所存在的一个问题是,其中大多数种类都属于拟椋鸟科(Icteridae);另外,对于欧洲雀形目鸟类来说,在食物分布和一雄多雌制之间似乎并不存在这种相关关系。从反面证实这一预测的事例有:在苔原地带进行生殖的矶鹬(*Arctitis macularia*)大都是一雄一雌制的鸟类,雌、雄鸟共同占据一个大的领域,而那里的资源是呈均匀分布的,因此在各领域之间不存在质量差异。

(2) 第二点预测:雌性动物一定会选择那些拥有高质量领域的雄性动物作为配偶。事实已经表明,那些占有最优取食领域的蜂鸟和领域内含有最适宜产卵地点的蜻蜓,其交配次数也最多。最有趣的是 Verner(1964)对长喙沼泽鹪鹩(*Tebnatodyes palustris*)的研究,雄鹪鹩按其占有雌鸟数可区分为多配偶、双配偶、单配偶和无配偶等四种类型,它们所占领域的大小恰好依此顺序递减。无配偶雄鸟显然是由于它们的领域太小和质量欠佳,因此对雌鸟没有吸引力。同样,占有较大领域的雄性三刺鱼(*Gasteroteus aculeatus*)将会有更多的机会吸引雌三刺鱼到它们的领域中来产卵。选择占有较大领域的雄鱼作配偶的雌鱼通常能增加自己的生殖成功率,这是因为卵量减少的原因之一是被其他雄鱼吃掉,而占有较大领域的雄鱼所受到的捕食干扰较小。

有时,雄性领域之间的资源差异(可影响所吸引的雌性个体数量)并不表现在领域大小上,而是表现在领域内所含植被的质量上(图 7-16)。在红翅乌鸫(*Agelaius phoeniceus*)的领域中含有多种类型的植被,使营巢地不易被捕食动物发现,因此幼鸟出巢率比较高,那些领域内含有最适宜植被的雄动物将能吸引最多的配偶。同样,对池蛙(*Rana clamitans*)和牛蛙(*Rana catesbeiana*)来说,谁的领域中含有最适宜的产卵地,谁就能吸引更多的雌蛙与其交配。在上面列举的所有实例中,都是雄性动物争夺重要资源,而这些资源则直接影响着雌性动物的生殖成功率。

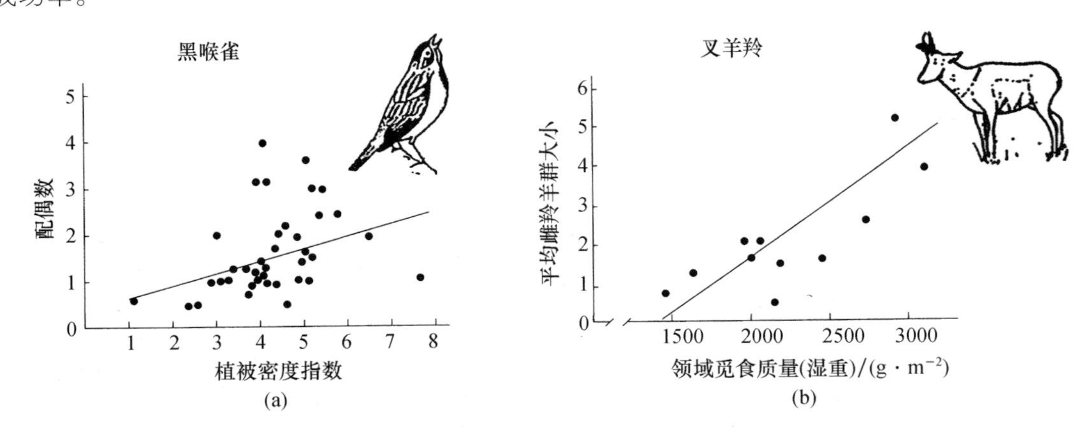


**图 7-16 雄性动物的生殖成功率取决于领域质量的两个实例**

(a) 在雄黑喉雀(*Spiza americana*)的领域中植被茂密,提供了较好的营巢地,因此可吸引更多的配偶;(b) 在雄叉角羚(*Antlocapra americana*)领域中具有最好的觅食区,因此所吸引的雌羚数量最多(仿 Zimmerman,1971;Kitchen,1974)

(3) 第三点预测:一雄多雌制中雌性动物的适合度一般不会低于一雄一雌制中的雌性动

物。早在 1973 年，Holm 就注意到了，同已有配偶的雄鸟相配的雌性红翅乌鸫，通常总是优于那些一雄一雌制中的雌鸟。这种现象其实并不难理解，因为就常理而言，先来的雌鸟肯定会选择那些占有最好领域的雄鸟作配偶；但随着同一领域内雌鸟数目的增加，领域的适宜程度就会下降。直到下降到这样一种程度为止，即此时雌鸟若再进入这些领域就不如选择那些尚无配偶的雄鸟作配偶更合适了。可见，由于这种自动调节机制的存在，两类雌鸟的适合度将会大体相等。

### （二）无资源领域——求偶场

有时雄性动物既不保卫雌性动物，也不竞争雌性动物所需要的资源，这或许是因为资源过剩或资源的时空分布难以预测，或许是因为雄性动物为此要付出的代价太大。在这种情况下，雄性动物往往聚集在一个传统的公共场地，各自占有一小块领域，并以炫耀行为争取把雌性动物吸引到自己身边来。这种雄性动物求偶时聚集的场地就叫作求偶场（Lek）。在求偶场上每个雄性个体所占据的领域一般都很小，领域直径小的只有几厘米（如侏儒鸟），大的也不过几米（如松鸡、羚羊）。雌性动物到求偶场来是为了选择配偶。迄今为止对各类动物求偶场的研究表明，不管是鸟类的、羚羊类的、蜻蜓类的还是蛙类的，几乎所有的交配机会都被少数雄性动物所垄断，虽然求偶场上所有的雄性动物都有求偶表现（图 7-17）。少数雄性动物之所以能够获

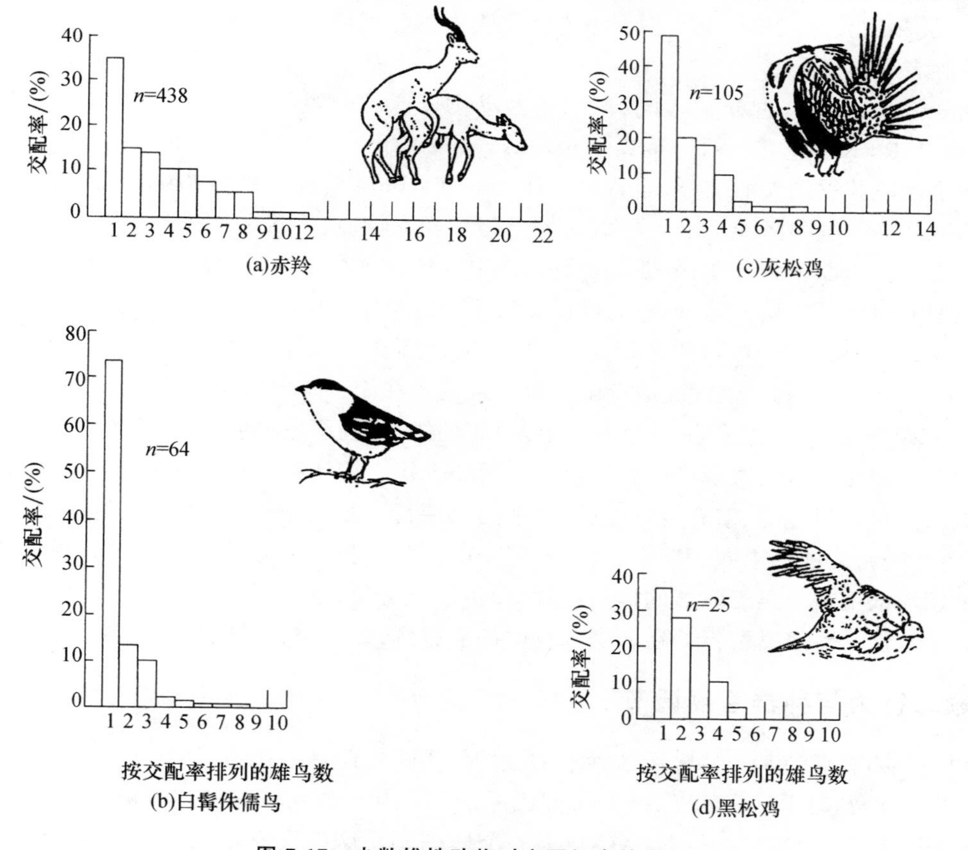


**图 7-17　少数雄性动物对交配机会的垄断**

在四种动物的求偶场上，交配机会几乎均被少数几只优势雄性动物所垄断，优势个体均在求偶场的中央位置占有领域：(a) 赤羚(*Adenota kob thomasi*)；(b) 白髯侏儒鸟(*Manacus manacus*)；(c) 灰松鸡(*Centrocercus urophasianus*)；(d) 黑松鸡(*Lyrurus tetrix*)

得优势往往是由于它们的领域位置较好,一般是位于求偶场的中央(如松鸡、羚羊等),但就蜻蜓来说,优势最大的雄性个体往往是那些当大多数雌蜻蜓来到池塘时已事先占好了领域的个体,也就是说,它们的成功将取决于它们能不能在最恰当的时候建立起自己的领域。

这里我们不妨提出这样一个问题,即雌性动物是根据雄性动物身体和精神素质选择配偶,还是根据雄性动物的领域质量选择配偶的。A. Lill 在对侏儒鸟求偶场的研究中并未发现雄鸟的形态和炫耀行为同它们取得交配优势有什么相关,他做了这样一个有趣的试验:把两个最优势个体从求偶场上拿走,但它们的领域在几分钟内就被其他个体重新占有。虽然这些新来个体的炫耀行为与原来的主人不同,但是雌侏儒鸟还是照例来到这些领域寻找配偶。这个试验表明:影响雌性动物择偶的因素与其说是雄性个体的身体素质,倒不如说是雄性个体领域的某些特征。但是 Lill 并不能回答,到底是领域的哪些特征影响着雌性动物的择偶。因此我们也有理由这样来解释他的试验:新来的雄鸟其体质优势可能仅次于被移走的两个最优势个体,而雌鸟只不过是选择相对说来最优势的雄鸟作配偶而已。Schloeth 在研究羚羊的求偶场时,也未能发现在雄羚的求偶行为和求配成功之间有什么相关,虽然领域的占有者经常更换,但雌羚总是选择同一领域中的雄羚作配偶。看来,雌性动物很可能是认准了某些特定的领域(如中央领域),这无形中就会迫使雄性动物占有这些领域而互相竞争,然后雌性动物再选择竞争获胜者与其交配。

另一方面,也有一些研究表明,影响雌性动物择偶的因素的确是雄性动物的炫耀行为本身,例如,J. P. Kruijt 等人对黑琴鸡(*Lyrurus tetrix*)的研究结论是:在雄鸟中,谁的求偶策略最有效谁就能获得最大的优势,而 A. T. Hogan-Warburg 对流苏鹬(*Philomachus pugnax*)的研究表明:决定雌鹬择偶标准的是雄鹬的行为和羽衣特点,而雄鹬在这方面的确存在着明显的个体差异。所以直到现在,雌性动物到底是根据什么标准选择配偶的问题,仍然没有解决。

最后值得一提的是,求偶场上的雄性动物不一定都采取争夺领域的对策,有些个体对领域不感兴趣,而是采取不声不响"偷袭交配"的对策,它们往往乘其他雄性动物忙于争夺领域之机,偷偷接近雌性动物并迅速完成交配。最有趣的是在流苏鹬中,雄鸟的两种对策是由遗传决定的,至少有一部分是遗传的。采取占领域对策的雄鹬,冠羽是黑色的,颈翎通常也是黑色的;而采取偷袭交配对策的雄鹬则生有白色的冠羽和颈翎。在浮鲦(*Poeciliopsis occidentalis*)中,有领域的雄鱼是黑色的、富有侵略性,以复杂的求偶行为吸引雌性,而无领域的雄鱼是棕色的(与雌鱼相同),无任何求偶表现,只靠"偷袭"交配。如果把一条雄浮鲦从它的领域中拿走,那么它的领域很快被一条无领域的雄鱼占领,用不了几分钟,这条雄鱼就会变成黑色,而且也变得富有侵略性。偷袭交配行为在各类动物中都能见到,如鸟类、蛙类、鱼类和昆虫等。

## 六、领域行为与种群密度调节

领域行为有调节某一特定地区种群密度的作用吗?还是只是为了使个体之间保持一定的距离(图 7-18)?对于这个问题,很多研究已经表明:当一个领域的占有者被人为地移走或发生自然死亡时,这个领域很快就会被新来的个体占领。这种现象曾在鸟类、哺乳类、鱼类、蜻蜓、蝶类和笠贝中多次被观察到,从这些观察中不难得出这样的结论,即领域主人的存在抑制着其他个体进入领域定居。移走实验表明,领域行为对种群密度是有一定限制作用的,但这样说并不意味着领域行为的功能就是限制种群的密度,因为如果是这样的话,那么自然选择就一定是在群体或种群水平上起作用的,但有充分的理论根据说明这种选择通常是不会发生的。正确的理解应当是:领域行为是通过个体选择进化来的,它的主要功能是在其他一些方面而不是调节种群密度,虽然常常可以起到限制种群密度的作用。

在做移走领域占有者的实验时,重要的是应当弄清楚:取代者是从哪里来的?它们在占领这个领域之前是怎样生活的?就大山雀来说,取代者往往是来自森林之外的灌丛领域,而那里是不太适于生殖的。就红松鸡(*Lagopus fagopus*)来说,新来者往往是没有领域的雄松鸡,它们结成小群生活,如果占不到领域它们就失去了生殖的机会,而且很可能会死亡。从大山雀和红松鸡的实例中可以看到:有领域的个体在生存竞争中占有一定的优势,因此更容易被自然选择所保存;领域现象对种群密度的确具有一定的限制作用(图 7-19)。

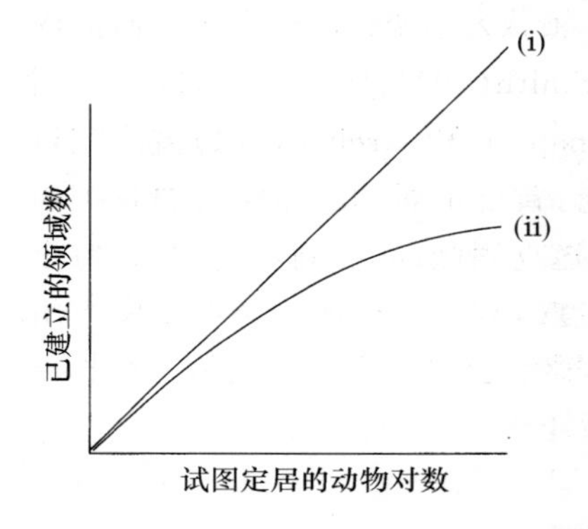


**图 7-18　领域行为的两种可能后果**

(i) 领域大小无限,所以每对试图定居的动物都能获得领域,而且领域行为的作用仅仅是保持间隔;(ii) 领域大小有一定的限度,因此有些动物便因得不到领域而不得不离开这一地区,在这种情况下,领域行为在客观上具有限制种群密度的作用

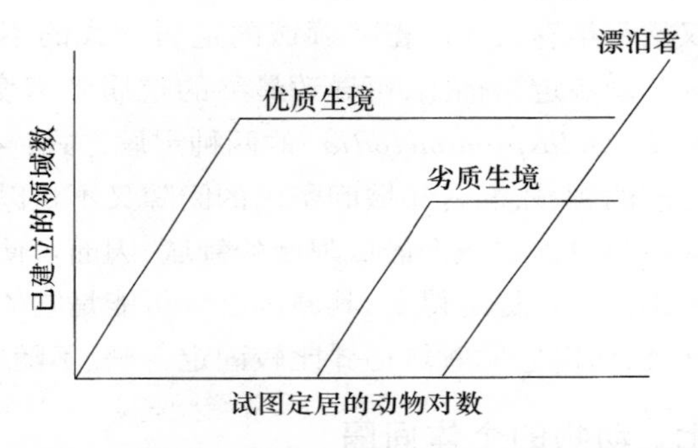


**图 7-19　在两个生境内领域行为对生殖密度的影响**

鸟类首先占领优质生境,直至达到饱和为止,后来的鸟则不得不去利用劣质生境,最后当所有生境都已得到充分利用时,其余的鸟就会成为没有领域的漂泊者(仿 Krebs, 1971; Watson, 1967)

在其他实例中,不同生境内的个体生殖成功率可能是相等的,而领域行为则只是提供了一种判断标准,使潜在的定居者可据此判断所占区域的适宜程度(图 7-20)。1953 年, Kluyver 和 Tinbergen 在荷兰研究山雀领域时发现,在种群密度低的年份,大部分山雀都在混交林中进行生殖;但在种群密度高的年份,一些山雀便迁往纯松林中进行生殖。这是因为,山雀的领域行为限制着混交林中山雀种群的密度,当种群密度达到一定水平时,一些山雀就会被迫迁往种群密度较低的纯松林中去生殖。1969 年, Brown 通过进一步的研究指出,山雀的生殖成功率在上述两个生境中并无区别,只随种群密度的增加而下降。因此也有人认为,哪个生境对生殖最有利,山雀就到哪个

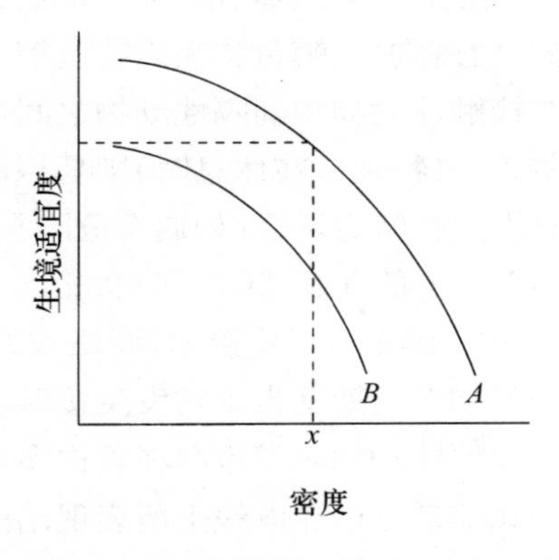


**图 7-20**

如果每个个体都选择相对说来是最好的生境定居,而且生境适宜度将随着定居者数量的增加而下降,那么先来者肯定会在生境 $A$ 中定居。当密度达到 $x$ 时,生境 $B$ 对后来者就会有同等的吸引力。此后,新来者就会轮流在生境 $A$ 和 $B$ 中定居,使两生境的适宜度保持大体相等(仿 Fretwell, 1972)

生境定居,当一个生境因种群密度太高而对生殖不利时,山雀就会自动到对生殖有利的生境去定居,而领域行为对种群密度则完全没有限制作用。

最后应当指出的是,有些动物如灰林鸮(*Strix aluco*),其领域行为对种群死亡率有着强烈的密度制约作用,因此生活在一个森林中的灰林鸮种群历年都比较稳定,一般不随年份的不同而发生很大波动。然而大山雀就不是这样了,虽然移走实验已经证明了大山雀的领域行为具有限制种群密度的作用,但它却不能每年都把种群密度限制在同一水平上,这是因为大山雀领域的大小历年变化很大,这也说明领域行为对于在森林中生殖的大山雀数量具有很弱的密度制约作用。

那么,影响大山雀领域大小发生剧烈波动的原因是什么呢?据 Krebs(1971)分析,大山雀领域大小的变化与环境资源(如食物)的变化并无相关关系。领域大小变化的一个可能原因仅仅是每年春天大山雀在领域内定居方式的不同。Maynard Smith(1974)曾指出过,同步定居与非同步定居相比,可导致最终的定居者密度增加 1 倍。Knapton 和 Krebs(1974)曾比较过歌雀(*Melospiza melodia*)的两种定居方式:在非同步定居时,首批定居的歌雀家庭总是扩展自己的领域,而各领域间留出的间隙又不足以让后来的歌雀建立领域;而在同步定居时,每个家庭都只占有一个最低限度的领域,因而可使最终的定居密度较高。灰林鸮的种群密度之所以比大山雀稳定得多,其原因之一可能是它的定居方式很少发生变化,由于灰林鸮是一种长寿鸟类,所以它的领域边界比较固定,一般不随年份不同而发生变化。

## 七、动物的个体间隔

Hediger 依据动物个体之间的空间关系把动物区分为接触性动物和间隔性动物两类。前者是指个体间可彼此忍受身体的相互接触;后者是指个体间必须保持一定的距离,一旦超越这个距离就会受到攻击。这两种类型的动物在各类群动物之中显然是随机分布的,至今只对脊椎动物的研究比较多,接触性动物有猪、河马、大多数啮齿动物、很多种猴和猿、原猴亚目的猴类、多数鹦鹉、白眼鼠鸟、龟、某些蜥蜴、蝾螈、鳗鲡和鲇鱼等;间隔性动物包括红鹳、鸥类、大多数猛禽、白斑狗鱼、鳟鱼和大麻哈鱼等。

在接触性动物和间隔性动物之间存在着许多中间类型,有些动物仅仅是能够忍受接触;而另一些动物(特别是在休息时)则是积极地寻求接触,并尽可能扩大身体的接触面。有时,接触行为只发生在特定场合(如遇有危险和恶劣天气时)和限于特定个体之间(如配偶之间和亲子之间)或一定的年龄群之间(如幼小个体)。在性二型表现明显的斑马雀(*Taeniopygia guttata*)中,雌雀可忍受接触,而雄雀则不能忍受。即使是在极强烈的间隔性动物中,个体之间在交配和育幼期间也常常发生接触。

在间隔性动物内部也存在着许多差异,有些动物,其成员之间所保持的距离几乎相等,正如家燕和椋鸟停栖在电线上所表现出的那样(图 7-21)。但在另一些动物中,间隔距离的大小则存在着个体和性别差异,例如,在雄性燕雀(*Fringilla coelebs*)之间所保持的距离一般是 18～25cm,而在雌性燕雀之间则只有 7～12cm。

真正的接触行为可能是出于对外来危险的防护而进化来的。麝牛(*Ovibos moschatus*)紧紧地挤成一圈,是为了有效地抵御狼群的攻击;帝企鹅(*Aptenodytes forsteri*)结成大群紧紧地挤在一起则是为了减少热量损失;有时,燕子和雨燕在休息时靠在一起也是为了减少散热。但

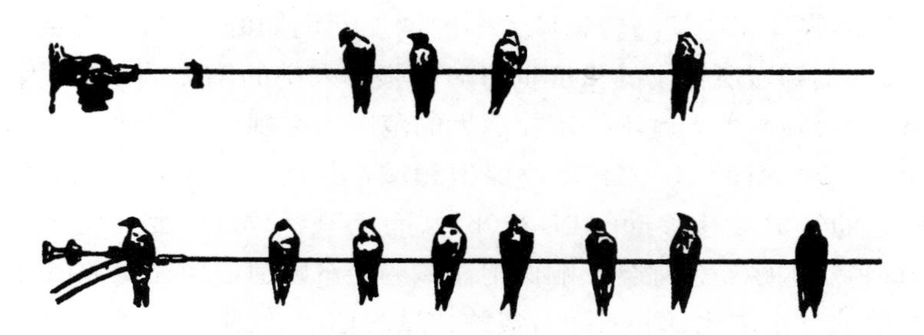

**图 7-21　停栖在电线上的家燕个体间总保持一定的距离**

有些动物挤在一起并不能用环境因素加以解释，这方面的一个明显实例就是澳洲林燕(*Artamidae*)，这种鸟类即使是在 50℃或更高的温度下，也是一个挨一个地紧紧挤在一起。据分析，这种接触行为最初还是出于减少散热的需要而形成的，后来在配对和形成群体的过程中，这种行为也渐渐起了重要作用。

另一方面，个体之间保持一定的距离对于确保每个个体在其周围拥有一个只供"私人"利用的空间(其中有食料或食物)起着重要作用，这可大大减少外来干扰，因此，个体间隔又经常被看作是移动着的领域和真正领域起源的前身。要想明确区分领域和个体间隔这两个概念，往往需要先确立一些评定的标准：① 空间不一定是一个好的标准，因为有些动物的领域极小，如一些集体筑巢海鸟所建立的生殖领域，当鸟卧于巢中时，它们的喙所及之处就构成了它们领域的边界。一个特定空间有无固定位置也不是一个好的标准，因为有些动物的领域是移动的，例如，在鹌鹑和一些鸭类中，雄鸟在生殖季节开始时只保卫雌鸟周围一定的空间，而这个空间是随着雌鸟的移动而移动的。② 所谓的暂存性领域(temporal territories)，即动物不需要一个完整的空间领地，而是靠气味标记暂时扩大个体间的距离。尽管如此，在领域和个体间隔之间仍然存在着明显差异，但这种差异并不是表现在对某一特定地点是否做出防御反应。当动物是以间隔行为保卫自己时。它们只有当入侵者进入自己间隔距离内时才会进行战斗；而在发生领域争端时，所涉及的往往不光是领域主人自己，常常还包括保卫自己的巢和幼小动物的问题。此外，保卫领域往往与生殖活动有密切关系，而保持个体间隔并非如此。因此，领域和个体间隔的概念尽管有一定重叠，但它们之间还是有明显区别的。

## 第三节　领域行为的经济学分析

### 一、理论分析

从 Howard(1920)和 Nice(1941)最初描述领域行为开始，人们就提出了这样一个问题，即领域行为的生态学意义是什么？后来在很多动物中都发现有领域行为，而且这种行为涉及动物所进行的各种活动。显然，领域行为的生态学意义是多方面的。Brown(1964)是第一个用经济学观点研究领域行为的人，他曾指出：领域行为对动物有利也有弊，也就是说，动物会从领域行为中得到某些好处，但同时也会付出一定代价。他研究领域行为的出发点是：动物只有从领域中得到的好处大于它们为保卫领域所付出的代价时，领域现象才能存在。一般说来，动物占有一个领域的好处起初是随着领域大小的增加而增加的,但最终总会达到一个渐近值[图 7-22(a)]。为保卫领域所付出的代价也将随着领域大小的增加而增加,因为领域越大,侵犯领域的个体就越多,领域主人就不得不在更大的范围内巡视自己的领域。从图不难看出,只有在 $x$ 和 $y$ 之间的范围内(即 $B>C$),动物保卫领域在经济上才是合算的。资源质量和分布的变化将会使收益曲线 $B$ 发生移动[图 7-22(b)],而竞争者数量的变化将会使代价曲线 $C$ 发生移动[图 7-22(c)]。这些变化都会影响保卫领域的经济阈值。但在多数情况下,收益曲线和代价曲线都不会单独发生变化,例如,随着资源数量的增加,侵犯领域的竞争者也会随之增加,这将导致曲线 $B$ 和 $C$ 同时发生移动。

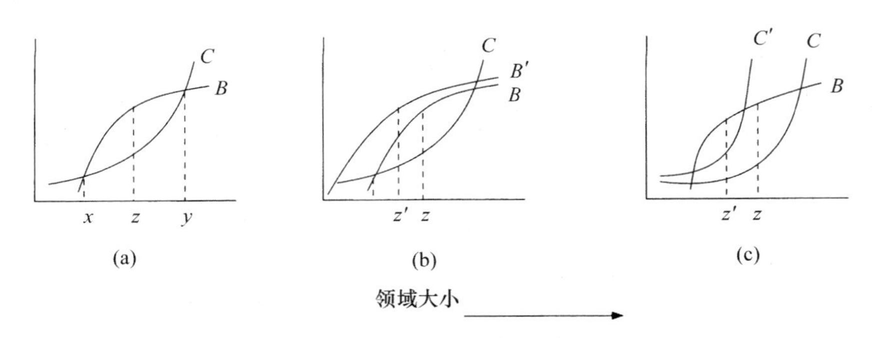


**图 7-22　领域行为的利($B$)与弊($C$)之间的关系**

(a) 只有当 $B \geqslant C$ 时(即处于 $x$ 点和 $y$ 点之间时),保卫领域才是合算的,其最大净收益($B-C$)是在 $z$ 处;(b) 好处的增加($B$ 移到 $B'$)将使最大净收益从 $z$ 移到 $z'$ 处;(c) 代价的增加($C$ 移到 $C'$)也将使最大净收益从 $z$ 移到 $z'$ 处(仿 Myers 等,1981)

### (一) 领域行为对动物适合度的影响

大体上有两种方法用来研究领域行为对动物适合度的影响。

(1) 一种方法是看看领域行为如何随着生态条件的改变而改变。例如,很多研究已经表明,领域行为是随着资源时空分布的可预测程度而变化的(鸟类和灵长类实例见 Crook,1965,1970;羚羊类实例见 Jarman,1974)。一般说来,动物对不可预测资源和集团分布资源所作出的行为反应是趋向于结群生活(即缩小个体间的距离);而对可预测资源和分散分布的资源所作出的行为反应,则是加大并保持个体间的距离。同一种动物的社会行为也依资源状况而有很大变化。例如,在食物丰富而又可预测的生境中,斑鬣狗(*Crocuta crocuta*)常常以家族为单位占据一定的领域;而在食物随季节变化而有很大波动的生境中,该种食肉兽则到处漫游,不占据固定的地盘。冬季,杂色鹡鸰(*Motacilla alba*)中的有些个体占有固定的领域(因领域内的食物是可预测的);但另一些个体则到处漂泊,寻找那些呈集团分布而存在时间又比较短暂和不可预测的食物。池塘中往往有蜻蜓固定的交配地点和产卵地点,而雄蜻蜓的生殖活动常常就集中在这些地点周围,如果雌蜻蜓来到池塘的时间和地点是可预测的,雄蜻蜓就依照雌蜻蜓即将到来的时间和地点争夺领域;如果这种预测性很低,雄蜻蜓便不占有领域,而是在整个池塘范围内巡飞。

(2) 另一种方法是直接测定两类个体在适合度上的差异。例如,一类个体是占有领域的,另一类个体则不占有领域;或者一类个体占有较大的领域,而另一类个体则占有较小的领域。但实际上,直接测定适合度是相当困难的,因为要测定适合度就必须知道两类个体在下一个世代的基因库中各占多大比例。因此,大多数学者都回避直接测定适合度,而是测定对适合度有直接影响的各种参数,如,测定动物的领域行为在获取食物、寻求配偶和躲避敌害方面所得到的好处和付出的代价。

很多研究都已经证明,领域行为可使动物在获取食物方面得到某些好处。动物领域的大小同动物的体重和群体大小呈正相关(如蜥蜴、鸟类、灵长类和独居的陆地哺乳动物),而且动物的食谱也同动物领域的大小有关。以果实和花为主要食物的灵长类动物,其领域面积比以叶为主要食物的灵长类动物大,这是因为花和果实是比较分散的食物资源。

在各类动物中我们经常可以看到,凡是在食物密度大或食物营养价值高的地方,动物所占有的领域面积就比较小(如鸟类、鱼类和软体动物壳贝)。有趣的是,这一现象已被 Simon(1975)用实验所证实。他通过控制食物的投食量在短期内就可以改变一种蜥蜴(*Sceloropus jarrovi*)领域的大小,但当把投放到领域中的食物重新拿走时,领域就又恢复到原来的大小。有些生态学家的工作做得更为细致,他们首先对动物领域内的食物资源量进行详细的估算,然后再同领域占有者的实际食物需要量作比较。就拿以花蜜为食的蜂鸟和太阳鸟来说吧,虽然领域大小和蜜源植物种类常常变化,但每一领域中所含有的蜜量总是刚好能够满足领域主人每天的取食量。据 Smith(1968)研究,树松鼠(*Tam sciuris*)领域的大小也与食物的丰盛度有关,每个领域中所含有的食物量差不多都是刚好能维持一只松鼠一年的生活需要。

### (二) 领域行为使动物付出的代价

以上我们只分析了动物从领域中所得到的好处,但它们为保卫领域要付出多大代价呢?从经济学角度分析,动物通过占有领域而独占一部分资源的行为对它是否合算,主要是看动物通过占有领域而多获取的能量是不是多于为保卫这一领域所消耗的能量。如果前者大于后者(即好处大于代价),那么动物占有领域就是合算的,否则就不合算。如果蜂鸟和松鼠领域中的食物资源刚好能够满足它们的需要,那么它们就不会再去扩大自己的领域。因为保卫一个较大的领域就要付出较大的代价,这样,好处就会相应减少。可见,为保卫领域而付出的代价是决定领域行为的一个不可忽视的方面。雌、雄松鼠除了在生殖季节的一个短时期内占有一个共同的领域外,它们总是各自占有一个独立的领域,并在领域中心建立食物(松子)贮藏所。据分析,这样做可以使松鼠在收集和搬运松子的工作中节省能量。Horn(1968)曾经指出过,如果食物资源是稳定的和分散分布的(像松鼠的食物那样),那么从理论上讲,每一个个体占有一个单独的领域比两个或两个以上个体占有一个共同的领域更能节省动物花在采食途中的能量。但是,如果食物资源是呈不可预测的小集团分布,那么,动物以群体的形式占有领域更为有利。这里应当指出的是,Horn 只考虑了领域行为的能量消耗的一个方面,实际上,动物在其他方面也要付出代价,如保卫领域需花费时间。

Gill 和 Wolf(1975)曾记录了太阳鸟在自己领域内从事各项活动(如保卫领域、取食和孵卵等)所花的时间,并把时间换算成从事每一项活动的能量消耗。他们的研究表明,领域内花朵的含蜜量比领域外花朵的含蜜量高,这是因为领域内排斥了其他太阳鸟的取食活动,因此花朵被采食的次数较少,这使资源有较长的时间进行更新。由于领域占有者能够吸食高质量的花蜜,因此它们每天只需花费较少的时间就能摄取到维持一天生活所需的全部能量。在这种情况下,它们就可以把更多的时间用在消耗能量较少的其他活动上,如孵卵等。最重要的是,为保卫领域而付出的代价很容易用独占领域所得到的好处来补偿。一般说来,因缩短取食时间而节省的能量就足以弥补因保卫领域而消耗的能量了。值得注意的是,太阳鸟和松鼠并不是在任何情况下都占有领域的。当食物很丰富,质量又很高时,入侵者的压力就会增加,此时,动物往往就不再保卫它们的领域,因为在这种情况下保卫领域在经济上就变得不合算了。

## 二、最适领域大小的一个简单模型

很多动物占有领域都是为了保卫一个取食地区,领域越大,食物供应就越有保证。但是随着领域面积的增加,保卫领域所付出的代价也就随之增加,这将要求动物要在收益和代价之间做出适当的权衡。最重要的问题是占有和保卫多大的领域才最为合算。当然,答案仍然要取决于对二者的权衡:从占有领域中所得到的好处和为保卫领域所付出的代价。

McNeill 和 Xander(1982)考虑这一问题的前提条件是:一个动物独享领域内的资源并驱逐所有的竞争者。他设想领域占有者试图使每天所获取的猎物数量最多,并设想它所保卫的领域是一个圆面积 $A$,那么在这个圆面积领域内可以获取的猎物数量就是:

$$N = dA \tag{7.1}$$

其中 $d$ 是领域内的猎物密度。该模型假定领域占有者不会使自己领域内的食物趋于枯竭,到第二天,所有猎物都会得到更新,因此可保持猎物密度不变。

领域占有者是靠沿着圆形领域的周界线进行巡逻来保卫领域的,因此可以假设:保卫领域所花费的时间比例是随着领域的周长而增加的。如果领域是一个圆面积,那么其周长就是:

$$C = 2\pi R \tag{7.2}$$

这里的 $R$ 是领域的半径。这就是说,领域的圆周长是与半径 $R$ 成比例的。此外,领域的面积将是:

$$A = \pi R^2$$

从上式可见,领域面积 $A$ 是同 $R^2$ 成比例的,而半径 $R$ 又是与领域面积的平方根成比例的。由于领域周长 $C$ 与半径成比例,而半径又与领域面积的平方根成比例,所以领域周长就必定与领域面积的平方根 $A^{1/2}$ 成比例。

如果保卫领域所花费的时间与领域边界的长度成比例,那么它同时也就会与领域大小的平方根成比例,即:

$$T_d = kA^{1/2} \tag{7.3}$$

其中的 $T_d$ 是保卫领域所花时间的比例,$k$ 是这种比例性的某个常数。如果一个动物把 $T_d$ 比例的时间用在了保卫领域上,那么余下的时间比例($1-T_d$)就可用于取食,即:

$$T_f = (1 - kA^{1/2}) \tag{7.4}$$

其中的 $T_f$ 就是取食时间所占的比例。此时所获取的食物总数量将取决于食物获取率 $r$,因此在 $T_f$ 时间内所捕获的猎物数量就是:

$$N = r(T_f) = r(1 - kA^{1/2}) \tag{7.5}$$

其中的 $r$ 就是食物获取率或取食率(feeding rate)。

下面可以进一步假设领域的占有者是处于与食物供应量相平衡的状态,也就是说,它的取食量既不会超过食物的供应量,也不会去占有一个其食物供应量超过它每日食物需要量的偏大的领域。如果这一点成立的话,那么最适领域大小就应当是这样的,即所捕获的猎物数量[方程(7.1)]刚好等于在 $T_f$ 取食时间内所能捕获的猎物数量[方程(7.5)]。这就是说,当:

$$dA = r(1 - kA^{1/2}) \tag{7.6}$$

时,我们就会看到图 7-23 所示的情况。这里需要注意的是,领域如果太小($<A^*$),领域占有者就会用太多的时间去捕食,然而在太小的领域内可供捕食的猎物数量又不足;另一方面,如果领域太大($>A^*$),领域占有者就会把太多的时间用于保卫领域,因而会导致日食物捕获量下降。图中的粗线表明:日食物捕获量是领域面积的函数,起初,食物捕获量会随领域面积的增加而增加;但一旦达到了最适点($A^*$),往后就会开始缓慢下降。

这个模型虽然非常简单,但利用这一模型可以做出一些有趣的预测。例如,随着领域质量 $d$ 的提高,代表猎物可获量的直线就会变得越来越陡(即直线的斜率越来越大),而且领域的面积将会越来越小(图 7-24)。

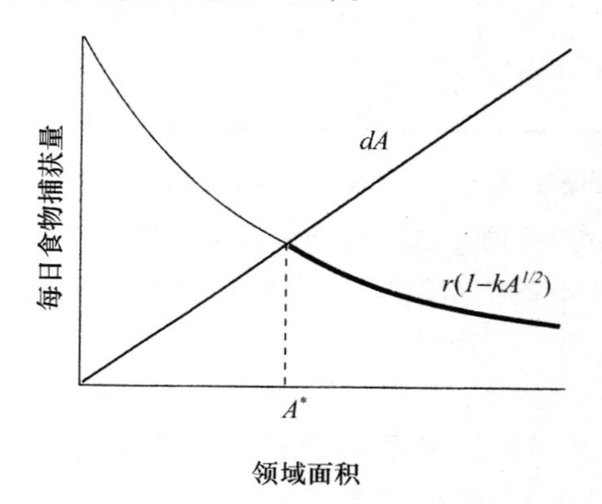


**图 7-23　最适领域大小**

猎物捕获量随领域大小而增加,但保卫领域的时间也随领域大小而增加,这将导致取食时间的减少.如果动物与食物供应处于平衡状态,那么最适领域大小就是 $A^*$。日食物捕获量在 $A^*$ 以前一直增长,$A^*$ 以后开始下降

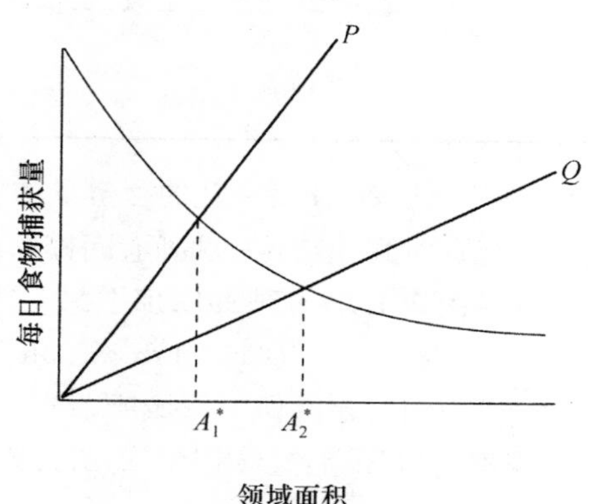


**图 7-24　领域面积与领域质量的关系**

最适领域大小依赖于领域的质量,生产力较高的领域 $P$ 比生产力较低的领域 $Q$ 具有更小的适合点($A_1^*$)

## 三、金翅太阳鸟

动物为保卫一个领域所进行的投资是能量的消耗和在战斗中负伤的风险,所得到的收益是排他性地独占一部分资源。当领域行为的收益大于投资的时候,这种行为就将得到发展。这一经济学思想和投资-收益分析法曾促使很多生态学家对占有领域动物的时间安排作过详细调查,特别是对蜂鸟、太阳鸟和蜜鸟等一些以花蜜为食的鸟类,因为这些鸟类的投资和收益便于用能量值进行计算。例如,金翅太阳鸟(*Nectarinia reichenowi*)通常保卫一个含有狮子耳属(*Leonotis*)植物花朵的领域,Gill 和 Wolf(1975)曾研究了这种鸟类领域行为的经济学,他们测定了领域的含蜜量,计算了金翅太阳鸟各项活动的时间安排,并在实验室内测定了觅食飞行、停歇和战斗等各项活动的能量消耗,从而了解了这种鸟类每天的总能量投资,最后,他们把金翅太阳鸟用于保卫领域的日能量投资与因独占领域所获得的额外能量收益相比较,发现收益略有盈余,这说明保卫一个领域在经济上是合算的。能量投资和收益的具体计算过程如下:

(1) 首先在实验室内测定各项活动的能量支出(表 7-1)。

表 7-1　金太阳鸟各项活动的能量支出

| 各项活动 | 能量支出 |
| --- | --- |
| 觅食飞行 | 4186 J/h |
| 停歇 | 1674 J/h |
| 保卫领域 | 12558 J/h |

(2) 田间研究表明,当花朵含蜜量较多时,领域占有者每天只需花费较少时间便可采到足够维持生存的花蜜(表 7-2)。

表 7-2　花朵含蜜量与采蜜时间的关系

| 每花含蜜量/$\mu$L | 每天所需采蜜时间/h |
| --- | --- |
| 1 | 8 |
| 2 | 6 |
| 3 | 2.7 |

(3) 保卫领域可使每朵花的含蜜量增加(因为排除了其他鸟的取食活动),因此可使领域占有者减少觅食时间,增加停歇时间,而停歇比觅食所消耗的能量要少,如果因保卫领域而使每朵花的含蜜量由 2$\mu$L 增加到 3$\mu$L,那么每天就能减少 1.3h 的觅食时间,因而可减少能量投资:

$$(4186\ \mathrm{J/h}\times 1.3\mathrm{h})-(1674\ \mathrm{J/h}\times 1.3\mathrm{h})=3266\ \mathrm{J}$$

(4) 既应当考虑因保卫领域所节省的觅食时间,也应当考虑保卫领域所花费的时间。通过野外观察可以知道:金翅太阳鸟每天约用 0.28h 的时间保卫领域,其能量投资是:

$$(12558\ \mathrm{J/h}\times 0.28\mathrm{h})-(1674\ \mathrm{J/h}\times 0.28\mathrm{h})=3047\ \mathrm{J}$$

这就是说,当花朵含蜜量因保卫领域而从 2$\mu$L 增加到 3$\mu$L 时,金翅太阳鸟可获得的能量净收益是:

$$3266\ \mathrm{J}-3047\ \mathrm{J}=219\ \mathrm{J}$$

因此,保卫一个领域在经济上是合算的。大量的研究实例表明,在经济合算的情况下,绝大多数太阳鸟都表现有领域行为。另一方面,在领域内资源不足的情况下,占有领域的额外能量收入往往不足以弥补因保卫领域的能量支出,在这种情况下,动物就会放弃它的领域或迁往他处。在对 10 只实验鸟所做的行为检验中,有 9 只鸟的行为表现与理论预测完全相符。

金翅太阳鸟还有一个令人感兴趣的现象,即在它所保卫的领域中总是含有大约 1600 朵花,尽管领域面积有时可相差 300 倍之多。Pyke(1979)曾提出过一个经济模型来说明这种鸟为什么不多不少地只保卫大约 1600 朵花。首先,利用 Gill 和 Wolf(1975)的资料可以计算出保卫不同数量花朵的能量投资和时间安排,并假定一个领域所含有的花朵数目越多就会引来越多的入侵者。正如我们曾经指出过的那样,建立经济模型首先需要选择一个合适的尺度来测定收益,并使收益增至最大。对金翅太阳鸟来说,可以考虑 4 种衡量收益的尺度:① 鸟类选择一定大小的领域是为了使日能量净收入($E$)达到最大,这对于食物短缺或贮藏食物以备饥饿时使用的鸟类来说可能是一个合适的尺度;② 使收益-投资比($G/C$)增至最大;③ 使日停歇时间($S$)增至最大,如果鸟类在停歇时比在飞翔时能获得更可靠的安全保证并能减少能量支出的话,那么这个尺度也是合理的;④ 使日能量消耗($C$)降至最低,鸟类要想活到下一个生殖季节就必须尽量减少能量消耗,以免中途死亡。

经过计算,其中第四个尺度(使 $C$ 最小)既能精确地预测金翅太阳鸟领域的大小(即它所保卫的花朵数目),也能精确地预测各项活动的时间安排;而第三个尺度(使 $S$ 最大)只能较精确地预

测花朵数目,但不能精确地预测各项活动的时间安排。该经济模型的具体运算过程如下:

(1) 太阳鸟的日常活动由四个部分组成,即

$$睡眠(Z) + 觅食(F) + 停歇(S) + 保卫(D) \tag{7.7}$$

(2) 日总能量投资($C$)是由固定的 $Z$ 值和可变的 $F$、$S$ 和 $D$ 值组成的。鸟类可以借助于改变各项活动的时间安排而改变其能量总投资。

(3) 来自领域的日总能量收益($G$)等于每花产蜜量($e$)×访花率($r$)×日觅食时间($F$),即:

$$G = erF \tag{7.8}$$

假定食物的供应是处于平衡状态,即鸟类的日食量与食物的生产量相等,即么,食物的日产量($nP$)将是花朵数目($n$)×每花产蜜量($P$),即:

$$G = erF = nP$$

$$e = \frac{nP}{rF} \tag{7.9}$$

(4) 如果保卫领域的时间与领域的质量相关,那么领域质量越高,入侵者也就越多:

$$D = kne^{\alpha} = \frac{k'n^{\alpha+1}}{F^{\alpha}} \tag{7.10}$$

其中 $k$ 和 $k'$ 是常数,$\alpha$ 决定着 $D$ 和 $ne$ 之间关系的形式。如果 $\alpha=1$,$D$ 相对于 $ne$ 的曲线将会加速变化。

(5) 假定太阳鸟可以选择 $n$ 值和 $F$ 值,以便使 $E=G-C$ 最大,或使 $G/C$ 最大,或使 $S$ 最大,或使 $C$ 最小(它们代表着测定收益的四种尺度)。

(6) 在实验室内测定每分钟的 $F$、$S$ 和 $D$ 值,并在野外获得 $e$ 和 $n$ 值。设定 $\alpha$ 值处于 1~3 之间,并依据方程(7.10)计算出 $k'$ 值。

(7) 当 $\alpha=2$ 时,测定收益的四种尺度将会分别做出如下不同的预测(表 7-3)。

**表 7-3　四种尺度下的预测值**

| | 测定收益的四种尺度 | | | | |
|---|---|---|---|---|---|
| | 使 $E$ 最大 | 使 $G/C$ 最大 | 使 $S$ 最大 | 使 $C$ 最小 | (观测值) |
| 花朵数目 $n$ | 7070 | 6722 | 1653 | 1595 | 1600 |
| 觅食时间 $F/h$ | 7.45 | 8.18 | 1.72 | 2.41 | 2.42 |
| 保卫时间 $D/h$ | 2.55 | 1.82 | 0.61 | 0.28 | 0.28 |
| 停歇时间 $S/h$ | 0 | 0 | 7.67 | 7.31 | 7.30 |

从上述预测结果不难看出:采用第三种(使 $S$ 最大)和第四种(使 $C$ 最小)尺度所预测的领域大小(即花朵数目)与实测值极为接近;但第四种尺度(使 $C$ 最小)同时也能精确地预测各项活动的时间安排,原因可能是鸟类保卫领域的能量投资极大(与其他活动相比),因此采用使 $C$ 最小的尺度所预测的 $D$ 值较低;而采用使 $S$ 最大的尺度,由于没有考虑保卫领域的能量投资,所以所预测的 $D$ 值较高。由上述预测结果也可看出,在这种具体情况下,$\alpha\approx2$。

## 四、夏威夷蜜鸟

Carpenter 和 MacMillen(1976)通过对夏威夷蜜鸟(*Vestiariacoccinea*)(也是一种以花蜜为食的鸟)所做的定量分析,把领域行为的研究推向了一个新阶段。他们首先对领域行为带来

的好处和付出的代价作直接的定量分析。好处用蜜鸟因独占领域资源而额外获得的能量来代表,代价则用蜜鸟为保卫领域而消耗的能量来代表。当代价在数值上超过好处的时候,他们就预测动物一定会放弃领域,实验证明,他们的预测是成功的。他们的基本思路是:要想使领域行为在经济上变得对动物有利,则必须使:

$$E + T < aP + e(1-a)P \tag{7.11}$$

其中,$E$,生活的基本能量消耗;$T$,占有领域的额外能量消耗;$aP$,不占有领域时的能量收入;$e(1-a)P$,占有领域时的额外能量收入。这里我们需要进一步说明:$P$ 代表潜在的最大能量收入;$a$ 是一个小数(即小于 1),$aP$ 表示动物在不占有领域时的能量收入充其量只能达到 $P$ 的一部分,其余部分则为$(1-a)P$;$e$ 是一个系数,表示领域行为的不同效果,当领域行为的效果最佳时,$e$ 的取值为 1(最大值),表明动物能拿到全部$(1-a)P$。

从式(7.11)可以看出,领域现象将发生在两个阈值(或两种极端情况)之间。一个极端情况是:食物极为丰富,鸟类不占有领域就能满足它对能量的全部需求,只有当 $aP$ 值太小,不能满足它生活的基本能量需求($E$)时,也就是当 $aP<E$ 时,动物才会占有领域,因此,领域现象的阈值上限应当是:

$$P = E/a$$

另一种极端情况是:潜在的能量最大收入($P$)太低,使动物通过占有领域获取额外的能量收入也不能满足它每天的能量需要,在这种情况下就不得不放弃领域另寻生存之地,此时的阈值下限应当是:

$$P = E + T$$

定量研究是从记录蜜鸟用于各项活动的时间开始的,然后再按一定的换算比把时间折合成能量值,计算结果如下:

$$\begin{cases} E = 5.6103 \times 10^4 \text{J} \\ T = 9.6296 \times 10^3 \text{J} \quad (\text{每 } 24\text{h}) \\ a = 0.25 \quad (\text{据测定,无领域时 } 75\% \text{ 的蜜量被其他个体所取食,因此 } a = 0.25) \end{cases}$$

依据上面 3 个参数和有关公式,我们就可以计算出两个阈值的实际数值了。当保卫领域的效果达到最佳时(即 $e=1$),阈值下限将是 $6.5733\times10^4$J/24h,约相当于一个含有 60 朵花的领域所生产的蜜量;阈值上限将是 $2.2441\times10^5$J/24h,约相当于一个含有 207 朵花的领域所生产的蜜量。对于这一预测曾用 10 只蜜鸟作了检验,检验结果是 7 只占有领域,3 只不占有领域:其中的 9 只蜜鸟的行为与理论预测完全一致,符合率达到 90%(图 7-25)。

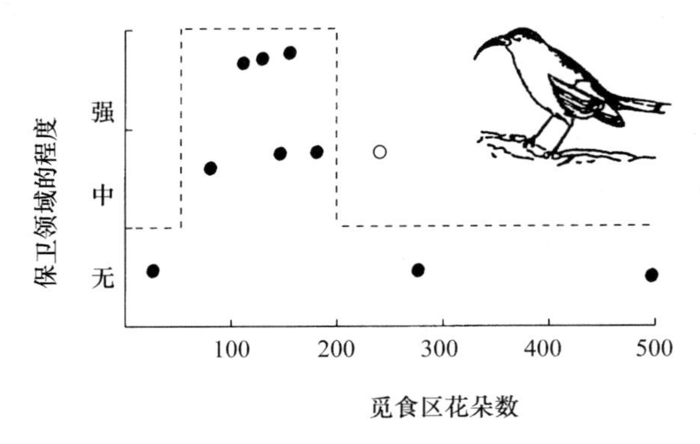


**图 7-25 对夏威夷蜜鸟领域行为的经济学分析**

经济模型预测:只有在资源数量的两个阈值之间,蜜鸟才应当占有领域。对 10 只蜜鸟所做的观察表明,其中 3 只强度占有领域,4 只中度占有领域(用白点表示的一只与预测不符),3 只不占有领域。图中用黑点表示的 9 只蜜鸟的行为表现与理论预测相符(仿 Carpenter 和 MacMillen,1976)

检验工作表明,这个简单的预测模型基本上是成功的,但也有它的局限性:① 该模型的一个前提条件是蜜鸟保卫领域的能量消耗是不随时间而改变的,但事实上,随着领域内花朵数目的增加，入侵者的压力也会加大；② 该模型的阈值下限是一个绝对值，低于这个值，蜜鸟就会饿死，因此，如果存在更有利的取食地的话，蜜鸟可能早在达到阈值下限以前就会放弃自己的领域了。至于什么时候放弃，则取决于其他取食地的有利程度。

对蜜鸟的领域行为所做的经济学分析(指方法)也可应用于其他动物。但有一个问题，就是动物对于权衡领域利弊所需时间长短的问题。就蜜鸟来说，由于资源量变化迅速、因此，在以日为单位的短期内就能对领域资源的变化做出如下反应：扩大领域、缩小领域或放弃领域。但对很多其他动物来说，要对领域利弊做出最适权衡常常不是在短期内所能做到的，因此，我们就不能期望动物的行为在以日为单位的短时间内就能对领域的变化做出反应。例如，Davies(1976)冬季曾连续跟踪观察过许多杂色鹡鸰(*Motacilla alba*)的活动(从黎明到黄昏)，并记录下它们的活动地点和取食情况。他发现，当领域内的食物丰富时，鹡鸰全天都在领域内活动(图 7-26)，但当领域内的食物变得贫乏时，它便离开领域，在领域附近结成小群漂泊觅食；但即使是在这时，它也不完全放弃自己的领域，每天总要花一定的时间在领域内活动并不断驱赶侵入领域的其他个体，此时的能量亏损在不久后当领域条件变好时会得到加倍的补偿。这种"着眼于未来"的行为就是长期权衡利弊的一个实例。也就是说，从客观讲，动物的领域行为常常不光是为了眼前的利益，同时也会照顾到长远的利益。

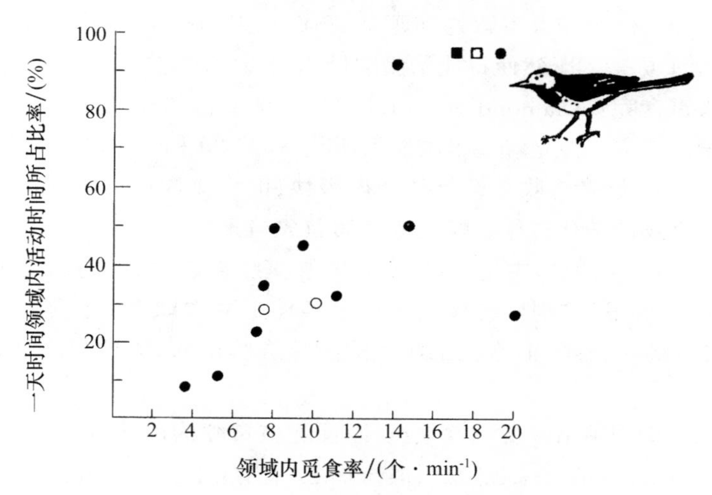


**图 7-26　杂色鹡鸰领域行为的灵活性**

每个点代表对一只鸟一日(冬天)全天连续跟踪观察的结果，不同的符号代表着不同的个体(仿 Davies，1976)

## 五、褐色蜂鸟

褐色蜂鸟(*Selasphorus rufus*)在北美洲的西北部繁殖，繁殖后便沿着岛屿山脉迁往墨西哥南部越冬，它们的迁移方式是呈蛙跳式的，从一个高山草地飞向另一个高山草地，而在每一个高山草地往往会独占一个取食领域达几天之久，有时达几个星期，直到使体内储存有足够的脂肪才开始下一段旅程。褐色蜂鸟与金翅太阳鸟不同，金翅太阳鸟的领域行为所追求的是使日能量消耗最小(使 $C$ 最小)，而褐色蜂鸟的领域行为所追求的则是使日能量摄取量最大(图

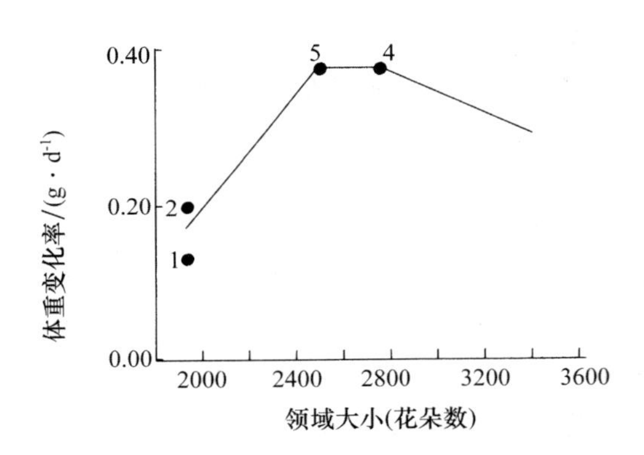


**图 7-27 棕色蜂鸟连续 5 日领域大小变化与体重增长的关系**

第一天先占领一个小领域;第二天将领域扩大,然后逐渐达到一个中等大小的领域,此领域可使蜂鸟的日增重达到最大

7-27)。褐色蜂鸟是在它们迁往南方的途中短期占有领域的。所以不难想象为什么衡量蜂鸟领域行为的尺度是使日能量摄取量最大,而不是像金翅太阳鸟那样是使日能量消耗量最小。因为对于前者来说,最重要的是能使体重迅速增加,以便继续它的长途迁飞;但对于后者来说,最重要的则是在低能耗的情况下尽量能活得时间长一些,以便能生存到下一个生殖季节。Carpenter 等人曾借助于一个巧妙的装置测定褐色蜂鸟在占有不同大小领域时体重的增长情况。该装置是将一个人工栖枝与一个小弹簧秤相连,只要蜂鸟停落在栖枝上就能记录下它的体重。观察发现,至少某些蜂鸟能够调整自己领域的大小,以便使身体的日增重率达到最大。

褐色蜂鸟的行为有一个令人不解的问题是,它们每天约有 75%的时间是停歇在栖枝上,只有 25%的时间用于觅食。既然使日能量摄取量达到最大对它们是如此重要,那它们为什么不用更多的时间去觅食呢? Diamond 等人(1986)通过实验回答了这个问题,他们使用同位素标记的葡萄糖和聚乙二醇来测定蜂鸟吸收能量所花费的时间和一次取食后食物通过消化道所需要的时间,结果发现:肠壁吸收葡萄糖的速度极快,但食物通过嗉囊却需要花费较长时间,这就限制了蜂鸟对食物的消化过程。蜂鸟取食后首先得把食物贮存在嗉囊中,然后再输送到胃里。据研究,蜂鸟在一次取食中把 100mL 花蜜装满嗉囊以后,大约需要 4min 才能把嗉囊中一半的食物输送到胃里,这刚好与蜂鸟在自然条件下两次取食的间隔时间相等。这就是说,蜂鸟在停歇的时候,它实际上是在工作。即把嗉囊腾出来,以便在下次取食时能继续盛装花蜜。

褐色蜂鸟在迁飞期间常常改变取食地点,以便适应资源的迅速变化。一块草地今天可能一只蜂鸟也没有,正在开放的花朵也很少,但一周之后当成千上万朵花竞相开放时,就可能出现 10 多个被蜂鸟占有的领域。已占有领域的蜂鸟每天都在调整自己领域的大小,当领域内的花朵密度增大时,它们就会缩小自己的领域;反之,则扩大。因此,褐色蜂鸟领域的大小(指面积)虽然可以相差 100 倍,但受它保卫的花朵数目却只有 5 倍之差。如果领域大小被调整到总是保有一定的资源量,而且花朵的分布是均匀的,那么领域大小与资源密度之间就会形成一种负双曲线关系。Kodric-Brown 和 Brown(1978)在亚利桑那东部对褐色蜂鸟所做的研究证实了这种关系。他们把领域大小与花朵密度之间的关系用双对数坐标法所得出的斜率与 −1 值无显著差异,这表明:蜂鸟可以随时调整自己领域的大小,以便使它所保卫的花朵数目总是大体相等(图 7-28)。通过实验也能证明这种关系的存在,当花朵数目被人为减少时,蜂鸟就会扩大自己的领域,以便使领域的产蜜量能恢复到原来的水平。Gass 等人(1976)在加利福尼亚西北部进行研究时发现,褐色蜂鸟并不是简单地保卫一定数量的花朵,它的领域大小的变化将取决于花朵密度和开花植物的种类两方面的因素。在蜂鸟领域中最常见的两种开花植物是印度火焰草(*Castilleja miniata*)和红耧斗菜(*Aquileoia formosa*),而后者的日产蜜量是前者的4倍。但不管花朵密度和开花植物的种类如何,蜂鸟领域的大小总是被调整到能够为它提供大体相等的能量[图 7-28(b)]。

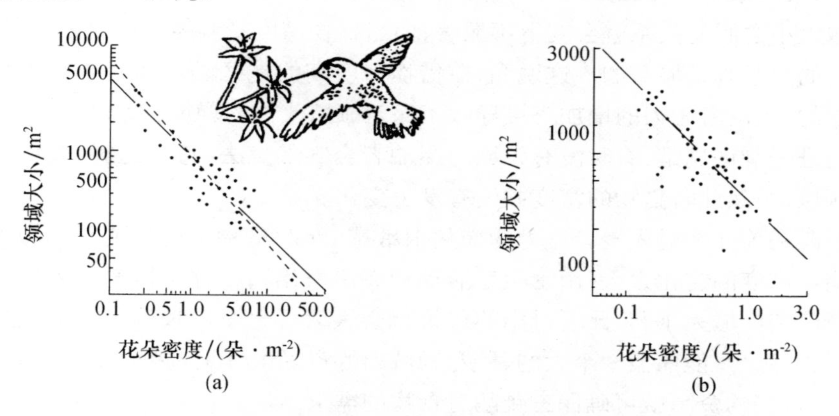


**图 7-28 褐色蜂鸟领域大小与花朵密度之间的反比关系**

(a) 亚利桑那东部:其回归斜率是0.82(实线),与-1的斜率值没有显著差异,当蜂鸟不管领域大小只保卫固定数目的花朵时,其斜率值就是-1;(b) 加利福尼亚西北部:因考虑到不同植物的花朵产蜜量不同,所以用"花单位密度"来表示领域的花蜜生产量,作图结果与(a)相似,斜率为-0.95,与-1值亦无显著差异(仿 Kodric-Brown 和 Brown,1978;Gass 等,1976)

上述的研究都表明,领域大小是随着领域收益的变化而变化的,但保卫领域的能量投资将如何随着领域大小或质量的变化而变化,目前还没有这方面的资料。所以我们还不知道衡量褐色蜂鸟领域行为的最好尺度是什么。

## 六、三趾鹬

很多动物都与前面所介绍的几种食蜜鸟类一样,当领域内的食物资源变得更为丰富时,其所保卫的领域面积就会缩小。Myers 等(1979)曾对这种现象提出过两种解释:① 领域主人能够对领域内的猎物密度做出评价并能调整其领域大小,使其包含足够的资源。当食物密度增加时,领域主人就会决定保卫一个较小的领域(参看图 7-22)。② 动物也可能总是试图保卫一个尽可能大一些的领域。其大小通常受竞争因素的限制。随着食物密度的增加,入侵领域的压力就会增加,因此保卫领域就会付出更大的代价。在这种情况下,领域主人就会被迫保卫一个较小的领域[参看图 7-22(c)]。在这里,食物密度与领域大小之间的反比关系是间接通过入侵者压力的变化而实现的。

但是在研究领域大小的变化时,却很难把这两种解释完全分离开来,因为食物密度和入侵者的压力通常是一起发生变化的。然而 Myers 等(1979)在研究沙岸滨水鸟类——三趾鹬(*Calidris alba*)的冬季取食领域时却能够做到这一点。三趾鹬通常是保卫一段长10～120m的潮间带(线状领域),有些个体保卫领域的时间只持续一天,而另一些个体则可能持续几个月,还有的个体甚至连续几年都保卫同一段潮间带。没有领域的三趾鹬(约占种群的30%～90%)则在海滩上到处漫游,并经常侵入其他个体的领域。三趾鹬的食物主要是一种海洋等足目动物(*Excirolana linguifrons*),这种猎物的密度可借助于格筛取样法进行测定。据分析,在潮间带的不同地段,其猎物密度可相差4倍之多。

简单的相关系数表明,在猎物密度高的地区领域面积就小,当猎物密度最高时,入侵领域的压力也最大,因而领域的面积也就最小。为了研究领域大小、猎物密度和入侵者压力三者之间的相互关系,常常采用多元回归的分析方法。据分析,当入侵者的密度受到控制的时候,猎物密度与领域大小之间的关系就会变得不显著;但当猎物密度受到控制的时候,入侵者密度与领域大小之间的关系则是显著的。这说明,在猎物密度高的地区领域面积小是因入侵者压力的增加而引起的,入侵者压力的增加直接导致了保卫领域代价的增加[参看图 7-22(c)]。能够说明这一点的进一步证据是,有时没有领域的漂泊者会突然离去,每当这时,领域占有者就会扩展自己的领域,虽然此时猎物的密度并没有发生变化。

问题是三趾鹬为什么对入侵者压力的变化很敏感,而对猎物密度的变化不敏感呢?原因可能是冬季猎物密度的变化太大(由于生殖活动和海浪作用),在这种情况下若要保持最适领域就必须不断改变领域大小,为此所付出的代价就会太大。一个比较简单的解决办法是在一定的入侵者压力下尽可能保卫一个大的领域,领域内的资源虽然是过剩的,但在猎物密度突然下降的情况下,过剩的资源就可确保三趾鹬对食物的需求。

## 七、杂色鹡鸰

冬天,在英国南部泰晤士河谷的草地上,当大多数杂色鹡鸰(*Motacilla alba*)结成群体在水塘附近觅食的时候,常常有些个体独占一段河流作为自己冬季的取食领域,河流不断地把小昆虫冲刷到泥岸上来,领域的占有者便以这些小昆虫为食。由于食物不断地被冲上岸来,所以这种食物资源实际上是可更新的。杂色鹡鸰的觅食方式是先沿着一岸搜食小昆虫,然后再飞到河对岸沿着另一岸搜寻,实际上是沿着自己的领域边界有规律地绕圈(图 7-29),这样它们

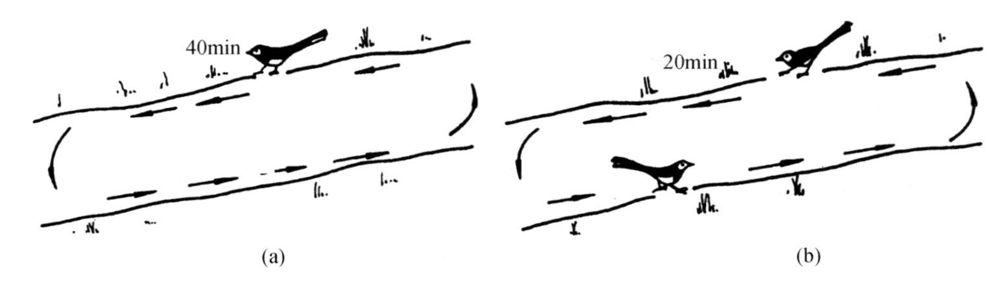


**图 7-29 杂色鹡鸰在领域内利用可更新资源的方式**

(a) 它们沿着自己的领域边界(即一段河流的两岸)走一圈平均约花 40min;(b) 当两只鹡鸰共同占有一个领域时,每只鹡鸰只需走半圈和各收获已更新食物的一半(相当于 20min 内被冲上岸的昆虫)(仿 Krebs 和 Davies,1984)

就能在最有利的更新时间($x$)去收获这些不断更新的食物资源(图 7-30)。这种资源利用方式实际上对侵入领域的个体非常不利,因为最有利的取食地点(更新时间最长)刚好是在领域主人的前方,如果入侵者来到这里就很容易被领域主人发现;另一方面,如果入侵者来到主人的后面,那里的食物则刚好被主人收获完。观察结果表明,即使是入侵者未被发觉地来到了领域主人的领域,那它所能收获的食物也是有限的,因为它总是在主人已经搜寻过的地段进行取食活动。这一事实可以说明,为什么入侵鸟在飞过一个领域上空时总是发出“chisick”的大声鸣叫,而领域主人则答“chee-wee”的叫声。据分析,入侵鸟的大声鸣叫实际上是一种试探,以便

了解领域内是否有主人在;如果有,则意味着在此地取食不利,于是它便离去。

从理论上讲,杂色鹡鸰最适领域的大小应当随着河岸食物更新情况的不同而变化。当食物数量多和更新速度快时,杂色鹡鸰所保卫的一段河流就应当短一些[相当于图 7-22(b)中的曲线 $B$ 向左移动]。但入侵者的压力也会随着领域内食物数量的增加而增加,所以,领域占有者为保卫领域所付出的代价也会随之增加[相当于图 7-22(c)中的曲线 $C$ 向左移动]。

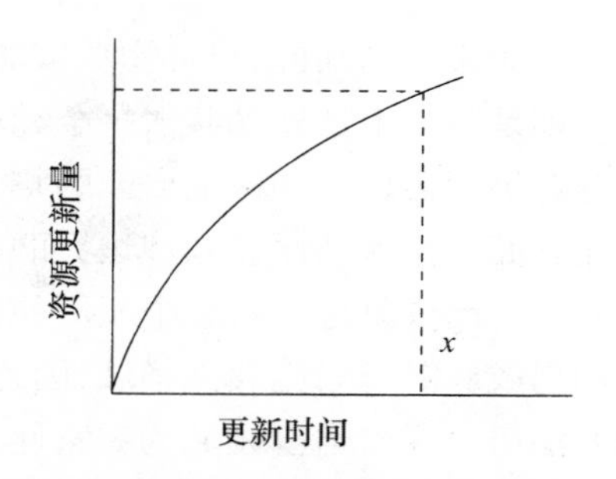


**图 7-30 资源更新量和更新时间之间的关系**

领域占有者通过排除其他个体取食可使自己在最有利的更新时间($x$)去收获已更新的食物资源

杂色鹡鸰与食花蜜的鸟类不一样,食蜜鸟类的领域大小常常随着资源状况的不同而很快发生变化,但杂色鹡鸰的领域大小往往在整个冬季都保持不变,即沿着河流两岸走一圈总是600m 左右。这很可能是因为每天都改变领域大小使其达到最适状态,对杂色鹡鸰来说代价太大。一般说来,冬季开始时,领域边界争端频频发生,因此邻里之间在这方面要花费很多时间;但一旦定居下来以后,领域边界就会受到尊重,很少受到邻居侵犯。如果每天都要改变领域边界,那为此所付出的代价就会太大,特别是在食物短缺需要扩大领域的时候。整个冬季保持领域大小不变又如何能适应领域内食物数量的变动呢?据研究,主要是靠领域主人行为的变化和保卫领域时间的变化,在这方面大体上可以区分以下 4 种情况:

(1) 当领域内的食物极少时,领域主人就会离开领域到其他地方觅食,但每隔一定时间它们就会回来一次以表明自己是该领域的主人并驱赶入侵者。即使是完全不在领域内取食的那些日子,它们也会在领域内待一些时间,这说明保卫领域是一项长期投资,因此在食物极少的时期也值得加以保卫。与结群漂泊的个体相比,占有领域的个体不可能在整个冬季都遭到食物短缺的威胁,把冬季作为一个整体来看是值得占有一个越冬取食领域的,对杂色鹡鸰在领域内和领域外所度过的时间分析表明,领域占有者定期回访领域是为了防止入侵者打乱食物的更新过程和防止领域被入侵者接管。

(2) 当领域中的食物数量处于适中水平时,领域占有者就会全天待在自己的领域内并不断驱逐所有的入侵者。

(3) 随着领域内食物的进一步增加,领域主人就会开始与另一个从属个体(通常是当年出生的年轻个体或来自漂泊群体中的一个雌性个体)共同占有它的领域。在共占领域时,领域主人和从属个体都只巡视领域边界(一个完整的圈)的一半,它们各自所收获的食物也只有独占领域时的一半(相当于一半更新时间内所更新的食物)[图 7-29(b)]。共占领域的好处是从属个体可以帮助保卫领域,通过定量分析可以表明,共占领域的好处和代价共同影响着领域主人的取食率,只有当好处多于代价的时候,领域主人才会允许一个从属个体与其共占领域。当领域内的食物数量再次减少的时候,领域主人就会把从属个体赶走,以便自己独占领域获得较高的取食率。

(4) 当食物密度极大时(如小昆虫在春季突然大量出现),领域主人就会放弃保卫领域的工作,因为在这种情况下,驱赶入侵者几乎得不到什么好处。如果食物很丰富和更新速度很快,那领域主人的取食率就不会受入侵者的影响。

杂色鹡鸰在整个冬季长期占有一个固定领域的行为与食蜜鸟类领域大小的多变性形成了

鲜明对照。对太阳鸟来说,当食物数量加倍时,它的反应是把自己的领域缩小一半;而杂色鹡鸰的反应则是与一个从属鸟共占一个领域,实际上也是把领域缩小一半,但有一个重要区别:领域占有者仍然会巡视和保卫自己的整个领域,并保持与近邻的领域边界不变。这种实际缩小领域而表面上又保持原有领域边界的好处是一旦再度出现食物短缺时,就可简单地靠把从属个体驱赶走而恢复自己对整个领域的独占权。有趣的是,领域主人通常都是成年雄鸟,它们只允许幼鸟或雌鸟与自己共占领域,因为后者在必要时容易驱赶。总之,杂色鹡鸰借助于领域共占的方法可以保持自己领域的完整性并能减少保卫领域的能量消耗,而且也不必在每次食物资源发生变化时都去建立一个新的领域边界。

## 第四节　领 域 共 占

### 一、从资源偷窃者到领域共占者的转化条件

一些领域侵犯者有时会偷偷溜进领域中窃夺领域内的资源,这些偷窃个体(或偷窃者)常常靠暗淡的体色和隐蔽的行为动作而不被领域占有者所发觉。偷窃者总是会给领域占有者带来损失,它的活动一旦被领域占有者发现就会被驱逐出境。另一方面,领域主人有时也会允许一个从属个体留在自己领域内与其共同利用领域内的资源。这些从属个体虽然也能给领域主人带来损失,但它同时也会给领域主人带来好处,如帮助保卫领域(表 7-4)。所以,偷窃者与从属者的区别就在于前者不会给领域占有者带来好处,而后者则能带来好处。一旦偷窃者开始给领域主人带来好处时,它也就自然转化成了从属者,而领域主人对这种好处所给予的报偿则是允许它共占自己的领域。在前面曾介绍过的杂色鹡鸰中,只有当从属者所带来的好处(如帮助保卫领域)大于因共占领域所带给主人的损失(如消耗食物资源)时,领域主人才会容忍从属者的存在。

**表 7-4　领域偷窃者和从属者实例**

| | | |
|---|---|---|
| 1. 偷窃者:只会给领域主人带来损失 | | |
| 蜂鸟 | 偷窃者体色暗淡。特别是未成年的偷窃者 | Ewald 和 Rohwer,1980 |
| 蛙和蟾蜍 | 当雌蛙受到叫声的吸引奔向一只有领域的雄蛙时,常受其他雄蛙拦截,强行交配 | Arak,1983 |
| 鱼 | 入侵个体体色暗淡,常闯入其他个体的领域偷偷与雌鱼交配 | Wirtz,1978 |
| 蜻蜓 | 偷偷交配 | Campanella 和 Wolf,1974 |
| 2. 从属者:既能给领域主人带来损失,也能带来好处 | | |
| 水羚(*Kobus ellipsiprymnus*) | 偷偷交配,但也能帮助保卫领域 | Wirtz,1981,1982 |
| 流苏鹬(*Philomachus pugnax*) | 偷偷交配但能增加领域对雌鸟的吸引力 | Van Rhijn,1973 |
| 杂色鹡鸰(*Motacilla alba*) | 分享领域内的食物,但能帮助保卫领域 | Davies 和 Houston,1981 |

1982 年,Brown 曾提出了一个图解式的阈值模型,用来说明领域占有者在什么情况下才会允许共占自己的领域(图 7-31)。共占领域的好处是可减少每个个体保卫领域的时间和能量

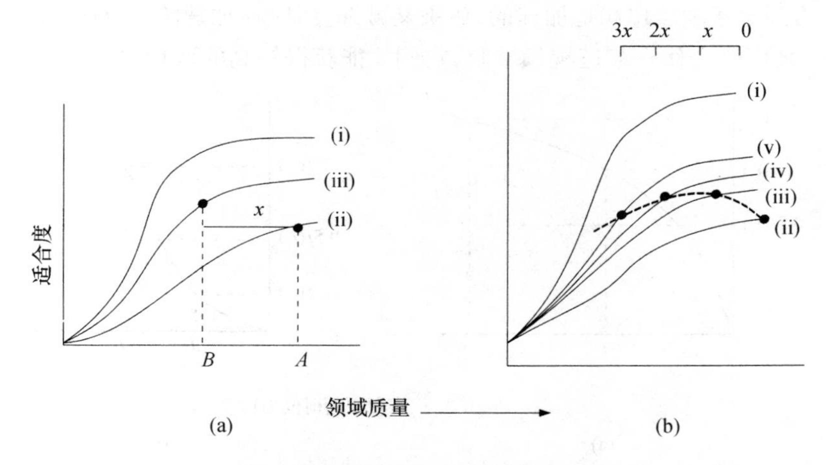


**图 7-31　领域质量和适合度的关系**

(a) 曲线(i)是一个个体在无保卫领域投资时所能获得的最大适合度,曲线(ii)是独自占有和保卫领域时的个体适合度,曲线(iii)是与另一个体共占领域和承担一半保卫领域任务时的适合度,共占领域的损失则用领域质量下降来代表($x$);(b) 领域主人与两个个体(曲线 iv)和三个个体(曲线 v)共占领域时的适合度,共占领域的损失用图上方的水平直线表示,与一个个体共占领域会使领域质量下降 $x$,与两个个体共占领域则会下降 $2x$,以此类推,图中黑点代表领域主人的适合度,当与两个个体共占领域时其适合度最大(仿 Brown,1982)

消耗,而共占领域的代价则是造成领域质量下降,也就是说使每个个体所能获得的资源量减少。当然,还可以考虑其他方面的好处和代价,例如,共占领域时有利于及时发现捕食者和更有效地保卫巢区,这在一定程度上可以补偿因资源量减少所带来的损失。

## 二、资源更新和领域共占模型

领域共占时的资源消耗将取决于资源如何更新。在假定领域大小不变的条件下,我们可以研究资源更新速率的影响和探讨共占领域的各种结果。首先,可以认为领域中含有许多质量相同的斑块,在每一个斑块内的食物资源量 $f(t)$ 将决定于从最近一次取食后斑块所经历的时间 $t$。当一个动物独占一个领域时,我们假定它每隔时间 $t_1$ 后就重返每一个斑块觅食一次,因此,它从每一个斑块所收获的食物量就是 $f(t_1)$。现在假定有另一个个体来到了这一领域,而且领域占有者决定与其共占这一领域。

领域主人可以选择两种共占领域的方式:① 第一种方式是,两个个体一起巡视领域,并在同一时间利用同一斑块内的食物资源。这时,每一斑块内食物资源的更新时间仍然是 $t_1$,但食物将由两个个体分享。若领域主人所分享的食物比例为 $P$,那它从每个斑块所获得的食物就是 $Pf(t_1)$(如果 $P=0.5$,就意味着食物是被平均分配的)。② 第二种方式是每个个体都单独巡视领域并可利用不同斑块内的食物资源。要做到这一点可以靠每个个体都独占一部分领域,也可以靠每个个体都利用整个领域,但在时间上互相回避[正如图 7-29(b)所显示的那样]。这种方式将会导致资源更新时间缩短为 $t_2$。

有趣的问题是,$f(t_2)$ 是否会大于 $Pf(t_1)$。一种最简单的情况是如图 7-32 所表明的那样,$p=0.5$ 和 $t_2=0.5t_1$。如果 $f(t)$ 是 $t$ 的减速函数,那么 $f(0.5t_1)$ 就总是大于 $0.5f(t_1)$,这时,如果每个个体都在不同的斑块内觅食,它们就能获得较高的食物摄取率[图 7-32(a)]。在

图 7-32(b)中,资源更新函数起初是加速的,后来又减速,所以在加速阶段 $f(0.5t_1)<0.5f(t_1)$。在这种情况下,当两个个体一起巡视领域时,它们才能获得较高的取食率。

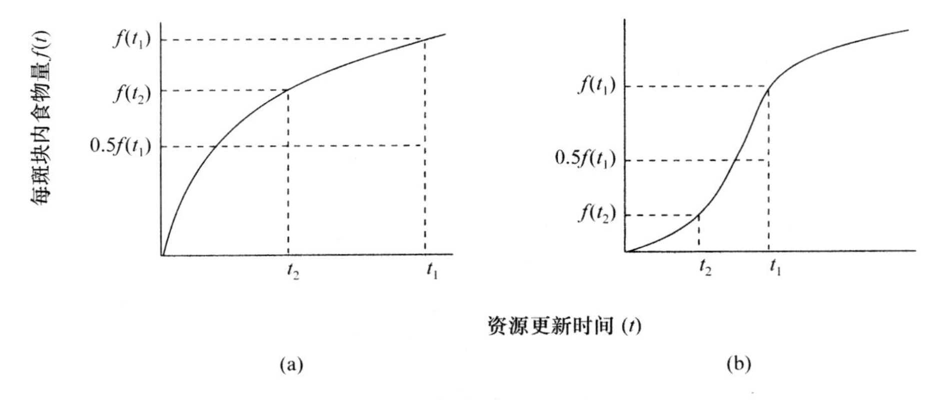


**图 7-32　资源更新对两种领域共占方式的影响**

(a) 函数 $f(t)$ 是减速的,所以 $f(t_2)=f(0.5t_1)>0.5f(t_1)$,这种结果直接来自于减速函数定义。即,如果设定 $a=0.5$,$t_i=t_1$ 和 $t_j=0$,那 $f[at_i+(1-a)t_j]>af(t_i)+(1-a)f(t_j)$,$0\leqslant a\leqslant 1$;(b) 函数 $f(t)$ 起初是加速的,后来又减速(类似于逻辑斯蒂方程),出于与(a)图同样的原因,在整个加速阶段,$0.5f(t_1)>f(t_2)=f(0.5t_1)$

但我们也不必据此得出这样的结论,即在更新函数减速阶段,总是单独觅食最好,因为资源不可能被两个个体完全均等地共占(即 $P\neq 0.5$),而且 $t_2\neq 0.5t_1$ 的情况也是经常发生的。因此,资源更新函数实际上将决定于所存在的动物数量。两个个体一起觅食可以增加彼此的觅食效率[即增加 $f(t)$ 值],但也可以减少彼此的觅食效率[即减少 $f(t)$ 值]。有趣的是,由于杂色鹡鸰的资源更新函数是减速的,所以两个个体共占领域的方式是各自独占一部分领域,而不是靠两个个体一起巡视整个领域,这一事实与我们所做的理论预测是完全一致的。

## 三、最适群大小和个体间的利益冲突

1982 年,Brown 根据上述的图解模型预测了领域内的最适群大小[参见图 7-31(b)]。由于最适的含义对群内的个体是不一样的,所以这种预测的实用性就受到了限制。例如,在杂色鹡鸰中,领域主人与从属个体之间经常存在着利益冲突。领域主人对于它的领域有着长期的利害关系,所以即使是在离开领域参加群体觅食更有利的情况下,它也不会放弃保卫自己的领域。另一方面,从属个体则只追求近期利益,因此,在哪里觅食更为有利,它就会到哪里去。这就是说,有时共占领域对领域主人最为有利,但其他个体却不愿意参与共占,因为此时它们留在漂泊群体内觅食最为有利。还有时漂泊个体试图进入领域与领域主人共同利用和保卫领域,但领域主人却不愿容纳它,因为此时独占领域最为有利。

从理论上讲,在发生这种利益冲突时,从属个体若能带给领域占有者更多的好处,就会有利于领域占有者接纳它。另一方面,领域占有者也可以通过操纵从属个体而谋取最大的好处。因此,领域共占将涉及从属个体如何能以最小的付出而换取领域占有者接纳自己的问题和领域占有者如何以最小的利益损失来诱使从属个体留在自己领域里的问题。为了说明这一点,我们可以考虑从属个体为共占领域所做的付出对自身取食率和领域主人取食率的影响,图

7-33(a)表明了从属个体的取食率是如何随着它的付出的增加而下降的;其付出一旦超过了 $P_s$,它就会离开领域到别处去觅食,可见,$P_s$ 是从属个体可能付出的最大值。从(b)图中可以看出:领域主人的取食率是随着从属个体付出的增加而增加的,付出值只要不低于 $P_0$,共占领域就比独占领域对领域主人更有利。如果 $P_0<P_s$,那么在 $P_0$ 和 $P_s$ 之间的区域内,领域主人与从属个体之间就会取得利益的一致,即共占领域对双方都有利。但如果从属个体的付出低于 $P_0$ 或高于 $P_s$,双方的利益就会发生冲突:在低于 $P_0$ 时,从属者的利益是共占领域。而领域主人的利益是独占领域;在高于 $P_s$ 时,双方的利益则刚好相反。

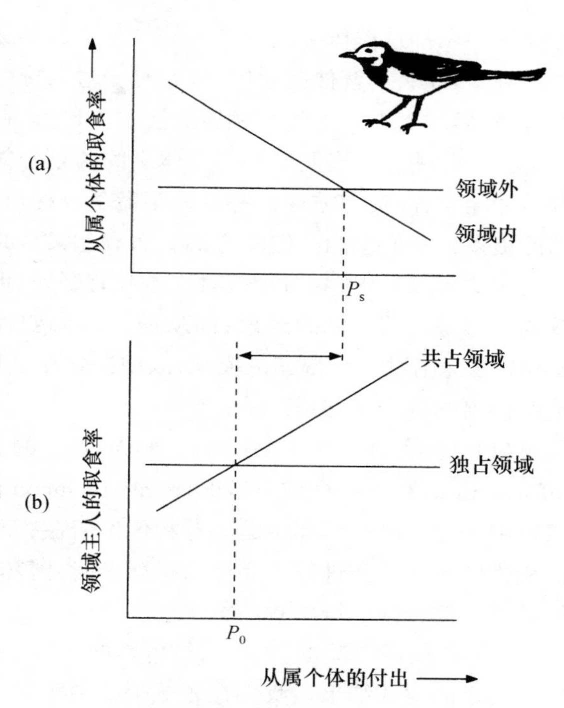


**图 7-33 共占领域中从属个体的付出对自身取食率(a)和领域主人取食率(b)的影响**

图中的水平线代表每只鸟在作另一种选择时(即从属个体离开领域各自单独觅食)的取食率

从理论上讲,从属个体的付出稍低于 $P_s$ 时对领域主人最有利,而稍高于 $P_0$ 时对从属个体最有利。然而,从属个体并不知道 $P_0$ 值是多少,而许多从属个体可能为进入同一领域而彼此竞争,在这种情况下,领域主人就可能选择付出最多的鸟与其共占领域。另一方面,许多领域占有者也可能为争夺一个从属鸟而彼此竞争,在这种情况下,从属鸟的付出就可能比较少。

## 四、博弈论

我们曾经谈到过这样的可能性,即领域占有者是否决定接纳一个从属个体可能取决于种群中其他个体的行为表现。一个十分有趣的想法是,如果一个从属个体没有进入自己的领域,而是进入了邻居的领域成了其他个体的帮手,那么这个从属个体就会成为自己的敌对者,它对自己领域压力的增加就会使自己付出额外的代价。Craig 正是利用这种想法解释了紫水鸡(*Porphyrio porphyrio*)公共生殖行为的进化过程。紫水鸡成对生活比结群生活(指几只雄性和几只雌性个体共同生活在一个生殖领域中)有更大的生殖成功率,但大多数雄性水鸡都愿意在自己的领域中接纳一个或多个从属性雄水鸡与其共同生活。乍一看来,这种行为并不是最适宜的,因为正如前面所说过的那样,成对生活比群体生活有着更高的生殖成功率。但 Craig 则认为,成对生活是一种不稳定的对策,因为当大多数个体都成对生活时,少数个体若能接纳一个从属性雄性个体共同生活,就会增强对相邻领域的入侵压力并试图扩大自己的领域,最终可能会获得更大的生殖成功率。而相邻领域的主人要防止这种情况发生,唯一办法就是也接纳一个从属性雄鸟以便增强自己领域的防御能力。如此看来,对每个个体来说,虽然都是成对生活最好,但在上述条件下,群体生活则是最适宜的选择。这就是说,保持种群稳定的唯一方法就是大家都过群体生活。

观察表明,不管什么时候,只要有一对鸟接纳了一只从属鸟,它们的邻居很快也会仿而效之,这样做就可有效地防止领域被挤占。显然,在共占领域期间,优势个体和从属个体之间也会发生利益冲突。当两个相邻个体之间为划分领域边界而发生争端,或在领域共占期间出现利益冲突时,冲突双方往往都是为了竞争一种可分割的资源。每一方都想占有比对方准备让出的更多一些的东西。但双方的一致利益又是共占,而不是彻底分离。从对图 7-33 中所分析过的实例可以看出,共占领域对双方都有好处,但为了在共占中谋取最大的利益,领域主人所冒的风险是从属个体的逃离;而从属个体则要冒被领域主人驱逐的风险。1982 年,Maynard Smith 曾提出过一个博弈论模型,以便探索在这种情况下怎样才能找到一个折中的解决办法,他所得出的两个主要结论是:

(1) 重要的是要区分两种不同性质的博弈,即完全信息博弈(game of complete information)和不完全信息博弈(game of incomplete information)。在完全信息博弈中,博弈双方都知道自己在博弈中的利益和代价所在,而在不完全信息博弈中,博弈双方则不知道其利益和代价所在。在进行不完全信息博弈时,博弈结果更可能导致双方分离,即使可能存在着一种对双方都较好的折中解决方案。

(2) 在很多情况下,一些信号可为博弈双方提供有关资源价值的可靠信息,并导致产生进化上稳定的博弈结果。我们在领域争端中所看到的很多复杂的炫耀行为往往都与使双方达成一种妥协有关,在这种妥协中实行合作对双方都会带来好处,但仍然会存在利益冲突。

# 第八章　动物战斗行为生态学

自然界的每一个动物都经常要与其他个体争夺食物、领域和配偶等有限资源。本章将从博弈论(game theory)和进化稳定对策(ESS)的观点研究动物的这种争夺行为或战斗行为。首先我们要问：最成功的战斗对策是由什么因素决定的？有人对这一问题曾用最适模型(optimality models)进行分析，即首先对战斗行为的代价和收益进行定量测定，然后试图计算出哪一种战斗对策可以获得最大的净收益。但近期的行为生态学研究表明：这种分析方法是不恰当的，因为任何一个个体的最优行为对策都依种群中其他个体的行为表现(在做什么?)而有所不同，根本不存在一个固定不变的最优对策。因此，分析这类问题的最好工具就是博弈论和ESS。博弈论最初用于经济学的研究，但现在已经成了研究动物行为的极有用的理论工具。本章将从研究动物的消耗战开始。

## 第一节　消耗战与博弈论

### 一、什么是消耗战

实例：一只雌性粪蝇(*Scatophaga stercoraria*)为了产卵而飞到一个新鲜牛粪堆上。一群雄蝇正在粪堆周围等待着雌蝇的到来。雌蝇一到，第一个遇到它的雄蝇就会立即同它交配，并保护它产卵。对每一个雄蝇来说，在每个粪堆上应该等待多长时间才最有希望得到配偶呢？答案是：最佳等待时间要视其他雄蝇的等待时间而定。如果其他雄蝇只等待很短的时间，那么只要比其他雄蝇多等一会儿就会获得交配的机会；如果大多数雄蝇等待的时间很长，那么，尽快转移到一个新粪堆上去就更有可能得到配偶。可见，雄蝇等待不同时间所得到的报偿是受频率制约(freguency dependent)的。在这种博弈中，谁胜谁负只简单地决定于等待时间的长短。动物个体之间的“等待竞赛”就称之为消耗战(the war of attrition)。

## 二、消耗战的理论分析

设两个动物所争夺的资源价值为 $V$,那么一个动物等待的时间越长,它所付出的代价($m$)也就越大。命动物 A 的等待时间为 $x_A$,为此所付出的代价为 $m_A$;动物 B 的等待时间为 $x_B$,所付出的代价为 $m_B$。如果 $x_A > x_B$,那么,动物 A 就会赢得资源,即:

$$\text{A 的报偿} = V - m_B$$

$$\text{B 的报偿} = -m_B$$

这里需要注意的是,由于动物 B 首先放弃了等待,所以动物 A 的等待代价就是 $m_B$,而不是 $m_A$。如果假定动物的等待时间是可遗传的,而且其后代也坚持同样长的等待时间,那么在这样的博弈中动物的争夺行为是如何进化的呢?显然,动物 B 的等待时间最好是超过 $x_A$,因为只有这样它才能赢得资源。由此看来,等待 1min 的对策将会被等待 1.1min 的对策所战胜,而等待 1.1min 的对策又会被等待 1.2min 的对策所战胜,因此,进化过程将会导致动物的等待时间越来越长。但是等待时间增加到一定程度就会因等待所付出的代价超过资源值。显然,任何一个固定的等待时间都不可能成为进化稳定对策(ESS)。如果一个动物总是等待一个固定长的时间,那么其竞争对手只要等待稍长一点时间就会战胜它。事实上,在这类博弈中的 ESS 必须是随机地选择等待时间,使竞争对手难知底细。要做到这一点,可以靠下面两种方式之一来实现:① 种群中的每个个体都采取一种可变的对策(即混合的 ESS),也就是说,每个个体都时而等待较长的时间,时而等待较短的时间,但其长短安排是随机的;② 种群内每个个体的等待时间都是固定不变的,但不同个体的等待时间长短不同,这实际上是许多纯对策(pure strategy)的混合体,但各种对策的频率是随机分布的,可能大多数个体都等待较短的时间,只有少数个体等待的时间较长。

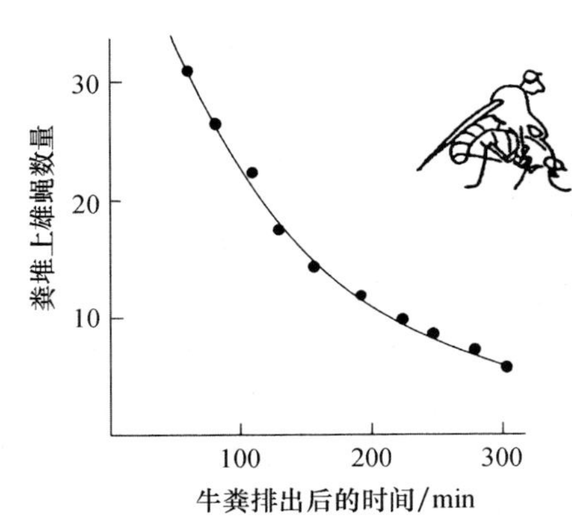


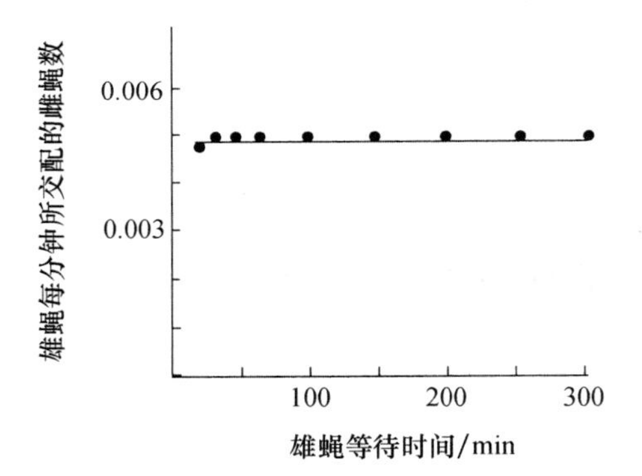


**图 8-1**

(a) 牛粪堆上的雄蝇数量随时间推移而呈指数下降,这可能是种群内每个个体都采取不同的等待时间,或者是每个个体的等待时间都是可变的,例如每个个体每单位时间都有一定概率的离开粪堆;(b) 上述情况将导致采取不同等待时间的个体具有大体相同的生殖成功率,这正如一个 ESS 模型所预测的那样(仿 Parker,1970)

根据上述模型可以做出两点预测:第一,无论是个体内和个体间,等待时间都是可变的;第二,ESS 一旦确立,不同等待时间的报偿将是相等的。这种生殖机会的均等性是借助于频率制约选择(frequency dependent selection)而实现的。举例来说,如果等待时间较短的个体能够得到最大的生殖机会,那么它们的后代就会把这种成功的对策继承下来,于是它们在种群中所占的比例就会增加,但增加到一定程度就会因彼此之间的竞争加剧而降低它们的生殖机会,当其生殖机会下降到与采取其他对策个体的生殖机会相等时,它们的数量就会停止增长。另一方面,如果某一特定等待时间只能得到较少的生殖机会,那么种群中采取该对策个体的频率就会下降,但当下降到一定程度时,也会因彼此间竞争的减弱而使生殖机会增加。在这个过程中,频率制约选择将会再次使其在种群中所占的比例保持稳定,此时,采取该对策个体的生殖机会就会同采取其他对策个体的生殖机会完全相等。种群一旦达到这种稳定的平衡状态(即ESS),就不会再有采取任何其他对策的个体能够在生殖上获得更大的成功。这里我们再一次看到了 ESS 的不可侵蚀性。

### 三、消耗战理论的检验

1970 年,Parker 对停落在牛粪堆上的雄蝇为等待雌蝇到来所花费的时间进行了实际测定。测定结果表明:随着时间的推移,雄蝇陆续离去,各种不同的等待时间是呈负指数(随机)分布的[图 8-1(a)]。也就是说,随着时间的推移,粪堆上雄蝇的数量呈指数下降。这同消耗战理论所做的第一点预测完全吻合。目前尚不清楚的是,这种分布形式是靠不同个体等待不同时间呢,还是靠每个个体都采取一种混合对策,即每个个体的等待时间都是可变的。例如,每单位时间每个个体离开粪堆的概率都是一定的,而且相等。Parker 还记录了每一只雄蝇所获得的生殖机会,他发现,采取不同等待时间的雄蝇都能得到大体相同的交配机会[图 8-1(b)],这与消耗战理论所做的第二点预测非常一致。该项研究证实了消耗战理论的可靠性。

## 第二节　常规战与进化稳定对策

### 一、问题的提出

消耗战理论只适用于粪蝇和部分动物的争夺行为,但自然界更常见的现象是两个动物相遇后展开资源争夺战,这类争夺战常常表现为双方发生直接对抗,甚至可能引起伤亡。但是,在自然界因战斗而引起伤亡的事件是很少发生的,有人认为这是因为伤亡对双方的种族延续都不利,因此不能被自然选择所保存。然而这种观点属于群选择理论(group selection),并不能说明自然选择是如何作用于个体而影响战斗行为的进化的。在这个问题上,博弈论和 ESS 仍然是最有用的理论工具。

### 二、鹰对策和鸽对策博弈

首先让我们只考虑“鹰”和“鸽”两种战斗对策。鹰战斗起来总是全力以赴,除非身负重伤,否则决不退却;而鸽则只限于威胁恫吓,与对方对峙一定时间后便会自动退却。我们先规定战斗的得分标准如下:胜者得 50 分,负者 0 分,重伤－100 分,因双方对峙浪费时间－10 分。净得分越多则意味着适合度增加越多,并能在种群基因库中留下较多的基因。在此基础上,我们可以借助于一个 2-2 矩阵计算 4 种战斗情况的平均得分(表 8-1)。

**表 8-1　鹰、鸽之间博弈的平均得分**

| 进攻者 | 迎战者 | |
|---|---|---|
| | 鹰 | 鸽 |
| 鹰 | $a=\frac{1}{2}(50)+\frac{1}{2}(-100)=-25$ | $b=+50$ |
| 鸽 | $c=0$ | $d=\frac{1}{2}(50-10)+\frac{1}{2}(-10)=+15$ |

注：$a=-25$，鹰遇到鹰时，取胜和负伤的可能都各占一半；$b=+50$，鹰遇到鸽时总是取胜；$c=0$；鸽遇到鹰时总是退却；$d=+15$；鸽对鸽时总是互相对峙，胜率各占一半

在这种特定情况的博弈中，战斗行为将如何进化呢？如果种群全部由鸽对策者组成，则每次战斗总是一方得胜，得 50 分，因对峙浪费时间扣 10 分，结果净得 40 分；另一方则因退却而得 0 分，因对峙也扣 10 分，结果净得－10 分。由于每只鸽平均可望输赢各半，因此平均得分为(40 分－10 分)÷2＝15 分。但是，如果在鸽种群中因突变出现一个鹰对策者，它每次战斗都是同鸽进行，结果总是赢，每场可净得 50 分。与 15 分相比，鹰对策者占有明显优势，于是鹰的基因就会在种群中得到传递，但鹰就再也不能指望它以后遇到的对手都是鸽了。可见，单一的鸽对策会受到鹰对策的侵蚀，因此它不可能成为 ESS。

如果鹰基因的散布最终使整个种群都由鹰组成，那么所有的战斗都会是鹰对鹰，结果总是一方得胜，得 50 分，另一方受重伤得－100 分，由于每只鹰在战斗中可望胜负各半，因此平均得分是(－100＋50)÷2＝－25。此时，如果鹰种群中因突变产生一只鸽对策者，虽然它每次战斗都要输，但它不会受伤，因此平均得分为 0，而鹰的得分是－25。在这种情况下，鸽基因就会在种群中散布开来。可见单一的鹰对策也不能成为 ESS。看来，ESS 必须靠由鹰对策者和鸽对策者所组成的混合种群来实现。如果在这个混合种群中，鹰和鸽的平均得分相等，种群组成就会保持稳定，而此时鹰对策者和鸽对策者在种群中的比例可计算如下：

首先命 $h$ 为种群中鹰对策者所占的比例，而鸽对策者所占的比例则为$(1-h)$。在这个混合种群中，每只鹰的平均得分($\overline{H}$)应当是各类型战斗得分乘其比例之和，即：

$$\overline{H}=-25h+50(1-h)$$

同样，每只鸽的平均得分($\overline{D}$)应当是：

$$\overline{D}=0h+15(1-h)$$

当种群平衡达到稳定平衡时(即 ESS)，应当 $\overline{H}=\overline{D}$，解此方程得 h＝7/12。这就是说，在 ESS 种群中，鹰对策者应占种群的 7/12，鸽对策者应占种群的 5/12。

正如我们在谈消耗战时所提到的那样，ESS 可以靠两种不同的方式来达到：

(1) 种群由两种采取纯对策的个体所组成，一个个体要么是鹰，要么是鸽，但鹰必须占种群的 7/12，而鸽必须占种群的 5/12。

(2) 种群中每个个体都采取两种对策，但采取鹰对策和鸽对策的概率必须是 7/12 和 5/12，而且在每次博弈中所采取的对策必须是随机的。如果种群构成的比例或采取两种对策的比例偏离了 7/12 和 5/12，那么种群就会失去平衡。此时鹰或者鸽的生殖成功率就会发生变化，直到种群重新达到 ESS 为止。

值得注意的是，在由 7/12 鹰和 5/12 鸽组成的 ESS 种群中。每个个体的平均得分都是 6.25(鹰和鸽均如此)，这个得分比纯鸽种群中的个体平均得分(15 分)要少得多。问题是在纯鸽种群中个体的得分虽然高，但它是一个不稳定的种群，随时都有可能受到侵蚀而不复存在，而自然选择所选择的是稳定的、不会受到任何其他对策所侵蚀的 ESS 种群，在这样的种群中绝无背叛行为的隐患。

## 三、鹰、鸽和 Bourgeois 三种对策博弈

现在让我们在两种对策的基础上再增加一种 Bourgeois 对策。简单说来，Bourgeois 对策者的行为表现是：当自己是资源占有者时表现为鹰，当自己是入侵者时表现为鸽。假定 Bourgeois 对策者表现为鹰和表现为鸽的概率相等，那么按上述得分标准，它的得分情况就如表 8-2 所示：

**表 8-2　鹰、鸽和 Bourgeois 三种对策博弈时的得分**

| 攻击者 | 迎战者 | | |
|---|---|---|---|
| | 鹰 | 鸽 | Bourgeois |
| 鹰 | －25 | ＋50 | ＋12.5 |
| 鸽 | 0 | ＋15 | ＋7.5 |
| Bourgeois | －12.5 | ＋32.5 | ＋25 |

从表 8-2 三种对策者博弈时的得分情况可以看出，Bourgeois 对策无疑是一个 ESS。如果种群的全体成员都采取这一对策，那么当两个个体争夺资源时就不会出现战斗升级的情况，因为其中一个个体是资源占有者，而另一个个体则是资源入侵者，结果入侵者总是撤退，这样，每一个 Bourgeois 对策者在博弈中的平均得分都是＋25。可见，Bourgeois 对策既不会受到鹰对策的侵蚀(因为鹰对策的平均得分是＋12.5)，也不会受到鸽对策的侵蚀(因为鸽对策的平均得分只有＋7.5)。事实上，在上述博弈中，Bourgeois 对策是唯一的 ESS，因为如果种群的全体成员都是鹰，那么鸽和 Bourgeois 都会侵蚀这一种群；如果种群的全体成员都是鸽，那么 Bourgeois 和鹰也会侵蚀这一种群，获得比鸽更高的得分。只有当种群的全体成员都是 Bourgeois 对策者时，才不会受到任何其他对策的侵蚀，而 ESS 的本质特征就是不被侵蚀性。

## 四、模型与现实

上述模型与自然界实际存在的动物战斗过程相比虽然是过于简单了一些，但这些模型仍然有助于我们理解动物之间所发生的战斗，并可以使我们得出以下三点主要结论：

(1) 对任何一个个体来说，所采取的最优战斗对策都视其他个体的行为表现而定，因为任何一种对策的报偿都是受频率制约的。如果问：鹰对策是不是一个好对策？答案是应视具体情况而定，如果种群中的多数成员采取鸽对策，则回答是；如果种群中的多数成员采取鹰对策，则回答不是。可见，我们不应当问鹰对策是不是一个好对策，而应当问鹰对策是不是 ESS。

(2) ESS 决定于博弈中的各种对策，在由鹰和鸽两种对策组成的种群中，ESS 是鹰和鸽两种对策按一定比例组成的混合 ESS。当将第三种 Bourgeois 对策引入这一种群时，ESS 便会

发生变化,鹰对策和鸽对策都将在进化过程中被淘汰,因为 Bourgeois 对策是一种纯 ESS,它一旦确立就不会受到其他对策的侵蚀。上述三种对策与自然界实际发生的情况相比,无疑是过于简单化了,但有助于我们了解自然界的现实。在我们的模型中,无论是鹰对策还是鸽对策都不是 ESS,但鹰行为和鸽行为按一定比例混合便能带来种群的稳定,而在自然界的现实动物种群中刚好也是这样,常常是炫耀行为与战斗行为共同存在,混合发生。ESS 模型不能告诉我们什么对策可以得到进化,而只能告诉我们在给定的一组对策范围内,什么对策可以带来稳定。

(3) ESS 还决定于博弈中的报偿值(得分值)。如果我们改变博弈的上述得分标准,那么鹰和鸽在 ESS 种群中的比例就会随之发生变化。资源值只要大于战斗负伤所付出的代价,鹰对策就会成为一个纯 ESS。另一方面,战斗负伤所付出的代价只要超过了赢得胜利所得到的好处,ESS 就会是一种混合的 ESS。在这种混合的 ESS 中,鹰行为所占的相对比例将决定于博弈的收益与代价。

因此,要想使博弈论模型能够准确地预测动物的战斗行为,不仅要知道各种战斗对策的范围,而且也必须知道在报偿矩阵中的各种得失关系。在现实世界中,各种生态因素(如资源数量和竞争者的密度等)都对在进化博弈中的报偿值有影响,而动物的战斗对策则是随着报偿值的大小而变化的。

## 第三节　动物战斗实例

### 一、生死战

动物在战斗中并不总是采取温和的炫耀方式或摆摆架势,有时战斗是残酷而激烈的,并常常引起负伤和死亡。像鹿角、羊角这样的战斗武器就是在残酷的战斗中进化来的,它有助提高动物的进攻和防御效率。据研究,每年约有 5%～10%的雄性麝牛(*Ovibos moschatus*)死于激烈的争偶战斗;而年龄在 1.5 岁以上的雄性黑尾鹿中,每年约有 10%的个体在战斗中负伤。一角鲸(*Monodon monoceros*)在战斗中常常使用它们的长牙,根据 Silverman 和 Dunbar(1980)的研究,60%以上的雄鲸其长牙是折断的(此种齿鲸雄性个体有一长牙),而大多数雄鲸身上都带有伤痕。在比较小的动物中,有时也会发生恶性战斗,例如,雄性榕小蜂生有巨大的大颚,它可把另一只雄蜂斩成两半;当有几只雄性榕小蜂出现在同一个无花果中时,它们之间常常为争夺与无花果内雌蜂的交配权而进行致命的战斗。Hamilton(1979)曾在一个无花果内发现了 15 只雌蜂、12 只未受伤的雄蜂和 42 只因在战斗中负伤而死亡的雄蜂,死伤者常常表现为断肢、断须和断头,有的则胸部有洞和内脏被掏空。

在上面所列举的几个实例中,动物为之战斗的资源价值可能都比因负伤所付的代价要大,所以动物才甘冒负伤和死亡的风险去战斗。因此,不难想象,如果战斗失败,意味着不能把自己的基因传给后代,那么鹰对策就会频频出现。在要么选择传递后代要么选择死亡面前,每一个个体都会进行真正的战斗。另一方面,如果为之争夺的资源价值并不大,或者为战斗所付出的代价太高,那么很可能就会出现 Bourgeois 对策,即资源占有者总是赢,而资源入侵者总是输,这是双方为解决争端付出代价最小的一种对策。

## 二、尊重所有权——一种决定胜负的战斗法则

我们可以以 Packer 和 Pusey(1982)所研究的狮子为例来说明这种战斗类型。一个狮群往往是由几只雄狮(可多达 7 只)联合加以保卫,有时几只雄狮之间存在密切的亲缘关系。甚至彼此是兄弟,但在 42%的狮群中含有无亲缘关系的雄狮。雄狮之间彼此竞争正在发情的雌狮,主要是竞争发情雌狮的暂时所有权。一只雌狮一旦发情,就会有一只雄狮与它建立起配偶关系,并防止其他雄狮接近它,此后的大约 4 天内,这只雄狮便会与这只雌狮频频交配。

是什么因素决定着哪一只雄狮能获得某一雌狮的所有权呢?据观察,在非亲缘关系雄狮之间所发生的争夺并不比亲缘雄狮之间的争夺更激烈。决定争夺胜负的两个重要因素是年龄和身体大小,个体小、年龄太老或年龄太小的雄狮都不太可能获得一只发情雌狮的所有权。然而,在有竞争力的雄狮之间,影响谁能在竞争中获胜的主要因素仅仅是一种简单的竞争法则,即尊重所有权。在通常情况下,谁首先遇到一只正在发情的雌狮,谁就将拥有它和保卫它,其他雄狮则会放弃争夺。只有在所有权未定的情况下,雄狮之间才会发生激烈战斗,例如,当两只雄狮同时来到一只尚无配偶的发情雌狮附近时,或雌狮的配偶远离了它,而另一雄狮更加靠近这只雌狮时。可见,雄狮之间的竞争通常表现在谁能首先接近一只发情雌狮,先来者是胜者,后来者是败者,它将尊重胜者的所有权。狮子之所以采取这种类似 Bourgeois 的战斗对策,是因为双方在激烈战斗中所付出的代价太大,而所获得的好处相对较小。

另一个靠尊重所有权决定战斗胜负的研究实例是 Davies(1978)对黄斑眼蝶(*Pararge aegeria*)争夺领域的研究(参看图 7-14)。据观察,这种争夺非常简单,谁是领域的当时占有者,谁就赢;谁是领域的外来入侵者,谁就输。实验表明:如果人为地把原来的领域主人移走,而让入侵者占领这一领域,尔后当领域主人重新获得自由并试图再次占有这一领域时,它总是失败者,因为此时它已经成了入侵者,而原来的入侵者此时已经成了领域的占有者。可见,竞争的规则是:两个个体不管何时发生竞争,胜者总是当时领域的占有者,而败者总是当时领域的入侵者。有趣的是,在实验中如果让两只眼蝶同时进入一个领域,那它们之间的战斗就会逐步升级,互不相让,因为在这种情况下已经区别不出谁是领域的主人和谁是入侵者,两者处在了对等位置,而不对称现象已不复存在。在这种特定场合下,斗争双方都会像鹰那样勇猛战斗,这种战斗常常会持续较长时间,胜负将决定于双方的战斗实力。所以,黄斑眼蝶的战斗也和狮子的战斗一样,胜负有时是决定于尊重所有权的固有法则,有时则决定于双方的战斗实力。

## 三、资源价值对战斗胜负的影响

前面我们介绍了决定动物战斗胜负的一种法则,即资源占有者总是赢,而资源入侵者总是输,这种法则必定意味着斗争双方是采取了 Bourgeois 对策。那么为什么资源占有者总是能在战斗中获胜呢?对此曾提出过三种假说:

假说之一:资源占有者具有较强的战斗力,可能正是由于这一点,它才能够成为资源占有者。

假说之二:资源占有者从战斗中所得到的东西要比资源入侵者多,因此它们的战斗意志较强并愿意为战斗付出更多代价;另一方面,资源占有者对它们为之争夺的资源价值更为熟悉

和了解。例如,在争夺领域的战斗中,领域主人最熟悉自己领域的边界在哪里,也最清楚领域内取食地和营巢地的位置。

假说之三:战斗将靠所有权的任意不对称性来解决,所有权是决定战斗胜负的一种最简单最常见的解决办法,这很像是在鹰、鸽和 Bourgeois 三种对策博弈时所表现的那样。

1982 年,Krebs 在研究大山雀(*Parus major*)的领域防御时检验了以上三种可能的假说。他把领域主人从领域中取出并关在一个鸟笼中,新来的大山雀就会很快接管和占有这一空出的领域。此后相隔不同的时间把原来领域主人重新放回其领域,再观察所产生的结果。根据假说一,原来的领域主人应当重新赢得自己的领域,因为它有较强的战斗实力;根据假说二,新来者占有领域的时间越长,它争夺领域的优势就越大,因为这将使它能够更好地了解和熟悉自己的领域,并能从战斗胜利中得到更多的东西;根据假说三,新来者必定会赢得胜利,因为它是当时领域的占有者,拥有领域的所有权。Krebs 的实验结果支持了第二种假说,即随着新来者定居时间的增加和熟悉领域程度的增加,它赢得胜利的可能性就越大。

## 四、实力评估和实力较量

到目前为止,我们已经谈过了资源值和其他个体的行为是怎样对动物的行为产生影响的。但是,正如我们从研究狮群中所看到的那样,影响动物战斗行为的另一个重要因素就是战斗双方的实际战斗力或实力。当一个个体为争夺资源而战斗的时候,它所采取的战斗决策不仅决定于资源的价值,而且也决定它自身与对手相比时的相对战斗力。同一种群中的不同个体其战斗力是不一样的,与一个较大个体进行战斗时肯定比同一个较小个体战斗时所付出的代价要大,因此动物常常有许多能暗示其战斗实力的炫耀行为,以便使双方能很快决出战斗胜负而不必付出很大代价。这些炫耀行为应当是能代表其实力的可靠信号,否则弱者就可以通过模拟这些信号而获得好处。

雄性赤鹿(*Cervus elaphus*)常常是在秋季开始争夺配偶。雄赤鹿的生殖成功率将决定于它的战斗实力,最强壮的雄鹿能占有最大的妻妾群,其交配次数也最多。虽然战斗会带来很大的好处,但同时也会付出相当大的代价。几乎所有的雄鹿在战斗中都会受点轻伤,并有20%~30%的雄鹿在一生的某个时候会造成永久性的伤残,如断腿或被鹿角刺伤眼睛等。但是,借助于对战斗实力的彼此相互评估,就可以避免与太强大的对手进行战斗,从而减少伤亡。

当两只雄性赤鹿相遇时(一只拥有妻妾群,一只是挑战者),通常先彼此互相吼叫,这种吼叫开始时速度较慢,然后便逐渐加快。如果妻妾群的拥有者吼叫的速度更快,挑战者便会自行撤退。吼叫是显示战斗实力的一个极好信号,因为吼叫是以强壮的身体素质为基础的。在发情的高峰期,妻妾群的拥有者食量明显下降,它们常常对着挑战者通宵达旦地吼叫,致使体重逐渐下降。有些雄鹿则因精力耗尽而难以再大声吼叫,在这种情况下,它们所占有的雌鹿群便常常会被其他雄鹿接管。赤鹿战斗的第二个阶段是,当两只雄鹿的吼叫不相上下时或挑战者的吼声压过妻妾群占有者时,两只雄鹿便彼此走近,然后便沿着同一方向平行走动,这可使每只雄鹿都能在近距离内评估对方的实力。事实证明,很多战斗都是终止在这个阶段。但如果双方战斗实力相等,彼此都有获胜的信心,那就只有靠真正的战斗来决定胜负了。在发生真正的战斗时(即战斗的第三个阶段),两只雄鹿的角会交叉在一起互相推顶,此时,体重和脚法的熟练程度就会成为影响胜负的重要因素。但在这样的战斗中,即使是胜者也可能受伤。不过重要的是，这种实力的真正较量在自然条件下并不多见，大多数战斗都在前两个阶段通过炫耀行为得到了解决。

除了赤鹿外，很多动物的战斗都是靠类似这样的方式进行的，即先直接或间接地试探对方的战斗实力。非洲野牛（*Syncerus caffer*）常常靠头对头地互相冲顶来评估对手的战斗实力，而鞘翅目昆虫中的很多甲虫也常常进行这种推顶式的战斗。在这种战斗中，个体大者往往获胜。雄蛙、雄蟾则常常抱在一起进行一场角力搏斗，个体大者通常会赢得最好的领域或占有最多的配偶。在很多种类的青蛙和蟾蜍中，雄性个体的鸣叫音调往往与它们的身体大小有密切关系，个体越大，叫声也就越响亮越深沉。普通蟾蜍（*Bufo bufo*）就是依据对手叫声的音调来判断对方的身体大小和战斗实力的，深沉音调比高音调更能显示一只雄蟾的大小和实力。如果在一对蟾蜍附近安放一个扬声器并从扬声器中播放雄蟾深沉音调的叫声，这种叫声通常比播放高音调的叫声更能防止其配偶被其他雄蟾接管（图 8-2）。

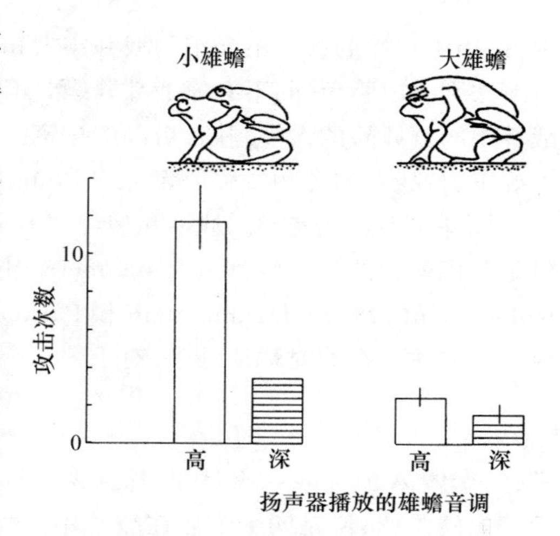


**图 8-2　雄蟾蜍对战斗实力评估的实验**

将已有配偶的大雄蟾和小雄蟾致哑后，用扬声器播音代替它们的鸣叫，然后观察它们受到中等大、小雄蟾攻击的情况。当播放大雄蟾深沉音调的叫声时，大、小雄蟾所受到的攻击次数都比播放小雄蟾高音调叫声时少，因此鸣叫的音调常被用来评估对手的大小和战斗实力。但叫声不是唯一的评估标准，因为无论播放哪一种音调，都是大雄蟾所受到的攻击次数较少。很可能踢腿的力量也是一个重要因素（仿 Davies 和 Halliday，1978）

战斗实力和所有权常常是决定胜负的主要因素。当蟹类彼此争夺洞穴或蜘蛛在争夺蛛网的时候，通常是较大的个体会赢得战斗的胜利。但如果竞争双方的身体大小相等时，则赢者往往是属于所争夺资源的原来所有者，即所有权将起决定作用。在现实的自然界中，动物所采取的战斗对策将以对手的战斗实力为转移，而不会采取一种固定不变的对策。这就是博弈论的精髓，虽然迄今我们所介绍的博弈论模型都非常简单。

## 第四节　不对称战斗和争夺社群优势的战斗

### 一、不对称战斗的理论概述

所谓不对称战斗，是指战斗双方的战斗实力和它们所争夺的资源存在差异（即不对称）。在此之前，我们曾指出过，资源值和战斗实力是影响战斗结果的重要因素，但在很多动物的战斗中，双方的战斗实力和为之争夺的资源值是变化的。在这种情况下，动物的战斗对策将会怎样进化呢？

如果动物之间的战斗不是靠双方战斗实力的实际差异来决定胜负，而是靠任意的一种专断法则（如靠所生权）来决定胜负，那么这样的战斗只会冒两种可能的风险：要么是摆摆威吓的架势，所冒受伤的风险很小；要么是使战斗逐步升级，所冒受伤的风险很大。这样的风险是不连续的，可以说，这种不连续性是产生 Bourgeois 对策的关键因素。因此可以认为，Bourgeois 对策是一种与靠非对称实力决定战斗胜负完全无关（uncorrelated）的对策。所谓无关,是指所有权的拥有不一定与战斗实力和资源值相关,战斗很可能就是简单地靠所有权这一专断法则决出胜负,而不必靠战斗升级。但是,如果战斗双方可以沿着一个连续体控制它们在战斗中所冒风险的大小,并且可以依据资源值的变化来调整它们的战斗升级情况,那么在这种情况下,与战斗实力和资源值无关的 Bourgeois 对策就不会是一种进化稳定对策了。

战斗实力存在差异的战斗和战斗双方可以沿着一个连续体改变其战斗升级状况的战斗,就是我们所说的非对称战斗(asymmetric fighting)。非对称战斗的理论是复杂的,Parker 和 Rubenstein(1981),Harnmerstein 和 Parker(1982)都曾对这一理论作过较为详细的介绍,这里仅作一简述。在非对称战斗中,对于一个个体 A 来说,如果:

$$\frac{V_A}{K_A} < \frac{V_B}{K_B}$$

那么,个体 A 放弃战斗或退却,就会成为一种进化稳定对策。式中 $V$ 是战斗双方 A 和 B 为之争夺的资源值;$K$ 是两个个体在战斗中所付出代价的增长速率,其值将与个体的战斗实力相关,一个善战者的代价增长速率将会比不善战者的代价增长速率慢。

因此,如果所有权这一专断法则被用于决定战斗胜负的话,那也是因为在 $V$ 值和(或)$K$ 值上存在着不对称,即 $V$ 值和 $K$ 值有利于资源占有者,这会使资源占有者更愿意使战斗继续下去并逐步升级。这样的战斗用一句简单通俗的话来说就是"如果你的战斗力会在你的对手之前耗尽,那最好便是退却",这几乎已经成了战斗的一种常识。战斗中的胜者总是能赢得最大的收益/投资比。

## 二、雄蛛之间的不对称战斗

1983 年,Austad 研究过一种蜘蛛(*Frontinella pyramitela*)的雄蛛之间为争夺雌蛛而进行的战斗。这种蜘蛛一旦发育成熟,雄蛛便很少取食,它们把大部分时间都用于在雌蛛网周围活动,以便寻找交配机会。在这决定性的阶段,它们只能存活 3 天,所以,它们竞争雌蛛的方式对它们的生殖成功率是极为重要的。在实验室所做的实验表明,最早交配的雄蛛在精子竞争中占有明显优势。实验是这样安排的:让两只雄蛛与同一雌蛛交配,第一只雄蛛是正常雄蛛,而第二只雄蛛是受过辐射处理的不育雄蛛。被正常雄蛛受精的卵可以发育,而被辐射雄蛛受精的卵则不能发育,因为辐射处理可导致雄蛛的遗传不育。如果交配顺序是正常雄蛛在先,辐射雄蛛在后,那么就会有 95%的卵得到发育,这说明,第一个交配的雄蛛可使 95%的卵受精;但如果交配的顺序是辐射雄蛛在先,正常雄蛛在后,那就只会有 5%的卵得到发育,因为辐射雄蛛造成了 95%的卵不育。这里应当指出的是,这种情况与粪蝇(*Scatophaga stercoraria*)的情况刚好相反,在粪蝇中是第二个交配的雄蝇在精子竞争中占有优势。还应当指出的一点是:当雌蛛被另一只雄蛛接管后,不会发生精子取代(sperm displacement)现象。这就是说:如果第一只雄蛛已经输送了足够的精子使雌蛛 30%的卵受了精,那么即使雌蛛被另一只雄蛛接管了,这 30%的卵被第一只雄蛛授精的事实将不会改变。这就意味着,在与雌蛛交配的整个过程中,如果一只雄蛛中途败下阵来,它所损失的仅仅是未来的生殖机会,其他雄蛛在争偶战斗中的胜利并不能影响它已经取得的生殖成功。

### (一) 资源值 *V* 的测定

蜘蛛交配的特点是存在一个受精前期,在此期间,雄蛛先要对雌蛛进行试探和评估,判断雌蛛是不是已经达到了性成熟期，只有在确知雌蛛已发育成熟后才开始与它交配。交配时，雄蛛把贮存在须肢内的精子输入雌蛛体内。雌蛛卵的大部分都是在交配的早期得到受精的，随着时间的推移，受精的卵数就会越来越少，这就是说，越是在交配的早期，卵得到受精的比例也就越大(图 8-3)。由于这一特点，雌蛛在不同的交配阶段对雄蛛的价值也就不一样。就一只雄蛛所遇到的所有雌蛛来说，平均每只雌蛛体内尚未受精的卵数是 10，这就是说，雌蛛对任一入侵雄蛛的平均价值是 10 卵，或者说当一只雄蛛最初遇到一只雌蛛时，这只雌蛛的期望价值就是 10 卵。现在让我们设想有一只处女蛛，事实上，处女蛛是雄蛛所能遇到的最有价值的雌蛛，其价值平均为 40 卵；在受精前期，当雄蛛探知到它所遇到的雌蛛是一只处女蛛时，它的价值便会从 10 卵增加到 40 卵；当交配开始以后，随着卵的受精，雌蛛的价值也就开始下降；交配 7min 以后，90％的卵都受了精，此时雌蛛的价值便只有 4 卵了；交配 21min 后，由于 99％的卵已得到受精，雌蛛的价值就会降至 1 卵以下(图 8-3)。

再设想另一种情况，即在原配雄蛛与雌蛛交配的不同阶段出现了一只入侵雄蛛，该雄蛛并不知道雌蛛处于什么生理状态，因此总是认为雌蛛的平均价值是 10 卵(图 8-3)。这种情况使 Austad 有可能靠简单地在不同的交配阶段引入外来入侵雄蛛的方法而控制 $V$ 值(即资源值)。对原配雄蛛来说，$V$ 的最高值是发生在受精前期的结束时，因为此时原配雄蛛已经知道自己的配偶是一只处女蛛，因而就特别有价值；但对入侵雄蛛来说，V 的较高值是发生在原配雄蛛与雌蛛交配 7min 以后，因为此时只有原配雄蛛能够知道雌蛛的大多数卵都已受了精。由此我们可以想到的是，原配雄蛛与入侵雄蛛之间的争偶战斗如果是发生在授精前期结束时，那原配雄蛛的战斗力肯定比在交配 7min 后的战斗力要强。这是因为在前者情况下为之战斗的资源值高，而在后者情况下为之战斗的资源值低。

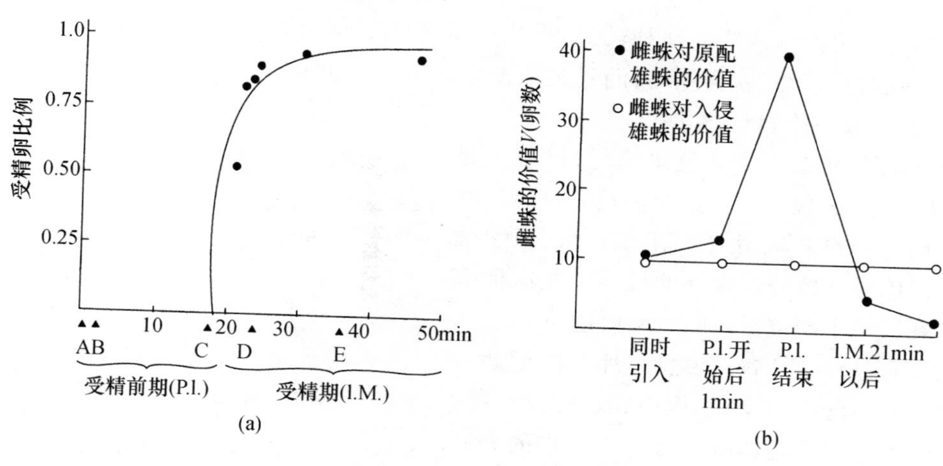


**图 8-3**

(a) 在与一只雄蛛的交配过程中，雌蛛卵在不同时间的受精比例。在 A、B、C、D、E 各点引入入侵雄蛛，让其与原配雄蛛竞争雌蛛。(b) 雌蛛对原配雄蛛和入侵雄蛛的价值($V$)是随着入侵雄蛛入侵时间的不同而变化的(仿 Austad，1983)

### (二) 战斗代价($K$)的测定

一般说来，在战斗中所付出的代价会使动物一生的生殖成功率有所下降。Austad 发现，如果用严重受伤的概率来衡量为战斗所付出的代价(严重受伤将会导致未来生殖成功率的下降),那么这种代价就会与战斗的持续时间呈线性相关。雄蛛(*Frontinella pyramitela*)在进行战斗时,往往互相抱在一起,用颚和足攻击对手。长时间的扭打会导致身体受伤、断足,甚至死亡。雄蛛的战斗实力通常是决定于身体的大小,这样,行为学家就有可能靠安排不同大小的雄蛛进行战斗而控制和改变 $K$ 值。

### (三) 战斗结果将随 V 值和 K 值的改变而改变

正如前面所谈到的那样,战斗中的 $V$ 值和 $K$ 值可以受人的操纵和控制,因此,行为生态学家就有可能观察和分析在不同 $V$ 值和 $K$ 值下的战斗结果。这些结果可总结如下:

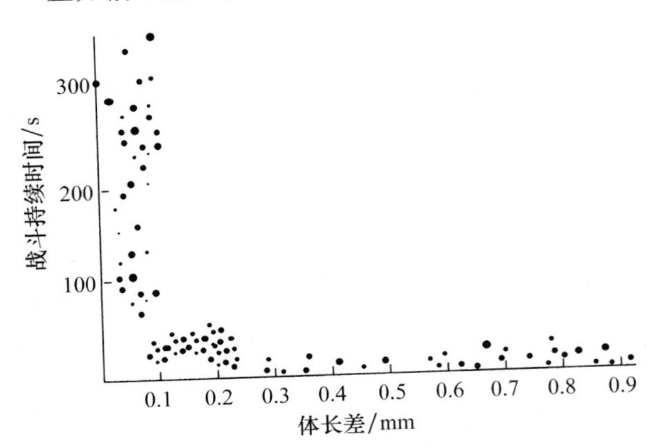


**图 8-4　当两只雄蛛被同时引入一只处女蛛的蛛网上时,雄蛛大小与战斗持续时间之间的相关关系**

(仿 Austad,1983)

(1) 当 $V$ 值对于战斗双方都一样时(即在受精前期开始时同时引入两只雄蛛,使其进行争偶战斗),战斗胜负就会决定于 $K$ 值的差异。此时,比较大的雄蛛赢得胜利的概率是 82%,两雄蛛身体大小越是接近,它们扭打在一起的时间就越长,这是因为当双方实力接近时就需要更多的时间来评估双方的实力差异(图8-4)。

(2) 当 $K$ 值对于战斗双方都一样时(即两雄蛛大小相等),战斗胜负就将决定于 $V$ 值的差异: 如果战斗是开始于受精前期的末期,那么原配雄蛛就会坚持较长的战斗时间,更可能赢得战斗胜利;但如果战斗是开始于原配雄蛛与雌蛛交配 7min 之后,那么双方战斗的持续时间就会缩短,而且是入侵雄蛛更可能赢得战斗的胜利(图8-5)。

(3) 当原配雄蛛小于入侵雄蛛时,只要资源值 $V$ 很大,双方的战斗就会持续较长的时间。例如,在受精前期的末期,由于资源值最大,原配雄蛛虽小,但仍会坚持较长时间的战斗。在这种情况下,它在战斗中严重受伤的概率可达 90%。如果战斗是开始于交配 7min 之后,那么由于此时的资源值(对原配雄蛛来说)很小,双方的战斗时间就会大大缩短,原配雄蛛在战斗中负伤的概率也会下降到 30%。

(4) 当 $V/K$ 值对战斗双方都相等时,就会出现最残酷的战斗升级。在这种情况下,两只雄蛛都不会轻易放弃战斗,这样的战斗最终几乎总是以一只雄蛛的严重受伤或死亡而告终。例如,当小的原配雄蛛与大的入侵雄蛛在受精前期结束所发生的战斗就属于这种性质的战斗,因为在

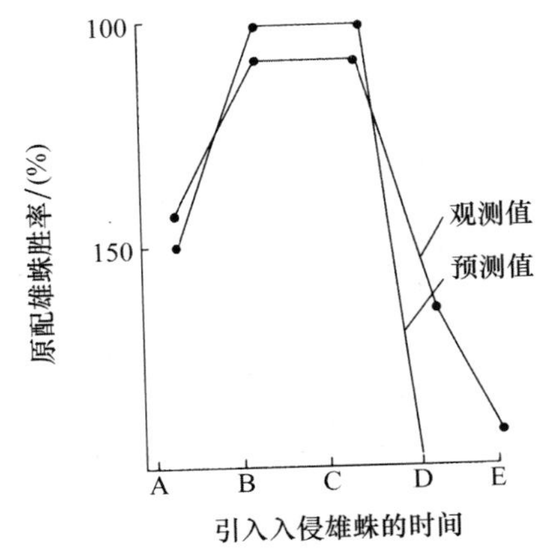


**图 8-5　实力(即身体大小)相当的两只雄蛛之间的战斗**

谁能赢得战斗胜利主要是决定于双方为之竞争的资源值($V$,即雌蛛尚未受精的卵数)的差异,预测曲线中的 $V$ 值可参看图 8-3(b)。A. 开始点;B. 受精前期开始后 1min;C. 受精前期结束;D. 原配雄蛛与雌蛛交配 7min 之后;E. 原配雄蛛与雌蛛交配 21min 之后(仿 Austad,1983)

这种情况下对原配雄蛛来说，$V$ 值和 $K$ 值都很大；而对入侵雄蛛来说，$V$ 值和 $K$ 值都很小。

Austad 的实验清楚地表明了 $V$ 值和 $K$ 值对战斗持续时间的影响，并决定着谁能赢得战斗的胜负。Sigurjonsdottir 和 Parker(1981)在研究雄粪蝇的争偶战斗时也得出了相同的结论。

## 三、争夺社群优势地位的战斗

有些动物营群体生活，社群中的个体在战斗能力方面所存在的差异将决定着谁将占有获取食物和配偶的优先权。社群内存在的很多炫耀行为可能都与显示战斗实力有关，但是在炫耀行为和战斗实力之间并不总是存在着明显的联系。

哈里斯带鹀(*Zonotrichia querula*)在冬季结群觅食时，群体内个体的羽色变化很大(图 8-6)。羽色最黑的个体往往占有最大的竞争优势，它们总是能把羽色灰白的个体从取食地驱赶走。这里有一个问题是，既然黑色意味着优势，那么为什么从属个体不长出黑色羽毛，从而提高自己的社会地位呢？在春季，所有的哈里斯带鹀都会换上婚装，即使是灰白色的雄鸟，此时也会长出黑色的羽毛。因此，黑色的羽毛作为一种实力信号并不像发情雄鹿的吼叫和一只大雄蟾的鸣叫那样是无法被欺骗的。

**图 8-6　哈里斯带鹀的羽衣变异**

羽色越黑，优势越强，具有黑色羽衣的个体常能赢得大部分战斗的胜利

1978 年，Rohwers 对哈里斯带鹀的从属个体作了一些实验处理，并观察了这些被处理过的欺骗个体在群体中的表现和与其他个体的关系(表 8-3)。在最初的实验中，他们只是简单地把从属个体的羽衣染黑，结果这些被染色的个体同样会受到其他个体的攻击，无法提高自己的社会地位；在其后的实验中，他们向从属个体的体内注射了睾丸激素，但仍保留着它们的灰白色羽毛，结果，这些被处理过的鸟在行为上表现出更强的侵犯性并试图维护它们的优势，但由于它们的竞争对手在战斗中毫不退让，所以它们实际的社会地位并未得到改善；在最后的实验中，从属鸟既被染黑了羽毛，又被注射了睾丸激素，结果它们在外形上和行为上都像是一个优势个体。这次的欺骗实验果然获得了成功，这些处理鸟在大多数战斗中都能赢得胜利，而且它们在群体中的优势地位会受到其他个体的尊重。

**表 8-3　对哈里斯带鹀从属个体所做的实验处理及其结果**(仿 Rohwer 和 Rohwer，1978)

| 实验处理内容 | 是否有形态优势 | 是否有行为优势 | 地位是否提高 |
|---|---|---|---|
| 1. 把羽毛染黑 | 是 | 否 | 否 |
| 2. 注射睾丸激素 | 否 | 是 | 否 |
| 3. 染黑羽毛和注射激素 | 是 | 是 | 是 |

总之，单单靠染黑羽毛所做的欺骗并没有获得成功。这是因为，虽然黑色的羽衣看上去像

是一个优势个体,但它的行为并不像。可见,要想保持在社群中有较高的地位,单单有黑色的羽毛是不够的,还必须表现出相应的优势行为。但黑色的羽衣仍可作为一种标志,有利于减少所受到的攻击和减少战斗次数。在另一次实验中把优势鸟的黑色羽毛漂白,使它们看上去不再像是优势鸟而是从属鸟,结果它们受到了来自其他个体的大量攻击,但它们并不因此而退缩和减弱战斗力,最终还是能发挥它们的优势,但它们所经历的战斗次数却明显增加。

上述实验清楚地表明,单靠把羽毛染黑是不能使一只从属鸟转变为一只优势鸟的。但从属鸟为什么不像优势鸟那样增加自己体内的睾丸激素含量呢? Watson(1970)在研究红松鸡(*Lagopus scoticus*)时也提出过同样的问题。雄性红松鸡一旦被注射了睾丸激素。它所保卫的领域面积马上就会增加1倍,而且可以吸引更多的雌鸟。问题是,体内睾丸激素的非自然增加会使一个从属个体的行为超出它实际能力的极限,这样做虽然可使它获得短期的好处和成功,但从长远来看,它的全部实力将会提前耗尽,使它的适合度有所下降。

**图 8-7 雄性翻石鹬的羽色变异**

实验表明,羽色变异不是表明其社会地位的一种信号,而仅仅是便于个体间的相互识别(仿 Whitfield,1986)

鸟类羽毛颜色的变异并不是在所有情况下都具有社会地位的指示意义。例如,涉禽翻石鹬(*Arenaria interpres*)的羽色就具有很大的变异性。Whitfield(1986)曾做过这样一些实验,即把领域中的雄鸟(领域主人)移走,然后用模型鸟取代它。当模型鸟的着色很像原来的领域主人时,它所受到邻居鸟的攻击就非常少;当模型鸟的着色比原来领域主人的羽色更淡或更浓时,它所受到邻居鸟的攻击就会多得多,但所受攻击的强度与模型鸟的颜色是淡还是浓却没有关系(图 8-7)。看来,翻石鹬的羽色变异并不是指示社会地位的一种信号,而仅仅是为个体间的相互识别提供了方便。

## 四、战斗双方的信息传递

动物在战斗中通过炫耀行为往往可以向对方发出两种信息,一种是关于自身实力的信息,一种是意向(或意图)信息。

### (一) 实力信息

例如,“我体高 2m”,这就是一种实力信息。动物在战斗中经常要通过炫耀行为向对方传递自己的实力信息。这些信息是很难伪造的,我们已经遇到过很多这方面的实例。例如,兽吼和蛙鸣通常都是一种可靠的信号,代表着发声者的潜在战斗实力。

### (二) 意向信息

例如,“我即将对你发动进攻”或“我准备炫耀 3min”,这就是意向信息。这种信息很容易被伪造(即传递假信息)。根据博弈论预测,动物将不会借助于炫耀行为向对方传递自己的意图。现在回到前面谈到的消耗战模型上来,假如个体 A 为战斗准备付出的代价为 $m_A$,个体 B 准备付出的代价为 $m_B$,而且 $m_A > m_B$,那么在这种情况下,双方如果从战斗一开始就把自己的真实意向告诉对方,结果会怎样呢? 显然,双方在互相了解了对方的意向(即准备在战斗中付出多大代价)后,个体 B 马上就会撤退,战斗会立即中止,于是个体 A 所得到的资源值将是 $V$,

而不是 $V-m_B$；而个体 B 所获得的资源值将是 0，而不是 $-m_B$。当然，意向传递中存在的主要问题是欺骗性。在一个动物种群中，如果种群成员都忠实地把自己的意向告诉别人，那么个别说谎者就会从欺骗中获得好处，它只要夸大自己在战斗中准备付出的代价就会赢得每次战斗的胜利。但这种情况下最终将会导致每个成员都说谎。如果是这样的话，那么相信别人所传达的意向就会吃亏，于是，种群就会走向另一个极端，即谁也不相信谁。最终的 ESS 是种群中没有一个个体会把自己的意向信息传递给别人，所有个体都会按消耗战模型所预测的那样行事。正如 Maynard Smith 所指出的那样，所有这一切的真正含义是，你不应当相信你的对手面无表情一本正经地所要告诉你的一切！

依据上述理由，我们可以预测，动物在战斗中的真实意向总是隐而不露，决不会把这一信息传递给对手。这一预测在很大程度上已被行为学家的研究工作所证实。在蓝山雀（*Parus caeruleus*）中，在一个特定的炫耀行为之后往往会出现几种不同类型的行为，但没有一种姿势能让你判断出它要准备发动攻击。当两条斗鱼（*Betta splendens*）在进行战斗时，直到接近战斗结束时，你绝对看不出来最终的胜利者和最终的失败者在行为上会有什么差异，因此你就无法依据它们的炫耀行为预测谁将能赢得战斗的胜利。上述事实都能说明，战斗中双方的意向信息是隐而不露和不进行传递的。

今后有两个方面的研究有待深入进行：① 动物在个体冲突中明显地表现出了极为多种多样的炫耀行为，但目前尚无法知道这些炫耀行为是怎样进化来的；② 虽然没有任何一种炫耀行为可以作为预测未来行为的好指标，但炫耀行为的前后顺序可能起着非常重要的作用。对拳王阿里在拳击场上的表现所进行的录像分析表明，他的左拳的出拳速度比对手的视觉反应速度要快 1 倍多，因此对手从看到他出拳再做出反应几乎就无法躲避他的击打。但阿里的对手仍然能够设法避开他的大多数击打，这些对手肯定是依据阿里习惯性的行为程序来做出判断的，即他们在阿里实际出拳开始之前就已经预测到了这一动作，从而及早作了防范。这一原理同样可以应用于动物之间的战斗。

## 第五节　博弈论及其数学模型

本节我们将介绍博弈论中的一些数学模型。博弈论是数学的一个分支学科，常用于分析两个或多个参与博弈者的决策，这种博弈的结果总是取决于对手的行为对策。在复杂的社会环境中，动物常常会面临各种行为对策的选择，选择什么对策将会获得较大的报偿往往要取决于其他动物的行为表现。

用博弈论研究动物行为进化的学者首推 John Maynard Smith。1973 年，Maynard Smith 和 G. Price 共同发表了一篇论文，题目是“On the logic of animal conflict”。可以说，这篇论文是博弈论首次用于动物行为的研究。事实上，当时与他们几乎同时发表的几篇论文中也已明显地含有博弈论思想。用于研究动物行为的博弈论核心，其实质就是 ESS。ESS 就是一种不受任何其他对策侵蚀的对策，这种对策不一定是“最好的”（报偿最高的）对策，但它不会受到任何其他对策的侵蚀。

## 一、鹰(对策)和鸽(对策)博弈的数学模型

该模型所研究的动物种群只面对两种行为对策的选择,即鹰对策和鸽对策:鸽对策者(简称鸽)在面对敌手时只以攻击姿态威吓对方,但当敌手发动攻击时则逃跑(不会受伤);鹰对策者(简称鹰)则是宁可冒严重受伤的风险,也要攻击对方。假定个体的对策选择是可遗传的,而且人为规定博弈的得分值(正或负)。得分值采用适合度单位(units of fitness),即分值,代表着博弈者留下后代数量的增加或减少。规定一个动物赢得一场战斗的得分是 $V$ 单位($V$ 是取 value 一词的首字母),在战斗中严重受伤的代价是 $W$ 单位($W$ 是取 wound 一词的首字母),在战斗中长期对峙的代价是 $T$ 单位($T$ 是取 time 一词的首字母)。

为了评价鹰对策和鸽对策,我们需要计算在同鹰战斗时($a$ 和 $c$)和在同鸽战斗时($b$ 和 $d$)各自所获得的报偿(表 8-4)。所谓报偿。就是指因博弈使双方所获得的好处或所付出的代价。下面计算一下在 $a$、$b$、$c$、$d$ 四种情况下的报偿。

**表 8-4　鹰和鸽博弈的报偿矩阵**

| | | 对手 | |
|---|---|---|---|
| | | 鹰 | 鸽 |
| 报偿 | 鹰 | $a$ | $b$ |
| | 鸽 | $c$ | $d$ |

(1) 鹰攻击鹰($a$)时的情况。在其他情况都相同时,每只鹰的胜败机会都各占一半,胜者将得到 $V$ 单位的收益,而败者则付出 $W$ 单位的代价。由于胜败机会各占一半,所以每只鹰的平均报偿就是这两个值的均数,即:

$$报偿 = \frac{(V-W)}{2}(适合度单位)$$

(2) 鹰攻击鸽($b$)时的情况。鹰攻击鸽时,鹰总是赢,而且不会因受伤而付出代价,所以鹰的平均报偿就是 $V$(适合度单位)。

(3) 鸽遇到鹰时($c$)的情况呢。显然,鹰会攻击鸽,但鸽因退却而不会受伤,所以鸽的报偿等于 0(适合度单位)。

(4) 鸽遇到鸽($d$)时的情况。同样,如果其他条件相同,那么每只鸽的胜败机会也是各占一半。但双方都因长时间对峙而付出 $T$ 单位的代价,只有一方胜而获得资源值 $V$,因此胜者的得分是($V-T$),败者的得分是($-T$),平均报偿是:

$$报偿 = \left(\frac{V}{2} - T\right)单位$$

现在我们已经知道了 $a$、$b$、$c$ 和 $d$ 各种博弈的报偿,下面再讨论当人为地给出 $V$、$W$ 和 $T$ 的数值时会出现什么结果。

**实例(一)**

现规定动物赢得一场战斗的收益 $V$ 是 100 单位,严重受伤的代价 $W$ 是 200 单位,长时间对峙的代价 $T$ 是 30 单位(实际情况也应当是 $T<W$),由此我们可以得到一个像表 8-5 那样的报偿矩阵。假定有一个完全由鸽组成的种群,在这个种群中一旦突变产生一只鹰,那它每次战

斗都会遇到鸽，其报偿将是 100 单位，而鸽遇到鹰的报偿是 0 单位，鸽遇到鸽的报偿是 20 单位。可见，鹰对策极为成功，于是鹰的数量在种群中会越来越多，但它们的增长会受到限制，因为当鹰的数量增多时，战斗就会更多地在鹰和鹰之间进行，其平均报偿只有 −50 单位；而鸽遇到鹰的报偿是 0，这比 −50 的得分要高得多。这就是说，纯鸽种群可以受到少数突变鹰的侵蚀，而纯鹰种群也可以受到少数鸽的侵蚀，因此，完全由鹰和完全由鸽组成的种群在进化上都是不稳定的，它们都不是 ESS。在一只鹰周围有很多鸽，那对鹰就非常有利；同样，在一只鸽周围有很多鹰，那对鸽也非常有利。虽然鹰总是能打败鸽，但它们不能充满整个种群，因为它们无法承受当鹰和鹰战斗时所造成的巨大损失。可见，每一种对策所得到的报偿都是受频率制约的(frequency dependent)。

**表 8-5　鹰和鸽博弈时的报偿矩阵**

| | | 对手 | |
|---|---|---|---|
| | | 鹰 | 鸽 |
| 报偿 | 鹰 | $a=(V-W)/2=-50$ | $b=V=100$ |
| | 鸽 | $c=0$ | $d(V/2)-T=20$ |

虽然纯鸽种群和纯鹰种群(即纯对策，pure strategies)都不是 ESS，但由鹰和鸽所构成的一个混合种群却可能是稳定的，而且可以计算出这个混合种群中，鹰和鸽所占的比例。

若 $p$ 代表种群中鹰所占的比例，则 $(1-p)$ 就是种群中鸽的比例。如果种群中个体间的相遇是随机的，即相遇概率同它们在种群中的相对数量相一致，那么鸽的平均报偿 $p_D$ 就将是：

$$p_D = pc + (1-p)d \tag{8.1}$$

鹰的平均报偿 $p_H$ 将是：

$$p_H = pa + (1-p)b \tag{8.2}$$

当 $p_H = p_D$ 时，鹰和鸽就会得到相同的报偿，此时种群就会处于 ESS 的稳定状态。方程(8.1)与方程(8.2)相等，可写为：

$$pc + (1-p)d = pa + (1-p)b$$

即：

$$pc + d - pd = pa + b - pb$$

把含有 $p$ 的各项放到等号的一侧，即成：

$$pc - pd - pa + pb = b - d$$

或

$$p(b-d+c-a) = b-d$$

可见，在 ESS 状态下鹰所占的比例 $p$ 应当是：

$$p = (b-d)/(b-d+c-a)$$

或

$$p = (b-d)/[(b-d)+(c-a)] \tag{8.3}$$

取代 $a$、$b$、$c$ 和 $d$ 后，得：

$$p = \frac{V+2T}{W+2T} \tag{8.4}$$

若 $T=0$,该式可简化为:

$$p = \frac{V}{W}$$

从上式可看出,资源值 $V$ 越大,鹰在种群中所占的比例也就越大;相反,受伤的代价越大,鸽在种群中所占的比例越大。

所以。就实例(一)来说,我们用实际的数值取代方程(8.3)中的 $a$、$b$、$c$ 和 $d$ 后就得到:

$$p = (100-20)/\{(100-20)+[0-(-50)]\} = 80/130 = 0.615$$

利用方程(8.4)可作同样的计算,即

$$p = \frac{V+2T}{W+2T} = \frac{100+60}{200+60} = \frac{80}{130} = 0.615$$

这就是说,当种群中有61.5%的个体是鹰时,鹰和鸽的平均报偿就是相等的。此时无论是鹰还是鸽,只要有任何一方在种群中所占的比例有所增加,另一方就会因此而获得好处,于是它的数量的回升就会使种群重新回到ESS的稳定状态。这种混合的ESS可以靠两种办法来实现:一种办法是每个个体只能采取一种对策(鹰对策或鸽对策),但鹰对策者和鸽对策者之间的比例是 $p:(1-p)$;另一种办法是每个个体都采取两种对策,但采取鹰对策的比例是 $p$,其余时间则采取鸽对策。

**实例(二)**

值得注意的一点是,$V$、$W$ 和 $T$ 的值如果发生变化,结果就会完全不同。下面举例说明当 $V$、$W$ 和 $T$ 的相对值发生变化时对ESS产生的影响。假定赢得一场战斗的报偿是200单位,严重受伤的代价是100单位,长期对峙浪费时间的代价与实例(一)相同是30单位,那结果会怎样呢?结果将如表8-6那样,得出一个报偿矩阵。再考虑一个鸽种群,其中有极少数的鹰,它们每次遇到的几乎都是鸽,所以博弈报偿是+200单位,而鸽遇到鹰时报偿为0,遇到其他鸽时报偿为+70。于是鹰在种群中的数量会迅速增加,可见鸽不是ESS;此外,鸽也无法侵蚀一个鹰种群,因为在鹰种群中,鸽的报偿只有0单位,这大大低于鹰种群中鹰的报偿(+50单位)。在这种情况下,鹰对策就是一种纯ESS。

**表8-6 实例(二)的鹰鸽博弈报偿矩阵**

| | | 敌手 | |
|---|---|---|---|
| | | 鹰 | 鸽 |
| 报偿 | 鹰 | $a=+50$ | $b=+200$ |
| | 鸽 | $c=0$ | $d=+70$ |

显然,ESS将依赖于 $V$、$W$ 和 $T$ 值的变化,因此我们可以在 $V$ 和 $W$ 值的一定范围内计算ESS(图8-8)。由图8-8可以看出,当 $V>W$ 时,只有鹰对策才是ESS;当 $V<W$ 时,ESS将是一种混合的ESS,其中鹰所占比例为 $p$。一般说来,当 $V>W$ 时,鸽与鹰博弈($c$)的报偿将会少于鹰与鹰博弈($a$)的报偿。换句话说就是当 $c<a$ 时,鹰对策就是ESS;但是,如果 $V<W$ 时,鹰种群中一只鸽的报偿就会大于一只鹰的报偿,也就是说,当 $a<c$ 时,鸽就能侵蚀一个鹰种群。这里值得注意的是,鸽对策不可能是ESS,即使在 $T=0$ 的情况下,$b(=V)$ 也总是大于 $d(=V/2)$,因此鹰总能在鸽种群中得到扩散。

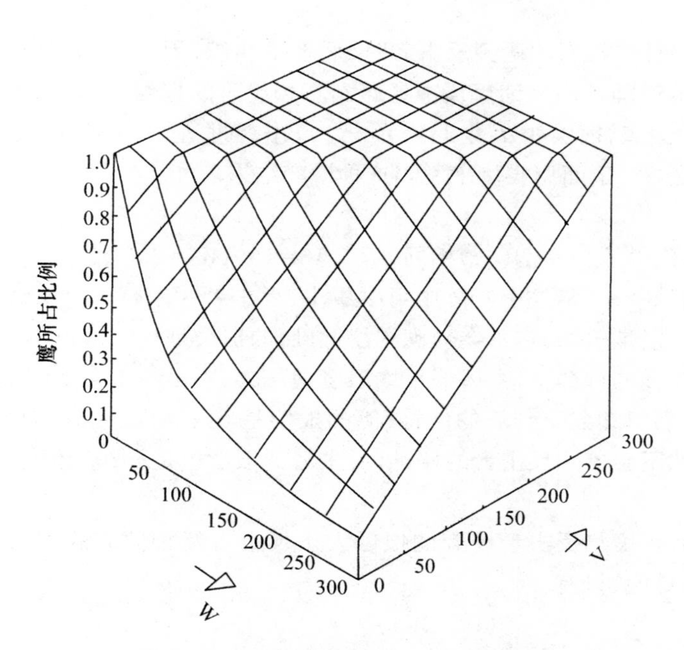


**图 8-8　在由鹰和鸽组成的 ESS 种群中，鹰的比例将随 V 和 W 值的变化而变化**

$V>W$ 时，鹰对策是 ESS；$V<W$ 时．混合对策是 ESS，其中鹰的比例为 $p$，相对于 $W$ 的 $V$ 值越小，鹰所占比例也越小．在这个实例中，$T=30$

## 二、鹰-鸽-反击者三方博弈的数学模型

在上述鹰-鸽博弈模型的基础上，我们再引入一个对策，即反击者(retaliator)对策。反击者对策是一种有条件的对策。反击者的行为与鹰的行为、鸽的行为不一样，它的行为依对手的行为而有所不同，除非对手选择使战斗逐步升级的对策，否则它总是充当鸽。如果对手使战斗升级，它就会进行反击并扮演鹰的角色。所以反击者实际上是以鸽对抗鸽，以鹰对抗鹰。对于这种博弈，我们可以得到一个报偿矩阵(表 8-7)。

**表 8-7　鹰-鸽-反击者博弈的报偿矩阵**

| | | 敌手 | | |
|---|---|---|---|---|
| | | 鹰 | 鸽 | 反击者 |
| 报偿 | 鹰 | $a$ | $b$ | $a$ |
| | 鸽 | $c$ | $d$ | $d$ |
| | 反击者 | $a$ | $d$ | $d$ |

注：$a$、$b$、$c$、$d$ 与表 8-5 相同。反击者面对鹰时其报偿如鹰对鹰，面对鸽时其报偿如鸽对鸽

**表 8-8　鹰-鸽-反击者博弈的报偿矩阵**

| | | 敌手 | | |
|---|---|---|---|---|
| | | 鹰 | 鸽 | 反击者 |
| 报偿 | 鹰 | −50 | +100 | −50 |
| | 鸽 | 0 | +20 | +20 |
| | 反击者 | −50 | +20 | +20 |

注：在这个实例中，反击者是唯一的 ESS

对于鹰-鸽之间的各种博弈报偿，我们已经在鹰-鸽博弈模型中介绍过了。现在感兴趣的是当鹰和鸽遇到反击者时会怎样？当鹰遇到反击者时，后者将扮演鹰，因此鹰的报偿与遇到另

一只鹰没有区别($a$);同样,当鸽遇到反击者时,后者扮演鸽,因此鸽的报偿与遇到另一只鸽没有区别($d$)。同样的道理可用来计算反击者遇到鹰和鸽时的报偿,即遇到鹰时它扮演鹰,报偿如 $a$;遇到鸽时它扮演鸽,报偿如 $d$;当遇到另一个反击者时,它扮演鸽,由于双方都不会使战斗升级,所以报偿也是 $d$。下面用实例来说明这种博弈结果。

**实例(三)**

由于报偿值和代价值与实例(一)相同,所以 $V=100$,$W=200$ 和 $T=30$,据此可以建立一个数值报偿矩阵(表 8-8)。从这个矩阵中可以看出,反击者对策是一种 ESS,因为在反击者种群中,个体的平均报偿是+20,它不会受鹰的侵蚀(鹰的报偿是−50),也不会受鸽的侵蚀(鸽的报偿也是+20)。在鹰的种群中,个体的平均报偿是−50,它虽然不会受到反击者的侵蚀(反击者的报偿也是−50),但却会受到鸽的侵蚀(鸽的报偿是 0);同样,在鸽的种群中,个体的平均报偿是+20,它虽然不会受到反击者的侵蚀(反击者的报偿也是+20),但它却会受到鹰的侵蚀(鹰的报偿是+100)。

一般说来,只有当鹰与反击者博弈的报偿大于反击者互相博弈的报偿 $d$ 时,鹰才能侵蚀反击者种群。也就是说,只有

$$(V-W)/2>(V/2)-T$$

即

$$W<2T$$

时,鹰才能侵蚀反击者种群。换句话说,从 $W<2T$ 的条件看来,只有当严重受伤的代价少于互相对峙浪费时间的代价的 2 倍时,鹰才能侵蚀反击者种群。

所以,虽然看上去反击对策在进化上可能是稳定的,但其先决条件是严重受伤的代价必须足够大。这种情况可以说明为什么在自然界动物之间的战斗常常具有仪式化的性质,因为这样就可以避免严重受伤,从而可以保持种群稳定。

## 三、鹰-鸽-应变者博弈的数学模型

前面介绍的鹰-鸽博弈模型曾设定鹰和鸽的差异只表现在行为对策的选择上,而在其他方面则不存在差异,当然在现实世界中这种情况是很少见的。通常在动物个体之间会存在许多差异,如一个个体比另一个个体更大、更强和更富有竞争力和战斗力等。也就是说,博弈双方不可能完全相同,常常存在着资源占有潜力(resource-holding potential,即 RHP)方面的差异,这种差异又称为 RHP 不对称(RHP asymmetry)。除此之外,还可能存在报偿不对称(a payoff asymmetry)。报偿不对称是指双方所争夺的资源对一方的价值比对另一方高,资源值高的一方的战斗力往往比资源值低的一方的战斗力要强。例如,饥饿一方常常比非饥饿一方更积极地争抢食物,因为对饥饿一方来说,资源的价值更高。

除了 RHP 不对称和报偿不对称以外,还有第三种不对称,即无关联不对称(uncorrelated asymmetry)。例如,两个人靠掷硬币决定谁先谁后,就是利用无关联不对称来解决争议。所谓无关联,是指解决争议的标准与争议双方的相对竞争力和报偿值无关。如果战斗双方是均等无差异的,而且所争夺的资源值很小,那么双方就有可能利用这种专断的常规来确定胜负,从而可以避免浪费时间。动物虽然不会掷硬币,但它们却可以采用类似的方法来决定胜负,例如,谁首先发现有争议的资源,谁就占有它。问题是靠专断常规来决定胜负在进化上是稳定的吗?可以利用博弈论来探讨无关联不对称的稳定性。鹰、鸽和应变者之间的博弈就提供了一

个无关联不对称的模型。

在简单的鹰-鸽模型中，可以增加一个应变者对策，这是一种受条件制约的对策。即，当应变者是有争议资源的占有者时，它扮演鹰；当它不占有资源而是入侵者时，它扮演鸽。对此，可以像以前一样得到一个报偿矩阵(表 8-9)。为了连贯性，仍然利用表 8-4 中的 $a$、$b$、$c$ 和 $d$ 来计算当鹰和鸽遇到应变者时它们会得到什么报偿。为简便起见，设定应变者一半时间是资源占有者(充当鹰)，另一半时间是入侵者(充当鸽)。

**表 8-9　鹰-鸽-应变者博弈的报偿矩阵**

| | | 敌手 | | |
|---|---|---|---|---|
| | | 鹰 | 鸽 | 应变者 |
| 报偿 | 鹰 | $a$ | $b$ | $(a+b)/2$ |
| | 鸽 | $c$ | $d$ | $(c+d)/2$ |
| | 应变者 | $(a+c)/2$ | $(b+d)/2$ | $(b+c)/2$ |

注：a～d 同表 8-5

当鹰遇到占有资源的应变者(它采取鹰对策)时，它的报偿是 $a$；当鹰遇到作为入侵者的应变者(它采取鸽对策)时，它的报偿是 $b$，所以鹰遇到应变者的报偿就是这两种报偿之和的一半，即 $(a+b)/2$。当鸽遇到占有资源的应变者(它采取鹰对策)时，它的报偿是 $c$；当鸽遇到入侵者的应变者(它采取鸽对策)时，它的报偿是 $d$，所以，鸽遇到应变者的报偿就是这两种报偿之和的一半，即 $(c+d)/2$。

下面再看看应变者的报偿。应变者在遇到鹰时有一半的时间会采取鹰对策。其报偿是 $a$；另一半时间则采取鸽对策，其报偿是 $c$，所以，应变者遇到鹰时的平均报偿是两者之和的一半，即 $(a+c)/2$。应变者在遇到鸽时，有一半时间采取鹰对策，其报偿是 $b$；另一半时间采取鸽对策，其报偿是 $d$，平均报偿是 $(b+d)/2$。

最后，当应变者遇到另一个应变者时，有 50% 的概率充当资源占有者，对方是入侵者，于是前者胜，其报偿是 $b$；另有 50% 的概率充当入侵者，其报偿是 $c$。因此，应变者与应变者相遇时的平均报偿是 $(b+c)/2$。两个应变者博弈时，无论是胜还是败都不会受伤，也不会因对峙而浪费时间。为了了解这种博弈的实际结果，再举一个实例。

**实例(四)**

在这个实例中，仍像实例(一)那样：设 $V=100$，$W=200$ 和 $T=30$，并据此得到一个博弈矩阵(表 8-10)。从该矩阵中的报偿值可以看出，应变者对策是一种 ESS，因为在应变者种群中，个体的平均报偿是 +50，它不会受到鸽(报偿是 +10)的侵蚀，也不会受到鹰(报偿是 +25)的侵蚀；相反，在鹰种群中，由于个体的平均报偿是 −50，所以它既能受到鸽(报偿是 0)的侵蚀，也能受到应变者(报偿是 25)的侵蚀。同样，在鸽种群中由于个体的平均报偿是 +20，所以它也同时受到鹰(报偿是 +100)和鸽(报偿是 +60)的侵蚀。可见，应变者对策是唯一不受侵蚀的对策(即 ESS)。像应变者这样的无关联不对称在进化上可以是稳定的，但问题是在现实的自然界这种情况是否存在？关于无关联不对称，人们熟悉的一个例子可能要算是黄斑眼蝶(*Pararge aegeria*)的领域之争了。通常，黄斑眼蝶的雄蝶在树林底层阳光充足的地方占有一小块领域并加以防卫。牛津大学的 Nick Davies 于 1976 年夏季曾在 Wytham Wood 对这种眼蝶进行过观察。他发现,60%的雄蝶占有领域,其余的雄蝶则在树冠间巡飞。如果一只雄蝶偶尔闯入一个领域,领域的主人就会追近它,接着便开始一场短暂的(约 3～4s)螺旋式追逐飞行。此后,领域占有者便又重新回到自己的领域,而且领域占有者总是能赢得胜利。如果把领域占有者从它的领域中拿走,然后让一只新来者占据这一领域,当老主人重新返回自己的领域时,争夺的结果总是新主人赢得胜利。这表明,决定领域争夺胜负的不是个体的强弱,而是谁先占有领域谁就胜,入侵者总是败,这无疑是一种靠"尊重所有权"的专断法则来决定战斗的胜负。当 Davies 同时把两只雄蝶引入同一领域时,每只雄蝶都把自己看成是领域的主人,因此就会开始一场持久的螺旋式追逐战。Davies 认为,由于适合建立领域的阳光地很多,所以每个领域的价值并不很高,一只入侵雄蝶争夺领域失败后总能在其他地方找到领域。正如鹰-鸽-应变者博弈所表明的那样,当所争夺资源的价值较低时,一种传统的专断法则就会起作用。但是当所争夺资源的价值发生变化时,应变者对策可能就不再是一种 ESS 了。

**表 8-10　鹰-鸽-应变者博弈矩阵**

| | | 敌手 | | |
|---|---|---|---|---|
| | | 鹰 | 鸽 | 应变者 |
| 报偿 | 鹰 | －50 | ＋100 | ＋25 |
| | 鸽 | 0 | ＋20 | ＋10 |
| | 应变者 | －25 | ＋60 | ＋50 |

注:应变者是唯一的 ESS,它不受鹰和鸽的侵蚀,只要 $V<W$,应变者就是 ESS

**实例(五)**

在这个实例中,采用实例(二)中的报偿和代价标准,即,$V=200$,$W=100$,$T=30$;且 $V>W$。根据这些数值,可以得到一个如前的报偿矩阵(表 8-11)。从矩阵给出的报偿值上可以看出,鹰对策是唯一的 ESS,因为在鹰种群中个体的平均报偿是＋50,它不会受到鸽(报偿是 0)和应变者(报偿是＋25)的侵蚀。在应变者种群中,个体的平均报偿是＋100,但在这样的种群中如果突变产生一个鹰,那么鹰的报偿就是＋125,可见该种群会受到鹰的侵蚀。在鸽种群中,个体的平均报偿是＋70,它同时会受到鹰(报偿是＋200)和应变者(报偿是＋135)的侵蚀。

**表 8-11　鹰-鸽-应变者博弈矩阵**

| | | 敌手 | | |
|---|---|---|---|---|
| | | 鹰 | 鸽 | 应变者 |
| 报偿 | 鹰 | ＋50 | ＋200 | ＋125 |
| | 鸽 | 0 | ＋70 | ＋35 |
| | 应变者 | ＋25 | ＋135 | ＋100 |

注:鹰对策是唯一的 ESS,它不会受到鸽对策和应变者对策的侵蚀

从以上的分析不难看出,ESS 对于报偿值的变化是很敏感的。事实上,只要鹰与应变者博弈的报偿大于应变者与另一个应变者博弈的报偿,应变者种群就会受到鹰的侵蚀。换句话说,

应变者种群受到鹰对策侵蚀的条件必须符合下式：

$$(b+c)/2<(a+b)/2$$

整理上式，得

$$a>c$$

只要 $V>W$，那么 $a=(V-W)/2$ 就是正值，而 $c=0$（见表 8—5），所以 $a>c$；另外，只要 $V<W$，那么 $a<c$，应变者就是 ESS。可见，应变者种群的稳定性主要是决定于 $V$ 的相对值。总之，只要 $V>W$，鹰对策就是 ESS；只要 $V<W$，应变者对策就是 ESS。

## 四、漏斗网蛛博弈的数学模型

虽然前面介绍的几个模型十分有趣，但却很难告诉我们应该如何利用博弈论对自然界的一个实例进行建模工作。下面研究这样一个实例，即研究一种蜘蛛——漏斗网蛛（*Agelenopsis aperia*，蜘蛛目 Araneida，漏斗蛛科 Agelenidae）的攻击战斗行为。田纳西大学的 S. Riechert 曾在亚利桑那和新墨西哥对这种蜘蛛进行过多年研究。漏斗网蛛的雌蛛为捕虫而织造蛛网，但适于建网的地点并不多，所以经常会发生争夺建网地点的战斗。蜘蛛身体大小是影响战斗结果的一个决定因素。入侵者一出现，网的主人马上就会准备迎战，最初是两个蜘蛛互相寻找，调整各自的位置和准备战斗；接着是一方走近另一方，互相发送信号（振动蛛网），一方对另一方做出威胁姿态，假意要发动攻击但并不进行真正的接触；最后两个蜘蛛才进行实际的较量，互相猛推对方并彼此叮咬。这种战斗常常要进行几个回合才能分出胜负，在每一个回合结束时都是其中一只或另一只蜘蛛主动退出战斗，但最后总是有一方（败者）永久撤离。

漏斗网蛛的战斗行为有三个特点引起了人们的注意，这些特点是：① 体重是决定战斗胜负的重要因素，如果人为地使入侵者的体重增加 1 倍（靠在其腹部粘贴铅块），那么入侵者通常就会赢得胜利。此外，当网的主人比入侵者大得多时，战斗很快就能结束，前者总是赢。② 如果战斗双方身体大小相差无几，那么战斗就会持续很长时间，但通常是网的主人会赢得战斗胜利。③ 持续时间最长和最激烈的战斗往往是发生在网的主人所保卫的网位置极好，而入侵者的个体又比网的占有者稍大时。漏斗网蛛的战斗具有一般动物战斗的很多特点（见本节二和三），而且表现有全部三种类型的战斗不对称，即 RHP 不对称、报偿不对称和无关联不对称。下面介绍漏斗网蛛战斗的一个模型。该模型假设入侵者可以在两种战斗对策之间进行选择，这两种战斗对策是使战斗逐渐升级（鹰对策）和撤退（鸽对策）。更具体些讲，该模型包含以下几个前提条件：

(1) 战斗双方的身体大小存在差异，使战斗升级的战斗概率为 $x$，网的主人将赢得胜利。网占有者的身体越大（相对于入侵者），$x$ 值也就越大。

(2) 在一场逐步升级的战斗中，胜者的报偿是 $V$ 或 $v$（$V>v$）（依网位的质量而定），失败者所付出的代价是 $C$。

(3) 网的占有者赢得胜利的概率（$x$）为自己和入侵者所知。

(4) $V$ 值网占全部蛛网的比例为 $p$，$v$ 值网占全部蛛网的比例为 $(1-p)$。

(5) 网值（$V$ 或 $v$）只为网的占有者所知。

最后一个先决条件，即(5)之所以被设立，是因为在实验中发现：当网的占有者被移走和同时把两个入侵者引入该网位时,其战斗的持续时间与网位的价值不相关(见后)。

Maynard Smith 和 Riechert(1984)曾假设,入侵者只能在鹰对策和鸽对策两种对策间进行选择,而网的占有者还可以有第三种选择,即,除了可以选择鹰对策(H)和鸽对策(D)外,还可以选择有条件的鹰对策(CH),即当网值是 $V$ 时选择 $H$,当网值是 $v$ 值选择 D。在建立报偿矩阵之前,还应当知道入侵者对网位的期望值($E$)。如果一个入侵者赢得胜利,它可以期望获得报偿 $V$ 或报偿 $v$,它所期望的报偿将取决于每种网型的相对频率:在频率 $p$ 的情况下,网位的值是 $V$;在频率$(1-p)$的情况下,网位的值是 $v$。因此,入侵者对网位的期望值是:

$$E = pV + (1-p)v$$

在此基础上,就可以得到一个像表 8-12 那样的报偿矩阵了。为了说明表中的各种报偿是如何得出来的,下面举一些例子:

**表 8-12　漏斗网蛛博弈的报偿值**

| | | 入侵者报偿 | | |
|---|---|---|---|---|
| | | H | | D |
| | H | $E(1-x)-C_x$ | | 0 |
| | | $E_x-C(1-x)$ | $E$ | |
| 网占有者报偿 | 有条件 H(CH) | $p[V(1-x)-C_x]+(1-p)v$ | | $(1-p)v/2$ |
| | | $p[V_x-C(1-x)]$ | $(E+pV)/2$ | |
| | D | $E$ | | $E/2$ |
| | | 0 | $E/2$ | |

注:网占有者可采取 H、D 和有条件 H 对策,而入侵者只能采取 H 和 D 对策

(1) 当网占有者以鹰对策(H)迎战时,入侵者若也采取 H 对策,那么将会得到什么报偿呢?因为网占有者获胜的概率是 $x$,所以入侵者获胜的概率就是$(1-x)$。如前所述,入侵者的平均期望报偿是 $E$,但有 $x$ 概率入侵者是败者,要付出代价 $C$,所以,采取 H 对策入侵者的平均报偿就是平均收益值[$E(1-x)$]减去平均付出值($C_x$)即:

$$报偿 = E(1-x) - C_x$$

(2) 如果网占有者以 CH 对策反击入侵者的 H 对策,那报偿该如何计算呢?因为 $p$ 是网值 $V$ 所占的比例,所以在网值只有 $v(1-p)$的概率下,网占有者将会采取 D 对策,因此入侵者将接管并占有蛛网。在这种情况下,入侵者获得的报偿将是 $v$。但是有 $p$ 的概率网值将是 $V$,此时网占有者将会采取 H 对策,如果输掉这场战斗[有$(1-x)$的概率会输],入侵者就得到报偿 $V$,但如果赢了这场战斗(有 $x$ 概率会赢),入侵者付出的代价将是 C。所以,入侵者有 $p$ 概率获得的报偿是[$V(1-x)-C_x$],有$(1-p)$概率获得的报偿是 $v$。因此入侵者采取 H 对策所得到的平均报偿就是:

$$报偿 = p[V(1-x) - C_x] + (1-p)v$$

(3) 当网占有者以 CH 对策迎战入侵者的 D 对策时,入侵者的报偿将如何计算呢?如前所述,有 $p$ 概率网值是 $V$,此时网占有者采取 H 对策,入侵者撤退,因此入侵者的报偿是 0;但是有$(1-p)$概率网值是 $v$,网占有者将以 D 对策迎战入侵者的 D 对策。在这种情况下,如果

入侵者的胜率为 50%，那么它的报偿就是[$(1-p)v/2$]，平均报偿是：

$$报偿 = p(0) + [(1-p)v/2]$$

可以用同样的方法计算表 8-12 中网占有者的报偿。

现在，在上述计算的基础上，就可以利用表 8-12 来预测一下对入侵者所采取的各种对策，网占有者应当采取什么对策才是最好的对策呢？所谓最好的对策，就是报偿值最高的对策。例如，假如入侵者选择 H 对策，那么网占有者最好的迎战对策是 H、CH 还是 D，这就要看其中哪一个对策所获得的报偿最高了。如果 H 的报偿>CH 的报偿和 H 的报偿>D 的报偿，那么网占有者就应当采用 H 对策，也就是说，如果：

$$E_x - C(1-x) > p[V_x - C(1-x)]$$

和

$$E_x - C(1-x) > 0$$

那么，网的主人就应当采取 H 对策。

下面要做的一件事就是计算蜘蛛博弈时的 ESS。换句话说，就是要知道在 $x$ 的各种取值范围内（$x$ 是网主人赢得胜利的概率），采用什么对策迎战对手最好。显然，如果入侵者选择 D 对策，那么网主人总是采用 H 对策最好，因为这种对策无受伤风险，而且总会赢；如果入侵者选择 H 对策，那么网主人在 $x$ 的一定取值范围内采用 D 对策最好，例如，如果网主人身体很小，就应当采取 D 对策，以免在一场可能失败的逐步升级的战斗中浪费时间。

如果博弈双方所选择的对策对各自一方都是最好的，那么这一双对策就是 ESS。例如，如果网主人选择 H 对策迎战入侵者，而且 H 也是入侵者对付网主人的最好对策，那么这一双对策(H,H)就是 ESS。但是，如果网主人迎战入侵者的最好对策是 CH，而入侵者对付网主人的最好对策是 D，那么(CH,H)这一双对策就不是 ESS。这里所讨论的 ESS 具有 3 个有趣的特点：① 如果博弈双方身体大小差异不大($x\approx 0.5$)，那么网主人的对策选择就将取决于网值的大小；② 如果博弈双方身体大小差异明显，那么身体较大的蜘蛛就会赢得胜利，且不会出现逐步升级的战斗；③ $x$ 值在接近 0.5 的区限内，如果网位的价值很高($V$)时，常常会发生逐步升级的激烈战斗。但当网位的价值很低($v$)时，常常是入侵者赢。

# 第九章 动物的利他行为及其进化

行为生态学的一个基本观点是：动物个体的行为准则是为了使它们自身能够获得好处，而绝不是为了它们所属物种的利益或它们生活在其中的群体的利益。在前面几章关于觅食行为、生殖行为和鸟类窝卵数的讨论中都曾涉及了这一观点。正如我们已经看到的那样，自然选择的作用将会使动物的行为和生活史对策达到最适状态，最终是使个体的生殖成功率达到最大。

但是，任何一个留意观察动物行为的人都会发现，动物的行为并非都是自私的，个体间的合作处处都能见到：几头狮子或几匹狼经常进行联合狩猎；在一些鸟类和哺乳动物中，一个个体发出报警鸣叫向其他个体提示危险的事是经常发生的；还有一些个体自己不去养育后代，而是去帮助其他个体进行生殖，这也是一种明显的利他行为表现。在20世纪60年代以前，动物的这种合作行为还没有引起人们的特别注意，那时人们的普遍观点是：这种行为对物种的延续有利，因而是一种适应性。但是，60年代以后，人们重新认识和评价了达尔文关于种内竞争的观点，即同一物种或同一种群内部存在着个体之间的激烈竞争。现在的问题是，应当如何根据对个体有利的原则来解释动物合作行为的进化。如果说自然选择最有利于那些能够繁殖最多后代和行为最优化的个体的话，那么，那些帮助其他个体生存和生殖的个体的行为又是如何进化的呢？还有，那些靠牺牲其他个体的生殖机会而繁殖自己后代的动物行为又是怎样进化的呢？这里的核心问题是利他主义(altruism)或利他行为(altruistic behavior)的进化。所谓利他主义或利他行为，是指那些靠牺牲自身生存和生殖而增加其他个体生存机会和生殖成功率的行为。

本章将介绍动物利他行为进化的几种理论。有些利他行为只在表现型层次上是利他的，而在基因型层次上则是自私的。还有一些利他行为，无论在表现型层次上，还是在基因型层次上，都是利他的，可以说是彻底的利他行为。

# 第一节　亲缘选择与亲缘系数

## 一、亲缘选择理论与 Hamilton 法则

Hamilton(1963,1964)为了解释动物利他行为的进化,曾提出过一种理论。该理论不仅把个体看作是自然选择的基本单位,而且把基因也看作是自然选择的基本单位,这就是亲缘选择理论(kin selection theory)。根据亲缘选择理论,如果经过突变产生了一个支配某种利他行为的基因,那么该基因的成功将不取决于它能不能给携带它的动物个体带来好处,而是决定于对它自身是否有利。如果因这种利他行为而受益的个体是利他者的一个亲属,那么这个受益者体内含有同一利他基因的可能性就会比一个非亲缘个体更大。因此,这个利他行为基因在基因库中的频率就会有所增加。由于个体之间的亲缘关系越远,它们体内共同含有这一基因的概率也就越小,所以在非亲缘个体之间的利他行为与合作行为就难以得到发展。

Hamilton 关于利他行为通过亲缘选择而进化的思想大大推动了这一领域的研究工作。Allee 和其他很多学者都曾经注意到,在最复杂的动物社群中,其成员之间大都具有不同程度的亲缘关系。根据亲缘选择理论,动物个体之间的亲缘关系越近,它们彼此之间的合作倾向和利他行为表现也就应当越加强烈。换句话说,就是利他个体对自己的近亲(如父母和兄弟姐妹等)表现出最强烈的利他行为,而对自己的远亲表现出较弱的利他行为,亲缘关系越远,利他行为的表现也就越弱。这其中就存在一个识别亲属的问题。动物为了能恰当合理地依据亲缘程度的远近而表现自己的利他行为,就必须能够识别自己的亲属。研究证明,在灵长类动物中是完全能够做到这一点的。研究人员发现,猕猴(*Macaca nemestrina*)天性喜欢与同自己有血缘关系的个体接近,而疏远那些与自己没有血缘关系的个体,即使把它同自己的所有亲属隔离饲养后也是如此。原因很可能是,一只幼猴在很小时就对生活在它身边的个体形成了很强的依附性,而在猕猴的自然种群中,生活在小猴周围的那些个体通常都是小猴的近亲,因此,可以想象的是,如果让猕猴从小就跟一些非亲属个体生活在一起,那它也一定会把它们当成自己的亲属对待。

Sherman(1977)对黄鼠(*Spermophilus tridecemlineatus*)报警鸣叫的研究和 Massey(1977)对罗猴(*Macaca mulatta*)的研究分别检验了亲缘选择理论。Massey 发现,在一个封闭的猴群中,个体之间在战斗中彼此相互帮助的程度是与它们之间亲缘关系的远近呈正相关的。1981 年,Meikle 和 Vessey 发现,当罗猴的雄性个体发育到一定年龄,迁出自己的出生群时,它们所选择加入的新猴群中通常都含有它们的亲兄弟(较早迁入的);在新猴群中,它总是与自己的亲兄弟密切联合,在战斗中互相帮助,而且在性关系方面也避免互相干扰。

Bertram(1976)还发现,在同一狮群之中,雄狮之间的亲缘关系相当近,其平均亲缘系数为 0.22(即 $r=0.22$),相当于半同胞关系;而雌狮彼此之间的亲缘关系也比较近,其亲缘系数为 0.15(即 $r=0.15$),相当于表亲关系。他还发现,雄狮对非自己所生的幼狮并不予以排斥,而能和平相处,雄狮之间也很少为争夺发情雌狮而进行战斗。更有趣的是,幼狮可以吮吸狮群中所有母狮的奶,这就是所谓的公共哺育现象。从以上现象不难看出,狮群中的这些合作和利他行为在很大程度是由于亲缘选择起了作用。

在自然界,一个个体帮助另一个个体的最明显实例是亲代对子代的帮助(即亲代抚育行为),亲鸟辛勤喂养小鸟的利他行为很容易用亲缘选择理论来解释,因为自然选择将最有利于那些能把自己的基因最大限度地传递给下一代的个体,而子代体内则含有亲代基因的复制品,所以,亲代抚育行为虽然在表现型上是利他的,但在基因型上却是自私的。但也有一些合作行为似乎与亲缘选择无关,例如,据 McCraker 和 Bradbury(1977)研究,在一种群栖的蝙蝠(*Phyllostomus hastatus*)中,个体之间的亲缘程度极低,因此无法用亲缘选择的理论解释它们的群栖生活。另一个例子是生活在大西洋的盗鱼(*Harpagifer bispinis*)。Daniels(1979)曾研究过这种鱼的行为,鱼卵在冷水中需要经过 4～5 个月的时间才能孵化,而雌鱼在此期间则一直守护着这些卵,如果没有雌鱼保护,卵很快就会被其他动物吃掉。在实验中如果把雌鱼拿走,来自鱼巢附近的一条雄鱼就会接替雌鱼担当起保卫鱼卵的任务。Daniels 认为,接替雌鱼担任保卫鱼卵任务的雄鱼与它所保卫的卵并无亲缘关系,因此用亲缘选择理论也无法解释这种行为。

这里我们可以问:利他行为通过亲缘选择得以散布和发展的条件是什么呢? Hamilton(1964)曾回答了这一问题,他首先考虑了利他行为的提供者(简称利他者)与利他行为的受益者(简称受益者)之间的相互关系,并用双方的存活机会来评价这种相互关系。如果利他者因利他行为所付出的代价或遭受的损失是 $C$(如因发出报警鸣叫而更易遭到捕食),而受益者所获得的好处是 $B$,那么当

$$\frac{B}{C} > \frac{1}{r}$$

或

$$rB - C > 0$$

时,支配利他者表现出利他行为的基因在种群基因库中的频率才会增加。式中的 $r$ 是利他者与受益者间的亲缘系数。这一公式所表述的思想就是著名的 Hamilton 法则。

对于上述公式和 Hamilton 法则,可以更直觉地表述如下:以一个极端的利他行为为例,可设想有这样一个利他行为基因,它以利他者的死亡换来了其亲属的存活。这一基因虽然会因利他者的死亡而从种群中消失,但如果利他行为换来的是两个以上兄弟姐妹($r=0.5$)的存活或 4 个以上侄子或侄女($r=0.25$)的存活,或 8 个以上表(堂)兄弟姐妹($r=0.125$)的存活,那么这一利他行为基因的复制基因在基因库中的频率仍然会得以增加。也就是说,在上述先决条件下,这一利他行为仍能得到散布和发展。

在实际工作中,常常要依据子代的得失来衡量利他行为的得失。在这种情况下,就可以使用 Hamilton 法则的另一种表达式,即:

$$\frac{B}{C} > \frac{\text{利他者与自己后代的平均亲缘系数}}{\text{利他者与受益者后代的平均亲缘系数}}$$

有两个例子可以帮助我们搞清楚这一点。首先,假设有一个个体在面临着两种选择:是自己繁殖自己的后代呢,还是去帮助母亲繁殖后代(实际是自己的弟妹)? 显然,无论是自己的后代还是母亲的后代,它们与自己的亲缘系数都是 0.5(即 $r=0.5$),因此,上面的公式就变成了 $B/C=1$。可见,如果帮助母亲的利他行为能使母亲额外多繁殖的后代数超过了自己独立繁殖时所能繁殖的后代数,那么这种利他性的帮助行为就会通过亲缘选择而得以散布和发展。但

如果这个个体所面临的两种选择是自己繁殖还是去帮助自己的姐妹繁殖时，那上面的公式就应当是 $B/C=0.5/0.25=2$。在这种情况下，只有当利他者因利他行为每损失一个后代，其姐妹必须额外多繁殖两个或更多的后代时，才能保证这种利他行为得到散布和发展。后面将会讨论这种利他行为的一些实例。20 世纪 60 年代以后，对动物利他行为的研究和亲缘选择概念的提出以及 Hamilton 法则的应用是对达尔文自然选择理论的重大发展，大大增进了人们对社会行为进化过程的理解，并加速了社会生物学(或社会生态学)的诞生和蓬勃发展。

## 二、亲缘系数($r$)的计算方法

如上所述，个体之间亲缘关系的远近对于研究动物的利他行为是至关重要的，因此有必要定量地分析亲代体内的某一特定基因在其子代体内出现的概率。在双倍体物种中，当卵子与精子结合为合子时，父母双方都各自把体内 50%的基因传给后代，因此，亲代与子代共占某一特定基因的概率就是 0.5，这就是所谓的亲缘系数($r$)，即 $r=0.5$。但是，亲代与子代共占的某一特定基因也会不同程度地存在于其他亲属体内，因此也可以计算一个个体内的某一特定基因在其兄弟姐妹或表(堂)兄弟姐妹体内出现的概率。对任何一个个体来说，它与其兄弟姐妹之间的亲缘系数 $r=0.5$，它与其孙子、孙女之间的亲缘系数 $r=0.25$，它与其表(堂)兄弟姐妹之间的亲缘系数 $r=0.125$。

在计算个体之间的亲缘系数时，可以先把这些个体及其共同祖先绘下来，然后再用箭头表示出它们之间的世代联系，每一个世代间的联系就意味着发生过一次减数分裂，因而某一特定基因将有 50%的概率传递到下一个世代。对于 $L$ 次世代联系(或世代传递)来讲，这个概率就是 $(0.5)^L$。考虑到两个个体之间可能存在着两条或多条世代联系通道，因此将各个 $(0.5)^L$ 值累加起来就可求得 $r$，即：

$$r=\sum(0.5)^L$$

下面用图解法具体介绍几个计算 $r$ 的实例。在这些实例中，黑点代表所要计算的两个个体，白点则代表所涉及的其他亲属，实线代表用于计算的世代联系，而虚线则代表谱系中的其他联系。

(1) 亲代与子代之间 $r$ 的计算：

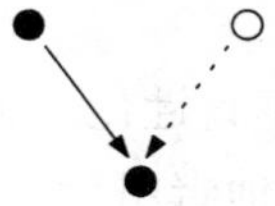

$$r=1\times(0.5)^1=0.5$$

(2) 爷孙之间 $r$ 的计算：

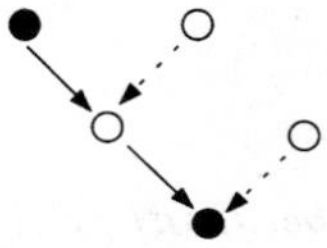

$$r=1\times(0.5)^2=0.25$$

(3) 全同胞(兄弟姐妹)之间 $r$ 的计算：

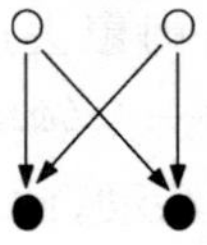

$$r=2\times(0.5)^2=0.5$$

相同基因经由两个通道(父和母)遗传下来。

(4) 半同胞之间 $r$ 的计算：

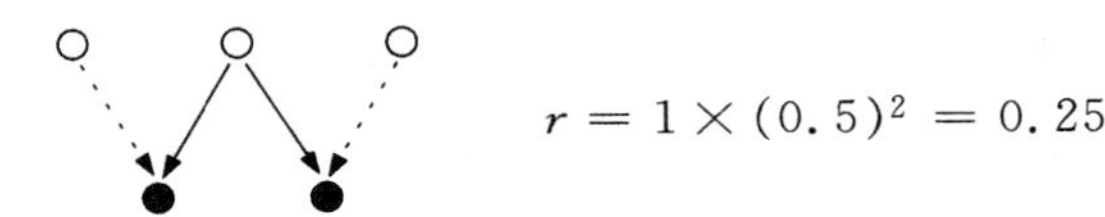

$$r = 1 \times (0.5)^2 = 0.25$$

相同基因经由一个通道(父或母)遗传下来。

(5) 表(堂)兄弟间 $r$ 的计算：

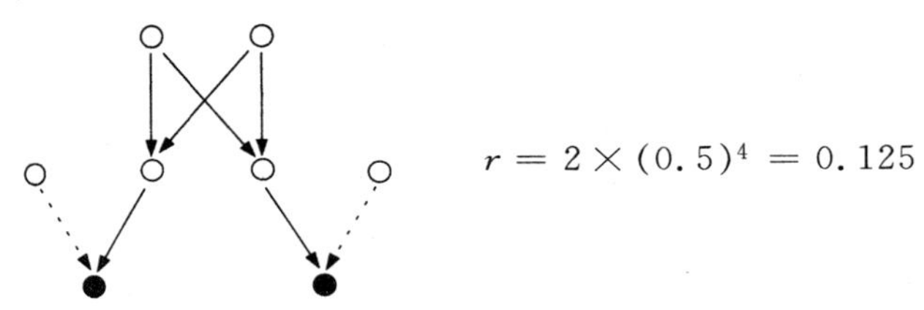

$$r = 2 \times (0.5)^4 = 0.125$$

## 第二节　亲属之间利他行为的研究实例

社会性昆虫为极端利他行为的研究提供了很多好的实例。工蜂生有螯刺用于攻击接近蜂巢的捕食者,但当它们实施攻击之后,螯针就会留在捕食者体内并会导致工蜂的死亡。这种自杀行为的进化长期以来难以得到科学、合理的解释,直到后来人们发现,这种自杀性利他行为的受益者原来都是自杀个体的近亲。工蜂的利他行为还表现在其他方面,例如,它们自己不繁殖后代,而是积极地帮助蜂巢中的其他个体进行繁殖。达尔文曾把社会性不育昆虫的利他行为看作是他的自然选择理论的最大难点之一。当时的生物学研究还没有深入到基因的水平,所以达尔文根本无法用基因水平上的选择(即亲缘选择)来解释这种行为。当时使达尔文感到困惑的是,既然利他个体(指工蜂、工蚁)从来就不进行繁殖,那它们的利他行为是怎样进化来的呢？从现在看来,Hamilton 的亲缘选择理论对这个问题的回答则非常简单,仅仅是因为工蜂总是帮助它们的母亲(蜂后)繁殖后代,而这些后代体内有 75%的基因是与利他者体内的基因完全相同的(25%来自双倍体的母亲,50%来自单倍体的父亲)。可见,传递基因不一定是通过自己繁殖的形式(虽然通常是这样),也可以是通过帮助自己的亲属繁殖的形式。这是因为亲属体内在不同程度上都含有与自己体内相同的基因。

并不是所有的利他行为都像工蜂的自杀性攻击和不育性昆虫那样,需要付出极大的代价。下面就介绍几个利他行为研究实例,这些利他行为使利他者所付出的代价比较小,但亲缘选择仍然是这种利他行为进化的主要动力。

### 一、布氏黄鼠

1981 年,Sherman 曾对布氏黄鼠(*Sphermophilus beldingi*)进行过深入的研究。这种黄鼠是日行性的社会性啮齿动物,栖息在亚高山草地,严冬季节进入冬眠,每年 5 月出蛰。出蛰后不久,雌鼠便可发情并进行交配。交配之后雄鼠便离开雌鼠去过漫游生活,养育后代的任务便完全落在了雌鼠身上。雌鼠首先在自己洞穴周围建立一个领域,每年生育一胎,每胎 3～6 仔。幼鼠发育到 3～4 周时断奶,并开始从洞内来到地面活动,此后不久雄幼鼠便离开它们的出生地向外扩散，而雌幼鼠则留在它们的出生地生活。这就是说，雄鼠只是偶尔地与自己的近亲发生接触，而雌鼠则终生都与其他近亲雌鼠生活在一起。

Sherman 发现，近亲雌鼠（母亲、女儿和姐妹之间）很少为争夺洞穴而发生战斗，也很少发生领域之争。它们常联合起来共同保卫它们的幼仔，以防止出现同类杀婴现象。全部出生幼鼠约有 8%会被其他黄鼠从洞内拖出并且杀死，这些黄鼠与被杀的幼鼠并不是近亲，它们要么是到处漫游寻找食物的年轻雄鼠，要么是外迁寻找新洞穴的成年雌鼠。这些成年雌鼠总是试图接管已有主人的领域，它们一发现幼鼠便将它杀死，以便于它的接管。以上我们所看到的在亲缘个体之间的密切合作和在非亲缘个体之间的残杀行为完全符合根据亲缘选择理论所做的预测。

当捕食者（如狼、狐或鼬）接近黄鼠群聚地时，首先发现危险的黄鼠常常会发出报警鸣叫，报警者常把自己暴露在捕食者面前，因而更容易受到捕食者的攻击，对自己不利。其他个体则能从这种报警鸣叫中获得好处，可及时逃避捕食者的攻击。Sherman（1977）发现，雌鼠比雄鼠具有更大的报警积极性（图 9-1），而身边有近亲的雌鼠比身边没有近亲的雌鼠报警次数要多。虽然在大多数情况下，报警鸣叫的受益者是报警者的后代，但当报警者身边只有自己的双亲或非直系亲属时，它通常也会报警。例如，还没有产仔的年轻雌鼠，当捕食者接近时也会向自己的母亲和姐妹发出报警鸣叫。在圆尾黄鼠（*Spermophilus tereticaudus*）中，雄鼠在离开母亲的巢域以前，身边如有亲属存在，它们常常会发出报警鸣叫。但当它们离家向外扩散以后，即使发现了捕食者，它们也往往会保持沉默。

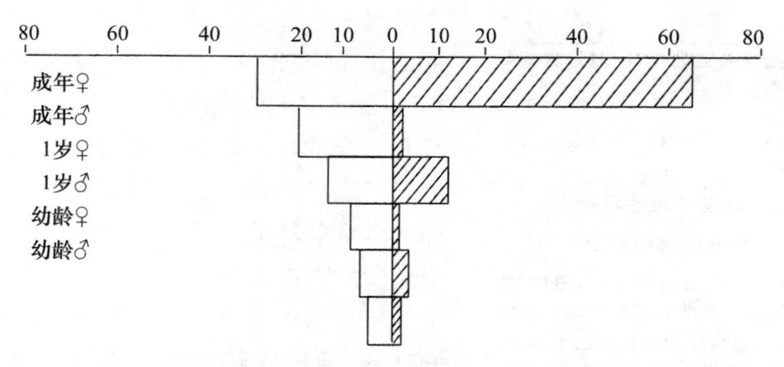


**图 9-1　不同年龄、不同性别布氏黄鼠报警鸣叫频率的期望值（左）和观测值（右）**

（仿 Sherman，1977）

关于报警鸣叫的这些资料清楚地表明，当身边的亲属能从一个个体的报警鸣叫中获得好处的时候，该个体就会不顾自己为报警鸣叫所冒的风险而为亲人报警。为自己的后代、兄弟姐妹或其他近亲报警有利于提高自己亲属的存活机会，从而也有利于增加自己体内基因向下一代传布的机会。这种利他行为产生和进化的主要动力就是亲缘选择，即在基因层次上的自然选择。为什么同是正在繁殖的雌黄鼠，在有亲属在和没有亲属在的情况下，报警鸣叫的频率不一样呢？据 Sherman 分析，可能是由于它们对捕食者做出反应的潜在时间不同。身边有亲属在的雌黄鼠对捕食者做出反应的潜在时间只有 15～25s，而身边没有亲属在的雌黄鼠对捕食者做出反应的时间则长达 40s。因此，反应较快的个体便抑制了反应较慢个体报警鸣叫的频率。但无论如何,正在繁殖的雌黄鼠与非繁殖的雌黄鼠相比,对捕食者做出反应的速度还是快得多,报警鸣叫的次数也多得多。总之,布氏黄鼠同性个体或异性个体之间的报警频率和反应时间方面所存在的差异,有力地支持了 Hamilton 的亲缘选择理论。

## 二、草原旱獭

布氏黄鼠的报警鸣叫主要是针对自己的后代和直系亲属,那么对非直系亲属会不会也发出报警鸣叫?这种报警鸣叫能不能也通过亲缘选择得以进化呢?要回答这两个问题,最好是引用 Hoogland(1983)对草原旱獭(*Cynomys ludovicianus*)的研究。草原旱獭也是一种社会性的啮齿动物,通常是一只成年雄旱獭与 3～4 只成年雌旱獭及其子女生活在一起。年轻的雌旱獭终生都生活在这个群体内,而年轻的雄旱獭则在出生后的第二年离群外迁。所以,一个群体内的全部雌旱獭和一龄雄旱獭都有着密切的亲缘关系。旱獭的自然天敌是獾(*Taxidea taxus*),Hoogland 曾用展示獾的标本的方法来诱发旱獭的报警鸣叫,这样他就能在较短的时间内收集较多的资料。如果靠等待旱獭的自然捕食者接近旱獭群时再去记录旱獭的报警鸣叫,那这样的机会就太少了。使用展示标本的方法还可以控制天敌(獾标本)与旱獭接近的距离。图 9-2 是 700 多次实验结果的总结,实验表明:当旱獭身边只有非直系亲属时,其报警鸣叫的频次与身边有子女个体的报警鸣叫频次一样高。新迁入个体身边根本无亲属,但有时也进行报警鸣叫(图 9-2),Hoogland 据此以为报警鸣叫除了有利于自己的亲属外,必然还有其他的意义,例如,可能对报警者自身有直接的好处。因为报警鸣叫等于是对捕食者发出了这样的信息,即“我已经看到了你”,这将使捕食者难以从出其不意的攻击中获得好处,从而减少了受到攻击的可能性。另外,向邻居中的非亲属个体报警也可能使自己同时受益,因为邻居一旦遭到捕食,捕食者就更有可能再次来到这里进行捕食。因此,报警鸣叫有利于减少未来遭到同一捕食者攻击的可能性。

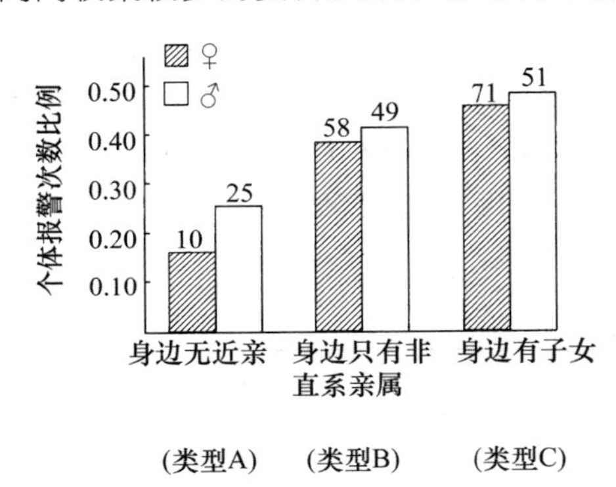


**图 9-2 雄性和雌性旱獭对标本獾的报警鸣叫反应**

在类型 A 与 B 之间和类型 A 与 C 之间,两性报警鸣叫存在显著差异,但在类型 B 与 C 之间,两性报警鸣叫无显著差异。资料均为均数±*S. E.*,图中数字代表观察个体数(仿 Hoogland,1983)

对布氏黄鼠和草原旱獭报警鸣叫的研究都强有力地支持了亲缘选择理论,但这些研究都没有对 Hamilton 法则进行定量地检验,因为很难根据后代的得失对报警鸣叫的代价与收益进行评估。下面要介绍的第三个利他行为的研究实例则尽量采用比较严谨的定量分析方法。

在介绍第三个利他行为研究实例之前,先把一些关于动物报警鸣叫的研究成果及各种观点简述一下,以便于读者能够更广泛地了解这一问题。关于动物报警鸣叫的功能和进化,目前讨论颇多,可以说,对哪一个问题也没有像对这一个问题那样提出过这么多的观点,但这些观点所依据的事实又是如此有限。报警鸣叫总是在发生潜在危险的时刻发出的,一般是在捕食者出现于视野之后。在某些鸟类中,当发现一个空中捕食者时所发出的叫声,音调往往很高但频带很窄,其声音结构使捕食者很难判断叫声是哪里发出来的(Konishi,1973)。类似的叫声在哺乳动物中也是有的,如圆尾黄鼠(*Spermophilus tereticaudus*)(Dunford,1977)。实验表明,草鸮(*Tyto alba*)能够精确地判断灰鸫(*Turdus grayi*)报警鸣叫声的方位。很多鸮形目鸟类(包括草鸮)都具有罕见的双侧内耳不对称性,这使它们有可能准确地辨别声音的方位和距离(Norberg,1977)。一些日行性的猛禽,如苍鹰(*Accipiter gentilis*),似乎也能确定报警鸣叫的位置(Shalter,1978)。捕食者在进化过程中形成这种辨别声音方位的能力,对它们的生存是很重要的。

在 Hamailton 于 1963 年第一次对报警鸣叫的利他行为给予了说明之后,已有太多的观点相继问世,这个问题被公认为是一个极其复杂的问题。对这个问题之所以会存在各种不同的解释,部分原因是考虑问题的起点相差太远。例如,报警鸣叫是针对捕食者呢,还是针对同种内的其他个体?报警鸣叫将会导致报警者遭捕食的机会增加呢,还是减少?……任何曾试图就这一问题建立统一理论的尝试,都由于报警鸣叫在性质、结构和功能方面所存在的种间差异而告失败。由于尚未建立统一的理论,只好分别介绍一些有关报警鸣叫的不同观点。

(1) 报警鸣叫的作用是向自己的亲属提出危险警告,而这些亲属总是与报警者不同程度地含有共同基因(Hamilton,1963;Maynard Smith,1965)。在这种共同的基因利益下,报警者为了保卫自己的亲属,甚至不惜把捕食者吸引到自己身上而增加自己所冒的风险。

(2) 报警鸣叫的功能是减少报警鸣叫者自身遭到捕食的危险(眼前的或长远的)(Trivers,1971),但是实现这一功能的途径却可能极不相同。例如,鸟类的叫声不仅使捕食者难以定位,而且简直具有口技的性质,可把捕食者的注意力转移到别处去(Perrins,1968)。另外,有些动物会突然发出怪异的报警声,这种声音甚至可把捕食者吓呆,而自己则可乘机逃走(Driver 和 Humphries,1969)。

(3) 报警鸣叫是一种利他行为,这种行为只对同自己无亲缘关系的其他社群成员有利,而报警鸣叫者自身却要为此付出代价。报警鸣叫行为是通过群间选择(inter group selection)进化来的(Wynne-Edwards,1962)。由于目前在脊椎动物的自然种群中还没有发现以群选择作为主要动力的社群结构和动态类型,所以这一观点所得到的支持很少。

(4) 报警者以增加自己所冒的风险为代价帮助同自己并无亲缘关系的邻居,这种利他行为的前提条件是,报警者将来可能会得到邻居同样的回报(Trivers,1971)。但是很难想象这样一种行为是怎样从一个没有报警行为的种群中起源的。而且,正如 Trivers 自己所指出的那样,这种行为一旦发生,就会有相当一部分个体发展一种欺骗行为并从这种欺骗行为中获得好处,而对报警者给予自己的好处不予回报。

## 三、塔斯马尼亚水鸡

塔斯马尼亚水鸡(*Tribonyx mortierii*)是一种不会飞的秧鸡,在这种鸟类的生殖种群中总是雄性个体多于雌性个体,因此其交配体制有一雄一雌制和二雄一雌制两种形式。在二雄一雌的交配体制中,两只雄鸟通常是(但并不总是)兄弟俩,它们都可与雌鸟进行交配,而且共同合作养育幼鸟。雄鸟中的一只通常比另一只占有较大优势,然而它却允许另一只雄鸟与雌鸟交配。这里我们感兴趣的问题是,两雄鸟之间的这种合作关系在什么条件下才能够得以进化呢?其实,应用 Hamilton 法则,能够推导出这些条件。在这些条件下,无论优势雄鸟与另一只鸟是亲兄弟关系还是毫无亲缘关系,都将对优势雄鸟有利。当然,同亲兄弟合作要比同另一只毫无亲缘关系的雄鸟合作容易得多,条件也宽松得多。

下面,应用 Hamilton 法则进行具体推导:假定一雄一雌制的家庭能养育的后代数目是 $N_1$,而二雄一雌制的家庭能养育的后代数目是 $N_2$。如果优势雄鸟是自私的,它就会把另一只从属雄鸟赶走。在这种情况下,优势雄鸟就只能养育 $N_1$ 只幼鸟,而从属雄鸟所养育的幼鸟数为 0(由于雌鸟数量不足,所以被驱赶的雄鸟不可能再找到配偶);如果两只雄鸟在二雄一雌制的家庭中共占一只雌鸟,而且具有相等的父权,那么每只雄鸟就都能养育 $N_2/2$ 只幼鸟。两只雄鸟在不同情况下所能养育的后代数目如表 9-1:

**表 9-1 两类雄性水鸡的后代数**

| | 优势雄鸟的行为 | |
|---|---|---|
| | 合作 | 自私 |
| 优势雄鸟 | $1/2\ N_2$ | $N_1$ |
| 从属雄鸟 | $1/2\ N_2$ | 0 |

从属雄鸟留在二雄一雌制家庭中的好处是它可借助于优势雄鸟的合作养育一定数量的后代,即

$$B=\frac{N_2}{2}-0$$

对优势雄鸟来说,合作行为的代价是因合作而少养育了一些后代(与自私行为所能养育的后代数量相比),即

$$C=N_1-\frac{N_2}{2}$$

根据 Hamilton 法则,如果 $B\times r_1>C\times r_2$ 的话,优势雄鸟就应当表现出合作行为(其中的 $r_1$ 代表优势雄鸟与从属雄鸟后代之间的亲缘系数,而 $r_2$ 则代表优势雄鸟与自己后代之间的亲缘系数)。

现在让我们考虑以下两种情况:

(1) 两只雄鸟彼此之间没有亲缘关系(即优势雄鸟与从属雄鸟后代之间的 $r_1=0$):在这种情况下,如果

$$0>\frac{1}{2}(N_1-\frac{1}{2}N_2)$$

即

$$\frac{1}{2}N_2>N_1$$

优势雄鸟就应当表现出合作行为。

(2) 两只雄鸟是亲兄弟关系(即优势雄鸟与从属雄鸟后代之间的 $r_1=0.25$):在这种情况下,如果

$$\frac{1}{4}\left(\frac{1}{2}N_2\right)>\frac{1}{2}\left(N_1-\frac{1}{2}N_2\right)$$

即

$$\frac{3}{4}N_2>N_1$$

优势雄鸟就应当表现出合作行为。

从上面的分析不难看出,优势雄鸟与自己亲兄弟实行合作的条件要比与其他无亲缘关系的雄鸟实行合作的条件宽松得多。这是因为,就基因向后继世代传递来讲,帮助自己的亲兄弟

额外繁殖两个后代就相当于自己繁殖一个后代(与自己后代的 $r=0.5$,而与自己兄弟后代之间的 $r=0.25$)。

关于塔斯马尼亚水鸡一雄一雌制和二雄一雌制家庭的生殖成功率的资料已被总结在表 9-2 中。鸟类一生的生殖成功率(即所能繁殖的后代数)是很难知道的,但就塔斯马尼亚水鸡来讲,每只鸟最多可有 5 个生殖季节,最少也会有 2 个生殖季节(即可有 2～5 次生殖机会)。据此就可以估算出在两种交配体制下,一生生殖成功率的最大值和最小值。如果在二雄一雌制的家庭中,两只雄鸟之间完全没有亲缘关系,那么优势雄鸟表现出合作行为就会毫无意义,因为 $N_2/2$总是小于 $N_1$(见前面的分析)。但如果两只雄鸟是亲兄弟关系,那么就一生生殖成功率的最大值(29.1)来说,$3N_2/4=21.8$,此值仅略小于 $N_1$ 值(23.1)。就一生生殖成功率的最小值(9.6)来讲,$3N_2/4=7.2$,此值略大于 $N_1$ 值(6.6)。可见,两只雄鸟实行合作的条件是具备的。

**表 9-2　塔斯马尼亚水鸡两种交配体制的生殖成功率**

| | 每个生殖季节的存活幼鸟数 | |
|---|---|---|
| | 首次生殖鸟 | 有经验的生殖鸟 |
| 一雄一雌(♂♀) | 1.1 | 5.5 |
| 二雄一雌(2♂♀) | 3.1 | 6.5 |
| | 一生所繁殖的存活幼鸟数 | |
| | 一生有 5 个生殖季节 | 一生有 2 个生殖季节 |
| 一雄一雌(♂♀) | 1.1+(4×5.5)=23.1 | 1.1+5.5=6.6 |
| 二雄一雌(2♂♀) | 3.1+(4×6.5)=29.1 | 3.1+6.5=9.6 |

注:仿 Maynard Smith 和 Ridpath(1972)

上述计算表明,在亲兄弟之间实行合作有利于亲缘选择对这一行为发挥作用。事实上,在两只毫无亲缘关系的雄鸟之间,有时也会实行合作,这仍然是一个尚待研究的问题。但对一只雌鸟来说,如果 $N_2>N_1$ 的话,那么它就宁愿生活在二雄一雌制的家庭中,而不愿生活在一雄一雌制的家庭中,所以雌、雄鸟之间可能存在着利益不一致。

## 四、亲属之间如何相互识别

Hamilton 关于亲缘选择的理论是建立在亲缘之间能够相互识别的基础上的,因为根据这一理论,一个个体利他行为的表现强度是依据接受者亲缘关系的远近而定的,这就涉及对其他个体亲缘关系的识别问题。现在已有越来越多的证据表明,动物的确能够识别自己的亲属,甚至可以识别近亲和远亲。那么动物是如何做到这一点的呢? 对此,Hamilton(1964)曾提出过一个非常有趣但在理论上又很难证实的观点,这一观点与 Dawkins 提出的“绿胡须效应”(green beard effect)很相似。他认为,有可能存在着“识别等位基因”(recognition alleles),这些基因在表现型上的表达能使基因携带者识别出其他个体体内的同样基因,而且能使基因携带者对后者(即携带同样基因并在表现型上有相同表达的其他个体)表现出利他倾向。例如,如果一个基因使其携带者生有绿色胡须,而且这个携带者又能对其他生有绿色胡须的个体表现出利他行为,那么自然选择就会有利于这个基因在种群中的传布。这种情况将能为亲缘个体间的相互识别提供一种遗传机制,而无须借助于学习过程。

但是,亲缘识别的一种更常见的机制是:个体靠一种简单的法则来识别亲属。例如,“把凡是在自己家里(巢里或窝里)的个体都看成是自己的亲属”,这就是一种简单的法则。根据这一法则,如果把雏鸟从巢内移到巢外,那它们的双亲很可能就不再把它们看成是自己的子女;但如果把陌生雏鸟放到这个巢中,它们则很容易被巢的主人所接受,并把它们当成自己的子女一样对待。有趣的是,大苇莺(*Acrocephalus scirpaceus*)常常极其愤怒地驱赶一只接近它的巢的杜鹃(*Cuculus canorus*);但几分钟之后,它就会飞回它的巢中,不辞辛苦地喂养寄生在它的巢中的杜鹃雏鸟。但在绝大多数情况下,这一简单法则都将导致动物所喂养的是自己的后代。

亲缘识别的第三种机制就是学习,即通过后天的学习认识自己的亲属。在自然情况下,与自己一起长大或伴随着自己长大的那些个体就是亲属。Lorenz 发现,幼雁从蛋壳中孵出以后,总是跟随着它们最早看到的一个移动物体走。在正常情况下,这个移动物体就是它们的妈妈。只要跟着妈妈,它们就能得到温暖和受到保护。Lorenz 把这一现象称为印记或跟随反应。印记(imprinting)是动物的一种学习类型。在实验中,幼鸟不仅能够对人形成印记,甚至对闪光也能形成印记。1982 年,Holmes 和 Sherman 用黄鼠所做的实验表明,同胞(兄弟姐妹)之间的识别也部分地是由于它们曾在同一巢穴中共同生活过一段时间。他们先捕捉怀胎的雌鼠,然后利用这些雌鼠所产下的幼鼠建立了 4 个实验群体:第一群体是亲兄弟姐妹群,由它们的母亲或养母喂养;第二群体也是同胞关系,但它们分别被不同的母亲喂养;第三群体彼此不是同胞关系,但却作为同一窝幼鼠来喂养;第四群体彼此也不是同胞关系,而且彼此被分别喂养。当这 4 群幼鼠长大后,将其俩俩放在一起并观察它们之间的相互关系。结果发现,只要是从小一起长大的黄鼠,不管它们之间有没有真正的遗传血缘关系,都很少发生战斗。图 9-3 表明,在一起饲养长大的非亲缘个体之间,彼此的攻击性并不比一起长大的亲缘个体之间的攻击性强多少。这说明,它们是在发育早期的生活经历中学会识别谁是自己的亲属的。

此外,在分开喂养的黄鼠中,如果把它们一对一地放在一起,那么姐妹之间的攻击性明显低于非亲缘个体之间的攻击性[图 9-3(a)]。有趣的是,这种情况只发生在雌鼠与雌鼠之间。真正的姐妹关系,即使是把它们分开喂养,待长大后再把它们放到一起,它们彼此的攻击性也明显小于作同样处理的非亲缘个体。但这种遗传上的亲缘关系并不能影响雄鼠对雄鼠和雄鼠对雌鼠的攻击性。在野外只观察到雌鼠有利他行为表现,这表明,雌鼠能够识别出它们所不熟悉,但在遗传上与自己有亲缘关系的其他雌鼠。

姐妹鼠即使被分开喂养,由于出生前在母体子宫内的一段生活经历,它们仍然能够学会彼此相互识别。由 Sherman 所做的野外观察表明,这还不是事情的全部。在春季的发情期,雌性布氏黄鼠一个下午就可与多达 8 只雄鼠进行交配(平均为 3.3 只)。对其双亲及其子代所进行的多态血蛋白分析表明,78%的窝的仔兽不止有一个父亲。一个非常重要和令人兴奋的发现是:同父同母的全姐妹关系与同母不同父的半姐妹关系相比,前者个体间的对抗性明显减弱,而利他行为却明显增强。例如,在建立巢洞和保卫领域的时候,如果全姐妹个体相遇,则很少发生战斗和追逐,但在半姐妹个体之间,战斗和追逐现象较为常见[图 9-30(b)、(c)]。

由于无论是全姐妹还是半姐妹,它们都可能是在同一母鼠的子宫内发育,而且出生后又共同生活在同一个洞道内,所以它们之间的相互识别除了共同的生活经历外,必然还会有其他的机制。一种可能的机制就是所谓的表型匹配(phenotype matching),即一只雌鼠对一只在表型上与自己最相像(如与自己的气味最匹配)的同窝雌鼠可能表现出最强烈的利他行为。通

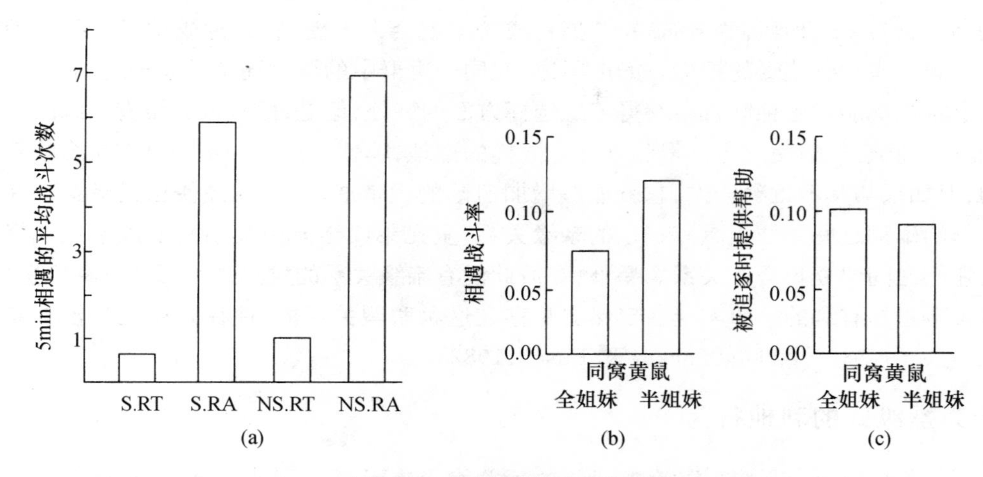


**图 9-3　布氏黄鼠的亲缘识别**

(a) 室内实验：各对一龄黄鼠相遇时的战斗平均数(±*S. E.*)。一起长大的非同胞个体(NS. RT)之间的攻击性并不比一起长大的同胞(S. RT)之间的攻击性强多少，但是，分开长大的非同胞个体(NS. RA)之间的攻击性却明显强于分开长大的同胞个体(S. RA)之间的攻击性。(b)和(c)野外观察：在全姐妹和半姐妹关系一龄雌鼠之间的攻击行为与合作行为。全姐妹与半姐妹相比，其个体间的攻击行为较弱，而互助行为较强(仿 Holmes 和 Sherman，1982)

常情况下，一只雌鼠会对其他个体作进一步的识别。首先，对凡是和它们生活在同一个洞道里的黄鼠都表现出利他行为，因为这些个体与自己不是全同胞关系，就是半同胞关系；其次，对和它们生活在同一个洞道里，而且在表型上又与自己极为相似的个体，则表现出更加强烈(最强烈)的利他倾向，因为这些个体与自己极可能是全同胞关系，而不是半同胞关系。

上面之所以用较多的篇幅介绍亲缘选择概念，是因为这一概念不仅具有理论意义，而且也是动物利他行为进化的最重要机制。根据 Hamilton 模型的预测，在自然界所看到的大部分利他行为都是发生在彼此有密切亲缘关系的个体之间。最近的研究还表明，动物不仅能够识别自己的亲属，而且还能够区别近亲和远亲。但是，也有很多实例说明，在没有亲缘关系的个体之间，也可能存在合作行为和利他行为。那么，这些行为又是怎样进化的呢？下面就考虑几种可能的解释(或假说)。

## 第三节　非亲缘个体之间的利他行为

### 一、互惠合作式的利他行为

有时，两个或更多个体实行合作对其中每个个体都会带来好处，因为每个个体从这种合作中所得到的利益都会大于它们为合作所付出的代价。例如，两个杂色鹡鸰(*Motacilla alba*)在冬季共同占有和保卫一个取食领域，比它们各自单独占有一个领域更能增加它们的取食率，这是因为共同保卫领域所带来的好处超过了它们共同分享食物所带来的不利(Davies 和 Houston，1981)。

在有些情况下，亲缘选择与互惠合作是互相关联的。单独一只雌狮捕捉斑马的效率是很低的,但如果与另一只雌狮联合狩猎,其捕食成功率就会大大提高,这种成功足以弥补捕猎成功后分享同一猎物所蒙受的损失。如前所述,在同一狮群中的雌狮通常都有一定的亲缘关系,因此每个雌狮都能从这种联合中获得亲缘选择方面的好处,但是,两只彼此没有亲缘关系的雌狮,也能通过联合狩猎使双方都得到好处。同样的道理,单独一只雄狮是很难有机会接管一个狮群的;但如果与其他雄狮合作,它就能够增加自己的生殖成功率,从而使自己受益。在彼此实行合作的雄狮之间往往也具有一定的亲缘关系(全兄弟或半兄弟关系),所以亲缘选择也有利于在它们之间建立起合作关系。另外,在彼此没有亲缘关系的雄狮之间形成一种联盟关系,往往对各方也是有利的。事实上在自然界是存在这种联盟关系的,往往是由几只没有亲缘关系的雄狮共同控制一个狮群(Packer 和 Pusey,1982)。

## 二、行为操纵式的利他行为

关于行为操纵,可以这样说,有些动物的行为看上去无疑是利他的,但这种行为是受到其他个体(利他行为受益者)操纵(manipulation)的结果。最明显的实例就是巢寄生鸟类(如杜鹃)与寄主的关系,寄主双亲辛苦地喂养杜鹃雏鸟实际上是受着其他鸟的操纵,它们自己从这种利他行为中是一无所得的,实质上是杜鹃鸟骗它去错误地喂养了其他鸟的后代。

行为操纵也可以发生在一个物种内部。例如,有些雌鸟故意把卵产在同种其他雌鸟的巢中,这样它就不必自己再去孵卵和抚养雏鸟,从而减少了自己的生殖投资。雌椋鸟(*Sturnus vulgaris*)在把自己的卵产在其他雌鸟巢中之前,总是先把巢中的一枚卵取出丢弃在附近的地面上。起初人们发现巢附近地面上有卵,还以为是产卵雌鸟因来不及飞回自己的巢中而匆匆产下的卵呢!后来人们对雌鸟产在巢中的卵作了标记,才发现出现在地面上的卵常常都是被标记过的卵,进而才知道它们是被从巢中扔出来的(Feare,1984)。这种情况与种间巢寄生现象完全一样,被寄生了的巢主人是受到诱骗和操纵才对其他鸟(同种其他个体)的后代表现出了利他行为。

## 三、互相回报式的利他行为

如果一个利他行为给受益一方所带来的好处总是大于利他者因利他行为所付出的代价,那么,只要这种利他行为在以后的某个时候能够得到相应的回报,双方都会有所收益。例如,今天是 A 帮助了 B,明天 B 又帮助了 A,这种互相回报的利他行为在人类社会也是很常见的。就动物方面来说,这种利他行为进化的主要困难是可能存在欺骗性。由于在一个个体的利他行为和另一个个体的回报行为之间存在着一定的时间间隔,所以有可能 B 今天接受了 A 的帮助,但明天它却拒绝给予 A 回报。互相回报的利他行为与前面所说的互惠合作不一样,互惠合作是双方同时给予对方好处。本文首先利用一个简单的模型来探讨一下,互相回报的利他行为在什么条件下才能得以进化。

### (一)一个简单的博弈模型

这个模型可以很好地说明在动物社会中互相回报的合作行为的进化过程。可以设想,在一场博弈中,博弈双方(A 和 B)都面临着两种可能的选择,即,是选择与对方合作,还是选择欺骗或背叛对方。表 9-3 是这种博弈的得分矩阵,它给出了博弈双方各种对策组合的得分值,这些得分值代表的是适合度(fitness)得分,即所得到的子代数。

先设想个体 A 遇到了个体 B,而 B 总是表现出合作行为。如果 A 也采取合作对策,那么它的得分(或所得报偿)就是 3;但是如果 A 采取欺骗或背叛对策,那么它的得分就会是 5(见表 9-3)。因此,如果 B 总是合作,A 就会从欺骗行为中得到最大的好处。现在,再设想个体 A 遇到了个体 B,而 B 总是采取欺骗或背叛对策。在这种情况下,如果 A 总是表现出合作行为,那么它的得分就是 0;但如果它也采取欺骗对策,它的得分就是 1。因此,如果 B 总是采取欺骗对策,那么 A 最好也是采取欺骗对策。从以上博弈结果不难得出这样的结论:对个体 A 来说,不管对方采取什么对策(合作或欺骗),都是采取欺骗对策最为有利。在这种情况下,对方若采取欺骗对策则 A 的得分为 1,对方若采取合作对策则 A 的得分为 5,于是在进化上便陷入了一种难以摆脱的困境,即合作行为不是进化稳定对策(ESS),欺骗行为反而成了 ESS。因为在一个种群中,如果所有成员都表现出合作行为,那么只要产生一个采取欺骗对策的突变体,它很快就会在种群中得到散布;但如果所有成员都表现出欺骗行为,那么任何一个采取合作行为的突变体都因得不到什么好处而无法在种群中得到散布。可见,任何一个采取混合对策的种群最终都将演变为采取单一的欺骗对策的种群,即种群的所有成员都表现出欺骗行为。这一结论从表 9-3 的得分矩阵中也可以看出,其一般表达式是:

$$T > R > P > S \quad 和 \quad R > \frac{(S+T)}{2}$$

**表 9-3　一个简单的博弈矩阵,该矩阵给出了博弈者 A 的得分**

| | | 博弈者 B | |
|---|---|---|---|
| | | 合作 | 欺骗 |
| 博弈者 A | 合作 | $R=3$<br>相互合作的得分 | $S=0$<br>被欺骗时的得分 |
| | 欺骗 | $T=5$<br>欺骗时的得分 | $P=1$<br>互相欺骗的得分 |

它充分显示了这种类型博弈的特点,这就是所谓的囚徒困境(prisoner's dilemma)博弈。

上面曾经提到过,这种类型的博弈使个体行为在进化上陷入了一种困境。那么,有没有什么办法能使个体摆脱这种困境,实现个体间的稳定合作呢?答案是:两个博弈者只相遇一次,因为在这种情况下,只有欺骗行为才能成为稳定对策,正如表 9-3 所显示的那样。如果两个博弈者相遇的总次数是事先就准确知道的,那么欺骗行为同样会成为稳定对策。这是因为在最后一次相遇时采取欺骗对策是最优对策,而且从最后一次相遇顺次往前推,直到第一次相遇,都采取欺骗对策才最为有利。但是,如果博弈双方的相遇将无限进行下去的话,或者更现实一点说,双方将会有一定的概率($W$)再次相遇的话,那么就不能不考虑到有可能会存在更为复杂的对策。如在漫长的相遇序列中,采取一种时而表现出合作行为,时而表现出欺骗行为的混合对策。在这里应当特别指出的是,博弈一方采取合作行为并不是在任何情况下都是不利的,因为当一个个体能够从相互合作中获得好处的时候,它就能够利用对方的合作努力谋求更多的好处和利益。

1984 年,Axelrod 把来自世界各地的科学家所提出的 62 种不同的行为对策,在计算机中进行了一次大演算和大比赛。在比赛中,每一个参赛者(参赛对策)都不仅要与自己相遇,而且要与所有其他参赛者相遇。在比赛中,合作行为和欺骗行为将会以随机的方式出现,但出现的概率相等。各对参赛者均会重复相遇,但再次相遇的概率($w$)均为 0.99654。我们可以把这种博弈看成是智者(即科学家提出的各种行为对策)之间为获得奖偿而进行的一场竞争,或者把它们看成是一种进化博弈过程,就像前面已经介绍过的鹰对策和鸽对策的博弈那样。在这种博弈中,不同的对策代表着不同的遗传突变体,它们彼此进行竞争,以便能在种群基因库中占有自己的位置。每场比赛的得分均按表 9-3 计算。

在这 62 种行为对策中,有些对策是很复杂的。例如,有一种对策是“把对手的行为模拟为一个马尔科夫过程,然后利用 Bayesian 推理做出看来是最好的选择”。还有一种对策是“从不首先进行欺骗,但其他博弈者一旦表现出欺骗行为,在以后的博弈中便总是采取欺骗对策”。对科学家提出的这些行为对策,此处不能一一加以介绍,但在这 62 种行为对策的大比赛中,赢得最后胜利的却是其中最简单的一种对策,即“一还一报”的行为对策。这种行为对策的表现是:最初总是采取合作对策,如果对方也表现出合作行为,那么下次相遇时便继续采取合作对策。“一还一报”的对策是建立在互相回报利他行为基础上的一种合作对策,它之所以比其他行为对策都更为成功,是因为它有两个特点:① 它的报复性,即不管什么时候,只要对方表现出欺骗行为,它就不再坚持合作;② 它的宽容性,即对于对方的一次欺骗行为只给予一次报复。这种对策有利于恢复双方的合作,并从这种合作中得到更大的报偿。

Axelrod 在计算机中对 62 种参赛的行为对策所做的运算表明,在由极多对策所组成的一个环境中,“一还一报”的行为对策将会赢得胜利。如果这种博弈继续按以下方式进行下去,即让各种对策参加下一回合比赛的频次与它们在上一回合比赛中的得分成比例,那么将会产生什么结果呢?可以设想,比赛的得分实质上是代表着可传下的子代数或该对策的复制数,因此,一个回合的比赛只能涉及一个世代,而连续的多次博弈则可认为是在连续的多个世代内模拟最适对策的选择过程。研究结果表明,一个不太成功的行为对策将会被取代,而“一还一报”的行为对策将会越来越占优势,最终将能取代其他所有的对策而被固定下来。

一个行为对策一旦被固定下来,还要检查它是不是一种 ESS,即看它能不能抵制一种突变对策的侵蚀。前面曾说过,ESS 的最大特点就是它的不可侵蚀性。Axelrod 和 Hamilton (1981)的研究表明,如果两个博弈者再次相遇的概率($w$)足够大的话,那么“一还一报”的对策就是一种 ESS。由于“一还一报”对策起始总是表现出合作行为,而且在博弈中只有一个回合的短期记忆,所以它的挑战者所采取的最有效对策就是重复“欺骗-欺骗”的行为程序或重复“欺骗-合作”的行为程序。如果这些对策都不能侵蚀“一还一报”对策,那就不会再有其他对策能够侵蚀它了。下面,再根据表 9-3 的得分标准看看博弈的具体结果。

当“一还一报”对策与另一个“一还一报”对策博弈时,它第一个回合的得分是 $R$(参考表 9-3),而连续博弈的总得分是 $R+wR+w^2R+\cdots$。如果每次相遇后再次相遇的概率都是 $\omega$,那么总共相遇次数将是 $1/(1-w)$,而得分总值将是 $R/(1-w)$。当一个“全欺骗”对策(即每次博弈都表现出欺骗行为)与“一还一报”对策博弈时,它的首次博弈得分将是 $T$,此后博弈的得分便都是 $P$,因此只要:

$$R/(1-w) \geqslant T + wP/(1-w)$$

“一还一报”对策便不会受到“全欺骗”对策的侵蚀。

下面再看“欺骗-合作交替”对策与“一还一报”对策博弈时的得分情况。根据其行为特点(欺骗一次,合作一次,如此反复),其连续博弈的总得分将是:

$$T + wS + w^2 T + w^3 S + \cdots = (T + wS)/(1 - w^2)$$

在上述情况下,只要

$$R/(1 - w) \geqslant (T + wS)/(1 - w^2)$$

“欺骗-合作交替”对策也不能侵蚀“一还一报”对策。因此,如果能满足下列条件,即

$$w \geqslant (T - R)/(T - P)$$

和

$$w \geqslant (T - R)/(R - S)$$

那么,“一还一报”对策就不会受到任何行为对策的侵蚀。也就是说,“一还一报”对策一旦固定下来,任何通过突变产生的欺骗者都不会得到什么利益。但我们的分析并不能就此结束,因为不管 $w$ 值的大小,“全欺骗”对策也是一种 ESS。如果一个种群全是由欺骗个体组成的,那么每次博弈的得分都将是 $P$(参看表 9-3),而通过突变产生的“一还一报”对策者在第一次博弈时总是表现出合作行为,因此其得分只能是 $S$,而且将来也不会再有补偿这一得分的机会。因此,我们的问题是,虽然“一还一报”对策一旦固定下来就会保持稳定,但是它最初如何能够打入一个完全是由自私的欺骗个体所组成的种群呢?要知道,这样的种群也是稳定的。据分析,可能是:① 合作行为最初可能是出现在两个亲缘个体之间,然后再通过亲缘选择而得以进化。自然选择将有利于那些能够指示亲缘关系的一些特征的识别,这些特征之一就是合作行为的相互回报性。② 此后,个体可能按照某些固有的准则行事。例如“只要其他个体合作我就合作”,这就是一种准则。按此行为准则,合作行为就有可能出现在两个没有亲缘关系的个体之间。

当种群中采取“全欺骗”对策的成员是呈集团分布时,那么另一种促使合作行为发生的机制就可能发挥作用,因为在这样的集团中,采取“一还一报”对策的个体只要一出现,它们彼此之间相遇的机会就比在大种群内随机相遇的机会大得多,因此从彼此相互合作中所获得的好处也就大得多。而且群体生活也有利于在个体之间建立起亲缘关系。总之,在促进互相回报的合作行为的产生和发展方面,上面谈到的两种机制都可能起作用,而且可互相强化。

### (二) 研究实例

#### 1. 黑纹石斑鱼

黑纹石斑鱼(*Hypoplectnus nigricans*)是一种同时雌雄同体动物(simultaneous hermaphrodite),即所有个体都具有雌、雄两性生殖器官。它们总是在日落前的 2h 内结成一对一对地产卵。Fischer(1980)发现,产卵分多次进行,在每次产卵时,每条鱼总是交替地充当雄鱼和雌鱼,因此,A 鱼先排放一部分卵由 B 鱼来授精,然后 B 鱼再排放一部分卵由 A 鱼来授精,如此反复多次。也许你会看出这是一种费时且效率低的排卵授精方法,为什么它们不采取一种更简单有效的方法呢?即 A 鱼先把全部卵产出由 B 鱼授精,然后 B 再把全部卵产出由 A 授精。

Fischer 认为,黑纹石斑鱼实际的产卵方式是自然选择和进化的产物,这种看上去似乎费时且效率低的产卵授精方式,主要意义是能使其达到稳定,可防止任何一方出现欺骗行为。因

为生产卵比生产精子要消耗更多的能量(生殖投资较大),在产卵授精的第一个轮次中,A 贡献的是卵子,B 贡献的是精子,但双方的遗传收益却是等量的合子,因此 A 是实际上的利他者,而 B 则是实际的受益者;但在第二个轮次的产卵授精活动中,双方却调换了位置,使 B 成了实际上的利他者,而 A 成了实际上的受益者。通过这种互相回报的利他行为,就可使双方的投资和收益大体保持平衡。当然,欺骗行为也是有可能发生的,因为黑纹石斑鱼并不是每天都能排出成熟的卵子,但它们却能每天都排放精子。因此如果有一条鱼在不能排卵的那些日子与另一条鱼配了对,那么它就会因只排精不排卵而获得好处。在这种情况下,A 鱼如果一次就把卵排完,那么 B 鱼就可能欺骗得手而受不到惩罚。但如果 A 鱼一次只排放少量的卵,那么它就能够很容易认出 B 鱼是不是一个没有卵予以回报的欺骗者。事实上,在自然界已经发现了一些配对的鱼,如果其中一条鱼不能给予产卵回报,另一条鱼就会拒绝再次产卵,并会很快与对方分手。黑纹石斑鱼在生殖期间这种互相交换卵的现象实际上就是"一还一报"的利他行为。

**2. 吸血蝠**

1984 年,Wilkinson 在哥斯达黎加研究了一个吸血蝠(*Desmodus rotundus*)种群并对种群中的每一个个体都做了标记。种群中有相当一部分个体在夜晚觅食期间吸不到血,因此它们便在白天的栖息场所向其他个体乞食一些血液,那些在头晚吸饱了血的蝙蝠常常反吐一些食物给饥饿的伙伴。Wilkinson 曾作过这样一个实验,即把在夜晚蝙蝠取食之前捕获到的 8 只吸血蝠,于黎明时分释放到一个白日栖息场所内(有许多吸饱了血的蝙蝠),结果发现,其中有 5 只饥饿蝙蝠从其他吸食过血的蝙蝠那获得了它们所需要的食物。与此形成对照的是,把取食之后捕获到的 6 只吸血蝠释放到同一栖息场所,其中没有一只接受过其他吸血蝠提供的食物。

Wilkinson 发现,反吐喂食现象只发生在彼此有密切亲缘关系的个体之间和虽无亲缘关系但经常同栖一处的配偶之间。对互相回报的利他行为的进化来说,以下条件是不可缺少的:

(1) 利他者必须具有识别欺骗行为的能力,并拒绝给上次曾欺骗过它的个体提供食物。为了证实这一点,Wilkinson 曾在实验室内设计过一些非常巧妙的实验。例如,他在实验室饲养了一大群吸血蝠,其中一些个体(彼此没有亲缘关系)来自同一栖地,而其他个体(彼此也没有亲缘关系)则来自另一栖地。在一系列实验中,从群体中随机地取出一只吸血蝠让其忍受饥饿,而其他个体则可自由吸食血液;然后再将这只饥饿的吸血蝠放回到群体中。结果发现:13 只饥饿的吸血蝠被重新放回群体中后,都从其他个体得到了它们所需要的食物(血液),但其中 12 只所得到的食物是由原来和它同栖一地的个体提供的。这就是说,提供食物的个体与接受食物的个体彼此是相互熟悉的。另外,接受过其他个体帮助的吸血蝠,其后为其他个体提供同样帮助的可能性明显高于随机概率。

(2) 互相回报的双方要有足够多的重复相遇次数,以便使双方在提供帮助和接受帮助的相互关系中能够互换位置,最终使所有提供帮助的个体都能得到好处。据观察,在自然界,一些彼此没有亲缘关系的个体经常在它们的栖息处建立起持久的伙伴关系,这种伙伴关系有时可维系几年之久。

(3) 受益个体所得到的好处必须大于利他个体所付出的代价,即必须使表 9-3 中的 $R>S$。

图 9-4 表明,吸血蝠吸血后的体重是随时间而呈负指数下降的。因此,一只吸饱了血的蝙蝠为其他个体提供少量的血液只能使它沿着横坐标向右移动很小的距离(图中的 $c$),但这少量的血液却能使一只饥饿的蝙蝠(体重为 $R$)得到巨大的好处,能使它在横坐标上的位置大大向左移动,这意味着远离了死亡。这就是说,为饥饿者提供血液对利他个体来说代价很小,但对受益的饥饿者来说则收益很大。在大多数情况下,这一点点血液就能拯救一个饥饿者的生命,使它能够生存到下一个夜晚,从而可以再次外出觅食。

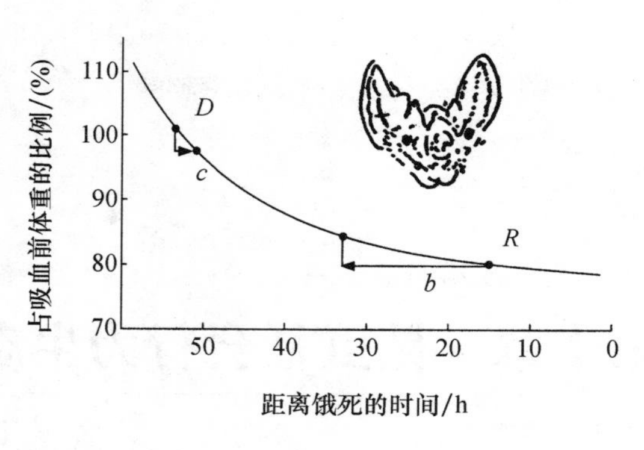


**图 9-4**

吸血蝠吸血后的体重是呈负指数下降的,饥饿死亡发生在体重下降到吸血前体重 75% 时的黄昏时刻。当体重为 $D$ 时,喂给其他个体 5%(体重)的血液。只能使利他个体沿横坐标向右移动一小段距离($c$),但却能使接受喂食的受益个体(体重为 $R$)沿横坐标向左移动一大段距离($b$)(仿 Wilkson,1984)

3. *灵长类动物*

在灵长类动物中,修饰行为(grooming behaviour)是个体之间表示亲近的一种最常见的形式。当两个个体联合起来共同与第三个个体进行战斗时,这种行为也很常见。在大多数情况下,修饰行为和个体间的结盟都是发生在有密切亲缘关系的个体之间,但有时也用于表达无亲缘关系个体之间的友好关系。1984 年,Seyfarth 和 Cheney 所进行的田间实验表明,在长尾猴(*Cercopithecus aethiops*)中,非亲缘个体之间的修饰行为有助于其后增加它们相互提供帮助的可能性。这些实验是在肯尼亚的 Amboseli 国家公园中进行的,实验时用扬声器播放那些试图寻求其他个体援助的长尾猴的叫声。结果发现,如果个体 B 在不久前曾为个体 A 进行过修饰,那么当播放个体 B 的求援叫声时,个体 A 对扬声器的注视时间就比较长。有趣的是,这种现象只发生在非亲缘个体之间;而在亲缘个体之间,不管它们在近期之内有没有发生过修饰行为,它们彼此对叫声的注意力都是相等的。这些结果说明,长尾猴更愿意为一个非亲缘个体提供帮助,如果这个个体不久前曾对它表示过亲近的话(修饰行为是表示亲近的一种常见形式)。

另一个实例则是来自 Packer(1977)对狒狒(*Papio anubis*)的研究。当一只雌狒狒开始发情的时候,一只雄狒狒就会与它形成特殊的伴随关系,雌狒狒走到哪里,雄狒狒就会跟到哪里,以便等待交配的机会。有时,一只尚未得到雌狒狒的雄狒狒会向另一只与它没有亲缘关系的雄狒狒寻求支持。在通常情况下,后者会参与前者为争偶所进行的战斗,当战斗正在激烈进行时,寻求支持者往往就会脱身,随雌狒狒而去。但是在以后的经历中,支持者与被支持者往往会互换位置,曾接受过支持的雄狒狒会反过来去支持曾为它提供过帮助的雄狒狒,所以这是一种真正的互相回报的利他行为。

# 第十章　昆虫社会行为生态学

昆虫社会行为的进化与生态适应涉及两大问题：① 社会行为的起源和进化过程；② 社会行为的适应意义。这两个问题都曾使达尔文感到极大困惑，并一直是他进化理论的难点。达尔文曾详尽地描述过蜜蜂复杂的建巢行为，并对这种行为能借助自然选择而达到如此完美无缺的程度感到惊异。限于当时的生物学水平，达尔文的确难以解释昆虫社会行为的进化过程和适应意义，因为不育性职虫（工蜂和工蚁）的形态和行为往往与生殖个体极不相同，既然这些职虫没有生育能力，那它们的适应性特征又是如何获得和传递的呢？职虫不能直接繁殖自己的后代，那它们强烈的利他行为又是如何产生和进化的呢？

自达尔文时代以来，对这些问题的研究已取得很大进展，并已积累了大量文献资料。特别是基因的发现和基因理论的创立，大大推动了动物行为（特别是利他行为和社会行为）和行为生态学的研究，曾构成达尔文进化理论难点的不育昆虫的利他行为，在基因层次上也得到了满意的解释。

本章将重点讨论膜翅目昆虫，因为其社会行为最发达并具有极其多种多样的类型。

## 第一节　昆虫社会行为的起源与进化

### 一、社会性昆虫的特征

社会性昆虫具有 4 个最明显的特征：① 很多成虫生活在一起形成一个群体；② 成虫在建巢和喂养幼虫的工作中密切合作；③ 世代重叠；④ 社会中存在着明显的生殖优势和等级。应当指出的是，极端发达的社会行为并不多见，只存在于膜翅目和等翅目昆虫。但总的说来，社会性昆虫的行为和生活史类型是极其多种多样的。

在社会性膜翅目昆虫中存在着两种不同的建群方式：

(1) 从一个或多个生殖雌虫开始,雌虫亲自参与建巢、产卵和育幼工作,待第一批幼虫发育为成虫后,它们便接替母亲承担起社会的全部工作,此后雌虫则专司产卵;

(2) 从一个(或多个)雌虫和一群职虫开始,雌虫一开始就专司产卵,社会工作则由职虫承担。

在这两种情况下,虫群都是来源于一只雌虫(单雌性)或来源于同一世代的几只雌虫(多雌性)。如果是来源于几只雌虫,虫群将会保持多雌制(polygynous),或者借助于雌虫之间的战斗(也可能职虫只选留一个雌虫而把其他雌虫统统杀死)而转变为次生单雌制(secondarily monogynous)。白蚁的巢通常是由一对生殖蚁(雌雄一对)奠基的,偶尔也可能由几只蚁王奠基。若是后一种情况,往往也会逐渐演变为次生单雌制。社会性蜘蛛(显然并不是真正的社会)的建群方式与膜翅目昆虫十分相似。在有些情况下是单独的一只雌蛛先建成一个网,它繁殖的后代并不离它而去,而是与它生活在一起。在另一些情况下是由很多雌蛛共同建一个公用的大网,大家都生活在一起。

当虫群(蜂群或蚁群)成员发展到足够数量和环境条件特别适宜时,虫群中就会产生出具有生殖能力的雄虫和雌虫。有些种类在生长季节结束时,所有虫群会同时释放出大量的雄虫和雌虫,它们在婚飞中完成交配,受精雌虫便开始寻找隐蔽场所单独越冬或与一群职虫一起越冬,这些职虫将于翌年春天参与建群工作。

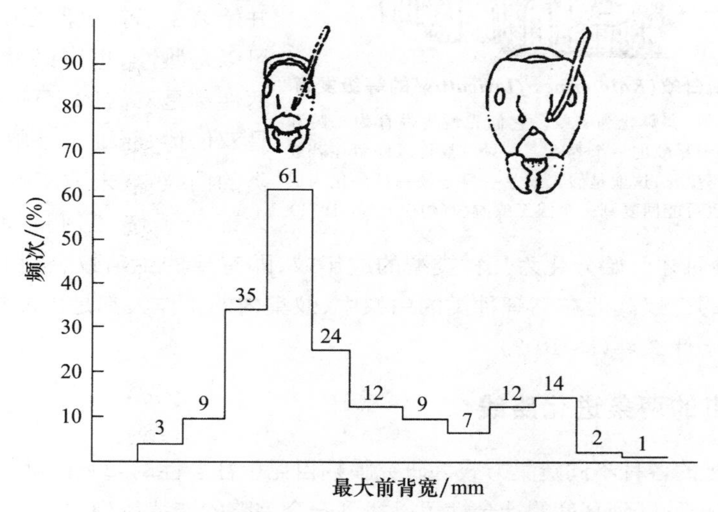


**图 10-1　在蚂蚁社会中,非生殖蚁的多态现象**

此图表示的是锯蚁工蚁前背宽的多态现象,其前背宽的分布呈双峰式,即大多数工蚁是小工蚁,只有少数工蚁是大工蚁(仿 E. O Wilson,1953)

虫群的最典型特征是存在等级分化。在一个虫群中通常只有一个或少数几个个体能进行生殖,其他多数个体则不能生殖或生殖力大大减退。在有些种类中,职虫的生殖器官完全退化,而在另一些种类中,职虫不能交配,因此它们总是不育的或只能产出雄性的后代。虫群中的非生殖个体常依其形态和年龄而有所分工(图 10-1),例如,在蜜蜂中年轻的工蜂通常是留在巢内喂养幼虫和蜂王(即有生殖能力的雌虫,又称王虫或蜂后,下同),而年老的工蜂则负责保卫蜂巢和外出觅食。在一些种类的蚂蚁和白蚁中,蚁王常因孕卵而身体膨大得失去移动能力。在蜜蜂和胡蜂中虽然不常有这种情况,但有些胡蜂和无螫针蜜蜂(*Meliponinae*)的蜂王有时也

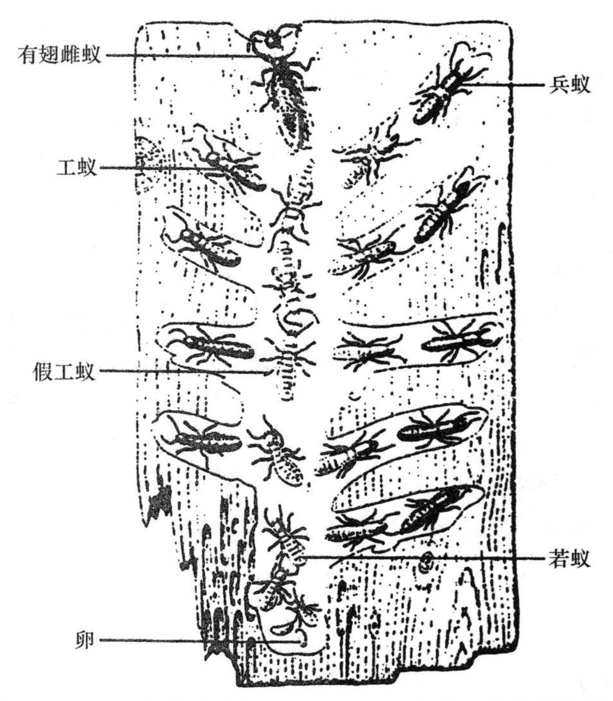


**图 10-2 一种原始白蚁(*Kalotermes flavicollis*)的等级发育**

若蚁是蚁巢中的工作蚁,卵孵化为若蚁。它们先蜕皮发育为二龄和三龄若蚁后才分化为成年蚁的一个等级。一只白蚁可以停留在若蚁阶段,它继续蜕皮但不生长,这就是假工蚁。一只若蚁一旦分化为成年蚁的一个等级,它也可能回复到一个假工蚁阶段(仿 Wilson,1971)

会因卵巢的异常发育和体重的增加而失去运动能力。最令人感到惊异的是,社会性膜翅目昆虫的等级分化几乎完全取决于外部因素的影响,一个个体将来是发育为王虫(蜂王或蚁王),还是发育为职虫,主要决定于食物的数量和质量,它在发育期间所接触到的化学物质以及蜂巢(或蚁巢)内部的条件等。在少数蚂蚁和无螯针蜜蜂中,一只雌虫将来能否发育为蚁王(或蜂王),显然受着一个特定基因的影响。

等翅目昆虫(即白蚁)在很多重要方面与膜翅目昆虫不同:① 白蚁是半变态昆虫,其未成年个体也有活动能力;② 雄白蚁在蚁群中起着积极作用,并始终生活在蚁群之中;③ 工蚁和兵蚁可以是雌性,也可以是雄性;④ 白蚁的两性都是双倍体,而膜翅目昆虫的雌虫是双倍体,而雄虫是单倍体。在原始种类的白蚁中,未成年蚁承担着蚁群内的大部分工作,它们不断进行蜕皮和生长,直到最后几龄时才开始分化为几种类型的成年蚁,即有翅的生殖蚁、头和颚特别大的兵蚁和形态较少变化的工蚁。但在高等种类的白蚁中,蚁巢内的工作大都是由成年工蚁承担的,未成年工蚁几乎不干什么事(图 10-2)。

## 二、社会性昆虫的两条进化路线

比较近缘物种的各种不同建巢方式为研究膜翅目昆虫社会性的起源提供了丰富的材料。在现存物种中,从完全独居到高度的社会性可以找到一个完整的连续系列,这个序列大体上可以代表社会行为进化的各个阶段。目前的研究已能分辨出两条不同的进化路线:一条路线(即 subsocial 路线)起源于母女共巢行为;另一条路线(即 parasocial 路线)则起源于姐妹共巢行为。

### (一) 通向社会性的第一条进化路线

在建巢行为中,从母女偶然的短期合作到形成持久的长期合作关系存在着一个经历许多阶段的连续体,这个连续体就代表着通向社会性的第一条进化路线,即 subsocial 路线。在大多数独居的胡蜂和蜜蜂中,雌蜂要为自己的巢贮备食物、产卵和封巢,然后再去建另外一个巢。但有些种类的雌蜂产卵较早,因此当幼虫孵出后需不断喂给食物,在这种情况下,亲代就会同子代发生接触。有时,新羽化出来的雌蜂会利用母亲的巢,此时如果母亲还活着,它们母女就会在巢的修补、扩建和保卫方面实行合作,虽然它们仍然各产各的卵。不过在大多数这类物种中,亲代和子代(雌性的)的生育力总是存在着明显差异,亲代的产卵力较强,而子代更善于喂养幼虫。这条进化路线很像是前面已经谈到的一种建群方式，即从一只雌虫开始建群。

### （二）通向社会性的第二条进化路线

这条进化路线也叫 parasocial 路线，它不断地提高同一世代雌虫之间（姐妹关系）在建巢中的合作水平，使个体间的联合不断得到巩固和加强。在很多独居性的种类中，2 只生殖雌虫有时会共同占有一个巢，但这种组合往往带有明显的寄生性，彼此之间有很强的侵犯性。不过在有些种类中，2 只或更多的雌虫常常把巢无纷争地紧靠在一起，虽然每只雌虫都忙于为自己的巢贮备食物，但在巢的修补和安全方面却存在着共同利益。在少数种类中，这种联合又得到了进一步发展，即很多雌虫共同建一个大巢，并一起为同一巢室贮备食物（蜜蜂最为常见）。有时，公共巢中的少数几只雌虫比其他雌虫具有更强的生殖能力，这很像在某些多雌制蜂群（或蚁群）建巢初期所观察到的行为。

白蚁与蜚蠊有较密切的亲缘关系，特别是与隐尾蠊科（Cryptocercidae）。隐尾蠊与白蚁一样也生活在倒木中，在倒木中穿凿隧道并借助于肠内的原生动物消化木纤维，这些原生动物种类——多鞭毛虫几乎与白蚁肠内的完全一样。Nalepa（1984）在研究一种隐尾蠊（*Cryptocercus*）时发现，隐尾蠊是以家族群为单位生活的，家族群由一对成年生殖个体和许多若蠊组成，年幼个体与成年个体至少要在一起生活 3 年，在此期间双亲不再生育后代。亲代借助于将后肠液和副腺分泌物喂给年幼个体而把肠内的共生原生动物传给后代。这些事实说明，白蚁的社会性很可能就是起源于类似的生活方式，即亲仔共巢和延长双亲抚育期。

## 三、影响昆虫社会行为进化的因素

要想了解昆虫是怎样走向社会生活和等级分化道路的，就不仅需要知道独居筑巢和集体筑巢的利与弊，而且还必须知道有关个体之间的亲缘程度和每个个体所面临的各种选择。例如，在生殖季节较早羽化出来的个体有可能利用母亲的归巢，也可能自己重新建一个新巢，而较晚羽化出来的个体则只能有一种选择，那就是自己建新巢。有利于社会行为进化和出现生殖优势的因素有哪些呢？

根据这些因素对不同社会性特征的影响，我们大体可以把它们分为以下几类：① 有助于使雌虫聚到一起并增加它们之间互助机会的因素；② 使群体生活能在更广泛的条件下获益的因素；③ 有利于增强群体内个体间亲缘关系的因素，这些因素在考虑不育昆虫的进化时就显得特别重要；④ 有利于改变雌虫生殖选择的因素。应当指出的是，有利于昆虫社会行为进化的大部分因素都能起到上述的一种以上的功能，并且每一种因素都具有多方面的影响。

### （一）巢、猎物大小和寄生性

很多膜翅目昆虫都营寄生生活，在这种生活方式下，成虫只为子代提供一个大的猎物（即寄主）。但也有一些膜翅目昆虫，雌蜂需建造一个有固定位置的巢穴，并需反复多次往返为子代供应食物。据分析，社会行为只能起源于营后一种生活方式的类群中，因为只有这种生活方式才有可能提供个体间合作和互利的机会，很难想象在寄生蜂之间会产生合作行为。但如果一只雌蜂需不断离巢外出时（如像黄蜂和蜜蜂那样），若巢内能有一个守巢者则对它非常有利，实际上帮手可以帮助它守巢，也可以帮助它贮备食物。有固定的巢穴就意味着在雌虫之间有可能为争夺好的筑巢地点和筑巢材料而发生竞争，竞争的结果就会导致利用旧巢、留在亲代巢内（或附近）以及发展护巢行为以防同种个体侵入等。而在特别适宜的筑巢地点往往会聚集较多的个体(常常是亲缘关系密切的),个体的聚集又不可避免地会增加寄生物和捕食者的活动。

事实上,现存的社会性昆虫的确受着各种寄生物和捕食者的骚扰,而高寄生率和强捕食现象则有利于个体间在保卫巢穴方面实行合作。

**(二) 供食行为和亲代操纵**

膜翅目昆虫幼虫的存活完全依赖于成虫的供食行为,这一基本事实为社会行为的进化提供了新的可能性。在大多数昆虫中,成虫个体的大小和生育力在很大程度上取决于幼虫时的营养积累,对于膜翅目昆虫来说尤其是这样,因为膜翅目昆虫的成虫蛋白质摄入量极少,雌蜂几乎把得到的全部食物都供给了幼虫。这一事实表明:个体的大小和生育力不仅与基因、环境条件有关,而且在很大程度上取决于亲代(或职虫)的投资决策。小个体雌虫所面临的生殖选择可能与大个体雌虫完全不同,有时它们留在亲代巢内当帮手(而不是自己单独去建巢)反而能获得更大的广义适合度。这种情况必将导致生殖上的分工和等级的出现。如果一个雌性后代的帮手作用能够提高亲代的适合度,那么自然选择就会有利于亲代发展操纵其后代的能力。这种不对称现象之所以能够存在,是因为子代不可能影响亲代在为子代贮备食物期间的投资决策(如蜜蜂和泥蜂)。即使是在那些个体较大、活动能力很强和供食行为极发达的膜翅目昆虫中,这种营养投资上的不对称性也是极为常见的。

**(三) 单倍二倍性和性比率控制**

所有膜翅目昆虫都有一种单倍二倍体的性决定方式,即由未受精卵发育为单倍体的雄虫和由受精卵发育为双倍体的雌虫。与二倍体物种相比,单倍二倍性(haplodiploidy)物种亲缘系数($r$)的计算方法有所不同(图 10-3)。在单倍二倍性物种中,一只雌虫与其亲姐妹之间的亲缘系数($r=0.75$)要比与母亲之间的亲缘系数($r=0.50$)大,也就是说,姐妹之间的亲缘关系要比母女之间的亲缘关系更密切。但这并不是说雌性后代注定应当放弃自己养育后代而去帮助母亲繁殖后代。根据亲缘系数的计算,如果它自己生殖的后代数目能够超过由于它提供帮助而使母亲额外生殖的子代(雌性)数量的 1.5 倍,那么自然选择就有利于它自己单独去生殖。如果雌性后代帮助母亲生殖的不是自己的亲姐妹(如由同母异父所生的),那么它从这种帮助中所得到的遗传利益就会大大下降。雌性胡蜂和蜜蜂常常不止一次交配,这就意味着雌性后代帮助母亲生殖出的姐妹不一定是亲姐妹,因此它与它们的亲缘系数要小于 0.75。另外,有很多种类在生殖时会产生大量的雄性后代,这也会大大降低雌性后代从帮助母亲生殖中所获得的遗传利益,因为在单倍二倍性的物种中,姐妹间的亲缘系数与姐弟间的亲缘系数并不相等(图 10-3),前者为 0.75,而后者只有 0.25。因此,帮助母亲生育姐妹比帮助母亲生育兄弟能获得更大的遗传利益。因此,如果雌性后代能够左右母亲所生后代的性比率,或者雌性后代取代母亲而由自己产卵产生雄虫,或者当母亲在生育女儿而不是儿子时才提供帮助,那么这种帮助

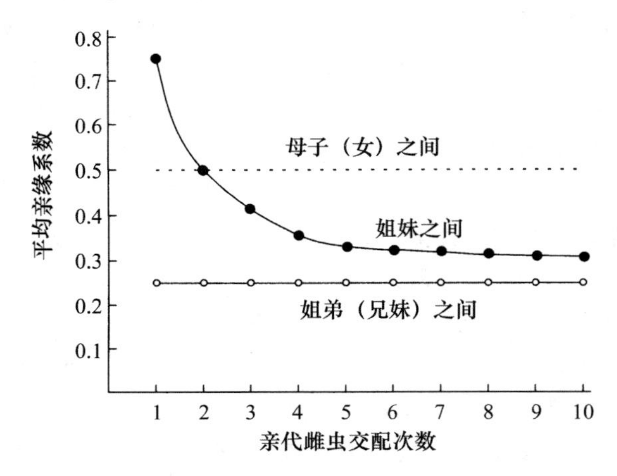


**图 10-3　在单倍二倍体物种中与亲代雌虫(母虫)交配次数有关的几种亲缘系数**

无疑对自己就会更加有利。

**（四）化性与越冬虫态**

所谓化性，是指一年所发生的世代数，一年只发生一代的昆虫叫一化性昆虫，如此还有二化性（bivoltine）和多化性（multivoltine）等。显然，母女共巢现象只能发生在那些一年发生两个或多个世代，而且亲代雌虫（母虫）寿命较长的物种中，这种情况在亚热带和热带地区比在温带地区更容易发生。在越冬虫态和每年发生的世代数之间存在着一定的相互关系。大多数种类的独居蜂都是一化性的，它们只能生活一个季节，通常是以幼虫越冬，因此在来年春天它们必须首先化蛹（蛹期约 3～5 周），然后才能羽化为成虫并开始建巢。但如果是以交配过的雌性成虫越冬，那么来年春天天气刚一还暖，它们就可以建巢繁殖了。如果是一种二化性的昆虫以幼虫越冬，那么为亲代提供帮助的唯一可能性就是第二代的雌虫帮助第一代的母虫去养育来年的第一代。但如果是一种以成虫越冬的二化性昆虫，那么。第一代雌虫也有可能去帮助母虫养育当年的第二代。由于在一年中第一和第二世代之间通常都存在着性比率差异，所以这是很重要的一个因素。

**（五）性比率的季节变异**

一般说来，一只雌蜂会将其所得的资源适当地分配给自己所繁殖的雌、雄两性后代，以期获得最大的生殖成功率。Seger（1983）曾指出：在二化性种类中，第一代养育雄虫对母虫有更大的生殖价值，因为它们能够与两个世代的雌虫进行交配（如果它们的寿命够长的话）。但如果雄虫的寿命不够长，那它们的生殖价值就与其姐妹的生殖价值相等（即都只能繁殖一个世代）。在这种情况下，自然选择就会有利于母虫对雌、雄两性后代作等量投资。这就意味着，在一年中的第一个世代，自然选择有利于性比率朝雄性倾斜，而在第二个世代则有利于性比率朝雌性倾斜。如果女儿试图帮助母亲，那么显然帮助母亲繁殖第二代比帮助母亲繁殖第一代能获得更大的遗传利益。但正如前面所指出过的那样，这样做的前提条件是母亲必须要以受精成虫的状态越冬。这就是说，以成虫越冬可增加母女共巢所获得的好处。如果女儿帮助母亲繁殖与女儿自己繁殖相比好处并不大，那么自然选择就会有利于雌性后代去过独居生活或集体建造公用巢的生活方式。现在要问，在以成虫越冬的二化性和多化性的种类中，昆虫的社会行为是不是特别容易得到进化呢？

集体筑巢的社会行为在膜翅目分类系统内的分布状况支持了 Seger 的上述观点。泥蜂科（Sphecidae）的大多数种类都是以幼虫越冬的，它们大都是独居性昆虫，只有少数生活在热带地区的泥蜂（具有连续的生活史）才属于真正的社会性昆虫。在胡蜂总科（Vespoidea）中，大部分蜾蠃（*Eumenes*）都是以幼虫越冬的独居蜂，而生活在温带地区的所有社会性的胡蜂科（Vespidae）和长足胡蜂科（Polistidae）种类都是以成虫越冬的。蜜蜂的生活史类型显示出了最大的多样性，但凡是以幼虫越冬的几乎都是独居性蜜蜂，而以成虫越冬的几乎都是社会性蜜蜂。唯一的例外是木蜂科（Xylocopidae）和甜花蜂科（Halictidae）中的一些种类，它们虽然是独居性的，但却以雄性和雌性的成年蜂越冬，并于春天进行交配。

**（六）亲属识别**

在各种蜜蜂和长足胡蜂属（*Polistes*）中，个体对于自己的近亲往往具有识别能力，并对亲属和非亲能够区别对待。独居的膜翅目昆虫是不是也有这种能力还不十分清楚，但这是极有可能的。亲属识别能力可能是来自动物对自己的巢、卵和幼虫的识别（能区别于其他个体的巢、卵和幼虫)。在一些独居性蜜蜂中,确实已经发现它们具有这种能力(依靠化学信息)。人所共知的是,独居胡蜂和蜜蜂都普遍存在着种内寄生现象,这说明自然选择一定会有利于雌蜂发展某种识别能力,以便能够识别出是不是自己的巢受到了其他个体的劫掠和寄生。如果亲属识别能力在独居蜂中是普遍存在的话,那这将是昆虫社会行为进化的一个重要的前适应,因为这意味着已有一种机制在起着作用,正是借助于这种机制,使亲缘关系较为密切的个体可以相互识别,并且可以有选择地在个体之间实行联合与合作,只要这种联合与合作对双方都有利。

## 四、集体建巢行为的起源

前面已经介绍了许多与集体筑巢行为的出现有关的因素。社会生活一般是起源于多化性的和有螯针的膜翅目昆虫,这些昆虫要为它们的后代贮备猎物,有很高的寄生率和以成虫越冬。社会生活的起源和进化涉及两个独立但又彼此相关的问题: ① 动物为什么要生活在一个合作的群体中? ② 在某些合作群体中为什么会产生不同的等级?

通常在两种情况下,自然选择会促使动物放弃自己的生殖机会,这两种情况是: ① 当放弃生殖所得到的广义适合度比进行生殖所得到的广义适合度更大时;② 当一个个体操纵其他个体为自己提供帮助而不是让它们去生殖时。这两种情况在讨论集体建巢行为的起源时也是适用的,这就是说,当集体建巢的适合度大于单独建巢的适合度或者当一个个体操纵另一个个体参与集体建巢时,自然选择就会有利于集体建巢行为的产生和发展。

参加集体建巢的个体可区分为奠基者和参加者,前者是指主要的原初建巢者,而后者是指外来加入者。这两者联合往往是互惠互利的,即双方都能借助于与对方联合建巢而提高自己的广义适合度(相对于各自单独建巢而言)。例如,在一种一年只繁殖一代(一化性)的蜜蜂中,一个公用的集体蜂巢在任何时刻都会有蜜蜂在守卫它,这样就避免了蜂巢遭到寄生;相反,单独的蜂巢往往有很高的寄生率。另外,在集体建巢的形成过程中,往往会特别有利于种群中某些雌性个体而不利于其他个体参与集体建巢,这就是所谓的不对称现象。对于这种不对称性,目前存在着几种可能的解释:

(1) 推迟生殖: 在大多数独居性的胡蜂和蜜蜂中,羽化之后通常要经过几个星期的时间才开始建巢,因此,这些新羽化出来的年轻的成年蜂在达到完全的性成熟之前,往往会留在巢中并附带参加巢的保卫工作或贮备食物的工作。对于以成虫越冬的种类(如木蜂)来说,这个时期可能更长,年轻的成年蜂要参加大量的育幼工作,因此,在它们未来亲自进行繁殖以前就会获得一定的广义适合度。

(2) 对生殖抱有希望: 在主要的奠基者死亡之前,参加建巢者常常也参与巢的保卫和育幼工作。这样,奠基者一旦死亡,它就可以继承这个巢和巢中的工蜂。因此,参加集体建巢可以从两个方面提高自己的广义适合度: ① 它所帮助的对象往往是自己的近亲;② 它提供帮助可确保它将来能接管一个现成的、完好的蜂巢。

(3) 在不利情况下的最佳选择: 当一只雌蜂未来不可能自己建巢繁殖时,那么最好的选择就是参与集体建巢,原因可能有以下几点: ① 雌虫太小、未能交配、生育力低或因营养不足而难以生存到繁殖年龄;② 在其他地方单独建巢的可能性不大;③ 单独建巢所招致的寄生和捕食太严重,而参与集体建巢可获得集体防御的好处。如果在参与集体建巢的雌蜂之间彼此有亲缘关系(如母女关系或姐妹关系),那么各方所得到的广义适合度就都会比单独建巢时高。事实上,有些雌蜂在参与集体建巢时比在单独建巢时能够产更多的卵,能使更多的后代成活。

在非亲缘个体之间,有利于互利性集体建巢的条件有时也是具备的。但由于各种原因,集体建巢现象通常是发生在亲缘个体之间。这些原因包括:① 亲缘群和对出生巢区的依恋性是个体间相互识别的最重要机制。② 自然选择将会有利于姐妹间共建巢穴,因为这是最好的互利组合。例如,在长足胡蜂(*Polistes fuscatus*)中,姐妹共建巢比单独建巢时,每只雌蜂可多养育 1 倍以上的后代,而且来自小家族的雌蜂(姐妹较少)单独建巢的概率要比来自大家族的雌蜂(姐妹较多)高。③ 如果集体建巢有利于利他行为发生的话,那么显然,与亲属共建巢穴所获得的适合度就会大大超过单独建巢。但如果找不到亲属,只要能使个体适合度得以提高,那么与一个非亲属个体共建巢穴也是有利的。④ 如果提高个体适合度的唯一办法是借助于对亲属提供帮助的话,那么这个个体就应当竭力找到与自己关系最密切的亲属并和它共建巢穴。事实上,在大多数共建巢穴的雌蜂之间都有着密切的亲缘关系。雌蜂不仅是简单地在出生巢的所在地寻找自己的亲属,而且还相当积极地寻找和选择自己姐妹所筑的巢(图 10-4)。奠基雌蜂对侵入其巢的姐妹蜂和非姐妹蜂(无亲缘关系)所作出的行为反应也明显不同,对后者通常会进行猛烈攻击并将其从巢中赶走。这种行为表明,与亲属共建巢所获得的好处要比与非亲缘个体共建巢所获得的好处大。

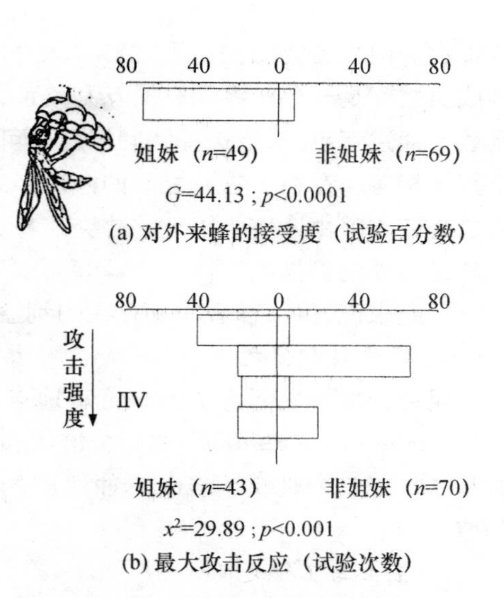


**图 10-4 长足胡蜂的奠基雌蜂对放在其巢上的外来雌蜂的行为反应**

直方图表示允许外来雌蜂留在其巢上(15min 以上)的百分数。(a) 对姐妹蜂的反应和对非姐妹蜂的反应明显不同;(b) 对姐妹蜂的攻击性与非姐妹蜂也明显不同(仿 K. M. Noonan,1981)

经验研究和理论模型(Crozier,1979;Craig,1979)都支持下述观点,即母体操纵在集体建巢的进化过程中起着重要作用。在对一种原始的在地下筑巢的蜜蜂——集蜂(*Lasioglossum*)所进行的研究中发现,蜂后能够抑制其姐妹工蜂的卵巢发育,并能操纵其行为使其留在自己的巢中(Michener 和 Brothers,1974)。对胡蜂(Hunt,1982)和蚂蚁(Brian 等,1981)也曾作过类似的观察。母体操纵对等翅目(白蚂蚁)社会行为的进化也可能是一个重要因素,甚至在某些社会性蜘蛛中也曾观察到母蛛喂幼的现象,这种行为也会导致一定程度的母体操纵。但白蚁和蜘蛛与膜翅目昆虫不同的是,它们的幼体有取食能力,可以靠自己获取相当多的食物,因此对亲代的依赖性较小。

## 五、昆虫社会秩序的维持——冲突与合作

前面我们着重谈了昆虫社会中个体间的联合与合作,但必须切记,个体间和两性间同时也存在着激烈的生殖竞争和利益冲突。合作与冲突是维持昆虫社会稳定的两个不可分割的方面。实际上,互利与寄生之间的界限往往是很难分清楚的,例如,泥蜂(*Trigonopsis cameronii*)通常是由 4 只雌蜂合作共建一个泥巢,在这个公共泥巢中,它们各为自己的巢室贮

备食物。但当猎物比较难于狩猎时,邻里之间常常会发生互偷猎物的事件。如果一个社会的各成员之间是一种始终如一的互利关系,那一定会存在一些特殊的适应,以便增进每个成员的利益。通过互惠、亲缘选择和回报行为可以提高个体间的合作水平。在一个群体中,个体之间反复地相遇和存在于它们之间的密切亲缘关系也有利于合作行为的发生和发展。但是,群体内总是存在着由遗传所决定的冲突或斗争。另一方面,为了使社会能够正常运转,这些冲突和斗争又必须受到抑制。

总起来说,昆虫社会内部存在的利益冲突有以下几个方面:

1. **群体与群体之间**

昆虫各群体之间为了争夺筑巢地点、觅食区和职虫总是表现出强烈的竞争。例如,蜜蚁(*Myrmecocystus mimicus*)的一个群体通常是起始于几个小群体,每一个小群体约有 2～4 只奠基雌蚁。单个雌蚁是难以单独建群的,因为它的巢和后代常遭到邻近同种蚁群的袭击和劫掠。

2. **王虫与王虫之间**

在群体的早期发展阶段,蜂王(或蚁王)常为巢穴的控制权而展开激烈的竞争。当长足胡蜂(*Polistes metricus*)的巢穴较密集时,单个雌蜂所建的巢常常遭到侵占,因此通常我们所见到的都是由多个雌蜂共建巢穴。巢被强占了的雌蜂要么作为一个从属个体与优势雌蜂生活在一起,要么离开自己的巢试图去接管另一个巢,它也可能会被工蜂杀死(就像在小胡蜂属 *Vespula* 中那样)。

3. **职虫与过剩王虫之间**

社会性昆虫群体内存在冲突的一个最常见的原因是存在多个王虫。多只王虫的存在比一只王虫多次交配更能降低职虫与其喂养的幼虫之间的亲缘系数。一般说来,在多王的群体中,王虫死后将由其姐妹取代其位置,但是在单王的群体中,王虫死后是由职虫的姐妹取代其位置。前一种情况将会使职虫的广义适合度受到更大的损失。昆虫群体的多王现象虽然很常见,但它几乎从不会形成稳定的多雌制,原因也正在于此。由多只雌虫共建的巢穴,在第一批后代成长起来以后,这些奠基雌蜂往往被无情的职虫杀死,王位将由一只有生殖能力的职虫接替(通常是在婚飞以后)。在很多种类的社会性胡蜂中,从属雌蜂也常被工蜂杀死或赶出巢穴。这些现象表明,在抑制多雌性的发展方面,职虫起着重要的作用。

4. **职虫与王虫之间**

在很多种类的社会性昆虫中,王虫与有产卵潜力的职虫之间也存在着明显的利益冲突,特别是当群体很大,职虫难以接触到王虫时。外貌似蜂王的工蜂往往比其他工蜂更占优势,并能与蜂王竞争产卵机会。在很多蜂类中,外貌似蜂王的工蜂往往受到蜂王的猛烈攻击,而由它产的卵常被蜂王或其他工蜂吃掉,但也会有一些幸存者。由于职虫通常是未交配过的,所以它们产下的卵是未受精卵,只能发育为雄虫。但是在少数几种蚂蚁和蜜蜂的一个亚种中,失去王虫的职虫能以孤雌生殖的方式产出双倍体的卵,从这些卵中将会孵化出雌虫。但有时职虫也能进行交配,戕蠹蚁的工蚁具有能吸引雄蚁的特殊腺体,它一旦完成交配后便回到自己出生的巢中产卵。在由多个雌虫共建的巢穴中,已受精的从属王虫往往继续留在巢中,其行为相似于职虫,但偶尔能够产卵。在有些种类的社会性昆虫中,简直让人难以分辨出哪些个体是王虫,哪些个体是职虫,因为它们的形态十分相似。

5. 职虫与职虫之间

在职虫之间也常常为竞争产卵机会和为争夺一个更有利于继承王位的位置而发生冲突。有一种小家蚁(*Leptothorax*),工蚁中往往存在着一个永久性的优势等级,优势个体比从属个体能得到更多的食物,因此卵巢也发育得更好,甚至在有蚁王存在的情况下,它们所产的卵也能占到22%左右。在职虫通常是不育的高等社会性昆虫中(如蜜蜂和蚂蚁),职虫产卵的现象也时有发生。在一个蜜蜂亚种(*Apis mellifera capensis*)中,产卵工蜂的大颚腺能生产蜂王信息素,这会使它受到蜂王的待遇,并有抑制其他工蜂产卵的作用。

不同种类的社会性昆虫,其群体的组织结构与合作程度是不同的。在蜜蜂中,工蜂负责为蜂王、雄蜂和工蜂建造大小不等的巢室,并控制着蜂群资源的使用,整个蜂群的日常生活运转似乎完全不需蜂王干预。但是在比较原始的种类中,例如,在地下建巢的集蜂(*Lasioglossum*)那里(图10-5)。蜂王需直接参与蜂群的日常管理,如需不断激励工蜂去工作,并把工蜂带进一个需要贮备食物的巢室等。如果蜂王不在,工蜂就几乎什么事也不干。长足胡蜂(*Polistes*)的蜂王常常攻击那些不积极工作的王蜂,并迫使它们离巢去采食。在所有的社会性昆虫中,移走王虫都会引起群体内部的迅速变化,并会导致从职虫中产生出少量王虫。如果把东方胡蜂(*Vespa orientalis*)的蜂王从蜂群中拿走,工蜂就不再去照料幼虫,并能引起工蜂间发生战斗和工蜂产卵。这说明蜂王的地位是靠抑制周围工蜂的生殖来维持的。蜂王抑制工蜂的方法在不同种类中有所不同:有的是靠化学物质,在另一些种类则是靠攻击行为。王虫的有效控制作用在织叶蚁(*Oecophylla*)中表现得特别明显:如果把蚁王移走,王蚁就会产出雄卵(male eggs);但只要蚁王存在,哪怕巢中只有蚁王的残体存在,工蚁就不会产出任何有活性的卵,而只能产出营养卵(trophic eggs),而这些营养卵是蚁王重要的食物来源。可见,蚁王所分泌的化学物质并不能控制工蚁卵巢的发育,而只能决定工蚁所产出的卵是营养卵还是有生活力的雄卵。在有些种类中,王虫是靠攻击行为来保持自己对其他雌虫的优势的。例如,在一些多雌制的胡蜂中(如长足胡蜂等),雌蜂的优势度是按个体大小呈直线排列的;一旦蜂王死亡或消

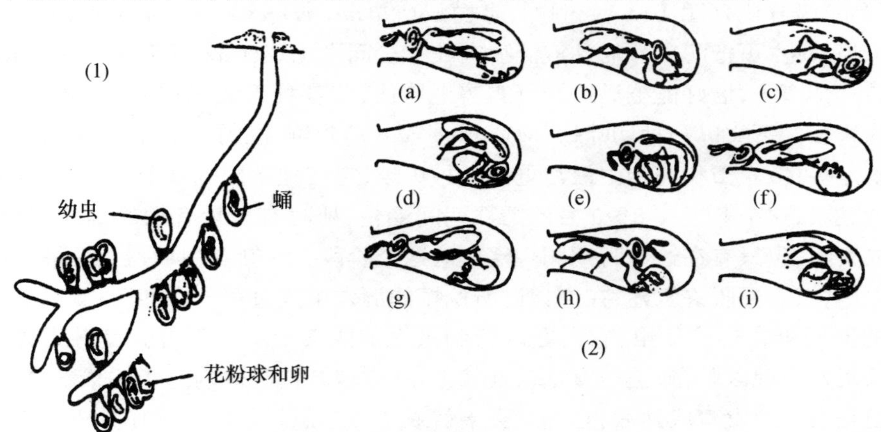


**图10-5　集蜂的巢及贮食行为**

(1) 集蜂的巢及育幼室,室内有花粉球、卵、幼虫和蛹;(2)贮备食物的行为:首先将花粉和花蜜存放在育幼室内(a、b),并把花粉制作成花粉球(c、d、e),然后再运回一些花粉和花蜜把花粉球加工得更加完美(f、g、h),最后把卵产在花粉球上(i)(仿 Batra,1964)

失,接替其王位的将是优势度排在第二位的雌蜂(Strassmarm,1981)。即使是在那些群体的日常功能看起来是由职虫控制的种类中,王虫的存在及其所分泌的化学物质对社会生活都发挥着重要的控制和协调作用。

在原始的社会性昆虫中,职虫往往是难于管束的(从王虫的角度看),它们往往具有产卵能力,一旦王虫死亡,它们便能起王虫的作用。一般说来,完全不育的职虫更具有合作精神,这是因为职虫一旦变得可育,它们就会有其他生殖选择,而对完全不育的职虫来说,它们提高自身适合度的唯一选择就是与王虫和其他职虫实行合作。所以,不难想象的是,为什么最为发达和最特化的社会性昆虫总是实行单雌制,其中的王虫具有很长的寿命和极高的生育力。在昆虫社会内部存在着如此多方面的和强烈的利益冲突的情况下,仍能使其社会组织进化到今天这样复杂和完美的境界,实在令人惊奇!

## 第二节 昆虫社会中的合作与利他行为

### 一、社会性昆虫的生活史

社会性昆虫不仅对于研究利他行为的起源和进化是非常重要的,而且它们的生活史和自然史也给人们留下了极为难忘的印象。在地球上,社会性昆虫多达 12 000 种以上,约等于所有鸟类和哺乳动物种类的总和。其令人惊愕的自然史从下列事实可见一斑:非洲啮根蚁(*Dorylus wilverthi*)的蚁群由多达 2200 万只蚂蚁组成,其总质量约为 20kg。就通信效率来讲,蜜蜂可借助于舞蹈语言把蜜源的方向和距离准确无误地传达给自己的同伴,在野生动物中,这是唯一能用抽象密码传递遥远物体信息的事例。就取食生态学来讲,社会昆虫的食物包括种子、各种动物猎物、蚜虫的分泌物(蜜露)和真菌(在巢中特殊的菌圃内用树叶或蠋之粪便培养的)。组成社会性昆虫群体的个体往往有极大的形态变异,以便于由不同个体完成不同的工作(即所谓等级分化)(图 10-6)。例如,鼻白蚁(*Nasutitermes exitiosus*)兵蚁的头部已经特化成了一个喷液枪,可把防御性的黏液滴喷向敌人。而木工蚁(*Camponotus truncatus*)兵蚁的头部则像是一个塞子,恰好能把巢口严严实实地堵住,使各种天敌无法侵入,这很像是软体动物壳口上的厣板。下文以一种切叶蚁(*Myrmica rubra*)为例,说明一下社会性昆虫的生活史。

切叶蚁是森林、农田和花园中最常见的一种蚂蚁,它在地下挖掘一个蚁巢。开始时是由一个蚁王单独建巢,这个蚁王在 8～9 月的婚飞期间受精,那时有大量有翅的雄蚁和雌蚁在空中飞翔并完成交配,也只有在这个时期和生活史的这个阶段,生殖蚁才具有翅膀并能够飞翔。婚飞和交配之后,蚁王便脱去双翅,在它自己所挖掘的洞穴中度过第一个冬天;到第二年的夏天,它所产下的卵便孵化出了幼虫,它们在秋天到来之前或第二年春天就会发育为成年的工蚁。直到第一只工蚁出现以前,蚁王一直是自食其力,并靠消耗自己体内的脂肪和蛋白质贮存来养育后代。但是当工蚁发育成熟后,它们就会接替蚁王负起照料幼蚁的工作并为它们采集食物。工蚁都是雌蚁,但它们都是不育的,而且没有翅膀,它们的卵巢也不发育,更不会参加婚飞。在随后的几年中,蚁群及其巢穴会逐年扩大,直到第九年时,蚁群中大约含有 1000 只蚂蚁,但蚁王仍然只有一个,所有的卵都由蚁王来产。在这个阶段,蚁群开始产生新的有生殖能力的后代,即有翅的雌蚁和以后在婚飞中最终将离开蚁群的有翅雄蚁。此后,老的蚁群可能继续维持

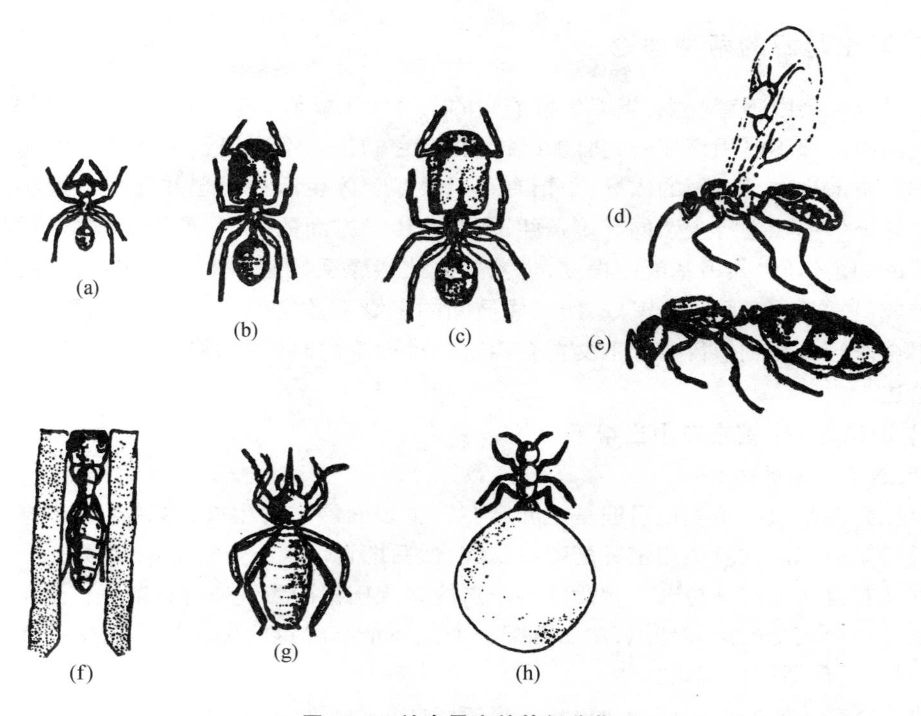


**图 10-6　社会昆虫的等级分化**

上排是一种大头蚁(*Pheidole kingi*)的雄蚁和雌蚁等级：(a) 小工蚁；(b) 中工蚁；(c) 大工蚁；(d) 雄蚁；(e) 蚁王。下排是其他种类的几种特殊等级：(f) 木工蚁兵蚁的头部特化成一个塞子用于堵住洞口；(g) 鼻白蚁兵蚁的头部特化为一个喷液枪，可把有毒物质喷向天敌；(h) 蜜罐蚁的工蚁作为贮存蜜的蜜罐永久生活在巢内(仿 Wilson，1971)

几年，但只要老蚁王一死亡，就不会有谁能产卵来补充工蚁的损失，于是蚁群便逐渐缩小，最终解体。

上面所讲的生活史可适应于温带地区的很多种蚂蚁。当然，在细节方面，不同种类的蚂蚁可能有很大不同，工蚁的行为也会有许多差异，但下述特点是很多种蚂蚁所共有的：工蚁生活的前几周通常都是在蚁巢内度过的，它们帮助处理由觅食蚁带回巢内的猎物，用反吐食物的方式喂养幼蚁和蚁王，清洁巢穴和保卫巢口等。工蚁生活的后期才开始到巢外去工作。对褐蚁(*Formica polyctena*)来说，这种转变大约是发生在 40 日龄时。巢外工作主要是觅食和保卫蚁巢免受天敌入侵。工蚁的总寿命目前还不十分清楚，大约从几周到几年不等。在胡蜂和蜜蜂中，工蜂通常能活 3～10 周。除了工蚁的行为可随年龄变化外，在有些种类的蚂蚁中，不育的雌蚁可区分为两个主要的等级，即兵蚁和工蚁。兵蚁个体较大，头也很大，头部生有强大的颚或能分泌防御物质的腺体。正如它的名称所示，兵蚁是专门保卫蚁群的一个等级。

蚁王、工蚊和兵蚁都是雌性蚂蚁，所以它们在遗传上并没有什么差别，它们在形态和功能上的分化只决定于幼虫发育期间的环境条件。例如，切叶蚁(*Myrmica*)的一只幼虫是发育为蚁王，还是发育为工蚁，主要决定于营养、温度和蚁王产卵时的年龄等因素。在蜜蜂中，蜂王可以借助于化学信息抑制新蜂王的产生，因为这些化学物质可阻止工蜂把发育成蜂王所必需的物质喂给幼虫。

## 二、不育职虫起源的两种理论

关于昆虫社会中不育职虫(指无生育能力的工蜂和工蚁等)的起源,目前存在着两种理论,这两种理论虽然都不能用直接的实验加以检验,但它们各自都有自己生态学方面和遗传学方面的依据。所谓生态学方面的依据,是指有利于很多个体生活在一起并在生殖上实行合作和不利于年轻个体单独进行生殖的环境条件;所谓遗传学方面的依据,是指合作个体间(或帮手和它所帮助的个体间)共占基因的程度,也就是彼此亲缘系数值的大小。在社会性昆虫中,一个群体的成员常常属于同一个家庭,所以成员间的亲缘系数值很高,从遗传上讲,这有利于工蜂表现出合作行为和利他行为。下文在介绍这两种理论的时候,都将从生态学和遗传学两方面加以论述。

### (一) 理论之一:留在家中当帮手

#### 1. 生态学方面的依据

现存社会性昆虫的祖先很可能是把卵产在寄主表面的类寄生蜂,这种类寄生蜂亲代抚育的一种最简单表现形式就是用螫针把寄主麻醉,然后把它带到一个安全地点(如土洞或树皮缝隙中),并在它身体上产一粒卵。稍微复杂一点的亲代抚育行为就是狩猎前先在地下挖一个洞穴从而创造一个安全的产卵地点,然后再把一个或多个麻醉过的猎物拖入洞中并在每个猎物身上产一粒卵,最后则把洞口封堵。

如果存在着足够的生态压力使母蜂不得不留在巢中照料子代和使子代成熟后不得不逗留在它们出生地附近的话,那么这种亲代抚育形式就有可能导致较大的群体的形成。有两个主要生态因素有利于子代成熟后不离开家而是留在自己的出生地,这两个生态因素是:

(1) 保卫卵和幼虫以防被寄生:在为后代贮备食物的种类(如挖掘蜂)中,其幼体的主要死亡原因之一就是经常被其他昆虫所寄生。因此,在社会性昆虫中,职虫的一个重要任务就是保卫洞穴免受寄生物和其他天敌的入侵。

(2) 建巢:虽然作为社会性昆虫祖先的类寄生蜂起初是选择天然的洞隙作为存放猎物和产卵的场所,但它们很快就会发展为自造巢穴,即学会建巢,特别是在那些天然产卵场所短缺的生境中,强大的自然选择压力将会促使动物学会用泥巴和植物等物质建巢的能力。建筑巢穴是一件相当费时间的劳动,所以可以想象到,子代发育成熟后留在家里帮助母亲扩建和修补老巢可能比飞出去自己建新巢更为合算。起初,它们可能只是简单地利用母亲的巢产自己的卵,但慢慢它们就会演变为在巢中照料自己的小弟妹而不再自己去生殖后代。

在白蚁中,可能存在着另一种生态压力,有利于子代成熟后留在家中。这是因为白蚁是靠生活在消化道中的原生动物来消化纤维素的,这些必不可少的原生动物在白蚁世代之间的传递是靠子代取食亲代的粪便来完成的,所以子代必须在亲代身边停留足够长的时间才会感染到这些原生动物。值得一提的是,Richard Dawkins(1979)曾提出过一个非常有趣的观点,即白蚁社会之所以能够进化是因为原生动物操纵着白蚁,使其成熟后留在家中以便创造一个最适合于原生动物生长和繁制的环境。

#### 2. 遗传学方面的依据

职虫借助于帮助它们的母亲喂养自己的同胞弟妹也能把它们的基因传递到下一代,这就是有利于合作行为和利他行为发生的遗传学依据。除了这一点之外,亲代诱使子代留在家中也会使亲代在遗传上有所收益。正是由于这一事实才启发 Alexander(1974)提出了“亲代操纵”(parental manipulation)的概念。假定在一个生殖季节内有足够的时间繁殖两次，那么在这种情况下王虫便面临着两种选择：① 王虫完成第一次生殖后死亡，由其雌性子代去产卵完成第二次生殖；② 王虫完成第一次生殖后再产第二批卵，并诱使在第一次生殖时产生的雌性子代留在巢中帮助完成第二次生殖。在前一种情况下，第二次生殖所产生的后代与王虫的关系将是爷孙辈关系，因此它们之间的亲缘系数是 0.25；而在后一种情况下。这种关系将是父子辈关系，亲缘系数是 0.5。因此，如果第二次生殖所产生的后代数量在两种情况下完全相等的话，那么王虫通过诱使其子代留在巢中帮助它养育第二代，就能使它获得双倍的遗传利益。如果王虫具有极强的产卵能力，那么它就会尽可能地多产卵，以便弥补其雌性后代不能自己产卵所造成的损失。由于职虫与它们帮助养育的同胞姐妹之间的亲缘系数是 0.75(50%来自单倍体的父亲，0.25%来自双倍体的母亲)，而与它们自己亲生子女之间的亲缘系数为 0.5(如果王虫在生殖季节开始时只交配一次的话)，所以只要王虫能产下足够的卵，其雌性后代留在巢内当帮手所获得的遗传利益就不会比离巢去自己生殖时少。

**(二) 理论之二：共占巢**

在很多热带和温带地区的胡蜂中，参与蜂巢奠基的往往不止一只雌蜂，而是多只雌蜂互相合作。更为常见的是，这些合作的雌蜂彼此是姐妹关系(如 *Trigonopsis cameronii*)，但有时它们并非姐妹，甚至毫无亲缘关系(如 *Ceceris hortivaga*)。在原始的社会性胡蜂中，每只蜂王都产自己的卵和养育自己的幼虫，如果一只蜂王一旦取得了对其他生殖雌虫的优势，它就会抑制这些雌蜂卵的发育，这可能就是职虫(这里指工蜂)等级进化的起点。

**1. 生态学方面的依据**

有利于共占巢的生态压力可能与有利于子代留在巢中当帮手的生态压力相似，即都是出于对防御寄生物和建巢的需要。例如，在一种胡蜂(*Trigonopsis cameronii*)中，是由 1～4 只姐妹蜂共同用泥巴建一个共用巢，虽然每只雌蜂都建立自己的育婴室，分开产卵和各为自己的幼虫贮备食物，但它们却互相合作建筑共同的巢壁，并在防御蚂蚁和其他天敌时实行合作。在姐妹蜂之间实行合作的这种方式可以导致产生独特的生殖分工，正如一种新热带区的胡蜂(*Metapolybia aztecoides*)所显示的那样，已经出现了不育的职虫等级，在这种胡蜂中，巢被几只蜂王所建，所有蜂王产的卵都将发育为工蜂，然后这些工蜂再帮助扩大蜂巢。建巢初期蜂王之间的合作是很重要的，这有利于产生足够数量的工蜂使蜂群和蜂巢得到发展。但是，蜂群一旦稳固地确立下来，其中一只蜂王就会与其他蜂王发生战斗并将其驱逐出蜂群，这通常是发生在其他蜂王产出有生育能力的后代之前。这就是说，在蜂群开始阶段，每只蜂王都有可能在未来产出有生育能力的后代，正是因为抱有这种未来生殖的期望，所以每只蜂王都能与其他蜂王进行合作，但最终将只有一只蜂王能如愿以偿，其他蜂王则全部被驱逐。在 *Metapolybia* 属的胡蜂中，奠基雌蜂都是姐妹关系，所以，即使是那些从来未能进行生殖的雌蜂也能从蜂群中得到一定的遗传收益。但如果不实行合作，生殖机会就非常小的话，那么可以想象，在毫无亲缘关系的奠基雌蜂之间也就会实行合作(West Eberhard,1978)。

共占巢现象也可能是偶然发生的，在大金泥蜂(*Sphex ichneumoneus*)中，两只没有亲缘关系的雌蜂有时会利用同一个洞穴，这是因为当第二只雌蜂试图占有一个显然是废弃的洞穴时，碰巧这个洞穴已经被另一只雌蜂先接管了。虽然对大金泥蜂来说共占巢穴对双方都是不利的

(常彼此发生战斗和互相偷窃猎物),但如果某些生态压力特别大的话(如寄生压力),这种偶然的共占巢事件也可能朝公用巢的方向进化。

2. 遗传学方面的依据

正如 *Metapolybia* 属胡蜂所表现的那样,如果奠基雌蜂是姐妹蜂,那么即使是那些以后未能获得生殖机会的雌蜂也能获得一定的广义适合度,即能够在下一世代实现一定的基因表达。这一观点已被 Bob Metcalf 对长足胡蜂(*Polistes metricus*)的研究所证实。这种胡蜂的蜂巢有时是由一只独居的雌蜂奠基,有时则是由两只姐妹蜂共占一个巢。当两只雌蜂共占一个巢时,其中的一只蜂(即 α 蜂)几乎产所有的卵,而另一只蜂(即 β 蜂)则主要是借助于 α 蜂的子代传递自己的基因。Metcalf 曾计算过共占一巢的两姐妹蜂之间的亲缘系数(用电泳法检测酶的多态性),并估算过 α 蜂、β 蜂和独居蜂所能生产的子代数。这些计算表明,就它们各自的基因在下一世代中的遗传表达来讲,α 蜂优于 β 蜂,而 β 蜂大体与独居蜂的优势相等。而且 β 蜂的遗传表达几乎完全是借助于 α 蜂的子女(即 β 蜂的侄子、侄女)来实现的。一个共占巢所能养育出的幼蜂要比独居雌蜂多,因为共占巢更能有效地防御寄生物和捕食者的侵袭。因此,Metcalf 的研究表明,一只雌性长足胡蜂(*Polistes*)通过与其姐妹合作建巢比自己单独建巢可获得更大的好处,虽然在前一种情况下它很难留下自己的后代(表 10-1)。

**表 10-1 长足胡蜂的共占巢蜂(α 蜂和 β 蜂)和独居蜂对未来世代的相对基因的贡献比较**

| | 独居蜂 | 共占巢蜂 | |
|---|---|---|---|
| | | α | β |
| 基因贡献的相对值(±*S.E.*) | 1 | 1.83±0.57 | 1.39±0.44 |
| 与子代的平均亲缘系数 | 0.47 | 0.45 | 0.34 |
| 建巢的相对成功率(±*S.E.*) | 1 | 1.38±0.02 | 1.38±0.02 |

注:若独居蜂为 1,则 α 和 β 蜂都大于 1

关于社会性昆虫不育职虫起源的上述两种理论并不是互相排斥的,大多数学者都认为,第一种理论可能更适用于白蚁、胡蜂、蚂蚁和某些蜜蜂,而第二种理论则适用于其他种类的蜜蜂。这两种理论对于任何双倍体的有性生殖物种都是同样适用的,但膜翅目昆虫有一个极其重要的特征,即单倍双倍性(haplodiploidy),这是有利于社会行为和不育职虫起源的另一个遗传特性。下文讨论膜翅目昆虫这一独特的遗传特性。

## 三、单倍双倍性与利他行为

### (一)单倍双倍性与不育性等级的进化

对于膜翅目昆虫来说,雄虫是由未受精卵发育成的,因此是单倍体;而雌虫则是由正常的受精卵发育成的,因此是双倍体。这种遗传上的单倍双倍性对于膜翅目昆虫不育等级的形成具有重要意义,W. D. Hamilton(1964)对此曾作过充分的评述。

单倍体的雄虫在形成精子时是不经过有丝分裂的,所以每一个精子在遗传上都是同质的(没有差异),这就意味着雌性后代将从父亲得到一组完全一样的基因来构成自己双倍体染色体组(genome)的另一半。如果父亲是双倍体,那雌性后代之间共占父亲某一特定基因的概率就是 50%;如果父亲是单倍体,那雌性后代之间从父亲那里所得到的基因就是完全一样的(即共占某一特定基因的概率是 100%)。雌性后代体内的另一半基因是来自双倍体的母亲,所以姐妹间共占母亲体内某一特定基因的概率是 50%。综合父母双方的情况就是,其染色体组有一半是完全一样的(来自单倍体的父亲),另一半则只有 50%的共占概率。可见,其总的亲缘系数就是 0.5+(0.5×0.5)=0.75。这就是说,由于单倍双倍性的关系,亲姐妹之间的亲缘关系比在一个正常的双倍体物种中亲子之间的亲缘关系更为密切(前者的 $r$ 是 0.75,而后者是 0.5)。膜翅目昆虫中的王虫(蜂王或蚁王)是双倍体,因此它与子女之间的亲缘系数就是 0.5 (见表 10-2)。

**表 10-2 在单倍双倍体物种中各种亲属之间的亲缘系数**

| | 母亲 | 父亲 | 姐妹 | 兄弟 | 儿子 | 女儿 |
|---|---|---|---|---|---|---|
| 雌性 | 0.5 | 0.5 | 0.75 | 0.25 | 0.5 | 0.5 |
| 雄性 | 1 | 0 | 0.5 | 0.5 | 0 | 1 |

由此看来,一个不育的雌性职虫通过喂养一个具有生殖能力的姐妹所得到的遗传利益就会比自己生育一个女儿更大。这种遗传上的原因也可以说明为什么在膜翅目昆虫中,只有雄性个体才参与喂养姐妹的工作,因为雄性个体与其姐妹间的亲缘系数是 0.25,而不是 0.75。其计算方法如下:由于单倍体雄虫的全部基因都是来自它的母亲,因此,这些基因出现在它姐妹体内的概率将是 50%。然而值得注意的是,一个雌性个体与其兄弟之间的亲缘系数却只有 25%,这是因为它体内有 50%的基因来自它的父亲,这部分基因在其兄弟体内是没有的(其兄弟是单倍体),而它体内的另一半基因则有 50%的概率出现在兄弟体内,即它们之间的亲缘系数将是 0.5×0.5=0.25。

等翅目昆虫(白蚁)则与膜翅目昆虫完全不同。等翅目昆虫是双倍体物种,因此其同胞兄弟姐妹间的亲缘关系是完全相等的,这种情况使雌、雄白蚁都可能发展为不育性的工蚁。

单倍双倍性的遗传特性也有助于说明不育性等级的进化在膜翅目昆虫要比在其他昆虫强烈得多。据 Wilson 研究,在社会性的蚂蚁、蜜蜂和黄蜂中,不育性等级在进化历史上曾独立起源过 11 次之多,而在所有其他昆虫中只独立起源过 1 次(即白蚁),要知道前者只占全部昆虫种类的 6%。自从 Wilson 的研究发表后,曾在一种日本蚜虫中发现了非生殖性的兵蚜。从遗传学角度看,蚜虫甚至比膜翅目昆虫更容易产生不育性等级。蚜虫经常进行无性生殖(至少在一年中的一定时期内是这样),这就意味着一个蚜虫群体中的所有成员在遗传上都是没有差异的,就像构成身体的所有细胞在遗传上没有差异一样。由此看来,如果在蚜虫中发现不育性工蚜的存在,那肯定是一件理所当然和不值得惊奇的事件了。

膜翅目昆虫的单倍多倍性虽然有利于朝社会性生活的方向进化,但这同时还需其他方面的条件相配合。事实上并不是所有的单倍双倍性昆虫都发展了不育性等级,而有些昆虫虽然发展了不育性等级,但却是典型的双倍体物种,如等翅目的白蚁。正如前面我们曾强调过的那样,不育性等级是否会得到进化,将决定于生态压力和遗传压力的共同作用。关于单倍双倍性和社会生活的起源。下面还会专门谈到。

这里应当指出的是,表 10-2 中关于亲缘系数的简单计算只有当社会群体中只有一只王虫而且王虫只交配一次的情况下才能成立;如果在王虫交配两次和精子随机混合的情况下,那姐妹间的平均亲缘系数就是 0.5 了。如果是像无刺蜜蜂属(*Trigona*)那样,蜂群是靠几个姐妹蜂共建的,那么利他行为更容易在单倍双倍性物种,而不是在双倍体物种中得到发展。因为在单倍双倍性物种中,一只雌蜂与其姐妹的后代的亲缘系数是 0.375;而在双倍体物种中,这一亲缘系数只有 0.25。

### (二) 单倍双倍性物种中亲缘系数的计算方法

在单倍双倍性物种中,雄虫是由未受精卵发育成的,所以是单倍体,雄虫的全部精子在遗传上都是同质的(没有遗传差异),其后代共占父体内某一特定基因的概率是 1。雌虫是由受精卵发育成的,所以是双倍体,由于在形成配子时经过了有丝分裂,所以其后代共占母体内某一特定基因的概率是 0.5。

通常在计算亲缘系数时要先绘出一个谱系图,用直线把两个个体与它们最近的共同亲代联系起来。为了确定个体 A 和 B 之间的亲缘系数,要在直线上沿着 A 到 B 的方向画上箭头,并在每一条直线旁写出每一特定基因被共占的概率。下面举例说明。

1. 姐妹之间的亲缘系数

任一雌性个体基因的一半都是来自单倍体的父亲,因此姐妹间共占父体内某一特定基因的概率是 1,另一半基因则是来自双倍体的母亲,因此共占母体内某一特定基因的概率是 0.5。结果,经由母亲的为 0.5×0.5,经由父亲的为 0.5×1,$r$=0.75。

2. 姐妹与兄弟之间的亲缘系数

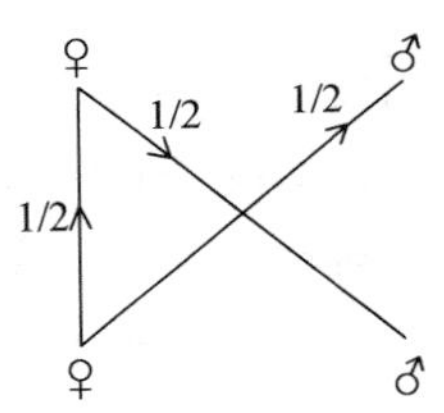


由于兄弟是由未受精卵发育成的,所以姐妹与兄弟之间的血缘联系只经由母亲一方。姐妹基因的一半是来自母亲,兄弟也接受了来自母亲体内一半的基因;姐妹体内的另一半基因是来自父亲,这些基因在兄弟体内没有,因此,姐妹与兄弟共占父亲基因的概率等于零。结果,经由母亲的是 0.5×0.5,而经由父亲的是 0.5×0,$r$=0.25。

3. 兄弟之间的亲缘系数

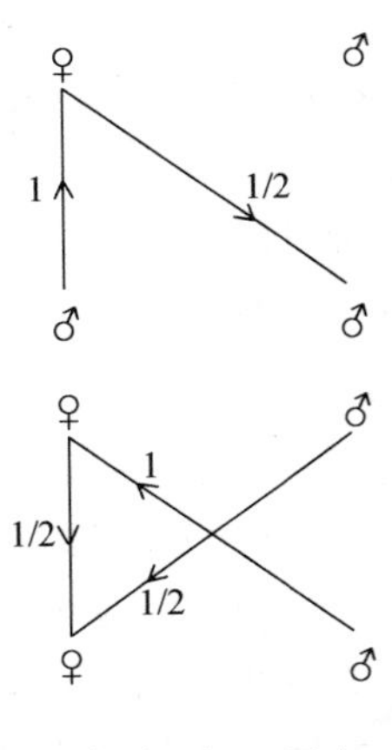


雄性个体的基因全部是来自母亲,因此兄弟之间共占母体内某一特定基因的概率是 0.5。结果经由母亲的是 1×0.5,$r$=0.5。

4. 兄弟与姐妹之间的亲缘系数

雄性个体的全部基因是来自母亲,因此与姐妹共占母体某一特定基因的概率是 0.5,即经由母亲的是 1×0.5=0.5。这里特别值得注意的是,兄弟与姐妹之间的亲缘关系与姐妹与兄弟之间的亲缘关系是不对称的,前者是 0.5,而后者是 0.25。

### (三) 职虫和王虫在性比率上的利益矛盾

本节将讨论:在一个存在不育性等级的昆虫社会中,职虫和王虫如何能将它们各自的遗传利益增至最大?为此,我们不得不应用 Hamilton 的理论。假如有一只年轻的雌虫面临着两种可能的选择,一种选择是离巢去生育自己的女儿,另一种是留在巢内帮助养育比自己更年轻的新一代姐妹。由于它与姐妹的亲缘系数大于它与女儿的亲缘系数,所以如能留在巢内就比离巢去生育能够获得更大的遗传利益(如果养育的姐妹数与生育的女儿数相等的话)。王虫注定要生育后代,似乎它并不是最成功者。但还有另一方面我们尚未考虑,即年轻雌虫留在巢内喂养姐妹虽然最为有利，但其先决条件是王虫必须生育供它喂养的姐妹，显然职虫（女儿）的行为将取决于王虫（母亲）的行为。对于这类问题，我们必须用 ESS 的思想加以分析。

首先让我们考虑王虫。王虫和它的儿子和女儿的亲缘系数是相等的（即 $r$ 都是 0.5），这一点它和任何一个有性生殖物种中的双倍体雌虫没有什么区别，它的利益所在同样是繁育出等量的有生育能力的雄性后代和雌性后代。更准确地说，它应当保持对雄性后代和雌性后代的等量投资。这里需要指出的是，所谓对两性的等量投资，是指的有生育能力的后代，而不是指不育的职虫，因为 50∶50 的性比率之所以能保持稳定，是因为一只雄虫和一只雌虫具有相同的生殖成功率。

如果王虫所生育的后代雄性和雌性数量相等（即性比率等于 50∶50），那么职虫所喂养的兄弟数（与其亲缘系数为 0.25）和姐妹数（与其亲缘系数为 0.75）也会相等，这样，它与同胞兄弟姐妹的平均亲缘系数为 0.5，这同它离巢去生育自己的子女所获得的遗传利益就会完全相等。留巢喂养姐妹的雌性职虫为了能最充分地获得遗传上的好处，就必须喂养更多的姐妹（王虫），而不是兄弟（雄虫）。但它应在多大程度上倾向于喂养更多的姐妹呢？这里我们又一次遇到了性比率的 ESS 问题，但这次是从职虫的角度来看的。职虫与其姐妹的亲缘关系更密切，因此，应当少喂养一些兄弟，多喂养一些姐妹。但如果喂养的姐妹太多，种群性比率就会向雌性倾斜太甚，以致使雄性的生殖成功率大大超过雌性。对职虫来说，稳定的性比率应当保持在雌雄之比为 3∶1。当生殖雌虫的数量刚好是雄虫数量的 3 倍时。雄虫的生殖成功率也刚好是雌虫的 3 倍，因为在这种情况下平均每只雄虫可以同 3 只雌虫交配。从职虫的角度，这刚好能够弥补下述这样一个事实，即职虫与兄弟的亲缘系数（0.25）只相当于职虫与姐妹亲缘系数（0.75）的 1/3。这就是说，职虫每从它的姐妹得到一个外甥或外甥女，就应当从它的兄弟得到 3 个侄子或侄女，因为它与姐妹子女之间的亲缘关系比它与兄弟子女之间的亲缘亲系密切 3 倍，只有这样才能保持经由兄弟和姐妹的单位投资获得相等的遗传收益。

总之，王虫的遗传利益是使有生育能力的后代雌雄比为 1∶1，而职虫的遗传利益则是使雌雄比为 3∶1，这就是职虫和王虫在种群性比率上的利益矛盾。矛盾双方究竟谁能赢得胜利呢？下文专门讨论这个问题。

**（四）职虫和王虫如何解决它们在性比率上的利益矛盾**

1976 年，B. Trivers 和 H. Hare 曾经研究了 21 种蚂蚁对雌雄后代的投资比，以便检验工蚁或蚁王能不能赢得性比率上的胜利。这 21 种作为实验用的蚂蚁都是精心选择出来的，它们都是一群一王，而且蚁王一生只交配一次。尽管有很多数据较为分散，但 Trivers 和 Hare 还是能够发现投资比是大大地倾向于 3∶1，而不是 1∶1（图 10-7）。据观察，工蚁能控制性比率朝有利于自己的方向发展而大大偏离蚁王的最适值。可以这么说，职虫是在控制和利用蚁王来生产它们的外甥和外甥女。Trivers 和 Hare 认为，工蚁之所以能赢得性比率的胜利，只是因为它们有着实际的控制权，即所有幼虫都是由它们喂养的，而且它们可以有选择地杀死雄虫，甚至蚁王也是由它们来喂养的。当然，蚁王也可以借助于分泌信息物质或直接攻击来控制工蚁的行为。

有趣的是，实际控制权并不是职虫所独有的，王虫也有一定控制权，它可以靠是否给卵授精（用贮存的精子）来决定卵的性别，而职虫则可以有选择地喂养幼虫（即对幼虫进行取舍）。

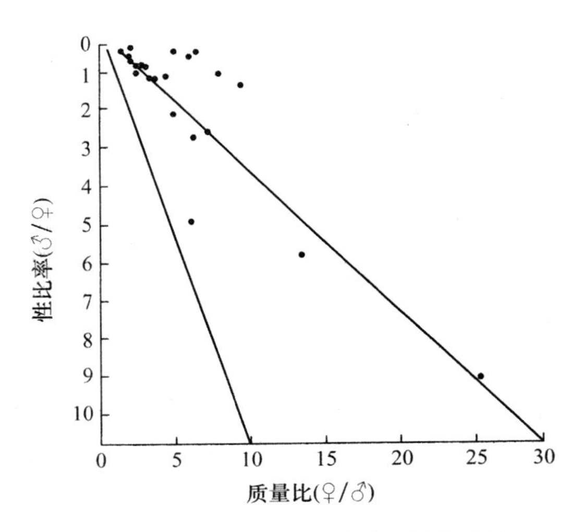


**图 10-7　21 种蚂蚁的投资比(以质量计)**

$x$ 轴是雌雄质量比，$y$ 轴是雌雄数量比，左直线是 1∶1 的投资比预测，右直线是 3∶1 的投资比预测。点代表实测值，实测值比较接近 3∶1 的预测(若雌雄质量比为 6∶1，那么 1∶1 的投资就意味着 1♀6♂，而 3∶1 的投资则意味着 1♀2♂)(仿 Trivers 和 Hare，1976)

由于双方都有控制权，所以问题就变成了这个样子，即：如果职虫试图控制产卵之后的性比率，那么王虫所产之卵应当成何比率？还有，如果王虫产出一定比率的卵，那么职虫应当如何应付？1981 年，Peter Taylor 在分析这一问题时曾经提出，王虫通常是靠限制向职虫提供双倍体的卵来防止性比率向雌性倾斜，而职虫做出的反应则是对每一个双倍体卵予以加倍爱护和精心照料。可见，在王虫和职虫的控制权之间需要达到某种平衡。但在不同的蚂蚁种类之间这种平衡又是各不相同的，也许这就是造成图 10-7 中所获数据比较分散的原因。

1977 年，R. Alexander 和 P. Sherman 在评价 Trivers 和 Hare 的工作时曾指出过以下几点：① 王虫常常不只交配一次，因此这会导致偏离 3∶1 的雌雄性比率；② 职虫也经常会产下雄性卵。例如，在对熊蜂的一项研究中，发现有 39%的雄性卵是由职虫产下的(Owen 和 Plowright，1982)。由于存在着产卵的职虫，所以 3∶1 的性比率预测就不再能够成立了。更重要的是，他们对于雌多雄少的性比率提出了另外一种解释。记得前面我们曾提到过，在兄弟之间彼此竞争配偶的情况下(即局部配偶竞争)，Fisher 的雌雄等量投资的理论就不能成立。如果一只雌虫“知道”它的女儿将全部由它的儿子来授精，那么这个雌虫就应该多产雌少产雄，雄性后代的数量以它们刚好能完成授精任务为最适。Alexander 和 Sherman 认为，局部配偶竞争的存在也是导致蚂蚁的性比率向雌性倾斜的原因之一。可见，无论从王虫的角度，还是从职虫的角度，都倾向于使性比率朝有利于雌性的方向发展(前者是因存在局部配偶竞争，后者是因姐妹间的 $r=0.75$)。由于目前对局部配偶竞争能起多大作用还不清楚，所以对最适性比率也就很难做出定量预测，至于 Trivers 和 Hare 所观察到的 3∶1 的雌雄性比率，只能被认为是在蚂蚁中存在职虫控制权的可能证据，而不是确定性的证据。

显然，为了弄清职虫或王虫能不能控制投资比(investment ratio)，就必须知道局部配偶竞争所起作用的大小、职虫是不是产卵和职虫与生殖个体的亲缘程度。在收集上述所有这些资料时，只有很少的研究获得了成功。当 Trivers 和 Hare 假设的条件得到满足时，投资比有时是 1∶1(这是王虫的最适值)；有时是 3∶1(这是职虫的最适值)；有时则介于两者之间。这反映了不同种类昆虫的特点，即不同种类昆虫的生活史可能对职虫和王虫在性比率上的矛盾和冲突有不同的影响。就 B. Metcalf(1980)所研究的长足胡蜂(*Polistes metricus*)来说，蜂王将会赢得它与工蜂在性比率冲突上的胜利。长足胡蜂的巢是由 1 只或多只已交配过的姐妹蜂共建的，蜂巢在初夏时节便能繁育有生殖能力的雄蜂，整个季节都能陆续不断地繁育出工蜂。年轻的雌蜂(蜂王)则在夏末交配，越冬后于来年春天开始建筑自己的巢。

对酶多态现象的遗传分析表明，工蜂与其有生殖能力的姐妹之间的亲缘系数平均为0.65，由于蜂王的交配次数不止 1 次，所以此值比 0.75 的理论最大值稍低。长足胡蜂的工蜂通常是不产卵的，而且没有证据表明存在局部配偶竞争，这些条件有利于工蜂选择雌多于雄的性比率和蜂王选择 1∶1 的性比率。为什么蜂王会赢得性比率的胜利呢？据 Metcalf 分析，长足胡蜂的工蜂主要是靠杀死雄性卵和幼虫的办法来操纵性比率（这是因为蜂王产卵的性比率是 1∶1，而工蜂本身又不能产雌性卵，所以它们影响性比率的唯一手段就是杀死雄性的卵和幼虫），但蜂王早在夏初就产出了雌性后代，而此时羽化出来的工蜂数还很少，并受着蜂王的有效控制，可以说蜂王已经排除了工蜂控制性比率的可能性。工蜂的失败在于它们不得不喂养与它们的平均亲缘系数只有 0.45 的兄弟姐妹（它与兄弟的亲缘系数是 0.25，与姐妹的亲缘系数是 0.65，当性比率为 1∶1 时，平均亲缘系数就是 0.45）。而蜂王与其子女的亲缘系数却是0.5。1983 年，P. Ward 曾研究过澳大利亚的一种蚂蚁（*Rhytidoponera*），这种蚂蚁的性比率强烈地向雌性倾斜（即雌性大大多于雄性）。据分析，这种蚂蚁的生物学特性完全符合 Trivers 和 Hare 所提出的各种条件，即工蚁不产卵、不存在局部配偶竞争和蚁王一生只交配一次等。

尽管王虫和职虫在遗传上没有什么差异，但它们在性比率上却存在着势不两立的利益冲突，这种利益冲突使它们在进化过程中不断发生碰撞和争斗。有趣的是，决定一个雌性个体是发育为王虫（能育个体）还是职虫（不育个体）的因素，不是基因而是食物。如果人们认为控制性比率的因素是基因，那么由这些基因所决定的对策也一定是有条件的。也就是说，如果这些基因在职虫体内，它就会使性比率倾向于 3∶1；但如果这些基因在王虫体内，它就会使性比率倾向于 1∶1。

## 四、膜翅目昆虫的利他行为最初是如何发生的

在膜翅目昆虫利他行为的发生过程中，单倍双倍性的遗传特性无疑发挥了重要的作用。为了说明这一点，必须回顾一下 Hamilton 的原理，即只要收益与投资（或代价）之比（$K$）大于 $1/r$，利他行为就会得到进化。在这里可以把 $K$ 具体为是利他者因利他行为而额外养活的同胞数与因利他行为而使利他者损失的子女数之比值，而 $r$ 则可具体为是利他者与其同胞间的亲缘系数与利他者与其损失子女间的亲缘系数之比值。

在双倍体物种中，兄弟姐妹间的亲缘系数完全等同于亲子间的亲缘系数（即 $r$ 都等于 $1/2$），所以只要 $K$ 大干 $(1/2)/(1/2)=1$，利他行为就会得以进化。换句话说就是，每损失一个子女只要能换得一个以上的同胞兄弟姐妹存活，这种利他行为就能够被自然选择所保存。但是，对于膜翅目昆虫中的雌虫来说，由于职虫与其有生殖能力的同胞之间的平均亲缘系数大于 $1/2$，所以有利于利他行为进化的 $K$ 的临界值就会小于 1。例如，就雌雄性比为 3∶1 来说，职虫与其能育同胞之间的平均亲缘系数是 $(3/4\times3/4)+(1/4\times1/4)=5/8$，因此，$K$ 的临界值就是 $1/r=(1/2)/(5/8)=4/5$。这就是说，利他个体因利他行为每损失 5 个子女，只要能多养活 4 个同胞兄弟姐妹，这种利他行为就仍然能得到进化。显然，单倍双倍性的遗传特性有利于促进利他行为的产生和进化。

以上举例虽然能够说明问题，但是过于简单。此处不得不引入雄性值和雌性值（the value of males and females）的概念来进一步说明问题。所谓雄性值和雌性值，就是指两性对未来世代基因库所做贡献的大小（比例）。如果雌雄性比率是 3∶1，那么雄性值就是雌性值的 3 倍。在考虑到雄性值和雌性值的情况下，养育同胞和养育后代的报偿就应当为养育数×雌或雄性

值×亲缘系数。如果种群的整体性比率是 3∶1(子代的性比率是 3∶1,同胞兄弟姐妹的性比率也是 3∶1),那么报偿就可计算如下:

养育同胞兄弟姐妹:(3/4×1×3/4)+(1/4×3×1/4)=12/16

养育子女:(3/4×1×1/2)+(1/4×3×1/2)=12/16

上两式中的第一个括号都是指雌性,第二个括号都是指雄性。前一式中第一括号的意思是同胞兄弟姐妹中有 3/4 是雌性。其雌性值是 1,其亲缘系数是 3/4,因此当种群的性比率是 3 雌 1 雄时,有利于利他行为进化的 $K$ 的临界值就是 $K$>(12/16)/(12/16)=1。这个计算结果与双倍体物种没有任何区别。这就是说,当种群的整体性比率是 3∶1 时,单倍双倍性并无助于利他行为的进化,此时雌性间较高的亲缘系数刚好被较高的雄性值所抵消。

这么说来,雌多雄少的性比率与单倍双倍性相结合是否对利他行为的进化就没什么意义了呢?答案并非如此。如果不让较低的雌性值与它们较高的亲缘系数相抵消的话,雌多雄少的性比率仍然会促进利他行为的进化。实现这一点的办法是让巢内的性比率雌多于雄,而种群的整体性比率并不是这样。如果巢内的性比率是 3∶1,而种群的整体性比率是 1∶1,那么雄性值和雌性值就会相等,而 $K$ 的临界值就会像以前我们所计算过的那样是 4/5。但是在现实的自然界中能够找到这样的实例吗?

1983 年,J. Seger 曾经提到过某些膜翅目昆虫具有特殊的生活史,即"不完全的二化性"生活史,这种生活史就是一个很好的实例。"不完全的二化性"生活史每年有两个世代,但这两个世代并不是完全分离的,第一世代的个体可以存活并加入到第二个世代去,最典型的例子就是集蜂(属蜜蜂总科集蜂科)[图 10-8(a)]。集蜂的雌虫以受精成虫越冬,并于春季繁殖出当年的第一个世代(即春季世代),春季世代发育到夏季时又繁殖出第二个世代(即夏季世代)。到秋天时,夏季世代开始交配并以受精雌虫越冬。最重要的一点是,春季世代的一些雄虫可以生存到与夏季世代的雌虫进行交配[图 10-8(a)]。由于这些雄虫能够与两个世代的雌虫进行交配,所以对它们的母亲来说,它们比春季世代的雌虫更有价值(指产孙能力)。由此看来,越冬雌虫所繁殖出的第一世代应当是雄多雌少。同样由于春季世代的一些雄虫能够生存到夏季世代并与夏季世代的雌虫进行交配,这样就降低了夏季世代雄虫的价值,促使夏季世代的性比率朝有利于雌性的方向发展。

单倍双倍性促使利他行为进化需要具备一些先决条件,而不完全的二化性生活史则刚好能满足这些条件。设想初夏时节有一只雌蜂,它要么留在巢中帮助自己的母亲喂养同胞弟妹,要么离巢去独立进行繁殖。在上述两种情况下它都能对以受精雌虫越冬的那个世代做出遗传上的贡献,而这个世代与种群的整体性比率相比较是以雌性个体为主的。假定种群的整体性比率是 1∶1,而越冬世代的性比率是 2∶1,在这种情况下,如果雄性值和雌性值相等,那么喂养一个同胞的报偿就是(3/4×2/3)+(1/4×1/3)=7/12,而喂养一个子女的报偿则是通常的 1/2。因此,$K$ 的临界值就是(1/2)/(7/12)=6/7。这就意味着对雌性集蜂来说,因利他行为每损失 7 个子女,只需多喂养 6 个同胞兄弟姐妹就能得到完全的补偿。可见,在这种情况下,单倍双倍性还是有利于利他行为的进化的。

需要考虑到的另一情况是,由于夏季世代的雄性值低于雌性值(因其一部分交配机会被春季世代雄虫占有),因此即使夏季世代的性比率与种群整体性比率并无差异,但由于雌性值高于雄性值,也会促进利他行为的进化。假定雌性值是雄性值的两倍,那么在性比率为 1∶1 的

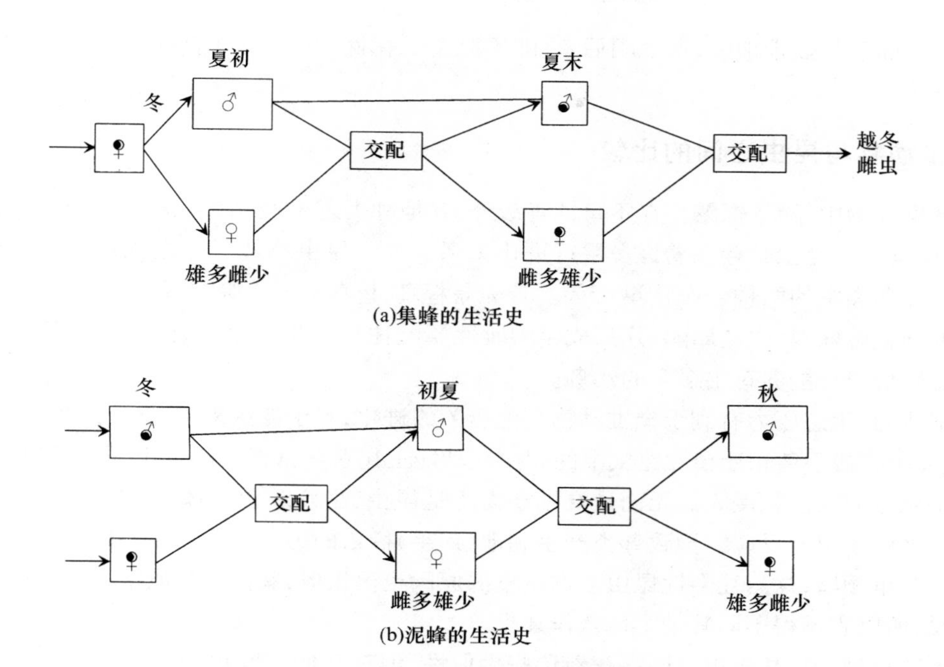


(a)集蜂的生活史

(b)泥蜂的生活史

**图 10-8　两种不完全二化性昆虫的生活史**

图中方框的大小表示雌雄两性个体的相对数量(仿 Seger,1983)

情况下留巢帮助母亲的报偿就是

$$(性别值\times亲缘系数)=(2/3\times3/4)(雌)+(1/3\times1/4)(雄)=7/12$$

而离巢生育自己子女的报偿则是

$$(2/3\times1/2)+(1/3\times1/2)=1/2$$

因此 $K$ 的临界值就是 6/7。

总之,集蜂的不完全二化性生活史有利于夏季世代雌虫利他行为(即自己不生育而是留在巢内帮助母亲生育)的进化,其原因有二:① 局部性比率与种群整体性比率相比是雌多于雄;② 由于一部分雌性个体与春季世代的雄虫交配,使夏季世代的雄性值有所下降。

在泥蜂科中几乎所有的种类都是以幼虫(雄和雌)越冬的[图 10-8(b)],越冬幼虫于春季完成发育并经过交配产生夏季世代,夏季世代成熟后再经过交配产生秋季世代,但秋季世代不会在当年发育成熟,而是以末龄幼虫越冬。泥蜂也像集蜂那样,第一世代的雄虫(即来自前一年的越冬幼虫)可以存活到下一世代并与下一世代的雌虫进行交配,这样就会导致秋季世代的性比率向雄性倾斜,而夏季世代的性比率向雌性倾斜。夏季世代的年轻雌虫不管是留巢帮助母亲也好,还是离巢独立生育也好,它所喂养的较年轻的蜂都会对秋季世代做出遗传上的贡献。

集蜂的不完全二化性生活史有利于促进利他行为进化的思想是 Seger 首先提出来的。现有以下三方面的事实支持 Seger 的思想:

(1) 存在性比率的季节变化,例如,在 10 种泥蜂中,其越冬世代常常是雄性个体多于雌性个体,而在夏季世代中则常常是雌性个体多于雄性个体;

(2) 利他行为(即帮助母亲)的早期发展阶段在集蜂中比在泥蜂中更为常见;

(3) 社会生活的原始阶段(代表着利他行为进化的开始)和不完全二化性生活史都更常见

于温带地区而不是热带地区,这说明后者(即不完全二化性生活史)对前者(即社会性)的确具有促进作用。

## 五、脊椎动物与昆虫之间的比较

在脊椎动物中,除了裸鼹存在不育性等级外,其他种类还未发现有不育性等级。但在其他方面,脊椎动物与昆虫却存在着许多平行进化关系。关于昆虫利他行为进化起源的两种假说非常相似于鸟类中的两种合作营巢行为。首先是桱鸟,桱鸟的幼鸟常常留在巢内帮助父母喂养自己的同胞弟妹;其次是犀鹃,几只成年的雌性犀鹃往往共用一个巢,而且其中只有一只雌鸟占有生殖优势并能养育出最多的幼鸟。

通常认为,生态压力有利于脊椎动物利他行为的进化,对于昆虫来讲,这一点也是适用的。例如,桱鸟中的帮手鸟和社会性昆虫中的职虫在功能上起着非常相似的作用,即保卫巢以防捕食者和寄生者的攻击和侵入。无论是脊椎动物还是昆虫,生殖雌性个体的共占巢行为也是对捕食者压力所作出的反应。导致鸟类产生利他(帮手)行为的另一个重要生态因素是幼鸟难以找到一个营巢领域,这与社会性昆虫合作筑巢的原因也很相似,单独一只雌蜂很少有机会建成一个蜂巢,所以它不得不同其他个体合作建巢。

尽管在脊椎动物和昆虫之间存在着这些相似性,但在它们之间也必然会存在一些重要的差异。脊椎动物的利他者(例如,桱鸟的帮手鸟)对其他个体提供帮助往往可以获得某些长远利益,如有利于未来继承一个生殖领域或得到配偶,而对于短命的昆虫来说,这种长远利益是不存在的(但也有例外,如 *Metapolybia*)。昆虫主要是从帮助养育同胞弟妹中获得遗传上的好处。例如,一只幼桱鸟留在巢中当帮手就不如它去独立繁殖更加有利,这是因为帮手鸟可以帮助养育更多的雏鸟,但它们的双亲不能为它们提供那么多雏鸟,因为亲鸟的一次孵卵数是有限的。昆虫则不然,王虫一次可以产极多极多的卵,使职虫的喂养能力可以得到充分发挥,而且这些卵是靠自然热力去孵化的,不需要王虫去孵化它。对于脊椎动物和昆虫来说,阻止一个帮手去建立独立家庭的生态压力都是难以得到一个巢或领域。昆虫建一个巢往往要比脊椎动物建一个巢花费更多的时间,所以这一压力对昆虫来说就更大一些。这就是说,巢对昆虫比领域对脊椎动物是更加稀缺的资源。

昆虫在先天的遗传特性上比脊椎动物更有利于产生不育性等级,因为昆虫有单倍双倍性和无性繁殖(蚜虫),而脊椎动物则没有。等翅目的白蚁则与脊椎动物一样,缺乏有利于社会行为进化的先天遗传机制,因此在它们之间可能存在着更密切的平行进化关系。

# 第十一章　动物的信号与通信

## 第一节　信号及通信方式

### 一、什么是信号

动物的许多醒目的形态特征、行为方式、所分泌的许多化学物质以及由动物发出的大多数声音都可以认为是动物为了影响其他个体的行为而发展起来的一种适应，并经常被看作是动物的信号。正如翅膀借助于在空气中搏击来完成其正常的飞行功能一样，一个信号往往是借助于影响另一个动物(经由感觉器官)来完成其正常的通信功能。除了回声定位以外，由动物的特定发声器官所发出的全部声音，对其他动物来说都是一种信号。这些信号可以用来吸引其他个体(如雄蟋蟀用鸣叫把雌蟋蟀吸引到自己洞穴中来)，也可以用来排斥其他个体(如雄歌鸲用叫声把其他雄歌鸲排斥在领域之外)，还可以对其他个体的生理状况产生某种长远影响(如雄金丝雀的鸣叫可促使雌金丝雀卵巢较快成熟)。动物所发出的声音信号可以针对同一物种的其他个体，如上面所举的一些例子；也可以针对不同的物种，如洞栖鸟类的雏鸟常常像蛇一样嘶嘶作响，使捕食者闻之退避三舍。当然，动物的声音除了具有自然选择所"设计"的正常功能以外，往往还附带具有一些别的功能，如，按照自然选择的设计，雄性田蟋蟀(*Gryllus integer*)的鸣叫只是为了吸引异性，但这种鸣叫在客观上也有吸引寄生蝇的作用(图 11-1)，并可能导致蟋蟀的死亡。对寄生蝇来说，自然选择的设计则是使它对蟋蟀的叫声特别敏感，但通常我们决不会说这是蟋蟀在向寄生蝇发信号。虽然信号的定义依作者而有不同，但大多数作者都不会把这种附带的后果包括在信号的定义之中。

"信号"(signal)一词可以从字典中查出两个定义：① 信号是用于交流信息的任何符号、状态和标志等；② 任何能唤起动物行动的事物

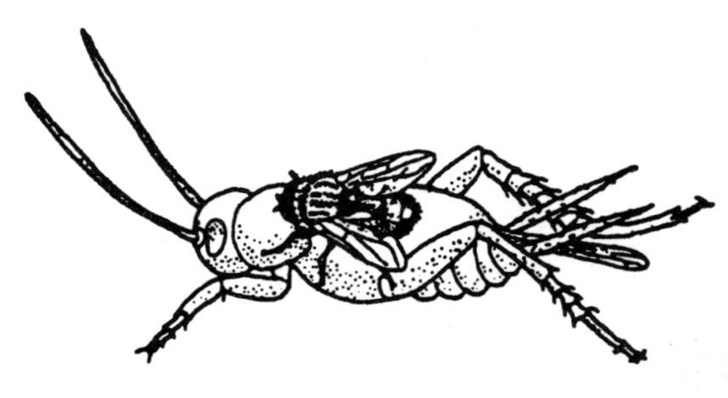

**图 11-1　鸣叫的蟋蟀**

蟋蟀的叫声不仅可吸引异性，而且也能吸引最终导致自己死亡的寄生蝇

都是信号。两个定义都有道理，但作者更倾向于采用第二个定义，并进一步将信号理解为是一个动物(信号发送者)利用另一个动物(信号接受者)肌力的一种手段。大家知道，行为生态学家喜欢把动物视为一部能够最有效地传递自身特性的“存活机器”(R. Darkins，1976)。这样一部设计精良的存活机器常常能够利用环境中的物体来为自己谋得利益，如海獭和歌鸫会使用一块石头去击碎软体动物的贝壳。但是对动物来说，环境中最重要的物体却是具有神经和肌肉的活生生的其他动物。一个动物会像利用一块石头那样去利用其他动物的肌力。一只投索蛛用投出去的套索将猎物套住再拽回自己的口中，这是在利用它自己的肌力。鮟鱇将猎物驱入自己的口中则不是靠自己的肌力，而是靠摇晃一个诱饵使猎物主动进入自己的口中，在这里鮟鱇是在巧妙地利用猎物的肌力。一只雄蟋蟀完全有能力到处跑动去寻找配偶，但它却待在一个地点用叫声把雌蟋蟀吸引到自己身边来，这显然是利用了雌蟋蟀的肌力而节省了自己的肌力。这也许是信号的一个明显特性，即发信号只需消耗较少的能量，但靠利用其他动物的肌力却能得到较大的利益。信息的传递依赖于信号，在生物学中，一个信号就是一种刺激，信号发送者只需用很少的能量或物质就能引起一个系统内部能量或物质分布的明显改变。

## 二、视觉通信

视觉信号具有一定的作用距离，它总是有确定的方向性并可被光感受器官所感受。视觉信号包括光照度的变化、物体的移动、图形、颜色和平面偏振光等。萤火虫是在夜晚依据发光器官所发出的冷光信号来寻找配偶的。有一种萤火虫(*Photinus pyralis*)雄萤到处飞来飞去，但严格地每隔 5.8s 发光一次，雌萤则停歇在草叶上以发光相应答，每次发光间隔时间与雄萤相同，但总是在雄萤发光 2s 后才发光。雄萤一旦得到雌萤的应答信号，便朝雌萤飞去并继续发送信号，这种信号只有继续得到雌萤的回答才能不断接近雌萤。据研究，每一种萤火虫的发光频率都不相同，这就极好地避免了种间信号混淆和种间杂交。

动物的建筑物也是一种视觉信号，雌性园丁鸟(*Chlamyderanuchalis*)为了吸引雄鸟，常常要建造一个精致、醒目和鲜艳的建筑物(图 11-2)。雄性沙蟹(*Ocypode saratan*)在自己挖掘的螺旋形洞道附近总要建造一个金字塔形的沙丘，两个沙丘间的距离至少 134cm，可见这种沙丘具有领域效果，雌沙蟹正是依据沙丘的位置进入雄沙蟹洞道(交配地点)的。雄性三刺鱼(*Gasterosteus aculeatus*)常常不分青红皂白地攻击小块红色物体，因为红色是雄三刺鱼的标志色，这无疑是保卫领域的一种攻击反应。这说明，颜色可以引起一个复杂的行为反应。黇鹿(*Dama dama*)的体色具有隐蔽作用，但它有时却故意使自己变得鲜明醒目，它们常常高高地翘起尾巴，把尾巴内面和肛门周围醒目的白色显示出来，这种炫耀行为只有在遇到捕食动物的惊扰时才会发生，因此这是一种报警信号。

有时两种视觉信号刚好起相反的作用，例如，丽鱼(*Haplochromis burtoni*)是一种有领域行为

**图 11-2　雌性园丁鸟为了吸引雄鸟而构筑的一个精致、醒目和鲜艳的建筑物**

的口孵鱼(即鱼卵在雄鱼口腔中孵化,孵出的幼鱼继续得到雄鱼保护),占有领域的雄鱼有自己独特的色型,头部有黑色宽纵纹,身体前部(位于胸鳍以上)有橙色斑。雄鱼经常在领域的边界张开鳃盖以炫耀自己并攻击其他雄鱼。用三种具有不同色型的雄鱼模型(头上有黑宽纹的、胸具橙色斑的和两者兼有的)所做的测试表明:头具黑宽纹这一特征可招致攻击率增加;胸具橙色斑可招致攻击率下降;当兼有这两个特征的模型出现在雄鱼面前时,其所受到的平均攻击率刚好是两特征各自效应之和。由于不占有领域的雄鱼身体前部没有橙色斑,所以当它进入其他雄鱼的领域时就会受到最强烈的攻击;又由于所有占有领域的雄鱼都同时具有这两个色型,所以当领域相接的两条雄鱼相遇时冲突就不会那么激烈。总之,两种颜色信号所起的作用刚好相反。

## 三、听觉通信

在动物界,声音信号与视觉信号一样被广泛地用于通信和信息交流。人耳所听不到的高音信号,现在已可借助于声谱仪来辨识。声音也有一定的作用距离,并可指示声音信号的方向。声音还能表明发音者的状态。对某些鸟类来说,还可根据声音识别个体。

声音同某些视觉信号一样,本身就是一种非常有效的社会信号。有人曾系统地记录过螽斯(*Ephippiger bitterensis*)的鸣声。如果让一只雌螽斯在一只不鸣叫的雄螽斯和一个播放雄螽斯叫声的扬声器之间进行选择的话,雌螽斯会毫不犹豫地走近扬声器。虫鸣的功能非常类似于萤火虫的闪光,也具有物种各自的特异性。虽然昆虫不能区分音质,但它们可以依据声音的发声速率和声音强度辨别不同的声音信号。蜜蜂也有声音通信,这种声音信号是同作用于其他感官的信号联合起作用的。

另一类与生殖有关的叫声就是人们最熟悉的青蛙和蟾蜍的鸣叫。在生殖季节,大多数无尾两栖动物(蛙和蟾)都会迁入水体(如池塘),并在那里开始进行持久的大合唱。先到池塘的雄蛙,其鸣叫据说有召唤其他雄蛙的意思。虽对这一说法目前还没有试验证据,但已确定无疑的两种功能是吸引雌蛙和保卫领域。当然,附带地也有吸引捕食者的副作用(图 11-3)。牛蛙

(*Rana catesbiana*)可以发出几种不同的叫声：一种叫声是雄蛙特有的，用来召唤其他雄蛙一起叫；其他三种叫声都具有领域功能，其中一种是雌蛙特有的，一种是雄蛙特有的，第三种叫声两性都能发出。有时当领域受到侵犯时，领域的主人才会发出这种叫声，如果侵犯者听到警告仍不撤退，那么接着到来的便是一场厮杀。报刊上经常有所谓"青蛙大战"的报道，可以肯定地说，这种大战一定是发生在生殖季节，而且是在种群密度极高的年份，在这种条件下，激烈的争夺领域之战就会频频发生。

**图 11-3　食蛙蝙蝠正被一只雄蛙的叫声所吸引，前来捕食**

(仿 J. Alcock，1984)

蛙类的叫声同样具有种的特异性。在澳大利亚的一些地区生活着雨蛙属(*Hyla*)的两种雨蛙(*Hyla ewingi* 和 *H. verreauxi*)，在这两种雨蛙的重叠分布区内，它们的叫声明显不同，但是在两种雨蛙的非重叠分布区内，它们的叫声却难以分辨。在前一种情况下，两个物种的成员都能很好地辨别本物种和另一物种成员的叫声。这也是一个极好的实例，说明社会信号可以作为近缘物种相互隔离的一种手段。

应当说，人们最熟悉的声音信号还是鸟类婉转多变的叫声。正如我们已经知道的那样，很多生活在一起的鸟类，其报警鸣叫声都趋于相似，如芦鹀、乌鸫、大山雀、蓝山雀和燕雀的叫声都局限在一个很窄的频率带内，使捕食者很难判断出发声者所在的位置(图 11-4)，这样每一种鸟都能从他种鸟的报警鸣叫中受益。但在其他方面的叫声却绝不相同，而且通常要比报警鸣叫复杂婉转得多，这些叫声像蛙鸣一样，具有吸引异性和保卫领域的作用。

在生殖季节，红翅乌鸫总是停栖在显眼的树枝上鸣叫，并经常在领域的前沿展开双翅把红色的肩羽展示出来。1972 年，F. W. Peek 通过喂给领域雄鸟镇静剂和利血平减少了它们的展示次数和在领域内的活动时间，结果这些雄鸟的领域被其他雄鸟侵占的概率大大增加了。Peek 还把一些雄鸟的红色肩羽涂黑，结果使其中的一些雄鸟完全丧失了领域。如果使雄鸟致哑，也能产生同样后果。

1982 年，J. R. Krebs 曾用播放大山雀（*Parus major*）歌声的方法来研究歌声对其他大山雀的影响。他的结论是：大山雀是靠听歌声来判断一个领域是不是已经有了主人，并认为领域大小是同歌声的多样化呈正相关的。由于遭捕食的风险是随着种群密度的增加而增加的，所以一个大山雀的领域越大，种群密度就越低。也可以说，歌声越是多样化，遭到捕食的风险就越小。

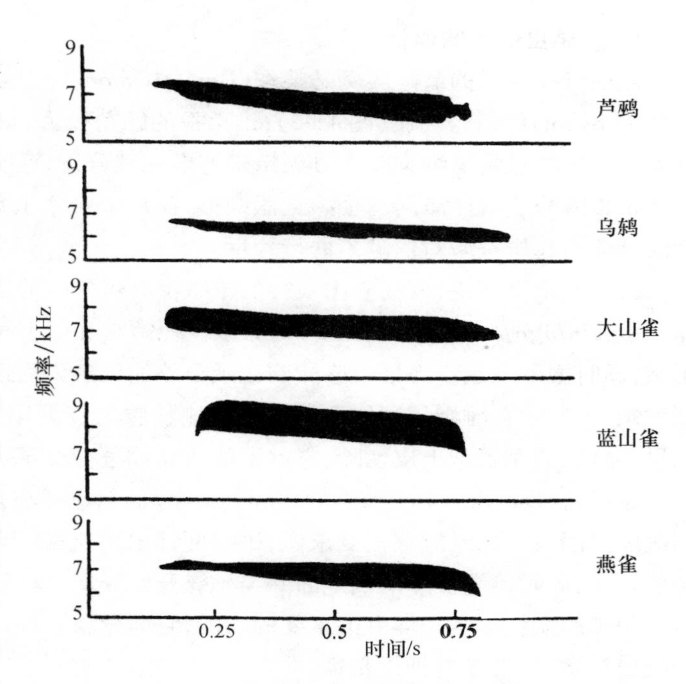


**图 11-4　几种鸣禽报警鸣叫的声谱图**

这些声谱图显示出一种发声上的趋同进化

虽然鸟类的叫声经常用于物种的识别，但在同一物种内部也常常存在不同的"方言土语"，这些地方语能使鸟类判断鸣叫者是自己的邻居，还是外来的入侵者。个体的叫声还有助于保持配对关系，并可保证双亲把食物准确无误地喂给自己的而不是其他鸟的后代。

幼鸟和幼兽发出的声音信号通常是用于吸引自己的双亲，提醒喂食或要求给以特殊的抚育。如果在实验中将雌性幼火鸡（*Meleagris gallopavo*）致聋并让它长大和繁殖后代，当雏鸡出壳后它就会攻击自己的后代，这证明雏火鸡的叫声有助于抑制雌火鸡的攻击行为，在正常情况下这种攻击行为是用于对付捕食者的。

## 四、化学通信

化学通信在动物界是非常普遍的，由于我们人类主要是依赖视觉通信和听觉通信，所以对化学通信的研究很不充分。现在由于色层分析技术的应用，已能对极少量的有机物质进行鉴别和分析。当这些有机物质作为社会信号使用的时候，我们就称它为信息素或外激素（pheromones）。

动物的很多分泌物是针对其他物种的，这种分泌物就叫异种信息素或异源外激素（allomones）。这里只介绍用于种内通信的气味信号。信息素也和声音信号一样，可在黑暗中起作用，可以绕过障碍物传播很远的距离。雌舞毒蛾（*Porthetria dispar*）分泌的信息素可把远在 400m 以外的雄蛾吸引到自己身边来。若将雌性松叶蜂（*Diprion similis*）关在笼中置于田间，可招引来多达 11 000 只雄性松叶蜂（M. Jacobsson，1963）。

大部分信息素对感受者的影响是瞬时的（像视觉和声音信号一样）。这种信息素就叫信号信息素（signal pheromones）。少数信息素可改变感受者的生理状况，而所引起的行为变化要在很久以后才发生，这种信息素就叫起动信息素或引物信息素（primer pheromones）。

### (一) 昆虫的气味通信

昆虫气味通信的最好实例是桑蚕(*Bombyx mori*):雌桑蚕欲交配时便分泌出一种叫蚕蛾醇(bombycol)的信号物质(图 11-5);雄桑蚕的触角很大,每个触角上有大约 10 000 个毛状感觉器。对这些感觉器细胞曾作过极精确的电生理分析,证明它们只对蚕蛾醇发生反应,只要有一个蚕蛾醇分子就能激活一个感觉器细胞,在每个触角上每秒钟只要有 200 个感觉器细胞被激活就能引起雄蚕蛾对信息素的行为反应。

就一般蛾类来说,夜晚外出飞行的雄蛾都有可外翻的刷状腺上皮并能分泌信息素。例如,赤荫蛾(*Phlogophera meticnlosa*)的雌蛾夜晚常常几个小时静伏不动,靠释放一种信息素吸引雄蛾,同时振颤双翅。当雄蛾感知到雌蛾分泌的信息素后便沿上风飞行,最终靠触角的触摸找到雌蛾,此后便在雌蛾周围绕飞并将它的刷状腺上皮翻出 1～2s,接着进行的交配总能成功。如果将雄蛾的刷状腺上皮切除,它就不能成功地进行交尾。

斑蝶科(Danaidae)的王蝶(*Danaus gilippus*),雄蝶总是跟在雌蝶的后面飞翔并不时地飞到雌蝶前面去。如果雌蝶接受求偶,雄蝶便翻出后腹部的两个毛簇并在雌蝶触角附近释放一种信息素,此时雌蝶便降落到地面并与雄蝶开始交尾,交尾约持续几个小时。雄蝶的毛簇器官与赤荫蛾的刷状器官一样有很重要的功能,它能分泌一种挥发性酮和一种黏性类萜醇,前者是一种信息素,后者是一种胶黏剂。

性信息素的功能往往不止一种,例如,蜜蜂(*Apis mell fera*)蜂王的分泌物是一种由空气传送的信息素(图 11-5),它既有吸引雄蜂的作用,又有刺激雄蜂交尾的作用。在试验中,雄蜂总是试图同涂有这种物质的模型进行交尾。蜂王的分泌物同时还有吸引工蜂的作用,是蜂群的一种强大凝聚力。因此,蜂王分泌物既是一种性信息素,又是一种聚集信息素(aggregation pheromone)。此外,这种物质还有抑制王台建造和工蜂卵巢发育的功能,而后一种功能实际上具有启动信息素的性质。

棘胫小蠹科(Scolytidae)昆虫所释放的聚集信息素是人们最熟悉的,这类鞘翅目昆虫往往集体在树皮下建造虫道,对树木危害甚烈。松大小蠹(*Dendroctonus brevicomis*)一经羽化便到处飞翔,但第一个选定寄主树木的总是雌虫,它很快就会释放出聚集信息素,其他个体接着便会到来,它们到来后也释放信息素。但雄小蠹所释放的聚集信息素在化学成分上与雌小蠹不同,这些物质不仅可吸引其他个体,而且也与交尾有关。在这里我们再一次看到了信息素具有不止一种功能。

昆虫的大量聚集对捕食者来说是一件好事,但相应地也产生了一种与聚集信息素作用相反的物质,即可导致群体分散和逃逸的报警信息素。当受到惊扰时,桃蚜(*Myzuspersicae*)便释放报警信息素,其他蚜虫感受后便停止取食并迅速逃走,有时会纷纷从叶面落到地面。这种可报警的活性物质(二甲基亚甲基十二碳三烯)至少已在三个属的蚜虫中找到。玉米田蚁(*Lasius alienus*)在受到惊扰时会分泌一些挥发性的有机物质,其中一些属于萜烯,在极低的浓度下($10^9 mol \cdot cm^{-3}$)便可起作用,这些物质可引起蚂蚁无方向地四处逃散。

白蚁的报警信息素与一般报警信息素的作用相反,它有招募其他白蚁的作用。当白蚁巢壁被捣毁时,附近的白蚁就会释放一种报警信息素,其他白蚁感知后就会赶来共同修补被破坏的巢壁。

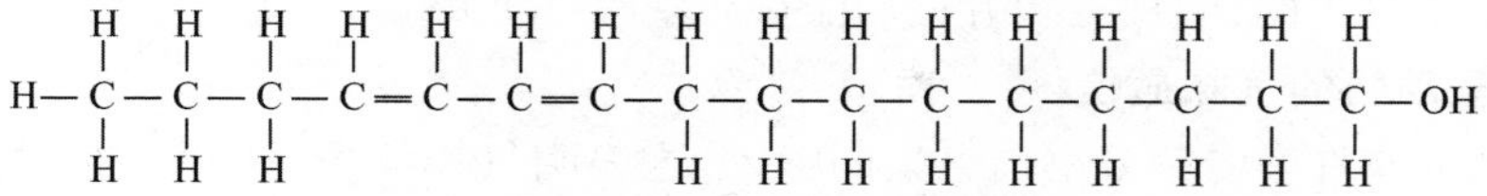

(a)蚕蛾信息素（蚕蛾醇）

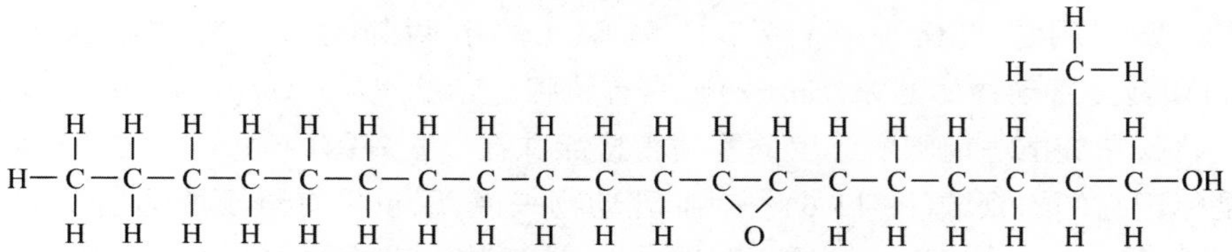

(b)舞毒蛾信息素（环氧十九烷）

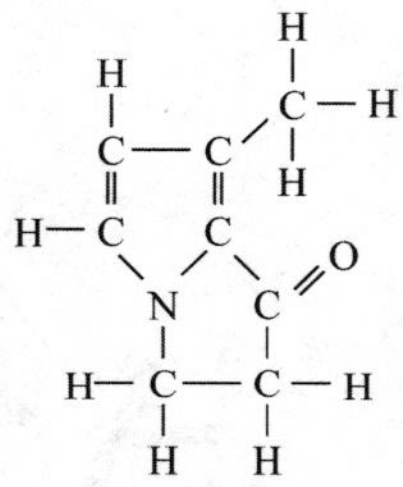

(c)王蝶信息素

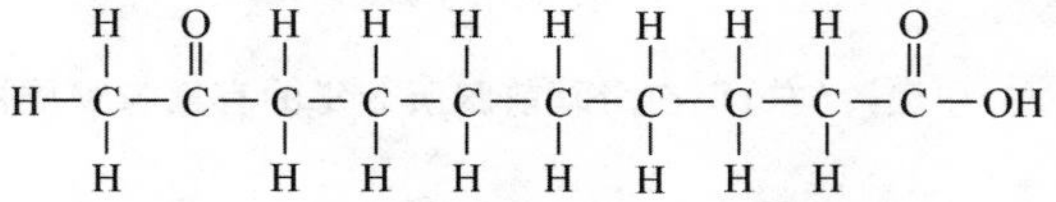

(d)蜜蜂蜂王信息素

**图 11-5　四种昆虫信息素的化学结构式**

### （二）鱼类的嗅觉通信

许多鱼类的配对行为和社群行为都是由信息素来控制的。通常雌鱼排卵后就会从卵巢中释放出一种信息素(存在于卵巢液中)，这种化学物质可激发雄鱼的求偶行为。试验证明，雄性的金鱼(*Carasstus auratus*)单凭嗅觉就能辨认出未排卵和已排卵的雌鱼。

关于鱼类报警信息素的研究是很有名的，这种所谓的惊吓物质最早是由 Frisch(因蜜蜂舞蹈语言的研究而获得 1973 年诺贝尔奖)在观察鲹鱼(*Phoxinus phoxinus*)时偶然发现的。他把一只受了伤的鲹鱼放入一个水族箱里，发现其他鲹鱼朝各个方向四散而逃，而在正常情况下鲹鱼是喜欢结群的。Frisch 认为是鲹鱼受伤的组织释放了一种报警信息素引起了其他个体的逃避行为。为了证实这一假设，他开始训练一个湖泊中的鲹鱼到一个固定地点取食，方法是用一根管子把碎蚯蚓肉送入水中的固定取食地点，当鲹鱼已经形成到固定地点取食的习惯后，便把这种提取的报警信息素在鲹鱼取食的同时释放到水中，结果鲹鱼的行为与预想的完全一样——四处逃散。当在实验室的水族箱中重复这一试验时，结果也是一样。所不同的是在水族箱中还观察了其他各种物质对鲹鱼行为的影响，发现只有从鲹鱼受伤组织中提取的物质才有惊吓作用。这表明，鲹鱼的报警信息素的确是来自受伤的组织而不是来自其他组织。皮肤中有专门分泌这种物质的细胞，它们不同于那些分泌黏液的细胞。另一方面，嗅觉功能对于引起惊吓反应是不可少的,而视觉和听觉功能对此则不甚重要。

**(三) 哺乳动物的气味通信**

哺乳动物具有许多专门分泌信息素的腺体,这表明气味信号对哺乳动物的生存和繁衍是很重要的。这些腺体大都是由皮脂腺衍生来的,有时皮脂腺局部膨大,如鹿和其他偶蹄目动物的头部或后肢有明显的臭腺,而羚羊的臭腺则位于两蹄之间。有些啮齿动物如水䶄(*Arvicola*)和食虫目动物如鼩鼱(*Sorex*)则具有肋腺。印度黑羚(*Antilope cervicapra*)和奥羚则具有眶前腺,它们把眶前腺所分泌的物质直接涂抹在一些外露的物体上,如树枝和草叶的顶端,为的是标记它们的领域(图 11-6)。对哺乳动物来说,尿也具有重要的通信功能,尿中含有包皮腺的分泌物,这些分泌物被释放到尿道中,可以反映出动物的内分泌状态。

**图 11-6　印度黑羚(左)和奥羚(右)正在用眶前腺所分泌的有气味物质标记树枝和草叶的顶部**

哺乳动物的两性关系、亲幼关系、社群关系和领域行为都有赖于气味通信。小袋鼯鼠(*Petaurus breviceps*)是一种可在空中滑翔的夜行性有袋动物,这种动物的头部、胸部、肛门周围和育儿袋内都有产生气味的腺体。小袋鼯鼠一般由 6 只成年个体及其子代组成一个小群,并占据一定的领域,领域的气味标记工作通常只由 1 或 2 只优势雄性个体来完成,保卫领域的任务主要也由它们承担。有趣的是,雄性袋鼯鼠对经常和自己在一起的雌性个体也用头部腺体的分泌物作气味标记。可见,气味已经成了它们识别个体的主要手段。个体识别不仅存在于成年个体和两性之间,而且也存在于母子之间。优势雄性个体的气味可以抑制较年轻个体的交配行为、气味标记行为和领域行为。

## 五、接触通信

接触通信是指靠身体接触所进行的通信,很多动物都有这种通信方式。例如,蜜蜂中的工蜂用触角触摸舞蹈蜂的身体,以便获得蜜源所在地的信息;鸟类常常彼此互相整理羽毛,以便增强个体之间的社会联系和信任感。狗的优势个体有时会把自己的前足搭在一个从属个体的后背上,这显然是显示自己优势的一个信号,尽管人们看上去很可笑。

在灵长动物中,触觉通信的方式很多,身体接触极为频繁。接触通信的一种常见形式是梳理行为(*grooming behaviour*)。大多数原猴亚目的猴类(最原始的灵长类动物)都是用“齿梳”(由较低的门齿和犬齿组成)彼此梳理皮毛。真猴类和猿类的接触通信要比狐猴和跗猴复杂和发达,它们可以用手把体毛左右分开并可用食指和嘴唇拿取毛被下的细小颗粒。上述这些活动除了具有清洁毛皮的作用外,还具有重要的社会功能。灵长动物用于通信的接触方式很多,如挤靠、舌舔、吻、碰撞、拥抱、口咬和轻轻拍打等。

花园蜗牛(*Helix pomatia*)是一种雌雄同体的软体动物,它们的交配十分有趣。对它们来说,性别识别问题就变成了物种识别问题,而且它的求偶方式也非常奇特。起初,两只蜗牛只是以黏滑的身体互相缓慢地缠绕,使人觉察不出将要发生什么事情;但突然间,每只蜗牛都会把一个交尾矢(love dart)刺入对方体内(图 11-7);此后两只蜗牛迅速回缩,实际上是被刺中以后的疼痛反应,如果彼此没有受到严重伤害的话,便分开后各走各的路。

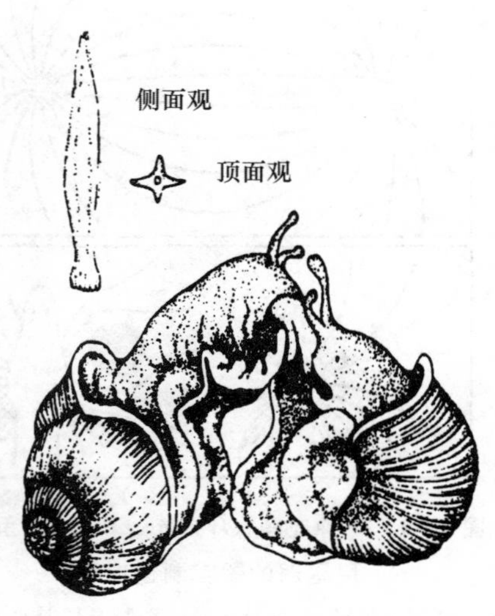


**图 11-7　两只花园蜗牛正在交尾**

左上图是蜗牛交尾矢的侧面观和顶面观

在有些情况下,接触可能意味着立即死亡。例如,跳蛛和狼蛛都是凶猛的积极捕食猎物的蜘蛛,它们的眼睛很发达,所捕食的猎物与自身大小差不多,而雄蛛的身体又比雌蛛小,所以当雄蛛接近雌蛛并试图与其交配时,就存在着被雌蛛当成猎物吃掉的极大风险,所以雄蛛在接近雌蛛时常常极为小心(参见图 3-3);或是事先发出明显的表明身份的信号,或是采取其他的防范措施。在某些节肢动物中,雄虫的命运就不那么幸运了,一只欲与雌螳螂交尾的雄螳螂经常会被它的配偶捕而食之。奇怪的是,被咬掉了头的雄螳螂,其交配的动作反而会变得更加强烈,雄螳螂的牺牲为雌螳螂提供了一顿美餐,这在客观上有利于雌螳螂体内卵子的发育。也许正是由于这一原因,自然选择才保留了这一残忍的行为习性。接触通信也是鸟类中一种较为常见的通信方式(图 11-8)。

**图 11-8　鸟类的接触通信**

一只鸟正在给另一只鸟梳理羽毛

## 六、电通信

众所周知,电鱼可借助于电器官的放电制造电场,使它们能感知水中的各种物体,这是超乎人的感知能力的一种感觉,因而引起了人们极大的好奇心(图 11-9)。电信号实际上也是动物的一种通信手段。据研究,鱼类释放电波的形式是具有物种特异性的,也就是说,每种电鱼都有自己所特有的放电形式。不仅如此,有些电鳗(例如 *Sternopygus macrurus*)雌雄两性在静止不动时所释放电波的形式也不相同,雄电鱼可借助改变自己电波释放形式来对雌鱼做出反应。生物学家认为这是雄鱼求偶行为的一种表现。在配对时,雄鱼或雌鱼常改变自己的放电频率,使其刚好高于或低于对方一个倍频程。当雄鱼进入生殖状态时,它的电波形式就会发生明显变化。例如,每当雌鱼从它的隐蔽场所附近经过时,它就会增加放电频率或采用间歇放电的形式。

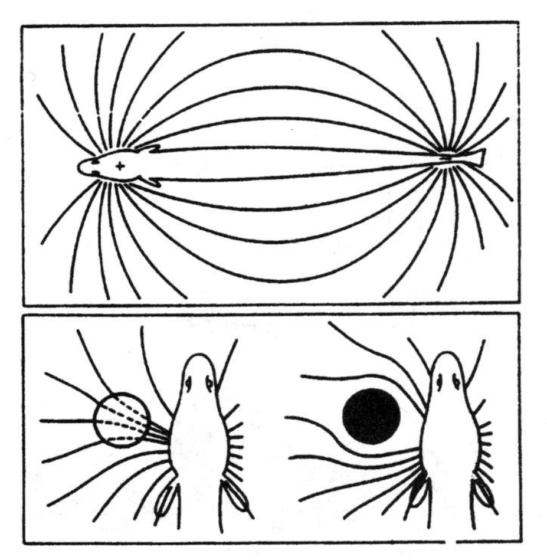

**图 11-9　一种电鱼(*Gymnarchus*,裸臀鱼属)用尾部的器官制造电场**

尾部是负极,头部是正极。动物身体是良导体,如下左图中的白圈所示;一块石头是不良导体,如下右图中的黑圈所示

有些电信号的功能与聚集信息素相似。当电鳗(*Electrophorus electricus*)在捕到猎物时,便改变它的电量输出,以极高的频率和极大的电量放电。在这种情况下,同种个体会"闻讯"赶来。显然,这种信号有吸引和聚集同种个体的作用,很像是鸟群中的一只鸟在找到食物后,通过炫耀行为召唤其他个体前来取食。

有人曾在大水族箱中对裸背鳗(*Gymnotus carapo*)的电信号进行过研究,这种电鱼有时彼此互相攻击和撕咬,这种行为常常伴随着放电量的急剧增加,过后很快便又恢复到静止时的正常放电状态。类似的事例还有长颌鱼科的几种鱼,在发动攻击时(通常是用头顶撞)总是伴随着放电频率的迅速增加。战败个体或从属等级的个体则很快会降低放电频率或有几分钟完全停止放电。现已证明,这种长时间的中止放电是从属个体所特有的一种认输行为,很像是哺乳动物在战败时头部低垂、兽毛紧贴其身的认输屈从的表现。可见,电鱼的电信号同其他动物的视觉信号、听觉信号和气味信号一样是具有明确的社会含义的。

## 第二节　通信的功能

地球上所有种类的动物都有自己的通信系统,这些通信系统可满足本物种的特定需要,并可将物种内个体间的相互作用加以协调和组织,由此导致的通信方式的多样性是任何简单的分类法都无法归纳的。因此下面的分类也决非完整和无所遗漏。

### 一、通信的种间功能

有些海洋鱼类专门让一些小型的"清洁鱼"清除自己体外的寄生物。这些小清洁鱼分属于几个不同的科,而它们又与被清洁的对象毫无亲缘关系。几乎所有的清洁鱼都具有黄色或蓝色的身体,并生有黑色的纵条纹(图 11-10),Eibl-Eibsfeldt(1959)认为这可能是一种职业信号,对前来清洁身体的"顾客"起着广告作用。人们最常见和最熟悉的一种清洁鱼就是裂唇鱼(*Labroides dimidiatus*)。1973 年,Potts 曾在 Aldabra 岛的浅珊瑚水域研究过这种清洁鱼的行为学。成年鱼是成对生活的，具有极强的领域性，由于其攻击行为随着离领域中心距离的增加而减弱，所以它的领域范围是很难确定的。

清洁工作的信号是由清洁鱼及其清洁对象双方发出的，当裂唇鱼遇到一个顾主时便跳一种波浪舞，以便把自己蓝色的身体及其黑色条纹展示给对方，然后便靠近和稳住顾主。稳住顾主的通常方式是迅速接近对方并与顾主处于平行的位置，然后用腹鳍触摸顾主。有时清洁鱼在顾主一侧蜿蜒而行，发出更强的触觉信号。通常，清洁鱼在开始清洁工作之前可以同时稳住很多顾主。顾主鱼的种类很多，从小型的珊瑚鱼到开阔海洋中的凶猛鱼都有，其中也包括鲨鱼。顾主邀请清洁鱼为自己工作的姿势随种而异，其中最常见的邀请姿势是头向上或头向下。很多种类的顾主鱼都允许清洁鱼进入它们的鳃和口腔，顾主身体上的外寄生物正是清洁鱼所要取食的食物，这些食物是一些清洁鱼的唯一食物来源。

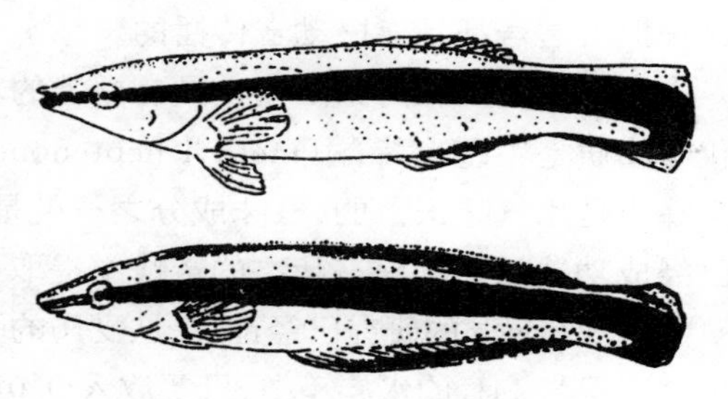

**图 11-10　裂唇鱼及其模拟者**

上图是一条裂唇鱼(*Labroides dimidiatus*)，下图是它的模拟者 *Aspidontus taeniatus*

淡水鱼中也曾发现过这种有趣的清洁共生关系，如蓝鳃太阳鱼(*Lepomis macrochinis*)。蓝鳃太阳鱼的幼鱼只限于给同种个体做清洁工作，但成年鱼则常常为其他种类的鱼，如黑鲈(*Micropterus salmoides*)做清洁工作。黑鲈邀请清洁鱼为其工作的姿势是头向下的一种炫耀姿态，类似于取食的姿态。清洁鱼的工作地点往往限定在一个特定的区域，俗称"卫生站"。

裂唇鱼在最终靠近一个顾主前的波浪式舞蹈，实际上非常类似于同种竞争个体相遇时所表现的炫耀行为。据研究，清洁炫耀行为正是起源于种内的这种炫耀行为。有几种色彩炫丽的虾(如猬虾 *Stenopus hispidus*)也为鱼类做清洁工作，这些虾采用接触信号，并上下挥动它们具有红白条纹的身体和附肢。显然，猬虾对它的清洁对象来说是不可食的，因此它们很少受到骚扰，常被允许在顾主体表自由爬行，甚至可自由出入顾主的口腔。很明显，这种关系对双方都有好处，清洁虾从这种关系中可以得到食物，而作为清洁对象的鱼类则可清除掉身体表面的寄生物。

在各种各样更为持久的种间关系中也常常使用种间信号，鰕虎鱼喜欢利用鼓虾属(*Alphaeus*)的虾所挖的洞穴作为自己的隐蔽所，常常守在洞口处，它对鼓虾的回报是靠轻轻的摆动尾巴向鼓虾报告危险。如果附近没有鼓虾存在，鰕虎鱼是从来也不会发出报警信号的，而在洞外的鼓虾则是用触须触碰鰕虎鱼的方法来告之自己的存在。寄居蟹(*Eupagurus* spp.)与各种海葵(如疣海葵属 *Adamsia* 和 *Calliactis* 属)的关系和蚂蚁与蚜虫的关系是通信的种间功能的另外两个例子。

## 二、通信的种内功能

### (一) 报警信号

在所有的社会性动物和很多非社会性动物中都存在着报警行为，如，乌鸫的报警鸣叫、野兔的捶击地面等，羚羊在逃跑时总是把白色的臀斑暴露出来以便向同伴报警。有螫刺的社会性昆虫通常都具有极发达的报警系统，很多种类的蚂蚁和白蚁，其身体腹部的边缘都具有摩擦发声的装置,可以发出由空气传播的短促高频音,也可与地面摩擦产生振动音。蚂蚁不能感受由空气传播的声音,但对地面的振动音非常敏感。蜜蜂和蚂蚁都依靠焦虑不安的跑动来报警,这种报警信号都是靠振动音传播的。

大颚腺和肛腺的分泌物也具有报警的功能。已知香家蚁(*Tapinoma nigerrimum*)的报警化学物质是甲基庚烯酮(methyl heptenone)和丙基异丁基酮(propyl-isobutyl-ketone)。有刺蜜蜂也是用气味报警的,气味成分之一就是香蕉油或乙酸异戊酯(iso-amyl-acetate),这种物质已经成功地从处于兴奋状态的蜜蜂中提取了出来。

Von Frisch 的研究已经证实,从受伤的鲹鱼皮肤可以释放出一种极为有效的报警物质。在一个容积为 14L 的水族箱中,只要放入 0.01mm$^2$ 的鲹鱼皮肤(约 0.002mg)就能产生报警作用,并导致水族箱中的鲹鱼四处逃散。显然,这种报警物质是通过进化产生的一种特殊信号,因为这种物质是在特化的上皮细胞(杵状细胞)中生产的,只有当组织受伤时它才能被释放出来。

鸟类报警主要是靠鸣叫。有趣的是,当危险来自空中时,报警鸣叫者往往是处于不动或隐蔽状态,发出的是清亮的高频音,这种声音的开始和结束都很柔和,使空中的鹰隼很难判断发声者所在的位置。当危险来自地面时,报警者往往是在飞翔中发出报警鸣叫,这种叫声响亮、尖锐但不连贯。报警鸣叫可依叫声的强弱传达不同的信息:当银鸥停在水面较为安全时,常常只发出比较微弱的报警鸣叫声,这种叫声能提高周围同伴的警惕性,听到这种叫声,同伴们只是四处观望;相反,当银鸥栖于陆地和危险迫近时,则发出响亮和尖锐刺耳的叫声,其他个体听到这种叫声就会马上飞走。

声音报警信号在哺乳动物中也很常见,如麋鹿和驼鹿的吼叫、羚羊的啸叫和灵长动物的尖声喊叫等。

视觉报警信号也极为普遍,如鸽、鹨和八哥等鸟群经常靠鲜艳醒目的翅羽或尾羽传递信息。在社会性哺乳动物的肛门生殖区往往具有醒目的颜色,这些颜色对其他个体具有明显的信号意义,瞪羚在逃跑时总是把尾下的白斑充分暴露出来,具有报警和迷惑捕食者的作用。

很多报警信号实际上都是警告其他个体迅速走开或逃离的信号。很多种类的蝗虫虽然在受到惊吓而跳跃时不发出报警鸣叫声,但它们在跳跃前常发出一系列短促的声音脉冲,这种声音脉冲对邻近个体则具有报警作用。林姬鼠(*Apodemus sylvaticus*)在受到惊扰后总是一边尖声鸣叫一边逃走,而在正常运动期间则不发出叫声。一种更为特化的信号是在遭到捕食时发出的,如大声尖叫、暴露眼斑和释放驱避物质等,这些信号的功能显然不是为了通信,而是为了惊吓捕食者,附带也能起到报警作用。在大多数物种中,相邻个体一接到这种信号就会马上飞走。在寒鸦和椋鸟中,这种叫声可引起其他个体的激怒反应,对捕食者形成群起而攻之的局面。

**(二)食物信号**

在社会性昆虫中,有着微妙和复杂的传递食物信息的信号。一只觅食蚁发现食物后便回到巢中用焦虑的跑动和挥舞触角的方式吸引其他蚂蚁的注意,它们纷纷用触角触摸觅食蚁的身体,以便了解食物的种类和性质。在原始的蚂蚁种类中,觅食蚁通常是把同伴直接带到食物所在地;而在较为高等的蚂蚁种类中,觅食蚁则在回巢途中一路留下气味,巢中的蚂蚁依据这些气味标记就能自行找到食物。

有些无螫针蜜蜂的食物通信信号与蚂蚁很相似,侦察蜂发现食物后便飞回蜂箱,用不规则的跑动激发其他工蜂的热情，此后这些工蜂便会离开蜂箱去觅食，但这种觅食方式显然是随机的。在学名为 *Melliponini* 的一种无螫针蜜蜂中，侦察蜂在发现食物后的回巢途中，总是每隔一定距离便排放一点有气味物质，回巢后它会用焦虑的跑动示意其他工蜂跟随它一起飞向食物所在地。

食物信号从简单到复杂、高效曾经历过一个进化过程，这个进化的顶点就是现代蜜蜂（*Apis mellifera*）的舞蹈通信。侦察蜂回巢后通过舞蹈和其他行为可以向同伴传递 4 种信息，即食物的类型、食物的数量和质量、食物的距离和食物的方位。食物的类型是靠黏附在体毛上的气味和反吐出的少量花蜜和花粉来传递的；食物的数量和质量是靠舞蹈的持续时间和舞蹈者的兴奋程度来传递的，舞蹈者越是兴奋，其腹部振颤的频率也就越高；食物的距离首先是由舞蹈类型来决定的（是圆圈舞还是 8 字舞），其次则决定于跳 8 字舞时走中间直线的长度，舞蹈蜂在走中间直线时通常是一边走一边左右摆尾。如果食物源离蜂箱很近，侦察蜂返回蜂箱后就会跳圆圈舞（图 11-11），即只是简单地走圆圈。对蜜蜂的澳大利亚亚种（*A. m. ligustica*）来说，食物距离蜂箱的距离只要不超过 85m 就跳圆圈舞；但对意大利亚种（*A. m. fasciata*）来说，跳圆圈舞的距离是在 35m 以内。对上述的几个蜜蜂（*Apis mellifera*）亚种来说，跳圆圈舞只是为了表达食物距离蜂箱很近这样一种信息。蜜蜂（*Apis mellifera*）的一个近缘物种印度蜜蜂（*Apis indica*），食物离蜂箱的距离只要超过 2m 就开始跳 8 字舞了。有趣的是，蜜蜂的另一个亚种（*A. m. carnica*）除了跳圆圈舞和 8 字舞之外，还跳一种镰刀舞（图 11-11），镰刀舞是介于圆圈舞和 8 字舞之间的过渡类型。随着食物离蜂箱距离的逐渐增加，镰刀舞会取代圆圈舞，而 8 字舞又会取代镰刀舞。此后，食物距离便开始与 8 字舞中间直线的长度相关了，通常食物距离越远，中间直线的长度也就越大，但两者不呈线性相关，而是食物距离越远，中间直线长度的增加也就越慢。不管在什么情况下，舞蹈蜂在走中间直线时总是一边走一边左右摆尾，而且摆尾的频率是固定不变的，即大约为 13 次/秒。

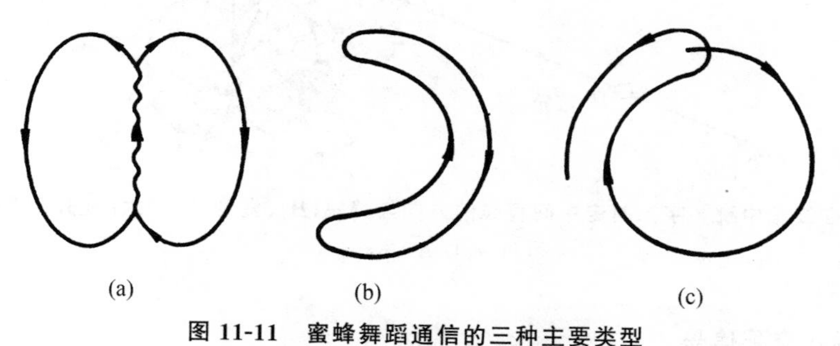


**图 11-11　蜜蜂舞蹈通信的三种主要类型**

(a) 8 字舞；(b) 镰刀舞；(c) 圆圈舞

食物所在地的方位是靠 8 字舞中间直线的方向来指示的（图 11-12）。如果舞蹈蜂在蜂箱中的巢础上是垂直向上走这条直线，就表明蜂箱、食物和太阳是在一条直线上，而且食物是位于蜂箱和太阳之间；如果舞蹈蜂是垂直向下走中间直线，则表明食物和太阳分别位于蜂箱两侧（三者仍在一条直线上）。在上述两种情况下，工蜂离开蜂箱后只要正对着太阳飞或背对着太阳飞就能找到食物。如果舞蹈蜂走中间直线的方向向右偏离了垂直线 $x$ 角度，这就表明食物的地点是在蜂箱与太阳连线偏右 $x$ 角度的方位上；如果舞蹈蜂走中间直线时向左偏离了垂直

线 $x$ 角度,就表明食物地点是在蜂箱与太阳连线偏左 $x$ 角度的方位上(图 11-12)。

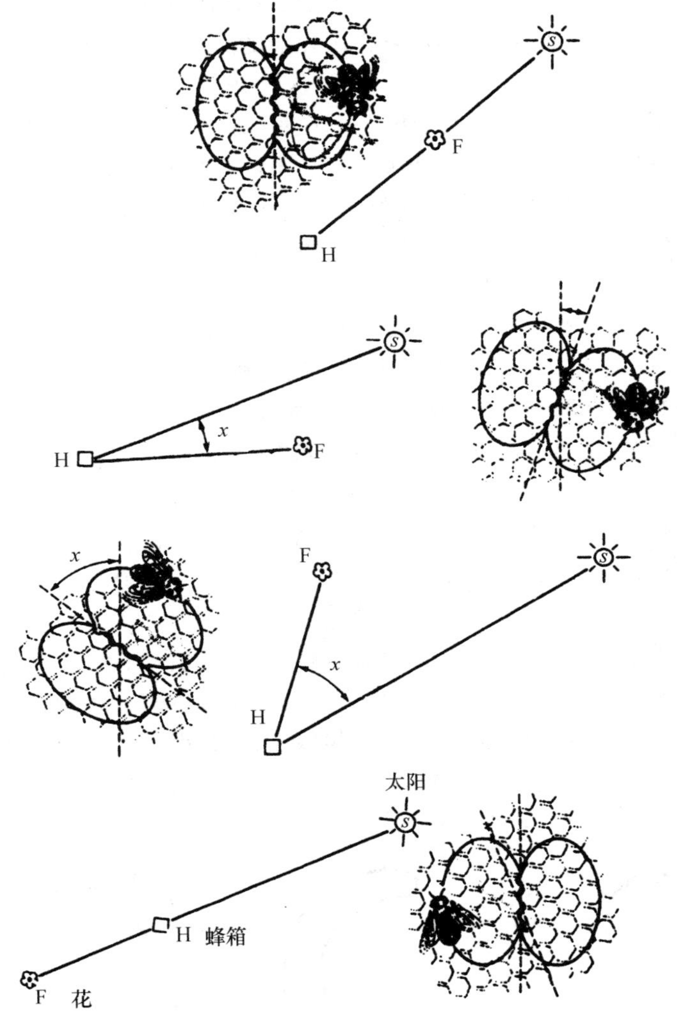


**图 11-12 蜜蜂在蜂箱中跳 8 字舞时走中间直线的方向与蜂箱(H)、食物(F)和太阳(S)三者相对位置的关系**

(仿 M. D. Atkins,1980)

### (三) 求偶和交配信号

求偶信号有两个主要功能: ① 促进两性个体间的相互识别和各自生理状态的相互了解; ② 可使配对双方在生殖上实行合作,以保证卵的充分受精。如果雌雄双方在抚养后代时也实行合作的话,那么交配之后求偶信号仍然具有重要功能,这就是有利于巩固和加强夫妻间的联系。

为了吸引配偶,在进化过程中产生出了很多显明的信号,这些信号是通过视觉、听觉和嗅觉传递的。在大多数情况下都是雄性发出信号,但也有例外,如雌性蚕蛾(*Bombyx mori*)是靠释放一种叫蚕蛾醇的信息素来吸引雄蛾的,它是从位于腹部末端的腺体中分泌出来的,在 1mL 空气中只要有不到 14 000 个蚕蛾醇分子便能引起雄蚕蛾的反应,这个浓度是极低的。雄蚕蛾的化学感受器位于它的羽状触角上,只要一感受到雌蚕蛾释放的性信息素,雄蚕蛾就逆风飞行，在天气好的条件下能从几千米以外的地方飞到雌蚕蛾的身边来。在这种情况下，信号的显明性和有效性显然是决定于雌蚕蛾性信息素的释放量和雄蚕蛾的极端敏感性。

靠听觉信号传递信息的最好例子就是同翅目的蝉。澳大利亚蝉(*Cystosoma saundersii*)可发出 800Hz 的低频声，其声音强度在 80dB 以上。但由于雄蝉有聚集行为，所以其声音强度还远不止此，常常会达到 100dB 以上，并能传播到很远的距离。由于雌蝉的感受器对 800Hz 的低频声最为敏感，并具有最大的指向性(directionality)，所以常常被吸引到鸣叫着的雄蝉群体的中心部位。但是，雌蝉一旦进入雄蝉群体中就会因极强的雄蝉的叫声而丧失定向的敏感性。在这种情况下，雌、雄蝉最终相会可能是靠雌蝉释放信息素吸引雄蝉，但这种信息素目前尚未得到证实。

直翅目昆虫也会利用声音信号传递信息，它们的发声是靠前翅互相摩擦(蟋蟀和螽斯)或是靠后腿摩擦前翅(蝗虫)。这些声音的强度有时很高，如草螽(*Homorocoryphus nitidulus vicinus*)的发声强度(在声源处)可高达 120dB。在蟋蟀和螽斯中只有前翅闭合时才发出声音，而在某些蝗虫中只有后腿下移时才发声，这就使声音具有了脉冲性和物种的特异性，且主要是决定于前翅的闭合速率和后足上下的移动速率。声音频率则取决于前翅的特定发声区，发出的声音可能是单一的纯音(蟋蟀)，也可能是广谱音(螽斯和蝗虫)。单一纯音的好处是用于发声的全部能量均集中形成一个频率，因此这一频率的强度比广谱发音中的任一频率强度都大。如果感受器的感受能力相同的话，这一单纯音就能传送到距离更远的个体。单纯音的缺点是难以定位：动物为了判断声音来源，就必须比较和分析来自双耳的声音。单纯音往往只从环境的一个方面传送，如只从左面或右面，因此动物为了能精确地判断声源就必须移动位置以便能全方位地审视环境，或换个位置对声源作三角测量。对于广谱音的声源就不需要采取这种办法加以定位，因为组成广谱音的每个频率都提供着略有不同的方位信息，接受者听到声音后对不同频率的声音成分加以比较，就能够精确地判断出声音的方位，而无须移动位置。

动物在进化过程中出于对视觉通信的需要(即在一定距离以外发送视觉信号)而产生了生物发光，发展了各种炫耀动作和各种鲜艳色彩，或是三者兼而有之。*Photinus* 属的萤火虫(鞘翅目萤科，Coleoptera，Lampyridae)发展了各种发光信号，这些发光信号在不同物种之间是不一样的。一种萤火虫的雄萤发出的信号可以诱使雌萤做出该种所特有的发光反应，从而使雄萤能够找到雌萤。

*Photinus* 属的萤火虫在进化中发展了一种最有效和最显明的视觉信号。该属所有种类的萤火虫都是“漫游者”，雄萤总是单独地在空中到处飞翔，并发出本物种所特有的闪光；雌萤接收到这种闪光后便会做出相应的发光应答，而雌萤发光的持续时间和间隔时间都具有物种特异性，因此可向雄萤提供物种信息、性别信息和地点信息。在雄萤飞到雌萤身边以前，双方始终都在用光信号进行联系。

有些种类的萤火虫，其雄萤可以从印度漫游到新几内亚和澳大利亚的北部，它们停栖在植物上吸引雌萤，这些萤火虫大部分都属于 *Pteroptyx* 属，它们最典型的特征之一就是雄萤同步发光，有时整棵树或整个树林都被这种同步发光的萤火虫所覆盖，其景色极为壮观。这些群聚的萤火虫大约每 500ms 同步发光一次，个别误差不会超过 20ms。显然，萤火虫的群聚地点每年都是固定不变的。由于萤火虫的成虫只能活大约一个月，所以群聚地点必须具有持久的吸引力，只有全年都能进行繁殖的物种才能实现这一点，这也能说明为什么这种现象只有在热带地区才能见到。在印度西部也有萤火虫群聚发光的现象,但这些种类萤火虫的发光是不同步的。同步发光可能是群聚发光的进一步发展,以便增加发光效率,使其能传播更远的距离。

萤火虫的发光信号可根据需要而终止或开始,但大多数视觉信号都是永久性的装饰物,不利于动物自身的隐蔽。鸟类之所以进化出鲜艳的羽毛是因为它们有敏锐的视觉,并能借助于飞翔逃避捕食者。但即使是这样,鲜艳羽毛的进化也是受到限制的。例如,很多鸟类的鲜艳羽毛只限于长在胸部,因为当它们伏在巢中时,这些鲜艳羽毛是看不见的,鸟类的背部往往是隐蔽色。

在雌雄个体之间求偶行为一旦开始,整个求偶过程就会按固定的程序进行下去。有些程序极为简单,很快便能导致两性个体的交配,如草蠡(*H. n. vicinus*);有些程序较为复杂,如三刺鱼(*Gasterosteus aculeatus*)的求偶反应链(图 11-13)。三刺鱼的求偶行为,其功能主要是作为一个信号系统使雌雄两性个体的行为相互配合、相互适应,最终达到入巢排卵、授精的目的。实际上,图 11-13 中所绘的求偶反应链是大大简化了的,在反应链的早期行为之间经常插入其他动作,如所谓的"背刺"动作,即雄鱼游到雌鱼的下方用它的背刺刺戳雌鱼,然后它可能游到河底,在它用水草黏贴在河底的巢中间穿行以便形成巢道。显然,每一个信号都有利于引起对方做出反应链中的下一个行为反应。

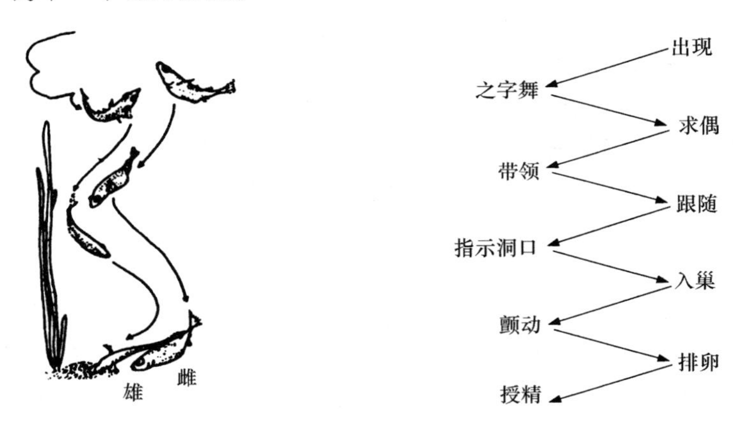


**图 11-13　三刺鱼的求偶反应链**

(仿 Lewis,1980)

### (四) 亲子间的信号

到目前为止,研究得最充分的亲子信号就是前面曾讲过的银鸥雏鸥的乞食反应。雏鸥通过啄击亲鸥喙尖上的红点就能够从亲鸥那里得到食物,亲鸥是把食物反吐给雏鸥的。Tinbergen 的研究表明,成鸥黄色喙上的红点是一种特殊信号,具有释放雏鸥啄击反应的功能。

在晚成性(或留巢性)鸟类中,亲鸟是把食物直接送入幼鸟张开着的口中的,幼鸟对停落在巢边的极普通的物体都会马上做出张口反应;同样,成鸟一见到幼鸟鲜红色或橙黄色的口也会做出喂食反应。在鹑鸡类鸟类中(如家鸡),幼鸟奔向食物是靠母鸡的呼叫和食物的引诱。另外,幼鸟周围其他个体(幼体和成体)的啄食行为也能促进幼鸟的啄食,并有利于幼鸟能快速学会识别新的潜在的食物类型和食物源。所有这些信号和行为的功能都是为了使幼鸟能得到食物。

很多动物的幼体也发展了呼救信号。小鸡躁动不安的叫声可把母鸡吸引到身边来。在鼠科(Muridae)和仓鼠科(Cricetidae)啮齿动物中，当把它们的幼鼠从巢中取出时，幼鼠就会发出一种超声波。在实验室里，小鼠(*Mus musculus*)的呼救叫声约持续 10～140ms，其频率在 45kHz 和 88kHz 之间，远远超过人耳所能听到的声音上限 18kHz。小鼠的这种超音叫声是为了呼叫母鼠，将幼鼠移出巢外，它就会发出这种呼叫，母鼠就会赶来咬住它的脖颈把它送回巢中。为了避免被母鼠咬伤，幼鼠发声的强度会增加，其作用是抑制母鼠的攻击性。在大多数已研究过的鼠科和仓鼠科动物中，幼鼠的超音叫声有两个功能，一个是向母鼠呼救，一个是抑制攻击行为。

**(五) 聚集信号**

对聚集信号研究得最好的一个例子就是黏菌变形虫，科学家曾研究过黏菌变形虫属(*Dictyostelium*)中的好几个物种，但对其中的一种(*D. discoideum*)研究得最为详细。黏菌变形虫的聚集是开始于食物资源耗尽之时，此时，变形虫就开始向聚集中心移动，已聚集在一起的变形虫各自再移动一小段距离，然后便形成一个含有分化的轴细胞和孢子细胞的果体(fruiting body)。

据研究，引起聚集的信号是一种周期性分泌的环腺苷酸(cAMP)，它是被黏菌变形虫释放出来的，每隔 5min 呈脉冲式释放一次。当 cAMP 的浓度较低时，只能引起趋化反应；但当浓度较高时，不但能引起趋化反应，而且导致其他个体也呈脉冲状释放 cAMP。此后便会出现一个至少 2min 的无反应期，在此期间，变形虫对 cAMP 的脉冲释放变得极不敏感。每次脉冲释放都是非常短命的(不足 2s)，因为细胞内磷酸二酯酶会使 cAMP 很快失去活性。这些情况可以保证黏菌变形虫只能被其他个体释放的信号所激活，而不会受自身释放信号的影响。

**(六) 个体对抗时的信号**

对抗行为(agonistic behaviour)是指同种个体为争夺资源(如食物、配偶等)而发生的争夺、对抗和战斗，它包括攻击、退却和威吓等。从动机角度分析，威吓是处于攻击和退却之间的一种动机状态，它既有攻击成分，又有退却成分，表现在行为上就属于折中行为或矛盾行为。恰恰是在威吓行为上，信号得到了最大的发展，因为威吓行为常常可以取得攻击行为所能取得的效果而无须付出多少代价。

威吓行为在无须对抗双方接触的情况下就能解决个体之间的矛盾冲突，更重要的是还可避免使双方受到伤害。对鸟类的大量研究表明，鸟类有时在彼此没有看到对方的情况下。只凭鸣叫声就能解决领域之争。有时两条斗鱼在发生冲突时，其中一条只要在对手的侧面和前面作些炫耀动作，对手就会逃走，这是因为战斗双方的实力往往不相等，因此实力较强的一方只要用一定的炫耀信号显示自己的实力，就会使对手不战而退。

个体间的战斗一旦发生，威吓信号常常可以起到提示对方不要把攻击点选在要害部位的作用。例如，雄鹿之间的争偶战斗往往只是用角彼此推顶，几乎从不会用角攻击对方侧腹最易受到致命伤害的部位。动物之间耗尽精力却可以最大限度地减少伤害的战斗方式往往会被自然选择保存下来，因此我们在自然界就能看到罗非鱼(*Tilapia* spp.)的口咬战斗和很多有蹄类动物角对角、头顶头的实力较量等。但是，在种内个体的战斗中，有时也会严重负伤甚至死亡。在蜥蜴(*Lacerta muralis*)发生战斗时，双方总是力图用颚咬住对方的背部或颈部，这是向对方显示战斗实力的一种方式，一只蜥蜴一旦被对方咬住了背部或颈部就会完全处于被动状态。在另一种蜥蜴(*Lacerta melliselensis*)中,咬住对方后往往还伴随着摇头动作,这种动作常常会把对手的脖颈扭断。印度象偶尔会用长牙刺伤对方,狮子在狮群内部的争斗中,偶尔也会发生伤亡事件。

## 三、通信系统的模拟与被模拟

在进化过程中还产生了另外一些炫耀行为,这些炫耀行为可以有效地诱导信号接受者犯错误并从中获得好处。经常被引用的一个例子是某些地面营巢鸟类在其雏鸟遭遇危险时假装翅断腿折的受伤表演,还有鮟鱇鱼晃动一个诱饵引诱小鱼上钩等。鳚(*Aspidoutus taeniatus*)在体色上和波浪式的游泳动作上都极像是一条裂唇鱼(*Labroides dimidiatus*),这种拟态现象能使模拟者(鳚)更有效地接近它的猎物,有人把这种拟态称为侵犯拟态(aggressive mimicry)或 Peckham 拟态。侵犯拟态的一个最好实例是一种萤火虫(*Photinus versicolor*),这种萤火虫雌虫的发光模仿同属的其他 2～3 种萤火虫的发光,这样就可把其他种类萤火虫的雄虫吸引过来捕而食之。兰花螳螂模拟盛开的兰花诱使昆虫上当,也属于侵犯拟态。

脊椎动物对于警戒色(如黑白相间的条纹)不存在先天的识别能力。例如,家养小鸡对于涂有黑白相间条纹的麦粒并不拒食。胡蜂及其他有毒动物的警戒色因其鲜明醒目和容易记忆而得到了进化。警戒色的趋同现象就称之为缪勒拟态(Mullerian mimicry),它的发展完全可以用上述论点加以解释。警戒色往往伴随着其他一些特征出现,如缓慢的运动和体表坚硬革质化等。如果一个无毒可食的物种(黄巢蛾 *Spilosoma lutea*)在形态、颜色和行为上模拟一个有毒不可食的物种(白巢蛾 *S. lubricipeda*),那么这种模拟就称之为贝次拟态,贝次拟态可为模拟者带来生存上的好处,捕食者虽然很容易看到它们,但看到它们后不是取而食之,而是远而避之。贝次拟态对模拟者来说虽然是一个有效的生存对策,但它的进化却受到两方面的严重限制: ① 模拟物种必须限制在被模拟物种的分区范围内;② 模拟者的个体数量相对于被模拟者来说不能太多,否则捕食者第一次取样若取到黄巢蛾就会影响它未来对该种警戒色形成趋避反应。但是对于后一种限制存在一些补救办法,例如,黄巢蛾比其被模拟者白巢蛾在季节上出现得较晚,因此可保证捕食者首先捕食的是白巢蛾而不是黄巢蛾。又如,模拟胡蜂和蜜蜂的食蚜蝇(食蚜蝇科,Syrphidae),当没有经验的出巢幼鸟第一次开始取食它们的时候就对它们的种群数量施加了限制。在很多蝴蝶中,如模拟马兜铃凤蝶(*Battus philenor*)的虎凤蝶(*Papilio glaucus*),其拟态是与性别相联系的,即只是虎凤蝶的某些雌蝶才有拟态,其他雌蝶和所有雄蝶都没有拟态。据研究,拟态型有较高的生存率,但交配率不如非拟态型高,这是平衡多态现象(balanced polymorphism)的一个有趣实例。在所有已知的与性别相联系的拟态中,拟态型都是雌性。与雌性相比,雄性生存的重要性比较小,因为一个雄虫可以使很多雌虫受精。因此,雄性交配的成功率可能更多地取决于物种特有的颜色。

在鸟类和哺乳动物中,拟态现象很少见,但鹟(*Stizorhina frasei*)模拟蚁鸫(*Neocossyphus rufus*)则是鸟类拟态的一个实例。蚁鸫的肉是不可吃的,因为它以蚂蚁为食,蚁酸转入蚁鸫体内使蚁鸫的肉变得不可食。

除了种间拟态以外,还有所谓的种内拟态。种内拟态通常会使被拟个体的适合度下降,一个著名的实例就是 Morris(1952)所描述的十刺鱼(*Pygosteus pungitius*)。一些未占到领域的雄鱼会褪掉它们的黑色,换上一身雌鱼所特有的隐蔽色,从而使自己变为一条假雌鱼。占有领域的雄鱼通常不会阻止假雌鱼进入自己的领域和在自己的巢周围活动。有人曾看到假雌鱼跟随着真雌鱼进入巢中，抢在领域主人为雌鱼授精之前就为真雌鱼授了精，显然，这是无领域雄鱼所采取的一种“偷偷授精”的生殖对策。但也有人认为，假雌鱼混入雄鱼领域只是为了偷吃鱼卵。尽管种群内存在着一定数量的假雌鱼(实为无领域的雄鱼)，但支配正常雄鱼行为的基因必须在种群内得到保存，否则就不会再有雄鱼向雌鱼求偶、授精，也不会有雄鱼建巢。假雌鱼的欺骗行为无疑会使正常雄鱼的适合度明显下降，因为在假雌鱼的行为压力下，正常雄鱼必须把很多时间花费在辨别和驱赶假雌鱼的工作上，甚至花费的时间比向真雌鱼求偶的时间还要多。因此，种群内假雌鱼的数量不能太多，不能超过种群的忍受限度。另一方面，对假雌鱼来说，它模拟真雌鱼模拟得越好，它所获得的好处就越大，因为在这种情况下，它无须做出求偶努力就能达到为卵授精的目的。因此，支配假雌鱼行为的基因也就在种群中占有了一定的比例，虽然这种比例不可能太大。

## 第三节　通信信号的进化

### 一、通信系统进化的一般原理

动物行为的某些成分是遗传的，如果这些成分在同种个体之间存在一些变异，那么就为自然选择提供了起作用的机会，并能导致行为进化。事实上，行为学家利用比较研究法已经极为成功地研究了一些行为的进化过程，其中的一个著名研究实例就是 Lorenz (1941)对鸭科(Anatidae)鸟类求偶行为的研究。雄鸭用嘴梳理羽毛的动作已从其原始形式沿着几条路线发生了演变，其功能也已从最初的整理羽毛演变为求偶，所以有人又称其为假梳理(mock preening)(图 11-14)。绿头鸭(*Anas platyrhychos*)的求偶炫耀与正常的梳理羽毛的动作很相似，其喙沿着部分抬起的翅下侧作梳理羽毛状，并发出“r—rrrr”的叫声，同时把醒目鲜艳的蓝色翼斑(Speculum)展示出来。鸳鸯(*Aix galericulata*)求偶时翅的动作很夸张，它像船帆一样直立起来并把其红色的三角羽区展示出来，与此同时，用喙触碰其橙黄色的次级飞羽，但求偶时不发声。麻鸭(*Tadorna tadorna*)求偶时叫声复杂，发出的是低频音，同时伴随着用强有力的喙击打翅羽的羽干。可见，求偶梳理动作(属固定行为型)的进化是呈辐射状的，这和形态学上的辐射进化是非常相似的。进化理论的基本原理是自然选择对种群内的微小差异逐渐起作用。Lorenz 曾强调固定行为型(fixed action pattern)具有不变的物种特异性，但这并不意味着没有变异。但要想测定这种变异是十分困难的，因为它和形态特征不一样，即使是同一个体，每次的行为表现都可能是不一样的。然而在同一物种的个体之间，多多少少都会有行为的

**图 11-14　四种鸭科(Anatidae)鸟类的梳理求偶**

看起来是梳理翅羽的动作，但其实际功能是求偶；每种鸭在求偶时都把喙指向鲜艳醒目的翅羽

变异。

虽然同一个体的行为表现差异常常掩盖着个体之间的行为差异,但还是有人试图测定这种差异。Dane 等人(1959)曾分析过鹊鸭求偶炫耀的慢放动作,一般认为鹊鸭的求偶炫耀是极为刻板不变的。Dane 等人的测定结果表明,在求偶炫耀持续时间上存在着 10%～20%的标准差。对于一个非信号动作(翅的伸展)的测定表明,其持续时间的变异幅度还要大得多。当然,动作的持续时间仅仅是很多可能的参数之一。显然,测定个体间在动作持续时间上所存在的差异,其任务是十分艰巨的,但 Rothblum 和 Jenssen(1978)却研究了刺蜥(*Sceloporus undulatus*)在摆头炫耀上所存在的个体间差异。摆头是刺蜥最常见的炫耀行为之一,研究表明,刺蜥具有两种不同的摆头炫耀类型:类型 A 是极为刻板不变的,可能是用于物种的识别;类型 B 对同一个体来说也是刻板不变的,但在不同个体之间却存在着明显变异,几乎每个个体都有自己的特点。刺蜥两个个体的摆头炫耀无论在持续时间上,还是在动作幅度上都在统计学上存在显著差异(置信限 99%)。类型 B 炫耀在个体间所存在的差异可能是出于对个体识别的需要。但在其他脊椎动物中,个体识别更多的是依据形态上的差异,而不是行为上的差异。对于大多数炫耀行为来说,要想定量地分析个体间的变异是相当困难的,可能比刺蜥摆头炫耀的定量分析更为困难,因为动物大多数炫耀动作的幅度和类型通常都难以测量。

尽管资料尚不十分充足,但有理由认为,动物在行为上所存在的个体差异是普遍存在的。如果事实是这样的话,自然选择就可以对行为起作用,其作用方式也正如对形态特征起作用一样。根据共同的进化原理,各种可遗传的行为类型都有可能通过进化过程产生出很多不同的行为型,其中的一些行为型则具有了通信功能。对于这种进化过程的研究,大都集中在视觉信号上,但对其他信号也都作过一些研究。下文将简介各种通信信号的进化实例及其涉及的某些问题。

## 二、通信信号的起源及其仪式化

当人们观察到动物各种有趣而奇特的炫耀行为时,一定会觉得其动作滑稽可笑和难以理解。为什么雄性野鸭会把假装饮水的动作和梳理羽毛的动作作为它们求偶行为的一部分呢?为什么狼和其他一些动物用排尿来标记它们的领域呢?为什么猕猴用龇牙咧嘴来表达它们的害怕心理呢?所有这些疑问都涉及通信信号起源的问题。不了解动物的信号是如何发生和演化的,也就无从科学地理解动物的许多行为。

Lorenz 和 Tinbergen 对科学地解释动物信号的起源和进化做出过重大贡献。他们以敏锐的洞察力发现,动物的很多信号都是起源于某些偶然的动作或反应,其伴随条件是这些偶然的动作和反应碰巧对其他动物起了传递信息的作用。动物的一个轻微动作如果是一个重要行为的先兆,那么其他动物若能对这一轻微动作做出反应,从而能预知对方下一步会怎样行动,那对这些做出反应的动物就会带来好处,自然选择也就能在这一过程中悄悄发生作用。下面举例来说明这一原理:一只狗如果在发动攻击前总是先张口龇牙,那么其他动物若看到狗龇牙就跑开,这一行为反应就会因对反应者的生存有利而被自然选择所保存;另一方面,如果经过自然选择,其他动物确实是一看到龇牙的狗就逃跑,那自然选择反过来又会有利于那些把龇牙作为威吓手段的狗。这样,龇牙这一行为炫耀就会渐渐发展成为一种表示威吓的信号。

可以设想,信号最初产生的那些偶然动作或反应一定含有下一步行动的信息,这一点已被大量关于鸟类、鱼类和哺乳动物炫耀行为的研究所证实。在这些动物中,很多信号明显地都是起源于意向动作,例如,鸟类起飞前一定要先把身体蹲伏下来和收缩肌肉,对战斗对手来说,这是发动攻击的先兆;而对异性配偶来说,则意味着对方要靠近自己。当动物从一种主要活动向另一种活动转变时刻所表现出来的动作,往往也为某些炫耀行为的进化提供了素材,这些动作经常能反映出动物在内部动机上的矛盾,如反映动物在攻击和逃跑之间举棋不定的矛盾心态。

据观察,动物的威吓炫耀行为通常是发生在领域的边界地段,而且是发生在从攻击到威吓或到退却的行为序列之中,这表明威吓信号的确是动物处于动机矛盾状态时发生的。对炫耀行为本身进行解析,也能看到这种动机矛盾。例如,一条求偶的雄性三刺鱼(*Gastrosteus aculeatus*)在接近雌鱼的过程中,往往采取一种奇怪的行动方式,即循着一系列短弧路线前进,这显然是接近和避开这两种动机发生矛盾冲突时的折中路线。

对于上述的动机矛盾假说,有人从实验中获得了更直接的证据。这些实验表明,动物的攻击和逃跑倾向是各自独立发生的。1968 年,N. B. Jones 曾详尽地研究过笼养大山雀的威吓炫耀行为。他发现,大山雀会攻击一支从外面伸入笼中的铅笔,但却逃避一只明亮的灯泡。如果把铅笔和灯泡同时呈现在大山雀面前,它就会采取一种折中的行为表现——摆出一副威吓的姿态。可见,威吓实际上是两种动机(攻击和退却)矛盾的表现。

虽然信号是起源于偶然的动作或反应,但在其进化过程中会通过自然选择的作用而加以改进,以利于提高信号传递信息的效率。例如,雄性野鸭靠用喙梳理翅羽的动作来吸引雌鸭,这种求偶动作常因翅上鲜艳羽毛的进化而得到加强。因此我们就能看到,雄鸭在求偶时总是把它的喙指向这些色彩斑斓的羽毛,这方面一个最好的实例就是鸳鸯(*Aix galericulata*)。鸳鸯翅上的鲜艳羽毛已经进一步发生演变,形成了一个垂直的橙色“帆”,每当雄鸳鸯求偶时就会把这个明亮醒目的“帆”立起来,极为引人注目。在鸳鸯那里。原始的梳理羽毛的求偶动作已经仪式化为迅速地向后摆头,并把喙指向橙色“帆”。从功能上讲,这一仪式化的动作已完全失去了梳理羽毛的意义,它唯一的功能就是求偶。

如上所述,仪式化(ritualization)一词主要是指某些动作或形态结构通过进化而得到改造以提高其信号功能。在仪式化过程中所发生的变化包括很多方面,如一些动作经仪式化后常常变得非常刻板守旧、动作夸张和重复进行;有些动作则由于身体上色彩的变化而被加强(如鸳鸯)。当然,仪式化的实际进程是很难被观察到的,但如果把近缘物种的炫耀行为拿来作比较研究,就很容易获得这方面的可靠证据。我们以鸡形目(Galliformes)雉科(Phasianidae)鸟类为例,雉科鸟类在求偶期间最原始的吸引异性的动作就是啄食地面的食物(图 11-15):这一原始特征在原鸡(*Gallus*)那里看得最清楚;在家鸡(起源于原鸡并与原鸡同属)中,公鸡是靠用爪扒土和啄食沙粒的动作向雌鸡求偶的,其仪式化的程度尚很微弱。野生的环颈雉(*Phasianus colchicus*)也差不多是用相似的行为吸引雌雉,所不同的是它有一条强化这一动作的长尾巴。其他雉科鸟类的求偶行为都已不同程度地仪式化了:虹雉(*Lophophorus impejanus*)和孔雀雉(*Polyplectron bicalcaratum*)已演变为有节奏地上下摆头或摆尾。孔雀(*Pavo*)的上述原始动作几乎已经看不到了,巨大尾羽的进化大大加强了求偶行为的效果,雄孔雀在求偶时将尾羽完全展开(称为开屏),同时把喙指向地面。

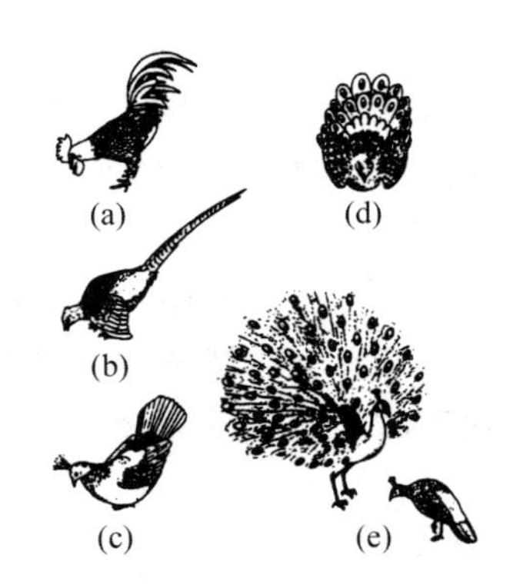


**图 11-15　几种雉科鸟类的啄食求偶**

(a) 家鸡;(b) 环颈雉;(c) 虹雉;(d) 孔雀雉;(e) 孔雀

现在回到本章开头曾讲到的"信号是一个动物利用(或操纵)另一个动物肌力的一种手段"的观点上来谈谈仪式化问题,这实际上是对仪式化的另一种解释。从个体经济学的角度分析,任何信号都要消耗能量,同时也能得到一定的收益。自然选择的基本原理告诉我们,只有当信号能给一个动物带来净收益的时候,动物才会使用信号。因此可以这样说,动物是在利用信号操纵另一个动物的行为,以便使自己获得某种好处。如果事情真是这样的话,又该如何看待信号的仪式化呢?

下面让我们设想:个体 A 是以如下方式操纵个体 B 的行为的,即这种操纵只对个体 A 有利,而对个体 B 不利。显然,在这种情况下对个体 B 有利的行为就是不对个体 A 发出的信号做出反应。换言之,就是抵制个体 A 的信号;个体 B 的抵制反过来将会促使个体 A 发展更有效的信号,以便克服个体 B 的抵制。如增加信号的强度、不断重复同一信号和采取夸张的动作等。当然,这个过程是在连续很多世代内发生的,这是在"操纵者"和"抵制者"之间进行的一场"军备竞赛"式的协同进化过程。协同进化的结果就是信号的仪式化。

"操纵"(manipulation)一词虽然带有一定的拟人色彩,但对很多形式的通信来说,它却较好地说明了仪式化的信号对动物的影响。一个最说明问题的实例是杜鹃雏鸟在巢中借助乞食信号对养父母行为的操纵。可以说,正是杜鹃雏鸟的乞食信号在操纵和利用着养父母的抚育行为,使其有利于本种基因的存活而不利于养父母自身基因的存活。1974 年,B. Trivers 曾指出,在正常的亲幼关系中也会有类似的操纵现象。不言而喻,一个幼小动物自身总是比它与兄弟姐妹之间的亲缘关系更密切。基于这一点,任何一个幼小动物都应当把自身的生存看得比它兄弟姐妹的生存更重要。但就父母来讲,它们同任何一个子女的亲缘关系都是相等的。因此,它们总是试图把资源(如食物)不偏不倚地平均分配给每一个子女。这样在亲幼两代之间就会在资源分配上发生利益冲突。事实上,每一个幼小动物总是试图得到比它应得的一份更多一些的资源,而父母却总是试图平均分配。另一方面,在父母和子女之间还存在着其他利益上的矛盾,子女总想延长父母对自己的抚育和照顾时间(如延长授乳期);而父母在子女发育到一定程度后就会迫使它们尽早过独立生活,以有利于自己再多养育一些后代。例如,当小猴发育到一定年龄时,母猴就不会再让它得到奶头。有些母亲则会把自己的子女从身边赶走,不让它们再回到家庭中来,如河狸和狐狸等。

## 三、化学信号及其进化

作为寻找和识别食物或配偶的一种手段,生物对外界环境中的化学物质(信号)常常会作出敏感的反应。即使是视觉、听觉和其他感觉都很发达的动物,往往对于食物和配偶的最终识别,仍然主要是靠化学感觉。化学信号很可能是一种能够跨越空间距离的最原始的信号系统。

动物和植物都在使用化学信号。褐藻(*Ectocarpus siliculous*)的雌配子可以产生烯烃类物质,具有吸引雄配子的作用。黏菌释放的一种信息物质(AMP)有促进细胞聚集的功能,这种物质最初可能来自细胞内的新陈代谢,是一个非常有效的聚集信号,因为对某些个体,它可穿过细胞膜,影响相邻个体的新陈代谢过程。关于其他动物化学信号的起源,也已积累了不少证据。在小蠹属(*Ips* spp.)中,聚集信息素可能是寄主松树树脂的代谢物。一般说来,代谢产物的信号意义不大,因为它们的浓度常常决定于动物的代谢状态。Wynne-Edwards(1962)曾指出,哺乳动物的信息物质几乎全都来自代谢产物,它们被分泌到皮肤表面或泌尿生殖道和消化道中。雄酮这一化学信号也是来自代谢产物,它可使野猪和其他哺乳动物散发出一种麝香似的气味。据分析,它是雄性激素降解代谢的副产品。就野猪来说,雄激素的靶标器官是唾液腺。正是在唾液腺里,雄酮被生产出来并被释放出去。Amouriq(1965)认为,雌性花鳉(*Poecilia reticulata*)的性引诱物质是雌激素(oestrogen),它是通过生殖孔被分泌出去的,这可以说明为什么雄鱼在求偶的早期总是追逐雌鱼的这一部位。很多报警气味都是来自防御性的分泌物质。蜜蜂在用螫刺攻击其他动物时所释放的化学物质具有报警功能,常可诱使其他蜜蜂也发动攻击。正是由于这一原因,蜜蜂的攻击行为往往是成群的,而且是连续不断地发动进攻。

化学信号虽然是构成大多数物种通信系统的基础,但化学物的释放没有频率和幅度的调整和变化,一种信息物质就是一个确定的指令。对化学信号来说,增加信息主要靠两种方法:① 靠增加信息物质的数量,如蜜蜂就具有很多种外分泌腺体,每一种外分泌腺都能分泌一种不同的信息素;② 如果信息物质是由许多不同的分子所组成的一个复杂的混合体,那么它的化学信号就会有所增加,在这种情况下,混合体成分的细微变化就会带来信号发送者的各种不同信息。对黑尾鹿(*Odocoileus hemionus*)睑板腺(*tarsal gland*)分泌物所做的色谱分析表明,这种分泌物是由各种分子组成的复杂混合体,它的组成成分在成年鹿和幼鹿、雄鹿和雌鹿之间都不一样。黑尾鹿的睑板腺是与年龄、性别和个体识别最相关的腺体,特别是在不同年龄、不同性别中,存在明显差异。

有些昆虫也使用复杂的混合物作为化学信号。一些亲缘关系很近的蛾类,其雌蛾释放的信息物质都是很复杂的化学混合物,其中的一种主要成分对几种蛾类都是一样的;但其他成分依种而各有不同,这些成分可加强对本种雄蛾的吸引力,同时也能抑制其他种类雄蛾的反应。鳞翅目昆虫的另一种策略是释放物的浓度专一性,例如,甘蓝尺蠖和苜蓿尺蠖所释放的化学物质都是一种醋酸酯,但这种化学信号高速率释放时只能吸引甘蓝尺蠖的雄蛾,而低速率释放时只能吸引苜蓿尺蠖的雄蛾。气味信号的混合性和浓度专一性(concentration specificity)在昆虫中是很少见的,但在哺乳动物中却很普遍。这种差异反映了两类动物中枢神经系统组织上的差异;另一方面,也反映了哺乳动物可能有更多的机会来学习特定信号的细微特征。

1963 年,Wilson 和 Bossert 提出,靠大气传送的信息素,其含碳数及相对分子质量都有一定的范围:含碳数不足 5 和相对分子质量不足 80 的信息素为数极少,虽然它们很容易制造和贮存;只要含碳数在 20 以上和相对分子质量达到 300 左右,就可以满足其多样性的需要,无须再继续增大,在这个范围内每个物种的特异性都能得以实现。Wilson 和 Bossert 还曾预测:作为报警信号的信息素,因其无须物种特异性,因此它的相对分子质量应当比性信息素或其他信息素小。事实支持了这一预测:昆虫的大多数报警信息素,其相对分子质量都在 100 和 200 之间,而性信息素则在 200 和 300 之间。同一原理也可应用于在水中传播的化学信号,但两者的传播速度有差异。在大气中,蒸汽压将随着相对分子质量的增加而急剧下降,这一点就决定了气传化学信号的相对分子质量不可能很大。但水中不是这样,因此水传化学信号更多的是使用蛋白质,它的蒸汽压很低,而且可溶于水。

在大气中进行化学通信有许多便利,如化学物质在空气中的扩散速度相当于在水中扩散速度的 $10^4 \sim 10^5$ 倍,这就大大增加了通信的速度,但这也使得信号发送者必须在单位时间内释放更多的信息物质,同时,信号接受者对这种信息物质还必须变得更为敏感。一种信息素的活动空间(active space)可以用 $Q/K$ 来表示,其中 $Q$ 是释放率($\mu g/s$),$K$ 是反应阈值($\mu g/cm^3$)。这比值只有在静止的空气中才能成立;如果是在流动的空气中,活动空间就会偏向信号发送者的一侧。在这种情况下,它就不仅仅是由 $Q$ 和 $K$ 来决定了,还决定于风速和湍流(turbulence)程度。下面的公式可以用来计算在流动空气中化学通信平均所能达到的最大距离(理论值):

$$x = \frac{8Q}{vK} \cdot \frac{4}{7}$$

式中 $x$,通信距离,cm;$v$,风速,cm/s。

动物对来自一定距离以外的化学信号所作出的反应通常是趋流反应(趋风流或趋水流),即迎风而行。只要感受到了刺激便迎风而行,刺激消失时便频频改变方向直到重新接收到刺激为止。如果信号发送者和接受者距离很远,而且风速很大,那么在双方接近之前就不得不释放大量的信息物质,而这是要消耗极多能量的,因此,风速大和随之而来的湍流加剧对动物采用化学通信极为不利。甘蓝尺蠖却找到了解决的办法,它能监测盛行风(prevailing wind)的风速,并能根据风速调整信息素的释放期。当风速很低时,它让生产信息素的腺体表面暴露约 20min;但当风速大约为 3m/s 时,腺体表面则只暴露大约 5min。很多鳞翅目昆虫在天气不好时根本就不释放信息素,直到天气转好为止。

虽然到目前为止,只对少数化学信号的起源进行过研究,但化学信号演化的总趋势是比较清楚的。单细胞动物的信息素有可能演变为后生动物(metazoa)的激素,这些激素偶尔也能作为信息素使用;其他信息素可能是起源于各种降解过程的代谢产物。因此,野猪(可能还有其他哺乳动物)的雄酮很可能是来自雄激素的代谢物,小蠹甲(*Ips* 属)和斑蝶等昆虫的信息素是来自植物的某些化合物的代谢产物。

目前科学家已经弄清了很多信息素的分子结构式,特别是鳞翅目昆虫的信息素。不同类群的动物常常使用基本类型不相同的分子,而且不同种类动物所使用的分子不是在这些方面、就是在那些方面存在着差异。一般说来,哺乳动物的化学信号物质比昆虫外分泌腺的分泌物更为复杂。不过这些物质如何能使哺乳动物的气味具有了信息价值,目前尚不十分清楚。

## 四、视觉信号及其进化

不言而喻的是，视觉信号的进化是与视觉能力密切相关的。例如，动作信号和形状信号的发展是建立在动物对物体的移动和外形有感受能力的基础上的，而颜色信号的发展则是建立在动物有色觉能力的基础上的，随着动物视觉能力的发展和改进，也必将会伴随着新的信号的不断产生。

下面举一个蜘蛛求偶的例子。结网蛛主要是使用触觉信号来求偶的，雄性黄金蛛在开始求偶时先振动雌蛛的网，使其产生特有节律的振动，此后雄蛛才缓慢和小心地接近短视的雌蛛，用伸长的前足和须肢接触雌蛛并触摸雌蛛的头胸部，最后才把它的脚须插入雌蛛生殖板上的成对生殖孔中。所有雄蛛在外出寻偶之前都会在自己的脚须中注满精子，而精子是事先排放在专为此目的而织造的精网(sperm web)上的。因此，雄蛛的脚须(pedipalps)已发展成为一个专门的贮精器和交配器官。由于雄蛛有粗大和结构复杂的脚须，所以很容易与雌蛛相区别。

很多科的蜘蛛，如狼蛛科(Lycosidae)和跳蛛科(Salticidae)，都具有发达的视力，这是因为它们过着积极狩猎的生活方式。这些科的雄蛛在遇到雌蛛时便把自己的脚须和(或)延长的前足作为视觉信号使用，可见某些明显的第二性征也可能具有附加的炫耀功能(如蜘蛛的脚须)。把前足当成炫耀工具的发展趋势也是很有趣的，大多数种类的雄蛛在接近雌蛛期间都是把前足伸向雌蛛。在织网蛛中，前足是一种触觉信号；而在视觉很发达的蜘蛛中，前足又作为视觉信号使用。狼蛛科和跳蛛科中的很多雄蛛都以高度特异性的动作颤动和挥舞它们的前足或脚须。雄蛛的前足、脚须或身体上常常着有鲜艳的色彩，再伴之以附肢特异的动作，使其炫耀行为极其引人注目，这些奇特的炫耀动作可最大限度地减少雌蛛的误会，不会让雌蛛把自己错当成猎物捕而食之。

在舞虻科(Empididae)中，*Empis*、*Empimorpha*和*Rhamphomyia*属的一些雄虻在求偶时总是把事先捕捉好的猎物送给雌虻，以便最大限度减少自己被吃掉的危险。当雌蛛吃雄蛛送上的猎物时，雄蛛便乘机上前与其交配。在*Hilara*属和*Rhamphompia*属中，雄虻在求偶前先捕获一只猎物，此后便和其他雄虻一起在空中飞舞，成群的雄虻对雌虻有较强的吸引力，雌虻最终总会飞入雄虻群中并与雄虻交配。*Empis*属中还有一些种类，雄虻一边飞舞一边用丝线缠绕在猎物外面，这样可增强雄虻群的视觉效果。更有甚者，有些种类的雄虻把猎物放在一个完全封闭的丝茧中。更奇怪的是有两种舞虻，即*Hilara granditarsus*和*H. sartor*，其雄虻只织一个空茧，茧中没有任何猎物，舞虻的喂食求偶似乎已经演化成了一个复杂的视觉信号(图11-16)。

**图11-16　雄性舞虻织一个空的丝茧作为视觉信号向雌性舞虻求偶**

丝茧内没有任何猎物，雌性舞虻在交配前必须得到这样一个丝茧

从视觉炫耀中所获得的信息量可能比从其他任何炫耀方式中所获得的信息量都大,因此,在视觉比较发达的所有动物类群中都有着强烈的发展视觉信号的倾向。

## 五、听觉信号及其进化

在此拟以直翅目昆虫(Orthoprera)为例,讨论听觉信号的进化问题。直翅目昆虫通常是一年发生一代(温带地区),很少或根本不会发生世代重叠,因此幼体出生后不可能借助于学习学会本种特有的鸣叫。被隔离在实验室中饲养长大的个体,其叫声与在自然种群中长大的个体的叫声没有任何不同,因此我们可以有把握地说,直翅目昆虫的叫声是受遗传控制的。这里出现的问题是:直翅目的鸣声节律是独自从头进化来的,还是在某些其他功能早期进化所形成的神经机制的基础上伴随或附带发生的呢?大家知道,飞行和行走是周期性最强的两种行为型。毫无疑问的是,果蝇的听觉通信就是起源于飞行行为,但这种听觉信号是在某一时刻由一个翅发出的并已形成了固有的发声模式。在蟋蟀和螽斯中,飞行和发声在系统发生上也是密切相关的。蟋蟀(*Gryllus campestris*, *G. bimaculutus* 和 *Acheta domesticus*)在飞行时的鼓翅频率是 20~30Hz,几乎与发声时前翅的运动频率完全一样,所不同的只是飞行时翅的上下运动必须改变为发声时的往复运动。在大多数蟋蟀中,飞行和发声的主要区别是:飞行是连续的,而发声是间断的。这就是说,飞行的效果是在空间的连续移动,而发声的效果是产生间断的唧唧鸣叫声。

自然界听觉信号最发达的两类动物就是昆虫和陆生脊椎动物,这两类动物对于发声都有着较好的预适应(preadaptation):昆虫具有坚硬的外骨骼,而陆生脊椎动物具有促使空气进出肺部的换气装置。只有在脊椎动物中,声音信号的调频(frequency modulation)才得到了充分的发展,而昆虫的发声器官使声音的调频难以得到发展。在一些鸟类和哺乳动物中可以借助于学习过程使声音信号发生改变,这对化学信号来说是不可能的。在一些种类的螽斯中,鸣叫声也能发生改变,但这种改变是与其他个体发生相互作用的结果,而不是学习的结果。

很多鸟类的鸣叫声都表现有文化继承现象,无论是在实验室条件下还是在自然条件下都是这样。虽然鸟类鸣叫具有先天遗传的一面,但很多鸟类发展了地方性的方言土语(dialects),这可能有助于限制各地方种群之间的基因交流。然而在一种几乎丧失了飞行能力的雀鸟(*Philesturnus carunculatus*)中,形成方言土语却能带来另外一种好处,因为这种雀鸟寿命较长且终生配对,因此近亲繁殖的风险很大,对这种雀鸟来说,形成方言土语有助于保证远交或异型交配。据 Jenkins 研究,雄鸟具有强烈的避开父母所在方言区的倾向,总是迁往本种的其他一个方言区定居,此后这只雄鸟很快就能学会定居区的方言土语。这种现象至今还未在其他鸟类中发现过。有两种鸟,即斑马雀和灰雀,其小鸟的鸣叫具有强烈的倾向性,其鸣叫声与其父亲完全一样,这两种鸟也是长期配对的,但其方言土语的传递方式却与 *Philesturnus* 完全不同。如果能够更多地知道这些鸟类的雌鸟选择配偶的方式,那将是十分有趣和有价值的。

文化继承也是灵长动物发声的一个特征,当然这一特征在人类是最发达的。灵长动物吼叫所传达的信息量是很大的,鸟类与之相比就差多了。应当记住的是,鸟类的鸣叫信号只具有少数特化功能,如领域信号和吸引配偶等。鸟类的其他发声则具有更大的可变性,其所含有的信息量亦可与灵长动物相比。在所有的信号类型中,听觉信号似乎具有最大的个体可塑性,例如,听觉信号比较复杂,它与视觉信号不同,是专门为了通信的需要而产生和发展起来的,它不受竞争选择压力的影响,可望产生较高层次的特化。

## 第四节　动物求偶行为中的通信程序

前面我们介绍了各种各样的通信信号,但这些信号是作为构成通信的一个个单位分别加以介绍的。动物个体之间的很多相互关系是靠一个信号或少数几个信号组织起来的,但也有许多相互关系却包含着一系列的信号和行为反应,说明这种复杂通信关系的最好实例就是动物的求偶行为。Tinbergen 曾把这种复杂的求偶程序称之为"反应链"(reaction chains),因为其中的每一个行为反应对于对方来说都是一个信号,它可导致反应链中的下一步反应的释放。当然,反应链并不是固定不变的,有时会出现正反应,有时也会出现负反应。这就是说,作为对一个特定信号的反应,一些行为极可能发生,一些行为极可能不发生,一个反应链的确定性程度将随个体和物种而异。本节将讨论这种变异的范围和行为发生的顺序,并用蝶类、鱼类和鸟类等几个动物类群的求偶行为加以说明。

### 一、蝶类求偶中的通信程序

蝶类的求偶程序相当刻板,在这一领域的几项研究提供了非常有趣的比较资料,其中最简单最快速的一个求偶实例就是对小黄粉蝶(*Eurema lisa*)的研究。小黄粉蝶的翅展只有大约3cm,雄蝶翅有着强烈的紫外光反射,而雌蝶翅则没有。1977 年 Rutowski 的研究表明:雄蝶主要是根据翅的紫外光反射和"振翅反应"来决定是否向一只静止的蝶求偶的,如果一只栖止的蝶没有强烈的紫外光反射或无振翅反应,雄蝶就会向它求偶。求偶可以在空中开始,也可以在雌蝶栖止时开始,但在空中开始的求偶活动很难导致成功的交尾,只有当雌蝶落地后才会使交尾获得成功。只要雌蝶一停下来,雄蝶就会不断地冲击它,用翅和(或)足触碰它。当有另一只蝶靠近时,大多数雌蝶和栖止的雄蝶都会做出振翅反应。当靠近雌蝶的是一只雄蝶时,雄蝶会从前翅基部释放出化学信号,闻此信号后雌蝶在 5s 内便会做出伸展触角和向两侧扩展腹部的反应;接着雄蝶便降落在雌蝶身上,先落在翅端,再一边拍翅一边爬行直到握住雌蝶的胸部;此后腹部便向下弯曲探摸雌蝶后翅的臀缘,当雄蝶用抱握器(clasper)抓住雌蝶的腹部末端时,很快就会实现交尾,此后雌、雄蝶都会变得十分安静。在交尾期间,只有受到外来干扰时才会飞向空中,但总是雄蝶主动带着雌蝶飞,交尾大约持续 30～60min。

小黄粉蝶的求偶行为是比较快速和简单的,不像在蛱蝶(*Nymphalidae*)、斑蝶(*Danaidae*)和眼蝶(*Satyridae*)中所看到的那样具有非常复杂、并经常重复的空中特技飞行和地面表演。原因可能是小黄粉蝶在紫外光反射方面存在着极为明显的性二型现象(dimorphism),因此使两性间的识别变得简单和容易,不需花费太多时间。

豹纹蛱蝶(*Argynnis paphia*)的求偶行为比小黄粉蝶复杂且持续时间长,这种蛱蝶栖息在森林边缘地带,成年蝶出现于 7～8 月间,雌蝶主要是在早晨活动,而雄蝶是在午后,因此交尾主要发生在中午前后。如果在雄蝶附近挥动一个黄色的物体,雄蝶就会接近它并围绕着它飞行。豹纹蛱蝶也会飞近一片落叶或一只更小的黄色蝴蝶,但很快就会离去。雌蝶对雄蝶接近的反应是原地振翅并伴随着一种特殊的呼呼作响的运动,然后雌蝶便缓慢地径直飞走,这种反常的直线飞行与平时飘忽不定的飞行方式极不相同。雄蝶则在后面追赶,开始从雌蝶后上方的位置滑翔到雌蝶的下面,接着便在雌蝶的前面突然呈垂直线升起(图 11-17),这种火箭直冲式的突进会使雌蝶的飞行发生暂时制动。雄蝶一再重复这种飞行表演,直到雌蝶降落在地面,开始进入地面的求偶阶段为止。但如果雄蝶一开始遇到的就是一只停落在地面的雌蝶,那么地面求偶就是唯一的求偶形式了:开始时,雄蝶在雌蝶周围呈半圆式飞行,雌蝶的反应则是振翅和抬高它的腹部,可能是为了释放某种气味;之后,雄蝶便降落在雌蝶旁边,雌蝶停止振翅,开始缓慢地上下拍打翅膀,这是示意让雄蝶接近;此后雄蝶便紧扣住雌蝶的翅膀,并伴之以一种典型的弯身动作(bowing movement)。雄蝶可能是通过这种方式把从后翅腺体中释放出的气味呈扇面形送向雌蝶,雄蝶的双翅急剧地开合着以便利于这种气味的传送。此外,雄蝶还利用触觉信号,即用振动着的触角和中足触碰雌蝶的后翅。交尾时两蝶是侧对侧紧靠在一起的;雌蝶将其腹部向侧面伸展,雄蝶腹部也相应侧伸实现交尾。

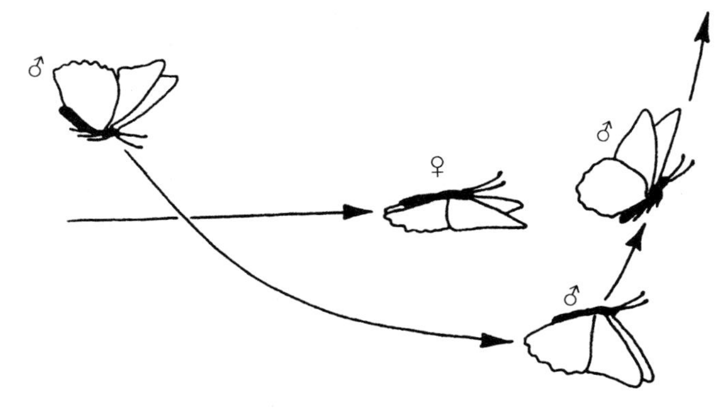


**图 11-17　豹纹蛱蝶的求偶飞行**

(仿 Magnus,1950)

王蝶(*Danaus gilippus berenica*)的空中求偶行为也很复杂,很刻板,但与蛱蝶有所不同。王蝶属于斑蝶科(Danaidae),雄蝶的腹部末端生有一对可伸缩的毛撮,是由两簇空心毛组成的(图 11-18)。毛撮是从第八和第九腹片(sternites)间的节间膜伸出的,用于向雌蝶触角散布信息物质。当雄蝶看到雌蝶后便开始追逐并从雌蝶的上方飞过雌蝶,在雌蝶的前面将毛撮外翻出来并用翅的振动传送信息物质,雄蝶借助于腹部向下扫动而使其毛撮触碰雌蝶的触角;受激的雌蝶降落于地面,但雄蝶继续伸展和摆动其毛撮并在雌蝶周围飞翔,直到雌蝶停止振翅为止;接着,雄蝶也降落到地面并用触角触摸雌蝶的头或触角,最终导致雌、雄蝶的并排交尾;交尾一旦成功,雄蝶就会拍动 1～2 次翅膀,雌蝶则离开停栖的植物,双双飞向空中。飞行中,雄蝶主动带雌蝶一起飞翔,但它们最终会降落在离最初交尾的地点不远的草丛中。这种交尾飞行有利于使双方找到一个更安全的栖息地点(图 11-19)。

**图 11-18　雄性王蝶腹部末端的毛撮(充分伸展状)**

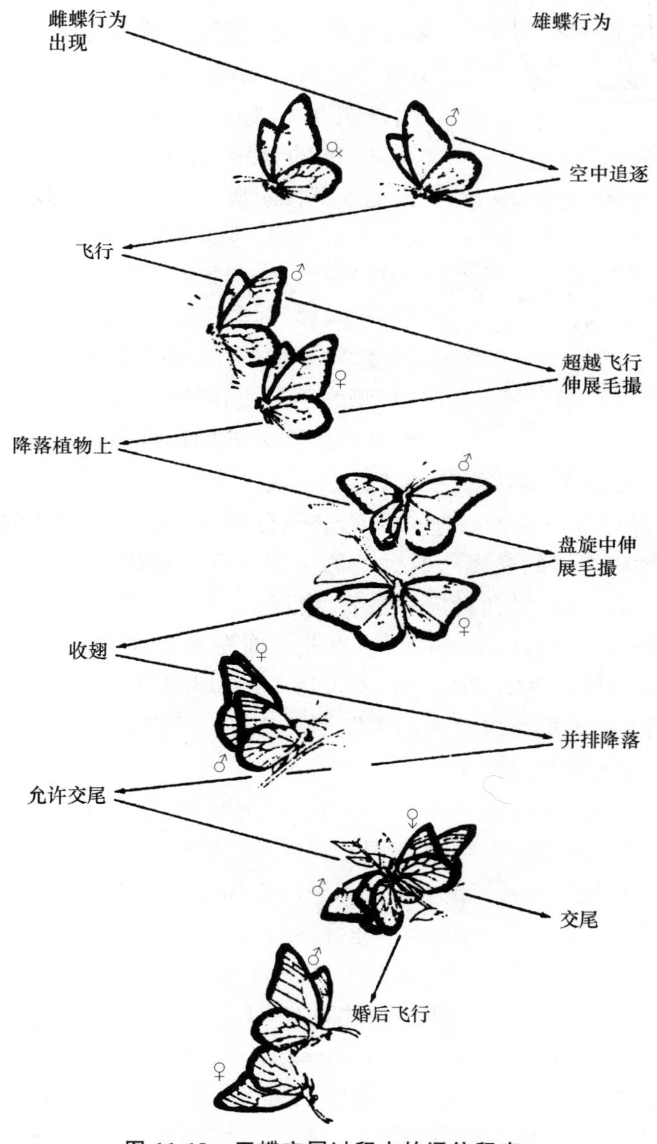


**图 11-19　王蝶交尾过程中的通信程序**

该图表示出了雌、雄蝶相遇后的行为反应链(仿 Brower 等,1965)

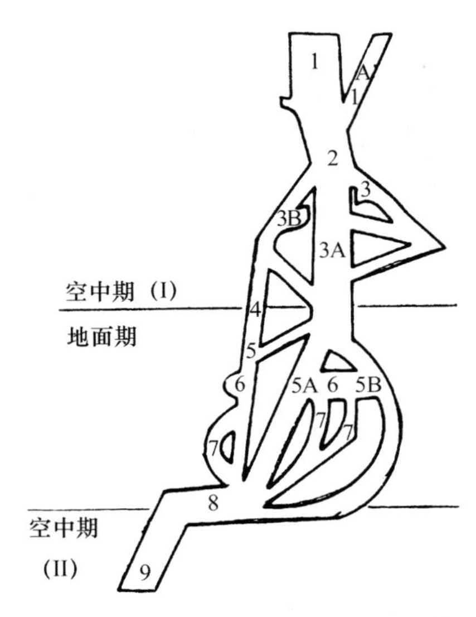


**图 11-20 普累克西普斑蝶的交尾程序**

1. 雄蝶接近;1A. 雌蝶接近;2. 空中追逐;3. 空中冲击;3A. 空中下降;3B. 空中伸出毛撮;4. 双双飘落地面;5. 试图侧面交尾;5A. 试图背面交尾;5B. 试图腹面交尾;6. 触角触摸(伴随所有的交尾尝试);7. 雌蝶喙伸展;8. 交尾;9. 婚后飞行(仿 T. Pliske, 1975)

大王蝶(*Danaus chrysippus*)的求偶行为与王蝶(*D. gilippus*)基本相同,但另一个近缘物种普累克西普斑蝶(*Danaus plexippus*)的求偶行为却显示出了有趣的差异,这种差异显然是由于通信系统的差异所引起的。普累克西普斑蝶总是停栖在阳光充足的植物上,一遇到大小和颜色类似于同种蝶的物体就会向它飞去,但飞过1～2次后发现不是雌蝶便会放弃。雌蝶通常是被动地等待雄蝶接近,雄蝶一见到雌蝶便迅速飞向它,并在它的后面作几次上下浮动飞行,此时雌蝶的飞行特点是缓慢地平稳飞行,间或有拍翅动作;雌蝶偶尔也会以同样方式接近雄蝶,两蝶接近之后便进入了空中追逐阶段,雄蝶以快速的飘忽不定的飞翔追逐雌蝶,大约持续5s～1min的时间,这种追逐飞行很像是逃避天敌时的飞行,追逐飞行阶段是所有成功的求偶都不可缺少的;此后便开始下降,雄蝶先从上面落在雌蝶的背上并用足抓住雌蝶的头、胸和腹部,雄蝶停止飞翔但翅仍然展开着,以便于双蝶缓缓飘落到地面上。在地面的求偶过程也同王蝶极为相似,即雄蝶用触角触摸雌蝶和交尾时保持侧对侧的平行位置等;在交尾期间,雄蝶常猛扑几下翅膀,然后便把被动的雌蝶带向空中进行婚后飞行(post-nuptial flight);最终雌、雄蝶要在灌丛稠密的隐蔽处保持交尾状态2～14h(图11-20)。

普累克西普斑蝶(*Danaus plexippus*)的求偶行为与 *Danaus* 属其他物种的求偶基本相同。到目前为止已被研究过的该属所有种类的求偶过程都包括以下几个阶段:接近、空中追逐、空中伸出毛撮、侧面交尾、触角触摸和婚后飞行等。但是,对普累克西普斑蝶来说,新发展起来的空中下降阶段(aerial takedown)已成为进入地面求偶期的主要手段。事实上,如果把毛撮切除掉,对普累克西普斑蝶雄蝶的求偶活动并无太大影响,但对雄性王蝶来说就不是这样。另外,普累克西普斑蝶的雄蝶在地面求偶期并不使用毛撮,其毛撮在斑蝶科中可能是最小的,只大约相当于王蝶毛撮长度的1/3。

总之,蝶类的求偶明显地分为三个时期,即空中求偶期、地面求偶期和婚后期。各种凤蝶(*Papilionoidea*)的空中求偶非常复杂,主要是靠雄蝶的视觉吸引和雌蝶的“躲闪”反应,豹蚊蛱蝶(*Argynnis paphia*)的直线飞行并不是直接起源于逃避飞行。雌蝶的振翅反应是极为常见的,虽然这一行为的主要目的是散发气味,但也不能排除是一种触觉和视觉信号。振翅反应有助于制动雌蝶的飞行,使雌、雄蝶处于有利于交配的位置。雄性王蝶借助于空中下降来缩短空中求偶期,如果遇到停栖状态的雌蝶,便会马上进入地面求偶期。显然,空中求偶之所以必要,是因为有利于增加雌雄两性相遇的机会。小黄粉蝶(*Eurema lisa*)之所以缺乏空中求偶期,可能与它们对空中捕食者比较敏感有关,也可能与它们的视觉信号极为发达有关。蝶类在空中求偶对于鸟类和捕食者是非常有利的,所以蝶类常用飘忽不定的飞行增加逃生的机会。而王蝶和普累克西普斑蝶则采用化学防御手段保护自己,它们从食料植物中摄取有毒物质用于对付鸟类和其他捕食者。这些蝶类的棕红色翅膀可能是一种警戒色，因此对它们来说，缩短空中求偶期以降低被捕食风险的选择压力不是太大。然而，斑蝶属(*Danaus*)各种之间的视觉识别并不是很容易的，很多种斑蝶都是同域分布的，而且有拟态(mimicry)现象，如港神蝶(*Limenitis archippus*)。空中嗅觉信号、特殊气味传播体和毛簇的发展，可能都与视觉识别问题有关。

小黄粉蝶(*E. lisa*)的地面求偶期要比斑蝶快得多，其平均求偶时间(包括雌蝶的振翅反应)为 3～5s，而王蝶是 32s，普累克西普斑蝶是 37s。小黄粉蝶在紫外光反射方面的性二型现象(sexual dimorphism)使两性之间的识别极为容易，这就是为什么它的求偶期可以缩短为斑蝶的 1/10 的原因。嗅觉信息的传播和感受是一个缓慢得多的过程，因此斑蝶(*Danaus*)的地面求偶期就要比小黄粉蝶长得多。

在蝶类中，翅垂下和(或)平展可能是拒绝求偶的一种常用信号，但是振翅反应也是一种表明自身性别的视觉信号，因为两性之间的主要视觉差异就在于翅腺(wing glands)的有无。因此，振翅反应的持续时间便提供了性兴奋状态的信息。两翅并拢是准备交配的一种信号，但离雌蝶的远近也是很重要的，如果雄蝶离开雌蝶太远，它就不太可能继续向雌蝶求偶。

侧交尾(lateral copulation)和伴随发出触觉信号是所有蝶类的通则，但各种蝶之间的差异主要出现在交配的最后阶段，即婚后飞行(post-nuptial flight)阶段。并非所有种类的蝶都进行婚后飞行。在进行婚后飞行的蝶类中，大部分都是雄蝶带着雌蝶飞；但在只有一性(总是雌性)表现有拟态的蝶类中，则是雌蝶带着雄蝶飞，因为雌蝶有警戒色，食虫鸟总是远而避之，而被携带的雄蝶，翅闭合不动亦不会引起捕食者的注意。在雄蝶带着雌蝶进行婚后飞行的种类中，雌蝶的翅始终处于闭合状态，而雄蝶的翅则是张开的，直至交尾结束为止，这种情况在螺钿蛱蝶(*Argynnis paphia*)表现得最为明显。这样，可以把在飞行中雄蝶后翅碰撞雌蝶翅膀所造成的损伤降至最小。

蝶类的求偶提供了一些有趣的行为比较，例如，斑蝶亚科的一种蝶(*Euploea core*)在没有雌蝶存在的情况下，总是用充分展开的毛簇进行探巡，雌蝶接收到雄蝶发出的嗅觉信号后便会从远处飞来，然后按斑蝶的常规情况进行交尾。可见，雄蝶的信息素是作为一种引诱物质使用的。远距离发送化学信号经常在夜晚进行，因为夜晚的气流比较平稳均匀，不会像白天那样因局部地区被太阳晒热而产生强大的气流，因此在鳞翅目昆虫中最常采用化学信号招引异性的往往都是夜行性的种类，而斑蝶(*Euploea*)则是一个例外。

## 二、鱼类求偶中的通信程序

在总共约 20 000 种鱼类中，只有大约 300 种鱼类的生殖习性被详细地描述过，主要是淡水鱼。但是，即使是在这些少量被描述过的鱼类中也表现出了多种多样的交配习性，这些习性大都与受精方法和亲代抚育的程度有关。占有领域也能影响鱼类的求偶类型。由于大多数鱼类都是多配性的(polygamous)，而且是体外受精，所以就先从这里谈起。

### (一) 白鲑

白鲑(*Coregonus lavaretus*)是一种海洋鱼类，但要迁往淡水或稍咸的水体中繁殖。白鲑还是一种群居性的鱼类，但在生殖迁移开始时，鱼群便瓦解，它们不占有领域，没有特殊的着色和侵犯行为。在求偶开始时，白鲑对河底的特定地点有短时间的依恋性，虽然不同的个体依恋于不同的地点，但这些地点大都是有沙也有石，是沙和石的混合体，最适合于受精卵附着，也最为安全。白鲑开始求偶时常采取一种特有的姿势，鳍完全展开，缓缓游动，好似扬帆航行(sailing)，这种扬帆航行式的游动可以持续几个小时，但这种游动在接近水面时会逐渐加快并伴随着转体动作，常能溅起水花。

雄性白鲑在河底附近就是以这种扬帆航行式的游动接近雌鱼的，接着，雌、雄鱼便肩并肩地朝同一方向游动，两鱼的肋腹部开始互相接触；此后运动加快，并伴随着身体呈波浪式的起伏游动，两鱼迎着水流前进，鱼体起伏强度加大并逐渐达到同步化；一旦达到了运动的同步化，雌、雄鱼便同时排卵和排精。由于两鱼是逆水而行，卵通常是落在事先已选好的河底并掉入裂缝中。交配之后，两鱼便分开各奔东西，并与其他异性个体多次重复这一过程。白鲑的交配是迅速的、对称性的(symmetrical)，两性都是多配性的(polygamous)。白鲑在求偶交配过程中，雌雄两性均无侵犯行为发生，因此无须防御对方或设法减少对方的攻击倾向。白鲑亦无筑巢行为，因此求偶是直接指向潜在配偶的。

**(二) 鳑鲏鱼**

1961 年，P. R. Wiepkema 曾研究过鳑鲏鱼(*Rhodius amarus*)的求偶。这种鱼富于攻击性，排卵比白鲑更为精确。在早春时期，雌、雄鳑鲏都对无齿蚌属(*Anodonta*)和 *Unis* 属的淡水蚌类发生兴趣，它们在这些蚌类周围游动，这是鳑鲏鱼进入生殖期的一种典型的行为反应。此后，雄性鳑鲏开始在蚌的附近占有和保卫一块地盘，对其他雄鱼进行行为炫耀并采取冲撞和追逐的行动。如果遇到性成熟的雌鱼，则引导它到河蚌所在之处，让它在河蚌的鳃内产卵，很快雄鱼便会使卵受精。一条雌鱼是否被雄鱼所接受，主要决定于雌鱼产卵器的长度，当一条雌鱼准备产卵的时候，它的产卵器就会变得比肛鳍长很多倍。当雌鱼进入雄鱼所占有的领域时，雄鱼便会立刻接近它，有机会时会冲撞它，但通常是以一种特殊的身体颤动(quivering)方式从侧面靠近雌鱼，即全身快速的波状运动，频率很高但振幅很小。在最初的颤动身体之后，雄鱼便转过身体把雌鱼带到河蚌所在处。引领行为的特点是离开雌鱼，伴随着身体的抖动和弯尾，尾是弯向离开雌鱼的那一边，但腹鳍和肛鳍则弯向雌鱼(图 11-21)。

**图 11-21　雄鳑鲏鱼引导雌鱼到河蚌所在处**

(仿 D. B. Lewis，1980)

在雌鳑鲏到达河蚌处之前，雄鱼的引领行为将重复进行，直到达到目的为止。如果雌鱼紧随雄鱼之后，雄鱼便采取头向下的姿势，口鼻部刚好是在河蚌呼吸管的上方，接着便迅速游过河蚌，其身体腹面紧擦河蚌而过。通常雄鱼擦过河蚌呼吸管上方时都伴随着排精动作，射出一小股灰色云雾状精液。雄鱼在擦过河蚌之后，在河蚌旁继续颤动身体；此时雌鱼也像雄鱼一样采取头向下的姿势，但较雄鱼更为倾斜。如果河蚌的呼吸管是完全张开的，雌鱼就会向下朝着呼吸管游去，用身体腹面靠近呼吸管区并把产卵器插入河蚌的呼吸管内，接着，1～4 粒卵被挤入产卵器中，此时的产卵器由于一种液体(可能是尿液)的作用而变得坚挺，这可使产卵器的近身部分也能深深插入到河蚌的鳃腔中去。产卵在 1s 之内即可完成，此后产卵器会重新变软，当雌鱼准备离开河蚌向上游动的时候，产卵器便很容易从鳃腔中拔出。雌鱼产完卵后，雄鱼便会把雌鱼赶走，这可能是雄鱼对雌鱼产卵时释放的化学物质所作出的行为反应。此时的雄鱼变得更加富有攻击性，当它从河蚌上方擦过的同时会排放大量精液(图 11-22)。

鳑鲏鱼的求偶行为与白鲑有明显差异，是属于不对称的求偶(asymmetrical)，即雄鱼在求偶中更为主动和活跃，并起着引导作用。当然，鳑鲏鱼的生物学特征是很独特的，如鱼卵是在河蚌的外套腔中孵化的，幼鱼还要在外套腔中生活几日。有人认为，这就决定了鳑鲏鱼不同寻常的求偶方式。但事实上，鳑鲏鱼的求偶方式并不是该种鱼所独有的。凡是占有领域并保卫领域中所建巢穴的淡水鱼类，其雄鱼都有引导和带领雌鱼的行为，并都采取头向下的姿势指示巢穴的入口，三刺鱼(*Gasterosteus aculeatus*)就是这方面的一个好实例。像鳑鲏鱼一样，雄三刺鱼在最初接近雌鱼时表现有一定的攻击性，但很快就会转化为一种特殊的求偶炫耀动作，即呈 Z 字形游动，这种转化是雌鱼的外形和采取头向上的姿态带给雄鱼的视觉刺激而引起的。"Z 字舞"之后紧接着便会出现引导行为，雄鱼直接游向巢穴，而雌鱼则紧随其后。雄鱼用头向下的姿势向雌鱼指示巢的位置，并把它的口鼻部放在巢的入口处。受到启示后的雌鱼便进入巢内产卵。可能是从卵中释放出的化学物质诱发了雄鱼的攻击行为，于是雄鱼便把产卵后的雌鱼赶出自己的巢区和领域，此后雄鱼进入巢中为卵授精。由此可见，鳑鲏鱼的整个求偶方式与三刺鱼极为相似，主要的差别是在早期的炫耀行为：鳑鲏鱼是颤动身体，而三刺鱼是 Z 字形游动，此外在配子的释放细节上也有差异。

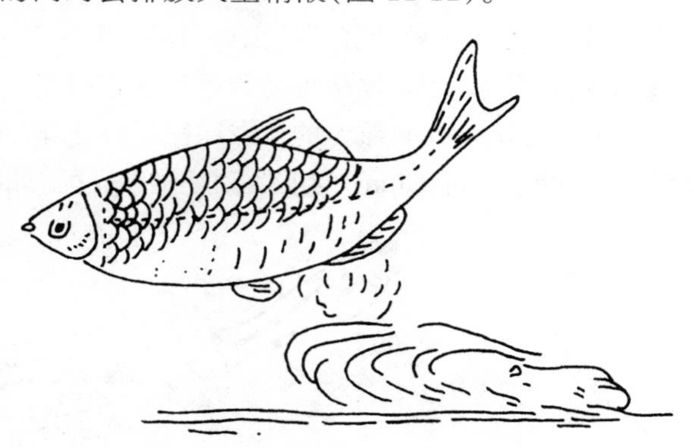

**图 11-22　雄鳑鲏在游过河蚌上方时排精**

**(三) 虹鳉**

虹鳉(*Lebistes reticulatus*)是一种群居性的鱼类，体内受精，不占领域，无亲代抚育，但雌鱼是胎生的(viviparous)。虽然没有领域，但雄鱼对其他雄性个体极富攻击性。这种好斗性有助于减少在交配时受到的干扰，因为交配是在整个鱼群所占有的巢域(home range)内进行的。虹鳉表现有性二型现象，雄鱼有比较大的尾部，并在体侧有一系列的黑斑，这些黑斑的出现与消失都与个体的"情绪"状态有关(图 11-23)。

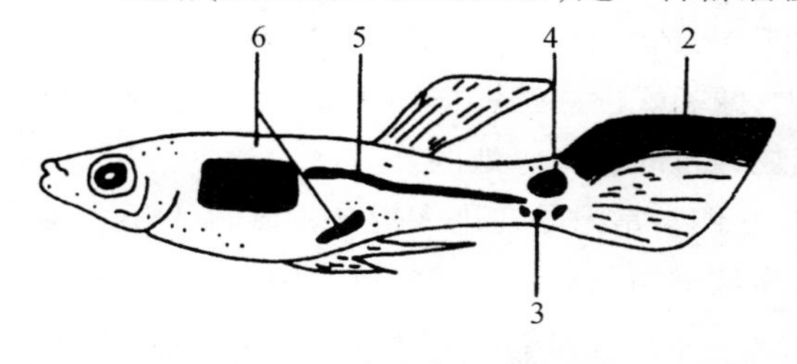


**图 11-23　雄虹鳉在求偶期间身体上出现各种模式的黑斑**

求偶雄鱼身上的黑斑有各种模式：模式 1 是全身变黑，模式 4 和 6 与求偶各个阶段有关；模式 6 总是出现在交配时；模式 2 与攻击行为相联系，并时常伴随着模式 1；模式 5 和 3 的出现和消退常发生在求偶的各个阶段

虹鳉的求偶开始于雄鱼寻找和追逐雌鱼，它对雌鱼的生殖孔最感兴趣，并常常叮咬这个部位。之后，雄鱼便在雌鱼的侧面或前面交替地摆出各种姿势，如快速启动的游泳、迅速地打开和

关闭鱼鳍和使身体保持S形等。如果雌鱼的反应是不走开并面向雄鱼,那么雄鱼的表演就会发展为更加明显的一系列的跳离雌鱼的动作,跳步很小但接着又会回到雌鱼身边。这种行为通常被称为"引诱"(luring),相当于其他鱼类的引导(leading)行为。如果雌鱼继续跟随雄鱼,雄鱼便在雌鱼前摆出S形的体态,但这和早期的鳍完全展开的姿态不一样。此后,雄鱼可能偶尔会"跳跃"一下,跳跃时鱼鳍则是展开的,这是一种惊吓炫耀,跳跃距离可以达到10cm或更远一些,跳跃是一种更为强烈的引诱行为(图11-24)。更为常见的是,雄鱼采取S形体态,但运动减慢和变得更加平稳。尾鳍辅助的运动往往只是一种活动信号,静止的身体与摇曳的尾鳍往往形成强烈的对比。此时雌鱼的反应往往是静止不动,于是雄鱼便从后面以平缓的曲线慢慢游近雌鱼,生殖肢(gonopodium)向前摆动并试图交配;如果雌鱼屈身于雄鱼,那么交配就可能成功。

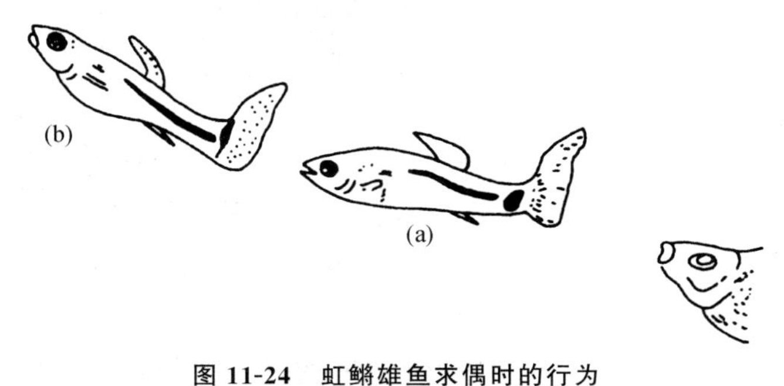


**图11-24 虹鳉雄鱼求偶时的行为**

虹鳉雄鱼求偶时先摆出明显的S形体态(a),接着便是一次跳跃(b)

总之,虹鳉的求偶程序或流程是:接近—追随—摆各种姿态—引诱—身体呈S形炫耀到最后的试图交配,这个程序在试图交配之前是可以多次重复的。在早期的求偶活动中,程序的变异性较大,例如,在接近之后紧跟着的可能是一次S形炫耀;只有在求偶的后期,这个求偶程序才是严格按顺序进行和固定不变的。

鱼类的求偶可明显地分为对称型(如白鲑)和不对称型(如鳑鲏)。不对称型求偶的鱼类往往都有一个事先选定的产卵地点,这个产卵地点是由一性个体选定的,而通常是雄性。即使是在对称型求偶的鱼类中,其求偶的时间和类型也有很大差异,例如,伴丽鱼(*Hemichromis bimaculatus*)的求偶就比白鲑从容和缓慢得多,雌、雄鱼共同选择产卵场地,共同清理这个场地以便最后产卵。雌、雄伴丽鱼都参加抚育后代的工作,鱼卵孵化后便把小鱼带到一个小的深洼处,共同保卫它们,在这里不存在迅速交配的压力,像多配性白鲑那样。因此,对于已配对的伴丽鱼来说,为了个体间的识别而把时间花在互相炫耀方面是有好处的。

在不对称求偶中,雌鱼的行为似乎不是太重要,它们常常只是在进入雄鱼领域时才开始炫耀,而且直到产卵或交配时一直处于被动地位。在鳑鲏鱼和三刺鱼这样的种类中,这种情况可能是因为雄鱼直到雌鱼产卵才能获得足够的刺激。在不对称求偶鱼类中,虹鳉的炫耀行为可以说是最不对称的,因为它是体内受精,雌鱼完全处于被动地位,雄鱼的炫耀行为拖得很长,只要雌鱼在,它就一直在进行炫耀。雄鱼求偶时,雌鱼完全静止不动,这有助于雄鱼把生殖肢准确地送入雌鱼体内。但为什么雄鱼求偶程序中的引诱行为也很复杂呢?有人认为,引诱行为有利于使成对的虹鳉脱离群体和减少来自其他个体的干扰。正如前面已说过的,虹鳉雄鱼是极富攻击性的,正在交配的一对鱼有可能受到其他个体的干扰。剑尾鱼(*Xiphophorus helleri*)也是一种群居性的鱼,而且也是体内受精的,但剑尾鱼的雄鱼不那么富有攻击性,因此在它的求偶程序中也就没有引诱期。

鱼类的求偶类型主要是决定于物种的特定需要,而与它们的分类地位关系不大。由于物种的需要是多种多样的,所以就不可能像鸭科鸟类那样,只根据它们的求偶行为就能建立起一个分类群。鱼类的求偶炫耀行为主要是起源于游泳动作,而某些颤动炫耀、波浪式起伏运动和擦过(skimming)动作则可能是起源于摆脱外寄生物寄生的活动。

## 三、两栖动物(滑北螈)求偶中的通信程序

各种无脊椎动物和脊椎动物的雄性个体都把精包(spermatophores)作为向雌性个体输送精子的一种方法,这种方法的好处是无须交配行为,也无须特殊的输送精子的器官,而且一次就能输送大量的精子,但传递精包也会产生其他问题。下面就以滑北螈(*Triturus vulgaris*)为例展开讨论,在滑北螈的求偶程序中就包括有精包的传递。

滑北螈的求偶是从一个很长的定向期(orientation phase)开始的。在定向期内,雄螈接近雌螈并仔细探查雌螈的泄殖腔(cloaca),之后便试图赶上和超过雌螈,并在雌螈面前占有一个进行炫耀的位置。如果雌螈停了下来,雄螈就可以继续增加炫耀的强度并进入下一个阶段的求偶活动,即静态求偶期(static phase)。雄螈在这个时期常采取 3 种类型的炫耀(图11-25),而且其程序有很大可变性。

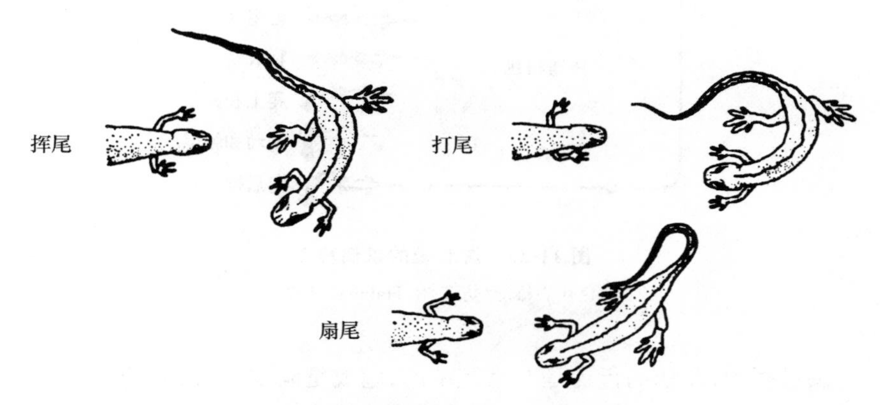


**图 11-25 雄性滑北螈的 3 种炫耀行为**

(仿 T. R. Halliday,1975)

挥尾:雄螈使其尾巴保持与身体一侧呈钝角状并大幅度地缓慢摆尾;打尾:是挥尾的进一步发展,用尾猛烈地击打胁部,把水流驱向雌螈的鼻部;扇尾:保持与雌螈的相对位置不变,摆动尾尖,与挥尾和打尾相比,其频率较快,而幅度较小

在整个静态求偶期,雄螈在雌螈前面始终保持凹状体态。如果雌螈逼近雄螈,雄螈就可能进入下一个求偶期,即退却期(retreat phase);此时雄螈将缓慢地向后退离雌螈,但仍保持同样的姿态和继续进行炫耀;如果雌螈继续跟进,雄螈就可能转身离开雌螈,缓慢向前爬行 5～10cm,此后它便会停下来,左右颤动尾巴;此时跟进的雌螈就会触碰雄螈的尾巴,雄螈则抬起它的尾巴,挤压出一个精包;接着,雄螈便向前爬行刚好一个体长的距离,然后停下来转体保持与雌螈身体长轴垂直的位置,这将会迫使雌螈也停下来,其泄殖腔则位于已放出精包的上方,求偶期的这个阶段就称为制动期(braking phase)。在成功的交配中,雌螈会把精包吸入自己

的泄殖腔中。最后雄螈会向后推挤雌螈,好像是为了给雌螈提供再一次拣起精包的机会(漏拣的精包)。滑北螈的上述求偶程序可以部分重复,或全部重复多次(图 11-26)。

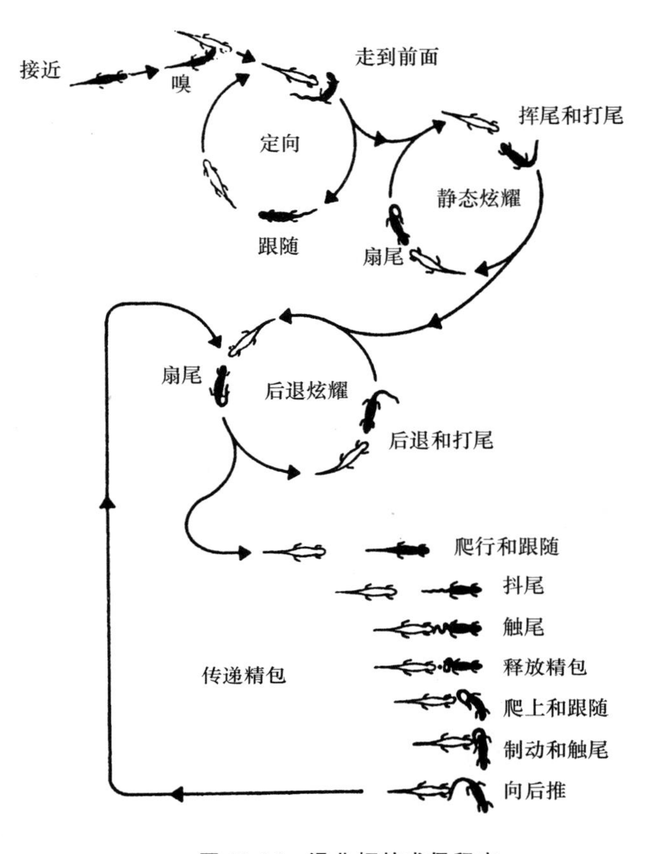


**图 11-26 滑北螈的求偶程序**

黑色代表雄螈(仿 T. R. Halliday,1975)

在整个求偶过程中,雌螈的行为是非常简单的,它或是向前爬行,或是离开雄螈,或是保持不动。雌螈的一切活动都处在雄螈的监视之中,并将影响雄螈的后续行为。

雄螈求偶行为的功能是多方面的:首先是给雌螈一种性刺激;其次是把雌螈引到一定的位置,刚好处在所释放出的精包之上;此外,借助视觉和化学信息,也可能影响性别和物种的识别。滑北螈的雌雄两性都具有起兴奋作用的气味腺,称为兴奋腺(hedonic glands),这些腺体分布于颊部(cheek)、身体、泄殖腔和尾部,物种和性别的最初识别可能主要是依靠这些腺体的分泌物。雄螈尾部的运动已经部分地发展成为施加机械刺激和把它的气味送向雌螈的一种手段。此外,尾部的运动对雌螈来说也是一个视觉信号,在尾部的中侧区有一条白带。

## 四、鸟类求偶中的通信程序

大多数鸟类,特别是雀形目鸟类(passerines)都是领域性鸟类,雌、雄鸟一旦配对就非常稳定,且能共同生活很长时间,双亲共同担负喂养后代的工作。所有鸟类都是体内受精的。很多鸟类都有筑巢的本领和亲代抚育行为，鸟类占有广泛的生境和使用大量的信号。各种炫耀行为可在地面、水上或空中进行，或集体或单独进行。在水上进行的炫耀(如鸭类)常常含有饮水和梳理羽毛的动作；而在地面的炫耀则可能包括取食动作，如鸡形目鸟类(Galliformes)用爪子扒土、很多地雀(finches)的行走和奔跑等。鱼类和鸟类之间的差异主要表现在求偶时所使用的感觉渠道，两类动物都侧重于视觉炫耀，但在其他方面却各有自己的选择，鱼类主要使用化学信号，而鸟类则主要使用听觉信号。鸟类的鸣叫是早期炫耀的最明显特征之一。鱼类的化学信号和鸟类的听觉信号都可作为领域信号使用，而且对于潜在的配偶都具有广告的作用。很少有鱼类使用听觉信号，虽然使用听觉信号的鱼类记载已越来越多。

**(一) 多配制的灰松鸡**

在鸟类中，求偶的持续时间是有很大差异的，一般说来，多配制的鸟类比那些形成稳定配对的单配制鸟类交配速度更快，如多配制(polygamous)的灰松鸡(*Centrocercus urophasianus*)就是前者的一个极好实例，还有黑松鸡(*Lyrurus tetrix*)也是一样，这些多配制的鸟类在任何一个交配场地都只能有极少数的雄性个体能够有机会与很多雌松鸡交配。

灰松鸡的主要食料植物是大艾蒿(*Artemisia tridentata*)，这是一种常绿灌木。在每年的2～3月份，雄性灰松鸡便聚集在公共求偶场(leks)上开始炫耀求偶，最大的求偶场可容纳400只以上的灰松鸡。雄松鸡通常是在清晨和傍晚进入求偶场，整个夜晚都待在那里。雌松鸡来到求偶场的高峰期是在3月下旬，大部分交配活动都发生在这一时期前后的3周之内。求偶场内雄松鸡所占有的领域从13～100m$^2$不等，中央领域较小而外周领域较大。雌松鸡常常聚集在位于中央位置的1～2个领域内，求偶场中的交配大都由占有中央领域的雄松鸡来完成。

每只雄松鸡在求偶场每过7～10s就会炫耀一次。这是一种微妙的视觉和听觉炫耀，它的主要特征是胸囊大为膨胀(图11-27)。胸囊是气管的扩大部分，外面的皮肤肿胀而富含血管网。炫耀时头高高抬起，颈羽和尾羽竖起并外展，眼上方的肉冠(comb)膨胀。然后，雄松鸡便上下两次摆动胸囊，每次在抬起胸囊前，翅都向前伸展；当胸囊抬起时，翅又向后通过胸部两侧特化的坚挺羽毛，同时发出一种沙沙声。当胸囊上下摆动时，由于它内部充满了空气而使得胸部皮肤上的两个橘黄色斑特别醒目。当胸囊第二次下降时，特定肌肉就会驱使空气进入这两个皮肤斑，使它们呈气球状膨胀起来，接着又突然地瘪了下去，同时发出两个尖锐的间隔为0.1s的噼啪声并伴随有洪亮的共鸣。整个炫耀所发出的声音可用“swish-swish-coo-oo-poink”来形容，持续时间约比2s稍多。

**图 11-27　雄松鸡正在进行求偶炫耀**

其头高高抬起，胸囊大为膨胀，颈羽和尾羽竖起并外展

(仿 D. B. Lewis，1980)

雌松鸡对雄松鸡的炫耀行为所作出的反应则是采取一种诱惑(solicitation)的姿态，即翅膀呈弧形蹲伏于地面，初级飞羽(primaries)朝地面呈扇形展开。雄松鸡骑上去，用脚踩在雌松鸡的背上，双翅尽量向两侧的地面伸展以保持身体平衡，此后尾开始下垂并作旋转运动以便实现与泄殖腔的接触，这大约要持续1～2s；接着雌松鸡便从雄松鸡身下猛冲出来，沉溺于交配

后所特有的一次羽毛梳理;雄松鸡则在5～10s之内再开始新的炫耀。雌松鸡每个季节只交配一次,而且每次交配的全过程都是极为短暂的。交配之后,雌松鸡便飞离求偶场达几千米之远,并开始建一个巢,在巢中产下6～8个蛋。

松鸡的多配制与幼鸟的单亲抚育有关,而单亲抚育又与它们的幼鸟是早成的离巢性幼鸟(precocious nidifugous young)有关。这类鸟类的幼鸟从生命的早期开始就依靠自己寻找食物了。

**(二) 大鹏鹛的两种仪式**

在一篇鸟类学的经典文献中,J. Huxley(1914)曾详细地描述过大鹏鹛(*Podiceps cristatus*)的求偶和交配过程。大鹏鹛与灰松鸡是极不相同的两种鸟类,大鹏鹛的两性关系是长期配对和极为稳定的,而且是一种水鸟。它的求偶活动比较复杂,断断续续地可持续几周时间,而不是像松鸡那样只经历几分钟。最常见的炫耀行为是摆头和指向翅羽和背羽的梳理动作,而直立起来的胸羽和翎颌羽则强化了这些动作。各个炫耀动作常常组合起来形成一种仪式,即所谓的“水草仪式”(weed ceremony),雌、雄鸟双双潜入水下,从水底衔取一点水草便浮出水面。彼此迅速靠近并向上跃出水面,此时胸对胸,身体和脖颈尽力向上伸展。它们嘴里衔着水草不停地踩水并左右摆头。水草仪式看起来是要准备筑巢。大鹏鹛还有另一种仪式叫“发现仪式”(discovery ceremony),这种仪式通常是在一对雌、雄鸟分离一定时间后才举行的。与水草仪式中的行为不同,在发现仪式中,雌、雄鸟的行为是不对称的,其中只有一只鸟潜入水下,并在另一只鸟面前浮出水面和转体180°。虽然一方的行为可以诱发另一方做出可预测的行为反应,但是反应链并不是这一阶段求偶的一个特征。一对大鹏鹛常常多次重复同一个炫耀动作和同一种仪式,而且各种炫耀动作所出现的顺序也不是固定不变的。

对于像大鹏鹛这样进行长时间求偶的鸟类来讲,求偶不仅具有通常的求偶功能,而且也有确立两性配对和巩固两性联系的作用。这些鸟类的雌雄两性在各种活动中实行合作,如筑巢和育幼等。复杂的相互炫耀有利于减少对方的攻击和逃离的倾向或动机,也有利于双方的相互识别。

## 五、动物求偶通信的一些基本原理

从各方面看,我们都可以把动物的求偶活动看成是未来配偶之间的一种信号系统,本节所讲述的各种动物的求偶都能说明求偶通信的一些基本原理。当两性个体间的交配存在某些障碍的时候,就需要借助于发展求偶信号来加以解决,这就促进了求偶信号的产生和进化。这些交配障碍主要有以下一些方面:

(1) 空间隔离:化学信号是一种可在一定距离内起作用的信号,有助于克服空间隔离,所以又叫距离信号(distance signals)。化学信号常常具有物种特异性,在物种识别上含义明确,不会模棱两可,同时,化学信号还具有明确的方向性,可指示未来配偶所在的方位。

(2) 雌性动物的忸怩羞怯:杂交几乎总会降低物种在某些方面的适合度,因此容易发生杂交的个体在进化上的不利。很多物种的雌性个体都只交配一次或少数几次,而雄性个体的交配次数则可能比雌性个体多得多。这样看来,雌性动物在接受交配前慎重行事,不轻易接受对方的求偶就显得十分必要。通常,雌性动物只有在接收到明确的信号,表明求偶者是同种个体且具有较强竞争力的情况下才会接受对方的求偶。可见,雌性个体的忸怩羞怯可获得适应上的好处。相比之下,雄性动物在选择配偶方面就比较随便。对于交配速度所施加的选择压力可能是来自雄性个体之间的竞争,而这反过来又促进了雌性动物忸怩羞怯的发展。

(3) 性攻击:性攻击是指来自配偶的攻击,有些动物在求偶和交配时,一方可能被另一方所杀,甚至会被吃掉。特别是蜘蛛和舞虻,雌蛛视力不好,很容易把求偶雄蛛当成猎物捕而食之,因此像这类动物的求偶是很复杂、很微妙的,目的是要向求偶对象发出明确无误的信息,以免惨遭不幸。对此,雄螳螂却进化出了另一种对策,即在交配时即使雄螳螂的头被雌螳螂切下来,也不会影响交配的继续进行并完成受精。这是因为螳螂的交配行为是一种固定行为型(fixed action patterns),控制它的神经中枢不在脑而在胸神经节和腹神经节。此外,占有领域的雄性个体攻击进入领域的潜在配偶也时有发生,因此,雌性个体也要相应地发出各种信号,雌鸥的乞食信号(food begging)就是这类信号的一个实例。

(4) 生理状态:有很多物种,雌性个体只有遇到一个适宜的潜在配偶时,才会使自身的配子及其附属结构进入可受精状态,特别是在有些雌鸟中,其卵离开卵巢后的存活时间是有限的,因此,鸟类的求偶功能之一就是促使雌鸟准备进入排卵状态。对于体外受精的动物来说,求偶有助于排精、排卵同步化,从而可大大提高受精率。白鲑的求偶同步化和矶沙蚕的大量聚集都是由月周期决定的,因此极为准确和可靠。

(5) 其他雄性个体的干扰:正在求偶的一对动物常常会引起很多其他雄性个体的注意,这种情况可能会妨碍这一对动物的正常交配。正是由于这种原因,虹鳉才发展了诱惑行为(luring)。而雄鸟和雄蟋蟀在自己领域内的鸣叫,也是既有排斥同性个体,也有吸引异性个体的作用。

(6) 不适宜的地点:有时,雌、雄动物的相遇地点可能是一个不适合交配的地点。在飞行中遇到一只潜在配偶的蝴蝶,常常会发出一种信号,以便把对方带到一个可以进行交配的停歇地点。蛱蝶科(Nymphalidae)的蝶类通常要在空中进行复杂的交配炫耀;而小黄粉蝶则不同,雄蝶在遇到雌蝶时,雌蝶常常是已经停歇在地面上了。三刺鱼的求偶反应链在早期阶段的主要功能也是把一对三刺鱼带到巢的所在地;而滑北螈求偶的早期阶段则有很大的可变性,只有当雄螈的求偶已成功地把雌螈吸引到自己身边时,才开始出现一个明显可辨的反应链,雌螈之所以能够来到精包上方的准确位置,则是由这个严格的反应链所决定的。一般说来,鸟类的求偶缺乏这种可预测性极强的反应链,只有在与交配本身有关的行为中,雄鸟才必须精确地定位在雌鸟之上,其可预测程度大体与某些其他物种的经典反应链相同。由此可见,反应链的存在主要是出于一对正在求偶的动物必须精确定位的需要。

一个反应链是由一系列的信号和反应组成的,这些信号和反应具有高度的可预测性,其中一方的反应又可成为另一方的信号。反应链的一个值得注意的特征就是链的长度,一般说来,反应链都含有较为丰富的信号-反应关系(signal-response relationships),但是动物交配前不一定都需要这样一个长长的信号-反应链。只有当一对动物需要一个特定地点的时候,才需靠这样一个有一定长度并且是可预测的信号-反应链来满足这一要求。

动物的求偶活动无疑具有很多不同的功能。求偶的具体细节主要是决定于不同物种的需要,可以说世界上没有两个物种对这方面的需要是完全相同的。这一点在鱼类中表现得特别明显:在鱼类中,求偶细节不是依据它们之间的亲缘关系决定的,而是决定于各种社会因素、受精方法和育幼方式。

# 第十二章　动物之间的资源竞争

## 一、资源竞争的一般概念

### (一) 资源竞争的发生

达尔文自然选择学说的重要内容之一就是强调由于资源的有限性，动物的每一个世代都只能有一小部分个体能够发育到生殖年龄。在残酷的生存斗争中，存活下来的个体通常都是那些竞争能力比较强的个体。一个动物在竞争中获胜不仅取决于它的体质，而且也取决于它在与其他动物竞争时所采取的行为对策(behavioural strategies)，最好的行为对策往往依赖于其竞争对手所采取的对策。本章我们将从资源竞争的发生谈起，即在什么情况下会出现资源竞争。

设想有两只鸟正在一片草地上寻找昆虫的幼虫吃，如果由于一只竞争对手的存在而使另一只鸟的觅食成功率有所下降，那么在这两只鸟之间必然会存在着某种方式的干扰。干扰(interference)一词可被定义为某一特定个体的取食率由于存在竞争而有所下降。干扰可借助于很多不同的机制而发生，如个体之间的资源利用(exploitation)、资源争夺(scramble)和资源格斗(contest)等相互关系。如果两只鸟彼此都不能识别一个地区是不是已经被对方搜寻过了，那么常常就会由于进行重复搜寻而浪费时间、能量，并使双方的觅食成功率都有所下降。如果食物在一个较大的区域内是呈随机分布的，那么两只鸟之间通常就不会发生竞争，因为在这种情况下它们不太可能出现在同一地区觅食。但当食物密度在一些地区很高而在另一些地区又很低时，那么两只鸟便都能很快学会到食物密度较高的地区去觅食，在这种情况下，两只鸟同时出现在同一觅食地点的概率就会增加。因此，只要生境中的食物资源是呈异质性分布的，那么动物之间发生竞争的可能性就会增大。当然，每只鸟的觅食成功率都会随着在同一地点觅食的竞争对手数量的增加而进一步下降。在一个环境斑块内，各种食物资源只要表现为一定的空间分布型，动物之间就不一定对每一种食物都发生直接干扰现象，特别是在一个食物特别丰富的斑块内开始觅食时。但当有几个竞争者同时去吃同一种食物时，竞争就常常变得难以避免，此时的竞争常常表现为抢食，即看谁吃得快，吃得最快的就是最成功的竞争者，因为它在单位时间内可以吃下最多的食物。这种竞争主要表现为抢夺资源的竞赛，而不会发生攻击、驱逐和打斗现象，所以就称为争夺竞争（scramble competition）。

可更新资源不仅有空间分布，而且有时间分布。当各项资源在空间上呈密集的集团分布而在时间上呈均匀分布时，动物之间的竞争将最为激烈。例如，当所有的食物都来自一个地点，而且以固定不变的速率连续出现时，其情况就是如此。更具体些讲，每当红嘴鸥一年一次迁到春城昆明越冬时，人们都喜欢一块接一块地把面包屑掷向鸥群，由于食物总是满足不了鸥群的需要，所以鸥鸟总是争抢每一块面包，而每次争抢都只能有一只红嘴鸥获得成功，其余都是失败者。但如果食物在时间上也呈集团分布，即同时把很多块面包屑掷向鸥群，那情况就大不一样了，红嘴鸥之间的干扰和竞争就会大大下降，几乎每只红嘴鸥每次都能得到一块面包屑，直到资源枯竭为止。由此可见，资源在空间上的集团分布会使竞争加剧，而资源在时间上的集团分布可使竞争减弱。

上面我们所谈到的资源全都是同质同量的，其实在自然条件下并不是这样的。扔给红嘴鸥的面包块肯定有大小的不同，因而它们的有利性（profitability）也各不相同。对一个鸟类捕食者来说，一片草地不仅含有大大小小的昆虫幼虫，而且所含有的各种节肢动物的有利性也各不相同。最适食谱理论曾预测，为了使能量净收入达到最大，捕食者有时应集中只取食一种报偿最高的猎物，有时则应无选择地取食很多种猎物，一切都依资源状况而定。显然，当所有竞争者都集中在资源谱的一小部分（如报偿较高的大猎物）取食时，它们之间的竞争就会加剧；另一方面，竞争者本身也是有差异的，一些竞争者可能比另一些更强壮、更敏捷和更有经验。但在一种场合下占有竞争优势不一定意味着在另一种场合下也占有竞争优势，例如，一只具有明显的第二性征（如长尾巴）的雄鸟通常在争夺配偶时会占有优势，但在竞争食物时却常常给它带来不利。对于一种特定资源来说，竞争者之间不仅在竞争能力方面存在差异，而且在竞争动机的强弱方面也存在差异。当人们把面包块投向红嘴鸥群时，一只饥饿的红嘴鸥就比一只不太饿的红嘴鸥肯冒更大的风险（如遭捕食的风险）去争抢这块面包屑，从而更增加了它在竞争中获胜的机会。

### （二）资源竞争的三种类型

#### 1. 利用竞争

利用竞争（exploitation competition）是资源竞争的一种最简单形式。在发生利用竞争时，竞争者无须见面，甚至彼此看也看不到，每个竞争者都可依据最适寻觅法则（optimal foraging rules）来决定是不是利用一种资源和利用多长时间，不管这种资源是不是已经被利用过和它的数量是多少。

#### 2. 争夺竞争

争夺竞争（scramble competition）是资源竞争的第二种类型。在争夺竞争中，竞争者在利用同一种资源时彼此是可以看到对方的，每个竞争者都试图做出最大努力，以便能获得尽可能多的资源，但在这种竞争中，竞争者不会发生直接冲突和对抗，更不会出现攻击和打斗行为。如果谁都不想为争夺资源而诉诸武力，那么所有的竞争者都可以自由进入一个含资源斑块并进行争夺竞争。争夺竞争的结果是每个竞争者都应当到那些可望获得最大收益的地方去。如果两个人以同样的速率投喂面包屑,那么每只新来的鸟就应当到周围的鸟比较少的那个人那里去争食,只有这样才能获得最大的收益。如果违背这个法则,收益就会下降。但是,如果竞争者具有不同的竞争能力,那结果就难以预测了。

3. 对抗竞争

如果有一只鸟为了独占人们投出的食物而从投食点驱逐其他的鸟(有时是靠战斗),而且这种行为所付出的代价低于它独占食物所获得的好处,那么保卫这个投食点在经济上就是合算的,这就叫经济可保卫性(economic defendability)。在这种情况下,这只鸟就会成为这块领地的主人而不许其他个体侵入。这就是第三种类型的资源竞争,即对抗竞争(contest competition)。在对抗竞争中,竞争者在战斗中所付出的代价并不是固定不变的,它将随竞争对手所采取的不同对策而有所变化,在分析这类问题时常常要使用博弈论和进化稳定对策的概念。

近些年来,行为生态学家曾对精明对抗者双方的对策决策法则作过深入的研究,简单说来,对抗可以是对称的(即双方实力完全相等),也可以是不对称的(即双方战斗实力不相等或争抢的资源对双方的价值不同)。一般说来,在发生不对称对抗时,胜者通常是战斗能力较强者或所争抢的资源对其价值更大者。对抗竞争通常是发生在资源不能被双方共同占有的情况下,也就是说,只要独占资源在经济上更为合算(即经济可保卫性),竞争者就会为独占这份资源而不惜一战。对抗竞争的细节请参看本书第八章“动物战斗行为生态学”。这里我们将着重讨论资源可被竞争双方共同利用时的竞争后果,特别是在竞争双方具有不同竞争能力的情况下。

## 二、动物在斑块状生境中的理想自由分布

“理想自由分布”一词最早是由 Fretwell 和 Lucas(1970)提出来的,他们使用这一名词是为了描述动物在一个斑块状生境(a patchy habitat)中的分布情况。如果每个个体都能自由出入生境中的各个斑块而没有任何压力和限制的话,那么每个个体的理想选择就是到收益最大的斑块去。但是,随着进入一个斑块的个体数量的增加,这个斑块对每个个体的价值就会下降。因此,如果全部竞争者都进入资源状况最好的那个斑块,就会导致每个个体的收益最小,这种情况会使其中的一些个体进入次好的斑块。这样,不同质量的斑块就会按顺序依次被占领。最终所导致的分布结果是,在最好的斑块内个体数量最多,在次好的斑块内个体数量次之。总之,在每一个斑块内的个体数量会达到一种平衡,使每个个体无论在哪个斑块内都能获得同样的收益,不再会使任何一个个体能够靠在斑块之间转移而获得更大的好处,这种平衡状态就是理想自由分布(ideal free distribution)。理想自由分布现象实际上是很多生物学家通过各自的研究而独立发现的,如 Orians(1969)通过对雌性动物在雄性领域间分布规律的研究;Parker(1974)通过对雄粪蝇在各牛粪堆上时空分布的研究和 Brown(1969)对大山雀在两个生境间的最佳分布研究等。理想自由分布的概念早在 20 多年前就被提出来了,现在已成为行为生态学的重要概念之一,目前在理论上和实用上都呈迅速发展之势。

### (一) 建立理想自由分布模型

对任何一个生物学模型进行检验都必须使设想与预测相吻合,而一个理想自由分布模型的设想是:① 在一个生境中存在着很多具有同等竞争能力的个体(竞争者);② 生境中包含很

多资源斑块，而这些斑块对竞争者的适合度值(fitness value)又各不相同；③ 竞争者可在各个资源斑块间自由移动，而每个竞争者都能进入可望获得最大收益的斑块中；④ 一个特定斑块对任一特定竞争者的适合度值都将随着斑块内竞争者数量的增加而下降。

根据理想自由分布模型，可以做出如下预测：① 所有竞争者无论是处于哪一个斑块内，其收益都应当相等；② 在所有斑块内的平均收益率应当相等。显然，自然界的现实情况在大多数情况下都不会与上述设想完全吻合。虽然这一概念仍有改进的余地，但我们仍然坚信这一概念具有重要的理论价值，其研究前景十分广阔，潜在的应用范围可从低等动物的水蚤一直到人。到目前为止，理想自由分布模型只涉及了空间问题，即在某一特定时间内动物的空间分布问题。前面所讲的行为对策实际上也是讲动物在某一特定时间内选择何处去觅食的问题。但我们也可以利用理想自由分布理论来预测动物在某一特定地点的时间分布，例如，预测动物所采取的一种对策应当在某一特定地点维持多长时间。利用理想自由分布理论，我们至少可以对动物的对策选择做出最一般的预测，即采取某一行为对策所获得的好处将会随着采取同一对策动物数量的增加而下降。

**(二) 无差异竞争者的理想自由分布模型**

设想在一个含有几个资源斑块的生境中有 $N$ 个无差异竞争者，资源以不同的速率进入每一个斑块，而且资源一进入马上就会被等候在那里的竞争者吃掉，显然这是属于争夺竞争类型。假设在每单位时间内进入斑块 1 的资源为 $Q_1$，进入斑块 2 的资源为 $Q_2$，进入斑块 3 的资源为 $Q_3$，如此等等。需要预测出每个斑块中竞争者的数目，即在斑块 1 内竞争者的数目为 $n_1$，在斑块 2 内为 $n_2$，在斑块 3 内为 $n_3$，…，而 $N = n_1 + n_2 + n_3 + \cdots$。Milinski(1984)和 Harper(1982)曾通过实验研究过这种情况。

现在我们想知道在斑块 $i$ 内每个竞争者所获得的资源量 $G_i$，它是斑块内竞争者数量的一个函数(即随 $n_i$ 的增加而下降)，而且也是资源输入率的一个函数(即随 $Q_i$ 的增加而增加)。如果理想自由分布规律成立的话，那么每个竞争者所获得的资源量就会相等，不管它们是在哪一个斑块内。假如不是这样的话，竞争者就会借助于从收益低的斑块迁入收益高的斑块而获得好处。所以，理想自由分布应与下式相符，即

$$G_1 = G_2 = G_3 \cdots = G_i = C$$

$C$ 对所有斑块来说都是一个常数。这就是“不管在哪个斑块适合度必定相等”法则，资源收益被认为是与适合度成比例的。换句话说就是，在斑块 $i$ 内每个个体的平均收益率等于资源输入率 $Q$ 除以竞争者数量，即

$$G_i = Q_i / n_i \qquad (12.1)$$

从方程(12.1)可知 $G_i$ 对所有斑块来说都是一个常数，所以

$$Q / n_i = Q / n_2 = \cdots = Q_i / n_i = C$$

也就是说，无论是在哪个斑块内，每个竞争者的收益都相等，因此，在一个特定斑块内竞争者的数量可用下式表示：

$$n_i = Q_i / C \qquad (12.2)$$

如果用文字表达这个公式，即，每斑块内的竞争者数量与资源输入量呈正比，这就是输入匹配法则(input matching rule)。

上述模型是一个最简单的理想自由分布模型，可用来描述的场合是：连续输入的资源一

旦进入斑块立即被等待在那里的竞争者所利用。这种场合无论是在自然界还是在实验条件下,都有一些具体实例,这些实例的观测值与根据输入匹配法则所做的理论预测值基本相符(图 12-1)。

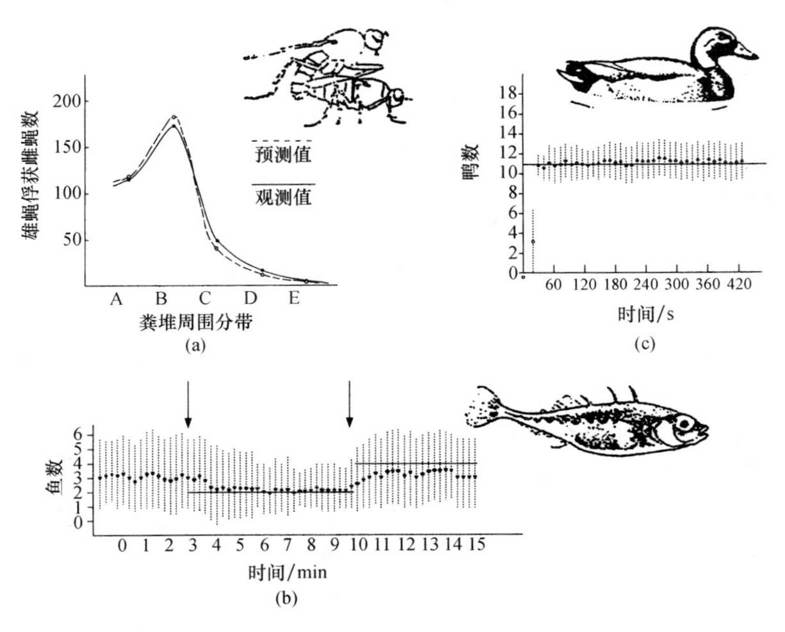


**图 12-1 输入匹配法则的三个实例**

(a) 粪蝇:在牛粪上及周围不同地带(A~E 带)被雄蝇捕到的雌蝇数与输入匹配法则的理论预测值相符;(b) 三刺鱼:在鱼缸两端(两斑块)按 2∶1 连续输入水蚤,取食开始(左箭头)后,在斑块 2 的鱼数很快接近输入匹配法则的预测值(左下水平线),在右箭头所示处,将两斑块有利性互换,结果鱼数分布很快又接近了新的预测值(右上水平线);(c) 在池塘的两个地点按有利性 2∶1 投面包屑喂 33 只鸭,结果在有利性较小处鸭个体数很快就达到了理论预测值(横实线)(仿 Harper,1982)

### (三) 有差异竞争者的理想自由分布模型

竞争者存在差异时的理想自由分布模型应当是什么样子呢?所谓差异,就是指竞争者具有不同的竞争能力,而竞争者群是由很多表现型(phenotypes)各不相同的个体所组成的混合群,而竞争能力的不同必然会影响在一特定斑块内某一个体的资源收益。显然,要应付这种情况并不是一件简单的事情。假定在斑块 $i$ 内有一个表现型为 A 的个体,它的资源收益将会取决于每一种可能存在的表现型(如 A、B、C、D 等)的个体数量(处于同一斑块内的);但是,各种不同的表现型又可能具有多种多样的数量组合。因此,要想研究这些组合对 A 表现型个体资源收益的影响将是一件十分困难的事情。1986 年,Parker 和 Sutherland 为了解决这一问题而提出了一个方法,他们认为每一种表现型都有它们自己的“竞争力”(competitive weights),而个体的资源收益都以某种方式与这种竞争力相关。当然,某一个体的竞争力是相对于同一斑块内全部个体的平均竞争力或总竞争力而言的。举例来说,如果只有 A、B 两个表现型,每个 A 表现型个体的竞争力为 2,每个 B 表现型个体的竞争力为 1,那么每个 A 表现型个体在一特定斑块内竞争成功的机会就是 B 的两倍;如果在一个斑块内有 2 个 A 型个体和 4 个 B 型个体,那么在这个斑块内所有个体的总竞争力就是 8。如果假定每个竞争者所分享的资源与它们在总竞争力中所占有的份额是对等的，那么每个 A 型个体就将得到斑块内资源量的 2/8，而每个 B 个体将得到 1/8。

Parker 和 Sutherland 利用理想自由分布原理分析了竞争者存在差异情况下的模型，即任何竞争者都能自由地进入任何一个收益更高的斑块。他们还利用了另外一个原理，即如果属于同一表现型的个体出现在两个或更多的斑块中，那么它的报偿必定也是一样的。直觉告诉我们，属于同一表现型的个体都应当是无差异竞争者，因此它们必然会受无差异竞争者理想自由分布规律的支配。最为常见的一种情况是，各表现型的竞争力在所有斑块中都保持不变，而其相对报偿(=相对收益)也保持不变。在这种情况下，竞争者就会出现多种可能的平衡分布，而每种平衡分布的共同特征就是在所有斑块内资源输入量与总竞争力的比值都相等。也就是说，在达到平衡之前竞争者会自由地从一个斑块移入另一个斑块，直到使每一个斑块的总竞争力刚好与资源输入率取得平衡为止。根据三刺鱼实验所做的一个假想实例很容易说明这一点(图 12-2)。在这个实例中，三刺鱼只有两个表现型，即体大的和体小的。在所有情况下，大鱼的竞争力都是小鱼的两倍。图 12-2 给出了几种可能的平衡分布，每一种平衡都符合上面的结论，因为图左侧的总竞争力总是等于右侧总竞争力的两倍，两侧的总竞争力都与各自一侧的资源输入率保持平衡，因此两侧都能保持稳定。所谓稳定，是表达这样一种意思，即不会有任何一条鱼借助于从一侧移到另一侧而能获得什么好处，而且大鱼(不管是在哪一侧)所得到的报偿总是 2，而小鱼(不管是在哪一侧)得到的报偿总是 1。

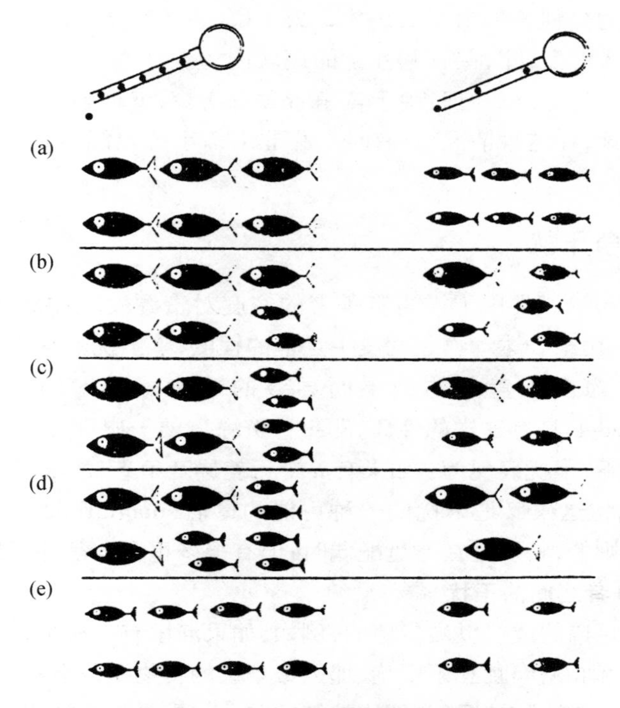


**图 12-2　一个假想的三刺鱼实验**

大鱼和小鱼具有不同的竞争力，每条大鱼的捕食量都是每条小鱼捕食量的两倍，详细说明见正文(仿 M. Milinski，1988)

虽然如此,每种情况下每侧每个个体的平均报偿却是不相等的[图 12-2(c)中的分布形式除外]。平均报偿差别最大的是(a)中的分布形式,在(a)中,左侧的平均报偿是 2,而右侧的平均报偿是 1。对无差异竞争者来说,理想自由分布所做的预测是:无论是在哪一个斑块内,平均报偿都应当是一样的。自然界中的很多实例都与这一预测相符,虽然在有些情况下,竞争者不一定都是无差异的。(c)类型分布的特点是:每个斑块内的表现型频率和整个种群的表现型频率是相同的,这样一种分布形式必然会达到一种平衡状态。Parker 和 Sutherland 认为,导致出现(c)类型分布的可能机制是:就表现型而论,竞争者本身的分布是随机的,只不过是简单的使竞争者的数量与资源输入量相匹配而已。很可能每一个竞争者都能很快地对斑块内的资源输入率和竞争者的密度做出估价,但对自身相对竞争力做出评价的能力比较弱。在(a)~(d)四种类型的分布中,有利性大的斑块(左)和有利性小的斑块(右)的平均报偿值分别是 2∶1、1.714∶1.2、1.5∶1.5 和 1.33∶2。如果做大量的重复实验,那么就四种分布类型的总计来讲,左侧和右侧的权衡平均报偿值(即概率乘以报偿)比就应当是 1.54∶1.45,这个值已非常接近于竞争者无差异情况下的 1.5∶1.5 了,在实践中这点差异可能已难以识别了。在用三刺鱼所做的进一步实验中,实际上也正是(c)类型的分布最占优势(其报偿值比为 1.5∶1.5)。

有时只有唯一的一种分布方式才能使总竞争力与总资源输入率在两个斑块内相匹配,最可能出现这种情况的是当竞争者的数量很少,而且每个竞争者都具有不同的竞争力时。例如,当 6 条三刺鱼的竞争力分别为 1、1.3、1.9、2.5、2.9 和 3.6 时,便只能有一种分布方式才能使两个斑块实现资源输入匹配,即,在有利性小的斑块内为 1.9+2.5=4.4,在有利性大的斑块内为 1+1.3+2.9+3.6=8.8。有时由于竞争者数量太少,就很难在一个斑块内实现输入率与总竞争力的准确平衡,在这种情况下,有时一些非平衡系统也能导致产生稳定分布,而在其他情况下则不能。

## 三、动物之间的竞争干扰

干扰(interference)一词常用于描述竞争者的密度对资源发现和利用率的影响。在某种意义上,干扰一词可以用来表达动物之间发生竞争的程度,零干扰就意味着没有竞争。一般说来,干扰可以被定义为由于竞争的结果而导致的动物摄取率的下降。连续输入模型(continuous input model)具有这样的性质,即每种资源只要一出现在竞争者面前就会马上被利用掉。在这种情况下,干扰表现为:如果有 $n$ 个无差异竞争者,那么每个竞争者的收益就会因干扰而下降到 $1/n$,但这仅仅是干扰的一种可能的量值(magnitude)。在自然界,有几种情况是符合连续输入法则的,特别是在寻觅配偶时;但有很多觅食竞争并不是这样的。

### (一) 无差异竞争者之间的干扰

有时干扰是微不足道的或可以被忽略的,例如,如果河里有一群鱼正在寻觅一种漂移的食物,每条鱼都有一定的间隔,而且互不影响,那么每条鱼的食物摄取率都与鱼群大小无关,而只依赖于食物密度,显然,在这种情况下,干扰就等于零。如果真是这样的话,那所有的鱼就应当到食物密度最大的斑块中去觅食,因为那里可以提供最高的食物摄取率,任何一条到有利性较小的斑块去觅食的鱼,其收益都会小于其他的鱼。只有当存在干扰时(干扰强度将随竞争者密度的增加而增加),才有可能看到有些鱼会进入有利性较小的斑块去觅食。如果所有的鱼都是无差异竞争者,那么理想自由分布法则就会使干扰较小与食物密度也小两者相互抵消,结果就会使所有竞争者的食物摄取率相等,不管它们是在哪一个斑块内觅食。换句话说就是,在较好斑块内只要干扰导致鱼的食物摄取率低于较差斑块内鱼的食物摄取率,那么就会有鱼从较好斑块迁入较差斑块,因为这种移动可给竞争者带来更大的收益。当食物密度与干扰之间失去平衡的时候,就会趋向于一种平衡分布。

总之,在没有干扰的情况下,所有竞争者都会到有利性最大的斑块内去觅食。在存在轻微干扰时,除少数竞争者外,其余都应留在这个最好的斑块内觅食。当出现严重干扰时,即所有竞争者都去争抢同一食物时,竞争者就应当按照斑块有利性的比例进行分布,也就是说,它们的分布应当符合输入匹配法则。

1983 年,Sutherland 曾提出过一个干扰模型(interference model)。在模型中他假设所有竞争者都是无差异的,命斑块 $i$(内含 $n_i$ 个竞争者)中一个个体的收益率为 $G_i$,则

$$G_i(n_i) = Q_i / n_i^m \tag{12.3}$$

式中: $m$ 是干扰常数,用来表示干扰强度,取值范围通常是在 0 和 1 之间,0 表示无干扰,1 表示干扰最强,$Q_i$ 是斑块 $i$ 资源输入率的一个量度,它是和斑块 $i$ 中的食物密度成正比的。如果 $m=1$,那么$G_i(n_i)=Q_i/n_i$,即每个个体的收益率将下降到 $1/n_i$;如果 $m=0$,那么 $G_i(n_i)=Q_i$,即干扰不起作用,而且不管竞争者数量是多少,其收益率都保持不变。因此,公式(12.3)可用于模拟在 $m$ 值不断变化的情况下干扰所产生的影响。同样,若保持 $m$ 不变($>0$),就会看到个体摄取率将随着同一斑块内竞争者数目的增加而下降。因此,如果竞争者密度太大,一些竞争者就会靠迁入其他的斑块而获得好处。可见在理想自由觅食的情况下,对所有斑块中的所有竞争者来说,报偿都应当是一样的,即

$$G_i(n_i) = Q_i / n_i^m = C(\text{常数})$$

所以,在某一斑块 $i$ 内的竞争者数目应当是

$$n_i = (Q_i / C)^{1/m} \tag{12.4}$$

上述方程可认为是一种 ESS 分布,因为它决定着每一个斑块($i$、$j$、…)内竞争者的平衡数量。当该方程中的 $m=1$ 时,它将与方程(12.2)完全一样,是一个连续输入模型。可见,连续输入模型[方程(12.2)]只是 Sutherland 的干扰模型[方程(12.4)]的一个特例。干扰模型可模拟 $m$ 从 0 到 1 的各种情况,也就是说该模型中包含着可连续变化的 $m$ 值。

要想从方程中求 $m$,可将方程 $G_i(n_i)=Q_i/n_i^m$[即方程(12.3)]改为线性形式,即改为:

$$\lg G_i = \lg Q_i - m(\lg n_i) \tag{12.5}$$

虽然我们不能直接测定 $m$,有时在田间也很难测定 $Q_i$,但在田间和实验条件下却很容易测定摄取率($G_i$)和竞争者数量($n_i$)。使用方程(12.5)的好处是,可用摄取率对数值 $\lg G_i$ 和竞争者对数值 $\lg n_i$ 作图的方法求出 $m$ 值和 $Q_i$ 值:其回归线的斜率就是 $-m$,而 $G_i$ 轴上的截点就是 $Q_i$。在自然觅食的场合下,$m$ 的估计值常常是在 0 和 1.13 之间;当由于干扰而使一些资源流失(如猎物或配偶逃走)时,$m$ 值就可能大于 1。

### (二) 有差异竞争者之间的干扰

一个强的竞争者和一个弱的竞争者相比,随着斑块内竞争者密度的增加,往往是强竞争者所遭到的收益损失较小,而弱竞争者所遭到的损失较大。图 12-3 就是描述的这种情况:在一个假设的鱼群中有两条竞争力有差异的鱼 A 和 B,它们正在搜食随水流漂向它们的食物。当

竞争者密度很低时(a),由于没有干扰,所以弱竞争者 B 的收益与强竞争者 A 的收益相等。但随着竞争者密度的增加(b),无论是强竞争者还是弱竞争者的收益都会下降,但弱竞争者 B 收益下降得比强竞争者 A 更多。但当竞争者的密度达到很高时(c),两者收益率的差异就会变得更大。对于强和弱两种竞争者来说,这种情况可以用摄取率的对数值 $\lg G_i$ 相对于竞争者数量的对数值 $\lg n_i$ 作图来表示(d)[见方程(12.5)]。当竞争者的数量从 $n'$ 增加到 $n''$ 时(A 和 B 表现型的相对比例不变),A 和 B 摄取率的下降情况是不一样的,从(d)中可以明显看出,弱竞争者(B)摄取率下降得快,而强竞争者(A)摄取率下降得慢,这是因为两者的竞争常数 $m$ 不一样,可以分别用 $m_A$ 和 $m_B$ 表示。

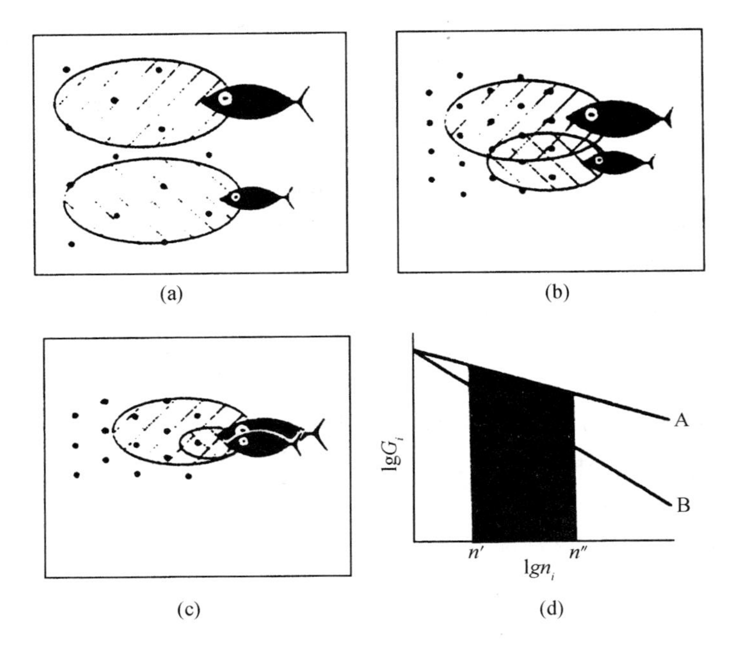


**图 12-3　有差异竞争者之间的干扰**

(仿 Milinski 和 Parker,1991)

## 四、竞争者在斑块间的稳定分布和非稳定分布

到目前为止我们所介绍的模型都表明了这样一个特点,即在某一斑块内竞争者密度的增加会降低每个个体的收益率,但是,表现型之间的某些相互作用往往并不能导致竞争者在一个生境内的稳定分布,而是产生了不稳定性(instability)。这种情况通常是发生在当共占资源对一个个体有利而对另一个个体不利的时候。设想在一个生境内有两只鸟和两个食物斑块,两斑块内的食物密度相等,其中一只鸟是优势鸟,而另一只鸟是从属鸟。如果两只鸟的觅食是完全独立和互不干扰的,那它们的摄取率就应当是相等的(即都与食物密度成比例);但如果两只鸟出现在同一个斑块内,优势鸟就会借助于偷窃寄生现象(kleptoparasitism)从从属鸟那里抢得一些食物,显然,从属鸟只有靠单独觅食而不是与优势鸟在一起觅食才能获得更大的收益。优势鸟和从属鸟的这种关系常会迫使从属鸟面临在两个斑块间做出选择的问题,这种情况常

会导致不稳定分布的产生。稳定性只有在下述条件下才能达到,即斑块质量有足够大的差异,从属鸟与优势鸟一起在优质斑块内觅食所获得的收益大于它自己单独在劣质斑块内觅食的收益。这种情况在理论上曾被提出和论证过,而在实践中又用很多对灯芯草雀所做的试验进行了验证(见 Caraco 等,1989)。

1986 年,Parker 和 Sutherland 曾用计算机模拟的方法检查了一个应用范围更加广泛的类似模型。模型中的生境含有 100 个竞争者,共有 10 个不同的表现型,每一表现型有 10 个个体。各表现型之间表现出一种线型优势等级关系,即 A 优于 B,B 优于 C,C 优于 D……每个个体的收益实际上都等于斑块质量所给予的收益,加上从从属个体那里所夺得的收益,再减去被优势个体所夺走的收益。就整体来说,由于优势等级的存在所造成的所得和所失应当完全相等,即有所失必有所得。如果斑块的质量差异极大,那么所有的个体都会集中到最好的斑块去觅食。但如果斑块之间的质量差异不大,就会出现不稳定分布,表现为各种表现型在各斑块间的数量不断变化,个体适合度总是达不到平衡状态。但是,各种表现型在斑块间的转移程度是不一样的,优势最大的表现型常常只能在最好的斑块中找到,次优表现型通常只分布在最好的前两个斑块内,而顺位较低的个体则在所有的三个斑块类型之间不断转移。一般说来,个体的适合度将随着个体顺位的下降而下降。1990 年,Schwinning 和 Rosenzweig 也用计算机作过一个类似的模拟,不过在他们的系统中包括有三个种群(两个猎物种群和一个捕食者种群)和两个生境斑块,其中一个斑块含有能躲避捕食者的避难所。他们的模型最终也不能导致稳定的分布,但可以靠为猎物提供隐蔽所或增强猎物之间的竞争而达到稳定。

## 五、理想自由分布模型的改进

### (一) 时间上的理想自由分布

迄今我们在理想自由分布模型中只涉及了竞争者的空间分布问题,其前提条件还是斑块质量($Q$)是不随时间而改变的,其他前提条件还有竞争者的死亡率等于零和竞争者在斑块间的移动不需付出任何代价等。如果不受这些前提条件的约束,就必须对上述模型加以改进,从而使其更加复杂化。下面我们先介绍时间上的理想自由分布。

假定在一个生境中含有斑块 1、2、3…一系列斑块,那么经过时间 $t$,各斑块的输入率为 $Q_1(t)$、$Q_2(t)$、$Q_3(t)$…如果无差异竞争者熟知所有这些条件,而且在斑块之间移动是不付代价的,那么根据方程(2),$t$ 时刻在斑块 $i$ 内竞争者的数量应当是:

$$n_i(t) = Q_i(t)/C \qquad (12.6)$$

对所有的斑块类型 $i$ 来说,$C$ 等于整个生境的平均收益。

但是,在斑块之间进行转移不可能是完全没有代价的,而且大多数斑块的价值都会随着时间推移而发生变化。这种情况可以用粪蝇寻觅配偶来加以说明,很多雄蝇经常守候在牛粪堆上或其周围等待着雌蝇到来,然后再争夺与雌蝇交配的机会。在这个特例中,牛粪堆就是斑块,而雌蝇就是斑块的资源输入率。显然,从 0 时间开始,斑块的资源输入率是随着时间的推移而下降的,因为雌蝇总是以最快的速度到达新产下的粪堆,此后随着时间推移,粪堆表层会逐渐变干、变硬,因而雌蝇的到达率(即资源输入率)会呈负指数下降。该模型还假设从一个斑块到另一个斑块的转移时间是固定不变的,而且新斑块是不断出现的。

根据上述模型提出了三点预测:① 竞争者应当离开一个斑块飞向另一个新斑块;② 起初

新斑块的收益率会大于 $C$($C$ 是常数),这将导致全部竞争者都应当利用这一新斑块,直到时间推移到 $t_{crit}$时为止(此时个体收益率刚好下降到 $C$);③ $t_{cirt}$过后,竞争者应逐渐离开去寻找一个新斑块,而留下来的竞争者数量将决定于方程(12.6)中的输入匹配法则。在一个斑块的资源值下降到关键值[即 $Q_i(t_{cirt})$]以前,全部竞争者都将留在这一斑块内,因为这可以避免为斑块间的自由转移而付出代价。但是在 $Q_i(t_{cirt})$以后,竞争者就必须在不同时间内离去,但不管是在什么时间离去的个体都应当得到同样的报偿。Parker(1984)对粪蝇的研究完全符合上述三点预测,而 1987 年 Parker 和 M. Smith 的分析表明,在预测值与观测值之间没有明显差异。

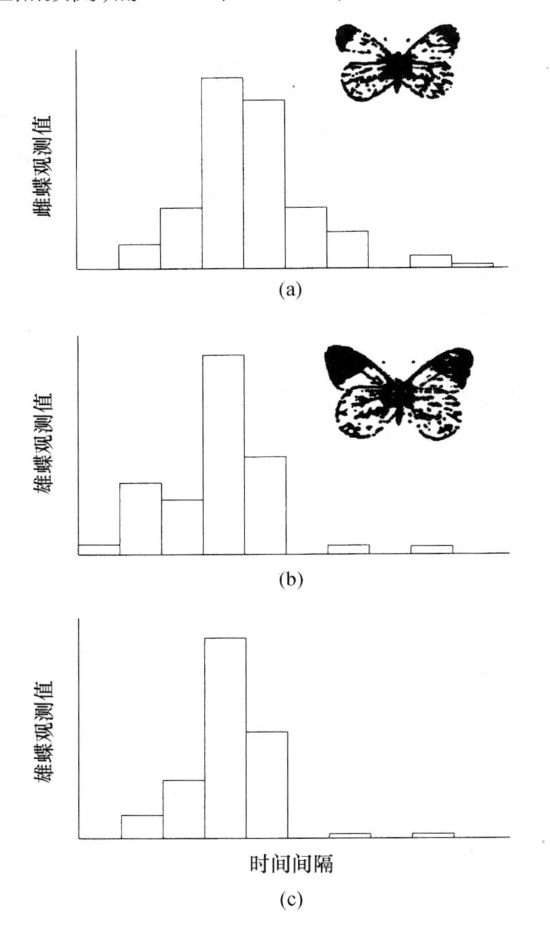


**图 12-4 橙色翼尖蝶(*Anthocaris cardamis*)雄蝶的羽化模式**

观察期自 1977 年 5 月 19 日至 6 月 28 日,时间间隔为 4 天。(a) 雌蝶羽化观测值;(b) 雄蝶羽化观测值;(c) 根据理想自由分布模型对雄蝶羽化模式所做的理论预测值(仿 Milinski 和 Parker,1991)

理想自由分布理论也可应用于资源质量经历长期变化的场合,如资源的季节发生(seasonal incidence)和季节迁移(seasonal migration)。在这样的模型中,死亡率就不再是无关紧要的事情了。理想自由分布理论如何应用于研究竞争者的季节分布或季节发生呢?下面的一个例子主要是介绍雄蝶在季节时间规模上的理想自由分布。假定有一种蝴蝶,雌蝶表现出一种特有的季节羽化模式,即在日期 $t$ 有 $f$ 个雌蝶羽化,这种 $f(t)$的模式主要决定于幼虫食料植物的可得性。雌蝶羽化后即可交配。

依据雌蝶的季节羽化模式,现在让我们探寻雄蝶具有一个什么样的羽化模式 $m(t)$才是一个 ESS 羽化模式。如果没有死亡风险或竞争力不会下降的话,那么所有的雄蝶都应当在季节开始时($t=0$)羽化。较早羽化不会有任何损失,所以,最好的对策就是尽可能早地羽化出来,以便在整个季节内都能寻偶。但有另一种极端情况,即雄蝶的死亡率极高,以致当天羽化的雄蝶很难存活到第二天,在这种情况下,显然一个 ESS 对策就是要保证所有雄蝶得到相同的报偿,为此就必须使 $m(t)=f(t)$,即让雄蝶的羽化数量与雌蝶的羽化数量保持平衡。如果雄蝶有一个适中的死亡率,那么 $m(t)$的羽化分布就必须向 $f(t)$的羽化分布左侧偏斜,也就是说,雄蝶必须在雌蝶羽化之前羽化,这就是雄性的出现早于雌性,即雄性先熟(protandry)现象。死亡率的减少可使雄性先熟现象增强。

很多种蝴蝶都表现有雄性先熟现象。1982 年,Fagerstrom 和 Wiklund 建立了一个最适平均羽化日期的雄-雄竞争模型。在这个模型中，最适羽化期的变异范围并不是由选择决定的。然而有两种蝴蝶，其雄蝶的羽化模式与理想自由分布模型极为吻合，这表明：羽化日期变异范围本身具有明显的适应性质(图 12-4)。

对于竞争者在一个较长时期(如季节)内的理想自由分布的进一步研究，无论在理论上还是在实际应用上都是很有价值的。假如有一种食料植物的季节发生模式为$p(t)$，而这种植物又是某种昆虫的食料，命该昆虫的季节发生模式为$u(t)$；这种昆虫又被某种天敌所捕食，故天敌的季节发生模式为$v(t)$。其中每种生物的分布都会受到作为它们食物的那种生物分布的正面影响，同时又受到作为它们天敌的那种生物分布的负面影响。例如，$u(t)$将受到$p(t)$的正面影响，同时又受到$v(t)$的负面影响。在$u(t)$中出现的任何一个高峰期都会相应引发天敌物种$v(t)$出现一个高峰期，天敌物种的羽化节律将使它们能够最充分地利用食物资源。

在长时间内理想自由分布的另一个实例就是动物的迁移。很多种类的鸟都要经历长距离的迁移，有时会飞往另一个大陆寻找有利的地点度过严冬。有几种鸟，如欧洲歌鸲和乌鸫，并不是所有的个体都进行迁移，其中有些个体仍留在原地，而其他个体则迁走，这种迁移方式称为部分迁移(partial migration)。在严酷的冬季，食物会成为一种十分短缺的资源，而迁移鸟要为迁移付出很大的能量代价并要冒死亡的风险。如果所有的个体在冬季都留在原生活地来利用已经大大减少的资源，那么过一段时间以后，每只鸟所能得到的食物报偿肯定就会低于迁移鸟在他地所能得到的报偿。可见，留鸟的食物报偿是频率制约的(frequency dependent)，因此我们可以期望在留鸟数量和迁移鸟数量之间会出现理想自由分布，而留鸟的数量将决定于输入匹配法则。在很多鸟类中，这种部分迁移现象是受遗传多态现象所控制的，所以我们有可能在多年平均的多态频率(polymorphic frequency)基础上发现迁移鸟和留鸟具有相等的适合度。

**(二) 个体发育中的理想自由分布**

当我们在寻找有差异竞争者可能存在的平衡分布时，曾假定表现型在某些特征上会存在差异，如与竞争能力强弱有关的大小差异。由于身体大小并不是一个个体一生中固定不变的一个表现型特征，而只是在个体发育中所显现的变化，所以我们可以把大小不同表现型的分布理解为年龄不同表现型的分布。能够为某一年龄个体提供最大可能报偿的斑块类型(或对策类型)常被称为是该个体的"个体发育生态位"(ontogenetic niche)。个体发育生态位可以是生境中存在差异的各个部分，如存在食物量和质的差异或存在捕食风险的差异等，因此，我们就有可能在该生境的不同部分之间发现个体年龄的截头分布现象(truncated distribution)，即在身体大小对适合度影响最小的生境部分可望找到最年轻的个体，而在身体大小对适合度影响最大的生境部分可望找到最老的个体。例如，一龄蓝鳃太阳鱼喜欢选择浅水区生活，因为那里觅食机会虽少但捕食压力小，使其更有可能发育到性成熟年龄。与此相反的是，二龄鱼更喜欢选择深入水底生活，因为此时鱼体变大，被捕食的风险下降，又因那里食物丰富，对鱼的生长发育有利。依据边界表现型法则(boundary phenotype rule)，可以对鱼类年龄的转变做出预测。个体发育生态位也可以是指各种对策，如在序贯雌雄同体(sequential hermaphrodites)中的"雄"和"雌"，在两栖动物和全变态昆虫中的"幼体"和"成体"，在什么时候选择或适时出现两者(雄和雌；幼体和成体)中的哪一个最为有利，实际上是一个对策问题。理想自由分布理论可被应用来预测个体应当在什么年龄改变对策，即从一种对策改变为另一种对策。

序贯雌雄同体是指这样一种情况：一个个体先以雌性(或雄性)参与生殖活动，然后再以雄性(或雌性)参与生殖活动，也就是说在同一个体身上，性别是可以改变的。当一个个体生殖的成功与其身体大小或年龄相关时最常发生这种情况。

性别的有序改变事实上是表现型截平分布(truncated phenotype distribution)的一种形式。在这里，竞争者是选择一个性别而不是选择一个斑块。以前我们所说的收益率是随着斑块内竞争者数目的增加而下降，而现在我们根据 Fisher 的性比率原理所说的收益则是随着同一性别个体数量的增加而下降。如果收益与身体大小(＝年龄大小)相关，而且雄性尤其如此，那么一个个体就应当首先以雌性身份参与生殖，然后再转变为雄性。边界表现型法则可以确定动物应向雄性转变时的身体大小(即年龄大小)。与此相反的是，如果雌性个体生殖的成功受身体大小的影响更甚，那么 ESS 将使一个个体先以雄性身份参与生殖，然后再转变为雌性。在两性转换中，谁先谁后应遵循一个常识性的法则，即身体大小对生殖成功影响比较小的那一性别应当在先，而另一性别在后。如果先后顺序颠倒过来，那就会出现不稳定性，因此不是一种 ESS。同样，如果身体大小的影响对一性来说是负面的，而对另一性是正面的，那么首先出现的性别就应当是受负面影响的那一性。自然界存在的许多实例都是与上述的常识性法则相吻合的。例如，长额虾，这种虾的产卵量是随着身体大小的增加而增加的，但身体大小并不影响雄虾的生殖成功率，所以长额虾的性别转变顺序总是先雄后雌，而且总是在准确的发育阶段进行这种性别转变。

同样的原理也可应用于两种交配对策的选择，一种对策是“偷袭”，另一种对策是保卫雌体。偷袭者的成功是靠机会，身体大小并不重要；而保卫者的成功则与其身体大小有直接关系，身体越大，成功率就越高。假设采取某一对策的雄性个体数量越多，其成功率就越小，那么对雄性个体来说，进化稳定对策就是先采取偷袭交配对策，当身体长到一定大小时再转而采取保卫雌体对策，发生对策转变的年龄则应遵循边界表现型法则。具体事例在哺乳动物中是不少见的，但在昆虫中由于成虫从蛹中羽化出来后身体大小就不再发生变化，所以在这种特殊情况下从一种对策到另一种对策的转变是表现在年龄上而不是表现在身体大小上。在螯针蜜蜂(*Centris pallida*)中，一些雄蜂在洞外到处巡飞，并为争夺从洞中飞出的处女蜂而进行战斗，但还有一些雄蜂则采取等待对策，在取食地点等候处女蜂的到来。身体大小仅仅对前者才是重要的，它们身体的平均大小的确要比采取等待对策的雄蜂大。

在全变态昆虫和两栖动物中，从幼体到成体的变态过程非常类似于在序贯雌雄同体动物中从一种性别到另一种性别的转变过程。这两个过程都是在个体发育中与身体大小有关的对策转变。我们可以利用理想自由分布理论边界表现型(boundary phenotype)做出预测，即预测动物个体应该长到多大或发育到什么年龄时才开始变态。无论是昆虫还是两栖动物，在发生变态时，其生境和资源利用都会产生急剧变化。如果我们把幼体和成体看成是两种独立的资源利用对策，那么它们可能就不存在先后顺序的问题。但是根据 Werner(1986)的资料，在两栖动物中，幼体的生长率和存活率与成体的存活率和生殖相比较少依赖于身体的大小。因此，从这一角度出发，幼体先于成体出现是较为有利的，至于幼体生长到多大时再转变为成体最为有利，我们可以根据边界表现型法则加以确定。

**(三) 动物的领域行为与理想自由分布**

有些动物是靠攻击行为或战斗行为来保卫一定的资源，在这种情况下所导致的动物分布形式有人称其为“专制”分布(despotic distribution)。在专制分布中,动物在生境中不能自由移动,因此根据理想自由分布原理所做出的各种预测将不适用。为了概述专制分布的含义,下面我们介绍两种极端情况:一种情况是个体不被排除在资源斑块之外;另一种情况是某些竞争者被完全排除在资源斑块之外。在前一情况下,可以导致产生非常相似的理想自由分布。为此我们可以想象有一群无差异竞争者,随着它们的密度在生境中的增加,它们在每个斑块内的密度也会随之增加,这样,每个个体的领域大小就会受到压缩。命斑块 $i$ 的总大小为 $T_i$,如果斑块 $i$ 中有 $n_i$ 个无差异竞争者,那么每个竞争者所得到的领域大小就是 $T_i/n_i$,其适合度就是 $W(T_i/n_i)$。根据理想自由分布理论,所有个体在所有斑块内的适合度应当相等,因此,$W(T_i/n_i)=W(T_j/n_j)\cdots$如果竞争者的适合度随着领域大小而呈单调增长,而且斑块只表现为大小变化而每单位面积的价值不变,那么很显然

$$T_i/n_i = T_j/n_j \cdots = C(\text{常数}) \tag{12.7}$$

这就是说,所有领域的大小应当一样,而且竞争者的数量直接与斑块大小相关,这就是 Fagen (1987)提出的生境匹配法则(habitat matching rule)。$T$ 代表斑块的总资源,不管这种资源是什么。

在理想情况下竞争者领域的压缩应使所有竞争者都能适应于它们所在的斑块,并使生境匹配法则[方程(12.7)]能够起作用,而领域行为将不会改变竞争者的理想自由分布。但是当有些竞争者受到排挤而无法占有自己的领域时,情况就大不一样了,在这种情况下,每个竞争者都将依据自身的优势占有一个最适大小的领域。随着竞争者密度的增加,斑块内领域的数量也会增加,直到所有斑块都被填满为止,未能占得领域的竞争者就会成为到处流浪的“漂泊者”。如果确有一些漂泊者存在,那么对领域占有者来说,方程(12.7)的应用价值就不大了。

上面只是谈了两种极端情况,实际上,在自然界的领域行为常常是介于这两种极端情况之间,而且我们还必须考虑到竞争者竞争差异的影响。大多数理论工作者和实际工作者都着重于最适领域大小的研究。扩大领域的好处终将会被保卫领域能耗的增长所抵消。1981 年,Myers 等人曾研究过三趾鹬领域的收益-能耗模型,Parker 和 Knowlton(1980)也曾研究过上述两种极端情况下领域大小的 ESS 模型。但是在理想专制分布(ideal despotic distribution)的概念提出以后,还很少有人就领域行为对动物分布的影响进行过理论分析。

# 参考文献


李金明. 1988. 动物竞争行为与 ESS 理论[J]. 自然杂志,11:363.

尚玉昌. 1984—1990. 行为生态学系列讲座(1—25 讲)[J]. 生态学杂志.

尚玉昌. 1989. 行为生态学新进展[J]. 生态学进展,(61): 1-6.

尚玉昌. 1990. 行为生态学[M]// 马世骏主编. 现代生态学透视. 北京:中国经济出版社,107-143.

尚玉昌. 1991. 中国行为生态学发展战略研究[M]// 马世骏主编. 中国生态学发展战略研究. 北京:中国经济出版社,107-143.

尚玉昌. 1991. 经济学思想和方法在行为生态学中的应用[J]. 应用生态学报,(24): 367-372.

尚玉昌. 1998. 行为生态学[M]. 北京:北京大学出版社.

尚玉昌. 2005. 动物行为学[M]. 北京:北京大学出版社.

尚玉昌. 2014. 动物行为学[M]. 2 版. 北京:北京大学出版社.

周波. 1988. 行为生态学的基本概念[J]. 自然杂志,11:854.

Agrawal A E. 2001. Sexual selection and the maintenance of sexual reproduction[J]. Nature,411: 692-695.

Alatalo R V, Lundberg A. 1990. Male polyterritoriality and imperfect female choice in the pied flycatcher[J]. Behavioral Ecology, 1:171-177.

Alcock J. 2003. The Triumph of Sociobiology[M]. Oxford:Oxford University Press.

Allsop D J, West S A. 2004. Sex-ratio evolution in sex changing animals[J]. Evolution, 58: 1019-1027.

Alonzon S H, Sinervo. 2001. Mate choice games, context-dependent good genes, and genetic cycles in the side-blotched lizard[J]. Behavioral Ecology and Sociobiology, 49: 126-186.

Andersson M. 2005. Evolution of classical polyandry: three steps to female amancipation [J]. Ethology, 111:1-23.

Andersson S, Pryke S R. 2002. Multiple receivers, multiple ornaments, and a trade-off between agonistic and epigamic signalling in a widowbird[J]. American Naturalist, 160: 683-691.

Arnqvist G, Rowe L. 2002. Antagonistic coevolution between the sexes in a group of insects [J]. Nature, 415:787-789.

Arnqvist G, Rowe L. 2005. Sexual Conflict[M]. Princeton, N J: Princeton University Press.

Badcock C, Crespi B J. 2006. Imbalanced genomic imprinting in brain development: an evolutionary basis for the etiology of autism[J]. Journal of Evolutionary Biology, 19:1007-1032.

Badyaev A V, Hill G E. 2001. Sex biased hatching order and adaptive population divergence in a passerine bird[J]. Science, 295:316-318.

Bailey N W, Zuk M. 2009. Same-sex sexual behaviour and evolution[J]. Trends in Ecology and Evolution, 24:439-446.

Bain R S, Rashed A. 2007. The key mimetic features of hoverflies through avian eyes[J]. Proceedings of the Royal Society of London, Series B, 274:1949-1954.

Barbero F, Thomas J A. 2009. Queen ants make distinctive sounds that are mimicked by a butterfly social parasite[J]. Science, 323:782-785.

Basolo A L. 1990. Female preference predates the evolution of the sword in swordtail fish [J]. Science, 250:808-810.

Basolo A L. 1994. The dynamics of Fisherian sex-ratio evolution: theoretical and experimental investigations[J]. American Naturalist, 144:473-490.

Bateson M, Nettle D. 2006. Cues of being watched enhance cooperation in a real-word setting[J]. Biology Letters, 2:412-414.

Bearhop S, Fiedler W. 2005. Assortative mating as a mechanism for rapid evolution of a migratory divide[J]. Science, 310:502-504.

Beekman M, Fathke R L. 2006. How does an informed minority of scouts guide a honeybee swarm as it flies to its new home? [J] Animal Behaviour, 35:477-487.

Bell A M. 2005. Behavioral differences between individuals and two population of sticklebacks[J]. Journal of Evolutionary Biology, 18:464-473.

Benabentos R, Hirose S. 2009. Polymorphic members of the lag gene family mediate kin discrimination in Dictyostelium[J]. Current Biology, 19:567-572.

Bennett N C, Faulkes C G. 2000. African Nole-Rats: Ecology and Eusociality[M]. Cambridge:Cambridge University Press.

Bennett P M, Owens I P F. 2002. Evolutionary Ecology of Birds: Life Histories Mating Systems and Extinction[M]. Oxford: Oxford University Press.

Ben-shahar Y, Robichon A. 2002. Influence of gene action across different time scales on behaviour[J]. Science, 176:936-939.

Berglund A, Rosenqvist G. 2003. Sex role reversal in pipefish[J]. Advances in the Study of Behavior, 32:131-167.

Berglund A, Rosenqvist G. 2006. Food or sex-male and females in a sex role reversed pipefish have different interests[J]. Behavioral Ecology and Sociobiology, 60:281-287.

Binmore K. 2007. Game Theory: A Very Short Introduction[M]. Oxford: Oxford University Press.

Biro P A, Stamps J A. 2008. Are animal personality traits linked to life-history productivity? [J] Trends in Ecology and Evolution, 23:361-368.

Bond A B, Kamil A C. 2002. Visual predators select for crypticity and polymorphism in virtual prey[J]. Nature, 415:609-613.

Boomsma J J. 2007. Kin selection versus sexual selection: why the ends do not meet[J]. Current Biology, 17:R673-R683.

Boomsma J J. 2009. Lifetime monogamy and the evolution of eusociality[J]. Philosophical Transactions of the Royal Society of London, Series B, 364:3191-3208.

Boomsma J J, Nielsen J. 2003. Informational constraints on optimal sex allocation in ants [J]. Proceedings of the National Academy of Sciences USA, 100:8799-8804.

Boots M, Mealor M. 2007. Local interactions select for lower pathogen infectivity[J]. Science, 315: 1284-1286.

Both C, Visser M E. 2001. Adjustment to climate change is constrained by arrival date in a long-distance migrant bird[J]. Nature, 411:296-298.

Bourke A F G. 2011. Principles of Social Evolution[M]. Oxford:Oxford University Press.

Brady S G, Schultz T R. 2006. Evaluating alternative hypotheses for the early evolution and diversification of ants[J]. Proceeding of the National Academy of Science USA, 103: 18172-18177.

Bretman A, Newcombe D. 2009. Promiscuous females avoid inbreeding by controlling sperm storage[J]. Molecular Ecology, 18:3340-3345.

Brockmann H J. 2001. The evolution of alternative strategies and tactics[J]. Advances in the Study of Behavior, 30:1-15.

Brockmann H J. 2002. An experimental approach to alternative mating tactics in male horseshoe crabs[J]. Behavioral Ecology, 13:232-238.

Brooks R. 2000. Negative genetic correlation between male sexual attractiveness and survival[J]. Nature, 406:67-70.

Brown W D, Keller L. 2006. Resource supplements cause a chang in colony sex-ratio specialization in the mound-building ant[J]. Behavioral Ecology and Sociobiology, 60: 612-618.

Bshary R, Grutter A S. 2002. Asymmetric cheating opportunities and partner control in a cleaner fish mutualism[J]. Animal Behaviour, 63:547-555.

Bshary R, Grutter A S. 2005. Punishment and partner switching cause cooperative behaviour in a cleaning mutualism[J]. Biology Letters, 1:396-399.

Burt A, Trivers R. 2006. Genes in Conflict: The Biology of Selfish Genetic Elements[M]. Cambridge, M A:Harvard University Press.

Burton-Chellew M, Koevoets T. 2008. Facultative sex ratio adjustment in natural populations of wasps: cues of local mate competition and the precision of adaptation[J]. American Naturalist, 172: 393-404.

Buston P. 2003. Size and growth modification in clownfish[J]. Nature, 424:145-146.

Buttery N J, Rozen D E. 2009. Quantification of social behavior in *D. discoideum* reveals complex fixed and facultative strategies[J]. Current Biology, 19:1373-1377.

Caro T. 2005. Antipredator Defences in Birds and Mammals[M]. Chicago, I L:University of Chicago Press .

Caro T, Sherman P W. 2011. Endangered species and a threatened discipline: behavioral ecology[J]. Trends in Ecology and Evolution, 26:111-118.

Chaine A S, Lyon B E. 2008. Adaptive plasticity in female mate choice dampens sexual selection on male ornaments in the lark bunting[J]. Science 319:459-462.

Chapman T, Arnqvist G. 2003. Sexual conflict[J]. Trends in Ecology and Evolution, 18: 41-47.

Charlat S, Hornett E A. 2007. Extraordinary flux in sex ratio[J]. Science, 317:214.

Charlton B D, Reby D. 2007. Female red deer prefer the roars of larger males[J]. Biology Letters, 3: 382-385.

Charmantier A, Mccleery R H. 2008. Adaptive phenotypic plasticity in response to climate change in a wild bird population[J]. Science, 320:800-803.

Charnov E L, Hannah R W. 2002. Shrimp adjust their sex ratio to fluctuating age distributions[J]. Evolutionary Ecology Research, 4:239-246.

Clifford L D, Anderson D J. 2001. Experimental demonstration of the insurance value of extra eggs in an obligately siblicidal seabird[J]. Behavioral Ecology, 12:340-347.

Clutton-Brock J H. 2009. Sexual selection in females[J]. Animal Behaviour, 88:3-11.

Clutton-Brock T H. 2009. Cooperation between non-kin in animal societies[J]. Nature, 462:51-57.

Clutton-Brock T H, Russell A F. 2002. Evolution and development of sex differences in cooperative behavior in Meerkats[J]. Science, 297:253-256.

Conradt L, Roper T J. 2005. Consensus decision making in animals[J]. Trends in Ecology and Evolution, 20:449-456.

Cornwallis C, West S A. 2009. Routes to cooperatively breeding vertebrates: kin discrimination and limited dispersal[J]. Journal of Evolutionary Biology, 22:2245-2457.

Cornwallis C, West S A. 2010. Promiscuity and the evolutionary transition to complex societies[J]. Nature, 466:969-972.

Cotton S, Fowler K. 2004. Condition dependence of sexual ornament size and variation in the stalk eyed fly[J]. Evolution, 58:1038-1046.

Couzin I D, Krause J. 2003. Self-organisation and collective behaviour in vertebrates[J]. Advances in the Study of Behavior, 32:1-75.

Couzin I D, Krause J. 2005. Effective leadership and decision-making in animal groups on the move[J]. Nature, 433:513-516.

Crozier R H. 2008. Advanced eusociality, kin selection and male haploidy[J]. Australian Journal of Entomology, 47:2-8.

Cunningham E J A, Russell A F. 2000. Egg investment is influenced by male attractiveness in the mallard[J]. Nature, 404:74-77.

Currie T E, Greenhill S J. 2010. Rise and fall of political complexity in island South-East Asia and the Pacific[J]. Nature, 467:801-804.

Cuthill I C, Stevens M. 2005. Disruptive coloration and background pattern matching[J]. Nature, 434:72-74.

Dall S R X. 2002. Can information sharing explain recruitment to food from communal roosts? [J] Behavioral Ecology, 13:42-51.

Dally J M, Emery N J. 2006. Food-caching western scrub jays keep track of who was watching when[J]. Science, 312:1662-1665.

Danchin E, Giraldeau L A. 2004. Public information: from nosy neighbours to cultural evolution[J]. Science, 305:487-491.

Davies N B. 2011. Cuckoo adaptations: trickery and tuning[J]. Journal of Zoology, 284: 1-14.

Decaestecker E, Gaba S. 2007. Host parasite"Red Queen" dynamics archived in pond sediment[J]. Nature, 450:870-873.

Deschner T, Heistermann M. 2004. Female sexual swelling size, timing of ovulation, and male behaviour in wild West African chimpanzees[J]. Hormones and Behavior, 46:204-215.

Despland E, Simpson S J. 2005. Food choices of solitarious and gregarious locusts reflect cryptic and aposematic antipredator strategies[J]. Animal Behaviour, 69:471-479.

Devos A, O'Riain M J. 2010. Sharks shape the geometry of a selfish seal herd: experimental evidence from seal decoys[J]. Biology letters, 6:48-50.

Diggle S P, Griffin A S. 2007. Cooperation and conflict in quorum-sensing bacterial populations[J]. Nature, 450:411-414.

Dingemense N J, Reale D. 2005. Natural Selection and animal personality[J]. Behaviour, 142: 1159-1184.

Dingemense N J, Both C. 2002. Repeatability and heritability of exploratory behaviour in great tits from the wild[J]. Animal Behaviour, 64:929-937.

Dingemense N J, Wright J. 2007. Behavioural syndroms differ predictably between twelve populations of three-spined stickleback[J]. Journal of Animal Ecology, 76:1128-1138.

Domb L G, Pagel M. 2001. Sexual swellings advertise female quality in wild baboons[J]. Nature, 410:204-206.

Dunbar R I M, Barrett L. 2009. Oxford Handbook of Evolutional Psychology[M]. Oxford:

Oxford University Press.

Dyer J R G, Ioannou C C. 2008. Consensus decision making in human crowds[J]. Animal Behaviour, 75:461-470.

Eizaguirre C, Yeates S E. 2009. MHC-based mate choice combines good gene and maintenance of MHC polymorphism[J]. Molecular Ecology, 18:3316-3329.

Emery N J, Clayton N S. 2001. Effects of experience and social context on prospective caching strategies by scrub jays[J]. Nature, 414:433-446.

Endler J A, Mappes J. 2004. Predator mixes and the conspicuousness of aposematic signals [J]. American Naturalist, 163:532-547.

Fedorka K M, Mousseau T A. 2004. Female mating bias results in conflicting sex- specific off spring fitness[J]. Nature, 429:137-140.

Fehr E, Gachter S. 2002. Altruistic punishment in humans[J]. Nature, 415:137-140.

Felsenstein J. 2008. Comparative methods with sampling error and within-species variation: contrasts revisited and revised[J]. American Naturalist, 171:713-725.

Field J, Shreeves G. 2000. Insurance-based advantage to helpers in a tropical hover wasp [J]. Nature, 441:214-217.

Field J, Cronin A. 2006. Future fitness and helping in social queues[J]. Nature, 441:412-417.

Fisher D D, Double M C. 2006. Post-mating sexual selection in creases life time fitness of polyandrous females in the wild[J]. Nature, 444:89-92.

Fitzpatrick J L, Montgomerie R. 2009. Female promiscuity promotes the evolution of faster sperm in cichlid fishes[J]. Proceeding of the National Academy of Sciences USA, 106: 1128-1132.

Fitzpatrick M J, Feder E. 2007. Maintaining a behaviour polymorphism by frequency-dependent selection on a single gene[J]. Nature, 447:210-212.

Foerster K, Coulson T. 2007. Sexually antagonistic genetic variation for fitness in red deer [J]. Nature, 447:1107-1111.

Foitzik S, Herbers J M. 2001. Colony structure of a slavemaking ant: Ⅱ Frequency of slave raids and impact on the host population[J]. Evolution, 55:316-323.

Foitzik S, Fischer. 2003. Arms-races between social parasites and their hosts: geographic patterns of manipulation and resistance[J]. Behavioral Ecology, 14:80-88.

Font E, Carazo, P. 2010. Animals in translation: why there is meaning but probably no message in animal communication[J]. Animal Behaviour, 80:e1-e6.

Forsgren E, Amundsen T. 2004. Unusually dynamic sex roles in a fish[J]. Nature, 429: 551-554.

Foster K R. 2004. Diminishing returns in social evolution: the not-so-tragic commons[J]. Journal of Evolutionary Biology, 17:1058-1072.

Franks S A. 2003. Repression of competition and the evolution of cooperation[J]. Evolution, 57: 693-705.

Franks N R, Richardson T. 2006. Teaching in tandem-running ants[J]. Nature, 439:153.

Franks N R, Hardcastle A. 2008. Can ant colonies choose a far-and-away better nest over an in-the-way poor one? [J] Animal Behaviour, 76:323-334.

Freckleton R P. 2009. The seven deadly sins of comparative analysis[J]. Journal of Evolutional Biology, 22:1367-1375.

Frith C B, Frith D W. 2004. Bowerbirds[M]. Oxford:Oxford University Press.

Gardner A. 2009. Adaptation as organism design[J]. Biology Letters, 5:861-864.

Gardner A, Grafen A. 2009. Capturing the superorganism: a formal theory of group adaptation[J]. Journal of Evolutionary Biology, 22:659-671.

Gardner A, West S A. 2004. Spite and the scal of competition[J]. Journal of Evolutionary Biology, 17:1195-1203.

Gardner A, West S A. 2010. Greenbeards[J]. Evolution, 64:25-38.

Gardner A, Hardy I C W. 2007. Spiteful soldiers and sex ratio conflict in polyembryonic parasitoid wasps[J]. American Naturalist, 169:519-533.

Getty T. 2002. The discriminating babbler meets the optimal diet hawk[J]. Animal Behaviour, 63: 397-402.

Ghalambor C K, Martin T E. 2001. Fecundity-survival trade-offs and parental risk- taking in birds[J]. Science, 292:494-497.

Gilby I C. 2006. Meat sharing among the Gombe chimpanzees: harassment and reciprocal exchange[J]. Animal Behaviour, 71:953-963.

Giraldean L A, Caraco T. 2000. Social Foraging Theory[M]. Princeton: Princeton University Press.

Giraldean L A, Dubois F. 2008. Social foraging and the study of exploitative behaviour[J]. Advances in the Study of Behavior, 38:59-104.

Giron D, Dunn D W. 2004. Aggression by polyembryonic wasp soldiers correlates with kinship but not resource competition[J]. Nature, 430:676-679.

Grafen A. 2007. The formal Darwinism project: a mid-term report[J]. Journal of Evolutionary Biology, 20:1243-1254.

Grant P R, Grant B R. 2002. Unpredictable evolution in a 30-year study of Darwin's finches [J]. Science, 296:707-711.

Gratten J, Wilson A J. 2008. A localized negative genetic correlation constrains microevolution of coat colour in wild sheep[J]. Science, 319:318-320.

Gray S M, Dill L M. 2007. Cuckoldry incites cannibalism: male fish turn to cannibalism when perceived certainty of paternity decreases[J]. American Naturalist, 169:258-263.

Griffin A S, West S A. 2004. Cooperation and competition in pathogenic bacteria[J]. Nature, 430: 1024-1027.

Griffin A S, Sheldon B C. 2005. Cooperative breeders adjust offspring sex ratios to produce helpful helpers[J]. American Naturalist, 166:628-632.

Griffin A S, Pemberton J M. 2003. A genetic analysis of breeding success in the cooperative meerkat[J]. Behavioral Ecology, 14:472-480.

Griffith S C, Owens I P F. 2002. Extra pair paternity in birds: a review of interspecific variation and adaptive function[J]. Molecular Ecology, 11:2195-2212.

Griffith S C, Ornborg J. 2003. Correlations between ultraviolet coloration, overwinter survival and offspring sex ratio in the blue tit[J]. Journal of Evolutionary Biology, 16: 1045-1054.

Grosberg R K, Strathmann R R. 2007. The evolution of multicellularity: a minor major transition[J]. Annual Review of Ecology and Systematics, 38:621-654.

Hadfield J D, Nakagawa S. 2010. General quantitative genetic methods for comparative biology: phylogenies, taxonomies and multi-trait models for continuous and categorical characters[J]. Journal of Evolutionary Biology, 23:494-508.

Haig D. 2004. Genomic imprinting and kinship: how good is the evidence? [J] Annual Review of Genetics, 38:553-585.

Hale R E. 2007. Nest tending increases reproductive success, sometimes; enviromental effects of paternal care and mate choice in flagfish[J]. Animal Behaviour, 74:577-588.

Hamiltion I M. 2000. Recruiters and joiners: using optimal skew theory to predict group size and the division of resources within groups of social animals[J]. American Naturalist, 155:684-695.

Hanlon R. 2007. Cephalopod dynamic camouflage[J]. Current Biology, 17:R400-R404.

Hannonen M, Sundstrom L. 2003. Worker nepotism among polygynous ants[J]. Nature, 421:910.

Harcourt J L, Ang T Z. 2009. Social feedback and the emergence of leaders and follows[J]. Current Biology, 19:248-252.

Hardy I C W. 2002. Sex Ratios: Concepts and Research Methods[M]. Cambridge: Cambridge University Press.

Harrison F, Barta Z. 2009. How is sexual conflict over parental care resolved? A meta-analysis[J]. Journal of Evolutionary Biology, 22:1800-1812.

Hatchwell B J, Russell A F. 2004. Helpers increase long-term but not short-term productivity in cooperatively breeding long-tailed tits[J]. Behavioral Ecology, 15:1-10.

Hatchwell B J, Sharp S P. 2006. Kin selection, constraints, and the evolution of cooperative breeding in long tailed tits[J]. Advances: the study of Animal Behaviour, 36:355-395.

Hauber M E, Moskat C. 2006. Experimental shift in hosts acceptance threshold of inaccurate-mimic brood parasite eggs[J]. Biology Letters, 2:177-180.

Heg D, Bruinzeel I W. 2003. Fitness consequences of divorce in the oystercatcher[J]. Animal Behaviour, 66:175-184.

Heiling A M, Herberstein M E. 2003. Crab-spiders manipulate flower signals[J]. Nature, 421:334.

Heinsohn R. 2008. The ecological basis of unusual sex roles in reverse-dichromatic eclectus parrots[J]. Animal Behaviour, 76:97-103.

Heinsohn R, Legge S. 2005. Extreme reversed sexual dichromatism in a bird without sex role reversal[J]. Science, 309:617-619.

Henke J M, Bassler B L. 2004. Bacterial social engagements[J]. Trends in Cell Biology, 14:648-656.

Henrich N, Henrich J. 2007. Why Humans Cooperate: A Cultural and Evolutionary Explanation[M]. Oxford:Oxford University Press.

Herron M D, Michod R E. 2008. Evolution of complexity in the volvocine algae: transitions in individuality through Darwin's eye[J]. Evolution, 62:436-451.

Higham J P, Semple S. 2009. Female reproductive signaling and male mating behaviour in the olive baboon[J]. Hormones and Behavior, 55:60-67.

Hinde C A. 2006. Negotiation over offspring care? A positive response to partner-provisioning rate in great tits[J]. Behavioral Ecology, 17:6-12.

Hinde C A, Johnstone R A. 2010. Parent-offspring conflict and coadaptation[J]. Science, 327:1373-1376.

Hoare D J, Couzin I D. 2004. Context-dependent group size choice in fish[J]. Animal Behaviour, 67:155-164.

Hollen L I, Bell M B V. 2008. Cooperative sentinel calling? Foragers gain increased biomass intake[J]. Current Biology, 18:576-579.

Holman L, Snook R R. 2008. A sterile sperm caste protects brother fertile sperm from female-mediated death in *Drosophila pseudoobscura*[J]. Current Biology, 18:292-296.

Holmes W G, Mateo J M. 2006. Fostering clarity in kin recognition designs[J]. Animal Behaviour, 72:e5-e7.

Hosken D J, Garner T W J. 2001. Sexual conflict selects for male and female reproductive characters[J]. Current Biology, 11:489-493.

Hughes W O H, Oldroyd. 2008. Ancestral monogamy shows kin selection is the key to the evolution of eusociality[J]. Science, 320:1213-1216.

Inward D, Beccaloni G. 2007. Death of an order: a comprehensive molecular phylogenetic study confirms that termites are eusocial cockroaches[J]. Biology Letters, 3:331-335.

Jackson D E, Holcombe M. 2004. Trail geometry gives polarity to ant foraging networks [J]. Nature, 432:907-909.

Jaenike J. 2001. Sex chromosome meiotic drive[J]. Annual Review of Ecology and Systematics, 32: 25-49.

Janzen E J, Phillips P C. 2006. Exploring the evolution of environmental sex determination, especially in reptiles[J]. Journal of Evolutionary Biology, 19:1775-1784.

Johnstone R A. 2000. Models of reproductive skew: a review and synthesis[J]. Ethology, 106:5-26.

Johnstone R A. 2004. Begging and sibling competition: how should offspring respond the their rivals? [J] American Naturalist, 163:388-406.

Johnstone R A, Hinde C A. 2006. Negotiation over offspring care—how should parents respond to each other's efforts? [J] Behavioral Ecology, 17:818-827.

Jones T M, Quinnel R J. 2002. Testing prediction for the evolution of lekking in the sandfly [J]. Animal Behaviour, 63:605-612.

Jukema J, Piersma T. 2006. Permanent female mimics in a lekking shorebird[J]. Biology Letters, 2: 161-164.

Kazancioglu E, Alonzo S H. 2010. A comparative analysis of sex change in labridae supports the size advantage hypothesis[J]. Evolution, 64:2254-2264.

Kempenaers B. 2007. Mare choice and genetic quality: a review of the heterozygosity theory [J]. Advances in the Study of Behavior, 37:189-278.

Kendal R L, Coolen I. 2005. Trade—offs in the adaptive us of social and asocial learning[J]. Advance in the Study of Behavior, 35:333-379.

Kerr B, Riley M A. 2002. Local dispersal promotes biodiversity in a real-life game of rock-paper scissors[J]. Nature, 418:171-174.

Kiers E T, Hotton M G. 2007. Human selection and the relaxation of legume defences against ineffective rhizobia[J]. Proceedings of the Royal Society of London, Series B, 274:3119-3126.

Kilner R M, Hinde C A. 2008. Information warfare and parent-offspring conflict[J]. Advances in the Study of Behavior, 38:283-336.

Kilner R M, Langmore N E. 2011. Cuckoos versus hosts in insects and bird: adaptations, counter-adaptations and outcome[J]. Biological Reviews, 86:836-852.

Kilner R M, Madden J R. 2004. Brood parasitic cowbird nestlings use host young to procure resources[J]. Science, 305:877-879.

King A J, Douglas C M S. 2008. Dominance and affiliation mediate despotism in a social primate[J]. Current Biology, 18:1833-1838.

King A J, Johnson D D P. 2009. The origins and evolution of leadership[J]. Current Biology, 19: R911-R916.

Klug H, Bonsall M B. 2007. When to care for, abandon, or eat your offspring: the evolution of parental care and filial cannibalism[J]. American Naturalist, 170:886-901.

Klug H, Heuschele J. 2010. The mismeasurement of sexual selection[J]. Journal of Evolutionary Biology, 23:447-462.

Koenig W D, Dickinson J L. 2004. Evolution and Ecology of Cooperative Breeding in Birds [M]. Cambridge:Cambridge University Press.

Kokko H, Jennions M. 2003. It takes two to tango[M]. Trends in Ecology and Evolution, 18:103-104.

Kokko H, Jennions M D. 2008. Parental investment, sexual selection and sex ratios[J].

Journal of Evolutionary Biology, 21:919-948.

Kraaijeveld K, Kraaijeveld-smit E J L. 2007. The evolution of mutual ornamentation[J]. Animal Behaviour, 74:657-677.

Krakauer A H. 2005. Kin selection and cooperation courtship in wild turkeys[J]. Nature, 434:69-72.

Krebs E A, Putland D A. 2004. Chic chicks: the evolution of chick ornamentation in rails [J]. Behavioral Ecology, 15:946-951.

Lahti D C. 2006. Persistence of egg recognition in the absence of cuckoo brood parasitism: pattern and mechanism[J]. Evolution, 60:157-168.

Laland K N. 2008. Animal Cultures[J]. Current Biology, 18:R366-R370.

Langmore N E, Hunt S. 2003. Escalation of a coevolutionary arms race through host rejection of brood parasitic young[J]. Nature, 422:157-160.

Langmore N E, Cockburn A. 2009. Flexible cuckoo chick-rejection rules in the superb fairy-wren[J]. Behavioural Ecology, 20:978-984.

Langmore N E, Stevens. 2011. Visual mimicry of host nestlings by cuckoos[J]. Proceedings of the Royal Society of London, Series B, 278:2455-2463.

Land D B, Smith C M. 2002. High frequency of polyandry in a lek mating system[J]. Behavioral Ecology, 13:209-215.

Leadbeater E, Carruthers J M. 2011. Nest inheritance is the missing source of direct fitness in a primitively eusocial insect[J]. Nature, 333:874-876.

Lehmann L, Keller L. 2006. The evolution of cooperation and altruism—A general framework and classfication of models[J]. Journal of Evolutionary Biology, 19:1365-1378.

Leonard M L, Horn A G. 2001. Dynamics of calling by tree swallow nestmates[J]. Behavioral Ecology and Sociobiology, 50:430-435.

Lindstedt C, Lindstrom L. 2008. Hairiness and warning colours as components of antipredator defence: additive or interactive benefits? [J] Animal Behaviour, 75:1703-1713.

Lindstedt C, Lindström L. 2009. Thermoregulation constrains effective warning signal expression[J]. Evolution, 63:469-478.

Lindstedt C, Talsma J H R. 2010. Diet quality affects warning coloration indirectly: excretion costs in a generalist herbivore[J]. Evolution, 64:68-78.

Lock J E, Smiseth P T. 2004. Selection, inheritance and the evolution of parent-offspring interactions[J]. American Naturalist, 164:13-24.

Lyon B E, Chaine A S. 2008. A matter of timing[J]. Science, 321:1051-1052.

Maccoll A D C, Hatchwell B T. 2004. Determinants of lifetime fitness in a cooperative breeder, the long tailed tit[J]. Journal of Animal Ecology, 73:1137-1148.

Maclean R C, Gudelj I. 2006. Resource competition and social conflict in experimental populations of yeast[J]. Nature, 441:498-501.

Madden J R. 2003. Bower decorations are good predictors of mating success in the spotted bowerbird[J]. Behavioral Ecology and Sociobiology, 53:269-277.

Magrath R D, Pitcher B J. 2007. A mutual understanding? Interspecific responses by birds to each other's aerial alarm calls[J]. Behavioral Ecology, 18:944-951.

Magrath R D, Haff T M. 2010. Calling in the face of danger: predation risk and acoustic communication by parent bird and their offspring[J]. Advances in the Study of Behavior, 41:187-253.

Manica A. 2002. Alternative strategies for a father with a small brood: mate, cannibalise or care[J]. Behavioral Ecology and Sociobiology, 51:319-323.

Manica A. 2004. Parental fish change their cannibalistic behaviour in response to the cost-to-benefit ratio of parental care[J]. Animal Behaviour, 67:1015-1021.

Marsh B, Schuck-Paim C. 2004. Energetic state during learning affects foraging choices in starlings[J]. Behavioral Ecology, 15:396-399.

Mateo J M, Holmes W G. 2004. Cross-fostering as a means to study kin recognition[J]. Animal Behaviour, 68:1451-1459.

Maynard Smith J, Harper D. 2003. Animal Signals[M]. Oxford:Oxford University Press.

McDonald D B. 2010. A spatial dance to the music of time in the leks of long-tailed manakins [J]. Advances in the Study of Behaviour, 42:55-81.

Mehdiabadi N J, Jack. 2006. Kin preference in a social microbe[J]. Nature, 401:368-371.

Merrill R M, Jiggins C D. 2009. Mullerian mimicry: sharing the load reduces the legwork [J]. Current Biology, 19:R687-R689.

Miles D B, Sinervo B. 2000. Reproductive burden, locomotor performance and the cost of reproduction in free ranging lizards[J]. Evolution, 54:1386-1395.

Moczek A P, Emlen D J. 2000. Male horn dimorphism in the scarab beetle: do alternative reproductive tactics favour alternative phenotypes? [J] Animal Behaviour, 59:459-466.

Molloy P P, Goodwin N B. 2007. Sperm competition and sex change: a comparative analysis across fishes[J]. Evolution, 61:640-652.

Mosser A, Packer C. 2009. Group territoriality and the benefits of sociality in the African lion[J]. Animal Behaviour, 78:359-370.

Mottley K, Giraldeau L A. 2000. Experimental evidence that group foragers can converge on predicted producer-scrounger equilibria[J]. Animal Behaviour, 60:341-350.

Muller J K, Braunisch V. 2006. Alternative tactics and individual reproductive success in natural associations of the buring beetle[J]. Behavioral Ecology, 18:196-203.

Mundy N I, Badcock N S. 2004. Conserved genetic basis of a quantitative plumage trait involved in mate choice[J]. Science, 303:1870-1873.

Nakagawa S, Ockendon N. 2007. Assessing the function of house sparrows' bib size using a flexible meta-analysis method[J]. Behavioral Ecology, 18:831-840.

Neff B D. 2003. Decisions about parental care in response to perceived paternity[J]. Nature, 422: 716-719.

Nettle D. 2009. Evolution and Genetics for Psychology[M]. Oxford: Oxford University Press.

Nichols H J, Amos W. 2010. Top males gain high reproductive success by guarding more successful females in a cooperatively breeding mongoose[M]. Animal Behaviour, 80: 649-657.

Norris K, Evans M R. 2000. Ecological immunity: life history trade-offs and immune defence in birds[J]. Behavioral Ecology, 11:19-26.

Nowak M A. 2006. Fire rules for the evolution of cooperation[J]. Science, 314:1560-1563.

Nowak M A, Sigmund K. 2002. Bacterial game dynamics[J]. Nature, 418:138-139.

Nowak M A, Tarnita C E. 2010. The evolution of eusociality[J]. Nature, 466:1057-1062.

Nussey D H, Postma E. 2005. Selection on heritable phenotypic plasticity in a wild bird population[J]. Science, 310:304-306.

Pagel M, Meade A. 2006. Bayesian analysis of correlated evolution of discrete characters by reversible-jump Markov chain Monte Carlo[J]. American Naturalist, 167:808-825.

Passera L, Aron S. 2001 Queen control of sex ratio in fire ant[J]. Science, 293:1308-1310.

Pfennig D W, Harcombe W R. 2001. Frequency-dependent Batesian mimicry: predators avoid look-alikes of venomous snakes only when the real thing is around[J]. Nature, 410:323.

Pizzari T, Birkhead T R. 2000. Female feral fowl eject sperm of subdominant males[J]. Nature, 405: 787-789.

Pizzari T, Cornwallis C K. 2003. Sophisticated sperm allocation in male fowl[J]. Nature, 426:70-74.

Pompilio L, Kacelnik A. 2006. State-dependent learned valuation drives choice in an invertebrate[J]. Science, 311:1613-1615.

Powell S, Franks N R. 2007. How a few help all: living pothole plugs speed prey delivery in the army ant[J]. Animal Behaviour, 73:1067-1076.

Pratt S C. 2005. Quorum sensing by encounter rates in the ant[J]. Behavioral Ecology, 16: 488-496.

Pratt S C, Mallon E B. 2002. Quorum sensing, recruitment, and collective decision- making during colony emigration by the ant[J]. Behavioral Ecology and Sociobiology, 52: 117-127.

Pravosudov V V, Lucas J R. 2001. A dynamic model of short-term energy management in small food-caching and non-caching birds[J]. Behavioral Ecology, 12:207-218.

Pribil S. 2000. Experimental evidence for the cost of polygyny in the red-winged blackbird [J]. Behaviour, 137:1153-1173.

Pryke S R, Andersson S. 2001. Sexual selection of multiple handicaps in red-collared widowbird: female choice of tail length but not carotenoid display[J]. Evolution, 55:1452-1463.

Pryke S R, Andersson S. 2002. Carotenoid status signalling in captive and wild red-collared widowbird: independent effects of badge size and colour[J]. Behavioral Ecology, 13: 622-631.

Pulido F. 2007. The genetics and evolution of avian migration[J]. Bioscience, 57:165-174.

Queller D C, Ponte E. 2003. Single-gene greenbeard effects in the social amoeba[J]. Science, 299:105-106.

Queller D C, Zacchi F. 2000. Unrelated helpers in a social insect[J]. Nature, 405:784-787.

Raby C R, Alexis D M. 2007. Planning for the future by western scrub jays[J]. Nature, 445:919-921.

Radford A N, Ridley A R. 2008. Close calling regulates spacing between foraging competitors in the group-living pied babbler[J]. Animal Behaviour, 75:519-527.

Radford A N, Bell M B V. 2011. Singing for your supper: sentinel calling by kleptoparasites can mitigate the cost to victims[J]. Evolution, 65:900-906.

Raihani N J, Grutter A S. 2010. Punishers benefit from third-party punishment in fish[J]. Science, 327:171.

Rands S A, Cowlishaw G. 2003. Spontaneous emergence of leaders and followers in foraging pairs[J]. Nature, 323:432-434.

Ratnieks F L W, Foster K R. 2006. Conflict resolution in insect societies[J]. Annual Review of Entomology, 51:581-608.

Reale D, Reader S M. 2007. Integrating animal temperament within ecology and evolution [J]. Biological Reviews, 82:291-318.

Reby D, McComb K. 2003. Anatomical constraints generate honesty: acoustic cues to age and weight in the roars of red deer stages[J]. Animal Behaviour, 65:519-530.

Reece S E, Drew D R. 2008. Sex ratio adjustment and kin discrimination in malaria parasites [J]. Nature, 453:609-614.

Rendall D, Owren M J. 2009. What do animal signals mean? [J] Animal Behaviour, 78: 233-240.

Reusch T B H, Haberli M A. 2001. Female sticklebacks count alleles in a strategy of sexual selection explaining MHC polymorphism[J]. Nature, 414:300-302.

Richardson D S, Burke T. 2002. Direct benefits and the evolution of female-biased cooperative breeding in Seychelles warblers[J]. Evolution, 56:2313-2321.

Richardson D S, Burke T. 2003. Sex-specific associative learning cues and inclusive fitness benefits in the Seychelles warblers[J]. Journal of Evolutionary Biology, 16:854-861.

Richardson T O, Sleeman P A. 2007. Teaching with evaluation in ant[J]. Current Biology, 17: 1520-1526.

Riipi M, Alatalo R V. 2001. Multipl benefits of gregariousness cover detectability costs in aposematic aggregations[J]. Nature, 413:512-514.

Robertson B C, Elliot G P. 2006. Sex allocation theory aids species conservation[J]. Biology

Letters, 2:229-231.

Robinson G E, Fernald R D. 2008. Genes and social behaviour[J]. Science, 322:896-900.

Rothstein S I. 2001. Relic behaviours, coevolution and the retention versus loos of host defences after episodes of brood parasitism[J]. Animal Behaviour, 61:95-107.

Rowe L V, Evans M R. 2001. The function and evolution of the tail streamer in hirundines [J]. Behavioral Ecology, 12:157-163.

Rowland H M, Ihalainen E. 2007. Co-mimics have a mutualistic relationship despite unequal defences[J]. Nature, 448:64-67.

Rubenstein D R, Lovette I J. 2007. Temporal variability drives the evolution of cooperative breeding in birds[J]. Current Biology, 17:1414-1419.

Rubenstein D R, Lovette I J. 2009. Reproductive skew and selection on female ornamentation in social species[J]. Nature, 462:786-789.

Rumbaugh K P, Diggle S P. 2009. Quorum sensing and the social evolution of bacterial virulence[J]. Current Biology, 19:341-345.

Russell A F, Langmore N E. 2007. Reduced egg investment can conceal helper effects in cooperatively breeding birds[J]. Science, 317:941-944.

Ruxton G D, Sherratt T N. 2004. Avoiding Attack: The Evolutionary Ecology of Crypsis, Warning Signals and Mimicry[M]. Oxford:Oxford University Press.

Santorelli L A, Thompson C R L. 2008. Facultative cheater mutants reveal the genetic complexity of cooperation in social amoebae[J]. Nature, 451:1107-1110.

Sato N J, Tokue K. 2010. Evicting cuckoo nestlings from the nest: a new anti-parasitism behaviour[J]. Biology Letter, 6:67-69.

Scarantino A. 2010. Animal communication between information and influence[J]. Animal Behaviour, 79:e1-e5.

Schwarz M P, Richards M H. 2007. Changing paradigms in insect social evolution: insights from halictine and allodapine bees[J]. Annual Review of Entomology, 52:127-150.

Scott-phillips T C. 2008. Defining biological communication[J]. Journal of Evolutionary Biology, 21: 387-395.

Scott-phillips T C. 2010. Animal communication: insights from linguistic pragmatics[J]. Animal Behaviour, 79:e1-e4.

Scott-phillips T C, Dickings T E. 2011. Evolutionary theory and the ultimate/ proximate distinction in the human behavioural Sciences[J]. Perspectives on Psychological Science, 6:38-47.

Searcy W A, Nowicki S. 2005. The Evolution of Animal Communication[M]. Princeton, N J:Princeton University Press.

Seddon N, Merrill R M. 2008. Sexually selected traits predict patterns of species richness in a divers clade of suboscine birds[J]. American Naturalist, 171:620-631.

Seeley T D, Buhrman S C. 2001. Nest-site selection in honeybees: how well do swarms implement the'best of N' decision rule? [J] Behavioral Ecology and Sociobiology, 49:416-427.

Setchell J M, Kappeler P M. 2003. Selection in relation to sex in primates[J]. Advances in the Study of Behavior, 33:87-173.

Seyfarth R M, Cheney D L. 2010. The central importance of information in studies of animal communication[J]. Animal Behaviour, 80:3-8.

Shafir S, Reich T. 2008. Perceptual accuracy and conflicting effects of certainty on risk-taking behavior[J]. Nature, 453:917-920.

Sharp S P, McGowan A. 2005. Learned kin recognition cues in a social bird[J]. Nature, 434:1127-1130.

Sheldon B C, West S A. 2004. Maternal dominance, maternal condition, and offspring sex ratio in ungulate mammals[J]. American Naturalist, 163:40-54.

Shelly T E. 2001. Lek size and female visitation in two species of tephritid fruit flies[J]. Animal Behaviour, 62:33-40.

Shettle Worth S J. 2010. Cognition, Evolution and Behavior[M]. 2nd. N Y:Oxford University Press.

Shuster S M, Wade M T. 2003. Mating Systems and Strategies[M]. Princeton, N J:Princeton University Press.

Simmons L W. 2001. Sperm Competition and its Evolutionary Consequences in Insects[M]. Princeton, N J:Princeton University Press.

Skelhorn J, Rowland H M. 2010. Masquerade: camouflage without crypsis[J]. Science, 327:51.

Smith C, Graeg. 2010. The cost of sexual signaling in yeast[J]. Evolution, 64:3114-3122.

Speed M P, Ruxton G D. 2007. How bright and how nasty: explaining diversity in warning signal strength[J]. Evolution, 61:623-635.

Stearns S C, Koella J C. 2007. Evolution in Health and Disease[M]. Oxford:Oxford University Press.

Stephens D W, Brown J S. 2007. Foraging: Behavior and Ecology[M]. Chicago:University of Chicago Press.

Stevens M, Hopkins E. 2007. Field experiments on the effectiveness of 'eyespots' as predator deterrents[J]. Animal Behaviour, 74:1215-1227.

Stevens M, Hardma C J. 2008. Conspicuousness, not eye mimicry, makes 'eyespots' effective antipredator signals[J]. Behavioral Ecology, 19:525-531.

Stoddart M C, Stevens M. 2001. Avian vision and the evolution of egg color mimicry in the common cuckoo[J]. Evolution, 65:2004-2013.

Stokke B G, Moksnes A. 2002. Obligate brood parasites as selective agents for evolution of egg appearance in passerine birds[J]. Evolution, 56:199-205.

Strassmann J E, Zhu Y. 2000. Altruism and social cheating in the social amoeba[J]. Nature, 408:965-967.

Stuart-Fox D, Moussalli A. 2008. Predator-specific camouflage in chameleons[J]. Biology Letter, 4: 326-329.

Szentirmai I, Szekely T. 2007. Sexual conflict over care: antagonistic effects of clutch desertion on reproductive success of male and female penduline tits[J]. Journal of Evolutionary Biology, 20:1739-1744.

Takahashi M, Arita H. 2008. Peahens do not prefer peacocks with more elaborate trains [J]. Animal Behaviour, 75:1209-1219.

Tallamy D W. 2000. Sexual selection and the evolution of exclusive paternal care in arthropods[J]. Animal Behaviour, 60:559-567.

Tanak K D, Ueda K. 2005. Horsfield's hawk-cuckoo nestlings simulate multiple gapes for begging[J]. Science, 308:653.

Thomas I A, Settele J. 2004. Butterfly mimics of ants[J]. Nature, 432:283-284.

Thomas J A, Simcox D J. 2009. Successful conservation of a threatened Maculinea butterfly of food acquisition techniques[J]. Science, 325:80-83.

Thornton A, Malapert A. 2009. Experimental evidence for social transmission of food acquisition techniques in wild meerkats[J]. Animal Behaviour, 78:255-264.

Thornton A, McAuliffe K. 2006. Teaching in wild meerkats[J]. Science, 313:227-229.

Tibbetts E A, Dale J. 2004. A socially enforced signal of quality in a paper wasp[J]. Nature, 432: 218-222.

Tibbetts E A, Lindsay R. 2008. Visual signals of status and rival assessment in paper wasps [J]. Biology Letter, 4:237-239.

Tobias J A, Seddon N. 2009. Signal jamming mediates sexual conflict in a duetting bird[J]. Current Biology, 19:1-6.

Todrank J, Heth G. 2006. Crossed assumptions foster misinterpretations about kin recognition mechanisms[J]. Animal Behaviour, 72:e1-e3.

Tomkins J L, Brown G S. 2004. Population density drives the local evolution of a threshold dimorphism[J]. Nature, 431:1099-1103.

Toth E, Duffy J E. 2004. Coordinated group response to nest intruders in social shrimp[J]. Biology Letter, 1:49-52.

Tregenza T, Wedell N. 2002. Polyandrous females avoid costs of inbreeding[J]. Nature, 415:71-73.

Trillmich E, Wolf J B W. 2008. Parent-offspring and sibling conflict in Galapagos fur seals and sea lions[J]. Behavioral Ecology and Sociobiology, 62:363-375.

Tullberg B S, Leimar O. 2000. Did aggregation favour the initial evolution of warning coloration? A novel world revisited[J]. Animal Behaviour, 59:281-287.

Velicer G J, Kroos L. 2000. Developmental cheating in the social bacterium, *Myxococcus xanthus*[J]. Nature, 404:598-601.

Visscher P K, Camazine S. 1999. Collective decisions and cognition in bees[J]. Nature, 397:400.

Wade M J, Shuster S M. 2002. The evolution of parental care in the context of sexual selection: a critical reassessment of parental investment theory[J]. American Naturalist, 160:285-293.

Ward R J S, Cotter S C. 2009. Current brood size and residual reproductive value predict offspring desertion in the burying beetle *Nicrophorus vespilloides*[J]. Behavioral Ecology, 20:1274-1281.

Warner D A, Shine R. 2008. The adaptive significance of temperature-dependent sex determination in a reptile[J]. Nature, 451:566-568.

Warner R R, Robertson D R. 1995. Sex change and sexual selection[J]. Science, 190: 633-638.

Wenseleers T, Ratniek F L W. 2006. Enforced altruism in insect societies[J]. Nature, 444: 50.

West S A. 2009. Sex Allocation[M]. Princeton, N J:Princeton University Press.

West S A, Gardner A. 2010. Altruism, spite and greenbeards[J]. Science, 327:1341-1344.

West S A, Murray M G. 2001. Testing Hamilton's rule with competition between relatives [J]. Nature, 409:510-513.

West S A, Griffin A S. 2007. Social semantics: altruism, cooperation, mutualism, strong reciprocity and group selection[M]. Journal of Evolutionary Biology, 20:415-432.

West S A, Griffin A S. 2007b. Evolutionary explanations for cooperation[J]. Current Biology, 17: R661-R672.

West S A, Griffin A S. 2008. Social semantics: how useful has group selection been? [J] Journal of Evolutionary Biology, 21:374-385.

Westneat D F, Stewart I R K. 2003. Extra-pair paternity in bird: causes correlates and conflict[J]. Annual Review of Ecology and Systematics, 34:365-396.

Whiten A, Horner V. 2005. Conformity to cultural norms of tool use in chimpanzees[J]. Nature, 437: 737-740.

Wilson D S. 2008. Social semantics: towards a genuine pluralism in the study of social behaviour[J]. Journal of Evolutionary Biology, 21:368-737.

Wilson D S, Wilson E O. 2007. Rethinking the theoretical foundation of sociobiology[J]. Quarterly Review of Biology, 82:327-348.

Wolf M, Van Doorn G S. 2007. Life-history trade-offs favour the evolution of animal personalities[J]. Nature, 447:581-584.

Wong M Y L, Munday P L. 2008. Fasting or feasting in a fish social hierarchy[J]. Current Biology, 18: R372-R373.

Wright J, Stone, R E. 2003. Communal roosts as structured information centres in the raven, *Corvus corax*[J]. Journal of Animal Ecology, 72:1003-1014.

Young A T, Clutton-Brock T H. 2006. Infanticide by subordinates influences reproductive sharing in cooperatively breeding meerkats[J]. Biology Letters, 2:385-387.

Zuberbühler K. 2009. Survivor signals: the biology and psychology of animal alarm calling [J]. Advances in the Study of Behavior, 40:277-322.

Van Zweden J S, Brask J B. 2010. Blending of heritable recognition cues among ant nestmates creates distinct colony gestalt odours but prevents within-colony nepotism[J]. Journal of Evolutionary Biology, 23:1498-1508.